AF884470

BERT-WOLFGANG SCHULZE · GÜNTHER WILDENHAIN

METHODEN DER POTENTIALTHEORIE FÜR ELLIPTISCHE DIFFERENTIALGLEICHUNGEN BELIEBIGER ORDNUNG

MATHEMATISCHE LEHRBÜCHER UND MONOGRAPHIEN

HERAUSGEGEBEN VON DER
AKADEMIE DER WISSENSCHAFTEN DER DDR
ZENTRALINSTITUT FÜR MATHEMATIK UND MECHANIK

II. ABTEILUNG
MATHEMATISCHE MONOGRAPHIEN

BAND 46

METHODEN DER POTENTIALTHEORIE FÜR ELLIPTISCHE DIFFERENTIALGLEICHUNGEN BELIEBIGER ORDNUNG

VON

BERT-WOLFGANG SCHULZE · GÜNTHER WILDENHAIN

AKADEMIE-VERLAG · BERLIN

1977

METHODEN DER POTENTIALTHEORIE FÜR ELLIPTISCHE DIFFERENTIALGLEICHUNGEN BELIEBIGER ORDNUNG

von

BERT-WOLFGANG SCHULZE
GÜNTHER WILDENHAIN

Mit 4 Abbildungen

AKADEMIE-VERLAG · BERLIN
1977

Erschienen im Akademie-Verlag, 108 Berlin, Leipziger Straße 3—4
© Akademie-Verlag Berlin 1977
Lizenznummer: 202 · 100/406/77
Gesamtherstellung: VEB Druckerei „Thomas Müntzer", 582 Bad Langensalza
Bestellnummer: 761997 8 (6216) · LSV 1065
Printed in GDR
DDR 68,— M

VORWORT

Die Theorie des NEWTONschen Potentials von Massenverteilungen im Raum ist eines der ältesten Beispiele einer Verbindung von physikalischer Anschauung und mathematischer Interpretation. Bedeutende Mathematiker vieler Generationen, wie C. F. GAUSS, H. POINCARÉ, D. HILBERT, N. WIENER haben daran mitgearbeitet. Die Entwicklung der modernen Potentialtheorie ist auch wesentlich durch die Arbeiten von G. C. EVANS, M. RIESZ, O. FROSTMAN, M. V. KELDYŠ, M. BRELOT, H. CARTAN, J. DENY, G. CHOQUET, J. L. DOOB, H. BAUER, C. CONSTANTINESCU, V. G. MAZ'JA, B. FUGLEDE und anderen bestimmt worden. Historische Darstellungen wurden z. B. in [K6], [A30], [B40] gegeben. Obwohl einige Teile der Potentialtheorie heute als im wesentlichen abgeschlossen gelten, hat sich die Entwicklung in den letzten Jahren wieder erheblich verstärkt, seit sich viele ihrer leistungsfähigen Begriffe und Methoden durch den zunehmenden Einsatz funktionalanalytischer Methoden auf weite Klassen von Problemen aus der Theorie der partiellen Differentialgleichungen anwenden lassen. Daneben sind in der Analysis auch davon unabhängige Bestrebungen von potentialtheoretischem Charakter zu beobachten.

Jedoch ist auch die Theorie des NEWTONschen Potentials im engeren Sinne nach wie vor von Interesse. Erstaunlicherweise sind hier noch wichtige und naheliegende Probleme offen, z. B. über die Struktur der Menge aller Massenverteilungen in einem Körper, deren Gravitationspotential im Außenraum gegeben ist. Darauf gehen wir in Kapitel III ein. So bringt die klassische Potentialtheorie auch heute noch — wie in allen ihren Entwicklungsphasen — neue Methoden und Betrachtungsweisen hervor, auch für ganz andere Problemkreise, die meist sehr eng mit physikalischen Aufgabenstellungen zusammenhängen. Die Entwicklung der Potentialtheorie für elliptische und parabolische Differentialgleichungen zweiter Ordnung hat sich in den letzten Jahrzehnten sehr stark auf die Axiomatik konzentriert und wurde wesentlich durch die Arbeiten von M. BRELOT und H. BAUER geprägt. Daneben entstanden die verschiedensten Verallgemeinerungen und neue Interpretationen mit vielseitigen und tiefen Beziehungen zu anderen Teilen der Mathematik, besonders zur Wahrscheinlichkeitstheorie. Hierüber existieren ausgezeichnete Monographien (vgl. Kapitel XI).

Wir wollen hier demgegenüber die kernbezogene Potentialtheorie in den Vordergrund stellen, weil durch sie ein gewisser potentialtheoretischer Zugang auch für elliptische Gleichungen höherer Ordnung möglich wird. Insofern sind die Kapitel über den LAPLACE-Operator und den HELMHOLTZ-Operator auch zur Einführung gedacht. Wir waren bestrebt, Begriffe wie superharmonische Funktionen und Halbordnungen so weit wie möglich zu umgehen, weil sie an den Fall zweiter Ordnung gebunden sind und konzentrieren die Darstellung auf Fundamentallösungen und allgemeinere funktionalanalytische Prinzipien.

Die Beweise in Kapitel III sind so angelegt, daß daraus die Ansatzpunkte für eine Verallgemeinerung auf Gleichungen höherer Ordnung erkennbar sind. Wegen ihrer Bedeutung für elliptische Gleichungen höherer Ordnung wird auch die klassische Theorie der RIESZschen Potentiale und Kapazität ausführlich dargestellt. Es bestehen sehr verschiedene Möglichkeiten, Potentialtheorie für elliptische Gleichungen höherer Ordnung zu betreiben. Während wir uns in Kapitel VIII, entsprechend dem Hauptanliegen unserer Darstellung, mit dem Balayage-Prinzip beschäftigen, erwähnen wir weitere wichtige Möglichkeiten in Kapitel IX, wobei bedeutende Ergebnisse der sowjetischen Schule um V. G. MAZ'JA, E. M. LANDIS, V. A. KONDRAT'EV nur angedeutet werden konnten. Bezüglich der Potentialtheorie bei elliptischen Gleichungen höherer Ordnung sind bei weitem noch nicht alle Probleme gelöst, ganz abgesehen davon, daß ohnehin auf viele Resultate der axiomatischen Theorie verzichtet werden muß. Darauf gehen wir in einem besonderen Paragraphen ein. Andere Richtungen der Potentialtheorie, die mit dem vorliegenden Stoff im Zusammenhang stehen, haben wir in Kapitel XI zusammengestellt. In Kapitel X studieren wir ein Balayage-Prinzip für allgemeine Randwert-Probleme für allgemeine Differentialoperatoren.

Einen besonderen Wert haben wir auf die Darstellung des erwähnten klassischen inversen Problems der Potentialtheorie gelegt, das in analoger Formulierung mit jedem korrekt gestellten Randwert-Problem und einem dazugehörigen Balayage-Prinzip in Verbindung gebracht werden kann, insbesondere mit dem DIRICHLET-Problem für elliptische Gleichungen beliebiger Ordnung. In diesem Zusammenhang weisen wir an vielen Stellen auf die Mittelwertsätze der mathematischen Physik hin und stellen ein Resultat über Mittelwertsätze bei allgemeinen Differentialoperatoren dar.

Das inverse Problem für den LAPLACE-Operator hat interessante Anwendungen u. a. in der Geophysik, so daß ein für praktische Belange wichtiges („nicht korrektes") Problem mit den Begriffen der Potentialtheorie studiert werden kann.

Wegen der vielseitigen mathematischen Techniken, die eingesetzt werden müssen, haben wir im Interesse der leichteren Lesbarkeit des Buches ein Kapitel über funktionalanalytische Hilfsmittel sowie ein Kapitel über die Theorie der elliptischen Randwert-Probleme aufgenommen. Dabei geben wir ohne Beweise eine Übersicht, die allerdings Grundkenntnisse in klassischer Analysis und Funktionalanalysis voraussetzt, und die nicht als eigenständige Einführung gedacht ist. Wir hoffen allerdings, daß diese Teile auch demjenigen Leser nützliche Informationen geben können, der sich mit diesen Gebieten näher vertraut machen möchte.

Die in diesem Buch vorgestellte Auffassung der Potentialtheorie ist wesentlich beeinflußt durch Gedanken und Zielstellungen von G. ANGER zu einer an Differentialgleichungen orientierten Weiterführung der Potentialtheorie. Wir glauben, daß diese erste systematische Darstellung in Buchform die Entwicklung auf diesem Gebiet anregen und die Lösung der im Rahmen der Theorie aufgetretenen neuen Fragestellungen aus anderen Disziplinen beschleunigen wird. Ferner sind wir der Meinung, daß auf dem Gebiet der modernen Potentialtheorie ein Mangel an deutschsprachiger Literatur besteht. Ungeachtet unseres speziellen Anliegens hoffen wir, auch in dieser Hinsicht eine Lücke zu füllen.

Zur technischen Anlage des Buches ist zu bemerken, daß die Sätze, Lemmata usw. in jedem Paragraphen fortlaufend numeriert sind. Verwiesen wird in anderen Paragraphen mit Angabe des betreffenden Kapitels und Paragraphen. Ebenso wird mit der Numerierung der Formeln verfahren. Es wird empfohlen, die Lektüre mit Kapitel III zu beginnen und die Einführungskapitel zum Nachschlagen zu verwenden. An einigen wenigen Stellen sind Übungen eingefügt, die den Stoff ergänzende Aussagen enthalten.

Wir danken Herrn Prof. G. Anger (Halle) für das Interesse an dieser Darstellung. Einfluß auf die Gestaltung von Kapitel IV hatten auch Arbeiten von Dr. G. Albinus (Berlin). Wir danken Herrn Prof. V. G. Maz'ja (Leningrad), der uns freundlicherweise zusammenfassendes Material über seine Ergebnisse zur Verfügung stellte und weitere wertvolle Hinweise gab, Herrn Prof. E. M. Landis (Moskau), der große Teile des Manuskripts gelesen hat und viele sehr nützliche Bemerkungen beitrug, Herrn Prof. M. Ohtsuka (Hiroshima) für eine Vorlesungsausarbeitung, die zur Vereinfachung der Darstellung von Kapitel III beigetragen hat sowie Herrn Prof. B. Fuglede (Kopenhagen), dessen Anregungen für die Gestaltung von Kapitel IX wesentlich waren. Schließlich danken wir den Mitarbeitern des Verlages für ihr Entgegenkommen und die aufgewandte Mühe während der Vorbereitung und Fertigstellung des Buches.

Berlin/Rostock, im November 1976

Bert-Wolfgang Schulze
Günther Wildenhain

INHALTSVERZEICHNIS

I. FUNKTIONALANALYSIS, MASS- UND INTEGRATIONSTHEORIE

In diesem Kapitel stellen wir Definitionen, Bezeichnungen und Sachverhalte aus der Funktionalanalysis, der Maß- und Integrationstheorie und der Theorie der partiellen Differentialgleichungen zusammen, die wir später als Hilfsmittel benötigen.

§ 1. Topologische Vektorräume

1.1. Bezeichnungen

Ist X eine Menge und $P(x)$ eine Aussage über die Elemente $x \in X$, so bezeichnen wir mit

$$\{x \in X: P(x)\} \qquad \text{bzw.} \qquad \{x: P(x)\}$$

die Teilmenge derjenigen $x \in X$, für welche die Aussage $P(x)$ wahr ist. Neben den allgemein üblichen Bezeichnungen der Mengen-Operationen $\cap$, $\cup$, $\setminus$, ... verwenden wir auch die Komplementbildung $\complement$. Ist die Menge X im jeweiligen Zusammenhang als umfassendste Menge festgehalten, so setzen wir $\complement Y = X \setminus Y$ für jedes $Y \subseteqq X$.

Mit $\mathcal{P}(X)$ wird die Potenzmenge von X bezeichnet, also $\mathcal{P}(X) = \{A: A \subseteqq X\}$. Es seien A, B, C Mengen, $B \subseteqq A$, und $f: A \to C$ sei eine Abbildung. Die Abbildung $B \to C$, die sich durch Einschränkung (Restriktion) von f auf B ergibt, bezeichnen wir mit $f|_B$. Wenn wir die Zuordnung $f \to f|_B$ als Operator auf einer Menge solcher Abbildungen benötigen, schreiben wir statt dessen auch r_B, also

$$r_B f = f|_B\,. \tag{1}$$

Mit N bezeichnen wir die Menge $\{1, 2, ...\}$ der natürlichen Zahlen. Ist I eine Index-Menge und $f: I \to X$ eine Abbildung von I auf eine Menge X, so schreiben wir auch $X = (x_\iota)_{\iota \in I}$ mit $x_\iota = f(\iota)$, $\iota \in I$. Eine Folge von Elementen $x_1, x_2, ...$ einer Menge X wird dann mit $(x_k)_{k \in N}$ bezeichnet. Eine Menge I heißt halbgeordnet, wenn eine Teilmenge $Q \subseteqq I \times I$ gegeben ist mit folgenden Eigenschaften: $(x, x) \in Q$, aus $(x, y) \in Q$, $(y, z) \in Q$ folgt $(x, z) \in Q$ und aus $(x, y) \in Q$, $(y, x) \in Q$ folgt $x = y$. Statt $(x, y) \in Q$ schreiben wir auch $x \leqq y$. Eine halbgeordnete Menge I heißt nach unten (oben) filtrierend, wenn zu $\iota, \iota' \in I$ ein $\iota_0 \in I$ existiert mit $\iota_0 \leqq \iota$, $\iota_0 \leqq \iota'$ ($\iota_0 \geqq \iota$, $\iota_0 \geqq \iota'$).

Den n-dimensionalen reellen Euklidischen Raum bezeichnen wir mit R^n. Statt R^1 schreiben wir mitunter auch R. Weiterhin sei R^1_+ bzw. R_+ die Menge aller $x \in R^1$ mit $x \geqq 0$. Mit $\overline{R}$ (bzw. $\overline{R}_+$) wird $R \cup \{-\infty\} \cup \{+\infty\}$ (bzw. $R_+ \cup \{+\infty\}$) bezeichnet.

Ein Tupel $\alpha = (\alpha_1, \ldots, \alpha_n)$ nichtnegativer ganzer Zahlen heißt Multiindex. Wir setzen $|\alpha| = \alpha_1 + \cdots + \alpha_n$, $\alpha! = \alpha_1! \cdots \alpha_n!$, $\alpha \leqq \beta \Leftrightarrow \alpha_i \leqq \beta_i$ $(i = 1, \ldots, n)$. Ist $k \geqq |\alpha|$

eine ganze Zahl, so sei

$$\binom{k}{\alpha} = \frac{k!}{\alpha!(k - |\alpha|)!} \tag{2}$$

Ist i die imaginäre Einheit, so sei $D_k = -\mathrm{i}\,\frac{\partial}{\partial x_k}$,

$$D = (D_k)_{1 \leq k \leq n}, \qquad D^\alpha = D_1^{\alpha_1} \cdots D_n^{\alpha_n}.$$

Für $x = (x_1, \dots, x_n)$ wird gesetzt $x^\alpha = x_1^{\alpha_1} \cdots x_n^{\alpha_n}$. Die Symbole D_k verwenden wir in einigen Paragraphen auch ohne $-\mathrm{i}$. Darauf weisen wir im jeweiligen Zusammenhang hin.

1.2. Halbnormen und lokalkonvexe Topologien

Es sei E eine Menge. Ein Mengensystem $\mathcal{T} \subseteq \mathcal{P}(E)$ heißt Topologie (in E), falls $\mathcal{T}$ folgende Eigenschaften besitzt

(i) $\emptyset \in \mathcal{T}, E \in \mathcal{T}$,

(ii) $U_1, \dots, U_j \in \mathcal{T}, j \in N \Rightarrow \bigcap_{k=1}^{j} U_k \in \mathcal{T}$,

(iii) $(U_\iota)_{\iota \in I} \subseteq \mathcal{T} \Rightarrow \bigcup_{\iota \in I} U_\iota \in \mathcal{T}$.

Die Elemente von $\mathcal{T}$ heißen offen. Sind $\mathcal{T}_1$, $\mathcal{T}_2$ Topologien in E und gilt $\mathcal{T}_1 \subseteq \mathcal{T}_2$, so heißt $\mathcal{T}_1$ schwächer als $\mathcal{T}_2$, bzw. $\mathcal{T}_2$ stärker als $\mathcal{T}_1$. Ist $(\mathcal{T}_\varkappa)_{\varkappa \in K}$ eine Menge von Topologien, so ist auch $\mathcal{T} = \cap \{\mathcal{T}_\varkappa : \varkappa \in K\}$ eine Topologie. $\mathcal{P}(E)$ ist ebenfalls eine Topologie. Somit existiert zu jedem Mengensystem $\mathcal{A} \subseteq \mathcal{P}(E)$ eine sogenannte schwächste Topologie $\mathcal{T}$ mit der Eigenschaft $\mathcal{A} \subseteq \mathcal{T}$, nämlich der Durchschnitt aller Topologien $\mathcal{T}_\varkappa$ mit $\mathcal{A} \subseteq \mathcal{T}_\varkappa$. Man spricht dann von der durch $\mathcal{A}$ erzeugten Topologie. Eine Menge E, versehen mit einer Topologie $\mathcal{T}$, heißt bekanntlich ein topologischer Raum. Gelegentlich schreiben wir dann $(E, \mathcal{T})$. Auf jeder Teilmenge $B \subseteq E$ ist

$$\{V : V = U \cap B, U \in \mathcal{T}\}$$

eine Topologie in B, die als von $\mathcal{T}$ (bzw. E) auf B induzierte Topologie bezeichnet wird. Bezüglich weiterer Standard-Begriffe über topologische Räume, topologische Vektorräume, stetige Abbildungen usw., soweit wir sie hier nicht definieren, verweisen wir z. B. auf [R 6] oder [K 2].

Es sei $(f_\iota)_{\iota \in I}$ eine Familie von Abbildungen $f_\iota : E \to X_\iota$ der Menge E in topologische Räume $(X_\iota, \mathcal{T}_\iota)$ und

$$\mathcal{A} = \{A \subseteq E : A = f_\iota^{-1}(B_\iota), B_\iota \in \mathcal{T}_\iota, \iota \in I\}.$$

Die durch das Mengensystem $\mathcal{A}$ in E erzeugte Topologie $\mathcal{T}$ ist dann die schwächste Topologie, bezüglich welcher alle Abbildungen $f_\iota (\iota \in I)$ stetig sind.

Satz 1 ([K 30]). *Jede stetige eineindeutige Abbildung eines kompakten topologischen Raumes in einen* HAUSDORFF*-Raum ist ein Homöomorphismus.*

Es sei E ein Vektorraum. Eine Funktion $p : E \to R_+$ heißt Halbnorm auf E, falls gilt

$$p(\lambda x) = \lambda p(x) \qquad \text{für alle } x \in E, \lambda \in R_+,$$

$$p(x + y) \leq p(x) + p(y) \qquad \text{für alle } x, y \in E.$$

p heißt Norm, wenn außerdem gilt $p(x) = 0 \Leftrightarrow x = 0$. Eine Menge $A \subseteqq E$ heißt konvex, falls gilt

$$x, y \in A, 0 \leqq \lambda \leqq 1 \Rightarrow \lambda x + (1 - \lambda) y \in A .$$

Es sei p eine Halbnorm auf E und $\varepsilon > 0$. Dann ist die Menge

$$A = A(p, \varepsilon) = \{x \in E : p(x) < \varepsilon\}$$

konvex.

Ein topologischer Raum E, der gleichzeitig ein Vektorraum ist, in welchem Addition und Multiplikation mit Skalaren stetig sind, heißt topologischer Vektorraum. Ein topologischer Vektorraum E heißt lokal konvex, falls seine Topologie $\mathcal{T}$ in folgendem Sinne durch ein Halbnormensystem erzeugt wird. Es existiert ein System von Halbnormen $(p_\iota)_{\iota \in I}$ auf E, so daß $\mathcal{T}$ die schwächste Topologie in E ist, bezüglich welcher alle p_ι $(\iota \in I)$ stetig sind. Das Mengensystem

$$\mathcal{A} = \{A(p_\iota, \varepsilon) : \iota \in I, \varepsilon > 0\}$$

ist dann eine Basis konvexer offener Mengen, und $\mathcal{T}$ wird durch $\mathcal{A}$ erzeugt. $\mathcal{T}$ ist genau dann metrisierbar, wenn ein abzählbares Halbnormensystem zur Definition von $\mathcal{T}$ ausreicht. Eine Teilmenge A eines lokal konvexen Vektorraumes E heißt total, wenn die Menge der endlichen Linearkombinationen von Elementen aus A in E dicht liegt. Wir setzen im folgenden voraus, falls nichts anderes gesagt wird, daß E ein lokal konvexer HAUSDORFF-Raum mit der Topologie $\mathcal{T}$ ist.

1.3. Dualität

Mit E^* bezeichnen wir den algebraisch zu E dualen Raum, d. h. den (auf natürliche Weise mit einer Vektorraumstruktur versehenen) Raum aller Linearformen auf E. Mit E' bezeichnen wir den topologisch zu E dualen Raum, d. h. den Vektorraum aller stetigen Linearformen auf E. Der Wert einer Linearform l im Punkt $x \in E$ wird mit $l(x)$ oder $\langle x, l \rangle$ bezeichnet.

Satz 2 (HAHN-BANACH). *Es sei E ein topologischer Vektorraum, $H \subseteqq E$ ein Teilraum, und p sei eine Halbnorm auf E. Dann existiert zu jedem $h \in H^*$ mit $|h(x)| \leqq p(x)$ für alle $x \in H$ ein $l \in E^*$ mit $l(x) = h(x)$ für alle $x \in H$ und $|l(x)| \leqq p(x)$ für alle $x \in E$.*

Korollar. *Jede stetige Linearform auf einem Teilraum eines lokal konvexen Raumes E besitzt eine Fortsetzung als stetige Linearform auf E.*

Zu jedem $x_0 \in E$ und jeder Halbnorm p auf E existiert ein $l \in E^*$ mit $l(x_0) = p(x_0)$ und $|l(x)| \leqq p(x)$ für alle $x \in E$. Wenn E ein lokal konvexer HAUSDORFF-Raum ist mit dem (topologisch) dualen E', so gilt

$$l(x_0) = 0 \quad \text{für alle } l \in E' \Rightarrow x_0 = 0 .$$

Somit erhalten wir (vgl. [R 6]):

(i) zu jedem $x \in E$, $x \neq 0$ existiert ein $x' \in E'$ mit $\langle x, x' \rangle \neq 0$,
(ii) zu jedem $x' \in E'$, $x' \neq 0$ existiert ein $x \in E$ mit $\langle x, x' \rangle \neq 0$.

Es seien allgemein E, E_1 Vektorräume, und $\langle .,. \rangle$ sei eine Bilinearform auf $E \times E_1$. Gelten dann mit E_1 anstelle von E' die Eigenschaften (i), (ii), so heißt (E, E_1) duales Paar.

Für festes $x' \in E'$ ist $p_{x'}(x) = |\langle x, x'\rangle|$ eine Halbnorm auf E. mit $\mathcal{S} = \mathcal{S}(E, E')$ bezeichnen wir die (stets existierende) schwächste lokalkonvexe Topologie in E, bezüglich welcher alle Funktionen $p_{x'}: E \to R(x' \in E')$ stetig sind. Ist dann $\mathcal{T}$ das System aller offenen Mengen von E in der ursprünglichen Topologie, so gilt $\mathcal{S} \subseteqq \mathcal{T}$. $\mathcal{S}$ heißt schwache Topologie in E. Für festes $x \in E$ ist $q_x(x') = |\langle x, x'\rangle|$ eine Halbnorm auf E'. Mit $\mathcal{S}' = \mathcal{S}(E', E)$ bezeichnen wir analog die schwächste lokal konvexe Topologie in E', bezüglich welcher alle Funktionen $q_x: E' \to R$ $(x \in E)$ stetig sind. $\mathcal{S}'$ wird in diesem Fall als w^*-Topologie bezeichnet.

Wir haben per def. $E' = (E, \mathcal{T}')$. Andererseits besteht der

Satz 3 ([R 6]). *Es gilt*

$$E' = (E, \mathcal{S})', \qquad E = (E', \mathcal{S}')'.$$

Es sei (E, E') ein duales Paar, und $\mathcal{W}$ sei eine lokal konvexe Topologie in E mit $E' = (E, \mathcal{W})'$. Dann heißt $\mathcal{W}$ verträglich mit der Dualität zwischen E und E'.

Satz 4 ([R 6]). *Es sei (E, E') ein duales Paar, $A \subseteqq E$ sei eine konvexe Menge. Dann besitzt A dieselbe Abschließung bezüglich aller Topologien, die mit der Dualität zwischen E und E' verträglich sind.*

Es sei $(p_\iota)_{\iota\in I}$ ein Halbnormensystem auf E, das die Topologie $\mathcal{T}$ erzeugt. Eine Menge $B \subseteqq E$ heißt beschränkt, falls $p_\iota(B)$ im R beschränkt ist für alle $\iota \in I$. Insbesondere heißt $B \subseteqq E$ schwach beschränkt, falls $p_{x'}(B)$ in R beschränkt ist für alle $x' \in E'$. Eine Menge $B' \subseteqq E'$ nennen wir analog w^*-beschränkt, wenn $q_x(B')$ in R beschränkt ist für alle $x \in E$. Für jede schwach beschränkte Menge $B \subseteqq E$ ist

$$q_B(x') = \sup \{|\langle x, x'\rangle| : x \in B\}$$

eine Halbnorm auf E'. Die durch das Halbnormensystem $\{q_B: B \subseteqq E,\ B \text{ schwach beschränkt}\}$ in E' erzeugte lokal konvexe Topologie heißt starke Topologie in E'. Wir bezeichnen sie mit $\mathcal{Q}'$.

Analog ist für jede w^*-beschränkte Menge $B' \subseteqq E'$

$$p_{B'}(x) = \sup \{|\langle x, x'\rangle| : x' \in B'\}$$

eine Halbnorm auf E. Die durch das Halbnormensystem $\{p_{B'}: B' \subseteqq E',\ B'\ w^*\text{-beschränkt}\}$ in E erzeugte Topologie heißt starke Topologie in E und wird mit $\mathcal{Q}$ bezeichnet.

Unter allen Topologien in E, die mit der Dualität zwischen E, E' verträglich sind, gibt es eine stärkste, die sogenannte Mackey-Topologie $\mathcal{M}$ (vgl. [6]). Es gilt dann stets $\mathcal{M} \subseteqq \mathcal{Q}$. Wenn E tonnelliert ist (vgl. [R 6]) und E' das Dual zu E ist, so stimmt die Topologie des Raumes E überein mit $\mathcal{M}$. Zu den tonnellierten Räumen gehören insbesondere die Banach-Räume und Fréchet-Räume (d. h. vollständige normierte bzw. vollständige metrisierbare lokalkonvexe Hausdorff-Räume).

Satz 5 ([R 6]). *Für alle Topologien in E, die verträglich sind mit der Dualität zwischen E und E', sind die beschränkten Mengen ein und dieselben.*

Satz 6 ([R 6]). *$(E, \mathcal{T})$ sei ein lokal konvexer Hausdorff-Raum. U sei eine Umgebung des Ursprungs in E. Dann ist die Menge*

$$U^0 = \{x' \in E' : |\langle x, x'\rangle| \leqq 1 \text{ für alle } x \in U\}$$

in E' w^*-kompakt.

Beispiel. E sei ein normierter Raum mit der Norm $||\cdot||_E$. Dann ist E' in der starken Topologie $\mathfrak{G}'$ ebenfalls ein normierter Raum mit der Norm $||x'||_{E'} = \sup \{|\langle x, x'\rangle| : ||x||_E \leqq 1\}$.

Es gilt dann das wichtige

Korollar. *E sei ein normierter Raum. Dann ist die Einheitskugel im Raum E' w^*-kompakt.*

Weiterhin

Satz 6' ([B 31]). *Im Dual E' eines separablen normierten Raumes E ist jede abgeschlossene Kugel $\{x' \in E' : ||x'||_{E'} \leqq a\}$ ein kompakter metrisierbarer Raum in der w^*-Topologie, und in E' existiert eine abzählbare überall w^*-dichte Menge.*

Die Menge aller linearen stetigen Operatoren $T: E \to F$ bezeichnen wir mit $L(E, F)$.

Satz 7 ([R 6]). *Es sei E ein* Banach*-Raum, F ein normierter Raum und M eine Teilmenge von $L(E, F)$. Aus*

$$\sup \{||T(x)||_F : T \in M\} < \infty \qquad \textit{für alle } x \in E$$

folgt dann (mit $||T|| = \sup \{||T(x)||_F : ||x||_E \leqq 1\}$)

$$\sup \{||T|| : T \in M\} < \infty .$$

Ist $M = (T_k)_{k \in N}$ eine Folge mit $T_k(x) \to T_0(x)$ in F für alle $x \in E$, so gilt $T_0 \in L(E, F)$.

Es seien E, F lokal konvexe Hausdorff-Räume. Zu jedem $T \in L(E, F)$ definieren wir einen linearen Operator $T' : F' \to E'$, indem wir entsprechend dem Diagramm $E \xrightarrow{T} F \xrightarrow{y'} R$ jedem $y' \in F'$ die stetige Linearform $x' = y' \circ T = T'y'$ zuordnen. Der Operator T' heißt zu T adjungiert (für adjungierte Operatoren verwenden wir später oft auch die Bezeichnung T^*). Nach Definition gilt also

$$\langle Tx, y'\rangle_F = \langle x, T'y'\rangle_E$$

(wobei $\langle .,. \rangle_E$ bzw. $\langle .,. \rangle_F$ die Dualität bezüglich E, E' bzw. F, F' bezeichnet).

Satz 8 ([R 6]). *Es sei $T: E \to F$ ein linearer stetiger Operator. Dann ist T auch stetig, wenn E und F in den dazugehörigen schwachen Topologien $\mathcal{S}(E, E')$ und $\mathcal{S}(F, F')$ betrachtet werden. Ist umgekehrt $T: E \to F$ stetig bezüglich der jeweiligen schwachen Topologien $\mathcal{S}(E, E')$, $\mathcal{S}(F, F')$ und stimmt die Topologie in E mit der* Mackey*-Topologie $\mathcal{M}$ überein, so ist T auch stetig bezüglich der ursprünglichen Topologien.*

1.4. Faktortopologie und induktiver Limes

Die Topologie von E sei gegeben durch das Halbnormensystem $(p_\iota)_{\iota \in I}$. Es sei $H \subseteqq E$ ein Vektorteilraum, und $F = E/H$ sei der Faktorraum. Die kanonische Abbildung, die jedem $x \in E$ seine Äquivalenzklasse z zuordnet, bezeichnen wir mit P, also $z = P(x)$. Für $z_0 \in F$, $z_0 = P(x_0)$ setzen wir

$$r_\iota(z_0) = \inf \{p_\iota(x) : x \in P(x_0)\} , \qquad \iota \in I .$$

Die durch das Halbnormensystem $(r_\iota)_{\iota \in I}$ in F erzeugte Topologie heißt Faktortopologie. Die Faktortopologie ist die stärkste lokalkonvexe Topologie in F, für die die Abbildung $P: E \to F$ stetig ist. Die Faktortopologie ist Hausdorffsch genau dann, wenn H ein abgeschlossener Teilraum ist (vgl. [R 6]).

Ist E ein BANACH-Raum und H ein abgeschlossener Teilraum, so ist auch E/H ein BANACH-Raum mit der Norm

$$\|z_0\| = \inf \{\|x\| : x \in P(x_0)\} .$$

Wenn E ein FRÉCHET-Raum ist und H abgeschlossener Teilraum, so ist auch E/H ein FRÉCHET-Raum.

Die Topologie des Faktorraumes ist Spezialfall einer Topologie des induktiven Limes. Es sei F ein Vektorraum, $(X_\varkappa)_{\varkappa \in K}$ sei eine Familie lokal konvexer Räume, und zu jedem $\varkappa \in K$ sei eine lineare Abbildung $i_\varkappa : X_\varkappa \to F$ definiert. Weiterhin werde F von $\bigcup \{i_\varkappa(X_\varkappa) : \varkappa \in K\}$ erzeugt. Die stärkste lokal konvexe Topologie in F, für die alle $i_\varkappa$ $(\varkappa \in K)$ stetig sind, heißt dann Topologie des induktiven Limes der Räume $X_\varkappa$ bezüglich der Abbildungen $i_\varkappa$ $(\varkappa \in K)$.

1.5. Stetige Projektionen

Es sei E ein lokal konvexer HAUSDORFF-Raum, und G, H seien Vektorteilräume. Wenn wir voraussetzen $H + G = E, H \cap G = \{0\}$, so läßt sich jedes $x \in E$ eindeutig darstellen in der Gestalt $x = y + z$ mit $y \in H$, $z \in G$. Wir setzen dann $E = H \oplus_a G$ (algebraische Summe) und $z = Px$. Der lineare Operator $P : E \to G$ heißt Projektion von E auf G längs H. Dann ist $I - P$ Projektion von E auf H längs G. Die Teilräume G, H heißen algebraisch zueinander komplementär.

Wir betrachten H und G in der durch E induzierten Topologie. Ist dann P ein stetiger Operator (was genau dann der Fall ist, wenn $I - P$ stetig ist), schreiben wir $E = H \oplus G$ (topologische Summe). G ist dann topologisch isomorph zu E/H, und H ist topologisch isomorph zu E/G. Umgekehrt folgt aus diesen Isomorphien, daß P und $I - P$ stetig sind. G heißt dann topologisches Komplement zu H, und H heißt topologisches Komplement zu G (in E).

Für endlichdimensionale H gilt der

Satz 9 ([R 6]). *In einem endlichdimensionalen Vektorraum H ist die euklidische Topologie die einzige (lokalkonvexe) Topologie, bezüglich welcher H ein* HAUSDORFF*scher topologischer Vektorraum ist. Ein endlichdimensionaler Teilraum H eines lokalkonvexen* HAUSDORFF-*Raumes E ist abgeschlossen und euklidisch in der durch E induzierten Topologie. Jeder endlichdimensionale Teilraum H von E besitzt in E ein topologisches Komplement.*

FRÉCHET-Räume besitzen hinsichtlich topologischer Summen zusätzliche wichtige Eigenschaften. Es gilt nämlich der

Satz 10 ([R 6]). *Wenn ein* FRÉCHET-*Raum dargestellt ist als algebraische direkte Summe zweier abgeschlossener Teilräume, so ist er deren topologische Summe.*

Dies folgt u. a. aus dem

Satz 11 ([R 7]). *Es seien E, F* FRÉCHET-*Räume, und $T : E \to F$ sei ein linearer abgeschlossener Operator (d. h. mit abgeschlossenem Graphen). Dann ist T stetig. Der lineare Operator $T : E \to F$ sei stetig und surjektiv (d. h. $F = T(E)$). Dann ist T offen.*

Hieraus folgt, daß ein Vektorraum nicht bezüglich zweier vergleichbarer Topologien FRÉCHET-Raum sein kann, ohne daß diese Topologien übereinstimmen (Vergleichbarkeit von Topologien $\mathcal{T}_1$, $\mathcal{T}_2$ bedeutet $\mathcal{T}_1 \subseteq \mathcal{T}_2$ bzw. $\mathcal{T}_1 \supseteq \mathcal{T}_2$).

1.6. Beispiele

Wir definieren als nächstes einige wichtige konkrete Räume und die dazugehörigen Topologien. Ein topologischer Raum X heißt normal, wenn zwei beliebige disjunkte abgeschlossene Mengen disjunkte offene Umgebungen besitzen. Es sei K eine kompakte Teilmenge eines normalen topologischen Raumes X. Mit $C(K)$ wird der Raum aller stetigen Funktionen $f\colon K \to R$ bezeichnet. $C(K)$ ist ein BANACH-Raum mit der Norm

$$\|f\|_{C(K)} = \sup_{t \in K} |f(t)| \,. \tag{3}$$

$\mathfrak{M}(K) = (C(K))'$ heißt Raum der RADON-Maße auf K. Die Elemente von $\mathfrak{M}(K)$ bezeichnen wir auch kürzer als Maße. $\mathfrak{M}(K)$ ist ein BANACH-Raum in der starken Topologie des Duals. Die Norm $\|\mu\|$ des Maßes $\mu \in \mathfrak{M}(K)$ heißt Totalvariation von μ. Neben der Norm-Topologie betrachten wir häufig auch die w^*-Topologie in $\mathfrak{M}(K)$. Es sei $K_1 \subseteqq K$ eine kompakte Teilmenge. Der Operator der Einschränkung von $f \in C(K)$ auf K_1

$$r_{K_1}\colon C(K) \to C(K_1)$$

ist linear und stetig. Sein Adjungiertes

$$r'_{K_1}\colon \mathfrak{M}(K_1) \to \mathfrak{M}(K) \tag{4}$$

betrachten wir als Einbettung, d. h., $\mathfrak{M}(K_1)$ sehen wir auf natürliche Weise als Teilraum von $\mathfrak{M}(K)$ an. Hiermit hängt die folgende Aussage eng zusammen.

Satz 12 (TIETZE) ([K 30]). *Es sei X ein normaler topologischer Raum und A eine abgeschlossene Menge in X. Dann existiert zu jedem $g \in C(A)$ ein $f \in C(X)$ mit $r_A f = g$ und $\|f\|_{C(X)} = \|g\|_{C(A)}$.*

Über stetige Funktionen gelten folgende klassische Sätze, die z. B. in [D 7] bewiesen sind.

Satz 13 (DINI) ([D 7]). *Es sei K ein kompakter metrischer Raum und $(u_k)_{k \in N}$ eine monoton wachsende (oder fallende) Folge reeller Funktionen, die in jedem $x \in K$ gegen ein $u \in C(K)$ konvergiert. Dann ist die Konvergenz gleichmäßig.*

Für die Stetigkeit des Limes einer punktweise konvergenten Folge stetiger Funktionen ist in [A 25] ein einfaches, notwendiges und hinreichendes Kriterium angegeben.

Es sei K ein metrischer Raum mit der Metrik d. Eine Menge $M \subseteqq C(K)$ von Funktionen heißt gleichgradig stetig in $x_0 \in K$, wenn zu jedem $\varepsilon > 0$ ein $\delta > 0$ existiert mit $|u(x) - u(x_0)| \leqq \varepsilon$ für alle $x \in K$ mit $d(x, x_0) \leqq \delta$ und alle $u \in M$. Die Menge M heißt gleichgradig stetig, wenn sie in jedem Punkt gleichgradig stetig ist.

Satz 14 ([D 7]). *Es sei K ein kompakter metrischer Raum, $(u_k)_{k \in N} \subseteqq C(K)$ sei eine gleichgradig stetige Folge, die in jedem Punkt $x \in K$ gegen ein $u \in C(K)$ konvergiert. Dann konvergiert die Folge gleichmäßig gegen u.*

Satz 15 (ARZELÀ-ASCOLI) ([D 7]). *K sei ein kompakter metrischer Raum. Eine Teilmenge $H \subseteqq C(K)$ ist genau dann relativ kompakt, wenn sie gleichgradig stetig ist und für jedes $x \in K$ die Menge $\{u(x) : u \in H\}$ beschränkt ist.*

Für alles weitere sei Ω ein Gebiet im R^n (d. h. eine offene zusammenhängende Menge). Mit $C^k(\overline{\Omega})$ (Ω beschränkt) wird der Raum aller auf $\overline{\Omega}$ stetigen Funktionen u bezeichnet, deren Ableitungen $D^\alpha u$ für alle α mit $|\alpha| \leqq k$ in Ω existieren und als stetige

Funktionen auf $\overline{\Omega}$ fortgesetzt werden können. $C^k(\overline{\Omega})$ ist ein BANACH-Raum in der Norm

$$\|u\| = \sup_{x\in\Omega} \sum_{|\alpha|\leqq k} |D^\alpha u(x)| \,. \tag{5}$$

Wir setzen $C^\infty(\overline{\Omega}) = \bigcap_{k\in N} C^k(\overline{\Omega})$. Den Raum aller k mal in Ω stetig differenzierbaren Funktionen bezeichnen wir mit $C^k(\Omega)$. Mit dem Halbnormensystem

$$p_{K,\alpha}(u) = \sup_{x\in K} |D^\alpha u(x)| \,, \qquad (K \subset \Omega \text{ kompakt}, |\alpha| \leqq k)$$

ist $C^k(\Omega)$ ein FRÉCHET-Raum. Weiterhin sei $C^\infty(\Omega) = \bigcap_{k\in N} C^k(\Omega)$. Die Abschließung der Menge $\{x\colon u(x) \neq 0\}$ heißt Träger der Funktion u und wird mit $\operatorname{supp} u$ bezeichnet.

Wir bezeichnen mit $C_0^\infty(\Omega)$ den Raum aller unendlich oft differenzierbaren Funktionen mit kompaktem Träger in Ω. Es sei $C_0^\infty(K)$ ($K \subset \Omega$ kompakt) der Teilraum aller $f \in C_0^\infty(\Omega)$ mit $\operatorname{supp} f \subseteqq K$. Für jedes $j \in N$ ist

$$p_j(f) = \sup_{x\in K} \sum_{|\alpha|\leqq j} |D^\alpha f(x)|$$

auf $C_0^\infty(K)$ eine Halbnorm. Das Halbnormensystem $(p_j)_{j\in N}$ definiert auf $C_0^\infty(K)$ eine FRÉCHET-Raum-Topologie. $C_0^\infty(\Omega)$ betrachten wir in der Topologie des induktiven Limes der Räume $C_0^\infty(K)$ bezüglich der Einbettungen $C_0^\infty(K) \to C_0^\infty(\Omega)$ für alle kompakten $K \subset \Omega$. Der Raum $C_0^\infty(\Omega)$ wird häufig auch mit $\mathcal{D}(\Omega)$ bezeichnet. Daher schreibt man $\mathcal{D}'(\Omega) = (C_0^\infty(\Omega))'$. Die Elemente aus $\mathcal{D}'(\Omega)$ heißen Distributionen auf Ω.

In analoger Weise definiert man die Räume $C_0^k(\Omega)$ ($k = 0, 1, 2, \ldots$) als induktiven Limes der BANACH-Räume $C_0^k(K)$. Die Elemente aus $\mathcal{D}'(\Omega)$ heißen Distributionen der Ordnung $\leqq k$ auf Ω.

Eine Distribution u auf Ω ist genau dann von der Ordnung $\leqq k$, wenn u als Linearform auf $C^k(\overline{\Omega}) \cap C_0^\infty(\Omega)$ in der durch $C^k(\overline{\Omega})$ induzierten Topologie stetig ist. Wichtige spezielle Distributionen sind Maße, d. h. Distributionen nullter Ordnung. Jedem $\mu \in \mathfrak{M}(\overline{\Omega}_0)$ (Ω_0 offen, $\overline{\Omega}_0 \subset \Omega$) ist dabei die Distribution

$$\varphi \to \int \varphi(x)\, \mathrm{d}\mu(x)$$

zugeordnet. Hierzu gehört das DIRAC-Maß $\delta_{x_0}(\varphi) = \varphi(x_0)$, $x_0 \in \Omega$. Später spielen auch Distributionen der folgenden Gestalt eine wichtige Rolle. Es sei $(\mu^\alpha)_{|\alpha|\leqq k}$ ein Vektor von Maßen mit $\operatorname{supp} \mu^\alpha \subset \Omega$, $|\alpha| \leqq k$. Dann ist

$$\varphi \to \sum_{|\alpha|\leqq k} \int D^\alpha\varphi(x)\, \mathrm{d}\mu^\alpha(x) \tag{6}$$

eine Distribution in Ω der Ordnung $\leqq k$.

Unter dem Träger einer Distribution $u \in \mathcal{D}'(\Omega)$ versteht man das Komplement (in Ω) der größten offenen Menge $U \subseteqq \Omega$ mit $u(\varphi) = 0$ für alle $\varphi \in C_0^\infty(U)$.

Satz 16. *Es sei Ω eine offene Menge und Ω_0 sei eine offene beschränkte Menge mit $\overline{\Omega}_0 \subset \Omega$. Dann existiert zu jedem $u \in \mathcal{D}'(\Omega)$ eine Funktion $w \in C^k(\Omega)$ mit*

$$u(\varphi) = \int_\Omega w(x)\, \Delta^m\varphi(x)\, \mathrm{d}x \qquad \textit{für alle } \varphi \in C_0^\infty(\Omega_0)\,, \tag{7}$$

wobei $k \in N$ fest gegeben ist und m abhängt von k und u.

Es sei speziell $\Omega = R^n$, $u, v \in \mathcal{D}'(R^n)$ und u oder v habe einen kompakten Träger. Das sogenannte Faltungsprodukt $u * v$ ist dann definiert durch

$$(u * v)(\varphi) = u\big(v(\varphi(x + y))\big), \qquad \big(\varphi \in C_0^\infty(R^n)\big), \tag{8}$$

wobei v für festes y bezüglich x und u auf die Funktion $v\big(\varphi(x + y)\big)$ bezüglich y angewendet wird. Hinsichtlich Standard-Eigenschaften der Faltung wie Kommutativität, Assoziativität, Einselement, Verhalten bei Differentiation und Glattheit des Faltungsprodukts bei Repräsentation eines Faktors durch glatte Funktionen verweisen wir z. B. auf [H 12], [G 5], [Y 1].

Es sei p eine reelle Zahl, $1 \leqq p < \infty$. Mit $L^p(\Omega)$ bezeichnen wir den Raum aller (Lebesgue-)meßbaren Funktionen u auf Ω mit

$$||u||_p = \left(\int |u(x)|^p \,\mathrm{d}x\right)^{1/p} < \infty . \tag{9}$$

Bezüglich der Norm $||\cdot||$ ist $L^p(\Omega)$ ein Banach-Raum (wobei zwei Funktionen identifiziert werden, wenn sie Lebesgue-fast überall gleich sind). $C(\overline{\Omega})$ liegt dicht in $L^p(\Omega)$. Weiterhin gilt mit stetiger antilinearer Einbettung

$$L^p(\Omega) \subset \mathcal{D}'(\Omega) , \tag{10}$$

wobei also jedem $w \in L^p(\Omega)$ die Distribution

$$l_w(\varphi) = \int_\Omega \varphi(x)\, \overline{w(x)}\, \mathrm{d}x , \qquad \varphi \in C_0^\infty(\Omega) , \tag{11}$$

zugeordnet wird. $L^p(\Omega)$ ist für $1 < p < \infty$ ein reflexiver Banach-Raum. Jede stetige Linearform l auf $L^p(\Omega)$ ist darstellbar in der Gestalt

$$l(u) = \int_\Omega u(x)\, \overline{v(x)}\, \mathrm{d}x = (u, v) \tag{12}$$

mit $v \in L^{p'}(\Omega)$, $p^{-1} + (p')^{-1} = 1$. Es gilt dabei die Höldersche Ungleichung

$$\left| \int_\Omega u(x)\, \overline{v(x)}\, \mathrm{d}x \right| \leqq ||u||_p\, ||v||_{p'} . \tag{13}$$

Für $p = 2$ heißt die Darstellung (12) Satz von Riesz und (13) wird als Schwarzsche Ungleichung bezeichnet. Mit $L^p_{\mathrm{loc}}(\Omega)$ wird die Menge aller derjenigen (Lebesgue)-meßbaren Funktionen auf Ω bezeichnet, deren Einschränkung auf jedes beschränkte Gebiet Ω_0 mit $\overline{\Omega}_0 \subset \Omega$ zu $L^p(\Omega_0)$ gehört. Jedem $w \in L^1_{\mathrm{loc}}(\Omega)$ ist mittels (11) ein Element aus $\mathcal{D}'(\Omega)$ zugeordnet, d. h. $L^1_{\mathrm{loc}}(\Omega) \subseteqq \mathcal{D}'(\Omega)$.

Allgemein für $u \in \mathcal{D}'(\Omega)$ schreiben wir $u(\varphi) = \langle \varphi, u \rangle$. Bei Repräsentation von u durch eine lokal integrierbare Funktion im Sinne von (11) verwenden wir auch runde Klammern.

Auf Grund bekannter Eigenschaften der partiellen Integration wird gesetzt

$$(D^\alpha u)(\varphi) = (-1)^{|\alpha|}\, u(D^\alpha \varphi) , \qquad \varphi \in C_0^\infty(\Omega) , \tag{14}$$

für beliebiges $u \in \mathcal{D}'(\Omega)$. Man zeigt dann leicht $D^\alpha u \in \mathcal{D}'(\Omega)$. Entsprechend dieser Symbolik sprechen wir von Differentiation einer Distribution. Der lineare Operator $D^\alpha : \mathcal{D}'(\Omega) \to \mathcal{D}'(\Omega)$ ist stetig in der w^*-Topologie.

1.7. Differentialoperatoren und distributionentheoretische Lösungen

Ein Ausdruck der Gestalt

$$L(x, D) = \sum_{|\alpha| \leqq r} a_\alpha(x)\, D^\alpha$$

(r natürliche Zahl) heißt Differentialoperator der Ordnung r in Ω (ord $L = r$), wenn die Koeffizienten $a_\alpha(|\alpha| \leqq r)$ in Ω gegebene Funktionen sind und nicht alle a_α mit $|\alpha| = r$ identisch verschwinden. Die Koeffizienten seien glatt; wir lassen sie komplexwertig zu.

Für $u \in C^r(\Omega)$ erklären wir die Funktion $L(x, D)\, u$ durch klassische Differentiation und erhalten in Ω eine wohlbestimmte Funktion. Wir definieren als nächstes analog zu (14) die sogenannte distributionentheoretische Anwendung von $L(x, D)$. Für $f, g \in L^2(\Omega)$ sei

$$(f, g) = \int_\Omega f(x)\, \overline{g(x)}\, dx\,. \tag{15}$$

Für $u \in L^1_{\text{loc}}(\Omega)$, $\varphi \in C_0^\infty(\Omega)$ erhalten wir nach partieller Integration

$$\big(\varphi, L(x, D)\, u\big) = \big(L^*(x, D)\, \varphi, u\big) \tag{16}$$

mit dem sogenannten zu L formal adjungierten Differentialoperator

$$L^*(x, D)\, \varphi = \sum_{|\alpha| \leqq r} D^\alpha(\bar{a}_\alpha \varphi)\,. \tag{17}$$

Eine Funktion $u \in L^1_{\text{loc}}(\Omega)$ heißt distributionentheoretische Lösung der Gleichung

$$L(x, D)\, u = f \tag{18}$$

$\big(f \in L^1_{\text{loc}}(\Omega)\big)$, falls gilt

$$(\varphi, f) = \big(L^*(x, D)\, \varphi, u\big) \qquad \text{für alle } \varphi \in C_0^\infty(\Omega)\,. \tag{19}$$

Wir nennen u gelegentlich auch schwache Lösung (im Sobolevschen Sinne) der Gleichung (18).

Wir nehmen jetzt der Einfachheit halber an, daß die Koeffizienten von $L(x, D)$ in $C^\infty(\Omega)$ liegen. Dann sind L, L^* lineare Operatoren $C_0^\infty(\Omega) \to C_0^\infty(\Omega)$.

Definition 1. Gegeben seien $u, f \in \mathcal{D}'(\Omega)$. Dann heißt u (distributionentheoretische) Lösung der Gleichung $L(x, D)\, u = f$, falls gilt

$$\langle \varphi, f \rangle = \langle L^*(x, D)\, \varphi, u \rangle \qquad \text{für alle } \varphi \in C_0^\infty(\Omega)\,. \tag{20}$$

Diese Gleichung ist äquivalent zu

$$\int \varphi(x)\, \overline{f(x)}\, dx = \int [L^*(x, D)\, \varphi(x)]\, \overline{u(x)}\, dx \qquad \text{für alle } \varphi \in C_0^\infty(\Omega)\,,$$

falls u und f zu $L^1_{\text{loc}}(\Omega)$ gehören.

Jede klassische Lösung u der Gleichung $Lu = f$ $\big($d. h. $u \in C^r(\Omega)$ für $r = \text{ord}\, L\big)$ ist auch distributionentheoretische Lösung. Die umgekehrte Frage, welche Glattheitseigenschaften distributionentheoretische Lösungen in Abhängigkeit von f besitzen, ist der Inhalt sogenannter Regularitätsuntersuchungen. Für umfangreiche Klassen von Differentialoperatoren (vor allem elliptische) existiert hierzu eine Fülle von Resultaten (vgl. V.2.3.).

1.8. Halbgeordnete topologische Vektorräume

Wir erinnern noch an einige Begriffe und Tatsachen aus der Theorie der halbgeordneten Vektorräume. Bezüglich ausführlicher Darstellungen verweisen wir z. B. auf [V 9], [C 16, I].

Definition 2. Ein reeller Vektorraum E, der mit einer Halbordnung $\leqq$ versehen ist, heißt *halbgeordneter Vektorraum*, wenn gilt

(i) $x \leqq y \Rightarrow x + z \leqq y + z$ für alle $z \in E$,

(ii) $x \leqq y \Rightarrow \lambda x \leqq \lambda y$ für alle $\lambda \in R_+$.

Ein Element $x \in E$ heißt im Fall $x \geqq 0$ (bzw. $x \leqq 0$) *positiv* (bzw. *negativ*). Die Menge

$$E^+ = \{x \in E : x \geqq 0\}$$

heißt *Positiv-Kegel*. E^+ ist ein konvexer Kegel, und $x \leqq y$ ist äquivalent zu $y - x \in E^+$. Eine Menge $A \subseteqq E^+$ heißt *erblich*, wenn aus $0 \leqq x \leqq y$ und $y \in A$ folgt $x \in A$.

Definition 3. Ein halbgeordneter Vektorraum E heißt *Vektorverband*, wenn für zwei beliebige Elemente $x, y \in E$ die Menge $\{x, y\}$ eine kleinste obere Schranke $\sup(x, y) \in E$ besitzt (im Sinne der Halbordnung). Diese wird mit $x \vee y$ bezeichnet. Vektorverbände bezeichnet man oft auch als Rieszsche Räume.

Es wird weiterhin gesetzt $x \wedge y = \inf(x, y)$, wobei $x \wedge y = -\sup(-x, -y)$ besteht, und

$$x^+ = x \vee 0\,, \qquad x^- = (-x) \vee 0\,, \qquad |x| = x^+ + x^-\,. \tag{21}$$

Man bezeichnet x^+, x^- bzw. $|x|$ als Positiv-, Negativteil bzw. Betrag von x. Von jetzt an setzen wir voraus, daß E ein Vektorverband ist.

Dann haben wir

$$x = x^+ - x^-\,, \qquad x^+ \wedge x^- = 0\,, \qquad |x| = x \vee (-x)\,, \tag{22}$$

und E wird durch E^+ erzeugt. Dabei gilt

$$x = y - z\,, \qquad y, z \in E^+ \Rightarrow x^+ \leqq y\,, \quad x^- \leqq z\,. \tag{23}$$

Es sei E_b^* die Menge aller beschränkten Linearformen auf E, d. h., $l \in E_b^*$ ist äquivalent dazu, daß für beliebige $x, y \in E$, $x \leqq y$ die Menge $\{l(z) : x \leqq z \leqq y\}$ in R beschränkt ist. Eine Linearform auf E heißt positiv, wenn aus $x \in E$, $x \geqq 0$ folgt $l(x) \geqq 0$.

Satz 17. *E_b^* ist ein vollständiger Vektorverband, d. h. jede bezüglich der Halbordnung nach oben beschränkte Menge hat eine kleinste obere Schranke.*

Es bestehen für $l, m \in E_b^*$ und $x \in E^+$ folgende Beziehungen

$$l \vee m(x) = \sup\{l(y) + m(z) : y, z \in E^+, x = y + z\}\,, \tag{24}$$

$$l \wedge m(x) = \inf\{l(y) + m(z) : y, z \in E^+, x = y + z\}\,, \tag{25}$$

$$l^+(x) = \sup\{l(y) : 0 \leqq y \leqq x\}\,, \tag{26}$$

$$|l|(x) = \sup\{l(y) : |y| \leqq x\}\,. \tag{27}$$

Ein Banach-Raum E, der gleichzeitig ein Vektorverband ist, heißt Banach-Verband, wenn aus

$$|x| \leqq |y| \qquad \text{folgt} \qquad \|x\| \leqq \|y\|\,.$$

Eine positive Linearform auf einem BANACH-Verband E ist automatisch stetig. Genau dann ist eine Linearform auf E stetig, wenn sie als Differenz positive Linearformen darstellbar ist.

Als Beispiel tritt später in erster Linie der Raum der stetigen Funktionen über einer kompakten Menge auf mit seinem Dual, dem Raum der Maße.

§ 2. Maß- und Integrationstheorie

2.1. σ-Algebren und σ-Ideale

Definition 1. Ein System $\mathcal{A}$ von Teilmengen einer Menge X heißt *σ-Algebra*, falls folgende Bedingungen erfüllt sind:

(i) $X \in \mathcal{A}$,

(ii) $A \in \mathcal{A} \Rightarrow \complement A \in \mathcal{A}$,

(iii) $A_i \in \mathcal{A}\ (i = 1, 2, \ldots) \Rightarrow \bigcup_{i=1}^{\infty} A_i \in \mathcal{A}$.

Das System $\mathcal{P}(X)$ aller Teilmengen von X ist eine σ-Algebra. $\mathcal{A}$ sei eine σ-Algebra. Dann gilt

$$A_i \in \mathcal{A}\ (i = 1, 2, \ldots) \Rightarrow \bigcap_{i=1}^{\infty} A_i \in \mathcal{A} .$$

$(\mathcal{A}_\iota)_{\iota \in I}$ sei eine Familie von σ-Algebren. Dann ist auch $\bigcap \{\mathcal{A}_\iota : \iota \in I\}$ eine σ-Algebra. Es sei $\mathcal{E} \subseteqq \mathcal{P}(X)$ ein Mengensystem. Dann heißt der Durchschnitt aller σ-Algebren $\mathcal{A} \subseteqq \mathcal{P}(X)$ mit $\mathcal{A} \supseteqq \mathcal{E}$ die von $\mathcal{E}$ erzeugte σ-Algebra.

Definition 2. Es seien $\mathcal{A}_j$ σ-Algebren von Teilmengen von X_j $(j = 1, 2)$. Eine Abbildung $t\colon X_1 \to X_2$ heißt *$(\mathcal{A}_1, \mathcal{A}_2)$-meßbar*, falls gilt

$$t^{-1}(A) \in \mathcal{A}_1 \qquad \text{für alle } A \in \mathcal{A}_2 .$$

Sind die σ-Algebren $\mathcal{A}_1, \mathcal{A}_2$ in einer Betrachtung festgehalten, sprechen wir kurz von meßbar.

Es sei $\mathcal{E}_2 \subseteqq \mathcal{P}(X_2)$ ein Mengensystem, und $\mathcal{A}_2$ sei die von $\mathcal{E}_2$ erzeugte σ-Algebra. Die Abbildung $t\colon X_1 \to X_2$ ist genau dann $(\mathcal{A}_1, \mathcal{A}_2)$-meßbar, falls gilt $t^{-1}(A) \in \mathcal{A}_1$ für alle $A \in \mathcal{E}_2$ (vgl. [B 12]). Es seien A_j σ-Algebren von Teilmengen von X_j $(j = 1, 2, 3)$ und $t_k\colon X_k \to X_{k+1}$ sei $(\mathcal{A}_k, \mathcal{A}_{k+1})$-meßbar $(k = 1, 2)$. Dann ist die Abbildung $t_2 \circ t_1$: $X_1 \to X_3$ $(\mathcal{A}_1, \mathcal{A}_3)$-meßbar (vgl. [B 12]).

Beispiele. (1) Es sei X ein topologischer Raum und $\mathcal{O}$ die Menge aller offenen Teilmengen von X. Wir bezeichnen mit $\mathcal{B}$ die durch $\mathcal{O}$ erzeugte σ-Algebra. Die Mengen aus $\mathcal{B}$ heißen BOREL-Mengen. Im Fall $X = \overline{R}$ bezeichnen wir mit $\mathcal{B}$ die σ-Algebra der Mengen der Gestalt B, $B \cup \{+\infty\}$, $B \cup \{-\infty\}$; $B \cup \{+\infty\} \cup \{-\infty\}$, wobei B eine BOREL-Menge in R ist.

(2) Es sei X ein topologischer Raum und $C(X)$ sei die Menge aller stetigen reellen Funktionen $f\colon X \to R$. Dann ist die durch das Mengensystem

$$\{D \subseteqq X\colon \text{es existiert ein } f \in C(X) \text{ und ein } B \in \mathcal{B} \text{ mit } D = f^{-1}(B)\}$$

erzeugte σ-Algebra $\mathcal{L}$ die kleinste σ-Algebra in X, bezüglich welcher alle $f \in C(X)$, $(\mathcal{L}, \mathcal{B})$-meßbar sind. $\mathcal{L}$ heißt σ-Algebra der BAIREschen Mengen.

Definition 3. $\mathcal{A}$ sei eine σ-Algebra von Teilmengen von X. Ein Mengensystem $\mathcal{J} \subseteqq \mathcal{A}$ heißt *σ-Ideal (in $\mathcal{A}$)*, falls gilt

(i) $A \in \mathcal{J}\,,\ B \subseteqq A\,,\ B \in \mathcal{A} \Rightarrow B \in \mathcal{J}\,,$

(ii) $A_i \in \mathcal{J}\quad (i = 1, 2, \ldots) \Rightarrow \bigcup\limits_{i=1}^{\infty} A_i \in \mathcal{J}\,.$

$(\mathcal{J}_\iota)_{\iota\in I}$ sei eine Familie von σ-Idealen. Dann ist auch $\bigcap \{\mathcal{J}_\iota : \iota \in I\}$ ein σ-Ideal. Es sei $\mathcal{E} \subseteqq \mathcal{P}(X)$ ein Mengensystem. Dann heißt der Durchschnitt aller σ-Ideale $\mathcal{J} \subseteqq \mathcal{P}(X)$ mit $\mathcal{J} \supseteqq \mathcal{E}$ das von $\mathcal{E}$ erzeugte σ-Ideal.

Beispiel. Es sei $X = R^n$ und $\mathcal{A} = \mathcal{B}$ die σ-Algebra der Borel-Mengen. Das System aller abzählbaren Mengen ist ein σ-Ideal. Das System aller $B \in \mathcal{B}$, die sich durch abzählbar viele Hyperebenen überdecken lassen, ist ebenfalls ein σ-Ideal.

2.2. Maße und äußere Maße auf σ-Algebren

Ist $\mathcal{E}$ ein Mengensystem, so heißt eine Funktion $\mu: \mathcal{E} \to \overline{R}$ σ-additiv auf $\mathcal{E}$, falls aus $A_i \in \mathcal{E}$ $(i = 1, 2, \ldots)$, $A_i \cap A_j = \emptyset$ für $i \neq j$ und $\bigcup\limits_{i=1}^{\infty} A_i \in \mathcal{E}$ stets folgt $\mu(A) = \sum\limits_{i=1}^{\infty} \mu(A_i)$. (Wir verwenden die in der Maßtheorie üblichen Regeln $+\infty + \infty = +\infty$, $a + \infty = +\infty$ für $a \in R$, $0 \cdot (\pm\infty) = 0$, $a \cdot (\pm\infty) = \pm\infty$ für $a > 0$, $a \cdot (\mp\infty) = \pm\infty$ für $a < 0$).

Definition 4 ([B 12]). $\mathcal{A}$ sei eine σ-Algebra. Eine σ-additive Funktion

$$\mu: \mathcal{A} \to \overline{R}_+$$

mit $\mu(\emptyset) = 0$ heißt *(positives) Maß auf $\mathcal{A}$.*

Ist $\mathcal{A}$ eine σ-Algebra von Teilmengen von X und ist μ ein Maß auf $\mathcal{A}$, so wird das Tripel $(X, \mathcal{A}, \mu)$ als Maßraum bezeichnet. Wenn wir von Maßen als Mengenfunktionen sprechen, meinen wir positive Maße. Später betrachten wir auch Radon-Maße, die auf kompakten Teilmengen des betrachteten lokal kompakten Hausdorff-Raumes X als σ-additive nicht notwendig positive Mengenfunktionen interpretiert werden können. (Lokal kompakt bedeutet Existenz einer Umgebung jedes Punktes mit kompakter Abschließung.)

Ist $(A_k)_{k\in N}$ eine Folge von Mengen mit $A_k \subseteqq A_{k+1}$ für alle $k \in N$ und $A = \bigcup\limits_{k=1}^{\infty} A_k$ (bzw. $A_k \supseteqq A_{k+1}$, $A = \bigcap\limits_{k=1}^{\infty} A_k$), so schreibt man $A_k \nearrow A$ (bzw. $A_k \searrow A$).

Satz 1 ([B 12]). *Es sei μ ein Maß auf $\mathcal{A}$. Dann gilt*

(i) *für jede Folge $(A_k)_{k\in N} \subseteqq \mathcal{A}$ mit $A_k \nearrow A \in \mathcal{A}$ gilt*

$$\lim_{k\to\infty} \mu(A_k) = \mu(A)\,,$$

(ii) *für jede Folge $(A_k)_{k\in N} \subseteqq \mathcal{A}$ mit $A_k \searrow A \in \mathcal{A}$ und $\mu(A_{k_0}) < \infty$ für ein $k_0 \in N$ gilt*

$$\lim_{k\to\infty} \mu(A_k) = \mu(A)\,,$$

(iii) *für jede Folge $(A_k)_{k\in N} \subseteqq \mathcal{A}$ mit $A_k \searrow \emptyset$ und $\mu(A_k) < \infty$ für alle $k \in N$ gilt*

$$\lim_{k\to\infty} \mu(A_k) = 0\,.$$

Beispiel. Es sei $X = R^n$, $\mathcal{A} = \mathcal{B}$ und $x_0 \in X$. Dann ist die Mengenfunktion

$$\mu(B) = \begin{cases} 1 & \text{für } x_0 \in B \\ 0 & \text{sonst} \end{cases}$$

ein Maß auf $\mathcal{B}$. Es heißt DIRAC-Maß im Punkt x_0 (oder auch in x_0 konzentrierte Einheitsmasse oder Punktmaß in x_0) und wird mit δ_{x_0} bezeichnet.

Die Zahl $\mu(X) \leqq \infty$ heißt Gesamtmasse (oder auch Totalvariation) des Maßes μ. Das DIRAC-Maß δ_{x_0} hat also die Gesamtmasse 1.

Maße mit der Gesamtmasse 1 nennt man auch Wahrscheinlichkeitsmaße. Der Maßraum $(X, \mathcal{A}, \mu)$ wird in diesem Zusammenhang auch als Wahrscheinlichkeitsfeld bezeichnet. Jedes $A \in \mathcal{A}$ heißt ein zufälliges Ereignis, und die Zahl $\mu(A)$ heißt Wahrscheinlichkeit von A.

Es seien $\mathcal{A}_i$ σ-Algebren von Teilmengen von X_i $(i = 1, 2)$. Betrachtet werde eine $(\mathcal{A}_1, \mathcal{A}_2)$-meßbare Abbildung $t\colon X_1 \to X_2$. Ist dann μ_1 ein Maß auf $\mathcal{A}_1$, so wird durch

$$\mu_2\colon A \to \mu_1(t^{-1}(A))$$

ein Maß auf $\mathcal{A}_2$ definiert ([B 12]). Man setzt $\mu_2 = t\mu_1$ und bezeichnet μ_2 als Bild des Maßes μ_1 in bezug auf die Abbildung t.

Maße bringt man häufig in Zusammenhang mit sogenannten äußeren Maßen.

Definition 5. Eine Funktion $\mu^*\colon \mathcal{P}(X) \to \overline{R}_+$ heißt *äußeres Maß* auf X, falls gilt

$$\mu^*(\emptyset) = 0\,,$$

$$A_1 \subseteqq A_2 \Rightarrow \mu^*(A_1) \leqq \mu^*(A_2)\,,$$

$$(A_k)_{k \in N} \subseteqq \mathcal{P}(X) \Rightarrow \mu^*\left(\bigcup_{k=1}^{\infty} A_k\right) \leqq \sum_{k=1}^{\infty} \mu^*(A_k)\,.$$

Eine Menge $A \subseteqq X$ heißt *μ^*-meßbar*, falls gilt

$$\mu^*(C) = \mu^*(C \cap A) + \mu^*(C \cap \complement A) \qquad \text{für alle } C \in \mathcal{P}(X)\,.$$

Satz 2 ([B 12]). *Es sei μ^* ein äußeres Maß auf X. Das System $\mathcal{A}'$ aller μ^*-meßbaren Mengen $A \subseteqq X$ ist eine σ-Algebra in X, und die Einschränkung μ' von μ^* auf $\mathcal{A}'$ ist ein Maß auf $\mathcal{A}'$.*

Ein System $(A_k)_{k=1,\ldots,m}$ endlich vieler Mengen aus $\mathcal{A}$ heißt endliche Überdeckung einer Menge $C \in \mathcal{P}(X)$, falls gilt $C \subseteqq \bigcup_{k=1}^{m} A_k$. Es sei $\mathcal{U}$ die Menge aller endlichen Überdeckungen von C. Ist dann μ ein Maß auf $\mathcal{A}$, so ist die Mengenfunktion

$$\mu^*(C) = \inf\left\{\sum_{k=1}^{m} \mu(A_k)\colon (A_k)_{k=1,\ldots,m} \in \mathcal{U}\right\}$$

ein äußeres Maß auf X. Es heißt äußeres Maß zu μ. Es gilt dann (vgl. [C 16, I]) $\mathcal{A} \subseteqq \mathcal{A}'$, und die Einschränkung von μ' auf $\mathcal{A}$ stimmt mit μ überein.

Es sei X ein lokal kompakter HAUSDORFF-Raum. Der Einfachheit halber nehmen wir noch an, daß X σ-kompakt ist (d. h., X ist Vereinigung abzählbar vieler kompakter Teilmengen). Ein Maß μ auf $\mathcal{B}$ heißt BOREL-*Maß*, falls es auf jeder kompakten Teilmenge von X endlich ist. μ heißt *regulär*, falls für jede offene Menge $U \subseteqq X$ gilt

$$\mu(U) = \sup\,\{\mu(K)\colon K \subseteqq U, K \text{ kompakt}\}\,.$$

Dies ist äquivalent damit, daß für jedes $B \in \mathcal{B}$ gilt

$$\mu(B) = \inf \{\mu(U) : B \subseteqq U, U \text{ offen}\} .$$

Aus $B \in \mathcal{B}$ und $\mu(B) < \infty$ folgt dann

$$\mu(B) = \sup \{\mu(K) : K \subseteqq A, K \text{ kompakt}\} .$$

Es sei X eine Menge, und $\mathcal{J} \subseteqq \mathcal{P}(X)$ sei ein σ-Ideal. Gilt eine Aussage mit eventueller Ausnahme einer Menge aus $\mathcal{J}$, so sprechen wir von *$\mathcal{J}$-fast überall* ($\mathcal{J}$-f.ü.). μ sei ein Maß auf einer σ-Algebra $\mathcal{A} \subseteqq \mathcal{P}(X)$. Dann ist das Mengensystem

$$\mathcal{J}_\mu = \{A \in \mathcal{A} : \mu(A) = 0\}$$

ein σ-Ideal. Statt $\mathcal{J}_\mu$-fast überall sprechen wir dann auch von μ-fast überall (μ-f.ü.). Ein Maß μ heißt auf einer Menge $S \in \mathcal{A}$ *konzentriert*, falls gilt $\complement S \in \mathcal{J}_\mu$. Gelegentlich sprechen wir auch davon, daß μ von der Menge S getragen wird. Wenn X ein topologischer Raum ist, so heißt die kleinste abgeschlossene Menge, auf der μ konzentriert ist, *Träger* von μ und wird mit $\operatorname{supp} \mu$ bezeichnet.

Es sei $\mathcal{A}$ eine σ-Algebra von Teilmengen von X. Eine $(\mathcal{A}, \mathcal{B})$-meßbare Funktion $f : X \to \overline{R}$ bezeichnen wir einfach als meßbar. Dabei sind $X, \mathcal{A}$ festgehalten.

Die Meßbarkeit einer Funktion $f : X \to R$ ist mit jeder der folgenden Bedingungen äquivalent (vgl. [B 12]):

$$\{x \in X : f(x) \geqq a\} \in \mathcal{A} \quad \text{für alle } a \in \overline{R} ,$$

$$\{x \in X : f(x) > a\} \in \mathcal{A} \quad \text{für alle } a \in \overline{R} ,$$

$$\{x \in X : f(x) \leqq a\} \in \mathcal{A} \quad \text{für alle } a \in \overline{R} ,$$

$$\{x \in X : f(x) < a\} \in \mathcal{A} \quad \text{für alle } a \in \overline{R} .$$

Sind $f_i : X \to \overline{R}$ $(i = 1, 2)$ meßbare Funktionen, so liegen die folgenden Mengen in $\mathcal{A}$:

$$\{x \in X : f_1(x) \leqq f_2(x)\} , \quad \{x \in X : f_1(x) < f_2(x)\} ,$$

$$\{x \in X : f_1(x) = f_2(x)\} , \quad \{x \in X : f_1(x) \neq f_2(x)\} .$$

Weiterhin sind auch die Funktionen $f_1 \pm f_2$ und $f_1 \cdot f_2$ meßbar (falls sie auf ganz X definiert sind).

Ist $(f_k)_{k \in N}$ eine Folge meßbarer Funktionen $X \to \overline{R}$, so sind auch die folgenden Funktionen meßbar

$$\sup_{k \in N} f_k , \quad \inf_{k \in N} f_k , \quad \overline{\lim_{k \to \infty}} f_k , \quad \underline{\lim_{k \to \infty}} f_k .$$

Speziell ist der Limes einer punktweise konvergenten Folge meßbar.

Satz 3 (Egorov) ([C 16, I]). *Es sei μ ein Maß auf $\mathcal{A}$. Gegeben sei ein $A \in \mathcal{A}$ mit $\mu(A) < \infty$. Weiterhin sei $(f_k)_{k \in N}$ eine Folge meßbarer μ-f.ü. endlicher Funktionen, die μ-f.ü. gegen eine endliche meßbare Funktion f konvergiert. Dann existiert zu jedem $\varepsilon > 0$ ein $E \in \mathcal{A}$, $E \subseteqq A$ mit $\mu(A \setminus E) < \varepsilon$, so daß auf E die Konvergenz gleichmäßig ist.*

Definition 6. Es sei μ ein Maß auf $\mathcal{A}$. Eine Folge $(f_k)_{k \in N}$ heißt *konvergent dem Maß nach* gegen f, wenn für jedes $\varepsilon > 0$ gilt

$$\lim_{k \to \infty} \mu\{x : |f_k(x) - f(x)| \geqq \varepsilon\} = 0 .$$

Satz 4 ([H 1]). *Gegeben sei eine Folge $(f_k)_{k\in N}$ meßbarer Funktionen, die dem Maß nach gegen eine Funktion f konvergiert. Dann existiert eine Teilfolge, die μ-fast überall gegen f konvergiert.*

Satz 5 (Lusin) ([O 3]). *Unter den Voraussetzungen von Satz 3 existiert zu jeder μ-f.ü. endlichen Funktion f und zu jedem $\varepsilon > 0$ eine Menge $E \in \mathcal{A}$, $E \subseteqq A$ mit $\mu(A \setminus E) < \varepsilon$, so daß f auf E stetig ist. Wenn speziell $\mathcal{A}$ die σ-Algebra der Borel-Mengen im R^n ist, so kann man E als kompakte Menge wählen.*

2.3. Integration meßbarer Funktionen

Eine meßbare Funktion $u: X \to R$ heißt Treppenfunktion, wenn sie nur endlich viele Werte annimmt.

Die charakteristische Funktion

$$1_A(x) = \begin{cases} 1 & \text{für } x \in A \\ 0 & \text{für } x \notin A \end{cases}$$

einer Menge $A \in \mathcal{A}$ ist eine Treppenfunktion. Jede Treppenfunktion g besitzt die Darstellung

$$g(x) = \sum_{i=1}^{m} a_i 1_{A_i}(x)\,, \qquad (a_1, \dots, a_m \in R)\,,$$

mit paarweise disjunkten $A_i \in \mathcal{A}$, $(i = 1, \dots, m)$.

Satz 6 [(B 12)]. *Zu jeder meßbaren Funktion $f: X \to \overline{R}_+$ existiert eine monoton wachsende Folge $(g_k)_{k\in N}$ nichtnegativer Treppenfunktionen mit*

$$f = \sup_{k\in N} g_k\,.$$

Es sei $g \geqq 0$ eine Treppenfunktion

$$g(x) = \sum_{i=1}^{m} a_i 1_{A_i}(x)\,.$$

Ist dann μ ein Maß auf $\mathcal{A}$, so heißt die Zahl

$$\int g(x)\,\mathrm{d}\mu(x) = \sum_{i=1}^{m} a_i \mu(A_i)$$

Integral von g bezüglich μ. Es sei $f \geqq 0$ eine meßbare Funktion, und f sei gemäß Satz 6 dargestellt als Supremum über eine wachsende Folge von Treppenfunktionen. Dann heißt die (von dieser Darstellung unabhängige) Zahl

$$\int f(x)\,\mathrm{d}\mu(x) = \sup_{k\in N} \int g_k(x)\,\mathrm{d}\mu(x)$$

Integral von f bezüglich μ.

Ist $f: X \to \overline{R}$ meßbar, so heißt f *μ-integrierbar*, falls gilt $\int f^{\pm}(x)\,\mathrm{d}\mu(x) < \infty$. Die Zahl

$$\int f(x)\,\mathrm{d}\mu(x) = \int f^+(x)\,\mathrm{d}\mu(x) - \int f^-(x)\,\mathrm{d}\mu(x) \tag{1}$$

heißt Integral von f bezüglich μ. (1) bezeichnen wir auch dann als Integral von f bezüglich μ, falls die Integrale $\int f^{\pm}(x)\,\mathrm{d}\mu(x)$ nicht mit demselben Vorzeichen unendlich werden. Die Variable in den Argumenten lassen wir häufig weg, d. h., wir schreiben $\int f \, \mathrm{d}\mu$ (bezüglich Definition von Positiv- bzw. Negativteil $f^{\pm}$ von f vgl. I.1.8.).

Mit $L^1(\mu)$ bezeichnen wir den Raum aller μ-integrierbaren Funktionen auf X. Dabei werden zwei Funktionen identifiziert, wenn sie sich nur auf einer Menge aus $\mathcal{J}_\mu$ unterscheiden (also μ-f.ü. gleich sind).

$L^1(\mu)$ ist ein BANACH-Raum in der Norm $\int |f(x)| \, \mathrm{d}\mu(x)$. Es gilt $|\int f(x) \, \mathrm{d}\mu(x)| \leqq \int |f(x)| \, \mathrm{d}\mu(x)$.

Bemerkung 1. Der Raum $L^\infty(\mu)$ aller μ-f.ü. beschränkten Funktionen f (d. h. $|f(x)| \leqq a_f$ für μ-fast alle $x \in X$, $a_f = \text{const.}$) ist zu $L^1(\mu)$ dual (vgl. [B 3]).

2.4. Grenzübergang unter dem Integral

Satz 7 ([B 12]). *Für jede monotone Folge $(f_k)_{k \in N}$ nichtnegativer meßbarer Funktionen $X \to \overline{R}_+$ gilt*

$$\int \sup_{k \in N} f_k(x) \, \mathrm{d}\mu(x) = \sup_{k \in N} \int f_k(x) \, \mathrm{d}\mu(x) .$$

Ist $(g_k)_{k \in N}$ eine beliebige Folge nichtnegativer meßbarer Funktionen $X \to \overline{R}$, so gilt

$$\sum_{k=1}^{\infty} \int g_k(x) \, \mathrm{d}\mu(x) = \int \sum_{k=1}^{\infty} g_k(x) \, \mathrm{d}\mu(x) .$$

Satz 8 (FATOU) ([H 1]). *Es sei $(f_k)_{k \in N}$ eine Folge nichtnegativer meßbarer Funktionen $X \to \overline{R}_+$. Dann gilt*

$$\int \left[\varliminf_{k \to \infty} f_k(x)\right] \mathrm{d}\mu(x) \leqq \varliminf_{k \to \infty} \int f_k(x) \, \mathrm{d}\mu(x) .$$

Satz 9 (LEBESGUE) ([B 12]). *Es sei $(f_k)_{k \in N}$ eine μ-f.ü. konvergente Folge aus $L^1(\mu)$, und es existiere eine Funktion $g \in L^1(\mu)$, $g \geqq 0$ mit*

$$|f_k(x)| \leqq g(x) \qquad \text{für alle } x \in X, \ (k \in N) .$$

Dann existiert ein $f \in L^1(\mu)$, so daß die Folge μ-f.ü. gegen f konvergiert, und es gilt

$$\lim_{k \to \infty} \int f_k(x) \, \mathrm{d}\mu(x) = \int f(x) \, \mathrm{d}\mu(x) .$$

2.5. Substitutionsregel

Wir betrachten auf X_i σ-Algebren $\mathcal{A}_i$ $(i = 1, 2)$. Es sei $t\colon X_1 \to X_2$ eine $(\mathcal{A}_1, \mathcal{A}_2)$-meßbare Abbildung. μ_1 sei ein Maß auf $\mathcal{A}_1$ und $\mu_2 = t\mu_1$ sei das Bildmaß auf $\mathcal{A}_2$. Dann gilt der

Satz 10 ([B 12]). *Für jede $\mathcal{A}_2$-meßbare Funktion $h \geqq 0$ auf X_2 gilt*

$$\int_{X_2} h \, \mathrm{d}\mu_2 = \int_{X_1} (h \circ t) \, \mathrm{d}\mu_1 . \tag{2}$$

h ist μ_2-integrierbar genau dann, wenn $h \circ t$ μ_1-integrierbar ist.

2.6. Absolutstetigkeit und Satz von RADON-NIKODYM

Satz 11 ([B 12]). *Es sei μ ein Maß auf $\mathcal{A}$, und es sei $h \in L^1(\mu)$, $h \geqq 0$. Dan erhält man mittels*

$$\nu(A) = \int 1_A(x) \, h(x) \, \mathrm{d}\mu(x)$$

wiederum ein Maß auf $\mathcal{A}$, und es gilt für jedes $f \in L^1(\mu)$, $f \geqq 0$

$$\int f(x)\, \mathrm{d}\nu(x) = \int f(x)\, h(x)\, \mathrm{d}\mu(x)\,. \tag{3}$$

Definition 7. Es sei $\mathcal{J} \subseteqq \mathcal{A}$ ein σ-Ideal. Ein Maß ν auf $\mathcal{A}$ heißt *$\mathcal{J}$-absolutstetig*, falls gilt $\mathcal{J} \subseteqq \mathcal{J}_\nu$. Ist μ ein Maß auf $\mathcal{A}$ und $\mathcal{J}_\mu \subseteqq \mathcal{J}_\nu$, so heißt ν absolutstetig bezüglich μ.

Satz 12 (Radon-Nikodym) ([B 12]). *Es seien μ, ν Maße auf $\mathcal{A}$. Dann ist $\mathcal{J}_\mu \subseteqq \mathcal{J}_\nu$ äquivalent mit der Existenz einer Funktion $h \in L^1(\mu)$, $h \geqq 0$, so daß (3) gilt (h heißt eine Dichte von ν bezüglich μ).*

2.7. Satz von Fubini

Es seien $(X, \mathcal{A}, \mu)$, $(Z, \mathcal{C}, \nu)$ Maßräume und $\mathcal{A} \times \mathcal{C}$ bezeichne die σ-Algebra, die durch das System aller Mengen $A \times C$ mit $A \in \mathcal{A}$, $C \in \mathcal{C}$ in $X \times Z$ erzeugt wird. Dann existiert ein eindeutig bestimmtes Maß $\mu \otimes \nu$ auf $\mathcal{A} \times \mathcal{C}$ mit der Eigenschaft

$$\mu \otimes \nu(A \times C) = \mu(A)\, \nu(C) \qquad \text{für alle } A \in \mathcal{A},\ C \in \mathcal{C}\,.$$

(vgl. [C 16, I]).

Satz 13 (Fubini-Tonelli) ([Y 1]). *Eine $(\mathcal{A} \times \mathcal{C}, \mathcal{B})$-meßbare Funktion $f\colon X \times Z \to \overline{R}$ ist genau dann $\mu \otimes \nu$-integrierbar, wenn eins der beiden iterierten Integrale*

$$\int_X \left[\int_Z |f(x, z)|\, \mathrm{d}\nu(z)\right] \mathrm{d}\mu(x) \quad \text{oder} \quad \int_Z \left[\int_X |f(x, z)|\, \mathrm{d}\mu(x)\right] \mathrm{d}\nu(z)$$

endlich ist. In diesem Fall gilt

$$\int_{X \times Z} f(x, z)\, \mathrm{d}(\mu \otimes \nu)\,(x, z) = \int_X \left[\int_Z f(x, z)\, \mathrm{d}\nu(z)\right] \mathrm{d}\mu(x) = \int_Z \left[\int_X f(x, z)\, \mathrm{d}\mu(x)\right] \mathrm{d}\nu(z)\,.$$

2.8. Radon-Maße

Es sei X ein lokal kompakter Hausdorff-Raum und $C_0(X)$ der Raum aller reellen stetigen Funktionen mit kompaktem Träger. Eine lineare Abbildung

$$m\colon C_0(X) \to R$$

mit $f \geqq 0 \Rightarrow m(f) \geqq 0$ heißt positives Radon-Maß.

Satz 14 (Riesz) ([C 16, I]). *Zu jedem positiven* Radon-*Maß m existiert ein reguläres* Borel-*Maß μ mit*

$$m(f) = \int f\, \mathrm{d}\mu \qquad \textit{für alle } f \in C_0(X)\,.$$

Es sei X ein lokal kompakter Hausdorff-Raum und $C_0(X)$ sei der Raum aller stetigen Funktionen $f\colon X \to R$ mit kompaktem Träger. $C_0(X)$ ist ein Vektorverband in der natürlichen Halbordnung, d. h. $f \geqq 0 \Leftrightarrow f(x) \geqq 0$ für alle $x \in X$.

Radon-Maß auf X heißt eine lineare Abbildung $\mu\colon C_0(X) \to R$, so daß für jedes kompakte $K \subseteqq X$ eine Konstante $c(K)$ existiert mit

$$|\mu(f)| \leqq c(K)\, \|f\| \qquad \text{für alle } f \in C_0(X) \text{ mit } \operatorname{supp} f \subseteqq K\,.$$

Hierbei ist $\|f\| = \sup\,\{|f(x)|: x \in X\}$.

Die Menge aller RADON-Maße auf X bezeichnen wir mit $\mathfrak{M}(X)$. Ein $\mu \in \mathfrak{M}(X)$ heißt positiv, falls gilt $\mu(f) \geqq 0$ für alle $f \in C_0(X)$, $f \geqq 0$. Die Menge aller positiven RADON-Maße auf X werde mit $\mathfrak{M}^+(X)$ bezeichnet.

Die Positivität einer Linearform $\mu\colon C_0(X) \to R$ ist hinreichend dafür, daß μ ein RADON-Maß auf X ist (vgl. Satz 14).

Nach unserer Definition ist $\mathfrak{M}(X)$ (betrachtet mit der natürlichen Vektorraum-Struktur) das topologische Dual zum Raum $C_0(X)$, wobei $C_0(X)$ mit der Topologie des induktiven Limes der BANACH-Räume $C_0(K) = \{f \in C_0(X)\colon \operatorname{supp} f \subseteqq K\}$ versehen ist. Die Einschränkung jedes $\mu \in \mathfrak{M}(X)$ auf $C_0(K)$ ist also stetig auf $C_0(K)$ für alle kompakten $K \subseteqq X$. Den Raum $\mathfrak{M}(X)$ betrachten wir in der w^*-Topologie, die zu dieser Dualität gehört. Man spricht in diesem Zusammenhang häufig auch von der vagen Topologie.

Satz 15 ([C 16, I]). *$\mathfrak{M}(X)$ ist ein vollständiger Vektorverband. Jedes $\mu \in \mathfrak{M}(X)$ kann geschrieben werden in der Gestalt*

$$\mu = \mu^+ - \mu^- \quad \textit{mit } \mu^\pm \in \mathfrak{M}^+(X)\,. \tag{4}$$

Dabei ist $\mu^+ \wedge \mu^- = 0$ und $|\mu| = \mu^+ + \mu^-$ (Betrag im verbandstheoretischen Sinne). Für beliebiges $f \in C_0(X)$, $f \geqq 0$ gilt dann

$$\mu^+(f) = \sup\,\{\mu(g)\colon g \in C_0(X),\, 0 \leqq g \leqq f\}\,,$$
$$\mu^-(f) = \sup\,\{-\,\mu(g)\colon g \in C_0(X),\, 0 \leqq g \leqq f\}\,.$$

2.9. Halbstetige Funktionen

Es sei X ein lokal kompakter HAUSDORFF-Raum. Eine Funktion $f\colon X \to \overline{R}$ heißt nach unten halbstetig, falls die Menge

$$\{x \in X\colon a < f(x) \leqq \infty\}$$

für beliebiges $a \in \overline{R}$ offen ist. f heißt nach oben halbstetig, falls die Menge

$$\{x \in X\colon -\infty \leqq f(x) < a\}$$

für beliebiges $a \in \overline{R}$ offen ist.

Eine Funktion $f\colon X \to \overline{R}$ ist genau dann stetig, wenn sie nach unten und nach oben halbstetig ist.

Allen Aussagen über nach unten halbstetige Funktionen entsprechen bei sinngemäßer Änderung der Halbordnung usw. Aussagen für nach oben halbstetige Funktionen. Darauf weisen wir nicht immer ausdrücklich hin.

Es sei $f\colon X \to \overline{R}$ eine beliebige Funktion. Dann ist

$$\hat{f}(x) = \sup_{U(x)} \inf_{z \in U(x)} f(z)$$

nach unten halbstetig. $U(x)$ bedeutet dabei eine beliebige offene Umgebung des Punktes $x \in X$. Die Funktion $\hat{f}$ wird häufig als Regularisierte von f bezeichnet und ist die größte nach unten halbstetige Funktion kleiner oder gleich f.

Es gilt dann

$$\hat{f}(x) = \underline{\lim}_{i \to \infty} f(x_i) \tag{5}$$

für $x = \lim_{i\to\infty} x_i$ und $(\hat{f})^\wedge = \hat{f}$ sowie $f = \hat{f}$ für nach unten halbstetiges f bzw.

$$f(x) = \underline{\lim}_{i\to\infty} f(x_i) \qquad \text{für } x = \lim_{i\to\infty} x_i\,. \tag{6}$$

Die charakteristische Funktion $1_U(x)$ jeder offenen Menge $U \subseteqq X$ ist nach unten halbstetig.

Mit $S^+(X)$ bezeichnen wir die Menge aller nichtnegativen nach unten halbstetigen Funktionen auf X. Es bestehen folgende Eigenschaften:

$$a \in R_+\,,\quad f \in S^+(X) \Rightarrow af \in S^+(X)\,,$$

$$f_1, \dots, f_k \in S^+(X) \Rightarrow \inf_{j=1,\dots,k} f_j \in S^+(X)\,,$$

$$M \subseteqq S^+(X) \Rightarrow \sup_{f\in M} f \in S^+(X)\,,$$

$$f \in S^+(X) \Rightarrow f = \sup\,\{g \in C_0(X) : 0 \leqq g \leqq f\}\,.$$

Für jede Funktion $f\colon X \to \overline{R}_+$ gilt

$$\hat{f} = \sup\,\{h \in S^+(X) : h \leqq f\}\,.$$

2.10. Anderer Zugang zur Integrationstheorie

Definition 9. Für $\mu \in \mathfrak{M}^+(X)$ und $f \in S^+(X)$ heißt

$$\mu(f) = \sup\,\{\mu(g) : g \in C_0(X),\, 0 \leqq g \leqq f\}$$

Integral von f bezüglich μ.

Es gelten dann folgende Aussagen ([C 16, I])

$$a \in R_+\,,\quad f \in S^+(X) \Rightarrow \mu(af) = a\mu(f)\,,$$

$$f_1, f_2 \in S^+(X)\,,\quad f_1 \leqq f_2 \Rightarrow \mu(f_1) \leqq \mu(f_2)\,,$$

$$f_1, f_2 \in S^+(X) \Rightarrow \mu(f_1 + f_2) = \mu(f_1) + \mu(f_2)\,,$$

$M \subseteqq S^+(X)$ sei nach oben filtrierend, $g = \sup_{f\in M} f$, dann gilt

$$\mu(g) = \sup_{f\in M} \mu(f)\,,$$

$$(f_k)_{k\in N} \subset S^+(X) \Rightarrow \mu\left(\sum_{k=1}^{\infty} f_k\right) = \sum_{k=1}^{\infty} \mu(f_k)\,.$$

Definition 10. Es sei $\mu \in \mathfrak{M}^+(X)$. Für offenes $U \subseteqq X$ setzen wir

$$\mu(U) = \mu(1_U)\,.$$

Eine Menge $A \subseteqq X$ heißt vom Maß Null, falls zu beliebigem $\varepsilon > 0$ eine offene Menge $U \supseteqq A$ existiert mit $\mu(U) < \varepsilon$.

Definition 11. Es sei $f\colon E \to \overline{R}_+$ eine beliebige Abbildung. Dann heißt die Zahl

$$\mu^*(f) = \inf\,\{\mu(g) : g \in S^+(X),\, g \geqq f\}$$

äußeres Integral von f bezüglich μ. Für eine Menge $A \subseteqq X$ wird gesetzt

$$\mu^*(A) = \mu^*(1_A)\,.$$

$A \subseteqq X$ ist genau dann vom Maß Null, falls gilt $\mu^*(A) = 0$. Es bestehen weiterhin folgende Eigenschaften, wobei alle betrachteten f beliebige Abbildungen $X \to \overline{R}_+$ sind:

$$a \in R_+ \Rightarrow \mu^*(af) = a\mu^*(f) ,$$

$$f_1 \leqq f_2 \Rightarrow \mu^*(f_1) \leqq \mu^*(f_2) ,$$

$$\mu^*(f_1 + f_2) \leqq \mu^*(f_1) + \mu^*(f_2) ,$$

$(f_k)_{k\in N}$ monoton wachsende Folge, $f = \lim\limits_{k\to\infty} f_k$

$$\Rightarrow \mu^*(f) = \lim_{k\to\infty} \mu^*(f_k) ,$$

für eine beliebige Folge $(f_k)_{k\in N}$ gilt

$$\mu^*\left(\varliminf_{k\to\infty} f_k\right) \leqq \varliminf_{k\to\infty} \mu^*(f_k) ,$$

$$\mu^*\left(\sum_{k=1}^{\infty} f_k\right) \leqq \sum_{k=1}^{\infty} \mu^*(f_k) .$$

Es sei $f\colon X \to \overline{R}_+$ eine beliebige Abbildung. Dann ist $\mu^*(f) = 0$ genau dann, wenn $\{x\colon f(x) > 0\}$ eine μ-Nullmenge ist.

Es sei $\mu \in \mathfrak{M}^+(X)$ festgehalten. Wir setzen $N(f) = \mu^*(|f|)$. N ist auf der Menge Q aller $f\colon X \to \overline{R}$ mit $N(f) < \infty$ eine Halbnorm. $f_1, f_2 \in Q$ heißen äquivalent, falls $\{x \in X\colon f_1(x) \neq f_2(x)\}$ eine μ-Nullmenge ist. Die Menge P aller Äquivalenzklassen ist ein Vektorraum, und N ist eine Norm auf P. Mit pf bezeichnen wir die durch $f \in Q$ repräsentierte Äquivalenzklasse. $pC_0(X)$ ist dann ein linearer Teilraum von P. Die Vervollständigung von $pC_0(X)$ bezüglich N bezeichnen wir mit $L^1(\mu)$. Für $f \in L^1(\mu)$ setzen wir $\mu(f) = \mu^*(f)$.

Definition 12. Eine Menge $A \subseteqq X$ heißt *μ-meßbar*, falls für jede kompakte Menge $K \subseteqq X$ gilt $1_{A\cap K} \in L^1(\mu)$.

Es sei $A \subseteqq X$. Dann ist $1_A \in L^1(\mu)$ zu folgender Aussage äquivalent: Zu jedem $\varepsilon > 0$ existiert eine kompakte Menge $K \subseteqq A$ und eine offene Menge $U \supseteqq A$ mit $\mu(U \setminus K) < \varepsilon$.

Bezüglich der folgenden Sätze vgl. man [C 16, I].

Satz 16. *Es sei X ein lokal kompakter* HAUSDORFF-*Raum mit abzählbarer Basis. Dann bilden die μ-meßbaren Mengen aus X eine σ-Algebra $\mathcal{A}$, in der die σ-Algebra B der* BOREL-*Mengen enthalten ist, und μ ist ein Maß auf $\mathcal{A}$.*

Satz 17. *Es sei X ein lokal kompakter Raum mit abzählbarer Basis. Es sei $\mu \in \mathfrak{M}^+(X)$ und ϱ sei das reguläre* BOREL-*Maß aus dem* RIESZ*schen Darstellungssatz* (vgl. I.2.8. Satz 14). *Dann gilt $\mu = \varrho$ auf $\mathcal{B}$. Die verschiedenen Definitionen des Raumes $L^1(\mu) = L^1(\varrho)$ sind äquivalent, und die meßbaren Mengen und Funktionen bezüglich μ bzw. ϱ fallen zusammen.*

Bemerkung 2. Analog zu $L^1(\mu)$ können wir auch die Räume $L^p(\mu)$ $(1 \leqq p < \infty)$ definieren. $L^p(\mu)$ ist die Menge aller $f\colon X \to \overline{R}$ mit

$$N_p(f) = (\int |f|^p \, d\mu)^{1/p} < \infty .$$

Mit der üblichen Identifikation $f = g \Leftrightarrow N_p(f) = N_p(g)$ ist $L^p(\mu)$ ein BANACH-Raum mit dem Dual $L^{p'}(\mu)$, $p' = p/(p-1)$. Jede Funktion $f \in L^p(\mu)$ $(1 \leqq p < \infty)$ ist μ-fast überall als Differenz zweier nach unten halbstetiger Funktionen darstellbar.

Bemerkung 8. Es sei X ein lokal kompakter HAUSDORFF-Raum mit abzählbarer Basis und $\mu = \mu^+ - \mu^- \in \mathfrak{M}(X)$. Wenn wir $\mu\pm$ auffassen als reguläre BOREL-Maße, so existieren disjunkte Mengen $A\pm \in \mathcal{B}$ mit $A^+ \cup A^- = X$ und $\mu^+(A^-) = \mu^-(A^+) = 0$. Nach dieser Umdeutung als Mengenfunktion heißt μ ein signiertes (BOREL-)Maß, und die Darstellung $\mu = \mu^+ - \mu^-$ heißt JORDAN-Zerlegung von μ. Für beliebiges $B \in \mathcal{B}$ gilt dann

$$\mu^+(B) = \mu(A^+ \cap B)\,, \qquad \mu^-(B) = -\mu(A^- \cap B)\,.$$

Der Ausdruck $\int f\, d\mu$ wird stets verstanden als Differenz der Integrale bezüglich μ^+, μ^-, wobei unbestimmte Ausdrücke der Gestalt $\infty - \infty$ oder $-\infty + \infty$ ausgeschlossen oder gesondert interpretiert werden müssen.

2.11. Topologische Eigenschaften von $\mathfrak{M}(X)$

X sei ein lokal kompakter HAUSDORFF-Raum, und $\mathfrak{M}(X)$ sei die Menge der RADON-Maße auf X. Die durch das System der Halbnormen

$$p_f(\mu) = |\mu(f)| \qquad \left(f \in C_0(X)\right)$$

in $\mathfrak{M}(X)$ definierte lokalkonvexe Topologie ist die zu dem dualen Paar $\left(C_0(X), \mathfrak{M}(X)\right)$ gehörende w^*-Topologie. In dieser Topologie werden wir $\mathfrak{M}(X)$ stets betrachten, falls nichts anderes gesagt wird. Diese w^*-Topologie wird häufig auch als vage Topologie bezeichnet. Die Konvergenz in $\mathfrak{M}(X)$ einer Folge $(\nu_k)_{k\in N}$ gegen ein $\nu \in \mathfrak{M}(X)$ symbolisieren wir durch

$$\nu_k \rightharpoonup \nu \qquad \text{für } k \to \infty\,. \tag{7}$$

Wenn X kompakt ist, betrachten wir $\mathfrak{M}(X)$ mitunter auch in der durch die Totalvariation $\|\cdot\|$ gegebenen BANACH-Raum-Topologie. Wir sprechen dann auch von der starken Topologie in $\mathfrak{M}(X)$. Bei Konvergenz bezüglich $\|\cdot\|$, die auch als Normkonvergenz bezeichnet wird, schreiben wir $\nu_k \to \nu$ für $k \to \infty$.

Satz 18. *Es sei $L \subseteqq C_0(X)$ ein linearer Teilraum, und für jede kompakte Menge $K \subseteqq X$ sei $L^+ \cap C_0(K)$ in $C_0^+(K)$ dicht (L^+ bezeichnet die positiven Elemente von L). Dann gilt:*

(i) *Jede positive Linearform $\mu\colon L \to R$ hat eine eindeutige Fortsetzung zu einem positiven RADON-Maß.*

(ii) *Wenn für eine Folge $(\mu_k)_{k\in N}$ in $\mathfrak{M}^+(X)$ die Folge $\mu_k(h)$ für jedes $h \in L$ konvergiert, so konvergiert $(\mu_k)_{k\in N}$ in $\mathfrak{M}^+(X)$.*

(iii) *Ist $(\mu_k)_{k\in N}$ eine Folge in $\mathfrak{M}(X)$ mit $|\mu_k(f)| < \infty$ für alle $f \in C_0(X)$ und konvergiert $\mu_k(h)$ für alle $h \in L$, so konvergiert $(\mu_k)_{k\in N}$ in $\mathfrak{M}(X)$.*

Satz 19. *Es sei $\mathcal{B} \subseteqq \mathfrak{M}(X)$ eine w^*-beschränkte Menge, d. h., $\{\mu(f)\colon \mu \in \mathcal{B}\}$ ist in R beschränkt für alle $f \in C_0(X)$. Dann ist $\mathcal{B}$ auch stark beschränkt, d. h., zu jeder kompakten Menge $K \subseteqq X$ existiert eine Konstante $c(K)$ mit $|\mu(f)| \leqq c(K)\,\|f\|$ für alle $f \in C_0(K)$.*

Satz 20. *$\mathfrak{M}(X)$ ist folgenvollständig.*

Satz 21. *Die Menge*

$$\{\mu \in \mathfrak{M}(X)\colon \|\mu\| \leqq c\}$$

ist w^*-kompakt in $\mathfrak{M}(X)$. Ist X kompakt, so ist die Menge $\{\mu \in \mathfrak{M}^+(X): ||\mu|| = c\}$ w^*-kompakt. Für beliebiges $\varrho \in \mathfrak{M}^+(X)$ ist die Menge $\{\mu \in \mathfrak{M}(X): |\mu| \leqq \varrho\}$ in $\mathfrak{M}(X)$ w^*-kompakt.

Satz 22. *Die Abbildung $x \to \delta_x$ von X in $\mathfrak{M}(X)$ ist ein Homöomorphismus von X in $\mathfrak{M}^+(X)$ bezüglich der w^*-Topologie.*

Satz 23. *Die w^*-Topologie von $\mathfrak{M}^+(X)$ ist metrisierbar und separabel genau dann, wenn der lokal kompakte* Hausdorff*-Raum X eine abzählbare Basis besitzt.*

Satz 24. *Es sei X ein lokal kompakter* Hausdorff*-Raum. Dann gilt:*

(i) *Der durch die Menge $(\delta_x)_{x \in X}$ der* Dirac*-Maße erzeugte Vektorraum ist w^*-dicht in $\mathfrak{M}(X)$.*

(ii) *Die Menge aller endlichen Summen $\sum a_k \delta_{x_k}$ mit $a_k \geqq 0$ für alle k ist w^*-dicht in $\mathfrak{M}^+(X)$.*

(iii) *Für jede kompakte Menge $K \subseteqq X$ und jedes $\mu \in \mathfrak{M}^+(X)$ mit $\operatorname{supp} \mu \subseteqq K$ existiert eine Folge $(\mu_k)_{k \in N} \subseteqq \mathfrak{M}^+(X)$ diskreter Maße (d. h. endliche Linearkombination von* Diarc*-Maßen) mit $\operatorname{supp} \mu_k \subseteqq K$, $||\mu_k|| = ||\mu||$ und $\mu_k \rightharpoonup \mu$.*

Für jedes $\mu \in \mathfrak{M}(X)$ mit $\operatorname{supp} \mu \subseteqq K$ existiert eine Folge $(\mu_k)_{k \in N}$ diskreter Maße mit $\operatorname{supp} \mu_k \subseteqq K$, $||\mu_k|| = ||\mu||$ und $\mu_k \rightharpoonup \mu$.

Satz 25 ([B 12]). *Es sei X ein lokal kompakter* Hausdorff*-Raum mit abzählbarer Basis. Dann stimmt das System $\mathscr{B}$ der* Borel*-Mengen mit dem System der* Baire*schen Mengen überein, und $\mathscr{B}$ ist die vom System der kompakten Mengen erzeugte σ-Algebra.*

Definition 13 ([B 12]). X sei ein lokal kompakter Hausdorff-Raum mit abzählbarer Basis und $\mu \in \mathfrak{M}^+(X)$. Eine Menge $Q \in \mathscr{B}$ heißt *μ-randlos,* falls gilt $\mu(\partial Q) = 0$ $(\partial Q = \overline{Q} \setminus \operatorname{int} Q)$.

Satz 26 ([B 12]). *Es sei X ein lokal kompakter* Hausdorff*-Raum mit abzählbarer Basis, und $(\mu_k)_{k \in N}$ sei eine Folge aus $\mathfrak{M}^+(X)$ mit $\mu_k(X) < \infty$ für alle $k \in N$. Es sei $\mu \in \mathfrak{M}^+(X)$ und $\mu(X) < \infty$, sowie $\mu_k \rightharpoonup \mu$ und $\mu_k(X) \to \mu(X)$ für $k \to \infty$. Dann gilt*

$$\lim_{k\to\infty} \int f \, d\mu_k = \int f \, d\mu$$

für jede Borel*-meßbare beschränkte μ-fast überall stetige Funktion f. Speziell gilt*

$$\lim_{k\to\infty} \mu_k(Q) = \mu(Q)$$

für jede μ-randlose Menge $Q \in \mathscr{B}$.

Satz 27 ([L 7]). *Die Voraussetzungen von Satz 26 seien erfüllt. Für jede μ-randlose Menge B sei*

$$\lim_{k\to\infty} \mu_k(B) = \mu(B) .$$

Dann gilt $\mu_k \rightharpoonup \mu$. Aus $\mu_k \rightharpoonup \mu$ folgt weiterhin für jede μ-randlose Menge B

$$\mu_k|_B \rightharpoonup \mu|_B .$$

2.12. Beispiele

(1) Konstruktion eines Gebietes, dessen Rand positives LEBESGUE-Maß hat. Wir betrachten das Intervall [0, 1] auf der reellen Achse. Es sei $(r_k)_{k \in N}$ die Menge der rationalen Zahlen $0 \leqq r_k \leqq 1$, durchnumeriert mittels der natürlichen Zahlen. Es sei $(a_k)_{k \in N}$ eine Folge positiver Zahlen mit $\sum_{k=1}^{\infty} a_k = \varepsilon_0$, $0 < \varepsilon_0 < \frac{1}{2}$. Die auf der Zahlengeraden offene Menge

$$G = (0, 1) \cap \left\{ \bigcup_{k=1}^{\infty} \left(r_k - \frac{a_k}{2}, \quad r + \frac{a_k}{2} \right) \right\}$$

ist in [0, 1] enthalten und hat das eindimensionale LEBESGUE-Maß $\varepsilon_1 \leqq \varepsilon_0$.

Wir bilden im Quadrat $[0, 1] \times [0, 1] \subset R^2$ die Menge

$$\Omega = (G \times (0, 1)) \cup ((0, 1) \times G) .$$

Ω ist dann zusammenhängend und hat das zweidimensionale LEBESGUE-Maß $\varepsilon_2 \leqq 2\varepsilon_1$. Das zweidimensionale LEBESGUE-Maß des Randes $\partial\Omega$ ist dann $1 - \varepsilon_2 > 0$.

(2) Es versteht sich von selbst, daß die in der klassischen Analysis vorkommenden Integrale wie etwa

$$f \to \int f(x)\, dx \quad \text{(Volumenintegral)} \tag{8}$$

$$g \to \int g(y)\, do(y) \quad \text{(Oberflächenintegral)} \tag{9}$$

$$h \to \int h(t)\, d\lambda(t) \quad \text{(Kurvenintegral)} \tag{10}$$

Spezialfälle der allgemeinen Integrationstheorie sind. $do(y)$ ist dabei das Oberflächenelement auf $\partial\Omega$ und $d\lambda(t)$ das Linienelement auf der Kurve Γ.

(3) Zu Satz 26 geben wir ein einfaches Beispiel an. Es sei $(x_k)_{k \in N}$ eine Folge reeller Zahlen mit $x_k \to x \in R$ für $k \to \infty$ und $x_k < x$ für alle $k \in N$. Es sei $y > x$, und $f = 1_{[x,y]}$ sei die charakteristische Funktion des abgeschlossenen Intervalls $[x, y]$. Dann gilt $\delta_{x_k} \rightharpoonup \delta_x$, aber nicht $\delta_{x_k}(f) \rightharpoonup \delta_x(f)$.

§ 3. Konvexität und CHOQUET-Satz

Für die axiomatische Potentialtheorie haben Integraldarstellungen in konvexen kompakten Mengen eine grundlegende Bedeutung. Wir werden sie in einem etwas anderen Zusammenhang benötigen, nämlich zum Studium des inversen Problems beim LAPLACE-Operator. Hierzu stellen wir einige allgemeine Sachverhalte über konvexe Mengen zusammen, für die auch sonstige zahlreiche Beziehungen zu wichtigen Fragen der Funktionalanalysis bestehen (vgl. etwa [P 5], [B 11], [G 1], [K 24]). Bezüglich weiterer Literatur vergleiche auch [S 3].

3.1. Schwerpunkt von Maßen

Es sei E ein lokal konvexer HAUSDORFF-Raum mit dem topologischen Dual E'. Betrachtet werde eine kompakte nichtleere Teilmenge $M \subseteqq E$, und p sei ein Wahrscheinlichkeitsmaß auf M (d. h. ein nichtnegatives reguläres BOREL-Maß auf M mit $p(M) = 1$). Ein Punkt $x \in E$ heißt Schwerpunkt von p, falls gilt

$$l(x) = \int_M l(z)\, dp(z) \qquad \text{für alle } l \in E' .$$

Diese Bezeichnung ist dadurch gerechtfertigt, daß x im Falle $E = R^3$ der physikalische Schwerpunkt von p ist, wenn man p als Massenverteilung mit der Gesamtmasse 1 im Raum deutet. Es sei $M \subseteqq E$ eine Menge. Der Durchschnitt aller abgeschlossenen konvexen Mengen, in denen M enthalten ist, heißt abgeschlossene konvexe Hülle von M.

Satz 1 ([P 5]). *Es sei $M \subseteqq E$ kompakt ($M \neq \emptyset$), und die abgeschlossene konvexe Hülle A von M sei kompakt. Dann existiert zu jedem Wahrscheinlichkeitsmaß p auf M genau ein $x_p \in A$, so daß x_p Schwerpunkt ist von p. Die Zuordnung $p \to x_p$ ist schwach stetig.*

(Hierbei wird p als Element von $(C(M))'$ (in der dazugehörigen w^*-Topologie) betrachtet und E in der schwachen Topologie $\mathcal{S} = \mathcal{S}(E, E')$, vgl. 1.2.).

Wenn E ein vollständiger lokal konvexer Raum ist, so ist die abgeschlossene konvexe Hülle jeder kompakten Menge kompakt ([R 6]). Konvexe Mengen betrachten wir in späteren Anwendungen auch in E'. Ist dann E tonnelliert und $\mathcal{S}' = \mathcal{S}(E', E)$ die w^*-Topologie in E', so ist die abgeschlossene konvexe Hülle jeder $\mathcal{S}'$-kompakten Menge M' im Raum E' wieder $\mathcal{S}'$-kompakt ([R 6]). Die Abschließung einer konvexen Menge ist dieselbe in allen Topologien, die mit der Dualität zwischen E und E' verträglich sind. (Bezüglich konvexer kompakter Mengen vgl. auch I.1.3. Satz 6 und Satz 6').

3.2. Satz von KREIN-MIL'MAN

Satz 2 ([P 5]). *Es sei $M \subseteqq E$ kompakt, und A sei die abgeschlossene konvexe Hülle von M. Ein Punkt $x \in E$ gehört genau dann zu A, wenn ein Wahrscheinlichkeitsmaß p auf M existiert, dessen Schwerpunkt x ist.*

Definition 1. Ein Punkt $x \in A$ einer konvexen Menge A heißt *extremal*, wenn aus $y, z \in A$ und $x = qy + (1 - q) z$ $(0 \leqq q \leqq 1)$ folgt $x = y = z$. Mit ex A bezeichnen wir die Menge der extremalen Punkte von A.

Beispiel (vgl. [M 40]). Es sei E ein HAUSDORFFscher lokal konvexer Raum. Es seien A_1, A_2 konvexe kompakte Teilmengen von E. Dann ist auch $A = A_1 + A_2$ konvex und kompakt, und zu jedem $x \in$ ex A existieren eindeutig bestimmte $x_i \in$ ex A_i $(i = 1, 2)$ mit $x = x_1 + x_2$.

Satz 2 ist äquivalent zu folgendem bekannten

Satz 3 (KREIN, MIL'MAN) ([K 14]). *Eine kompakte konvexe Menge A in einem lokal konvexen Raum stimmt überein mit der abgeschlossenen konvexen Hülle ihrer extremalen Punkte.*

Satz 4 ([P 5]). *Es sei $A \subseteqq E$ eine kompakte konvexe Menge ($A \neq \emptyset$), und es sei $x \in A$. Dann gilt $x \in$ ex A genau dann, wenn die Punktmasse δ_x das einzige Wahrscheinlichkeitsmaß auf A ist mit dem Schwerpunkt x.*

Bemerkung 1. Die Extremalpunktmenge ex A einer konvexen kompakten Menge A ist im allgemeinen nicht abgeschlossen. Hierzu existieren bereits im R^3 Gegenbeispiele (vgl. [B 11]).

3.3. Satz von CHOQUET

Satz 5 (CHOQUET) ([P 5]). *Es sei $A \subseteqq E$ eine kompakte konvexe Menge ($A \neq \emptyset$), und die durch E auf A induzierte Topologie sei metrisierbar. Dann existiert zu jedem $x \in A$ ein Wahrscheinlichkeitsmaß p auf A mit dem Schwerpunkt x, wobei p auf ex A konzentriert ist.*

Im nicht metrisierbaren Fall besteht analog der

Satz 6 (Choquet, Bishop, de Leeuw) ([P 5]). *Es sei $A \subseteqq E$ eine kompakte konvexe Menge ($A \neq \emptyset$). Dann existiert zu jedem $x \in A$ ein Wahrscheinlichkeitsmaß p auf A mit dem Schwerpunkt x und $p(B) = 0$ für alle* Baireschen *Mengen B mit $B \cap$* ex *$A = \emptyset$.*

Definition 2. Eine konvexe kompakte Teilmenge A von E heißt *Simplex*, falls für jedes $x \in A$ das in Satz 5 erwähnte Maß p eindeutig bestimmt ist.

In [B 11] sind verschiedene äquivalente Definitionen bzw. Charakterisierungen von Simplexen gegeben.

Da der Beweis von Satz 6 sehr interessant ist, wollen wir die Grundidee angeben. Eine Funktion h auf A heißt konvex, falls gilt

$$x, y \in A, 0 \leqq q \leqq 1 \Rightarrow h(qx + (1-q)\,y) \leqq qh(x) + (1-q)\,h(y)\,.$$

h heißt affin linear, falls in der letzten Ungleichung statt $\leqq$ das Gleichheitszeichen gilt. Mit $L(A)$ bzw. $M(A)$ werde die Menge aller affin linearen stetigen bzw. konvexen stetigen Funktionen auf A bezeichnet.

Für zwei Wahrscheinlichkeitsmaße p, q auf A setzen wir

$$q \sim p \Leftrightarrow q(h) = p(h) \qquad \text{für alle } h \in L(A)\,, \tag{1}$$

$$q \prec p \Leftrightarrow q(h) \leqq p(h) \qquad \text{für alle } h \in M(A)\,. \tag{2}$$

Durch (1) wird eine Äquivalenzrelation definiert und durch (2) eine Halbordnung in der Menge der Wahrscheinlichkeitsmaße auf A (vgl. [P 5]). Dabei folgt (1) aus (2). Somit besitzen zwei (bezüglich $\prec$) vergleichbare Wahrscheinlichkeitsmaße denselben Schwerpunkt. $q \prec p$ bedeutet anschaulich gesprochen, daß p der Menge ex A näher ist als q. Zu jedem q existiert nun ein (bezüglich $\prec$) maximales p (vgl. [P 5]). Speziell mit $q = \delta_x$ ist dieses p gerade das gesuchte Wahrscheinlichkeitsmaß.

Dieses Vorgehen, dessen genaue Ausführung etwas umfangreicher ist, erinnert an das Balayage-Prinzip, mit dem wir uns später in vielen Zusammenhängen beschäftigen. Es ist historisch auch tatsächlich eng mit der Entwicklung der axiomatischen Potentialtheorie verbunden. Dasselbe trifft für die folgenden Aussagen zu.

Benötigt wird später folgender

Satz 7 ([B 11]). *Es sei A eine konvexe kompakte Teilmenge eines lokalkonvexen Raumes. Dann sind folgende Aussagen äquivalent:*

(i) *A ist ein Simplex, und* ex *A ist abgeschlossen,*

(ii) *zu jedem $x \in A$ existiert genau ein Wahrscheinlichkeitsmaß p_x auf $\overline{\text{ex}\, A}$ mit x als Schwerpunkt,*

(iii) *jedes $f \in C(\overline{\text{ex}\, A})$ besitzt genau eine Fortsetzung aus $L(A)$.*

3.4. Choquet-Rand und Šilov-Rand

Es sei K ein kompakter Hausdorff-Raum und $C(K)$ der Raum der reellen stetigen Funktionen auf K. Wir betrachten einen linearen Teilraum $H \subseteqq C(K)$ (nicht notwendig abgeschlossen) mit $1 \in H$ und bilden H' in der w^*-Topologie. Dann ist die Menge

$$A(H) = \{l \in H' : l(1) = 1 = \|l\|\}$$

eine konvexe kompakte Teilmenge des lokal konvexen Raumes H'. Jedes Funktional der Gestalt $m(x): f \to f(x)$ ($f \in H$) gehört zu $A(H)$. Der Raum H heißt punktetrennend, falls zu $x_1, x_2 \in K$, $x_1 \neq x_2$ stets ein $f \in H$ existiert mit $f(x_1) \neq f(x_2)$.

Definition 3. Die Menge

$$B(H) = \{x \in K : m(x) \in \operatorname{ex} A(H)\}$$

heißt CHOQUET-*Rand* von H. Eine Teilmenge $B \subseteq K$ heißt *Rand* für H, wenn zu jedem $f \in H$ ein $x \in B$ existiert mit

$$f(x) = \sup_{z \in K} |f(z)| \,.$$

Der kleinste abgeschlossene Rand von H heißt ŠILOV-*Rand* von H. Man kann zeigen, daß für punktetrennendes H die Abschließung des CHOQUET-Randes mit dem ŠILOV-Rand übereinstimmt.

Satz 8 ([P 5]). *H sei punktetrennend. Genau dann gilt $x \in B(H)$, wenn das Maß $p = \delta_x$ das einzige Wahrscheinlichkeitsmaß ist mit*

$$f(x) = \int_K f(s)\, \mathrm{d}p(s) \qquad \textit{für alle } f \in H \,.$$

Satz 9 ([P 5]). *Es sei A eine konvexe kompakte Teilmenge eines lokal konvexen Raumes. Dann existiert ein punktetrennender Teilraum $H \subseteq C(A)$ mit $1 \in H$, so daß A affin homöomorph ist zu $A(H)$ (d. h., der Homöomorphismus wird durch eine affin-lineare Abbildung realisiert).*

Abschließend erwähnen wir noch die folgende Form des Darstellungssatzes.

Satz 10 ([P 5]). *Es sei H ein punktetrennender Teilraum von $C(K)$ mit $1 \in H$. Dann existiert zu jedem $l \in H'$ ein Maß m auf K mit*

$$l(f) = \int_K f(x)\, \mathrm{d}m(x) \qquad \textit{für alle } f \in H$$

und $m(G) = 0$ für jede BAIREsche *Menge G mit $G \cap B(H) = \emptyset$.*

In [B 11] sind interessante Beispiele für den CHOQUET-Rand angeführt. Wenn z. B. Ω ein beschränktes Gebiet im R^n ist, $K = \bar{\Omega}$ und H die Menge aller in Ω harmonischen auf $\bar{\Omega}$ stetigen Funktionen, so stimmt $B(H)$ mit der Menge der regulären Randpunkte überein (vgl. III.2.7.). In [B 11] ist weiterhin der Zusammenhang mit dem MARTIN-Rand von Ω dargestellt, sowie mit den Integraldarstellungen positiver harmonischer Funktionen.

II. POTENTIALE UND FALTUNGSPRODUKTE

§ 1. Kerne und Potentiale

In diesem Paragraphen behandeln wir spezielle Fragen der Maß- und Integrationstheorie im R^n, insbesondere die Konstruktion von Ausnahme-Mengen, die der Definition von Potentialen von Maßen bezüglich meßbarer Kerne angepaßt sind. Die Motivation für dieses Herangehen besteht in Sachverhalten der Potentialtheorie für den LAPLACE-Operator, die wir in Kapitel III ausführlich darstellen. Die Ausnahme-Mengen sind dabei die Mengen der WIENERschen Kapazität Null. Das hier gezeigte formale Herangehen, das auch von selbständigem Interesse ist, ermöglicht in Kapitel VIII die Einführung angepaßter Nullmengensysteme für elliptische Gleichungen höherer Ordnung. Mit diesem Gedanken, der von G. ANGER [A 28], [A 33], [A 30] entwickelt worden war, befassen sich u. a. auch die Arbeiten [W 17], [W 25], [W 22], [W 21], [W 27], [S 14], [S 16], [S 17], wo diese Hilfsmittel weiterentwickelt und einige nichtklassische Anwendungen gegeben wurden ([S 12], [S 13], vgl. XI.4.). Ausnahmemengen in verschiedensten Zusammenhängen werden seit langem in der Literatur behandelt (vgl. Kapitel XI). Speziell für elliptische Gleichungen höherer Ordnung existieren auch andere Definitionen, auf die wir in Kapitel IX eingehen.

1.1. Potentiale von Maßen bezüglich meßbarer Kerne

Mit $\mathfrak{M}$ (bzw. $\mathfrak{M}_0$) bezeichnen wir den Vektorraum aller Maße im R^n (bzw. aller Maße im R^n mit kompaktem Träger). Die jeweiligen Positivkegel bezeichnen wir wieder mit $\mathfrak{M}^+$ (bzw. $\mathfrak{M}_0^+$). Die Maße denken wir uns stets eingeführt als RADON-Maße, die anschließend gemäß I.2.10. fortgesetzt sind auf die jeweiligen Räume integrierbarer Funktionen.

Ist $\mathcal{A}(\mu)$ die σ-Algebra aller μ-meßbaren Mengen im R^n ($\mu \in \mathfrak{M}_0^+$) und

$$\mathcal{A}_0 = \bigcap_{\mu \in \mathfrak{M}_0^+} \mathcal{A}(\mu) ,$$

so heißt $\mathcal{A}_0$ σ-Algebra der universell meßbaren Mengen im R^n. $\mathcal{A}_0$-meßbare Funktionen heißen universell meßbar. $\mathcal{A}$ sei im folgenden eine σ-Algebra mit $\mathcal{A} \subseteqq \mathcal{A}_0$. Ist $\mathfrak{C}$ eine Menge von Maßen und $A \in \mathcal{A}$, so setzen wir

$$\mathfrak{C}(A) = \{\mu \in \mathfrak{C}\colon \operatorname{supp} \mu \subseteqq A\} .$$

Als Kern bezeichnen wir eine Funktion

$$\Phi\colon R^n \times R^n \to \overline{R} .$$

Zu gegebenem Kern $\Phi(x, y)$ wählen wir Kerne $\Phi^+(x, y)$, $\Phi^-(x, y)$ mit

$$\Phi(x, y) = \Phi^+(x, y) - \Phi^-(x, y) , \qquad \Phi^\pm(x, y) \geqq 0 . \tag{1}$$

In den Anwendungen haben wir in der Regel

$$\Phi^+(x, y) = \sup\{0, \Phi(x, y)\}, \qquad \Phi^-(x, y) = -\inf\{0, \Phi(x, y)\},$$

abgesehen von besonderen Festlegungen für $x = y$ (oder von gewissen anderen Ausnahmemengen). Die Kerne $\Phi^\pm(x, y)$ seien stets festgehalten. Wir setzen voraus, daß alle im folgenden auftretenden Funktionen universell meßbar sind. Insbesondere sei $\Phi(x, y)$ auf $R^n \times R^n$ universell meßbar (d. h. bezüglich der entsprechenden Definition im R^{2n}).

Es sei $\Psi \geqq 0$ ein Kern und $\mu \in \mathfrak{M}^+$. Wir definieren (bei Nichtintegrierbarkeit im Sinne des äußeren Integrals)

$$\Psi\mu(x) = \int \Psi(x, y)\, d\mu(y), \qquad \Psi^*\mu(y) = \int \Psi(x, y)\, d\mu(x).$$

Definition 1. Potential eines Maßes $\mu \in \mathfrak{M}$ bezüglich des Kernes Φ heißt die Funktion

$$\Phi\mu(x) = \Phi^+\mu^+(x) + \Phi^-\mu^-(x) - \Phi^+\mu^-(x) - \Phi^-\mu^+(x),$$

die für alle $x \in R^n$ definiert ist, in denen kein Ausdruck der Gestalt $\infty - \infty$ auftritt. Analog heißt die Funktion

$$\Phi^*\mu(y) = \Phi^{*+}\mu^+(y) + \Phi^{*-}\mu^-(y) - \Phi^{*+}\mu^-(y) - \Phi^{*-}\mu^+(y)$$

adjungiertes Potential des Maßes $\mu \in \mathfrak{M}$ bezüglich des Kernes Φ.

Beispiel. Es sei $L(x, D)$ ein linearer Differentialoperator, und $E(x, z)$ sei eine Fundamentallösung von L, die in $R^n \times R^n$ einschließlich aller Ableitungen $D_x^\alpha D_z^\beta E(x, z)$ ($|\alpha| \leqq a$, $|\beta| \leqq b$) als lokal integrierbare Funktionen dargestellt sind. Dann sind $D_x^\alpha D_z^\beta E(x, z)$ Kerne im Sinne unserer Definition. Man kann leicht zeigen, daß die Zuordnungen

$$\mu \to \int E(x, z)\, d\mu(z), \qquad \nu \to \int E(x, z)\, d\nu(x)$$

eineindeutig sind ($\mu, \nu \in \mathfrak{M}_0$). Wir wenden in Kapitel VIII auch vektorwertige Potentiale der Gestalt

$$(\mu^\alpha)_{|\alpha| \leqq a} \to \sum_{|\alpha| \leqq a} \int D_x^\alpha D_z^\beta E(x, z)\, d\mu^\alpha(x), \qquad |\beta| \leqq b$$

an. Diese kann man als Potentiale von Distributionen interpretieren.

1.2. Halbstetige Kerne und Potentiale

Lemma 1. *Es sei Λ ein stetiger Kern. Dann gilt*

$$\mu \in \mathfrak{M}_0 \Rightarrow \Lambda^\pm\mu^\pm \in C(R^n)$$

für alle Vorzeichenkombinationen.

Beweis: Die Kerne $\Lambda^\pm$ sind stetig im R^{2n}. Wir zeigen etwa die Stetigkeit des Potentials $\Lambda^+\mu^+$. (Die Stetigkeit von $\Lambda^+\mu^-$, $\Lambda^-\mu^+$, $\Lambda^-\mu^-$ beweist man analog.) Es sei $x_0 \in R^n$, und $(x_k)_{k \in N}$ sei eine Folge im R^n, die gegen x_0 konvergiert. Dann strebt auch $\Lambda^+(x_k, y)$ gegen $\Lambda^+(x_0, y)$, und zwar gleichmäßig in y auf jeder kompakten Menge im R^n. Somit strebt

$$\int \Lambda^+(x_k, y)\, d\mu^+(y) \text{ gegen } \int \Lambda^+(x_0, y)\, d\mu^+(y). \blacktriangleleft$$

Lemma 2. *Der Kern Φ sei nichtnegativ und als Funktion auf R^{2n} nach unten halbstetig. Dann ist für jedes $\mu \in \mathfrak{M}^+$ das Potential $\Phi\mu$ nach unten halbstetig im R^n.*

Beweis: Es gilt

$$\Phi(x, y) = \sup\{\Lambda(x, y) : \Lambda \in C_0(R^{2n}), \Lambda \leqq \Phi\} \tag{2}$$

und

$$\int \Phi(x, y)\, d\mu(y) = \sup \int \Lambda(x, y)\, d\mu(y) ,$$

wobei das Supremum über alle in (2) auftretenden Λ genommen wird. Die Potentiale $\Lambda\mu$ sind aber nach Lemma 1 stetig, also ist $\Phi\mu$ als Supremum einer Menge stetiger Funktionen nach unten halbstetig. ◀

1.3. Stetige Potentiale

Es sei Φ ein Kern. Wir bilden den folgenden konvexen Kegel von Maßen

$$\mathfrak{F}^+ = \{\lambda \in \mathfrak{M}_0^+ : \Phi^+\lambda \in C(R^n), \Phi^-\lambda \in C(R^n)\} . \tag{3}$$

Mit $\mathfrak{F}$ bezeichnen wir den von $\mathfrak{F}^+$ erzeugten Vektorraum. Jedes $\lambda \in \mathfrak{F}$ ist darstellbar in der Gestalt $\lambda = \lambda_1 - \lambda_2$ mit $\lambda_1, \lambda_2 \in \mathfrak{F}^+$. Ist dann $\lambda = \lambda^+ - \lambda^-$ die Zerlegung in Positiv- und Negativteil, so gilt für alle $x \in R^n$

$$\Phi\lambda(x) = \Phi\lambda^+(x) - \Phi\lambda^-(x) = \Phi\lambda_1(x) - \Phi\lambda_2(x) .$$

Wegen $\lambda^+ \leqq \lambda_1, \lambda^- \leqq \lambda_2$ sind nämlich die Funktionen $\Phi^\pm\lambda^\pm(x)$ für jedes $x \in R^n$ endlich für alle Vorzeichenkombinationen. Somit sind in der Gleichung $\Phi\lambda_1 + \Phi\lambda^- = \Phi\lambda_2 + \Phi\lambda^+$ alle Summanden endlich, und die Differenzbildung ist erlaubt.

Nach Lemma 1 gilt

$$\Lambda \in C(R^{2n}) \Rightarrow \mathfrak{F}^+ = \mathfrak{M}_0^+ . \tag{4}$$

Satz 2. *Es sei Φ ein Kern, und die in der Darstellung $\Phi = \Phi^+ - \Phi^-$ auftretenden Kerne $\Phi^\pm$ seien nach unten halbstetig. Dann ist der Kegel $\mathfrak{F}^+$ erblich, d. h., aus $\lambda \in \mathfrak{F}^+$, $\nu \in \mathfrak{M}_0^+$ und $0 \leqq \nu \leqq \lambda$ folgt $\nu \in \mathfrak{F}^+$. Speziell enthält $\mathfrak{F}^+$ mit jedem Maß λ auch die Einschränkung λ_K von λ auf jede kompakte Menge $K \subset R^n$.*

Beweis: $\Phi^+\nu$ ist nach Lemma 2 wegen $\nu \geqq 0$ nach unten halbstetig, desgleichen $\Phi^+(\lambda - \nu)$ wegen $\lambda - \nu \geqq 0$. Somit ist das Potential $\Phi^+\nu = \Phi^+\lambda - \Phi^+(\lambda - \nu)$ auf Grund der Stetigkeit von $\Phi^+\lambda$ auch nach oben halbstetig, also stetig. Ebenso verfährt man mit Φ^-, und der Satz ist gezeigt. ◀

1.4. Quasierbliche Kegel, Mengen der Kapazität Null für meßbare Kerne

Definition 2. Eine Menge $\mathfrak{C} \subseteqq \mathfrak{M}^+$ heiße *quasierblich*, falls zu jedem $\varrho \in \mathfrak{C}$ und zu jeder universell meßbaren Menge $A \subseteqq R^n$ mit $\varrho(A) > 0$ ein $\eta \in \mathfrak{C}$ existiert mit $\eta(A) > 0$ und $\operatorname{supp} \eta \subseteqq A$.

Definition 3. Ein Kern Φ heißt *vom Typ C* (bezüglich der ersten Variablen), falls sein Kegel $\mathfrak{F}^+$ quasierblich ist. Die Elemente des Mengensystems

$$\mathcal{J} = \bigcap_{\lambda \in \mathfrak{F}^+} \mathcal{J}_\lambda$$

heißen Mengen der Kapazität Null ($\mathcal{J}$ ist ein σ-Ideal in der σ-Algebra $\mathcal{A}$ der universell meßbaren Mengen im R^n).

Bezüglich der zweiten Variablen (d. h. unter Verwendung des adjungierten Kernes Φ^*) verwenden wir analoge Begriffe. Insbesondere heißen die Elemente des Mengensystems

$$\mathcal{J}^* = \bigcap_{\lambda \in \mathfrak{F}^{*+}} \mathcal{J}_\lambda$$

Mengen der adjungierten Kapazität Null.

Eine erbliche Menge von Maßen ist offenbar auch quasierblich. Somit ist nach Satz 2 ein Kern $\Phi = \Phi^+ \dot{-} \Phi^-$ vom Typ C (bezüglich beider Variabler), wenn Φ^+ und Φ^- nach unten halbstetig sind.

Satz 3. *Es sei $\mathfrak{C} \subseteqq \mathfrak{M}^+$ eine quasierbliche Menge von Maßen. Für $E \in \mathcal{A}$ und $\mathcal{J} = \cap \{\mathcal{J}_\lambda : \lambda \in \mathfrak{C}\}$ gilt dann*

$$\int_E f(x)\, d\lambda(x) = 0 \quad \textit{für alle } \lambda \in \mathfrak{C}(E) \Leftrightarrow f(x) = 0 \ \mathcal{J}\textit{-f.ü. auf } E\,. \tag{5}$$

Beweis: Es sei $E^\pm = \{x \in E: f(x) \gtrless 0\}$. Wäre $E^+ \cup E^- \notin \mathcal{J}$, so wäre $E^+ \notin \mathcal{J}$ oder $E^- \notin \mathcal{J}$. Wir nehmen etwa an $E^+ \notin \mathcal{J}$. Dann gibt es ein $\lambda \in \mathfrak{C}$ mit $\lambda(E^+) > 0$. Da $\mathfrak{C}$ quasierblich ist, existiert aber auch ein $\eta \in \mathfrak{C}$ mit $\eta(E^+) > 0$, $\operatorname{supp} \eta \subseteqq E^+$, d. h. $\int f(x)\, d\eta(x) > 0$. Dies widerspricht der Annahme. ◀

Übung. Man konstruiere einen Kern Φ, für den $\mathfrak{F}^+$ nicht erblich ist und $\mathfrak{F}^+ \neq \mathfrak{F}^{*+}$ gilt. Man konstruiere einen Kern Φ, bei dem $\mathfrak{F}$ eindimensional ist.

Wir betrachten später nicht nur Kerne vom Typ C sondern auch allgemeinere Kerne, bei denen verschiedene Zusatzbedingungen gestellt werden. Diesen Überlegungen liegt meistens folgendes Schema zugrunde.

Definition 4. Es sei $\mathfrak{K} \subseteqq \mathfrak{M}^+$ eine Menge von Maßen mit $0 \in \mathfrak{K}$, $\mathfrak{P}$ sei eine beliebige Menge und

$$T: \mathfrak{K} \to \mathfrak{P}$$

sei eine beliebige Abbildung. Es sei $Q \subseteqq \mathfrak{P}$ eine Teilmenge mit $T0 \in Q$. Eine Menge $A \in \mathcal{A}$ heißt *von der (Q, T)-Kapazität Null* (oder einfacher von der Kapazität Null, wenn Q, T festgehalten sind), falls mit $\mathfrak{C} = T^{-1}(Q)$ gilt

$$\mathfrak{C}(A) = \{0\}$$

(d. h., A kann kein $\lambda \in \mathfrak{K}$ tragen mit $T\lambda \in Q$).

Wenn wir mit $\mathcal{J}_Q$ das System aller Mengen der (Q, T)-Kapazität Null bezeichnen, so gilt offenbar

$$\bigcap_{\lambda \in T^{-1}(Q)} \mathcal{J}_\lambda \subseteqq \mathcal{J}_Q\,.$$

Definition 5. Die Abbildung $T: \mathfrak{K} \to \mathfrak{P}$ heißt *vom Typ Q*, falls gilt

$$\bigcap_{\lambda \in T^{-1}(Q)} \mathcal{J}_\lambda = \mathcal{J}_Q\,.$$

Satz 4. *Die Abbildung $T: \mathfrak{K} \to \mathfrak{P}$ ist genau dann vom Typ Q ($Q \subseteqq \mathfrak{P}$, $T0 \in Q$), wenn $\mathfrak{C} = T^{-1}(Q)$ quasierblich ist.*

Beweis: T ist genau dann vom Typ Q, wenn gilt

$$\mathcal{J} = \cap \{\mathcal{J}_\lambda : \lambda \in T^{-1}(Q)\} \supseteqq \mathcal{J}_Q\,. \tag{6}$$

T sei vom Typ Q. Wäre $\mathfrak{C} = T^{-1}(Q)$ nicht quasierblich, so existierte ein $\lambda \in \mathfrak{C}$ und ein $A \in \mathcal{A}$ mit $\lambda(A) > 0$ aber $\mathfrak{C}(A) = \{0\}$. Aus $A \notin \mathcal{J}$ würde nicht folgen $A \notin \mathcal{J}_Q$ im Widerspruch zu (6). $\mathfrak{C}$ ist also quasierblich. Umgekehrt sei $\mathfrak{C}$ quasierblich. Wir zeigen dann

$A \notin \mathcal{J} \Rightarrow A \notin \mathcal{J}_Q$. Für ein $\lambda \in \mathfrak{C}$ und ein $A \in \mathcal{A}$ gelte $\lambda(A) > 0$. Dann gibt es ein $\eta \in \mathfrak{C}(A), \eta > 0$, d. h. $A \notin \mathcal{J}_Q$, also ist (6) erfüllt. ◀

In Satz 3 kommt es nicht darauf an, daß $\mathfrak{C}$ als Urbild einer Menge Q bezüglich einer Abbildung $T\colon \mathfrak{K} \to \mathfrak{P}$ dargestellt ist. Es ist deshalb naheliegend, mit jeder quasierblichen Menge $\mathfrak{C}$ von Maßen einen Nullmengenbegriff zu verbinden und einer Menge $A \in \mathcal{A}$ die Kapazität Null zuzuschreiben, falls gilt $\mathfrak{C}(A) = \{0\}$. Diese Auffassung ist sogar notwendig, wenn Q zu kompliziert ist, als daß die Quasierblichkeit von $\mathfrak{C} = T^{-1}(Q)$ gezeigt werden könnte, oder wenn $\mathfrak{C}$ nicht quasierblich ist. Es ist deshalb folgende einfache Aussage nützlich.

Satz 5. *Es sei $T\colon \mathfrak{K} \to \mathfrak{P}$ eine Abbildung und $Q \subseteqq \mathfrak{P}$, $T0 \in Q$. Dann existiert ein maximales quasierbliches $\mathfrak{C} \subseteqq \mathfrak{K}$ mit $T\mathfrak{C} \subseteqq Q$.*

Beweis: Es sei $\mathscr{C}$ das System aller quasierblichen $\mathfrak{C}' \subseteqq \mathfrak{K}$ mit $T\mathfrak{C}' \subseteqq Q$. Die Vereinigung $\mathfrak{C}$ aller $\mathfrak{C}' \in \mathscr{C}$ liegt wieder in $\mathscr{C}$ und ist offenbar maximal. Dabei gilt stets $\{0\} \subseteqq \mathfrak{C}$. ◀

Es kann vorkommen, daß $\mathfrak{C}$ trivial ist, d. h.

$$\{0\} \in \mathfrak{C} \Leftrightarrow \mathcal{J} = \cap \{\mathcal{J}_\lambda : \lambda \in \mathfrak{C}\} = \mathcal{A} .$$

Es sei nun $\Phi(x, y)$ ein Kern. Wir setzen $\mathfrak{K} = \mathfrak{M}_0^+$, und $\mathfrak{P}$ sei ein genügend umfassender Raum von Funktionen $R^n \to \overline{R} \times \overline{R}$. Weiterhin sei

$$T\mu = (\Phi^+\mu, \Phi^-\mu), Q = C(R^n) .$$

Ähnliche Bezeichnungen führen wir für die adjungierten Potentiale ein. Dann erhalten wir die folgende

Bemerkung 1. Zu gegebenem $\Phi(x, y)$ existieren unabhängig voneinander eindeutig bestimmte maximale quasierbliche Kegel $\mathfrak{F}^+ \subseteqq \mathfrak{M}_0^+$ und $\mathfrak{F}^{*+} \subseteqq \mathfrak{M}_0^+$ mit der Eigenschaft

$$\lambda \in \mathfrak{F}^+ \Rightarrow \Phi^+\lambda , \qquad \Phi^-\lambda \in C(R^n) ,$$

$$\lambda \in \mathfrak{F}^{*+} \Rightarrow \Phi^{*+}\lambda , \qquad \Phi^{*-}\lambda \in C(R^n) .$$

Daß es sich um Kegel handelt, folgt aus der Maximalität. Somit können wir mit einem beliebigen universell meßbaren Kern Φ einen (der Stetigkeit angepaßten) Kapazitätsbegriff verbinden. Mit den Mengensystemen verwenden wir analoge Bezeichnungen wie in Definition 3. Ein Hinweis auf Φ oder den Raum $C(R^n)$ erübrigt sich, solange an dieser Festlegung nichts geändert wird. Wenn Φ vom Typ C ist (bezüglich beider Variabler), erhalten wir unmittelbar die Definition 3. Trivial werden die Begriffe im Fall $\mathfrak{F}^+ = \{0\}$ bzw. $\mathfrak{F}^{*+} = \{0\}$.

Es seien Φ, Φ', gegebene Kerne. Für jedes $x_0 \in R^n$ bilden wir die Menge

$$A(x_0, \Phi, \Phi') = \{y \in R^n \colon \Phi(x_0, y) \neq \Phi'(x_0, y)\} .$$

Dann gilt

Satz 6. $\mathfrak{C} \subseteqq \mathfrak{M}_0^+$ *sei quasierblich, und es sei*

$$A(x, \Phi, \Phi') \in \mathcal{J} = \cap \{\mathcal{J}_\lambda : \lambda \in \mathfrak{C}\} \qquad \textit{für alle } x \in R^n . \tag{7}$$

Dann ist

$$\Phi^*\mu(y) = \Phi'^*\mu(y) \qquad \textit{für } \mathcal{J}\textit{-fast alle } y \in R^n .$$

Eine ähnliche Aussage besteht bezüglich der anderen Variablen.

Beweis: Es genügt, die Behauptung für die Potentiale bezüglich $\Phi^\pm$ bzw. $\Phi'^\pm$ zu beweisen. Aus (7) folgt $A(x, \Phi^\pm, \Phi'^\pm) \in \mathcal{J}$ für alle $x \in R^n$, d. h.

$$0 = \int [\int (\Phi^\pm(x, y) - \Phi'^\pm(x, y)) \, d\lambda(y)] \, d\mu(x)$$
$$= \int [\int \Phi^\pm(x, y) \, d\mu(x) - \int \Phi'^\pm(x, y) \, d\mu(x)] \, d\lambda(y)$$

für alle $\lambda \in \mathfrak{C}$. Die Vertauschung der Integrationen ist nach I.2. Satz 13 erlaubt. Wegen Satz 3 folgt dann die Behauptung. ◀

Wenn also (grob gesagt) ein Kern Φ auf einer Menge der Kapazität Null abgeändert wird, so ändern sich die Potentiale ebenfalls nur auf einer Menge der Kapazität Null. Eine analoge Aussage besteht bezüglich LEBESGUEscher Nullmengen.

Beim Arbeiten mit Nullmengenidealen ist gelegentlich folgende Aussage nützlich.

Lemma 3. *Es sei $\mathcal{J} \subseteq \mathcal{A}$ ein σ-Ideal, und $K \notin \mathcal{J}$ sei eine kompakte Menge. Dann existiert eine kompakte Menge $K' \subseteq K$, so daß für jede offene Menge $\Omega \subseteq R^n$ mit $\Omega \cap K' \neq \emptyset$ folgt $\Omega \cap K' \notin \mathcal{J}$. Dabei gilt $K \setminus K' \in \mathcal{J}$.*

Beweis: Die offenen Kugeln U mit rationalem Radius und rationalen Mittelpunktskoordinaten bilden eine abzählbare Umgebungsbasis $\mathcal{U}$ im R^n. Wir betrachten alle $U \in \mathcal{U}$ mit $U \cap K \in \mathcal{J}$ und ziehen die Vereinigung dieser U, welche eine offene Menge darstellt, von K ab. Damit erhalten wir eine kompakte Menge $K' \subseteq K$ mit $K \setminus K' \in \mathcal{J}$. Es sei $x \in K'$, und Ω sei eine offene Umgebung von x. Wir nehmen entgegen der Behauptung an $\Omega \cap K' \in \mathcal{J}$ und stellen Ω als abzählbare Vereinigung aller $U \in \mathcal{U}$ mit $U \subseteq \Omega$ dar. Dann gilt $x \in U$ für ein solches $U \subseteq \Omega$, und wir erhalten $U \cap K' \subseteq \Omega \cap K' \in \mathcal{J}$, da $\mathcal{J}$ ein Mengenideal ist. Wegen $U \cap K = (U \cap K') \cup (U \cap (K \setminus K'))$ und $K \setminus K' \in \mathcal{J}$ haben wir dann $U \cap K \in \mathcal{J}$, also $x \notin K'$. ◀

Man kann also jede kompakte Menge K von „überflüssigen" Bestandteilen aus $\mathcal{J}$ befreien. Die angegebene Konstruktion ähnelt der Definition der Faktoralgebra $\mathcal{A}/\mathcal{J}$ (vgl. [S 37]), ist aber nicht ganz identisch damit.

Es sei z. B. $\mathcal{J} = \cap \{\mathcal{J}_\lambda : \lambda \in \mathfrak{F}^+\}$ das Nullmengensystem zu einem Kern Φ. Ist dann ein $\lambda_0 \in \mathfrak{F}^+$ gegeben und eine kompakte Menge K mit $\operatorname{supp} \lambda_0 \subseteq K$, so gilt $\operatorname{supp} \lambda_0 \subseteq K'$. Insbesondere ist im Sinne von Lemma 3 $\operatorname{supp} \lambda_0 = (\operatorname{supp} \lambda_0)'$.

Als eine erste Anwendung der Mengen der Kapazität Null erwähnen wir die bemerkenswerte Tatsache, daß mögliche Unbestimmtheiten der Form $\infty - \infty$ in der Definition 1 des Potentials $\Phi^*\mu$ ($\mu \in \mathfrak{M}_0$) höchstens auf einer Menge der Kapazität Null vorkommen können.

Satz 7. *Es sei Φ ein Kern mit dem System $\mathcal{J} = \cap \{\mathcal{J}_\lambda : \lambda \in \mathfrak{F}^+\}$ von Mengen der Kapazität Null. Dann gilt für beliebiges $\mu \in \mathfrak{M}_0^+$*

$$\Phi^{*+}\mu(y) < \infty , \qquad \Phi^{*-}\mu(y) < \infty \qquad \mathcal{J}\text{-f.ü. im } R^n$$

und analog

$$\Phi^+\mu(x) < \infty , \qquad \Phi^-\mu(x) < \infty \qquad \mathcal{J}^*\text{-f.ü. im } R^n$$

mit

$$\mathcal{J}^* = \cap \{\mathcal{J}_\lambda : \lambda \in \mathfrak{F}^{*+}\} .$$

Beweis: Für beliebiges $\lambda \in \mathfrak{F}^+$ ist $\Phi^+\lambda \in C(R^n)$, d. h. $\mu(\Phi^+\lambda) = \lambda(\Phi^{*+}\mu) < \infty$. Analog folgt $\lambda(\Phi^{*-}\mu) < \infty$. Vertauschung der Integrationen ist erlaubt (vgl. I.2., Satz 13). $\Phi^{*\pm}\mu$ ist also λ-f.ü. endlich für alle $\lambda \in \mathfrak{F}^+$, d. h. $\mathfrak{I}$-f.ü. ◀

Bemerkung 2. Die Bezeichnung Mengen der Kapazität Null für Elemente aus $\mathfrak{I}$ ist hier, wie eingangs bereits erwähnt, nur eine formale Sprechweise. Später sehen wir, daß es sich im Fall des NEWTONschen Kernes $\Phi = \Phi_N$ (vgl. III.1.2.) gerade um die Nullmengen der klassischen WIENERschen Kapazität handelt, die als Mengenfunktion auf der σ-Algebra der BOREL-Mengen definiert ist. Wir gehen bei der Definition z. B. folgendermaßen vor (Φ sei jetzt ein beliebiger Kern). Zu jeder kompakten Menge $K \subset R^n$ wählen wir auf geeignete Weise eine Menge $\mathfrak{E}(K) \subseteqq \mathfrak{F}^+(K)$ mit $K \in \mathfrak{I} \Leftrightarrow \mathfrak{E}(K) = \{0\}$. Kapazität von K heißt dann die (endliche oder unendliche) Zahl

$$\operatorname{cap} K = \sup \{\|\mu\| : \mu \in \mathfrak{E}(K)\} .$$

Für beliebiges $B \in \mathscr{B}$ setzen wir

$$\operatorname{cap}_i B = \sup \{\operatorname{cap} K : K \subseteqq B : K \text{ kompakt}\}$$

(innere Kapazität von B),

$$\operatorname{cap}_e B = \inf \{\operatorname{cap}_i U : U \supseteqq B, U \text{ offen}\}$$

(äußere Kapazität von B). Die Bedeutung dieser Kapazitätsbegriffe und eine sinnvolle Wahl von $\mathfrak{E}(K)$ ist nur für sehr spezielle Kerne untersucht, desgleichen Fragen der Gestalt $\operatorname{cap} K = \operatorname{cap}_i K$ (K kompakt) usw. Beim NEWTONschen Kern Φ_N setzt man

$$\mathfrak{E}(K) = \{\lambda \in \mathfrak{F}^+(K) : \Phi_N\lambda \leqq 1 \text{ auf } K\} .$$

Bemerkung 3. Es sei

$$S = \{\Phi\lambda : \lambda \in \mathfrak{F}\}$$

versehen mit der Topologie der gleichmäßigen Konvergenz auf kompakten Teilmengen des R^n. Jedem Potential $\Phi^*\mu$ ($\mu \in \mathfrak{M}_0$) können wir eine stetige Linearform l_μ: $\Phi\lambda \to \mu(\Phi\lambda)$ auf S zuordnen (d. h. $l_\mu = l_\nu$ für $\Phi^*\mu = \Phi^*\nu$). Die Zuordnung $\mu \to \Phi^*\mu$ ($\mu \in \mathfrak{M}_0$) ist eineindeutig, falls S eine in $C_0(R^n)$ dichte Teilmenge enthält.

Ist $(\mu_k)_{k \in N} \subset \mathfrak{M}_0^+$ eine Folge mit $\mu_k \rightharpoonup \mu \in \mathfrak{M}_0^+$ und gilt $\operatorname{supp} \mu_k \subseteqq K$ für eine feste kompakte Menge K, so folgt $\lambda(\Phi^*\mu_k) \to \lambda(\Phi^*\mu)$ für $\lambda \in \mathfrak{F}^+$. Die Folge $\Phi^*\mu_k$ konvergiert also dem λ-Maß nach gegen $\Phi^*\mu$ für alle $\lambda \in \mathfrak{F}^+$. Es wäre interessant, Bedingungen zu kennen, ob bzw. wann Konvergenz $\mathfrak{I}$-f.ü. stattfindet (oder ob zu jedem $\varepsilon > 0$ eine Menge B mit $\operatorname{cap} B < \varepsilon$ existiert, daß Konvergenz in $\complement B$ besteht).

Satz 8 ([A 33]). *Es sei $(\mu_k)_{k \in N} \subset \mathfrak{M}_0$ eine Folge mit $\operatorname{supp} \mu_k \subseteqq K$ für eine feste kompakte Menge K, und es sei $\|\mu_k\| \leqq c$ für ein $c > 0$ und alle $k \in N$. Die Folge $\Phi^*\mu_k$ konvergiere für alle $\lambda \in \mathfrak{F}^+$ dem λ-Maße nach gegen eine Funktion f. Dann existiert ein $\mu \in \mathfrak{M}(K)$ mit $\Phi^*\mu_k \to \Phi^*\mu$ dem λ-Maße nach für alle $\lambda \in \mathfrak{F}^+$, und es gilt $f = \Phi^*\mu$ $\mathfrak{I}$-f.ü. im R^n.*

Beweis: Nach Voraussetzung gilt

$$\mu_k(\Phi\lambda) = \lambda(\Phi^*\mu_k) \to \lambda(f) \qquad \text{für alle } \lambda \in \mathfrak{F} .$$

Wir definieren den Raum

$$S(K) = \{\Phi\lambda|_K : \lambda \in \mathfrak{F}\} .$$

Die μ_k sind als stetige Linearformen auf $S(K)$ $\left(\subseteqq \overline{S(K)} \subseteqq C(K)\right)$ gleichmäßig beschränkt und konvergieren für jedes $g \in S(K)$. Nach dem Satz von BANACH-STEINHAUS (I.1. Satz 7) folgt dann die Existenz einer Linearform $\mu_0 \in [\overline{S(K)}]'$, $\|\mu_0\| \leqq c$ mit

$$\mu_k(\Phi\lambda) \to \mu_0(\Phi\lambda) \qquad \text{für alle } \lambda \in \mathfrak{F}\,. \tag{8}$$

Wir setzen μ_0 nach dem Satz von HAHN-BANACH zu einem $\mu \in \mathfrak{M}(K)$ fort, $\|\mu\| \leqq c$. Aus (8) folgt dann $\lambda(\Phi^*\mu_k) \to \lambda(\Phi^*\mu_k)$, d. h.

$$\int [f - \Phi^*\mu]\, d\lambda = 0 \qquad \text{für alle } \lambda \in \mathfrak{F}\,.$$

Nach Satz 3 erhalten wir $f = \Phi^*\mu$ $\mathfrak{I}$-f.ü. im R^n. ◀

Korollar. *Wenn unter den Voraussetzungen von Satz 8 $\Phi^*\mu_k$ $\mathfrak{I}$-f.ü. gegen f konvergiert, so konvergiert $\Phi^*\mu_k$ auch $\mathfrak{I}$-f.ü. im R^n gegen $\Phi^*\mu$.*

1.5. Differentiation von Potentialen

Wir untersuchen als nächstes die Differentiation von Potentialen. Es sei $\Phi(x, y)$ ein Kern und

$$\Psi_i(x, y) = \frac{\partial}{\partial x_i}\Phi(x, y) \qquad (1 \leqq i \leqq n)\,. \tag{9}$$

Wir setzen dabei voraus, daß $\Phi(x, y)$ für alle $x \in R^n$ und für $\mathfrak{I}$-fast alle $y \in R^n$ nach x_i im klassischen Sinne differenzierbar ist. Potentiale bilden wir mittels gegebener Kerne $\Phi^\pm \geqq 0$, $\Psi_i^\pm \geqq 0$ und

$$\Phi(x, y) = \Phi^+(x, y) - \Phi^-(x, y)\,, \tag{10}$$

$$\Psi_i(x, y) = \Psi_i^+(x, y) - \Psi_i^-(x, y) \tag{11}$$

für jedes feste $x \in R^n$ und $\mathfrak{I}$-fast alle $y \in R^n$ (es kommt nicht darauf an, daß es sich um Positiv- bzw. Negativteil der betreffenden Kerne handelt).

Satz 9. *Es sei $\lambda \in \mathfrak{F}^+$ ein Maß mit $\Psi_i^\pm\lambda \in C(R^n)$ für festes i $(1 \leqq i \leqq n)$ und*

$$\Phi(x, y) - \Phi(a, y) = \int_{a_i}^{x_i} \Psi_i(x, y)\, dx_i \qquad \textit{für } \lambda\textit{-fast alle } y \in R^n \tag{12}$$

und jedes feste $x \in R^n$, $a = (x_1, \ldots, x_{i-1}, a_i, x_{i+1}, \ldots, x_n) \in R^n$. Dann ist $\Phi\lambda$ im klassischen Sinne nach x_i differenzierbar, und es gilt

$$\frac{\partial}{\partial x_i}\int \Phi(x, y)\, d\lambda(y) = \int \left[\frac{\partial}{\partial x_i}\Phi(x, y)\right] d\lambda(y)\,. \tag{13}$$

Beweis: Integration bezüglich λ von (12) liefert

$$\Phi\lambda(x) - \Phi\lambda(a) = \int \left[\int_{a_i}^{x_i} \Psi_i(z, y)\, dz_i\right] d\lambda(y)$$

$\left(z = (x_1, \ldots, x_{i-1}, z_i, x_{i+1}, \ldots, x_n)\right)$. Wegen $\Psi_i^\pm\lambda \in C(R^n)$ sind die Integrationen auf der rechten Seite vertauschbar, und man erhält

$$\Phi\lambda(x) - \Phi\lambda(a) = \int_{a_i}^{x_i} \Psi_i\lambda(z)\, dz_i\,.$$

Daraus folgt unmittelbar

$$\frac{\partial}{\partial x_i} \Phi\lambda(x) = \Psi_i\lambda(x) . \blacktriangleleft$$

Lemma 4. *Es sei $u \in C(\Omega)$, und die distributionentheoretischen Ableitungen $\frac{\partial}{\partial x_k} u$ ($k = 1, \dots, n$) seien durch stetige Funktionen repräsentierbar, d. h., es existieren Funktionen $v_k \in C(\Omega)$ mit*

$$\int v_k \varphi \, dx = -\int u \frac{\partial}{\partial x_k} \varphi \, dx \qquad \text{für alle } \varphi \in C_0^\infty(\Omega) .$$

Dann ist $u \in C^1(\Omega)$, und es gilt im klassischen Sinne $v_k = \frac{\partial}{\partial x_k} u$ ($k = 1, \dots, n$).

Bei der Differentiation von Potentialen kann man häufig voraussetzen $\Psi_i^\pm\lambda \in C(R^n)$ für alle $i = 1, \dots, n$. In diesem Fall erhalten wir ein einfacheres Resultat, nämlich

Satz 10. *Der Kern $\Psi_i(x, y)$ sei distributionentheoretische Ableitung von $\Phi(x, y)$ nach x_i für $\mathfrak{I}$-fast alle $y \in R^n$ und alle $i = 1, \dots, n$. Es sei $\lambda \in \mathfrak{F}^+$ ein Maß mit $\Psi_i^\pm\lambda \in C(R^n)$, ($i = 1, \dots, n$). Dann gilt $\Phi\lambda \in C^1(R^n)$ und*

$$\frac{\partial}{\partial x_i} \int \Phi(x, y) \, d\lambda(y) = \int \left[\frac{\partial}{\partial x_i} \Phi(x, y)\right] d\lambda(y) , \qquad (i = 1, \dots, n) . \tag{14}$$

Beweis: Nach Lemma 4 genügt es zu zeigen, daß $\frac{\partial}{\partial x_i} \Phi\lambda(x) = \Psi_i\lambda(x)$ ($i = 1, \dots, n$) im distributionentheoretischen Sinne besteht. Es sei also $\varphi \in C_0^\infty(R^n)$ beliebig gegeben. Wir erhalten dann durch erlaubte Vertauschung der Integrationen

$$-\int \left[\int \Phi(x, y) \, d\lambda(y)\right] \frac{\partial}{\partial x_i} \varphi(x) \, dx = -\int \left[\int \Phi(x, y) \frac{\partial}{\partial x_i} \varphi(x) \, dx\right] d\lambda(y)$$

$$= \int \left[\int \Psi_i(x, y) \, \varphi(x) \, dx\right] d\lambda(y) = \int \left[\int \Psi_i(x, y) \, d\lambda(y)\right] \varphi(x) \, dx . \blacktriangleleft$$

Korollar aus dem Beweis. *Es sei Φ ein Kern mit*

$$\int \Phi^\pm(x, y) \, \varphi^\pm(x) \, dx \in C(R^n) ,$$

$$\int \Psi_i^\pm(x, y) \, \varphi^\pm(x) \, dx \in C(R^n) \qquad (i = 1, \dots, n)$$

für alle $\varphi \in C_0^\infty(R^n)$. Dann gilt (14) für beliebiges $\lambda \in \mathfrak{M}_0$ im distributionentheoretischen Sinne.

1.6. Faltung von Maßen, Faltungskerne

Es seien $\sigma, \tau \in \mathfrak{M}^+$ Maße mit der Eigenschaft

$$\Psi(y) = \int \varphi(x + y) \, d\sigma(x) \in C(R^n) \qquad \text{für alle } \varphi \in C_0^+(R^n)$$

und $m(\varphi) = \int \Psi(y) \, d\tau(y) < \infty$. Dann ist $m \colon C_0(R^n) \to R^1$ eine positive Linearform auf $C_0(R^n)$. Folglich existiert nach I.2, Satz 14 ein $\mu \in \mathfrak{M}^+$ mit

$$\int \varphi(z) \, d\mu(z) = \int \left[\int \varphi(x + y) \, d\sigma(x)\right] d\tau(y) \tag{15}$$

für alle $\varphi \in C_0(R^n)$. Das Maß μ heißt Faltungsprodukt von σ und τ. Wir schreiben $\mu = \sigma * \tau$. Durch Anwendung des FUBINI-Theorems auf der rechten Seite von (15) erhalten wir $\sigma * \tau = \tau * \sigma$. Das Faltungsprodukt existiert z. B. immer für $\sigma, \tau \in \mathfrak{M}_0^+$. Sind die Maße σ, τ nicht positiv, so verlangen wir die Existenz von $\sigma^\pm * \tau^\pm$ für alle Vorzeichenkombinationen und setzen

$$\sigma * \tau = \sigma^+ * \tau^+ + \sigma^- * \tau^- - \sigma^+ * \tau^- - \sigma^- * \tau^+ .$$

Für beliebige $\sigma, \tau, \omega \in \mathfrak{M}(R^n)$ gilt dann

$$(\sigma * \tau) * \omega = \sigma * (\tau * \omega) ,$$

falls eine der beiden Seiten einen Sinn hat. Ist δ das im Koordinatenursprung konzentrierte DIRAC-Maß, so gilt offenbar $\delta * \sigma = \sigma$.

Satz 11 ([L 7]). *Es sei* $(\mu_k)_{k \in N} \subset \mathfrak{M}^+$, $\mu_k \rightharpoonup \mu \in \mathfrak{M}^+$. *Dann gilt für* $\varrho \in \mathfrak{M}^+$

$$\varrho * \mu_k \rightharpoonup \varrho * \mu$$

wenn eine der beiden folgenden Bedingungen erfüllt ist:

(i) $\varrho \in \mathfrak{M}_0^+$,
(ii) *es existiert eine kompakte Menge* $K \subset R^n$ *mit*

$$\operatorname{sup} \mu_k \subseteqq K \qquad \text{für alle } k \in N .$$

Es sei $K_{x_0}^r$ eine Kugel vom Radius $r > 0$ mit x_0 als Mittelpunkt und $S_{x_0}^r = \partial K_{x_0}^r$ die entsprechende Sphäre. Mit $\varkappa_{x_0}^r$ bzw. $\sigma_{x_0}^r$ bezeichnen wir das Maß der auf $K_{x_0}^r$ bzw. $S_{x_0}^r$ gleichmäßig verteilten Einheitsmasse, d. h.

$$\varkappa_{x_0}^r(\varphi) = c_1(r) \int_{K_{x_0}^r} \varphi(x) \, dx , \tag{16}$$

$$\sigma_{x_0}^r(\varphi) = c_2(r) \int_{S_{x_0}^r} \varphi(y) \, do(y) . \tag{17}$$

o ist das übliche Oberflächenmaß auf $S_{x_0}^r$, und die Konstanten $c_1(r)$, $c_2(r)$ sind so bestimmt, daß die Integrale für $\varphi = 1$ den Wert 1 erhalten.

Falls $x_0 = 0$ der Koordinatenursprung ist, lassen wir den Index weg.

Es gilt, wie man leicht zeigt,

$$\varkappa_{x_0}^r \rightharpoonup \delta_{x_0} , \qquad \sigma_{x_0}^r \rightharpoonup \delta_{x_0} \qquad \text{für } r \to 0 . \tag{18}$$

Weiterhin haben wir nach Satz 11 für $r \to 0$

$$\varrho * \varkappa^r \rightharpoonup \varrho , \qquad \varrho * \varkappa^r * \varkappa^r \rightharpoonup \varrho \quad \text{usw.},$$

falls die Faltungsprodukte sinnvoll sind ($\varrho \in \mathfrak{M}$).

Ein Kern $\Phi(x, y)$ heißt Faltungskern, falls eine Funktion $f(z)$ im R^n existiert mit $\Phi(x, y) = f(x - y)$, $(x, y \in R^n)$. Wenn Φ ein Faltungskern ist, wählen wir für $\Phi^\pm$ in der Zerlegung $\Phi = \Phi^+ - \Phi^-$ ebenfalls stets Faltungskerne.

Es sei Φ ein Faltungskern. Dann sind die Mengen $\mathfrak{F}$, $\mathfrak{F}^*$ translationsinvariant, d. h., für beliebiges $x_0 \in R^n$ gilt

$$\lambda \in \mathfrak{F} \Rightarrow \delta_{x_0} * \lambda \in \mathfrak{F} , \qquad \eta \in \mathfrak{F}^* \Rightarrow \delta_{x_0} * \eta \in \mathfrak{F}^* .$$

Lemma 5. *Ist* Φ *ein Faltungskern, so gilt*

$$\lambda \in \mathfrak{F} , \quad \varrho \in \mathfrak{M}_0 \Rightarrow \lambda * \varrho \in \mathfrak{F} .$$

Der Beweis dieser einfachen Aussage sei dem Leser überlassen.

Satz 12. *Es sei Φ ein Faltungskern mit*

$$\int \Phi^{\pm}(x, y)\, \varphi(y)\, dy \in C(R^n)$$

für beliebige $\varphi \in C_0^+(R^n)$. Dann existiert zu jedem $\mu \in \mathfrak{M}_0$ eine Folge $(\lambda_k)_{k\in N} \subset \mathfrak{F}$ mit $\lambda_k \rightharpoonup \mu$ für $k \to \infty$.

Beweis: Ist $g \in L^1_{\mathrm{loc}}(R^n)$ eine Funktion, so ist durch

$$\lambda_g\colon \varphi \to \int \varphi(x)\, g(x)\, dx \qquad (\varphi \in C_0(R^n)) \tag{19}$$

ein Maß λ_g definiert. Wir wählen eine Folge $(g_k)_{k\in N} \subset C_0^+(R^n)$ mit $\lambda_{g_k} \rightharpoonup \delta$ $(= \delta_0)$ für $k \to \infty$. Auf Grund von Lemma 5 erhalten wir $\lambda_{g_k} * \mu \in \mathfrak{F}$ und nach Satz 11 $\lambda_{g_k} * \mu \rightharpoonup \mu$ für $k \to \infty$. ◀

§ 2. Polare Kerne

2.1. Rieszsche Kerne

Die Potentialtheorie für elliptische Differentialgleichungen zweiter und höherer Ordnung ist aufs engste verbunden mit dem Studium von Kernen der Gestalt

$$|x - y|^{a-n}, \qquad 0 < a < n\,. \tag{1}$$

Häufig ist $|x - y|^{a-n}$ noch mit einem Kern $B(x, y)$ multipliziert, der ebenfalls für $x \neq y$ stetig ist. Für $\mu \in \mathfrak{M}_0^+$ und $\Phi = |x - y|^{a-n}\, B(x, y)$ ist das Potential $\Phi\mu(x)$ für $x \notin \operatorname{supp} \mu$ stetig, wie man ohne Mühe zeigt. Der Kern

$$\Lambda_a(x, y) = \pi^{a-n/2} \frac{\Gamma\left(\frac{n-a}{2}\right)}{\Gamma\left(\frac{a}{2}\right)} |x - y|^{a-n}$$

heißt Riesz-Kern der Ordnung a (Γ ist die Eulersche Γ-Funktion). Für die Potentialtheorie beim Laplace-Operator (vgl. Kapitel III) spielt vor allem der Newtonsche Kern ($a = 2$) eine Rolle.

Bezüglich der Potentialtheorie für Rieszsche Kerne, wo weitgehende Analogien zum Fall $a = 2$ bestehen, sei auf das Lehrbuch [L 7] hingewiesen. Auf die Rieszschen Kerne kommen wir im Zusammenhang mit elliptischen Gleichungen höherer Ordnung später zurück.

2.2. Verhalten der Potentiale bei Konvergenz von Maßen

Satz 1. *Der Kern $\Psi(x, y)$ sei stetig für $x \neq y$ und nichtnegativ. $(\mu_k)_{k\in N} \subset \mathfrak{M}_0^+$ sei eine Folge mit $\mu_k \rightharpoonup \mu \in \mathfrak{M}_0^+$. Es existiere eine feste kompakte Menge K mit* $\operatorname{supp} \mu_k \subseteqq K$ *für alle $k \in N$. Dann gilt*

$$\Psi\mu(x) \leqq \varliminf_{k\to\infty} \Psi\mu_k(x)\,. \tag{2}$$

Ist außerdem $(\mu_k)_{k\in N}$ eine monoton wachsende Folge, so gilt

$$\Psi\mu(x) = \lim_{k\to\infty} \Psi\mu_k(x)\,. \tag{3}$$

Beweis: Zu einem gegebenem $\varepsilon > 0$ wählen wir eine Funktion φ_ε mit $\varphi_\varepsilon \in C_0^+(R^n)$, $0 \leqq \varphi_\varepsilon \leqq 1$, $\varphi_\varepsilon(x) = 0$ für $|x| < \varepsilon/2$, $\varphi_\varepsilon(x) = 1$ für $|x| \geqq \varepsilon$. Dann ist der Kern $\Psi_\varepsilon(x, y) = \varphi_\varepsilon(x - y)\, \Psi(x, y)$ stetig. Wir erhalten also

$$\Psi_\varepsilon\mu(x) = \lim_{k\to\infty} \Psi_\varepsilon\mu_k(x) \leqq \varliminf_{k\to\infty} \Psi\mu_k(x)\,.$$

Für $\varepsilon \to 0$ folgt dann die erste Behauptung. Die zweite Aussage folgt aus $\Psi\mu_k(x) \leqq \Psi\mu(x)$, Bildung des oberen Limes auf der linken Seite und Beachtung von (2). ◀

2.3. Gleichmäßige Konvergenz, Stetigkeit von Potentialen

Definition 1. Es sei $\Phi(x, z)$ eine auf $R^n \times R^n$ definierte meßbare Funktion, und $\zeta \geqq 0$ sei ein skalares Maß mit kompaktem Träger. Das Integral

$$I(x) = \int \Phi(x, z)\, \mathrm{d}\zeta(z)$$

heißt dann im Punkt $x = x_0$ gleichmäßig konvergent, falls zu jedem $\varepsilon > 0$ ein $\delta > 0$ existiert mit

$$\left|\int \Phi(x, z)\, \mathrm{d}\zeta_\delta(z)\right| < \varepsilon\,.$$

Dabei haben wir zur Abkürzung gesetzt $\zeta_\delta = \zeta|_{K_{x_0}^\delta}$.

Lemma 1. *Der Kern Φ sei stetig für $x \neq z$. Wenn das Integral $I(x)$ im Punkt $x = x_0$ gleichmäßig konvergiert, so ist es dort stetig.*

Beweis: Wir setzen $\zeta = \zeta_\delta + \zeta_\delta'$. Das Integral über $\Phi(x, z)$ bezüglich ζ_δ' ist in x_0 stetig wegen $x_0 \notin \operatorname{supp} \zeta_\delta'$. Es genügt also, die Stetigkeit des Integrals bezüglich ζ_δ zu beweisen. Dies folgt unmittelbar aus

$$\left|\int \Phi(x, z)\, \mathrm{d}\zeta_\delta(z) - \int \Phi(x_0, z)\, \mathrm{d}\zeta_\delta(z)\right|$$
$$\leqq \left|\int \Phi(x, z)\, \mathrm{d}\zeta_\delta(z)\right| + \left|\int \Phi(x_0, z)\, \mathrm{d}\zeta_\delta(z)\right| \leqq 2\varepsilon$$

für $|x - x_0| \leqq \delta$. ◀

Lemma 2. *Der Kern $\Phi(x, z)$ sei nach unten halbstetig auf $R^n \times R^n$, und es sei*

$$\Phi(x, z) \geqq 0 \qquad \textit{für alle } x, z \in R^n\,, \tag{3}$$

$$\Phi(x, z) \textit{ stetig für } x \neq z\,. \tag{4}$$

Es sei $\zeta \geqq 0$ ein skalares Maß mit kompaktem Träger. Dann gilt

$$I(x) = \int \Phi(x, z)\, \mathrm{d}\zeta(z) \in C(R^n)$$

genau dann, wenn $I(x)$ für alle $x \in R^n$ gleichmäßig konvergiert.

Beweis: Nach Lemma 1 genügt es zu zeigen, daß aus der Stetigkeit von $I(x)$ die gleichmäßige Konvergenz folgt. Wir wählen einen Punkt $x_0 \in R^n$ und eine Folge $(\delta_k)_{k\in N}$ positiver Zahlen mit $\delta_k > \delta_{k+1} > 0$ und $\delta_k \to 0$ für $k \to \infty$. Es sei

$$\zeta_k = \zeta\Big|_{K_{x_0}^{\delta_k} \setminus K_{x_0}^{\delta_{k+1}}}, \qquad \text{d. h. } \zeta = \sum_{k=1}^{\infty} \zeta_k\,.$$

Wegen der Halbstetigkeit von Φ ist die Menge aller ζ mit stetigem Potential bezüglich Φ erblich (d. h., jedes Maß η mit $0 \leqq \eta \leqq \zeta$ hat ebenfalls diese Eigenschaft; daraus folgt $\zeta(\{x_0\}) = 0$ für jedes $x_0 \in R^n$). Es gilt nun

$$I(x) = \sum_{k=1}^{\infty} \int \Phi(x, z)\, d\zeta_k(z) .$$

Aus dem Satz von DINI folgt unmittelbar die gleichmäßige Konvergenz dieser Reihe. Zu jedem $\varepsilon > 0$ existiert also ein $j \in N$ (d. h. ein $\delta_j > 0$) mit

$$\sum_{k=j}^{\infty} \int \Phi(x, z)\, d\zeta_k(z) = \int \Phi(x, z)\, d\zeta_{\delta_j}(z) < \varepsilon .$$

Damit ist die Behauptung gezeigt. ◀

Korollar. *Es seien $\Phi(x, z)$, $\Psi(x, z)$ nach unten halbstetige Kerne mit den Eigenschaften* (3), (4). *Zu jedem $x_0 \in R^n$ existiere eine Umgebung $U(x_0)$ und eine Konstante $c(x_0) > 0$, so daß gilt*

$$\Psi(x, z) \leqq c(x_0)\, \Phi(x, z) \qquad \text{für alle } x, z \in U(x_0) .$$

Ist dann $\zeta \geqq 0$ ein skalares Maß mit kompaktem Träger, so gilt

$$\int \Phi(x, z)\, d\zeta(z) \in C(R^n) \Rightarrow \int \Psi(x, z)\, d\zeta(z) \in C(R^n) .$$

Wir können Lemma 2 noch etwas verschärfen, und zwar gilt

Lemma 3. *Unter den Voraussetzungen von Lemma 2 ist $I(x)$ in einem Punkt $x_0 \in R^n$ genau dann stetig, wenn $I(x)$ dort gleichmäßig konvergiert.*

Beweis: Es genügt wieder zu zeigen, daß aus der Stetigkeit von $I(x)$ in x_0 die gleichmäßige Konvergenz in x_0 folgt. Hierzu bemerken wir, daß die Folge $\eta_j = \sum_{k=1}^{j} \zeta_k$ für $j \to \infty$ monoton gegen ζ konvergiert. Aus Satz 1 folgt

$$\lim_{j\to\infty} \Phi\eta_j(x_0) = \Phi\zeta(x_0) .$$

Zu jedem $\varepsilon > 0$ existiert also ein j_0 mit

$$\Phi\zeta(x_0) - \Phi\eta_j(x_0) < \varepsilon/2 \qquad \text{für alle } j \geqq j_0 .$$

Da aber das Potential $\Phi(\zeta - \eta_{j_0})$ in x_0 stetig ist, muß eine Kugel $K_{x_0}^{\delta_{j_1}}$ existieren mit

$$\Phi\zeta(x) - \Phi\eta_{j_0}(x) < \varepsilon \qquad \text{für alle } x \in K_{x_0}^{\delta_{j_1}} .$$

Dabei können wir annehmen $\delta_{j_1} \leqq \delta_{j_0}$. Es gilt also erst recht

$$\Phi\zeta(x) - \Phi\eta_{j_1}(x) = \Phi\Big(\zeta\Big|_{K_{x_0}^{\delta_{j_1}}}\Big)(x) < \varepsilon \qquad \text{für alle } x \in K_{x_0}^{\delta_{j_1}} .$$

Dies ist aber nach Definition die gleichmäßige Konvergenz von $I(x)$ in x_0. ◀

Satz 2 ([S 40]). *Es sei $p > 1$ eine reelle Zahl. Das Gebiet $\Omega \subset R^n$ sei beschränkt, und es sei $a > \frac{n}{p}$. Der Kern $B(x, y)$ sei für $x \neq y$ stetig und für $x, y \in \overline{\Omega}$ beschränkt. Für $\Phi(x, y) = |x - y|^{a-n}\, B(x, y)$ und $f \in L^p(\Omega)$ gilt dann $\lambda_f \in \mathfrak{F}$ (zur Bezeichnung vgl.* II.1. (19)). *Die Zuordnung $f \to \Phi\lambda_f|_{\overline{\Omega}}$ ist als linearer Operator $L^p(\Omega) \to C(\overline{\Omega})$ vollstetig.*

2.4. Eine Identität für polare Kerne

Satz 3 ([S 40]). *Es seien $B_1(x, y)$, $B_2(x, y)$ für $x \neq y$ stetige und für $x, y \in \bar{\Omega}$ beschränkte Kerne. Dann existiert zu gegebenem a, b $(0 < a < n,\ 0 < b < n)$ ein Kern B mit den gleichen Eigenschaften, so daß gilt*

$$\int_\Omega B_1(x, y)\, |x - y|^{a-n}\, B_2(y, z)\, |y - z|^{b-n}\, \mathrm{d}y = B(x, z)\, \Psi_{a+b}(x, z)$$

mit

$$\Psi_{a+b}(x, z) = \begin{cases} |x - z|^{a+b-n} & \text{für } a + b - n < 0 \\ 1 + \log |x - z| & \text{für } a + b - n = 0\,. \\ 1 & \text{für } a + b - n > 0 \end{cases}$$

Polare Kerne und insbesondere Satz 3 spielen beim Beweis der Sobolevschen Einbettungssätze eine Rolle (vgl. [S 40]). Enge Beziehungen von Einbettungssätzen mit elliptischen Gleichungen, speziell die Formulierung von Lösbarkeitsbedingungen sowie das Studium von Kapazitätsbegriffen, wurden von V. G. Maz'ja untersucht.

Einen Spezialfall für Satz 3, den wir später benötigen, werden wir beweisen, nämlich

Lemma 4 ([B 36]). *Es seien a, b reelle Zahlen. Dann gilt mit einer von $y, z \in R^n$ unabhängigen Konstanten $c_1 > 0$*

$$\int_{R^n} |x - y|^{a-n}\, |x - z|^{b-n}\, \mathrm{d}x = c_1\, |y - z|^{a+b-n}\,. \tag{5}$$

Beweis: Zunächst ist aus geometrischen Gründen klar, daß das Integral auf der linken Seite nur von $|y - z|$ abhängen kann. Wir substituieren $x' = |y - z|^{-1} x$, also $\mathrm{d}x' = |y - z|^{-n}\, \mathrm{d}x$. Dann folgt

$$\int |x - y|^{a-n}\, |x - z|^{b-n}\, \mathrm{d}x = |y - z|^{a+b-2n} \int \left|\frac{x - y}{y - z}\right|^{a-n} \left|\frac{x - z}{y - z}\right|^{b-n} \mathrm{d}x$$

$$= |y - z|^{a+b-n} \int |x' - y'|^{a-n}\, |x' - z'|^{b-n}\, \mathrm{d}x'\,.$$

Dabei gilt $|y' - z'| = 1$, d. h., das letzte Integral ist gleich einer Konstanten $c_1 > 0$. ◀

III. LAPLACESCHE DIFFERENTIALGLEICHUNG

§ 1. Einführendes über LAPLACE-Operator und harmonische Funktionen

1.1. Mittelwert-Eigenschaften harmonischer Funktionen

Der formale Differentialausdruck

$$\Delta = \sum_{i=1}^{n} \frac{\partial^2}{\partial x_i^2}$$

heißt LAPLACE-Operator (im R^n). Es sei $\Omega \subseteqq R^n$ eine offene Menge. Eine Funktion $u \in C^2(\Omega)$ heißt harmonisch (in Ω), falls gilt

$$\Delta u(x) = \sum_{i=1}^{n} \frac{\partial^2 u(x)}{\partial x_i^2} = 0 \quad \text{für alle } x \in \Omega \,.$$

Wir stellen in diesem Paragraphen einige allgemeine Eigenschaften harmonischer Funktionen zusammen. Bezüglich weiterführende Literatur vgl. z. B. [K 6], [G 10], [T 5], [B 36], [H 6].

Wir bezeichnen mit $H(\Omega)$ die Menge aller in Ω harmonischen Funktionen. Weiterhin setzen wir $D(\overline{\Omega}) = C(\overline{\Omega}) \cap H(\Omega)$, d. h., $D(\overline{\Omega})$ ist der Raum aller auf $\overline{\Omega}$ stetigen und in Ω harmonischen Funktionen.

Mit grad v bezeichnen wir den Gradienten $(v_{x_1}, \dots, v_{x_n})$ der Funktion v. Ist u eine zweite Funktion, so ist die Multiplikation u grad v komponentenweise definiert. Für Funktionen $u, v \in C^2(\Omega)$ erhalten wir dann

$$\operatorname{div}(u \operatorname{grad} v) = u\,\Delta v + (\operatorname{grad} u, \operatorname{grad} v)$$

mit $(.,.)$ als Skalarprodukt im R^n. Es sei Ω ein glatt berandetes Gebiet, (d. h., $\partial\Omega$ sei eine C^k-Mannigfaltigkeit für ein gewisses k $(1 \leqq k \leqq \infty)$ von der Dimension $n - 1$). Dann folgt aus dem GAUSSschen Integralsatz

$$\int_{\Omega} u\,\Delta v\,dx + \int_{\Omega} (\operatorname{grad} u, \operatorname{grad} v)\,dx = \int_{\partial\Omega} (u \operatorname{grad} v, \nu)\,do = \int_{\partial\Omega} u \frac{\partial}{\partial\nu} v\,do$$

(do Oberflächenelement auf $\partial\Omega$, $\partial/\partial\nu$ Ableitung in Richtung der äußeren Normalen ν an $\partial\Omega$). Hieraus erhalten wir die sogenannte GREENsche Identität

$$\int_{\Omega} (u\,\Delta v - v\,\Delta u)\,dx = \int_{\partial\Omega} \left(u \frac{\partial}{\partial\nu} v - v \frac{\partial}{\partial\nu} u\right) do \,. \tag{1}$$

Speziell für $v = 1$ und $u \in D(\overline{\Omega})$ folgt

$$\int_{\partial\Omega} \frac{\partial}{\partial\nu} u\,do = 0 \,. \tag{2}$$

Es sei wie bisher

$$K_{x_0}^r = \{x : |x - x_0| \leqq r\}\,, \qquad S_{x_0}^r = \{y : |y - x_0| = r\} \tag{3}$$

und $\varkappa_{x_0}^r$ bzw. $\sigma_{x_0}^r$ bezeichne das Maß der auf $K_{x_0}^r$ bzw. $S_{x_0}^r$ gleichmäßig verteilten Einheitsmasse. Es gilt dann bei Integration über $K_{x_0}^r$ bzw. $S_{x_0}^r$ in Polarkoordinaten

$$\mathrm{d}x = t^{n-1}\,\mathrm{d}t\,\mathrm{d}\omega_n\,, \qquad \mathrm{d}o = r^{n-1}\,\mathrm{d}\omega_n = \omega_n r^{n-1}\,\mathrm{d}\sigma_{x_0}^r$$

$\Big(\mathrm{d}\omega_n$ Oberflächenelement auf der Einheitssphäre, $\omega_n = 2\pi^{n/2}\Gamma\left(\frac{n}{2}\right)$ Flächeninhalt der Einheitssphäre$\Big)$.

Satz 1. *Es sei Ω ein beschränktes glatt berandetes Gebiet und $u \in C^2(\overline{\Omega})$. Dann gilt für jedes $x \in \Omega$*

(i) *für $n = 2$*

$$u(x) = \frac{1}{2\pi}\int_{\partial\Omega}\left\{-\log|x-y|\,\frac{\partial}{\partial\nu}u(y) - u(y)\,\frac{\partial}{\partial\nu}(-\log|x-y|)\right\}\mathrm{d}o(y)$$
$$-\frac{1}{2\pi}\int_{\Omega}\Delta u(z)\,(-\log|x-z|)\,\mathrm{d}z\,,$$

(ii) *für $n > 2$*

$$u(x) = \frac{1}{\omega_n(n-2)}\int_{\partial\Omega}\left\{|x-y|^{2-n}\,\frac{\partial}{\partial\nu}u(y) - u(y)\,\frac{\partial}{\partial\nu}\,|x-y|^{2-n}\right\}\mathrm{d}o(y)$$
$$-\frac{1}{\omega_n(n-2)}\int_{\Omega}\Delta u(z)\,|x-z|^{2-n}\,\mathrm{d}z\,.$$

Beweis: Wir beweisen (ii). Die erste Gleichung zeigt man analog. Es sei $x \in \Omega$ und $\delta > 0$ sei so klein, daß gilt $K_x^\delta \subset \Omega$. Im Gebiet $\Omega_0 = \Omega \setminus K_x^\delta$ ist die Funktion $v(y) = |x-y|^{-n+2}$ harmonisch. Nach der Greenschen Identität gilt also

$$-\int_{\Omega_0} v\,\Delta u\,\mathrm{d}z = \int_{\partial\Omega}\left(u\,\frac{\partial}{\partial\nu}v - v\,\frac{\partial}{\partial\nu}u\right)\mathrm{d}o(y) + \int_{S_x^\delta}\left(u\,\frac{\partial}{\partial\nu}v - v\,\frac{\partial}{\partial\nu}u\right)\mathrm{d}o(y)\,. \tag{4}$$

Aus der Integrierbarkeit von v über Ω folgt

$$\lim_{\delta\to 0}\int_{\Omega_0} v\,\Delta u\,\mathrm{d}z = \int_{\Omega} v\,\Delta u\,\mathrm{d}z\,.$$

Weiterhin gilt mit festen Konstanten $c, c' > 0$

$$\left|\int_{S_x^\delta} v\,\frac{\partial}{\partial\nu}u\,\mathrm{d}o(y)\right| \leqq c\int_{S_x^\delta}|x-y|^{-n+2}\,\mathrm{d}o(y) = c'\delta \to 0 \qquad \text{für } \delta \to 0\,.$$

Schließlich haben wir

$$\int_{S_x^\delta} u \frac{\partial}{\partial \nu} v \, do(y) = (n-2)\, \delta^{-n+1} \int_{S_x^\delta} u \, do(y)$$

$$= (n-2)\, \omega_n \int_{S_x^\delta} u \, d\sigma_x^\delta \to (n-2)\, \omega_n u(x) \qquad \text{für } \delta \to 0 \, .$$

Dabei wurde die Richtung von ν berücksichtigt, also $\partial/\partial\nu = -\partial/\partial\,|x-y|$. Einsetzen dieser Beziehungen in (4) und Grenzübergang $\delta \to 0$ liefert die Behauptung. ◀

Die folgende Aussage bezeichnet man als Mittelwert-Eigenschaft der harmonischen Funktionen.

Satz 2. *Es sei $K_x^r \subset \Omega$. Dann gilt für beliebiges $u \in H(\Omega)$*

$$u(x) = \int_{S_x^r} u(y)\, d\sigma_x^r(y) = \int_{K_x^r} u(z)\, d\varkappa_x^r(z)\, . \tag{5}$$

Beweis: Wir beschränken uns wieder auf den Fall $n > 2$. Nach Satz 1 gilt wegen $\Delta u = 0$

$$u(x) = \frac{1}{\omega_n(n-2)} \int_{S_x^r} \left\{ |x-y|^{2-n} \frac{\partial}{\partial\nu} u(y) - u(y) \frac{\partial}{\partial\nu}\, |x-y|^{2-n} \right\} do(y)$$

$$= \frac{r^{2-n}}{\omega_n(n-2)} \int_{S_x^r} \frac{\partial}{\partial\nu} u(y)\, do(y) + \frac{1}{\omega_n r^{n-1}} \int_{S_x^r} u(y)\, do(y) = \int_{S_x^r} u(y)\, d\sigma_x^r(y)\, .$$

Zuletzt haben wir (2) berücksichtigt und $\partial/\partial\nu = \partial/\partial r$. Damit ist die Behauptung für die Mittelung über S_x^r bewiesen. In der erhaltenen Gleichung ersetzen wir r durch r' $(0 < r' < r)$, multiplizieren mit $nr^{-n}(r')^{n-1}$ und integrieren anschließend über r' von 0 bis r. Dann folgt die Aussage für die Mittelung über K_x^r. ◀

Korollar 1. *Zu jedem $\varepsilon > 0$ existiert eine Funktion $q_\varepsilon \in C_0^\infty(R^n)$ mit $q_\varepsilon(x) = 0$ für $|x| \geqq \varepsilon$, so daß gilt*

$$u(x) = \int u(z)\, q_\varepsilon(x-z)\, dz \qquad \textit{für alle } u \in D(\overline{\Omega})$$

und alle $x \in \Omega$ mit $\operatorname{dist}(x, \partial\Omega) > \varepsilon$.

Beweis: Nach Translation des Gebietes können wir uns auf den Punkt $x = 0$ beschränken. Es sei $p(r')$ eine Funktion aus $C_0^\infty(R^1)$ mit $p(r') = 0$ für $r' < \varepsilon/3$ und $2\varepsilon/3 < r'$, $p(r') \geqq 0$, $\int p(r')\, dr' = 1$. Dann erhalten wir aus

$$u(0) = \int_0^\varepsilon p(r') \left\{ \int_{S_0^{r'}} u(y)\, d\sigma_0^{r'}(y) \right\} dr'$$

sofort die Behauptung. ◀

Korollar 2. *Wenn $u \in H(\Omega)$ ein relatives Maximum oder Minimum in einem Punkt $x_0 \in \Omega$ annimmt, gilt $u =$ const. in der gesamten x_0 enthaltenden Zusammenhangskomponente von Ω.*

1.2. Newtonscher Kern, Weylsches Lemma

Es sei für $x \neq 0$

$$E(x) = \begin{cases} \dfrac{1}{(2-n)\,\omega_n}\,|x|^{2-n} & \text{für } n > 2\,, \\[2ex] \dfrac{1}{2\pi}\log|x| & \text{für } n = 2\,. \end{cases} \tag{6}$$

Im Punkt $x = 0$ legen wir fest $E(x) = -\infty$. Der folgende Satz zeigt, daß E eine Fundamentallösung des Laplace-Operators ist.

Satz 3. *Für alle $\varphi \in C_0^\infty(R^n)$ gilt*

$$\varphi(x) = \int E(x-z)\,\Delta\varphi(z)\,dz\,.$$

Beweis: Wir betrachten etwa den Fall $n > 2$. Es sei Ω eine Kugel mit $\operatorname{supp}\varphi \subset \Omega$. Da φ und $(\partial/\partial\nu)\,\varphi$ auf $\partial\Omega$ verschwinden, folgt die Behauptung aus Satz 1 (Greensche Identität). ◀

Wir setzen

$$\Phi(x, z) = -E(x-z)\,.$$

Im Fall $n > 2$ heißt Φ Newtonscher Kern. Für $n = 2$ spricht man vom logarithmischen Kern. Statt $\Phi(x, z)$ schreiben wir in späteren Kapiteln auch $\Phi_N(x, z)$, falls noch andere Kerne betrachtet werden. $\Phi(x, z)$ ist auf $R^n \times R^n$ nach unten halbstetig und stetig für $x \neq z$.

Satz 4. *Es sei u eine distributionentheoretische Lösung der Gleichung $\Delta u = 0$ in Ω, d. h.*

$$\int u(x)\,\Delta\varphi(x)\,dx = 0 \qquad \textit{für alle } \varphi \in C_0^\infty(\Omega)\,.$$

Dann ist u in Ω Lösung im klassischen Sinne.

Beweis: Es sei $u \in \mathcal{D}'(\Omega)$ distributionentheoretische Lösung der Gleichung $\Delta u = 0$. Es genügt zu zeigen, daß u in einer Umgebung jedes Punktes im gewöhnlichen Sinne harmonisch ist. Nach Translation können wir die Betrachtung auf eine Umgebung des Koordinatenursprungs beschränken. Hierzu sei Ω_0 ein Teilgebiet, das den Nullpunkt enthält mit $\overline{\Omega}_0 \subset \Omega$, und $\chi \in C_0^\infty(\Omega)$ sei eine Funktion, die auf Ω_0 identisch 1 ist. Dann gilt $w = \chi u \in \mathcal{D}'(R^n)$, und es genügt, die Behauptung für w zu beweisen. $r > 0$ sei eine reelle Zahl mit $K^{4r} \subset \Omega_0$. Entsprechend Korollar 1 zu Satz 2 wählen wir eine Funktion $q_r \in C_0^\infty(R^n)$ mit den dort angegebenen Eigenschaften. Für die Distribution $\eta\colon \varphi \to \int q_r(x)\,\varphi(x)\,dx - \varphi(0)$ gilt $\operatorname{supp}\eta \subseteqq K^r$. Ist h eine harmonische Funktion, so gilt nach Korollar 1 zu Satz 2 $\eta(h) = 0$. Wir lösen jetzt die Gleichung $\Delta v = \eta$ in $\mathcal{D}'(R^n)$ durch $v = \eta * E$ mit der oben angegebenen Fundamentallösung E des Laplace-Operators. Da E außerhalb des Koordinatenursprungs harmonisch ist, gilt $E * \eta = 0$ in $K^{2r} \setminus K^r$, also $\operatorname{supp} v \subseteqq K^r$. In K^r erhalten wir jetzt

$$\eta * w = \Delta v * w = v * \Delta w = 0\,,$$

also $(\eta + \delta) * w = w$ ($\delta = \delta_0$ Dirac-Maß im Koordinatenursprung). Die letzten Beziehungen macht man sich leicht klar durch explizite Verwendung der Definition der Faltung zweier Distributionen als Hintereinanderanwendung bezüglich x bzw. y auf

$\varphi(x + y)$, $\varphi \in C_0^\infty(R^n)$. Da $\eta + \delta$ eine Distribution ist, die durch die C_0^∞-Funktion q_r repräsentiert wird, ist nach bekannten Sachverhalten der Distributionentheorie $(\eta + \delta) * w$ in K^r eine C^∞-Funktion, also insbesondere ist w in K^r eine gewöhnliche harmonische Funktion. ◀

Bemerkung 1. Man kann zeigen (vgl. [B 36]), daß harmonische Funktionen reell analytisch sind, d. h. sich in einer Umgebung jedes Punktes in eine Potenzreihe entwickeln lassen. Diese Tatsache werden wir u. a. in 2.9. verwenden.

Satz 5. *$L(x, D)$ sei ein linearer Differentialoperator in einem Gebiet Ω mit dem formal Adjungierten $L^*(x, D)$. Es sei $(u_k)_{k\in N}$ eine Folge distributionentheoretischer Lösungen auf Ω der Gleichung $Lu = f$ $(f \in L^1_{\mathrm{loc}}(\Omega))$ mit $|u_k(x)| \leqq c(K)$ für alle $x \in K$ und alle $k \in N$ mit einer Konstanten $c(K) > 0$ für jede kompakte Menge $K \subset \Omega$. Für alle $x \in \Omega$ konvergiere $(u_k)_{k\in N}$ gegen eine Funktion $u(x)$. Dann ist u ebenfalls distributionentheoretische Lösung der Gleichung $Lu = f$.*

Beweis: Eine Funktion u ist distributionentheoretische Lösung der Gleichung $Lu = f$, falls gilt

$$\int_\Omega uL^*\varphi \, dx = \int_\Omega f\varphi \, dx \qquad \text{für alle } \varphi \in C_0^\infty(\Omega) . \tag{7}$$

Für festgehaltenes $\varphi \in C_0^\infty(\Omega)$ bezeichnen wir das durch $L^*\varphi \, dx$ auf $K = \operatorname{supp} \varphi$ definierte Maß mit $\varkappa$. Dann gilt für alle $k \in N$

$$\int u_k^+ \, d\varkappa^+ + \int u_k^- \, d\varkappa^- = \int f\varphi \, dx + \int u_k^+ \, d\varkappa^- + \int u_k^- \, d\varkappa^+ .$$

Die Funktionen $u_k^\pm$ sind auf K durch eine Konstante gleichmäßig beschränkt. Ferner konvergiert $\left(u_k^\pm(x)\right)_{k\in N}$ für alle x gegen $u^\pm(x)$, also folgt nach dem Satz von LEBESGUE über majorisierte Konvergenz (vgl. I.2.4. Satz 9) durch Grenzübergang in den Einzelintegralen

$$\int u^+ \, d\varkappa^+ + \int u^- \, d\varkappa^- = \int f\varphi \, dx + \int u^+ \, d\varkappa^- + \int u^- \, d\varkappa^+ .$$

Somit ist (7) gezeigt. ◀

Korollar. *Es sei $(u_k)_{k\in N}$ eine Folge in $H(\Omega)$, welche für alle $x \in \Omega$ konvergiert. Zu jeder kompakten Menge $K \subset \Omega$ existiere eine Konstante $c(K) > 0$ mit $|u_k(x)| \leqq c(K)$ für alle $k \in N$ und $x \in K$. Dann gilt*

$$\lim_{k\to\infty} u_k(x) \in H(\Omega) .$$

Beweis: Diese Aussage folgt unmittelbar daraus, daß ein solcher Limes stets distributionentheoretische Lösung von $\Delta u = 0$ in Ω ist und daß jedes solche u dann klassische Lösung sein muß (vgl. Satz 4). ◀

1.3. Maximum-Prinzip

Satz 6. *Für beliebiges $u \in H(\Omega)$ gilt*

$$\inf_{x\in\Omega} u(x) \geqq \inf_{y\in\partial\Omega} \left[\varliminf_{x\to y} u(x)\right]$$

und

$$\sup_{x\in\Omega} u(x) \leqq \sup_{y\in\partial\Omega} \left[\varlimsup_{x\to y} u(x)\right] . \tag{9}$$

Beweis: Wir zeigen die erste Ungleichung und beschränken uns etwa auf den Fall, daß $\bar{\Omega}$ kompakt ist (anderenfalls betrachtet man $\bar{\Omega}$ als Teilmenge der Einpunktkompaktifizierung des R^n). Wenn u konstant ist, muß die Behauptung trivialerweise gelten. Wir nehmen also an, u sei nicht konstant. Wir setzen die harmonische Funktion

$$u - \inf_{y \in \partial\Omega} \left(\varliminf_{x \to y} u(x) \right)$$

auf $\bar{\Omega}$ fort durch Null auf $\partial\Omega$, und bezeichnen die entstehende auf $\bar{\Omega}$ definierte Funktion mit v. Diese nimmt als nach unten halbstetige Funktion auf $\bar{\Omega}$ ihr Minimum t an. Wäre $t < 0$, so müßte ein $x_0 \in \Omega$ existieren mit $v(x_0) = t$. Nach Korollar 2 zu Satz 2 wäre aber dann v konstant, also auch u im Widerspruch zur Annahme. ◀

Korollar. *Aus $u \in H(\Omega)$ folgt*

$$\inf_{y \in \partial\Omega} \left[\varliminf_{x \to y} u(x) \right] \geqq 0 \Rightarrow u(x) \geqq 0 \qquad \text{für alle } x \in \Omega \tag{10}$$

und

$$\sup_{x \in \Omega} |u(x)| \leqq \sup_{x \in \partial\Omega} \left[\varlimsup_{x \to y} |u(x)| \right]. \tag{11}$$

1.4. Dirichlet-Problem und Balayage für reguläre Gebiete

Definition 1. Ein beschränktes Gebiet $\Omega \subset R^n$ heißt *regulär*, falls gilt

$$r_{\partial\Omega} D(\bar{\Omega}) = C(\partial\Omega). \tag{12}$$

Man sagt auch, $\partial\Omega$ sei regulär, oder $\partial\Omega$ enthalte nur reguläre Punkte.

Ist Ω ein Gebiet, so bezeichnen wir (in vorläufiger Formulierung) als Dirichlet-Problem die Aufgabe, zu gegebenem $g \in C(\partial\Omega)$ ein $u \in D(\bar{\Omega})$ zu finden mit $u|_{\partial\Omega} = g$. Per def. ist das Dirichlet-Problem genau dann für alle $g \in C(\partial\Omega)$ lösbar, wenn Ω regulär ist.

Es wird sich herausstellen, daß es „genügend viele" reguläre Gebiete gibt, d. h., jedes Gebiet Ω kann dargestellt werden als Vereinigung einer Folge $(\Omega_k)_{k \in N}$ von regulären Gebieten mit $\Omega_k \subset \Omega_{k+1}$ und $\bar{\Omega}_k \subset \Omega$ für alle $k \in N$. In 2.4. wird gezeigt, daß ein beschränktes Gebiet, dessen Rand eine glatte Mannigfaltigkeit der Dimension $n - 1$ ist, regulär ist. Andererseits existieren auch irreguläre Gebiete, z. B. $\Omega = B^r_{x_0} \setminus \{x_0\}$ $\times$ ($B^r_{x_0} = \operatorname{int} K^r_{x_0}$). Ein nichttriviales klassisches Beispiel ist der sogenannte Lebesguesche Dorn (vgl. [T 5]).

Satz 7. *$\Omega \subset R^n$ sei ein reguläres Gebiet. Dann vermittelt der lineare Operator*

$$r_{\partial\Omega}: D(\bar{\Omega}) \to C(\partial\Omega) \tag{13}$$

einen Homöomorphismus zwischen $D(\bar{\Omega})$ und $C(\partial\Omega)$.

Beweis: $r_{\partial\Omega}$ ist offenbar stetig. Aus

$$\sup_{x \in \Omega} |u(x)| \leqq \sup_{y \in \partial\Omega} |u(y)| \qquad \text{für alle } u \in D(\bar{\Omega}) \tag{14}$$

folgt, daß $r_{\partial\Omega}$ eineindeutig und $r_{\partial\Omega}^{-1}$ stetig ist. ◀

Korollar. *Es sei $C_0(\bar{\Omega})$ der Raum aller $u \in C(\bar{\Omega})$ mit $r_{\partial\Omega}u = 0$. Ω sei regulär. Dann besteht die topologische Zerlegung*

$$C(\bar{\Omega}) = D(\bar{\Omega}) \oplus C_0(\bar{\Omega}) , \tag{15}$$

d. h., die Projektion von $C(\bar{\Omega})$ auf $D(\bar{\Omega})$ längs $C_0(\bar{\Omega})$ ist stetig.

Beweis: Wegen der eindeutigen Lösbarkeit des DIRICHLET-Problems erhalten wir zu jedem $v \in C(\bar{\Omega})$ genau ein $u \in D(\bar{\Omega})$ mit $r_{\partial\Omega}u = r_{\partial\Omega}v$. Dann ist $w = v - u \in C_0(\bar{\Omega})$, d. h., jedes v besitzt die eindeutige Darstellung $v = u + w$ $\left(u \in D(\bar{\Omega}),\, w \in C_0(\bar{\Omega})\right)$. Die Stetigkeit der Projektion $v \to u$ folgt aus der Gleichheit von u und v auf $\partial\Omega$, aus (14) und aus

$$\sup_{y \in \partial\Omega} |v(y)| \leqq \sup_{x \in \bar{\Omega}} |v(x)| . \blacktriangleleft$$

Satz 8. *$\Omega \subset R^n$ sei ein reguläres beschränktes Gebiet. Dann existiert zu jedem $\mu \in \mathfrak{M}(\bar{\Omega})$ genau ein $\nu \in \mathfrak{M}(\partial\Omega)$ mit der Eigenschaft*

$$\mu(u) = \nu(u) \qquad \text{für alle } u \in D(\bar{\Omega}) . \tag{16}$$

Die hierdurch gegebene lineare Abbildung

$$\Pi : \mathfrak{M}(\bar{\Omega}) \to \mathfrak{M}(\partial\Omega) \tag{17}$$

(die als Balayage-Operator bezeichnet wird) ist stetig bezüglich der w^*-Topologien in $\mathfrak{M}(\bar{\Omega})$ und $\mathfrak{M}(\partial\Omega)$. Ferner gilt $\Pi\mathfrak{M}^+(\bar{\Omega}) = \mathfrak{M}^+(\partial\Omega)$, d. h., der Balayage-Operator ist positiv.

Beweis: Π ist Adjungierte des linearen stetigen Operators

$$r_{\partial\Omega}^{-1} : C(\partial\Omega) \to C(\bar{\Omega}) ,$$

(der auf $D(\bar{\Omega}) \subseteqq C(\bar{\Omega})$ abbildet), d. h. $(r_{\partial\Omega}^{-1})^* = \Pi : \mathfrak{M}(\bar{\Omega}) \to \mathfrak{M}(\partial\Omega)$. Der Operator Π ist also stetig bezüglich der durch die Totalvariation $\|\cdot\|$ definierten BANACH-Raum-Topologien in $\mathfrak{M}(\bar{\Omega})$ bzw. $\mathfrak{M}(\partial\Omega)$. Daraus folgt aus I.1. Satz 3 und Satz 8 die w^*-Stetigkeit. Die Positivität von Π erhält man nach Satz 6 aus

$$r_{\partial\Omega}u \geqq 0 \Rightarrow u \geqq 0 \qquad \text{für alle } u \in D(\bar{\Omega}) . \blacktriangleleft$$

Die funktionalanalytische Interpretation des Balayage-Prinzips wurde besonders in den Arbeiten [A 28], [A 31], [M 28], [A 33] in den Vordergrund gestellt. Ω sei in diesem Paragraphen weiterhin regulär. Es gilt

$$\ker \Pi = \{\mu \in \mathfrak{M}(\bar{\Omega}) : \mu(u) = 0 \text{ für alle } u \in D(\bar{\Omega})\} , \tag{18}$$

also insbesondere $\mathfrak{M}(\partial\Omega) \cap \ker \Pi = \{0\}$ und $\mathfrak{M}^+(\bar{\Omega}) \cap \ker \Pi = \{0\}$. Es besteht die topologische Zerlegung

$$\mathfrak{M}(\bar{\Omega}) = \mathfrak{M}(\partial\Omega) \oplus \ker \Pi \tag{19}$$

(bezüglich der $\|\cdot\|$- und w^*-Topologie), und die stetige Projektion von $\mathfrak{M}(\bar{\Omega})$ auf $\mathfrak{M}(\partial\Omega)$ ist Π (vgl. I.1.5.).

Für beliebiges $x \in \bar{\Omega}$ setzen wir

$$\mu_x = \Pi\delta_x \in \mathfrak{M}^+(\partial\Omega) . \tag{20}$$

μ_x heißt harmonisches Maß bezüglich x. Aus (16) folgt

$$u(x) = \int_{\partial\Omega} u(y)\, d\mu_x(y) \qquad \text{für alle } u \in D(\overline{\Omega})\,.$$

Da Π den Raum $\mathfrak{M}(\partial\Omega) \subseteqq \mathfrak{M}(\overline{\Omega})$ fest läßt, erhält man $y \in \partial\Omega \Rightarrow \mu_y = \delta_y$. Aus $(x_k)_{k \in N} \subset \Omega$ folgt wegen der w^*-Stetigkeit von Π

$$x_k \to y \in \partial\Omega \Rightarrow \mu_{x_k} \rightharpoonup \delta_y \tag{21}$$

(vgl. I.2. (7)). Im Fall $\overline{\Omega} = K^r_{x_0}$ gilt nach Satz 2 $\mu_{x_0} = \sigma^r_{x_0}$. Bei gleichzeitiger Betrachtung verschiedener Gebiete Ω schreiben wir statt Π auch Π_Ω.

Satz 9. *Aus $\mu \in \mathfrak{M}^+(\overline{\Omega})$ und $\nu = \Pi\mu$ folgt $||\mu|| = ||\nu||$ (Totalvariation). Die konvexe Menge*

$$\mathfrak{B}(\mu) = \{\varrho \in \mathfrak{M}^+(\overline{\Omega}) : \Pi\varrho = \Pi\mu\} \tag{22}$$

ist also bezüglich der w^*-Topologie in $\mathfrak{M}(\overline{\Omega})$ kompakt.

Beweis: Zum Beweis von $||\mu|| = ||\nu||$ genügt es, die Funktion $u = 1$ in (16) einzusetzen. $\mathfrak{B}(\mu)$ ist somit in $\mathfrak{M}(\overline{\Omega})$ $||\cdot||$-beschränkt. Da $\mathfrak{B}(\mu)$ dann auch w^*-beschränkt und sogar w^*-relativ-kompakt ist (I.1.3. Satz 5 und Korollar zu Satz 6), genügt es, die w^*-Abgeschlossenheit von $\mathfrak{B}(\mu)$ festzustellen. Diese ist aber eine unmittelbare Folge der w^*-Stetigkeit von Π und der Metrisierbarkeit von $\mathfrak{M}^+(\overline{\Omega})$ (vgl. I.2.11. Satz 23). ◀

Satz 10. *Die Abbildung $x \to \mu_x$ von $\overline{\Omega}$ in $\mathfrak{M}(\partial\Omega)$ ist ein Homöomorphismus (bezüglich der durch R^n in $\overline{\Omega}$ induzierten Topologie und der w^*-Topologie in $\mathfrak{M}(\partial\Omega)$).*

Beweis: Die eineindeutige Abbildung $x \to \delta_x$ von $\overline{\Omega}$ in $\mathfrak{M}(\overline{\Omega})$ ist ein Homöomorphismus (I.2.11. Satz 22). Somit ist $\{\delta_x : x \in \overline{\Omega}\}$ w^*-kompakt. Π bildet als stetige Abbildung diese Menge wieder auf eine kompakte Menge ab, d. h. $\{\mu_x : x \in \overline{\Omega}\}$ ist w^*-kompakt. Da $D(\overline{\Omega})$ die Punkte trennt, d. h., es gilt

$$u(x_1) = u(x_2) \qquad \text{für alle } u \in D(\overline{\Omega}) \Leftrightarrow x_1 = x_2\,,$$

ist diese Abbildung eineindeutig. Eine eineindeutige stetige Abbildung einer kompakten Menge auf eine andere ist aber ein Homöomorphismus (I.1.2. Satz 1).

Übung. Man beweise folgende Aussage. Es seien Ω, Ω' reguläre Gebiete mit $\Omega' \subseteqq \Omega$. Für $x \in \Omega'$ sei μ_x bzw. μ'_x das harmonische Maß bezüglich Ω bzw. Ω'. Dann gilt $\Pi\mu'_x = \mu_x$.

Die Bezeichnung „Balayage" für die Zuordnung Π: $\mathfrak{M}(\overline{\Omega}) \to \mathfrak{M}(\partial\Omega)$ (die heute allerdings auch in allgemeinerer Bedeutung verwendet wird) stammt von H. Poincaré und bedeutet soviel wie „Fegen". Diese Bezeichnung war durch folgende Konstruktion nahegelegt (das Fegen von μ aus dem Gebiet auf den Rand): Es sei Ω dargestellt als abzählbare Vereinigung offener Kugeln $(B_j)_{j \in N}$, und Π_j sei der Balayage-Operator bezüglich B_j. Wir setzen (vgl. III.1.6.)

$$\Pi'_j\mu = \mu - \mu|_{\Omega \setminus B_j} + \Pi_j(\mu|_{\overline{B}_j}) \qquad (j \in N)\,.$$

Man kann dann zeigen, daß die Maße

$\Pi_1'\mu,\quad \Pi_2'\Pi_1'\mu,\quad \Pi_1'\Pi_2'\Pi_1'\mu,\quad \Pi_2'\Pi_1'\Pi_2'\Pi_1'\mu,\quad \Pi_3'\Pi_2'\Pi_1'\Pi_2'\Pi_1'\mu,\quad \Pi_1'\Pi_3'\Pi_2'\Pi_1'\Pi_2'\Pi_1'\mu, \ldots$

eine w^*-konvergente Folge bilden mit dem Limes $\nu = \Pi\mu$. Anschaulich gesprochen wird dabei die Masse sukzessive aus dem Gebiet gefegt. Wir bezeichnen deshalb gelegentlich ν auch als Gefegtes von μ.

1.5. Eine Stetigkeitseigenschaft von Π

Satz 11. *Es sei $Q \subseteqq H(\Omega)$ eine Teilmenge mit $|u(x)| \leqq$ const. für alle $x \in \Omega$ und $u \in Q$. Dann ist Q auf jeder kompakten Teilmenge von Ω gleichgradig stetig.*

Den Beweis dieses Satzes geben wir am Ende dieses Paragraphen an.

Korollar. *Die Abbildung $x \to \mu_x$ ist auf jeder kompakten Teilmenge von Ω normstetig, d. h. bezüglich der durch $\|\cdot\|$ in $\mathfrak{M}(\partial\Omega)$ definierten BANACH-Raum-Topologie. Betrachtet man diese Abbildung auf $\overline{\Omega}$, so ist sie nur w^*-stetig, d. h., in den Randpunkten besteht keine Normstetigkeit.*

Beweis: Die gleichgradige Stetigkeit der Menge aller $u \in D(\overline{\Omega})$ mit $|r_{\partial\Omega}u| \leqq 1$ auf kompakten $K \subset \Omega$ bedeutet, daß zu jedem $x_0 \in \Omega$ und jedem $\varepsilon > 0$ eine Kugel $K_{x_0}^\delta \subset \Omega$ existiert mit

$$|u(x_0) - u(x)| \leqq \varepsilon \qquad \text{für alle } x \in K_{x_0}^\delta$$

und alle $u = \mu_x(g)$, $|g| \leqq 1$. Daher folgt

$$|\mu_{x_0}(g) - \mu_x(g)| \leqq \varepsilon \Rightarrow \|\mu_{x_0} - \mu_x\| \leqq \varepsilon \qquad \text{für alle } x \in K_{x_0}^\delta$$

nach Übergang zum Supremum über g.

Wäre $x \to \mu_x$ auf $\overline{\Omega}$ normstetig, erhielte man umgekehrt auf $\overline{\Omega}$ die gleichgradige Stetigkeit der Menge aller $u \in D(\overline{\Omega})$ mit $|r_{\partial\Omega}u| \leqq 1$. Auf $\partial\Omega$ ist jedoch gleichgradige Stetigkeit nicht erfüllt. ◀

Wir beweisen jetzt die Normstetigkeit von Π auf $\mathfrak{M}^+(K)$ ($K \subset \Omega$ kompakt). Hierzu benötigen wir

Lemma 1. *Es sei $K \subset \Omega$ eine kompakte Menge, und $(\mu_k)_{k\in N}$ sei eine Folge in $\mathfrak{M}(K)$ mit $\mu_k \rightharpoonup \mu \in \mathfrak{M}(K)$. Es sei F eine Menge auf K gleichmäßig beschränkter und gleichgradig stetiger Funktionen. Dann existiert zu jedem $\varepsilon > 0$ ein $k(\varepsilon) \in N$ mit*

$$|\mu_k(u) - \mu(u)| < \varepsilon \qquad \textit{für alle } u \in F \textit{ und alle } k \geqq k(\varepsilon)\,.$$

Beweis: Mit $\lambda_k = \mu_k - \mu$ gilt $\lambda_k \rightharpoonup 0$. Wäre die Behauptung falsch, so existierte zu jedem $k \in N$ ein $u_k \in F$ mit $|\lambda_k(u_k)| > \varepsilon$. Da F gleichgradig stetig ist, enthält $(u_k)_{k\in N}$ eine konvergente Teilfolge. Der Limes sei $v \in C(K)$. Dann gilt, wenn die Teilfolge wiederum mit $(u_k)_{k\in N}$ bezeichnet wird,

$$|\lambda_k(v)| = |\lambda_k(v - u_k) + \lambda_k(u_k)| \geqq \big||\lambda_k(u_k)| - |\lambda_k(v - u_k)|\big|\,.$$

$\lambda_k(v - u_k)$ strebt aber gegen Null wegen $\|\lambda_k\| \leqq$ const. Somit gilt $|\lambda_k(v)| > \varepsilon/2$ für alle genügend großen k, was ein Widerspruch zu $\lambda_k \rightharpoonup 0$ ist. ◀

Satz 12. *Es sei $K \subset \Omega$ eine kompakte Menge. Dann ist der Balayage-Operator Π, aufgefaßt als Abbildung*

$$\Pi\colon \mathfrak{M}^+(K) \to \mathfrak{M}^+(\partial\Omega)$$

normstetig, d. h. stetig bezüglich der w-Konvergenz in $\mathfrak{M}^+(K)$ und der $\|\cdot\|$-Konvergenz in $\mathfrak{M}^+(\partial\Omega)$.*

Beweis: Die Menge aller $u \in D(\overline{\Omega})$, die auf $\partial\Omega$ dem Betrag nach $\leqq 1$ sind, ist auf K gleichmäßig beschränkt und gleichgradig stetig. Es sei nun $(\mu_k)_{k\in N} \subset \mathfrak{M}(K)$, $\mu_k \rightharpoonup \mu$ und $\varepsilon > 0$ vorgegeben. Dann gilt nach Lemma 1 für alle $k \geqq k(\varepsilon)$

$$|\mu_k(u) - \mu(u)| = |(\Pi\mu_k)(g) - (\Pi\mu)(g)| \leqq \varepsilon\,,$$

d. h. $\|\Pi\mu_k - \Pi\mu\| \leqq \varepsilon$. ◀

1.6. Poisson-Integral für die Kugel

Es wird jetzt gezeigt, daß die Kugel $B_z^R = \operatorname{int} K_z^R$ ein reguläres Gebiet ist. Die Funktion

$$P(x, y) = R^{n-2}\,\frac{R^2 - |x - z|^2}{|x - y|^n} \tag{23}$$

heißt Poisson-Kern ($x \in B_z^R$, $y \in S_z^R$).

Satz 13. *Die Funktion*

$$u(x) = \frac{1}{R\omega_n}\int\limits_{S_z^R} \frac{R^2 - |x - z|^2}{|x - y|^n}\, g(y)\, \mathrm{d}o(y) = \int\limits_{S_z^R} P(x, y)\, g(y)\, \mathrm{d}\sigma_z^R(y) \tag{24}$$

ist Lösung des Dirichlet-Problems mit den Randwerten $g \in C(S_z^R)$.

Beweis: Wir zeigen die Randwertannahme: Zunächst nehmen wir an, daß zu festgehaltenem $y \in S_z^R$ ein $\varepsilon > 0$ existiert mit $g = 0$ auf $B_y^\varepsilon \cap S_z^R$. Für jedes $x \in B_z^R \cap B_y^{\varepsilon/2}$ und jedes $y' \in S_z^R \setminus B_y^\varepsilon$ haben wir dann

$$P(x, y') \leqq \left(\frac{\varepsilon}{2}\right)^{-n} (R^2 - |x - z|^2)\, R^{n-2}\,,$$

d. h.

$$\int P(x, y')\, g(y')\, \mathrm{d}\sigma_z^R(y') = R^{n-2}\left(\frac{\varepsilon}{2}\right)^{-n} (R^2 - |x - z|^2) \sup |g(y')|$$

und somit

$$\lim_{x\to y} \int P(x, y')\, g(y')\, \mathrm{d}\sigma_z^R(y') = 0$$

(wegen $R = |y - z|$). Es sei jetzt $g \in C(S_z^R)$ beliebig, und $\eta > 0$ sei gegeben. Dann existieren Funktionen $g_1, g_2 \in C(S_z^R)$ mit $|g_1| \leqq \eta$, $g_2 = 0$ in einer Umgebung von y und $g = g_1 + g_2 + g(y)$. Aus $\int P(x, y)\, \mathrm{d}\sigma_z^R(y) = 1$ auf B_z^R (was wir anschließend zeigen), erhalten wir

$$\overline{\lim_{x\to y}}\, \left|\int P(x, y')\, g(y')\, \mathrm{d}\sigma_z^R(y') - g(y)\right| \leqq \overline{\lim_{x\to y}}\, \left\{\int P(x, y') |g_1(y')|\, \mathrm{d}\sigma_z^R(y')\right\}$$
$$+ \overline{\lim_{x\to y}}\, \left\{\int P(x, y')\, |g_2(y')|\, \mathrm{d}\sigma_z^R(y')\right\} \leqq \eta\,.$$

Da $\eta > 0$ beliebig war, folgt die Behauptung. Es ist leicht zu sehen, daß der Wert von $u = \int P(x, y)\, \mathrm{d}\sigma_z^R(y)$ nur von $r = |x - z|$ abhängt und daß gilt $u(z) = 1$. Somit muß $v = u - 1$ als harmonische Funktion in einer ganzen Umgebung von $z = 0$ verschwinden. Anderenfalls, z. B. bei $v(r) > 0$, erhielten wir nach der Mittelwerteigenschaft auch $v(z) > 0$. Wenn nun v in einer ganzen Umgebung von z verschwindet, gilt $v = 0$ in B_z^R. ◀

Es gilt

$$x_0 \in B_z^R \Rightarrow P(x_0, y) \in C^\infty(S_z^R)\,, \tag{25}$$

$$y_0 \in S_z^R \Rightarrow P(x, y_0) \in C^\infty(B_z^R)\,. \tag{26}$$

Für festes $y_0 \in S_z^R$ haben wir sogar $P(x, y_0) \in H(B_z^R)$. Daher besteht folgender

Satz 14. *Für beliebiges $\nu \in \mathfrak{M}(S_z^R)$ gilt*

$$u(x) = R^{n-2} \int\limits_{S_z^R} \frac{R^2 - |x - z|^2}{|x - y|^n}\, \mathrm{d}\nu(y) \in H(B_z^R)\,. \tag{27}$$

Beweis: Es sei $\varphi \in C_0^\infty(\Omega)$ beliebig gegeben. Dann erhalten wir

$$\int\limits_\Omega \left\{ \int\limits_{S_z^R} \frac{R^2 - |x - z|^2}{|x - y|^n}\, \mathrm{d}\nu(y) \right\} \Delta\varphi(x)\, \mathrm{d}x = \int\limits_{S_z^R} \left\{ \int\limits_\Omega \frac{R^2 - |x - z|^2}{|x - y|^n}\, \Delta\varphi(x)\, \mathrm{d}x \right\} \mathrm{d}\nu(y)\,.$$

Die Vertauschung der Integrationen ist offenbar erlaubt, und das innere Integral ist Null, da der POISSON-Kern für jedes feste $y \in S_z^R$ harmonisch ist. Somit ist u schwache, also auch klassische Lösung von $\Delta u = 0$. ◀

Bemerkung 2. Man kann zeigen (vgl. [B 11]), daß zu jeder positiven harmonischen Funktion u in B_z^R ein $\nu_u \in \mathfrak{M}^+(S_z^R)$ existiert, so daß (27) gilt mit $\nu = \nu_u$. Man kann sich auf solche u beschränken, die im Punkt z den Wert 1 annehmen. Der Raum aller harmonischen Funktionen in B_z^R, die als Differenz zweier positiver harmonischer Funktionen darstellbar sind, ist ein FRÉCHET-Raum in der Topologie der gleichmäßigen Konvergenz auf kompakten $K \subset B_z^R$. Die Menge A aller $u \in H(B_z^R)$, $u \geqq 0$, mit $u(z) = 1$ ist in diesem Raum konvex und kompakt. Somit besteht nach I.3.3 eine Integraldarstellung für jedes $u \in A$. Diese geht durch eine Umdeutung der auftretenden Funktionale über in (27) für das betrachtete u, und die Elemente $w(x) = P(x, y)$, $y \in S_z^R$ entsprechen den extremalen Elementen von A.

Bemerkung 3. Gegeben sei ein $t \in \mathscr{D}'(R^n)$ mit $\operatorname{supp} t \subseteqq S_z^R$. Wegen (25) können wir die Distribution t anwenden auf $P(x, y)$ für jedes feste $x \in \operatorname{int} K_z^R$. Man kann dann ebenfalls beweisen

$$u(x) = t(P(x, y)) \in H(B_z^R)\,.$$

Der Beweis kann leicht mit Hilfe der Resultate aus Kapitel VII über die Darstellbarkeit von Distributionen endlicher Ordnung durch Maße geführt werden.

Satz 15 (HARNACKsche Ungleichung). *Es sei $\Omega \subset R^n$ ein Gebiet, und $K \subset \Omega$ sei eine kompakte Teilmenge. Dann existiert eine Konstante $c = c(\Omega, K) > 0$, so daß für alle $u \in H(\Omega)$, $u > 0$ gilt*

$$u(x)/u(z) \leqq c \qquad \textit{für alle } x, z \in K\,.$$

Beweis (vgl. auch [C 18]): Es genügt offenbar, die Aussage für festes $z \in K$ für alle x aus einer Kugel B_z^R mit $K_z^R \subset \Omega$ zu beweisen. u induziert auf S_z^R eine positive Funktion $g \in C(S_z^R)$. Dann gilt für $x, x_0 \in B_z^R$

$$u(x) = \int P(x, y)\, g(y)\, \mathrm{d}\sigma_z^R(y) = \int \frac{P(x, y)}{P(x_0, y)} P(x_0, y)\, g(y)\, \mathrm{d}\sigma_z^R(y)$$

$$\leqq (\sup \{P(x, y)/P(x_0, y)\})\, u(x_0) \leqq \text{const.}\, u(x_0)\,. \; ◀$$

Bemerkung 4. Es sei Ω ein beschränktes Gebiet, dessen Rand eine glatte C^∞-Mannigfaltigkeit der Dimension $n-1$ ist. Auf $\partial\Omega$ wählen wir ein glattes Oberflächen-Maß o. In Kapitel VIII wird gezeigt, daß eine Funktion

$$P(x, y) \in C^\infty(\Omega \times \partial\Omega)$$

existiert mit

$$\int g(y)\, d\mu_x(y) = \int g(y)\, P(x, y)\, do(y) \qquad \text{für alle } x \in \Omega, g \in C(\partial\Omega)\,.$$

Die positive Funktion $P(x, y)$ heißt Poisson-Kern des Gebietes. Es sei $\mu \in \mathfrak{M}(\overline{\Omega})$ ein Maß mit $K = \operatorname{supp}\mu \subset \Omega$ und $\nu = \Pi\mu$. Dann existiert eine Funktion $r \in C^\infty(\partial\Omega)$ mit

$$\nu(g) = \int g(y)\, r(y)\, do(y)$$

für alle $g \in C(\partial\Omega)$, d. h., ν ist durch eine glatte Oberflächendichte auf $\partial\Omega$ darstellbar. Man zeigt leicht

$$r(y) = \int P(x, y)\, d\mu(x)\,.$$

Diese Tatsache ist bei der praktischen Behandlung des Balayage-Prinzips in § 5 von Interesse.

Beweis von Satz 11: $K \subset \Omega$ sei eine kompakte Menge, und Ω_0 sei ein glattes Gebiet mit $K \subset \Omega_0$, $\overline{\Omega}_0 \subset \Omega$. Wir können annehmen, daß Ω_0 eine Kugel ist. Andernfalls führt man den Beweis durch eine endliche Überdeckung von K mit Kugeln darauf zurück. Es genügt dann zu beweisen, daß die Menge

$$\{u \in D(\overline{\Omega}_0) : |u|_{\partial\Omega}| \leqq 1\}$$

auf K gleichgradig stetig ist. $P_0(x, y)$ sei der Poisson-Kern von Ω_0. Dann ist die Zuordnung

$$x \to \Pi_{\Omega_0}\delta_x = \mu_x^0$$

auf K normstetig. Zu jedem $x_0 \in K$ und jedem $\varepsilon > 0$ existiert also ein $\delta > 0$ mit

$$\|\mu_{x_0}^0 - \mu_x^0\| \leqq \varepsilon \qquad \text{für alle } x \in K_{x_0}^\delta$$

(δ so klein, daß gilt $K_{x_0}^\delta \subset \Omega_0$), also insbesondere für beliebige $g \in C(\partial\Omega_0)$ mit $|g| \leqq 1$

$$|\mu_{x_0}^0(g) - \mu_x^0(g)| = |u(x_0) - u(x)| \leqq \varepsilon$$

($h|_{\partial\Omega_0} = g$). Damit ist die Behauptung gezeigt. ◀

Übung. Es sei $(\Omega_k)_{k\in N}$ eine Folge regulärer Gebiete mit $\Omega_k \supseteqq \Omega_{k+1}$ für alle k und

$$\{x_0\} = \bigcap_{k=1}^{\infty} \overline{\Omega}_k\,.$$

Weiterhin sei $\mu_{x_0}^k = \Pi_{\Omega_k}\delta_{x_0}$. Man zeige

$$\mu_{x_0}^k \rightharpoonup \delta_{x_0} \qquad \text{für } k \to \infty\,.$$

Obwohl wir den folgenden Satz nicht benötigen, sei er der Vollständigkeit halber erwähnt.

Satz 16 (Harnack) ([H 6]). *Es sei $\Omega \subset R^n$ ein Gebiet, und $(u_k)_{k\in N} \subset H(\Omega)$ sei eine monoton wachsende (bzw. monoton fallende) Folge. Dann ist entweder* $\lim_{k\to\infty} u_k = u$ *identisch* $+\infty$ *auf* Ω *(bzw. identisch* $-\infty$ *auf* Ω*) oder* $u \in H(\Omega)$.

Beweis: Es sei $x \in \Omega$ ein Punkt mit $u(x) < \infty$. Dann ist für alle $k \in N$ die Funktion $u_k - u_1$ auf Ω entweder streng positiv oder identisch Null nach dem Minimum-Prinzip. Es sei U eine offene Umgebung von x mit kompaktem $\overline{U} \subset \Omega$. Dann existiert nach Satz 15 eine Konstante $c > 0$, so daß gilt

$$|u_k(y) - u_1(y)| \leqq c(u_k(x) - u_1(x)) \leqq c(u(x) - u_1(x))$$

für alle $y \in \overline{U}$. Da dies für alle k gilt, ist die Folge $(u_k)_{k \in N}$ auf $\overline{U}$ gleichmäßig beschränkt. Somit ist nach Satz 5 und Satz 4 die Funktion u harmonisch in U, und (da das Verfahren durch Überdeckung von Ω fortgesetzt werden kann) harmonisch in Ω. ◀

§ 2. Grundlegende Eigenschaften des NEWTONschen Potentials

In diesem Paragraphen untersuchen wir Eigenschaften des NEWTONschen Potentials, wobei wir wesentlich ausnutzen, daß der NEWTONsche Kern eine Fundamentallösung des LAPLACE-Operators ist. Eine wichtige Rolle spielen in verschiedenen Zusammenhängen die stetigen Potentiale (vgl. [P 10], [V 2], [N 12], [A 48], [A 19], [W 2], [L 7], [M 28], [K 7], [P 1], [A 49], [A 33], [A 28], [A 18]). Diesen Paragraphen hat Herr U. HAMANN (Rostock) im Manuskript gelesen und durch nützliche Hinweise zur Verbesserung der Darstellung beigetragen.

2.1. Stetige Potentiale und Mengen der Kapazität Null

Definition 1. Es sei $\mu \in \mathfrak{M}$ $(\mu = \mu^+ - \mu^-)$. Dann heißt die Funktion

$$\int \Phi(x, z)\, \mathrm{d}\mu(z) = \int \Phi(x, z)\, \mathrm{d}\mu^+(z) - \int \Phi(x, z)\, \mathrm{d}\mu^-(z) \tag{1}$$

(NEWTON*sches*) *Potential des Maßes* μ. Zur Abkürzung schreiben wir

$$\Phi\mu(x) = \int \Phi(x, z)\, \mathrm{d}\mu(z)\,.$$

$\Phi\mu(x)$ ist für alle $x \in R^n$ definiert, in denen nicht beide Summanden in (1) mit demselben Vorzeichen unendlich werden.

Viele Sätze formulieren und beweisen wir der Einfachheit halber für $n \geqq 3$. Sie gelten analog auch für $n = 2$. Gelegentlich muß dann von den Maßen kompakter Träger usw. gefordert werden

Satz 1. *Das Potential $\Phi\mu$ ist für $\mu \in \mathfrak{M}^+$ im Fall $\Phi\mu \not\equiv \infty$ nach unten halbstetig im R^n.*

Diese Aussage wurde für allgemeine halbstetige Kerne in II.1.2. bewiesen. Der folgende Satz ist eine Folgerung aus dem Satz von FUBINI (I.2.7.).

Satz 2. *Es sei $\eta, \mu \in \mathfrak{M}^+$ (und für $n = 2$; $\eta, \mu \in \mathfrak{M}_0^+$). Dann gilt*

$$\int \Phi\mu(x)\, \mathrm{d}\eta(x) = \int \Phi\eta(x)\, \mathrm{d}\mu(x)\,.$$

Übung. Es sei $\mu \in \mathfrak{M}_0$, $n \geqq 3$. Dann existiert zu jedem $\varepsilon > 0$ ein $r > 0$ mit

$$\left|\int \Phi(x, z)\, \mathrm{d}\mu(z)\right| \leqq \varepsilon \quad \text{für } |x| \geqq r\,,$$

d. h.

$$\Phi\mu(x) \to 0 \quad \text{für } |x| \to \infty\,. \tag{2}$$

Es werden jetzt die Begriffe und Sätze aus II.1. angewendet.

Definition 2. Es sei

$$\mathfrak{F}^+ = \{\lambda \in \mathfrak{M}_0^+ : \Phi\lambda \in C(R^n)\}$$

und $\mathfrak{F} = \mathfrak{F}^+ - \mathfrak{F}^+$. Wir setzen

$$\mathcal{J} = \bigcap_{\lambda \in \mathfrak{F}^+} \mathcal{J}_\lambda .$$

Eine BOREL-Menge B heißt von der Kapazität Null, falls gilt $B \in \mathcal{J}$. Gilt eine Aussage mit eventueller Ausnahme einer Menge der Kapazität Null, so sprechen wir von $\mathcal{J}$-fast überall ($\mathcal{J}$-f.ü.). Folgende Aussage wurde in II.1.4. bewiesen.

Satz 3. *Aus $\lambda \in \mathfrak{F}^+$ und $0 \leqq \eta \leqq \lambda$ folgt $\eta \in \mathfrak{F}^+$.*

Korollar. *$\mathcal{J}$ ist ein σ-Ideal von BOREL-Mengen, d. h., mit jeder Menge liegt auch jede BORELsche Teilmenge in $\mathcal{J}$ und mit abzählbar vielen Mengen auch die Vereinigung.*

Satz 4. *Es sei Ω ein beschränktes Gebiet und $f \in L^p(\Omega)$, $(p > n/2)$. Dann gilt*

$$\int \Phi(x, z)\, f(z)\, \mathrm{d}z \in C(R^n) ,$$

d. h., das durch $\mathrm{d}\mu(z) = f(z)\, \mathrm{d}z$ definierte Maß $\mu \in \mathfrak{M}$ ist Element von $\mathfrak{F}$.

Satz 4 ist in IV.1.1. bewiesen. Daß die Aussage für stetige f mit kompaktem Träger in Ω gilt, ist leicht durch direkte Rechnung einzusehen. Zusammen mit Satz 3 ergibt sich dann, daß jedes Maß μ der Gestalt $\mathrm{d}\mu(z) = 1_B\, \mathrm{d}z$ für jede BOREL-Menge $B \subseteqq \Omega$ zu $\mathfrak{F}^+$ gehört. Weiterhin folgt, daß $\mathcal{J}$ enthalten ist im System der LEBESGUEschen Nullmengen.

Satz 5. (vgl. [G 10]). *Es sei Γ eine C^2-Mannigfaltigkeit der Dimension $n - 1$. Gegeben sei eine Funktion $g \in C(\Gamma)$ mit $g(y) = 0$ für $|y| > c$. Dann gilt*

$$\int_\Gamma \Phi(x, y)\, g(y)\, \mathrm{do}(y) \in C(R^n) ,$$

d. h., das durch $\mathrm{d}\nu(y) = g(y)\, \mathrm{do}(y)$ definierte Maß $\nu \in \mathfrak{M}$ ist Element von $\mathfrak{F}$.

Der Beweis sei dem Leser als Übung überlassen. Man kann zeigen, daß Γ im Fall $\dim \Gamma \leqq n - 2$ kein Maß $\mu \neq 0$ mit stetigem Potential tragen kann, d. h. $\Gamma \in \mathcal{J}$.

Lemma 1. *Es sei f eine BOREL-meßbare Funktion auf einer Menge $E \in \mathfrak{B}$. Dann gilt*

$$\int_E f(x)\, \mathrm{d}\lambda(x) = 0 \qquad \text{für alle } \lambda \in \mathfrak{F}^+ \text{ mit } \operatorname{supp} \lambda \subseteqq E$$

$$\Leftrightarrow f(x) = 0 \quad \mathcal{J}\text{-f.ü. auf } E.$$

Zum Beweis vgl. II.1.4. und [A 28], [A 30].

2.2. Allgemeine Eigenschaften des NEWTONschen Potentials

Satz 6. *Zu jedem $\varphi \in C_0^\infty(R^n)$ existiert ein Maß $\lambda_\varphi \in \mathfrak{F}$ mit*

$$\int \Phi(x, z)\, \mathrm{d}\lambda_\varphi(z) = \varphi(x) \qquad \text{für alle } x \in R^n .$$

Beweis: Mit $\psi(x) = -\Delta\varphi(x)$ gilt

$$\varphi(x) = \int \Phi(x, z)\, \psi(z)\, \mathrm{d}z ,$$

denn $-\Phi$ ist eine Fundamentallösung des LAPLACE-Operators. Wir können dann setzen $\mathrm{d}\lambda_\varphi(z) = \psi(z)\, \mathrm{d}z$. Nach Satz 4 folgt die Behauptung (d. h. insbesondere $\lambda_\varphi^\pm \in \mathfrak{F}^+$). ◀

Satz 7. *Für $\mu \in \mathfrak{M}$ gilt*

$$\Phi\mu(x) = 0 \quad \mathcal{J}\text{-f. ü. im } R^n \Leftrightarrow \mu = 0 . \tag{3}$$

Dies gilt auch, wenn man $\mathfrak{I}$-f.ü. durch LEBESGUE-*fast-überall ersetzt.*

Beweis: Für beliebiges $\psi \in C_0^\infty(R^n)$ gilt $\lambda_\psi \in \mathfrak{F}$, also ist die folgende Vertauschung der Integrationen zulässig. Aus $\Phi\mu(x) = 0$ $\mathfrak{I}$-f. ü. im R^n und $\psi = -\Delta\varphi$ folgt

$$0 = \int [\Phi\mu(x)]\, \psi(x)\, dx = \int [\int \Phi(x, z)\, \psi(x)]\, d\mu(z)$$
$$= \int \varphi(z)\, d\mu(z) \qquad \text{für alle } \varphi \in C_0^\infty(R^n)\,.$$

Das bedeutet $\mu = 0$. Die Umkehrung unserer Aussage ist trivial. ◀

Satz 8. *Es sei $\mu \in \mathfrak{M}_0$. Dann ist das Potential $\Phi\mu(x)$ außerhalb* supp μ *harmonisch.*

Beweis: Es sei $\varphi \in C_0^\infty(R^n)$ beliebig gegeben mit $\operatorname{supp}\varphi \cap \operatorname{supp}\mu = \emptyset$. Dann gilt

$$0 = \int \varphi(z)\, d\mu(z) = -\int \{\int \Phi(x, z)\, \Delta\varphi(x)\, dx\}\, d\mu(z)$$
$$= -\int [\Phi\mu(x)]\, \Delta\varphi(x)\, dx\,,$$

d. h., $\Phi\mu$ ist in $\mathrm{C}\operatorname{supp}\mu$ schwache Lösung von $\Delta u = 0$, d. h. nach III. 1.2., Satz 4 klassische Lösung. ◀

Satz 9. *Es seien K, M kompakte Mengen, $K \cap M = \emptyset$. Dann ist die lineare Abbildung*

$$\Phi\colon \mathfrak{M}(K) \to C(M)\,,$$

die durch $\mu \to \Phi\mu|_M$ gegeben wird, stetig bezüglich der w^*-Folgen-Konvergenz von Maßen und der $\|\cdot\|$-Konvergenz in $C(M)$.

Beweis: Es sei $(\mu_k)_{k\in N}$ eine w^*-konvergente Folge von Maßen mit dem Limes μ. Dann konvergiert $\Phi\mu_k(x)$ offenbar in jedem $x \in M$ gegen $\Phi\mu(x)$. Da die Folge auf M gleichmäßig beschränkt und nach III.1.5., Satz 11 gleichgradig stetig ist, konvergiert sie gleichmäßig (vgl. I.1.6. Satz 14). ◀

Satz 10. *Es gilt für jedes $\mu \in \mathfrak{M}_0^+$*

$$\Phi\mu(x) < \infty \qquad \textit{für } \mathfrak{I}\textit{-fast alle } x \in R^n\,.$$

Somit ist für beliebiges $\eta \in \mathfrak{M}_0(R^n)$ das Potential $\Phi\eta(x)$ stets $\mathfrak{I}$-f.ü. definiert.

Dies ist unmittelbar aus dem Beweis der folgenden Aussage ersichtlich.

Lemma 2. *Für beliebiges $\mu \in \mathfrak{M}^+$ gilt*

$$\Phi\mu \not\equiv \infty \Leftrightarrow \int \Phi\mu(x)\, d\lambda(x) < \infty \qquad \textit{für alle } \lambda \in \mathfrak{F}^+\,.$$

Beweis: In einer Richtung ist die Behauptung trivial. Es sei also $\Phi\mu \not\equiv \infty$ und $\lambda \in \mathfrak{F}^+$. Wir wählen eine Kugel B mit $\operatorname{supp}\lambda \subset B$. Dann gilt

$$\int \Phi\mu\, d\lambda = \int \Phi\lambda\, d\mu = \int \Phi\lambda\, d\mu_B + \int \Phi\lambda\, d\mu_{\mathrm{C}B} = \int \Phi\lambda\, d\mu_B + \int \Phi\mu_{\mathrm{C}B}\, d\lambda\,.$$

$\Phi\lambda$ als stetige Funktion auf B ist beschränkt, also ist das erste Integral auf der rechten Seite endlich. Die Funktion $\Phi\mu_{\mathrm{C}B}$ ist in B harmonisch und erst recht stetig, also ist wegen $\operatorname{supp}\lambda \subseteqq K$ auch das zweite Integral endlich. Da $\lambda \in \mathfrak{F}^+$ beliebig war, ist die Behauptung gezeigt. ◀

Satz 11 (EVANS-VASILESCO). *Es sei $\mu \in \mathfrak{M}_0^+(R^n)$ und $K =$* supp μ. *Das Potential $\Phi\mu(x)$ sei auf K stetig (in der durch R^n auf K induzierten Topologie). Dann ist $\Phi\mu$ auch stetig im R^n, also $\mu \in \mathfrak{F}^+$. Kurz gefaßt lautet diese Aussage*

$$\Phi\mu|_K \in C(K) \Leftrightarrow \Phi\mu \in C(R^n)\,.$$

Beweis: Wir beschränken uns auf den Fall $n \geqq 3$. Zu beliebigem festen $x \in R^n$ wählen wir ein $y \in K$ mit der Eigenschaft $|x - y| = \inf \{|x - z| : z \in K\}$. Wir zeigen

$$\Phi\mu(x) \leqq 2^{n-2}\Phi\mu(y) . \tag{4}$$

Ist nämlich $z \in K$ beliebig, so gilt $|x - y| \leqq |x - z|$ und $|y - z| \leqq |x - y| + |x - z| \leqq 2\,|x - z|$. Hieraus folgt $|x - z|^{2-n} \leqq 2^{n-2}\,|y - z|^{2-n}$ und durch Integration bezüglich z die behauptete Ungleichung. Es sei nun $x_0 \in K$, und $\Phi\mu$ sei in x_0 endlich und stetig. Ist B eine Kugel mit x_0 als Mittelpunkt, so ist das Potential $\Phi\mu_{\complement B}$ in B harmonisch, also stetig. $\varepsilon > 0$ sei beliebig vorgegeben. Dann kann man B so klein wählen, daß das Potential $\Phi\mu_B$ im Punkt x_0 kleiner wird als ε. Wegen der Stetigkeit von $\Phi\mu$ auf K existiert eine solche Kugel B' mit x_0 als Mittelpunkt, daß das Potential $\Phi\mu_B$ in $B' \cap K$ kleiner ist als 2ε (vgl. II.2.3.). Es sei $x \in R^n$ beliebig und y wie in (4) gewählt. Aus $|x - x_0| \leqq \eta$ folgt

$$|y - x_0| \leqq |x - x_0| + |y - x| \leqq 2\,|x - x_0| \leqq 2\eta .$$

Wenn also x in hinreichender Nähe von x_0 liegt, gehört y zu B'. Nach (4) ist $\Phi\mu_B(x) < 2^{n-2}2\varepsilon = 2^{n-1}\varepsilon$. Aus

$$|\Phi\mu(x) - \Phi\mu(x_0)| \leqq |\Phi\mu_{\complement B}(x) - \Phi\mu_{\complement B}(x_0)| + |\Phi\mu_B(x)| + |\Phi\mu_B(x_0)|$$

folgt dann die Stetigkeit von $\Phi\mu$ in x_0. ◀

Man bezeichnet die Aussage von Satz 11 als Stetigkeitsprinzip der Potentialtheorie. Für die Potentialtheorie bei elliptischen Gleichungen beliebiger Ordnung spielt Satz 11 im Zusammenhang mit den Ergebnissen aus II.2.3. eine Rolle. Es ist interessant, daß das Stetigkeitsprinzip auch für nichtpositive Maße besteht. Von I. NETUKA ([N 8]) stammt folgender

Satz 11'. *Für* $\mu \in \mathfrak{M}_0(R^n)$ *mit* $|\Phi\mu^{\pm}(x)| <$ const. *für alle* $x \in R^n$ *und* $K = \operatorname{supp} \mu$ *gilt*

$$\Phi\mu|_K \in C(K) \Leftrightarrow \Phi\mu \in C(R^n) .$$

Satz 11' ist keine Folgerung von Satz 11 (vgl. [N 10]). Man kann ein Maß $\mu \in \mathfrak{M}_0(R^n)$ konstruieren mit $|\Phi\mu^{\pm}(x)| <$ const. für alle $x \in R^n$ und $\Phi\mu \in C(R^n)$, aber $\Phi\mu^{\pm} \notin C(R^n)$.

2.3. $\mathcal{J}$-Absolutstetigkeit

Satz 12. *Es sei* $\mu \in \mathfrak{M}_0^+$ *und*

$$\Phi\mu(x) < \infty \qquad \mu\text{-f.ü. im } R^n .$$

Dann existiert zu beliebigem $\varepsilon > 0$ *ein Maß* $\mu_\varepsilon < \mu$, $\mu_\varepsilon \in \mathfrak{F}^+$ *mit* $\|\mu - \mu_\varepsilon\| \leqq \varepsilon$. μ_ε *ist wählbar als Einschränkung von* μ *auf eine geeignete kompakte Menge* $K_\varepsilon \subseteqq \operatorname{supp} \mu$.

Beweis: Es sei $K = \operatorname{supp} \mu$. $\Phi\mu$ ist nach unten halbstetig. Nach dem Satz von LUSIN existiert dann eine kompakte Menge $K_\varepsilon \subseteqq K$ mit $\mu(K) - \mu(K_\varepsilon) < \varepsilon$, so daß die Einschränkung von $\Phi\mu$ auf K_ε stetig ist. Es bezeichne μ_ε die Einschränkung von μ auf K_ε und $\nu_\varepsilon = \mu - \mu_\varepsilon$. Das Potential $\Phi\nu_\varepsilon$ ist auf K_ε ebenfalls nach unten halbstetig, d. h., $\Phi\mu_\varepsilon = \Phi\mu - \Phi\nu_\varepsilon$ ist auf K_ε nach oben halbstetig. Da $\Phi\mu_\varepsilon$ aber auf K_ε auch nach unten halbstetig ist, muß $\Phi\mu_\varepsilon$ auf K_ε stetig sein. Nach dem Satz von EVANS-VASILESCO erhalten wir $\mu_\varepsilon \in \mathfrak{F}^+$. ◀

Satz 13. *Es sei $\mu \in \mathfrak{M}^+(R^n)$ und*

$$\Phi\mu(x) < \infty \qquad \mu\text{-f.ü. im } R^n .$$

Dann existiert eine monoton wachsende Folge $\mu_j \in \mathfrak{F}^+$ $(j \in N)$ mit

$$\lim_{j \to \infty} \Phi\mu_j(x) = \Phi\mu(x) .$$

Beweis: $K = \operatorname{supp} \mu$ sei zunächst kompakt. $(\varepsilon^i)_{i \in N}$ sei eine monoton gegen Null strebende Folge positiver Zahlen. Wir setzen $\mu^1 = \mu$ und bilden nach Satz 12 eine kompakte Menge $K^1 \subseteqq K$ mit $\mu^1|_{K^1} \in \mathfrak{F}^+$ und $\|\mu^1 - \mu^1|_{K^1}\| \leqq \varepsilon^1$. Zu dem Maß $\mu^2 = \mu^1 - \mu^1|_{K^1}$ finden wir eine kompakte Menge $K^2 \subseteqq \operatorname{supp} \mu^2$ mit $\mu^2|_{K^2} \in \mathfrak{F}^+$ und $\|\mu^2 - \mu^2|_{K^2}\| \leqq \varepsilon^2$. Wenn wir mit $\mu^3 = \mu^2 - \mu^2|_{K^2}$ analog verfahren und diese Konstruktion unbeschränkt fortsetzen, so hat die Folge

$$\mu_j = \sum_{i=1}^{j} \mu^i|_{K^i}$$

die gewünschten Eigenschaften. Wenn das Maß μ keinen kompakten Träger hat, stellen wir es dar als Summe von Maßen $\mu^{(k)}$ $(k \in N)$, wobei $\mu^{(k)}$ Einschränkung von μ auf $K^{k+1} \setminus K^k$ ist. Für jedes $\mu^{(k)}$ bilden wir nach der eben durchgeführten Konstruktion eine Folge $\mu_l^{(k)} \in \mathfrak{F}^+$ mit $\Phi\mu_l^{(k)} \to \Phi\mu^{(k)}$ für $l \to \infty$. Wir setzen $\mu_l = \sum_{k=1}^{l} \mu_l^{(k)} \in \mathfrak{F}^+$. Dann gilt $\mu_l \leqq \mu_{l+1}$ und $\mu_l \rightharpoonup \mu$. Unter Beachtung des vorigen Satzes ist dann die Behauptung gezeigt. ◀

Satz 14 (Maximum-Prinzip). *Es gilt für $\mu \geqq 0$ und alle $x \in R^n$*

$$\Phi\mu(x) \leqq \sup \{\Phi\mu(y) : y \in \operatorname{supp} \mu\} .$$

Beweis: Wir setzen $m = \sup \{\Phi\mu(y) : y \in \operatorname{supp} \mu\}$. Es sei $(\mu_j)_{j \in N} \subset \mathfrak{F}^+$ wie in Satz 13 eine monoton wachsende Folge, die gegen μ strebt. Dann gilt auf Grund des Maximum-Prinzips für harmonische Funktionen für alle $x \in R^n \setminus \operatorname{supp} \mu_j$

$$\Phi\mu_j(x) \leqq \Phi\mu_j(y) \qquad \text{für } y \in \partial\,(\operatorname{supp} \mu_j) ,$$

also $\Phi\mu_j \leqq m$ im R^n, da auf $\operatorname{supp} \mu_j$ diese Ungleichung wegen $\mu_j \leqq \mu$ ohnehin gilt. Anwendung von Satz 13 liefert dann die Behauptung. ◀

I. NETUKA ([N 8]) bewies folgendes Resultat. Ist $\mu \in \mathfrak{M}_0$ ein (nicht notwendig positives) Maß und $|\Phi\mu(x)| \leqq$ const. für alle $x \in R^n$, so gilt mit $K = \operatorname{supp} \mu$

$$\left[\inf_{x \in K} \Phi\mu(x)\right]^- = \inf_{x \in R^n} \Phi\mu(x) \leqq \sup_{x \in R^n} \Phi\mu(x) = \left[\sup_{x \in K} \Phi\mu(x)\right]^+ .$$

Satz 15. *Es sei $\mu \in \mathfrak{M}^+$ und*

$$\mu(\Phi\mu) = \int \Phi\mu(x)\,\mathrm{d}\mu(x) < \infty .$$

Dann ist μ $\mathcal{J}$-absolutstetig.

Beweis: Wäre μ nicht $\mathcal{J}$-absolutstetig, so gäbe es ein $B \in \mathcal{J}$ mit $\mu(B) > 0$. Es existiert dann auch eine kompakte Menge $K \subseteqq B$ mit $\mu(K) > 0$. Aus $\mu_K \leqq \mu$ folgt $\int \Phi\mu_K \,\mathrm{d}\mu_K < \infty$, also $\Phi\mu_K(x) < \infty$ μ_K-f.ü. Nach Satz 12 existiert zu jedem $\varepsilon > 0$ eine kompakte Menge $K_\varepsilon \subseteqq K$ mit $\mu_\varepsilon \in \mathfrak{F}^+$ und $\mu(K) - \mu_\varepsilon(K_\varepsilon) < \varepsilon$. Wegen $K \in \mathcal{J}$ ist aber auch $K_\varepsilon \in \mathcal{J}$, also $\mu_\varepsilon(K_\varepsilon) = 0$, d. h. $\mu(K) < \varepsilon$, also $\mu(K) = 0$. Mit diesem Widerspruch ist die Behauptung gezeigt. ◀

Korollar. *Setzen wir*

$$\mathfrak{E}^+ = \{\mu \in \mathfrak{M}^+(R^n) : \mu(\Phi\mu) < \infty\} ,$$

so gilt

$$\mathfrak{J} = \bigcap_{\mu \in \mathfrak{E}^+} \mathfrak{J}_\mu = \bigcap_{\mu \in \mathfrak{F}^+} \mathfrak{J}_\mu .$$

Aus $\mu \in \mathfrak{M}_0^+(R^n)$ und $\mathfrak{J} \subseteqq \mathfrak{J}_\mu$ folgt nicht $\mu \in \mathfrak{E}^+$. Z. B. hat im Fall $n = 3$ das Maß λ_φ mit $d\lambda_\varphi(x) = \varphi(x)\,dx$ und $\varphi(x) = |x|^{-5/2}$ für $0 < |x| < 1$ und $\varphi(x) = 0$ für $|x| \geqq 1$ keine endliche Energie, wie man durch direkte Rechnung zeigt (vgl. [L 7]).

2.4. Zusammenhang zwischen Balayage und Potentialen

Satz 16. *Ω sei ein beliebiges beschränktes Gebiet. Es seien Maße $\mu, \nu \in \mathfrak{M}(\overline{\Omega})$ gegeben, so daß gilt*

$$\mu(u) = \nu(u) \qquad \textit{für alle } u \in D(\overline{\Omega}) . \tag{5}$$

Dann folgt

$$\Phi\mu(z) = \Phi\nu(z) \qquad \textit{für } \mathfrak{J}\textit{-fast alle } z \in \complement\Omega .$$

Die eventuelle Ausnahmemenge ist auf $\partial\Omega$ konzentriert.

Beweis: Es sei $\lambda \in \mathfrak{F}^+(\complement\Omega)$ beliebig gegeben. Dann ist $\Phi\lambda(x)$ als Funktion von $x \in \overline{\Omega}$ Element von $D(\overline{\Omega})$, also

$$\mu(\Phi\lambda) = \nu(\Phi\lambda) \Rightarrow \lambda(\Phi\mu - \Phi\nu) = 0 .$$

Nach Lemma 1 folgt daher die Behauptung. Daß die Ausnahmemenge auf $\partial\Omega$ liegt, folgt aus der Stetigkeit von $\Phi\mu$ und $\Phi\nu$ in $\complement\overline{\Omega}$ und daraus, daß alle Mengen aus $\mathfrak{J}$ auch LEBESGUEsche Nullmengen sind. ◀

Satz 17. *Ω sei ein reguläres beschränktes Gebiet. Dann folgt aus* (5)

$$\Phi\mu(z) = \Phi\nu(z) \qquad \textit{für alle } z \in \complement\Omega .$$

Beweis: Wenn Ω regulär ist, gilt $C(\partial\Omega) = D(\overline{\Omega})|_{\partial\Omega}$. Wir betrachten eine monoton wachsende Folge $(u_k)_{k \in N}$ harmonischer Funktionen aus $\mathfrak{D}(\overline{\Omega})$, die gegen eine Funktion $u(x) = |x - z|^{2-n}$ mit $z \in \partial\Omega$ konvergiert. $u(x)$ ist in Ω harmonisch und in $\overline{\Omega}$ nach unten halbstetig. Nach Voraussetzung gilt $\nu(u_k) = \mu(u_k)$ für alle $k \in N$. Außerdem gilt $\nu(u_k) = \nu(g_k) \leqq \nu(g)$ für alle $k \in N$ mit $g_k = r_{\partial\Omega} u_k$ und $g(x) = |z - x|^{2-n}$, wobei $g_k \in C(\partial\Omega)$ ist. Man kann unter den Integralen den Grenzübergang durchführen und erhält unmittelbar die Behauptung.

Übung. Es sei Ω ein reguläres Gebiet, $K \subset \Omega$ sei eine kompakte Menge vom LEBESGUE-Maß Null, und $\Omega \setminus K$ sei zusammenhängend. Man zeige, daß Π die Menge $\mathfrak{M}(K)$ eineindeutig abbildet.

Lemma 3. *Es sei Ω ein beschränktes Gebiet mit $\partial\Omega = \partial\overline{\Omega}$. Weiterhin sei $x \in \Omega$ und $\mu_x \in \mathfrak{M}^+(\partial\Omega)$ mit $u(x) = \mu_x(u)$ für alle $u \in D(\overline{\Omega})$. Dann gilt*

$$\Phi(x, z) \geqq \Phi\mu_x(z) \qquad \textit{für alle } z \in \partial\Omega .$$

Beweis: Nach Satz 16 gilt

$$\Phi(x, z) = \Phi\mu_x(z) \qquad \text{für alle } z \in \complement\overline{\Omega} \text{ und } \mathfrak{J}\text{-fast alle } z \in \partial\Omega . \tag{6}$$

Angenommen, es existiert ein $z_0 \in \partial\Omega$ mit

$$\Phi(x, z_0) < \Phi\mu_x(z_0) .$$

Da $\Phi\mu_x$ in R^n nach unten halbstetig und $\Phi(x, z)$ für $x \neq z$ stetig ist, existiert eine Umgebung $U(z_0)$ mit

$$\Phi(x, z) < \Phi\mu_x(z) \qquad \text{für alle } z \in U(z_0) .$$

Aus $\partial\Omega = \partial\bar{\Omega}$ folgt die Existenz eines Punktes $z_1 \in U \cap (R^n \setminus \bar{\Omega})$ mit

$$\Phi(x, z_1) < \Phi\mu_x(z_1) .$$

Dies ist ein Widerspruch zu (6). ◀

Es sei $\mu_x \in \mathfrak{M}^+(\partial\Omega)$ für $x \in \Omega$ im folgenden stets ein Maß mit der Eigenschaft

$$u(x) = \mu_x(u) \qquad \text{für alle } u \in D(\bar{\Omega}) .$$

Wir zeigen Bedingungen für die Regularität von Ω, d. h. daß μ_x auf eindeutige Weise nach dem in III.1.4. definierten Balayage-Prinzip erhalten wird. Später dehnen wir den Begriff Balayage auf beliebige Ω aus.

Lemma 4. *Es sei $x \in \Omega$ und $z_0 \in \partial\Omega$. Es existiere ein abgeschlossener Kreiskegel Q mit der Spitze in z_0, so daß für geeignetes $\varepsilon > 0$ gilt $\{z \in Q: |z - z_0| < \varepsilon\} \cap \Omega = \emptyset$. Dann ist*

$$\Phi(x, z_0) = \Phi\mu_x(z_0) .$$

Beweis: Es gilt

$$\Phi(x, z) = \Phi\mu_x(z) \qquad \text{für alle } z \notin \bar{\Omega} . \tag{7}$$

Wir haben zu zeigen, daß der Grenzübergang $z \to z_0$ unter dem Integralzeichen auf der rechten Seite von (7) erlaubt ist. Durch Drehung und Translation des Koordinatensystems können wir erreichen, daß Q beschrieben wird durch $\bar{z}_1^2 \leqq c \sum_{i=2}^{n} \bar{z}_i^2$, $\bar{z}_1 \geqq 0$ mit einer Konstanten $c > 0$. Ist nun $z \notin \bar{\Omega}$ auf der Achse von Q und $y \notin Q$, so gilt $|y - z| \geqq c^{1/2} |y - z_0|$, d. h.

$$|y - z|^{2-n} \leqq c' |y - z_0|^{2-n} \tag{8}$$

($c' = c^{(2-n)/2}$). Es kann nicht gelten $\Phi(x, z_0) < \Phi\mu_x(z_0)$. Dann wäre wegen der Halbstetigkeit von $\Phi\mu_x$ diese Ungleichung auch in einer ganzen Umgebung U von z_0 erfüllt, was wegen $U \cap \complement\bar{\Omega} \neq \emptyset$ der Gleichung (7) widerspricht. Somit erhalten wir $\Phi(x, z_0) \geqq \Phi\mu_x(z_0)$, d. h. insbesondere $\Phi\mu_x(z_0) < \infty$. Die Funktion $|y - z_0|^{2-n}$ ist damit integrierbar bezüglich μ_x, und wegen (8) wird der Kern $|y - z|^{2-n}$ für alle $z \in Q$, $|z - z_0| < \varepsilon$ durch $c' |y - z_0|^{2-n}$ majorisiert. Somit ist der Grenzübergang erlaubt, und das Lemma ist gezeigt. ◀

Die Voraussetzung in Lemma 4 wird als POINCARÉsche Kegelbedingung bezeichnet.

Bemerkung 1. Unter den Bedingungen von Lemma 4 gilt für $\mu \in \mathfrak{M}^+(\bar{\Omega})$, $\nu \in \mathfrak{M}^+(\partial\Omega)$

$$\Phi\mu(z) = \Phi\nu(z) \quad \text{für alle } z \notin \bar{\Omega} \Rightarrow \Phi\mu(z_0) = \Phi\nu(z_0) . \tag{9}$$

Der Beweis wird analog geführt. Man hat lediglich die Möglichkeit, $\Phi\mu(z_0) = \infty$ einzubeziehen. In diesem Fall folgt die Gleichheit aus der Halbstetigkeit der Potentiale.

Bemerkung 2. Es sei $x \in \Omega$ und

$$\Phi(x, z) = \Phi\mu_x(z) \qquad \text{für alle } z \in \partial\Omega \,.$$

Dann gilt als unmittelbare Folgerung aus dem Stetigkeitsprinzip (vgl. Satz 11)

$$\mu_x \in \mathfrak{F}^+ \,. \tag{10}$$

Aus (10) erhalten wir

$$\Phi\mu_x(z) = \Phi\mu_z(x) \qquad \text{für } x, z \in \Omega \,. \tag{11}$$

Dies folgt durch Integration von $\Phi(x, y') = \int \Phi(y, y')\, \mathrm{d}\mu_x(y)$ $(y' \in \partial\Omega)$ bezüglich μ_z nach Vertauschung der Integrationen und Beachtung von $\Phi(y, z) = \int \Phi(y, y')\, \mathrm{d}\mu_z(y')$, $(y \in \partial\Omega)$ (vgl. Satz 17).

2.5. Eine Bemerkung über Dichtheit stetiger Potentiale

Es sei Ω ein beschränktes Gebiet. Wir setzen

$$S(\bar{\Omega}) = \{\Phi\lambda|_{\bar{\Omega}} : \lambda \in \mathfrak{F}(\complement\Omega)\} \,.$$

Weiterhin sei

$$S(\partial\Omega) = r_{\partial\Omega} S(\bar{\Omega}) \,.$$

Satz 18. *Es sei $\Omega \subset R^n$ ein beschränktes Gebiet. Dann ist*

$$S(\partial\Omega) \text{ dicht in } C(\partial\Omega)$$

genau dann, wenn gilt

$$\Phi\nu(z) = 0 \qquad \mathcal{J}\text{-f.ü. auf } \complement\Omega,\ \operatorname{supp}\nu \subseteqq \partial\Omega \Rightarrow \nu = 0 \,.$$

Beweis: $\Phi\nu(z) = 0$ für $\mathcal{J}$-fast alle $z \in \complement\Omega$ ist äquivalent zu $\lambda(\Phi\nu) = \nu(\Phi\lambda) = 0$ für alle $\lambda \in \mathfrak{F}(\complement\Omega)$. Die Dichtheit der $\Phi\lambda$ in $S(\partial\Omega)$ ist also für $\operatorname{supp}\nu \subseteqq \partial\Omega$ zu $\nu = 0$ äquivalent. ◀

Korollar. *Es sei Ω ein beschränktes Gebiet mit $\partial\Omega = \partial\bar{\Omega}$ und $\mu_x \in \mathfrak{F}^+$ für alle $x \in \Omega$. Dann liegt*

$$S(\partial\Omega) \text{ dicht in } C(\partial\Omega) \,, \tag{12}$$

d. h. $D(\partial\Omega) = C(\partial\Omega)$, und Ω ist regulär, d. h., die μ_x sind eindeutig bestimmt.

(Diese Aussage werden wir später wesentlich präzisieren (vgl. Satz 30)).

Beweis: Nach Satz 18 ist (12) äquivalent mit

$$\Phi\varkappa(y) = 0 \qquad \mathcal{J}\text{-f.ü. auf } \complement\Omega,\ \operatorname{supp}\varkappa \subseteqq \partial\Omega \Rightarrow \varkappa = 0 \,.$$

Es sei also $\varkappa \in \mathfrak{M}(\partial\Omega)$ beliebig gegeben und $\Phi\varkappa(y) = 0$ $\mathcal{J}$-f.ü. auf $\complement\Omega$. Dann folgt wegen $\partial\Omega = \partial\bar{\Omega}$ aus $\mu_x \in \mathfrak{F}^+$

$$\Phi(x, y) = \Phi\mu_x(y) \qquad \text{für alle } y \in \partial\Omega$$

also

$$\Phi\varkappa(x) = \int_{\partial\Omega} \Phi\mu_x(y)\, \mathrm{d}\varkappa(y) = \int_{\partial\Omega} \Phi\varkappa(z)\, \mathrm{d}\mu_x(z) = 0 \,.$$

Daher haben wir $\Phi\varkappa(x) = 0$ auch für alle $x \in \Omega$, d. h. $\Phi\varkappa(x) = 0$ $\mathcal{J}$-f.ü. im R^n, also $\varkappa = 0$. ◀

Ohne Beweis erwähnen wir an dieser Stelle noch folgende Aussage (vgl. [I 4], [P 1]):

Satz 19. *Ein* $u \in D(\overline{\Omega})$ *kann auf* $\overline{\Omega}$ *genau dann durch harmonische Polynome gleichmäßig approximiert werden, wenn für jedes* $\nu \in \mathfrak{M}(\overline{\Omega})$ *mit* $\Phi\nu = 0$ *in* $\complement\Omega$ *gilt* $\nu(u) = 0$.

2.6. Harmonische Maße für beliebige beschränkte Gebiete

Bemerkung 3. Gebiete Ω, die die Kegelbedingung aus Lemma 4 erfüllen, sind regulär.

Zu den Gebieten, die die Kegelbedingung erfüllen, gehören z. B. Gebiete, die durch eine glatte Mannigfaltigkeit der Dimension $n - 1$ berandet werden oder Gebiete, die sich als Vereinigung endlich vieler Kugeln darstellen lassen. Dies gestattet die Konstruktion einer sogenannten Ausschöpfung eines beliebigen Gebietes Ω durch reguläre Gebiete. Es sei $(\Omega_k)_{k \in N}$ eine Folge von regulären Gebieten mit $\overline{\Omega}_k \subset \Omega_{k+1}$, $\overline{\Omega}_{k+1} \subset \Omega$ für alle $k \in N$ und $\bigcup_{k=1}^{\infty} \Omega_k = \Omega$. Dann heißt Ω durch die Folge $(\Omega_k)_{k \in N}$ ausgeschöpft. Ist etwa $\Omega_k = \bigcup K_{x_j}^{1/2j}$, wobei die Vereinigung über endlich viele x_j erstreckt wird, die untereinander einen Abstand von höchstens $1/4\,j$ und zu $\partial\Omega$ einen Abstand von höchstens $1/j$ haben, und werden alle zu Ω_k verwendeten Punkte auch zu Ω_{k+1} verwendet, so schöpfen die Ω_k das Gebiet Ω aus.

Es sei $x \in \Omega_k$ für alle $k \geqq k(x)$, und $\mu_x^k \in \mathfrak{M}^+(\partial\Omega_k)$ sei das zum Gebiet Ω_k gehörende harmonische Maß. Dann gilt $\|\mu_x^k\| = 1$ für alle k, d. h., die Folge μ_x^k enthält eine in $\mathfrak{M}(\overline{\Omega})$ w^*-konvergente Teilfolge. Diese werde wieder mit $(\mu_x^k)_{k \in N}$ bezeichnet. Das Maß

$$\mu_x = \lim_{k \to \infty} \mu_x^k$$

erfüllt dann offenbar die Bedingung $\mu_x(u) = u(x)$ für alle $u \in D(\overline{\Omega})$. Das Maß $\mu_x \in \mathfrak{M}^+(\partial\Omega)$ heißt wie bei regulären Gebieten harmonisches Maß bezüglich x (und Ω). Wir schreiben dann $\Pi\delta_x = \mu_x$. Diese Terminologie rechtfertigen wir später dadurch, daß wir zeigen, daß μ_x von der Wahl der ausschöpfenden Folge unabhängig ist.

Satz 20. *Es sei* $\Omega \subset R^n$ *ein beliebiges beschränktes Gebiet. Dann gilt mit* $\mu_x = \Pi\delta_x$

$$\Phi(x, z) \geqq \Phi\mu_x(z) \qquad \textit{für alle } x \in \Omega, z \in \overline{\Omega}\,.$$

Beweis: Es sei $\Omega' \subset \Omega$ ein glattes Gebiet, d. h. ein Gebiet, dessen Rand die Kegelbedingung aus Lemma 4 erfüllt. Wir zeigen die Behauptung zunächst für Ω'. Es gilt mit $\Pi'\delta_x = \mu_x'$ (Π' Balayage-Operator bezüglich Ω')

$$\Phi(x, z) = \Phi\mu_x'(z) \qquad \text{für alle } z \in \partial\Omega'\,.$$

Es sei K_x^r eine Kugel um x mit genügend kleinem Radius $r > 0$. Dann gilt, da $\Phi\mu_x'(z)$ auf jeder kompakten Teilmenge von Ω' gleichmäßig beschränkt ist und $\Phi(x, z)$ für $x \to z$ gegen $+\infty$ strebt,

$$\Phi(x, z) \geqq \Phi\mu_x'(z) \qquad \text{für alle } z \in K_x^r\,.$$

Die Funktion $h(z) = \Phi(x, z) - \Phi\mu_x'(z)$ ist in $\Omega' \setminus K_x^r$ harmonisch und auf $\partial(\Omega' \setminus K_x^r)$ nichtnegativ. Somit gilt $h(z) \geqq 0$ für alle $z \in \Omega' \setminus K_x^r$, und die Behauptung für Ω' ist gezeigt. Wir schöpfen jetzt Ω aus durch eine Folge $(\Omega_k)_{k \in N}$ glatter Gebiete, d. h., es gilt $\overline{\Omega}_k \subset \Omega_{k+1}$ für alle $k \in N$ und $\Omega = \bigcup_{k=1}^{\infty} \Omega_k$. Wir können annehmen $x \in \Omega_k$ für alle

$k \in N$. Es sei $\mu_x^k = \Pi^k \delta_x$ (Π^k Balayage-Operator bezüglich Ω_k). Dann gilt

$$\Phi\mu_x^{k+1}(z) \leqq \Phi(x, z) = \Phi\mu_x^k(z) \qquad \text{für alle } z \in \complement\Omega_k .$$

Für $z \in \Omega_k$ gilt

$$\Phi\mu_x^{k+1}(z) = \int_{\partial\Omega_k} \Phi\mu_x^{k+1}(y)\, d\mu_z^k(y) \leqq \int_{\partial\Omega_k} \Phi(x, y)\, d\mu_z^k(y) = \Phi\mu_x^k(z)$$

(vgl. Bemerkung 2). Wir wählen aus der in $\mathfrak{M}(\overline{\Omega})$ beschränkten Menge $(\mu_x^k)_{k\in N}$ eine konvergente Teilfolge aus. Diese bezeichnen wir wieder mit $(\mu_x^k)_{k\in N}$. Dann gilt, wenn wir setzen $\mu_x = \lim_{k\to\infty} \mu_x^k$,

$$\Phi\mu_x(z) \leqq \Phi\mu_x^k(z) \leqq \Phi(x, z) \qquad \text{für alle } z \in \Omega_k \text{ und alle } k \in N .$$

Korollar. *Es gilt für alle $x \in \Omega$*

$$\mu_x = \Pi\delta_x \in \mathfrak{E}^+ .$$

μ_x ist also $\mathcal{J}$-absolutstetig.

Bemerkung 4. Der Rand eines beliebigen beschränkten Gebietes hat nicht die Kapazität Null.

Satz 21. *Es sei $\Omega \subset R^n$ ein beliebiges beschränktes Gebiet. Dann ist das durch Ausschöpfung von Ω erhaltene harmonische Maß $\mu_x \in \mathfrak{M}^+(\partial\Omega)$ unabhängig von der Wahl der Folge $(\Omega_k)_{k\in N}$.*

Beweis: Es seien μ_x^1, μ_x^2 zwei Maße aus $\mathfrak{M}^+(\partial\Omega)$ mit der Eigenschaft

$$\mu_x^1(u) = \mu_x^2(u) = u(x) \qquad \text{für alle } u \in D(\overline{\Omega}) .$$

Dann gilt

$$\Phi(x, z) = \int \Phi(y, z)\, d\mu_x^1(y) = \int \Phi(y, z)\, d\mu_x^2(y) \qquad \text{für } \mathcal{J}\text{-fast alle } z \in \complement\Omega .$$

Für beliebiges $x_0 \in \Omega$ folgt aus der $\mathcal{J}$-Absolutstetigkeit von $\mu_{x_0}, \mu_x^1, \mu_x^2$ und Vertauschung der Integrationen

$$\begin{aligned} 0 &= \int \left[\int \Phi(z, y)\, d(\mu_x^1 - \mu_x^2)(y)\right] d\mu_{x_0}(z) \\ &= \int \left[\int \Phi(z, y)\, d\mu_{x_0}(z)\right] d(\mu_x^1 - \mu_x^2)(y) = \int \Phi(x_0, y)\, d(\mu_x^1 - \mu_x^2)(y) . \end{aligned}$$

Somit ist $\mathcal{J}$-f.ü. im R^n $\Phi(\mu_x^1 - \mu_x^2)(z) = 0$, d. h. $\mu_x^1 = \mu_x^2$. ◀

Satz 22. *Es sei $\Omega \subset R^n$ ein beschränktes Gebiet, und $g \in C(\partial\Omega)$ sei gegeben. Dann ist die Funktion*

$$u(x) = \int_{\partial\Omega} g(y)\, d\mu_x(y)$$

in Ω harmonisch.

Beweis: Wir setzen g auf $\overline{\Omega}$ fort als stetige Funktion $l \in C(\overline{\Omega})$. Es sei $(\Omega_k)_{k\in N}$ die oben betrachtete ausschöpfende Folge regulärer Gebiete. Dann ist

$$u_k(x) = \int_{\partial\Omega_k} l(z)\, d\mu_x^k(z) \tag{13}$$

in Ω_k harmonisch. Wir halten einen Index $k = k_0$ fest. Dann sind in Ω_{k_0} die Funktionen (13) harmonisch für $k \geqq k_0$ und durch eine Konstante dem Betrag nach gleichmäßig beschränkt. Wegen der Konvergenz $\mu_x^k \rightharpoonup \mu_x$ konvergiert $\mu_x^k(l)$ für alle $x \in \Omega_{k_0}$ gegen eine Funktion $u_0(x)$. Diese ist nach 1.2. Satz 5 harmonisch auf Ω_{k_0}. Die zu einem Gebiet Ω_{k_1} ($k_1 \geqq k_0$) entsprechend gebildete harmonische Funktion $u_1(x)$ stimmt auf

Ω_{k_0} offenbar mit $u_0(x)$ überein. Somit ist auf ganz Ω der Limes $u(x)$ von $\mu_x^k(l)$ für $k \to \infty$ harmonisch. Wegen $\mu_x^k \rightharpoonup \mu_x$ und supp $\mu_x \subseteqq \partial\Omega$ haben wir $u(x) = \mu_x(g)$, d. h., der Limes ist unabhängig von der Wahl von l. ◀

Korollar. *Es sei $\Omega \subset R^n$ ein beschränktes Gebiet und g eine nach unten oder nach oben halbstetige beschränkte Funktion auf $\partial\Omega$. Dann ist*

$$u(x) = \int_{\partial\Omega} g(y)\, d\mu_x(y)$$

harmonisch in Ω.

Beweis: Wir betrachten etwa eine nach unten halbstetige beschränkte Funktion $g \geqq 0$ auf $\partial\Omega$ (den allgemeinen Fall erhält man durch Addition einer genügend großen Konstanten oder durch Ersetzen von g durch $-g$). Es existiert dann eine monoton wachsende Folge $(g_k)_{k\in N} \subset C^+(\partial\Omega)$ mit $g_k \leqq g$ für alle $k \in N$ und $g_k(y) \to g(y)$ für alle $y \in \partial\Omega$. Dann strebt die Folge der harmonischen Funktionen

$$u_k(x) = \mu_x(g_k)$$

monoton gegen den endlichen Limes $u(x) = \mu_x(g)$ für jedes $x \in \Omega$, also ist auch $u(x)$ in Ω harmonisch. ◀

Satz 23. *Es sei $\Omega \subset R^n$ ein beschränktes Gebiet. Dann gilt für beliebige $x, z \in \Omega$*

$$\mathcal{J}_{\mu_x} = \mathcal{J}_{\mu_z},$$

d. h., die harmonischen Maße sind untereinander absolutstetig. Für beliebiges $x, z \in \Omega$ existiert eine Funktion $p_{x,z}(y)$ auf $\partial\Omega$ mit $|p_{x,z}(y)| < c(x, z) < \infty$ für $\mathcal{J}_{\mu_{x_0}}$-fast alle $y \in \partial\Omega$ ($x_0 \in \Omega$) und $\int g(y)\, d\mu_x(y) = \int g(y)\, p_{x,z}(y)\, d\mu_z(y)$ für alle $g \in C(\partial\Omega)$.

Beweis: Es sei $A \subseteqq \partial\Omega$ eine kompakte Menge. Die Funktion $g = 1_A$ ist auf $\partial\Omega$ nach oben halbstetig. Somit ist nach dem Korollar zu Satz 22 die Funktion $u(x) = \mu_x(A) \geqq 0$ in Ω harmonisch. Aus $\mu_x(A) = 0$ folgt daher $\mu_z(A) = 0$ und umgekehrt. Wenn nun $B \subseteqq \partial\Omega$ eine BOREL-Menge ist mit $\mu_x(B) > 0$, so existiert eine kompakte Teilmenge $A \subseteqq B$ mit $\mu_x(A) > 0$. Das bedeutet aber $0 < \mu_z(A) \leqq \mu_z(B)$. Wir erhalten also $B \notin \mathcal{J}_{\mu_x} \Rightarrow B \notin \mathcal{J}_{\mu_z}$, d. h. $\mathcal{J}_{\mu_z} \subseteqq \mathcal{J}_{\mu_x}$. Durch Vertauschung von x und z folgt die umgekehrte Inklusion, d. h. $\mathcal{J}_{\mu_x} = \mathcal{J}_{\mu_z}$ für alle $x, z \in \Omega$. Es gilt mit $d\mu_x(y) = p_{x,z}(y)\, d\mu_z(y)$ für jede BOREL-Menge $B \subseteqq \partial\Omega$

$$\mu_x(B) = \int_B p_{x,z}(y)\, d\mu_z(y), \qquad (x, z \in \Omega).$$

Wäre nun $p_{x,z} \notin L^\infty(\mu_z)$, so existierte zu jedem $k \in N$ eine Menge $B_k \subseteqq \partial\Omega$ mit $p_{x,z} \geqq k$ auf B_k und $\mu_z(B_k) > 0$. Dann wäre $\mu_x(B_k) \geqq k\mu_z(B_k)$. Die harmonische Funktion $\mu_x(B_k)$ bezeichnen wir mit $u_k(x)$. Dann gilt

$$u_k(x)/u_k(z) \geqq k.$$

Für $k \to \infty$ ist dies ein Widerspruch zur HARNACKschen Ungleichung (vgl. III.1.6. Satz 15). ◀

Satz 23 gilt auch für viel allgemeinere elliptische Operatoren zweiter Ordnung, u. a. für den HELMHOLTZ-Operator $\Delta + a$ $(a > 0)$, bei dem die harmonischen Maße im allgemeinen nicht positiv sind (vgl. Kapitel IV). Den Beweis führen wir dann auf etwas andere Weise.

Satz 24. *Es sei $\Omega \subset R^n$ ein beschränktes Gebiet, und g sei eine auf $\partial\Omega$ definierte Funktion, die bezüglich μ_x für alle $x \in \Omega$ integrierbar ist. Dann gilt*

$$u(x) = \int_{\partial\Omega} g(y)\, \mathrm{d}\mu_x(y) \in H(\Omega)\,. \tag{14}$$

(Es genügt offenbar die Voraussetzung $\int |g|\, \mathrm{d}\mu_{x_0} < \infty$ für festes $x_0 \in \Omega$).

Beweis: Es genügt, nach III.1.2. Satz 4 zu zeigen, daß die durch (14) definierte Funktion $u(x)$ eine schwache Lösung der Gleichung $\Delta u = 0$ ist. Hierzu sei $\varphi \in C_0^\infty(\Omega)$ beliebig fest gegeben und $\psi = -\Delta\varphi$. Wir haben zu prüfen

$$\int u(x)\, \psi(x)\, \mathrm{d}x = 0\,. \tag{15}$$

Es sei λ_ψ das Maß mit der Dichte ψ, also $\mathrm{d}\lambda_\psi(x) = \psi(x)\, \mathrm{d}x$. Dann ist (15) äquivalent mit

$$\int \mu_x(g)\, \mathrm{d}\lambda_\psi^+(x) = \int \mu_x(g)\, \mathrm{d}\lambda_\psi^-(x)\,. \tag{16}$$

Wir beweisen (16) zunächst für die charakteristische Funktion $g = \mathbf{1}_B$ einer beliebigen BOREL-Menge $B \subseteqq \partial\Omega$. Es existiert zur Menge B eine monoton wachsende Folge $(K_j)_{j\in N}$ kompakter Mengen $K_j \subseteqq B$ mit

$$\lim_{j\to\infty} \mu_{x_0}(K_j) = \mu_{x_0}(B)$$

für beliebiges festes $x_0 \in \Omega$. Die Funktion $g_j = \mathbf{1}_{K_j}$ ist nach oben halbstetig. Es sei $M = \bigcup_{j=1}^{\infty} K_j$ und $g' = \mathbf{1}_M$. Die Funktionenfolge $u_j(x) = \mu_x(g_j)$ strebt für $j \to \infty$ gegen die Funktion $u'(x) = \mu_x(g')$ für alle $x \in \Omega$. In den Integralen (16) ist offenbar auf beiden Seiten der Grenzübergang erlaubt, d. h., $u'(x)$ ist in Ω harmonisch. Es gilt nun aber

$$\mu_{x_0}(\mathbf{1}_B - \mathbf{1}_M) = \mu_{x_0}(B \setminus M) = 0$$

und somit wegen Satz 23 (Absolutstetigkeit aller μ_x untereinander) $u(x) = u'(x)$. Damit ist die Behauptung für $g = \mathbf{1}_B$ gezeigt. Es sei nun ohne Beschränkung der Allgemeinheit $g \geqq 0$. Dann existiert eine monoton wachsende Folge von Treppenfunktionen $(g_k(y))_{k\in N}$ auf $\partial\Omega$, die gegen g konvergiert für alle $y \in Y$. Die Funktion $u_k(x) = \mu_x(g_k)$ ist offenbar in Ω harmonisch. Weiterhin gilt

$$u(x) = \mu_x(g) = \lim_{k\to\infty} \mu_x(g_k)\,.$$

Da es sich durchweg um Grenzwerte monoton wachsender Folgen handelt, ist auch in (16) der Grenzübergang unter den Integralzeichen erlaubt. ◀

Satz 25. *Das Gebiet Ω sei regulär, und g sei eine meßbare beschränkte Funktion auf $\partial\Omega$. Ist dann g im Punkt $y_0 \in \partial\Omega$ stetig, so nimmt $u(x) = \mu_x(g)$ den Randwert $g(y_0)$ stetig an.*

Der Beweis folgt unmittelbar aus $\mu_x \rightharpoonup \delta_y$ für $x \to y_0$ und I.2.11. Satz 26.

2.7. GREENsche Funktion

Die Funktion

$$\Gamma(x, z) = \Phi(x, z) - \int_{\partial\Omega} \Phi(y, z)\, \mathrm{d}\mu_x(y)$$

heißt GREENsche Funktion des Gebietes Ω. Sie ist zunächst definiert für alle $x \in \Omega$, $z \in R^n$, und es gilt

$$\Gamma(x, z) \geqq 0 \qquad \text{für } x \in \Omega, z \in R^n ,$$

wobei für $x \in \Omega$, $z \notin \overline{\Omega}$ gilt $\Gamma(x, z) = 0$. Weiterhin gilt

$$\Gamma(x, z) = 0 \qquad \text{für } x \in \Omega \text{ und } \mathcal{J}\text{-fast alle } z \in \partial\Omega .$$

Für festes $x \in \Omega$ als Funktion von z ist $\Gamma(x, z)$ in $R^n \setminus \{x\}$ nach oben halbstetig.

Satz 26. *Es gilt für beliebiges $x, z \in \Omega$*

$$\Gamma(x, z) = \Gamma(z, x) .$$

Beweis: Wegen der Symmetrie von $\Phi(x, z)$ genügt es zu zeigen

$$\int \Phi(y, z) \, d\mu_x(y) = \int \Phi(x, y') \, d\mu_z(y') .$$

Dies folgt aber wegen der $\mathcal{J}$-Absolutstetigkeit der harmonischen Maße nach Integration der Gleichung

$$\Phi(x, y') = \int \Phi(y, y') \, d\mu_x(y) \qquad \text{für } \mathcal{J}\text{-fast alle } y' \in \partial\Omega$$

bezüglich μ_z, also

$$\begin{aligned} \int \Phi(x, y') \, d\mu_z(y') &= \int \left[\int \Phi(y, y') \, d\mu_x(y)\right] d\mu_z(y') \\ &= \int \left[\int \Phi(y, y') \, d\mu_z(y')\right] d\mu_x(y) = \int \Phi(y, z) \, d\mu_x(y) . \blacktriangleleft \end{aligned}$$

Satz 27. *Aus*

$$\Gamma(y_0, z_0) = 0 \qquad \textit{für } y_0 \in \partial\Omega, z_0 \in \Omega$$

folgt

$$\Gamma(y_0, z) = 0 \qquad \textit{für alle } z \in \Omega .$$

Beweis: $h(z) = \Gamma(y_0, z)$ als Funktion von z ist in Ω harmonisch. Aus $h(z) \geqq 0$ in Ω und $h(z_0) = 0$ folgt $h(z) = 0$.

Aus Satz 17 folgt für ein reguläres Gebiet

$$\Gamma(x, z) = 0 \qquad \text{für } x \in \Omega, z \in \partial\Omega . \tag{17}$$

Umgekehrt erhalten wir aus (17) die Regularität von Ω (vgl. Beweis von Satz 30). ◀

Definition 3. Ein Punkt $y_0 \in \partial\Omega$ heißt *regulär*, falls gilt

$$\lim_{x \to y_0} \mu_x(g) = g(y_0) \qquad \text{für alle } g \in C(\partial\Omega) \tag{18}$$

unabhängig von der Wahl der Folge $x_k \in \Omega$ mit $x_k \to y_0$. (18) ist also äquivalent mit

$$\mu_{x_k} \rightharpoonup \delta_{y_0} \qquad \text{für } x_k \to y_0 \; (x_k \in \Omega, y_0 \in \partial\Omega) . \tag{19}$$

Lemma 5. *$y_0 \in \partial\Omega$ sei regulär. Dann gilt*

$$\lim_{\substack{x \to y_0 \\ x \in \Omega}} \Gamma(x, z) = 0 \qquad \textit{für beliebiges } z \in \Omega .$$

Beweis: Es genügt, in (18) zu setzen $g(y) = \Phi(y, z)$, d. h.

$$\int \Phi(y, z) \, d\mu_x(y) \to \Phi(y_0, z) \qquad \text{für } x \to y_0 . \blacktriangleleft$$

Lemma 6. *Es sei $y_0 \in \partial\Omega$ und*

$$\lim_{\substack{x \to y_0 \\ x \in \Omega}} \Gamma(x, z) = 0 \qquad \textit{für beliebiges } z \in \Omega .$$

Dann ist der Randpunkt y_0 regulär.

Beweis: (18) ist bewiesen, wenn wir zeigen

$$\mu_x(\varphi) \to \varphi(y_0) \qquad \text{für } x \to y_0$$

für alle $\varphi \in C_0^\infty(R^n)$. Die Einschränkung von $C_0^\infty(R^n)$ auf $\partial\Omega$ liegt nämlich dicht in $C(\partial\Omega)$ (vgl. Satz von TIETZE), und für $\mu_x \rightharpoonup \delta_{y_0}$ benötigt man nur die Konvergenz der Funktionale auf einer dichten Teilmenge von $C(\partial\Omega)$.

Es sei $\psi = -\Delta\varphi$, d. h.

$$\varphi(x) = \int \Phi(x, z)\, \psi(z)\, dz .$$

Dann erhalten wir

$$\begin{aligned} \varphi(y_0) - \int \varphi(y)\, d\mu_x(y) &= \int \Phi(y_0, z)\, \psi(z)\, dz - \int \left[\int \Phi(y, z)\, \psi(z)\, dz\right] d\mu_x(y) \\ &= \int \Phi(y_0, z)\, \psi(z)\, dz - \int \left[\int \Phi(y, z)\, d\mu_x(y)\right] \psi(z)\, dz . \end{aligned}$$

Die Vertauschung auf der rechten Seite ist zulässig wegen $\lambda_\psi \in \mathfrak{F}$. Unter Berücksichtigung der Definition von $\Gamma(x, z)$ folgt

$$\varphi(y_0) - \int \varphi(y)\, d\mu_x(y) = \int [\Phi(y_0, z) - \Phi(x, z)]\, \psi(z)\, dz + \int \Gamma(x, z)\, \psi(z)\, dz .$$

Der Nachweis, daß das erste Integral auf der rechten Seite der letzten Gleichung für $x \to y_0$ gegen Null strebt, bleibe dem Leser überlassen. Im zweiten Integral wird in Wahrheit nur über Ω integriert, da $\Gamma(x, z)$ auf $C\Omega$ Null und auf $\partial\Omega$ $\mathfrak{I}$-f.ü. Null ist, d. h. die Menge der $z \in \partial\Omega$ mit $\Gamma(x, z) > 0$ vom LEBESGUE-Maß Null ist. Daß $\int \Gamma(x, z)\, \psi(z)\, dz$ für $x \to y_0$ gegen Null strebt, folgt nach Zerlegung des Integrationsbereiches. Es sei

$$A = \{z \in \Omega : |z - y_0| < \delta\} , \qquad B = \Omega \setminus A .$$

Für jedes $\varepsilon > 0$ existiert dann ein $\delta > 0$, so daß für alle $x \in A$ gilt

$$\int_A \Gamma(x, z)\, \psi(z)\, dz < \varepsilon , \qquad \int_B \Gamma(x, z)\, \psi(z)\, dz < \varepsilon .$$

Die erste Ungleichung besteht wegen der Integrierbarkeit der Singularität von Γ, die zweite wegen der gemachten Voraussetzung. ◀

Lemma 5 und Lemma 6 fassen wir zusammen zu folgendem

Satz 28. *Ein Punkt $y_0 \in \partial\Omega$ ist genau dann regulär, falls gilt*

$$\lim_{\substack{x \to y_0 \\ x \in \Omega}} \Gamma(x, z) = 0 , \qquad (z \in \Omega) . \tag{20}$$

Lemma 7. *Es sei $y_0 \in \partial\Omega$ und $\Gamma(y_0, z) = 0$ für $z \in \Omega$. Dann ist der Punkt y_0 regulär.*

Beweis: $\Gamma(x, z)$ ist für festes $z \in \Omega$ als Funktion von x auf $R^n \setminus \{z\}$ nach oben halbstetig. Für beliebiges $x_0 \in R^n$ gilt daher

$$\overline{\lim_{x \to x_0}}\, \Gamma(x, z) = \Gamma(x_0, z) .$$

Speziell für $x_0 = y_0 \in \partial\Omega$ erhalten wir also

$$0 \leq \overline{\lim_{\substack{x\to y_0\\ x\in\Omega}}}\, \Gamma(x, z) = \Gamma(y_0, z) = 0\,,$$

also $\lim\limits_{\substack{x\to y_0\\ x\in\Omega}} \Gamma(x, z) = 0$. Unter Beachtung von Satz 28 erhalten wir die Behauptung. ◀

Korollar. *Das Gebiet Ω ist regulär, falls gilt*

$$\Phi(y, x) = \Phi\mu_x(y) \qquad \textit{für alle } y \in \partial\Omega\,.$$

Die Umkehrung von Lemma 7 ist ebenfalls richtig. Es gilt nämlich folgender

Satz 29 ([R 5]). *Ein Punkt $y_0 \in \partial\Omega$ ist genau dann regulär, falls gilt*

$$\Phi(y_0, x) = \Phi\mu_x(y_0)\,, \qquad (x \in \Omega)$$

bzw. $\Gamma(y_0, x) = 0$, $(x \in \Omega)$.

Das Gebiet Ω ist also genau dann regulär, falls gilt $\Gamma(y, x) = 0$ für alle $y \in \partial\Omega$, $x \in \Omega$. Die letzte Bedingung ist äquivalent mit $\mu_x \in \mathfrak{F}^+$ für alle $x \in \Omega$.

Satz 30. *Ein beschränktes Gebiet $\Omega \subset R^n$ ist genau dann regulär, falls $S(\partial\Omega) = \{\Phi\lambda : \lambda \in \mathfrak{F}(\complement\Omega)\}$ in $C(\partial\Omega)$ dicht liegt.*

Beweis: Ω sei regulär. Im Falle $\overline{S(\partial\Omega)} \neq C(\partial\Omega)$ existiert ein $\mu \in \mathfrak{M}(\partial\Omega)$ mit

$$\int \left[\int \Phi(y, z)\, d\lambda(z)\right] d\mu(y) = 0$$

für alle $\lambda \in \mathfrak{F}^+(\complement\Omega)$. Nach erlaubter Vertauschung der Integration erhalten wir

$$\int \left[\int \Phi(y, z)\, d\mu(y)\right] d\lambda(z) = 0\,,$$

also

$$\int \Phi(y, z)\, d\mu(y) = 0 \qquad \mathcal{J}\text{-f.ü. auf } \complement\Omega\,.$$

Da die μ_x $\mathcal{J}$-absolutstetig sind $(x \in \Omega)$, folgt

$$\int \left\{\int \Phi(y, z)\, d\mu(y)\right\} d\mu_x(z) = \int \left\{\int \Phi(y, z)\, d\mu_x(z)\right\} d\mu(y) = 0\,.$$

Aus $\Gamma(x, z) = 0$ erhalten wir

$$\int \Phi(y, x)\, d\mu(y) = 0 \qquad (x \in \Omega)\,,$$

also $\Phi\mu = 0$ $\mathcal{J}$-f.ü. im R^n, d. h. $\mu = 0$. Da die andere Richtung trivial ist, haben wir den Satz gezeigt. ◀

Ähnlich wie für beschränkte Gebiete kann man das DIRICHLET-Problem auch für nicht beschränkte Gebiete betrachten, Regularität definieren und harmonische Maße einführen. Die Resultate sind dann zu den bisherigen analog.

Ist nun Ω ein beschränktes Gebiet und $\Omega_\infty = \complement\overline{\Omega}$ ein Gebiet, dessen Rand mit $\partial\Omega$ übereinstimmt, so können wir folgendes beweisen: *$\partial\Omega$ ist regulär bezüglich Ω und Ω_∞ genau dann, wenn*

$$\{\Phi\lambda|_{\partial\Omega} : \lambda \in \mathfrak{F}(\partial\Omega)\}$$

in $C(\partial\Omega)$ dicht liegt. Wenn man nämlich wieder annimmt, daß diese Menge nicht dicht liegt, existiert ein $\mu \in \mathfrak{M}(\partial\Omega)$, $\mu \neq 0$ mit

$$\int \left[\Phi(y, z)\, d\lambda(z)\right] d\mu(y) = 0$$

für alle $\lambda \in \mathfrak{F}(\partial\Omega)$. Nach denselben Überlegungen wie zu Satz 30 erhalten wir dann

$$\Phi\mu = 0 \qquad \mathcal{J}\text{-f.ü. auf } \bar{\Omega}\,.$$

Ist nun $x \in \Omega_\infty$ und μ_x^∞ das harmonische Maß für Ω_∞ bezüglich x, so erhalten wir wie oben

$$\int \{\int \Phi(y, z)\, d\mu(y)\}\, d\mu_x^\infty(z) = \int \{\int \Phi(y, z)\, d\mu_x^\infty(z)\}\, d\mu(y)$$
$$= \int \Phi(y, x)\, d\mu(y) = 0\,,$$

also $\Phi\mu \equiv 0$ $\mathcal{J}$-f.ü. im R^n, d. h. $\mu = 0$. Mit diesem Widerspruch ist die Behauptung gezeigt. ◀

Bemerkung 5. Es sei Ω ein beschränktes Gebiet, das in jedem Punkt $y_0 \in \partial\Omega$ die POINCARÉsche Kegelbedingung erfüllt. Dann liegt

$$\{\Phi\lambda|_{\partial\Omega} : \lambda = \lambda_\varphi, \varphi \in C_0^\infty(\complement\bar{\Omega})\} \subseteqq S(\partial\Omega)$$

in $C(\partial\Omega)$ dicht (es genügt, daß hierbei alle φ zugelassen werden, die ihren Träger in einer beliebigen offenen Teilmenge $\Omega_1 \subset \complement\bar{\Omega}$ haben, die mit jeder Zusammenhangskomponente von $\complement\bar{\Omega}$ einen nichtleeren Durchschnitt hat).

Beweis: Wir wählen wieder ein Maß $\mu \in \mathfrak{M}(\partial\Omega)$ mit

$$\int [\int \Phi(y, z)\, \varphi(z)\, dz]\, d\mu(y) = 0$$

für alle diese $\varphi \in C_0^\infty(\Omega_1)$. Dann folgt nach Vertauschung der Integration

$$\int \Phi(y, z)\, d\mu(y) = 0 \qquad \text{LEBESGUE-f.ü. in } \Omega_1.$$

Da ein Potential außerhalb supp μ analytisch ist, folgt durch analytische Fortsetzung $\int \Phi(y, z)\, d\mu(y) = 0$ in $\complement\bar{\Omega}$, d. h.

$$\int \Phi(y, z)\, d\mu^+(y) = \int \Phi(y, z)\, d\mu^-(y)$$

für alle $z \in \complement\bar{\Omega}$. Hieraus schließen wir wegen der Kegelbedingung Gleichheit auch auf $\partial\Omega$. Da Ω regulär ist, d. h. $\mu_x \in \mathfrak{F}^+$ für alle $x \in \Omega$ können wir bezüglich μ_x integrieren und den Beweis wie im vorigen Satz 30 beenden, d. h. $\mu^+ = \mu^-$. ◀

2.8. Inhomogenes DIRICHLET-Problem

Wir kommen jetzt zum DIRICHLET-Problem mit inhomogener rechter Seite. Wenn eine Funktion $u \in C^2(\Omega)$ gegeben ist, so ist bekanntlich $f = \Delta u$ in Ω HÖLDER-stetig. Es gilt jetzt

Satz 31. *Es sei Ω ein beschränktes reguläres Gebiet, und $f \in C(\bar{\Omega})$ sei im Innern von Ω HÖLDER-stetig. Dann existiert zu jedem $g \in C(\partial\Omega)$ eine Lösung u des Problems*

$$\Delta u = f\,, \qquad r_{\partial\Omega} u = g\,, \tag{21}$$

und es besteht die Abschätzung

$$\sup_{x\in\Omega} |u(x)| \leqq \sup_{y\in\partial\Omega} |g(y)| + c \sup_{z\in\Omega} |f(z)| \tag{22}$$

mit einer geeigneten Konstanten $c > 0$, (die für alle Gebiete Ω, die in einer festen Kugel enthalten sind, einheitlich gewählt werden kann).

Beweis: Wir setzen die Funktion f fort durch Null in $C\overline{\Omega}$ und bezeichnen diese Fortsetzung wieder mit f. Dann ist das Potential

$$v(x) = \int_{R^n} \Phi(x, z) f(z) \, dz$$

im R^n stetig und in Ω Lösung der Gleichung $\Delta v = f$. Da Ω regulär ist, finden wir ein $w \in D(\overline{\Omega})$ mit $r_{\partial\Omega} w = g - r_{\partial\Omega} v \in C(\partial\Omega)$. Somit löst die Funktion $u = v + w$ das Problem. Die Eindeutigkeit folgt aus der Eindeutigkeit für $f = 0$. Wegen der Integrierbarkeit der Singularität von Φ gilt

$$|v(x)| \leqq \sup_{z \in \Omega} |f(z)| \int_{\Omega} \Phi(x, z) \, dz \leqq c_0 \sup_{z \in \Omega} |f(z)| ,$$

d. h.

$$\sup_{x \in \Omega} |v(x)| \leqq c_0 \sup_{z \in \Omega} |f(z)| .$$

Aus $w \in D(\overline{\Omega})$ erhalten wir weiterhin

$$\sup_{x \in \Omega} |w(x)| \leqq \sup_{y \in \partial\Omega} |g(y)| + \sup_{y \in \partial\Omega} |v(y)| \leqq \sup_{y \in \partial\Omega} |g(y)| + c_0 \sup_{z \in \Omega} |f(z)| .$$

Mit $\sup |u(x)| \leqq \sup |v(x)| + \sup |w(x)|$ folgt daher die Behauptung. ◀

Durch die Ungleichung (22) wird es nahegelegt, auch beliebige Funktionen $f \in C(\overline{\Omega})$ zuzulassen. Die HÖLDER-stetigen Funktionen liegen dicht in $C(\overline{\Omega})$. Es sei also $(f_k)_{k \in N}$ eine Folge HÖLDER-stetiger Funktionen, die in $C(\overline{\Omega})$ gegen eine Funktion $f \in C(\overline{\Omega})$ konvergiert. Bezeichnen wir mit u_k die Lösung des Problems $\Delta u_k = f_k$, $r_{\partial\Omega} u = g$, so strebt wegen (22) die Folge $(u_k)_{k \in N}$ in $C(\overline{\Omega})$ gegen eine Funktion $u \in C(\overline{\Omega})$. Dann ist u schwache Lösung der Gleichung $\Delta u = f$ mit $r_{\partial\Omega} u = g$.

Die eindeutige Zuordnung, die jedem $(f, g) \in C(\overline{\Omega}) \times C(\partial\Omega)$ diese schwache Lösung u zuordnet, bezeichnen wir mit t. Der Operator

$$t: C(\overline{\Omega}) \times C(\partial\Omega) \to C(\overline{\Omega})$$

ist stetig. Somit ist auch der Adjungierte

$$\Xi = t^*: \mathfrak{M}(\overline{\Omega}) \to \mathfrak{M}(\overline{\Omega}) \times \mathfrak{M}(\partial\Omega)$$

w^*-stetig (d. h. bezüglich der w^*-Topologien in $\mathfrak{M}(\overline{\Omega})$ bzw. $\mathfrak{M}(\partial\Omega)$ und der Produkttopologie auf der rechten Seite). Ξ heißt Balayage-Operator für das inhomogene DIRICHLET-Problem. Mit $(\gamma, \nu) = \Xi\mu$ $(\mu \in \mathfrak{M}(\overline{\Omega}))$ gilt offenbar $\nu = \Pi\mu$.

Speziell für $\mu = \delta_{x_0}$ $(x_0 \in \Omega)$ setzen wir

$$\Xi\delta_{x_0} = (\gamma_{x_0}, \mu_{x_0}) .$$

Das Maß γ_{x_0} heißt GREENsches Maß bezüglich x_0. Für die schwache Lösung u des Problems (21) erhalten wir dann

$$u(x_0) = \int_{\partial\Omega} g(y) \, d\mu_{x_0}(y) + \int_{\Omega} f(z) \, d\gamma_{x_0}(z) ,$$

wobei die Funktion $u_0(x) = \mu_x(g)$ wie früher Lösung ist mit $f = 0$ und $u_1(x) = \gamma_x(f)$ schwache Lösung des Problems (21) mit $g = 0$. Es sei $\Gamma(x, z)$ die GREENsche Funktion des Gebietes Ω. Nach Voraussetzung in Satz 31 ist Ω regulär, also $\Gamma(y, z) = 0$ für

$z \in \Omega$, $y \in \partial\Omega$. Die Funktion

$$u_1'(x) = -\int_\Omega f(z)\, \Gamma(x, z)\, dz$$

ist ebenfalls schwache Lösung des Problems (21) mit $g = 0$. Es gilt nämlich nach Definition von Γ

$$-u_1'(x) = \int_\Omega \Phi(x, z)\, f(z)\, dz - \int_\Omega f(z) \left\{ \int_{\partial\Omega} \Phi(y, z)\, d\mu_x(y) \right\} dz$$
$$= \int_\Omega \Phi(x, z)\, f(z)\, dz - \int_{\partial\Omega} \left\{ \int_\Omega \Phi(y, z)\, f(z)\, dz \right\} d\mu_x(y)\,,$$

wobei der zweite Summand auf der rechten Seite harmonisch ist wegen der Stetigkeit des inneren Integrals auf $\overline{\Omega}$. Da die GREENschen Maße eindeutig bestimmt sind, muß gelten $u_1' = u_1$, d. h.

$$d\gamma_x(z) = \Gamma(x, z)\, dz\,.$$

Übung. Man zeige

(i) $x \to y_0 \in \partial\Omega$ $(x \in \Omega) \Rightarrow \gamma_{x_0} \rightharpoonup 0$ in $\mathfrak{M}(\overline{\Omega})$

(ii) $\mu \in \mathfrak{M}^+(\overline{\Omega})$, $(\gamma, \nu) = \Xi\mu \Rightarrow -\gamma \in \mathfrak{M}^+(\overline{\Omega})$, $\nu \in \mathfrak{M}^+(\partial\Omega)$.

2.9. RUNGE-Eigenschaft, Approximation, verallgemeinerte Randwerte

In diesem Punkt werden wir einige bekannte Approximationseigenschaften der harmonischen Funktionen beweisen, die analog auch für allgemeinere Differentialgleichungen zweiter und höherer Ordnung gelten (vgl. VIII.5.5.).

Satz 32. *Es sei Ω ein beliebiges beschränktes Gebiet, $M \subset \Omega$ sei eine kompakte Menge vom LEBESGUE-Maß Null, und $\complement M$ sei zusammenhängend. Dann liegt $r_M D(\overline{\Omega})$ in $C(M)$ dicht.*

Beweis: Es sei $\nu \in \mathfrak{M}(M)$ ein Maß. Wir haben zu zeigen, daß aus

$$\nu(u) = 0 \qquad \text{für alle } u \in D(\overline{\Omega})$$

folgt $\nu = 0$. Nun gilt aber offenbar, wenn wir $u = \Phi(x, z)$ und $x \notin \overline{\Omega}$ annehmen, $\Phi\nu(x) = 0$ in $\complement\overline{\Omega}$, also nach analytischer Fortsetzung des Potentials auch $\Phi\nu = 0$ in $R^n \setminus M$. Da M das LEBESGUE-Maß Null hat, folgt aus Satz 7 $\nu = 0$.

Es ist interessant, daß die Approximation von Satz 32 auch für Teilmengen aus $D(\overline{\Omega})$ gilt, die nur auf einem gegebenen Randstück von Null verschieden sind. Dabei hat man über Ω und dieses Randstück noch einige Annahmen zu machen.

Satz 33. *Es seien Ω, Ω_1 beschränkte reguläre Gebiete, $\Omega \subset \Omega_1$, und es sei $G_0 = \operatorname{int}(\Omega_1 \setminus \Omega) \neq \emptyset$. Weiterhin sei $G \neq \emptyset$ eine offene Menge mit $\overline{G} \subset G_0$, und $M \subset \Omega$ sei eine kompakte Menge mit zusammenhängendem Komplement. $\Gamma_1(x, z)$ sei die GREENsche Funktion von Ω_1. Dann bildet die Einschränkung auf M der Menge aller Funktionen von x der Gestalt*

$$\{\Gamma_1(x, z) : z \in G\}$$

eine in $C(M)$ totale Teilmenge. Die Funktionen $u(x) = \Gamma_1(x, z) \in D(\overline{\Omega})$ verschwinden auf $\partial\Omega \cap \partial\Omega_1$.

Der Beweis ist fast identisch mit dem Beweis von Satz 32. Man hat lediglich Φ zu ersetzen durch die GREENsche Funktion Γ_1 des Gebietes Ω_1 und zu beachten, daß ebenso wie in Satz 32 aus $\int \Gamma_1(x, z)\,d\nu(z) = 0$ LEBESGUE-fast überall in Ω_1 folgt $\nu = 0$ ($\operatorname{supp} \nu \subset \Omega_1$).

Satz 34. *Ω sei ein einfach zusammenhängendes beschränktes Gebiet, das die* POINCARÉ*sche Kegelbedingung erfüllt. $K_{z_0}^r$ sei eine Kugel mit $\overline{\Omega} \cap K_{z_0}^r = \emptyset$. Dann ist die Menge*

$$\{\Phi(x, z)|_{\partial\Omega} : z \in K_{z_0}^r\}$$

in $C(\partial\Omega)$ total.

Beweis: Wäre diese Menge nicht total, so existierte ein $\nu \in \mathfrak{M}(\partial\Omega)$, $\nu \neq 0$ mit

$$\int \Phi(y, z)\,d\nu(y) = 0 \qquad \text{für alle } z \in K_{z_0}^r .$$

Wegen der Analytizität folgt daraus

$$\int \Phi(y, z)\,d\nu(y) = 0 \qquad \text{für alle } z \in \complement\Omega .$$

Wegen der POINCARÉschen Kegelbedingung folgt

$$\int \Phi(y, z)\,d\nu(y) = 0 \qquad \text{für } \mathcal{J}\text{-fast alle } z \in \complement\overline{\Omega} .$$

Dies bedeutet für $x_0 \in \Omega$

$$0 = \mu_{x_0}\left(\int \Phi(y, z)\,d\nu(y)\right) = \int \left\{\int \Phi(y, z)\,d\mu_{x_0}(z)\right\} d\nu(y) = \int \Phi(y, x_0)\,d\nu(y) ,$$

also $\Phi\nu = 0$ $\mathcal{J}$-f.ü. im R^n. Das bedeutet $\nu = 0$. ◀

Korollar. *Der* LAPLACE*-Operator hat die* RUNGE*-Eigenschaft, d. h., wenn Ω_0, Ω, Ω_1 Gebiete sind, die zur Kugel homöomorph sind, und gilt $\overline{\Omega}_0 \subset \Omega$, $\overline{\Omega} \subset \Omega_1$, und ist u in Ω harmonisch und $\varepsilon > 0$ beliebig, so existiert eine in Ω_1 harmonische Funktion u_1 mit $|u - u_1| < \varepsilon$ in Ω_0.*

Beweis: Nach Satz 34 ist $r_{\partial\Omega} D(\overline{\Omega}_1)$ in $C(\partial\Omega_0)$ dicht, also ist auch $r_{\overline{\Omega}_0} D(\overline{\Omega}_1)$ in $D(\overline{\Omega}_0)$ dicht. (Man kann offenbar Ω_0 als glatt berandet annehmen.) ◀

Es sei Ω ein einfach zusammenhängendes beschränktes Gebiet. Auf $D(\partial\Omega) = r_{\partial\Omega} D(\overline{\Omega})$ definieren wir das Halbnormensystem

$$p_K(g) = \sup_{x \in K} |\mu_x(g)| \tag{23}$$

($K \subset \Omega$ kompakt). Die Abschließung von $D(\partial\Omega)$ bezüglich der hierdurch gegebenen Topologie bezeichnen wir mit $D_v(\partial\Omega)$. Der Raum $D_v(\partial\Omega)$ ist offenbar ein FRÉCHET-Raum. Aus dem Korollar zu Satz 34 erhält man weiterhin leicht, daß jede in Ω harmonische Funktion gleichmäßiger Limes auf kompakten $K \subset \Omega$ einer Folge von Funktionen aus $D(\overline{\Omega})$ ist. Jedem solchen u entsprechen nun eindeutig bestimmte „Randwerte" aus $D_v(\partial\Omega)$, die wir als verallgemeinerte Randwerte ansehen können. Verallgemeinerte Randwerte in Gestalt von Distributionen auf $\partial\Omega$ haben wir für die Kugel bereits in 1.6. angeführt. In natürlicher Einbettung gilt stets $C(\partial\Omega) \subsetneqq D_v(\partial\Omega)$, auch wenn $\partial\Omega$ irreguläre Randpunkte hat.

§ 3. RIESZ-Kerne und Potentiale

Die in diesem Paragraphen dargestellte Theorie findet man ausführlich u. a. in [F 16], [C 8], [F 18], [L 7].

3.1. Riesz-Potentiale und Energie

Für die Untersuchungen in Kapitel IX ist es erforderlich, neben den Newtonschen Potentialen auch Rieszsche Potentiale zu betrachten. Für $n > 2$ sei also

$$R_\sigma(x) = c(n, \sigma)\, |x|^{\sigma - n} \qquad (0 < \sigma < n)$$

und

$$\Lambda_\sigma(x, y) = R_\sigma(x - y)$$

der Rieszsche Kern der Ordnung σ. Für den Koeffizienten $c(n, \sigma)$, der die Rolle eines Normierungsfaktors spielt, gilt

$$c(n, \sigma) = \pi^{\sigma - \frac{n}{2}} \frac{\Gamma\left(\frac{n - \sigma}{2}\right)}{\Gamma\left(\frac{\sigma}{2}\right)}.$$

Dieser Faktor ist so gewählt, daß für die Fourier-Transformierte $\hat{R}_\sigma$ von R_σ gilt:

$$\hat{R}_\sigma(y) = \int e^{-2\pi i x \cdot y} R_\sigma(x)\, dx = |y|^{-\sigma}.$$

Lemma 1 ([L 7] und II.2.4.). *Für $0 < \sigma < n$, $0 < \tau < n$, $0 < \sigma + \tau < n$ gilt die Rieszsche Formel*

$$R_\sigma * R_\tau = R_{\sigma + \tau}.$$

Ferner kann R_σ (als Distribution) für $\sigma \leqq 0$ so erklärt werden, daß diese Formel auch für beliebige $\sigma < n$, $\tau < n$ mit $\sigma + \tau < n$ gültig bleibt. Dabei gilt zum Beispiel

$$R_{-2m} = \left(-\frac{1}{4\pi^2}\right)^m \Delta^m \delta \qquad (m \geqq 0 \textit{ ganz}).$$

Korollar. *Es sei $2m < n$. Dann ist die Funktion*

$$\left(-\frac{1}{4\pi^2}\right)^m R_{2m}(x)$$

eine Fundamentallösung des polyharmonischen Operators Δ^m.

Beweis: Aus

$$R_{2m} * R_{-2m} = \delta$$

ergibt sich unter Berücksichtigung von Lemma 1

$$\Delta^m \left(-\frac{1}{4\pi^2}\right)^m R_{2m} = \Delta^m \left(-\frac{1}{4\pi^2}\right)^m R_{2m} * \delta = R_{2m} * \left(-\frac{1}{4\pi^2}\right)^m \Delta^m \delta = R_{2m} + R_{-2m} = \delta. \blacktriangleleft$$

Definition 1. Es sei $\mu \in \mathfrak{M}(R^n)$ gegeben mit

$$\int \Lambda_\sigma \mu^+(x)\, d\mu^-(x) < \infty, \qquad \int \Lambda_\sigma \mu^-(x)\, d\mu^+(x) < \infty.$$

Dann heißt die (endliche oder unendliche) Zahl

$$(\mu, \mu)_\sigma = \int \Lambda_\sigma \mu(x)\, d\mu(x) = \int \left[\int \Lambda_\sigma(x, z)\, d\mu(z)\right] d\mu(x)$$

Energie des Maßes μ. Gegenseitige Energie zweier Maße $\mu_1, \mu_2 \in \mathfrak{M}(R^n)$ heißt die (endliche oder unendliche) Zahl

$$(\mu_1, \mu_2)_\sigma = \int \left[\int \Lambda_\sigma(x, z)\, d\mu_1(z)\right] d\mu_2(x).$$

Dabei wird angenommen $\int \Lambda_\sigma \mu_1^\pm(x)\, d\mu_2^\mp(x) < \infty$.

Lemma 2. *Es seien $(\mu^j)_{j\in N}$ und $(\nu^j)_{j\in N}$ Folgen in $\mathfrak{M}(R^n)$ mit $\mu^j \rightharpoonup \mu$, $\nu^j \rightharpoonup \nu$. Dann gilt*

$$(\mu, \nu) \leqq \varliminf_{j\to\infty} (\mu^j, \nu^j)_\sigma .$$

Insbesondere folgt aus $\mu^j \rightharpoonup \mu$

$$(\mu, \mu) \leqq \varliminf_{j\to\infty} (\mu^j, \mu^j)_\sigma .$$

Sind die Folgen $(\mu^j)_{j\in N}$, $(\nu^j)_{j\in N}$ monoton wachsend, besteht sogar die Gleichheit.

Beweis: Wir bemerken zunächst, daß für eine auf $B \subseteqq R^p$ nichtnegative, nach unten halbstetige Funktion f, $\lambda^j, \lambda \in \mathfrak{M}^+(B)$ und $\lambda^j \rightharpoonup \lambda$ stets

$$\varliminf_{j\to\infty} \int_B f(x)\, d\lambda^j(x) \geqq \int_B f(x)\, d\lambda(x) \tag{1}$$

folgt. Dies ist eine unmittelbare Folgerung aus der monotonen Approximierbarkeit einer nach unten halbstetigen Funktion durch stetige Funktionen.

Wir setzen $\lambda^j = \mu^j \times \nu^j$. Dann konvergiert, wie man sich leicht überzeugt, auf Grund der Voraussetzung $\mu^j \times \nu^j = \lambda^j$ in $R^p = R^{2n} = R^n \times R^n$ schwach gegen $\lambda = \mu \times \nu$. Da ferner $\Lambda_\sigma(x, y)$ auf $R^n \times R^n$ nach unten halbstetig ist, folgt nach (1)

$$\begin{aligned}(\mu, \nu)_\sigma &= \int \Lambda_\sigma\mu(x)\, d\mu(x) = \int\int \Lambda_\sigma(x, y)\, d\mu(x)\, d\nu(x) = \int \Lambda_\sigma(x, y)\, d\lambda(x, y)\\ &\leqq \varliminf_{j\to\infty} \int \Lambda_\sigma(x, y)\, d\lambda^j(x, y) = \varliminf_{j\to\infty} (\mu^j, \nu^j)_\sigma .\end{aligned} \tag{2}$$

Sind die Folgen (μ^j), (ν^j) monoton wachsend, so folgt wegen $\Lambda_\sigma(x, y) > 0$

$$\Lambda_\sigma\mu^j(x) \leqq \Lambda_\sigma\mu(x) , \qquad \Lambda_\sigma\nu^j(x) \leqq \Lambda_\sigma\nu(x)$$

für alle x und daraus

$$(\mu^j, \nu^j)_\sigma = \int \Lambda_\sigma\mu^j\, d\nu^j \leqq \int \Lambda_\sigma\mu\, d\nu^j = \int \Lambda_\sigma\nu^j\, d\mu \leqq \int \Lambda_\sigma\nu\, d\mu = \int \Lambda_\sigma\mu\, d\nu = (\mu, \nu)_\sigma$$

und damit

$$\varlimsup_{j\to\infty} (\mu^j, \nu^j)_\sigma \leqq (\mu, \nu)_\sigma .$$

Zusammen mit (2) bedeutet das

$$(\mu, \nu)_\sigma = \lim_{j\to\infty} (\mu^j, \nu^j)_\sigma . \quad ◀$$

Ohne Beweis verwenden wir folgenden zu einer entsprechenden Aussage aus 2.2. analogen

Satz 1 ([L 7]). *$\mu \in \mathfrak{M}(R^n)$ sei ein Maß mit $\Lambda_\sigma\mu^+ \not\equiv \infty$, $\Lambda_\sigma\mu^- \not\equiv \infty$ $(0 < \sigma < n)$. Aus $\Lambda_\sigma\mu = 0$ LEBESGUE-fast überall im R^n folgt dann $\mu = 0$.*

Satz 2. *Es gilt $(\mu, \mu)_\sigma \geqq 0$ für beliebiges $\mu \in \mathfrak{M}(R^n)$, für das $(\mu, \mu)_\sigma$ definiert ist. $(\mu, \mu)_\sigma = 0$ ist äquivalent mit $\mu = 0$.*

Beweis: Ohne Beschränkung der Allgemeinheit kann $(\mu, \mu)_\sigma < \infty$ angenommen werden. Ferner gilt auf Grund der Annahmen über μ

$$(|\mu|, |\mu|)_\sigma = \int_{R^n}\int_{R^n} \Lambda_\sigma(x, y)\, d|\mu|\,(x)\, d|\mu|\,(y) < \infty .$$

Daher kann der Satz von Fubini angewandt werden, und unter Berücksichtigung der Faltungsgleichung $R_\sigma = R_{\sigma/2} * R_{\sigma/2}$ (Lemma 1) ergibt sich

$$\begin{aligned}(\mu,\mu)_\sigma &= \int_{R^n}\int_{R^n}\int_{R^n} R_{\sigma/2}(x-y-z)\,R_{\sigma/2}(z)\,\mathrm{d}z\,\mathrm{d}\mu(x)\,\mathrm{d}\mu(y)\\ &= \int_{R^n}\int_{R^n}\int_{R^n} R_{\sigma/2}(x-z)\,R_{\sigma/2}(z-y)\,\mathrm{d}z\,\mathrm{d}\mu(x)\,\mathrm{d}\mu(y)\\ &= \int_{R^n}\left\{\left(\int_{R^n} R_{\sigma/2}(x-z)\,\mathrm{d}\mu(x)\right)\left(\int_{R^n} R_{\sigma/2}(z-y)\,\mathrm{d}\mu(y)\right)\right\}\mathrm{d}z\\ &= \int_{R^n}\left(\Lambda_{\sigma/2}\mu(z)\right)^2\mathrm{d}z \geqq 0\,.\end{aligned}$$

Aus $(\mu,\mu)_\sigma = 0$ folgt $\Lambda_{\sigma/2}\mu(z) = 0$ fast überall im R^1. Nach Satz 1 ergibt sich daraus $\mu = 0$, was zu beweisen war. ◀

Die Maße $\mu \in \mathfrak{M}(R^n)$ mit $(\mu,\mu)_\sigma < \infty$ heißen Maße endlicher Energie bezüglich Λ_σ. Die Menge aller Maße endlicher Energie bezüglich Λ_σ bezeichnen wir mit $\mathfrak{E}_\sigma$. Mit dem Skalar-Produkt $(\mu,\nu)_\sigma$ ist $\mathfrak{E}_\sigma$ ein Prä-Hilbert-Raum. Daß $(\mu,\nu)_\sigma$ ein Skalarprodukt ist, folgt aus der Symmetrie von $\Lambda_\sigma(x,y)$ und Satz 2. Die Norm bezeichnen wir mit

$$||\mu||_\sigma = (\mu,\mu)_\sigma^{1/2}\,.$$

Es gilt die Schwarzsche Ungleichung

$$|(\mu,\nu)_\sigma| \leqq ||\mu||_\sigma\,||\nu||_\sigma\,.$$

$\mathfrak{E}_\sigma^+$ bezeichne den konvexen Kegel aller positiven Maße aus $\mathfrak{E}_\sigma$.

Bemerkung 1. Aus $\nu_1,\nu_2 \geqq 0$ und $\Lambda_\sigma\nu_1(x) \leqq \Lambda_\sigma\nu_2(x)$ für alle $x \in R^n$ folgt

$$||\nu_1||_\sigma \leqq ||\nu_2||_\sigma\,.$$

Es gilt nämlich einerseits $\nu_1(\Lambda_\sigma\nu_1) \leqq \nu_1(\Lambda_\sigma\nu_2) = \nu_2(\Lambda_\sigma\nu_1)$ und andererseits $\nu_2(\Lambda_\sigma\nu_1) \leqq \nu_2(\Lambda_\sigma\nu_2)$.

Eine Folge $(\nu_k)_{k\in N}$ aus $\mathfrak{E}_\sigma$ heißt konvergent in $\mathfrak{E}_\sigma$ gegen $\nu \in \mathfrak{E}_\sigma$ ($\nu_k \underset{\sigma}{\rightarrow} \nu$), falls gilt $||\nu_k - \nu||_\sigma \to 0$ für $k \to \infty$. Die Folge heißt fundamental in $\mathfrak{E}_\sigma$, falls gilt $||\nu_k - \nu_l||_\sigma \to 0$ für $k, l \to \infty$. Die Folge heißt $\mathfrak{E}_\sigma$ schwach konvergent gegen $\nu \in \mathfrak{E}_\sigma$ ($\nu_k \underset{\sigma}{\rightharpoonup} \nu$), falls gilt $(\nu_k,\mu)_\sigma \to (\nu,\mu)_\sigma$ für alle $\mu \in \mathfrak{E}_\sigma$.

Die folgende Aussage wird ebenfalls ohne Beweis verwendet.

Lemma 3 ([L 7]). *Die Menge aller $\mu \in \mathfrak{E}_\sigma$ mit $\Lambda_\sigma\mu \in C_0^k(R^n)$ liegt dicht in $\mathfrak{E}_\sigma$ (bezüglich $||\cdot||_\sigma$).*

Lemma 4. *Es sei $(\nu_k)_{k\in N}$ eine Folge in $\mathfrak{E}_\sigma^+$ und $\nu \in \mathfrak{E}_\sigma^+$. Dann gilt für $k \to \infty$*

$$\nu_k \underset{\sigma}{\rightharpoonup} \nu \Rightarrow \nu_k \rightharpoonup \nu\,. \tag{3}$$

Beweis: Nach Voraussetzung gilt für beliebiges $\mu \in \mathfrak{E}_\sigma^+$

$$\lim_{k\to\infty}\int \Lambda_\sigma\mu(x)\,\mathrm{d}\nu_k(x) = \int \Lambda_\sigma\mu(x)\,\mathrm{d}\nu(x)\,.$$

Hieraus folgt

$$\lim_{k\to\infty}\int \varphi\,\mathrm{d}\nu_k = \int \varphi\,\mathrm{d}\nu$$

für alle $\varphi \in C_0^\infty(R^n)$, da sich jedes solche φ in der Gestalt

$$\varphi = \Lambda_\sigma\mu_\varphi$$

durch ein Maß $\mu_\varphi \in \mathfrak{E}_\sigma$ darstellen läßt. Es genügt dazu, $\psi = R_{-\sigma} * \varphi$ zu setzen und das Maß

$$\mu_\varphi(f) = \int f\psi \, dx$$

zu betrachten. Dann folgt

$$\Lambda_\sigma \mu_\varphi = R_\sigma * R_{-\sigma} * \varphi = \delta * \varphi = \varphi$$

und $\|\mu_\varphi\|_\sigma < \infty$ ergibt sich aus

$$\|\mu_\varphi\|_\sigma = \int \Lambda_\sigma \mu_\varphi(x) \, d\mu_\varphi(x) = \int \varphi(x) \, d\mu_\varphi(x) < \infty .$$

Lemma 5. *Es sei $(\nu_k)_{k \in N}$ eine Folge in $\mathfrak{E}_\sigma^+$ mit $\|\nu_k\|_\sigma \leqq c$ für alle $k \in N$. Dann gilt für $k \to \infty$*

$$\nu_k \rightharpoonup \nu \Rightarrow \nu \in \mathfrak{E}_\sigma^+ \text{ und } \nu_k \underset{\sigma}{\rightharpoonup} \nu . \tag{4}$$

Beweis: Nach Lemma 2 gilt

$$\|\nu\|_\sigma \leqq \varliminf_{k \to \infty} \|\nu_k\|_\sigma$$

und damit $\|\nu\|_\sigma < c$, das heißt $\nu \in \mathfrak{E}_\sigma^+$.

Es sei jetzt μ ein Maß mit $\Lambda_\sigma \mu \in C_0^k(R^n)$ für ein gewisses k. Dann gilt (wegen $\nu_k \rightharpoonup \nu$)

$$(\nu_k, \mu)_\sigma = \int \Lambda_\sigma \mu(x) \, d\nu_k(x) \to \int \Lambda_\sigma \mu(x) \, d\nu(x) = (\nu, \mu)_\sigma .$$

Nach Lemma 3 ist die Menge der betrachteten Maße μ in $\mathfrak{E}_\sigma$ dicht. Es sei also $\lambda \in \mathfrak{E}_\sigma$ und $\varepsilon > 0$ beliebig gegeben. Dann existiert ein Maß μ derart, daß $\|\lambda - \mu\|_\sigma < \varepsilon$ und für $k > k_0(\varepsilon)$ folgt

$$\begin{aligned} |(\nu_k, \lambda)_\sigma - (\nu, \lambda)_\sigma| &\leqq |(\nu_k, \mu)_\sigma - (\nu, \mu)_\sigma| + |(\nu_k, \lambda - \mu)_\sigma| + |(\nu, \mu - \lambda)_\sigma| \\ &\leqq |(\nu_k, \mu)_\sigma - (\nu, \mu)_\sigma| + 2c\varepsilon < (2c + 1)\,\varepsilon . \end{aligned}$$

Das bedeutet

$$\lim_{k \to \infty} (\nu_k, \lambda)_\sigma = (\nu, \lambda)_\sigma \qquad \text{für beliebiges } \lambda \in \mathfrak{E}_\sigma ,$$

was zu beweisen war. ◀

Lemma 6. *Es sei $(\nu_k)_{k \in N}$ eine Fundamentalfolge in $\mathfrak{E}_\sigma^+$. Dann gilt für $k \to \infty$*

$$\nu_k \rightharpoonup \nu \Rightarrow \nu \in \mathfrak{E}_\sigma^+ \text{ und } \|\nu_k - \nu\|_\sigma \to 0 . \tag{5}$$

Beweis: Da $(\nu_k)_{k \in N}$ eine CAUCHY-Folge ist, gilt $\|\nu_k\| < c$ für alle k. Nach Lemma 5 folgt $\nu \in \mathfrak{E}_\sigma^+$ und $\nu_k \underset{\sigma}{\rightharpoonup} \nu$. Daher ergibt sich

$$\|\nu - \nu_k\|_\sigma^2 = (\nu - \nu_k, \nu - \nu_k)_\sigma = \lim_{j \to \infty} (\nu - \nu_k, \nu_j - \nu_k)_\sigma \leqq \varliminf_{j \to \infty} \|\nu - \nu_k\| \, \|\nu_j - \nu_k\|_\sigma$$

und damit

$$\|\nu - \nu_k\|_\sigma \leqq \varliminf_{j \to \infty} \|\nu_j - \nu_k\|_\sigma < \varepsilon \qquad \text{für } k > k_0(\varepsilon) . \;◀$$

Satz 3. *$\mathfrak{E}_\sigma^+$ als metrischer Raum bezüglich $\|\cdot\|_\sigma$ ist vollständig. $\mathfrak{E}_\sigma$ ist dagegen nicht vollständig bezüglich $\|\cdot\|_\sigma$.*

Beweis: Wir beweisen nur den ersten Teil der Aussage. Für den zweiten Teil sei wieder auf [L 7] verwiesen. Nach Lemma 6 genügt es zu zeigen, daß jede Fundamentalfolge $(\nu_k)_{k \in N}$ $(\nu_k \in \mathfrak{E}_\sigma^+)$ einen schwachen Grenzwert ν besitzt.

Aus

$$|(\nu_k - \nu_l, \mu)_\sigma| \leqq \|\nu_k - \nu_l\|_\sigma \, \|\mu\|_\sigma$$

folgt zunächst, daß für beliebiges $\mu \in \mathfrak{E}_\sigma$ die Folge der Zahlen $(\nu_k, \mu)_\sigma$ konvergiert. Durch Wiederholung der Überlegungen im Beweis zu Lemma 4 folgt weiter, daß für alle $\varphi \in C_0^\infty(R^n)$ der Grenzwert

$$\lim_{k\to\infty} \int \varphi \, d\nu_k$$

existiert. Daraus ergibt sich $\nu_k \rightharpoonup \nu$ für ein gewisses Maß $\nu \geqq 0$. ◀

3.2. Riesz-Kapazität

Im folgenden beschäftigen wir uns näher mit dem Kapazitätsbegriff. Der Begriff der Kapazität einer beliebigen kompakten Menge wurde zuerst 1924 von N. Wiener eingeführt. Der hier dargelegte Zugang geht zurück auf O. Frostman [F 16]. Für eine beliebige kompakte Menge $K \subset R^n$ sei

$$\mathfrak{M}^{(1)}(K) = \{\mu \in \mathfrak{M}^+(K) : \mu(1) = 1\}$$

$\mathfrak{M}^{(1)}(K)$ ist konvex und w^*-kompakt. Es wird das folgende Minimumproblem betrachtet: Gesucht ist ein Maß $\eta \in \mathfrak{M}^{(1)}(K)$, welches das Energieintegral

$$\|\eta\|_\sigma^2 = \int \Lambda_\sigma\mu(x) \, d\mu(x)$$

innerhalb $\mathfrak{M}^{(1)}(K)$ zum Minimum macht. Wir setzen

$$I_\sigma(K) = \inf_{\mu \in \mathfrak{M}^{(1)}(K)} \|\mu\|_\sigma^2 .$$

Wegen

$$\|\mu\|_\sigma^2 = \int_K \int_K R_\sigma(x-y) \, d\mu(x) \, d\mu(y)$$

und $R_\sigma(x-y) \geqq \dfrac{\text{const}}{\varrho^{n-\sigma}}$ (ϱ Durchmesser von K) gilt offenbar

$$0 < I_\sigma(K) \leqq +\infty .$$

Man setzt $I_\sigma(K) = \infty$, falls kein Maß $\mu \in \mathfrak{M}^{(1)}(K)$ mit $\|\mu\|_\sigma < \infty$ existiert. Zunächst betrachten wir nur kompakte Mengen mit $I_\sigma(K) < \infty$.

Offenbar ist es gleichgültig, ob das obige Minimumproblem in $\mathfrak{M}^{(1)}(K)$ oder in $\mathfrak{E}_\sigma^{(1)}(K) = \mathfrak{M}^{(1)}(K) \cap \mathfrak{E}_\sigma^+$ betrachtet wird.

Satz 4. *Das obige Minimalproblem besitzt eine eindeutige Lösung η und jede Minimalfolge konvergiert im Sinne der Energienorm gegen η.*

Beweis: Es sei $(\mu_j)_{j\in N}$ eine Minimalfolge, d. h., es gelte

$$\lim_{j\to\infty} \|\mu_j\|_\sigma^2 = I_\sigma(K) .$$

Dann betrachten wir für festes $k \geqq 0$ die Folge $\left(\frac{1}{2}(\mu_j + \mu_{j+k})\right)$. Offenbar gilt $\frac{1}{2}(\mu_j + \mu_{j+k}) \in \mathfrak{E}_\sigma^{(1)}(K)$. Ferner gilt die Ungleichung

$$\sqrt{I_\sigma(K)} \leqq \|\tfrac{1}{2}(\mu_j + \mu_{j+k})\|_\sigma \leqq \tfrac{1}{2}(\|\mu_j\|_\sigma + \|\mu_{j+k}\|_\sigma) .$$

Daraus ersieht man, daß auch $\left(\frac{1}{2}(\mu_j + \mu_{j+k})\right)$ eine Minimalfolge ist. Aus der Identität

$$\|\mu_j - \mu_{j+k}\|_\sigma^2 = 2\|\mu_j\|_\sigma^2 + 2\|\mu_{j+k}\|_\sigma^2 - 4\|\tfrac{1}{2}(\mu_j + \mu_{j+k})\|_\sigma^2$$

folgt ferner, daß (μ_j) eine Fundamentalfolge in $\mathfrak{E}_\sigma^+$ ist. Nach Satz 3 existiert also ein Maß $\eta \in \mathfrak{E}_\sigma^+$ mit $\|\mu_j - \eta\|_\sigma \to 0$ für $j \to \infty$. Da aus der Konvergenz bezüglich der Norm die $\mathfrak{E}_\sigma$-schwache Konvergenz folgt, gilt auf Grund von Lemma 4 $\mu_j \rightharpoonup \eta$. Das bedeutet aber $\eta \in \mathfrak{M}^{(1)}(K)$ und folglich $\eta \in \mathfrak{E}_\sigma^{(1)}(K)$. Wegen

$$\|\eta\|_\sigma^2 = \lim_{j\to\infty} \|\mu_j\|_\sigma^2 = I_\sigma(K)$$

ist η Lösung des Minimumproblems. Angenommen, es existiert noch eine weitere Lösung η'. Dann besteht die Beziehung

$$\left\|\frac{\eta + \eta'}{2}\right\|_\sigma^2 = I_\sigma(K) .$$

(Es ist $\dfrac{\eta + \eta'}{2} \in \mathfrak{E}_\sigma^{(1)}(K)$ und folglich

$$\sqrt{I_\sigma(K)} \leqq \left\|\frac{\eta + \eta'}{2}\right\|_\sigma \leqq \frac{1}{2}\|\eta\|_\sigma + \frac{1}{2}\|\eta'\|_\sigma = \sqrt{I_\sigma(K)}\;\Big)$$

und wegen

$$\|\eta - \eta'\|_\sigma^2 = 2\|\eta\|_\sigma^2 + 2\|\eta'\|_\sigma^2 - 4\left\|\frac{\eta + \eta'}{2}\right\|_\sigma^2$$

ergibt sich daraus $\|\eta - \eta'\|_\sigma^2 = 0$, d. h. (nach Satz 2) $\eta = \eta'$. ◀

Definition 2. Für eine kompakte Menge $K \subset R^n$ werde die Zahl

$$\sigma\text{-cap}\, K = \frac{1}{I_\sigma(K)}$$

als *σ-Kapazität* (oder als energetische bzw. RIESZsche Kapazität der Ordnung σ) bezeichnet. Im Falle $\sigma = 2$ spricht man von der WIENERschen Kapazität. Wir schreiben dann einfach cap K. Im Falle $I_\sigma(K) = \infty$, d. h. falls $\mathfrak{E}_\sigma^{(1)}(K)$ leer ist, wird σ-cap $K = 0$ gesetzt.

Definition 3. Es sei $B \subseteqq R^n$ eine beliebige Menge. Wir setzen

$$\sigma\text{-cap}_* B = \sup\{\sigma\text{-cap}\, K : K \subseteqq B,\, K \text{ kompakt}\}$$

und

$$\sigma\text{-cap}^* B = \inf\{\sigma\text{-cap}\, U : U \supseteqq B,\, U \text{ offen}\} .$$

σ-cap$_*$ B heißt *innere* und σ-cap* B *äußere Kapazität* der Menge B. Eine Menge $B \subseteqq R^n$ heißt *σ-kapazitätsfähig*, falls gilt

$$\sigma\text{-cap}_* B = \sigma\text{-cap}^* B .$$

Korollar 1. *Es gilt* σ-cap$_*$ $B = 0 \Leftrightarrow \sigma$-cap $K = 0$ *für alle* $K \subseteqq B$.

Korollar 2. *Es gilt* σ-cap$_*$ $B = 0 \Rightarrow \sigma$-cap$_*$ $B_1 = 0$ *für beliebiges* $B_1 \subseteqq B$.

Lemma 7. *Es sei* $\mu \in \mathfrak{E}_\sigma^+$ *und* $K \subset R^n$ *kompakt. Dann gilt auch* $\mu_K \in \mathfrak{E}_\sigma^+$.

Beweis: Aus $R_\sigma(x - y) > 0$ und der Energiedefinition folgt

$$\|\mu_K\|_\sigma \leqq \|\mu\|_\sigma < \infty . \;◀$$

Definition 4. Die Menge $B \subseteqq R^n$ heißt *$\mathfrak{E}_\sigma$-meßbar,* falls sie für alle $\mu \in \mathfrak{E}_\sigma^+$ meßbar ist. Die im R^n erklärte Funktion f heiße $\mathfrak{E}_\sigma$-meßbar, wenn für jedes reelle $a \in R^1$ die Mengen $\{x : f(x) > a\}$ $\mathfrak{E}_\sigma$-meßbar sind.

Lemma 8. *Für eine $\mathfrak{E}_\sigma$-meßbare Menge $B \subseteqq R^n$ ist genau dann $\sigma\text{-cap}_* B = 0$, wenn $\mu(B) = 0$ für alle $\mu \in \mathfrak{E}_\sigma^+$ gilt.*

Beweis: Es sei $\sigma\text{-cap}_* B = 0$. Angenommen, es existiert ein $\mu \in \mathfrak{E}_\sigma^+$ mit $\mu(B) \neq 0$. Dann gibt es eine kompakte Menge $K \subseteqq B$ mit $\mu(K) \neq 0$. Nach Lemma 7 und wegen $\mu_K(K) = \mu(K) \neq 0$ folgt daraus $\sigma\text{-cap}\, K \neq 0$ und damit $\sigma\text{-cap}_* B \neq 0$. Gilt umgekehrt $\mu(B) = 0$ für alle $\mu \in \mathfrak{E}_\sigma^+$, so folgt daraus für jede kompakte Teilmenge $\mu(K) = 0$ für alle $\mu \in \mathfrak{E}_\sigma^+$. Das bedeutet aber $\sigma\text{-cap}\, K = 0$ für jedes $K \subseteqq B$ und damit $\sigma\text{-cap}_* B = 0$. ◀

Korollar 1. *Aus $B = \bigcup_k B_k$ und $\sigma\text{-cap}_* B_k = 0$ für alle k folgt $\sigma\text{-cap}_* B = 0$. Da die Punktmaße keine endliche Energie besitzen, folgt daraus insbesondere, daß für jede höchstens abzählbare Menge B stets $\sigma\text{-cap}_* B = 0$ gilt.*

Korollar 2. *Wegen $\mu = \mu^+ - \mu^- \in \mathfrak{E}_\sigma^+ \Leftrightarrow \mu^\pm \in \mathfrak{E}_\sigma^+$ kann Lemma 8 auch wie folgt ausgesprochen werden:*

$$\sigma\text{-cap}_* B = 0 \Leftrightarrow \mu(B) = 0 \quad \textit{für alle } \mu \in \mathfrak{E}_\sigma .$$

Korollar 3. Bezeichnen wir mit $\mathfrak{J}_\sigma$ das System der $\mathfrak{E}_\sigma$-meßbaren Mengen $B \subseteqq R^n$ mit $\sigma\text{-cap}_* B = 0$, so folgt aus dem Korollar zu Satz 15, III.2.3., daß im Falle des Newtonschen Kernes das System $\mathfrak{J}_2$ mit dem im vorangehenden Paragraphen eingeführten System $\mathfrak{J}$ der Mengen der Kapazität Null übereinstimmt.

Dieser Umstand legt es nahe, auch im hier betrachteten allgemeineren Fall die folgende Ausdrucksweise zu benutzen:

Definition 5. Besitzt eine im R^n definierte Funktion f mit Ausnahme höchstens einer Menge B mit $\sigma\text{-cap}_* B = 0$ in allen Punkten einer Menge $A \subseteqq R^n$ eine gewisse Eigenschaft, so sagen wir, diese Eigenschaft gilt *$\mathfrak{J}_\sigma$-fast überall* ($\mathfrak{J}_\sigma$-f.ü.) auf A.

Definition 6. Ein Maß μ heißt $\mathfrak{J}_\sigma$-absolutstetig, wenn $\mathfrak{J}_\sigma \subseteqq \mathfrak{J}_\mu$ ist. ($\mathfrak{J}_\mu$ zu μ gehöriges Nullmengenideal. Daß $\mathfrak{J}_\mu$ hier demgegenüber eine andere Bedeutung hat, dürfte nicht zu Verwechslungen führen.)

Nach dem obigen Korollar 2 sind also alle Maße $\mu \in \mathfrak{E}_\sigma$ $\mathfrak{J}_\sigma$-absolutstetig. Es sei aber ausdrücklich darauf hingewiesen, daß die Menge der $\mathfrak{J}_\sigma$-absolutstetigen Maße $\mathfrak{E}_\sigma$ echt umfaßt.

Bemerkung 2. $\mathfrak{J}_\sigma$ ist im System der Lebesgueschen Nullmengen enthalten.
Dies folgt unmittelbar daraus, daß die Einschränkung des Lebesgue-Maßes auf eine kompakte Menge $K \subset R^n$ ein stetiges Potential $A_\sigma\mu$ erzeugt und deshalb von endlicher Energie ist.

Lemma 9. *$f(x)$ sei eine auf der abgeschlossenen Menge $A \subseteqq R^n$ definierte $\mathfrak{E}_\sigma$-meßbare Funktion. Dann ist die Aussage*

$$f = 0 \qquad \mathfrak{J}_\sigma\text{-f.ü. auf } A$$

äquivalent zu

$$\int f \, d\mu = 0 \qquad \textit{für alle } \mu \in \mathfrak{E}_\sigma^+(A) .$$

Der Beweis ist völlig analog zu II.1.4. Satz 3.

Korollar. *Es sei* $\mu \geqq 0$, μ *sei* $\mathfrak{J}_\sigma$*-absolutstetig,* $f(x)$ *auf* B μ*-integrierbar,* $B_1 \subseteqq B$ μ*-meßbar,* $\sigma\text{-cap}_* B_1 = 0$. *Dann gilt*

$$\int_B f \, d\mu = \int_{B \setminus B_1} f \, d\mu .$$

3.3. Gleichgewichtsmaß kompakter Mengen

Lemma 10. $K \subset R^n$ *sei eine kompakte Menge mit* $\sigma\text{-cap } K > 0$. η *sei das zu* K *gehörige Maß aus Satz 4. Dann gilt*

(i) $\Lambda_\sigma \eta(x) \geqq I_\sigma(K) = \|\eta\|_\sigma^2$ $\mathfrak{J}_\sigma$*-f.ü. auf* K,

(ii) $\Lambda_\sigma \eta(x) = I_\sigma(K)$ $\mathfrak{J}_\sigma$*-f.ü. auf* supp η *und* $\Lambda_\sigma \eta(x) \leqq I_\sigma(K)$ *überall auf* supp η.

Beweis: Angenommen, (i) sei falsch. Dann existiert eine kompakte Menge $K_0 \subseteqq K$ mit $\sigma\text{-cap } K_0 > 0$ und

$$\Lambda_\sigma \eta(x) < \|\eta\|_\sigma^2 \qquad \text{für alle } x \in K_0 .$$

Wir wählen ein Maß $\mu \in \mathfrak{E}_\sigma^{(1)}(K_0)$ (wegen $\sigma\text{-cap } K_0 > 0$ ist $\mathfrak{E}_\sigma^{(1)}(K_0)$ nicht leer). Es gilt dann

$$(\mu, \eta)_\sigma = \int \Lambda_\sigma \eta(x) \, d\mu(x) < \|\eta\|_\sigma^2 \int d\mu = \|\eta\|_\sigma^2 . \tag{6}$$

Andererseits ist (da für beliebiges $0 \leqq t \leqq 1$ stets $t\mu + (1 - t)\, \eta \in \mathfrak{E}_\sigma^{(1)}(K)$ gilt)

$$\|t\mu + (1 - t)\, \eta\|_\sigma \geqq \|\eta\|_\sigma .$$

Daraus folgt

$$t^2 \|\mu\|_\sigma^2 + 2t(1 - t)\, (\mu, \eta)_\sigma + (1 - t)^2 \|\eta\|_\sigma^2 \geqq \|\eta\|_\sigma^2 ,$$

d. h.

$$2t[(\mu, \eta)_\sigma - \|\eta\|_\sigma^2] + t^2[\|\mu\|_\sigma^2 - 2(\mu, \eta)_\sigma + \|\eta\|_\sigma^2] \geqq 0 . \tag{7}$$

Hieraus ergibt sich

$$(\mu, \eta)_\sigma \geqq \|\eta\|_\sigma^2 , \tag{8}$$

denn dividiert man in (7) durch $t \neq 0$ und nimmt $(\mu, \eta)_\sigma < \|\eta\|_\sigma^2$ an, so ergibt sich für hinreichend kleines t ein Widerspruch. Nun ist aber (8) ein Widerspruch zu (6) und (i) damit bewiesen.

Zum Beweis von (ii) zeigen wir zunächst

$$\Lambda_\sigma \eta(x) \leqq I_\sigma(K) = \|\eta\|_\sigma^2 \qquad \text{in allen Punkten } x \in \operatorname{supp} \eta \subset K .$$

Angenommen, es ist $\Lambda_\sigma \eta(x_0) > I_\sigma(K)$ für ein $x_0 \in \operatorname{supp} \eta$. Wegen der Halbstetigkeit des Potentials $\Lambda_\sigma \eta$ gilt

$$\Lambda_\sigma \eta(x) > I_\sigma(K)$$

in einer ganzen Umgebung $V(x_0)$. Dabei ist $\eta(V) > 0$. Folglich erhält man

$$\|\eta\|_\sigma^2 = \int_V \Lambda_\sigma \eta(x) \, d\eta(x) + \int_{\operatorname{supp} \eta \setminus V} \Lambda_\sigma \eta(x) \, d\eta(x) > I_\sigma(K)\, \eta(V) + I_\sigma(K)\, (1 - \eta(V)) .$$

Dabei wurde bei der Abschätzung des zweiten Integrals von Eigenschaft (i) Gebrauch gemacht sowie von der Tatsache, daß wegen $\|\eta\|_\sigma^2 = I_\sigma(K) < \infty$ das Maß η $\mathfrak{J}_\sigma$-absolutstetig ist; weiterhin benutzt man die η-Meßbarkeit von $\Lambda_\sigma \eta$, die aus der Halbstetigkeit folgt und das Korollar zu Lemma 9. Wegen $\|\eta\|_\sigma^2 = I_\sigma(K)$ ist die letzte Ungleichung aber ein Widerspruch. Also gilt $\Lambda_\sigma \eta(x) \leqq I_\sigma(K)$ für alle $x \in \operatorname{supp} \eta$. Daraus und aus (i) folgt schließlich (ii). ◀

Korollar. *Im Falle des* Newton*schen Kernes* ($\sigma = 2$) *folgt aus Lemma* 10 *für das Maß* η

$$\Phi\eta(x) = I_2(K) \qquad \mathfrak{J}\text{-f.ü. auf } K\,,$$
$$\Phi\eta(x) \leqq I_2(K) \qquad \text{für alle } x \in R^n\,.$$

Bemerkung 3. Die Aussage (i) von Lemma 10 bestimmt zusammen mit $\eta(1) = 1$ das Maß η eindeutig.

Beweis: Wegen $\int \Lambda_\sigma\eta'(x)\,d\eta'(x) \leqq I_\sigma(K) \int d\eta' < \infty$ besitzt ein Maß η' mit den angegebenen Eigenschaften endliche Energie, ist also $\mathfrak{J}_\sigma$-absolutstetig. Dann gilt (nach der gleichen Argumentation wie am Ende von Lemma 10)

$$\|\eta'\|_\sigma^2 = \int_{\operatorname{supp}\eta'} \Lambda_\sigma\eta'(x)\,d\eta'(x) = I_\sigma(K) \int d\eta' = I_\sigma(K)\,.$$

Nach Satz 4 folgt daraus $\eta' = \eta$.

Definition 7. Es sei $K \subset R^n$ eine kompakte Menge mit σ-cap $K > 0$. Dann heißt das Maß

$$\gamma = (\sigma\text{-cap } K)\,\eta \tag{9}$$

Gleichgewichtsverteilung (für K). Das Potential $\Lambda_\sigma\gamma$ heißt *Gleichgewichtspotential.*

Satz 5. *Es sei $K \subset R_n$ eine beliebige kompakte Menge mit* σ-cap $K > 0$. *Dann besitzt das (eindeutig bestimmte) Gleichgewichtsmaß γ von K die folgenden Eigenschaften:*

(i) $\Lambda_\sigma\gamma(x) \geqq 1$ $\quad \mathfrak{J}_\sigma$-*f.ü. auf* K,
(ii) $\Lambda_\sigma\gamma(x) = 1$ $\quad \mathfrak{J}_\sigma$-*f.ü. auf* supp γ,
(iii) $\Lambda_\sigma\gamma(x) \leqq 1$ $\quad$ *überall auf* supp γ,
(iv) $\|\gamma\|_\sigma^2 = \gamma(1) = \sigma$-cap K.

Speziell im Falle des Newton*schen Kernes ergibt sich daraus weiter*

$$\Phi\gamma(x) = 1 \qquad \mathfrak{J}\text{-f.ü. auf } K,$$
$$\Phi\gamma(x) \leqq 1 \qquad \text{für alle } x \in R^n\,.$$

Beweis: Die Eindeutigkeit von γ sowie die Eigenschaften (i) bis (iii) folgen aus Lemma 10 und obiger Bemerkung. Wegen $\eta(1) = 1$ folgt ferner

$$\gamma(1) = \sigma\text{-cap } K\, \eta(1) = \sigma\text{-cap } K$$

und

$$\|\gamma\|_\sigma^2 = (\sigma\text{-cap } K)^2\, \|\eta\|_\sigma^2 = (\sigma\text{-cap } K)^2\, I_\sigma(K) = \sigma\text{-cap } K\,.$$

Zur Veranschaulichung der erzielten Ergebnisse seien einige Bemerkungen zur physikalischen Interpretation angebracht. Betrachtet man in der Elektrostatik einen isolierten Leiter K und wird K mit einer positiven Ladung versehen, so stellt sich auf K eine Ladungsverteilung γ_0 ein, deren Potential $\Phi\gamma_0$ auf K einen konstanten Wert c annimmt. $\gamma = \dfrac{\gamma_0}{c}$ ist dann gerade die Gleichgewichtsverteilung und

$$\operatorname{cap} K = \frac{\gamma_0(1)}{c} = \gamma(1)$$

die physikalische Kapazität von K in Übereinstimmung mit der mathematischen Theorie. Ferner ist ebenfalls aus physikalischen Gründen einleuchtend, daß unter allen positiven Ladungen μ auf K konstanter Gesamtladung cap K die Gleichgewichtsverteilung γ diejenige ist, welche die Energie $||\mu||_2^2$ zu einem Minimum macht. Hierzu ist zu bemerken, daß das Integral

$$||\mu||_2^2 = \int \Phi\mu \, d\mu$$

gerade die Energie der Ladungsverteilung μ beschreibt.

3.4. Äquivalente Definitionen und weitere Eigenschaften der Kapazität

Wir werden im folgenden einige weitere Charakterisierungen der Gleichgewichtsverteilung beweisen.

Satz 6. *Es sei* σ-cap $K > 0$. *Dann ist das Gleichgewichtsmaß* γ *eindeutige Lösung folgender Variationsaufgaben:*

(i) $\gamma(1) = \max \left\{\mu(1) : \mu \in \mathfrak{M}^+(K), \sup\limits_{x \in \operatorname{supp} \mu} \Lambda_\sigma\mu(x) = 1\right\}$,

(ii) $\sup\limits_{x \in \operatorname{supp} \gamma} \Lambda_\sigma\gamma(x) = \min \left\{\sup\limits_{x \in \operatorname{supp} \mu} \Lambda_\sigma\mu(x) : \mu \in \mathfrak{M}^+(K), \mu(1) = \sigma\text{-cap } K\right\}$,

(iii) $||\gamma||_\sigma^2 - 2\gamma(1) = \min \{||\mu||_\sigma^2 - 2\mu(1) : \mu \in \mathfrak{M}^+(K)\}$.

Beweis: Wir zeigen zuerst, daß das Gleichgewichtsmaß die Variationsaufgabe (ii) löst. Nach der Eigenschaft (ii) von Satz 6 gilt

$$\sup_{x \in \operatorname{supp} \gamma} \Lambda_\sigma\gamma(x) = 1\,.$$

Betrachten wir dann irgendein Maß $\mu \in \mathfrak{M}^+(K)$ mit

$$\mu(1) = \sigma\text{-cap } K \quad \text{und} \quad \sup_{x \in \operatorname{supp} \mu} \Lambda_\sigma\mu(x) \leqq 1\,,$$

so folgt

$$||\mu||_\sigma^2 = \int_{\operatorname{supp} \mu} \Lambda_\sigma\mu(x) \, d\mu(x) \leqq \int_{\operatorname{supp} \mu} d\mu(x) = \sigma\text{-cap } K = ||\gamma||_\sigma^2\,.$$

Hieraus folgt

$$||(\sigma\text{-cap } K)^{-1} \mu||_\sigma^2 \leqq ||(\sigma\text{-cap } K)^{-1} \gamma||_\sigma^2 = ||\eta||_\sigma^2\,.$$

Wegen $(\sigma\text{-cap } K)^{-1} \mu \in \mathfrak{M}^{(1)}(K) \cap \mathfrak{E}_\sigma^+$ und der Minimaleigenschaft von η folgt hieraus $(\sigma\text{-cap } K)^{-1} \mu = \eta$, d. h. $\mu = \gamma$. Das Infimum in (2) ist also gleich 1 und wird von dem Maß γ realisiert.

Zum Beweis von (1) betrachten wir nun weiter das Funktional

$$F(\mu) = \mu(1) \left[\sup_{x \in \operatorname{supp} \mu} \Lambda_\sigma\mu(x)\right]^{-1} \quad \text{in } \mathfrak{M}^+(K)\,.$$

Offenbar gilt $F(y) = F(t\mu)$ $(t > 0)$. Daraus folgt, indem man das Maß μ durch $\mu(1) = \sigma$-cap K normiert, unter Berücksichtigung von (ii), daß $F(\mu)$ seinen Maximalwert für $\mu = t\gamma$ $(t > 0)$ beliebig annimmt und daß dieser Maximalwert gleich σ-cap K ist. Sondert man andererseits aus $\mathfrak{M}^+(K)$ die Teilklasse von Maßen aus, die durch die Normierung $\sup\limits_{x \in \operatorname{supp} \mu} \Lambda_\sigma\mu(x) = 1$ festgelegt ist, so erkennt man, daß das Maß γ die Aufgabe (i) löst. Wir beweisen noch (iii). Auf Grund der Eigenschaft in Satz 5 gilt für ein beliebiges Maß $\mu \in \mathfrak{M}^+(K) \cap \mathfrak{E}_\sigma^+$ die Abschätzung

$$||\mu - \gamma||_\sigma^2 = ||\mu||_\sigma^2 - 2 \int_K \Lambda_\sigma\gamma(x) \, d\mu(x) + ||\gamma||_\sigma^2 \leqq ||\mu||_\sigma^2 - 2\mu(K) + ||\gamma||_\sigma^2$$

gilt, woraus

$$\|\mu\|_\sigma^2 - 2\mu(1) \geqq \|\mu - \gamma\|_\sigma^2 - \|\gamma\|_\sigma^2$$

folgt. Hieraus ersieht man, daß der Ausdruck $\|\mu\|_\sigma^2 - 2\mu(1)$ seinen kleinsten Wert für $\mu = \gamma$ einnimmt, und daß dieser kleinste Wert gleich $-\|\gamma\|_\sigma^2 = -\sigma\text{-cap}\, K$ ist. ◀

Korollar (Kapazitätsdefinition von de la Vallee-Poussin). *$K \subset R^n$ sei kompakt. Dann gilt*

$$\sigma\text{-cap}\, K = \sup\{\mu(1) : \mu \in \mathfrak{M}^+(K), \Lambda_\sigma\mu(x) \leqq 1 \textit{ für alle } x \in \operatorname{supp}\mu\}\,.$$

Beweis: Nach Satz 6 (i) gilt

$$\sigma\text{-cap}\, K = \sup\{\mu(1) : \mu \in \mathfrak{M}^+(K) \sup_{x \in \operatorname{supp}\mu} \Lambda_\sigma\mu(x) = 1\}\,.$$

Betrachtet man andererseits die Teilmenge $\mathfrak{A}_t$ aller Maße $\mu \in \mathfrak{M}^+(K)$ mit $\sup\limits_{x \in \operatorname{supp}\mu} \Lambda_\sigma\mu(x) = t < 1$, so gilt

$$\sup_{\mu \in \mathfrak{A}_t} \mu(1) < \sigma\text{-cap}\, K\,,$$

da der Quotient $F(\mu)$ (vgl. Beweis zu Satz 6) seinen Maximalwert σ-cap K andernfalls überschreiten würde. Daraus folgt die Behauptung. ◀

Satz 7. *Die Kapazität als Mengenfunktion auf dem System der kompakten Mengen hat folgende Eigenschaften*

(i) *Monotonie:*

$$K_1 \subseteqq K_2 \Rightarrow \sigma\text{-cap}\, K_1 \leqq \sigma\text{-cap}\, K_2;$$

(ii) *Subadditivität:*

$$K = \bigcup_{k=1}^{\infty} K_k \Rightarrow \sigma\text{-cap}\, K \leqq \sum_{k=1}^{\infty} \sigma\text{-cap}\, K_k;$$

(iii) *rechtsseitige Stetigkeit: Zu jedem $\varepsilon > 0$ existiert eine Umgebung U von K, so daß gilt*

$$K \subseteqq K' \subset U \Rightarrow \sigma\text{-cap}\, K' - \sigma\text{-cap}\, K < \varepsilon\,.$$

Beweis: (i) Aus $K_1 \subseteqq K_2$ folgt $\mathfrak{M}^+(K_1) \subseteqq \mathfrak{M}^+(K_2)$ und daraus $I_\sigma(K_1) \geqq I_\sigma(K_2)$, d. h. σ-cap $K_1 \leqq \sigma$-cap K_2.

(ii) γ bezeichne das Gleichgewichtsmaß der Menge K, d. h., es ist $\gamma(1) = \sigma$-cap K. γ_k sei die Einschränkung von γ auf K_k. Aus $F(\gamma_k) \leqq \sigma$-cap K_k (vgl. den Beweis zu Satz 6) folgt

$$\gamma_k(1) \leqq \sigma\text{-cap}\, K_k \sup_{x \in \operatorname{supp}\gamma_k} \Lambda_\sigma\gamma_k(x) \leqq \sum_{k=1}^{\infty} \sigma\text{-cap}\, K_k \sup_{x \in \operatorname{supp}\gamma_k} \Lambda_\sigma\gamma_k(x)$$

$$\leqq \sum_{k=1}^{\infty} \sigma\text{-cap}\, K_k \sup_{x \in \operatorname{supp}\gamma} \Lambda_\sigma\gamma(x) = \sum_{k=1}^{\infty} \sigma\text{-cap}\, K_k\,.$$

(iii) Angenommen, die Aussage sei falsch. Dann existiert ein $\varepsilon > 0$ und eine monoton abnehmende Folge kompakter $K_k \supset K$ derart, daß $\cap K_k = K$ gilt und

$$\sigma\text{-cap}\, K_k \geqq \sigma\text{-cap}\, K + \varepsilon \qquad \text{für alle } k.$$

γ_k bezeichne jetzt das Gleichgewichtsmaß für K_k. Dann gilt also

$$\|\gamma_k\|_\sigma^2 = \gamma_k(1) = \sigma\text{-cap}\, K_k\,.$$

Die Menge der Maße (γ_k) ist offenbar schwach beschränkt und daher schwach kompakt. Folglich existiert eine schwach konvergente Teilfolge (γ_{n_k}) mit $\gamma_{n_k} \rightharpoonup \mu \in \mathfrak{M}^+(K)$.

Nach Lemma 2 gilt

$$||\mu||_\sigma^2 \leqq \varliminf_{k\to\infty} ||\gamma_{n_k}||_\sigma^2 = \lim_{k\to\infty} ||\gamma_k||_\sigma^2 .$$

(Da die Folge (K_k) monoton abnimmt, gilt dasselbe auch für σ-cap $K_k = ||\gamma_k||_\sigma^2$ und wegen $||\gamma_k||_\sigma^2 = \sigma\text{-cap}\, K_k \geqq \sigma\text{-cap}\, K + \varepsilon$ ist $\lim_{k\to\infty} ||\gamma_k||_\sigma^2$ vorhanden.)

Weiter ist

$$\mu(1) = \lim_{k\to\infty} \gamma_{n_k}(1) \geqq \sigma\text{-cap}\, K + \varepsilon .$$

Daraus erhält man die Abschätzung

$$||\mu||_\sigma^2 \geqq (\sigma\text{-cap}\, K)^{-1} [\sigma\text{-cap}\, K + \varepsilon]^2 > \sigma\text{-cap}\, K + 2\varepsilon ,$$

wenn man σ-cap $K > 0$ voraussetzt. Auf Grund der Monotonie der Folge $||\gamma_k||_\sigma^2 = \sigma$-cap K_k erhalten wir aus den obigen beiden Ungleichungen

$$\sigma\text{-cap}\, K_l > \sigma\text{-cap}\, K + 2\varepsilon .$$

Dieselbe Schlußweise läßt sich wiederholen und nach l-maliger Anwendung erhält man

$$\sigma\text{-cap}\, K_k > \sigma\text{-cap}\, K + 2^l\varepsilon ,$$

was bei hinreichend großem l offenbar einen Widerspruch darstellt. Es bleibt noch der Fall σ-cap $K = 0$ zu untersuchen. In diesem Falle ergibt sich der Widerspruch aus den Ungleichungen

$$||\mu||_\sigma^2 \leqq \lim ||\gamma_k||_\sigma^2 \quad \text{und} \quad \mu(1) \geqq \varepsilon$$

sowie aus $\mu \in \mathfrak{M}^+(K)$. Daraus würde nämlich (wegen der Endlichkeit von $\lim ||\gamma_k||_\sigma^2$) σ-cap $K > 0$ folgen. ◀

Unmittelbar aus der Definition der inneren bzw. der äußeren σ-Kapazität folgt

Lemma 11. *Sowohl σ-cap$_*$ als auch σ-cap* sind monoton wachsende Mengenfunktionen, die auf beschränkten Mengen endliche Werte annehmen.*

Lemma 12. *Für eine beliebige Menge $B \subseteqq R^n$ gilt*

$$\sigma\text{-cap}_*\, B \leqq \sigma\text{-cap}^*\, B .$$

Beweis: Nach Definition 3 existiert zu gegebenem $\varepsilon > 0$ eine kompakte Menge $K \subseteqq B$ und eine offene Menge $U \supseteqq B$ mit

$$\sigma\text{-cap}_*\, B - \varepsilon < \sigma\text{-cap}\, K , \qquad \sigma\text{-cap}_*\, U < \sigma\text{-cap}\, B^* + \varepsilon .$$

Wegen $K \subset U$ gilt trivialerweise σ-cap $K \leqq \sigma$-cap$_*$ U und daher

$$\sigma\text{-cap}_*\, B - \varepsilon < \sigma\text{-cap}^*\, B + \varepsilon .$$

Da $\varepsilon > 0$ beliebig war, folgt hieraus die Behauptung. ◀

Bemerkung 4. Jede kompakte Menge und jede offene Menge ist σ-kapazitätsfähig.

Beweis: Für offene Mengen folgt die Aussage unmittelbar aus der Definition von σ-cap$_*$ und σ-cap*. Es sei $K \subset R^n$ kompakt. Zu beliebig gegebenem $\varepsilon > 0$ existiert dann nach Satz 7 (iii) eine offene Menge $U \supset K$ mit

$$\sigma\text{-cap}\, K' - \sigma\text{-cap}\, K < \varepsilon$$

für alle kompakten Mengen K' mit $K \subset K' \subset U$. Wegen

$$\sigma\text{-cap}^* K = \inf_{U \supset K} \sigma\text{-cap}_* U = \inf_{U \supset K} \left(\sup_{K' \subset U} \sigma\text{-cap } K' \right)$$

folgt daraus die Behauptung. ◀

Im Satz 11 wird dieses Ergebnis wesentlich verallgemeinert.

Definition 8. Gilt eine gewisse Eigenschaft in allen Punkten einer Menge $A \subset R^n$ mit Ausnahme einer Teilmenge $B \subseteqq A$ mit $\text{cap}^* B = 0$, so sagen wir, die Eigenschaft gelte *σ-quasi-überall* (kurz: σ-q.ü.) auf A.

3.5. Inneres Gleichgewichtsmaß beliebiger Mengen

Bevor wir dazu übergehen, einige weitere Eigenschaften der inneren und äußeren σ-Kapazität, insbesondere ihre Unteradditivität, zu beweisen, wollen wir eine Verallgemeinerung des Satzes 5 zeigen.

Es sei $E \subset R^n$ eine Menge mit $\sigma\text{-cap}_* E > 0$ und

$$\mathfrak{S}_E = \{\mu \in \mathfrak{E}_\sigma^+ : \Lambda_\sigma \mu(x) \geqq 1 \quad \mathcal{J}_\sigma\text{-f.ü. auf } E\} .$$

Lemma 13. *Die Menge $\mathfrak{S}_E \subset \mathfrak{E}_\sigma^+$ ist konvex und abgeschlossen bezüglich der Energienorm.*

Beweis: Die Konvexität ist klar. Angenommen, $\mathfrak{S}_E$ sei nicht abgeschlossen bezüglich $||\cdot||_\sigma$. Dann existiert eine Folge $\mu_k \in \mathfrak{S}_E$ und ein Maß $\mu \in \mathfrak{E}_\sigma^+ \setminus \mathfrak{S}_E$ mit $||\mu_k - \mu||_\sigma \to 0$ (vgl. Satz 3). Wegen $\mu \notin \mathfrak{S}_E$ existiert eine kompakte Menge $K \subseteqq E$ mit $\sigma\text{-cap } K > 0$ und $\Lambda_\sigma \mu(x) < 1$ für alle $x \in K$. Es sei nun γ das zu K gehörige Gleichgewichtsmaß. Dann gilt einerseits, da aus der Konvergenz bezüglich der Norm nach der Dreiecksungleichung die $\mathfrak{E}_\sigma$-schwache Konvergenz folgt,

$$\lim_{k \to \infty} (\mu_k, \gamma)_\sigma = (\mu, \gamma)_\sigma = \int_K \Lambda_\sigma \mu(x)\, d\gamma(x) < \gamma(1) = \sigma\text{-cap } K .$$

Andererseits gilt wegen $\mu_k \in \mathfrak{S}_E$ nach dem Korollar zu Lemma 9 und den Überlegungen am Ende des Beweises von Lemma 10 für alle k die Abschätzung

$$(\mu_k, \gamma)_\sigma = \int_K \Lambda_\sigma \mu_k(x)\, d\gamma \geqq \gamma(1) = \sigma\text{-cap } K$$

und damit

$$\lim_{k \to \infty} (\mu_k, \gamma)_\sigma = (\mu, \gamma)_\sigma \geqq \sigma\text{-cap } K ,$$

im Widerspruch zur vorher erhaltenen Ungleichung. ◀

Lemma 14. *Es sei $\lambda \in \mathfrak{S}_E$ ein Maß mit*

$$||\lambda||_\sigma = \inf_{\mu \in \mathfrak{S}_E} ||\mu||_\sigma .$$

Dann gilt für beliebige Maße $\mu \in \mathfrak{S}_E$

$$||\mu - \lambda||_\sigma^2 \leqq ||\mu||_\sigma^2 - ||\lambda||_\sigma^2 .$$

Beweis: Für beliebiges t mit $0 \leqq t \leqq 1$ gilt wegen der Konvexität von $\mathfrak{S}_E$

$$\nu = (1 - t)\lambda + t\mu = \lambda + t(\mu - \lambda) \in \mathfrak{S}_E ,$$

d. h., es ist

$$||\nu||_\sigma^2 = ||\lambda||_\sigma^2 + 2t(\mu - \lambda, \lambda)_\sigma + t^2 ||\mu - \lambda||_\sigma^2 \geqq ||\lambda||_\sigma . \tag{10}$$

Hieraus folgt aber

$$(\mu - \lambda, \lambda)_\sigma \geqq 0,$$

denn angenommen, es gilt $(\mu - \lambda, \lambda)_\sigma < 0$, so folgt hieraus für hinreichend kleines t ein Widerspruch zu (10). Also ist

$$(\mu, \lambda)_\sigma \geqq \|\lambda\|_\sigma^2.$$

Daraus ergibt sich

$$\|\mu - \lambda\|_\sigma^2 = \|\mu\|_\sigma^2 - 2(\mu, \lambda)_\sigma + \|\lambda\|_\sigma^2 \leqq \|\mu\|_\sigma^2 - \|\lambda\|_\sigma^2. \blacktriangleleft$$

Lemma 15. *μ_k und μ seien positive Maße, und es gelte $\mu_k \rightharpoonup \mu$, $x_k \to x_0$. Dann folgt*

$$\Lambda_\sigma \mu(x_0) \leqq \varliminf_{k \to \infty} \Lambda_\sigma \mu_k(x_k).$$

Beweis: Wir nehmen zunächst an, daß die Träger aller Maße in einer Kugel $|x| < N$ enthalten sind. Setzt man

$$\Lambda_\sigma^{(\eta)} \mu(x) = \int R_\sigma^{(\eta)}(x - y)\, d\mu(y)$$

mit

$$R_\sigma^{(\eta)}(x) = \begin{cases} c(n, \sigma)\, |x|^{\sigma - n} & \text{für } |x| > \eta \\ c(n, \sigma)\, \eta^{\sigma - n} & \text{für } |x| \leqq \eta, \end{cases}$$

so ist leicht nachzuprüfen, daß die Menge $(\Lambda_\sigma^{(\eta)} \mu_k)$ bei festem η gleichgradig stetig ist. Wegen $\mu_k \rightharpoonup \mu$ gilt

$$\lim_{k \to \infty} \Lambda_\sigma^{(\eta)} \mu_k(x_0) = \Lambda_\sigma^{(\eta)} \mu(x_0)$$

und folglich

$$\Lambda_\sigma^{(\eta)} \mu(x_0) = \lim_{k \to \infty} \Lambda_\sigma^{(\eta)} \mu_k(x_0) \leqq \varliminf_{k \to \infty} \Lambda_\sigma \mu_k(x_k).$$

Grenzübergang $\eta \to 0$ liefert die Behauptung. ◀

Lemma 16. *Es sei $(\mu_k)_{k \in N}$ eine Folge positiver Maße mit*

$$\sup_{x \in \operatorname{supp} \mu_k} \Lambda_\sigma \mu_k(x) \leqq 1,$$

und es gelte $\mu_k \rightharpoonup \mu$. Dann gilt

$$\sup_{x \in \operatorname{supp} \mu} \Lambda_\sigma \mu(x) \leqq 1.$$

Beweis: Es ist

$$\operatorname{supp} \mu \subset \bigcap_{N=1}^{\infty} \left(\overline{\bigcup_{j=N}^{\infty} \operatorname{supp} \mu_j} \right).$$

Daher existiert zu jedem $x \in \operatorname{supp} \mu$ eine Folge von Punkten $x_k \in R^n$ mit $x_k \to x$ und $x_k \in \operatorname{supp} \mu_{j_k}$. Nach Lemma 15 folgt hieraus

$$\Lambda_\sigma \mu(x) \leqq \varliminf_{k \to \infty} \Lambda_\sigma \mu_{j_k}(x_k) \leqq 1$$

und damit die Behauptung. ◀

Satz 8. *Es sei $B \subset R^n$ eine beliebige Menge mit σ-cap$_*$ $B < \infty$. Dann existiert ein eindeutig bestimmtes Maß $\gamma \in \mathfrak{M}^+(\overline{B})$ mit folgenden Eigenschaften:*

(i) $\|\gamma\|_\sigma^2 = \gamma(1) = \sigma\text{-cap}_* B$,

(ii) $\Lambda_\sigma\gamma(x) \geqq 1$ $\mathfrak{J}_\sigma$-*f.ü. auf* B,

(iii) $\Lambda_\sigma\gamma(x) \leqq 1$ *überall auf dem Träger* supp γ.

γ heißt inneres Gleichgewichtsmaß für B.

Beweis: Wir zeigen zuerst die Eindeutigkeit von γ und bemerken dazu zunächst, daß für beliebiges $\mu \in \mathfrak{S}_B$ die Ungleichung

$$\|\mu\|_\sigma^2 \geqq \sigma\text{-cap}_* B \tag{11}$$

besteht. Es sei nämlich $K \subseteqq B$ eine beliebige kompakte Teilmenge von B und γ_K das Gleichgewichtsmaß für K. Dann gilt

$$\sigma\text{-cap}\, K = \gamma_K(1) \leqq \int_K \Lambda_\sigma\mu(x)\, d\gamma_K(x) \leqq \|\gamma_K\|_\sigma \|\mu\|_\sigma = (\sigma\text{-cap}\, K)^{1/2} \|\mu\|_\sigma, \tag{12}$$

d. h.

$$\|\mu\|_\sigma^2 \geqq \sigma\text{-cap}\, K\,.$$

Da K beliebig war, folgt hieraus (11) (beim ersten Ungleichheitszeichen in (12) wurde das Korollar zu Lemma 9 und die bereits mehrfach angewandte Schlußweise herangezogen). Aus (11) und der Eigenschaft (i) des Satzes folgt nun

$$\|\gamma\|_\sigma = \inf_{\mu \in \mathfrak{S}_B} \|\mu\|_\sigma\,.$$

Angenommen, es existiert ein weiteres Maß $\gamma' \neq \gamma$ mit derselben Eigenschaft, dann liefert das Lemma 14 $\|\gamma - \gamma'\|_\sigma^2 = 0$ und Satz 2 $\gamma = \gamma'$.

Wir betrachten jetzt eine Folge monoton wachsender kompakter Mengen K_j mit

$$K_j \subset K_{j+1} \subset B \quad \text{und} \quad \lim_{j\to\infty} \sigma\text{-cap}\, K_j = \sigma\text{-cap}_* B\,. \tag{13}$$

Nach der Definition von σ-cap$_*$ B gibt es derartige Folgen. γ_j sei das Gleichgewichtsmaß auf K_j. Auf Grund der Eigenschaft (i) von Satz 5 und der Definition von $\mathfrak{S}_B$ gilt

$$\gamma_j \in \mathfrak{S}_{K_{j_0}} \qquad \text{für } j \geqq j_0\,. \tag{14}$$

Nach Satz 5 und (11) gilt ferner

$$\|\gamma_{j_0}\|_\sigma^2 = \sigma\text{-cap}\, K_{j_0} = \inf_{\mu \in \mathfrak{S}_{K_{j_0}}} \|\mu\|_\sigma^2,$$

und Lemma 14 sowie (14) liefert

$$\|\gamma_j - \gamma_{j_0}\|_\sigma^2 \leqq \|\gamma_j\|_\sigma^2 - \|\gamma_{j_0}\|_\sigma^2 = \sigma\text{-cap}\, K_j - \sigma\text{-cap}\, K_{j_0}$$

für $j \geqq j_0$. Da σ-cap$_*$ $B < \infty$ vorausgesetzt war, bedeutet dies wegen (13), daß (γ_j) eine Fundamentalfolge in $\mathfrak{E}_\sigma^+$ ist. Nach Satz 3 existiert daher ein Maß $\gamma \in \mathfrak{E}_\sigma^+$ mit $\|\gamma_j - \gamma\|_\sigma \to 0$. Da aus der Konvergenz bezüglich der Norm die $\mathfrak{E}_\sigma$-schwache Konvergenz folgt, gilt nach Lemma 4 $\gamma_j \rightharpoonup \gamma$ und wegen supp $\gamma_j \subseteqq K_j \subseteqq \overline{B}$ weiter supp $\gamma \subseteqq \overline{B}$. Wir werden zeigen, daß γ die Eigenschaften (i) bis (iii) des Satzes hat.

Wegen $\gamma_i \rightharpoonup \gamma$ folgt zunächst die Eigenschaft (iii) unmittelbar aus der Eigenschaft (iii) des Satzes 5 und Lemma 16.

Weiter gilt

$$||\gamma||_\sigma^2 = \lim_{j\to\infty} ||\gamma_j||_\sigma^2 = \lim_{j\to\infty} \sigma\text{-cap}\, K_j = \sigma\text{-cap}_*\, B \tag{15}$$

und

$$\gamma(1) \leqq \overline{\lim_{j\to\infty}}\, \gamma_j(1) = \overline{\lim_{j\to\infty}}\, \sigma\text{-cap}\, K_j = \sigma\text{-cap}_*\, B\,.$$

Andererseits ist aber nach Eigenschaft (iii) und (15)

$$\sigma\text{-cap}_*\, B = ||\gamma||_\sigma^2 = \int_{\operatorname{supp}\gamma} \Lambda_\sigma\gamma(x)\, d\gamma \leqq \gamma(1)$$

und damit

$$||\gamma||_\sigma^2 = \gamma(1) = \sigma\text{-cap}_*\, B\,,$$

d. h., es gilt (i). Wegen (14), $||\gamma_j - \gamma||_\sigma \to 0$ und Lemma 13 ist

$$\gamma \in \mathfrak{S}_{K_{j_0}} \qquad \text{für beliebiges } j_0,$$

d. h., es ist nach Definition von $\mathfrak{S}_{K_{j_0}}$

$$\Lambda_\sigma\gamma(x) \geqq 1 \qquad \mathcal{J}_\sigma\text{-f.ü. auf jedem } K_{j_0}$$

und damit (nach Korollar 1 zu Lemma 8)

$$\Lambda_\sigma\gamma(x) \geqq 1 \qquad \mathcal{J}_\sigma\text{-f.ü. auf } H = \bigcup_{j=1}^{\infty} K_j \subseteqq B\,.$$

Also ist $\gamma \in \mathfrak{S}_H$. Wegen Lemma 11 und $K_j \subseteqq H \subseteqq B$ für alle j ist σ-cap $K_j \leqq \sigma\text{-cap}_*\, H \leqq \sigma\text{-cap}_*\, B$ und daher

$$\lim_{j\to\infty} \sigma\text{-cap}\, K_j \leqq \sigma\text{-cap}_*\, H \leqq \sigma\text{-cap}_*\, B\,.$$

Folglich gilt nach (13)

$$\sigma\text{-cap}_*\, H = \sigma\text{-cap}_*\, B\,. \tag{16}$$

Um nun $\Lambda_\sigma\gamma(x) \geqq 1$ $\mathcal{J}_\sigma$-f.ü. auf B zu zeigen, genügt es offenbar,

$$\Lambda_\sigma\gamma(x) \geqq 1 \qquad \mathcal{J}_\sigma\text{-f.ü.}$$

auf einer beliebigen kompakten Teilmenge $K \subseteqq B$ nachzuweisen. Es sei K eine solche Menge. Wir setzen

$$K_j' = K_j \cup K\,, \qquad H' = \bigcup_{j=1}^{\infty} K_j' = H \cup K\,.$$

Wegen $H \subseteqq H' \subseteqq B$, Satz 7 und (16) gilt offenbar

$$\sigma\text{-cap}_*\, H' = \sigma\text{-cap}_*\, B\,.$$

Weiter ist σ-cap $K_j \leqq \sigma$-cap K_j' und folglich auch

$$\lim_{j\to\infty} \sigma\text{-cap}\, K_j' = \sigma\text{-cap}_*\, B\,.$$

Daher können wir das ganze obige Konstruktionsverfahren auch ausgehend von (K_j') durchführen. Man erhält dann ein Maß γ' mit

$$||\gamma'||_\sigma^2 = \sigma\text{-cap}_*\, H' = \sigma\text{-cap}_*\, H$$

und

$$\Lambda_\sigma\gamma'(x) \geqq 1 \qquad \mathcal{J}_\sigma\text{-f.ü. auf } H',$$

d. h., es ist

$$\gamma' \in \mathfrak{S}_{H'} \subseteqq \mathfrak{S}_H .$$

Wegen Formel (11) (die entsprechend für H gilt) bedeutet das

$$\|\gamma'\|_\sigma = \inf_{\mu \in \mathfrak{S}_H} \|\mu\|_\sigma = \|\gamma\|_\sigma .$$

Nach Lemma 14 folgt daraus $\gamma = \gamma'$. Folglich gilt auch $\Lambda_\sigma \gamma(x) \geqq 1$ $\mathfrak{J}_\sigma$-f.ü. auf H' und damit insbesondere $\Lambda_\sigma \gamma(x) \geqq 1$ $\mathfrak{J}_\sigma$-f.ü. auf K. Somit ist auch die Eigenschaft (ii) nachgewiesen. ◀

3.6. Eigenschaften der inneren und äußeren Kapazität

Satz 9. *Sind die Mengen B_j $(j = 1, 2, \ldots)$ sämtlich $\mathfrak{E}_\sigma$-meßbar, so gilt*

$$\sigma\text{-cap}_* \left(\bigcup_{j=1}^{\infty} B_j \right) \leqq \sum_{j=1}^{\infty} \sigma\text{-cap}_* B_j . \tag{17}$$

Für beliebige Mengen B_j $(j = 1, 2, \ldots)$ gilt

$$\sigma\text{-cap}^* \left(\bigcup_{j=1}^{\infty} B_j \right) \leqq \sum_{j=1}^{\infty} \sigma\text{-cap}^* B_j . \tag{18}$$

Beweis: Es sei B eine beschränkte, nicht notwendig kompakte Menge. Dann folgt nach dem Korollar zu Satz 6 unmittelbar folgende Aussage: Es ist

$$\sigma\text{-cap}_* B = \sup \{\mu(1) : \mu \in \mathfrak{M}^+(B), \Lambda_\sigma \mu(x) \leqq 1 \quad \text{für alle } x \in \operatorname{supp} \mu\} . \tag{19}$$

Zum Beweis von (17) nehmen wir nun eine kompakte Menge $K \subset \bigcup_{j=1}^{\infty} B_j$ an mit

$$\sigma\text{-cap}\, K > \sigma\text{-cap}_* \left(\bigcup_{j=1}^{\infty} B_j \right) - \varepsilon .$$

γ sei das Gleichgewichtsmaß auf K und γ_j die Einschränkung von γ auf $V_j = K \cap B_j$. Nach Satz 5 (iii) gilt $\Lambda_\sigma \gamma(x) \leqq 1$ für alle $x \in \operatorname{supp} \gamma$ und daher wegen $\operatorname{supp} \gamma_j \subseteqq \operatorname{supp} \gamma$

$$\sup_{x \in \operatorname{supp} \gamma_j} \Lambda_\sigma \gamma_j(x) \leqq 1 .$$

Wegen (19) erhalten wir

$$\gamma_j(1) \leqq \sigma\text{-cap}_* V_j .$$

Berücksichtigt man $K = \bigcup_{j=1}^{\infty} V_j$ und die $\mathfrak{E}_\sigma$-Meßbarkeit von B_j und damit auch von V_j, so folgt weiter

$$\gamma(1) = \gamma(K) = \sigma\text{-cap}\, K \leqq \sum_{j=1}^{\infty} \gamma_j(V_j) = \sum_{j=1}^{\infty} \gamma_j(1) \leqq \sum_{j=1}^{\infty} \sigma\text{-cap}_* V_j .$$

Aus $V_j \subset B_j$ folgt ferner $\sigma\text{-cap}_* V_j \leqq \sigma\text{-cap}_* B_j$ und

$$\sigma\text{-cap}_* \left(\bigcup_{j=1}^{\infty} B_j \right) - \varepsilon < \sigma\text{-cap}\, K \leqq \sum_{j=1}^{\infty} \sigma\text{-cap}_* B_j .$$

Läßt man hier $\varepsilon \to 0$ streben, so ergibt sich (17). Zum Beweis von (18) wählen wir zu jeder Menge B_j eine offene Menge $U_j \supset B_j$ mit

$$\sigma\text{-cap}_* \, U_j \leqq \sigma\text{-cap}^* \, B_j + \varepsilon \, 2^{-j} \, .$$

Die Existenz solcher Mengen folgt aus der Definition der äußeren Kapazität. Wir erhalten damit

$$\sigma\text{-cap}^* \left(\bigcup_{j=1}^{\infty} B_j \right) \leqq \sigma\text{-cap}_* \left(\bigcup_{j=1}^{\infty} U_j \right) \leqq \sum_{j=1}^{\infty} \sigma\text{-cap}_* \, U_j < \sum_{j=1}^{\infty} \sigma\text{-cap}^* \, B_j + \varepsilon \, .$$

Beim ersten Ungleichheitszeichen wurde wieder die Definition der äußeren Kapazität, beim zweiten (17) benutzt. Läßt man nun $\varepsilon \to 0$ streben, so folgt (18). ◀

Korollar 1. *Die Vereinigung höchstens abzählbar vieler Mengen der äußeren Kapazität Null ist ebenfalls eine Menge der äußeren Kapazität Null.*

Korollar 2. $\sigma\text{-cap}^* \, B_1 = 0 \Rightarrow$

$$\sigma\text{-cap}^* \, (B \cup B_1) = \sigma\text{-cap}^* \, B \, ,$$

$$\sigma\text{-cap}^* \, (B \setminus B_1) = \sigma\text{-cap}^* \, B \, .$$

Beweis: $\sigma\text{-cap}^* \, B \leqq \sigma\text{-cap}^* \, (B \cup B_1)$ gilt nach Lemma 11. Andererseits ist nach Satz 9, Formel (18)

$$\sigma\text{-cap}^* \, (B \cup B_1) \leqq \sigma\text{-cap}^* \, B + \sigma\text{-cap}^* \, B_1 = \sigma\text{-cap}^* \, B \, .$$

Entsprechend folgt

$$\sigma\text{-cap}^* \, (B \setminus B_1) \leqq \sigma\text{-cap}^* \, B$$

und

$$\sigma\text{-cap}^* \, B = \sigma\text{-cap}^* \, \big(B_1 \cup (B \setminus B_1)\big) \leqq \sigma\text{-cap}^* \, B_1 + \sigma\text{-cap}^* \, (B \setminus B_1)$$
$$= \sigma\text{-cap}^* \, (B \setminus B_1) \, . \; ◀$$

3.7. Äußeres Gleichgewichtsmaß beliebiger Mengen

Unser nächstes Ziel ist es, analog zu Satz 8 die Existenz eines sogenannten äußeren Gleichgewichtsmaßes zu beweisen, wobei an Stelle der Begriffe $\mathcal{J}_\sigma$-f.ü., $\sigma\text{-cap}_* \, B$ die Begriffe σ-q.ü. und $\sigma\text{-cap}^* \, B$ treten. Die Rolle von $\mathfrak{S}_E$ übernimmt

$$\tilde{\mathfrak{S}}_E = \{\mu \in \mathfrak{E}_\sigma^+ : \Lambda_\sigma \mu(x) \geqq 1 \quad \sigma\text{-q.ü. auf } E\} \, .$$

Zur Vorbereitung von Satz 10 sind eine Reihe von Lemmata erforderlich.

Lemma 17. *Es sei $\mu \in \mathfrak{E}_\sigma$ (d. h. μ nicht notwendig positiv), und auf der Menge $E \subseteqq R^n$ gelte*

$$\Lambda_\sigma \mu(x) \geqq c \qquad \mathcal{J}_\sigma\text{-f.ü.} \qquad (0 < c \leqq +\infty) \, .$$

Dann ist

$$\sigma\text{-cap}_* \, E \leqq \frac{1}{c^2} \, ||\mu||_\sigma^2 \, .$$

Beweis: Wir zeigen

$$\sigma\text{-cap} \, K \leqq \frac{1}{c^2} \, ||\mu||_\sigma^2$$

für eine beliebige kompakte Menge $K \subseteqq E$. γ sei das Gleichgewichtsmaß zu K. Dann gilt

$$c\gamma(1) \leqq \int_K \Lambda_\sigma\mu(x)\,\mathrm{d}\gamma = (\mu, \gamma)_\sigma \leqq \|\mu\|_\sigma \, \|\gamma\|_\sigma$$

und wegen $\|\gamma\|_\sigma^2 = \gamma(1) = \sigma\text{-cap}\, K$

$$c\,\|\gamma\|_\sigma^2 \leqq \|\mu\|_\sigma \, \|\gamma\|_\sigma,\ c\,\sqrt{\sigma\text{-cap}\, K} \leqq \|\mu\|_\sigma$$

d. h.

$$\sigma\text{-cap}\, K \leqq \frac{1}{c^2}\,\|\mu\|_\sigma^2 . \blacktriangleleft$$

Lemma 18. *Es sei $\mu \in \mathfrak{E}_\sigma^+$ und*

$$\Lambda_\sigma\mu(x) \geqq c \qquad \sigma\text{-q.ü. auf } E \qquad (0 < c \leqq \infty) .$$

Dann gilt

$$\sigma\text{-cap}^*\, E \leqq \frac{1}{c^2}\,\|\mu\|_\sigma^2 .$$

Beweis: Wir können ohne Beschränkung der Allgemeinheit

$$\Lambda_\sigma\mu(x) \geqq c \qquad \text{überall auf } E$$

annehmen, denn nach Korollar 2 zu Satz 9 ist

$$\sigma\text{-cap}^*\, E = \sigma\text{-cap}^*\,(E \setminus E_1) ,$$

falls

$$E_1 = \{x \in E : \Lambda_\sigma\mu(x) < c\} .$$

Es sei c_0 eine reelle Zahl mit $0 < c_0 < c$. Dann ist (wegen der Halbstetigkeit des Potentials), die Menge aller $x \in R^n$ mit $\Lambda_\sigma\mu(x) > c_0$ eine offene Menge U_{c_0}, und es gilt $E \subset U_{c_0}$. Nach Lemma 17 gilt

$$\sigma\text{-cap}\, U_{c_0} \leqq \frac{1}{c_0^2}\,\|\mu\|_\sigma^2 .$$

Daraus folgt zunächst $\sigma\text{-cap}^*\, E \leqq \frac{1}{c_0^2}\,\|\mu\|_\sigma^2$ und nach $c_0 \to c$ die Behauptung. $\blacktriangleleft$

Korollar. *Das Potential $\Lambda_\sigma\mu$ ist für beliebiges $\mu \in \mathfrak{E}_\sigma$ σ-q.ü. endlich.*

Beweis: Wir zerlegen μ in die Differenz $\mu = \mu^+ - \mu^-$. Früher wurde bereits bemerkt, daß $\mu \in \mathfrak{E}_\sigma$ stets $\mu^+ \in \mathfrak{E}_\sigma^+$, $\mu^- \in \mathfrak{E}_\sigma^+$ zur Folge hat. Setzen wir daher in Lemma 18 (angewandt auf μ^+ bzw. μ^-) $c = \infty$, so folgt, daß $\Lambda_\sigma\mu^+$ und $\Lambda_\sigma\mu^-$ σ-q.ü. endlich sind. Wegen $\Lambda_\sigma\mu = \Lambda_\sigma\mu^+ - \Lambda_\sigma\mu^-$ gilt dann nach Korollar 1 zu Satz 9 dasselbe auch für $\Lambda_\sigma\mu$. $\blacktriangleleft$

Lemma 19. *$A \subset R^n$ sei vom Typ F_σ (d. h. $A = \bigcup_{j=1}^{\infty} F_j$, F_j abgeschlossen). Dann gilt*

$$\sigma\text{-cap}_*\, A = \sigma\text{-cap}^*\, A .$$

Beweis: Es sei $A = \bigcup_{j=1}^{\infty} F_j$ und $B_j = \{x \in R^n : |x| \leqq j\}$. Dann ist $K_j = F_j \cap B_j$ kompakt und $A = \bigcup_{j=1}^{\infty} K_j$. Wir nehmen $\sigma\text{-cap}_*\, A < \infty$ an (für $\sigma\text{-cap}_*\, A = \infty$ ist die Behauptung trivial). γ sei das innere Gleichgewichtsmaß zu A, d. h.

$$\sigma\text{-cap}_*\, A = \|\gamma\|_\sigma^2 .$$

Es sei

$$E_j = \left\{x \in \bigcup_{i=1}^{j} K_i : \Lambda_\sigma \gamma(x) \leqq 1 - \frac{1}{j}\right\},$$

$$E = \{x \in A : \Lambda_\sigma \gamma(x) < 1\} .$$

Offenbar gilt $E = \bigcup_{j=1}^{\infty} E_j$. Die Mengen E_j sind als Durchschnitt einer abgeschlossenen (Halbstetigkeit von Λ_σ) mit einer kompakten Menge kompakt. Wegen Satz 8 (ii) ist außerdem σ-cap $E_j = 0$. Nach Korollar 1 zu Satz 9 ergibt sich σ-cap* $E = 0$, d. h.

$$\Lambda_\sigma \gamma(x) \geqq 1 \qquad \sigma\text{-q.ü. auf } A .$$

Setzen wir jetzt in Lemma 18 $c = 1$, so erhalten wir

$$\sigma\text{-cap}^* A \leqq \|\gamma\|_\sigma^2 = \sigma\text{-cap}_* A ,$$

d. h. σ-cap* $A = \sigma$-cap$_*$ A, wie zu beweisen war. ◀

Lemma 20. *Es sei $\mu \in \mathfrak{E}_\sigma$, und es gelte*

$$\Lambda_\sigma \mu(x) \geqq c \qquad (0 < c < \infty) \quad \sigma\text{-q.ü. auf } E .$$

Dann ist

$$\sigma\text{-cap}^* E \leqq \frac{1}{c^2} \|\mu\|_\sigma^2 .$$

Beweis: Ohne Beschränkung der Allgemeinheit können wir wieder $\Lambda_\sigma \mu(x) \geqq c$ überall auf E annehmen (vgl. Beweis zu Lemma 18). Mit E_t $(0 < t < c)$ bezeichnen wir die Menge aller $x \in R^n$ mit $\Lambda_\sigma \mu(x) > t$ und zeigen, daß E_t eine Menge vom Typ F_σ ist. Wegen

$$\Lambda_\sigma \mu(x) > t \Leftrightarrow \Lambda_\sigma \mu^+(x) > \Lambda_\sigma \mu^-(x) + t$$

kann offenbar folgendes behauptet werden: Genau dann ist $\Lambda_\sigma \mu(x) > t$, wenn eine rationale Zahl $r(x)$ derart existiert, daß gleichzeitig die beiden Ungleichungen

$$\Lambda_\sigma \mu^+(x) > r + t , \qquad \Lambda_\sigma \mu^-(x) \leqq r$$

bestehen. Setzt man

$$F_r = \{x \in R^n : \Lambda_\sigma \mu^-(x) \leqq r\} ,$$

$$U_r = \{x \in R^n : \Lambda_\sigma \mu^+(x) > r + t\} ,$$

so ist F_r abgeschlossen, U_r offen, und es gilt

$$E_t = \bigcup_r (F_r \cap U_r) ,$$

wobei über alle rationalen Zahlen zu vereinigen ist. Da U_r als offene Menge vom Typ F_σ ist, gilt dasselbe auch von E_t. Damit läßt sich Lemma 19 anwenden und mittels Lemma 17 folgt

$$\sigma\text{-cap}^* E_t = \sigma\text{-cap}_* E_t = \frac{1}{t^2} \|\mu\|_\sigma^2 .$$

Wegen $E \subset E_t$ ergibt sich

$$\sigma\text{-cap}^* E \leqq \sigma\text{-cap}\, E_t \leqq \frac{1}{t^2} \|\mu\|_\sigma^2 .$$

$t \to c$ liefert die Behauptung. ◀

Lemma 21. *Es sei* $\mu_j \in \mathfrak{E}_\sigma$ *und* $\|\mu_j - \mu\|_\sigma \to 0$. *Dann gilt*

$$\varliminf_{j\to\infty} \Lambda_\sigma\mu_j(x) \leqq \Lambda_\sigma\mu(x) \qquad \sigma\text{-}q.\ddot{u}.\ \text{im } R^n .$$

Beweis: Es sei $B \subset R^n$ die Menge aller $x \in R^n$, in der mindestens eines der Potentiale $\Lambda_\sigma\mu_j$, $\Lambda_\sigma\mu$ entweder nicht definiert oder nicht endlich ist. Korollar 1 zu Satz 9 und Korollar zu Lemma 18 liefert

$$\sigma\text{-cap}^*\, B = 0 .$$

Es sei

$$M = \left\{x \in R^n \setminus B : \Lambda_\sigma\mu(x) < \varliminf_{j\to\infty} \Lambda_\sigma\mu_j(x)\right\} .$$

Zu zeigen ist σ-cap* $M = 0$. Es sei für $p, q \geqq 1$, ganz

$$M_{p,q} = \left\{x \in M : \Lambda_\sigma\mu(x) \leqq \inf_{j>p} \Lambda_\sigma\mu_j - \frac{1}{q}\right\} .$$

Offenbar gilt $M = \bigcup_{p,q=1}^{\infty} M_{p,q}$. Setzt man

$$E_{j,q} = \left\{x \in M : \Lambda_\sigma\mu(x) \leqq \Lambda_\sigma\mu_j(x) - \frac{1}{q}\right\} ,$$

so folgt aus Lemma 20

$$\sigma\text{-cap}^*\, E_{j,q} \leqq q^2 \, \|\mu_j - \mu\|_\sigma^2 .$$

Wegen $M_{p,q} \subset E_{j,q}$ für $j > p$ folgt weiter

$$\sigma\text{-cap}^*\, M_{p,q} \leqq \sigma\text{-cap}^*\, E_{j,q} \leqq q^2 \, \|\mu_j - \mu\|_\sigma^2$$

für $j \to \infty$ und damit σ-cap* $M_{p,q} = 0$. Wenden wir wieder Korollar 1 zu Satz 9 an, so erhalten wir endgültig σ-cap* $M = 0$. ◀

Lemma 22. *Es sei* $E \subseteqq R^n$ *eine beliebige Teilmenge. Dann ist*

$$\tilde{\mathfrak{S}}_E = \{\mu \in \mathfrak{S}_\sigma^+ : \Lambda_\sigma\mu(x) \geqq 1 \quad \sigma\text{-}q.\ddot{u}.\ auf\ E\}$$

konvex und abgeschlossen bezüglich der Energienorm.

Beweis: Die Konvexität ist klar. Die Abgeschlossenheit folgt aus Lemma 21. ◀

Satz 10. *Es sei* $E \subseteqq R^n$ *eine beliebige Menge mit* σ-cap* $E < \infty$. *Dann existiert ein eindeutig bestimmtes Maß* $\tilde{\gamma}$ *mit* supp $\tilde{\gamma} \subseteqq \overline{E}$ *und den folgenden Eigenschaften.*

(i) $\|\tilde{\gamma}\|_\sigma^2 = \tilde{\gamma}(1) = \sigma\text{-cap}^*\, E$,

(ii) $\Lambda_\sigma\tilde{\gamma}(x) \geqq 1$ *σ-q.ü. auf* E,

(iii) $\Lambda_\sigma\tilde{\gamma}(x) \leqq 1$ *überall auf* supp $\tilde{\gamma}$.

$\tilde{\gamma}$ *heißt äußeres Gleichgewichtsmaß von* E.

Beweis: Wir zeigen zunächst die Eindeutigkeit. Aus Lemma 18 folgt (mit $c = 1$) für beliebiges $\mu \in \tilde{\mathfrak{S}}_E$

$$\|\mu\|_\sigma^2 \geqq \sigma\text{-cap}^*\, E .$$

Daraus folgt (wegen (i) und (ii))

$$\|\tilde{\gamma}\| = \inf_{\mu\in\tilde{\mathfrak{S}}_E} \|\mu\|_\sigma^2 .$$

Da aber (das entnimmt man dem Beweis unmittelbar) das Lemma 14 entsprechend für $\tilde{\mathfrak{S}}_E$ gilt, ergibt sich daraus die Eindeutigkeit von $\tilde{\gamma}$.

Zum Existenzbeweis sei nun zunächst $E = U$ offen. In diesem Fall können wir zeigen, daß das innere Gleichgewichtsmaß γ auf U auch die Eigenschaften (i)—(iii) unseres Satzes erfüllt. (iii) ist klar. (i) folgt aus $\|\gamma\|_\sigma^2 = \gamma(1) = \sigma\text{-cap}_* \, U = \sigma\text{-cap}^* \, U$, da eine offene Menge nach Lemma 19 σ-kapazitätsfähig ist. Zum Nachweis von (ii) schließen wir folgendermaßen:
Es sei

$$M = \{x \in R^n : \Lambda_\sigma \gamma(x) < 1\} .$$

Mit

$$M_j = \left\{x \in R^n : \Lambda_\sigma \gamma(x) \leqq 1 - \frac{1}{j}\right\}$$

gilt

$$M = \bigcup_{j=1}^{\infty} M_j ,$$

d. h., M ist Vereinigung abgeschlossener Mengen und nach Lemma 19 σ-kapazitätsfähig. Dasselbe gilt dann auch für $U \cap M$. Aus Eigenschaft (ii) von Satz 8 ergibt sich daher

$$\sigma\text{-cap}^* (U \cap M) = \sigma\text{-cap}_* (U \cap M) = 0 ,$$

d. h., es gilt

$$\Lambda_\sigma \gamma(x) \geqq 1 \qquad \sigma\text{-q.ü. auf } U .$$

Nun sei $E \subset R^n$ eine beliebige Menge mit $\sigma\text{-cap}^* E < \infty$. Nach Definition der äußeren Kapazität existiert eine Folge (U_j) offener Mengen mit

$$U_j \supset U_{j+1} \supset E$$

und

$$\lim_{j \to \infty} \sigma\text{-cap } U_j = \sigma\text{-cap}^* E .$$

Da die äußere Kapazität eine monotone Mengenfunktion ist, können wir

$$\bigcap_{j=1}^{\infty} \overline{U}_j = \overline{E}$$

annehmen. Es sei γ_j das innere Gleichgewichtsmaß von U_j. Auf Grund der Eigenschaft (ii) von Satz 8 gilt

$$\gamma_j \in \mathfrak{S}_{U_{j_0}} \qquad \text{für } j_0 \geqq j ,$$

und wegen

$$\|\gamma_{j_0}\|_\sigma = \inf_{\mu \in \mathfrak{S}_{U_{j_0}}} \|\mu\|_\sigma$$

sowie Lemma 14 folgt

$$\|\gamma_j - \gamma_{j_0}\|_\sigma^2 \leqq \|\gamma_j\|_\sigma^2 - \|\gamma_{j_0}\|_\sigma^2 = \sigma\text{-cap } U_j - \sigma\text{-cap } U_{j_0} .$$

Also ist (γ_j) eine Fundamentalfolge in $\mathfrak{E}_\sigma^+$, die nach Satz 3 in $\mathfrak{E}_\sigma^+$ konvergiert, d. h., es existiert ein Maß $\tilde{\gamma} \in \mathfrak{E}_\sigma^+$ mit $\|\gamma_j - \tilde{\gamma}\|_\sigma \to 0$ für $j \to \infty$. Wir zeigen, daß dieses Maß alle im Satz behaupteten Eigenschaften hat. Zunächst gilt

$$\operatorname{supp} \tilde{\gamma} \subset \bigcap_{l=1}^{\infty} \overline{\left(\bigcup_{j=l}^{\infty} \operatorname{supp} \gamma_j\right)} \subset \bigcup_{l=1}^{\infty} \overline{U}_l = \overline{E} .$$

Dabei wurde beachtet, daß aus $\|\gamma_j - \tilde{\gamma}\|_\sigma \to 0$ stets $\gamma_j \rightharpoonup \tilde{\gamma}$ folgt und daß $\operatorname{supp} \gamma_{j_0} \subset \overline{U}_j$ für $j_0 \geqq j$ besteht. Ferner gilt

$$\|\tilde{\gamma}\|_\sigma^2 = \lim_{j\to\infty} \|\gamma_j\|_\sigma^2 = \lim_{j\to\infty} \sigma\text{-cap}\; U_j = \sigma\text{-cap}^*\, E$$

und $\lim_{j\to\infty} \gamma_j(1) = \tilde{\gamma}(1)$, d. h. (i).

Auf Grund von $\gamma_j \in \mathfrak{S}_{U_j} = \tilde{\mathfrak{S}}_{U_j} \subseteqq \tilde{\mathfrak{S}}_E$ und Lemma 22 ergibt sich $\tilde{\gamma} \in \tilde{\mathfrak{S}}_E$, d. h. (ii). Aus $\gamma_j \rightharpoonup \tilde{\gamma}$ und Lemma 16 folgt schließlich noch (iii), womit Satz 10 vollständig bewiesen ist. ◀

Korollar. *Es sei σ-cap* $E < \infty$. Dann ist die Menge E genau dann σ-kapazitätsfähig, wenn $\gamma = \tilde{\gamma}$ gilt.*

Beweis: Es sei $\gamma = \tilde{\gamma}$. Dann folgt aus $\|\gamma\|_\sigma^2 = \sigma\text{-cap}_*\, E$, $\|\tilde{\gamma}\|_\sigma^2 = \sigma\text{-cap}^*\, E$ die Gleichheit

$$\sigma\text{-cap}_*\, E = \sigma\text{-cap}^*\, E\,.$$

Umgekehrt gelte $\sigma\text{-cap}_*\, E = \sigma\text{-cap}^*\, E$. Hieraus folgt $\|\gamma\|_\sigma^2 = \|\tilde{\gamma}\|_\sigma^2$ und wegen $\gamma \in \mathfrak{S}_E$, $\tilde{\gamma} \in \mathfrak{S}_E$ und der Eindeutigkeit des minimalen Maßes in $\mathfrak{S}_E$ (Lemma 14) $\gamma = \tilde{\gamma}$.

3.8. Kapazitätsfähigkeit der BOREL-Mengen

Den Satz 10 kann man anwenden, um eine auf G. CHOQUET zurückgehende grundlegende Aussage über Kapazitätsfähigkeit (Satz 11) zu beweisen. Wir benötigen dazu noch ein weiteres Lemma.

Lemma 23. *Gegeben sei eine monotone Mengenfolge $(E_j)_{j\in N}$ ($E_j \subset E_{j+1}$ für $j = 1, 2, \ldots$) und $E = \bigcup_{j=1}^{\infty} E_j$. Dann gilt*

$$\sigma\text{-cap}^*\, E = \lim_{j\to\infty} \sigma\text{-cap}^*\, E_j\,.$$

Beweis: Wir können ohne Beschränkung der Allgemeinheit $\lim_{j\to\infty} \sigma\text{-cap}^*\, E_j < \infty$ annehmen, da die Aussage andernfalls trivial ist. Es sei $\tilde{\gamma}_j$ das äußere Gleichgewichtsmaß von E_j. Berücksichtigt man $\tilde{\gamma}_j \in \mathfrak{S}_{E_k}$ für $j > k$ und die Minimaleigenschaft von $\tilde{\gamma}_j$ in $\mathfrak{S}_{E_j}$, so erhält man ganz entsprechend dem Beweis zu Satz 10 die Aussage, daß $(\tilde{\gamma}_j)$ eine Fundamentalfolge in $\mathfrak{E}_\sigma^+$ ist. Bezeichnet $\tilde{\gamma} \in \mathfrak{E}_\sigma^+$ deren Grenzwert, so gilt

$$\|\tilde{\gamma}\|_\sigma^2 = \lim_{j\to\infty} \|\tilde{\gamma}_j\|_\sigma^2 = \lim_{j\to\infty} \sigma\text{-cap}^*\, E_j \leqq \sigma\text{-cap}^*\, E\,.$$

Andererseits ist wegen Lemma 22 $\tilde{\gamma} \in \tilde{\mathfrak{S}}_{E_k}$ für beliebiges k, woraus unter Beachtung von Korollar 1 zu Satz 9 $\tilde{\gamma} \in \tilde{\mathfrak{S}}_E$ folgt. Nach den Überlegungen am Beginn des Beweises von Satz 10 ist dann

$$\|\tilde{\gamma}\|_\sigma^2 \geqq \sigma\text{-cap}^*\, E\,.$$

Faßt man dies mit obiger Ungleichung zusammen, so ergibt sich die Behauptung. ◀

Satz 11. *Jede analytische (insbesondere also jede BORELsche) Menge im R^n ist σ-kapazitätsfähig.*

Beweis: Wir zeigen zunächst, daß jede Menge vom Typ $F_{\sigma\delta}$ (insbesondere jedes G_δ) σ-kapazitätsfähig ist. Es sei also

$$A = \bigcup_{j=1}^{\infty} A_j\,, \qquad A_j = \bigcup_{k=1}^{\infty} K_j^k \qquad (K_j^k \text{ kompakt})\,.$$

Die Mengen K_j^k können dabei so gewählt werden, daß $K_j^k \subset K_j^{k+1}$ gilt. Dann ist offenbar auch $B_1^k = A \cap K_1^k$ eine bezüglich k wachsende Mengenfolge und $A = \bigcup_{k=1}^{\infty} B_1^k$. Nach Lemma 23 gilt

$$\sigma\text{-cap}^*\, A = \lim_{k\to\infty} \sigma\text{-cap}^*\, B_1^k\,.$$

Wir betrachten zuerst den Fall σ-cap* $A < \infty$ und wählen einen Index k_1 mit

$$\sigma\text{-cap}^*\, A - \sigma\text{-cap}^*\, B_1^{k_1} < \frac{\varepsilon}{2}\,.$$

Des weiteren konstruieren wir uns eine ganze Folge von Teilmengen $B_i^{k_i} \subseteqq A$ nach folgendem Induktionsverfahren. Für $i \leqq j$ seien diese Mengen bereits konstruiert. Dann setzt man

$$B_{j+1}^k = B_j^k \cap K_{j+1}^k\,.$$

(B_{j+1}^k) ist ebenfalls eine bezüglich k wachsende Folge und

$$B_j^{k_j} = \bigcup_{k=1}^{\infty} B_{j+1}^k\,.$$

Folglich gilt (wieder nach Lemma 23)

$$\lim_{k\to\infty} \sigma\text{-cap}^*\, B_{j+1}^k = \sigma\text{-cap}^*\, B_j^{k_j}\,.$$

Nun wählen wir k_{j+1} so, daß gilt

$$\sigma\text{-cap}^*\, B_j^{k_j} - \sigma\text{-cap}^*\, B_{j+1}^{k_{j+1}} < \frac{\varepsilon}{2^{j+1}}\,.$$

Die so konstruierte Folge $(B_j^{k_j})$ ist offenbar monoton fallend und für beliebiges j gilt

$$\sigma\text{-cap}^*\, A - \sigma\text{-cap}^*\, B_j^{k_j} < \varepsilon\,. \tag{20}$$

Wir setzen

$$B_\varepsilon = \bigcap_{j=1}^{\infty} B_j^{k_j} = A \cap \left(\bigcap_{j=1}^{\infty} K_j^{k_j}\right).$$

Wegen $K_j^{k_j} \subseteqq A_j$ gilt

$$\bigcap_{j=1}^{\infty} K_j^{k_j} \subseteqq \bigcap_{j=1}^{\infty} A_j \subseteqq A\,.$$

Daraus folgt $B_\varepsilon = \bigcap_{j=1}^{\infty} K_j^{k_j}$, und das bedeutet, daß B_ε eine kompakte Menge ist. Nach Satz 7 (ii) schließt man daher

$$\sigma\text{-cap}\, B_\varepsilon = \lim_{m\to\infty} \sigma\text{-cap}\left(\bigcap_{j=1}^{m} K_j^{k_j}\right)$$

und wegen

$$B_\varepsilon \subseteqq B_m^{k_m} = \bigcap_{j=1}^{m} B_j^{k_j} \subseteqq \bigcap_{j=1}^{m} K_j^{k_j}$$

bedeutet das

$$\sigma\text{-cap } B_\varepsilon = \lim_{m\to\infty} \sigma\text{-cap}^* B_m^{k_m} .$$

Faßt man dies zusammen mit (20), so ergibt sich

$$\sigma\text{-cap } B_\varepsilon \geqq \sigma\text{-cap}^* A - \varepsilon$$

und damit

$$\sigma\text{-cap}_* A \geqq \sigma\text{-cap}^* A ,$$

d. h., A ist σ-kapazitätsfähig.

Im Falle $\sigma\text{-cap}^* A = \infty$ läßt sich durch dasselbe Verfahren zu jedem l eine kompakte Menge $B_l \subseteqq A$ mit $\sigma\text{-cap } B_l > l$ konstruieren, woraus auch in diesem Falle die Behauptung folgt. Bevor wie den Beweis des Satzes vollenden, machen wir die folgende Bemerkung:

Für den bisherigen Beweisteil werden bezüglich der inneren Kapazität und der äußeren Kapazität offensichtlich nur die folgenden Eigenschaften benötigt:

a) σ-cap ist auf den kompakten Mengen des R^n monoton wachsend und rechtsseitig stetig.

b) Für eine beliebige Mengenfolge (E_j) auf $E_j \subseteqq E_{j+1}$ $(j = 1, 2, \ldots)$ gilt

$$\sigma\text{-cap}^* \left(\bigcup_{j=1}^{\infty} E_j \right) = \lim_{j\to\infty} \sigma\text{-cap}^* E_j .$$

Daher gilt ganz allgemein: Ist eine Mengenfunktion $f(E)$ gegeben, die den Eigenschaften (a) und (b) genügt, wobei man f^* in analoger Weise erklärt wie die äußere Kapazität σ-cap*, dann ist jede Menge vom Typ $F_{\sigma\delta}$ im entsprechenden Sinne f-kapazitätsfähig.

Nun läßt sich nach einem bekannten Ergebnis der Mengenlehre (man vergleiche etwa [H 5] S. 214) jede analytische (insbesondere jede Borelsche Menge im R^n) als orthogonale Projektion einer gewissen G_δ-Menge des R^{n+1} darstellen. Für eine kompakte Menge $K \subset R^{n+1}$ definieren wir nun

$$f(K) = \sigma\text{-cap } K' ,$$

wobei K' die orthogonale Projektion von K auf den R^n bezeichnet. Da bei der Projektion kompakte bzw. offene Mengen wieder in kompakte bzw. offene Mengen übergehen, folgt sofort die Eigenschaft (a) sowie die Gültigkeit der Formeln

$$f_*(E) = \sigma\text{-cap}_* E' , \qquad f^*(E) = \sigma\text{-cap}^* E' .$$

Dabei ist

$$f_*(E) = \sup_{K\subset E} f(K) , \qquad f^*(E) = \inf_{U\supset E} f_*(U) .$$

Hieraus sieht man, daß f^* auch die Eigenschaft (b) besitzt. Daraus folgt nun, daß jede Menge vom Typ G_δ in R^{n+1} f-kapazitätsfähig und damit jede analytische Menge des R^n σ-kapazitätsfähig ist. ◀

§ 4. Zusammenstellung weiterer Resultate

In diesem Paragraphen werden wir zur Vervollständigung der bisherigen Potentialtheorie einige weitere Resultate angeben (zum größten Teil ohne Beweis) und zwar besonders solche Aussagen, die mit den später zu behandelnden Fragestellungen bei elliptischen Gleichungen beliebiger Ordnung in Beziehung stehen, d. h. mit spezifischen Effekten der Realisierung der Probleme im R^n.

4.1. Energie und Balayage-Prinzip

Im folgenden soll gezeigt werden, daß man die Energie-Methode aus § 3 auf das Balayage-Prinzip anwenden kann. Wir benötigen dazu ein Lemma, das z. B. in [L 7] bewiesen ist. Für den Fall $\sigma = 2$, der im folgenden betrachtet wird, bezeichnen wir die Energienorm mit $||\cdot||_{\mathfrak{E}}$ und das zugehörige Skalarprodukt mit $(.,.)_{\mathfrak{E}}$. Weiterhin schreiben wir zur Abkürzung $\mathfrak{E}^+$ anstelle von $\mathfrak{E}_2^+$.

Lemma 1. *Es sei* $\mu \in \mathfrak{M}^+(R^n)$ *ein Maß mit* $||\mu||_{\mathfrak{E}} < \infty$ *und* $\lambda \in \mathfrak{M}^+(R^n)$ *ein beliebiges Maß. Es gelte*

$$\Phi\mu(x) \leqq \Phi\lambda(x) \quad \mu\text{-fast überall im } R^n .$$

Dann folgt

$$\Phi\mu(x) \leqq \Phi\lambda(x) \quad \text{für alle } x \in R^n .$$

Es sei $K \subset R^n$ eine beliebige kompakte Menge. Wir betrachten die in $\mathfrak{E}^+$ abgeschlossene und konvexe Menge $\mathfrak{E}^+(K) \subseteqq \mathfrak{E}^+$.

Lemma 2. *Zu gegebenem* $\mu \in \mathfrak{E}^+$ *existiert ein eindeutig bestimmtes Maß* $\nu \in \mathfrak{E}^+(K)$ *mit*

$$||\mu - \nu||_{\mathfrak{E}} = \inf_{\lambda \in \mathfrak{E}^+(K)} ||\mu - \lambda||_{\mathfrak{E}} ,$$

d.h.

$$||\mu - \nu||_{\mathfrak{E}} < ||\mu - \lambda||_{\mathfrak{E}} \quad \text{für } \lambda \in \mathfrak{E}^+(K), \lambda \neq \nu . \tag{1}$$

Den Beweis führt man analog zum Beweis des Satzes 4 aus § 3. Das Maß ν wird aus offensichtlichen Gründen als Projektion von μ in $\mathfrak{E}^+(K)$ bezeichnet. Wir werden zeigen, daß $\nu = \Pi\mu$ ist, d. h. daß die Abbildung $\mu \to \nu$ als Einschränkung des Balayage-Operators auf $\mathfrak{E}^+$ angesehen werden kann.

Lemma 3. *Die Bedingung* (1) *ist zum Bestehen der Ungleichung*

$$(\mu - \nu, \lambda - \nu)_{\mathfrak{E}} \leqq 0 \quad \text{für alle } \lambda \in \mathfrak{E}^+(K) \tag{2}$$

äquivalent.

Beweis: Es gelte (2), und es sei $\lambda \neq \nu$. Dann folgt

$$||\mu - \lambda||_{\mathfrak{E}}^2 = ||\mu - \nu||_{\mathfrak{E}}^2 + ||\nu - \lambda||_{\mathfrak{E}}^2 - 2(\mu - \nu, \lambda - \nu)_{\mathfrak{E}} > ||\mu - \nu||_{\mathfrak{E}}^2 . \tag{3}$$

Aus (1) folgt wegen (3) umgekehrt

$$2(\mu - \nu, \lambda - \nu)_{\mathfrak{E}} \leqq ||\lambda - \nu||_{\mathfrak{E}}^2 \quad \text{für } \lambda \in \mathfrak{E}^+(K) . \tag{4}$$

Es sei nun $\lambda_0 \in \mathfrak{E}^+(K)$ beliebig gewählt. Dann ist wegen der Konvexität von $\mathfrak{E}^+(K)$

$$\lambda = t\lambda_0 + (1 - t)\,\nu \in \mathfrak{E}^+(K) \quad (0 \leqq t \leqq 1) .$$

Einsetzen von λ in (4) liefert

$$2t(\mu - \nu, \lambda_0 - \nu)_{\mathfrak{E}} \leqq t^2\, ||\lambda_0 - \nu||_{\mathfrak{E}}^2$$

und $t \to 0$ ergibt schließlich (2). ◀

Lemma 4. *Die Bedingung* (2) *ist äquivalent zu*

$$(\mu - \nu, \lambda)_{\mathfrak{E}} \leqq 0 \quad \text{für alle } \lambda \in \mathfrak{E}^+(K) , \tag{5}$$

$$(\mu - \nu, \nu)_{\mathfrak{E}} = 0 . \tag{6}$$

Beweis: Ersetzt man in (2) λ durch $\lambda + \nu \in \mathfrak{E}^+(K)$, so erhält man (5), einsetzen von $\lambda = 0$ liefert

$$(\mu - \nu, \nu)_{\mathfrak{E}} \geqq 0$$

und zusammen mit (5) für $\lambda = \nu$ ergibt dies (6). ◀

Satz 1. *Für das Maß ν aus Lemma 2 gilt*

$$\Phi\nu(x) = \Phi\mu(x) \quad \mathcal{J}\text{-f.ü. auf } K\,,$$

$$\Phi\nu(x) \leq \Phi\mu(x) \quad \text{überall im } R^n\,.$$

Beweis: Nach (5) folgt für beliebige Maße $\lambda \in \mathfrak{E}^+(K)$

$$\int_K (\Phi\mu(x) - \Phi\nu(x))\, d\lambda(x) \leq 0\,.$$

Es sei $B = \{x \in K: \Phi\mu(x) > \Phi\nu(x)\}$. Wegen $\lambda_B \in \mathfrak{E}^+(K)$ gilt auch

$$\int_B (\Phi\mu(x) - \Phi\nu(x))\, d\lambda(x) \leq 0\,.$$

Das bedeutet $\lambda(B) = 0$ für beliebiges $\lambda \in \mathfrak{E}^+(K)$. Nach § 3, Lemma 8 folgt $\sigma\text{-cap}_* B = 0$. Daher gilt

$$\Phi\mu(x) \leq \Phi\nu(x) \quad \mathcal{J}\text{-f.ü. auf } K\,. \tag{7}$$

Andererseits folgt aus (6)

$$\int_K (\Phi\mu(x) - \Phi\nu(x))\, d\nu(x) = 0\,.$$

Da ferner nach dem Vorangehenden

$$\Phi\mu(x) - \Phi\nu(x) \leq 0 \quad \nu\text{-f.ü.}$$

gilt, folgt daraus weiter

$$\Phi\mu(x) = \Phi\nu(x) \quad \nu\text{-f.ü.}$$

Lemma 1 liefert schließlich

$$\Phi\nu(x) \leq \Phi\mu(x)$$

und zusammen mit (7)

$$\Phi\mu(x) = \Phi\nu(x) \quad \mathcal{J}\text{-f.ü. auf } K\,. \blacktriangleleft$$

Bemerkung 1. Das in Lemma 2 formulierte Minimumproblem ist zur Bestimmung des Minimums des Integrals

$$G(\lambda) = \int (\Phi\lambda(x) - 2\Phi\mu(x))\, d\lambda(x)$$

äquivalent. ($G(\lambda)$ wird als Gaussches Integral bezeichnet.)

Beweis: Das folgt unmittelbar aus

$$\|\lambda - \mu\|_{\mathfrak{E}}^2 = \|\mu\|_{\mathfrak{E}}^2 + \int [\Phi\lambda(x) - 2\Phi\mu(x)]\, d\lambda(x)\,. \blacktriangleleft$$

4.2. Wiener-Kriterium

Die Irregularität eines Randpunktes beim Dirichlet-Problem für $\Delta u = 0$ in einem beschränkten Gebiet $\Omega \subset R^n$ $(n > 2)$ kann man charakterisieren in Termen der Kapazität. Die folgende notwendige und hinreichende Bedingung wird als Wiener-Kriterium bezeichnet ([W 13], [W 14]).

Satz 2. *Ein Punkt $y \in \partial\Omega$ ist genau dann irregulär, falls gilt*

$$\sum_{k=1}^{\infty} 4^{k(n-2)} \operatorname{cap}(B_y^{4^{-k}} \setminus \Omega) < \infty$$

(B_y^r ist die offene Kugel mit dem Mittelpunkt y vom Radius r).

Beweise dieses Satzes sind in [K 5], [L 7], [L 3], [H 6] gegeben. Die irregulären Randpunkte für das Dirichlet-Problem stimmen für weite Klassen elliptischer Operatoren mit denen des Laplace-Operators überein (vgl. [O 5], [H 8], [K 28], [L 16], [M 32]). Jedoch existieren auch elliptische Operatoren mit stetigen Koeffizienten, für die das nicht zutrifft ([Z 5]).

4.3. Metrische Eigenschaften der Kapazität

Die folgenden Aussagen über metrische Eigenschaften der Kapazität sind unmittelbar mit den physikalischen Vorstellungen über Gleichgewichtsverteilung und Kapazität verbunden.

Satz 3 ([L 7]). *Es sei $K \subset R^n$ eine kompakte Menge, und $t\colon K \to R^n$ sei eine kontraktive Abbildung, d. h. $|t(x) - t(y)| \leqq |x - y|$ für alle $x, y \in K$. Dann gilt*

$$\sigma\text{-cap}\, t(K) \leqq \sigma\text{-cap}\, K\,.$$

Es seien $x_1, \ldots, x_q$ beliebige Punkte aus K. Dann ist die Funktion

$$\binom{q}{2}^{-1} \sum_{k<l} |x_k - x_l|^{\sigma-n}$$

auf $\mathop{\times}\limits_{j=1}^{q} K$ nach unten halbstetig, nimmt also ihren minimalen Wert in gewissen Punkten $x_j = z_j^q \in K$ an ($j = 1, \ldots, q$).

Wir setzen

$$a_q(K) = \binom{q}{2}\Big(\sum_{k<l} |z_k^q - z_l^q|^{\sigma-n}\Big)^{-1}$$

(bzw. $a_q(K) = 0$, falls K nur aus $m < q$ verschiedenen Punkten besteht). Es gilt

$$\sum_{k<l} |z_k^q - z_l^q| = \frac{1}{q-2} \sum_{j=1}^{q} \sum_{k<l}{}^{(j)} |z_k^q - z_l^q|^{2-n}\,,$$

wobei in der $\sum^{(j)}$-Summation alle Glieder weggelassen sind mit $j = k$ oder $j = l$. Aus

$$\sum_{k<l}{}^{(j)} |z_k^q - z_l^q|^{\sigma-n} \geqq \binom{q-1}{2} (a_{q-1}(K))^{-1}$$

folgt dann

$$\binom{n}{2}(a_q(K))^{-1} = \sum_{k<l} |z_k^q - z_l^q|^{\sigma-n} \geqq \frac{q}{q-2}\binom{q-1}{2}(a_{q-1}(K))^{-1} = \binom{q}{2}(a_{q-1}(K))^{-1}\,,$$

also $a_{q-1}(K) \geqq a_q(K)$, d. h., es existiert der nichtnegative Limes

$$d_\sigma(K) = \lim_{q\to\infty} a_q(K)\,.$$

$d_\sigma(K)$ heißt *verallgemeinerter transfiniter Durchmesser* der kompakten Menge K.

Satz 4 ([L 7]). *Es sei $K \subset R^n$ ($n \geqq 3$) eine kompakte Menge. Dann gilt*

$$d_\sigma(K) = \pi^{\sigma - \frac{n}{2}} \frac{\Gamma\left(\frac{n-\sigma}{2}\right)}{\Gamma\left(\frac{\sigma}{2}\right)} \sigma\text{-cap}\, K\,,$$

wobei $d_\sigma(K)$ der verallgemeinerte transfinite Durchmesser von K ist.

Satz 5 ([L 7]). *Es sei K eine kompakte Menge und $\partial_\infty K$ sei der Rand der unbeschränkten Komponente von $\complement K$. Dann ist das Gleichgewichtsmaß für K bereits auf $\partial_\infty K$ konzentriert. Es gilt*

$$\sigma\text{-cap}\, K = \sigma\text{-cap}\, \partial_\infty K\,.$$

4.4. Bemerkungen über Potentiale

Die folgenden Sätze über Potentiale hängen eng mit den Nullmengen der entsprechenden Kapazität zusammen.

Eine Menge $B \subset R^n$ heißt *σ-polar* ($0 < \sigma < n$), wenn ein $\mu \in \mathfrak{M}^+$ existiert mit

$$B = \{x\colon \Lambda_\sigma\mu(x) = +\infty\}\,.$$

Wegen der Halbstetigkeit der Potentiale ist B vom Typ G_δ (d. h. Durchschnitt abzählbar vieler offener Mengen). Polare Mengen haben die σ-Kapazität Null, denn es gilt für beliebiges $\lambda \in \mathfrak{F}_\sigma^+$

$$\int (\Lambda_\sigma\lambda)\, d\mu = \int (\Lambda_\sigma\mu)\, d\lambda < \infty$$

(da man sich auf den Fall supp μ kompakt beschränken kann), d. h. $\lambda(B) = 0$.

Satz 6 ([L 7]). *Es sei B eine Menge vom Typ G_δ, und es sei σ-cap $B = 0$. Dann existiert ein Maß $\mu \in \mathfrak{M}^+$ mit*

$$x \in B \Leftrightarrow \Lambda_\sigma \mu(x) = +\infty .$$

Eine Charakterisierung der Mengen der Kapazität Null gibt folgender

Satz 7 ([W 2]). *Für eine kompakte Menge $K \subset R^n$ gilt genau dann σ-cap $K = 0$, wenn zu jedem $g \in C(K)$, $g \geqq 0$ ein Maß $\mu \in \mathfrak{F}_\sigma^+$ existiert mit*

$$g(y) = \Lambda_\sigma \mu(y) \quad \text{für alle } y \in K .$$

(μ kann man dabei absolutstetig wählen bezüglich des Lebesgue-Maßes im R^n, wobei $\Lambda_\sigma \mu$ in $\complement K$ unendlich oft differenzierbar ist.)

§ 5. Inverses Problem der Potentialtheorie

5.1. Definitionen und elementare Eigenschaften

Zu den bemerkenswertesten Erscheinungen der Potentialtheorie gehören die Mittelwerteigenschaften der harmonischen Funktionen, wobei die sphärischen Mittelwertsätze nur einen sehr speziellen Fall der allgemeinen Problematik darstellen. Wir werden uns in diesem Paragraphen ausführlich damit beschäftigen, weil Beziehungen bestehen zu folgender Fragestellung.

Betrachtet werde ein Gebiet $\Omega \subset R^n$, in dessen Außenraum $\complement\Omega$ das Potential einer in Ω liegenden Massen- bzw. Ladungsverteilung bekannt ist. Gefragt wird nach der Struktur der Menge aller dieser Verteilungen, d. h. nach einer möglichst adäquaten Beschreibung sowie nach numerischen Verfahren zu ihrer Berechnung. Damit hängen sehr eng Eindeutigkeits- und Stabilitätsfragen zusammen. Es ist klar, daß ein unmittelbarer Zusammenhang dieses sogenannten inversen Problems der Potentialtheorie mit dem Balayage-Prinzip besteht. Davon werden wir systematisch Gebrauch machen. In der Differentialgleichungstheorie studiert man die verschiedensten Typen inverser Probleme. Das inverse Problem der Potentialtheorie behandelte man bisher vorwiegend mit Integralgleichungsmethoden (vgl. [P 12]). Zu den in diesem Paragraphen behandelten Fragestellungen verdanken wir G. Anger (Halle) und G. Fanselau (Potsdam) nützliche Anregungen.

In 5.5. weisen wir auf eine Reihe offener Probleme hin, die zumeist auch von großem praktischen Interesse sind. Bezüglich der hier behandelten Theorie vgl. u. a. [A 35], [A 39], [S 22], [S 29].

Das betrachtete Gebiet $\Omega \subset R^n$ sei in diesem Paragraphen beschränkt und regulär. Wir erinnern daran, daß der Raum

$$D(\overline{\Omega}) = \{u \in C(\overline{\Omega}) : \Delta u = 0 \text{ in } \Omega\}$$

durch die Einschränkungsoperation $r_{\partial\Omega}$ linear und homöomorph auf $C(\partial\Omega)$ abgebildet wird, d. h., der Operator

$$r_{\partial\Omega}^{-1} : C(\partial\Omega) \to C(\overline{\Omega}) ,$$

der jedem $g \in C(\partial\Omega)$ die Lösung $u \in D(\overline{\Omega})$ des Dirichlet-Problems mit $r_{\partial\Omega} u = g$ zuordnet, ist stetig. Der Balayage-Operator

$$\Pi = (r_{\partial\Omega}^{-1})^* : \mathfrak{M}(\overline{\Omega}) \to \mathfrak{M}(\partial\Omega)$$

ist also $\|\cdot\|$- und w^*-stetig. Es gilt dann

$$\mathfrak{M}(\overline{\Omega}) = \ker \Pi \oplus \mathfrak{M}(\partial\Omega)$$

im Sinne einer topologischen Summe topologischer Vektorräume (bezüglich der $\|\cdot\|$- und der w^*-Topologie), und Π ist Projektionsoperator von $\mathfrak{M}(\overline{\Omega})$ auf $\mathfrak{M}(\partial\Omega) \subseteqq \mathfrak{M}(\overline{\Omega})$. Dabei gilt

$$\mu \geqq 0 \quad \Rightarrow \quad \nu = \Pi\mu \geqq 0 .$$

In der Hauptsache beschäftigen wir uns mit positiven Maßen. Der Zusammenhang zwischen Potentialen in $\complement\Omega$ von Massen- bzw. Ladungsverteilungen mit dem Balayage-Prinzip besteht in der Äquivalenz

$$\Pi\mu = \Pi\eta \Leftrightarrow \Phi\mu(z) = \Phi\eta(z) \qquad \text{für alle } z \in \complement\Omega \tag{1}$$

$\left(\mu, \eta \in \mathfrak{M}(\overline{\Omega})\right)$. Dies ist nach Definition von Π äquivalent mit

$$\mu(u) = \eta(u) \qquad \text{für alle } u \in D(\overline{\Omega}) . \tag{2}$$

In (1) wurde die Regularität von Ω berücksichtigt. Bei Nichtregularität gilt $\Phi\mu = \Phi\eta$ in $\complement\overline{\Omega}$ und nur $\mathcal{J}$-fast überall auf $\partial\Omega$, wobei die eventuellen Ausnahmepunkte die irregulären Randpunkte des Gebietes sind.

Die Gleichung (2) zeigt, daß man sich in erster Linie mit dem Kern des Balayage-Operators zu beschäftigen hat. Elemente von $\ker \Pi$ kann man leicht explizit konstruieren. Es sei z. B. $\varphi \in C_0^\infty(\Omega)$. Dann liegt das Maß

$$\mu_\varphi : f \to \int_\Omega f(x)\, \Delta\varphi(x)\, dx \qquad \left(f \in C(\overline{\Omega})\right)$$

in $\ker \Pi$, denn es gilt $\int \Phi(x, z)\, d\mu_\varphi(z) = 0$ für $x \notin \Omega$. Wir erhalten also insbesondere

$$\Pi\mu_\varphi^+ = \Pi\mu_\varphi^- \qquad \text{für alle } \varphi \in C_0^\infty(\Omega) .$$

Sind η, ϱ Maße in $\mathfrak{M}^+(\overline{\Omega})$, so existiert stets ein $\lambda \in \mathfrak{M}^+(\overline{\Omega})$ mit

$$\Phi\lambda(x) = \min \{\Phi\eta(x), \Phi\varrho(x)\} .$$

Stimmen also insbesondere $\Phi\eta(x)$ und $\Phi\varrho(x)$ in $\complement\Omega$ überein (vgl. (1)), so gilt $\Phi\lambda(x) = \Phi\eta(x) = \Phi\varrho(x)$ in $\complement\Omega$. Es sei $\Omega' \subseteqq \Omega$ ein (nicht notwendig reguläres) Teilgebiet. Den Balayage-Operator bezüglich Ω', der also $\mathfrak{M}(\overline{\Omega}')$ auf $\mathfrak{M}(\partial\Omega')$ abbildet, bezeichnen wir mit $\Pi_{\Omega'}$. Es sei nun $\mu \in \mathfrak{M}^+(\overline{\Omega})$ gegeben. Wir bilden die Menge

$$\mathfrak{B}(\mu) = \{\eta \in \mathfrak{M}^+(\overline{\Omega}) : \Pi\eta = \Pi\mu\} .$$

$\mathfrak{B}(\mu)$ besteht also aus allen $\eta \in \mathfrak{M}^+(\overline{\Omega})$ mit $\Phi\mu(z) = \Phi\eta(z)$ auf $\complement\Omega$. Es gilt offenbar $\mathfrak{B}(\mu) = \mathfrak{B}(\Pi\mu)$. Ist weiterhin $\Omega' \subseteqq \Omega$ ein Teilgebiet, so gilt

$$\eta \in \mathfrak{B}(\mu) \Rightarrow \eta - \eta|_{\Omega'} + \Pi_{\Omega'}(\eta|_{\Omega'}) \in \mathfrak{B}(\mu)$$

($\eta|_{\Omega'}$ Einschränkung von η auf Ω').

Obwohl in der ursprünglichen Auffassung des inversen Problems der Potentialtheorie die Werte des Potentials im Außenraum interessieren, stellen wir hier den Balayage-Operator in den Vordergrund.

Es sei $\tilde{C}(\complement\Omega)$ der Raum der reellen Funktionen auf $\complement\Omega$, die in $\complement\overline{\Omega}$ stetig sind.

Wenn wir mit $\Phi\colon \mathfrak{M}(\bar{\Omega}) \to \tilde{C}(\complement\Omega)$ die Potentialbildung $\mu \to \Phi\mu|_{\complement\Omega}$ bezeichnen und setzen $P = \Phi|_{\mathfrak{M}(\partial\Omega)}$, so gilt $\Phi = P \circ \Pi$. P ist eineindeutig. Somit werden die Eigenschaften des inversen Problems (besonders was Nichteindeutigkeit betrifft) durch Π bestimmt.

Vom physikalischen Standpunkt aus ist es möglicherweise ohne Belang, ob die Werte $\Phi\mu$ des Potentials einer zu bestimmenden Massen- oder Ladungsverteilung μ in $\complement\Omega$ oder in $\complement\bar{\Omega}$ vorgegeben werden. Vom mathematischen Standpunkt aus besteht jedoch ein Unterschied. Wenn nämlich gilt

$$\Omega \subset \Omega_1 = \operatorname{int} \bar{\Omega}$$

mit echter Inklusion, so haben wir

$$\mathfrak{B}(\mu) \subseteqq \{\eta \in \mathfrak{M}^+(\bar{\Omega}_1)\colon \Pi_{\Omega_1}\eta = \Pi_{\Omega_1}\mu\}\ ,$$

wobei u. a. immer dann echte Inklusion besteht, falls supp μ in $\partial\Omega_1$ nicht enthalten ist. Auf die Werte des Potentials in $\complement\bar{\Omega} = \complement\Omega_1$ hat dies jedoch keinen Einfluß. Man könnte aber stets, um physikalisch eventuell sinnlose Situationen auszuschließen, von vornherein $\Omega = \operatorname{int} \bar{\Omega}$ annehmen. Für unsere Betrachtungen ist das jedoch unnötig.

Das inverse Problem der Potentialtheorie besitzt neben der nichteindeutigen Lösbarkeit eine Reihe weiterer sehr „unerwünschter“ Eigenschaften (vgl. z. B. Satz 1). Es handelt sich um ein sogenanntes inkorrektes Problem der mathematischen Physik (vgl. [T 3]). Auf die verschiedenen Schwierigkeiten kommen wir später zurück. Trotz der Positivität des Balayage-Operators ist die gesonderte Untersuchung der positiven Urbilder bezüglich Π von positiven Massen ν auf $\partial\Omega$ nicht ohne weiteres natürlich. Im allgemeinen kann eine Menge $K \subset \Omega$, die kein $\eta \in \mathfrak{B}(\nu)$ tragen kann, sehr wohl nichtpositive Elemente aus $\Pi^{-1}(\nu)$ tragen. Somit kann ein numerisches Verfahren zur Bestimmung einer möglichen Massenverteilung mit dem im Außenraum bekannten Potential auch nichtpositive Verteilungen liefern, auch wenn aus physikalischen Gründen evident ist (wie in der Geophysik), daß nur Massen mit positivem Vorzeichen in Frage kommen. Es kann vorkommen, daß $\mathfrak{B}(\mu)$ nur aus dem Maß μ allein besteht. Wir setzen

$$\mathfrak{K}^+(\partial\Omega) = \{\mu \in \mathfrak{M}^+(\partial\Omega)\colon \{\mu\} = \mathfrak{B}(\mu)\}\ .$$

$\mathfrak{K}^+(\partial\Omega)$ enthält z. B. alle $\eta \in \mathfrak{M}^+(\partial\Omega)$, für die ein $y_0 \in \partial\Omega$ und ein $r > 0$ existiert mit $\eta(K^r_{y_0}) = 0$.

Übung. Man zeige:

(i) $\mu \in \mathfrak{K}^+(\partial\Omega)$, $0 \leqq \nu \leqq \mu \Rightarrow \nu \in \mathfrak{K}^+(\partial\Omega)$.

(ii) $\mathfrak{K}^+(\partial\Omega)$ ist kein konvexer Kegel.

Es ist leicht zu sehen, daß gilt

$$\sum_{k=1}^{\infty} a_k\delta_{y_k} \in \mathfrak{K}^+(\partial\Omega)$$

für beliebige $y_k \in \partial\Omega$ und Zahlen $a_k \geqq 0$ mit $\sum a_k < \infty$. Somit enthält $\mathfrak{K}^+(\partial\Omega)$ eine in $\mathfrak{M}^+(\partial\Omega)$ dichte Teilmenge, und wir erhalten

Satz 1. *Es gibt außer der identischen Abbildung keine stetige Abbildung*

$$s\colon \mathfrak{M}^+(\partial\Omega) \to \mathfrak{M}^+(\bar{\Omega})$$

mit

$$\Pi s(\nu) = \nu \qquad \text{für alle } \nu \in \mathfrak{M}^+(\partial\Omega)\,.$$

Positive stetige Rechtsinverse s des Balayage-Operators kann es also nur auf geeigneten Teilmengen von $\mathfrak{M}^+(\partial\Omega)$ geben. Mit diesem Problem beschäftigen wir uns in 5.3.

Übung. Ω sei eine Kugel. Man konstruiere eine lineare stetige Abbildung $s\colon \mathfrak{M}(\partial\Omega) \to \mathfrak{M}(\overline{\Omega})$ mit $\Pi s(\nu) = \nu$ für alle $\nu \in \mathfrak{M}(\partial\Omega)$. die nicht die Identität ist.

Wir geben jetzt eine physikalische Charakterisierung der Menge $\mathfrak{B}(\mu)$.

Es sei $\varrho \in \mathfrak{M}_0^+$. Mit $O(\varrho)$ bezeichnen wir die abgeschlossene konvexe Hülle von $\operatorname{supp}\varrho$. Es existiert (vgl. I.3.1.) genau ein Punkt $x_\varrho \in O(\varrho)$ mit der Eigenschaft

$$||\varrho||\; u(x_\varrho) = \int u(x)\,\mathrm{d}\varrho(x)$$

für alle Funktionen u der Gestalt

$$u(x) = a_0 + \sum_{i=1}^{n} a_i x_i \qquad (a_j \in R^1;\ j = 0, \dots, n)\,. \tag{3}$$

x_ϱ heißt Schwerpunkt des Maßes ϱ. Ist w ein homogenes harmonisches Polynom vom Grad k, so heiße die Zahl $\varrho(w)$ ein Moment von ϱ der Ordnung k (vgl. [F 1]). Nach Definition hängen alle Momente w^*-stetig ab von ϱ.

Satz 2. *Alle Maße $\eta \in \mathfrak{B}(\mu)$ $(\mu \in \mathfrak{M}^+(\overline{\Omega}))$ haben dieselbe Gesamtmasse (d. h. $||\eta|| = ||\mu||$), denselben Schwerpunkt und dieselben höheren Momente. Wenn wir umgekehrt annehmen, daß $\partial\Omega$ genügend glatt ist, so gehört jedes $\eta \in \mathfrak{M}^+(\overline{\Omega})$, dessen Momente sämtlich mit denen von μ übereinstimmen, zur Menge $\mathfrak{B}(\mu)$.*

Beweis: Einsetzen in (2) aller Funktionen der Gestalt (3) bzw. der harmonischen Polynome höherer Ordnung liefert die eine Richtung der Behauptung. Da für glattes $\partial\Omega$ die endlichen Linearkombinationen der harmonischen Polynome, eingeschränkt auf $\overline{\Omega}$, in $D(\overline{\Omega})$ dicht liegen, folgt die umgekehrte Richtung. ◀

Bemerkung 1. Die konvexe kompakte Menge

$$K(\mu) = \bigcap_{\eta \in \mathfrak{B}(\mu)} O(\eta) \tag{4}$$

ist niemals leer für $\mu \in \mathfrak{M}^+(\overline{\Omega})$, $\mu > 0$. Es gilt nämlich stets

$$x_\mu \in K(\mu)\,.$$

Dies entspricht der anschaulichen Vorstellung, daß die Träger der Maße aus $\mathfrak{B}(\mu)$ in gewisser Weise um den gemeinsamen Schwerpunkt herum gelagert sind. $K(\mu)$ liegt im allgemeinen nicht in $\overline{\Omega}$, wenn $\overline{\Omega}$ nicht konvex ist. Dasselbe gilt für x_μ. Zwei durch Translation auseinander hervorgehende Maße haben verschiedene Schwerpunkte, also auch ein verschiedenes Bild bezüglich Π.

Für $\mu = \delta_{x_0}$ $(x_0 \in \Omega)$ gilt $x_\mu = x_0$. Somit ist $\mathfrak{B}(\delta_{x_0})$ eine konvexe kompakte Menge von Wahrscheinlichkeitsmaßen mit dem Schwerpunkt x_0. Die Maße aus $\mathfrak{B}(\delta_{x_0})$ heißen auch Mittelungsmaße bezüglich x_0 wegen der Eigenschaft

$$u(x_0) = \int u(x)\,\mathrm{d}\tau_{x_0}(x) \qquad \text{für } \tau_{x_0} \in \mathfrak{B}(\delta_{x_0}) \text{ und alle } u \in D(\overline{\Omega})\,.$$

Für $K_{x_0}^r \subseteqq \bar{\Omega}$ kann man beispielsweise setzen $\tau_{x_0} = \sigma_{x_0}^r$ oder $\tau_{x_0} = \varkappa_{x_0}^r$, und man erhält die bekannten sphärischen Mittelwertsätze für harmonische Funktionen. Weiterhin gilt für jedes Teilgebiet $\Omega' \subseteqq \Omega$ mit $x_0 \in \Omega'$

$$\tau_{x_0} = \Pi_{\Omega'}\delta_{x_0} \in \mathfrak{B}(\delta_{x_0}) .$$

Bevor wir zum systematischen Studium der verschiedenen Aspekte des inversen Problems kommen, weisen wir noch auf folgende Approximationseigenschaft hin.

Satz 3. *Es sei* $\eta \in \mathfrak{B}(\mu)$ $(\mu \in \mathfrak{M}^+(\bar{\Omega}))$ *und* $\partial\Omega \cap \operatorname{supp} \eta = \emptyset$. *Dann existiert eine Folge von Funktionen* $\varphi_k \in C_0^\infty(\Omega)$, $\varphi_k \geqq 0$ $(k \in N)$, *so daß die Maße* λ_k *mit* $d\lambda_k(x) = \varphi_k(x)\, dx$ *zu* $\mathfrak{B}(\mu)$ *gehören und gilt*

$$\lambda_k \rightharpoonup \eta \qquad \text{in } \mathfrak{M}(\bar{\Omega}) .$$

Beweis: Es gilt dist $(\partial\Omega, \operatorname{supp} \eta) \geqq r > 0$. Es sei $(r_k)_{k \in N}$ eine Folge reeller Zahlen mit $0 < r_k < r$ und $\lim_{k\to\infty} r_k = 0$. Wir wählen eine Funktion $p_k(t) \in C_0^\infty(R^1)$, $\operatorname{supp} p_k \subseteqq [0, r_k]$, $p_k \geqq 0$ und $\int p_k(t)\, dt = 1$. Dann ist das Maß

$$f \to \int_0^{r_k} [\int f(y)\, d\sigma_0^{r'}(y)]\, p_k(r')\, dr'$$

bezüglich des LEBESGUE-Maßes im R^n absolutstetig mit einer Dichte $\psi_k \in C_0^\infty(R^n)$, $\psi_k \geqq 0$, $\operatorname{supp} \psi_k \subseteqq K_0^{r_k}$, und wegen $u(x_0) = \sigma_{x_0}^r(u)$ für harmonische u gilt

$$u(x_0) = \int u(x)\, \psi_k(x - x_0)\, dx \qquad \text{für alle } u \in D(\bar{\Omega}) \text{ und dist } (\partial\Omega, x_0) > r .$$

Integration dieser Gleichung bezüglich x_0 mit dem Maß η liefert

$$\eta(u) = \int [\int u(x)\, \psi_k(x - x_0)\, dx]\, d\eta(x_0) = \int u(x)\, [\int \psi_k(x - x_0)\, d\eta(x_0)]\, dx$$

für alle $u \in D(\bar{\Omega})$. Dann hat die Funktion $\varphi_k(x) = \int \psi_k(x - x_0)\, d\eta(x_0)$ offenbar die behaupteten Eigenschaften. ◀

Satz 3 ist ein Spezialfall folgender Konstruktion. Es sei $\eta \in \mathfrak{B}(\mu)$ $(\mu \in \mathfrak{M}^+(\bar{\Omega}))$ und dist $(\partial\Omega, \operatorname{supp} \eta) \geqq r > 0$. Weiterhin sei $\Omega' \subset K_0^r$ ein Gebiet mit $0 \in \Omega'$, und es sei $\zeta \in \mathfrak{M}^+(\bar{\Omega}')$ ein Maß mit $\Pi_{\Omega'}\zeta = \Pi_{\Omega'}\delta_0$. Dann gilt

$$\zeta * \eta \in \mathfrak{B}(\mu) . \tag{5}$$

Es gilt nämlich

$$\int u(x + y)\, d\zeta(y) = u(x) \qquad \text{für alle } u \in D(\bar{\Omega}) \text{ und } x \in \Omega \text{ mit dist } (\partial\Omega, x) > r .$$

Integration bezüglich η liefert aber

$$\int [\int u(x + y)\, d\zeta(y)]\, d\eta(x) = \int u(x)\, d(\zeta * \eta)\,(x) = \int u(x)\, d\eta(x)$$

für alle $u \in D(\bar{\Omega})$. Auf Grund der Annahmen über supp η folgt $\zeta * \eta \in \mathfrak{M}(\bar{\Omega})$.

Es sei nun $\mu \in \mathfrak{M}^+(\bar{\Omega})$ beliebig gegeben, $\varrho \in \mathfrak{B}(\mu)$, und ζ sei ein Maß mit den genannten Eigenschaften. Dann erhält man zu jeder kompakten Menge $K \subset \Omega$ mit dist $(\partial\Omega, K) > r$ durch

$$\varrho' = (\varrho - \varrho/K) + (\varrho/K) * \zeta$$

wieder ein Element aus $\mathfrak{B}(\mu)$, und es gilt $\varrho \neq \varrho'$ im Falle $\varrho(K) > 0$.

Die folgenden Konstruktionen geben einen weiteren Einblick in die Vieldeutigkeit der Massenverteilungen in Ω mit gegebenem Potential in $C\Omega$. Betrachtet werde ein

$\mu \in \mathfrak{M}^+(\bar{\Omega})$. Es sei $(\Omega_\iota)_{\iota \in I}$ eine beliebige Familie von Teilgebieten von Ω und

$$\mu_\iota = \mu|_{\bar{\Omega} \setminus \Omega_\iota} + \Pi_\iota(\mu|_{\Omega_\iota}) ;$$

$\Pi_\iota : \mathfrak{M}^+(\bar{\Omega}_\iota) \to \mathfrak{M}^+(\partial \Omega_\iota)$ sei der Balayageoperator zu Ω_ι. Es sei p ein beliebiges Wahrscheinlichkeitsmaß auf der Indexmenge I, und die Funktion $\mu_\iota(\varphi)$ sei auf I p-meßbar für alle $\varphi \in C(\bar{\Omega})$. Dann ist das Maß

$$\varrho : \varphi \to \int_I \mu_\iota(\varphi) \, \mathrm{d}p(\iota) \qquad (\varphi \in C(\bar{\Omega}))$$

wieder ein Element von $\mathfrak{B}(\mu)$.

Es sei jetzt

$$m : \bar{\Omega} \to \mathfrak{M}^+(\bar{\Omega})$$

eine beliebige Abbildung mit $\tau_x = m(x) \in \mathfrak{B}(\delta_x)$ für alle $x \in \bar{\Omega}$, und $\tau_x(\varphi)$ sei μ-meßbar für alle $\varphi \in C(\bar{\Omega})$. Dann ist das Maß

$$\eta : \varphi \to \int_{\bar{\Omega}} \tau_x(\varphi) \, \mathrm{d}\mu(x) \qquad (\varphi \in C(\bar{\Omega}))$$

ebenfalls ein Element von $\mathfrak{B}(\mu)$. Auf Grund der Reichhaltigkeit von $\mathfrak{B}(\mu)$ ist es ein sinnvolles Problem, die Struktur dieser Menge näher zu studieren, Klassifizierungsprinzipien anzugeben und ausgezeichnete Elemente zu suchen.

5.2. Konvexität und extremale Massen

Wir erinnern noch einmal an das in III.1.4. bewiesene

Lemma 1. *Die Menge* $\mathfrak{B}(\mu)$ $(\mu \in \mathfrak{M}^+(\bar{\Omega}))$ *ist konvex und* w^**-kompakt in* $\mathfrak{M}(\bar{\Omega})$.

Somit können wir die in I.3. bereitgestellten Aussagen anwenden: Jedes $\eta \in \mathfrak{B}(\mu)$ $(\mu \in \mathfrak{M}^+(\bar{\Omega}))$ kann durch lineare Überlagerung aus extremalen Elementen der Menge $\mathfrak{B}(\mu)$ aufgebaut werden, d. h., zu jedem $\eta \in \mathfrak{B}(\mu)$ existiert ein Wahrscheinlichkeitsmaß p_η auf ex $\mathfrak{B}(\mu)$ mit

$$\eta(\varphi) = \int_{\mathrm{ex}\,\mathfrak{B}(\mu)} \gamma(\varphi) \, \mathrm{d}p_\eta(\gamma) \qquad \text{für alle } \varphi \in C(\bar{\Omega}) . \tag{6}$$

Für die Beschreibung von $\mathfrak{B}(\mu)$ muß also die Extremalpunktmenge ex $\mathfrak{B}(\mu)$ näher untersucht werden. Hierbei spielen folgende einfache Tatsachen eine Rolle.

Aus

$$\eta = q\sigma + (1 - q)\tau , \qquad (0 \leqq q \leqq 1) \tag{7}$$

und $\sigma \geqq 0, \tau \geqq 0$ folgt

$$\operatorname{supp} \sigma \subseteqq \operatorname{supp} \eta , \qquad \operatorname{supp} \tau \subseteqq \operatorname{supp} \eta . \tag{8}$$

Außerdem gilt $\mathcal{J}_\sigma \subseteqq \mathcal{J}_\eta$, $\mathcal{J}_\tau \subseteqq \mathcal{J}_\eta$ (vgl. I.2.6.). Wenn $\mathfrak{B}$ eine konvexe Menge ist und es existieren zu einem $\eta \in \mathfrak{B}$ Elemente $\sigma, \tau \in \mathfrak{B}$ mit (7), so existieren auch Elemente $\sigma_1, \tau_1 \in \mathfrak{B}$ mit

$$\eta = \tfrac{1}{2} (\sigma_1 + \tau_1) . \tag{9}$$

Aus $\sigma \neq \eta$, $\tau \neq \eta$ folgt dabei $\sigma_1 \neq \eta$, $\tau_1 \neq \eta$. Zum Beweis sei z. B. $q < \frac{1}{2}$. Wir setzen dann

$$\sigma_1 = 2q\sigma + (1 - 2q)\,\tau\,, \qquad \tau_1 = \tau\,.$$

Aus $\sigma \neq \eta$, $\tau \neq \eta$ folgt trivialerweise $\tau_1 \neq \eta$ und aus (9) auch $\sigma_1 \neq \eta$.

Weiterhin sei daran erinnert, daß falls $\partial\Omega$ glatt und o ein Oberflächenmaß auf $\partial\Omega$ ist, $\Pi\eta$ $(\eta > 0)$ im Falle dist (supp η, $\partial\Omega) > 0$ durch eine glatte streng positive Dichte $g \in C(\partial\Omega)$ bezüglich o dargestellt werden kann (vgl. III.1.6.).

Eine gewisse Charakterisierung der Menge ex $\mathfrak{B}(\mu)$ wird durch folgenden Satz gegeben, auf den uns A. Cornea hingewiesen hat (vgl. [A 39]).

Satz 4. *Es sei F die Menge aller endlichen Linearkombinationen von Funktionen der Gestalt $\Phi(x, z_k)$ mit $z_k \in \complement\Omega$. Dann gilt für $\mu \in \mathfrak{M}^+(\overline{\Omega})$*

$$\eta \in \mathrm{ex}\,\mathfrak{B}(\mu) \Leftrightarrow F \text{ liegt dicht in } L^1(\eta)\,.$$

Beweis: Es werde zunächst angenommen $\overline{F} = L^1(\eta)$. Unter der Annahme $\eta = q\sigma + (1 - q)\,\tau$ $(0 \leqq q \leqq 1)$ und $\sigma, \tau \in \mathfrak{B}(\mu)$ beweisen wir $\sigma = \tau$. Es sei B eine Borel-Menge und 1_B die charakteristische Funktion von B. Wegen der angenommenen Dichtheit existiert eine Folge $(f_k)_{k\in N} \subset F$ mit der Eigenschaft $\|1_B - f_k\|_{L^1(\eta)} \to 0$ für $k \to \infty$. Auf Grund von $\tau \leqq (1 - q)^{-1}\,\eta$ für $q \neq 1$ folgt daraus $\|1_B - f_k\|_{L^1(\tau)} \to 0$ für $k \to \infty$. Wegen $\eta, \tau \in \mathfrak{B}(\mu)$ haben wir $\eta(f_k) = \tau(f_k)$ für alle $f_k \in F$, also $\eta(1_B) = \tau(1_B)$. Da B beliebig ist, folgt $\eta = \tau$. Umgekehrt sei $\overline{F} \neq L^1(\eta)$. Dann existiert ein $g \in L^\infty(\eta) = \big(L^1(\eta)\big)'$ mit $g|_{\overline{F}} = 0$. Ohne Beschränkung der Allgemeinheit können wir annehmen $|g| \leqq 1$. Wir zeigen, daß η nicht extremal ist. Die Maße $\sigma = \eta + g\eta$, $\tau = \eta - g\eta$ liegen nämlich in $\mathfrak{B}(\mu)$, und es gilt $\eta = (\sigma + \tau)/2$. ◀

Explizite extremale Elemente liefert folgender

Satz 5. *Es sei $\Omega' \subseteqq \Omega$ ein einfach zusammenhängendes Teilgebiet, das in allen Randpunkten die Poincarésche Kegelbedingung erfüllt. Dann gilt für $\mu \in \mathfrak{M}^+(\overline{\Omega})$*

$$\eta' \in \mathfrak{B}(\mu)\,, \quad \mathrm{supp}\,\eta' \subseteqq \overline{\Omega}' \Rightarrow \eta = \Pi_{\Omega'}\eta' \in \mathrm{ex}\,\mathfrak{B}(\mu)\,. \tag{10}$$

Beweis: Es sei $\sigma, \tau \in \mathfrak{B}(\mu)$ und $\eta = q\sigma + (1 - q)\,\tau$ $(0 \leqq q \leqq 1)$. Dann gilt wegen $\sigma, \tau \geqq 0$ und supp $\eta \subseteqq \partial\Omega'$ auch supp $\sigma \subseteqq \partial\Omega'$, supp $\tau \subseteqq \partial\Omega'$. Weiterhin haben wir

$$\Phi\sigma(z) = \Phi\tau(z) \qquad \text{für alle } z \in \complement\Omega\,.$$

Da Potentiale außerhalb des Trägers der erzeugenden Maße reell analytisch sind, gilt diese Gleichung auch für alle $z \in \complement\overline{\Omega}'$. Da Ω' die Poincarésche Kegelbedingung erfüllt, erhalten wir sogar $\Phi\sigma = \Phi\tau$ auf $\partial\Omega'$. Für $x_0 \in \Omega'$ und $\mu'_{x_0} = \Pi_{\Omega'}\delta_{x_0}$ gilt

$$\Phi\mu'_{x_0}(x) = \Phi(x_0, x) \qquad \text{für alle } x \in \partial\Omega'\,,$$

d. h.

$$\mu'_{x_0}(\Phi\sigma) = \mu'_{x_0}(\Phi\tau) \Leftrightarrow \sigma(\Phi\mu'_{x_0}) = \tau(\Phi\mu'_{x_0}) \Leftrightarrow \Phi\sigma(x_0) = \Phi\tau(x_0)\,.$$

Die Integrierbarkeit von $\Phi\sigma$ bezüglich μ'_{x_0} folgt aus $\mu'_{x_0} \in \mathfrak{F}^+$ und dem Satz von Fubini. Damit gilt $\Phi\sigma = \Phi\tau$ im R^n, d. h. $\sigma = \tau$. ◀

Die Struktur von ex $\mathfrak{B}(\mu)$ ist sehr kompliziert. Es wird sich herausstellen, daß bei weitem nicht alle extremalen Elemente von $\mathfrak{B}(\mu)$ in der in Satz 5 angegebenen Weise darstellbar sind.

Wenn Ω' nicht einfach zusammenhängend ist, gilt im allgemeinen nicht $\Pi_{\Omega'}\eta' \in \operatorname{ex} \mathfrak{B}(\mu)$. Es sei z. B. Ω' dasjenige Gebiet, das von zwei konzentrischen Sphären S_i vom Radius r_i ($i = 1, 2$; $r_1 < r_2$) begrenzt wird. Es sei $x_0 \in \Omega'$ und $\mu = \delta_{x_0}$. Das Maß $\eta = \Pi_{\Omega'}\delta_{x_0}$ besteht aus zwei Komponenten σ_1, σ_2, d. h. $\eta = \sigma_1 + \sigma_2$, $\operatorname{supp} \sigma_i \subseteqq S_i$ ($i = 1, 2$), welche durch streng positive stetige Dichten bezüglich der jeweiligen Oberflächenmaße auf S_i beschrieben werden können. Es sei Ω_0 die durch die Sphäre S_2 begrenzte offene Kugel und $\sigma_0 = \Pi_{\Omega_0}\sigma_1$. Dann besitzt auch σ_0 eine streng positive stetige Dichte bezüglich des Oberflächenmaßes auf S_2. Für genügend kleines $\varepsilon > 0$ sind also die Maße

$$\sigma = \sigma_1 - \varepsilon\sigma_1 + \varepsilon\sigma_0 + \sigma_2\,, \qquad \tau = \sigma_1 + \varepsilon\sigma_1 - \varepsilon\sigma_0 + \sigma_2$$

positiv. Wegen $\sigma, \tau \in \mathfrak{B}(\mu)$ und $\eta = (\sigma + \tau)/2$ ist also η nicht extremal.

Satz 6. *Die Extremalpunktmenge* $\operatorname{ex} \mathfrak{B}(\mu)$ *ist für* $\mu \in \mathfrak{M}^+(\overline{\Omega})$ *und* $\operatorname{supp} \mu \cap \partial\Omega = \emptyset$ *nicht abgeschlossen (bezüglich der w^*-Topologie).*

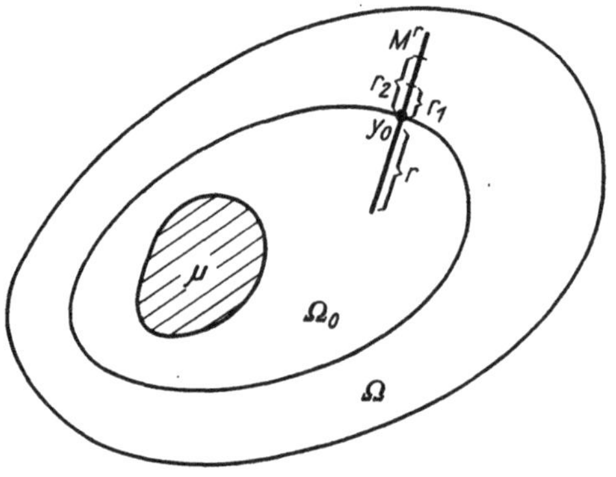

Abb. 1

Beweis: Es sei $\Omega_0 \subset \Omega$ ein einfach zusammenhängendes Teilgebiet mit glattem Rand und $K = \operatorname{supp} \mu \subset \Omega_0$. Zu jedem Randpunkt $y_0 \in \partial\Omega_0$ existiert eine $(n-1)$-dimensionale Kugel M^r mit genügend kleinem Radius $r > 0$ und dem Mittelpunkt y_0, so daß die offene Menge $\Omega^r = \Omega_0 \setminus M^r$ ein Gebiet ist mit $K \subset \Omega^r$ und $\Omega_0 \neq \Omega^r$. (vgl. Abb. 1). Wir schöpfen Ω^r aus durch eine monoton wachsende Folge $(\Omega_k)_{k\in N}$ glatter Gebiete mit $K \subset \Omega_k$ für alle $k \in N$. Dann gilt nach Satz 5 $\eta_k = \Pi_{\Omega_k}\mu \in \operatorname{ex} \mathfrak{B}(\mu)$. Weiterhin haben wir $\eta_k \rightharpoonup \eta^r = \Pi_{\Omega^r}\mu$ für $k \to \infty$. Es genügt also zu zeigen $\eta^r \notin \operatorname{ex} \mathfrak{B}(\mu)$. Auf $\partial\Omega^r$ existiert ein Oberflächenmaß o, so daß η^r mit einer streng positiven stetigen Dichte bezüglich o beschrieben werden kann. Das gleiche gilt für die Maße η^{r_i} ($i = 1, 2$) mit $0 < r_1 < r_2 < r$ mit entsprechenden Oberflächen-Maßen o_i, wobei wir annehmen können $o_i = o|_{\partial\Omega^{r_i}}$ ($i = 1, 2$). Für genügend kleines $\varepsilon > 0$ sind also die Maße

$$\eta_1 = \eta^r + \varepsilon\eta^{r_1} - \varepsilon\eta^{r_2}\,, \qquad \eta_2 = \eta^r - \varepsilon\eta^{r_1} + \varepsilon\eta^{r_2}$$

positiv und Elemente von $\mathfrak{B}(\mu)$. Es gilt aber $\eta = (\eta_1 + \eta_2)/2$, $\eta_1 \neq \eta_2$. Somit ist η^r nicht extremal (vgl. Abb. 1). ◀

Wenn Ω glatt berandet ist, kann man durch eine leichte Änderung der eben durchgeführten Konstruktion zeigen, daß Satz 6 gilt unter der schwächeren Bedingung $\partial\Omega \neq \operatorname{supp} \mu$.

Für den Fall $\mu = \delta_{x_0}$ $(x_0 \in \Omega)$, der später von besonderem Interesse ist, konstruieren wir jetzt weitere extremale Elemente (vgl. [A 39]).

Satz 7. *Es sei* $x_0 \in \Omega$, *und* $\Omega' \subseteqq \Omega$ *sei ein einfach zusammenhängendes glattes Teilgebiet mit* $x_0 \in \Omega'$. *Dann existiert zu jedem* $z_0 \in \Omega'$ *eine Konstante* $a(z_0) \geqq 0$ *mit*

$$\eta_{x_0 z_0} = \mu'_{x_0} - a(z_0)\,\mu'_{z_0} + a(z_0)\,\delta_{z_0} \in \operatorname{ex} \mathfrak{B}(\delta_{x_0}) \,. \tag{11}$$

Dabei haben wir gesetzt $\mu'_x = \Pi_{\Omega'}\delta_x$, $x \in \Omega'$.

Beweis: Es sei o ein Oberflächenmaß auf $\partial\Omega'$. Dann existiert zu jedem festen $x \in \Omega'$ eine Funktion $n(x, y) \in C(\partial\Omega')$, $n(x, y) > 0$ mit

$$\mathrm{d}\mu'_x(y) = n(x, y)\,\mathrm{d}o(y)\,.$$

Wir setzen

$$a(z_0) = \sup\{a : n(x_0, y) - an(z_0, y) \geqq 0 \text{ für alle } y \in \partial\Omega\}\,.$$

Dann ist wegen $a(z_0) \geqq 0$ das Maß $\eta_{x_0 z_0}$ positiv, also Element von $\mathfrak{B}(\delta_{x_0})$. Zum Beweis von (11) sein $\sigma, \tau \in \mathfrak{B}(\delta_{x_0})$ und $\eta_{x_0 z_0} = q\sigma + (1 - q)\,\tau$, $(0 < q < 1)$. Dann gilt $\operatorname{supp} \sigma \subseteqq \{z_0\} \cup \partial\Omega'$, $\operatorname{supp} \tau \subseteqq \{z_0\} \cup \partial\Omega'$. Wir zeigen, daß σ und τ die Gestalt haben

$$\sigma = \mu'_{x_0} - b\mu'_{z_0} + b\delta_{z_0}\,, \qquad \tau = \mu'_{x_0} - c\mu'_{z_0} + c\delta_{z_0}$$

mit Konstanten $b, c \geqq 0$. Es gilt z. B. $u(x_0) = \sigma(u)$ für alle $u \in D(\overline{\Omega}')$. Die Einschränkung des Maßes σ auf $\{z_0\}$ ist gleich $b\delta_{z_0}$ mit einer Konstanten $b \geqq 0$. Aus

$$u(x_0) = bu(z_0) + \int u(y)\,\mathrm{d}\sigma'(y) \qquad \text{für alle } u \in D(\overline{\Omega}')$$

$(\sigma' = \sigma|_{\partial\Omega'})$ folgt aber $\sigma' = \Pi_{\Omega'}(\delta_{x_0} - b\delta_{z_0}) = \mu'_{x_0} - b\mu'_{z_0}$. Analog verfährt man mit τ. Wenn nun $a \neq b$, $a \neq c$ ist, muß wegen $a = qb + (1 - q)\,c$ gelten $a < b$ oder $a < c$. Dies würde aber der Positivität von σ oder τ widersprechen. Daraus folgt $a = b = c$, und der Satz ist gezeigt. ◀

Es gilt $a(x_0) = 1$, d. h. $\delta_{x_0} \in \operatorname{ex} \mathfrak{B}(\delta_{x_0})$. Die Funktion $a(z)$ ist stetig auf Ω', und es gilt $a(z) \to 0$ für $z \in \Omega'$, $z \to y \in \partial\Omega'$ $(n \geqq 2)$.

Das Maß $\mu'_{x_0} - a(z_0)\,\mu'_{z_0}$ hat die Masse $1 - a(z_0) > 0$ für $x_0 \neq z_0$, d. h.

$$0 < a(z) < 1 \qquad \text{für } z \in \Omega' \setminus \{x_0\}\,.$$

Der Schwerpunkt y_0 des Maßes $\mu'_{x_0} - a(z_0)\,\mu'_{z_0}$ liegt auf der Verbindungsgeraden der Punkte x_0 und z_0, wobei gilt

$$x_0 = \bigl(1 - a(z_0)\bigr)\,y_0 + a(z_0)\,z_0\,,$$

d. h. x_0 liegt zwischen y_0 und z_0.

Aus dem Maß

$$\eta = \mu'_{x_0} - a\mu'_{z_0} + a\delta_{z_0} \qquad (0 < a \leqq a(z_0))$$

kann man weitere interessante Elemente aus $\mathfrak{B}(\delta_{x_0})$ konstruieren. Es gilt nämlich dann auch

$$\zeta = \mu'_{x_0} - a\mu'_{z_0} + a\tau_{z_0} \in \mathfrak{B}(\delta_{x_0})$$

für beliebiges $\tau_{z_0} \in \mathfrak{B}(\delta_{z_0})$.

Ist weiterhin p ein Wahrscheinlichkeitsmaß auf $\overline{\Omega}'$, so gehört auch das Maß

$$\varphi \to \int [\mu'_{x_0}(\varphi) - a(z_0)\,\mu_{z_0}(\varphi) + a(z_0)\,\varphi(z_0)]\,\mathrm{d}p(z_0)$$

zu $\mathfrak{B}(\delta_{x_0})$. Dies ist ein Spezialfall für eine Überlagerung extremaler Elemente mittels eines Wahrscheinlichkeitsmaßes auf ex $\mathfrak{B}(\delta_{x_0})$.

Ist weiterhin $\tau \in \mathfrak{M}^+(\overline{\Omega}')$ mit $\partial\Omega' \cap \operatorname{supp}\tau = \emptyset$ beliebig gegeben, so existiert eine Zahl $b > 0$ und ein $\eta \in \mathfrak{B}(\delta_{x_0})$ mit

$$\eta = b\tau + \varrho\,, \qquad \varrho \in \mathfrak{M}^+(\partial\Omega')\,.$$

Ist nämlich $b = \inf\{a(z_0): z_0 \in \operatorname{supp}\tau\}$, so gilt $\mu'_{x_0} - b\mu'_{z_0} + b\delta_{z_0} \in \mathfrak{B}(\delta_{x_0})$, und man kann setzen

$$\varrho(\varphi) = \int \{\mu'_{x_0}(\varphi) - b\mu'_{z_0}(\varphi) + b\varphi(z_0)\}\, d\tau(z_0)\,.$$

Die Existenz von $b > 0$ und ϱ mit den behaupteten Eigenschaften ist allerdings von vornherein klar, da $\tau' = \Pi_{\Omega'}\tau$ durch eine glatte Dichte $t(y) > 0$ bezüglich eines Oberflächenmaßes o beschrieben werden kann. Es genügt zu setzen

$$b(\tau) = \sup\{c: n(x_0, y) - ct(y) \geqq 0 \text{ für alle } y \in \partial\Omega'\}\,.$$

Es gilt dann offenbar $b \leqq b(\tau)$.

Bemerkung 2. Die Menge $\mathfrak{B}(\nu)$ $(\nu \in \mathfrak{M}^+(\partial\Omega))$ ist im allgemeinen kein Simplex im CHOQUETschen Sinne. Zum Beweis genügt es, einen Fall zu konstruieren, wo ein Maß $\eta \in \mathfrak{B}(\nu)$ auf verschiedene Weise nach (6) aus extremalen Elementen aufgebaut werden kann. Wir betrachten eine Kugel $K^r_{x_0}$ und setzen $\nu = \mu_{x_0} = \Pi\delta_{x_0} = \sigma^r_{x_0}$. Dann gilt $\sigma^r_{x_0} \in \operatorname{ex}\mathfrak{B}(\delta_{x_0})$. Weiterhin haben wir nach Satz 5 $\sigma^{r/2}_{x_0} \in \operatorname{ex}\mathfrak{B}(\delta_{x_0})$. Das Maß

$$\eta = \tfrac{1}{2}\,(\sigma^r_{x_0} + \sigma^{r/2}_{x_0}) \tag{12}$$

ist dann durch (12) nach dem CHOQUET-Satz als Schwerpunkt eines Wahrscheinlichkeitsmaßes auf ex $\mathfrak{B}(\delta_{x_0})$ dargestellt. Andererseits erhalten wir η aber auch durch Integration von

$$\mu_{x_0} - a(z_0)\,\mu_{z_0} + a(z_0)\,\delta_{z_0}\,, \qquad z_0 \in S^{r/2}_{x_0}$$

bezüglich $\sigma^{r/2}_{x_0}$ über z_0 $(a(z_0) = \text{const.})$. Dies liefert also eine andere Schwerpunktdarstellung.

Zu den physikalisch motivierten Strukturüberlegungen im Zusammenhang mit Massenverteilungen, die im Außenraum dasselbe Potential erzeugen, gehört folgende Fragestellung.

Gegeben sei ein Maß $\nu \in \mathfrak{M}^+(\partial\Omega)$ und eine kompakte Menge $K \subset \Omega$. Wieviel Masse von ν kann man dann vom Rand nach innen auf K ziehen, so daß die neue Massenverteilung η zu $\mathfrak{B}(\nu)$ gehört? Man hat dann die Menge

$$\mathfrak{A}_0(\nu, K) = \{\tau \in \mathfrak{M}^+(\overline{\Omega}): \operatorname{supp}\tau \subseteqq K, \Pi\tau \leqq \nu\}$$

zu untersuchen. Für jedes $\tau \in \mathfrak{A}_0(\nu, K)$ gilt nämlich

$$\eta = \nu + \tau - \Pi\tau \in \mathfrak{B}(\nu)\,.$$

Wir nehmen in den folgenden Konstruktionen der Einfachheit halber an, daß $\partial\Omega$ glatt ist.

Satz 8. *Es sei $\nu \in \mathfrak{M}^+(\partial\Omega)$, und $K \subset \Omega$ sei kompakt. Dann ist die Menge $\mathfrak{A}_0(\nu, K)$ konvex und w*-kompakt, und*

$$\{\eta = \nu + \tau - \Pi\tau : \tau \in \mathfrak{A}_0(\nu, K)\}$$

ist eine konvexe w^*-kompakte Teilmenge von $\mathfrak{B}(\nu)$. Es gilt

$$\mathfrak{A}_0(\nu, K) = \{0\} \Leftrightarrow \nu \in \mathfrak{K}^+(\partial\Omega) .$$

Beweis: Die Konvexität ist trivial. Die Kompaktheit folgt aus

$$\mathfrak{A}_0(\nu, K) = \Pi^{-1}\{\lambda \in \mathfrak{M}^+(\partial\Omega) : \lambda \leqq \nu\} \cap \mathfrak{M}^+(K) .$$

Es bleibt zu zeigen

$$\nu \notin \mathfrak{K}^+(\partial\Omega) \Leftrightarrow \mathfrak{A}_0(\nu, K) \neq \{0\} .$$

Aus $\nu \notin \mathfrak{K}^+(\partial\Omega)$ folgt die Existenz eines $\eta \in \mathfrak{B}(\nu)$ mit $\eta(\Omega) > 0$. Dann existiert eine kompakte Menge $K_1 \subset \Omega$, so daß sogar $\eta(K_1) > 0$ gilt. Dies bedeutet $\nu \geqq \lambda = \Pi(\eta|_{K_1})$. Aus $\partial\Omega \cap \operatorname{supp}(\eta|_{K_1}) \neq \emptyset$ folgt aber, daß λ bezüglich jedes Maßes μ_{z_0} ($z_0 \in \Omega$) absolutstetig ist mit einer Dichte $l \in L^\infty(\mu_{z_0})$, die μ_{z_0}-fast überall größer oder gleich einer Konstanten $c > 0$ ist. Daraus folgt $\lambda \geqq c\mu_{z_0}$. Mit $z_0 \in K$ ist die Behauptung gezeigt. ◀

Wir setzen

$$m(\nu, K) = \sup\{\|\tau\| : \tau \in \mathfrak{A}_0(\nu, K)\}$$

und

$$\mathfrak{A}(\nu, K) = \{\tau \in \mathfrak{A}_0(\nu, K) : \|\tau\| = m(\nu, K)\} .$$

Satz 9. *Es gilt*

$$\mathfrak{A}_0(\nu, K) \neq \{o\} \Leftrightarrow \mathfrak{A}(\nu, K) \neq \emptyset ,$$

und $\mathfrak{A}(\nu, K)$ ist eine konvexe w^*-kompakte Teilmenge in $\mathfrak{M}^+(K)$.

Beweis: Es sei $\mathfrak{A}_0(\nu, K) \neq \{o\}$ und $(\tau_k)_{k\in N}$ sei eine Folge von Maßen aus $\mathfrak{A}_0(\nu, K)$ mit $\tau_k(1) = \|\tau_k\| \to m(\nu, K)$ für $k \to \infty$. Wir wählen die Folge etwa so, daß gilt $\tau_k(1) \leqq \tau_{k+1}(1)$ für alle $k \in N$. Wir finden dann eine w^*-konvergente Teilfolge $(\tau_{k_j})_{j\in N}$, die gegen ein Maß $\tau \in \mathfrak{A}_0(\nu, K)$ w^*-konvergiert, da $\mathfrak{A}_0(\nu, K)$ w^*-kompakt ist. Es gilt insbesondere $\tau_{k_j}(1) \to \tau(1)$, d. h. $\|\tau\| = m(\nu, K)$. Konvexität und Kompaktheit von $\mathfrak{A}(\nu, K)$ sind trivial. ◀

Bemerkung 3. Es gilt

$$\tau \in \operatorname{ex} \mathfrak{A}(\nu, K) \Rightarrow \eta = \nu + \tau - \Pi\tau \in \operatorname{ex} \mathfrak{B}(\nu) .$$

Zum Beweis sei $\eta_1, \eta_2 \in \mathfrak{B}(\nu)$, $\eta = q\eta_1 + (1 - q)\,\eta_2$ $(1 \leqq q \leqq 1)$. Aus $\tau_i = \eta_i|_K \in \mathfrak{A}_0(\nu, K)$ und $\tau = q\tau_1 + (1 - q)\,\tau_2$ folgt dann $\tau_i \in \mathfrak{A}(\nu, K)$ $(i = 1, 2)$, d. h. $\tau = \tau_1 = \tau_2$.

Sind K_1, K_2 kompakte Teilmengen von Ω, so gilt

$$K_1 \subseteqq K_2 \Rightarrow \mathfrak{A}(\nu, K_1) \subseteqq \mathfrak{A}(\nu, K_2) .$$

Weiterhin ist leicht zu sehen

$$\operatorname{ex} \mathfrak{A}(\nu, K_1) \subseteqq \operatorname{ex} \mathfrak{A}(\nu, K_2) .$$

Ist nämlich $\tau \in \operatorname{ex} \mathfrak{A}(\nu, K_1)$, $\tau = q\tau_1 + (1 - q)\,\tau_2$ $(0 \leqq q \leqq 1$, $\tau_i \in \mathfrak{A}(\nu, K_2)$, $i = 1, 2)$, so folgt $\operatorname{supp} \tau_i \subseteqq K_1 \Rightarrow \tau_i \in \mathfrak{A}(\nu, K_1)$ $(i = 1, 2)$, also $\tau = \tau_1 = \tau_2$.

Satz 10. *Das Mengensystem*

$$\mathcal{K}(a) = \{K \subseteqq \overline{\Omega} : K \text{ kompakt}, m(\nu, K) = a\}$$

hat folgende Eigenschaft: Zu jedem $K_1 \in \mathcal{K}(a)$ existiert eine kompakte Menge $K_0 \subseteqq K_1$, $K_0 \in \mathcal{K}(a)$, so daß jede kompakte Teilmenge von K_0, die zu $\mathcal{K}(a)$ gehört, mit K_0 übereinstimmt.

Beweis: Es genügt folgendes zu zeigen. Es sei $(K_\iota)_{\iota\in I}$ eine monotone Familie kompakter Mengen aus $\mathcal{K}(a)$ (d. h. $K_\iota \subseteqq K_{\iota'}$ oder $K_{\iota'} \subseteqq K_\iota$ für beliebige $\iota, \iota' \in I$). Dann liegt auch $K = \cap \{K_\iota : \iota \in I\}$ in $\mathcal{K}(a)$. Man zeigt leicht, daß es genügt, abzählbare Durchschnitte zu betrachten. Es sei also $(K_j)_{j\in N} \subseteqq \mathcal{K}(a)$ eine abzählbare monotone Folge mit dem Durchschnitt K. Dann enthält die Folge $(\tau_j)_{j\in N}$ $\big(\tau_j \in \mathfrak{A}(\nu, K_j)\big)$ eine w^*-konvergente Teilfolge $(\tau_{j_l})_{l\in N}$. Für den Limes τ gilt offenbar $\operatorname{supp} \tau \subseteqq K$. Aus Satz 9 folgt $\tau \in \mathfrak{A}(\nu, K)$. ◀

Als nächstes charakterisieren wir eine Klasse extremaler Elemente von $\mathfrak{B}(\nu)$ und erweitern damit Bemerkung 3.

Satz 11. *Es gilt*

$$\tau \in \operatorname{ex} \mathfrak{A}_0(\nu, K) \Rightarrow \eta = \tau - \Pi\tau + \nu \in \operatorname{ex} \mathfrak{B}(\nu)\,,$$

$$\eta \in \operatorname{ex} \mathfrak{B}(\nu)\,, \quad \operatorname{supp} \eta \subseteqq K \cup \partial\Omega \Rightarrow \tau = \eta|_K \in \operatorname{ex} \mathfrak{A}_0(\nu, K)\,.$$

Den Beweis gliedern wir in einige Hilfssätze. Es sei

$$\mathfrak{A}_1(\nu, K) = \{\tau \in \mathfrak{A}_0(\nu, K) : \tau_1 \geqq \tau,\ \operatorname{supp} \tau_1 \subseteqq K, \Pi\tau_1 \leqq \nu \Rightarrow \tau = \tau_1\}\,.$$

$\mathfrak{A}_0(\nu, K)$ ist die „erbliche Hülle" von $\mathfrak{A}_1(\nu, K)$, d. h., zu jedem $\tau \in \mathfrak{A}_0(\nu, K)$ existiert ein $\tau_1 \in \mathfrak{A}_1(\nu, K)$ mit $\tau \leqq \tau_1$. Man kann setzen $\tau_1 = c\tau$, wobei $c \geqq 1$ eine maximale Konstante ist. Es sei $\operatorname{ex} \mathfrak{A}_1(\nu, K)$ die Menge aller $\tau \in \mathfrak{A}_1(\nu, K)$, für die aus $\tau = q\tau_1 + (1 - q)\,\tau_2$ $(0 \leqq q \leqq 1, \tau_1, \tau_2 \in \mathfrak{A}_1(\nu, K))$ stets folgt $\tau = \tau_1 = \tau_2$.

Lemma 2. *Es gilt*

$$\operatorname{ex} \mathfrak{A}_0\,(\nu, K) = \operatorname{ex} \mathfrak{A}_1(\nu, K) \cup \{0\}\,.$$

Beweis: Es ist leicht zu sehen, daß jedes $\tau \neq 0, \tau \in \mathfrak{A}_1(\nu, K)$, das in $\mathfrak{A}_1(\nu, K)$ extremal ist, auch in $\mathfrak{A}_0(\nu, K)$ extremal ist. Umgekehrt kann kein $\tau \in \mathfrak{A}_0(\nu, K) \setminus \mathfrak{A}_1(\nu, K), \tau \neq 0$ zu $\operatorname{ex} \mathfrak{A}_0(\nu, K)$ gehören. Für solche τ kann man nämlich ein $\tau' < \tau$ finden mit $\tau + \tau' \in \mathfrak{A}_0(\nu, K)$, also $\tau = [(\tau - \tau') + (\tau + \tau')]/2$. ◀

Hiernach und wegen $\nu \in \operatorname{ex} \mathfrak{B}(\nu)$ können wir uns in Satz 1.3 auf den Fall $\eta|_K \neq 0$ beschränken.

Lemma 3. *Es gilt*

$$\tau \in \operatorname{ex} \mathfrak{A}_1(\nu, K) \Rightarrow \eta = \nu + \tau - \Pi\tau \in \operatorname{ex} \mathfrak{B}(\nu)\,.$$

Beweis: Es sei $\eta_1, \eta_2 \in \mathfrak{B}(\nu), \eta = q\eta_1 + (1 - q)\,\eta_2$ $(0 \leqq q \leqq 1)$. Mit $\tau_i = \eta_i|_K \in \mathfrak{A}_0(\nu, K)$ gilt dann $\tau = q\tau_1 + (1 - q)\,\tau_2 = \eta|_K \in \mathfrak{A}_1(\nu, K)$, also $\tau_1, \tau_2 \in \mathfrak{A}_1(\nu, K)$. Aus $\tau \in \operatorname{ex} \mathfrak{A}_1(\nu, K)$ folgt aber $\tau = \tau_1 = \tau_2$. ◀

Lemma 4. *Ist* $\eta \in \operatorname{ex} \mathfrak{B}(\nu)$ *und* $\eta(K) \neq 0$, $\eta(\Omega \setminus K) = 0$, *so gilt*

$$\tau = \eta|_K \in \operatorname{ex} \mathfrak{A}_1(\nu, K)\,.$$

Beweis: Es gilt $\tau \in \mathfrak{A}_1(\nu, K)$. Andernfalls existiert ein $\tau', 0 < \tau' < \tau$ mit $\tau + \tau' \in \operatorname{ex} \mathfrak{A}_0(\nu, K)$ und

$$\eta = \tfrac{1}{2}\big((\tau - \tau') - \Pi(\tau - \tau') + \nu\big) + \tfrac{1}{2}\big((\tau - \tau') - \Pi(\tau - \tau') + \nu\big)\,,$$

was $\eta \in \operatorname{ex} \mathfrak{B}(\nu)$ widerspricht. Aus

$$\tau = q\tau_1 + (1 - q)\,\tau_2\,, \qquad 0 \leqq q \leqq 1\,, \qquad \tau_1, \tau_2 \in \mathfrak{A}_0(\nu, K)$$

folgt

$$\eta = q(\tau_1 - \Pi\tau_1 + \nu) + (1 - q)(\tau_2 - \Pi\tau_2 + \nu),$$

und wegen $\eta \in \operatorname{ex} \mathfrak{B}(\nu)$ erhalten wir $\tau_1 = \tau_2$. ◀

Das folgende Beispiel zeigt, daß in Bemerkung 3 im allgemeinen tatsächlich neue extremale Elemente entstehen, wenn K nicht nur aus einem einzigen Punkt besteht.

Beispiel. Es sei Ω das Innere des Einheitskreises im R^2. Die Lösung des DIRICHLET-Problems $\Delta u = 0$ in Ω, $u|_{\partial\Omega} = g$ hat in Polarkoordinaten die Gestalt

$$u(r, \varphi) = \frac{1}{2\pi} \int_{-\pi}^{\pi} \frac{(1 - r^2)\, g(\alpha)\, \mathrm{d}\alpha}{1 - 2r\cos(\alpha - \varphi) + r^2}, \qquad x = (r, \varphi),$$

d. h.

$$\mathrm{d}\mu_x(\alpha) = \frac{1}{2\pi} \frac{(1 - r^2)\, \mathrm{d}\alpha}{1 - 2r\cos(\alpha - \varphi) + r^2}.$$

Wir setzen $x_0 = (0, 0)$, $z_0 = \left(\frac{1}{2}, 0\right)$. Dann gilt

$$\mathrm{d}\mu_{x_0}(\alpha) = \frac{1}{2\pi}\,\mathrm{d}\alpha, \qquad \mathrm{d}\mu_{z_0}(\alpha) = \frac{1}{2\pi}\left(\frac{(1 - 1/4)\,\mathrm{d}\alpha}{1 - \cos\alpha + \frac{1}{4}}\right).$$

$\mu_{x_0} - a\mu_{z_0} \geqq 0$ gilt genau dann, wenn für alle α

$$a\left(\frac{1 - \frac{1}{4}}{1 - \cos\alpha + \frac{1}{4}}\right) \leqq 1, \qquad \frac{a}{1 - \cos\alpha + \frac{1}{4}} \leqq \frac{4}{3}$$

besteht. Daraus folgt unmittelbar $a(z_0) = \frac{1}{3}$. Es sei nun $z_1 = z_0$, $z_2 = \left(\frac{1}{2}, \frac{\pi}{2}\right)$. Wir erhalten wegen $\cos\left(\alpha - \frac{\pi}{2}\right) = \sin\alpha$

$$\mathrm{d}\mu_{z_2} = \frac{1}{2\pi} \frac{\frac{3}{4}\,\mathrm{d}\alpha}{1 - \sin\alpha + \frac{1}{4}}.$$

Aus $\mu_{x_0} - a_1\mu_{z_1} - a_2\mu_{z_2} \geqq 0$ folgt die Forderung

$$\frac{\frac{3}{4}a_1}{1 - \cos\alpha + \frac{1}{4}} + \frac{\frac{3}{4}a_2}{1 - \sin\alpha + \frac{1}{4}} \leqq 1.$$

Wir stellen fest, daß $a_1 + a_2$ größer als $a(z_1) = a(z_2) = \frac{1}{3}$ gewählt werden kann, denn wenn wir setzen $a_1 = a_2 = \frac{1}{6}$, so gilt für alle α

$$\frac{1}{6}\left(\frac{\frac{3}{4}}{\frac{5}{4} - \sin\alpha}\right) + \frac{1}{6}\left(\frac{\frac{3}{4}}{\frac{5}{4} - \cos\alpha}\right) = \frac{1}{2}\left(\frac{1}{5 - 4\sin\alpha}\right) + \frac{1}{2}\left(\frac{1}{5 - 4\cos\alpha}\right) < 1,$$

so daß mit genügend kleinem $\varepsilon > 0$ auch $a_1 = a_2 = 1/6 + \varepsilon$ gesetzt werden kann.

5.3. Stetige Inverse des Balayage-Operators

Eine natürliche Frage im Zusammenhang mit der Abbildung

$$\Pi: \mathfrak{M}^+(\bar{\Omega}) \to \mathfrak{M}^+(\partial\Omega) \tag{13}$$

ist, ob man zu jedem ν aus einer geeigneten Teilmenge $\mathfrak{R} \subseteqq \mathfrak{M}^+(\partial\Omega)$ ein $\eta \in \mathfrak{B}(\nu)$ so finden kann, daß die Zuordnung $\nu \to \eta$ stetig wird. (In der Sprache der Faserbündel würde man von der Existenz stetiger Schnitte sprechen.)

Definition 1. $\mathfrak{R} \subseteqq \mathfrak{M}(\partial\Omega)$ sei eine Menge. Eine Abbildung

$$s: \mathfrak{R} \to \mathfrak{M}(\bar{\Omega}) \tag{14}$$

heiße ein *stetiges* (*Rechts*)-*Inverses* von Π auf $\mathfrak{R}$, wenn s w^*-stetig ist,

$$\Pi s(\nu) = \nu \text{ für alle } \nu \in \mathfrak{R} \tag{15}$$

gilt und

$$s(q\gamma + r\nu) = qs(\gamma) + rs(\nu) \qquad \text{für beliebige } \gamma, \nu \in \mathfrak{R} \text{ und } q, r \in R^1 \text{ mit } q\gamma + r\nu \in \mathfrak{R}\,.$$

Das Inverse s heißt *positiv*, falls für $\nu \geqq 0$ gilt $s(\nu) \geqq 0$.

Satz 1 zeigt, daß es auf ganz $\mathfrak{M}^+(\partial\Omega)$ keine stetigen Inversen von Π geben kann. Wir konstruieren jetzt auf naheliegende Weise konvexe kompakte Mengen $\mathfrak{R} \subseteqq \mathfrak{M}^+(\partial\Omega)$ und charakterisieren alle darauf existierenden stetigen Inversen von Π. Die Zurückführung auf einfachere Abbildungen liefert eine Vielzahl konkreter Inverser. Es sei $K \subset \Omega$ ein kompakte Menge, und es sei

$$\mathfrak{G}_K = \{\mu_x : x \in K\}\,.$$

$\mathfrak{R}_K$ sei die abgeschlossene konvexe Hülle von $\mathfrak{G}_K$ in $\mathfrak{M}^+(\partial\Omega)$. Wir erinnern daran, daß $\mathfrak{G}_K$ zu K homöomorph ist (vgl. III.1.4.).

Satz 12. *Es gilt*

$$\operatorname{ex} \mathfrak{R}_K \subseteqq \mathfrak{G}_{\partial_\infty K}$$

($\partial_\infty K = \partial \complement_\infty K$, $\complement_\infty K$ ist die unbeschränkte Komponente von $\complement K$).

Beweis: $\lambda \in \mathfrak{R}_K$ ist äquivalent damit, daß ein Wahrscheinlichkeitsmaß p auf $\mathfrak{G}_K$ existiert mit dem Schwerpunkt λ. Andererseits ist $\lambda \in \operatorname{ex} \mathfrak{R}_K$ äquivalent damit, daß δ_λ einziges Wahrscheinlichkeitsmaß ist mit dem Schwerpunkt λ ([P 3]). Wir erhalten also $\lambda \in \operatorname{ex} \mathfrak{R}_K \Rightarrow \lambda \in \mathfrak{G}_K$. Es sei $\Omega' = \operatorname{int} \complement(\complement_\infty K)$. Für $x \in K \setminus \partial_\infty K$ und $\mu_x' = \Pi_{\Omega'}\delta_x$ gilt dann

$$\int \mu_y(g)\, \mathrm{d}\mu_x'(y) = \mu_x(g)$$

für alle $g \in C(\partial\Omega)$. Das Maß μ_x' entspricht einem Wahrscheinlichkeitsmaß auf $\mathfrak{G}_K$ ungleich dem DIRAC-Maß konzentriert in μ_x. Somit ist μ_x nicht extremal, und der Satz ist gezeigt. ◀

Es ist zu vermuten

$$\operatorname{ex} \mathfrak{R}_K = \mathfrak{G}_{\partial_\infty K}\,.$$

Dies ist bewiesen, wenn man zeigt, daß $\partial_\infty K$ kein Maß σ tragen kann mit

$$u(x) = \sigma(u) \qquad \text{für alle } u \in D(\bar{\Omega})$$

und festem $x \in \partial_\infty K$. Daraus würde auch die Abgeschlossenheit von ex $\mathfrak{R}_K$ folgen. Für einfach gestaltete kompakte Mengen ist das der Fall. Es sei $\Omega' = \complement(\complement_\infty K)$ offen und $\partial\Omega' = \partial_\infty K$. Dann existiert zu jedem $x \in \partial\Omega'$ außer δ_x kein Maß $\tau_x \geqq 0$ auf $\partial_\infty K$ mit $u(x) = \tau_x(u)$ für alle $u \in D(\overline{\Omega})$. Andernfalls wäre auch $\tau_x' = \Pi_{\Omega'}\tau_x$ solch ein Maß und $\tau_x' \neq \delta_x$. Dies ist aber unmöglich.

Übung. Man zeige, daß für kompakte Mengen K_1, $K_2 \subset \Omega$ gilt

$$\mathfrak{R}_{K_1} \cap \mathfrak{R}_{K_2} \subseteqq \mathfrak{R}_{K_1 \cap K_2}.$$

Es sei $a > 0$ eine Konstante. Wir setzen für jede kompakte Menge $K \subset \Omega$

$$\mathfrak{S}_K^a = \{c\mu_x : 0 \leqq c \leqq a, x \in K\},$$

und $\mathfrak{R}_K^a$ sei die abgeschlossene konvexe Hülle von $\mathfrak{S}_K^a$. Weiterhin sei

$$\mathfrak{M}^a(K) = \{\mu \in \mathfrak{M}^+(K) : ||\mu|| \leqq a\}.$$

Übung. Es sei K die Abschließung eines glatten Teilgebietes von Ω. Man zeige

$$\Pi\mathfrak{M}^a(K) = \mathfrak{R}_K^a.$$

Satz 13. *$K \subset \Omega$ sei eine kompakte Menge. Für das Gebiet $\Omega' = \operatorname{int} \complement(\complement_\infty K)$ gelte $\partial\Omega' = \partial_\infty K$, und $A = \partial\Omega'$ erfülle in allen Punkten die* Poincaré*sche Kegelbedingung. Dann ist*

$$\Pi : \mathfrak{M}^a(A) \to \mathfrak{R}_A^a = \mathfrak{R}_K^a \tag{16}$$

ein Homöomorphismus. (Man kann hier auch von vornherein von einem einfach zusammenhängenden Teilgebiet Ω' mit $\overline{\Omega}' \subset \Omega$ und $A = \partial\Omega$ ausgehen.)

Beweis: Die Eineindeutigkeit von Π erhalten wir wie folgt. Wenn gilt

$$\lambda_1(\mu_y(g)) = \lambda_2(\mu_y(g)) \qquad \text{für alle } g \in C(\partial\Omega)$$

mit Maßen $\lambda_1, \lambda_2 \in \mathfrak{M}^a(A)$, so gilt $\Pi\lambda_1 = \Pi\lambda_2$, also $\Phi\lambda_1 = \Phi\lambda_2$ in $\complement\Omega$ und nach analytischer Fortsetzung und wegen der Poincaréschen Kegelbedingung auch in $\complement\Omega'$. Daraus folgt aber nach bekannten Schlüssen (vgl. etwa 2.7. oder 2.9.) $\lambda_1 = \lambda_2$. Weiterhin entspricht jedem $\nu \in \mathfrak{R}_A^a$ ein Wahrscheinlichkeitsmaß p auf ex $\mathfrak{R}_A^a = \mathfrak{S}_A^a$, dessen Schwerpunkt ν ist (vgl. I.3.1.). p können wir offenbar mittels des Homöomorphismus

$$\mathfrak{S}_A^a \leftrightarrow \{c\mu_x : x \in A, 0 \leqq c \leqq a\} \leftrightarrow A \times [0, a]$$

auffassen als Wahrscheinlichkeitsmaß auf $A \times [0, a]$ also

$$\nu(g) = \int c\mu_y(g) \, dp(y, c) \qquad \text{für } g \in C(\partial\Omega).$$

Wenn wir dann für $g' \in C(A)$ setzen

$$\lambda(g') = \int cg'(y) \, dp(y, c), \tag{17}$$

so sieht man durch Einsetzen von $u \in D(\overline{\Omega})$, $g' = u|_A$ sofort $\Pi\lambda = \nu$. Somit ist Π surjektiv. Da Π außerdem eineindeutig ist, folgt Stetigkeit in beiden Richtungen (I,1., Satz 1), d. h., Π ist ein Homöomorphismus. ◀

Analog erhalten wir folgenden

Satz 14. *Es sei Ω' ein einfach zusammenhängendes glattes Teilgebiet von Ω und $K = \overline{\Omega}' \subset \Omega$. Dann ist jedes $\gamma \in \mathfrak{R}_K$ Schwerpunkt genau eines Wahrscheinlichkeitsmaßes auf $\mathfrak{S}_{\partial K} = \operatorname{ex} \mathfrak{R}_K$ (d. h., $\mathfrak{R}_K$ ist ein* Choquet*-Simplex mit abgeschlossener Extremalpunktmenge).*

Beweis: Die Wahrscheinlichkeitsmaße auf $\mathfrak{G}_{\partial K}$ und die Wahrscheinlichkeitsmaße auf ∂K sind sich gemäß dem Homöomorphismus $x \to \mu_x$ von ∂K auf $\mathfrak{G}_{\partial K}$ eineindeutig zugeordnet. Somit existiert zu dem Maß $\gamma \in \mathfrak{R}_K \subset \mathfrak{M}(\partial \Omega)$ ein $\lambda \in \mathfrak{M}^+(\partial K)$, $||\lambda|| = 1$, mit

$$\gamma(g) = \int \mu_x(g)\, d\lambda(x) \qquad \text{für alle } g \in C(\partial \Omega)\,.$$

Ähnlich wie im Beweis des vorigen Satzes folgt, daß λ hierdurch eindeutig bestimmt ist. ◀

Bemerkung 4. Wie wir wissen (vgl. III.2.4.) bildet Π die Menge $\mathfrak{M}^a(A)$ auch dann eineindeutig, d. h. homöomorph auf $\mathfrak{R}_A^a$ ab, wenn A kompakt ist, das n-dimensionale LEBESGUE-Maß Null besitzt und $\complement A = R^n \setminus A$ zusammenhängend ist. Deshalb formulieren wir folgende Bedingung, unter der unsere nächsten Aussagen gelten:

Bedingung 1. $A \subset \Omega$ sei kompakt, und es gelte

(i) A sei Rand eines einfach zusammenhängenden Teilgebietes $\Omega' \subset \Omega$ und erfülle in allen Punkten die POINCARÉsche Kegelbedingung

oder

(ii) A sei vom n-dimensionalen LEBESGUE-Maß Null, und $\complement A$ sei zusammenhängend.

Die Charakterisierung aller stetigen Inversen von Π auf $\mathfrak{R}_A^a \subset \mathfrak{M}^+(\partial \Omega)$ besteht in folgendem

Satz 15. *Die kompakte Menge $A \subset \Omega$ erfülle die Bedingung* 1. *Zwischen den stetigen Inversen*

$$s: \mathfrak{R}_A^a \to \mathfrak{M}(\overline{\Omega}) \tag{18}$$

von Π auf $\mathfrak{R}_A^a$ und den stetigen Abbildungen

$$m: A \to \mathfrak{M}(\overline{\Omega}) \tag{19}$$

mit der Eigenschaft $m(x) = \tau_x \in \Pi^{-1}(\mu_x)$ besteht eine eineindeutige Zuordnung. Jedes solche m bildet A homöomorph ab. Weiterhin ist (18) *ein Homöomorphismus.*

Beweis: Wir zeigen zunächst, daß zwischen den affin-linearen stetigen Abbildungen

$$p: \mathfrak{M}^a(A) \to \mathfrak{M}(\overline{\Omega}) \tag{20}$$

mit $\Pi\lambda = \Pi(p\lambda)$ und den stetigen Abbildungen (19) eine eineindeutige Zuordnung besteht. A und $\{\delta_y: y \in A\}$ sind homöomorph. Somit folgt aus gegebenem p unmittelbar m durch Einschränkung von p auf die Maße der Gestalt $c\delta_y$. Wenn umgekehrt m gegeben ist, so setzen wir zunächst

$$p(c\delta_y) = cm(y) = c\tau_y\,. \tag{21}$$

Jedes $\lambda \in \mathfrak{M}^a(A)$ läßt sich darstellen in der Gestalt

$$\lambda(g) = \int \delta_y(g)\, d\lambda(y)$$

$\big(\{\delta_y: y \in A\}$ ist die Extremalpunktmenge von $\{\varkappa \in \mathfrak{M}^+(A): ||\varkappa|| = 1\}\big)$, und wir setzen

$$p(\lambda)\,(\varphi) = \int \tau_y(\varphi)\, d\lambda(y),\ \varphi \in C(\overline{\Omega})\,. \tag{22}$$

Dann ist p offenbar stetig, und es gilt $\Pi\lambda = \Pi\big(p(\lambda)\big)$. Weiterhin ist p, betrachtet als stetige Funktion (21) auf der Extremalpunktmenge von

$$\{\varkappa \in \mathfrak{M}^+(A): ||\varkappa|| = ||\lambda||\}\,, \tag{23}$$

durch (22) affin linear fortgesetzt. Da (23) ein CHOQUET-Simplex ist mit abgeschlossener Extremalpunktmenge, ist jede andere solche Fortsetzung durch (21) eindeutig bestimmt (vgl. III.1.3.).

Es sei nun s gegeben. Zur Vereinfachung der Bezeichnungen nehmen wir etwa an $a \geqq 1$. Die Einschränkung von s auf $\mathfrak{G}_A^a$ ist dann bereits durch ihre Werte auf $\mathfrak{G}_A$ bestimmt. Wegen des Homöomorphismus zwischen A und $\mathfrak{G}_A$ ist dadurch unmittelbar ein Homöomorphismus (19) gegeben. Umgekehrt folgt aus (19) nach den obigen Betrachtungen eindeutig ein Homöomorphismus (20). Nach Satz 13 ist $s_0 : \mathfrak{N}_A^a \to \mathfrak{M}^a(A)$ ein Homöomorphismus. Wir können also setzen $s = ps_0$. Dadurch ist s eindeutig bestimmt, und der Satz ist bewiesen. ◀

Stetige Abbildungen (19) kann man auf vielfältige Weise konstruieren. Es sei z. B. $q(x)$ eine stetige Funktion, die jedem $x \in A$ eine Zahl r mit $0 < r < \text{dist}\,(x, \partial\Omega)$ zuordnet. Dann können wir setzen $m(x) = \sigma_x^{q(x)}$, wobei $\sigma_x^{q(x)}$ das Maß der auf der Sphäre vom Radius $q(x)$ und dem Mittelpunkt gleichmäßig verteilten Einheitsmasse bezeichnet. Hieraus können weitere Abbildungen m durch Integration aufgebaut werden. Ist etwa p_x ein Wahrscheinlichkeitsmaß im R^1 mit $\text{supp}\, p_x \subseteqq [0, r(x)]$ und $r(x) = \text{dist}\,(x, \partial\Omega)$ und hängt p_x stetig ab von $x \in A$, so können wir mit

$$\tau_x(\varphi) = \int_0^{r(x)} \sigma_x^r(\varphi)\, dp_x(r)\,, \qquad \varphi \in C(\overline{\Omega})$$

setzen $m(x) = \tau_x$. Wenn man auch nichtpositive Maße p_x zuläßt mit $p_x(1) = 1$, so erhält man nichtpositive stetige Inverse von Π.

Es ist eine ungeklärte Frage, ob die Mengen $\mathfrak{B}(\delta_x)$, $\mathfrak{B}(\delta_y)$ für $x, y \in \Omega$, $x \neq y$ auf natürliche Weise homöomorph sind (daß δ_x in δ_y überführt wird). In diesem Fall wären die positiven s in Satz 15 gegeben durch stetige Abbildungen

$$\tilde{m} : B \to \mathfrak{B}(\delta_{x_0})\,, \qquad x_0 \in \Omega \text{ fest.}$$

Die Konstruktion stetiger Inverser der Abbildung $\mu \to \Phi\mu$ ist ebenfalls von Interesse. Wir können uns dabei auf die Werte des Potentials auf einer kompakten Menge M ($M \cap \overline{\Omega} = \emptyset$) beschränken, wenn wir annehmen $\text{int}\, M \neq \emptyset$.

Ω sei einfach zusammenhängend und erfülle in allen Randpunkten die POINCARÉsche Kegelbedingung. Wie wir in 5.1. bemerkten, ist die Abbildung

$$P_M : \mathfrak{M}(\partial\Omega) \to C(M) \tag{24}$$

($P_M\nu = \Phi\nu|_M$) eineindeutig (vgl. auch III.2.9.) und stetig nach III.1.5. Somit reduziert sich die Betrachtung auf die Wahl von Teilmengen $\mathfrak{N} \subseteqq \mathfrak{M}(\partial\Omega)$, die P_M homöomorph in $C(M)$ abbildet. Aus (24) folgt das

Lemma 5. *Ω sei einfach zusammenhängend und erfülle in allen Randpunkten die POINCARÉsche Kegelbedingung. $\mathfrak{N} \subset \mathfrak{M}^+(\partial\Omega)$ sei w^*-kompakt. Dann ist (24) ein Homöomorphismus.*

Es ergibt sich unmittelbar

Satz 16. *Ω erfülle die Voraussetzungen von Lemma 5 und $A \subset \Omega$ sei eine kompakte Menge, die die Bedingung 1 erfüllt. Wir setzen $T(A) = P_M(\mathfrak{N}_A^a)$. Dann besteht zwischen den*

affin-linearen stetigen Abbildungen

$$w\colon T(M) \to \mathfrak{M}(\overline{\Omega})$$

mit $\Phi(w(u))|_M = u$ *und den stetigen Abbildungen* (24) *eine eineindeutige Zuordnung. Alle diese* w *haben die Gestalt* $w = P_M^{-1}s$, *wobei* s *ein stetiges Inverses von* Π *ist.*

5.4. Physikalische Interpretation und numerische Behandlung

Es wurden bereits einige physikalische Angaben über die Massenverteilungen im betrachteten Körper $\overline{\Omega}$, gemacht die im Außenraum dasselbe Potential erzeugen. Genau dann haben η, ζ in $\complement\Omega$ dasselbe Potential, wenn Gesamtmasse, Schwerpunkt und alle höheren Momente von η und ζ übereinstimmen (vgl. Satz 2). Bei Messungen wird genau genommen das Feld

$$\left(\frac{\partial}{\partial x_i}\Phi\mu\right)_{i=1,\ldots,n} \quad \text{in } \complement\Omega \tag{25}$$

bestimmt (oder eine Komponente davon). (25) ist aber dem Potential $u = \Phi\mu$ in $\complement\Omega$ umkehrbar eindeutig zugeordnet, da u im Unendlichen verschwinden muß. Wir bleiben deshalb auch weiterhin vorwiegend bei der Betrachtung des einfacher zu behandelnden skalaren Potentials.

Aus der Kenntnis von u in $\complement\Omega$ ist, wie wir gesehen haben, die erzeugende Masse von vornherein nicht eindeutig bestimmt. Es sind deshalb zusätzliche Bedingungen über die in Frage kommenden Massenverteilungen zu formulieren. Diese Bedingungen (unter denen die Massen dann im Idealfall eindeutig bestimmt sind) können physikalische Vorinformationen oder Annahmen ausdrücken, die durch die betrachteten realen Sachverhalte nahegelegt sind, oder sie können von mehr formalem mathematischen Charakter sein.

In diesem Sinne wollen wir zunächst die Aussagen von Satz 15 und Satz 16 interpretieren. M ist die Menge im Außenraum, auf der die Messung stattfindet, auf der also das Potential $u \in C(M)$ gegeben ist. Wir setzen

$$\mathfrak{B}(u) = \{\eta \in \mathfrak{M}^+(\overline{\Omega})\colon \Phi\eta|_M = u\}\,.$$

Eine praktisch kaum einschränkende Annahme bzw. Information ist, daß die in Frage kommenden Massenverteilungen eine Gesamtmasse vom Betrag $a > 0$ nicht überschreiten sollen. a kann dabei beliebig groß und fest gewählt sein. (Wir geben in Bemerkung 5 eine Abschätzung dafür an.)

Weiterhin wird angenommen, daß die gesuchte Masse in einem festzulegenden Bereich $Z \supseteq A$ (um die im Körper $\overline{\Omega}$ liegende kompakte Hilfsmenge A) lokalisiert sein soll, d. h., die in Satz 15 auftretende Abbildung

$$m\colon A \to \mathfrak{M}(\overline{\Omega}) \qquad (m(y) = \tau_y \in \mathfrak{B}(\delta_y),\, y \in A) \tag{26}$$

ist so zu wählen, daß gilt

$$\operatorname{supp} \tau_y \subseteq Z \qquad \text{für alle } y \in A\,. \tag{27}$$

Das ist immer möglich (vgl. Abb. 2, S. 119, Z ist der gestrichelt berandete Bereich, A ist etwa ein Kurvenstück oder Rand eines einfach zusammenhängenden Gebietes Ω'). Wir diskutieren zunächst den Fall $A = Z$, d. h. $\delta_y = \tau_y$ für alle $y \in A$. Dann existiert nach Satz 15 unter der genannten Bedingung 1 bezüglich A erstens auf A höchstens eine Massenverteilung $\lambda \in \mathfrak{B}(u)$, d. h. mit dem bekannten Potential u auf M, und zweitens hängt λ stetig ab von u (Stetigkeit bezüglich der w^*-Topologie von $\mathfrak{M}(A)$ und gleichmäßige Konvergenz in $C(M)$), d. h., kleine Meßfehler haben kleine Änderungen der Massenverteilungen auf A zur Folge.

Die Existenz von $\lambda \in \mathfrak{B}(u)$ auf A ist zunächst nicht gesichert. Man kann aber nach Wahl eines genügend umfassenden einfach zusammenhängenden Teilgebietes Ω' mit $\overline{\Omega}' \supset \Omega$, in dem die wirkliche Masse μ in jedem Falle liegen soll, setzen $A = \partial\Omega'$ (vgl. Abb. 2). Dann haben wir neben der Eindeutigkeit auch die Existenz von λ

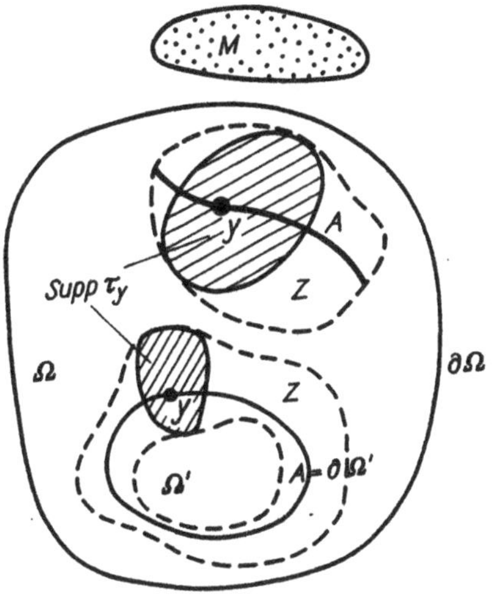

Abb. 2

(auf die numerische Bestimmung kommen wir noch zurück). Diese Wahl von A hat freilich den Nachteil, daß man eine Massenverteilung λ erhält, die auf dem Rand des ungefähr angenommenen und im allgemeinen zu großen Bereiches liegt. Man muß deshalb versuchen, dieses Ω' möglichst klein zu wählen. Auf ein damit zusammenhängendes mathematisches Problem gehen wir später ebenfalls ein.

Nachdem λ bestimmt ist, wählen wir ein beliebiges $Z \supseteqq A$ und eine beliebige Abbildung (26) mit der Eigenschaft (27). Durch

$$\eta\colon \varphi \to \int_A \tau_y(\varphi)\, d\lambda(y)\,, \qquad \varphi \in C(\overline{\Omega}) \tag{28}$$

erhalten wir eine Massenverteilung $\eta \in \mathfrak{B}(u)$, die offenbar in Z lokalisiert ist. (Z ist übrigens bereits durch die Wahl von m wegen der Lage der Träger der τ_y ($y \in A$) bestimmt. Möglichkeiten für die Wahl von m haben wir bereits früher in III.5.3. diskutiert.)

Zusammenfassend hat man also zunächst A und Z zu wählen. In die zu bestimmende Massenverteilung $\eta \in \mathfrak{B}(u)$ geht noch eine beliebige stetige Abbildung m (26), (27) als willkürlicher „Parameter" ein. Wenn m dann fixiert ist, hängt η stetig ab von u, d. h. kleine Meßfehler ändern das durch (28) bestimmte η nur wenig im Sinne der angegebenen Topologien.

Bemerkung 5. Für beliebiges $\mu \in \mathfrak{B}(u)$ gilt

$$\sup_{z \in M} \left\{ u(z) \inf_{x \in \bar{\Omega}} \Phi^{-1}(x, z) \right\} \leqq ||\mu|| \leqq \inf_{z \in M} \left\{ u(z) \sup_{x \in \bar{\Omega}} \Phi^{-1}(x, z) \right\} . \tag{29}$$

Wegen $u = \Phi\mu|_M$ haben wir nämlich

$$||\mu|| \inf_{x \in \bar{\Omega}} \Phi(x, z) \leqq \Phi\mu(z) \leqq ||\mu|| \sup_{x \in \bar{\Omega}} \Phi(x, z) , \qquad z \in M .$$

Daraus folgt unmittelbar (29). Für beliebiges $\mu \in \mathfrak{M}(\bar{\Omega})$ gilt analog

$$\sup_{z \in M} \left\{ |\Phi\mu(z)| \inf_{x \in \bar{\Omega}} \Phi^{-1}(x, z) \right\} \leqq ||\mu|| .$$

Dagegen läßt sich keine obere Schranke für $||\mu||$ angeben. Für jedes $c \geqq 0$ existiert ein $\varrho \in \mathfrak{M}(\bar{\Omega})$ mit $\Phi\varrho = 0$ in $\complement\bar{\Omega}$ und $||\varrho|| \geqq c$. Z. B. ist

$$\varrho = c(\delta_{x_0} - \sigma_{x_0}^r) \qquad \text{mit } K_{x_0}^r \subset \Omega$$

ein solches Maß.

Wir skizzieren jetzt eine Möglichkeit, das in (28) erwähnte Maß λ auf der Menge A numerisch zu bestimmen. Rechentechnisch dürfte der Aufwand allerdings beträchtlich sein. Nach III.1.2. Satz 24 ist die Menge der endlichen Summen der Gestalt

$$\lambda^t = \sum_{k=1}^{t} l_k^t \delta y_k^t \tag{30}$$

mit Punkten $y_k^t \in A$ und Konstanten $l_k^t \geqq 0$ $(k = 1, \ldots, t)$ in $\mathfrak{M}^+(A)$ dicht, d. h., jedes $\lambda \in \mathfrak{M}^+(A)$ kann in dieser Weise beliebig genau w^*-approximiert werden. Für jedes t bestimmen wir die Zahlen l_k^t $(k = 1, \ldots, t)$ so, daß

$$\sup_{z \in M} \left\{ u(z) - \sum_{k=1}^{t} l_k^t \Phi(y_k^t, z) \right\} \tag{31}$$

ein Minimum wird, unter der Nebenbedingung $\sum l_k^t \leqq a$. (Wenn u nicht das Potential ist, sondern eine in Richtung ν gemessene Feldkomponente, so hat man in (31) $\Phi(y, z)$ durch $\partial/\partial\nu_z \, \Phi(y, z)$ zu ersetzen.) Die Punkte y_k^t werden so gewählt, daß gilt

$$\max_{k=1,\ldots,t} |y - y_k^t| \to 0 \qquad \text{für } t \to \infty$$

gleichmäßig für alle $y \in A$. Dann strebt wegen Satz 16 die Folge $(\lambda^t)_{t \in N}$ für $t \to \infty$ gegen das gesuchte λ.

Dieses Vorgehen bietet sich auch an ohne die erwähnten Bedingungen bezüglich A. Dann ist aber wegen der Nichteindeutigkeit keine Konvergenz zu erwarten, sondern nur Konvergenz einer Teilfolge.

Wenn man A als Begrenzung eines glatten einfach zusammenhängenden Teilgebietes Ω' wählt, in welchem die wirkliche Massenverteilung μ vermutet wird mit dist $(\partial\Omega', \operatorname{supp} \mu) > 0$, so ist $\lambda = \Pi_{\Omega'}\mu$ durch eine glatte Dichte bezüglich eines Oberflächenmaßes o auf $\partial\Omega'$ darstellbar (vgl. III.1.6.). Man kommt dann bei der numerischen Approximation mit weniger Stützstellen y_k^t aus als bei beliebiger Wahl von Stützstellen, wo keine Bedingungen bezüglich A gestellt werden.

Die eben diskutierte Möglichkeit, das inverse Problem zu lösen, ist ein aufbauendes Prinzip, bei dem die Lösung durch lineare Überlagerung aus einfacheren Massenverteilungen gewonnen wird, in diesem Fall aus Mittelungsmaßen für harmonische Funktionen (vgl. auch III.1.1.). Wir können jetzt wie am Ende von III.5.1. weitere Elemente von $\mathfrak{B}(\mu)$ berechnen.

Aus geometrischen Gründen ist klar, daß die Menge der bei dieser Konstruktion entstehenden Maße um so reichhaltiger ist, „desto kleiner" der Träger von η ist.

Man wird also auf folgendes Problem geführt: $\eta \in \mathfrak{M}^+(\overline{\Omega})$ sei gegeben. Gibt es unter allen $\eta \in \mathfrak{B}(\mu)$ eine Massenverteilung λ_0, die „möglichst eng" um den (allen $\eta \in \mathfrak{B}(\mu)$ gemeinsamen) Schwerpunkt x_μ herumgelagert ist? Genauer gesprochen besteht folgendes Problem. Wann existiert ein $\lambda_0 \in \mathfrak{B}(\mu)$ mit $\operatorname{supp} \lambda_0 \subseteqq K(\mu)$ (vgl. (4))? Diese Frage ist bisher ungeklärt. Fest steht, daß in jeder beliebigen Umgebung U von $K(\mu)$ ein (nicht notwendig positives) $\gamma \in \mathfrak{M}(\overline{\Omega})$ liegt mit $\Pi\gamma = \Pi\mu$. Zur Konstruktion von γ setzt man das Potential $\Phi\mu$ analytisch fort auf $\complement K(\mu)$ (das ist stets möglich). Diese Fortsetzung ändert man innerhalb U so ab, daß eine im R^n unendlich oft differenzierbare Funktion v entsteht. Dann ist γ das Maß mit der Dichte Δv.

Für die näherungsweise Bestimmung von Maßen λ_0 mit „kleinem" Träger hat man folgende Möglichkeit. Es sei $(\Omega_k)_{k \in N}$ eine Folge einfach zusammenhängender glatter Gebiete mit $\Omega_k \supseteqq \Omega_{k+1}$ und $x_\mu \in \Omega_k$ für alle $k \in N$. Weiterhin sei $\Omega_1 \supseteqq \Omega$. Auf jedem $\partial\Omega_k$ können wir Maße λ_k bestimmen ($k = 1, 2, \ldots$), deren Potential auf M das gegebene Potential u möglichst gut approximiert. Die Güte der Approximation

$$a_k = \sup_{x \in M} |u(x) - \Phi\lambda_k(x)|$$

muß von k unabhängig sein ($a_k \approx a_1$), solange $\partial\Omega_k \cap K(\mu) = \emptyset$ ist. Wenn k_1 ein Index ist, von dem an sich a_k wesentlich vergrößert (oder die errechneten Verteilungen einen nichttrivialen Negativteil haben) hat man ein Gebiet $\overline{\Omega}_{k_0}$ ($k_0 = k_1 - 1$) erreicht, in welchem eine Näherung für λ_0 liegt, und man kann λ_{k_0} als solch eine Näherung betrachten. Diese hängt aber von der Wahl der Folge $(\Omega_k)_{k \in N}$ ab. Man kann nun versuchen, durch Änderung der $(\Omega_k)_{k \geqq k_0}$ für weitere Indizes $k \geqq k_0$ die Approximation $a_k \approx a_1$ zu realisieren, bis sich das Verfahren erneut verschlechtert usw. Auf diese Weise verbessert sich λ_0 immer weiter.

Übung. (i) Man zeige, daß $K(\mu)$ ein $\lambda \in \mathfrak{B}(\mu)$ tragen kann, wenn folgende Aussage richtig ist: Gilt $\eta, \zeta \in \mathfrak{B}(\mu)$, so existiert ein $\lambda_0 \in \mathfrak{B}(\mu)$ mit $\operatorname{supp} \lambda_0 \subseteqq O(\eta) \cap O(\zeta)$, (vgl. (4)).

(ii) Es seien Ω_1, Ω_2 reguläre einfach zusammenhängende beschränkte Gebiete mit $\Omega_1 \cap \Omega_2 \neq \emptyset$. Für $x_0 \in \Omega_1 \cap \Omega_2$ sei $\overset{i}{\mu}_{x_0} = \Pi_{\Omega_i}\delta_{x_0}$ ($i = 1, 2$). Man zeige, daß für $z \notin \Omega_1 \cap \Omega_2$ gilt

$$\Phi(x_0, z) = \max \{\Phi\overset{1}{\mu}_{x_0}(z), \Phi\overset{2}{\mu}_{x_0}(z)\}\,.$$

Trotz der idealen Übereinstimmung zwischen der physikalischen Anschauung von Massen- und Ladungsverteilungen im Raum mit den Vorstellungen der Maßtheorie liegt nicht in jedem Fall auf der Hand, welche sinnvoll einschränkenden Zusatzbedingungen gestellt werden sollten. Sie führen auf verhältnismäßig schwierige und zum Teil offene Probleme der Potentialtheorie. Dies liegt z. T. daran, daß mit Massenverteilungen „jeden Kompliziertheitsgrades" gerechnet werden muß (entsprechend den Begriffen der Theorie der reellen Funktionen), obwohl andererseits im Außenraum nur sehr glatte Funktionen gemessen werden, die überdies stets auch durch geeignete glatte Volumen- oder Oberflächendichten erzeugt sein können (vgl. Satz 3).

Deshalb beginnen die Schwierigkeiten bereits bei der Auswahl der zusätzlichen Bedingungen. Dabei muß man verlangen, daß nicht nur physikalische Gegebenheiten adäquat beschrieben werden, sondern auch übersichtliche mathematische Strukturen hervortreten. Wir diskutieren als nächstes verschiedene sich anbietende Zusatzbedingungen bzw. Klassifizierungen der Menge $\mathfrak{B}(\mu)$, die jedoch erst wenig untersucht sind.

Die in 5.2. diskutierte Klassifizierung bestand darin, die Menge aller Massenverteilungen $\eta \in \mathfrak{B}(\mu)$ zu betrachten mit $\eta(K) = 1$ für festes $a \geqq 0$ und eine feste kompakte Menge $K \subset \Omega$.

Eine weitere Klassifizierung ist mittels des Energiebegriffes möglich (vgl. III.3.9.). Die Energie $||\eta||_{\mathfrak{E}}^2$ beschreibt, etwas ungenau gesprochen, wie „zusammengebacken" die Massenverteilung η ist in räumlichen Bereichen kleiner Kapazität. Die Energie wird unendlich, wenn von Null verschiedene Massenanteile auf Mengen der Kapazität Null konzentriert sind (wenn z. B. atomische Komponenten auftreten).

Es sei $\mu \in \mathfrak{M}^+(\overline{\Omega})$ und $J = \{||\eta||^2 : \eta \in \mathfrak{B}(\mu)\}$. Zu gegebenem $E \in J$ bilden wir die Menge

$$\mathfrak{B}_E(\mu) = \{\eta \in \mathfrak{B}(\mu) : ||\eta||_{\mathfrak{E}}^2 \leqq E\} .$$

Lemma 6. *$\mathfrak{B}_E(\mu)$ ist eine konvexe kompakte Teilmenge von $\mathfrak{B}(\mu)$.*

Beweis: Es sei $\sigma, \tau \in \mathfrak{B}_E(\mu)$ und $\eta = q\sigma + (1-q)\tau$, $(0 \leqq q \leqq 1)$. Dann gilt $\eta \in \mathfrak{B}(\mu)$ und

$$||\eta||_{\mathfrak{E}}^2 = q^2 \, ||\sigma||_{\mathfrak{E}}^2 + 2q(1-q)\,(\sigma,\tau)_{\mathfrak{E}} + (1-q)^2 \, ||\tau||_{\mathfrak{E}}^2 \leqq E ,$$

d. h. $\mathfrak{B}_E(\mu)$ ist konvex. Zum Beweis der Kompaktheit genügt es zu zeigen, daß $\mathfrak{B}_E(\mu)$ w^*-abgeschlossen ist. Da die w^*-Topologie von $\mathfrak{M}(\overline{\Omega})$ metrisierbar ist, können wir uns auf konvergente Folgen beschränken. Es sei also $(\eta_k)_{k \in N} \subset \mathfrak{B}_E(\mu)$ w^*-konvergent gegen η. Nach Lemma 1 ist $\eta \in \mathfrak{B}(\mu)$. Ferner gilt (vgl. III.3. Lemma 2)

$$||\eta||_{\mathfrak{E}}^2 \leqq \varliminf_{k \to \infty} ||\eta_k||_{\mathfrak{E}}^2 \leqq E ,$$

also $\eta \in \mathfrak{B}_E(\mu)$. ◀

Satz 17. *Für beliebiges $\mu \in \mathfrak{M}^+(\overline{\Omega}) \setminus \mathfrak{M}^+(\partial\Omega)$ gilt*

$$\sup \{||\eta||_{\mathfrak{E}}^2 : \eta \in \mathfrak{B}(\mu)\} = +\infty ,$$

und es existieren unendlich viele verschiedene Maße $\eta \in \mathfrak{B}(\mu)$ mit $||\eta||_{\mathfrak{E}}^2 = +\infty$. Die Menge $\mathfrak{B}_\infty(\mu)$ ist konvex und liegt dicht in $\mathfrak{B}(\mu)$.

Beweis: Es existiert eine kompakte Menge $K \subset \Omega$ mit $\mu(K) > 0$ und ein Gebiet $\Omega' \subset \Omega$ mit glattem Rand und $K \subset \overline{\Omega'}$, $\overline{\Omega'} \subset \Omega$. Es sei ν die Einschränkung von μ auf K. Dann gilt dist $(\partial\Omega', \operatorname{supp} \mu) > 0$, d. h., das Maß $\varrho = \Pi_{\Omega'}\nu$ ist bezüglich eines Oberflächenmaßes ω auf $\partial\Omega'$ durch eine streng positive glatte Dichte $m(y)$ darstellbar. Es sei $z_0 \in \Omega'$, $\nu(\{z_0\}) = 0$ (solche z_0 gibt es stets) und $\mu'_{z_0} = \Pi_{\Omega'}\delta_{z_0}$. Mit $n(z_0, y)$ bezeichnen wir die Dichte von μ'_{z_0} bezüglich ω. Dann existiert ein $a > 0$ mit $m(y) - an(z_0, y) \geqq 0$ für alle $y \in \partial\Omega'$, d. h. $\eta' = \nu + a\delta_{z_0} - a\mu'_{z_0} \geqq 0$. Weiterhin gilt $\eta' \in \mathfrak{B}(\nu)$ und offenbar $||\eta'||_{\mathfrak{E}} = +\infty$. Schließlich beachten wir $\mu = (\mu - \nu) + \nu$, d. h. $\eta = (\mu - \nu) + \eta' \in \mathfrak{B}(\mu)$ und $||\eta||_{\mathfrak{E}} = +\infty$. Daß es unendlich verschiedene derartige η gibt, folgt etwa daraus, daß die Wahl von Ω' auf unendlich verschiedene Weise vorgenommen werden kann. Für $a \to 0$ gilt $\eta \rightharpoonup \mu$. ◀

Übung. (i) Man zeige, daß im allgemeinen ex $\mathfrak{B}_E(\mu)$ nicht in ex $\mathfrak{B}(\mu)$ enthalten ist.

(ii) Man zeige, daß für $E < \infty$ aus $\nu \in \mathfrak{B}_E(\mu)$ und $||\nu||_{\mathfrak{E}}^2 = E$ folgt $\nu \in$ ex $\mathfrak{B}_E(\mu)$.

Die Lösungen des inversen Problems werden auch dann eingeschränkt, wenn die Werte des Potentials $\Phi\eta$ $(\eta \in \mathfrak{B}(\mu),\ \mu \in \mathfrak{M}^+(\bar{\Omega}))$ auf einer Punktmenge $B \subseteqq \Omega$ willkürlich vorgeschrieben werden. Es bietet sich z. B. an, $B = \{x_\mu\}$ zu setzen, wobei x_μ der gemeinsame Schwerpunkt ist. Eindeutigkeit von $\eta \in \mathfrak{B}(\mu)$ wird in diesem Fall nicht erreicht. Drehung von η um den Punkt x_μ $(\mu = \delta_x)$ Spiegelung an x_μ oder an einer Hyperebene durch x_μ läßt den Wert des Potentials in x_μ ungeändert, obwohl andere Massenverteilungen entstehen. Die Frage, welche Funktionswerte auf B durch Potentiale $\Phi\eta$ $(\eta \in \mathfrak{B}(\mu))$ induziert werden können, ist kaum untersucht.

Übung. Man zeige am Beispiel $\mu = \delta_{x_0}$ $(x_0 \in \Omega)$, daß es verschiedene $\eta \in \mathfrak{B}(\mu)$ gibt, die auf einer Hyperebene durch x_0 dasselbe Potential haben.

Schließlich erwähnen wir noch eine Klassifizierung mit Hilfe von Teilräumen $L(\bar{\Omega}) \subseteqq C(\bar{\Omega})$. Nach Definition ist $\eta \in \mathfrak{B}(\mu)$ $(\mu \in \mathfrak{M}^+(\bar{\Omega}))$ äquivalent zu

$$\eta(u) = \mu(u) \qquad \text{für alle } u \in D(\bar{\Omega})\,.$$

Wenn wir setzen

$$\mathfrak{B}_L(\eta) = \{\zeta \in \mathfrak{B}(\mu) : \zeta(v) = \eta(v) \quad \text{für alle } v \in L(\bar{\Omega})\}\,,$$

so ist, wie man sofort sieht, $\mathfrak{B}_L(\eta)$ eine konvexe w^*-kompakte Teilmenge von $\mathfrak{B}(\mu)$, und es gilt

$$\mathfrak{B}(\mu) = \cup\, \{\mathfrak{B}_L(\eta) : \eta \in \mathfrak{B}(\mu)\}\,,$$

wobei stets entweder $\mathfrak{B}_L(\eta) \cap \mathfrak{B}_L(\zeta) = \emptyset$ oder $\mathfrak{B}_L(\eta) = \mathfrak{B}_L(\zeta)$ für $\eta, \zeta \in \mathfrak{B}(\mu)$ erfüllt ist.

Übung. Man konstruiere einen Raum $L(\bar{\Omega})$ und ein $\mu \in \mathfrak{M}^+(\bar{\Omega})$, so daß ex $\mathfrak{B}_L(\eta)$ nicht in ex $\mathfrak{B}(\mu)$ enthalten ist.

Übung. Es sei $h \geqq 0$ auf $\bar{\Omega}$ eine beschränkte meßbare Funktion und Q sei die Abschließung in $C(\bar{\Omega})$ der Menge aller $f \in C_0^\infty(\Omega)$ mit $\Delta f(x) \leqq h(x)$ für alle $x \in \Omega$. Man zeige, daß durch

$$\varphi \to \int f\, \Delta\varphi\, dx + \int h\varphi\, dx\,, \qquad (\varphi \in C(\bar{\Omega}))$$

ein Maß aus $\mathfrak{B}(\mu)$ definiert wird $(d\mu(x) = h(x)\, dx)$.

5.5. Bemerkungen, Probleme

Wir werden abschließend einige Ergänzungen geben und auf eine Reihe weiterer Fragestellungen hinweisen, die für das Studium des inversen Problems der Potentialtheorie von Interesse sind, und die nach Kenntnis der Autoren noch unbeantwortet sind.

Bisher haben wir vorwiegend positive Maße betrachtet. Nichtpositive stetige Inverse des Balayage-Operators Π auf den Mengen $\mathfrak{R}_A^a \subset \mathfrak{M}^+(\partial\Omega)$ kann man konstruieren, indem man die in Satz 15 erwähnte Abbildung m nichtpositiv wählt (Satz 15 gilt übrigens allgemein für alle kompakten $A \subset \Omega$, für die Π auf $\mathfrak{M}(A)$ eineindeutig ist). Viele der Aussagen aus 5.3. und 5.4. können analog ohne die Voraussetzung der Positivität erhalten werden, teilweise in abgeschwächter Form. Ihre Formulierung sei dem Leser überlassen. Wir machen nur noch einige allgemeine Bemerkungen über den nichtpositiven Fall.

Ω sei ein glattes beschränktes Gebiet. Wir setzen für $\nu \in \mathfrak{M}(\partial\Omega)$

$$b = \inf\{\|\gamma\| : \gamma \in \Pi^{-1}(\nu)\} \tag{32}$$

und

$$\mathfrak{B}(\nu) = \{\beta \in \Pi^{-1}(\nu) : b = \|\beta\|\}\,. \tag{33}$$

Diese Schreibweise ist gerechtfertigt, weil offenbar aus $\nu \geqq 0$ folgt $b = \|\nu\|$ und $\mathfrak{B}(\nu)$ in diesem Fall nur aus Maßen $\beta \geqq 0$ besteht.

Lemma 7. *Die Menge $\mathfrak{B}(\nu)$ ist konvex und w^*-kompakt.*

Beweis: Die Konvexität folgt aus

$$\|q\beta_1 + (1-q)\beta_2\| \leqq q\|\beta_1\| + (1-q)\|\beta_2\| = b\,, \qquad (0 \leqq q \leqq 1)$$

wegen $q\beta_1 + (1-q)\beta_2 \in \Pi^{-1}(\nu)$ für $\beta_1, \beta_2 \in \mathfrak{B}(\nu)$. $\mathfrak{B}(\nu)$ ist w^*-kompakt, denn $\mathfrak{B}(\nu)$ ist Durchschnitt der w^*-kompakten Menge $\{\vartheta: \|\vartheta\| \leqq b\}$ (vgl. I.1. Korollar zu Satz 6) mit der w^*-abgeschlossenen Menge $\Pi^{-1}(\nu)$. ◀

Bemerkung 6. Für $\nu \in \mathfrak{M}(\partial\Omega)$ und jede Konstante $a \geqq b$ ist die Menge

$$\mathfrak{B}^a(\nu) = \Pi^{-1}(\nu) \cap \{\vartheta \in \mathfrak{M}(\overline{\Omega}): \|\vartheta\| \leqq a\}$$

konvex und w^*-kompakt. Die Überlegungen aus I.3. sind also anwendbar, d. h., jedes $\eta \in \mathfrak{B}^a(\nu)$ ist durch lineare Überlagerung aus extremalen Elementen darstellbar. Für den allgemeinen Fall ist eine Charakterisierung der extremalen Elemente schwieriger als in III.5.2.

Es sei $\nu \in \mathfrak{M}(\partial\Omega)$ und $\eta \in \mathfrak{B}(\nu)$. Dann gilt wegen $\eta(u) = \nu(u)$ für alle $u \in D(\overline{\Omega})$

$$\|\eta\| \geqq \sup_{\substack{u\in D(\overline{\Omega})\\ \|u\|\leqq 1}} |\eta(u)| = \sup_{\substack{u\in D(\overline{\Omega})\\ \|u\|\leqq 1}} |\nu(u)| = \sup_{\substack{g\in C(\partial\Omega)\\ \|g\|\leqq 1}} |\nu(g)| = \|\nu\|\,, \tag{34}$$

d. h. $b = \|\nu\|$, also $\nu \in \mathfrak{B}(\nu)$. Allgemein gehört wegen (32), (33), (34) ein $\eta \in \Pi^{-1}(\nu)$ genau dann zu $\mathfrak{B}(\nu)$, wenn gilt

$$\|\eta\| = \sup\{|\eta(u)|: u \in D(\overline{\Omega}), \|u\| \leqq 1\}\,.$$

Es sei $\eta, \eta_1, \eta_2 \in \mathfrak{B}(\nu)$ und $\eta = q\eta_1 + (1-q)\eta_2$, $(0 \leqq q \leqq 1)$. Aus $\eta^\pm(B) = 0$ für eine BOREL-Menge $B \subseteqq \overline{\Omega}$ folgt dann $\eta_i^\pm(B) = 0$, $(i = 1, 2)$. Dies erhält man unmittelbar aus der minimalen Norm der Elemente aus $\mathfrak{B}(\nu)$, d. h. $\|\eta\| = q\|\eta_1\| + (1-q)\|\eta_2\|$. Wenn insbesondere $\eta \in \mathfrak{B}(\nu)$ auf einer komapkten Menge $A \subseteqq \overline{\Omega}$ konzentriert ist und die Menge $\mathfrak{M}(A)$ eineindeutig abbildet (was z. B. der Fall ist, wenn A Rand eines glatten einfach zusammenhängenden Teilgebietes ist), muß gelten $\eta \in \operatorname{ex}\mathfrak{B}(\nu)$.

Wie angekündigt formulieren wir noch einige Probleme. Es sei $\mathfrak{B}_{\text{glatt}}(\mu)$ $(\mu \in \mathfrak{M}^+(\overline{\Omega}),\ \partial\Omega \cap \cap\, \operatorname{supp}\mu = \emptyset)$ die Menge derjenigen $\lambda \in \mathfrak{B}(\mu)$, die bezüglich des LEBESGUE-Maßes absolutstetig sind mit einer Dichte $\varphi \in C_0^\infty(\Omega)$, $\varphi \geqq 0$. Stimmt dann die w^*-Abschließung von $\mathfrak{B}_{\text{glatt}}(\mu)$ mit $\mathfrak{B}(\mu)$ überein?

Wir betrachten ein Maß $\gamma \in \mathfrak{M}(\overline{\Omega})$ mit $\operatorname{dist}(\partial\Omega, \operatorname{supp}\gamma) > 0$ und $\Pi\gamma \in \mathfrak{M}^+(\partial\Omega)$. Mit $\mathfrak{G}^+$ (bzw. $\mathfrak{G}^-$) bezeichnen wir die Menge aller Gebiete $\Omega_1 \subseteqq \Omega$ mit $\operatorname{supp}\gamma \subset \Omega_1$ und $\Pi_{\Omega_1}\gamma \in \mathfrak{M}^+(\partial\Omega_1)$ (bzw. $\Pi_{\Omega_1} \notin \mathfrak{M}^+(\partial\Omega_1)$). Die Mengensysteme $\mathfrak{G}^+$ und $\mathfrak{G}^-$ sind im allgemeinen nicht leer (z. B. im Fall $\gamma = \delta_{x_0} - a\delta_{z_0}$, $x_0 \neq z_0$, $0 < a < 1$ und Ω genügend groß), und es gilt

$$\Omega' \in \mathfrak{G}^-\,,\quad \Omega'' \subseteqq \Omega' \Rightarrow \Omega'' \in \mathfrak{G}^-\,,$$
$$\Omega' \in \mathfrak{G}^+\,,\quad \Omega'' \supseteqq \Omega' \Rightarrow \Omega'' \in \mathfrak{G}^+\,.$$

Existiert dann im Fall $\mathfrak{G}^- \neq \emptyset$ ein Gebiet $\Omega_0 \in \mathfrak{G}^+$ mit $\Omega' \in \mathfrak{G}^-$ für jedes Gebiet $\Omega' \subset \Omega_0$, $\operatorname{supp}\gamma \subset \Omega'$?

Es sei wie bisher Ω ein glattes beschränktes Gebiet und $\nu \in \mathfrak{M}^+(\partial\Omega)$. Wann gilt

$$\Pi^{-1}(\nu) = \{\gamma = q\eta + (1-q)\zeta: \eta, \zeta \in \mathfrak{B}(\nu), -\infty < q < \infty\}\,?$$

Es seien $x_1, \ldots, x_m$ Punkte in Ω, und $a_1, \ldots, a_m$ seien positive Konstanten. Ein Maß $\eta \in \mathfrak{M}^+(\overline{\Omega})$ habe die Eigenschaft

$$\eta(u) = \sum_{k=1}^{m} a_k u(x_k) \qquad \text{für alle } u \in \mathcal{D}(\overline{\Omega})\,.$$

Existieren dann eindeutig bestimmte Maße $\tau_{x_k} \in \mathfrak{B}(\delta_{x_k})$ $(k = 1, \ldots, m)$ mit

$$\eta = \sum_{k=1}^{m} a_k \tau_{x_k}\,?$$

An die Betrachtung des in Satz 10 angegebenen Mengensystems $\mathcal{K}(a)$ (ν festgehalten) schließen sich einige Probleme an. Es wäre interessant zu wissen, welche $z \in K \in \mathcal{K}(a)$ zu einer im Sinne von Satz 10 minimalen Menge gehören. Interessant ist auch die Frage, ob das Infimum der WIENERschen Kapazität der Mengen aus $\mathcal{K}(a)$ auf einer Menge aus $\mathcal{K}(a)$ angenommen wird. In diesem Fall existiert eine minimale Menge, deren Kapazität gleich diesem Infimum ist. Eine Besonderheit sind kompakte Mengen K, für die gilt $m(\nu, K) = ||\nu||$. Diese K lassen in dem Sinne inverse Balayage zu, daß man ganz ν zu einem Maß τ auf K zurückziehen kann mit $\Phi\nu = \Phi\tau$ in $\complement\Omega$, d. h. $\Pi\tau = \nu$. Man könnte vermuten, daß die minimalen Mengen aus $\mathcal{K}(||\nu||)$ genau ein $\tau \in \mathfrak{B}(\nu)$ tragen können und die minimalen Mengen aus $\mathcal{K}(a)$ $(a < ||\nu||)$ die Kapazität Null haben müssen. Es ist weiterhin nicht bekannt, ob im Falle $\tau \in \operatorname{ex} \mathfrak{A}(\nu, K)$ der Träger von τ in einer minimalen Menge liegt. Die Zahl $m(\nu, K)$ für festes K hängt übrigens nicht stetig von $\nu \in \mathfrak{M}^+(\partial\Omega)$ ab, denn $\mathfrak{K}^+(\partial\Omega)$ liegt dicht in $\mathfrak{M}^+(\partial\Omega)$, und es gilt $m(\nu, K) = 0$ genau dann, wenn $\nu \in \mathfrak{K}^+(\partial\Omega)$ ist.

Die folgende Frage hängt eng zusammen mit dem in III.5.4. formulierten Problem über die Menge $K(\mu)$ (vgl. auch Formel (4)).

Es sei $\mu \in \mathfrak{M}(\overline{\Omega})$, $\nu = \Pi\mu$, und $K_0 \subseteqq \overline{\Omega}$ sei eine kompakte Menge mit folgender Eigenschaft. Das Potential $\Phi\mu$ kann aus $\complement\overline{\Omega}$ in $\complement K_0$ eindeutig analytisch fortgesetzt werden, und es existiert keine kompakte Menge $K_1 \subsetneqq K_0$, so daß sich $\Phi\mu$ auch in $\complement K_1$ eindeutig analytisch fortsetzen läßt. Es existieren stets solche K_0, und sie sind für $\mu \neq 0$ niemals leer. Wann existiert ein $\gamma \in \Pi^{-1}(\nu)$ mit $\operatorname{supp} \gamma \subseteqq K_0$?

In diesem Zusammenhang konstruieren wir ein Gegenbeispiel, welches zeigt, daß zu jedem $x_0 \in \Omega$ ein $\mu \in \mathfrak{M}^+(\overline{\Omega})$ existiert, so daß $\Phi\mu$ eindeutig in $R^n \setminus \{x_0\}$ analytisch fortsetzbar ist, aber auf $\{x_0\}$ kein Maß existiert, dessen Potential mit dieser Fortsetzung übereinstimmt. Wir wählen eine nichtnegative Funktion $q_{x_0} \in C_0^\infty(\Omega)$ mit der Eigenschaft

$$\Phi(x, x_0) = \int \Phi(x, z)\, q_{x_0}(z)\, dz \qquad \text{für alle } x \notin \Omega\,,$$

die nach III.1.1. (Korollar 1 zu Satz 1) und III.2.4. (Satz 16) stets existiert. Es sei $p_{x_0} \in C_0^\infty(\Omega)$ eine weitere derartige Funktion mit der zusätzlichen Eigenschaft $p(x_0) > 0$ in einer Umgebung von $\operatorname{supp} q_{x_0}$, und $A(D)$ sei ein Differentialoperator der Ordnung $k \geqq 1$ mit konstanten Koeffizienten. Dann wird für genügend großes $c > 0$ durch

$$\big(A(D_z)\, q_{x_0}(z) + c p_{x_0}(z)\big)\, dz$$

ein Maß $\mu \in \mathfrak{M}^+(\overline{\Omega})$ definiert. Es gilt offenbar

$$A(D_x) \int \Phi(x, z)\, q_{x_0}(z)\, dz = \int \Phi(x, z)\, A(D_z)\, q_{x_0}(z)\, dz = A(D_x)\, \Phi(x, x_0)$$

für alle $x \notin \Omega$, d. h.

$$\Phi\mu(x) = \big(A(D_x) + c\big)\, \Phi(x, x_0) \qquad \text{für alle } x \notin \Omega\,.$$

Die rechte Seite der letzten Gleichung ist analytisch in $R^n \setminus \{x_0\}$ und kann angesehen werden als Potential der Distribution $\varkappa_{x_0} = (A(D_{x_0}) + c)\, \delta_{x_0}$, also

$$\Phi\mu(x) = \Phi\varkappa_{x_0}(x) \qquad \text{für alle } x \notin \Omega\,.$$

Man kann $\varkappa_{x_0}$ aber offenbar nicht durch ein Maß der Gestalt const. δ_{x_0} ersetzen unter Beibehaltung der Werte des Potentials außerhalb $\{x_0\}$. Weiter kann man Potentiale konstruieren von Maßen $\nu \in \mathfrak{M}^+(\partial\Omega)$, die analytisch in $R^n \setminus \{x_0\}$ fortgesetzt werden können, aber nicht als Potential einer in x_0 konzentrierten Distribution repräsentiert werden können. Es sei z. B. Ω ein glatt berandetes beschränktes Gebiet $x_0 \in \Omega$ und $d\mu_{x_0}(y) = n(x_0, y)\, do(y)$ mit einer Funktion $n(x, y) \in C^\infty(\Omega \times \partial\Omega)$. Für jeden Multiindex $\alpha = (\alpha_1, \dots, \alpha_n)$ bilden wir die Funktion $D_x^\alpha n(x, y) \in C^\infty(\Omega \times \partial\Omega)$ und wählen eine Folge (c_α) reeller Zahlen, so daß die unendliche Reihe

$$h(x_0, y) = \sum_\alpha c_\alpha D_x^\alpha n(x_0, y)$$

konvergiert, und zwar gleichmäßig bezüglich $y \in \partial\Omega$. Dann läßt sich das Potential

$$w(x) = \int \Phi(x, y)\, h(x_0, y)\, do(y)$$

offenbar in $R^n \setminus \{x_0\}$ analytisch fortsetzen, kann aber auf $R^n \setminus \{x_0\}$ nur als Potential der „Distribution unendlicher Ordnung" $\sum c_\alpha D^\alpha \delta_{x_0}$ interpretiert werden. Falls der Koeffizient beim nullten Glied positiv und genügend groß ist, existiert ein $\nu \in \mathfrak{M}^+(\partial\Omega)$ mit $\Phi\nu = w$ außerhalb Ω. Durch lineare Überlagerung kann man leicht weitere derartige Beispiele konstruieren.

IV. HELMHOLTZSCHE SCHWINGUNGSGLEICHUNG

In der Potentialtheorie für den LAPLACE-Operator spielen die harmonischen Maße eine entscheidende Rolle. Benötigt wurde mehrmals ihre Positivität, u. a. beim Beweis der $\mathcal{J}$-Absolutstetigkeit. Von diesem Standpunkt aus bereitet die sogenannte HELMHOLTZsche Schwingungsgleichung

$$(\Delta + a)\, u = 0\,, \qquad (a \geqq 0) \tag{1}$$

zunächst Schwierigkeiten, weil aus positiven DIRICHLETschen Randwerten im allgemeinen nicht die Positivität der Lösung im Innern folgt. Der Negativteil der harmonischen Maße ist also im allgemeinen nicht trivial. Außerdem ist das DIRICHLET-Problem nicht immer eindeutig lösbar. Bezüglich der hier dargestellten Theorie vgl. u. a. [A 19], [A 21], [B 26], [S 40], [A 39], [A 20].

§ 1. Äquivalente Formulierung des DIRICHLET-Problems

1.1. L^p-Eigenschaften der Potentiale

Es sei Ω ein beschränktes Gebiet im R^n. Mit $D(\overline{\Omega})$ bezeichnen wir die Menge aller $u \in C(\overline{\Omega})$ mit $(\Delta + a)\, u = 0$. Die Menge aller $\mu \in \mathfrak{M}_0^+$ mit stetigem NEWTONschen Potential $\Phi_N\mu$ bezeichnen wir in diesem Kapitel mit $\mathfrak{F}_N^+$. Die in Kapitel III eingeführten harmonischen Maße für den LAPLACE-Operator bezeichnen wir jetzt mit μ_{xN}. Es sei $E(x)$ eine Fundamentallösung des HELMHOLTZ-Operators $\Delta + a$ (V.4.5.). Dann besteht folgender

Satz 1. *Es gilt $\mu \in \mathfrak{F}_N^+$ genau dann, wenn*

$$\int E(x - z)\, \mathrm{d}\mu(z) \tag{2}$$

in Abhängigkeit von $x \in R^n$ stetig ist.

Den Beweis deuten wir nur an und verwenden allgemeine Sätze aus späteren Kapiteln, die wir aus Platzgründen hier im Spezialfall nicht noch einmal beweisen wollen. Mit der in V.4.5. angegebenen Fundamentallösung existieren Konstanten c, $c' > 0$ und eine Umgebung U des Koordinatenursprungs mit

$$\Phi_N(x, z) \leqq c\, |E(x - z)| \leqq c' \Phi_N(x, z) \qquad \text{für } x - z \in U\,. \tag{3}$$

Aus II.2.3. folgt daher, daß ein Potential der Gestalt (2) genau dann stetig ist, wenn gilt $\mu \in \mathfrak{F}_N^+$. Nach VIII.1.5. ist die Menge $\mathfrak{F}^+$ der $\mu \in \mathfrak{M}_0^+$ mit stetigem Potential (2) von der Wahl der Fundamentallösung unabhängig. ◀

Lemma 1. *Es sei* $p > \frac{n}{2}$ $(n \geqq 2)$ *und* E *eine Fundamentallösung des Operators* $\Delta + a$ *(a reell). Dann wird durch*

$$T: f(x) \to \int E(x - z)\, f(z)\, dz$$

ein linearer vollstetiger Operator $T: L^p(\Omega) \to C(\bar{\Omega})$ *definiert.*

Beweis. Es ist zu zeigen, daß Tf in $C(\bar{\Omega})$ liegt für alle $f \in L^p(\Omega)$ und nach dem Satz von ARZELÁ-ASCOLI die gleichmäßige Beschränktheit und die gleichgradige Stetigkeit der Menge

$$\{Tf: f \in L^p(\Omega), \|f\|_p \leqq 1\}\,. \tag{4}$$

Es sei $p' = p/(p - 1)$ und $x \in \bar{\Omega}$. Dann gilt für $\|f\|_p \leqq 1$

$$\left|\int E(x - z)\, f(z)\, dz\right| \leqq \left(\int |E(x - z)|^{p'}\, dz\right)^{1/p'}.$$

Auf Grund der Abschätzung $|E(x - z)| \leqq c\big(\Phi_N(x - z) + 1\big)$ für alle $x, z \in \bar{\Omega}$ mit einer Konstanten $c > 0$ und $\|\Phi_N(x - z)\|_{p'} \leqq$ const. unabhängig von x folgt die gleichmäßige Beschränktheit.

Weiterhin haben wir für $x, x_0 \in \bar{\Omega}$

$$\left|\int E(x - z)\, f(z)\, dz - \int E(x_0 - z)\, f(z)\, dz\right| \leqq \|E(x - z) - E(x_0 - z)\|_{p'}\,.$$

Es gilt

$$\left|\frac{\partial}{\partial x_j} E(x - z)\right| \leqq \frac{c}{|x - z|^{n-1}}$$

und nach dem Mittelwertsatz

$$\frac{|E(x - z) - E(x_0 - z)|}{|x - x_0|} \leqq \frac{c}{|x_1 - z|^{n-1}}$$

für einen Punkt x_1 auf der Verbindungsstrecke zwischen x und x_0. Wir betrachten nun alle $x \in K_{x_0}^{\delta} \cap \bar{\Omega}$. Dann gilt $x_1 \in K_{x_0}^{\delta}$ und

$$\|E(x - z) - E(x_0 - z)\|_{p'} \leqq \delta c\, \|\, |x_1 - z|^{1-n}\|_{p'} \leqq \delta c\,.$$

Die rechte Seite wird für alle betrachteten x und genügend kleines δ kleiner als ε, wobei $\varepsilon > 0$ beliebig vorgegeben sei. Damit ist die gleichgradige Stetigkeit von (4) gezeigt und insbesondere auch $Tf \in C(\bar{\Omega})$. ◀

Lemma 2. *Der Operator* $\Delta + a$ *(a reell) besitzt eine radialsymmetrische Fundamentallösung* E, *d. h.* $E(x) = E(y)$ *für alle* $x, y \in R^n$ *mit* $|x| = |y|$.

Die explizite Gestalt einer solchen Fundamentallösung haben wir in V.4.5. angegeben.

Lemma 3. *Unter den Voraussetzungen von Lemma* 1 *gilt*

$$f \in L^{2p}(\Omega) \Rightarrow Tf \in C^1(R^n)\,.$$

Beweis: Wir können ohne Beschränkung der Allgemeinheit eine radialsymmetrische Fundamentallösung wählen, also $E(x) = A(r)$, $r = |x|$. Für $r \to 0$ verhält sich die Funktion $A(r)$ wie $c_n r^{2-n}$ (für $n > 2$) bzw. $-c_2 \log r$ (für $n = 2$). Für hinreichend kleines $r > 0$ gilt außerdem $-cr^{1-n} \leqq A'(r) < 0$ mit einer genügend großen Konstanten

$c > 0$. Es sei $(r_k)_{k \in N}$ eine Nullfolge. Wir wählen für jedes k eine Funktion $A_k(r) \in C^1[0, \infty]$, die für $r \geqq r_k$ mit $A(r)$ übereinstimmt und für $r < r_k$ die Bedingung $-cr^{1-n} \leqq A_k'(r) < 0$ erfüllt, sowie $A_k'(r) \to 0$ für $r \to 0$. Es sei $E_k(x) = A_k(|x|)$. Für jedes $f \in L^{2p}(\Omega)$ sind die Potentiale $\int E_k(x - z) f(z)\,dz$ stetig differenzierbar, und die Differentiationen können unter das Integralzeichen gezogen werden. Es sei nun $\|f\|_{2p} \leqq 1$. Dann gilt mit $q_1 = 2p/(2p - 1)$

$$\left|\int E(x - z) f(z)\,dz - \int E_k(x - z) f(z)\,dz\right| \leqq \|\,|E(x - z) - E_k(x - z)|\,\|_{q_1} \to 0$$

gleichmäßig in x, da sich das Integrationsgebiet $K_x^{r_k}$ für $k \to \infty$ auf einen Punkt zusammenzieht. Analog erhalten wir gleichmäßig in x

$$\left|\int \frac{\partial}{\partial x_i} E(x - z) f(z)\,dz - \int \frac{\partial}{\partial x_i} E_k(x - z) f(z)\,dz\right|$$

$$\leqq \left\|\left|\frac{\partial}{\partial x_i}\left(E(x - z) - E_k(x - z)\right)\right|\right\|_{q_1} \leqq 2c \int\limits_0^{r_k} r^{(n-1)(1-q_1)}\,dr \to 0\,.$$

Daher folgt $Tf \in C^1(R^n)$, und die Differentiation kann unter dem Integralzeichen ausgeführt werden. ◀

Lemma 4. *Unter den Voraussetzungen von Lemma 1 bildet T den Raum $L^p(\Omega) \cap C^1(\Omega)$ ab in den Raum der in Ω beschränkten $h \in C^2(\Omega)$. Dabei gilt in Ω*

$$\Delta Tf + aTf = -f\,.$$

Der Beweis dieser naheliegenden Aussage sei dem Leser überlassen. Den Vektorraum aller in Ω beschränkten $f \in C(\Omega)$ bezeichnen wir mit $C_b(\Omega)$. Für $f \in C_b(\Omega)$ ist also

$$\sup_{x \in \Omega} |f(x)| < \infty\,.$$

Den Raum aller auf $\partial\Omega$ beschränkten BOREL-meßbaren Funktionen bezeichnen wir mit $M_b(\partial\Omega)$.

1.2. Umformulierung mittels Lösung beim LAPLACE-Operator

Es sei Ω das betrachtete beschränkte Gebiet mit dem Rand $\partial\Omega$, und $P \subseteqq \partial\Omega$ sei die Menge der im Sinne des LAPLACE-Operators regulären Randpunkte. Zu gegebenem $g \in C(\partial\Omega)$ suchen wir eine Lösung u des Problems

$$\begin{aligned} (\Delta + a)\,u &= 0 && \text{in } \Omega\,, \\ \lim_{x \to y} u(x) &= g(y) && \text{für alle } y \in P\,. \end{aligned} \tag{5}$$

Dabei durchläuft x in Ω eine beliebige gegen $y \in P$ strebende Punktfolge. Dieses Problem heißt ähnlich wie beim LAPLACE-Operator (im Sinne von N. WIENER verallgemeinertes) DIRICHLET-Problem. Für $a = 0$ existiert stets genau eine in Ω beschränkte Lösung $\mu_N(g)$. Mit

$$v = u - \mu_N(g)$$

geht dann das DIRICHLET-Problem über in folgende äquivalente Problemstellung

$$\begin{aligned} (\Delta + a)\,v &= -a\mu_N(g) && \text{in } \Omega\,, \\ \lim_{x \to y} v(x) &= 0 && \text{für alle } y \in P\,. \end{aligned} \tag{6}$$

Es sei $\Gamma(x, z)$ die GREENsche Funktion des LAPLACE-Operators bezüglich Ω und

$$G: f \to \int \Gamma(x, z) f(z) \, dz$$

der dazugehörige Integraloperator. Dann gilt

Lemma 5 (vgl. II.2.4.). *Der Operator G als Abbildung von $L^p(\Omega)$ in $L^p(\Omega)$ $(p > n/2)$ ist vollstetig.*

Beweis: Der Operator

$$f \to \int \Phi_N(x, z) f(z) \, dz \tag{7}$$

bildet nach Lemma 1 $L^p(\Omega)$ in $C(\bar{\Omega})$ vollstetig ab.

Der Raum $C(\bar{\Omega})$ ist seinerseits stetig in $L^p(\Omega)$ eingebettet, also ist (7) ein vollstetiger Operator von $L^p(\Omega)$ in $L^p(\Omega)$. Wir zeigen, daß auch der Operator

$$f \to \int_{\partial\Omega} \left[\int_{\Omega} \Phi_N(y, z) f(z) \, dz \right] d\mu_{xN}(y) \tag{8}$$

vollstetig ist. Dieser setzt sich zusammen aus dem vollstetigen (7) von $L^p(\Omega)$ in $C(\bar{\Omega})$, nachträglicher Einschränkung auf $\partial\Omega$, harmonischer Fortsetzung der entstandenen stetigen Randfunktion (im Sinne der WIENER-Lösung) zu einer in Ω beschränkten stetigen Funktion sowie Einbettung davon in $L^p(\Omega)$. Alle diese Abbildungen sind stetig, und die erste ist vollstetig. Somit ist auch (8) vollstetig. Nach dem FUBINI-Theorem kann man in (8) die Integrationen vertauschen. Damit erhalten wir wegen

$$\Gamma(x, z) = \Phi_N(x, z) - \int_{\partial\Omega} \Phi_N(y, z) \, d\mu_{xN}(y)$$

auch die Vollstetigkeit von G. ◀

Lemma 6. *Es sei $g \in M_b(\partial\Omega)$ eine gegebene Randfunktion. Ist dann $v \in L^p(\Omega)$ eine Lösung der Integralgleichung*

$$v - aGv = aG\mu_N(g) \, , \tag{9}$$

so ist v eine in Ω beschränkte Lösung des Problems (6).

Beweis: Es sei $v \in L^p(\Omega)$ eine Lösung von (9). Dann ist $f = av + a\mu_N(g) \in L^p(\Omega)$. Nach Lemma 5 ist $v = Gf \in C_b(\Omega) \subset L^{2p}(\Omega)$. Die Funktion v ist also in Ω beschränkte Lösung der POISSON-Gleichung $\Delta v = -f$, d. h. $(\Delta + a) \, v = -a\mu_N(g)$, und verschwindet auf P wegen $v = Gf$. ◀

Lemma 7. *$g \in M_b(\partial\Omega)$ sei eine gegebene Randfunktion. Es sei $v \in C^2(\Omega)$ eine in Ω beschränkte Lösung von* (6). *Dann ist v auch Lösung von* (9).

Beweis: v ist Lösung der POISSON-Gleichung

$$\Delta v = -av - a\mu_N(g) \in C^2(\Omega) \cap L^p(\Omega) \, ,$$

die auf P verschwindet. Wegen $v = -G(\Delta v)$ erhalten wir nach Anwendung des Operators G für v die Gleichung (9). ◀

Satz 2. *Das DIRICHLET-Problem* (5) *besitzt für beliebiges $g \in C(\partial\Omega)$ genau dann eine eindeutig bestimmte Lösung aus $C_b(\Omega)$, wenn* (9) *eine eindeutig bestimmte Lösung $v \in L^p(\Omega)$ besitzt* $(p > n/2)$.

Beweis: Wegen der Äquivalenz von (5) und (6) können wir uns auf (6) beziehen. Die eine Richtung ist eine Folgerung aus dem vorigen Lemma. Wenn andererseits

$v \in L^p(\Omega)$ Lösung ist von (9), so ist $h = av + a\mu_N(g) \in L^p(\Omega)$. Nach Lemma 5 ist $v = Gh$ in Ω beschränkt, also Element von $L^{2p}(\Omega)$. Daher ist wegen $v = aGv + aG\mu_N(g)$ und Lemma 3 $v \in C^1(\Omega)$, und nach Lemma 4 $\Delta v = \Delta Gh = -h = -av - a\mu_N(g)$. v ist also beschränkte Lösung von (6). ◀

1.3. Lösbarkeit des DIRICHLET-Problems

Satz 3. *Es sei $\Omega \subset R^n$ ein beschränktes Gebiet. Dann gilt:*

(i) *Die Menge $H_0(\Omega)$ der beschränkten Lösungen des verallgemeinerten* DIRICHLET-*Problems* (5) *mit den Randwerten $g = 0$ ist ein endlichdimensionaler Vektorraum.*

(ii) *Es gibt höchstens abzählbar viele reelle Zahlen a, die im Endlichen keinen Häufungspunkt besitzen, mit der Eigenschaft $H_0(\Omega) \neq \{0\}$.*

(iii) *Im Fall $H_0(\Omega) = \{0\}$ besitzt das verallgemeinerte* DIRICHLET-*Problem* (5) *für beliebige $g \in C(\partial\Omega)$ genau eine Lösung aus $C_b(\Omega)$.*

Beweis: Nach Satz 2 sind die Lösungen $v \in L^p(\Omega)$ der Integralgleichung (9) genau die Lösungen aus $C_b(\Omega)$ von (6). Da $G: L^p(\Omega) \to L^p(\Omega)$ vollstetig ist und $aG\mu_N(g) \in L^p(\Omega)$ gilt, existiert stets eine Lösung von (9). Die reellen Zahlen a, für welche im Fall $g = 0$ nichttriviale Lösungen existieren, also die Eigenwerte von G, haben die bekannten Eigenschaften, die aus der Vollstetigkeit folgen. ◀

Korollar. *Das verallgemeinerte* DIRICHLET-*Problem* (5) *besitzt für beliebiges reelles a mindestens eine Lösung aus $C_b(\Omega)$. Alle Lösungen u sind von der Gestalt*

$$u(x) = v(x) + \mu_{xN}(g)\,.$$

Dabei ist $h(x) = \mu_{xN}(g) \in C_b(\Omega)$ die WIENER-*Lösung des* DIRICHLET-*Problems für $a = 0$, und $v \in C_b(\Omega)$ nimmt in den regulären Randpunkten die Randwerte Null stetig an.*

Bemerkung 1. Die obigen Konstruktionen zeigen, daß beliebige meßbare beschränkte Funktionen g auf $\partial\Omega$ als Randwerte gewählt werden können. Auch hier gilt die Darstellung

$$u(x) = v(x) + \mu_{xN}(g)\,, \tag{10}$$

wobei $v \in C_b(\Omega)$ in den regulären Randpunkten die Randwerte Null stetig annimmt und $\mu_{xN}(g)$ die harmonische Fortsetzung von g in Ω bedeutet. Dabei haben wir, falls a kein Eigenwert ist,

$$g = 0 \Rightarrow v = 0\,. \tag{11}$$

§ 2. Maximum-Abschätzung für beliebige beschränkte Gebiete und Balayage

2.1. Maximum-Abschätzung

Satz 1. *Es existiert eine Konstante $c > 0$, so daß für jede Lösung $u \in C_b(\Omega)$ des verallgemeinerten* DIRICHLET-*Problems* § 1, (5) *gilt*

$$\inf_{w \in H_0(\Omega)} \left\{\sup_{x \in \Omega} |u(x) - w(x)|\right\} \leqq c \sup_{y \in \partial\Omega} |g(y)|\,. \tag{1}$$

Beweis: Für eine auf einer Menge B gegebene Funktion h setzen wir zur Abkürzung

$$|h|_B = \sup_{x \in B} |h(x)|\,.$$

Wir nehmen an, die Behauptung wäre falsch. Dann gibt es eine Folge $(g_k)_{k\in N}$ in $C(\partial\Omega)$ mit $|g_k|_{\partial\Omega} \to 0$, so daß Lösungen $u_k \in C_b(\Omega)$ des Problems § 1, (5) existieren mit den Randwerten g_k $(k = 1, 2, \ldots)$ und

$$\inf_{w\in H_0(\Omega)} |u_k - w|_\Omega = 1 .$$

Es sei $H_1(\Omega) = \{u \in C^2(\Omega) \cap C_b(\Omega) \colon (\Delta + a)\, u = 0\}$, versehen mit der Norm $|\cdot|_\Omega$. Da $H_0(\Omega)$ endlichdimensional ist, besitzt $H_0(\Omega)$ in $H_1(\Omega)$ ein topologisches Komplement $H(\Omega)$, also $H_1(\Omega) = H_0(\Omega) \oplus H(\Omega)$. Wir können dann annehmen $u_k \in H(\Omega)$ $(k = 1, 2, \ldots)$, und es existieren Konstanten c_1, c_2 mit

$$0 < c_1 \leqq |u_k|_{\partial\Omega} \leqq c_2 \qquad (k = 1, 2, \ldots) . \tag{2}$$

Aus den bekannten inneren Schauder-Abschätzungen für elliptische Gleichungen zweiter Ordnung (vgl. V.3.5.) folgt die gleichgradige Stetigkeit der Folge $(u_k)_{k\in N}$. Durch Übergang zu einer Teilfolge, die wir wieder mit demselben Symbol bezeichnen, erhalten wir nach dem Satz von Arzelà-Ascoli die gleichmäßige Konvergenz der Folge $(u_k)_{k\in N}$ auf jeder kompakten Teilmenge von Ω. Das Ziel der folgenden Betrachtungen ist der Nachweis der gleichmäßigen Konvergenz der Folge auf ganz Ω gegen eine Funktion u. Dann gehört u zu $H(\Omega)$ und verschwindet auf Γ, d. h. $u = 0$ im Widerspruch zu (2).

Es sei K eine Kugel von genügend kleinem Radius mit dem Mittelpunkt $y \in \partial\Omega$. Dann existiert eine Funktion $h \in C(K)$, die im Innern von K die Gleichung $(\Delta + a)\, h = 0$ löst, mit der Eigenschaft

$$\inf_{x\in K} h(x) = 1 .$$

Auf $S = \partial\Omega$ existiert zu jedem $x \in K$ ein eindeutig bestimmtes positives $(\Delta + a)$-harmonisches Maß ν_x mit $\|\nu_x\| \leqq |h|_K$. Jede Funktion $w \in C(K)$, die im Innern von K die Gleichung $(\Delta + a)\, w = 0$ löst, wird also dargestellt durch $w(x) = \nu_x(w)$. Für $m = 1, 2, \ldots$ sei

$$A_m = \left\{x \in \Omega \colon \operatorname{dist}(x, \partial\Omega) \geqq \frac{1}{m}\right\}.$$

Die Mengen $\Omega_m = \Omega \setminus A_m$ sind offen und bilden eine monoton fallende Folge mit leerem Durchschnitt. Dann existiert zu jedem $\varepsilon > 0$ ein $m(\varepsilon)$ mit

$$\nu_y(\Omega_{m(\varepsilon)}) < \varepsilon . \tag{3}$$

Wegen der gleichmäßigen Konvergenz der Folge $(u_k)_{k\in N}$ auf jeder kompakten Teilmenge von Ω existiert ein $k(\varepsilon)$ mit

$$|u_k - u_l|_{A_{m(\varepsilon)}} < \varepsilon \qquad \text{für } k, l \geqq k(\varepsilon)$$

und

$$|g_k - g_l|_{\partial\Omega} < \varepsilon \qquad \text{für } k, l \geqq k(\varepsilon) .$$

Daher folgt für $z \in S \cap A_{m(\varepsilon)}$ für diese k, l

$$-\varepsilon h(z) \leqq u_k(z) - u_l(z) \leqq \varepsilon h(z)$$

und für $z \in \partial\Omega \cap K$

$$-\varepsilon h(z) \leqq g_k(z) - g_l(z) \leqq \varepsilon h(z) .$$

Weiterhin haben wir für $z \in \Omega_{m(\varepsilon)} \cap S$

$$-2c_2 \leqq u_k(z) - u_l(z) \leqq 2c_2$$

wegen der Beschränktheit der Folge (u_k) auf Ω. Daher majorisiert die Funktion

$$h'(x) = \varepsilon h(x) + 2c_2 \nu_x(\Omega_{m(\varepsilon)})$$

für $x \in \Omega \cap K$ $\mathcal{J}$-f.ü. auf $\partial(\Omega \cap K)$ die Funktion $|u_k - u_l|$ $(k, l \geqq k(\varepsilon))$. Die Funktion $\nu_x(\Omega_{m(\varepsilon)})$ ist insbesondere im Punkt $y \in \partial\Omega$ stetig. Wegen (3) gilt dann $\nu_x(\Omega_{m(\varepsilon)}) < \varepsilon$ für alle x einer ganzen Umgebung U des Punktes y. Daher ist $h'(x) \leqq \varepsilon(h(x) + 2c_2)$ für alle $x \in U$. Es folgt also wegen des Maximum-Prinzips für die Gleichung $(\Delta + a)\, u = 0$ in kleinen Gebieten

$$|u_k(x) - u_l(x)| \leqq c\varepsilon \qquad (x \in U;\, k, l \geqq k(\varepsilon))\,. \tag{4}$$

Wir überdecken $\partial\Omega$ mit einer endlichen Zahl von Umgebungen, für die eine solche Ungleichung besteht. Durch Übergang zum größten Index $k'(\varepsilon)$ erhalten wir für alle diese U gemeinsam die Abschätzung (4), wobei $m(\varepsilon)$ ebenfalls durch den größten Index $m'(\varepsilon)$ der endlich vielen zu ersetzen ist, also

$$|u_k(x) - u_l(x)| \leqq c\varepsilon \qquad \text{für } x \in \Omega_{m'(\varepsilon)} \qquad (k, l \geqq k'(\varepsilon))\,.$$

Somit konvergiert die Folge $(u_k)_{k \in N}$ auf Ω gleichmäßig gegen u, und der Satz ist gezeigt. ◀

2.2. Balayage-Prinzip

Das Balayage-Prinzip für Maße δ_x $(x \in \Omega)$ erhalten wir jetzt für die betrachteten, beliebigen beschränkten Gebiete als eine einfache Folgerung.

Korollar. *Im Fall $H_0(\Omega) = \{0\}$ existiert zu beliebigem $x \in \Omega$ ein eindeutig bestimmtes Maß μ_x mit dem Träger auf $\partial\Omega$, so daß für die Lösung u des verallgemeinerten* Dirichlet-*Problems* (5), § 1 *gilt*

$$u(x) = \int_{\partial\Omega} g(y)\, \mathrm{d}\mu_x(y)\,. \tag{5}$$

Weiterhin gilt für die Totalvariation

$$||\mu_x|| \leqq c\,, \qquad ||\mu_x^{\pm}|| \leqq c \qquad \textit{für alle } x \in \Omega\,. \tag{6}$$

Beweis: Nach Satz 1 ist die Zuordnung $g \to u(x)$ eine stetige Linearform auf $C(\partial\Omega)$ mit der Norm $\leqq c$. Dann folgt die Behauptung analog wie in III.1.4. aus dem Rieszschen Darstellungssatz für stetige lineare Funktionale. ◀

Es sei noch folgendes in [A 23] bewiesene Resultat erwähnt:

Satz 2. *Es sei Ω ein beschränktes Gebiet, und es sei $H_0(\Omega) = \{0\}$. Dann existiert eine kompakte Menge $K \subset \Omega$, so daß für alle Gebiete Ω' mit $K \subset \Omega' \subseteqq \Omega$ gilt $H_0(\Omega') = \{0\}$ und*

$$\sup_{x \in \Omega'} |u'(x)| \leqq c \sup_{y \in \partial\Omega'} |g'(y)|$$

für die verallgemeinerte Lösung u' des Dirichlet-*Problems in Ω', mit den Randwerten $g' \in C(\partial\Omega')$ und c ist unabhängig von Ω'.*

Korollar. *Ist μ_x' das harmonische Maß bezüglich $x \in K$ und Ω', so gilt $||\mu_x'|| \leqq c$ für alle Ω' mit $K \subset \Omega' \subseteqq \Omega$.*

§ 3. Harmonische Maße

3.1. $\mathfrak{J}$-Absolutstetigkeit

Für alles weitere wird vorausgesetzt, daß a kein Eigenwert ist.

Lemma 1. *Die Funktion $x \to \mu_x$ von Ω in $\mathfrak{M}(\partial\Omega)$ ist normstetig (d. h. stetig hinsichtlich der Totalvariation der Maße).*

Beweis: Es sei $x_0 \in \Omega$, und $K \subset \Omega$ sei eine abgeschlossene Kugel mit dem Mittelpunkt x_0. K' sei eine abgeschlossene Kugel, die konzentrisch im Innern von K liegt. Es sei $g \in C(\partial\Omega)$ und $u(x) = \mu_x(g)$. Aus der inneren SCHAUDER-Abschätzung (vgl. V.3.5.) und V.2.1. Satz 1 folgt

$$||u||_{C^{2+\alpha}(K')} \leqq c\,|u|_K \leqq c\,|g|_{\partial\Omega}\,.$$

Für $x \in K'$ erhalten wir speziell

$$|u(x) - u(x_0)| \leqq c\,|x - x_0|\,|g|_{\partial\Omega}\,,$$

d. h. wegen $u(x) - u(x_0) = \mu_x(g) - \mu_{x_0}(g)$ nach Übergang zum Supremum über alle g mit $|g|_{\partial\Omega} \leqq 1$

$$||\mu_x - \mu_{x_0}|| \leqq c\,|x - x_0|\,. \blacktriangleleft$$

Satz 1. *Es sei g eine (nach oben oder nach unten) halbstetige beschränkte Funktion auf $\partial\Omega$. Dann stimmt die Funktion*

$$u(x) = \int_{\partial\Omega} g(y)\,\mathrm{d}\mu_x(y) \tag{1}$$

für alle $x \in \Omega$ mit der Funktion (10), § 1 *überein.*

Beweis: Ohne Beschränkung der Allgemeinheit nehmen wir an, daß g nichtnegativ und nach unten halbstetig ist. Andernfalls ersetzen wir g durch $\pm g + c$ mit einer Konstanten $c > 0$. Die Funktion g ist Limes einer monoton wachsenden Folge stetiger Funktionen $g_k \geqq 0$ auf $\partial\Omega$. Unter Beachtung von $|g_k|_{\partial\Omega} \leqq |g|_{\partial\Omega} < \infty$ und $||\mu_x^\pm|| < \infty$ erhalten wir wegen der monotonen Konvergenz

$$u(x) = \int g(y)\,\mathrm{d}\mu_x(y) = \lim_{k\to\infty} \int g_k(y)\,\mathrm{d}\mu_x^+(y) - \lim_{k\to\infty} \int g_k(y)\,\mathrm{d}\mu_x^-(y) = \lim_{k\to\infty} \int g_k(y)\,\mathrm{d}\mu_x(y)$$

für alle $x \in \Omega$. Aus Lemma 1 erhalten wir $u \in C_b(\Omega)$. Als nächstes stellen wir fest, daß $\mu_N(g_k)$ monoton gegen $\mu_N(g)$ konvergiert. Wegen $\Gamma(x, z) \geqq 0$ konvergieren also die Funktionen $G\mu_N(g_k)$ sowohl monoton als auch in $L^p(\Omega)$ gegen $G\mu_N(g)$. Die Lösungen v_k der Gleichungen $v_k - aGv_k = aG\mu_N(g_k)$ konvergieren dann in $L^p(\Omega)$ gegen die Lösung v der Gleichung $v - aGv = aG\mu_N(g)$. Da Gv_k dann auch punktweise konvergiert (wegen der Vollstetigkeit von $G: L_p(\Omega) \to C(\overline{\Omega})$, vgl. den Beweis von Lemma 5, § 1), strebt v_k punktweise gegen v. Daher haben wir wegen $g_k \in C(\partial\Omega)$

$$\int g_k(y)\,\mathrm{d}\mu_x(y) = v_k(x) + \mu_x(g_k) \qquad (k = 1, 2, \ldots)$$

und auf Grund der genannten punktweisen Konvergenzen auch die Gleichheit der Limites. $\blacktriangleleft$

Satz 2. *Die Maße $\mu_x^\pm$ sind $\mathfrak{J}$-absolutstetig für alle $x \in \Omega$.*

Beweis: Es sei $A' \in \mathfrak{J}$. Die Zahlen $\mu_x^\pm(A')$ sind Supremum über alle Zahlen $\mu_x^\pm(A)$, wobei $A \subseteqq A'$ kompakt ist. Dabei können wir annehmen $A = A^+ \cup A^-$ mit kompakten Mengen $A^\pm$ und $A^\pm \subseteqq B^\pm$, wobei der Rand $\partial\Omega$ in bekannter Weise zerlegt ist in $\partial\Omega = B^+ \cup B^-$ mit $B^+ \cap B^- = \emptyset$ und $\mu_x^+(B^-) = \mu_x^-(B^+) = 0$. Die charakteristische Funktion $1_A(y)$ der Menge A ist halbstetig und beschränkt. Weiterhin haben wir $\mu_{xN}(1_A) = 0$ für alle $x \in \Omega$. Dann folgt aus Satz 1

$$\mu_x(A) = \int_{\partial\Omega} 1_A(y)\, d\mu_x(y) = v(x) + \mu_{xN}(1_A) = 0$$

wegen $v \equiv 0$ (vgl. (11), § 1). Speziell erhalten wir $\mu_x^\pm(A^\pm) = 0$ für alle Vorzeichenkombinationen, also auch $\mu_x^\pm(A) = 0$. ◀

Bemerkung 1. Die Maße $\mu_x^\pm$ sind für alle $x \in \Omega$ absolutstetig bezüglich μ_{x_0N}, wobei $x_0 \in \Omega$ beliebig gewählt werden kann. Im Beweis des vorigen Satzes haben wir nämlich allgemein gezeigt

$$\mu_{xN}(A) = 0 \quad \text{für alle } x \in \Omega \Rightarrow \mu_x^\pm(A) = 0 \quad \text{für alle } x \in \Omega\,.$$

Es gilt aber $\mathfrak{J}_{\mu_{xN}} = \mathfrak{J}_{\mu_{x_0N}}$ für alle $x \in \Omega$, d. h.

$$\mathfrak{J}_{\mu_{x_0N}} \subseteqq \mathfrak{J}_{\mu_x^\pm} \qquad \text{für alle } x \in \Omega\,.$$

Somit existiert zu festem $x \in \Omega$ eine Funktion $P(x, y) \in L^1(\mu_{xN}, \partial\Omega)$ mit

$$d\mu_x(y) = P(x, y)\, d\mu_{xN}(y)\,.$$

Dabei ist zu bemerken, daß $L^1(\mu_{xN}; \partial\Omega)$ von $x \in \Omega$ nicht abhängt.

3.2. Absolutstetigkeit und Randverhalten

Definition 1. $\partial\Omega$ heißt *regulär,* falls das Dirichlet-Problem für $\Delta + a$ höchstens eine Lösung besitzt und gilt $\partial\Omega = P$.

Lemma 2. *Es sei $g \in C(\partial\Omega)$. Dann gilt*

$$|\mu_x(g)| \leqq c\mu_{xN}(|g|)$$

mit einer Konstanten $c = c(x) > 0$. Ist analog $A \subseteqq \partial\Omega$ eine abgeschlossene Menge, so gilt

$$|\mu_x(A)| \leqq c\mu_{xN}(A)\,.$$

Beweis: Ohne Beschränkung der Allgemeinheit nehmen wir an $g \geqq 0$. Wäre die Behauptung falsch, so existierte eine Folge $(g_k)_{k\in N}$ in $C(\partial\Omega)$ mit $0 \leqq g_k \leqq 1$ mit

$$|\mu_x(g_k)| \geqq a > 0\,, \qquad \mu_{xN}(g_k) \to 0\,. \tag{2}$$

Die Folge $(g_k)_{k\in N}$ konvergiert also bezüglich μ_{xN} dem Maß nach gegen Null. Dann folgt die Existenz einer Teilfolge, die μ_{xN}-f.ü. gegen Null strebt. Wegen der Absolutstetigkeit von $\mu_x^\pm$ bezüglich μ_{xN} strebt die Teilfolge auch $\mu_x^\pm$-f.ü. gegen Null. Das ist ein Widerspruch zu (2). Die Aussage für $A \subseteqq \partial\Omega$ folgt durch Übergang zum Grenzwert einer Folge aus $C(\partial\Omega)$, die gegen 1_A monoton konvergiert. ◀

Korollar. *Die Funktion $P(x, y)$ mit $d\mu_x(y) = P(x, y)\, d\mu_{xN}(y)$ liegt für jedes $x \in \Omega$ in $L^\infty(\mu_{xN}; \partial\Omega)$.*

Beweis: Wäre $P(x, y) \notin L^\infty(\mu_{xN}; \partial\Omega)$, so gäbe es zu jedem $k \in N$ eine Menge $A_k \subseteqq \partial\Omega$ mit $P(x, y) \geqq k$ für alle $y \in A_k$ und $\mu_{xN}(A_k) > 0$. Dann wäre

$$\mu_x(A_k) = \int_{A_k} P(x, y)\, d\mu_{xN}(y) \geqq k\mu_{xN}(A_k)\,.$$

Nach Lemma 2 gilt mit einer Konstanten $c(x) > 0$ jedoch $\mu_x(A_k) \leqq c\mu_{xN}(A_k)$. Dies ist für $k > c$ ein Widerspruch. Damit ist

$$\int\int E(y - y')\, d\mu_x^a(y)\, d\mu_{x'}^a(y') = \int\int E(y - y')\, P^a(x, y)\, P^a(x', y')\, d\mu_{xN}(y)\, d\mu_{x'N}(y') .$$

Hiermit ist die Vertauschbarkeit gesichert. ◀

Satz 3. *$\partial\Omega$ sei regulär. Dann gilt $\mu_x \in \mathfrak{F}$ für alle $x \in \Omega$.*

Beweis: Es gilt (vgl. § 1, Satz 1) $\mu_{xN} \in \mathfrak{F}_N = \mathfrak{F}$. Weiterhin ist $\mu_x = P(x, y)\, \mu_{xN}$, und $\mu_x \in \mathfrak{F}$ wegen $P(x, y) \in L^\infty(\mu_{xN}; \partial\Omega)$, (vgl. III.2.6.). ◀

Satz 4. *Für alle $y_0 \in P$ gilt*

$$\|\mu_x^-\| \to 0 \qquad \text{für } x \to y_0 .$$

Beweis: Die Lösung der Gleichung $(\Delta + a)\, u = 0$ mit $r_{\partial\Omega}\, u = g \in C(\partial\Omega)$ betrachten wir in der Gestalt

$$u(x) = \int_{\partial\Omega} g(y)\, d\mu_{xN}(y) + a \int_{\Omega} u(z)\, \Gamma(x, z)\, dz .$$

Es gilt $u(z) = \mu_z^+(g) - \mu_z^-(g)$, und die Funktionen $\mu_z^\pm(g)$ sind auf Ω nach unten halbstetig und beschränkt. Wegen

$$\mu_x^+(g) - \mu_x^-(g) = \mu_{xN}(g) + a \int_{\Omega} \mu_z^+(g)\, \Gamma(x, z)\, dz - a \int_{\Omega} \mu_z^-(g)\, \Gamma(x, z)\, dz$$

und $\Gamma(x, z) \geqq 0$ muß gelten

$$\mu_x^-(g) \leqq a \int_{\Omega} \Gamma(x, z)\, \mu_z^-(g)\, dz \qquad \text{für alle } g \in C^+(\partial\Omega) .$$

Dann erhalten wir

$$\mu_x^-(g) \leqq a \sup_{z \in \Omega} \mu_z^-(g) \int_{\Omega} \Gamma(x, z)\, dz .$$

Die Funktion $w(x) = \int_{\Omega} \Gamma(x, z)\, dz$ löst die Gleichung $\Delta w = -1$ mit $w(x) \to 0$ für $x \to y_0 \in P$. Übergang zum Supremum über alle $g \in C(\partial\Omega)$ mit $0 \leqq g \leqq 1$ liefert

$$\|\mu_x^-\| \leqq a \left\{ \sup_{0 \leqq g \leqq 1} \sup_{z \in \Omega} \mu_z^-(g) \right\} w(x) .$$

Der Faktor vor $w(x)$ ist durch eine feste Konstante beschränkt. ◀

Korollar. *$\partial\Omega$ sei regulär, d. h. $P = \partial\Omega$. Dann ist μ_x^- im abgeschlossenen Gebiet normstetig. μ_x^+ ist also im abgeschlossenen Gebiet w^*-stetig.*

$\partial\Omega$ sei regulär. Dann ist die Menge

$$M = \{u(x) = \mu_x^-(g) : g \in C(\partial\Omega),\ \|g\| \leqq 1\}$$

auf $\bar{\Omega}$ gleichgradig stetig. Es gilt nämlich für $u \in M$ und $x, z \in \bar{\Omega}$ und $x \to z$

$$|\mu_x^-(g) - \mu_z^-(g)| \leqq \|\mu_x^- - \mu_z^-\|\, \|g\| \leqq \|\mu_x^- - \mu_z^-\| \to 0$$

unabhängig von g.

3.3. Weitere Eigenschaften von Positiv- und Negativteil

Satz 5. *$\partial\Omega$ sei regulär. Dann sind die kompakten Mengen*

$$B^+ = \{x \in \bar{\Omega} : \nu_x^+ = 0\} , \qquad B^- = \{x \in \bar{\Omega} : \nu_x^- = 0\}$$

disjunkt.

Beweis: Angenommen, für $x \in \Omega$ wäre $\mu_x^+ = \mu_x^- = 0$, d. h. $\mu_x(g) = 0$ für alle $g \in C(\partial\Omega)$. Es sei $A \subset \Omega$ ein Geradenstück mit $x \in A$, und K sei eine Kugel mit $\Omega \subset K$. Dann kann jedes $h \in C(A)$ auf A gleichmäßig durch Lösungen von $(\Delta + a)\, v = 0$ $(v \in C(K))$ approximiert werden. Da die Einschränkungen auf $\overline{\Omega}$ dieser v in $D(\overline{\Omega})$ liegen, kann jedes $h \in C(A)$ erst recht auf A gleichmäßig durch Funktionen $u \in D(\overline{\Omega})$ approximiert werden. Das ist aber unmöglich, da diese u im Punkt x alle verschwinden. ◀

$\partial\Omega$ sei regulär. Wir bilden folgende Vektorräume stetiger Funktionen:

$$D^{(+)}(\overline{\Omega}) = \{u(x) = \mu_x^+(g) : g \in C(\partial\Omega)\}\,,$$

$$D^{(-)}(\overline{\Omega}) = \{v(x) = \mu_x^-(g) : g \in C(\partial\Omega)\}\,,$$

$$|D|\,(\overline{\Omega}) = \{w(x) = |\mu_x|\,(g) : g \in C(\partial\Omega)\}\,.$$

Es gilt

$$r_{\partial\Omega} u = g \qquad \text{für alle } u = \mu_x^+(g) \in D^{(+)}(\overline{\Omega})\,,$$

$$r_{\partial\Omega} v = 0 \qquad \text{für alle } v = \mu_x^-(g) \in D^{(-)}(\overline{\Omega})\,,$$

$$r_{\partial\Omega} w = g \qquad \text{für alle } w = \mu_x(g) \in |D|\,(\overline{\Omega})\,.$$

Lemma 3. *Es existiert eine Konstante $c > 0$ mit*

$$\sup_{x\in\Omega} |u(x)| \leqq c \sup_{y\in\partial\Omega} |g(y)| \qquad \textit{für alle } u \in D^{(+)}(\overline{\Omega})\,,$$

$$\sup_{x\in\Omega} |v(x)| \leqq c \sup_{y\in\partial\Omega} |g(y)| \qquad \textit{für alle } v \in D^{(-)}(\overline{\Omega})\,,$$

$$\sup_{x\in\Omega} |w(x)| \leqq c \sup_{y\in\partial\Omega} |g(y)| \qquad \textit{für alle } w \in |D|\,(\overline{\Omega})\,.$$

Beweis: Die Behauptung folgt unmittelbar aus $\|\mu^\pm\| \leqq$ const. ◀

Korollar. *Zu jedem $\mu \in \mathfrak{M}(\overline{\Omega})$ existieren Maße $\nu_1, \nu_2, \nu_3 \in \mathfrak{M}(\partial\Omega)$ mit*

$$\mu(u) = \nu_1(g) \qquad \textit{für alle } u \in D^{(+)}(\overline{\Omega})\,,$$

$$\mu(v) = \nu_2(g) \qquad \textit{für alle } v \in D^{(-)}(\overline{\Omega})\,,$$

$$\mu(w) = \nu_3(g) \qquad \textit{für alle } w \in |D|\,(\overline{\Omega})\,.$$

Aus $\mu \geqq 0$ folgt $\nu_i \geqq 0$ $(i = 1, 2, 3)$. Es gilt $\nu_3 = (\nu_1 + \nu_2)$. Ist weiterhin $\Pi\mu = \nu$, d. h.

$$\mu(h) = \nu(g) \qquad \text{für alle } h \in D(\overline{\Omega})\,,$$

so gilt $\nu = \nu_1 - \nu_2$. Setzen wir $\Pi^+\mu = \nu_1$, $\Pi^-\mu = \nu_2$, $|\Pi|\,\mu = \nu_3$, so können wir schreiben

$$\Pi = \Pi^+ - \Pi^-\,, \qquad |\Pi| = \Pi^+ + \Pi^-\,.$$

$\Pi^\pm$ spielen also die Rolle von Positiv- bzw. Negativteil des Balayage-Operators.

Ist $\partial\Omega$ regulär und $T\mu_x(g) = |\mu_x|\,(g)$, so definiert der lineare Operator $T\colon D(\overline{\Omega}) \to |D|\,(\Omega)$ einen Homöomorphismus (in den durch $C(\overline{\Omega})$ induzierten Topologien). Die Abbildung $\mu_x(g) \leftrightarrow g$ ist nämlich ein Homöomorphismus zwischen $C(\partial\Omega)$ und $D(\overline{\Omega})$. Außerdem ist $g \leftrightarrow |\mu_x|\,(g)$ ein Homöomorphismus zwischen $C(\partial\Omega)$ und $|D|\,(\overline{\Omega})$. Somit ist auch die zusammengesetzte Abbildung ein Homöomorphismus.

Bemerkung 2. Es sei $\Omega = B^r_{x_0}$ eine Kugel im R^3. Man kann dann zeigen (vgl. [S 40], IV)

$$\frac{\sin \sqrt{a}\, r}{\sqrt{a}\, r}\, u(x_0) = \int\limits_{S^r_{x_0}} u(y)\, d\sigma^r_{x_0}(y)$$

für alle $u \in D(\overline{\Omega})$. Diese Formel ist einerseits ein Mittelwertsatz für die Lösungen u der Helmholtz-Gleichung (vgl. auch X.7.1.), und sie zeigt andererseits die Änderung des Vorzeichens des harmonischen Maßes μ_{x_0} bezüglich $B^r_{x_0}$ für verschiedene r ($\sin \sqrt{a}\, r \neq 0$).

3.4. Lösung für integrierbare Randwerte

Abschließend beweisen wir noch folgenden

Satz 6. *Es sei Ω ein beschränktes Unitätsgebiet, und es sei $g \in L^1(\mu_{x_0N})$ eine gegebene Randfunktion ($x_0 \in \Omega$ fest). Dann ist die Funktion $u(x) = \mu_x(g) = \mu^+_x(g) - \mu^-_x(g)$ in Ω Lösung der Gleichung $(\Delta + a)\, u = 0$. Ist g im Punkt $y_0 \in P$ stetig, so gilt $u(x) \to g(y_0)$ für $x \to y_0$ unabhängig von der Wahl der gegen y_0 strebenden Folge.*

Beweis: Die Annahme der Randwerte in deren Stetigkeitspunkten $y_0 \in P$ folgt unmittelbar aus $\mu^+_x \rightharpoonup \delta_{y_0}$, $\mu^-_x \rightharpoonup 0$ für $x \to y_0$ wegen Satz 4. Um zu beweisen, daß u Lösung der Gleichung ist, genügt es zu zeigen, daß u die Gleichung im distributionentheoretischen Sinne löst. Für jedes feste $\varphi \in C^\infty_0(\Omega)$ muß dann gelten

$$\int u(\Delta + a)\, \varphi\, dx = 0\,. \tag{3}$$

Mittels $d\varkappa = (\Delta + a)\, \varphi(x)\, dx$ definieren wir ein Maß $\varkappa$. Dann ist (3) äquivalent zu

$$\int \mu^+_x(g)\, d\varkappa^+(x) + \int \mu^-_x(g)\, d\varkappa^-(x) = \int \mu^-_x(g)\, d\varkappa^+(x) + \int \mu^+_x(g)\, d\varkappa^-(x)\,. \tag{4}$$

Wir wissen bereits, daß (4) erfüllt ist für $g \in C(\partial\Omega)$. Daraus folgt (4) sofort auch für halbstetige beschränkte Funktionen g auf dem Rand, insbesondere für die charakteristische Funktion einer beliebigen kompakten Menge $K \subseteq \partial\Omega$, denn in (4) sind alle nötigen Grenzübergänge in den Einzelintegralen monoton. Nach dem Satz von Lebesgue über majorisierte Konvergenz ist weiterhin folgendes sofort einzusehen. Ist $(g_k)_{k\in N}$ eine punktweise konvergente Folge von Funktionen auf $\partial\Omega$, die (4) erfüllen sowie $|g_k| \leqq$ const. für alle $k \in N$, so gilt (4) auch für den Limes. Die Maße $\mu^\pm_x$ sind absolutstetig bezüglich μ_{x_0N} (§ 3, Bemerkung 1). Somit braucht man die Konvergenz der Randfunktionen nur μ_{x_0N}-f.ü. vorauszusetzen, damit der Limes wieder (4) erfüllt. Jedes $g \in L^1(\mu_{x_0N})$, $g \geqq 0$, läßt sich nun μ_{x_0N}-f.ü. als Limes einer monoton wachsenden Folge nichtnegativer Treppenfunktionen darstellen. Wegen der Monotonie und der Positivität aller in (4) vorkommenden Maße sind dann in (4) die Grenzübergänge erlaubt. Es genügt also, (4) für Treppenfunktionen g zu beweisen.

Offenbar können wir uns dabei auf die charakteristische Funktion $g = \mathbf{1}_B$ einer beliebigen Borel-Menge $B \subseteq \partial\Omega$ beschränken. Zu B existiert eine monoton wachsende Folge $(K_j)_{j\in N}$ kompakter Mengen $K_i \subseteq B$ mit

$$\lim_{j\to\infty} \mu_{x_0N}(K_j) = \mu_{x_0N}(B)\,.$$

Setzen wir $M = \bigcup\limits_{j=1}^{\infty} K_j$, so erhalten wir $\mathbf{1}_M = \lim\limits_{j\to\infty} \mathbf{1}_{K_j}$, und da jedes $g_j = \mathbf{1}_{K_j}$ die Gleichung (4) erfüllt, folgt (4) auch für $g_0 = \mathbf{1}_M$. Es gilt nun $\mu_{x_0N}(B \setminus M) = \mu_{x_0N}(g - g_0) = 0$. Da alle Maße $\mu^\pm_x$ μ_{x_0N}-absolutstetig sind, folgt $\mu^\pm_x(g - g_0) = 0$, also $\mu_x(g) = \mu_x(g_0)$. Wir erhalten (4) also auch für $g = \mathbf{1}_B$, und der Satz ist gezeigt. ◀

V. ELLIPTISCHE RANDWERTPROBLEME

§ 1. Sobolev-Räume

Wir kommen jetzt zur Definition einiger wichtiger Funktionenräume und stellen ihre grundlegenden Eigenschaften zusammen. Es handelt sich dabei vorwiegend um die klassischen Sobolev-Räume, wobei verschiedene sich anbietende Definitionen im allgemeinen leider nicht äquivalent sind. (Bezüglich Literatur vgl. [A 16], [S 42], [B 16], [C 10], [S 50], [S 10]).

1.1. Die Räume $W^{s,2}(\Omega)$ und $H^{s,2}(\Omega)$

Es sei $\Omega \subset R^n$ eine beschränkte offene Menge. Unter dem Sobolevschen Raum $W^{s,2}(\Omega)$ verstehen wir den Vektorraum aller Funktionen $u \in L^2(\Omega)$, deren Ableitungen $D^\alpha u$ der Ordnung $|\alpha| \leqq s$ (im Sinne der Distributionentheorie) ebenfalls im Raum $L^2(\Omega)$ enthalten sind, d. h.

$$W^{s,2}(\Omega) = \{u \in L^2(\Omega) : D^\alpha u \in L^2(\Omega) \text{ für alle } |\alpha| \leqq s\} .$$

Durch

$$(u, v)_s = \sum_{|\alpha| \leqq s} \int_\Omega D^\alpha u \, \overline{D^\alpha v} \, dx \tag{1}$$

ist in $W^{s,2}(\Omega)$ ein Skalarprodukt gegeben. Wir betrachten jetzt den Raum $C^s(\overline{\Omega})$ in der durch das Skalarprodukt (1) erzeugten Norm:

$$||u||_{s,2} = \left\{ \sum_{|\alpha| \leqq s} \int_\Omega |D^\alpha u|^2 \, dx \right\}^{\frac{1}{2}} . \tag{2}$$

$C^s(\overline{\Omega})$ ist damit ein (nicht-vollständiger) normierter Raum. Die Vervollständigung bezüglich der Norm (2) bezeichnen wir mit $H^{s,2}(\Omega)$. Es besteht der folgende Zusammenhang zwischen $W^{s,2}(\Omega)$ und $H^{s,2}(\Omega)$.

Satz 1. *$W^{s,2}(\Omega)$ ist (mit dem Skalarprodukt (1)) ein Hilbert-Raum und $H^{s,2}(\Omega)$ ein abgeschlossener Teilraum.*

Beweis: Es sei (u_k) eine Cauchy-Folge in $W^{s,2}(\Omega)$. Wegen der Gestalt der Norm (2) und der Vollständigkeit von $L^2(\Omega)$ existieren Funktionen $u \in L^2(\Omega)$, $u_\alpha \in L^2(\Omega)$ $(|\alpha| \leqq s)$ mit

$$u_k \to u , \qquad D^\alpha u_k \to u_\alpha \quad \text{in } L^2(\Omega) .$$

$u_k \in W^{s,2}(\Omega)$ bedeutet ferner

$$\int_\Omega D^\alpha u_k \varphi \, dx = (-1)^{|\alpha|} \int_\Omega u_k D^\alpha \varphi \, dx \qquad \text{für alle } \varphi \in C_0^\infty(\Omega) ,$$

und durch Grenzübergang $k \to \infty$ erhält man

$$\int_\Omega u_\alpha \varphi \, dx = (-1)^{|\alpha|} \int_\Omega u D^\alpha \varphi \, dx ,$$

d. h.

$$u_\alpha = D^\alpha u \quad \text{und} \quad u \in W^{s,2}(\Omega)\,, \qquad \|u_k - u\|_{s,2} \to 0\,.$$

$H^{s,2}(\Omega) \subset W^{s,2}(\Omega)$ folgt schließlich daraus, daß jede Cauchy-Folge in $C^s(\overline{\Omega})$ bezüglich (2) in $W^{s,2}(\Omega)$ konvergent ist. ◀

Bemerkung 1 ([A 16]). Unter gewissen (schwachen) Voraussetzungen an den Rand $\partial\Omega$ gilt

$$W^{s,2}(\Omega) = H^{s,2}(\Omega)\,.$$

In diesem Falle hat man es also mit zwei unterschiedlichen aber äquivalenten Definitionen der Sobolev-Räume zu tun. Gelegentlich betrachtet man auch die Vektorräume $W^{s,2}_{\text{loc}}(\Omega)$ bzw. $H^{s,2}_{\text{loc}}(\Omega)$ aller Funktionen mit folgenden Eigenschaften: Für beliebiges $x \in \Omega$ existiere eine Umgebung $\Omega_x \subset \Omega$ derart, daß gilt

$$u \in W^{s,2}(\Omega_x) \quad \text{bzw.} \quad u \in H^{s,2}(\Omega_x)\,.$$

Für die so definierten Räume gilt

$$W^{s,2}_{\text{loc}}(\Omega) = H^{s,2}_{\text{loc}}(\Omega)$$

für beliebige offene Mengen Ω (man vergleiche [A 16]). Die Abschließung des Teilraumes $C_0^\infty(\Omega)$ im Raum $W^{s,2}(\Omega)$ bezeichnen wir mit $W_0^{s,2}(\Omega)$. Gilt $u \in W_0^{s,2}(\Omega)$, so sagen wir, u genügt verallgemeinerten homogenen Dirichletschen Randbedingungen. Diese Sprachweise ist dadurch gerechtfertigt, daß im Falle eines genügend glatten Randes eine Funktion $u \in W_0^{s,2}(\Omega)$ die homogenen Dirichletschen Randbedingungen im gewöhnlichen Sinne erfüllt, falls sie hinreichend glatt ist. Wir werden dies in Abschnitt 2.4. beweisen.

Eine besondere Bedeutung für die Anwendung in der Theorie der Randwertaufgaben spielen die sogenannten Sobolevschen Einbettungssätze.

Einer der wichtigsten Einbettungssätze (oft als Sobolevsches Lemma bezeichnet) macht zum Beispiel eine Aussage über den Zusammenhang der Räume $C^s(\Omega)$ bzw. $C^s(\overline{\Omega})$ mit den Räumen $W^{s,2}(\Omega)$. Präzisiert ist diese Aussage die folgende:

Lemma (Sobolev). *Es sei $s > \frac{n}{2}$, $l = s - \left[\frac{n}{2}\right] - 1$, $u \in W^{s,2}(\Omega)$. Dann existiert eine Funktion $u_0 \in C^l(\Omega)$ mit $u = u_0$ fast überall in Ω. Stellt man darüber hinaus gewisse Bedingungen an den Rand $\partial\Omega$, so gilt sogar $u_0 \in C^l(\overline{\Omega})$. Im Sinne einer Repräsentantenwahl gilt also unter den angegebenen Bedingungen*

$$C^l(\Omega) \supset W^{s,2}(\Omega) \quad \textit{bzw.} \quad C^l(\overline{\Omega}) \supset W^{s,2}(\Omega)\,.$$

Auf die Bedeutung dieser Aussagen für die Theorie der Randwertaufgaben kommen wir in 2.6. zurück. Wir erwähnen nur zwei Folgerungen aus dem Sobolevschen Lemma.

Korollar 1. *Es sei $u \in W^{s,2}_{\text{loc}}(\Omega)$, $s > \frac{n}{2}$, $l = s - \left[\frac{n}{2}\right] - 1$, Ω eine beliebige offene Menge. Dann gilt*

$$u = u_0 \in C^l(\Omega) \quad \textit{fast überall in } \Omega\,.$$

Korollar 2. *Für beliebiges ganzes $s > 0$ gelte $u \in W^{s,2}_{\text{loc}}(\Omega)$. Dann folgt $u = u_0 \in C^\infty(\Omega)$ fast überall in Ω.*

Nach der Definition der Sobolev-Räume und der zugehörigen Normen gilt

$$W^{0,2}(\Omega) = L^2(\Omega) \supset W^{1,2}(\Omega) \supset W^{2,2}(\Omega) \supset \cdots$$

und

$$\|u\|_0 \leqq \|u\|_1 \leqq \cdots \tag{3}$$

Diese Inklusionskette legt es nahe, die zugehörigen (wegen (3) stetigen) Einbettungsoperatoren $I_{k,l}$ $(k > l)$ des Raumes $W^{k,2}(\Omega)$ in $W^{l,2}(\Omega)$ zu betrachten. Die neben den Einbettungssätzen wichtigste Eigenschaft der Sobolev-Räume besteht darin, daß die Einbettungsoperatoren $I_{k,l}$ unter gewissen Voraussetzungen an das Gebiet Ω kompakte Operatoren sind (Lemma von Rellich (vgl. [A 16]). Eine spezielle Variante dieser Aussage, die ohne Einschränkung an Ω gilt, ist die folgende:

Lemma 1. *Der Einbettungsoperator des Raumes $W_0^{s,2}(\Omega)$ in $L^2(\Omega)$ ist kompakt, d. h., zu jeder in $W_0^{s,2}(\Omega)$ beschränkten Folge existiert eine in $L^2(\Omega)$ konvergente Teilfolge.*

1.2. Die Räume $W^{s,p}(\Omega)$

Zu jeder ganzen Zahl $s \geqq 0$ definieren wir den Raum

$$W^{s,p}(\Omega) = \{u\mathcal{D} \in {}'(\Omega)\colon D^\alpha u \in L^p(\Omega) \text{ für alle } \alpha \text{ mit } |\alpha| \leqq s\} .$$

Versehen mit der Norm

$$\|u\|_{s,p} = \sum_{|\alpha| \leqq s} \|D^\alpha u\|_p \tag{4}$$

ist $W^{s,p}(\Omega)$ ein Banach-Raum. Per def. haben wir also $\|\cdot\|_p = \|\cdot\|_{0,p}$. Äquivalente Normen im Raum $W^{s,p}(\Omega)$ bezeichnen wir ebenfalls mit $\|\cdot\|_{s,p}$. So können wir beispielsweise setzen

$$\|u\|_{s,p} = \|u\|_p + \sum_{|\alpha| = s} \|D^\alpha u\|_p$$

oder

$$\|u\|_{s,p} = \Big(\sum_{|\alpha| \leqq s} [\|D^\alpha u\|_p]^p\Big)^{1/p}$$

mit $W_0^{s,p}(\Omega)$ wird die Abschließung des Raumes $C_0^\infty(\Omega)$ bezüglich $\|\cdot\|_{s,p}$ bezeichnet. Die Abschließung des Raumes $C^\infty(\overline{\Omega})$ bezüglich der Norm $\|\cdot\|_{s,p}$ bezeichnen wir mit $H^{s,p}(\Omega)$. Wenn der Rand des betrachteten Gebiets Ω genügend glatt ist (z. B. eine C^∞-Mannigfaltigkeit der Dimension $n - 1$), gilt

$$H^{s,p}(\Omega) = W^{s,p}(\Omega) .$$

Im allgemeinen besteht aber echte Inklusion. Viele Aussagen, die wir für die Räume $W^{s,p}(\Omega)$ formulieren, gelten analog für $H^{s,p}(\Omega)$.

Satz 2 ([B 16]). *Es seien Ω ein beschränktes Gebiet im R^n, $\partial\Omega$ stückweise von der Klasse C^1 und $1 < p < \infty$. Ist dann $k \geqq 0$ eine ganze Zahl mit*

$$0 \leqq k < s - \frac{n}{p} \quad (s \geqq 0 \text{ ganz}) ,$$

so besteht die Einbettung $W^{s,p}(\Omega) \subseteqq C^k(\Omega)$, die so zu verstehen ist, daß jedes $u \in W^{s,p}(\Omega)$ auf einer Lebesgueschen Nullmenge so abgeändert werden kann, daß u zu $C^k(\overline{\Omega})$ gehört.

Der Einbettungsoperator ist kompakt. Insbesondere existiert eine Konstante $c > 0$ *mit*

$$\|u\|_{C^k(\bar{\Omega})} \leqq c\,\|u\|_{s,p} \qquad \text{für alle } u \in W^{s,p}(\Omega)\,.$$

Satz 3 ([B 16]). *Es sei* Ω *ein beschränktes Gebiet im* R^n, *und* $\partial\Omega$ *sei stückweise von der Klasse* C^1. *Ist dann* $k \geqq 0$ *eine ganze Zahl mit*

$$k \geqq s - \frac{n}{p}$$

($s \geqq 0$ *ganz*) *und sind* $m \geqq 0$ *ganz*, q *reell und*

$$m > n - (s-k)\,p\,, \qquad 1 < q < \frac{mp}{n-(s-k)\,p}\,,$$

so gilt für jede C^s-*Mannigfaltigkeit* $\Gamma \subseteqq \bar{\Omega}$ *der Dimension* m

$$D^\alpha u|_\Gamma \in L^q(\Gamma) \qquad \text{für } u \in W^{s,p}(\Omega) \text{ und alle } \alpha \text{ mit } |\alpha| \leqq k\,,$$

wobei der Einschränkungsoperator als stetige Fortsetzung des Einschränkungsoperators für glatte Funktionen zu verstehen ist. Die zugehörigen Einbettungsoperatoren

$$u \to D^\alpha u|_\Gamma \;(|\alpha| \leqq k) \text{ von } W^{s,p}(\Omega) \text{ in } L^q(\Gamma)$$

sind kompakt. Insbesondere existiert eine Konstante $c > 0$ *mit*

$$\|D^\alpha u\|_{L^q(\Gamma)} \leqq c\,\|u\|_{s,p}$$

für alle $u \in W^{s,p}(\Omega)$ ($|\alpha| \leqq k$).

Satz 4. Ω *genüge den Voraussetzungen des vorangehenden Satzes. Für* $s > s_0$ *gilt dann*

$$W^{s,p}(\Omega) \subset W^{s_0,p}(\Omega)\,,$$

und der Einbettungsoperator ist kompakt.

Satz 5 ([B 16]). *Es sei* $s > s_0 \geqq s_1 > 0$. *Zu jedem* $\varepsilon > 0$ *existiert dann eine Konstante* $c(\varepsilon) > 0$ *mit*

$$\|u\|_{s_0,p} \leqq \varepsilon\,\|u\|_{s,p} + c(\varepsilon)\,\|u\|_{s_1,p} \qquad \text{für alle } u \in W^{s,p}(\Omega)\,.$$

Ein ähnlicher Satz gilt für die Räume $C^a(\Omega)$, $a > 0$. Für $s < 0$ und $u \in L^p(\Omega)$ setzen wir

$$\|u\|_{s,p} = \sup\left\{\frac{|(u,v)|}{\|v\|_{-s,p'}} : v \in W^{-s,p'}(\Omega)\right\}$$

$\left(\frac{1}{p} + \frac{1}{p'} = 1\right)$. Die Abschließung des Raumes $L^p(\Omega)$ bezüglich $\|\cdot\|_{s,p}$ für $s < 0$ bezeichnen wir mit $W^{s,p}(\Omega)$. Es gilt dann:

Satz 6. *Der Raum* $W^{s,p}(\Omega)$ $(1 < p < \infty)$ *ist reflexiv, und es gilt für beliebige* s

$$W^{-s,p'}(\Omega) = \left(W^{s,p}(\Omega)\right)' \qquad \left(\frac{1}{p} + \frac{1}{p'} = 1\right).$$

Für $s \geqq 0$ *und* $u \in W^{s,p}(\Omega)$ *gilt (bei Gleichsetzung äquivalenter Normen)*

$$\|u\|_{s,p} = \sup\left\{\frac{|(u,v)|}{\|v\|_{-s,p'}} : v \in W^{-s,p'}(\Omega)\right\}.$$

Weiterhin besteht der

Satz 7 ([S 9, I]). *Jedes lineare stetige Funktional l auf dem Raum $W^{s,p}(\Omega)$ kann dargestellt werden in der Gestalt*

$$l(u) = \sum_{|\alpha| \leq s} \int_{\Omega} D^\alpha u \overline{D^\alpha v} \, dx$$

mit einem $v \in W^{s,p'}(\Omega)$ $\left(\frac{1}{p} + \frac{1}{p'} = 1\right)$.

Es sei $\partial\Omega$ eine glatte Mannigfaltigkeit der Dimension $n - 1$ und $s \geq 1$ eine ganze Zahl. Wir bezeichnen mit $W^{s-\frac{1}{p},p}(\partial\Omega)$ die Abschließung des Raumes $C^s(\partial\Omega)$ bezüglich der Norm

$$|g|^{\partial\Omega}_{s-\frac{1}{p},p} = \inf \{\|u\|_{s,p} : u \in W^{s,p}(\Omega), u|_{\partial\Omega} = g\} ,$$

sowie mit $W^{-\left(s-\frac{1}{p}\right),p'}(\partial\Omega)$ die Abschließung von $C(\partial\Omega)$ bezüglich der Norm

$$|g|^{\partial\Omega}_{-s+\frac{1}{p},p'} = \sup \left\{ \frac{|\langle g, h\rangle|}{|h|^{\partial\Omega}_{s-\frac{1}{p},p}} : h \in W^{s-\frac{1}{p},p}(\partial\Omega) \right\}$$

$\left(\frac{1}{p} + \frac{1}{p'} = 1\right)$. Hierbei ist $\langle g, h\rangle = \int_{\partial\Omega} g\bar{h} \, do$. Die Räume $W^{s-\frac{1}{p},p}(\partial\Omega)$ sind dann reflexiv, wobei bezüglich $\langle .,.\rangle$

$$\left(W^{-s+\frac{1}{p},p'}(\partial\Omega)\right)' = W^{s-\frac{1}{p},p}(\partial\Omega) \quad \left(\frac{1}{p} + \frac{1}{p'} = 1\right)$$

gilt. Der Spur-Operator $r_{\partial\Omega}: C^s(\bar{\Omega}) \to C^s(\partial\Omega)$ $(s \geq 1)$, der jeder Funktion g die Einschränkung auf $\partial\Omega$ zuordnet, kann fortgesetzt werden als stetiger Operator

$$r_{\partial\Omega}: W^{s,p}(\Omega) \to W^{s-\frac{1}{p},p}(\partial\Omega) .$$

§ 2. Das Dirichlet-Problem

Dieser Paragraph dient zur Einführung in die funktionalanalytische Theorie der Randwertaufgaben auf der Grundlage der Sobolevschen Räume. Das prinzipielle Vorgehen wird am Beispiel des Dirichlet-Problems erläutert, um die tragenden Ideen nicht durch rein technischen Aufwand zu verschleiern. Der Abschnitt 2.7. leitet dann über zum § 3, in dem wir in knapper Form die wichtigsten Resultate der Theorie allgemeiner elliptischer Randwertprobleme bereitstellen.

2.1. Der Begriff der Elliptizität

Es sei ein Differentialoperator

$$L(x, D) = \sum_{|\alpha| \leq l} a_\alpha(x) D^\alpha$$

gegeben. Man bezeichnet dann

$$L_0(x, D) = \sum_{|\alpha|=l} a_\alpha(x) D^\alpha$$

als Hauptteil von L und

$$L_0(x, \xi) = \sum_{|\alpha|=l} a_\alpha(x) \xi^\alpha$$

als L zugeordnetes charakteristisches Polynom.

Definition 1. $L(x, D)$ heißt *elliptisch* im Punkte $x_0 \in \Omega$, falls $L_0(x, \xi) \neq 0$ für beliebiges reelles $\xi \neq 0$ gilt.

Satz 1. *Sei $L(x, D)$ elliptisch in $x_0 \in \Omega$, und eine der folgenden Voraussetzungen sei erfüllt.*

(i) *Die Koeffizienten von $L_0(x, D)$ sind reell;*
(ii) $n \geqq 3$.

Dann gilt $l = 2m$.

Beweis: Wir betrachten zunächst die Voraussetzung (i). Mit $\xi' = (\xi_1, \dots, \xi_{n-1})$ schreiben wir

$$L_0(x_0, \xi) = P(\xi', \xi_n) = b_0\xi_n^l + b_1(\xi')\, \xi_n^{l-1} + \dots + b_l(\xi')$$
$$= b_0\xi_n^l \left(1 + \frac{b_1(\xi')}{b_0} \frac{1}{\xi_n} + \dots + \frac{b_l(\xi')}{b_0} \frac{1}{\xi_n^l}\right).$$

Wegen der Elliptizität ist $b_0 \neq 0$. Es sei $\xi' \neq 0$. Aus der angegebenen Darstellung folgt dann im Falle l ungerade die Existenz einer reellen Nullstelle ξ_n der Gleichung $P(\xi', \xi_n) = 0$, was der Elliptizität widerspricht. Sei nun $n \geqq 3$. Für fixiertes $\xi' \neq 0$ bezeichne $N^+(\xi')$ bzw. $N^-(\xi')$ die Anzahl der komplexen Nullstellen ξ_n der Gleichung $P(\xi', \xi_n) = 0$ mit positivem bzw. negativem Imaginärteil. Aus der vorausgesetzten Elliptizität in x_0 folgt $N^+(\xi') + N^-(\xi') = l$.

Die Behauptung ist gezeigt, wenn $N^+(\xi') = N^-(\xi')$ nachgewiesen werden kann. Zunächst folgt aus $P(-\xi', -\xi_n) = (-1)^l P(\xi', \xi_n)$ die Beziehung

$$N^+(\xi') = N^-(-\xi') .$$

Weiter betrachten wir eine Schar $(\xi_s')_{0 \leqq s \leqq 1}$ stetig von s abhängender Vektoren $\xi_s \neq 0$ mit $\xi_0' = \xi'$, $\xi_1' = -\xi'$, dessen Existenz wegen $n \geqq 3$ gesichert ist. Da beim Übergang von ξ_0' zu ξ_1' eine Nullstelle $\xi_n^{(0)} \in N^+(\xi')$ in eine Nullstelle $\xi_n^{(1)} \in N^+(-\xi')$ übergeht, folgt

$$N^+(\xi') \leqq N^+(-\xi') .$$

Da entsprechend auch $N^+(-\xi') \leqq N^+(\xi')$ gilt, folgt unter Beachtung von $N^+(\xi') = N^-(-\xi')$ die Behauptung. Das Beispiel des Cauchy-Riemann-Operators

$$L = \frac{1}{2}\left(\frac{\partial}{\partial x} + i \frac{\partial}{\partial y}\right)$$

zeigt, daß der Satz im Falle $n = 2$ und komplexer Koeffizienten nicht gilt.

Definition 2. Der Differentialoperator $L(x, D)$ sei in Ω definiert und die Koeffizienten $a_\alpha(x)$ ($|\alpha| = 2m$) seien reell. L heißt gleichmäßig elliptisch in Ω, falls eine Konstante

$\varrho > 0$ derart existiert, daß für alle $x \in \Omega$ und $\xi \in R^n$ die Ungleichung

$$(-1)^m \sum_{|\alpha|=2m} a_\alpha(x)\, \xi^\alpha \geqq \varrho |\xi|^{2m}$$

besteht.

Falls der Operator L komplexe Koeffizienten besitzt, setzen wir

$$\operatorname{Re} L(x, D) = \sum_{|\alpha| \leqq 2m} \big(\operatorname{Re} a_\alpha(x)\big)\, D^\alpha .$$

Definition 3. L heißt *stark elliptisch* in $x_0 \in \Omega$, falls Re L die gleiche Ordnung wie L besitzt und Re L in x_0 elliptisch ist. L heißt *gleichmäßig stark elliptisch*, falls darüber hinaus eine Konstante $\varrho > 0$ mit

$$(-1)^m \operatorname{Re} L_0(x, \xi) \geqq \varrho |\xi|^{2m}$$

für alle $x \in \Omega$ und $\xi \in R^n$ existiert.

Unter Beachtung von Satz 1 ist leicht zu sehen, daß aus der starken Elliptizität von L in $x_0 \in \Omega$ folgt, daß L in x_0 elliptisch ist und gerade Ordnung besitzt.

2.2. Dirichletsche Bilinearformen

Es sei L ein in $\Omega \subset R^n$ elliptischer Differentialoperator der Ordnung $2m$. Dann läßt sich für $u \in C^{2m}(\Omega)$ und $\varphi \in C_0^\infty(\Omega)$ durch partielle Integration die folgende Umformung durchführen:

$$\int_\Omega Lu\varphi \,\mathrm{d}x = \int_\Omega \langle u, \varphi \rangle \,\mathrm{d}x =: B[u, \varphi] .$$

Dabei ist $\langle u, \varphi \rangle$ ein bilinearer Ausdruck in u und φ, der bezüglich u und φ nur Ableitungen der Ordnung $\leqq m$ enthält. Die Bilinearform B ist ersichtlich nicht eindeutig bestimmt, sondern von der Reihenfolge der partiellen Integrationen abhängig. B heißt eine L zugeordnete Dirichletsche Bilinearform.

Beispiel. Es sei

$$Lu = \sum_{i,k=1}^{n} a_{ik}(x)\, u_{x_i x_k}(x) + \sum_{i=1}^{n} a_i(x)\, u_{x_i}(x) + a(x)\, u(x)$$

ein linearer Differentialoperator 2. Ordnung. Dem Operator L kann man in diesem Falle zum Beispiel die folgenden verschiedenen Bilinearformen zuordnen

$$B[u, \varphi] = \int_\Omega \left\{ - \sum_{i,k=1}^{n} (a_{ik}\varphi)_{x_i} u_{x_k} + \sum_{i=1}^{n} a_i \varphi u_{x_i} + a\varphi u \right\} \mathrm{d}x$$

oder

$$B_1[u, \varphi] = \int_\Omega \left\{ - \sum_{i,k=1}^{n} (a_{ik}\varphi)_{x_i} u_{x_k} - \sum_{i=1}^{n} (a_i \varphi)_{x_i} u + a\varphi u \right\} \mathrm{d}x .$$

Wir nehmen nun an, daß bei gegebenem L eine zugeordnete Bilinearform B fixiert ist und formulieren den folgenden Begriff:

Definition 4. Eine lokalintegrierbare Funktion u heißt *Variationslösung*, falls gilt

$$B[u, \varphi] = \int_\Omega f\varphi \,\mathrm{d}x \qquad \text{für alle } \varphi \in C_0^\infty(\Omega) .$$

Dabei wird angenommen, daß die in den Ausdruck $B[u, \varphi]$ eingehenden Ableitungen von u wenigstens im schwachen Sinne existieren. Die verschiedenen bisher definierten

Verallgemeinerungen des Lösungsbegriffs einer Differentialgleichung stehen offenbar in folgendem Verhältnis zueinander:

$$\{\text{klassische Lösungen}\} \subset \{\text{Variationslösungen}\} \subset$$
$$\subset \{\text{schwache Lösungen}\} \subset \{\text{Distributionslösungen}\}\,.$$

Letztere Inklusion hat natürlich nur im Falle $a_\alpha \in C^\infty$ einen Sinn. Bei der Untersuchung von Problemen bei Differentialgleichungen mit Hilfsmitteln der Funktionalanalysis geht man im allgemeinen nach folgendem Schema vor.

Formulierung des gegebenen klassischen Problems in einer geeigneten funktionalanalytischen Form (man sucht nicht klassische Lösungen, sondern zum Beispiel schwache Lösungen, Variationslösungen oder Distributionenlösungen in gewissen SOBOLEVschen Räumen).

Lösung des verallgemeinerten Problems mit funktionalanalytischen Hilfsmitteln.

Untersuchungen darüber, ob und inwiefern die Lösungen des verallgemeinerten Problems auch Lösungen des ursprünglichen klassischen Problems sind (Regularitätstheorie).

Die Realisierung dieses Schemas soll in den nachfolgenden Abschnitten am Beispiel des DIRICHLET-Problems demonstriert werden.

2.3. Formulierung des DIRICHLET-Problems

Es sei L ein Differentialoperator 2. Ordnung, und f sei in Ω definiert. In diesem Falle hat das DIRICHLET-Problem wie bisher die folgende Fassung.

Gegeben ist eine Funktion $g \in C(\partial\Omega)$. Gesucht wird eine Funktion $u \in C^2(\Omega) \cap C(\overline{\Omega})$, welche in Ω der Gleichung $Lu = f$ genügt und die Randbedingung $u|_{\partial\Omega} = g$ erfüllt.

Beim Übergang zu Gleichungen höherer Ordnung müssen bei der Formulierung des Problems nicht nur die Funktionswerte, sondern darüber hinaus gewisse Ableitungen vorgegeben werden. Daher waren die Untersuchungen zum DIRICHLET-Problem bei Gleichungen höherer Ordnung im allgemeinen stets mit starken Voraussetzungen an den Rand $\partial\Omega$ verknüpft. Dies kommt besonders in der folgenden Formulierung des Problems zum Ausdruck. Es sei $L(x, D)$ ein elliptischer Differentialoperator der Ordnung $2m$ mit hinreichend glatten Koeffizienten und $\Omega \subset R^n$ ein Gebiet mit hinreichend glattem Rand $\partial\Omega$. $\varphi_0, \varphi_1, \dots, \varphi_{m-1}$ seien ferner auf $\partial\Omega$ definierte hinreichend glatte Funktionen. Schließlich sei f eine in Ω definierte Funktion und $\partial/\partial n$ bezeichne die Ableitung in Richtung der äußeren Normalen.

DIRICHLET-Problem (1. Fassung). Gesucht ist eine Funktion $u \in C^{2m}(\Omega) \cap C^{m-1}(\overline{\Omega})$ mit

$$Lu = f \text{ in } \Omega$$
$$\left.\frac{\partial^i u}{\partial n^i}\right|_{\partial\Omega} = \varphi_i \text{ auf } \partial\Omega \qquad (i = 0, 1, \dots, m-1)\,.$$

Da diese Form der Problemstellung mit sehr einschneidenden Voraussetzungen bezüglich $\varphi_0, \dots, \varphi_{m-1}$ und $\partial\Omega$ verbunden ist, ist sie für die Entwicklung einer umfassenden Theorie nach dem Muster der LAPLACE-Gleichung (vgl. Kapitel III) wenig geeignet. In der Tat befindet sich im Vergleich zu den abgerundeten und abschließenden Ergebnissen bei Gleichungen 2. Ordnung im Falle höherer Ordnung die Theorie in einem noch relativ frühen Stadium ihrer Entwicklung — trotz der beachtlichen Fortschritte, die durch die Anwendung funktionalanalytischer Methoden erzielt wurden. Die allgemeine Entwicklungstendenz in den vergangenen Jahrzehnten war die folgende. Es wurden Fortschritte für möglichst allgemeine Randwertprobleme und möglichst allgemeine Gleichungen angestrebt. Dies gelang durch Anwendung der Funktionalanalysis. Die Vertiefung der Resultate bei fixierten Problemen und fixierter Gleichung als eine typische Aufgabe der Potentialtheorie wurde demgegenüber vernachlässigt. Gegenwärtig gibt es jedoch bereits zahlreiche Untersuchungen über die Lösungen elliptischer Gleichungen höherer Ordnung mit Hilfe von Methoden der Potentialtheorie.

Wie auch im klassischen Fall 2. Ordnung, so steht auch hierbei das DIRICHLET-Problem im Mittelpunkt der Betrachtungen. Daher ist eine möglichst allgemeine und natürliche Formulierung der Problemstellung von besonderem Interesse. Insbesondere ist es wichtig, eine solche Formulierung zu finden, die keine einschränkenden Voraussetzungen bezüglich $\partial\Omega$ enthält. Die angegebene 1. Fassung ist dafür ungeeignet, jedoch kann diese Schwierigkeit etwa in folgender Weise umgangen werden.

Definition 5. Gegeben sei eine kompakte Menge $K \subset R^n$ und ein System $\tilde{g} = (g_\alpha)_{|\alpha| \leqq m-1}$ von Funktionen $g_\alpha \in C(K)$. $\tilde{g}$ heißt ein *WHITNEYsches TAYLOR-Feld der Ordnung* $m - 1$, falls eine Funktion $g \in C^{m-1}(R^n)$ mit

$$D^\alpha g|_K = g_\alpha \qquad \text{für alle } |\alpha| \leqq m - 1$$

existiert. Mit $W^{m-1}(K)$ soll der Vektorraum aller dieser WHITNEYschen TAYLOR-Felder bezeichnet werden.

DIRICHLET-Problem (2. Fassung): Gegeben sei ein beschränktes Gebiet $\Omega \subset R^n$ und ein WHITNEYsches TAYLOR-Feld $\tilde{g} = (g_\alpha)_{|\alpha| \leqq m-1} \in W^{m-1}(\partial\Omega)$. Gesucht ist eine Funktion $u \in C^{2m}(\Omega) \cap C^{m-1}(\bar{\Omega})$ mit folgenden Eigenschaften:

$$Lu = f \text{ in } \Omega \qquad (f \text{ in } \Omega \text{ gegeben}) ,$$

$$D^\alpha u|_{\partial\Omega} = g_\alpha \qquad \text{für alle } |\alpha| \leqq m - 1 .$$

Offensichtlich ist diese Formulierung von der Struktur des Randes $\partial\Omega$ unabhängig und fällt im Falle $m = 2$ mit der üblichen Formulierung im Falle einer Gleichung 2. Ordnung zusammen.

Nützlich ist die folgende Variante der 2. Fassung.

DIRICHLET-Problem (3. Fassung): Gegeben sei ein beschränktes Gebiet $\Omega \subset R^n$ und $g \in C^{m-1}(R^n)$. Gesucht ist eine Funktion $u \in C^{2m}(\Omega) \cap C^{m-1}(\bar{\Omega})$ mit

$$Lu = f \text{ in } \Omega$$

$$D^\alpha u|_{\partial\Omega} = D^\alpha g|_{\partial\Omega} \qquad \text{für alle } |\alpha| \leqq m - 1 .$$

Es ist leicht zu sehen, daß die 2. und 3. Fassung äquivalent sind. Wir wollen nun eine Motivierung für die übliche funktionalanalytische Verallgemeinerung des DIRICHLET-Problems angeben.

Es sei B eine fixierte, L zugeordnete DIRICHLETsche Bilinearform und u eine Lösung des DIRICHLET-Problems im Sinne der 3. Fassung. Bezüglich der Randfunktion nehmen wir $g \in C^{2m}(\Omega)$ an. Durch partielle Integration erhält man

$$(\varphi, L(u - g)) = B[\varphi, u - g] \qquad \text{für alle } \varphi \in C_0^\infty(\Omega) .$$

Mit der Abkürzung $u_0 = u - g$ gilt

$$D^\alpha u_0|_{\partial\Omega} = 0 \qquad \text{für alle } \alpha \text{ mit } |\alpha| \leqq m - 1$$

(u_0 genügt sogenannten homogenen DIRICHLETschen Randbedingungen). Aus $Lu = f$ und $(\varphi, Lg) = B(\varphi, g)$ ergibt sich

$$B(\varphi, u_0) = (\varphi, f) - B(\varphi, g)\,,$$

womit die folgende Verallgemeinerung motiviert ist.

Verallgemeinertes DIRICHLET-*Problem*

1. Variante: Gegeben sei ein beschränktes Gebiet

$$\Omega \subset R^n\,, \qquad g \in W^{m,2}(\Omega)\,, \qquad f \in L^2(\Omega)\,.$$

Gesucht wird eine Funktion $u_0 \in \overset{0}{W}{}^{m,2}(\Omega)$ mit der Eigenschaft

$$B(\varphi, u_0) = (\varphi, f) - B[\varphi, g] \qquad \text{für alle } \varphi \in C_0^\infty(\Omega)\,.$$

$u = u_0 + g$ nennen wir dann Lösung des DIRICHLET-Problems.

2. Variante: Ω, g, f seien wie oben gegeben. Gesucht ist eine Funktion $u \in W^{m,2}(\Omega)$ mit den Eigenschaften

(1) $B[\varphi, u] = (\varphi, f)$ für alle $\varphi \in C_0^\infty(\Omega)$,
(2) $u - g \in \overset{0}{W}{}^{m,2}(\Omega)$.

Beide Varianten sind offensichtlich äquivalent.

Das folgende Lemma zeigt, daß es sich bei der Forderung $u_0 \in \overset{0}{W}{}^{m,2}(\Omega)$ bzw. $u - g \in \overset{0}{W}{}^{m,2}(\Omega)$ tatsächlich um eine Verallgemeinerung der klassischen Randwertannahme handelt.

Lemma 1. *Es seien $x_0 \in \partial\Omega$ und $U(x_0)$ eine Umgebung von x_0 der Gestalt*

$$U = \{y : f(y') - h_0 < y_n < f(y') + h_0,\ |y'| < r_0\}$$

$\big(y' = (y_1, \dots, y_{n-1})\big)$, *$r_0 > 0$ konstant, f stetig für*

$$|y'| < r_0, \qquad x_0 = \big(0, \dots, 0, f(0)\big)\,, \qquad U \cap \partial\Omega = \{y : y_n = f(y'),\ |y'| < r_0\}\,.$$

Sei $u \in \overset{0}{W}{}^{m,2}(\Omega)$ und $D^\alpha u$ für $|\alpha| \leqq m - 1$ in $U \cap \overline{\Omega}$ stetig. Dann gilt $D^\alpha u(x_0) = 0$ für $|\alpha| \leqq m - 1$.

Beweis: Es seien $\varphi_k \in C_0^\infty(\Omega)$, y' fixiert ($|y'| < r_0$), α fixiert ($|\alpha| \leqq m - 1$) und $0 < h < h_0$. Dann folgt

$$D^\alpha\varphi_k\big(y', f(y') - h\big) = \int\limits_{f(y')}^{f(y')-h} D_n D^\alpha \varphi_k \,\mathrm{d}y_n\,,$$

wobei D_n die Ableitung in Richtung y_n bezeichnet. Aus der SCHWARZschen Ungleichung folgt

$$\big|D^\alpha\varphi_k\big(y', f(y') - h\big)\big|^2 \leqq h \int\limits_{f(y')-h}^{f(y')} |D_n D^\alpha \varphi_k|^2 \,\mathrm{d}y_n\,.$$

Partielle Integration bezüglich y' liefert für $r < r_0$

$$\int\limits_{|y'|<r} |D^\alpha\varphi_k(y', f(y') - h)|^2 \,\mathrm{d}y' \leqq \int\limits_{G_h} |D^\alpha D_n \varphi_k|^2 \,\mathrm{d}y$$

$$\big(G_h = \{y : f(y') - h < y_n < f(y'),\ |y'| < r_0\}\big)\,.$$

Integration bezüglich h $(0 < h_1 < h_0)$ ergibt

$$\int_0^{h_1} \int_{|y'|<r} |D^\alpha \varphi_k(y', f(y') - h)|^2 \, dy' \, dh \leqq \int_0^{h_1} h \int_{G_h} |D^\alpha D_n \varphi_k|^2 \, dy \, dh \leqq \frac{h_1^2}{2} \int_{G_{h_1}} |D^\alpha D_n \varphi_k)|^2 \, dy \,.$$

Wir wählen nun eine Folge (φ_k) $\left(\varphi_k \in C_0^\infty(\Omega)\right)$ mit $\varphi_k \to u$ in $W_0^{m,2}(\Omega)$.
Dann folgt

$$\frac{1}{h_1} \int_0^{h_1} \int_{|y'|<r} |D^\alpha u(y', f(y') - h)^2 \, dy' \, dh \leqq \frac{h_1}{2} \int_{G_{h_1}} |D_n D^\alpha u|^2 \, dy \leqq \frac{h_1}{2} ||u||_m^2 \,.$$

Wegen der Stetigkeit von $D^\alpha u$ für $|\alpha| \leqq m - 1$ in $U \cap \overline{\Omega}$ folgt für $h_1 \to 0$ unter Beachtung des klassischen Mittelwertsatzes

$$\int_{|y'|<r} |D^\alpha u(y', f(y'))|^2 \, dy' = 0$$

und daraus

$$D^\alpha(y', f(y')) = 0 \qquad \text{für } |y'| < r \,. \blacktriangleleft$$

Korollar. *Aus* $u \in W_0^{s,2}(\Omega)$, $u \in C^{m-1}(\overline{\Omega})$ *folgt bei hinreichend glattem Rand* $\partial\Omega$

$$D^\alpha u = 0 \qquad \textit{für alle } |\alpha| \leqq m - 1 \textit{ auf } \partial\Omega \,.$$

2.4. Methode der orthogonalen Projektion und Dirichlet-Prinzip

Der folgende Abschnitt soll dem Verständnis der historischen Zusammenhänge dienen und besitzt daher teilweise heuristischen Charakter. Die Methode der orthogonalen Projektion, die wir in den Grundzügen darstellen wollen, ist die Vorstufe zu der in 2.5 darzulegenden Methode, die auf Arbeiten von Višik, Gårding, Browder u. a. zurückgeht. Sie steht andererseits in unmittelbarem Zusammenhang zum klassischen Dirichlet-Prinzip.

Es sei $\Omega \subset R^n$ ein beschränktes Gebiet,

$$V = \{v \in C^1(\Omega) \cap C(\overline{\Omega}) : v|_{\partial\Omega} = f\} \qquad (f \in C(\partial\Omega) \text{ gegeben}) \,.$$

$$D(v) = \int_\Omega \sum_{i=1}^n \left(\frac{\partial v}{\partial x_i}\right)^2 dx$$

heißt dann Dirichlet-Integral.

Das bereits von Gauss bzw. Kelvin 1840 bzw. 1847 formulierte Dirichlet-Prinzip behauptet, daß das Variationsproblem

$$D(u) = \inf_{v \in V} D(v)$$

und das Dirichlet-Problem $\Delta u = 0$ in Ω, $u|_{\partial\Omega} = f$ äquivalente Aufgaben sind. Da das Integral $D(v)$ physikalisch die Bedeutung einer Energie besitzt und die Lösung des Dirichlet-Problems einem stationären Zustand, d. h. einem Zustand mit minimaler Energie entspricht, schien diese Behauptung physikalisch evident. Weierstrass zeigte jedoch 1869, daß sie in dieser naiven Weise nicht gilt. Im Jahre 1900 gelang D. HILBERT in einer fundamentalen Arbeit der Nachweis, daß das DIRICHLET-Prinzip unter gewissen Einschränkungen an die Funktionenklasse V gültig ist. In dieser Weise hat es sich in verallgemeinerter Form sowohl für die Entwicklung der Variationsrechnung als auch für die Funktionalanalysis und ihre Anwendungen als sehr fruchtbar erwiesen. Wir wollen über die Methode der orthogonalen Projektion im Rahmen der SOBOLEVschen Räume einen Beweis für das DIRICHLET-Prinzip in einem wichtigen Spezialfall erbringen.

Wir betrachten das verallgemeinerte inhomogene DIRICHLET-Problem ($g \not\equiv 0$) für die homogene Gleichung ($f = 0$). L sei ein elliptischer Differentialoperator der Ordnung $2m$, B eine fixierte zugeordnete DIRICHLETsche Bilinearform und $g \in W^{m,2}(\Omega)$.

Wir suchen also eine Lösung $u \in W^{m,2}(\Omega)$ mit

(i) $B[\varphi, u] = 0$ für alle $\varphi \in C_0^\infty(\Omega)$,

(ii) $u - g = u_0 \in \overset{\circ}{W}{}^{m,2}(\Omega)$.

Bezüglich L machen wir folgende Annahmen: Die Koeffizienten seien reell, hinreichend glatt und beschränkt in Ω, und es sei $L = L^*$. Weiterhin existiere eine Konstante $c > 0$ mit

$$B[u, u] \geqq c\,||u||_m^2 \quad \text{für alle} \quad u \in W^{m,2}(\Omega) . \tag{1}$$

Satz 2. *Unter den angegebenen Voraussetzungen existiert eine eindeutig bestimmte Lösung des obigen Problems* (i), (ii).

Beweis: Da die Koeffizienten von L reell sind, läßt sich wegen $L = L^*$ eine Bilinearform B mit

$$B[u_1, u_2] = B[u_2, u_1] \qquad \text{für } u_1, u_2 \in W^{m,2}(\Omega) \tag{2}$$

finden.

Aus (1) und der Beschränktheit der Koeffizienten folgt

$$c||u||_m^2 \leqq B[u, u] \leqq c_1||u||_m^2 \qquad \text{für } u \in W^{m,2}(\Omega) . \tag{1'}$$

Aus (1') und (2) liest man ab, daß $B[u_1, u_2]$ ein Skalarprodukt mit einer zu $||\cdot||_m$ äquivalenten Norm in $W^{m,2}(\Omega)$ erzeugt. $W^\perp$ bezeichne das orthogonale Komplement bezüglich B zu $\overset{\circ}{W}{}^{m,2}(\Omega)$ in $W^{m,2}(\Omega)$, d. h.

$$W^{m,2}(\Omega) = \overset{\circ}{W}{}^{m,2}(\Omega) \oplus W^\perp .$$

Es gilt

$$g = u_0' + u$$

($u = P_2 g$, $u_0' = P_1 g$; P_1, P_2 Projektionsoperatoren auf $\overset{\circ}{W}{}^{m,2}(\Omega)$ bzw. $W^\perp$).

Wegen $C_0^\infty(\Omega) \subset \overset{\circ}{W}{}^{m,2}(\Omega)$ gilt ferner

$$B[u, \varphi] = 0 \qquad \text{für alle } \varphi \in C_0^\infty(\Omega) ,$$

$$u - g = -u_0' = u_0 \in \overset{\circ}{W}{}^{m,2}(\Omega) .$$

u ist also Lösung des Problems. Die Eindeutigkeit folgt aus der Eindeutigkeit der Projektion. ◀

Wir wollen die Lösung in anderer Weise charakterisieren. Dazu setzen wir zur Abkürzung

$$||u||^2 = B[u, u] .$$

Auf Grund der bekannten Eigenschaften der orthogonalen Projektion gilt

$$||u||^2 = ||g - P_1 g||^2 = \inf_{v \in W_0^{m,2}(\Omega)} ||g - v||^2 = \inf_{v \in C_0^\infty(\Omega)} ||g - v||^2$$

oder mit der Abkürzung $H = \{h = g - v : v \in C_0^\infty(\Omega)\}$

$$||u||^2 = \inf_{h \in H} B[h, h] .$$

Hiermit erscheint also u als Lösung eines Variationsproblems.

Die obigen Voraussetzungen bezüglich L sind sehr einschränkend. H. Weyl hat 1941 die Methode der orthogonalen Projektion in wesentlich allgemeinerer Form entwickelt. Die Idee von H. Weyl wurde schließlich von M. I. Višik, L. Gårding und F. E. Browder weiterentwickelt (vgl. 2.5). Die grundlegende Idee besteht dabei darin, den Satz über die orthogonale Projektion nicht direkt sondern stattdessen den Satz von F. Riesz über die Darstellung linearer stetiger Funktionale im Hilbert-Raum anzuwenden.

2.5. Lösung des verallgemeinerten Dirichlet-Problems

Der Differentialoperator

$$L = \sum_{|\alpha| \leq m} a_\alpha(x) D^\alpha$$

sei im Gebiet $\Omega \subset R^n$ gleichmäßig stark elliptisch, d. h., es existiere ein $\varrho > 0$ mit

$$(-1)^m \operatorname{Re} L_0(x, \xi) \geqq \varrho |\xi|^{2m} \qquad \text{für alle } x \in \Omega, \xi \in R^n .$$

Die Koeffizienten von L seien in Ω beschränkt und hinreichend glatt.

$$B[\varphi, \psi] = \sum_{\substack{|\alpha| \leq m \\ |\beta| \leq m}} \int_\Omega a_{\alpha\beta}(x) D^\alpha \varphi \overline{D^\beta \psi}\, dx$$

$(\varphi, \psi \in C_0^\infty(\Omega))$ sei eine fixierte L zugeordnete Dirichletsche Bilinearform. Die Aussage des folgenden Lemmas ist grundlegend für die in diesem Abschnitt darzulegende Theorie.

Lemma 2 (Gårdingsche Ungleichung). *Es existieren Konstanten $\gamma > 0$ und $\lambda_0 \geqq 0$ mit*

$$\operatorname{Re} B[\varphi, \varphi] \geqq \gamma ||\varphi||_m^2 - \lambda_0 ||\varphi||_0^2 \tag{3}$$

für alle $\varphi \in C_0^\infty(\Omega)$.

Aus Stetigkeitsgründen gilt (3) für beliebiges $u \in W_0^{m,2}(\Omega)$. Mit $B + \lambda$ bezeichnen wir die dem Operator $L + \lambda$ zugeordnete Bilinearform

$$(B + \lambda)\, [\varphi, \psi] = B[\varphi, \psi] + \lambda(\varphi, \psi) .$$

Satz 3. *Bezüglich L werden die obigen Annahmen gemacht. Darüber hinaus gelte $L = L^*$. Dann besitzt das verallgemeinerte* Dirichlet-*Problem für die Gleichung*

$$(L + \lambda)\, u = f$$

und $g \in W^{m,2}(\Omega)$, $f \in L^2(\Omega)$, $\lambda \geqq \lambda_0$ (Konstante aus Lemma 2) eine eindeutig bestimmte Lösung.

Beweis: Mit L ist auch $L + \lambda$ selbstadjungiert, und man sieht leicht, daß

$$(B + \lambda)\, (\varphi, \varphi) = B[\varphi, \varphi] + \lambda ||\varphi||_0^2$$

reell ist. Nach Lemma 2 gilt für $\lambda \geqq \lambda_0$

$$(B+\lambda)(\varphi, \varphi) = \operatorname{Re}(B+\lambda)(\varphi, \varphi) \geqq \gamma \|\varphi\|_m^2 . \tag{4}$$

Auf Grund der Voraussetzungen über die Koeffizienten von L folgt nach Anwendung der SCHWARZschen Ungleichung

$$(B+\lambda)(\varphi, \varphi) \leqq \gamma_0 \|\varphi\|_m^2 . \tag{5}$$

Aus (4) und (5) folgt, daß $(B+\lambda)(\varphi, \psi)$ für $\lambda \geqq \lambda_0$ in $\overset{\circ}{W}{}^{m,2}(\Omega)$ ein Skalarprodukt mit einer zu $\|\cdot\|_m$ äquivalenten Norm erzeugt. Wir setzen

$$F(\varphi) := (\varphi, f)_0 - (B+\lambda)(\varphi, g) .$$

Dann gilt

$$|F(\varphi)| \leqq \|\varphi\|_0 \|f\|_0 + k \|\varphi\|_m \|g\|_m$$
$$\leqq (\|f\|_0 + k \|g\|_m) \|\varphi\|_m \leqq k_1 \{(B+\lambda)(\varphi, \varphi)\}^{1/2},$$

d. h. $F(\varphi)$ ist ein beschränktes lineares Funktional auf $\overset{\circ}{W}{}^{m,2}(\Omega)$. Nach dem Satz von RIESZ existiert ein eindeutig bestimmtes $u_0 \in \overset{\circ}{W}{}^{m,2}(\Omega)$ mit

$$F(\varphi) = (B+\lambda)(\varphi, u_0) = (\varphi, f)_0 - (B+\lambda)(\varphi, g)$$

für alle $\varphi \in \overset{\circ}{W}{}^{m,2}(\Omega)$.

Entsprechend der 1. Variante der Formulierung des verallgemeinerten DIRICHLET-Problems ist $u = g + u_0$ die gesuchte Lösung. ◀

Zur Verallgemeinerung des Resultates auf den nichtselbstadjungierten Fall benötigen wir

Lemma 3 (LAX-MILGRAM). *$B[u, v]$ sei eine (komplexe) Bilinearform im HILBERT-Raum H. Es gelte*

$$|B[u, v]| \leqq c_1 \|u\| \|v\| , \tag{6}$$

$$|B[u, u]| \geqq c_2 \|u\|^2 \tag{7}$$

($\|u\|^2 = (u, u)$ *Skalarprodukt in H; $u, v \in H$). $F(u)$ sei ein beschränktes lineares Funktional in H. Dann existiert ein eindeutig bestimmtes Element $w \in H$ mit*

$$F(u) = B[u, w] \qquad \text{für alle } u \in H .$$

Satz 4. *Die Aussage von Satz 3 gilt auch für $L \neq L^*$.*

Beweis: Aus Lemma 2 folgt

$$|(B+\lambda)(\varphi, \varphi)| \geqq \operatorname{Re}(B+\lambda)(\varphi, \varphi) \geqq \gamma \|\varphi\|_m^2 ,$$

und wie im Beweis zu Satz 3 folgert man

$$|(B+\lambda)(\varphi, \psi)| \leqq c \|\varphi\|_m \|\psi\|_m \qquad \text{für } \varphi, \psi \in C_0^\infty(\Omega) .$$

Bezüglich $(B+\lambda)(\varphi, \psi)$ sind damit in $\overset{\circ}{W}{}^{m,2}(\Omega)$ die Voraussetzungen von Lemma 3 erfüllt. Der Beweis läßt sich dann wie in Satz 3 führen. ◀

Wir gehen jetzt zur Betrachtung der Gleichung

$$(L+\lambda) u = f$$

für allgemeines λ über. Zunächst untersuchen wir das homogene DIRICHLET-Problem ($g = 0$) im Falle $\lambda = \lambda_0$ (λ_0 ist die Konstante aus den Sätzen 3 und 4).

Nach den vorangehenden Resultaten gilt: Zu beliebigem $f \in L^2(\Omega)$ existiert eine eindeutig bestimmte Funktion $u \in \overset{\circ}{W}{}^{m,2}(\Omega)$ mit

$$(B + \lambda_0)(\varphi, u) = (\varphi, f) \qquad \text{für alle } \varphi \in C_0^\infty(\Omega)\,. \tag{8}$$

Damit ist eine lineare Abbildung

$$T_0 \colon L^2(\Omega) \to \overset{\circ}{W}{}^{m,2}(\Omega)$$

definiert. Wir fassen T_0 als Abbildung von $L^2(\Omega)$ in $L^2(\Omega)$ auf.

Lemma 4. *$\Omega \subset R^n$ sei beschränkt. Dann ist T_0 ein kompakter Operator.*

Beweis: Aus Stetigkeitsgründen gilt (8) für alle $u \in \overset{\circ}{W}{}^{m,2}(\Omega)$, d. h.

$$(B + \lambda_0)(u, T_0 f) = (u, f) \qquad \text{für alle } u \in \overset{\circ}{W}{}^{m,2}(\Omega)\,.$$

Ferner gilt

$$|(B + \lambda_0)(u, u)| \geqq \gamma \, \|u\|_m^2 \qquad \text{für alle } u \in \overset{\circ}{W}{}^{m,2}(\Omega)\,.$$

Mit $u = T_0 f$ folgt

$$\begin{aligned} \gamma \, \|T_0 f\|_m^2 &\leqq |(B + \lambda_0)(T_0 f, T_0 f)| = |(T_0 f, f)| \\ &\leqq \|T_0 f\| \, \|f\| \leqq \|T_0 f\|_m \, \|f\|\,, \quad \text{d. h. } \|T_0 f\|_m \leqq \gamma^{-1} \|f\|\,. \end{aligned}$$

T_0 kann ist als Produkt einer stetigen Abbildung von $L^2(\Omega)$ in $\overset{\circ}{W}{}^{m,2}(\Omega)$ und einer kompakten Abbildung von $\overset{\circ}{W}{}^{m,2}(\Omega)$ in $L^2(\Omega)$ (§ 1, Lemma 1) eine kompakte Abbildung. ◀

Wir betrachten weiter den adjungierten Operator L^*. Ist B eine L zugeordnete Bilinearform, so gilt

$$B^*[\varphi, \psi] = \overline{B[\psi, \varphi]}\,, \tag{9}$$

wie man leicht nachprüft.

Lemma 5. *Das verallgemeinerte* Dirichlet-*Problem der Gleichung*

$$(L^* + \lambda)\, u = f$$

besitzt für $g \in W^{m,2}(\Omega)$, $f \in L^2(\Omega)$ und $\lambda \geqq \lambda_0$ eine eindeutig bestimmte Lösung.

Unter Beachtung von (9) verläuft der Beweis analog den Beweisen der Sätze 3 und 4. T_0' sei der analog T_0 bezüglich der Gleichung

$$(L^* + \lambda_0)\, u = f$$

erklärte Operator.

Lemma 6. *Es gilt $T_0' = T_0^*$, d. h.*

$$(h, T_0 f) = (T_0' h, f) \qquad \textit{für } f, h \in L^2(\Omega)\,.$$

Beweis. Es gilt

$$(B + \lambda_0)(\varphi, T_0 f) = (\varphi, f) \qquad \text{für } \varphi \in \overset{\circ}{W}{}^{m,2}(\Omega)\,.$$

Mit $\varphi = T_0' h$ folgt

$$(B + \lambda_0)(T_0' h, T_0 f) = (T_0' h, f)\,. \tag{10}$$

Analog gilt für den adjungierten Operator

$$(B^* + \lambda_0)(\varphi, T_0' h) = (\varphi, h) \qquad \text{für } \varphi \in \overset{\circ}{W}{}^{m,2}(\Omega),\ h \in L^2(\Omega)\,.$$

(9) ergibt

$$(B + \lambda_0)(T_0'h, \varphi) = (h, \varphi)$$

und $\varphi = T_0 f$

$$(B + \lambda_0)(T_0'h, T_0 f) = (h, T_0 f) .$$

Vergleich mit (10) liefert die Behauptung. ◀

Zur Untersuchung der Gleichung

$$(L + \lambda) u = f \tag{11}$$

für beliebiges komplexes λ setzen wir $\lambda_0 - \lambda = \mu$. Ferner sei

$$N(L + \lambda) = \{u \in W_0^{m,2}(\Omega) : (B + \lambda)(\varphi, u) = 0 \quad \text{für alle } \varphi \in W_0^{m,2}(\Omega)\} ,$$

$$N(I - \bar{\mu} T_0) = \{u \in L^2(\Omega) : u - \bar{\mu} T_0 u = 0\} ,$$

$$N(L^* + \bar{\lambda}) = \{u \in W_0^{m,2}(\Omega) : (B^* + \bar{\lambda})(\varphi, u) = 0 \quad \text{für alle } \varphi \in W_0^{m,2}(\Omega)\} ,$$

$$N(I - \mu T_0^*) = \{u \in L^2(\Omega) : u - T_0^* u = 0\} .$$

Die Lemmata 7 und 8 kann der Leser leicht als Übungsaufgaben verifizieren.

Lemma 7. *Die Lösung des verallgemeinerten homogenen* DIRICHLET-*Problems der Gleichung* (11) *ist der Lösung der Gleichung*

$$u - \bar{\mu} T_0 u = T_0 f$$

im Raume $W_0^{m,2}(\Omega)$ *äquivalent. Es gilt*

$$N(L + \lambda) = N(I - \bar{\mu} T_0) .$$

Lemma 8. *Die Lösung des verallgemeinerten homogenen* DIRICHLET-*Problems der Gleichung*

$$Lu + \lambda u = f$$

ist der Lösung der Gleichung

$$u - \mu T_0^* u = T_0^* f$$

im Raume $W_0^{m,2}(\Omega)$ *äquivalent. Es gilt* $N(L^* + \bar{\lambda}) = N(I - \mu T_0^*)$.

Zur Herleitung unserer abschließenden Ergebnisse über das verallgemeinerte DIRICHLET-Problem werden wir neben den voranstehenden Hilfssätzen die RIESZ-SCHAUDER-Sätze über kompakte Operatoren im HILBERT-Raum heranziehen. Zur Erleichterung für den Leser wollen wir sie in einer unseren Absichten angemessenen Form hier kurz anführen.

Es sei A ein kompakter Operator im HILBERT-Raum H. Wir betrachten die Gleichung

$$(I - A) u = u - Au = v .$$

A^* bezeichne den adjungierten Operator,

$$N(I - A) = \{u \in H : u - Au = 0\}$$

sei der Nullraum und $R(I - A)$ der Wertebereich von $I - A$, entsprechend für $I - A^*$. Dann gilt

$$\dim N(I - A) = \dim N(I - A^*) , \qquad H = R(I - A) \oplus N(I - A^*) .$$

Daraus ergeben sich die bekannten FREDHOLMschen Sätze.

1. $u - Au = 0$ und $u - A^*u = 0$ besitzen die gleiche Anzahl linear unabhängiger Lösungen.
2. $u - Au = v$ ist genau dann für alle $v \in H$ lösbar, wenn $u - A^*u = 0$ nur die triviale Lösung besitzt.
3. $u - Au = v$ ist genau dann lösbar, wenn $v \in H$ zu allen Lösungen von $u - A^*u = 0$ orthogonal ist.

Ferner gilt:

4. Es existieren höchstens abzählbar viele komplexe λ_i (Eigenwerte), die sich höchstens im Unendlichen häufen können, für die
$$u - \lambda A u = 0$$
nicht-trivial lösbar ist.
5. Gilt $A = A^*$, so sind alle λ_i reell. Die zu verschiedenen Eigenwerten λ_i, λ_k $(i \neq k)$ gehörigen Eigenlösungen sind orthogonal.

Nunmehr können wir die Hauptresultate dieses Abschnitts beweisen.

Satz 5. *$\Omega \subset R^n$ sei ein beschränktes Gebiet und bezüglich der Koeffizienten von L werden die Voraussetzungen von Satz 4 gemacht. Dann gilt*

1. *Die homogenen Probleme der Gleichungen*
$$(L + \lambda)\, u = 0 \qquad \textit{und} \qquad (L^* + \bar{\lambda})\, u = 0$$
besitzen die gleiche endliche Anzahl linear unabhängiger Lösungen.
2. *Das homogene Problem der Gleichung*
$$(L + \lambda)\, u = f$$
besitzt genau dann für alle $f \in L^2(\Omega)$ eine Lösung, wenn das homogene Problem für $(L^* + \bar{\lambda})\, u = 0$ nur die triviale Lösung besitzt.
3. *Das homogene Problem der Gleichung*
$$(L + \lambda)\, u = f$$
besitzt genau dann bei gegebenem $f \in L^2(\Omega)$ eine Lösung, wenn $(f, u) = 0$ gilt für alle Lösungen des homogenen Problems der Gleichung
$$(L^* + \bar{\lambda})\, u = 0\,.$$
4. *Es existiert eine höchstens abzählbare Menge komplexer Zahlen λ_i, die höchstens im Unendlichen einen Häufungspunkt besitzen und für die das homogene Problem der Gleichung*
$$(L + \lambda)\, u = 0$$
eine nicht-triviale Lösung besitzt.

Beweis: Nach Lemma 7 ist das Problem der Lösung der Gleichung
$$u - \bar{\mu} T_0 u = T_0 f \tag{12}$$
im Raum $\mathring{W}^{m,2}(\Omega)$ äquivalent. Nach Lemma 4 ist T_0 kompakt, und daher sind die Sätze von FREDHOLM-RIESZ-SCHAUDER anwendbar. Danach folgt
$$\dim N(I - \bar{\mu} T_0) = \dim N(I - \mu T_0^*) < \infty$$

und nach Lemma 7 und 8

$$\dim N(L+\lambda) = \dim N(L^* + \bar{\lambda}) < \infty .$$

Damit ist zunächst Aussage 1 gezeigt. Es ist

$$R(I - \bar{\mu}T_0) = \{u \in L^2(\Omega): u = v - \bar{\mu}T_0 v, v \in L^2(\Omega)\} ,$$

$$L^2(\Omega) = R(I - \bar{\mu}T_0) \oplus N(I - \mu T_0^*) .$$

Folglich besitzt (12) genau dann eine Lösung im Raume $W_0^{m,2}(\Omega)$, falls gilt

$$(T_0 f, u) = 0 \qquad \text{für alle } u \in N(I - \mu T_0^*) . \tag{13}$$

Wegen

$$u \in N(I - \mu T_0^*) \Leftrightarrow u - \mu T_0^* u = 0$$

folgt

$$(u, f) = \mu(T_0^* u, f) = \mu(u, T_0 f) .$$

Somit ist (13) der Eigenschaft

$$(u, f) = 0 \qquad \text{für alle } u \in N(L^* + \bar{\lambda})$$

äquivalent, womit 2. und 3. bewiesen ist. 4. ist schließlich ebenfalls eine Konsequenz aus der allgemeinen Theorie. ◀

Satz 6. *$\Omega \subset R^n$ sei ein beschränktes Gebiet, und bezüglich L seien die gleichen Voraussetzungen wie in Satz 5 erfüllt. Ferner gelte $L = L^*$. Dann sind die Eigenwerte λ_i reell und die zu $\lambda_i \neq \lambda_k$ gehörigen Eigenlösungen sind orthogonal (bezüglich des Skalarproduktes in L^2).*

Beweis: Aus $L = L^*$ und Lemma 6 folgt $T_0 = T_0^*$. Damit ist die allgemeine Theorie anwendbar. ◀

Satz 7. *Bezüglich Ω und L seien die Annahmen von Satz 6 gemacht. λ sei eine komplexe Zahl, die von allen Eigenwerten λ_i verschieden ist. Dann besitzt das verallgemeinerte* Dirichlet-*Problem der Gleichung*

$$(L + \lambda)\, u = f$$

für $f \in L^2(\Omega)$, $g \in W_0^{m,2}(\Omega)$ eine eindeutig bestimmte Lösung.

Beweis: Nach Satz 4 existiert eine Funktion u_1 mit

$$(B + \lambda_0)\,(\varphi, u_1) = (\varphi, f) \qquad \text{für alle } \varphi \in W_0^{m,2}(\Omega) \tag{14}$$

und

$$u_1 - g \in W_0^{m,2}(\Omega) . \tag{15}$$

Wir haben die Existenz einer eindeutig bestimmten Funktion $u \in W_0^{m,2}(\Omega)$ mit

$$(B + \lambda)\,(\varphi, u) = (\varphi, f) , \qquad u - g \in W_0^{m,2}(\Omega) \tag{16}$$

zu zeigen. Wir werden nachweisen, daß (16) der Lösung der Gleichung

$$u - \bar{\mu}T_0 u = u_1 \tag{17}$$

im Raume $W_0^{m,2}(\Omega)$ äquivalent ist ($\mu = \lambda_0 - \lambda$). Es sei also u Lösung von (16). Dann gilt (mit $u_2 = u - u_1$)

$$(B + \lambda_0)\,(\varphi, u_1) + (B + \lambda_0)\,(\varphi, u_2) = (\varphi, \bar{\mu}u) + (\varphi, f) .$$

Aus (14) folgt

$$(B + \lambda_0)(\varphi, u_2) = (\varphi, \bar{\mu} u),$$

und wegen (15), (16) und $u - g = u_2 + (u_1 - g)$ haben wir $u_2 \in \overset{\circ}{W}{}^{m,2}(\Omega)$.

Folglich gilt $u_2 = \bar{\mu} T_0 u$, $u = \bar{\mu} T_0 u + u_1$, d. h. (17). Es sei umgekehrt u Lösung von (17) und $u_2 = T_0(\bar{\mu} u)$. Dann ergibt sich

$$u_1 + u_2 = u,$$

$$(B + \lambda_0)(\varphi, u_2) = (\varphi, \bar{\mu} u). \tag{18}$$

Addition von (14) und (18) liefert

$$(B + \lambda_0)(\varphi, u) = (\varphi, f) + (\lambda_0 - \lambda)(\varphi, u),$$

d. h. $(B + \lambda)(\varphi, u) = (\varphi, f)$.

Auf Grund von $u_2 \in \overset{\circ}{W}{}^{m,2}(\Omega)$ und $u_1 - g \in \overset{\circ}{W}{}^{m,2}(\Omega)$ gilt schließlich

$$u - g \in \overset{\circ}{W}{}^{m,2}(\Omega).$$

Da die Gleichung (17) eine eindeutige Lösung besitzt, falls λ von allen Eigenwerten verschieden ist, ist der Satz bewiesen. ◀

Analog dem Vorangehenden kann man auch allgemeinere Randwertaufgaben behandeln. Man betrachtet entsprechend das homogene und das inhomogene Problem. Dem jeweils betrachteten homogenen Problem entspricht dann ein Teilraum V mit

$$\overset{\circ}{W}{}^{m,2}(\Omega) \subseteqq V \subseteqq W^{m,2}(\Omega),$$

und man sucht eine schwache oder Variationslösung mit $u \in V$. Beim zugehörigen inhomogenen Problem gibt man $g \in W^{m,2}(\Omega)$ vor und sucht eine Lösung u mit $u - g \in V$. Die Schwierigkeit besteht im allgemeinen darin, für ein gegebenes klassisches Randwertproblem den zugehörigen Teilraum V zu konstruieren. Man vergleiche dazu J. Nečas [N 3]. Es sei bemerkt, daß (für Gleichungen 2. Ordnung) dem Raum $V = W^{1,2}(\Omega)$ das Neumann-Problem entspricht.

Die in 2.5 dargelegte Methode ist völlig analog anwendbar, falls für den Teilraum V die Gårdingsche Ungleichung bewiesen werden kann. Man nennt diese Ungleichung in diesem Falle Koerzivitätsungleichung und das zugehörige Randwertproblem koerziv. Das Randwertproblem ist also in diesem Sinne auf den Beweis der Koerzivitätsungleichung zurückgeführt.

2.6. Einige Bemerkungen zur Regularitätstheorie

Gegenstand dieser Theorie sind u. a. folgende Fragestellungen:

Unter welchen Voraussetzungen sind die verallgemeinerten Lösungen auch klassische Lösungen innerhalb Ω? (Problem der inneren Regularität).

Unter welchen Voraussetzungen werden die Randwerte nicht nur im verallgemeinerten, sondern darüber hinaus im strengen klassischen Sinne angenommen (Problem der Randregularität).

Wir beginnen mit einigen Bemerkungen zum ersten Punkt. Aus der Definition der Sobolevschen Räume und der schwachen Lösungen ist ersichtlich, daß man in Wirklichkeit bei der Lösung des verallgemeinerten Problems mit Äquivalenzklassen fast überall gleicher Funktionen arbeitet. Man hat daher, präziser formuliert, zu zeigen, daß die zur Lösung u gehörige Äquivalenzklasse einen Repräsentanten $u_1 \in C^{2m}(\Omega)$ enthält. Ein solcher Repräsentant ist dann offensichtlich eindeutig bestimmt. Daß u_1 eine klassische Lösung ist, folgt unmittelbar aus der Definition der schwachen Lösung. Grundlage für den Beweis der Existenz eines solchen Repräsentanten ist das SOBOLEVsche Lemma (vgl. 1.1). Auf Grund dieses Lemmas reduziert sich das Problem der inneren Regularität auf die folgenden 2 Schritte.

(i) Man hat zu zeigen, daß die verallgemeinerte Lösung nicht nur in $W^{m,2}(\Omega)$, sondern darüber hinaus in $W_{\text{loc}}^{2m+\left[\frac{n}{2}\right]+1,2}(\Omega)$ enthalten ist.

(ii) Anwendung des SOBOLEVschen Lemmas liefert dann $u = u_1 \in C^{2m}(\Omega)$ fast überall wegen

$$W_{\text{loc}}^{2m+\left[\frac{n}{2}\right]+1,2}(\Omega) \subset C^{2m}(\Omega)$$

in obigem Sinne.

Derartige Differenzierbarkeitssätze sind bereits in der ersten Hälfte der 50-er Jahre mit verschiedenen Methoden von verschiedenen Autoren bewiesen worden, so z. B. von K. O. FRIEDRICHS [F 14] u. a. Natürlich muß man zum Beweis von (i) zusätzliche Voraussetzungen an die Koeffizienten des Differentialoperators und an die rechte Seite stellen. Je nach der verwendeten Methode gibt es deshalb in der Literatur sehr viele verschiedene Regularitätssätze, die sich jeweils in den Voraussetzungen unterscheiden. Speziell im Falle beliebig oft differenzierbarer Koeffizienten ergibt sich, daß die Lösung u für beliebige k in $W^{k,2}(\Omega)$ enthalten ist. Nach dem SOBOLEVschen Lemma ist daher u fast überall in Ω gleich einer beliebig oft differenzierbaren Lösung.

Wir wollen zwei Beispiele von Regularitätssätzen ohne Beweis anführen.

Satz 8. *$L(x, D)$ sei in Ω elliptisch und besitze hinreichend glatte Koeffizienten. Ferner gelte $f \in W_{\text{loc}}^{k,2}(\Omega)$, und $u \in L_{\text{loc}}^2(\Omega)$ sei eine schwache Lösung von $Lu = f$. Dann gilt*

$$u \in W_{\text{loc}}^{j,2}(\Omega) \qquad (j = 2m + k)\,.$$

Korollar 1. *Im Falle $k = \left[\frac{n}{2}\right] + 1$ folgt $u = u_1 \in C^{2m}(\Omega)$ fast überall, und damit ist u_1 klassische Lösung.*

Korollar 2. *Falls die Koeffizienten von L und f beliebig oft differenzierbar sind, so folgt $u = u_1 \in C^\infty(\Omega)$ fast überall.*

Im Falle einer elliptischen Gleichung 2. Ordnung wollen wir ein noch konkreteres Resultat anführen.

Satz 9. *Die Koeffizienten der Gleichung seien in $C^{\left[\frac{n}{2}\right]+3}(\Omega)$ enthalten, und es gelte $f \in C^{\left[\frac{n}{2}\right]+1}(\Omega)$, u sei schwache Lösung der Gleichung $Lu = f$. Dann gilt $u = u_0 \in C^2(\Omega)$ fast überall, d. h., u_0 ist eine klassische Lösung.*

Wesentlich schwieriger ist das Problem der Randregularität. Wir wollen uns zur Vereinfachung auf das DIRICHLET-Problem beschränken. Es ist zunächst darauf hinzuweisen, daß bei der Formulierung und Lösung des verallgemeinerten Problems an den Rand des Gebiets keinerlei Voraussetzungen gemacht werden. Andererseits weiß man aber bezüglich des Randverhaltens nur, daß $u \in W_0^{m,2}(\Omega)$ beim homogenen bzw. $u - g \in W_0^{m,2}(\Omega)$ beim inhomogenen Problem gilt. Man wird erwarten, daß sich unter gewissen Glattheitsvorausssetzungen an den Rand des Gebietes mehr aussagen läßt. Diese Vermutung wird durch folgende Fakten bestätigt.

(i) Ist der Rand $\partial\Omega$ hinreichend glatt und $u \in W_0^{m,2}(\Omega) \cap C^{m-1}(\overline{\Omega})$, so gilt $D^\alpha u|_{\partial\Omega} = 0$ für $|\alpha| \leqq m - 1$ (Korollar zu Lemma 1).
Damit ist das Problem darauf reduziert, $u \in C^{m-1}(\overline{\Omega})$ zu beweisen.

(ii) Ist Ω beschränkt und $\partial\Omega$ hinreichend glatt, so ergibt sich aus dem Sobolevschen Lemma (in seiner verschärften Form): Gilt $u \in W^{k,2}(\Omega)$ und $k > \frac{n}{2} + l$, so ist u fast überall in Ω gleich einer Funktion $u_1 \in C^l(\overline{\Omega})$, d. h., man kann unter den entsprechenden Einschränkungen $W^{k,2}(\Omega)$ als Teilraum von $C^l(\overline{\Omega})$ auffassen.

Berücksichtigt man dies, so ist das Problem der stetigen Randwertannahme noch weiter auf den Nachweis von $u \in W^{m+\left[\frac{n}{2}\right],2}(\Omega)$ zurückgeführt.

Als erster bewies 1955 L. Nirenberg [N 13] derartige Resultate. Die Beweise sind tiefliegend und kompliziert und würden den Rahmen dieses Buches sprengen. Wir begnügen uns mit der Angabe zweier konkreter Resultate.

Satz 10. *Sei L ein elliptischer Differentialoperator* 2. *Ordnung* (*entsprechend dem Beispiel in* 2.2). *Für die Koeffizienten gelte $a_{ij} \in C^{\left[\frac{n}{2}\right]+1}(\overline{\Omega})$. Ferner sei Ω ein Gebiet der Klasse $C^{\left[\frac{n}{2}\right]+1}$ und $f \in C^{\left[\frac{n}{2}\right]-1}(\overline{\Omega})$. Ist dann u die Lösung des verallgemeinerten* Dirichlet-*Problems, so gilt $u = u_0 \in C(\overline{\Omega})$ fast überall. D. h. also, falls die Voraussetzungen der Sätze* 9 *und* 10 *gleichzeitig erfüllt sind, so ist u_0 eine klassische Lösung des* Dirichlet-*Problems.*

Satz 11. *Ist Ω ein beschränktes Gebiet der Klasse C^∞ und sind die Koeffizienten des elliptischen Operators L in $\overline{\Omega}$ beliebig oft differenzierbar, $f \in C^\infty(\overline{\Omega})$, $g \in C^\infty(\overline{\Omega})$ und u Lösung des verallgemeinerten* Dirichlet-*Problems, so gilt $u \in C^\infty(\overline{\Omega})$.*

Bezüglich des Regularitätsverhaltens elliptischer Randwertprobleme vergleiche man auch V.3.4 und V.3.5.

2.7. Funktionalanalytische Aspekte, normale Lösbarkeit

Zu den bisherigen Darlegungen besteht ein allgemeiner funktionalanalytischer Hintergrund. Man interpretiert elliptische Operatoren als abgeschlossene und darüber hinaus halbbeschränkte Operatoren in passend gewählten Funktionenräumen.

Ein Operator A, der in einem Banach- oder Hilbert-Raum definiert sei, heißt abgeschlossen, falls aus $x_n \to x$ $(x_n \in D(A))$, $Ax_n \to y$ stets $x \in D(A)$ und $y = Ax$ folgt.

Es gibt eine weitentwickelte Theorie der abgeschlossenen Operatoren, die damit unmittelbar auf partielle Differentialgleichungen anwendbar ist. Wir wollen im folgenden einige grundlegende Begriffsbildungen und Resultate dieser Theorie anführen, soweit sie unmittelbar für die Differentialoperatoren von Interesse sind. Bezüglich der Beweise verweisen wir auf das Buch von S. G. KREIN [K 26].

E und F seien BANACH-Räume, A eine lineare Abbildung von E in F mit dem Definitionsbereich $D(A)$ und dem Wertebereich $R(A)$.

$$N(A) = \{x \in D(A): Ax = 0\} .$$

Die Gleichung $Ax = y$ heißt

(I) eindeutig lösbar, falls $N(A) = \{0\}$,

(II) korrekt lösbar, falls $\|x\|_E \leqq k\|Ax\|_F$ für alle $x \in D(A)$,

(III) normal lösbar, falls $R(A) = \overline{R(A)}$,

(IV) dicht lösbar, falls $\overline{R(A)} = F$,

(V) stets lösbar, falls $R(A) = F$.

Die Ungleichung (II) wird als a priori-Ungleichung bezeichnet. Aus ihrer Gültigkeit folgt offensichtlich sowohl die eindeutige Lösbarkeit der Gleichung $Ax = y$ als auch die stetige Abhängigkeit der Lösung von y bezüglich der Norm.

E', F' seien die dualen Räume zu E, F. Wir setzen für das Folgende $\overline{D(A)} = E$ voraus und betrachten die Abbildung

$$x \to \langle Ax, y'\rangle_F . \tag{19}$$

Dabei ist $y' \in F'$ und $\langle Ax, y'\rangle_F = y'(Ax)$. Die Menge aller $y' \in F'$, für welche die Linearform (19) von $D(A)$ auf E zu einem $x' \in E'$ fortgesetzt werden kann, bildet einen Teilraum $D(A')$ von F', und wir setzen

$$x' = A'y' .$$

Es existiert also ein linearer Operator A', der sogenannte zu A adjungierte Operator, mit der Eigenschaft

$$\langle Ax, y'\rangle_F = \langle x, A'y'\rangle_E ,$$

d. h.

$$A': D(A') \subset F' \to R(A') \subset E' .$$

Ist $E_0 \subset E$ ein Teilraum von E, so definieren wir

$$E_0^{\perp} = \{x' \in E': \langle x, x'\rangle_E = 0 \text{ für alle } x \in E_0\} .$$

Neben der Ausgangsgleichung betrachten wir die Gleichung

$$A'y' = x' . \tag{20}$$

Die Gleichung heißt

(VI) abgeschlossen lösbar, falls $R(A') = \overline{R(A')}$,

(III)' normal lösbar, falls $R(A') = N(A)^{\perp}$.

Die Begriffe (I), (II), (IV) und (V) werden entsprechend definiert. Zwischen den Lösbarkeitseigenschaften der Gleichungen (19) und (20) bestehen die folgenden Beziehungen:

a) (20) dicht lösbar $\Rightarrow$ (19) eindeutig lösbar.

b) (19) dicht lösbar $\Leftrightarrow$ (20) eindeutig lösbar.

c) (19) korrekt lösbar $\Leftrightarrow$ (20) stets lösbar.

d) (19) stets lösbar $\Rightarrow$ (20) korrekt lösbar.

e) (19) normal lösbar $\Rightarrow$ (20) abgeschlossen lösbar.

Von jetzt ab setzen wir zusätzlich voraus, daß A ein abgeschlossener Operator ist. Dann ist A' ebenfalls abgeschlossen, und es gilt

$$N(A') = R(A)^{\perp} .$$

Zu diesem Falle lassen sich die Aussagen a) — e) verschärfen.

d') (19) stets lösbar ⇔ (20) korrekt lösbar.

e') Die Begriffe „abgeschlossen lösbar" und „normal lösbar" sind äquivalent, und es gilt:
(19) normal lösbar ⇔ (20) normal lösbar.

Ferner gilt: Die Gleichung (19) ist genau dann normal lösbar, falls $R(A) = N(A')^{\perp}$. Abgeschlossene Operatoren sind in den Anwendungsen häufig in Form von Randwertproblemen elliptischer Differentialoperatoren realisiert. Der (abgeschlossene) Operator A heißt FREDHOLMsch, falls gilt $\dim N(A) < \infty$, $\dim N(A') < \infty$, und die Zahl $\dim N(A) - \dim N(A')$ heißt Index von A.

Zusammenfassend ergibt sich aus dem Vorangehenden

Satz 12. *E, F seien* BANACH*-Räume, E', F' die zugehörigen dualen Räume, $A: E \to F$ ein linearer, abgeschlossener und dicht definierter Operator, $A': F' \to E'$ sein Adjungierter. Dann sind die Gleichungen $Ax = y$ und $A'y' = x'$ genau dann stets lösbar (und folglich eindeutig lösbar), wenn die folgenden Ungleichungen erfüllt sind:*

$$||x||_E \leqq k||Ax||_F \qquad \textit{für alle } x \in D(A) ,$$

$$||y'||_F \leqq k'||A'y'||_E , \qquad \textit{für alle } y' \in D(A') .$$

Die Bedeutung dieses Satzes für die Theorie der Differentialgleichungen liegt auf der Hand. In diesem Falle wählt man für E und F geeignete SOBOLEV-Räume und betrachtet die Anwendung des Operators A im schwachen Sinne. Dabei erweisen sich einige Varianten der allgemeinen Theorie als nützlich.

E, F seien wieder BANACH-Räume. Wenn E als Vektorteilraum von F aufgefaßt werden kann, so heißt der Operator $\mathfrak{I}$, der $x \in E$ identisch auf sich als Element von F abbildet, Einbettung von F. In unserem Falle handelt es sich in der Regel darum, daß E ein gewisser SOBOLEV-Raum und F der Raum L^2 bzw. L^p ist.

Der Raum E heißt stetig eingebettet in F, falls $\mathfrak{I}: E \to F$ ein stetiger Operator ist. In diesem Fall existiert eine Konstante $c > 0$ mit

$$||\mathfrak{I}x||_F \leqq c||x||_E \qquad \text{für alle } x \in E .$$

Statt $\mathfrak{I}x$ schreiben wir meist einfach x. Die Einbettung $\mathfrak{I}: E \to F$ heißt kompakt, falls der Operator kompakt ist.

Im Falle der elliptischen Differentialoperatoren in SOBOLEV-Räumen lassen sich die erforderlichen a priori-Ungleichungen im allgemeinen nicht in der in Satz 12 angegebenen, sondern nur in einer abgeschwächten Form beweisen. Diese haben die folgende Gestalt:

$$||x||_E \leqq c(||Ax||_F + ||x||_G) \qquad \text{für alle } x \in D(A) \tag{21}$$

beziehungsweise

$$||y'||_{F'} \leqq c'(||A'y'||_{E'} + ||y'||_{H'}) \qquad \text{für alle } y' \in D(A') . \tag{22}$$

Dabei sind $c, c' > 0$ geeignete Konstanten. G ist ein BANACH-Raum, und E ist kompakt eingebettet in G; analog ist H' ein BANACH-Raum und F' kompakt eingebettet in H'.

Satz 13.

a) *Die Ungleichung* (21) *ist äquivalent zu*

$$R(A) = N(A')^{\perp}\,, \qquad \dim N(A) < \infty\,.$$

b) *Die Ungleichung* (22) *ist äquivalent zu*

$$R(A) = N(A')^{\perp}\,, \qquad \operatorname{codim} R(A) < \infty\,.$$

c) *Die Ungleichungen* (21), (22) *seien erfüllt. Ferner sei $M \subset D(A)$ ein Teilraum mit den Eigenschaften*

$$M \cap N(A) = \{0\}\,, \qquad M \oplus N(A) = D(A)\,.$$

Dann folgt

$$\|x\|_E \leqq c_M \, \|Ax\|_F \qquad \textit{für alle } x \in M$$

($c_M > 0$ *hängt von M ab*).

In der konkreten Anwendung auf die Theorie der Randwertaufgaben sind die Ungleichungen (21), (22) mit der GÅRDINGschen Ungleichung (im Falle des DIRICHLET-Problems) bzw. mit den Koerzivitätsungleichungen (im Falle eines allgemeinen koerziven Randwertproblems) identisch.

§ 3. Elliptische Randwert-Probleme

3.1. Eigentlich elliptische Operatoren und allgemeine Randbedingungen

Es sei in diesem Paragraphen Ω ein beschränktes Gebiet mit glattem $(n-1)$-dimensionalem Rand. Der Differentialoperator

$$L(x, D) = \sum_{|\alpha| \leqq 2m} a_\alpha(x)\, D^\alpha$$

habe glatte Koeffizienten (auf $\overline{\Omega}$), und L sei eigentlich elliptisch, d. h., der Hauptteil

$$L^0(x, D) = \sum_{|\alpha| = 2m} a_\alpha(x)\, D^\alpha$$

erfülle folgende Bedingung. Für beliebiges $x \in \Omega$ und beliebige Paare $\xi, \eta \in R^n$, $\xi \neq 0$, $\eta \neq 0$, linear unabhängiger Vektoren besitzt das Polynom $L^0(x_0, \xi + \tau\eta)$ bezüglich τ genau m Nullstellen mit positivem Imaginärteil.

Betrachtet wird das Randwert-Problem

$$Lu = f \qquad \text{in } \Omega\,, \tag{1}$$

$$B_j u|_{\partial\Omega} = g_j \qquad (j = 1, \ldots, m)\,. \tag{2}$$

Die Anwendung von L und $B_1, \ldots, B_m$ verstehen wir zunächst im klassischen Sinne, und wir setzen etwa voraus $f \in C^\infty(\overline{\Omega})$, $g_j \in C^\infty(\partial\Omega)$ $(j = 1, \ldots, m)$. Statt $(B_j u|_{\partial\Omega})_{j=1,\ldots,m}$ schreiben wir zur Abkürzung häufig Bu. Der Operator

$$(L, B)\colon C^\infty(\overline{\Omega}) \to C^\infty(\overline{\Omega}) \times \mathop{\times}_{j=1}^{m} C^\infty(\partial\Omega)$$

wird später auf Grund von a priori-Abschätzungen erweitert (durch Abschließung in geeigneten SOBOLEV-Räumen).

Es sei $C(x, D) = \sum_{|\gamma| \leq r} c_\gamma(x) D^\gamma$ ein Differentialoperator mit glatten Koeffizienten auf $\overline{\Omega}$. Wir nennen C normal auf $\partial\Omega$, falls für jedes $y \in \partial\Omega$ gilt

$$\sum_{|\gamma|=r} c_\gamma(y) \nu^\gamma \neq 0 .$$

Hierbei ist $\nu = (\nu_1, \dots, \nu_n)$ Normalenvektor an $\partial\Omega$ im Punkt $y \in \partial\Omega$.

Bezüglich der Randoperatoren

$$B_j(x, D) = \sum_{|\gamma| \leq m_j} b_{j\gamma}(x) D^\gamma \qquad (j = 1, \dots, m)$$

machen wir folgende Annahmen, die u. a. in [L 15], [S 5] ausführlich studiert werden.

Normalität auf $\partial\Omega$:

(i) Ist ν Normalenvektor an $\partial\Omega$ im Punkt $y \in \partial\Omega$, so sei

$$\sum_{|\gamma|=m_j} b_{j\gamma}(y) \nu^\gamma \neq 0 \qquad \text{für alle } y \in \partial\Omega . \tag{3}$$

(ii) Es sei

$$m_i \neq m_j \qquad \text{für } i \neq j .$$

Überdecktheit von L:

(iii) Das System $(B_j)_{j=1,\dots,m}$ überdeckt den Operator L auf $\partial\Omega$, d. h., für jeden Tangentialvektor ζ im Punkt $y \in \partial\Omega$ sind die Polynome der komplexen Variablen τ

$$\sum_{|\gamma|=m_j} b_{j\gamma}(y) (\zeta + \tau\nu)^\gamma \qquad (j = 1, \dots, m) \tag{4}$$

linear unabhängig modulo dem Polynom

$$\prod_{k=1}^{m} \left(\tau - \tau_k^+(y, \zeta, \nu)\right) ,$$

wobei $\tau_k^+(y, \zeta, \nu)$ die Wurzeln des Polynoms $L^0(y, \zeta + \tau\nu)$ sind mit positivem Imaginärteil (L^0 Hauptteil von L).

Weiterhin setzen wir voraus

(iv) $m_j = \operatorname{ord} B_j \leqq 2m - 1 \qquad (j = 1, \dots, m)$. (5)

3.2. GREENsche Formeln

Es sei

$$V = \{u \in C^\infty(\overline{\Omega}) : Bu = 0\} . \tag{6}$$

Mit dem formal adjungierten Operator $L^*(x, D)$ bilden wir

$$V^* = \{v \in C^\infty(\overline{\Omega}) : (Lu, v) = (u, L^*v) \text{ für alle } u \in V\} . \tag{7}$$

Die Vektorräume V und V^* erfüllen die Bedingung

$$C_0^\infty(\Omega) \subseteqq V \subseteqq C^\infty(\overline{\Omega}) , \qquad C_0^\infty(\Omega) \subseteqq V^* \subseteqq C^\infty(\overline{\Omega}) .$$

Satz 1 ([S 5]). *Unter den Voraussetzungen* (i) *bis* (iv) ((iii) *bezüglich* L) *existiert ein System von Operatoren* $B_1^*(x, D), \dots, B_m^*(x, D)$, *das ebenfalls die Voraussetzungen* (i) *bis* (iv) *erfüllt* ((iii) *bezüglich* L), *so daß gilt*

$$V^* = \{v \in C^\infty(\overline{\Omega}) : B^*v = 0\}$$

(*wobei analog gesetzt ist* $B^*v = (B_j^*v|_{\partial\Omega})_{j=1,\dots,m}$). *Weiterhin gilt*

$$V = \{u \in C^\infty(\overline{\Omega}) : (Lu, v) = (u, L^*v) \text{ für alle } v \in V^*\} .$$

B^* ist im allgemeinen nicht eindeutig bestimmt. Der Hinweis in Satz 1, daß (iii) bezüglich L bzw. L^* gemeint ist, erübrigt sich genau genommen, da ein System $(B_j)_{j=1,\dots,m}$ den Operator L genau dann überdeckt, wenn es den Operator L^* überdeckt (vgl. [S 5]). Die Operatoren $(B_j^*)_{j=1,\dots,m}$ heißen zu $(B_j)_{j=1,\dots,m}$ adjungiert. Das Randwertproblem

$$L^*v = l \quad \text{in } \Omega, \qquad B^*v = h \quad \text{auf } \partial\Omega \tag{8}$$

heißt zu (1), (2) adjungiert.

Definition 1. Ein Tupel von Differentialoperatoren

$$B_1(x, D), \dots, B_m(x, D), C_1(x, D), \dots, C_m(x, D) \tag{9}$$

(mit glatten Koeffizienten auf $\overline{\Omega}$) heißt ein DIRICHLET-System der Ordnung m, falls alle B_j, C_j ($j = 1, \dots, m$) auf $\partial\Omega$ normal sind und ihre Ordnungen

$$m_j = \text{ord } B_j , \qquad \overline{m}_j = \text{ord } C_j \qquad (j = 1, \dots, m)$$

alle ganzen Zahlen von 0 bis $2m - 1$ durchlaufen.

Satz 2 ([L 15]). *Ein System von Randoperatoren* $(B_j)_{j=1,\dots,m}$, *das die Bedingungen* (i) *bis* (iv) *erfüllt, kann man stets zu einem* DIRICHLET-*System der Gestalt* (9) *erweitern, so daß zum adjungierten System* $(B_j^*)_{j=1,\dots,m}$ *eine Erweiterung zu einem* DIRICHLET-*System der Gestalt*

$$C_1^*(x, D), \dots, C_m^*(x, D) , \qquad B_1^*(x, D), \dots, B_m^*(x, D)$$

existiert mit

$$2m - 1 - m_j = \text{ord } C_j^* , \qquad 2m - 1 - \overline{m}_j = \text{ord } B_j^* \qquad (j = 1, \dots, m) ,$$

so daß folgende GREEN*sche Formel gilt*

$$\int_\Omega (Lu)\, v \,dx + \sum_{j=1}^m \int_{\partial\Omega} B_j u C_j^* v \,do = \int_\Omega u L^*v \,dx + \sum_{j=1}^m \int_{\partial\Omega} C_j u B_j^* v \,do \tag{10}$$

für alle $u, v \in C^\infty(\overline{\Omega})$. *Die* DIRICHLET-*Systeme sind nicht eindeutig bestimmt.*

In Formel (10) können wir offenbar auch $u \in W^{s,p}(\Omega)$, $v \in W^{s,p'}(\Omega)$ annehmen, $s \geqq 2m$, $\frac{1}{p} + \frac{1}{p'} = 1$. Die GREENsche Formel (10) ist eine Realisierung des in Satz 9, § 1 beschriebenen allgemeinen Sachverhalts.

3.3. Allgemeine Eigenschaften linearer Randwertprobleme

Es sei Ω eine offene Menge im R^n. Eine Funktion auf Ω heißt glatt, wenn sie in Ω nach allen Variablen genügend oft differenzierbar ist (etwa unendlich oft differenzierbar). Diese Sprechweise verwenden wir auch für andere Definitionsbereiche oft der Bequemlichkeit halber. Sie könnte im konkreten Zusammenhang stets durch Angabe einer festen Differentiationsordnung präzisiert werden. In der Hauptsache werden wir uns mit Randwert-Problemen beschäftigen. Der lineare Operator $L(x, D): F \to G$ (F, G Teilräume von $\mathcal{D}'(\Omega)$) wird dabei durch homogene Randbedingungen eingeschränkt, d. h., L wird auf einem passend gewählten Teilraum $V \subseteqq F$ definiert. Man sagt dann, $u \in V$ erfülle die homogenen Randbedingungen. Wir betrachten, um etwas Bestimmtes vor Augen zu haben, z. B. den Fall $F = G = C^\infty(\bar{\Omega})$.

Es sei $L(x, D)$ ein linearer Differentialoperator mit Koeffizienten aus $C^\infty(\bar{\Omega})$ und dem formal Adjungierten $L^*(x, D)$. Es sei V ein Vektorraum von Funktionen mit $C^\infty(\Omega) \subseteqq V \subseteqq C^\infty(\bar{\Omega})$. Dann ist

$$V^* = \{v \in C^\infty(\bar{\Omega}): (Lu, v) = (u, L^*v) \quad \text{für alle } u \in V\}$$

ebenfalls ein Vektorraum mit $C_0^\infty(\Omega) \subseteqq V^* \subseteqq C^\infty(\bar{\Omega})$. Die kanonischen linearen Abbildungen von $C^\infty(\bar{\Omega})$ auf $C^\infty(\bar{\Omega})/V$ bzw. $C^\infty(\bar{\Omega})/V^*$ bezeichnen wir mit B bzw. B^*, also

$$B: \; C^\infty(\bar{\Omega}) \to C^\infty(\bar{\Omega})/V\,,$$

$$B^*: C^\infty(\bar{\Omega}) \to C^\infty(\bar{\Omega})/V^*\,.$$

Ist H ein Vektorraum und H^* das algebraische Dual, so bezeichnen wir die dazugehörige Dualität mit $\langle .,. \rangle$.

Satz 3. *Es existieren lineare Abbildungen*

$$C: \; C^\infty(\bar{\Omega}) \to \left(C^\infty(\bar{\Omega})/V^*\right)^*\,, \tag{11}$$

$$C^*: C^\infty(\bar{\Omega}) \to \left(C^\infty(\bar{\Omega})/V\right)^* \tag{12}$$

mit

$$(Lu, v) + \langle Bu, C^*v \rangle = (u, L^*v) + \langle Cu, B^*v \rangle \tag{13}$$

für alle $u, v \in C^\infty(\bar{\Omega})$. Die Operatoren C, C^* sind im allgemeinen nicht eindeutig bestimmt. (13) *heißt eine* Green*sche Formel.*

Beweis: Wir bilden für $u, v \in C^\infty(\bar{\Omega})$ die Bilinearform

$$T(u, v) = (u, L^*v) - (Lu, v)\,.$$

Für festes $v \in V^*$ ist $T(u, v)$ eine Linearform auf dem Raum $C^\infty(\bar{\Omega})/V$, die wir mit C_0^*v bezeichnen. Dann ist die Abbildung

$$C_0^*: V^* \to \left(C^\infty(\bar{\Omega})/V\right)^*$$

linear, und es gilt

$$T(u, v) = \langle Bu, C_0^*v \rangle \qquad \text{für alle } u \in C^\infty(\bar{\Omega}),\, v \in V^*\,.$$

Wir setzen C_0^* fort zu einem linearen Operator (12), indem wir die Werte auf $C^\infty(\bar{\Omega})/V^*$ beliebig linear vorschreiben.

Für festes $u \in V$ ist $-T(u, v)$ eine Linearform auf dem Raum $C^\infty(\bar{\Omega})/V^*$, die wir mit C_0u bezeichnen. Dann ist die Abbildung

$$C_0: V \to \left(C^\infty(\bar{\Omega})/V^*\right)^*$$

linear, und es gilt

$$-T(u, v) = \langle C_0 u, B^* v\rangle \qquad \text{für alle } u \in V, v \in C^\infty(\overline{\Omega}) .$$

Für beliebiges festes $u \in C^\infty(\overline{\Omega})$ ist

$$\langle Bu, C^*v\rangle - T(u, v)$$

eine Linearform in B^*v, denn aus $B^*v = 0$ folgt $v \in V^* \Rightarrow T(u, v) = \langle Bu, C^*v\rangle$. Diese Linearform bezeichnen wir mit Cu. Offenbar ist der lineare Operator C Fortsetzung von C_0. Dann folgt

$$\langle Cu, B^*v\rangle = \langle Bu, C^*v\rangle - T(u, v) ,$$

und der Satz ist gezeigt. ◀

Beispiel. Es sei $\Omega \subset R^n$ ein beschränktes Gebiet mit glattem Rand $\partial\Omega$, d. h., $\partial\Omega$ sei eine $(n-1)$-dimensionale C^∞-Mannigfaltigkeit. Wir betrachten den LAPLACE-Operator $L = \Delta = \sum_{k=1}^{n} \partial^2/\partial x_k^2$ $(= L^*)$ und setzen

$$V = \{u \in C^\infty(\overline{\Omega}) : u|_{\partial\Omega} = 0\}$$

(alle betrachteten Funktionen seien reellwertig). Dann gilt die bekannte GREENsche Formel

$$\int_\Omega (\Delta u)\, v \,dx + \int_{\partial\Omega} u \frac{\partial}{\partial\nu} v \,do = \int_\Omega u\, \Delta v \,dx + \int_{\partial\Omega} \left(\frac{\partial}{\partial\nu} u\right) v \,do \tag{14}$$

$\left(\frac{\partial}{\partial\nu}\right.$ Ableitung in Normalenrichtung$\left.\right)$. Es ist leicht zu zeigen $V = V^*$. Durch (14) ist die explizite Gestalt von B, B^* und C, C^* unmittelbar gegeben.

In diesem Beispiel ist es wichtig, daß eine Normale an das Gebiet Ω existiert, während dies für Satz 3 keine Rolle spielt. Man sieht also, daß stets GREENsche Formeln existieren, selbst wenn die partielle Integration nicht ohne weiteres möglich ist. Es ist freilich recht schwierig zu entscheiden, für welche Gebiete Ω die Bilinearform $(u, \Delta v) - (\Delta u, v)$ (als bilineares Funktional auf dem Raum $C^\infty(\overline{\Omega}) \times C^\infty(\overline{\Omega})$, welches auf $C_0^\infty(\Omega) \times C_0^\infty(\Omega)$ verschwindet) nur von den Werten von u, v, $D_k u$, $D_k v$ $(k = 1, \dots, n)$ auf $\partial\Omega$ abhängt.

Bemerkung 1. Analog wie Satz 3 kann man folgende GREENsche Formel beweisen. Es seien F, G, F', G' Vektorräume und

$$L : F \to G , \qquad L^* : G' \to F'$$

seien lineare Operatoren. Auf $G \times G'$ sei eine Bilinearform γ und auf $F \times F'$ eine Bilinearform ψ gegeben. Ist $V \subseteq F$ ein Vektorteilraum, so setzen wir

$$V^* = \{v \in G' \quad \gamma(Lu, v) = \psi(u, L^*v)\} .$$

Zu den kanonischen Abbildungen

$$B : F \to F/V , \qquad B^* : G' \to G'/V^*$$

existieren dann lineare Abbildungen

$$C^* : G' \to (F/V)^* , \qquad C : F \to (G'/V)^* ,$$

so daß für alle $u \in F$, $v \in G'$ gilt

$$\gamma(Lu, v) + \langle Bu, C^*v\rangle_{F/V} = \psi(u, L^*v) + \langle Cu, B^*v\rangle_{(G'/V^*)^*} .$$

Es sei $L(x, D) : F \to G$ ein linearer Differentialoperator $(F, G \subseteq \mathcal{D}'(\Omega))$. Der Vektorraum V $(C_0^\infty(\Omega) \subseteq V \subseteq F)$ beschreibe die homogenen Randbedingungen. Die kanonische Abbildung $F \to F/V$ bezeichnen wir mit B. Wenn zu jedem $f \in L(V) \subseteqq G$ ein $u \in V$ existiert mit $Lu = f$, finden wir zu jedem $g \in F/V$ eine Lösung u des Problems

$$Lu = f\,, \qquad Bu = g \tag{15}$$

mit inhomogenen Randwerten, indem wir zu g einen Repräsentanten $v \in F$ wählen (eine „Fortsetzung" der Randwerte g in das Gebiet) und das Problem $Lw = -Lv + f$, $w \in V$ lösen. Dann ist offenbar $u = v + w$ die gesuchte Lösung. Die Umkehrung, d. h. die Konstruktion von Lösungen von (15), falls das Problem (15) für $f = 0$ und beliebige g stets lösbar ist, erfolgt mittels sogenannter Fundamentallösungen.

Definition 2. Es sei $L(x, D)$ ein linearer Differentialoperator auf Ω der Ordnung r mit Koeffizienten aus $C^\infty(\overline{\Omega})$. Eine Funktion

$$E\colon \Omega \to \mathcal{D}'(\Omega)$$

heißt *Fundamentallösung* von L in Ω, falls gilt

$$\varphi(x) = \langle L\varphi, E_x\rangle \qquad \text{für alle } \varphi \in C_0^\infty(\Omega)\,.$$

E_x bedeutet dabei den Wert von E an der Stelle $x \in \Omega$.

Ohne an dieser Stelle auf nähere Einzelheiten und weitere Voraussetzungen einzugehen (da wir sie im Spezialfall ohnehin angeben) bemerken wir, daß man durch

$$v(y) = \int E(x, y)\, f(y)\, dy$$

spezielle Lösungen $v \in F$ der Gleichung $Lv = f$ konstruiert. Wenn nun (15) für $f = 0$ und beliebiges $g \in F/V$ lösbar ist, findet man speziell ein $w \in F$ mit $Lw = 0$, $Bw = -Bv + g$, so daß $u = v + w$ eine Lösung von (15) ist.

3.4. L^p-Abschätzungen

Wir formulieren nun die klassischen L^p-Abschätzungen für elliptische Randwert-Probleme.

Satz 4 ([S 9, II]). *$L(x, D)$ sei eigentlich elliptischer Operator mit glatten Koeffizienten auf $\overline{\Omega}$ und das System der Randoperatoren $B_1, \ldots, B_m$ überdecke L. Für $1 < p < \infty$ und jede reelle Zahl s gilt dann*

$$\|u\|_{s,p} \leqq c\Big(\|Lu\|_{s-2m,p} + \sum_{j=1}^{m} \|B_j u\|^{\partial\Omega}_{s-m_j-1/p,p} + \|u\|_{s-2m,p}\Big)$$

für alle $u \in W^{s,p}(\Omega)$ mit einer Konstanten $c = c(s, p) > 0$.

Korollar. *Aus $Lu = f \in C^\infty(\overline{\Omega})$, $B_j u|_{\partial\Omega} = g_j \in C^\infty(\partial\Omega)$ $(j = 1, \ldots, m)$ folgt $u \in C^\infty(\overline{\Omega})$.*

Bei den betrachteten elliptischen Randwert-Problemen setzen wir daher

$$F\ = W^{s,p}(\Omega)\,, \qquad G\ = W^{s-2m,p}(\Omega)\,,$$
$$G' = W^{s,p'}(\Omega)\,, \qquad F' = W^{s-2m,p'}(\Omega)$$

$$\left(1 < p < \infty, \frac{1}{p} + \frac{1}{p'} = 1, s \geqq 2m\right),$$

$$\gamma(u_1, u_2) = \psi(u_1, u_2) = \int_\Omega u_1\overline{u_1}\, dx\,,$$

$$\langle g_1, g_2\rangle_W = \int_{\partial\Omega} g_1 g_2\, do$$

mit $W = F/V$ bzw. $W = (G'/V^*)^*$.

V ersetzen wir durch $V^{s,p}(\Omega)$, die Abschließung des Raumes (6) in $W^{s,p}(\Omega)$; analog ersetzen wir V^* durch $V^{*s,p'}(\Omega)$, die Abschließung des Raumes (7) in $W^{s,p'}(\Omega)$.

Den Raum F/V können wir dann identifizieren mit einem Teilraum von

$$\mathop{\times}_{j=1}^{m} W^{s-m_j-\frac{1}{p},p}(\partial\Omega)$$

und den Raum G'/V^* mit einem Teilraum von

$$\mathop{\times}_{j=1}^{m} W^{s-m_j^*-\frac{1}{p},p'}(\partial\Omega)\,.$$

Wir machen uns dies z. B. im Fall F/V klar.

$$(B_1, \dots, B_m)\colon W^{s,p}(\Omega) \to \mathop{\times}_{j=1}^{m} W^{s-m_j-\frac{1}{p},p}(\partial\Omega)$$

ist ein stetiger Operator, also wird auch $W^{s,p}(\Omega)/V^{s,p}(\Omega)$ stetig und eineindeutig abgebildet. Diese Abbildung liefert die Identifikation.

Das Randwert-Problem (1), (2) bzw. (8) führt also zu den stetigen Operatoren

$$(L, B)\colon W^{s,p}(\Omega) \to W^{s-2m,p}(\Omega) \times \mathop{\times}_{j=1}^{m} W^{s-m_j-\frac{1}{p},p}(\partial\Omega)\,, \tag{16}$$

$$(L^*, B^*)\colon W^{s,p'}(\Omega) \to W^{s-2m,p'}(\Omega) \times \mathop{\times}_{j=1}^{m} W^{s-m_j^*-\frac{1}{p'},p'}(\partial\Omega)\,. \tag{17}$$

Die aus der GREENschen Formel (10) erhaltenen stetigen Operatoren

$$C^*\colon W^{s,p'}(\Omega) \to \mathop{\times}_{j=1}^{m} W^{s-2m+m_j+1-\frac{1}{p'},p'}(\partial\Omega)\,,$$

$$C\colon\; W^{s,p}(\Omega) \to \mathop{\times}_{j=1}^{m} W^{s-2m+m_j^*+1-\frac{1}{p'},p'}(\partial\Omega)$$

können wir wegen $\frac{1}{p} + \frac{1}{p'} = 1$ und $s - 2m > -s$ deuten als stetige Operatoren

$$C^*\colon W^{s,p'}(\Omega) \to \mathop{\times}_{j=1}^{m} W^{-s+m_j+\frac{1}{p},p'}(\partial\Omega)\,,$$

$$C\colon\; W^{s,p}(\Omega) \to \mathop{\times}_{j=1}^{m} W^{-s+m_j^*+\frac{1}{p'},p'}(\partial\Omega)\,.$$

Die GREENsche Formel (10) liefert einen Zusammenhang zwischen den Operatoren (L^*, B^*) und

$$(L, B)^*\colon W^{-s+2m,p'}(\Omega) \times \mathop{\times}_{j=1}^{m} W^{-s+m_j+\frac{1}{p'},p'}(\partial\Omega) \to W^{-s,p'}(\Omega)\,.$$

Wegen $W^{s,p'}(\Omega) \subseteqq W^{-s+2m,p'}(\Omega)$ ist jedem $v \in W^{s,p'}(\Omega)$ ein lineares Funktional

$$k_v = \{v, C^*v\} \in W^{-s+2m,p'}(\Omega) \times \mathop{\times}_{j=1}^{m} W^{-s+m_j+\frac{1}{p'},p'}(\partial\Omega)$$

zugeordnet nach der Formel

$$k_v\{f, g\} = (f, v) + \langle g, C_v^* \rangle .$$

Weiterhin ist jedem $\{h, l\} = (L^*, B^*)\, v$ ein lineares Funktional

$$m_{hl} \in W^{-s,p'}(\Omega)$$

zugeordnet nach der Vorschrift

$$(u, m_{hl}) = (u, h) + \langle Cu, l \rangle .$$

Somit folgt aus (10)

$$(L^*, B^*)\, v = \{h, l\} \Rightarrow (L, B)^*\, k_v = m_{hl} .$$

Umgekehrt folgt wegen (10) aus $(L, B)^*\, k = m$ und $k = k_v$ $(v \in W^{s,p}(\Omega))$

$$m = m_{hl} \quad \text{mit } \{h, l\} = (L^*, B^*)\, v .$$

Das adjungierte Randwert-Problem erhält man also durch Einschränkung von $(L, B)^*$ auf die Menge $\{k_v : v \in W^{s,p'}(\Omega)\}$.

Es gilt noch als wichtige Folgerung

Satz 5. *Der Nullraum des Operators* (16) *ist endlichdimensional. Der Wertebereich des Operators* (16) *hat endliche Kodimension.*

3.5. Schauder-Abschätzungen

Wir erinnern noch an einen weiteren wichtigen Typ von a priori-Abschätzungen für das Randwert-Problem (1), (2), nämlich die sogenannten Schauder-Abschätzungen (vgl. [A 14], [B 17]). Die Koeffizienten der Operatoren L, B_j seien wie bisher glatt und rechte Seite und Randwerte in (1), (2) ebenfalls.

Ist α $(0 < \alpha < 1)$ eine reelle Zahl, so bezeichnen wir mit $C^\alpha(\overline{\Omega})$ den Raum derjenigen $u \in C(\overline{\Omega})$, für die

$$\|u\|_{C^\alpha(\overline{\Omega})} = \sup_{x,y \in \overline{\Omega}} \frac{|u(x) - u(y)|}{|x - y|^\alpha}$$

endlich ist. Die Funktionen $u \in C^\alpha(\overline{\Omega})$ heißen auf $\overline{\Omega}$ Hölder-stetig mit dem Exponenten α. Für eine ganze Zahl $l \geqq 0$ sei $C^{l+\alpha}(\overline{\Omega})$ der Banach-Raum derjenigen $u \in C^l(\overline{\Omega})$, für die die Norm

$$\|u\|_{C^{l+\alpha}(\overline{\Omega})} = \|u\|_{C^l(\overline{\Omega})} + \sum_{|\gamma|=l} \|D^\gamma u\|_{C^\alpha(\overline{\Omega})}$$

endlich ist. Analog definiert man für Funktionen g auf $\partial\Omega$ die Norm $\|g\|_{C^{k+\alpha}(\partial\Omega)}$ durch eine endliche Überdeckung von $\partial\Omega$ mit Koordinatenumgebungen.

Der folgende Satz wird als innere Schauder-Abschätzung bezeichnet.

Satz 6 ([B 17]). *Es sei Ω_0 ein Gebiet mit $\overline{\Omega}_0 \subset \Omega$. Dann gilt für alle $u \in C^{2m+\alpha}(\overline{\Omega})$ mit einer Konstanten $c > 0$*

$$\|u\|_{C^{2m+\alpha}(\overline{\Omega}_0)} \leqq c(\|Lu\|_{C^\alpha(\overline{\Omega})} + \|u\|_{C^0(\overline{\Omega})}) .$$

Ferner gelten folgende Schauder-Abschätzungen bis zum Rand.

Satz 7 ([A 14]). *Es sei* $l \geqq 2m$ *eine ganze Zahl. Dann liegt jede Lösung u des Problems* (1), (2) *im Raum* $C^{l+\alpha}(\bar{\Omega})$ $(0 < \alpha < 1)$, *und es gilt mit einer Konstanten* $c > 0$

$$\|u\|_{C^{l+\alpha}(\bar{\Omega})} \leqq c\Big(\|f\|_{C^{l-2m+\alpha}(\bar{\Omega})} + \sum_{j=1}^{m} \|g_j\|_{C^{l-m_j+\alpha}(\partial\Omega)} + \|u\|_{L^1(\Omega)}\Big) .$$

Eine einführende Darstellung über die Ziele und Methoden beim Nachweis von a priori-Abschätzungen wurde in [N 14] gegeben.

§ 4. Fundamentallösung elliptischer Operatoren

4.1. Allgemeine Eigenschaften

Die Abbildungseigenschaften eines Differentialausdrucks L in den verschiedenen Funktionen- bzw. Distributionenräumen hängen eng zusammen mit der Existenz und den Eigenschaften einer Fundamentallösung des Operators L. Wir werden hier einige für die Potentialtheorie in Kapitel VIII grundlegende Aussagen über Fundamentallösungen elliptischer Operatoren zusammenstellen (meist ohne Beweis). Bezüglich Literatur vgl. [T 7], [S 36], [J 5], [H 12], [B 43], [G 5].

Es sei $\Omega \subseteqq R^n$ ein Gebiet, und

$$L(x, D) = \sum_{|\alpha| \leqq r} a_\alpha(x)\, D^\alpha$$

sei ein linearer Differentialoperator mit Koeffizienten aus $C^\infty(\bar{\Omega})$. Die vorkommenden Fundamentallösungen (vgl. 1.3. Definition 1.) sind in diesem Paragraphen lokal integrierbare Funktionen $E(x, z)$ auf $\Omega \times \Omega$ mit der Eigenschaft

$$\varphi(x) = \int \overline{E(x, z)}\, L(z, D_z)\, \varphi(z)\, dz\,, \tag{1}$$

$$\varphi(z) = \int E(x, z)\, L^*(x, D_x)\, \varphi(x)\, dx \tag{2}$$

für alle $\varphi \in C_0^\infty(\Omega)$ und $x, z \in \Omega$. Wenn sie in Abhängigkeit von $x - z$ gewählt werden können, schreiben wir auch $E(x - z)$ und bezeichnen $E(x)$ als Fundamentallösung von L.

Aus (2) folgt sofort, daß $E(x, z)$ in jedem Gebiet $\Omega_0 \subset \Omega$ für festes $z \notin \Omega_0$ distributionentheoretische Lösung ist von $LE = 0$. Eine ähnliche Aussage gilt bezüglich L. Wir erhalten also aus V.3.4. Satz 4 den

Satz 1. *Es sei L ein elliptischer Operator, und* $E(x, z)$ *erfülle die Gleichungen* (1), (2). *Dann ist* $E(x, z)$ *für* $x \neq z$ *unendlich oft differenzierbar.*

Definition 1 ([B 43], [C 2]). Ist L ein linearer Differentialoperator der Ordnung r, so spricht man von der Eindeutigkeitseigenschaft des CAUCHY-Problems für L, wenn folgende Bedingung erfüllt ist:

$(U)_s$: Ist $u \in C^r(\Omega)$ und $Lu = 0$, und verschwindet u auf einer nichtleeren offenen Teilmenge von Ω, so ist $u = 0$ in Ω.

Die Eigenschaft $(U)_s$ heißt auch Eindeutigkeit der Fortsetzung. Die Eigenschaft $(U)_s$ ist z. B. erfüllt, wenn L ein elliptischer Operator mit analytischen Koeffizienten ist (d. h. hier immer reell analytisch). L bildet dann nämlich den Raum der in Ω analytischen

Funktionen surjektiv auf sich ab (vgl. [H 12]). Bezüglich der Bedeutung von $(U)_s$ vgl. auch [B 43]. Die Eigenschaft $(U)_s$ hängt eng mit der Approximation gegebener Funktionen durch Lösungen der Gleichung $Lu = 0$ zusammen (vgl. Kapitel VIII, § 5).

Satz 2 ([B 43]). *Der Operator L sei elliptisch und von der Ordnung $2m$. Dann existiert auf $\Omega \times \Omega$ eine Funktion $E(x, z) \in W^{2m-1,p}(\Omega \times \Omega)$, $\big(p < n/(n-1)\big)$ mit der Eigenschaft* (1), (2), *die außerhalb der Diagonalen unendlich oft differenzierbar ist* (*bzw. analytisch ist, wenn L analytische Koeffizienten hat*).

Ein Operator

$$L(D) = \sum_{|\alpha|=2m} a_\alpha D^\alpha \tag{3}$$

mit konstanten Koeffizienten ist übrigens genau dann elliptisch, wenn jede Fundamentallösung in $R^n \setminus \{0\}$ analytisch ist (vgl. [T 7]). L ist genau dann hypoelliptisch $\big($d. h. $L(\xi + \eta)/L(\xi) \to 1$ für $|\xi| \to \infty$ und alle $\eta \in R^n\big)$, wenn jede Fundamentallösung in $R^n \setminus \{0\}$ unendlich oft differenzierbar ist.

4.2. Fundamentallösung für Operatoren mit konstanten Koeffizienten

Satz 3 ([B 17]). *Es sei*

$$L^0(D) = \sum_{|\alpha|=2m} a_\alpha D^\alpha$$

ein elliptischer Operator mit konstanten Koeffizienten. Dann existiert eine Fundamentallösung von L^0 der Gestalt $E(x - z)$ mit

$$E(x) = \begin{cases} h(x)\,|x|^{2m-n} & \text{für } n \text{ ungerade oder } n \text{ gerade und } n > 2m \\ q(x) \log|x| + h(x)\,|x|^{2m-n} & \text{für } n \text{ gerade und } n \leqq 2m\,. \end{cases}$$

Dabei ist h eine positiv homogene Funktion vom Grad 0 $\big($*d. h. $h(\lambda x) = h(x)$ für $\lambda > 0$*$\big)$, *und q ist ein homogenes Polynom vom Grad $2m - n$.* $\big($*Da $E(x)$ reell analytisch ist für $x \neq 0$, ist h für $x \neq 0$ ebenfalls reell analytisch.*$\big)$

Wir skizzieren den Beweis für n ungerade und $n > 2m$. Die Funktion

$$w(x) = \int\limits_{|\xi|=1} \frac{|x \cdot \xi|^{2m+1}}{L^0(\xi)}\, d\omega_\xi$$

($d\omega_\xi$ Oberflächenelement der Einheitssphäre) ist positiv homogen vom Grad $2m + 1$ und für $x \neq 0$ reell analytisch. $L^0\omega(x)$ ist homogen vom Grad 1 und bezüglich Drehungen um den Koordinatenursprung invariant, d. h. $L^0w(x) = \text{const.}\,|x|$. Die Funktion $E(x) = c\Delta^{(n+1)/2}\omega(x)$ ($c = \text{const.}$) besitzt die behauptete Homogenitätseigenschaft. Mit geeignet zu wählenden Konstanten c (die wir immer mit demselben Buchstaben c bezeichnen) gilt

$$L^0E(x) = cL^0\Delta^{(n+1)/2}w(x) = c\Delta^{(n+1)/2}L^0\omega(x) = c\Delta(\Delta^{(n-1)/2}\,|x|) = c\Delta\,|x|^{2-n} = \delta\,.$$

Es besteht ein sehr enger Zusammenhang zwischen den erwähnten Fundamentallösungen und singulären Integraloperatoren im Sinne von Calderon-Zygmund (vgl. [N 4]). Eine Funktion $K(x) = k(x)\,|x|^{-n}$ heißt singulärer Kern, falls die Funktion k

positiv homogen vom Grad Null ist (d. h. $k(\lambda x) = k(x)$ für $\lambda > 0$) und gilt

$$\int_{|x|=1} k(x)\, d\omega_x = 0 .$$

$d\omega_x$ ist das Oberflächenelement auf der Einheitssphäre. Zu gegebenem $\varphi \in C_0^\infty(R^n)$ definiert man im Sinne des CAUCHYschen Hauptwertes die Funktion

$$K\varphi(x) = \lim_{\varepsilon\to 0} \int_{|x-z|>\varepsilon} \varphi(z)\, k(x-z)\, dz .$$

Ein grundlegender Satz von CALDERON und ZYGMUND besagt, daß für $1 < p < \infty$ gilt

$$||K\varphi||_{L^p(R^n)} \leqq c\, ||\varphi||_{L^p(R^n)} ,$$

so daß also K sinnvoll auf den Raum $L^p(R^n)$ fortgesetzt werden kann (vgl. [N 4]).

Es sei nun E die in Satz 3 angegebene Fundamentallösung von L^0. Dann sind alle Ableitungen $D^\alpha E(x)$ ($|\alpha| = 2m$) singuläre Kerne im Sinne der gegebenen Definition (vgl. [A 13]). Man kann zeigen, daß

$$D^\alpha\varphi(x) = \int (D^\alpha E)\,(x-z)\, L^0(D_z)\, \varphi(z)\, dz$$

auch gilt für $|\alpha| = 2m$. Das bedeutet

$$||D^\alpha\varphi||_{L^p(R^n)} \leqq c\, ||L^0\varphi||_{L^p(R^n)} .$$

Solche Überlegungen, die für den Fall nicht konstanter Koeffizienten und den Halbraum bzw. beschränkte Gebiete modifiziert werden müssen (vgl. [A 14], [A 13]), führen zu den in § 3 erwähnten Sätzen über die L^p-Regularität von Lösungen elliptischer Randwertprobleme.

Wir konstruieren jetzt eine Fundamentallösung E für elliptische Operatoren (3) mit konstanten Koeffizienten. Dazu verwenden wir die FOURIER-Transformation. In bekannter Weise setzen wir für $u \in L^2(R^n)$

$$\hat{u}(\xi) = F[u]\,(\xi) = \int e^{-2\pi i\langle x,\xi\rangle}\, u(x)\, dx ,$$

woraus $u \in L^2(R^n)$ folgt, sowie

$$u(x) = \overline{F}[\hat{u}]\,(x) = \int e^{2\pi i\langle x,\xi\rangle}\, \hat{u}(\xi)\, d\xi .$$

Weiterhin gilt, wenn wir etwa annehmen $u \in S$,

$$F[D^\alpha u] = (2\pi\xi)^\alpha\, F[u] .$$

(Zur FOURIER-Transformation vgl. z. B. [G 5], [H 12], [N 4], [M 38].) Die Fundamentallösung bestimmen wir in der Gestalt $E(x-z)$, so daß wir uns auf $z = 0$ beschränken können. Es muß dann per def. gelten

$$L(D_x)\, E(x) = \delta \quad \text{bzw.} \quad L(2\pi\xi)\, \hat{E}(\xi) = 1 .$$

Auf Grund der Elliptizität von L gilt für den Hauptteil L^0 die Ungleichung $|L^0(2\pi\xi)| \geqq \lambda^0\, |\xi|^{2m}$ mit einer Konstanten $\lambda^0 > 0$ für alle $\xi \in R^n$. Wenn $|\xi|$ genügend groß ist, gilt mit einer Konstanten $\lambda > 0$ offenbar $|L(2\pi\xi)| \geqq \lambda\, |\xi|^{2m}$. Wenn wir vorübergehend annehmen $L(2\pi\xi) \neq 0$ für alle ξ (was z. B. für $L = 1 - \Delta$ der Fall ist), erhalten wir formal

$$\hat{E}(\xi) = \frac{1}{L(2\pi\xi)} \quad \text{bzw.} \quad E(x) = \int e^{2\pi i\langle x,\xi\rangle} \frac{d\xi}{L(2\pi\xi)} . \tag{4}$$

Im allgemeinen Fall haben wir die im Endlichen liegenden Nullstellen des Polynoms $L(2\pi\xi)$ bei der Integration zu umgehen. Weiterhin ist die Integrierbarkeit von $(L(2\pi\xi))^{-1}$ im Unendlichen zu sichern. Dies erreichen wir, indem wir L ersetzen durch $L_t = L(1 - \Delta)^t$ und die ganze Zahl $t > 0$ genügend groß wählen. Ist dann E_t die Fundamentallösung von L_t, also $L_t E_t = \delta$, so können wir offenbar setzen $E = (1 - \Delta)^t E_t$. Ohne Beschränkung der Allgemeinheit sei also die Integrierbarkeit von $(L(2\pi\xi))^{-1}$ im Unendlichen erfüllt.

Es sei $c_1 > 0$ eine Konstante, so daß für $|\xi| \geqq c_1$ gilt $|L(2\pi\xi)| \geqq 1$. Für $(\xi_2^2 + \cdots + \xi_n^2)^{1/2} = c_1$ existiert eine Konstante $c_0 > 0$, so daß für jede Lösung ζ_1 der Gleichung $L(2\pi\zeta_1, 2\pi\xi_2, \ldots, 2\pi\xi_n) = 0$ gilt $|\zeta_1| \leqq c_0$. Da nämlich L elliptisch ist, hängt der Koeffizient von ζ_1^{2m} von $(\xi_2, \ldots, \xi_n)$ nicht ab und ist von Null verschieden. Wenn man also eine Konstante $c_2 > 0$ genügend groß wählt, gilt

$$|L(2\pi\zeta_1, 2\xi_2, \ldots, 2\xi_n)| \geqq 1 \quad \text{für } |\zeta_1| \geqq c_2 .$$

Es sei $r = (c_1^2 + c_2^2)^{1/2}$. In der formalen Integration (4) ersetzen wir

$$\int\limits_{|\xi| \leqq r} e^{2\pi i\langle x, \xi\rangle} \frac{d\xi}{L(2\pi\xi)}$$

durch

$$E_1(x) = \int\limits_{|\xi'| \leqq r} d\xi' \int\limits_{\Gamma} e^{2\pi i\langle x_1\xi_1 + x_2\xi_2 + \cdots + x_n\xi_n\rangle} \frac{d\xi_1}{L(2\pi\xi_1, 2\pi\xi')} \qquad (\xi' = (\xi_2, \ldots, \xi_n)) ,$$

wobei Γ für $|\xi'| \leqq c_1$ als Halbkreis in der unteren komplexen ζ_1-Halbebene definiert ist, der die Punkte $-(r^2 - |\xi'|^2)^{1/2}$, $(r^2 - |\xi'|^2)^{1/2}$ verbindet, und für $|\xi'| > c_1$ ohne Änderung als die reelle Achse. Längs Γ gilt dann offenbar $|L| \geqq 1$. Es wird jetzt gesetzt

$$E(x) = E_1(x) + E_2(x), \quad E_2(x) = \int\limits_{|\xi| \geqq r} e^{2\pi i\langle x, \xi\rangle} \frac{d\xi}{L(2\pi\xi)} .$$

Dann ist E eine Fundamentallösung. Es gilt nämlich

$$L(D)\, E_1(x) = \int d\xi' \int\limits_{\Gamma} e^{2\pi i(x_1\zeta_1 + x_2\xi_2 + \cdots + x_n\xi_n)}\, d\zeta_1 ,$$

und der Wert des Integrals bleibt ungeändert, wenn das Integral längs Γ durch Integration über die reelle Achse erstreckt wird, d. h.

$$L(D)\, E_1(x) = \int\limits_{|\xi| \leqq r} e^{2\pi i\langle x, \xi\rangle}\, d\xi .$$

Analog folgt

$$L(D)\, E_2(x) = \int\limits_{|\xi| \geqq r} e^{2\pi i\langle x, \xi\rangle}\, d\xi ,$$

also $L(D)\, E(x) = \delta$.

4.3. Abschätzung der Singularität

Für die Potentialtheorie hat das Verhalten der Fundamentallösung elliptischer Operatoren im Punkt $x = z$ eine besondere Bedeutung. Wir zeigen für die oben konstruierte Fundamentallösung eine Abschätzung von $|D^\alpha E(x)|$ in einer Umgebung von

$x = 0$. Hierzu benötigen wir zunächst einige Aussagen über die FOURIER-Transformation homogener Funktionen.

Lemma 1. *Für $u \in L^1_{\mathrm{loc}}(R^n) \cap S'$ und beliebiges reelles $\lambda \neq 0$ gilt*

$$F(u(\lambda x)) = |\lambda|^{-n}\, \hat{u}(\xi/\lambda)\,.$$

Beweis: Für beliebiges $\varphi \in S$ gilt

$$\langle F(u(\lambda x)), \varphi(\xi/\lambda)\rangle = \langle u(\lambda x), F(\varphi(\xi/\lambda))\rangle = |\lambda|^n \langle u(\lambda x), F(\varphi)(\lambda x)\rangle\,.$$

Die erste Gleichung erhält man nach Definition der FOURIER-Transformation von Distributionen, die zweite durch Variablensubstitution. Durch Wechsel der Integrationsvariablen folgt weiterhin

$$\langle u(x), (F\varphi)(x)\rangle = \langle Fu(\xi), \varphi(\xi)\rangle\,.$$

Einsetzen von $\varphi(\xi/\lambda) = \psi(\xi)$ liefert

$$\langle F(u(\lambda x)), \psi(\xi)\rangle = \langle (Fu)(\xi), \psi(\lambda\xi)\rangle = |\lambda|^{-n} \langle (Fu)(\xi/\lambda), \psi(\xi)\rangle$$

und damit die Behauptung. ◀

Bemerkung 1. Für $0 < k < n$ gilt

$$F(|x|^{-k}) = \pi^{k-n/2} \frac{\Gamma\left(\frac{n-k}{2}\right)}{\Gamma\left(\frac{k}{2}\right)} |\xi|^{k-n}\,,$$

also insbesondere $F(|x|^{-k}) = \overline{F}(|x|^{-k})$. Einen Beweis findet man z. B. in [L 7], [G 5], [M 38].

Weiterhin kann man zeigen (vgl. [M 38]), daß für $0 < k < n$ unter den Voraussetzungen von Lemma 1 gilt

$$u \in C^{n+1}(R^n \setminus \{0\}) \to u \in C_0(R^n \setminus \{0\}) \tag{5}$$

und $\hat{u}$ insbesondere keinen Distributionenanteil der Gestalt $\sum c_\alpha D^\alpha \delta$ enthält.

Lemma 2. *Es existiert ein $\delta > 0$, so daß mit geeigneten Konstanten c_0, $c > 0$ gilt*

$$|D^\alpha E(x)| \leqq \begin{cases} c_0 + c\,|x|^{2m-n-|\alpha|} & \textit{für } 2m - n - |\alpha| \neq 0 \\ c_0 + c\,|\log|x|| & \textit{für } 2m - n - |\alpha| = 0 \end{cases}$$

für $|x| \leqq \delta$.

Beweis: Es sei $q(\xi) \in C^\infty(R^n \setminus \{0\})$ homogen vom Grad $-k$ ($k \in N$). Wir zeigen zunächst, daß für die Funktion

$$v(x) = (2\pi)^{-n} \int_{|\xi| \geq 1} \mathrm{e}^{i\langle x, \xi\rangle} q(\xi)\, \mathrm{d}\xi$$

in einer Umgebung des Koordinatenursprungs gilt

$$|v(x)| \leqq \begin{cases} c\,|x|^{k-n} & \text{für } 1 \leqq k \leqq n-1\,, \\ c\,|\log|x|| + c_1 & \text{für } k = n\,, \\ c & \text{für } k > n \end{cases} \tag{6}$$

mit einer geeigneten Konstanten $c > 0$. Es sei $1 \leqq k \leqq n - 1$. Berücksichtigung von (5) im ersten Summanden von

$$v(x) = \int_{R^n} \mathrm{e}^{2\pi i\langle x, \xi\rangle} q(\xi)\, \mathrm{d}\xi - \int_{|\xi| < 1} \mathrm{e}^{2\pi i\langle x, \xi\rangle} q(\xi)\, \mathrm{d}\xi$$

liefert die erste Ungleichung von (6), da der zweite Summand stetig und beschränkt ist. Für $k > n$ ist die Aussage ebenfalls klar. Es sei nun $k = n$ und

$$q(\xi) = \frac{k(\omega)}{|\xi|^n},$$

wobei $k(\omega)$ eine Funktion auf der Einheitssphäre ist. Wir führen Polarkoordinaten ein und setzen $|x| = r$, $|\xi| = \varrho$. Den Winkel zwischen x und ξ bezeichnen wir mit γ. Dann gilt

$$\int\limits_{1 \leq |\xi| \leq a} e^{2\pi i \langle x, \xi \rangle} \frac{k(\omega)}{|\xi|^n} \, d\xi = \int\limits_1^a \frac{d\varrho}{\varrho} \int e^{2\pi i r \varrho \cos\gamma} k(\omega) \, d\omega = \int k(\omega) \left\{ \int\limits_{r\cos\gamma}^{ar\cos\gamma} s^{-1} e^{2\pi i s} \, ds \right\} d\omega .$$

Es sei ohne Beschränkung der Allgemeinheit $\cos\gamma > 0$ (andernfalls schätzt man das konjugiert komplexe ab), und a sei so groß, daß gilt $ar\cos\gamma \geqq 1$. Dann gilt

$$\left| \int\limits_{r\cos\gamma}^{ar\cos\gamma} s^{-1} e^{2\pi i s} \, ds \right| \leqq \int\limits_{r\cos\gamma}^{1} \frac{ds}{s} + \left| \int\limits_1^{ar\cos\gamma} e^{2\pi i s} \frac{ds}{s} \right| \leqq \log \frac{1}{r\,|\cos\gamma|} + c_q .$$

Es ist nämlich $\sup\limits_a \left| \int\limits_1^{ar\cos\gamma} e^{2\pi i s} \frac{ds}{s} \right| < \infty$. Damit folgt

$$\left| \int\limits_{1 \leq |\xi| \leq a} e^{2\pi i \langle x, \xi \rangle} \frac{k(\omega)}{|\xi|^n} \, d\xi \right| \leqq \int k(w) \left\{ \log \frac{1}{r} + \log \frac{1}{|\cos\gamma|} + c_1 \right\} dw \leqq \log \frac{1}{r} + c_1 .$$

Übergang zum Supremum bezüglich a auf der linken Seite liefert dann (6) für $k = n$.

Es sei $L(2\pi\xi) = L_0(2\pi\xi) + L^1(2\pi\xi)$, wobei $L^0(2\pi\xi)$ der Hauptteil von L ist. Es gilt dann die Zerlegung

$$\frac{1}{L} = \frac{1}{L^0} - \frac{L^1}{(L^0)^2} + \cdots + (-1)^s \frac{(L^1)^s}{(L^0)^{s+1}} + (-1)^{s+1} \frac{(L^1)^{s+1}}{L(L^0)^{s+1}}$$

mit $|\xi| \geqq \varrho_0$. In dieser Zerlegung machen wir s so groß, daß der letzte Ausdruck gegen Null geht mit höherer Ordnung als $-(n + m)$ für $|\xi| \to \infty$. Das Fourier-Integral des Ausdrucks auf der rechten Seite nach Multiplikation mit einem Polynom vom Grad $\leqq m - 1$ (als Fourier-Bild von Ableitungen) kann dann mittels (6) abgeschätzt werden. Damit ist Lemma 2 gezeigt. ◀

4.4. Johnsche Identität

Von F. John wurde eine Konstruktion von Fundamentallösungen elliptischer Gleichungen mit analytischen Koeffizienten angegeben, die auf der Zerlegung einer Funktion in ebene Wellen beruht [J 5]. Diese Zerlegungsformel, die heute als Johnsche Identität bezeichnet wird, verwenden wir in Kapitel VI für die explizite Konstruktion von Poisson-Kernen für elliptische Randwert-Probleme im Halbraum (vgl. [A 14], [S 43]), die zu den bekannten Abschätzungen für elliptische Randwert-Probleme in beschränkten Gebieten führen. Weitere interessante Anwendungen, insbesondere zum

Beweis von Mittelwertsätzen für partielle Differentialgleichungen sind in [J 5] behandelt.

Zum Beweis der JOHNschen Identität benötigen wir folgende Aussage, die man durch Induktion zeigt.

Lemma 3 ([A 14]). *Es sei k eine ganze Zahl und z eine skalare Variable. Wir setzen*

$$F(z, k) = \begin{cases} \dfrac{-1}{(2\pi i)^n\, k!}\, z^k \left(\log \dfrac{z}{i} - \sum\limits_{j=1}^{k} \dfrac{1}{j}\right) & \text{für } k > 0\,, \\[2ex] \dfrac{-1}{(2\pi i)^n} \log \dfrac{z}{i} & \text{für } k = 0\,, \\[2ex] \dfrac{(-1)^k\,(-k-1)!}{(2\pi i)^{k-1}}\, z^k & \text{für } k < 0\,, \end{cases} \tag{7}$$

wobei der Hauptzweig des Logarithmus genommen wird. Dann gilt

$$\left(\frac{\mathrm{d}}{\mathrm{d}z}\right) F(z, k) = F(z, k - l)\,. \tag{8}$$

Satz 4 (JOHNsche Identität). *Es sei $q \geqq 0$ eine ganze Zahl, so daß $n + q$ gerade ist. $g(y)$ sei eine Funktion aus $C_0^\infty(R^n)$. Dann gilt*

$$\begin{aligned} g(x) &= \Delta_x^{(n+q)/2} \int_{R^n} g(y)\, \mathrm{d}y \int_{|\xi|=1} F\big((x-y)\cdot\xi, q\big)\, \mathrm{d}\omega_\xi \\ &= \int_{R^n} \big(\Delta_y^{(n+q)/2} g(y)\big)\, \mathrm{d}y \int_{|\xi|=1} F\big((x-y)\cdot\xi, q\big)\, \mathrm{d}\omega_\xi \end{aligned} \tag{9}$$

($\mathrm{d}\omega_\xi$ *Oberflächenelement der Einheitskugel* $|\xi| = 1$).

Bemerkung 2. Die ursprüngliche Fassung der JOHNschen Identität (für $n > 1$), in der wir sie auch beweisen wollen, ist

$$g(x) = -\frac{1}{(2\pi i)^n\, q!}\, \Delta_x^{(n+q)/2} \int_{R^n} g(y)\, \mathrm{d}y \int_{|\xi|=1} [(x-y)\cdot\xi]^q \log \frac{(x-y)\cdot\xi}{i}\, \mathrm{d}\omega_\xi\,. \tag{10}$$

Der Zusammenhang zu (9) folgt daraus, daß

$$\int_{|\xi|=1} [(x-y)\cdot\xi]^q\, \mathrm{d}\omega_\xi$$

ein homogenes Polynom in $x - y$ vom Grad q ist, also

$$\int_{R^n} g(y)\, \mathrm{d}y\, \Delta_x^{(n+q)/2} \int_{|\xi|=1} [(x-y)\cdot\xi]^q\, \mathrm{d}\omega_\xi = 0\,.$$

Beweis: Für $\xi, y \in R^n$ setzen wir wie üblich $\xi \cdot y = \sum\limits_{i=1}^{n} \xi_i y_i$. Wir beweisen zunächst folgende Aussage. Für $r > 0$ und jede stetige Funktion $f(s)$ der skalaren Variablen s gilt

$$\int_{|\xi|<r} f(\xi\cdot y)\, \mathrm{d}\xi = \frac{\omega_{n-1}}{n-1} \int_{-r}^{+r} (r^2 - p^2)^{(n-1)/2} f(p\,|y|)\, \mathrm{d}p\,. \tag{11}$$

Hierbei bedeutet $\omega_n = 2(\pi^n)^{1/2}\left(\Gamma\left(\frac{n}{2}\right)\right)^{-1}$ die Oberfläche der Einheitssphäre im R^n und Γ die EULERsche Γ-Funktion. Der Integrand $f(\xi \cdot y)$ ist auf Hyperebenen der Gestalt $\xi \cdot y = \text{const.}$ konstant. Somit ist das Integral über $f(\xi \cdot y)$ längs des Durchschnitts M^p der Kugel $K^r = \{x: |x| \leqq r\}$ mit der Hyperebene $\xi \cdot y = p\,|y|$ gleich

$$\frac{\omega_{n-1}}{n-1}(r^2 - p^2)^{(n-1)/2} f(p\,|y|)\,,$$

denn der Flächeninhalt von M^p ist gleich dem Volumen der $(n-1)$-dimensionalen Vollkugel vom Radius $(r^2 - p^2)^{1/2}$. Integration bezüglich p von $-r$ bis $+r$ liefert dann (11). Wenn wir (11) nach r differenzieren und $r = 1$ setzen, erhalten wir

$$\int_{|\xi|=1} f(\xi \cdot y)\,\mathrm{d}\omega_\xi = \omega_{n-1}\int_{-1}^{1}(1 - p^2)^{(n-3)/2} f(p\,|y|)\,\mathrm{d}p\,. \tag{12}$$

Einsetzen von $f(s) = |s|^q$ oder $f(s) = |s|^q \log|s|$ in (12) liefert

$$\int_{|\xi|=1} |\xi \cdot y|^q\,\mathrm{d}\omega_\xi = c_0\,|y|^q \tag{13}$$

bzw.

$$\int_{|\xi|=1} |\xi \cdot y|^q \log|\xi \cdot y|\,\mathrm{d}\omega_\xi = c_0\,|y|^q\,(\log|y| + c_{nq}) \tag{14}$$

mit geeigneten Konstanten c_{nq} und

$$c_0 = 2(\pi^{n-1})^{1/2}\,\Gamma\left(\frac{q+1}{2}\right)\left(\Gamma\left(\frac{n+q}{2}\right)\right)^{-1}.$$

Es gilt nun

$$\Delta_x\,|y - x|^q = q(q + n - 2)\,|y - x|^{q-2}\,,$$

und wir erhalten für n ungerade

$$\Delta_x^{(n+q-2)/2}\,|y - x|^q = c_1(-1)^{(n-1)/2}\,|y - x|^{2-n} \tag{15}$$

und für $n > 2$ gerade

$$\Delta_x^{(n+q-2)/2}\,|y - x|^q \log|y - x| = 2c_1(-1)^{(n-2)/2}\,|y - x|^{2-n}\,. \tag{16}$$

Hierbei und im folgenden wird $q \geqq 0$ stets so gewählt, daß $n + q$ gerade ist. Die Konstante hat den Wert

$$c_1 = (n-2)\,\pi^{-1}2^{n+q-1}\,\Gamma\left(\frac{q+2}{2}\right)\Gamma\left(\frac{n+q}{2}\right)\Gamma\left(\frac{n}{2}\right).$$

Es sei jetzt n ungerade. Wir ersetzen in (13) y durch $y - x$, multiplizieren mit $g(y)$ und integrieren bezüglich y. Dann ergibt sich

$$\Delta_x^{(n+q)/2}\int\left\{\int_{|\xi|=1}|(y - x)\cdot\xi|^q\,g(y)\,\mathrm{d}\omega_\xi\right\}\mathrm{d}y = \Delta_x^{(n+q)/2}\int|y - x|^q\,g(y)\,\mathrm{d}y$$
$$= c_2\Delta_x\int g(y)\,|y - x|^{2-n}\,\mathrm{d}y = c_3 g(y)\,. \tag{17}$$

Analog verfahren wir für n gerade unter Verwendung von (14) (der Fall $n = 2$ läßt sich ebenfalls einbeziehen), und wir erhalten

$$\Delta_x^{(n+q)/2}\int\left\{\int_{|\xi|=1}|(y - x)\cdot\xi|^q \log|(y - x)\cdot\xi|\,g(y)\,\mathrm{d}\omega_\xi\right\}\mathrm{d}y = c_3 g(x)\,. \tag{18}$$

Dabei ist

$$c_3 = \begin{cases} 4(2\pi i)^{n-1}\, q! & \text{für } n \text{ ungerade}, \\ -(2\pi i)^n\, q! & \text{für } n \text{ gerade}. \end{cases}$$

Diese Formeln für ungerades und gerades n können wir vereinigen zu

$$g(x) = -\frac{1}{q!(2\pi i)^n} \Delta_x^{(n+q)/2} \left\{ \int g(y)\, dy \int\limits_{|\xi|=1} [(y-x)\cdot\xi]^q \log\left[\frac{1}{i}(y-x)\cdot\xi\right] d\omega_\xi \right\}, \tag{19}$$

wobei $\log s$ den Hauptzweig der Logarithmus-Funktion bedeutet, die in der längs der negativen reellen Achse aufgeschnittenen komplexen s-Ebene definiert ist. Um zu zeigen, daß (19) übergeht in (17) bzw. (18) für n ungerade bzw. gerade beachten wir $\log s = \log r + i\varphi$ ($s = r\, e^{i\varphi}$). Dabei ist zu setzen $s = -i(y-x)\cdot\xi$, $r = |(y-x)\cdot\xi|$ und $\varphi = \mp\pi/2$ für $(y-x)\cdot\xi \gtrless 0$. Somit ist (19) gleich

$$g(x) = -\frac{1}{(2\pi i)^n\, q!} \Delta_x^{(n+q)/2} \int \left\{ \int\limits_{|\xi|=1} g(y)\, [(y-x)\cdot\xi]^q \left(\log|(y-x)\cdot\xi| \pm i\frac{\pi}{2}\right) d\omega_\xi \right\} dy\,.$$

Für n gerade ist q gerade, und

$$\Delta_x^{(n+q)/2} \frac{i\pi}{2} \int \left\{ \int\limits_{|\xi|=1} g(y)\, [(y-x)\cdot\xi]^q\, d\omega_\xi \right\} dy$$

verschwindet ähnlich wie in Bemerkung 2. Weiterhin kann man $[(y-x)\cdot\xi]^q$ durch $|(y-x)\cdot\xi|^q$ ersetzen. Für n ungerade verschwindet das Integral

$$\int\limits_{|\xi|=1} [(y-x)\cdot\xi]^q \log|(y-x)\cdot\xi|\, d\omega_\xi$$

(da q ungerade ist), und unter Beachtung von $\pm[(y-x)\cdot\xi]^q = |(y-x)\cdot\xi|^q$ folgt die Behauptung. ◀

4.5. Beispiele

Wir geben abschließend einige konkrete Fundamentallösungen an. Es sei

$$L^0(D) = \sum_{i,j=1}^{n} a_{ij} D_{x_i} D_{x_j}$$

ein elliptischer Operator zweiter Ordnung mit konstanten Koeffizienten. Wir bezeichnen mit e_{ij} das algebraische Komplement zum Element a_{ij} in der Matrix (a_{ij}). Dann ist

$$E(x) = \begin{cases} c(\sum e_{ij} x_i x_j)^{(2-n)/2} & \text{für } n > 2, \\ c \log(\sum e_{ij} x_i x_j) & \text{für } n = 2 \end{cases}$$

eine Fundamentallösung von L^0. Dabei ist c eine passend zu wählende Konstante ([B 17]).

Besonders einfach sind solche Operatoren L, deren charakteristisches Polynom $L(\xi)$ bezüglich beliebiger Drehungen im R^n invariant sind. Es existiert dann auch eine drehungsinvariante Fundamentallösung (vgl. [T 7]). Man kann leicht zeigen, daß sich L darstellen läßt in der Gestalt $L(\xi) = L'(|\xi|^2)$ mit einem Polynom $L'(t)$ einer skalaren Variablen t. Wenn s der Grad von L' ist, so existieren komplexe Zahlen $a_1, \ldots, a_s$ mit

$$L'(|\xi|^2) = c_0 \prod_{j=1}^{s} (|\xi|^2 - a_j)\,,$$

wobei c_0 ein konstanter Faktor ist, also

$$L(D) = \prod_{j=1}^{s} (\Delta - a_j) .$$

Zur Bestimmung einer Fundamentallösung von L genügt es, Fundamentallösungen der einzelnen Faktoren zu haben. Für den Operator $\Delta - a$ (a komplexe Zahl) ist folgende Funktion eine Fundamentallösung (vgl. [T 7])

$$E_a(x) = k_a \, |x|^{-(n-2)/2} \, N_{(n-2)/2}(i \sqrt{a} \, |x|) + c \, |x|^{-(n-2)/2} \, J_{(n-2)/2}(i \sqrt{a} \, |x|) .$$

Hierbei ist $k_a = (i \sqrt{a})^{(n-2)/2} \, 4^{-1} (2\pi)^{1-n/2}$ und c ist eine beliebige Konstante. N_q bzw. J_q ist die q-te NEUMANNsche bzw. BESSELsche Funktion $n \geqq 1$.

Für den polyharmonischen Operator $L = \Delta^m$ ist

$$E(x) = \begin{cases} c_{n,m} \, |x|^{2m-n} & \text{für } n \text{ ungerade oder } n \text{ gerade und } n > 2m , \\ c_{n,m} \, |x|^{2m-n} \log |x| & \text{für } n \text{ gerade und } n \leqq 2m \end{cases}$$

eine Fundamentallösung (vgl. [S 36]). Dabei sind $c_{n,m}$ geeignete Konstanten.

VI. MAXIMUM-ABSCHÄTZUNGEN FÜR DAS DIRICHLET-PROBLEM

§ 1. Poisson-Kerne im Halbraum

1.1. Vorbemerkungen

Es sei $\Omega \subset R^n$ ein beschränktes Gebiet, und $\partial\Omega$ sei eine C^∞-Mannigfaltigkeit der Dimension $n - 1$.

$$L(x, D) = \sum_{|\alpha| \leqq 2m} a_\alpha(x)\, D^\alpha$$

sei ein gleichmäßig elliptischer Operator mit Koeffizienten in $C^\infty(\overline{\Omega})$. Als Dirichlet-Problem bezeichnen wir die Bestimmung einer Lösung $u \in C^{2m}(\Omega) \cap C^{m-1}(\overline{\Omega})$ des Problems

$$L(x, D)\, u = 0 \quad \text{in } \Omega\,, \tag{1}$$

$$\partial^{j-1}/\partial\nu^{j-1}\, u|_{\partial\Omega} = g_j \qquad (j = 1, \dots, m)\,. \tag{2}$$

Hierbei sind die Funktionen $g_j \in C^{m-j}(\partial\Omega)$ gegeben, und $\partial/\partial\nu$ symbolisiert die Ableitung in Normalenrichtung an $\partial\Omega$. Die Norm des geordneten Tupels $(g_1, \dots, g_m)$ im Raum $\mathop{\times}\limits_{j=1}^{m} C^{m-j}(\partial\Omega)$ werde mit G bezeichnet.

Das Ziel der Betrachtungen dieses Paragraphen ist ein Existenzsatz für das Dirichlet-Problem und der Nachweis der a priori-Abschätzung

$$\sum_{|\alpha| \leqq m-1} \sup_{x \in \Omega} |D^\alpha u(x)| \leqq c_1 G + c_2\, ||u||_p\,. \tag{3}$$

$p > 1$ ist genügend groß gewählt, und $c_1 > 0$, $c_2 \geqq 0$ sind von u unabhängige Konstanten. Weiterhin untersuchen wir den Fall $c_2 = 0$.

Der vollständige Beweis dieser Aussage ist verhältnismäßig kompliziert und erfordert die Bereitstellung von Hilfsmitteln, die auch für andere Typen von a priori-Abschätzungen grundlegend sind. Einige Sätze und Hilfssätze, die in speziellen Arbeiten oder Lehrbüchern zu finden sind, übernehmen wir ohne Beweis.

Für die Bipotentialgleichung in der Ebene wurde (3) erstmalig von C. Miranda [M 34] bewiesen mit einer direkten Methode unter Verwendung verschiedener konkreter Sätze der Potentialtheorie. Hierbei spielte bereits eine Hilfsfunktion eine Rolle mit denselben Randwerten wie die abzuschätzende Lösung. Später hat C. Miranda [M 35] einen Beweis für allgemeine elliptische Operatoren in der Ebene angegeben unter Verwendung von Resultaten von S. Agmon [A 11]. Auf der Grundlage expliziter Konstruktionen der Poisson-Kerne im Halbraum von S. Agmon, A. Douglis, L. Nirenberg [A 14] (die sehr wesentlich durch Resultate von F. John [J 5] beeinflußt waren) und gewisser L^p-Abschätzungen für das Dirichlet-Problem [A 13] wurde die Abschätzung (3) von S. Agmon [A 15] allgemein bewiesen. Hinweise für den Halbraum befinden sich bereits in [A 14], [N 14]. Solche L^p-Abschätzungen wurden später u. a. von M. SCHECHTER [S 3] für allgemeine elliptische Randwert-Probleme mit Interpolationsmethoden bewiesen. (3) wurde auch in [S 44] angegeben. Abschätzungen des Typs (3) für stark elliptische Systeme sind in [C 5], [S 20] behandelt. Schließlich erhielt Ju. P. KRASOVSKIJ [K 23] Maximum-Abschätzungen für allgemeine elliptische Randbedingungen und glatte Gebiete (auf der Grundlage von [K 21], [K 22]), wie sie für den Fall konstanter Koeffizienten und den Halbraum in [A 14] zu finden sind. Hierfür ist auch in [S 21] ein Beweis angegeben mit der Methode von MIRANDA-AGMON. Im Anschluß an die Überlegungen von JU. P. KRASOVSKIJ zeigten V. G. MAZ'JA und B. A. PLAMENEVSKIJ [M 25] Abschätzungen vom Maximum-Typ für Gebiete mit konischen Ecken. Ein Nachteil der genannten Methoden ist, daß wegen der Halbraum-Konstruktionen die Glattheit des betrachteten Gebietes wesentlich ist (insbesondere $\dim \partial\Omega = n - 1$). Der Fall des Halbraumes ist auch in [F 8] behandelt.

In diesem Kapitel stellen wir die Methode von MIRANDA-AGMON dar. In den nächsten Paragraphen studieren wir Operatoren mit konstanten Koeffizienten im Halbraum. Dabei ist es zweckmäßig, vorübergehend mit $n + 1$ Raumdimensionen zu arbeiten. Später verwenden wir diese Aussagen sinngemäß für den R^n.

1.2. Konstruktion der POISSON-Kerne

Wir betrachten im R^{n+1} den elliptischen Differentialoperator

$$L(D) = \sum_{|\alpha|=2m} a_\alpha D^\alpha_{x,t} \tag{4}$$

($m \geqq 1$, $D = (\partial/\partial x_1, \dots, \partial/\partial x_n, \partial/\partial t)$; es ist in diesem Kapitel zweckmäßig, den Faktor $-i$ bei den Differentiationssymbolen wegzulassen, d. h. $D^\alpha_x = (\partial/\partial x_1)^{\alpha_1} \cdots (\partial/\partial x_n)^{\alpha_n}$, $D_t = \partial/\partial t$). Statt (4) schreiben wir mitunter auch $\sum a_{\alpha,k} D^\alpha_x D^k_t$, wobei über alle α, k mit $|\alpha| + k = 2m$ summiert wird. Für einen Punkt $(x, t) \in R^{n+1}$ setzen wir $|x, t| = (|x|^2 + t^2)^{1/2}$.

An den Operator L stellen wir folgende Voraussetzungen:

(i) $L(\xi, \tau)$ ist gleichmäßig elliptisch, d. h., es gibt eine Konstante $\lambda > 0$, die sogenannte Elliptizitätskonstante, so daß gilt

$$\lambda^{-1}(|\xi|^2 + \tau^2)^m \leqq |L(\xi, \tau)| \leqq \lambda(|\xi|^2 + \tau^2)^m$$

für alle reellen (ξ, τ).

(ii) Die Gleichung $L(\xi, \tau) = 0$ besitzt für beliebiges festes $\xi \neq 0$ genau m Wurzeln mit positivem Imaginärteil $\tau_k^+(\xi)$ $(k = 1, \dots, m)$.

Man setzt (vgl. [A 14, I])

$$M^+(\xi, \tau) = \prod_{k=1}^{m} \left(\tau - \tau_k^+(\xi)\right) = \sum_{p=0}^{m} a_p^+(\xi)\, \tau^{m-p} \,. \tag{5}$$

Die Koeffizienten $a_p^+(\xi)$ sind analytische Funktionen von ξ für reelles $\xi \neq 0$ und homogen vom Grade p. Von Wichtigkeit sind weiterhin die Polynome in τ vom Grade j

$$M_j^+(\xi, \tau) = \sum_{p=0}^{j} a_p^+(\xi)\, \tau^{j-p} \qquad (j = 0, \dots, m - 1) \,. \tag{6}$$

Lemma 1. *Es sei γ eine rektifizierbare* JORDAN-*Kurve in der komplexen τ-Ebene, welche alle Wurzeln $\tau_k^+(\xi)$ $(k = 1, \dots, m)$ für $|\xi| = 1$ umschließt. Dann gilt*

$$\frac{1}{2\pi i}\int\limits_{\gamma} \frac{M^+_{m-1-j}(\xi,\tau)}{M^+(\xi,\tau)}\tau^k \, d\tau = \delta_{jk} \qquad (0 \leqq j, k \leqq m-1)\,. \tag{7}$$

Beweis: Es sei zunächst $j > k$. Das Glied von $M^+_{m-1-j}\tau^k$ mit der höchsten Ordnung ist offenbar $a_0(\xi)\,\tau^{m-1-j+k}$, so daß der Grad m des Nenners um mindestens 2 größer als der Grad des Zählers ist. Wählen wir für γ einen Kreis, dessen Radius gegen ∞ strebt, verschwindet das Integral, also ist es identisch Null. Für $j < k$ unterscheidet sich das Polynom

$$M^+_{m-1-j}\tau^k = \sum_{p=0}^{j} a_p^+(\xi)\,\tau^{m-1-j+k-p} = \tau^{k-j-1}\sum_{p=0}^{j} a_p^+(\xi)\,\tau^{m-p}$$

von $\tau^{k-j+1}M^+$ durch ein Polynom Q vom Grad $< m-1$, so daß das Integral gleich

$$\frac{1}{2\pi i}\int\limits_{\gamma}\frac{Q}{M^+}\,d\tau$$

ist. Der Grad des Nenners ist wieder um mindestens 2 größer als der Grad des Zählers; also erhält man wie oben den Wert Null. Für $j = k$ entsteht das Integral

$$\frac{1}{2\pi i}\int\limits_{\gamma}\frac{a_0(\xi)\,\tau^{m-1}+\cdots}{a_0(\xi)\,\tau^m+\cdots}\,d\tau\,,$$

das nach bekannten Tatsachen der Funktionentheorie den Wert 1 besitzt, und (7) ist gezeigt. ◀

Wir beschreiben jetzt die Randbedingungen, unter denen man im Halbraum $R_+^{n+1} = \{(x,t)\colon t \geqq 0\}$ Lösungen betrachtet (vgl. V.3.1.). Dazu gehört auch das DIRICHLET-Problem, auf das wir uns anschließend beschränken.

Es seien $g_j \in C_0^\infty(R^n)$ $(j = 1, \dots, m)$ gegebene Funktionen auf der Ebene $t = 0$. Gesucht ist eine Lösung $u \in C^\infty(R_+^{n+1})$ der Gleichung

$$L(D)\,u = 0 \qquad \text{für } t > 0 \tag{8}$$

mit

$$B_j(D)\,u|_{t=0} = g_j \qquad (j = 1, \dots, m)\,. \tag{9}$$

Die Randoperatoren sollen hier nur Glieder der Ordnung m_j enthalten und konstante Koeffizienten besitzen.

Es sei

$$B_j'(\xi,\tau) = \sum_{k=1}^{m} b_{jk}(\xi)\,\tau^{k-1}$$

der Rest bei der Division des Polynoms $B_j(\xi,\tau)$ durch $M^+(\xi,\tau)$. Dann verlangen wir $\det\big(b_{jk}(\xi)\big) \neq 0$ für beliebiges reelles $\xi \neq 0$. Diese Bedingung bedeutet die lineare Unabhängigkeit der Polynome $B_j(\xi,\tau)$ mod $M^+(\xi,\tau)$ für $\xi \neq 0$.

Beim DIRICHLET-Problem haben wir $B_j(D) = D_t^{j-1}$ $(j = 1, \dots, m)$, also $m_j = j-1$ und $B_j'(\xi,\tau) = \tau^{j-1}$, d. h., die Bedingung ist erfüllt. Gesucht ist dann ein $u \in C^\infty(R_+^{n+1})$

mit (8) und

$$D_t^{j-1} u(x, 0) = g_j(x) \qquad (j = 1, \dots, m) \tag{10}$$

$(g_j \in C_0^\infty(R^n);\ j = 1, \dots, m)$.

Die Lösung des Problems (8), (9) stellt man mittels sogenannter Poisson-Kerne im Halbraum dar. Wir beschränken uns weiterhin auf das Dirichlet-Problem und weisen nur darauf hin, daß die Konstruktionen bei den allgemeinen Randbedingungen (9) analog sind (vgl. [A 14, I]).

Die Funktionen

$$K_j(x, t) = \int\limits_{|\xi|=1} d\omega_\xi \frac{1}{2\pi i} \int\limits_\gamma F(x\xi + t\tau, j - 1 - n) \frac{M_{m-j}^+(\xi, \tau)}{M^+(\xi, \tau)} d\tau \tag{11}$$

(vgl. V.4.4.) nennt man Poisson-Kerne des Dirichlet-Problems im Halbraum $(j = 1, \dots, m)$.

Wir setzen

$$K_{jq}(x, t) = \int\limits_{|\xi|=1} d\omega_\xi \frac{1}{2\pi i} \int\limits_\gamma F(x\xi + t\tau, j - 1 + q) \frac{M_{m-j}^+(\xi, \tau)}{M^+(\xi, \tau)} d\tau, \tag{12}$$

wobei q eine ganze Zahl ist von derselben Parität wie n (d. h. $n + q$ gerade). Aus den Eigenschaften von F (vgl. V.4.4.) folgt dann

$$K_j(x, t) = \Delta_x^{(n+q)/2} K_{jq}(x, t) . \tag{13}$$

Die Identität (13) ist für alles folgende sehr wichtig. Für jede ganze Zahl $k > 0$ kann man durch genügend große Wahl von $q > 0$ erreichen, daß $K_{jq}(x, t)$ k-mal nach allen Variablen x, t im abgeschlossenen Halbraum $t \geqq 0$ stetig differenzierbar ist. Der Operator $\Delta_x^{(n+1)/2}$ wird häufig in Ausdrücken der Gestalt

$$\int\limits_{R^n} g(y)\, D_{x,t}^\gamma \Delta_x^{(n+1)/2} K(x - y, t)\, dy \qquad (g \in C_0^\infty(R^n))$$

durch partielle Integration ganz oder teilweise zu g gezogen, so daß bei $K(x - y, t)$ Differentiationen einer erwünschten Ordnung verbleiben, die im Zusammenhang mit der Johnschen Identität (V.4.4.) ausgenutzt werden.

Satz 1. *Durch die Formel*

$$u(x, t) = \sum_{j=1}^m \int K_j(x - y, t)\, g_j(y)\, dy \tag{14}$$

wird eine Lösung des Dirichlet-*Problems* (8), (10) *im Halbraum gegeben.*

Beweis: Für $t > 0$ ist $x\xi + t\tau \neq 0$, da $x\xi$ immer reell ist und $t\tau$ einen nichttrivialen Imaginärteil hat. Somit ist K_j für $t > 0$ eine analytische Funktion von x, t, und man kann auf (14) den Operator $L(D)$ anwenden. Nach Differentiation steht im j-ten Summanden unter dem Integralzeichen neben der Funktion $F(x\xi + t\tau, j - 1 - n - 2m)$ als Faktor das Polynom $L(\xi, \tau)$. Da $M^+(\xi, \tau)$ Teiler von $L(\xi, \tau)$ ist, erhält man unter dem Kurvenintegral eine holomorphe Funktion, also verschwindet das Integral, und $u(x, t)$ ist Lösung der Gleichung (8).

Es sei $q > 0$ eine genügend große ganze Zahl von derselben Parität wie n. Dann gilt

$$u(x, t) = \sum_{j=1}^m \Delta_x^{(n+q)/2} \int\limits_{R^n} K_{jq}(x - y, t)\, g_j(y)\, dy = \sum_{j=1}^m \int\limits_{R^n} K_{jq}(x - y, t)\, \Delta_y^{(n+q)/2} g_j(y)\, dy . \tag{15}$$

Mit dieser Formel kann man leicht beweisen, daß $u(x, t)$ in der abgeschlossenen Halbbene beliebig oft stetig differenzierbar ist (vgl. [A 14, I]).

Die Randwert-Annahme folgt aus

$$D_t^{l-1} \int\limits_{R^n} K_{jq}(x - y, t)\, \Delta_y^{(n+1)/2} g_j(y)\, dy|_{t=0}$$

$$= \int\limits_{R^n} \Delta_y^{(n+q)/2} g_j(y)\, dy \int\limits_{|\xi|=1} d\omega_\xi \frac{1}{2\pi i} \int\limits_{\gamma} F\big((x - y)\, \xi, j + q - l\big)\, \tau^{l-1} \frac{M_{m-j}^{+}(\xi, \tau)}{M^{+}(\xi, \tau)}\, d\tau$$

$$= \delta_{jl} \int\limits_{R^n} \Delta_y^{(n+1)/2} g_l(y)\, dy \int\limits_{|\xi|=1} F\big((x - y)\, \xi, q\big)\, d\omega_\xi = \delta_{jl} g_l(y)\,.$$

Die letzte Gleichung gilt wegen der JOHNschen Identität. Summation liefert dann die Behauptung. ◀

1.3. Standard-Abschätzungen

Lemma 2. *Die Kerne $K_{jq}(x, t)$ sind für $t \geqq 0$ außerhalb des Koordinatenursprungs unendlich oft differenzierbar, und es gilt mit einer Konstanten $c > 0$*

$$|D^\gamma K_{jq}(x, t)| \leqq c\, |x, t|^{j-1+q-|\gamma|} \big(1 + \big|\log |x, t|\big|\big)\,. \tag{16}$$

Für $j - 1 + q - |\gamma| < 0$ kann der logarithmische Term weggelassen werden, und $D^\gamma K_{jq}$ ist homogen vom Grad $j - 1 + q - |\gamma|$. Insbesondere folgt

$$|D^\gamma K_j(x, t)| \leqq c\, |x, t|^{j-1-n-|\gamma|} \big(1 + \big|\log |x, t|\big|\big)\,, \tag{17}$$

wobei der logarithmische Term weggelassen werden kann für $j - 1 - n - |\gamma| < 0$; $\big(|x, t| = (|x|^2 + t^2)^{1/2}\big)$.

Beweis: Es genügt (16) zu beweisen. Daraus folgt dann (17). Es gilt mit geeigneten Konstanten c, d

$$K_{jq}(x, t) = c \int\limits_{|\xi|=1} d\omega_\xi \int\limits_{\gamma} \frac{(x\xi + t\tau)^{j-1+q} \left(\log \dfrac{x\xi + t\tau}{i} + d\right) M_{m-j}^{+}(\xi, \tau)\, d\tau}{M^{+}(\xi, \tau)}\,.$$

Für $|\gamma| \leqq j - 1 + q$ ist $D^\gamma K_{jq}(x, t)$ von derselben Bauart wie $K_{jq}(x, t)$ selbst, nur daß unter dem Integral Potenzen von ξ, τ zusätzlich stehen und der Exponent bei $(x\xi + t\tau)$ mit $j - 1 + q - |\gamma|$ übereinstimmt. Für den Fall $|\gamma| \leqq j - 1 + q$ genügt es dann zu beachten

$$M_{m-j}^{+}(\xi, \tau)/M^{+}(\xi, \tau) \leqq \text{const.}$$

auf γ (die Kurve γ ist festgehalten), sowie

$$|x\xi + t\tau| \leqq |x, t| \cdot |\xi, \tau|$$

und

$$c_1\big(1 + \big|\log |x, t|\big|\big) \leqq \left|\log \frac{x\xi + t\tau}{i}\right| \leqq c_2\big(1 + \big|\log |x, t|\big|\big)$$

für alle $|\xi| = 1$ und $\tau \in \gamma$ mit festen Konstanten $c_1, c_2 > 0$. Man kann sich also auf den Fall $|\gamma| \geqq j + q$ beschränken. Die Homogenität ist dann unmittelbar klar. Für γ wird die Kurve genommen, die durch den Kreisbogen $|\tau| = 2c$, $\operatorname{Im}\tau \geqq (2c)^{-1}$ gebildet wird und die die Endpunkte verbindende Gerade. c ist dabei so gewählt, daß $|\tau_k^+(\xi)| \leqq c$ und $\operatorname{Im}\tau_k^+(\xi) \geqq c^{-1}$ gilt für alle $|\xi| = 1$ und $k = 1, \ldots, m$. Wegen der Homogenität für $|\gamma| \geqq j + q$ können wir uns auf die Einheitshalbkugel

$$|x|^2 + t^2 = a\,, \qquad t > 0$$

beschränken. Setzen wir $s = |\gamma| - j + 1 - q$, so gilt

$$D^\gamma K_{jq}(x, t) = \int\limits_{|\xi|=1} d\omega_\xi \int\limits_\gamma \frac{f(\xi, \tau)\, d\tau}{(x \cdot \xi + t\tau)^s}, \tag{18}$$

wobei $f(\xi, \tau)$ eine analytische Funktion von ξ, τ ist für $|\xi| = 1$, $\tau \in \gamma$ und alle Ableitungen von f der Ordnung $\leqq l$ durch eine nur von l abhängige Konstante beschränkt sind. Zum Beweis der behaupteten Abschätzung in der Gestalt

$$|D^\gamma K_{jq}(x, t)| \leqq \text{const.} \tag{19}$$

genügt es zu beweisen, daß für alle (x, t) auf der Halbkugel und für alle $|\gamma| \geqq j + q$ gilt

$$|D^\gamma K_{jq}(x, t)| \leqq \text{const.}/t\,. \tag{20}$$

Die Beschränktheit (19) folgt dann durch zweimalige Integration von einem festen Punkt der Halbkugel aus. Wegen $|x \cdot \xi + t\tau| \geqq c$ für $t \geqq \frac{1}{2}$ für alle $|\xi| = 1$, $\tau \in \gamma$ mit einer Konstanten $c > 0$ folgt (19) für $t \geqq \frac{1}{2}$ unmittelbar aus (18). Es genügt also, den Ring

$$K\colon |x|^2 + t^2 = 1\,, \qquad 0 < t < \tfrac{1}{2}$$

zu betrachten. Es sei $\zeta(r)$ eine Funktion aus $C^\infty(R^1)$ mit $\operatorname{supp}\zeta \subseteqq [-\frac{3}{4}, +\frac{3}{4}]$, $0 \leqq \zeta \leqq 1$ und $\zeta(r) \equiv 1$ für $-\frac{1}{2} \leqq r \leqq \frac{1}{2}$. Wir schreiben (18) in der Gestalt

$$D^\gamma K_{jq}(x, t) = \int\limits_{|\xi|=1} d\omega_\xi \int\limits_\gamma \frac{f(\xi, \tau)}{(x \cdot \xi + t\tau)^s} \zeta(\xi \cdot x)\, d\tau$$
$$+ \int\limits_{|\xi|=1} d\omega_\xi \int\limits_\gamma \frac{f(\xi, \tau)}{(x \cdot \xi + t\tau)^s} (1 - \zeta(\xi \cdot x))\, d\tau = I_1 + I_2\,.$$

Wir schätzen zunächst I_2 ab. Da der Integrand verschwindet, außer für $|x \cdot \xi| > \frac{1}{2}$, sieht man, daß für diese $x \cdot \xi$ und $\tau \in \gamma$ gilt $|x \cdot \xi + t\tau|^{-1} \leqq c$. Somit folgt

$$|I_2| \leqq c \int\limits_{|\xi|=1} d\omega_\xi \int\limits_\gamma |f(\xi, \tau)|\, |d\tau| \leqq \text{const.}$$

Das Integral I_1 hängt nur von $|x|$ ab. Wir können uns also auf einen Punkt x der Gestalt $(|x|, 0, \ldots, 0)$ beschränken. Dann folgt

$$I_1 = \int\limits_{\substack{|\xi|=1\\ |\xi_1| \leqq \sqrt{3/4}}} d\omega_\xi \int\limits_\gamma \frac{f(\xi, \tau)\, \zeta(\xi_1 |x|)}{(|x|\, \xi_1 + t\tau)^s}\, d\tau\,.$$

Wir setzen $\xi' = (\xi_2, \dots, \xi_n)$. Ab jetzt sei der Einfachheit halber $n \geqq 3$. Anderenfalls muß man die Rechnung etwas modifizieren. Dann folgt

$$I_1 = \int_{|\xi'|=1} d\omega_{\xi'} \int_{-\sqrt{3/4}}^{\sqrt{3/4}} d\xi_1 \int_\gamma \frac{f(\xi, \tau)\, \zeta(\xi_1 |x|)}{(|x|\, \xi_1 + t\tau)^s} (1 - \xi_1^2)^{(n-3)/2}\, d\tau .$$

Durch $(s - 1)$-malige partielle Integration bezüglich ξ_1 und unter Beachtung des Verschwindens von ζ an den Integrationsgrenzen folgt

$$|I_1| = \frac{1}{(s-1)!\,|x|^{s-1}} \left| \int_{|\xi'|=1} d\omega_{\xi'} \int_{-\sqrt{3/4}}^{\sqrt{3/4}} d\xi_1 \int_\gamma \frac{(d/d\xi_1)^{s-1} [f(\xi,\tau)\, \zeta(\xi_1 |x|)\, (1 - \xi_1^2)]^{(n-3)/2}\, d\tau}{|x|\, \xi_1 + t\tau} \right| .$$

Da auf dem Ring K gilt $|x| > \frac{1}{2}$ und der Zähler im letzten Integranden durch eine Konstante beschränkt ist, finden wir unter Beachtung von $\big||x|\, \xi_1 + t\tau\big| \geqq ct$ sofort $|I_1| \leqq c/t$. Dies bedeutet die Gültigkeit von (20), und das Lemma ist gezeigt. ◀

Lemma 3. *Es gilt*

$$D_t^{k-1} K_j(x, t)|_{t=0} = 0 \qquad \text{für } x \neq 0 \tag{21}$$

$(j, k = 1, \dots, m)$.

Beweis: Wir setzen $u_j(x, t) = \int K_j(x - y, t)\, g_j(y)\, dy$. Dann gilt

$$D_t^{k-1} u_j(x, t)|_{t=0} = \int D_t^{k-1} K_j(x - y, t)|_{t=0}\, g_j(y)\, dy = \delta_{jk} g_j(x) .$$

Zur Abkürzung sei $H(x - y) = D_t^{k-1} K_j(x - y, t)|_{t=0}$. Im Fall $j \neq k$ haben wir also

$$\int H(x - y)\, g(y)\, dy = 0$$

für beliebiges $g \in C_0^\infty(R^n)$. Das bedeutet wegen der Stetigkeit von H für $x \neq y$, daß $H(x - y) = 0$ ist für alle $y \neq x$. Für $j = k$ gilt

$$\int H(x - y)\, g(y)\, dy = g(x), \qquad g \in C_0^\infty(R^n) .$$

Wäre $H(x - y_0) \neq 0$ für ein $x \neq y_0$, so wäre wegen der Stetigkeit von H für $x \neq y$ auch

$$H(x - y) \neq 0 \qquad \text{für alle } y \in U , \tag{22}$$

wobei U eine Umgebung von y_0 ist. U sei so klein gewählt, daß $x \notin U$ gilt. Ferner sei $\operatorname{supp} g \subseteqq U$. Dann ist

$$\int H(x - y)\, g(y)\, dy = 0 \qquad \text{für alle } g \in C_0^\infty(U)$$

im Widerspruch zu (22), und die Behauptung ist gezeigt. ◀

Lemma 4. *Es existiert eine von $t \geqq 0$ unabhängige Konstante $c > 0$, so daß gilt*

$$\int_{R^n} \frac{t\, dx}{(|x|^2 + t^2)^{(n+1)/2}} \leqq c . \tag{23}$$

Beweis: Einführung von Polarkoordinaten mit $|x| = r$ liefert mit verschiedenen Konstanten $c > 0$

$$\int_{R^n} \frac{t\,dx}{(|x|^2 + t^2)^{(n+1)/2}} = c \int_0^\infty \frac{tr^{n-1}\,dr}{(r^2 + t^2)^{(n+1)/2}} \leqq ct \int_0^\infty \frac{r^{n-1}\,dr}{(r + t)^{n+1}}$$

$$\leqq ct \int_0^\infty \frac{dr}{(r + t)^2} = ct \int_t^\infty \frac{dr'}{r'^2} = - ctr'^{-1}\Big|_t^\infty . \blacktriangleleft$$

Lemma 5. *Es gilt mit einer Konstanten $c > 0$ für $j = 1, \ldots, m$*

$$|D_t^{j-1} K_j(x, t)| \leqq c \frac{t}{(|x|^2 + t^2)^{(n+1)/2}}$$

und für $k \neq j$

$$|D_x^\sigma D_t^{k-1} K_{jq}(x, t)| \leqq c \frac{5}{(|x|^2 + t^2)^{(n+1)/2}} \quad \textit{für} \quad |\sigma| = n + 1 + j - k \geqq 0 .$$

Beweis: Nach Lemma 3 gilt $D_t^{k-1} K_j(x, t)|_{t=0} = 0$ für $x \neq 0$. Analog zeigt man $D_x^\sigma D_t^{k-1} K_{jq}(x, t)|_{t=0} = 0$ für $x \neq 0$. Mit den Bezeichnungen aus Lemma 2 erhalten wir dann für $D_t^{k-1} K_j$ bzw. $D_x^\sigma D_t^{k-1} K_{jq}$ nach dem Mittelwertsatz der Integralrechnung mit einem θ $(0 \leqq \theta \leqq 1)$

$$\int_{|\xi|=1} d\omega_\xi \int_\gamma \left\{\frac{f(\xi, \tau)}{(x\cdot\xi + t\tau)^n} - \frac{f(\xi, \tau)}{(x \cdot \xi)^n}\right\} d\tau = \int_{|\xi|=1} d\omega_\xi \int_\gamma \frac{t\tau f(\xi, \tau)\,d\tau}{(x\cdot\xi + \theta\tau)^{n+1}} .$$

Nach Lemma 2 ist der Betrag des letzten Integrals $\leqq ct/|x, \theta t|^{n+1}$. Wenn man zeigt, daß gilt $\theta \geqq c_1$ mit festem $c_1 > 0$, erhält man

$$|x, \theta t| \geqq \theta |x, t| \geqq c_1 |x, t| , \qquad \text{also } ct/|x, \theta t|^{n+1} \leqq c't/|x, t|^{n+1}$$

und Lemma 5 ist bewiesen. Man kann θ offenbar stetig wählen in Abhängigkeit von $a = x\zeta$. Für $a = 0$ haben wir $\theta = 1$. Die Funktion θ ist definiert auf einem abgeschlossenen Intervall $-a' \leqq a \leqq a'$, und es genügt zu zeigen, daß θ für jedes $a \neq 0$ positiv ist. Dies ist aber klar wegen $(a + \theta t)^{-n-1} = t^{-1}\big((a + t)^{-n} - a^{-n}\big)$. Eine ähnliche Argumentation gilt hinsichtlich der Abhängigkeit von θ von t. Für $t \to 0$ bleibt $\theta \geqq c_1 > 0$, und ansonsten kann θ nicht gegen Null streben. $\blacktriangleleft$

Die folgenden Aussagen werden wir nicht weiter verwenden. Sie sind aber ein Spezialfall der im nächsten Paragraphen bereitgestellten Abschätzungen für eine Hilfsfunktion.

Satz 2 ([N 14], [A 14, I], [A 13]). *Die Lösung* (14) *des* DIRICHLET-*Problems* (8), (10) *erfüllt die Abschätzung*

$$\sup_{\substack{t>0\\ x\in R^n}} \sum_{|\gamma|=m-1} |D_{x,t}^\gamma u(x, t)| \leqq c \sup_{x\in R^n} \sum_{|\delta|=m-1} |D_x^\delta u(x, 0)| .$$

Korollar. *Es sei $R > 0$ fest gegeben und*

$$H = \{(x, t) : |x|^2 + t^2 \leqq R^2, t \geqq 0\} , \qquad \partial_1 H = \{x \in R^n : |x| \leqq R\} .$$

Dann gilt für die Lösung $u(x, t)$ des DIRICHLET-*Problems im Halbraum sogar*

$$\sup_{(x,t)\in H} \sum_{|\gamma|\leqq m-1} |D_{x,t}^\gamma u(x, t)| \leqq c \sup_{x\in\partial_1 H} \sum_{|\gamma|\leqq m-1} |D_x^\gamma u(x, 0)| .$$

§ 2. Konstruktion und Eigenschaften einer Hilfsfunktion

2.1. Konstruktion von $z(x, t)$

Satz 1. *Im R_+^{n+1} betrachten wir einen elliptischen Operator*

$$L(x, t; D_{x,t}) = \sum_{|\alpha|+p \leq 2m} a_{\alpha,p}(x, t)\, D_x^\alpha D_t^p$$

mit genügend glatten Koeffizienten. Dann existiert zu beliebigen

$$g_j(x) \in C_0^\infty(R^n) \qquad (j = 1, \ldots, m)$$

eine Funktion $z(x, t) \in C^\infty(R_+^{n+1})$ mit folgenden Eigenschaften:

$$D_t^{j-1} z(x, 0) = g_j(x) \qquad (j = 1, \ldots, m)\,, \tag{1}$$

$$|D_{x,t}^\gamma z(x, t)| \leq cGt^{m-1-|\gamma|} \qquad \text{für } |\gamma| \geq m - 1\,, \tag{2}$$

$$\Big|\sum_{|\alpha|=2m} a_\alpha(x, 0)\, D_{x,t}^\alpha z(x, t)\Big| \leq cGt^{-m-\lambda}\,. \tag{3}$$

In (3) ist $\lambda > 0$ beliebig fest gegeben, und es wird angenommen $g_j = 0$ für $|x| \geq 1$ $(j = 1, \ldots, m)$.

Korollar. *Wird die Funktion $z(x, t)$ aus Satz 1 nur in $H = \{(x, t) : |x, t| \leq 1, t \geq 0\}$ betrachtet, so gilt im Falle $g_j = 0$ für $|x| \geq 1$ $(j = 1, \ldots, m)$*

$$\sup_{(x,t)\in H} |D^\gamma z(x, t)| \leq cG \qquad \text{für } |\gamma| \leq m - 1\,. \tag{4}$$

Wir konstruieren gewisse Kerne und die Funktion z und beweisen einige Lemmata. Zwischendurch werden die Eigenschaften (1), (2), (3) gezeigt. Wir halten $y \in R^n$ als Parameter fest und setzen

$$L'(y, 0; D_{x,t}) = \sum_{|\alpha|+p=2m} a_{\alpha,p}(y, 0)\, D_x^\alpha D_t^p\,.$$

Der Operator L' besteht dann nur aus seinem Hauptteil und hat für festes y konstante Koeffizienten. Somit können wir zu L' analog wie in 1.2. (5), (6) die Polynome

$$M^+(y; \xi, \tau)\,, \qquad M_{m-l-1}^+(y; \xi, \tau)$$

definieren, die jetzt außerdem von y abhängen.

Die zum Operator $L'(y, 0; D_{x,t})$ gehörenden Poisson-Kerne bezeichnen wir mit $K_j(y; x, t)$, $(j = 1, \ldots, m)$. Dann gilt also

$$K_j(y; x, t) = \int_{|\xi|=1} d\omega_\xi \frac{1}{2\pi i} \int_\gamma F(x\xi + t\tau, j - 1 - n) \frac{M_{m-j}^+(y; \xi, \tau)}{M^+(y; \xi, \tau)}\, d\tau\,. \tag{5}$$

Weiterhin verwenden wir die Kerne

$$K_{jq}(y; x, t) = \int_{|\xi|=1} d\omega_\xi \frac{1}{2\pi i} \int_\gamma F(x\xi + t\tau, j - 1 + q) \frac{M_{m-j}^+(y; \xi, \tau)}{M^+(y; \xi, \tau)}\, d\tau \tag{6}$$

($n + 1$ gerade), und es gilt

$$K_j(y; x, t) = \Delta_x^{(n+q)/2} K_{jq}(y; x, t)\,. \tag{7}$$

Wir setzen

$$z_j(x, t) = \int_{R^n} g_j(y)\, K_j(y; x - y, t)\, dy \tag{8}$$

und

$$z(x, t) = \sum_{j=1}^{m} z_j(x, t) . \tag{9}$$

Beweis von (1): Die ganze Zahl q sei genügend groß gewählt. Dann gilt

$$D_t^{j-1} z(x, 0) = \Delta_x^{(n+1)/2} \sum_{l=1}^{m} \int_{R^n} g_l(y)\, D_t^{j-1} K_{lq}(y; x - y, 0)\, dy . \tag{10}$$

Wir beachten

$$\frac{1}{2\pi i} \int_\gamma \frac{M_{m-l}^+(y; \xi, \tau)}{M^+(y; \xi, \tau)} \tau^{k-1}\, d\tau = \delta_{lk}$$

und

$$D_t^{j-1} K_{lq}(y; x - y, 0) = \int_{|\xi|=1} d\omega_\xi \frac{1}{2\pi i} \int_\gamma F((x - y) \cdot \xi, q) \frac{M_{m-l}^+(y; \xi, \tau)}{M^+(y; \xi, \tau)} \tau^{j-1}\, d\tau$$

$$= \int_{|\xi|=1} F((x - y) \cdot \xi, q)\, d\omega_\xi .$$

Somit folgt aus (10) und der JOHNschen Identität

$$D_t^{j-1} z(x, 0) = \Delta_x^{(n+1)/2} \int_{R^n} g_j(y)\, dy \int_{|\xi|=1} F((x - y) \cdot \xi, q)\, d\omega_\xi = g_j(x) . \blacktriangleleft$$

2.2. Abschätzung von $D^\gamma z$

Lemma 1 ([K 22]). *Es existiert eine von y unabhängige Konstante $c = c(\sigma, \delta) > 0$, so daß gilt*

$$|D_{x,t}^\sigma D_y^\delta K_j(y; x, t)| \leqq c|x, t|^{j-1-n-|\sigma|} (1 + |\log |x, t||) \tag{11}$$

und

$$|D_{x,t}^\sigma D_y^\delta K_{jq}(y; x, t)| \leqq c|x, t|^{j-1+q-|\sigma|} (1 + |\log |x, t||) . \tag{12}$$

Der logarithmische Term kann stets dann weggelassen werden, wenn der Exponent von $|x, t|$ negativ ist.

Dies beweist man mit ähnlichen Mitteln wie Lemma 2 in § 1, wobei die y-Abhängigkeiten keinen wesentlichen Einfluß haben.

Bevor wir zum Beweis von (2) kommen, stellen wir noch einige technische Formalitäten bereit. Es gilt für eine Funktion $K(y; x - y)$

$$\frac{\partial}{\partial y_k} K(y; x - y) = \left(\frac{\partial}{\partial y_k}\right)_1 K(y; x - y) - \frac{\partial}{\partial x_k} K(y; x - y) ,$$

wobei $(\cdots)_1$ besagt, daß die Differentiation nur auf die erste y-Variable wirkt. Mit $A_1(D_y)$, $B_1(D_y)$, ... bezeichnen wir im folgenden stets Operatoren, die nur auf die erste

y-Variable in dem Kern $K(y; x-y)$ angewendet werden. Wir erhalten weiter

$$\frac{\partial^2}{\partial y_k \partial y_l} K(y; x-y) = \left\{\left(\frac{\partial}{\partial y_k}\right)_1 \left(\frac{\partial}{\partial y_l}\right)_1 - \frac{\partial}{\partial x_l}\left(\frac{\partial}{\partial y_k}\right)_1 - \frac{\partial}{\partial x_k}\left(\frac{\partial}{\partial y_l}\right)_1 + \frac{\partial^2}{\partial x_k \partial x_l}\right\} K(y; x-y)$$

$$= \left\{\left(\frac{\partial^2}{\partial y_k \partial y_l}\right)_1 + \frac{\partial}{\partial y_l}\left(\frac{\partial}{\partial y_k}\right)_1 + \frac{\partial}{\partial y_k}\left(\frac{\partial}{\partial y_l}\right)_1 + \frac{\partial^2}{\partial x_k \partial x_l}\right\} K(y; x-y) .$$

Ist $r > 0$ eine natürliche Zahl, so gilt allgemein für einen Differentialoperator $M(D)$ mit konstanten Koeffizienten

$$M(D_x)\, K(y; x-y) = M(D_y)\, K(y; x-y) + \sum_{\sigma,\tau} A_1^\sigma(D_y)\, A^\tau(D_y)\, K(y; x-y) \quad (11)$$

mit geeigneten Operatoren A_1^σ, A^τ und ord $A^\tau <$ ord M für alle τ. In den folgenden Rechnungen treten häufig Abschätzungen folgenden Typs auf. Es sei $g \in C_0^\infty(R^n)$. Dann gilt

$$\left|\int g(y)\, \Delta_x^r K(y; x-y)\, dy\right|$$

$$= \left|\int g(y) \left\{\Delta_y^r K(y; x-y) + \sum_{\sigma,\tau} A_1^\sigma(D_y)\, A^\tau(D_y)\, K(y; x-y)\right\} dy\right|$$

$$\leqq \sup_{|\alpha| \leqq 2r} |D^\alpha g(y)| \sum_\delta |B_1^\delta(D_y)\, K(y; x-y)|\, dy$$

mit gewissen Differentialoperatoren B_1^δ.

Beweis von (2) für $|\gamma| \geqq m$: Es genügt, die angegebenen Abschätzungen für die einzelnen Summanden z_j zu beweisen. Es gilt

$$D_{x,t}^\gamma z_j(x, t) = \int_{R^n} g_j(y)\, \Delta_x^{(n+q)/2} D_{x,t}^\gamma K_{jq}(y; x-y, t)\, dy .$$

Für $m - j$ gerade schreiben wir gemäß (11) bezüglich Anwendung auf $K_{jq}(y; x-y, t)$

$$\Delta_x^{(n+q)/2} = \left\{\Delta_y^{(m-j)/2} + \sum_{\sigma,\tau} A^\tau(D_y)\, A_1^\sigma(D_y)\right\} \Delta_x^{(n+q-m+j)/2} \quad (13)$$

und für $m - j$ ungerade unter Beachtung von $m - j \geqq 1$

$$\Delta_x^{(n+q)/2} = \sum_{i=1}^n \frac{\partial}{\partial x_i} \Delta_x^{(m-j-1)/2} \left(\frac{\partial}{\partial x_i} \Delta_x^{(n+1-m+j-1)/2}\right)$$

$$= \sum_{i=1}^n \left\{\frac{\partial}{\partial y_i} \Delta_y^{(m-j-1)/2} + \sum_{\sigma,\tau} A^{\tau,i}(D_y)\, A_1^{\sigma,i}(D_y)\right\} \frac{\partial}{\partial x_i} \Delta_x^{(n+q-m+j-1)/2} . \quad (14)$$

Einsetzen von (13) bzw. (14) in (12) und partielle Integration bezüglich y, so daß nur $(\partial/\partial y)_1$-Ableitungen bei $K_{jq}(y; x-y, t)$ verbleiben, sowie Herausziehen der Maxima der Beträge von $D^\beta g_j$ vor das Integral (wobei $|\beta| \leqq m - j$ beachtet wird), liefert eine Abschätzung der Gestalt

$$|D_{x,t} z_j(x, t)| \leqq G \int \sum_\varrho |C_1^\varrho(D_y)\, C(D_{x,t})\, K_{jq}(y; x-y, t)|\, dy$$

mit gewissen Differentialoperatoren C_1^ϱ, C und ord $C = n + q - j + m + |\gamma|$. Wegen Lemma 1 folgt hieraus

$$|D_{x,t}^\gamma z_j(x, t)| \leqq cG \int |x-y, t|^{j+q-(n+q-m+j+|\gamma|)}\, dy = cG \int |x-y, t|^{m-1-n-|\gamma|}\, dy$$

und wegen $m - |\gamma| \leqq 0$

$$|D_{x,t}^\gamma z_j(x, t)| \leqq cG \int t\, |x-y, t|^{-n-1}\, t^{m-1-|\gamma|}\, dy \leqq cGt^{m-1-|\gamma|} .$$

Zuletzt haben wir berücksichtigt, daß $\int t\,|x - y, t|^{-n-1}\,dy$ in t durch eine Konstante gleichmäßig beschränkt ist (§ 1, Lemma 4). Damit ist (2) bewiesen. ◀

Lemma 2. *Es gilt mit einer Konstanten $c > 0$*

$$|D_y^\delta D_t^{j-1} K_j(y; x, t)| \leqq c \frac{t}{(|x|^2 + t^2)^{(n+1)/2}}$$

und

$$|D_y^\delta D_x^\sigma D_t^{k-1} K_{jq}(y; x, t)| \leqq c \frac{t}{(|x|^2 + t^2)^{(n+1)/2}}$$

für $|\sigma| = n + q + j - k \geqq 0 \qquad (j, k = 1, \dots, m)$.

Diese Aussage zeigt man wieder analog wie Lemma 5 in § 1.

Beweis von (2) für $|\gamma| = m - 1$: Die Behauptung wird wieder für die einzelnen Summanden z_j gezeigt. Wir können schreiben $D_{x,t}^\gamma = D_x^\alpha D_t^{i-1}$ mit $|\alpha| = m - i$, $(1 \leqq i \leqq m)$. Es sei zunächst $i = j$. Dann gilt ähnlich wie oben bezüglich Anwendung auf $K_j(y; x - y, t)$

$$D_x^\alpha = D_y^\alpha + \sum_{\sigma,\tau} C^\tau(D_y)\, C_1^\sigma(D_y)\,.$$

Nach partieller Integration bezüglich y (so daß wieder nur $(\partial/\partial y)_1$-Differentiationen beim Kern verbleiben) und Lemma 2 folgt

$$|D_{x,t}^\gamma z_j(x, t)| \leqq cG \sum_\sigma \int |C_1^\sigma(D_y)\, D_t^{j-1} K_j(y; x - y, t)|\,dy$$
$$\leqq cG \int t\,|x - y, t|^{-n-1}\,dy \leqq cG\,.$$

Für $i \neq j$ und $m - j$ gerade schreiben wir bezüglich Anwendung auf $K_{jq}(y; x - y, t)$

$$D_x^\alpha D_t^{i-1} \Delta_x^{(n+q)/2} = D_x D_t^{i-1} \left\{\Delta_y^{(m-j)/2} + \sum_{\sigma,\tau} A^\tau(D_y)\, A_1^\sigma(D_y)\right\} \Delta_x^{(n+q-m+j)/2}\,, \tag{15}$$

wobei in

$$|D_x^\alpha D_t^{i-1} z_j(x, t)| = \left|\int g_j(y)\, D_x^\alpha D_t^{i-1} \Delta_x^{(n+q)/2} K_{jq}(y; x - y, t)\,dy\right|$$

nach dieser Ersetzung und partieller Integration bezüglich y sowie Herausziehen von G Lemma 2 angewendet werden kann. Dabei ist $|\alpha| + n + q - m + j = n + q + j - i$ zu beachten. Für $m - j$ ungerade ersetzt man $\Delta_x^{(n+q)/2}$ in (15) durch (14) und verfährt analog. Damit ist (2) für $|\gamma| = m - 1$ gezeigt. ◀

2.3. Abschätzung von $L'z$

Beweis von (3): Wir betrachten die Summanden z_j wieder getrennt. Es gilt nach Konstruktion

$$\sum_{|\alpha|=2m} a_\alpha(y, 0)\, D_{x,t}^\alpha z_j(x, t) = \sum_{|\alpha|=2m} a_\alpha(y, 0)\, D_{x,t}^\alpha K_{jq}(y; x - y, t) = 0$$

also

$$\sum_{|\alpha|=2m} a_\alpha(x, 0)\, D_{x,t}^\alpha z_j(x, t) = \sum_{|\alpha|=2m} [a_\alpha(x, 0) - a_\alpha(y, 0)]\, D_{x,t}^\alpha z_j(x, t)\,.$$

Nach Definition haben wir

$$D_{x,t}^\alpha z_j(x, t) = \int_{|y| \leqq 1} g_j(y)\, D_{x,t}^\alpha \Delta_x^{(n+q)/2} K_{jq}(y; x - y, t)\,dy\,. \tag{16}$$

Zunächst sei $m - j$ gerade. Dann folgt durch Einsetzen von (13), partielle Integration bezüglich y, Herausziehen von G und unter Verwendung von Lemma 1

$$\Big|\sum_{|\alpha|=2m}' a_\alpha(x,0)\, D^\alpha_{x,t} z_j(x,t)\Big| \leqq cG \int_{|y|\leqq 1} |a_\alpha(x,0) - a_\alpha(y,0)|$$
$$\times\, |D^\alpha_{x,t} C_1(D_y)\, \Delta_x^{(n+q-m+j)/2} K_{jq}(y; x-y, t)|\, dy$$
$$\leqq cG \max_{\alpha,x,y} \frac{|a_\alpha(x,0) - a_\alpha(y,0)|}{|x-y|} \int_{|y|\leqq 1} |x-y|\, |x-y,t|^{-m-n-1}\, dy$$
$$\leqq cGt^{-m-\lambda} \int_{|y|\leqq 1} t^\lambda |x-y,t|^{-n}\, dy \leqq cGt^{-m-\lambda}.$$

Zuletzt haben wir berücksichtigt $|x-y|\,|x-y,t|^{-1} \leqq 1$, $t\,|x-y,t|^{-1} \leqq 1$ und die Beschränktheit des Integrals $\int t^\lambda |x-y,t|^{-n}\, dy$ für $t \to 0$. Für $m - j$ ungerade verfährt man analog durch Einsetzen von (14) in (16). ◀

Beweis des Korollars: Nach Definition gilt

$$D^\gamma_{x,t} z_j(x,t) = \int_{R^n} g_j(y)\, \Delta_x^{(n+q)/2} D^\gamma_{x,t} K_{jq}(y; x-y, t)\, dy\,.$$

Es sei $m - j$ gerade und $|\gamma| < m - 1$. Dann folgt unter Beachtung von $g_j = 0$ für $|x| \geqq 1$

$$|D^\gamma_{x,t} z_j(x,t)| = \Big|\int_{|y|\leqq 1} [\Delta_y^{(m-j)/2} g_j(y) + g_j(y)\, A_1(D_y)]\, D^\gamma_{x,t} \Delta_x^{(n+q-m+j)/2} K_{jq}(y; x-y, t)\, dy\Big|$$
$$\leqq cG \int_{|y|\leqq 1} |x-y,t|^{-n+1}\, dy \leqq cG\,.$$

Die letzte Ungleichung ist richtig für $(x,t) \in H$. Analog verfährt man im Fall $m - j$ ungerade. ◀

§ 3. Hilfsmittel der Interpolationstheorie

Im Gegensatz zu den Hilfskonstruktionen der vorigen Abschnitte betrachten wir das Dirichlet-Problem ab jetzt im R^n. Es sei also $\Omega \subset R^n$ ein genügend glatt berandetes beschränktes Gebiet. Für die L^p-Abschätzungen einer mit dem Differentialoperator assoziierten Bilinearform werden Methoden der Interpolationstheorie benötigt, die wir in diesem Abschnitt bereitstellen. Wir verwenden die komplexe Interpolation im Sinne von A. P. Calderón. Hierzu vergleiche man die Arbeiten [C 4], [L 12], [S 9], [S 10].

3.1. Komplexe Interpolation

Definition. Ein Paar (X_0, X_1) komplexer Banach-Räume X_0, X_1 heißt *Interpolationspaar*, wenn X_0 und X_1 stetig eingebettet sind in einem komplexen topologischen Vektorraum E.

Zur Abkürzung setzen wir $\|x\|_i = \|x\|_{X_i}$ für $x \in X_i$ $(i = 1, 2)$.

Lemma 1. *(X_0, X_1) sei ein Interpolationspaar. Dann ist $X_0 \cap X_1$ ein* BANACH-*Raum in der Norm*

$$\|x\|_{X_0 \cap X_1} = \max \{\|x\|_{X_0}, \|x\|_{X_1}\} .$$

Beweis: Es genügt, die Vollständigkeit von $X_0 \cap X_1$ zu beweisen. Die anderen Eigenschaften sind evident. Es sei $(x_k)_{k \in N}$ eine Folge in $X_0 \cap X_1$ mit $\|x_k - x_l\|_{X_0 \cap X_1} \to 0$, für $k, l \to \infty$. Dann gilt $\|x_k - x_l\|_i \to 0$, also existiert ein Limes in X_i $(i = 1, 2)$. Da X_0, X_1 stetig eingebettet sind in E, sind diese Limites auch in E Limites dieser Folge, d. h. $x = \lim x_k$ ist eindeutig in E bestimmt. Aus $\|x_k - x\|_i \to 0$ für $k \to \infty$ $(i = 1, 2)$ folgt dann $x \in X_0 \cap X_1$ und $\|x_k - x\|_{X_0 \cap X_1} \to 0$ für $k \to \infty$. ◀

Lemma 2. *Der Raum*

$$X_0 + X_1 = \{ x = y + z : y \in X_0, z \in X_1\}$$

ist ein BANACH-*Raum in der Norm*

$$\|x\|_{X_0+X_1} = \inf \{\|y\|_0 + \|z\|_1 : x = y + z, y \in X_0, z \in X_1\} .$$

Beweis: Wir zeigen, daß aus $\|x\|_{X_0+X_1} = 0$ folgt $x = 0$ und daß $X_0 + X_1$ bezüglich der Norm vollständig ist. Für $\|x\|_{X_0+X_1} = 0$ existieren Folgen $y_k \in X_0$, $z_k \in X_1$ mit $\|y_k\|_{X_0} \to 0$, $\|z_k\|_{X_1} \to 0$ und $x = y_k + z_k$ für alle $k \in N$. Es gilt insbesondere $x = y_1 + z_1$, also $y_k - y_1 = z_1 - z_k$. Wir haben

$$y_k - y_1 \to - y_1 \text{ in } X_0 , \qquad y_k - y_1 = z_1 - z_k \to z_1 \text{ in } X_1 ,$$

und diese Konvergenzen bestehen auch in E. Daher gilt $-y_1 = \lim (y_k - y_1) = z_1$ in E, d. h. $x = y_1 + z_1 = 0$. Zum Beweis der Vollständigkeit genügt es zu zeigen, daß für jede Folge $(x_k)_{k \in N}$ mit $\sum_{k=1}^{\infty} \|x_k\|_{X_0+X_1} < \infty$ die Folge $s_M = \sum_{k=1}^{M} x_k$ in $X_0 + X_1$ gegen einen Limes konvergiert. Es sei $x_k = y_k + z_k$ $(y_k \in X_0, z_k \in X_1)$,

$$\|y_k\|_0 \leqq \|x_k\|_{X_0+X_1} + 2^{-k} , \qquad \|z_k\|_1 = \|x_k\|_{X_0+X_1} + 2^{-k} .$$

Dann folgt $\sum_{k=1}^{\infty} \|y_k\|_0 < \infty$, $\sum_{k=1}^{\infty} \|z_k\|_1 < \infty$, und dies zeigt die Behauptung, weil die Folgen $(y_k)_{k \in N}$ bzw. $(z_k)_{k \in N}$ gegen Elemente y bzw. z konvergieren, also $x = y + z$. ◀

Wenn (X_0, X_1) ein Interpolationspaar ist, so sind auch die Räume $X_0 \cap X_1$ und $X_0 + X_1$ stetig eingebettet in E.

Es sei (X_0, X_1) ein Interpolationspaar. $H(X_0, X_1)$ sei der Raum aller Funktionen $f(\zeta)$ der komplexen Variablen $\zeta = \sigma + i\tau$, definiert im Streifen $0 \leqq \sigma \leqq 1$ mit Werten in $X_0 + X_1$ und folgenden Eigenschaften:

(i) $f(\zeta)$ sei stetig und beschränkt bezüglich der Norm von $X_0 + X_1$ für $0 \leqq \sigma \leqq 1$ und analytisch in $0 < \sigma < 1$.

(ii) Es sei $f(\lambda + i\tau) \in X_\lambda$, und diese Funktion sei bezüglich der Norm von X_λ stetig und strebe für $|\tau| \to \infty$ gegen Null $(\lambda = 0, 1)$.

Lemma 3. *Der Raum $H(X_0, X_1)$ ist in der Norm*

$$\|f\|_H = \max_{\lambda=0,1} \left\{ \sup_{-\infty<\tau<\infty} \|f(\lambda + i\tau)\|_{X_\lambda} \right\}$$

ein BANACH-*Raum.*

Beweis: Wir zeigen die Vollständigkeit von $H(X_0, X_1)$. Es sei $(f_k)_{k\in N}$ eine Folge mit $\|f_k - f_l\|_H \to 0$ für $k, l \to \infty$. Für jedes $\zeta = \sigma + i\tau$ $(0 \leqq \sigma \leqq 1)$ haben wir dann

$$\|f_k(\zeta) - f_l(\zeta)\|_{X_0+X_1} \leqq \max_{\lambda=0,1} \left\{\sup_\tau \|(f_k - f_l)(\lambda + i\tau)\|_{X_0+X_1}\right\} \leqq \|f_k - f_l\|_H \to 0 .$$

Somit strebt $(f_k(\zeta))_{k\in N}$ in $X_0 + X_1$ gegen eine Grenzfunktion $f(\zeta)$, die für $0 \leqq \sigma \leqq 1$ stetig und beschränkt und für $0 < \sigma < 1$ analytisch ist. $f_k(\lambda + i\tau)$ strebt gegen einen Limes in X_λ, der mit dem Limes in $X_0 + X_1$ übereinstimmt, d. h. $f(\lambda + i\tau) \in X_\lambda$ und $\|f_k(\lambda + i\tau) - f(\lambda + i\tau)\|_{X_\lambda} \to 0$ gleichmäßig in τ, woraus folgt, daß $f(\lambda + i\tau)$ in X_λ stetig ist und für $|\tau| \to \infty$ gegen Null strebt. Mit $\|f_k - f\|_H \to 0$ ist also die Behauptung gezeigt. ◀

Definition 2. Es sei $0 \leqq \theta \leqq 1$. Dann heißt der Vektorraum

$$[X_0, X_1]_\theta = \{x \in X_0 + X_1 : x = f(\theta) \text{ für ein } f \in H(X_0, X_1)\}$$

ein *Interpolationsraum* zu X_0, X_1.

Aus dieser Definition folgt unmittelbar

$$[X_1, X_0]_\theta = [X_0, X_1]_{1-\theta} . \tag{1}$$

Lemma 4. *Mit der Norm*

$$\|x\|_{[X_0, X_1]_\theta} = \inf \{\|f\|_H : x = f(\theta)\}$$

ist $[X_0, X_1]_\theta$ *ein* BANACH-*Raum, und* X_θ *ist stetig eingebettet in* $X_0 + X_1$.

Beweis: Der Raum N_θ aller $f \in H(X_0, X_1)$ mit $f(\theta) = 0$ ist offenbar ein abgeschlossener Teilraum von $H(X_0, X_1)$, und $[X_0, X_1]_\theta$ ist nach Definition isometrisch isomorph zum Quotientenraum $H(X_0, X_1)/N_\theta$, d. h. ein BANACH-Raum. N_θ ist Kern der linearen Abbildung $H(X_0, X_1) \to X_0 + X_1$, die durch $f \to f(\theta)$ gegeben wird, und diese Abbildung ist stetig wegen

$$\|f(\theta)\|_{X_0+X_1} \leqq \max_{\lambda=0,1} \left\{\sup_\tau \|f(\lambda + i\tau)\|_{X_0+X_1}\right\} \leqq \|f\|_H .$$

Dann ist aber auch $H(X_0, X_1)/N_\theta \to X_0 + X_1$ stetig, und das Lemma ist gezeigt. ◀

Satz 1. *Es seien* (X_0, X_1) *und* (Y_0, Y_1) *Interpolationspaare.* T *sei eine lineare Abbildung von* $X_0 + X_1$ *in* $Y_0 + Y_1$, *so daß gilt* $Tx \in Y_\lambda$ *für* $x \in X_\lambda$ $(\lambda = 0, 1)$ *und*

$$\|Tx\|_{Y_\lambda} \leqq c_\lambda \|x\|_{X_\lambda} \qquad (\lambda = 0, 1) .$$

Aus $x \in [X_0, X_1]_\theta$ *folgt dann* $Tx \in [Y_0, Y_1]_\theta$, *und es gilt*

$$\|Tx\|_{[Y_0, Y_1]_\theta} \leqq c_0^{1-\theta} c_1^\theta \, \|x\|_{[X_0, X_1]_\theta}$$

Beweis: T ist offenbar eine stetige Abbildung von $X_0 + X_1$ in $Y_0 + Y_1$. Wir setzen

$$X_\theta = [X_0, X_1]_\theta , \qquad Y_\theta = [Y_0, Y_1]_\theta .$$

Zu gegebenem $x \in X_\theta$ und $\varepsilon > 0$ existiert ein $f \in H(X_0, X_1)$ mit $x = f(\theta)$ und $\|f\|_H \leqq \leqq \|x\|_{X_\theta} + \varepsilon$. Die Funktion

$$g(\zeta) = c_0^{\zeta-1} c_1^{-\zeta} T(f(\zeta))$$

gehört zu $H(Y_0, Y_1)$, und es gilt $\|g\|_H \leqq \|x\|_\theta + \varepsilon$. Dies bedeutet

$$\|x\|_{X_\theta} + \varepsilon \geqq \|g\|_H \geqq \|g(\theta)\|_{Y_\theta} = \|c_0^{\theta-1} c_1^{-\theta} T(f(\theta))\|_{Y_\theta} = c_0^{\theta-1} c_1^{-\theta} \|Tx\|_{Y_\theta},$$

d. h. $||Tx||_{Y_\theta} \leqq c_0^{1-\theta} c_1^\theta (||x||_{Y_\theta} + \varepsilon)$. Da ε beliebig ist, folgt daraus die Behauptung. ◀

Die folgenden Aussagen geben wir aus Platzgründen ohne Beweis an.

Lemma 5. *Wenn $X_0 \subseteqq X_1$ gilt und X_0 dicht liegt in X_1, so liegt X_0 auch dicht in* $[X_0, X_1]_\theta$.

Lemma 6. *Sind die Räume X_0, X_1 reflexiv, so gilt*

$$[X_0, X_1]_\theta' = [X_0', X_1']_\theta . \tag{2}$$

3.2. Interpolationseigenschaften der Sobolev-Räume

Es sei k eine nichtnegative ganze Zahl und $p > 1$. Wir setzen (vgl. V.1.2.)

$$||u||_{k,p} = \Big[\sum_{|\alpha| \leqq k} \int_\Omega |D^\alpha u|^p \,\mathrm{d}x\Big]^{1/p} .$$

Für $k = 0$ verwenden wir die kürzere Bezeichnung $||\cdot||_p$ anstelle von $||\cdot||_{0,p}$. $W^{k,p}(\Omega)$ sei die Abschließung von $C^\infty(\overline{\Omega})$ bezüglich dieser Norm. Für s positiv und nicht ganz wird definiert

$$W^{s,p}(\Omega) = [W^{k,p}(\Omega), W^{k+1,p}(\Omega)]_\theta \quad \text{mit } \theta = s - k .$$

Dabei ist k die größte ganze Zahl kleiner als s. Für s reell und negativ erklärt man $W^{s,p}(\Omega)$ als Abschließung von $C^\infty(\overline{\Omega})$ in bezug auf die Norm

$$||u||_{s,p} = \sup_{v \in C^\infty(\overline{\Omega})} \frac{|(u, v)|}{||v||_{-s,p'}} \qquad \left(\frac{1}{p} + \frac{1}{p'} = 1\right).$$

Die Banach-Räume $W^{s,p}(\Omega)$ (s reell, $p > 1$) sind reflexiv, und es gilt

$$(W^{s,p}(\Omega))' = W^{-s,p'}(\Omega) \qquad \left(\frac{1}{p} + \frac{1}{p'} = 1\right).$$

Die Vereinigung aller Räume $W^{s,p}(\Omega)$ mit s reell und $p > 1$ wird symbolisch mit $W^{-\infty}(\Omega)$ bezeichnet. Es gilt (vgl. [S 9])

Lemma 7. *Es seien s_1, s_2 nichtnegative reelle Zahlen. Dann gilt mit $s_3 = (1 - \theta) s_1 + \theta s_2$*

$$[W^{s_1,p}(\Omega), W^{s_2,p}(\Omega)]_\theta = W^{s_3,p}(\Omega) .$$

§ 4. Abschätzungen in L^p

4.1. Abschätzungen für u

Das $L^2(\Omega)$-Skalarprodukt bezeichnen wir wie bisher mit $(.,.)$. Es sei V ein Vektorraum von Funktionen mit der Eigenschaft

$$C_0^\infty(\Omega) \subseteqq V \subseteqq C^\infty(\overline{\Omega}) .$$

Weiterhin setzen wir

$$V^* = \{v \in C^\infty(\overline{\Omega}) : (u, L^* v) = (Lu, v) \text{ für alle } u \in V\} .$$

Die Räume V und V^* beschreiben homogene Randbedingungen (vgl. V.1.3.). Beim DIRICHLET-Problem gilt $V = V^*$ mit

$$V = \{u \in C^\infty(\overline{\Omega}): \partial^{j-1}/\partial\nu^{j-1} u|_{\partial\Omega} = 0, j = 1, \dots, m\} . \tag{1}$$

Wir verwenden in diesem Abschnitt nur gewisse Struktureigenschaften von V, die auch bei allgemeineren Randbedingungen bestehen. Es ist auch aus formalen Gründen vorteilhaft, zwischen V und V^* zu unterscheiden, je nachdem, ob die betreffenden Funktionen im Zusammenhang mit L oder L^* betrachtet werden.

Es sei

$$N = \{u \in V: Lu = 0\} , \qquad N^* = \{v \in V^*: L^*v = 0\} .$$

Wenn S eine Menge von Funktionen ist, so setzen wir

$$S/N = \{w \in S: (w, u) = 0 \text{ für alle } u \in N\} .$$

Im weiteren benötigen wir folgende Eigenschaften:

(i) Es existiert eine Konstante $c > 0$, so daß gilt

$$||u||_{2m,p} \leqq c(||Lu||_p + ||u||_p) \qquad \text{für alle } u \in V , \tag{2}$$

$$||v||_{2m,p'} \leqq c(||L^*v||_{p'} + ||v||_{p'}) \qquad \text{für alle } v \in V^* . \tag{3}$$

Dabei ist $p > 1$ und $p' = p/(p-1)$.

(ii) Für beliebiges $f \in C^\infty(\overline{\Omega})/N^*$ gibt es ein $u \in V$ mit $Lu = f$. (4)

Für beliebiges $g \in C^\infty(\overline{\Omega})/N$ gibt es ein $v \in V^*$ mit $L^*v = g$. (5)

Auf Grund der L^p-Abschätzungen für elliptische Randwertprobleme (Kapitel V) gilt

Satz 1. *Die Eigenschaften* (i), (ii) *sind erfüllt für beliebiges $p > 1$, wenn L ein eigentlich elliptischer Differentialoperator der Ordnung $2m$ ist und V bestimmt wird durch ein System von m Randoperatoren der Ordnung $< 2m$, die die üblichen Eigenschaften besitzen. Dies trifft speziell für das* DIRICHLET-*Problem zu.*

Für $s \geqq 0$ und $w \in C^\infty(\overline{\Omega})$ sei

$$|w|_{-s,p} = \sup_{u \in V} \frac{|(w, u)|}{||u||_{s,p'}} , \qquad |w|'_{-s,p} = \sup_{v \in V^*} \frac{|(w,u)|}{||v||_{s,p'}} \tag{6}$$

mit $p' = p/(p-1)$, $p > 1$. Für $s \geqq 0$ sei $V^{s,p}(\Omega)$ (bzw. $V^{*s,p}(\Omega)$) die Abschließung von V (bzw. V^*) im Raum $W^{s,p}(\Omega)$. Für $s < 0$ wird mit diesen Symbolen die Abschließung von $C^\infty(\overline{\Omega})$ bezüglich $|\cdot|_{s,p}$ (bzw. $|\cdot|'_{s,p}$) bezeichnet.

Satz 2. *Es seien s_1, s_2 nichtnegative reelle Zahlen und $0 \leqq \theta \leqq 1$. Dann gilt mit $s_3 = (1-\theta) s_1 + \theta s_2$*

$$[V^{s_1,p}(\Omega), V^{s_2,p}(\Omega)]_\theta \subseteqq V^{s_3,p}(\Omega) , \tag{7}$$

und die Einbettung ist stetig.

Beweis: Zur Abkürzung setzen wir $X = [V^{s_1,p}(\Omega), V^{s_2,p}(\Omega)]_\theta$. Die identischen Einbettungen

$$V^{s_1,p}(\Omega) \to W^{s_1,p}(\Omega) , \qquad V^{s_2,p}(\Omega) \to W^{s_2,p}(\Omega)$$

sind stetig. Somit ist nach § 3, Satz 1 und § 3, Lemma 7 die identische Einbettung $X \to W^{s_2,p}(\Omega)$ ebenfalls stetig. Es gilt also $X \subseteqq W^{s_2,p}(\Omega)$ und

$$||u||_{s_2,p} \leqq c\, ||u||_X \qquad \text{für alle } u \in X\,. \tag{8}$$

Ohne Beschränkung der Allgemeinheit sei $s_1 \leqq s_2$ (anderenfalls wird die Reihenfolge im Interpolationspaar geändert). Aus der Dichtheit von $V^{s_2,p}(\Omega)$ in $V^{s_1,p}(\Omega)$ folgt nach § 3, Lemma 5, daß $V^{s_2,p}(\Omega)$ auch in X dicht liegt. Es sei nun $u \in X$ gegeben. Dann existiert eine Folge $(u_k)_{k\in N}$ von Elementen aus $V^{s_2,p}(\Omega)$, so daß gilt $||u_k - u||_X \to 0$. Nach (8) ist $(u_k)_{k\in N}$ in $W^{s_2,p}(\Omega)$ eine CAUCHY-Folge. Somit konvergiert die Folge in $W^{s_2,p}(\Omega)$ gegen ein $w \in V^{s_2,p}(\Omega)$. Da aber diese Folge im Raum $W^{s_1,p}(\Omega)$ sowohl u als auch w approximiert, gilt $u = w \in V^{s_2,p}(\Omega)$, und der Satz ist gezeigt. ◀

Die folgenden Aussagen sind Folgerungen aus (i), (ii).

Lemma 1. *Unter den Voraussetzungen* (i), (ii) *sind N und N^* endlichdimensional, und es gilt mit einer Konstanten* $c > 0$

$$||u||_{2m,p} \leqq c\, ||Lu||_p \qquad \textit{für alle } u \in V/N \tag{9}$$

und

$$||v||_{2m,p'} \leqq c\, ||L^*v||_{p'} \qquad \textit{für alle } v \in V^*/N^* \tag{10}$$

$(p, p' > 1)$.

Beweis: Wir zeigen (9). Der Beweis von (10) ist analog. Aus (2) folgt

$$||u||_{2m,p} \leqq c\, ||u||_p \qquad \text{für alle } u \in N\,.$$

Wegen Ω beschränkt und $\partial\Omega$ glatt ist jede abgeschlossene beschränkte Menge von $W^{2m,p}(\Omega)$ in $L^p(\Omega)$ kompakt. Daher ist die L^p-Einheitssphäre in N kompakt, also ist N endlichdimensional. Wir nehmen an, es gäbe keine Konstante $c > 0$, die (9) erfüllt. Dann existiert eine Folge $(u_k)_{k\in N}$ von Funktionen in V/N mit

$$||u_k||_{2m,p} = 1\,, \qquad ||Lu_k||_p \to 0\,. \tag{11}$$

Wegen der Kompaktheit dieser Folge in $L^p(\Omega)$ gibt es eine Teilfolge (diese werde wieder mit $(u_k)_{k\in N}$ bezeichnet), die in $L^p(\Omega)$ konvergiert. Somit folgt aus (2) und (11)

$$||u_j - u_k||_{2m,p} \leqq c\,(||L(u_j - u_k)||_p + ||u_j - u_k||_p) \to 0 \qquad \text{für } j, k \to \infty\,.$$

Die Folge $(u_k)_{k\in N}$ konvergiert also in $W^{2m,p}(\Omega)$ gegen ein Element $u \in V^{2m,p}(\Omega)/N$ (aus $(u_k, N) = 0$ folgt nämlich auch $(u, N) = 0$). Nach (11) erhält man

$$||u||_{2m,p} = 1\,. \tag{12}$$

Auf Grund von (5) kann jede Funktion $w \in C^\infty(\overline{\Omega})$ geschrieben werden in der Gestalt $w = L^*v_1 + v_2$ mit $v_1 \in V^*$, $v_2 \in N$. Unter Berücksichtigung von $(u, N) = 0$ folgt dann

$$(u, w) = (u, L^*v_1) + (u, v_2) = \lim_{k\to\infty} (u_k, L^*v_1) = \lim_{k\to\infty} (Lu_k, v_1) = 0 \quad \text{für alle } w \in C^\infty(\overline{\Omega})$$

wegen $v_1 \in C^\infty(\overline{\Omega}) \subset L^{p'}(\Omega)$ $(p' = p/(p-1))$ und $Lu_k \to 0$ in $L^p(\Omega)$. Daraus folgt aber $u \equiv 0$ im Widerspruch zu (12). ◀

Lemma 2. *Aus* (i), (ii) *folgt mit einer Konstanten* $c > 0$

$$||u||_p \leqq c\, |Lu|'_{-2m,p} \qquad \textit{für alle } u \in V/N \tag{13}$$

und

$$\|u\|_{p'} \leqq c\,|L^*v|_{-2m,p'} \qquad \textit{für alle } v \in V^*/N^* . \tag{14}$$

Beweis: Wir zeigen wieder nur die erste Ungleichung. Jedes $w \in C^\infty(\bar{\Omega})/N$ können wir nach (5) darstellen in der Gestalt $w = L^*v_1$ mit $v_1 \in V^*$. Setzen wir $v_1 = v + v_2$ ($v \in V^*/N^*$, $v_2 \in N^*$), so gilt

$$w = L^*v \qquad \text{mit } w \in C^\infty(\bar{\Omega})/N , \qquad v \in V^*/N^* . \tag{15}$$

Dann erhalten wir (vgl. (6))

$$|Lu|'_{-2m,p} = \sup_{v\in V^*} \frac{|(Lu, v)|}{\|v\|_{2m,p'}} \geqq \sup_{v\in V^*/N^*} \frac{|(u, L^*v)|}{\|v\|_{2m,p'}} .$$

Dies ist wegen (10) und (11)

$$\geqq \sup_{w\in C^\infty(\bar{\Omega})/N} \frac{|(u, w)|}{\|v\|_{2m,p'}} \geqq c_1 \sup_{w\in C^\infty(\bar{\Omega})/N} \frac{|(u, w)|}{\|w\|_{p'}} = c_1 \|u\|_p .$$

Die letzte Gleichung ist richtig wegen $u \in V/N$. ◀

Satz 3. *Unter den Voraussetzungen* (i), (ii) *existiert zu jeder reellen Zahl s mit $0 \leqq s \leqq 2m$ eine Konstante $c_s > 0$ mit*

$$\|u\|_{s,p} \leqq c_s(|Lu|'_{s-2m,p} + \|u\|_{s-2m,p}) \qquad \textit{für alle } u \in V \tag{16}$$

und

$$\|v\|_{s,p'} \leqq c_s(|L^*v|_{s-2m,p} + \|v\|_{s-2m,p'}) \qquad \textit{für alle } v \in V^* . \tag{17}$$

Beweis: Es werde (16) gezeigt. Wegen $(Lu, w) = (u, L^*w) = 0$ für alle $u \in V$, $w \in N^*$ gilt $Lu \in C^\infty(\bar{\Omega})/N^*$ für alle $u \in V$. Wir bilden das Inverse

$$L^{-1}: C^\infty(\bar{\Omega})/N^* \to V/N \subseteqq V .$$

Unter Beachtung von (9) bzw. (13) erhalten wir nach Abschätzung von L^{-1} in bezug auf die jeweiligen Normen die linearen stetigen Operatoren

$$L^{-1}: L^p(\Omega)/N^* \to V_{2m,p}(\Omega)$$

und

$$L^{-1}: V^{*-2m,p}(\Omega)/N^* \to L^p(\Omega)$$

(die wir der Einfachheit halber wieder mit L^{-1} bezeichnet haben). Wir setzen $L^{-1} \equiv 0$ auf N^* und erklären nach VI.3.1. Satz 1 die Abbildung L^{-1} als stetigen Operator von

$$X_\theta = [V^{*-2m,p}(\Omega), L^p(\Omega)]_\theta$$

in

$$Y_\theta = [L^p(\Omega), V^{2m,p}(\Omega)]_\theta$$

$(0 < \theta < 1)$. Wegen der Stetigkeit ist also

$$\|u\|_{Y_\theta} \leqq c\|Lu\|_{X_\theta} \qquad \text{für alle } u \in V/N . \tag{18}$$

Anwendung von Satz 2 liefert für $s_1, s_2 \geqq 0$, $s = (1 - \theta)\, s_1 + \theta s_2$

$$Z = [V^{s_1,p}(\Omega), V^{s_2,p}(\Omega)]_\theta \subseteqq V^{s,p}(\Omega) \tag{19}$$

mit stetiger Injektion, d. h.

$$\|u\|_{s,p} \leqq c\|u\|_Z . \tag{20}$$

Speziell sei $s_1 = 0$, $s_2 = 2m$, also $s = 2\theta m$ und $V^{s_1,p}(\Omega) = L^p(\Omega)$. Auf Grund von (19), (20) erhält man

$$\|u\|_{s,p} \leqq c\|u\|_{Y_\theta} \qquad (s = 2\theta m) . \tag{21}$$

$V^{*2m,p'}(\Omega)$ ist das Duale zu $V^{*-2m,p}(\Omega)$ $(p' = p/(p-1))$. Demnach ist X_θ das Duale (vgl. § 3, Lemma 6) zum Raum

$$[V^{*2m,p'}(\Omega), L^{p'}(\Omega)]_\theta = [L^{p'}(\Omega), V^{*2m,p'}(\Omega)]_{1-\theta} . \tag{22}$$

Setzen wir $\theta' = (1-\theta)$, so gilt $(1-\theta')\, s_1 + \theta' s_2 = 2m - s$ $(s = 2\theta m)$, und wegen (19) ist der Raum (22) enthalten in $V^{*2m-s,p'}(\Omega)$ mit stetiger Injektion (vgl. Satz 2). Daher folgt

$$\|w\|_{X_\theta} \leqq c|w|'_{s-2m,p} \qquad \text{für alle } w \in L^p(\Omega) . \tag{23}$$

Nach (18), (21), (23) gilt

$$\|u\|_{s,p} \leqq c|Lu|'_{s-2m,p} \qquad \text{für alle } u \in V/N .$$

Es sei nun $u \in V$. Wir setzen $u = u' + u''$ mit $u' \in V/N$, $u'' \in N$ und erhalten

$$\|u\|_{s,p} \leqq \|u'\|_{s,p} + \|u''\|_{s,p} \leqq c|Lu|'_{s-2m} + c\|u''\|_{s-2m,p} .$$

Die letzte Ungleichung ist richtig, da auf dem endlichdimensionalen Raum N alle Normen äquivalent sind. Es gilt aber

$$\begin{aligned}\|u''\|_{s-2m,p} &= \|u - u'\|_{s-2m,p} \leqq \|u\|_{s-2m,p} + \|u'\|_{s-2m,p} \\ &\leqq \|u\|_{s-2m,p} + \|u'\|_{s,p} \leqq \|u\|_{s-2m,p} + c|Lu|'_{s-2m,p} .\end{aligned}$$

Kombination der letzten beiden Ungleichungen liefert (16). Der Beweis von (17) ist analog. ◀

4.2. Abschätzung der Bilinearform

Satz 4. *Die Voraussetzungen* (i), (ii) *aus* 4.1 *seien erfüllt. Aus* $u \in W^{-\infty}(\Omega)$ *und*

$$|(u, L^*v)| \leqq C\|v\|_{2m-s,p'} \qquad \textit{für alle } v \in V^* \tag{24}$$

folgt $u \in V^{s,p}(\Omega)$ *und*

$$\|u\|_{s,p} \leqq c(C + \|u\|_{s-2m,p}) . \tag{25}$$

Aus $v \in W^{-\infty}(\Omega)$ *und*

$$|(v, Lu)| \leqq C\|u\|_{2m-s,p} \qquad \textit{für alle } u \in V \tag{26}$$

folgt $v \in V^{*s,p'}(\Omega)$ *und*

$$\|v\|_{s,p'} \leqq c(C + \|v\|_{s-2m,p'}) . \tag{27}$$

Dabei sind $p, p' > 1$ *gegeben.*

Beweis: Nach (24) ist (u, L^*v) ein lineares beschränktes Funktional auf $V^{*2m-s,p'}(\Omega)$. Wegen der Dualität zwischen $V^{*2m-s,p'}(\Omega)$ und $V^{*s-2m,p}(\Omega)$ existiert also ein $f \in V^{*s-2m,p}(\Omega)$, so daß gilt

$$(u, L^*v) = (f, v) \tag{28}$$

und

$$|f|'_{s-2m,p} \leqq C . \tag{29}$$

Aus (28) folgt $(f, N^*) = 0$. Nach Definition von $V^{*s-2m,p}(\Omega)$ existiert eine Folge $(f_k)_{k\in N}$ von Funktionen aus $C^\infty(\bar{\Omega})$, so daß gilt $|f_k - f|'_{s-2m,p} \to 0$. Für jedes k setzen wir

$$f_k = f'_k + f''_k \qquad \text{mit } (f'_k, N^*) = 0, f''_k \in N^* .$$

Für alle $w \in N^*$ gilt dann $(f''_k, w) = (f_k - f'_k, w) \to 0$ für $k \to \infty$. Da N^* endlichdimensional ist, strebt (f''_k) in $L^2(\Omega)$ gegen Null sowie in jeder anderen in N' gegebenen lokalkonvexen Topologie, d. h. insbesondere $|f''_k|'_{s-2m,p} \to 0$. Aus $|f'_k - f|'_{s-2m,p} \leqq |f_k - f|'_{s-2m} + |f''_k|'_{s-2m,p} \to 0$ folgt also dann

$$|f'_k - f|'_{s-2m,p} \to 0 .$$

Für jedes k existiert ein $u_k \in V/N$ mit $Lu_k = f'_k$. Auf Grund von

$$||u_k||_{s,p} \leqq c|Lu_k|'_{s-2m,p}$$

(vgl. den Beweis von Satz 3) folgt

$$||u_j - u_k||_{s,p} \to 0 \qquad \text{für } j, k \to \infty .$$

Somit strebt die Folge $(u_k)_{k\in N}$ im Raum $W^{s,p}(\Omega)$ gegen eine Funktion $u_0 \in V^{s,p}(\Omega)$. Ferner gilt für $v \in V^*$

$$(u_0, L^*v) = \lim_{k\to\infty} (u_k, L^*v) = \lim_{k\to\infty} (Lu_k, v) = (f, v) . \tag{30}$$

Dies liefert zusammen mit (28)

$$(u - u_0, L^*v) = 0 .$$

Setzen wir $u - u_0 = u' + u''$ mit $(u', N) = 0$, $u'' \in N$, so erhalten wir

$$(u', L^*v) = 0 \qquad \text{für alle } v \in V^* .$$

Nach Annahme (ii) läßt sich jedes $w \in C^\infty(\bar{\Omega})$ schreiben in der Gestalt $w = L^*v_1 + v_2$ mit $v_1 \in V^*$, $v_2 \in N$. Damit folgt

$$(u', w) = (u', L^*v_1) + (u', v_2) = 0 \qquad \text{für alle } w \in C^\infty(\bar{\Omega}) ,$$

d. h. $u' = 0$. Somit ist $u = u_0 + u'' \in V^{s,p}(\Omega)$, und die erste Behauptung ist gezeigt. Die Ungleichung (25) folgt aus der Tatsache, daß $u_k + u''$ in $V^{s,p}(\Omega)$ gegen u strebt, während $L(u_k + u'') = f'_k$ in $V^{*s-2m,p}(\Omega)$ gegen f strebt. Aus

$$||u_k + u''||_{s,p} \leqq c(|L(u_k + u'')|'_{s-2m,p} + ||u_k + u''||_{s-2m,p})$$

folgt nach Grenzübergang

$$||u||_{s,p} \leqq c(|f|'_{s-2m,p} + ||u||_{s-2m,p}) .$$

Dies liefert zusammen mit (29) die Ungleichung (25). Der zweite Teil des Satzes wird völlig analog gezeigt. ◀

Korollar. *Aus* $(u, N) = 0$ *folgt unter den Voraussetzungen von Satz* 4 *sogar*

$$||u||_{s,p} \leqq cC . \tag{31}$$

Eine analoge Aussage gilt für (27).

Beweis: Im Beweis des vorigen Satzes gilt $(u_0, N) = 0$ wegen $u_k \in V/N$ für alle $k \in N$. Aus der Darstellung $u - u_0 = u'' \in N$ folgt $u'' = 0$ wegen $(u, N) = 0$, also

$u = u_0$. Aus (24) folgt für jedes k

$$\|u_k\|_{s,p} \leqq c|Lu_k|'_{s-2m,p} ,$$

und unter Beachtung von (29) erhalten wir (31) nach Grenzübergang. ◀

§ 5. Maximum-Abschätzung

5.1. Hilfsfunktion in Ω

Die L^p-Abschätzungen in § 5 verbinden wir jetzt mit der in § 2 konstruierten Hilfsfunktion auf folgende Weise.

Lemma 1. *u sei eine Lösung des* DIRICHLET-*Problems mit Randwerten aus $C^\infty(\partial\Omega)$. Dann existiert eine Funktion $z \in C^\infty(\overline{\Omega})$, so daß gilt*

$$\|z\|_{C^{m-1}(\overline{\Omega})} \leqq cG \tag{1}$$

mit einer von den Randwerten unabhängigen Konstanten $c > 0$ und

$$\left(\frac{\partial}{\partial\nu}\right)^{j-1}(u - z)\bigg|_{\partial\Omega} = 0 \qquad \text{für } j = 1, \dots, m . \tag{2}$$

Weiterhin existiert eine Konstante $c > 0$, so daß gilt

$$|(u - z, L^*w)| \leqq cG\|w\|_{m,p'} \tag{3}$$

für alle $w \in C^\infty(\overline{\Omega})$ mit $(\partial/\partial\nu)^{j-1} w = 0$ für $j = 1, \dots, m$. Dabei ist $p' > 1$ eine beliebige reelle Zahl.

Beweis: Es sei $B = \operatorname{int} K_0^1$ die offene Einheitsvollkugel im R^n und $H = \{y: |y| \leqq 1, y_n > 0\}$. Wir wählen eine endliche Überdeckung $(U_\iota)_{\iota\in I}$ von $\overline{\Omega}$, so daß für jedes $\iota \in I$ ein Diffeomorphismus $\vartheta_\iota: U_\iota \to B$ existiert mit

$$\vartheta_\iota: U_\iota \cap \overline{\Omega} \to H \qquad \text{für } U_\iota \cap \partial\Omega \neq \emptyset .$$

Es sei $(\varphi_\iota^2)_{\iota\in I}$ eine glatte Zerlegung der Einheit, die zur Überdeckung von $\overline{\Omega}$ gehört. $\iota \in I$ sei ein festgehaltener Index mit $U_\iota \cap \partial\Omega \neq \emptyset$. Wir definieren $y = y(x) = \vartheta_\iota(x)$, $x = x(y) = \vartheta_\iota^{-1}(y)$, $y' = (y_1, \dots, y_{n-1})$,

$$h_j(y') = (\varphi_\iota g_\iota)\big(x(y', 0)\big) \qquad (j = 1, \dots, m) .$$

Die Funktionen h_j setzen wir außerhalb $K \cap R^{n-1}$ durch Null fort; wir erhalten dann Funktionen aus $C_0^\infty(R^{n-1})$, die wir wieder mit h_j bezeichnen. Es existieren dann Konstanten $c_1, c_2 > 0$ mit

$$c_1 G \leqq \sum_{j=1}^{m} \|h_j\|_{C^{m-j}(R^{n-1})} \leqq c_2 G . \tag{4}$$

Mit den Randwerten $(h_j)_{j=1,\dots,m}$ konstruieren wir gemäß § 2 eine Hilfsfunktion $z_\iota(y)$ im Halbraum $y_n \geqq 0$. Es sei $\tilde{z}_\iota(x) = z_\iota(y(x))$ und

$$z(x) = \sum_{\iota\in J} \varphi_\iota(x)\, \tilde{z}_\iota(x) , \qquad J = \{\iota \in I: U_\iota \cap \partial\Omega \neq \emptyset\} .$$

z nimmt dann offenbar dieselben Randwerte an wie u und erfüllt wegen der bewiesenen Eigenschaften der Hilfsfunktion und (4) die Abschätzung (1). Es bleibt also (3) zu beweisen. Für jedes $w \in C^\infty(\bar{\Omega})$ mit verschwindenden DIRICHLET-Daten erhalten wir nach partieller Integration unter Berücksichtigung von (3) und $Lu = 0$

$$(u - z, L^*w) = - (Lz, w)$$

$$= - \int_\Omega w(x) \sum_{|\alpha| \leq 2m-1} a_\alpha(x) D^\alpha \left\{\sum_{\iota \in I} \varphi_\iota \tilde{z}_\iota(x)\right\} dx - \int_\Omega w(x) \sum_{|\alpha| = 2m} a_\alpha(x) D^\alpha \left\{\sum_{\iota \in I} \varphi_\iota(x) \tilde{z}_\iota(x)\right\} dx$$

$$= \sum_{\iota \in J} \int_\Omega w(x) \sum_{|\beta| \leq 2m-1} b_\beta(x) D^\beta \tilde{z}_\iota(x)\, dx - \sum_{\iota \in J} \int_\Omega w(x)\, \varphi_\iota(x) \sum_{|\alpha| = 2m} a_\alpha(x) D^\alpha \tilde{z}_\iota(x)\, dx\,. \tag{5}$$

Die Funktionen b_β sind Linearkombinationen von Ableitungen der Funktionen φ_ι, multipliziert mit gewissen Koeffizienten a_α. Wir halten den Index ι fest und erhalten nach Transformation ϑ_ι für den ι-ten Summanden aus (5) nach Umordnen mit neuen Funktionen b_β und der Transformationsdeterminante J

$$\int_H J_\iota(y)\, w(y) \sum_{|\beta| \leq 2m-1} b_\beta(y)\, D_y^\beta z_\iota(y)\, dy - \int_H J_\iota(y)\, w(y)\, \varphi_\iota(y) \sum_{|\alpha| = 2m} a_\alpha(y)\, D_y^\alpha z_\iota(y)\, dy\,. \tag{6}$$

Zur Vereinfachung der Symbolik haben wir hier (etwas unexakt) $w(y)$, $a_\alpha(y)$ bzw. $\varphi_\iota(y)$ anstelle von $w(x(y))$, $a_\alpha(x(y))$, $\varphi_\iota(x(y))$ geschrieben, was nicht zu Verwechslungen führen kann. Wir schätzen zunächst das zweite Glied von (6) ab. Es sei

$$L^1(y', D) = \sum_{|\alpha| = 2m} a_\alpha(y', 0)\, D_y^\alpha\,.$$

Dann erhalten wir nach Herausziehen von $\max |J_\iota|$

$$\left|\int_H J_\iota(y)\, w(y)\, \varphi_\iota(y) \sum_{|\alpha| = 2m} a_\alpha(y)\, D_y^\alpha z_\iota(y)\, dy\right|$$

$$\leqq c \int_H \left|w(y)\, \varphi_\iota(y) \sum_{|\alpha| = 2m} [a_\alpha(y', y_n) - a_\alpha(y', 0)]\, D_y^\alpha z_\iota(y)\right| dy$$

$$+ c \int_H |w(y)\, \varphi_\iota(y)\, L^1(y', D)\, z_\iota(y)|\, dy$$

$$\leqq c \int_H |w\varphi_\iota| \sum_{|\alpha| = 2m} \max_H \left|\frac{\partial a_\alpha}{\partial y_n}\right| y_n\, |D^\alpha z_\iota|\, dy + c \int_H |w\varphi_\iota|\, |L^1 z_\iota|\, dy$$

$$\leqq cG \left\{\int_H |w\varphi_\iota|\, y_n y_n^{-m-1}\, dx + \int_H |w\varphi_\iota|\, y_n^{-m-\lambda}\, dy\right\} \leqq cG \int_H |w\varphi_\iota|\, y_n^{-m-\lambda}\, dy. \tag{7}$$

Zuletzt wurde § 2, Satz 1 angewendet. Die Zahl $\lambda > 0$ wählen wir genügend klein. Da w die homogenen Randbedingungen erfüllt, gilt

$$\left(\frac{\partial}{\partial y_n}\right)^{j-1} (w\varphi_\iota)\bigg|_{y_n = 0} = 0 \qquad (j = 1, \ldots, m)$$

also

$$b(y) \overset{\text{def}}{=} w\varphi_\iota(y) = \int_0^{y_n} \frac{(y_n - t)^{m-1}}{(m-1)!} \left(\frac{\partial}{\partial y_n}\right)^m b(y', t)\, dt\,.$$

Es sei $A \supset H$ ein Rechteck der Höhe 1 mit der Basis $E = \{y' : |y'| \leqq 1\}$ auf $y_n = 0$. Dann gilt

$$(7) \leqq cG \int_A \left\{ \int_0^{y_n} \frac{(y_n - t)^{m-1}}{(m-1)!} |D_t^m b(y', t)| \, dt \right\} y_n^{-m-\lambda} \, dy$$

$$\leqq cG \int_E \left\{ \int_0^1 y_n^{-m-\lambda} \left[\int_0^{y_n} \frac{(y_n - t)^{m-1}}{(m-1)!} |D_t^m b(y', t)| \, dt \right] dy_n \right\} dy'$$

$$= cG \int_E \left\{ \int_0^1 |D_t^m b(y', t)| \left[\int_t^1 y_n^{-m-\lambda} \frac{(y_n - t)^{m-1}}{(m-1)!} \, dy_n \right] dt \right\} dy' . \tag{8}$$

Sukzessive partielle Integration liefert

$$\int_t^1 y_n^{-m-\lambda} (y_n - t)^{m-1} \, dy_n = - y_n^{-m+1-\lambda} \frac{(y_n - t)^{m-1}}{m-1} \Bigg|_t^1 + \int_t^1 y_n^{-m+1-\lambda} (y_n - t)^{m-2} \, dy_n$$

$$= \cdots = P(t) + \int_t^1 y_n^{-1-\lambda} \, dy_n = P(t) - \lambda^{-1} + t^{-\lambda} \lambda^{-1} .$$

Hierbei ist $P(t)$ ein Polynom vom Grad $m - 1$. Einsetzen in (8) liefert

$$(7) \leqq cG \left\{ \int_E \left[\int_0^1 |D_t^m b(y', t)| \, dt \right] dy' + \int_E \left[\int_0^1 |D_t^m b(y', t)| \, t^{-\lambda} \, dt \right] dy' \right\}$$

$$= cG \left\{ \int_A |D_{y_n}^m b(y)| \, dy + \int_A |D_{y_n}^m b(y)| \, y_n^{-\lambda} \, dy \right\} \leqq cG \, ||w||_{m,p'} \left(1 + \left[\int_0^1 |y_n^{-\lambda}|^p \, dy_n \right]^{1/p} \right) .$$

Zuletzt wurde die HÖLDERsche Ungleichung angewendet. Der Ausdruck in der runden Klammer auf der rechten Seite ist beschränkt durch eine Konstante, wenn wir λ genügend klein wählen. Analog schätzt man die anderen Glieder in (6) ab. Damit ist das Lemma gezeigt. ◀

5.2. Abschätzung und Existenzsatz

Satz 1. *Es sei $\Omega \subset R^n$ ein beschränktes Gebiet mit glattem Rand, und*

$$L(x, D) = \sum_{|\alpha| \leqq 2m} a_\alpha(x) \, D^\alpha$$

sei ein gleichmäßig elliptischer Operator mit glatten Koeffizienten (der für $n = 2$ außerdem die Wurzelbedingung erfüllt). Es sei $u \in C^{2m}(\Omega) \cap C^{m-1}(\overline{\Omega})$ eine Lösung des DIRICHLET-Problems § 1, (1), (2). Dann existieren von u unabhängige Konstanten $c_1 > 0$, $c_2 \geqq 0$, so daß für genügend großes $p > 1$ gilt

$$\sum_{|\alpha| \leqq m-1} \sup_{x \in \Omega} |D^\alpha u(x)| \leqq c_1 G + c_2 \, ||u||_p . \tag{9}$$

G ist die Norm der DIRICHLET-Daten $(g_1, \ldots, g_m)$ im Raum $\bigtimes_{j=1}^{m} C^{m-j}(\partial \Omega)$.

Beweis: Mit c bezeichnen wir wie bisher verschiedene Konstanten. Nach Lemma 1 gilt mit $v = u - z$

$$|(v, L^*w)| \leqq cG \, ||w||_{m,p'}$$

für alle $w \in V'$. Aus § 4, Satz 4 folgt also mit $s = m$

$$||v||_{m,p} \leqq c(G + ||v||_p) , \qquad (p' = p/(p-1)) . \tag{10}$$

Wir setzen vorübergehend $||v||_{C^k} = \max_{x \in \bar{\Omega}} \max_{|\alpha| \leq k} |D^\alpha v(x)|$. Dann folgt aus (10) nach den Sobolevschen Einbettungssätzen für $p > 1$ genügend groß

$$||v||_{C^{m-1}} \leqq c(G + ||v||_p) . \tag{11}$$

Wegen $u = v + z$ erhalten wir

$$||u||_{C^{m-1}} \leqq ||v||_{C^{m-1}} + ||z||_{C^{m-1}} \leqq c(G + ||v||_p + ||z||_{C^{m-1}}) .$$

Einsetzen von

$$||v||_p \leqq ||u||_p + ||z||_p \leqq ||u||_p + c \, ||z||_{C^{m-1}}$$

und $||z||_{C^{m-1}} \leqq cG$ (vgl. (1)) liefert die Behauptung. ◀

Die Größe von $p > 1$ ist nicht sehr wesentlich. Durch eine zusätzliche Betrachtung kann man erreichen, daß z. B. $p = 2$ gesetzt werden kann (vgl. [C 5]). Das wird hier aber nicht verwendet. Wir setzen

$$D_1(\bar{\Omega}) = \{u \in C^{2m}(\Omega) \cap C^{m-1}(\bar{\Omega}) : Lu = 0 \text{ in } \Omega\} .$$

Dann ist $D_1(\bar{\Omega})$ in $C^{m-1}(\bar{\Omega})$ ein abgeschlossener Unterraum. Da N endlichdimensional ist, können wir in $D_1(\bar{\Omega})$ bezüglich der durch $C^{m-1}(\bar{\Omega})$ induzierten Topologie ein topologisches Komplement $D(\bar{\Omega})$ zu N bilden, also

$$D_1(\bar{\Omega}) = D(\bar{\Omega}) \oplus N . \tag{12}$$

Z. B. ist

$$D(\bar{\Omega}) = \{u \in D_1(\bar{\Omega}) : (u, N) = 0\} \tag{13}$$

ein topologisches Komplement, da eine algebraische Zerlegung der Gestalt (12) wegen der Endlichdimensionalität von N automatisch topologisch ist.

Korollar. *Es sei $D(\bar{\Omega})$ ein topologisches Komplement zu N im Raum $D_1(\bar{\Omega})$. Dann gilt*

$$\sum_{|\alpha| \leqq m-1} \sup_{x \in \Omega} |D^\alpha u(x)| \leqq cG \qquad \text{für alle } u \in D(\bar{\Omega}) . \tag{14}$$

Beweis: Wir betrachten die Funktionen $v = u - z$, $u \in D(\bar{\Omega})$. Zu jedem solchen v existiert ein $w \in N$ mit $(v + w, N) = 0$. Die Menge aller Funktionen $\tilde{u}$ der Gestalt $u + w = v + w + z$ bildet wiederum ein topologisches Komplement zu N in $D_1(\bar{\Omega})$. Da alle topologischen Komplemente untereinander linear homöomorph sind, können wir von vornherein annehmen

$$(v, N) = 0 \qquad \text{für alle } u \in D(\bar{\Omega}) .$$

Wegen § 4, (31) geht jetzt die Ungleichung (11) im Beweis von Satz 1 über in $||v||_{C^{m-1}} \leqq cG$. Der Rest des Beweises liefert mit dieser zusätzlichen Information die Behauptung. ◀

Durch partielle Integration bilden wir in üblicher Weise zu dem Operator L eine Bilinearform B, so daß gilt $(u, Lv) = B[u, v]$ für alle $u, v \in C_0^\infty(\Omega)$,und alle in B auftretenden Ableitungen die Ordnung $\leqq m$ haben (vgl. V.2.2.). Analog erklären wir zu L^* eine Bilinearform B^*. Wir setzen B und B^* auf $W_0^{m,2}(\Omega) \times W_0^{m,2}(\Omega)$ fort und erhalten

$$\left.\begin{aligned} |B[u, v]| &\leqq c\|u\|_{m,2}\,\|v\|_{m,2} \\ |B^*[u, v]| &\leqq c\|u\|_{m,2}\,\|v\|_{m,2} \end{aligned}\right\} \text{für alle } u, v \in W_0^{m,2}(\Omega)\,.$$

Satz 2. *Die Voraussetzungen des vorigen Satzes seien erfüllt, und es gelte mit einer Konstanten* $a > 0$

$$|B[u, u]| \geqq a\|u\|_{m,2}^2,\ |B^*[u, u]| \geqq a\|u\|_{m,2}^2 \qquad \textit{für alle } u \in W_0^{m,2}(\Omega)\,. \tag{15}$$

Dann existiert zu beliebigem

$$(g_1, \dots, g_m) \in \mathop{\times}_{j=1}^{m} C^{m-j}(\partial\Omega) \tag{16}$$

genau eine Lösung $u \in C^{2m}(\Omega) \cap C^{m-1}(\overline{\Omega})$ *des* DIRICHLET-*Problems* § 1, (1), (2), *und es gilt mit einer von u unabhängigen Konstanten* $c > 0$

$$\sum_{|\alpha| \leqq m-1} \sup_{x \in \Omega} |D^\alpha u(x)| \leqq cG\,. \tag{17}$$

Beweis: Aus (15) folgt $N = N' = \{0\}$, und zu beliebigen Randwerten $g_1, \dots, g_m \in C^\infty(\partial\Omega)$ existiert eine Lösung $u \in C^\infty(\overline{\Omega})$ des DIRICHLET-Problems (vgl. V.3.4. Korollar zu Satz 4). Das bedeutet auch die Eindeutigkeit von Lösungen in $C^{2m}(\Omega) \cap C^{m-1}(\overline{\Omega})$. Zu den gegebenen Randwerten (16) existiert eine Folge $(g_j^k)_{k \in N} \subset C^\infty(\partial\Omega)$ $(j = 1, \dots, m)$ mit

$$G^k = \left\|(g_1^k, \dots, g_m^l)\right\|_{\mathop{\times}_{j=1}^{m} C^{m-j}(\partial\Omega)} \to G \qquad \text{für } k \to \infty\,.$$

Zu den Randwerten $(g_1^k, \dots, g_m^k)$ bilden wir die Lösung des DIRICHLET-Problems $u^k \in C^\infty(\overline{\Omega})$ $(k \in N)$. Aus (14) folgt wegen $N = \{0\}$

$$\|u^k\|_{C^{m-1}} \leqq cG^k \qquad (k \in N)\,. \tag{18}$$

Für $k \to \infty$ strebt also die Folge $(u^k)_{k \in N}$ gegen eine Funktion $u \in C^{m-1}(\overline{\Omega})$ mit den Randwerten (16). u ist in Ω distributionentheoretische Lösung von $Lu = 0$ und nach Kapitel V sogar klassische Lösung, d. h. $u \in C^\infty(\Omega)$. Die Abschätzung (17) folgt aus (18) durch Grenzübergang. Damit ist der Satz gezeigt.

5.3. Inhomogenes Problem

Satz 3. *Die Voraussetzungen von Satz 2 seien erfüllt, und es gelte* (15). *Dann existiert für beliebige*

$$(g_1, \dots, g_m) \in \mathop{\times}_{j=1}^{m} C^{m-j}(\partial\Omega)$$

und beliebiges $f \in C^\infty(\overline{\Omega})$ *genau eine Lösung* $u \in C^{m-1}(\overline{\Omega}) \cap C^{2m}(\Omega)$ *des Problems*

$$L(x, D)\, u = f \qquad \textit{in } \Omega\,,$$

$$\left.\frac{\partial^{j-1}}{\partial\nu^{j-1}} u\right|_{\partial\Omega} = g_j \qquad (j = 1, \dots, m)\,,$$

und es gilt die Abschätzung

$$\sum_{|\alpha| \leqq m-1} \sup_{x \in \Omega} |D^\alpha u(x)| \leqq c(G + \sup_{x \in \Omega} |f(x)|) . \tag{19}$$

Beweis: Es sei zunächst $g_j \in C^\infty(\partial\Omega)$ ($j = 1, \dots, m$). Dann folgt aus den Sätzen aus Kapitel V. § 2 die Existenz eindeutig bestimmter Funktionen $v, w \in C^\infty(\overline{\Omega})$ (vgl. V.3.4., Korollar zu Satz 4) mit

$$L(x, D)\, v = f , \qquad L(x, D)\, w = 0 \qquad \text{in } \Omega$$

$$\left.\frac{\partial^{j-1}}{\partial \nu^{j-1}} v\right|_{\partial\Omega} = 0 , \quad \left.\frac{\partial^{j-1}}{\partial \nu^{j-1}} w\right|_{\partial\Omega} = g_j \qquad (j = 1, \dots, m) .$$

Für w besteht nach Satz 1 die Abschätzung

$$||w||_{C^{m-1}(\overline{\Omega})} \leqq cG . \tag{20}$$

Für v gilt nach V.2.3. für beliebiges $p > 1$

$$||v||_{2m,p} \leqq c||f||_p . \tag{21}$$

Für genügend großes $p > 1$ erhält man nach den SOBOLEVschen Einbettungssätzen sofort

$$||v||_{C^{2m-1}(\overline{\Omega})} \leqq c\, ||v||_{2m,p}$$

d. h.

$$||v||_{C^{m-1}(\overline{\Omega})} \leqq c||f||_{C(\overline{\Omega})} .$$

Die Abschätzung (19) folgt aus $u = v + w$ und

$$||u||_{C^{m-1}(\overline{\Omega})} \leqq ||v||_{C^{m-1}(\overline{\Omega})} + ||w||_{C^{m-1}(\overline{\Omega})} \leqq c(G + ||f||_{C(\overline{\Omega})}) .$$

Durch Grenzübergang erhält man die Aussage ähnlich wie in Satz 2. ◀

VII. WHITNEY-FORTSETZUNG UND REGULARITÄT KOMPAKTER MENGEN

§ 1. WHITNEYscher Fortsetzungssatz

Die potentialtheoretischen Untersuchungen über das DIRICHLET-Problem bei elliptischen Gleichungen höherer Ordnung in Kapitel VIII basieren auf Annahmen, in die unter anderem eine gewisse Regularität des betrachteten Gebietes eingeht. Darin liegt ein qualitativer Unterschied zur Potentialtheorie bei elliptischen Gleichungen zweiter Ordnung. Das Studium der Lösungen elliptischer Gleichungen ist natürlich auch im Fall höherer Ordnung für ganz beliebige Gebiete sinnvoll und wünschenswert. Trotzdem sind die sich bietenden potentialtheoretischen Hilfsmittel an Voraussetzungen über den Rand gebunden, insbesondere an den zu beschreibenden Regularitätsbegriff, der auch von selbständigem Interesse ist, und den wir deshalb gesondert studieren. Bezüglich Literatur verweisen wir z. B. auf [W 11], [G 6], [G 7], [H 9], [M 2], [W 31], [S 50], [W 28], [P 9], [W 24].

1.1. WHITNEY-TAYLOR-Felder

Es sei $q \geqq 0$ eine ganze Zahl, und $K \subset R^n$ sei eine kompakte Menge. Ein Tupel auf K definierter stetiger Funktionen

$$g_\alpha = (g)_{|\alpha| \leqq q} \in \underset{|\alpha| \leqq q}{\times} C(K)$$

werde als TAYLOR-Feld der Ordnung q bezeichnet. Zur Abkürzung setzen wir

$$V^q(K) = \underset{|\alpha| \leqq q}{\times} C(K) .$$

$V^q(K)$ ist ein BANACH-Raum in der Produkttopologie. Als Normierung kann man etwa wählen

$$\|g\|_{V^q(K)} = \sum_{|\alpha| \leqq q} \|g_\alpha\|_{C(K)} .$$

Die Vektoren $g \in V^q(K)$ haben $\sum_{k=0}^{q} n^k$ Komponenten. Gefragt wird nach Kriterien, unter denen zu einem gegebenen TAYLOR-Feld $g \in V^q(K)$ ein $\varphi \in C^q(R^n)$ existiert mit

$$g_\alpha = r_K(D^\alpha \varphi) \qquad \text{für alle } \alpha \text{ mit } |\alpha| \leqq q$$

(r_K ist wie üblich der Operator der Einschränkung auf die Menge K). Wir haben also mit anderen Worten die Menge

$$W^q(K) = \{g = (g_\alpha)_{|\alpha| \leqq q} : g_\alpha = r_K(D^\alpha \varphi),\ |\alpha| \leqq q,\ \varphi \in C^q(R^n)\}$$

zu betrachten.

Die Elemente aus $W^q(K)$ bezeichnen wir als Whitney-Taylor-Felder der Ordnung q auf K. Es gilt $W^q(K) \subseteqq V^q(K)$. Für $\varphi \in C^q(R^n)$ setzen wir $j\varphi = (D^\alpha\varphi)_{|\alpha| \leq q}$. Mit der Definition von $W^q(K)$ ist dann unmittelbar eine natürliche Abbildung

$$(r_K j): C^q(R^n) \to W^q(K)$$

gegeben. Jede Funktion $\varphi \in C^q(R^n)$ mit $g = (r_K j)\,\varphi \in W^q(K)$ bezeichnen wir als Fortsetzung von g. Ist Ω_0 eine offene Umgebung von K, so gilt bereits

$$W^q(K) = r_K j(C_0^q(\Omega_0))$$

und

$$W^q(K) = r_K j(C^q(\Omega_0)) = r_K j(C^q(\bar{\Omega}_0))$$

in offensichtlicher Symbolik.

Definition 1. Eine kompakte Menge $K \subset R^n$ heißt *q-regulär*, falls $W^q(K)$ ein Banach-Raum ist in der durch $V^q(K)$ induzierten Topologie.
Jede kompakte Menge K ist 0-regulär. Dies folgt unmittelbar aus dem Satz von Tietze (I.1.6., Satz 12), wonach die Abbildung $r_K: C(R^n) \to C(K)$ surjektiv ist.

1.2. Satz von Whitney

Bevor wir die q-regulären kompakten Mengen näher untersuchen, geben wir ein klassisches Resultat von H. Whitney an über die Fortsetzbarkeit von Taylor-Feldern für beliebige kompakte Mengen $K \subset R^n$.

Im Raum $V^q(K)$ definieren wir einen linearen Operator

$$D^\alpha: V^q(K) \to V^{q-|\alpha|}(K)\,, \qquad |\alpha| \leqq q$$

(eine „Differentiation"), indem wir setzen

$$D^\alpha g = (g_{\alpha+\beta})_{|\beta| \leq q-|\alpha|} \in V^{q-|\alpha|}(K)\,,$$

$g \in V^q(K)$. Für $a \in K$, $x \in R^n$, $g \in V^q(K)$ definieren wir weiterhin die Funktion

$$(T_a^q g)(x) = \sum_{|\alpha| \leq q} \frac{(x-a)^\alpha}{\alpha!} g_\alpha(a)\,.$$

Für jedes feste $a \in K$ gilt $T_a^q g \in C^\infty(R^n)$, so daß also folgendes Taylor-Feld gebildet werden kann

$$R_a^q g = g - r_K j(T_a^q g) = \left(g_\alpha(x) - \sum_{|\beta| \leq m-|\alpha|} \frac{(x-a)^\beta}{\beta!} g_{\alpha+\beta}(a)\right)_{|\alpha| \leq q}.$$

Definition 2. Als *Stetigkeitsmodul* bezeichnen wir eine in $[0, \infty)$ definierte stetige, reelle, monoton wachsende und konkave Funktion $\omega(x)$ mit $\omega(0) = 0$.

Lemma 1. *Es sei $g \in V^q(K)$, und ω sei ein Stetigkeitsmodul, so daß gilt*

$$|(R_x^q g)_\alpha(y)| \leqq |x-y|^{q-|\alpha|}\,\omega(|x-y|) \tag{1}$$

für alle $x, y \in K$ und alle α mit $|\alpha| \leqq q$. Dann besteht für alle $x, y \in K$, $z \in R^n$ die Ungleichung

$$|D_z^\alpha\{T_x^q g(z) - T_y^q g(z)\}| \leqq c\omega(|x-y|)\,(|x-z|^{q-|\alpha|} + |y-z|^{q-|\alpha|})$$

mit einer Konstanten $c > 0$, die nur von n und q abhängt für alle α mit $|\alpha| \leqq q$. (Diese Ungleichung ist zu (1) sogar äquivalent, vgl. [M 2].)

Beweis: Zunächst zeigen wir

$$T_x^q g(z) - T_y^q g(z) = \sum_{|\alpha| \leqq q} \frac{(z-x)^\alpha}{\alpha!} (R_y^q g)_\alpha (x) . \tag{2}$$

Man überzeugt sich leicht von der Richtigkeit der Beziehungen

$$(R_y^q g)_\alpha = g_\alpha - T_y^{q-|\alpha|} D^\alpha g$$

und

$$(T_y^{q-|\alpha|} D^\alpha g) = D^\alpha (T_y^q g) .$$

Daraus folgt

$$\sum_{|\alpha| \leqq q} \frac{(z-x)^\alpha}{\alpha!} (R_y^q g)_\alpha (x) = \sum_{|\alpha| \leqq q} \frac{(z-x)^\alpha}{\alpha!} [g_\alpha(x) - T_y^{q-|\alpha|} D^\alpha g(x)]$$

$$= T_x^q g(z) - \sum_{|\alpha| \leqq q} \frac{(z-x)^\alpha}{\alpha!} D^\alpha T_y^q g(x) = T_x^q g(z) - T_y^q g(z) .$$

Damit ist (2) bewiesen. Zusammen mit (1) erhalten wir die Abschätzung

$$|T_x^q g(z) - T_y^q g(z)| \leqq \sum_{|\alpha| \leqq q} \frac{|z-x|^{|\alpha|}}{\alpha!} |x-y|^{q-|\alpha|} \, \omega(|x-y|) .$$

Zur Abschätzung der rechten Seite der letzten Ungleichung verwenden wir

$$(a+b)^k \leqq c(a^k + b^k) \qquad \text{für } a, b > 0, k \geqq 0$$

mit einer geeigneten Konstanten $c > 0$. Durch passende Wahl verschiedener Konstanten, die wir wie früher immer mit demselben Buchstaben c bezeichnen, erhalten wir

$$\sum \frac{1}{|\alpha|!} |z-x|^{|\alpha|} \, |x-y|^{q-|\alpha|} \leqq c \sum |z-x|^{|\alpha|} \, [|z-x| + |z-y|]^{q-|\alpha|}$$

$$\leqq c \sum |z-x|^{|\alpha|} \, (|z-x|^{q-|\alpha|} + |z-y|^{q-|\alpha|}) \leqq c|z-x|_q + c \sum |z-x|^{|\alpha|} \, |z-y|^{q-|\alpha|}$$

$$\leqq c\,|z-x|^q + c(|z-x| + |z-y|)^q \leqq c(|x-z|^q + |y-z|^q) .$$

Damit ist das Lemma für $\alpha = 0$ bewiesen. Für $\alpha \neq 0$ erhalten wir durch Differentiation von (2)

$$|D^\alpha T_x^q g(z) - D^\alpha T_y^q g(z)| \leqq \sum_{|\beta| \leqq q-|\alpha|} \frac{1}{\beta!} (z-x)^\beta \, (R_y^q g)_{\alpha+\beta} (x)$$

und aus (1)

$$|D^\alpha T_x^q g(z) - D^\alpha T_y^q g(z)| \leqq \sum_{|\beta| \leqq q-|\alpha|} \frac{1}{\beta!} |z-x|^{|\beta|} \, |x-y|^{q-|\alpha|-|\beta|} \, \omega(|x-y|) .$$

Die Behauptung folgt dann analog wie oben mittels der entsprechenden Abschätzungen. ◀

Zum Beweis des Fortsetzungssatzes benötigen wir noch einen weiteren Hilfssatz.

Lemma 2. *Es sei $K \subset R^n$ eine beliebige kompakte Menge. Dann existiert ein System $(\varphi_\iota)_{\iota \in I}$ von Funktionen aus $C_0^\infty(R^n \setminus K)$ mit folgenden Eigenschaften:*

(i) $\varphi_\iota \geqq 0$ *für alle* $\iota \in I$,

(ii) *für jedes* $x \notin K$ *ist die Zahl der verschiedenen* φ_ι *mit* $\varphi_\iota(x) > 0$ *kleiner als* 4^n,

(iii) $\sum_{\iota \in I} \varphi_\iota(x) \equiv 1$ *in* $R^n \setminus K$,

(iv) *für jedes* $\iota \in I$ *gilt*

$$2 \operatorname{dist}(K, \operatorname{supp} \varphi_\iota) \geqq \operatorname{diam}(\operatorname{supp} \varphi_\iota)$$

(diam B *bedeutet Durchmesser der Menge* B),

(v) *es existieren Konstanten* c_α *(die nur von* α *und* n *abhängen), so daß gilt*

$$|D^\alpha \varphi_\iota(x)| \leqq c_\alpha(1 + [\operatorname{dist}(x, K)]^{-|\alpha|}) \qquad \text{für alle } x \in R^n \setminus K\,.$$

Beweis: Mittels der Ebenen $x_k = 2^{-p} j_k$ $(1 \leqq k \leqq n$, $j_1, \ldots, j_n$ durchläuft alle ganzen Zahlen) zerlegen wir den R^n in Würfel der Kantenlänge 2^{-p} $(p = 0, 1, 2, \ldots)$. Mit $\mathfrak{K}_0$ bezeichnen wir die Gesamtheit aller Würfel Q der nullten Zerlegung mit $\operatorname{dist}(Q, K) \geqq \sqrt{n}$.

Allgemein sei $\mathfrak{K}_p$ $(p > 0)$ die Gesamtheit aller Würfel Q der p-ten Zerlegung, die in keinem Würfel aus $\mathfrak{K}_i$ $(i < p)$ enthalten sind und für die gilt $\operatorname{dist}(Q, K) \geqq \sqrt{n}\, 2^{-p}$. Wir setzen $\mathfrak{K}_I = \bigcup \{\mathfrak{K}_p : p \geqq 0\}$. Weiter betrachten wir eine feste Funktion $\psi \in C_0^\infty(R^n)$ mit

$$0 \leqq \psi \leqq 1\,, \qquad \psi(x) = 1 \quad \text{für } |x_k| \leqq \tfrac{1}{2} \qquad (k = 1, \ldots, n)\,,$$
$$\psi(x) = 0 \quad \text{für } x_k \geqq \tfrac{3}{4} \quad (k = 1, \ldots, n)\,.$$

Dem Würfel $Q_\iota \in \mathfrak{K}_I$ ordnen wir die Funktion

$$\psi_\iota(x) = \psi\left(\frac{x - x^\iota}{l_\iota}\right)$$

zu, wobei x^ι den Mittelpunkt und l_ι die Kantenlänge von Q_ι bezeichnet. Das gesuchte Funktionssystem erhält man dann, indem man setzt

$$\varphi_\iota(x) = \psi_\iota(x) \left[\sum_{\iota \in I} \psi_\iota(x)\right]^{-1}.$$

Die rechte Seite ist sinnvoll, da einerseits zu jedem $x \in R^n \setminus K$ mindestens ein $\psi_{\iota'}$ mit $\psi_{\iota'}(x) \neq 0$ existiert und andererseits die Menge aller dieser $\psi_{\iota'}$ endlich ist. Die Gültigkeit der Eigenschaften (i)—(iii) des Systems $(\varphi_\iota)_{\iota \in I}$ folgt unmittelbar aus der Konstruktion. Ebenso leicht ergibt sich (iv) unter Berücksichtigung von

$$\operatorname{dist}(K, \operatorname{supp} \varphi_\iota) \geqq \tfrac{3}{4} \sqrt{n}\, l_\iota \geqq \tfrac{1}{2} \operatorname{diam}(\operatorname{supp} \varphi_\iota)\,.$$

(Es ist $\operatorname{diam} Q_\iota = \sqrt{n}\, l_\iota$, $\operatorname{diam}(\operatorname{supp} \varphi_\iota) \leqq \frac{3}{2} \operatorname{diam} Q_\iota$ und $\operatorname{dist}(Q_\iota, K) \geqq \sqrt{n}\, l_\iota$.) Wir beweisen noch (v). Aus der Definition von ψ_ι folgt

$$|D^\alpha \psi_\iota(x)| = \left| l_\iota^{-|\alpha|} D^\alpha \psi\left(\frac{x - x^\iota}{l_\iota}\right)\right| \leqq c l_\iota^{-|\alpha|}$$

mit einer nur von α abhängigen Konstanten. Aus (ii) folgt ferner für $x \in R^n \setminus K$

$$1 \leqq \sum_{\iota \in I} \psi_\iota(x) \leqq 4^n\,.$$

Damit folgt aus der LEIBNIZschen Differentiationsformel $|D^\alpha \varphi_\iota(x)| \leqq c l_\iota^{-|\alpha|}$, wobei die neue Konstante c nur von n und α abhängt. Da für $x \in \operatorname{supp} \varphi_\iota$ die Ungleichung $\operatorname{dist}(x, K) \geqq \frac{1}{2} \sqrt{n}\, l_\iota$ besteht, ergibt sich daraus

$$l_\iota^{-|\alpha|} \geqq \left(\sqrt{n}\,[2 \operatorname{dist}(x, K)]\right)^{-|\alpha|}$$

und damit

$$|D^\alpha \varphi_\iota(x)| \leqq c\left(1 + \left(\frac{\sqrt{n}}{2}\right)^{|\alpha|} [\operatorname{dist}(x, K)]^{-|\alpha|}\right).$$

Hieraus folgt unmittelbar die Eigenschaft (v). ◀

Satz 1 (WHITNEYscher Fortsetzungssatz). *Es sei $K \subset R^n$ eine beliebige kompakte Menge. Ein $g \in V^q(K)$ gehört genau dann zu $W^q(K)$, wenn ein Stetigkeitsmodul ω existiert, so daß gilt*

$$|(R_x^q g)_\alpha (y)| \leqq |x - y|^{q-|\alpha|}\, \omega(|x - y|) \tag{1}$$

für alle $x, y \in K$ und alle $|\alpha| \leqq q$.

Beweis: Falls eine Funktion $\varphi \in C^q(R^n)$ mit $g = j\varphi$ existiert, so folgen die Ungleichungen (1) unmittelbar aus der klassischen TAYLOR-Formel. Die Bedingung des Satzes ist also notwendig. Umgekehrt sei $g \in W^q(K)$ gegeben. Wir werden eine Funktion $\varphi \in C^q(R^n)$ konstruktiv angeben, die die gewünschte Fortsetzung von g leistet. Es sei $(\varphi_\iota)_{\iota \in I}$ das der kompakten Menge K gemäß Lemma 2 zugeordnete Funktionensystem. Zu jedem Würfel $Q_\iota \in \mathfrak{K}_I$ wählen wir einen Punkt $a_\iota \in K$ mit der Eigenschaft

$$\operatorname{dist}(\operatorname{supp} \varphi_\iota, K) = \operatorname{dist}(\operatorname{supp} \varphi_\iota, a)\,.$$

Wir definieren

$$\varphi(x) = \begin{cases} g_{(0,\dots,0)}(x) & \text{für } x \in K\,, \\ \sum\limits_{\iota \in I} \varphi_\iota(x)\, T_a^q g(x) & \text{für } x \notin K\,. \end{cases} \tag{2}$$

Im Verlauf des Beweises wird gezeigt $g = j\varphi$. Die Funktion φ ist in $\complement K$ offenbar beliebig oft differenzierbar. Für alle Multiindizes α mit $|\alpha| \leqq q$ setzen wir

$$\varphi_\alpha(x) = \begin{cases} g_\alpha(x) & \text{für } x \in K\,, \\ D^\alpha \varphi(x) & \text{für } x \notin K\,. \end{cases}$$

Es sei $\Omega \subset R^n$ eine beliebige, fest gewählte Kugel mit $K \subset \Omega$ und $\lambda = \sup\{\operatorname{dist}(x, K) : x \in \Omega\}$. Zunächst werde gezeigt, daß eine nur von q, n und λ abhängige Konstante c existiert, so daß für alle $|\alpha| \leqq q$, $a \in K$ und $x \in \Omega$ die Abschätzung

$$|\varphi_\alpha(x) - D^\alpha T_a^q g(x)| \leqq c\, |x - a|^{q-|\alpha|}\, \omega(|x - a|) \tag{3}$$

gilt. Für $x \in K$ folgt (3) auf Grund der Definition von φ_α und wegen

$$R_a^q g = (\varphi_\alpha - D^\alpha T_a^q g)_{|\alpha| \leqq q}$$

unmittelbar aus (1). Es sei jetzt $x \in \Omega \setminus K$. Nach Konstruktion von φ und wegen $\sum\limits_{\iota \in I} \varphi_\iota(x) \equiv 1$ gilt

$$\varphi(x) - T_a^q g(x) = \sum_{\iota \in I} \varphi_\iota(x) \left(T_{a_\iota}^q g(x) - T_a^q g(x)\right),$$

und nach Anwendung der LEIBNIZschen Differentiationsformel

$$D^\alpha \varphi(x) - D^\alpha T_a^q g(x) = \sum_{\iota \in I} \sum_{\beta \leqq \alpha} \binom{\alpha}{\beta} D^\beta \varphi_\iota(x)\, D^{\alpha-\beta}\left(T_{a_\iota}^q g(x) - T_a^q g(x)\right). \tag{4}$$

Wir betrachten zuerst diejenigen Summanden der rechten Seite mit $\beta = 0$. Für $x \in \operatorname{supp} \varphi_\iota$ gilt offenbar immer

$$\operatorname{dist}(\operatorname{supp} \varphi_\iota, K) \leqq \operatorname{dist}(x, K) \leqq |x - a| .$$

Es sei ferner $y \in \operatorname{supp} \varphi_\iota$ ein Punkt mit

$$\operatorname{dist}(\operatorname{supp} \varphi_\iota, K) = \operatorname{dist}(\operatorname{supp} \varphi_\iota, a_\iota) = |a_\iota - y| .$$

Dann folgt nach Lemma 2, Aussage (v)

$$\operatorname{diam}(\operatorname{supp} \varphi_\iota) \leqq 2 \operatorname{dist}(\operatorname{supp} \varphi_\iota, K) \leqq 2 \operatorname{dist}(x, K) \leqq 2\, |x - a|$$

und

$$|x - a_\iota| \leqq |x - y| + |y - a_\iota| \leqq \operatorname{diam}(\operatorname{supp} \varphi_\iota) + \operatorname{dist}(x, K) \leqq 3\, |x - a| .$$

Damit ergibt sich weiter

$$\omega(|a - a_\iota|) \leqq \omega(|x - a| + |x - a_\iota|) \leqq \omega(4\, |x - a|) \leqq 4\omega(|x - a|) .$$

Die letzte Ungleichung folgt daraus, daß ω konkav ist. Nach Lemma 1 gilt für die betrachteten Summanden auf der rechten Seite von (4)

$$|\varphi_\iota(x)\, D^\alpha\big(T^q_{a_\iota} g(x) - T^q_a g(x)\big)| \leqq c\omega(|a - a_\iota|)\, (|a_\iota - x|^{q-|\alpha|} + |a - x|^{q-|\alpha|})$$

und nach den vorangehenden Abschätzungen

$$|\varphi_\iota(x)\, D^\alpha\big(T^q_{a_\iota} g(x) - T^q_a g(x)\big)| \leqq c\omega(|x - a|)\, |x - a|^{q-|\alpha|} .$$

Nunmehr betrachten wir in (4) einen beliebigen der Summanden mit $\beta \neq 0$. Wegen $\sum_{\iota \in I} \varphi_\iota(x) \equiv 1$ haben wir $\sum_{\iota \in I} D^\beta \varphi_\iota(x) \equiv 0$, und es gilt für einen beliebig gewählten Punkt $b \in K$

$$\sum_{\iota \in I} D^\beta \varphi_\iota(x)\, D^{\alpha-\beta}\big(T^q_{a_\iota} g(x) - T^q_a g(x)\big) = \sum_{\iota \in I} D^\beta \varphi_\iota(x)\, D^{\alpha-\beta}\big(T^q_{a_\iota} g(x) - T^q_b g(x)\big) .$$

Wir wählen den Punkt b so, daß $|x - b| = \operatorname{dist}(x, K)$ wird und wenden wieder Lemma 1 sowie Lemma 2 Aussage (v) an. Dann erhalten wir

$$\begin{aligned}
&\big|D^\beta \varphi_\iota(x)\, D^{\alpha-\beta}\big(T^q_{a_\iota} g(x) - T^q_b g(x)\big)\big| \\
&\quad \leqq c_\beta(1 + [\operatorname{dist}(x, K)]^{-|\beta|})\, \omega(|a_\iota - b|)\, (|x - a|^{q-|\alpha|+|\beta|} + |x - b|^{q-|\alpha|+|\beta|}) .
\end{aligned}$$

Zur weiteren Abschätzung der rechten Seite sei $y' \in \operatorname{supp} \varphi_\iota$ ein Punkt mit $\operatorname{dist}(\operatorname{supp} \varphi_\iota, b) = |b - y'|$. Damit wird

$$\begin{aligned}
|x - a_\iota| = |x - y'| + |y' - y| + |y - a| &\leqq 2 \operatorname{diam}(\operatorname{supp} \varphi_\iota) + \operatorname{dist}(x, K) \\
&\leqq 4 \operatorname{dist}(\operatorname{supp} \varphi_\iota, K) + \operatorname{dist}(x, K) \leqq 5 \operatorname{dist}(x, K) ,
\end{aligned}$$

und wegen

$$|a_\iota - b| \leqq |x - a_\iota| + |x - b| \leqq 3\, |x - a| + |x - a| = 4\, |x - a|$$

ergibt sich

$$\begin{aligned}
&c(1 + [\operatorname{dist}(x, K)]^{-|\beta|})\, \omega(|a_\iota - b|)\, (|x - a_\iota|^{q-|\alpha|+|\beta|} + |x - b|^{q-|\alpha|+|\beta|}) \\
&= c4\omega(|x - a|)\, \lambda^{|\beta|}(3^{q-|\alpha|} + 1)\, |x - a|^{q-|\alpha|} \\
&\quad + c[\operatorname{dist}(x, K)]^{-|\beta|}\, 4\omega(|x - a|)\, \{3^{q-|\alpha|}\, |x - a|^{q-|\alpha|}\, 5^{|\beta|}\, [\operatorname{dist}(x, K)]^{|\beta|} \\
&\quad + |x - a|^{q-|\alpha|}\, [\operatorname{dist}(x, K)]^{|\beta|}\} \\
&\leqq c\omega(|x - a|)\, |x - a|^{q-|\alpha|} .
\end{aligned}$$

Damit sind alle Summanden auf der rechten Seite von (4) in der gewünschten Weise abgeschätzt, und die Ungleichungen (3) sind bewiesen. Mit Hilfe der Ungleichungen (3) läßt sich nun zeigen, daß die Funktionen $\varphi_\alpha(x)$ ($|\alpha| \leqq q$) in R^n stetig sind und daß $\varphi_\alpha(x) = D^\alpha\varphi(x)$ nicht nur für $x \notin K$ sondern auch für $x \in K$ gilt. Es sei $a \in K$. Die behauptete Stetigkeit von $\varphi_\alpha(x)$ im Punkt $x = a$ bezüglich der Euklidischen Topologie des R^n ist dann wegen $\varphi_\alpha(a) = g_\alpha(a)$ eine unmittelbare Konsequenz der Ungleichung (3). Ebenso leicht folgt die zweite Aussage. Dazu betrachten wir die Zerlegung $\alpha = \gamma + \gamma_i$ mit $\gamma_i = (0, \ldots, 0, 1, 0, \ldots, 0)$, wobei die 1 an i-ter Stelle steht. Wir zeigen

$$\frac{\partial}{\partial x_i}\varphi_\gamma(x) = \varphi_\alpha(x) \qquad \text{für alle } x \in K\,.$$

Dies folgt aber unmittelbar aus (3). Wenn man nämlich dort α durch γ und q durch $|\alpha|$ ersetzt (d. h. wenn man — was offenbar stets möglich ist — das durch g erzeugte TAYLOR-Feld der Ordnung $|\alpha|$ betrachtet), so ergibt sich

$$\varphi_\gamma(x) - \varphi_\gamma(a) - \sum_{i=1}^{n}(x_i - a_i)\,\varphi_{\gamma+\gamma_i}(a) = o(|x - a|)$$

und daraus

$$\left.\frac{\partial\varphi_\gamma}{\partial x_i}\right|_{x=a} = \varphi_\alpha(a)\,.$$

Damit ist Satz 1 vollständig bewiesen. ◀

§ 2. q-reguläre Mengen

2.1. Quotientenraum-Norm in $W^q(K)$

Wir kommen nun zur näheren Untersuchung des Raumes $W^q(K)$ der WHITNEY-TAYLOR-Felder für beliebige kompakte Mengen $K \subset R^n$. Hierzu sei $\Omega_0 \supset K$ eine offene Kugel, und K_0 sei die Abschließung von Ω_0. Weiterhin sei

$$J^q(K) = \{\varphi \in C^q(K_0)\colon r_K(D^\alpha\varphi) = 0 \text{ für alle } \alpha \text{ mit } |\alpha| \leqq q\}\,.$$

$J^q(K)$ ist ein BANACH-Raum in der durch $C^q(K_0)$ induzierten Topologie (die Wahl von Ω_0 hat darauf keinen Einfluß). Es gilt dann im Sinne eines algebraischen Isomorphismus

$$W^q(K) \cong C^q(K_0)/J^q(K)\,.$$

In der Quotientenraum-Norm ist $C^q(K_0)/J^q(K)$ ein BANACH-Raum (vgl. I.1.4.). Wenn wir jetzt für $g \in W^q(K)$ mit $g = j\varphi$ $(\varphi \in C^q(K_0))$ setzen

$$\|g\|_{\text{quot}} = \inf\{\|\varphi + \psi\|_{C^q(K_0)}\colon \psi \in J^q(K)\}$$

(dies ist die mittels des Isomorphismus abgebildete Quotientenraum-Norm), so wird auch $W^q(K)$ ein BANACH-Raum. In dieser Topologie werden wir den Raum $W^q(K)$ stets betrachten.

Lemma 1. *Es gilt*

$$\sum_{|\alpha| \leqq q} \sup_{x \in K} |g_\alpha(x)| \leqq \|g\|_{\text{quot}}$$

für alle $g = (g_\alpha)_{|\alpha| \leqq q} \in W^q(K)$. Die Quotientenraum-Topologie ist also stärker oder gleich der durch $V^q(K)$ induzierten Topologie.

Beweis: Es sei $g = j\varphi$, $\varphi \in C^q(K_0)$. Dann gilt für beliebiges $\psi \in J^q(K)$

$$\sum_{|\alpha| \leqq q} \sup_{x \in K} |g_\alpha(x)| \leqq \sum_{|\alpha| \leqq q} \sup_{x \in K_0} \left|D^\alpha(\varphi(x) + \psi(x))\right| .$$

Übergang zum Infimum über $\psi \in J^q(K)$ liefert die Behauptung. ◀

Satz 1. *Eine kompakte Menge $K \subset R^n$ ist genau dann q-regulär, wenn die durch $\|\cdot\|_{\mathrm{quot}}$ in $W^q(K)$ gegebene Topologie mit der durch $V^q(K)$ induzierten Topologie übereinstimmt.*

Beweis: Wenn beide Topologien in $W^q(K)$ übereinstimmen, ist $W^q(K)$ in der durch $V^q(K)$ induzierten Topologie ein Banach-Raum, d. h., K ist q-regulär. Wenn umgekehrt K q-regulär ist, d. h. $W^q(K)$ in der induzierten Topologie ein Banach-Raum ist, sind auf $W^q(K)$ zwei Banach-Raum-Topologien gegeben, die nach Lemma 1 vergleichbar sind. Dann müssen diese aber übereinstimmen (vgl. I.1.4.). ◀

2.2. Äquivalente Formulierung der q-Regularität

Zur Abkürzung setzen wir im folgenden für $g \in V^q(K)$

$$\|g\|_{V^q(K)} = \sum_{|\alpha| \leqq q} \sup_{x \in K} |g_\alpha(x)| .$$

Für $g \in W^q(K)$ ist dann

$$|||g||| = \|g\|_{V^q(K)} + \sum_{|\alpha| \leqq q} \sup_{\substack{x, y \in K \\ x \neq y}} \frac{|(R_x^q g)_\alpha (y)|}{|x - y|^{q-|\alpha|}}$$

eine Norm auf $W^q(K)$ (die Endlichkeit folgt aus § 1, Satz 1). Gelegentlich schreiben wir statt $|||\cdot|||$ auch $|||\cdot|||_{W^q(K)}$.

Es gilt nun folgender

Satz 2. *Es sei K eine beliebige kompakte Menge. Dann sind die Normen $\|\cdot\|_{\mathrm{quot}}$ und $|||\cdot|||$ auf $W^q(K)$ äquivalent, d. h., es existieren Konstanten $c_1, c_2 > 0$, so daß gilt*

$$c_1\|g\|_{\mathrm{quot}} \leqq |||g||| \leqq c_2\|g\|_{\mathrm{quot}} \qquad \textit{für alle } g \in W^q(K) .$$

$W^q(K)$ ist also bezüglich der Norm $|||\cdot|||$ ein Banach-Raum. Zum Beweis dieses Satzes benötigen wir folgendes

Lemma 2. *Zu jedem $g \in W^q(K)$ kann der Stetigkeitsmodul $\omega = \omega_g$ im Sinne von Satz 1, § 1 so gewählt werden, daß mit Konstanten $c_1', c_2' > 0$ gilt*

$$c_1' \, |||g||| \leqq \|g\|_{V^q(K)} + \omega_g \,(\mathrm{diam}\, K) \leqq c_2' \, |||g|||$$

für alle $g \in W^q(K)$ sowie

$$\omega_g(t) = \omega_g(\mathrm{diam}\, K) \qquad \textit{für} \quad t \geqq \mathrm{diam}\, K .$$

Beweis: Es sei $g \in W^q(K)$ und

$$\beta(t) = \sup \left\{ \frac{|(R_x^q g)_\alpha (y)|}{|x - y|^{q-|\alpha|}} : |\alpha| \leqq q; x, y \in K, x \neq y, |x - y| \leqq t \right\}.$$

Die Funktion β ist stetig und monoton wachsend, und es gilt $\beta(0) = 0$. Auf dem Intervall $[0, t_1]$ mit $t_1 = \operatorname{diam} K$ bilden wir die kleinste konkave Funktion ω mit $\omega(t) \geqq \beta(t)$ für alle t $(0 \leqq t \leqq t_1)$. Für $t \geqq t_1$ definieren wir $\omega(t) = \omega(t_1)$. Wegen $\omega(t_1) = \beta(t_1)$ und

$$c_1'' \,|||g||| \leqq ||g||_{V^q(K)} + \max_{|\alpha| \leqq q} \sup_{\substack{x, y \in K \\ x \neq y}} \frac{|(R_x^q g)_\alpha (y)|}{|x - y|^{q-|\alpha|}} \leqq c_2'' \,|||g|||$$

für alle $g \in W^q(K)$ (mit geeigneten Konstanten $c_1'', c_2'' > 0$) können wir setzen $\omega_g = \omega$. ◀

Lemma 3. *$W^q(K)$ ist bezüglich $|||\cdot|||$ ein* BANACH*-Raum. Somit ist die kompakte Menge K genau dann q-regulär, falls gilt*

$$|||g||| \leqq c\, ||g||_{V^q(K)} \qquad \textit{für alle } g \in W^q(K)$$

mit einer geeigneten Konstanten $c > 0$.

Beweis: Es sei $(g^k)_{k\in N}$ eine CAUCHY-Folge in $W^q(K)$ bezüglich $|||\cdot|||$. Dann konvergiert nach Definition dieser Norm die Folge in $V^q(K)$ gegen ein $g \in V^q(K)$. Es ist zu zeigen $g \in W^q(K)$, d. h. nach Satz 1, § 1

$$|(R_x^q g)_\alpha (y)| \leqq |x - y|^{q-|\alpha|}\, \omega_g(|x - y|) \tag{1}$$

mit einem Stetigkeitsmodul ω_g. Nun konvergieren aber die Funktionen $|x - y|^{|\alpha|-q} \times$ $\times\, (R_x^q g^k)_\alpha (y)$ auf $K \times K$ ebenfalls gleichmäßig, und zwar gegen stetige Funktionen $\Phi_\alpha(x, y)$, die auf der Diagonalen $x = y$ verschwinden. Dabei gilt offenbar

$$\Phi_\alpha(x, y) = \frac{(R_x^q g)_\alpha (y)}{|x - y|^{q-|\alpha|}}.$$

Definiert man jetzt $\beta(t)$ und $\omega_g(t)$ analog wie in Lemma 2, so folgt (1). ◀

Beweis von Satz 2: Wir beginnen mit dem Beweis der zweiten Ungleichung. K_0 sei eine Kugel mit $K \subset \operatorname{int} K_0$. Zu jedem $g \in W^q(K)$ finden wir per def. ein $\varphi' \in C^q(K_0)$ mit $g = j\varphi'$. Mit j_0 bezeichnen wir die kanonische Abbildung von $C^q(K_0)$ auf $W^q(K_0)$ (j_0 ist offenbar ein Isomorphismus). Nach 2.3. ist K_0 q-regulär, so daß nach Lemma 3 die Normen $|||\cdot|||_{W^q(K_0)}$ und $||\cdot||_{V^q(K_0)}$ auf $W^q(K_0)$ äquivalent sind. Somit folgt mit $g_0 = j_0\varphi'$

$$|||g||| \leqq |||g_0|||_{W^q(K_0)} \leqq c\, ||g_0||_{V^q(K_0)} = c\, ||\varphi'||_{C^q(K_0)}$$

($c > 0$ ist eine geeignete Konstante). Übergang zum Infimum auf der rechten Seite über alle $\varphi' = \varphi + \psi$ mit $j\varphi = j\varphi'$ und $\psi \in J^q(K)$ liefert dann die rechte Ungleichung von Satz 2. Zum Beweis der linken Ungleichung sei $\varphi \in C^q(K_0)$ die im Beweis von Satz 1, § 1 konstruierte spezielle Fortsetzung von g. Dann gilt

$$||g||_{\text{quot}} \leqq ||\varphi||_{C^q(K_0)}\,. \tag{2}$$

Wegen 3., § 1 erhalten wir weiter (für $a \in K$, $x \in K_0$, $|\alpha| \leqq q$) mit $\varphi_\alpha(x) = D^\alpha\varphi(x)$

$$\left|\varphi_\alpha(x) - \sum_{|\beta| \leqq q-|\alpha|} \frac{(x - a)^\beta}{\beta!}\, \varphi_{\alpha+\beta}(a)\right| \leqq c\omega(|x - a|)\, |x - a|^{q-|\alpha|}\,.$$

Dies liefert

$$|\varphi_\alpha(x)| \leqq c(||g||_{V^q(K)} + \omega(|x - a|)\, |x - a|^{q-|\alpha|})\,,$$

was wegen Lemma 2 ($||\varphi||_{C^q(K_0)} \leqq c\, |||g|||$) zusammen mit (2) die Behauptung ergibt. ◀

Bemerkung 1. Es sei K eine beliebige kompakte Menge und K_0 eine abgeschlossene Kugel mit $K \subset \operatorname{int} K_0$. Man kann dann zeigen (vgl. [P 9]), daß die in Satz 1 konstruierte lineare Fortsetzungsabbildung $t\colon W^q(K) \to W^q(K_0)$ stetig ist bezüglich der Norm $|||\cdot|||$ in $W^q(K)$ und der durch $V^q(K_0)$ in $W^q(K_0)$ induzierten Norm. Wenn K q-regulär ist, besteht also Stetigkeit bezüglich der durch $V^q(K)$ bzw. $V^q(K_0)$ induzierten Topologien. Das Bild $tW^q(K)$ ist dann in $W^q(K_0)$ offenbar abgeschlossen und besitzt ein topologisches Komplement. Die Einschränkung eines $h \in W^q(K_0)$ auf K und anschließende Fortsetzung definiert nämlich eine stetige Projektion $W^q(K_0) \to tW^q(K)$. Daraus folgt, daß $J^q(K)$ in $C^q(K_0)$ ein topologisches Komplement besitzt, falls K q-regulär ist.

2.3. Beispiel

Es sei Ω ein beschränktes Gebiet, dessen Rand $\partial\Omega$ eine glatte Mannigfaltigkeit der Dimension $n-1$ ist (glatt heißt immer von der Klasse C^∞). Wir beweisen, daß $\overline{\Omega}$ q-regulär ist für beliebiges q. Es genügt zu zeigen, daß für eine Kugel K mit $\overline{\Omega} \subset \operatorname{int} K$ eine stetige Abbildung

$$f\colon C^q(\overline{\Omega}) \to C^q(K)$$

existiert, so daß $r_\Omega \circ f$ auf $C^q(\overline{\Omega})$ die Identität ist. Wir wählen eine endliche offene Überdeckung $(U_\iota)_{\iota\in I}$ von $\overline{\Omega}$, so daß für jedes $\iota \in I$ mit $U_\iota \cap \partial\Omega \neq \emptyset$ ein glatter Diffeomorphismus h von U_ι auf die Menge $\{y \in R^n\colon |y| < 1\}$ existiert, wobei $U_\iota \cap \overline{\Omega}$ übergeht in

$$T' = \{y \in R^n\colon |y| < 1, |y_n| \geqq 0\}\,.$$

Es sei $(\zeta_\iota)_{\iota\in I}$ eine glatte Zerlegung der Einheit zur Überdeckung $(U_\iota)_{\iota\in I}$. Dann genügt es, die Fortsetzung f zu definieren für die Funktionen der Gestalt $\varphi_\iota = \varphi \cdot \zeta_\iota|_{\overline{\Omega}}$, $\varphi \in C^q(\overline{\Omega})$. Im Fall $U_\iota \cap \partial\Omega = \emptyset$ definieren wir $f(\varphi_\iota) = 0$ in $K \setminus \overline{\Omega}$. Im Fall $U_\iota \cap \partial\Omega \neq \emptyset$ beachten wir, daß durch den Diffeomorphismus h ein C^q-Homöomorphismus

$$h_*\colon C^q(\operatorname{supp}\zeta_\iota) \to C^q(T)$$

induziert wird ($T = h(\operatorname{supp}\zeta_\iota)$). Wenn nun eine stetige Fortsetzungsabbildung

$$f'\colon C^q(T \cap T') \to C^q(T)$$

gefunden werden kann, genügt es zu setzen $f(\varphi_\iota) = \omega h_*^{-1} f'(h * \varphi_\iota)$, wobei $\omega \in C_0^\infty\left(\bigcup_{\iota\in I} U_\iota\right)$ eine feste Funktion ist, die in einer Umgebung von $\overline{\Omega}$ identisch 1 ist. Es sei nun $\psi \in C^q(T \cap T')$, $y = (y', y_n)$ und

$$f'(\psi(y)) = \begin{cases} \psi(y) & \text{für } y_n \geqq 0\,, \\ \sum\limits_{k=1}^{q+1} a_k u(y', -ky_n) & \text{für } y_n < 0\,, \end{cases}$$

wobei die Konstanten a_k eindeutig bestimmt werden durch das Gleichungssystem

$$\sum_{k=1}^{q+1} (-1)^j k^j a_k = 1\,, \quad 0 \leqq j \leqq q\,.$$

Man überzeugt sich leicht davon, daß f' eine stetige Fortsetzung ist.

Übung. Man beweise, daß für jede kompakte glatte Mannigfaltigkeit M (ohne Rand) der Dimension $m = n$ eine stetige Abbildung

$$f\colon W^q(M) \to W^q(K)$$

(K kompakte Menge mit $M \subset \operatorname{int} K$) existiert mit $r_M \circ f(g) =$ für alle $g \in W^q(M)$ (für $m = 0$ sei $M = \{x\}$ ein Punkt).

2.4. Weitere Spezialfälle

Satz 3. *Es sei Ω ein beschränktes Gebiet, und der Rand $\partial\Omega$ sei q-regulär. Dann ist auch die Menge $\overline{\Omega}$ q-regulär.*

Beweis: Es sei $K_0 \supset \Omega$ eine Kugel. Wir setzen $K = \partial\Omega$, $K_1 = \bar{\Omega}$. Da K nach Voraussetzung q-regulär ist, existiert eine Konstante $c > 1$ mit

$$\inf_{\psi \in J^q(K)} \|\varphi + \psi\|_{C^q(K_0)} \leqq c \sum_{|\alpha| \leqq q} \sup_{x \in K} |D^\alpha \varphi(x)|$$

für alle $\varphi \in C^q(K_0)$. Zum Beweis des Satzes genügt es zu zeigen

$$\inf_{\psi \in J^q(K_1)} \|\varphi + \psi\|_{C^q(K_0)} \leqq c \sum_{|\alpha| \leqq q} \sup_{x \in K_1} |D^\alpha \varphi(x)|$$

für alle $\varphi \in C^q(K_0)$. Aus technischen Gründen ist es für diesen Beweis zweckmäßig, anstelle der früher eingeführten Norm für den Raum $C^q(K_0)$ mit der dazu äquivalenten Norm

$$\|\varphi\|_{C^q(K_0)} = \max_{|\alpha| \leqq q} \left(\sup_{x \in K_0} |D^\alpha \varphi(x)|\right)$$

zu arbeiten. Es gilt dann

$$\begin{aligned} \inf_{\psi \in J^q(K)} \|\varphi + \psi\|_{C^q(K_0)} &= \inf_{\psi \in J^q(K)} \left\{\max_{|\alpha| \leqq q} \left(\sup_{x \in K_0} |D^\alpha \varphi(x) + D^\alpha \psi(x)|\right)\right\} \\ &\geqq \inf_{\psi \in J^q(K)} \left\{\max_{|\alpha| \leqq q} \left(\sup_{x \in K_0 \setminus \Omega} |D^\alpha \varphi(x) + D^\alpha \psi(x)|\right)\right\} \end{aligned}$$

und

$$\inf_{\psi \in J^q(K_1)} \|\varphi + \psi\|_{C^q(K_0)} = \max\left[\inf_{\psi \in J^q(K)} \left\{\max_{|\alpha| \leqq q} \left(\sup_{x \in K_0 \setminus \Omega} |D^\alpha \varphi(x) + D^\alpha \psi(x)|\right)\right\} \max_{|\alpha| \leqq q} \left(\sup_{x \in K_1} |D^\alpha \varphi(x)|\right)\right]$$

Wegen $K \subseteqq K_1$ ist $J^q(K_1) \subseteqq J^q(K)$. Setzen wir für $\psi \in J^q(K)$

$$\psi_0(x) = \begin{cases} \psi(x) & \text{für } x \in K_0 \setminus \Omega\,, \\ 0 & \text{für } x \in \Omega\,, \end{cases}$$

so ist $\psi_0 \in J^q(K)$. Aus diesem Grund besteht die Beziehung

$$\inf_{\psi \in J^q(K)} \left\{\max_{|\alpha| \leqq q} \left(\sup_{x \in K_0 \setminus \Omega} |D^\alpha \varphi(x) + D^\alpha \psi(x)|\right)\right\} = \inf_{\psi \in J^q(K_1)} \left\{\max_{|\alpha| \leqq q} \left(\sup_{x \in K_0 \setminus \Omega} |D^\alpha \varphi(x) + D^\alpha \psi(x)|\right)\right\},$$

woraus schließlich unter Beachtung des Vorangehenden und der Voraussetzung die Abschätzung folgt

$$\begin{aligned} \inf_{\psi \in J^q(K_1)} \|\varphi + \psi\|_{C^q(K_0)} &= \max\left[\inf_{\psi \in J^q(\partial\Omega)} \left\{\max_{|\alpha| \leqq q} \left(\sup_{x \in K_0 \setminus \Omega} |D^\alpha \varphi(x) - D^\alpha \psi(x)|\right)\right\}, \max_{|\alpha| \leqq q} \left(\sup_{x \in \Omega} |D^\alpha \varphi(x)|\right)\right] \\ &\leqq \max\left[\inf_{\psi \in J^q(\partial\Omega)} \|\varphi + \psi\|_{C^q(K_0)}, \max_{|\alpha| \leqq q} \left(\sup_{x \in K_1} |D^\alpha \varphi(x)|\right)\right] \\ &\leqq \max\left[c \sum_{|\alpha| \leqq q} \sup_{x \in K} |D^\alpha \varphi(x)|, \max_{|\alpha| \leqq q} \left(\sup_{x \in \Omega} |D^\alpha \varphi(x)|\right)\right] \\ &\leqq c \sum_{|\alpha| \leqq q} \sup_{x \in \Omega} |D^\alpha \varphi(x)|\,. \end{aligned}$$

Damit ist der Satz gezeigt. ◀

Eine Punktmenge $L \subseteqq R^n$ heißt rektifizierbare Kurve, wenn eine stetige Abbildung $k\colon [0, 1] \to L$ des Einheitsintervalls der reellen Achse $[0, 1]$ auf L existiert und k von beschränkter Variation ist.

Definition 1. Eine Menge $A \subseteqq R^n$ heißt *zusammenhängend durch rektifizierbare Kurven,* wenn zwei beliebige Punkte $x, y \in A$ immer durch eine ganz in A verlaufende rektifizierbare Kurve verbunden werden können. Das Infimum der Längen dieser

Verbindungskurven heißt geodätische Entfernung $\widehat{xy}$ der Punkte x und y. Eine durch rektifizierbare Kurven zusammenhängende Menge $A \subseteqq R^n$ heißt regulär im Sinne von H. WHITNEY, wenn eine Konstante $a > 0$ existiert mit

$$\widehat{xy} \leqq a\,|x - y| \qquad \text{für alle } x, y \in A \,.$$

Das System aller in diesem Sinne regulären Mengen bezeichnen wir mit $\mathscr{W}$.

Satz 4. *Eine kompakte Menge $K \subseteqq R^n$ ist q-regulär für beliebiges q, wenn sie Vereinigung endlich vieler Mengen aus $\mathscr{W}$ ist.*

Beweis: Wir betrachten eine der regulären Komponenten $K_0 \in \mathscr{W}$ von K und ein $g \in W^q(K)$. C sei eine beliebige in K_0 gelegene, rektifizierbare Kurve der Länge l mit den Endpunkten y und z. Der Beweis von Satz 4 beruht auf der für $(R_y^q g)_\alpha(z)$ $(|\alpha| < q)$ gültigen Darstellung durch das Kurvenintegral

$$(R_y^q g)_\alpha(z) = \sum_{|\beta| = q - |\alpha|} \; \sum_{|\gamma| = 1} \int_y^z \left(g_{\alpha+\beta}(x) - g_{\alpha+\beta}(y)\right) \frac{(z - x)^{\beta - \gamma}}{(\beta - \gamma)!} (\mathrm{d}x)^\gamma \tag{3}$$

(x ist der variable Punkt zwischen y und z, $\mathrm{d}x = \mathrm{d}x_1 \cdots \mathrm{d}x_n$). Wir beweisen zunächst diese Darstellungsformel. Es seien x, x', x'' beliebige Punkte aus K_0. Unter Berücksichtigung der Beziehungen

$$D^\beta(T_x^{q-|\alpha|} D^\alpha g)(x') = T_x^{q-|\alpha|-|\beta|} D^\alpha g(x')$$

und

$$g_\alpha(x') = T_x^{q-|\alpha|} D^\alpha g(x') + (R_x^q g)_\alpha(x') \tag{4}$$

(vgl. den Beweis zu Lemma 1, § 1) gilt

$$T_x^{q-|\alpha|} D^\alpha g(x'') = T_{x'}^{q-|\alpha|}(T_x^{q-|\alpha|} D^\alpha g)(x'') = \sum_{|\beta| \leqq q - |\alpha|} \frac{(x'' - x')^\beta}{\beta!} (T_x^{q-|\alpha|-|\beta|} D^\alpha g)(x')$$

(Entwicklung von $T_x^{q-|\alpha|} D^\alpha g$ um den Punkt x') und

$$\begin{aligned} T_{x'}^{q-|\alpha|} D^\alpha g(x'') &= \sum_{|\beta| \leqq q - |\alpha|} \frac{(x'' - x')^\beta}{\beta!} g_{\alpha+\beta}(x') \\ &= \sum_{|\beta| \leqq q - |\alpha|} \frac{(x'' - x')^\beta}{\beta!} [T_x^{q-|\alpha|-|\beta|} D^\alpha g(x') + (R_x^q g)_{\alpha+\beta}(x')] \\ &= T_x^{q-|\alpha|} D^\alpha g(x'') + \sum_{|\beta| \leqq q - |\alpha|} \frac{(R_x^q g)_{\alpha+\beta}}{\beta!} (x'' - x')^\beta \,. \end{aligned}$$

Mittels der Beziehung (4) und Subtraktion von $g_\alpha(x'')$ auf beiden Seiten der letzten Gleichung ergibt sich

$$(R_x^q g)_\alpha(x'') - (R_{x'}^q g)_\alpha(x'') = \sum_{|\beta| \leqq q - |\alpha|} \frac{(R_x^q g)_{\alpha+\beta}}{\beta!} (x'' - x')^\beta \,. \tag{5}$$

Wir zerlegen nun die Kurve C in Teilkurven durch die Teilungspunkte $x^0 = y$, $x^1, \ldots, x^p = z$. Summation der entstehenden Gleichungen über i $(i = 1, \ldots, p)$ und Beachtung von $(R_{x'}^q g)_\alpha(x') = 0$ ergibt

$$(R_y^q g)_\alpha(z) = \sum_{|\beta| \leqq q - |\alpha|} \frac{1}{\beta!} \sum_{i=1}^p (R_{x^{i-1}}^q g)_{\alpha+\beta}(x^i)(z - x^i)^\beta \,. \tag{6}$$

Wir lassen jetzt die Unterteilung der Kurve C feiner werden ($|x^i - x^{i-1}| \to 0$) und betrachten in der obigen Summe die Summanden mit $|\beta| < q - |\alpha|$. Aus (1), § 1 folgt, daß bei gegebenem $\eta > 0$ die Unterteilung so gewählt werden kann, daß

$$|(R^q_{x^{i-1}}g)_{\alpha+\beta}(x^i)| \leqq |x^i - x^{i-1}|^{q-|\alpha|-|\beta|}\,\eta \leqq |x^i - x^{i-1}|\,\eta$$

gilt. Wegen $|x' - x^i| \leqq l$ ergibt sich deshalb für $|\beta| < q - |\alpha|$

$$\left|\sum_{i=1}^{p} (R^q_{x^{i-1}}g)_{\alpha+\beta}(x^i)\,(x' - x^i)^\beta\right| < \eta l^{|\beta|} \sum_{i=1}^{p} |x^i - x^{i-1}| \leqq \eta l^{|\beta|+1}.$$

Für $|x^i - x^{i-1}| \to 0$ streben daher die entsprechenden Terme in der rechten Seite von (6) gegen Null. Nun betrachten wir β mit $|\beta| = q - |\alpha|$. Aus (4) folgt unter Berücksichtigung von $q - |\alpha| - |\beta| = 0$

$$(R^q_{x^{i-1}}g)_{\alpha+\beta}(x^i) = g_{\alpha+\beta}(x^i) - T^{q-|\alpha|-|\beta|}_{x^{i-1}} D^{\alpha+\beta} g(x^i) = g_{\alpha+\beta}(x^i) - g_{\alpha+\beta}(x^{i-1}),$$

und daher wird für diese β

$$\sum_{i=1}^{p} (R^q_{x^{i-1}}g)_{\alpha+\beta}(x^i)\,(x^i - x^{i-1})^\beta = \sum_{i=1}^{p} \big(g_{\alpha+\beta}(x^i) - g_{\alpha+\beta}(x^{i-1})\big)\,(x' - x^i)^\beta$$

$$= -\sum_{i=1}^{p-1} \big(g_{\alpha+\beta}(x^i) - g_{\alpha+\beta}(x^*)\big)\,[(x' - x^{i+1})^\beta - (x' - x^i)^\beta].$$

Setzt man diese Ausdrücke in (6) ein und führt man den Grenzübergang $|x^i - x^{i-1}| \to 0$ durch, so erhält man eine Darstellung von $(R^q_y g)_\alpha(z)$ durch ein Stieltjes-Integral:

$$(R^q_y g)_\alpha(z) = -\sum_{|\beta| \leq q-|\alpha|} \frac{1}{\beta!} \int_0^l [g_{\alpha+\beta}(x(s)) - g_{\alpha+\beta}(y)]\, \mathrm{d}(z - x(s))^\beta .$$

Dabei bezeichnet s die Länge des Kurvenbogens zwischen y und dem variablen Punkt $x(s)$. Führt man die Differentiation aus, so ergibt sich (3). Berücksichtigt man

$$\left|\int_y^z \frac{(z - x)^{\beta-\gamma}}{(\beta - \gamma)!} (\mathrm{d}x)^\gamma\right| < \int_0^l l^{|\beta|-1}\, \mathrm{d}s = l^{|\beta|} = l^{q-|\alpha|},$$

so folgt aus (3)

$$|(R^q_y g)_\alpha(z)| < c(n, q)\, l^{q-|\alpha|} \sup_{\substack{|\beta| = q-|\alpha| \\ x \in C}} |g_{\alpha+\beta}(x) - g_{\alpha+\beta}(y)| . \tag{7}$$

Da nach der Voraussetzung des Satzes die Kurve C so gewählt werden kann, daß $l < a\,|y - z|$ gilt, liefert die letzte Abschätzung für $|\alpha| < q$

$$\frac{|(R^q_y g)_\alpha(z)|}{|y - z|^{q-|\alpha|}} < c(n, q)\, a^{q-|\alpha|} \cdot 2 \sup_{\substack{|\beta| = q-|\alpha| \\ x \in C}} |g_{\alpha+\beta}(x)| < c'(n, q, a)\, \|g\|_{V^q(K)} .$$

Für $|\alpha| = q$ gilt

$$(R^q_y g)_\alpha(z) = g_\alpha(y) - g_\alpha(z)$$

und damit ebenfalls

$$|(R^q_y g)_\alpha(z)| \leqq C \|g\|_{V^q(K)} .$$

Da y und z beliebig in K_0 gewählt werden können und da die entsprechenden Abschätzungen für $z \in K_0$, $y \notin K_0$ $(y \in K)$ trivial sind, ist damit die Äquivalenz der Normen $\|g\|_{V^q(K)}$ und $|||g|||_{W^q(K)}$ nachgewiesen, d. h., die Menge K ist für beliebiges q eine q-reguläre Menge. ◀

Bemerkung 2. Nach G. Glaeser [G 6] ist eine kompakte Menge genau dann 1-regulär, wenn sie Vereinigung endlich vieler Mengen aus $\mathscr{W}$ ist. Diese Aussage werden wir hier nicht beweisen.

Es sei Ω ein beschränktes Gebiet. Den Raum aller $g \in V^q(\bar{\Omega})$ mit der Eigenschaft $g_\alpha(x) = D^\alpha g_{(0,\dots,0)}(x)$ für alle $x \in \Omega$ bezeichnen wir mit $jC^q(\bar{\Omega})$. Der Raum $C^q(\bar{\Omega})$ (der per def. aus allen $\varphi \in C(\bar{\Omega})$ besteht, zu denen ein $g \in jC^q(\bar{\Omega})$ existiert mit $\varphi = g_{(0,\dots,0)}$) ist also trivialerweise zu $jC^q(\bar{\Omega})$ isomorph, und der Isomorphismus wird durch $j\varphi = g$ realisiert. Wir erhalten also

$$C^q(\Omega) \cong jC^q(\bar{\Omega}) \supseteqq W^q(\bar{\Omega}) . \tag{8}$$

Wenn $\bar{\Omega}$ nicht q-regulär ist, d. h. $W^q(\bar{\Omega})$ in der durch $jC^q(\bar{\Omega})$ induzierten Topologie kein Banach-Raum ist, muß auf der rechten Seite von (8) echte Inklusion bestehen, weil $jC^q(\bar{\Omega})$ ein Banach-Raum ist. Die Abschließung von $W^q(\bar{\Omega})$ bezüglich $\|\cdot\|_{V^q(\bar{\Omega})}$ liegt aber in jedem Fall in $jC^q(\bar{\Omega})$. Es scheint eine ungeklärte Frage zu sein, ob in (8) Gleichheit besteht, falls $\bar{\Omega}$ q-regulär ist.

Wir zeigen hier lediglich folgenden

Satz 5. *Es sei Ω ein beschränktes Gebiet und $\Omega \in \mathscr{W}$. Dann gilt*

$$jC^q(\bar{\Omega}) = W^q(\bar{\Omega}) .$$

Der Beweis ergibt sich aus Lemma 6, wofür wir weitere Hilfssätze zeigen.

Lemma 4. *Es sei Ω ein beschränktes Gebiet. Dann gilt*

$$j\Omega \in \mathscr{W} \Rightarrow \bar{\Omega} \in \mathscr{W} .$$

Beweis: Es sei zunächst $y \in \partial\Omega$, $x \in \Omega$, und $(y_k)_{k \in N}$ sei eine Folge von Punkten aus Ω mit $|y_k - y| < 2^{-k-2}\,|x - y|$. Offenbar gilt $|x - y_1| < \frac{3}{2}\,|x - y|$, und wegen der Regularität von Ω existiert eine rektifizierbare Kurve C_0, die x und y_1 verbindet und deren Länge $< \frac{3}{2}\,a\,|x - y|$ ist (a ist die Konstante aus Definition 1). Weiter gilt

$$|y_k - y_{k+1}| < |y_k - y| + |y_{k+1} - y| < (2^{-k-2} + 2^{-k-3})\,|x - y| < 2^{-k-1}\,|x - y| ,$$

und es existieren y_k und y_{k+1} verbindende rektifizierbare Kurven C_k der Länge $< 2^{-k-1}a\,|x - y|$. Die Kurven $C_0, C_1, \dots$ lassen sich zu einer entsprechenden x und y verbindenden Kurve C der Länge

$$l < \left(\frac{3}{2} + \sum_{k=2}^{\infty} 2^{-k}\right) a\,|x - y| = 2a\,|x - y|$$

zusammensetzen. Nun seien $x \in \partial\Omega$, $y \in \partial\Omega$ und $x' \in \Omega$ Punkte mit $|x' - x| < \frac{1}{2}\,|x - y|$, und C' bzw. C'' seien entsprechend dem ersten Teil des Beweises x und x' bzw. x' und y verbindende Kurven mit Längen

$$l' < 2a\,|x' - x| < a\,|x - y|$$

bzw.

$$l'' < 2a\,|x' - y| \leqq 2a(|x' - x| + |x - y|) < 3a\,|x - y| .$$

Diese lassen sich wieder zusammensetzen zu einer x und y verbindenden Kurve mit einer Länge $<4a\,|x-y|$. Damit ist gezeigt, daß mit $a' = 4a$ die Bedingung der Definition 1 erfüllt ist. ◀

Lemma 5. *Es sei Ω ein beschränktes Gebiet und $\Omega \in \mathscr{W}$. Ist dann $\varphi \in C^q(\Omega)$ eine Funktion, für die alle Ableitungen $D^\alpha\varphi$ ($|\alpha| = q$) in Ω gleichmäßig stetig sind, so existiert ein $g \in V^q(\bar{\Omega})$ mit $r_\Omega g = (D^\alpha\varphi)_{|\alpha|\leq q}$.*

Beweis: Wir nehmen an, alle $D^\alpha\varphi$ seien für $|\alpha| > s$ ($0 \leq s < q$) in Ω gleichmäßig stetig. Wir beweisen die Aussage für $|\alpha| = s$. Wegen $\varphi \in C^q(\Omega)$ gilt auf Grund der TAYLOR-Formel für $x, y \in \Omega$

$$D^\alpha\varphi(x) - D^\alpha\varphi(y) = \sum_{0<|\beta|\leq q-|\alpha|} \frac{1}{\beta!}(x-y)^\beta g_{\alpha+\beta}(y) + (R^q_y g)_\alpha(x) \tag{9}$$

$$\big(g(x) = (D^\alpha\varphi(x))_{|\alpha|\leq q},\ x \in \Omega\big) \qquad \text{mit } (R^q_y g)_\alpha(x) \to 0$$

für $x \to y$. Da unter der oben gemachten Annahme die Funktionen $g_{\alpha+\beta}$ ($0 < |\beta| \leq q - |\alpha|$) in Ω gleichmäßig stetig sind, genügt es nach (9) zu zeigen, daß zu gegebenem $\varepsilon > 0$ ein $\delta > 0$ existiert, so daß aus $|x-y| < \delta$ stets $|(R^q_y g)_\alpha(x)| < \varepsilon$ folgt. Wir wählen ein nach Voraussetzung existierendes $\delta' < 1$ derart, daß

$$|g_{\alpha+\beta}(x') - g_{\alpha+\beta}(y)| < c_0\varepsilon \tag{10}$$

wird für $|x'-y| < \delta'$ und $|\beta| = q - |\alpha|$ und setzen $\delta = \delta'/a$, wobei a die in Definition 1 auftretende Konstante ist. Wählen wir nun zwei Punkte $x, y \in \Omega$ mit $|x-y| < \delta$, so existiert eine x und y verbindende rektifizierbare Kurve C in Ω mit der Länge $l < a\,|x-y'| < \delta'$. Für $x' \in C$ gilt dann $|x'-y| < l < \delta'$, und wegen (10) und $l < 1$ folgt aus der Ungleichung (7) $|(R^q_y g)_\alpha(x)| < \varepsilon$. ◀

Lemma 6. *Unter den Voraussetzungen von Lemma 5 existiert ein $g \in W^q(\bar{\Omega})$ mit $r_\Omega g = (D^\alpha\varphi)_{|\alpha|\leq q}$.*

Beweis: Nach Lemma 5 gilt $g \in V^q(\bar{\Omega})$. Es ist noch die Gültigkeit der Ungleichungen (1), § 1 in $\bar{\Omega}$ nachzuweisen. Zunächst folgt aus $\Omega \in \mathscr{W}$ wegen Lemma 4 $\bar{\Omega} \in \mathscr{W}$. Die gemäß Definition 1 entsprechende Konstante sei a. Zu gegebenem $\varepsilon > 0$ wählen wir ein $\delta < 1$, so daß für $|\alpha| = q$ und $x', y' \in \Omega$ mit $|x'-y'| < \delta'$ gilt

$$|g_\alpha(x') - g_\alpha(y')| < c_0\varepsilon a^{-q} \tag{11}$$

(c_0 wie in (7)). Wir setzen $\delta = \delta'/a$, und x, y seien beliebige Punkte aus $\bar{\Omega}$ mit $|x-y| < \delta$. Nach Lemma 4 existiert eine x und y verbindende Kurve C der Länge $l < a\,|x-y| < \delta'$. Es kann angenommen werden, daß alle Punkte von C mit eventueller Ausnahme der Endpunkte in Ω liegen (vgl. den Beweis von Lemma 4). Es seien x'', y'' innere Punkte von C, und C' sei die dadurch aus C ausgeschnittene Teilkurve der Länge l'. Die Ungleichung (7) liefert dann unter Berücksichtigung von (11)

$$\frac{|(R^q_{y''}g)_\alpha(x'')|}{|x-y|^{q-|\alpha|}} < (l')^{q-|\alpha|}\frac{\varepsilon}{|x-y|^{q-|\alpha|}a^q}.$$

Wegen $(l')^{q-|\alpha|} < l^{q-|\alpha|} < a^{q-|\alpha|}|x-y|^{q-|\alpha|}$ und $a > 1$ folgt daraus

$$\frac{|(R^q_{y''}g)_\alpha(x'')|}{|x-y|^{q-|\alpha|}} < \varepsilon.$$

Wegen der Stetigkeit von g_α auf $\bar{\Omega}$ und der Definition von $(R^q_{y''}g)_\alpha(x'')$ kann in der letzten Ungleichung zur Grenze $x'' \to x$, $y'' \to y$ übergegangen werden. ◀

§ 3. Darstellung von Distributionen durch Maße

3.1. Stetige Linearformen auf $W^q(K)$

Wir kommen nun zum Studium stetiger Linearformen auf dem Raum $W^q(K)$, zunächst bezüglich der Norm $|||\cdot|||$ (die zu $||\cdot||_{\text{quot}}$ äquivalent ist). Zu jedem $g \in W^q(K)$ definieren wir auf $K \times K$ die Funktionen

$$(\Phi_\alpha g)(x, y) = \begin{cases} \dfrac{(R^q_y g)(x)}{|x-y|^{q-|\alpha|}} & \text{für } x, y \in K, \quad x \neq y, \\ 0 & \text{für } x = y, \end{cases} \tag{1}$$

$(|\alpha| \leqq q)$. Auf Grund der Ungleichungen (1), § 1 gilt

$$\Phi_\alpha g \in C(K \times K), \qquad (|\alpha| \leqq q).$$

Satz 1. *$K \subset R^n$ sei eine beliebige kompakte Menge. Es sei l eine stetige Linearform auf $W^q(K)$ bezüglich der Norm $|||\cdot|||$. Dann existieren Maße $\mu^\alpha \in \mathfrak{M}(K)$, $\nu^\alpha \in \mathfrak{M}(K \times K)$ für alle α $(|\alpha| \leqq q)$, so daß gilt*

$$l(g) = \sum_{|\alpha| \leqq q} \int g_\alpha(x)\, d\mu^\alpha(x) + \sum_{|\alpha| \leqq q} \int (\Phi_\alpha g)(x, y)\, d\nu^\alpha(x, y) \tag{2}$$

für alle $g \in W^q(K)$. Ist K q-regulär, so kann man diese Darstellung derart wählen, daß die zweite Summe entfällt, d. h.

$$l(g) = \sum_{|\alpha| \leqq q} \int g_\alpha(x)\, d\mu^\alpha(x)$$

$(\mu^\alpha \in \mathfrak{M}(K), |\alpha| \leqq q)$.

Beweis: Zunächst stellen wir fest, daß jede stetige Linearform m auf dem Raum

$$E = \left[\mathop{\times}_{|\alpha| \leqq q} C(K)\right] \times \left[\mathop{\times}_{|\alpha| \leqq q} C(K \times K)\right] \tag{3}$$

(bezüglich der Produkttopologie) durch ein Tupel von Maßen

$$\{(\mu^\alpha)_{|\alpha| \leqq q}, (\nu^\alpha)_{|\alpha| \leqq q}\} \in E' = \left[\mathop{\times}_{|\alpha| \leqq q} \mathfrak{M}(K)\right] \times \left[\mathop{\times}_{|\alpha| \leqq q} \mathfrak{M}(K \times K)\right]$$

darstellbar ist nach der Formel

$$m(\{g, h\}) = \sum_{|\alpha| \leqq q} \mu^\alpha(g_\alpha) + \sum_{|\alpha| \leqq q} \nu^\alpha(h_\alpha). \tag{4}$$

Der Raum

$$E_1 = \{\{g, h\} : g \in W^q(K), h = (h_\alpha)_{|\alpha| \leqq q}, h_\alpha = \Phi_\alpha g, |\alpha| \leqq q\} \tag{5}$$

ist zu $W^q(K)$ isomorph (algebraisch und topologisch) und abgeschlossener Teilraum von E in der induzierten Topologie. Wir können l auffassen als stetige Linearform l_1 auf E_1. Nach dem Hahn-Banach-Satz existiert ein $m \in E'$ mit

$$l(g) = l_1(\{g, h\}) = m(\{g, h\}) \qquad \text{für alle } \{g, h\} \in E_1 .$$

Unter Beachtung von (4) ist damit der erste Teil der Behauptung bewiesen. Wenn K q-regulär ist, können wir mit $W^q(K)$ und $V^q(K) = \mathop{\times}_{|\alpha| \leqq q} C(K)$ analog argumentieren $(E_1 = W^q(K), E = V^q(K), E' = \mathop{\times}_{|\alpha| \leqq q} \mathfrak{M}(K))$. ◀

Der Beweis reduzierte sich auf die Anwendung des Satzes von Riesz über die Darstellbarkeit stetiger Linearformen auf $C(K)$ durch Maße auf K. Im Fall $q = 0$, also

$W^0(K) = C(K)$ ist Satz 1 mit dem Satz von Riesz gleichbedeutend, denn jede kompakte Menge ist 0-regulär. Für eine kompakte Menge K, die nicht q-regulär ist, sind die Maße in der Darstellungsformel (2) nicht eindeutig durch l bestimmt. Um dies einzusehen genügt es offenbar zu zeigen, daß E_1 in E nicht dicht liegt (vgl. (3), (5)).

Nach Definition von E_1 (vgl. (1)) folgt nämlich, daß sich kein $f \in E$, für das eine Komponente $f_\beta(x, y)$ aus $C(K \times K)$ auf der Diagonalen nicht verschwindet, durch eine Folge aus E_1 approximieren läßt. Somit sind die Maße ν^α in (2) nicht eindeutig bestimmt. Nichteindeutigkeit der Maße μ^α in der Darstellung (2) besteht im allgemeinen auch für q-reguläre kompakte Mengen K. Dies wird noch ausführlich diskutiert. Wenn K allerdings aus endlich vielen Punkten besteht, ist die Darstellung (trivialerweise) eindeutig. Für $n = m = 1$ ist dies sogar notwendig (vgl. Bemerkung 1, § 2).

Bemerkung 1. Ist K eine q-reguläre Menge, so kann man folgendes beweisen. Jede positive stetige Linearform l auf $W^q(K)$ (d. h. $l(g) \geqq 0$ für $g_\alpha(x) \geqq 0$, $x \in K$, $|\alpha| \leqq q$) ist durch positive Maße μ^α auf K darstellbar.

3.2. Darstellung von Distributionen

Mit $\mathfrak{D}^q = \mathfrak{D}^q(R^n)$ bezeichnen wir den Raum aller Distributionen der Ordnung q im R^n (d. h. den Raum aller stetigen Linearformen auf $C_0^q(R^n)$). Der Raum aller $l \in \mathfrak{D}^q$ mit kompaktem Träger werde mit $\mathfrak{D}_0^q$ bezeichnet. Weiterhin setzen wir

$$\mathfrak{D}^q(K) = \{l \in \mathfrak{D}^q \colon \operatorname{supp} l \subseteqq K\} .$$

Wir bezeichnen mit $\mathfrak{M}^q = \mathfrak{M}^q(R^n)$ den Raum aller Tupel von Maßen $\mu = (\mu^\alpha)_{|\alpha| \leqq q}$ mit $\mu^\alpha \in \mathfrak{M}(R^n)$ ($|\alpha| \leqq q$). Den Raum aller $\mu \in \mathfrak{M}^q$ mit kompaktem Träger bezeichnen wir mit $\mathfrak{M}_0^q$. Weiterhin setzen wir

$$\mathfrak{M}^q(K) = \{\mu \in \mathfrak{M}^q \colon \operatorname{supp} \mu \subseteqq K\} .$$

Dabei ist, wie üblich,

$$\operatorname{supp} \mu = \bigcup_{|\alpha| \leqq q} \operatorname{supp} \mu^\alpha .$$

Jedem $\mu \in \mathfrak{M}^q$ ist eine Distribution $l \in \mathfrak{D}^q$ zugeordnet nach der Vorschrift

$$l(\varphi) = \sum_{|\alpha| \leqq q} \int D^\alpha \varphi(x) \, \mathrm{d}\mu^\alpha(x) \qquad (\varphi \in C^q(R^n)) .$$

Wir schreiben dann häufig $l = \bar{\mu}$. Jedes $\mu \in \mathfrak{M}^q$ mit $\bar{\mu} = l$ heiße eine Darstellung von l durch Maße.

Satz 2. *Es sei K eine beliebige kompakte Menge. Dann existiert zu jedem $l \in \mathfrak{D}^q$ mit* $\operatorname{supp} l \subseteqq K$ *und jeder offenen Umgebung $U \supset K$ eine Darstellung von l durch Maße* $\mu \in \mathfrak{M}^q$ *mit* $\operatorname{supp} \mu \subseteqq \bar{U}$. *Man kann hierbei μ so wählen, daß gilt* $\|\mu\| \leqq c$ ($\|\mu\| = \sum_{|\alpha| \leqq q} \|\mu^\alpha\|$) *mit einer von U abhängigen Konstanten $c > 0$.*

Beweis: Es existiert ein $r > 0$ mit

$$K \subset \bigcup_{x \in K} K_x^r \subset U .$$

Dabei genügt es (wegen der Kompaktheit von K), die Vereinigung endlich vieler Kugeln zu nehmen. Diese endliche Vereinigung bezeichnen wir mit M^r. Nach Definition gilt

$$|l(\varphi)| \leqq c \sum_{|\alpha| \leqq q} \operatorname*{supp}_{x \in M^r} |D^\alpha \varphi(x)|$$

für alle $\varphi \in C_0^\infty(M^r)$, wobei die Konstante c unabhängig von r gewählt werden kann. Nach dem HAHN-BANACH-Satz können wir l fortsetzen auf $V^q(M^r)$ zu einer stetigen Linearform $\mu \in \mathfrak{M}^q(M^r)$ mit $\|\mu\| \leqq c$. Mit diesem μ gilt dann

$$l(\varphi) = \sum_{|\alpha| \leqq q} \int D^\alpha \varphi(x) \, d\mu^\alpha(x)$$

für alle $\varphi \in C_0^\infty(M^r)$. Eine triviale Überlegung zeigt, daß dies für alle $\varphi \in C_0^\infty(R^n)$ gilt. ◀

Satz 3. *Es sei* $(l_k)_{k \in N}$ *eine Folge aus* $\mathfrak{D}^q$, *und es existiere eine kompakte Menge K mit* $\operatorname{supp} l_k \subseteqq K$ *für alle* $k \in N$. *Bezüglich der w*-Konvergenz von* $(C^q(K_0))'$ *(*K_0 *Kugel mit* $K \subset \operatorname{int} K_0$*) konvergiere* $(l_k)_{k \in N}$ *gegen eine Distribution l. Es sei* $\mu_k \in \mathfrak{M}^q(K_0)$ *eine Darstellung von* l_k *durch Maße mit* $\|\mu_k\| \leqq$ const. $(k \in N)$. *Dann existiert eine Darstellung* $\mu \in \mathfrak{M}^q(K_0)$ *von l und eine Teilfolge* $(\mu_{k_j})_{j \in N}$ *mit* $\mu = w^*\text{-}\lim_{j \to \infty} \mu_{k_j}$ *(w*-Konvergenz im Raum der Maße).*

Beweis: Wegen $\|\mu_k\| \leqq$ const. für alle $k \in N$ und der w^*-Kompaktheit beschränkter Mengen in $\mathfrak{M}^q(K_0)$ existiert eine konvergente Teilfolge. Diese strebt dann offenbar gegen eine Darstellung $\mu \in \mathfrak{M}^q(K_0)$ von l. ◀

3.3. Struktur von $\mathfrak{N}$

Die Darstellung von Distributionen durch Maße ist im allgemeinen nicht eindeutig. Deshalb ist die Untersuchung des Raumes

$$\mathfrak{N}^q = \{\mu \in \mathfrak{M}_0^q : \bar{\mu} = 0\} \subseteqq \mathfrak{M}_0^q$$

derjenigen Maßtupel mit kompaktem Träger, die die Nulldistribution darstellen, von besonderem Interesse. Die Maßtupel $\mu = (\mu^\alpha)_{|\alpha| \leqq q} \in \mathfrak{M}^q$ bezeichnen wir im folgenden kurz als Maße. Elemente aus $\mathfrak{M} = \mathfrak{M}^0$ bezeichnen wir dann in diesem Zusammenhang als skalare Maße. Die Struktur des Vektorraumes $\mathfrak{N}^q$ scheint kompliziert zu sein. Es ist noch nicht gelungen, alle $\mu \in \mathfrak{N}^q$ auf eine für die Belange der Potentialtheorie befriedigende Weise zu beschreiben. Trotzdem kann man aus der Definition einige einfache Eigenschaften von $\mathfrak{N}^q$ unmittelbar herleiten. Der Raum $\mathfrak{N}^q$ ist z. B. translationsinvariant. Weiterhin ist $\mathfrak{N}^q$ abgeschlossen bezüglich w^*-Konvergenz von Folgen, deren Elemente ihren Träger in einer festen kompakten Menge haben.

Es seien $q, r \geqq 0$ ganze Zahlen, und es sei $\nu \in \mathfrak{M}_0^q$, $\varrho \in \mathfrak{M}_0^r$. Dann ist $\bar{\nu} * \bar{\varrho}$ eine Distribution der Ordnung $q + r$. Für jedes $u \in C_0^{q+r}(R^n)$ gilt

$$(\bar{\nu} * \bar{\varrho})(u) = \sum_{|\alpha| \leqq q} \sum_{|\beta| \leqq r} \iint D_x^\alpha D_y^\beta u(x + y) \, d\varrho^\beta(y) \, d\nu^\alpha(x) = \sum_{|\alpha| \leqq q} \sum_{|\beta| \leqq r} \int D_x^{\alpha+\beta} u(x) \, d(\nu^\alpha * \varrho^\beta)(x) \qquad (6)$$

(vgl. I.1.6.). Auf der rechten Seite ist die Faltung von Maßen gemeint. Für $\nu \in \mathfrak{N}^q$, $\varrho \in \mathfrak{M}_0^r$ gilt

$$\mu = (\nu^\alpha * \varrho^\beta)_{\substack{|\alpha| \leqq q \\ |\beta| \leqq r}} \in \mathfrak{N}^{q+r}.$$

Hierdurch erhalten wir neue Darstellungen der Nulldistribution als Elemente von $\mathfrak{M}_0^{q+r}$ durch Faltung. Ist speziell $\nu = (\nu^\alpha)_{|\alpha| \leqq q} \in \mathfrak{N}^q$ und η ein skalares Maß mit kompaktem Träger, so gilt

$$(\nu^\alpha * \eta)_{|\alpha| \leqq q} \in \mathfrak{N}^q.$$

Wir kommen jetzt zur Untersuchung von Eigenschaften der Menge

$$\mathfrak{M}(\lambda) = \{\mu \in \mathfrak{M}_0^q : \bar{\mu} = \bar{\lambda}\}$$

($\lambda \in \mathfrak{M}_0^q$ fest). Wir bezeichnen mit $\mathfrak{A}_0$ die Menge aller skalaren Maße η mit kompaktem Träger mit $\eta(1) = 0$, d. h. $\|\eta^+\| = \|\eta^-\|$. Mit t_0 bezeichnen wir den linearen Operator, der jedem $\mu \in \mathfrak{M}_0^q$ die nullte Komponente $\mu^{(0,\ldots,0)}$ zuordnet. Es gilt dann der

Satz 4. *Für jedes $q \geqq 1$ gilt $\mathfrak{A}_0 = t_0\mathfrak{N}^q$.*

Beweis: Für $\mu \in \mathfrak{N}^q$ gilt $\sum \mu^\alpha(D^\alpha\varphi) = 0$ für alle $\varphi \in C_0^\infty(R^n)$. Wählen wir für φ eine Funktion, die in einer Umgebung von supp μ identisch 1 ist, erhalten wir $\mathfrak{A}_0 \supseteqq t_0\mathfrak{N}^q$. Es sei nun $\mu \in \mathfrak{A}_0$ beliebig gegeben. Für beliebige $y, z \in R^n$ bezeichnen wir mit $\mu^{y,z}$ das Maß

$$\varphi \to \int_y^z \varphi(s)\,\mathrm{d}s\,, \qquad \varphi \in C(R^n)\,,$$

wobei längs der Geraden durch y, z integriert wird bezüglich des skalaren Parameters s, wobei gilt $\mu^{y,z}(1) = |y - z|$. Wenn wir die Richtungsableitung längs der Geraden durch y, z mit $\sum_{k=1}^n \alpha_k \frac{\partial}{\partial x_k}$ bezeichnen (die $\alpha_k(y, z)$ sind die Richtungskosinus), so gilt

$$(\delta_z - \delta_y)\,\varphi = \int_y^z \left\{\sum_{k=1}^n \alpha_k(y, z) \frac{\partial}{\partial x_k} \varphi(x)\right\} \mathrm{d}\mu^{y,z}(x) \tag{7}$$

($\varphi \in C^1(R^n)$). Wir setzen jetzt $\varphi_0 = \varphi$, $\varphi_k = \frac{\partial}{\partial x_k}\varphi$. Dann wird durch

$$(\delta_y - \delta_z)\,\varphi_0 + \int_y^z \sum_{k=1}^n \alpha_k(y, z)\,\varphi_k(x)\,\mathrm{d}\mu^{y,z}(x)$$

eine von y, z abhängige Schar von Elementen aus $\mathfrak{M}_0^1$ gegeben, die offenbar zu $\mathfrak{N}^1$ gehören. Integration bezüglich y über η^+ und bezüglich z über η^- liefert dann eine Darstellung der behaupteten Art, wenn man noch durch $\|\eta^+\|$ dividiert (im Falle $\eta \neq 0$) und die kanonische Einbettung $\mathfrak{N}^1 \subseteqq \mathfrak{N}^q$ berücksichtigt. Das auf diese Weise erhaltene Element aus $\mathfrak{N}^1$ bezeichnen wir mit $a_0(\eta)$, ($\eta \in \mathfrak{A}_0$). Für jeden Multiindex α mit $|\alpha| \leqq q^{-1}$ ist $\varphi \to a_0(\eta)\,(D^\alpha\varphi)$ ein Element aus $\mathfrak{N}^q$, das wir mit $a_\alpha(\eta)$ bezeichnen. In der Anwendung von $a_\alpha(\eta)$ kommen außer der Ableitung $D^\alpha\varphi$ (die bezüglich η integriert wird) nur noch die Ableitungen der Ordnung $|\alpha| + 1$ vor. ◀

Satz 5. *Zu jedem $\mu \in \mathfrak{M}_0^q$ $(q > 1)$ existiert ein $\varrho \in \mathfrak{M}_0^q$ mit $\bar{\mu} = \bar{\varrho}$, wobei die Komponenten ϱ^α für $|\alpha| < q$ positive oder negative Maße sind. Man kann ϱ derart wählen, daß* supp ϱ *in der abgeschlossenen konvexen Hülle von* supp μ *liegt.*

Beweis: Wir nehmen zunächst $\mu^{(0,\ldots,0)}(1) \geqq 0$ an und wählen ein Maß $\eta \in \mathfrak{A}_0$ mit

$$\eta^+ = (\mu^{(0,\ldots,0)})^-\,, \qquad \eta^- = (\mu^{(0,\ldots,0)})^+\,.$$

Mit $\mu_1 = \mu + a_0(\eta)$ gilt dann $\mu_1^{(0,\ldots,0)} = \mu^{(0,\ldots,0)} + \eta \geqq 0$ und $\bar{\mu} = \bar{\mu}_1$. Ist andererseits $\mu^{(0,\ldots,0)}(1) \leqq 0$, wählen wir $\eta \in \mathfrak{A}_0$ derart, daß gilt

$$\bar{\eta} = (\mu^{(0,\ldots,0)})^+\,, \qquad \eta^+ \geqq (\mu^{(0,\ldots,0)})^-\,.$$

In diesem Fall erhalten wir $\mu_1^{(0,\ldots,0)} \leqq 0$, $(\mu_1 = \mu + a_0(\eta))$. Analog verfahren wir mit den Komponenten μ_1^α beginnend mit $|\alpha| = 1$ bis $|\alpha| < p$ durch sukzessive Addition geeigneter $a_\alpha(\eta(\alpha))$, wobei unterschieden wird, ob der Positivteil der α-ten Komponente des jeweils erhaltenen Maßes eine größere oder eine kleinere Gesamtmasse hat als der Negativteil. Danach richtet sich Positivität oder Negativität der Komponenten in der endgültigen Darstellung

$$\varrho = \mu + \sum_{|\alpha|<q} a_\alpha(\eta(\alpha))\,.$$

Wenn wir berücksichtigen, daß supp $a_\alpha(\eta(\alpha))$ in der konvexen abgeschlossenen Hülle der α-ten Komponente der vor dem α-ten Konstruktionsschritt aufgetretenen Darstellung enthalten ist, folgt die Behauptung über die Träger. ◀

Satz 6. *Zu jedem $\mu \in \mathfrak{N}^q$ $(q > 1)$ existiert ein Tupel skalarer Maße $\eta_\alpha \in \mathfrak{A}_0$ $(|\alpha| < q)$, so daß mit*

$$\nu = \mu - \sum_{|\alpha|<q} a_\alpha(\eta_\alpha)$$

gilt

$$\nu^\alpha = 0 \quad \text{für alle } \alpha \text{ mit } |\alpha| < q\,, \qquad \nu^\alpha \in \mathfrak{A}_0 \quad \text{für alle } \alpha \text{ mit } |\alpha| = q\,.$$

Beweis: Wir setzen $\eta_{(0,\dots,0)} = \mu^{(0,\dots,0)}$ und subtrahieren $a_0(\eta_{(0,\dots,0)})$ von μ. Für das erhaltene $\mu_0 \in \mathfrak{N}^q$ gilt dann $\mu_0^{(0,\dots,0)} = 0$. Aus

$$\mu_0(\varphi) = 0 \quad \text{für } \varphi(x) = x_k \quad (k = 1, \dots, n)$$

folgt dann $\mu_0^\alpha \in \mathfrak{A}_0$ für alle α mit $|\alpha| = 1$. Wenn wir $\sum\limits_{|\alpha|=1} a_\alpha(\mu_0^\alpha)$ von μ_0 subtrahieren, erhalten wir ein $\mu_1 \in \mathfrak{N}^q$ mit $\mu_1^\alpha = 0$ für alle α, $|\alpha| \leqq 1$. Weiterhin folgt aus

$$\mu_1(\varphi) = 0 \quad \text{für } \varphi(x) = x_k x_j \quad (k, j = 1, \dots, n)$$

$\mu_1^\alpha \in \mathfrak{A}_0$ für alle α, $|\alpha| = 2$. Fahren wir auf diese Weise fort, so gelangen wir zu einem $\mu_{q-1} \in \mathfrak{N}^q$ mit $0 = \mu_{q-1}^\alpha$ für $|\alpha| \leqq q - 1$ und $\mu_{q-1}^\alpha \in \mathfrak{A}_0$ für $|\alpha| = q$. ◀

Die Darstellung $a_0(\delta_y - \delta_z)$ der Nulldistribution im R^n $(n > 1)$ erlaubt weitere interessante Darstellungen. Sind $y^1, \dots, y^N$ endlich viele paarweise verschiedene Punkte, so ist

$$a_0(\delta_{y^1} - \delta_{y^2}) + a_0(\delta_{y^2} - \delta_{y^3}) + \cdots + a_0(\delta_{y^{N-1}} - \delta_{y^N}) + a_0(\delta_{y^N} - \delta_{y^1})$$

wiederum ein Element aus $\mathfrak{N}^1$, wobei nur die ersten partiellen Ableitungen von φ eingehen. Durch Integration bezüglich y^j über Maße η_j kann man neue Darstellungen aufbauen. Wir geben noch ein höherdimensionales Analogon zu dieser Konstruktion an, zu der man die verschiedensten Varianten finden kann. Es seien $y = (y_1, \dots, y_n)$, $z = (z_1, \dots, z_n) \in R^n$ Punkte mit $y_i < z_i$ für $i = 1, \dots, n$. Die Einschränkung des n-dimensionalen LEBESGUE-Maßes auf den Quader

$$\{x \in R^n : y_i \leqq x_i \leqq z_i;\ i = 1, \dots, n\}$$

bezeichnen wir mit $\lambda^{y,z}$. Die $N = 2^n$ Eckpunkte des Quaders bezeichnen wir mit $w^1, \dots, w^N$. Jedem Eckpunkt w^j ordnen wir ein Vorzeichen $\varepsilon(j)$ zu, und zwar das $+$-Zeichen, falls w^j eine gerade Anzahl von Koordinaten des Punktes y enthält und andernfalls das $-$-Zeichen. Dann gilt, wie man sich leicht klarmacht

$$\left(\sum_{j=1}^{N} \varepsilon(j)\, \delta_{w^j}\right) \varphi(x) - \int \frac{\partial^n}{\partial x_1 \cdots \partial x_n} \varphi(x)\, d\lambda^{y,z}(x) = 0 \tag{8}$$

für alle $\varphi \in C_0^\infty(R^n)$. (Dies hängt eng mit der Tatsache zusammen, daß die charakteristische Funktion der Menge $\{x : x_i \leqq z_i;\ i = 1, \dots, n\}$ eine Fundamentallösung des Operators $\partial^n/\partial x_1 \cdots \partial x_n$ ist, vgl. XI.4.2. (8) ist eine Darstellung der Nulldistribution aus $\mathfrak{N}^n$, aus der man wiederum durch Integration bezüglich der Eckpunkte w^j weitere Elemente aus $\mathfrak{N}^n$ aufbauen kann.

Bemerkung 8. Die Darstellung einer Distribution $\bar{\mu}$ durch positive Maße ist nicht eindeutig, d. h., es kommt vor, daß zwei verschiedene Tupel $\mu = (\mu^\alpha)_{|\alpha| \leqq q}$, $\nu = (\nu^\alpha)_{|\alpha| \leqq q}$ positiver Maße dieselbe Distribution erzeugen. Es sei z. B. $n = 1$, $y, z \in R^1$ und

$$\mu = (\delta_z, \mu^{y,z}) \in \mathfrak{M}^1 .$$

Dann stellt $\mu_1 = \mu + a(\delta_y - \delta_z) = (\delta_y, 2\mu^{y,z})$ dieselbe Distribution dar. Man kann zeigen, daß zu jeder durch positive Maße dargestellten Distribution eine davon verschiedene Darstellung durch positive Maße existiert.

Verschiedene Darstellungen einer Distribution durch positive Maße erfüllen im allgemeinen keine Ungleichung der Gestalt $\sum \|\mu^\alpha\| \leqq \text{const}$.

VIII. POTENTIALTHEORIE FÜR ELLIPTISCHE GLEICHUNGEN BELIEBIGER ORDNUNG

§ 1. Potentialtheoretische Eigenschaften der Fundamentallösung

In diesem Kapitel entwickeln wir eine kernbezogene Potential- und Balayage-Theorie für das DIRICHLET-Problem bei elliptischen Gleichungen beliebiger Ordnung. Die Grundlagen dieser Theorie wurden u. a. in den Arbeiten [W 17], [W 25], [W 18], [W 22], [W 23], [S 19], [S 25], [S 26] gelegt und sind eine unmittelbare Verallgemeinerung der in Kapitel III dargestellten Potentialtheorie. Mit dieser Absicht ist auch die in [A 33] dargelegte Theorie entwickelt worden.

1.1. DIRICHLET-Problem in der *W*-TAYLOR-Formulierung

Wir setzen in diesem Kapitel voraus, daß $L(x, D)$ ein elliptischer Operator im R^n ist der Ordnung $2m$ mit reellen Koeffizienten aus $C^\infty(R^n)$, und L, L^* besitze die Eindeutigkeitseigenschaft im Kleinen. Es sei daran erinnert, daß wir das Differentiationssymbol D bei Beschränkung auf reelle Koeffizienten und reelle Lösungen in der Bedeutung $(\partial/\partial x_1, \dots, \partial/\partial x_n)$ verwenden. $E(x, z)$ sei eine Fundamentallösung von L im R^n, d. h., es gilt

$$\varphi(z) = \int E(x, z)\, L^*(x, D_x)\, \varphi(x)\, dx\,,$$

$$\varphi(x) = \int E(x, z)\, L(z, D_z)\, \varphi(z)\, dz$$

für alle $\varphi \in C_0^\infty(R^n)$. Zur Motivation der zu definierenden Potentiale erinnern wir zunächst an die Maximum-Abschätzung für das DIRICHLET-Problem.

$\Omega \subset R^n$ sei ein beschränktes Gebiet, und jede Lösung $u \in C^{2m}(\Omega) \cap C^{m-1}(\overline{\Omega})$ des DIRICHLET-Problems

$$L(x, D)\, u = 0\,, \tag{1}$$

$$D^\alpha u|_{\partial\Omega} = D^\alpha v|_{\partial\Omega} \qquad (|\alpha| \leqq m-1) \tag{2}$$

$(v \in C^{m-1}(R^n))$ erfülle mit einer geeigneten von u unabhängigen Konstanten $c > 0$ die Ungleichung

$$\sup_{x\in\Omega} \sum_{|\alpha|\leqq m-1} |D^\alpha u(x)| \leqq c \sup_{y\in\partial\Omega} \sum_{|\alpha|\leqq m-1} |D^\alpha u(y)|\,. \tag{3}$$

In der *W*-TAYLOR-Formulierung verwenden wir die Bezeichnungen

$$h = (h_\alpha)_{|\alpha|\leqq m-1} = (D^\alpha u)_{|\alpha|\leqq m-1} \in W^{m-1}(\overline{\Omega})\,,$$

$$g = (g_\alpha)_{|\alpha|\leqq m-1} = (D^\alpha v)_{|\alpha|\leqq m-1} \in W^{m-1}(\partial\Omega)\,,$$

d. h. $h|_{\partial\Omega} = g$. Entsprechend (3) gilt

$$\sup_{x\in\Omega} |h(x)| \leqq c \sup_{y\in\partial\Omega} |h(y)| \tag{4}$$

für alle h der betrachteten Gestalt. Der Rand $\partial\Omega$ des Gebietes sei für alles Folgende $(m-1)$-regulär.

Mit dieser Annahme ist sichergestellt, daß der Raum $W^{m-1}(\partial\Omega)$, in welchem die DIRICHLETschen Randwerte liegen, ein BANACH-Raum ist in der Topologie der gleichmäßigen Konvergenz aller Komponenten. Hierzu würde zunächst auch eine zu Kapitel VII analoge Fortsetzbarkeitsbetrachtung von $\partial\Omega$ auf $\bar{\Omega}$ genügen. Es ist für unsere Belange aber günstiger, die stetigen Linearformen auf $W^{m-1}(\partial\Omega)$ als Distributionen im R^n zu deuten, weshalb die Fortsetzbarkeit in den R^n verlangt wird bzw. Fortsetzbarkeit in eine Kugel K_0 mit $\bar{\Omega} \subset \operatorname{int} K_0$. Die lineare Abbildung $r_{\partial\Omega}\colon W^{m-1}(K_0) \to W^{m-1}(\partial\Omega)$ ist also dann stetig, und wir erhalten die stetige Injektion $(W^{m-1}(\partial\Omega))' \to (W^{m-1}(K_0))'$.

1.2. Integration von Ableitungskernen

Als Maße bezeichnen wir in diesem Kapitel vektorwertige Maße der Gestalt

$$\mu = (\mu^\alpha)_{|\alpha| \leq m-1} \in \underset{|\alpha| \leq m-1}{\times} \mathfrak{M}(R^n)\,.$$

Bei Verwendung skalarer Maße weisen wir ausdrücklich darauf hin. Anstelle von $\mathfrak{M}^{m-1} = \mathfrak{M}^{m-1}(R^n)$, $\mathfrak{M}_0^{m-1} = \mathfrak{M}_0^{m-1}(R^n)$ bzw. $\mathfrak{M}^{m-1}(K)$ (im Sinne von VII.3.2.) verwenden wir in diesem Kapitel zur Abkürzung $\mathfrak{M}$, $\mathfrak{M}_0$ bzw. $\mathfrak{M}(K)$.

Algebraische Operationen und Halbordnungen, speziell Positivität, sind komponentenweise zu verstehen. Weiterhin setzen wir

$$\operatorname{supp} \mu = \bigcup_{|\alpha| \leq m-1} \operatorname{supp} \mu^\alpha$$

und

$$\mathcal{J}_\mu = \bigcap_{|\alpha| \leq m-1} \mathcal{J}_{\mu^\alpha}, \quad \mathcal{J}_{\mu^\alpha} = \mathcal{J}_{|\mu^\alpha|}\,.$$

Satz 1. *Es sei ζ ein skalares Maß mit kompaktem Träger. Dann ist das Potential*

$$u(x) = \int D_z^\beta E(x, z)\, \mathrm{d}\zeta(z) \tag{5}$$

außerhalb von $\operatorname{supp} \zeta$ *Lösung der Gleichung* $Lu = 0$.

Beweis: Es sei $\varphi \in C_0^\infty(R^n)$ eine Funktion mit

$$\operatorname{supp} \varphi \cap \operatorname{supp} \zeta = \emptyset\,.$$

Dann ist die Funktion $E(x, z)$ auf der Menge $\operatorname{supp} \varphi \times \operatorname{supp} \zeta$ gleichmäßig stetig, d. h., die folgenden Vertauschungen der Limites sind zulässig. Dann gilt

$$\begin{aligned}\int \left[\int D_z^\beta E(x, z)\, \mathrm{d}\zeta(z)\right] L^*(x, D_x)\, \varphi(x)\, \mathrm{d}x &= \int \left[\int D_z^\beta E(x, z)\, L^*(x, D_x)\, \varphi(x)\, \mathrm{d}x\right] \mathrm{d}\zeta(z) \\ &= \int \left[D_z^\beta \int E(x, z)\, L^*(x, D_x)\, \varphi(x)\, \mathrm{d}x\right] \mathrm{d}\zeta(z) \\ &= \int D_z^\beta \varphi(z)\, \mathrm{d}\zeta(z) = 0\,.\end{aligned}$$

u ist also in $R^n \setminus \operatorname{supp} \zeta$ schwache Lösung, d. h. auch klassische Lösung. ◀

Ist analog ζ ein skalares Maß mit kompaktem Träger, so ist das Potential

$$v(z) = \int D_x^\alpha E(x, z)\, \mathrm{d}\zeta(x) \tag{6}$$

außerhalb von $\operatorname{supp} \zeta$ Lösung der Gleichung $L^* v = 0$.

1.3. Abschätzung der Singularität

Ohne Beweis (vgl. auch V.3.4.) verwenden wir folgendes

Lemma 1. *Es gilt für* $|x - z| \leqq \delta$ *mit einem* $\delta > 0$

$$|D_x^\alpha D_z^\beta E(x, z)| \leqq c\, |x - z|^{2m-n-|\alpha|-|\beta|} (1 + |\log |x - z||) . \tag{7}$$

Der logarithmische Term kann stets weggelassen werden, außer im Fall n gerade und Exponent von $|x - z|$ nichtnegativ. $c > 0$ ist eine Konstante.

Es gilt dann für $|\alpha| + |\beta| \leqq 2m - 2$ *und* $|x - z| \leqq 1$ *mit einer Konstanten* $c > 0$

$$[D_x^\alpha D_z^\beta E(x, z)]^+ \leqq \begin{cases} c\, |x - z|^{2-n} & \text{für } n > 2\,, \\ c(1 + |\log |x - z||) & \text{für } n = 2\,. \end{cases} \tag{8}$$

Zum Beweis von (8) sei $|x - z| \leqq 1$. Für a_1, a_2 reell ist dann $a_2 \leqq a_1$ äquivalent mit $|x - z|^{a_1} \geqq |x - z|^{a_2}$. Außerdem beachten wir $|\log |x - z|| \leqq |x - z|^{-1}$. Dann gilt für $n > 2$ wegen (7)

$$D_x^\alpha D_z^\beta E(x, z) = \begin{cases} c\, |x - z|^{2m-n-|\alpha|-|\beta|} \leqq c\, |x - z|^{2-n} & \text{für } |\alpha| + |\beta| > 2m - n\,, \\ c\, |x - z|^{2m-n-|\alpha|-|\beta|-1} \leqq c\, |x - z|^{2-n} & \text{für } |\alpha| + |\beta| \leqq 2m - n\,. \end{cases}$$

Für $n = 2$ ist stets $2m - n - |\alpha| - |\beta| \geqq 0$, also folgt (8) auch in diesem Fall aus (7). ◀

Lemma 2. *Es sei $E(x, z)$ eine Fundamentallösung von $L(x, D)$, und es sei $\varphi \in C_0^\infty(R^n)$. Dann sind die Potentiale*

$$\int [D_x^\alpha D_z^\beta E(x, z)]^\pm\, \varphi(z)\, dz\,, \qquad (|\alpha|, |\beta| \leqq m - 1)$$

stetig für alle α, β mit $|\alpha| + |\beta| \leqq 2m - 1$.

Der einfache Beweis bleibe dem Leser überlassen (vgl. auch II.2.3.).

1.4. Vektorwertige Potentiale

Der Formulierung des Dirichlet-Problems sind gewisse Potentiale angepaßt, die wir als nächstes definieren und die in in diesem Kapitel eine grundlegende Rolle spielen. Für $x \neq z$ setzen wir

$$\Phi_\alpha^\beta(x, z) = D_x^\alpha D_z^\beta E(x, z) \qquad (|\alpha|, |\beta| \leqq m - 1)\,.$$

Für $x = z$ definieren wir $[\Phi_\alpha^\beta(x, z)]^\pm = +\infty$, so daß die Funktionen $[\Phi_\alpha^\beta(x, z)]^\pm$ auf $R^n \times R^n$ nach unten halbstetig werden. (Es zeigt sich später allerdings, daß die konkrete Festlegung an $x = z$ unwesentlich ist.) Die Funktionen (5), (6) sind dann Differenzen nach unten halbstetiger Funktionen.

Es seien $\lambda = (\lambda^\beta)_{|\beta| \leqq m-1}$, $\varkappa = (\varkappa^\alpha)_{|\alpha| \leqq m-1}$ Maße mit kompaktem Träger. Potential von λ heißt die vektorwertige Funktion

$$\Phi\lambda(x) = \big((\Phi\lambda)_\alpha\,(x)\big)_{|\alpha| \leqq m-1}$$

mit den Komponenten

$$(\Phi\lambda)_\alpha\,(x) = \sum_{|\beta| \leqq m-1} \int \Phi_\alpha^\beta(x, z)\, d\lambda^\beta(z) \qquad (|\alpha| \leqq m - 1)\,. \tag{9}$$

Adjungiertes Potential des Maßes $\varkappa$ heißt analog die vektorwertige Funktion $\Phi^*\varkappa(z) = \big((\Phi^*\varkappa)_\beta(z)\big)_{|\beta|\leqq m-1}$ mit den Komponenten

$$(\Phi^*\varkappa)_\beta(z) = \sum_{|\alpha|\leqq m-1} \cdot \int \Phi_\alpha^\beta(x,z)\, d\varkappa^\alpha(x) \qquad (|\beta| \leqq m-1)\,. \tag{10}$$

Wenn Funktionen $\varphi^\beta(z) \in C_0^\infty(R^n)$ existieren mit $d\lambda^\beta(z) = \varphi^\beta(z)\, dz$, $(|\beta| \leqq m-1)$, kann man eine Funktion $\psi_\lambda \in C_0^\infty(R^n)$ finden mit

$$(\Phi\lambda)_\alpha(x) = \int \Phi_\alpha^0(x,z)\, \psi_\lambda(z)\, dz \qquad (|\alpha| \leqq m-1)\,.$$

Eine analoge Aussage besteht bezüglich der adjungierten Potentiale. Häufig schreiben wir

$$\mu(\Phi\lambda) = \sum_{|\alpha|\leqq m-1} \int \Big[\sum_{|\beta|\leqq m-1} \int \Phi_\alpha^\beta(x,z)\, d\lambda^\beta(z)\Big]\, d\mu^\alpha(x)\,.$$

Entsprechend wird die Abkürzung $\mu(\Phi^*\varkappa)$ verwendet.

Die Potentiale (9) bzw. (10) sind genau genommen mittels Zerlegung der Kerne und Maße in Positiv- und Negativteil definiert, d. h. als Summe über Ausdrücke der Gestalt

$$\int [\Phi_\alpha^\beta(x,z)]^\pm\, d(\lambda^\beta)^\pm(z) \qquad \text{bzw.} \qquad \int [\Phi_\alpha^\beta(x,z)]^\pm\, d(\varkappa^\alpha)^\pm(x) \tag{11}$$

(zum Auftreten von unbestimmten Ausdrücken der Art $\infty - \infty$ vgl. Satz 4). Auf diese Zerlegung ist stets bei Vertauschung von Integrationen zurückzugehen, was nicht jedesmal in aller Ausführlichkeit diskutiert wird.

1.5. Stetige Potentiale und Mengen der Kapazität Null

Es sei $f \geqq 0$ eine skalare beschränkte LEBESGUE-integrierbare Funktion mit kompaktem Träger. Dann sind für alle α, β mit $|\alpha|, |\beta| \leqq m-1$ die Potentiale

$$\int_{R^n} [\Phi_\alpha^\beta(x,z)]^\pm f(z)\, dz$$

als Funktionen von $x \in R^n$ stetig. Dasselbe trifft zu für

$$\int_{R^n} [\Phi_\alpha^\beta(x,z)]^\pm f(x)\, dx$$

in Abhängigkeit von $z \in R^n$. Dies folgt unmittelbar aus Lemma 2 und folgendem Hilfssatz, den wir in II.1.2. bereits bewiesen haben.

Lemma 3. *Die Menge aller skalaren Maße $\zeta \geqq 0$ mit kompaktem Träger und stetigen*

$$\int [\Phi_\alpha^\beta(x,z)]^\pm\, d\zeta(z) \qquad (|\alpha|, |\beta| \leqq m-1)$$

ist erblich, d. h., jedes skalare Maß η mit $0 \leqq \eta \leqq \zeta$ hat ebenfalls diese Eigenschaft.

Mit $\mathfrak{F}_1^+$ bezeichnen wir die Menge aller skalaren Maße $\zeta \geqq 0$ und stetigen $\int [\Phi_\alpha^\beta(x,z)]^\pm\, d\zeta(z)$ für alle $|\alpha|, |\beta| \leqq m-1$. Wir setzen $\mathfrak{F}_1 = \mathfrak{F}_1^+ - \mathfrak{F}_1^+$ und

$$\mathfrak{F} = \bigtimes_{|\alpha|\leqq m-1} \mathfrak{F}_1\,. \tag{12}$$

Analog werden bezüglich der Variablen z die Mengen $\mathfrak{F}_1^{*+}$, $\mathfrak{F}_1^*$, $\mathfrak{F}^*$ eingeführt. Es sei weiterhin

$$\mathcal{I} = \bigcap_{\zeta\in\mathfrak{F}_1^+} \mathcal{I}_\zeta\,, \qquad \mathcal{I}^* = \bigcap_{\zeta\in\mathfrak{F}_1^{*+}} \mathcal{I}_\zeta\,. \tag{13}$$

Ist M eine abgeschlossene Menge im R^n, so sei

$$\mathfrak{F}(M) = \{\lambda \in \mathfrak{F}: \operatorname{supp} \lambda \subseteq M\} .$$

Entsprechend ist $\mathfrak{F}^*(M)$ definiert.

Die Erblichkeit von $\mathfrak{F}_1^+$ bzw. $\mathfrak{F}_1^{*+}$ ist sehr wesentlich im Zusammenhang mit II.1.4., Satz 3, welcher in folgender Formulierung häufig verwendet wird: Ist M eine abgeschlossene Menge und μ ein Maß mit kompaktem Träger, so gilt

$$\lambda(\Phi^*\mu) = 0 \quad \text{für alle } \lambda \in \mathfrak{F}(M) \Leftrightarrow \Phi^*\mu = 0 \ \mathfrak{J}\text{-f.ü. auf } M , \tag{14}$$

$$\lambda(\Phi\mu) \ = 0 \quad \text{für alle } \lambda \in \mathfrak{F}^*(M) \Leftrightarrow \Phi\mu = 0 \ \mathfrak{J}^*\text{-f.ü. auf } M . \tag{15}$$

Man könnte versuchen, eine Potentialtheorie im vorliegenden Sinne auch mit Hölder-stetigen Potentialen zu betreiben. Es zeigt sich, daß auch dann die betreffenden Kegel von Maßen erblich sind (vgl. [W 4]).

Bemerkung 1. $\mathfrak{J}$ und $\mathfrak{J}^*$ sind im System der Lebesgueschen Nullmengen enthalten, denn wegen Lemma 2 gehören zu $\mathfrak{F}_1$ und $\mathfrak{F}_1^*$ alle Maße mit Dichten aus $C_0(R^n)$.

Die Mengen aus $\mathfrak{J}$ bzw. $\mathfrak{J}^*$ bezeichnen wir als Mengen der Kapazität Null. Aus (8) und II.2.3. (vgl. auch II.1.3., III.2.1.) folgt, daß alle positiven Maße mit kompaktem Träger und stetigem Newtonschen (bzw. logarithmischem Potential) zu $\mathfrak{F}_1^+$ bzw. $\mathfrak{F}_1^{*+}$ gehören, daß also die Mengen aus $\mathfrak{J}$ und $\mathfrak{J}^*$ auch Wienersche Nullmengen sind. Auf diesen Zusammenhang kommen wir in § 6 zurück.

Lemma 4. *Es sei $\mu = (\mu^\alpha)_{|\alpha| \leq m-1}$ ein Maß mit kompaktem Träger. Dann gilt für beliebiges $\lambda \in \mathfrak{F}$ bzw. $\lambda \in \mathfrak{F}^*$*

$$\mu(\Phi\lambda) = \lambda(\Phi^*\mu)$$

bzw.

$$\mu(\Phi^*\lambda) = \lambda(\Phi\mu) .$$

Beweis: Die Vertauschbarkeit folgt unmittelbar aus der Stetigkeit der Integrale bezüglich λ, der Kompaktheit von supp μ und dem Satz von Fubini. ◀

Satz 2. *$\mathfrak{F}$ und $\mathfrak{J}$ bzw. $\mathfrak{F}^*$ und $\mathfrak{J}^*$ sind von der speziellen Wahl der Fundamentallösung unabhängig.*

Beweis. Es sei E' eine zweite Fundamentallösung. Wir müssen zeigen, daß für beliebiges α mit $|\alpha| \leq 2m - 2$ und ein skalares Maß $\zeta \geq 0$ das Integral

$$\int [D_x^\alpha E(x, z)]^\pm \, d\zeta(z)$$

genau dann stetig ist, wenn

$$\int [D_x^\alpha E'(x, z)]^\pm \, d\zeta(z) \tag{16}$$

stetig ist. Die Funktion $A = E - E'$ ist reell analytisch. Auf Grund von $(f + g)^\pm \leq f^\pm + g^\pm$ für beliebige Funktionen f, g erhalten wir $(D_x^\alpha E'(x, z))^\pm \leq (D_x^\alpha E(x, z))^\pm + (D_x^\alpha A(x, z))^\pm$. Für $\zeta \in \mathfrak{F}_1^+$ ist das Integral über die rechte Seite der letzten Ungleichung stetig. Nach II.2.3. folgt dann auch die Stetigkeit von (16). Die Umkehrung beweist man analog, ebenso die Aussage für $\mathfrak{F}^*$, $\mathfrak{J}^*$. ◀

Satz 3. *Es seien α, γ Multiindizes mit $|\alpha + \gamma| \leq m - 1$. Dann ist für $\zeta \in \mathfrak{F}_1$ und jedes β mit $|\beta| \leq m - 1$ die Funktion $\int \Phi_\alpha^\beta(x, z) \, d\zeta(z)$ im klassischen Sinne $|\gamma|$-mal nach x differenzierbar, und es gilt*

$$D_x^\gamma \int \Phi_\alpha^\beta(x, z) \, d\zeta(z) = \int \Phi_{\alpha+\gamma}^\beta(x, z) \, d\zeta(z) . \tag{17}$$

Eine analoge Aussage gilt bezüglich Differentiation nach z.

Beweis: Es sei ζ zunächst ein beliebiges skalares nichtnegatives Maß mit kompaktem Träger. Wir zeigen, daß dann (17) im distributionentheoretischen Sinne gilt. Für $\varphi \in C_0^\infty(R^n)$ haben wir

$$\begin{aligned}\int \left[\int D_x^\alpha D_z^\beta E(x,z)\, d\zeta(z)\right] (-1)^{|\gamma|} D_x^\gamma \varphi(x)\, dx &= \int \left[\int D_x^\alpha D_z^\beta E(x,z)\, (-1)^{|\gamma|} D_x^\gamma \varphi(x)\, dx\right] d\zeta(z) \\ &= \int \left[\int D_x^{\alpha+\gamma} D_z^\beta E(x,z)\, \varphi(x)\, dx\right] d\zeta(z) \\ &= \int \left[\int D_x^{\alpha+\gamma} D_z^\beta E(x,z)\, d\zeta(z)\right] \varphi(x)\, dx\,.\end{aligned}$$

Die Anwendung des FUBINI-Theorems ist wegen Lemma 2 erlaubt. Speziell für $\varrho \in \mathfrak{F}_1^+$ ist zu beweisen, daß die Differentiation im klassischen Sinne möglich ist. Es genügt, sich auf $|\gamma| = 1$ zu beschränken. $\int \Phi_\alpha^\beta(x,z)\, d\zeta(z)$ ist für beliebiges $\zeta \in \mathfrak{F}_1^+$ eine stetige Funktion, deren sämtliche distributionentheoretischen Ableitungen erster Ordnung nach Voraussetzung ebenfalls stetig sind. Dann handelt es sich aber bekanntlich um die klassische Differentiation. ◀

Als Folgerung erhalten wir

$$\lambda \in \mathfrak{F} \Rightarrow \Phi\lambda \in W^{m-1}(R^n)\,, \qquad \lambda \in \mathfrak{F}^* \Rightarrow \Phi^*\lambda \in W^{m-1}(R^n)\,. \tag{18}$$

1.6. Unbestimmtheiten bzw. Singularitäten beliebiger Potentiale

Satz 4. *Es sei $\zeta \geqq 0$ ein skalares Maß mit kompaktem Träger. Dann gilt für beliebiges α, β mit $|\alpha|, |\beta| \leqq m-1$*

$$\int [\Phi_\alpha^\beta(x,z)]^\pm\, d\zeta(z) < \infty \qquad \textit{für } \mathcal{J}^*\textit{-fast alle } x \in R^n\,,$$

sowie

$$\int [\Phi_\alpha^\beta(x,z)]^\pm\, d\zeta(x) < \infty \qquad \textit{für } \mathcal{J}\textit{-fast alle } z \in R^n\,.$$

Beweis: Wir zeigen z. B. die erste Behauptung. Wäre

$$B = \{x \in R^n : \int [\Phi_\alpha^\beta(x,z)]^+\, d\zeta(z) = \infty\} \notin \mathcal{J}^*\,,$$

so gäbe es ein $\varrho \in \mathfrak{F}_1^{*+}$ mit $\operatorname{supp} \varrho \subseteqq B$. Daraus würde folgen

$$\int \{\int [\Phi_\alpha^\beta(x,z)]^+\, d\zeta(z)\}\, d\varrho(x) = \int \{\int [\Phi_\alpha^\beta(x,z)]^+\, d\varrho(x)\}\, d\zeta(z) = \infty$$

im Widerspruch zur Stetigkeit des inneren Integrals auf der rechten Seite. ◀

Dieser Satz zeigt, daß in der Definition der Potentiale $\Phi\lambda$ bzw. $\Phi^*\varkappa$ ($\operatorname{supp}\lambda$, $\operatorname{supp}\varkappa$ kompakt) mittels Zerlegung der Kerne und Maße in Positiv- und Negativteil höchstens auf einer Menge aus $\mathcal{J}^*$ bzw. $\mathcal{J}$ unbestimmte Ausdrücke der Gestalt $\infty - \infty$ vorkommen können bzw. die Werte $\pm\infty$.

§ 2. Das Balayage-Prinzip

2.1. Die Räume $D(\bar{\Omega})$ bzw $D^*(\bar{\Omega})$

In diesem Paragraphen untersuchen wir ein Balayage-Prinzip für das DIRICHLET-Problem und stellen Potentialbeziehungen her, die zum Fall $m = 1$ analog sind. Es sei

$$D(\bar{\Omega}) = \{h = (h_\alpha)_{|\alpha| \leqq m-1} = (D^\alpha u)_{|\alpha| \leqq m-1} : u \in C^{m-1}(\bar{\Omega}) \cap C^{2m}(\Omega),\ L(x,D)\, u = 0 \text{ in } \Omega\} \tag{1}$$

und $D(\partial\Omega) = r_{\partial\Omega}D(\bar{\Omega})$. Dann gilt

$$D(\bar{\Omega}) \subseteqq W^{m-1}(\bar{\Omega})\,, \qquad D(\partial\Omega) \subseteqq W^{m-1}(\partial\Omega)\,.$$

Für den adjungierten Operator $L^*(x, D)$ definieren wir analog die Räume $D^*(\bar{\Omega})$, $D^*(\partial\Omega)$.

Grundannahme für alles folgende ist weiterhin die Ungleichung (4), § 1 für alle $h \in D(\bar{\Omega})$ (bzw. alle $h \in D^*(\bar{\Omega})$). Die meisten Betrachtungen führen wir nur für $L(x, D)$ durch. Einige Male ist es allerdings notwendig, auch das adjungierte Problem hinzuzunehmen.

Die Abschätzung (4), § 1 ist mit $r_{\partial\Omega}D(\bar{\Omega}) = W^{m-1}(\partial\Omega)$ z. B. immer dann erfüllt, wenn $\bar{\Omega}$ eine genügend kleine Kugel $K^r_{x_0}$ ist ($\partial\Omega = S^r_{x_0}$). Dabei ist das Dirichlet-Problem also eindeutig lösbar (vgl. V.3.3.).

Wenn für beliebige $g \in W^{m-1}(\partial\Omega)$ das Dirichlet-Problem eindeutig lösbar ist, folgt die Abschätzung (4), § 1 aus dem Satz vom abgeschlossenen Graphen. $D(\bar{\Omega})$ ist nämlich ein Banach-Raum, desgleichen $W^{m-1}(\partial\Omega)$ wegen der $(m-1)$-Regularität von $\partial\Omega$, d. h., $r_{\partial\Omega}\colon D(\bar{\Omega}) \to W^{m-1}(\partial\Omega)$ ist offen.

2.2. Kernfreie Balayage, harmonische Maße

Es besteht das folgende Balayage-Prinzip:

Lemma 1. *Unter obiger Annahme existiert zu jedem Maß $\mu = (\mu^\alpha)_{|\alpha| \leqq m-1}$ mit* supp $\mu \subseteqq \bar{\Omega}$ *ein Maß $\nu = (\nu^\alpha)_{|\alpha| \leqq m-1}$ mit* supp $\nu \subseteqq \partial\Omega$ *und*

$$\sum_{|\alpha| \leqq m-1} \int_{\Omega} h_\alpha(x)\, d\mu^\alpha(x) = \sum_{|\alpha| \leqq m-1} \int_{\partial\Omega} h_\alpha(y)\, d\nu^\alpha(y) \qquad \textit{für alle } h \in D(\bar{\Omega})\,. \tag{2}$$

Hierfür schreiben wir auch

$$\mu(h) = \nu(h) \qquad \textit{für alle } h \in D(\bar{\Omega})\,. \tag{3}$$

Beweis: Der Operator $r_{\partial\Omega}$ bildet den Raum $D(\bar{\Omega})$ wegen (4), § 1 linear und homöomorph auf den Raum $D(\partial\Omega)$ der Dirichletschen Randwerte ab. Es sei $r^{-1}_{\partial\Omega}$ das Inverse dieses Homöomorphismus. Dann ist durch $\mu(h) = \mu(r^{-1}_{\partial\Omega}(r_{\partial\Omega}h))$ eine stetige Linearform auf $D(\partial\Omega)$ erklärt. $D(\partial\Omega)$ ist stetig eingebettet in den Raum $\underset{|\alpha| \leqq m-1}{\times} C(\partial\Omega)$. Nach dem Hahn-Banach-Theorem existiert also ein Maß $\nu = (\nu^\alpha)_{|\alpha| \leqq m-1}$ auf $\partial\Omega$ mit

$$\mu(r^{-1}_{\partial\Omega}(r_{\partial\Omega}h)) = \nu(h) \qquad \text{für alle } h \in D(\bar{\Omega})\,.$$

Das Maß ν ist im allgemeinen nicht eindeutig bestimmt. Wir können aber eine Repräsentantenwahl vornehmen, daß etwa die Zuordnung $\mu \to \nu$ eine lineare Abbildung wird. Diese Wahl sei festgehalten. Wir setzen dann $\Pi\mu = \nu$ und bezeichnen Π als Balayage-Operator. Π legen wir außerdem noch so fest, daß gilt $\Pi\mu = \Pi\mu'$ im Falle $\mu(h) = \mu'(h)$ für alle $h \in D(\bar{\Omega})$. Später deuten wir Π als Operator, der Distributionen abbildet, arbeiten aber weiterhin mit repräsentierenden Maßen. Dabei untersuchen wir auch verschiedene Stetigkeitseigenschaften von Π.

Es seien $x_0 \in \overline{\Omega}$ und δ_{x_0, α_0} dasjenige Maß $\lambda = (\lambda^\alpha)_{|\alpha| \leqq m-1}$, für welches gilt

$$\lambda^\alpha = \begin{cases} 0 & \text{für } \alpha \neq \alpha_0 , \\ \delta_{x_0} & \text{für } \alpha = \alpha_0 . \end{cases}$$

Wir setzen

$$\mu_{x_0, \alpha_0} = \Pi \delta_{x_0, \alpha_0} \qquad (x_0 \in \overline{\Omega}, |\alpha_0| \leqq m - 1) . \tag{4}$$

Das Maß $\mu_{x_0, \alpha_0} = (\mu_{x_0, \alpha_0})_{|\alpha| \leqq m-1}$ heißt harmonisches Maß bezüglich x_0 (und α_0).

Nach dem Balayage-Prinzip erhalten wir folgende Darstellung der Lösung u des Dirichlet-Problems (und aller Ableitungen der Ordnung $\leqq m - 1$)

$$D^\alpha u(x) = \mu_{x,\alpha}(g) = \sum_{|\beta| \leqq m-1} \int_{\partial\Omega} g_\beta(y) \, d\mu^\beta_{x,\alpha}(y) \tag{5}$$

für alle $x \in \overline{\Omega}$, $|\alpha| \leqq m - 1$. Somit sind die harmonischen Maße $\mu_{x,\alpha}$ im Innern von Ω als Funktionale auf $W^{m-1}(\partial\Omega)$ bereits durch $\mu_{x,(0,\dots,0)}$ $(x \in \Omega)$ bestimmt. ◀

2.3. Interpretation durch Potentiale

Aus Satz 1 und (18), § 1 erhalten wir

Lemma 2. *Es gilt*

$$\lambda \in \mathfrak{F}(C\Omega) \Rightarrow \Phi\lambda|_{\overline{\Omega}} \in D(\overline{\Omega}) . \tag{6}$$

Satz 1. *Aus* $\Pi\mu = \nu$ *(bzw. (3)) folgt*

$$\Phi^*\mu(z) = \Phi^*\nu(z) \qquad \text{für } \mathfrak{J}\text{-fast alle } z \in C\Omega . \tag{7}$$

Ausführlich lautet diese Beziehung

$$\sum_{|\alpha| \leqq m-1} \int_{\overline{\Omega}} \Phi^\beta_\alpha(x, z) \, d\mu^\alpha(x) = \sum_{|\alpha| \leqq m-1} \int_{\partial\Omega} \Phi^\beta_\alpha(y, z) \, d\nu^\alpha(y) \tag{8}$$

für $\mathfrak{J}$*-fast alle* $z \in C\Omega$, $|\beta| \leqq m - 1$. *Die eventuelle Ausnahmemenge ist dabei in* $\partial\Omega$ *enthalten.*

Beweis: Nach Lemma 2 kann auf die Potentiale $\Phi\lambda$ ($\lambda \in \mathfrak{F}$, $\operatorname{supp} \lambda \subseteqq C\Omega$) das Balayage-Prinzip angewendet werden. Es gilt also $\mu(\Phi\lambda) = \nu(\Phi\lambda)$ für alle diese λ, oder ausführlich geschrieben

$$\sum_{|\alpha| \leqq m-1} \int \Big[\sum_{|\beta| \leqq m-1} \int \Phi^\beta_\alpha(x, z) \, d\lambda^\beta(z) \Big] d\mu^\alpha(x)$$
$$= \sum_{|\alpha| \leqq m-1} \int \Big[\sum_{|\beta| \leqq m-1} \int \Phi^\beta_\alpha(y, z) \, d\lambda^\beta(z) \Big] d\nu^\alpha(y) .$$

Nach Vertauschung sämtlicher Integrationen und unter Beachtung der Unabhängigkeit der Komponenten von λ folgt (7) (vgl. (14), § 1). Daß die eventuelle Ausnahmemenge auf $\partial\Omega$ liegt, folgt daraus, daß in $C\overline{\Omega}$ die Potentiale auf beiden Seiten von (7) stetig sind und $\mathfrak{J}$ im System der Lebesgueschen Nullmengen enthalten ist (vgl. Bemerkung 1, § 1). ◀

Für $\mu_{x_0, \alpha_0} = \Pi \delta_{x_0, \alpha_0}$ $(x_0 \in \overline{\Omega}, |\alpha_0| \leqq m - 1)$ gilt speziell

$$\Phi^\beta_{\alpha_0}(x_0, z) = \sum_{|\alpha| \leqq m-1} \int \Phi^\beta_\alpha(y, z) \, d\mu^\alpha_{x_0, \alpha_0}(y) \tag{9}$$

für $\mathcal{J}$-fast alle $z \in \partial\Omega$ und alle $z \in \complement\overline{\Omega}$, $|\alpha_0|, |\beta| \leqq m - 1$. Wenn wir vorübergehend annehmen, daß der Operator L konstante Koeffizienten besitzt und $E(x, z)$ als Differenzkern gewählt ist, so erhalten wir wegen

$$\Phi^{\beta}_{\alpha_0}(x_0, z) = (-1)^{|\beta|} D_x^{\alpha_0+\beta} E(x, z)$$

für $\alpha_0 + \beta = \alpha_0' + \beta'$ $(|\alpha_0|, |\alpha_0'|, |\beta|, |\beta'| \leqq m - 1)$ die Gleichung

$$(-1)^{|\beta'|} \Phi^{\beta}_{\alpha_0}(x_0, z) = (-1)^{|\beta|} \Phi^{\beta'}_{\alpha_0'}(x_0, z) ,$$

also wegen (9)

$$(-1)^{|\beta'|} \sum_{|\alpha| \leqq m-1} \int \Phi^{\beta}_{\alpha}(y, z) \, d\mu^{\alpha}_{x_0, \alpha_0}(y) = (-1)^{|\beta|} \sum_{|\alpha| \leqq m-1} \int \Phi^{\beta'}_{\alpha}(y, z) \, d\mu^{\alpha}_{x_0, \alpha_0'}(y) .$$

Diese Identitäten zeigen (im Fall konstanter Koeffizienten) Abhängigkeiten der Komponenten der harmonischen Maße untereinander.

2.4. Andere Nullmengen und Potentialidentitäten

Die Aussage von Satz 1 ist nur eine mögliche Variante unter anderen derartigen Identitäten. Es sei etwa $\mathfrak{F}_{1,b}$ die Menge aller skalaren Maße η mit kompaktem Träger und

$$\int [\Phi^{\beta}_{\alpha}(x, z)]^{\pm} \, d(\eta^{\pm}) (z) \in C(R^n)$$

für alle $|\alpha| \leqq m - 1$, $|\beta| \leqq b \leqq m - 1$, b fest. Es sei $\lambda \in \mathfrak{F}_b = \times_{|\beta| \leqq b} \mathfrak{F}_{1,b}$, $\operatorname{supp} \lambda \subseteqq \complement\Omega$. Dann gilt

$$\Big(\sum_{|\beta| \leqq b} \int \Phi^{\beta}_{\alpha}(x, z) \, d\lambda^{\beta}(z)\Big)_{|\alpha| \leqq m-1} \in D(\overline{\Omega}) .$$

Wir setzen

$$\mathcal{J}_b = \bigcap_{\lambda \in \mathfrak{F}_b} \mathcal{J}_\lambda \subseteqq \mathcal{J} .$$

Aus ähnlichen Überlegungen wie oben folgt für $\nu = \Pi\mu$

$$\sum_{|\alpha| \leqq m-1} \int_{\overline{\Omega}} \Phi^{\beta}_{\alpha}(x, z) \, d\mu^{\alpha}(x) = \sum_{|\alpha| \leqq m-1} \int_{\partial\Omega} \Phi^{\beta}_{\alpha}(y, z) \, d\nu^{\alpha}(y) \qquad \mathcal{J}_b\text{-f.ü. auf } \complement\Omega,\ |\beta| \leqq b , \tag{10}$$

und die eventuelle Ausnahmemenge liegt auf $\partial\Omega$. Diese Bemerkung ist deshalb wesentlich, weil $\mathcal{J}_b$ wesentlich „dünnere" Mengen enthält als $\mathcal{J}$. In vielen Fällen gilt z. B. $\mathcal{J}_b = \{\emptyset\}$, wenn nämlich alle Kerne $\Phi^{\beta}_{\alpha}(x, z)$ für $|\alpha| \leqq m - 1$, $|\beta| \leqq b$ stetig sind, was für $b < m - n + 1$ der Fall ist.

2.5. Die Räume $S(\overline{\Omega})$, $S^*(\overline{\Omega})$

Wir setzen

$$S(\overline{\Omega}) = \{\Phi\lambda|_{\overline{\Omega}} : \lambda \in \mathfrak{F}(\complement\Omega)\}$$

und $S(\partial\Omega) = r_{\partial\Omega} S(\overline{\Omega})$. Analog definieren wir die Mengen $S^*(\overline{\Omega})$, $S^*(\partial\Omega)$ mittels Φ^* und $\lambda \in \mathfrak{F}^*(\complement\Omega)$. Es gilt dann nach Lemma 2

$$S(\overline{\Omega}) \subseteqq D(\overline{\Omega}) , \qquad S^*(\overline{\Omega}) \subseteqq D^*(\overline{\Omega})$$

und somit auch $S(\partial\Omega) \subseteqq D(\partial\Omega)$, $S^*(\partial\Omega) \subseteqq D^*(\partial\Omega)$.

Satz 2. *Es sei $S(\partial\Omega)$ dicht in $W^{m-1}(\partial\Omega)$. Dann ist (3) äquivalent mit*

$$\Phi^*\mu(z) = \Phi^*\nu(z) \qquad \textit{für } \mathcal{J}\textit{-fast alle } z \in \complement\Omega\,. \tag{11}$$

Beweis: Auf Grund von Satz 1 ist nur noch die eine Richtung zu zeigen. Für alle $\lambda \in \mathfrak{F}$ mit $\operatorname{supp}\lambda \subseteqq \complement\Omega$ haben wir wegen (11) $\lambda(\Phi^*\mu) = \lambda(\Phi^*\nu)$, was äquivalent ist zu $\mu(\Phi\lambda) = \nu(\Phi\lambda)$ für alle diese λ. Da $S(\partial\Omega)$ in $W^{m-1}(\partial\Omega)$ dicht liegt, kann jedes $h \in D(\bar{\Omega})$ auf Grund der Abschätzung (4), § 1 durch Potentiale $\Phi\lambda$ in $W^{m-1}(\bar{\Omega})$ beliebig genau approximiert werden. Die Aussage folgt dann durch Grenzübergang. ◀

2.6. Bemerkungen

Das Balayage-Prinzip gilt ganz entsprechend für den adjungierten Operator.

Aus (4), § 1 für alle $h \in D^*(\bar{\Omega})$ folgt: Zu jedem Maß μ mit $\operatorname{supp}\mu \subseteqq \Omega$ existiert ein Maß ν mit $\operatorname{supp}\nu \subseteqq \partial\Omega$ mit der Eigenschaft

$$\mu(h) = \nu(h) \qquad \text{für alle } h \in D^*(\bar{\Omega})\,. \tag{12}$$

Wir erklären ähnlich wie oben den Operator $\nu = \Pi^*\mu$. Aus $\nu = \Pi^*\mu$ folgt dann wieder

$$\Phi\mu(x) = \Phi\nu(x) \qquad \text{für } \mathcal{J}^*\text{-fast alle } x \in \complement\Omega \tag{13}$$

bzw.

$$\sum_{|\beta| \leqq m-1} \int \Phi_\alpha^\beta(x, z)\, \mathrm{d}\mu(z) = \sum_{|\beta| \leqq m-1} \int \Phi_\alpha^\beta(x, y)\, \mathrm{d}\nu^\beta(y) \tag{14}$$

für $\mathcal{J}^*$-fast alle $x \in \complement\Omega$ und alle $|\alpha| \leqq m - 1$, wobei die eventuelle Ausnahmemenge wieder auf $\partial\Omega$ liegt.

Für $\tau_{z_0,\beta_0} = \Pi^*\delta_{z_0,\beta_0}$ $(z_0 \in \bar{\Omega}, |\beta_0| \leqq m - 1)$ folgt speziell

$$\Phi_\alpha^{\beta_0}(x, z_0) = \sum_{|\beta| \leqq m-1} \int \Phi_\alpha^\beta(x, y)\, \mathrm{d}\tau_{z_0,\beta_0}^\beta(y) \tag{15}$$

für $\mathcal{J}^*$-fast alle $x \in \partial\Omega$ und alle $x \in \complement\bar{\Omega}$, $|\alpha|, |\beta_0| \leqq m - 1$.

Bemerkung 1. Mit dem Balayage-Prinzip hängen eng die Mittelwertsätze für die Differentialgleichung zusammen. Es sei σ_{x_0,α_0} ein Maß in $\bar{\Omega}$ mit $\sigma_{x_0,\alpha_0}(h) = \mu_{x_0,\alpha_0}(h)$ für alle $h \in D(\bar{\Omega})$, d. h.

$$\Pi\sigma_{x_0,\alpha_0} = \Pi\delta_{x_0,\alpha_0} = \mu_{x_0,\alpha_0} \qquad (x_0 \in \Omega, |\alpha_0| \leqq m - 1)\,.$$

Dann gilt

$$h_{\alpha_0}(x_0) = \sum_{|\alpha| \leqq m-1} \int_{\bar{\Omega}} h_\alpha(x)\, \mathrm{d}\sigma_{x_0,\alpha_0}^\alpha(x) \qquad \text{für alle } h \in D(\bar{\Omega})\,. \tag{16}$$

Speziell gehören zu den in Frage kommenden σ_{x_0,α_0} Maße der Gestalt

$$\sigma_{x_0,\alpha_0} = \Pi[K_{x_0}^r]\, \delta_{x_0,\alpha_0}\,.$$

Dabei bedeutet $\Pi[K_{x_0}^r]$ den Balayage-Operator, der zum Dirichlet-Problem $Lu = 0$ in $K_{x_0}^r \subset \Omega$ gehört, r genügend klein. Wir haben dann $\operatorname{supp}\sigma_{x_0,\alpha_0} \subseteqq S_{x_0}^r$, d. h., es handelt sich um eine Verallgemeinerung des für die harmonischen Funktionen bekannten sphärischen Mittelwertsatzes. Für $h = (D^\alpha u)_{|\alpha| \leqq m-1} \in D(\bar{\Omega})$ und $\alpha_0 = 0$ lautet (16)

$$u(x_0) = \sum_{|\alpha| \leqq m-1} \int_{S_{x_0}^r} D^\alpha u(x)\, \mathrm{d}\sigma_{x_0,0}^\alpha(x)\,. \tag{17}$$

In diesem Mittelwertsatz für die Lösungen der Gleichung $Lu = 0$ in Ω kommen neben u nur die partiellen Ableitungen vor, entsprechend der Lösung des DIRICHLET-Problems für die Kugel. Für den polyharmonischen Operator $L = \Delta^m$ geben wir in § 9 Mittelwertsätze an, die u in einem Punkt x_0 ausdrücken durch die Werte von u in einer Kugel mit dem Mittelpunkt x_0. Man kann für polyharmonische Funktionen auch andere Mittelwertsätze finden, wo z. B. die Werte von $\Delta^k u$ $(0 \leqq k \leqq m-1)$ auf $S_{x_0}^r$ eingehen. Für das dazugehörige Randwert-Problem werden in § 7 und § 9 einige Bemerkungen gemacht. Allgemein folgt aus den Resultaten von § 7, daß zu jedem elliptischen Randwert-Problem für L angepaßte Mittelwertsätze bestehen. Die Mittelwertsätze spielen beim inversen Problem für den betreffenden Operator eine große Rolle, wie sich bereits im Falle $\Delta u = 0$ in Kapitel III gezeigt hatte. Darauf kommen wir auch in § 3, § 10 und Kapitel X zurück.

Man kann leicht auch iterierte Mittelwertsätze formulieren. Sind $\sigma_{x,\alpha}, \lambda_{x,\alpha}$ von $x \in \Omega$ als Parameter abhängige Maße mit der Eigenschaft

$$\Pi\sigma_{x,\alpha} = \Pi\lambda_{x,\alpha} = \mu_{x,\alpha} \qquad (|\alpha| \leqq m-1)\,,$$

so folgt

$$h_{\alpha_1}(x_1) = \sum_{|\alpha_0|,|\alpha| \leqq m-1} \iint h_\alpha(x)\, \mathrm{d}\sigma_{x_0,\alpha_0}^{\alpha}(x)\, \mathrm{d}\lambda_{x_1,\alpha_1}^{\alpha_0}(x_0)$$

für alle $h \in D(\overline{\Omega})$. Auf diese Weise können neue Mittelungsmaße aufgebaut werden.

Geeignete Maße σ_{x_0,α_0} erhält man etwa dadurch, daß man eine Abbildung $x_0 \to \Omega(x_0)$ $(x_0 \in \Omega)$ definiert, wobei $\Omega(x_0)$ ein glattes Teilgebiet ist von Ω mit $x_0 \in \Omega(x_0)$ und $\overline{\Omega(x_0)} \subset \Omega$, und setzt

$$\sigma_{x_0,\alpha_0} = \Pi_{\Omega(x_0)}\delta_{x_0,\alpha_0}\,.$$

Wenn weiterhin $\eta \in \mathfrak{M}(\overline{\Omega})$ gegeben ist und $\operatorname{supp}\eta \subset \Omega$, so gilt für alle $h \in D(\overline{\Omega})$

$$\eta(h) = \sum_{|\alpha|,|\alpha_0| \leqq m-1} \iint h_\alpha(x)\, \mathrm{d}\sigma_{x_0,\alpha_0}^{\alpha}(x)\, \mathrm{d}\eta^{\alpha_0}(x_0)\,,$$

und das durch den Ausdruck auf der rechten Seite definierte Maß η' hat dasselbe Gefegte wie η.

2.7. Beziehung zwischen den harmonischen Maßen von L und L^*

Es seien noch einige interessante Identitäten erwähnt zwischen den harmonischen Maßen μ_{x_0,α_0} und τ_{z_0,β_0}. Wir verwenden als Konsequenz aus dem Balayage-Prinzip folgende Gleichungen

$$\Phi_{\alpha_0}^{\beta}(x_0, z) = \sum_{|\alpha| \leqq m-1} \int \Phi_{\alpha}^{\beta}(y, z)\, \mathrm{d}\mu_{x_0,\alpha_0}^{\alpha}(y) \tag{18}$$

für $\mathcal{J}$-fast alle $z \in \complement\Omega$ $(x_0 \in \Omega, |\alpha_0|, |\beta| \leqq m-1)$ bzw.

$$\Phi_{\alpha}^{\beta_0}(x, z_0) = \sum_{|\beta| \leqq m-1} \int \Phi_{\alpha}^{\beta}(x, y)\, \mathrm{d}\tau_{z_0,\beta_0}^{\beta}(y) \tag{19}$$

für $\mathcal{J}^*$-fast alle $x \in \complement\Omega$ $(z_0 \in \Omega, |\beta_0|, |\alpha| \leqq m-1)$. Es ergibt sich dann folgender Satz (der hinsichtlich seiner Voraussetzungen etwas abgeschwächt werden könnte, ebenso wie einige der folgenden Aussagen), der bei der später einzuführenden GREENschen Funktion eine Rolle spielt.

Satz 3. *Es sei* $\mu_{x_0,\alpha_0} \in \mathfrak{F}^*$ *für alle* $x_0 \in \Omega$, $|\alpha_0| \leqq m-1$ *oder* $\tau_{z_0,\beta_0} \in \mathfrak{F}$ *für alle* $z_0 \in \Omega$, $|\beta_0| \leqq m-1$. *Dann gilt für* $x_0, z_0 \in \Omega$ *und* $|\alpha_0|, |\beta_0| \leqq m-1$

$$\sum_{|\beta| \leqq m-1} \int \Phi^\beta_{\alpha_0}(x_0, y)\, \mathrm{d}\tau^\beta_{z_0,\beta_0}(y) = \sum_{|\alpha| \leqq m-1} \int \Phi^{\beta_0}_\alpha(y, z_0)\, \mathrm{d}\mu^\alpha_{x_0,\alpha_0}(y)\,. \tag{20}$$

Beweis: Es sei etwa $\tau_{z_0,\beta_0} \in \mathfrak{F}$ für alle $z_0 \in \Omega$, $|\beta_0| \leqq m-1$. Durch Integration von (18) bezüglich τ_{x_0,β_0} folgt

$$\sum_{|\beta| \leqq m-1} \int \Phi^\beta_{\alpha_0}(x_0, y)\, \mathrm{d}\tau^\beta_{z_0,\beta_0}(y) = \tau_{z_0,\beta_0}(\Phi^*\mu_{x_0,\alpha_0})$$

$$= \mu_{x_0,\alpha_0}(\Phi\tau_{z_0,\beta_0}) = \sum_{|\alpha| \leqq m-1} \int \Phi^\beta_\alpha(y, z_0)\, \mathrm{d}\mu^\alpha_{x_0,\alpha}(y)\,.$$

In der letzten Gleichung wurde (19) berücksichtigt. ◀

§ 3. Eindeutigkeit und Absolutstetigkeit

3.1. Reichhaltigkeit der stetigen Potentiale

Wir beschäftigen uns als nächstes mit der Interpretation von Maßen als Distributionen und studieren die damit zusammenhängenden potentialtheoretischen Aspekte. Wichtig ist dabei vor allem, daß die Potentiale im wesentlichen nur durch die von dem Maß repräsentierten Distributionen abhängen. Durch diese Deutung erhalten wir auch sinnvolle Topologien, für die der Balayage-Operator stetig wird.

Wir werden formal nicht immer ganz streng zwischen einem Maß $\mu = (\mu^\alpha)_{|\alpha| \leqq m-1}$ und der dadurch repräsentierten Distribution

$$l = \bar{\mu} \in \mathfrak{D}(R^n) = C_0^{m-1}(R^n)'$$

unterscheiden. Konkret können wir nämlich das Potential von l ohnehin nur mittels einer Darstellung μ definieren, und wir denken uns dann μ stets fest gewählt (und jeweils mit l identifiziert). Nur wenn es auf Unterschiede ankommt, werden Querstriche gesetzt. Meist arbeiten wir mit dem Raum $\mathfrak{D}_0$ (bzw. $\mathfrak{D}(M)$, $M \subseteqq R^n$ abgeschlossen) der Distributionen mit kompaktem Träger im R^n (bzw. der Distributionen mit dem Träger in M) der Ordnung $m-1$. Zur Bezeichnung vgl. man auch VII.3.2. und VIII.1.2.

Für die Räume

$$S_0 = \{\Phi\lambda : \lambda \in \mathfrak{F}, \operatorname{supp} \Phi\lambda \text{ kompakt}\}$$

und

$$S_0^* = \{\Phi^*\lambda : \lambda \in \mathfrak{F}^*, \operatorname{supp} \Phi^*\lambda \text{ kompakt}\}$$

beweisen wir zunächst eine charakteristische Approximationseigenschaft.

Es sei $W_0^{m-1}(R^n) = \{(D^\alpha u)_{|\alpha| \leqq m-1} : u \in C_0^{m-1}(R^n)\}$

Lemma 1. *Die Räume* S_0 *und* S_0^* *enthalten eine in* $W_0^{m-1}(R^n)$ *dichte Teilmenge.* (Diese Teilmenge bezeichnen wir mit Q_0 bzw. Q_0^*).

Beweis: Für beliebiges $\varphi \in C_0^\infty(R^n)$ gilt

$$D^\alpha\varphi(x) = \int \Phi^0_\alpha(x, z)\, [L(z, D_z)\, \varphi(z)]\, \mathrm{d}z \qquad (|\alpha| \leqq m-1)\,.$$

Nach Lemma 2, § 1 liegen die durch $[L(z, D_z)\, \varphi(z)]^\pm\, \mathrm{d}z$ definierten Maße in $\mathfrak{F}_1^+$. Daraus folgt unmittelbar die erste Behauptung. Der Beweis für S_0^* ist völlig analog. ◀

Es handelt sich also um die Potentiale

$$D^\alpha\varphi(x) = \int \Phi^0_\alpha(x, z)\,[L(z, D_z)\,\varphi(z)]\,\mathrm{d}z \qquad (|\alpha| \leqq m - 1)$$

$(\varphi \in C_0^\infty(R^n))$. Man könnte daher annehmen, daß beim Aufbau der Potentialtheorie die (vektorwertigen) Potentiale der Gestalt $\left(\int \Phi^0_\alpha(x, z)\,\mathrm{d}\eta(z)\right)_{|\alpha| \leqq m-1}$ (η skalares Maß) ausreichen. Das ist aber nicht der Fall. Setzt man nämlich

$$\mu = (\eta, 0, \dots, 0) \quad \text{und} \quad \nu = \Pi^*\mu\,,$$

so ist ν nicht wieder in der Gestalt $(\zeta, 0, \dots, 0)$ darstellbar. Somit benötigt man zur Darstellung der Werte von φ auf $\partial\Omega$ als Potential eines Maßes ν mit $\operatorname{supp}\nu = \complement\Omega$ alle Kerne $\left(\Phi^\beta_\alpha(x, z)\right)_{|\beta| \leqq m-1}$.

Dies ist einer der Gründe für die Potentialdefinition: Einerseits sind durch das Balayage-Prinzip die Werte eines skalaren Potentials $\int \Phi^0_0(x, z)\,\mathrm{d}\eta(x)$ auf $\complement\Omega$ mit den Werten von

$$\sum_{|\beta| \leqq m-1} \int \Phi^\beta_0(x, z)\,\mathrm{d}\nu^\beta(x)$$

verkettet, weshalb man von vornherein mit solchen Summen arbeitet; andererseits benötigt man zur Bildung der Dirichletschen Randwerte noch die Ableitungen der betrachteten Funktionen bis zur Ordnung $m - 1$, weshalb man von vornherein mit Vektoren der Gestalt $h = (D^\alpha u)_{|\alpha| \leqq m-1}$ arbeitet. Daher kommen Ableitungen $D^\alpha_x D^\beta_z E(x, z) = \Phi^\beta_\alpha(x, z)$ der Fundamentallösung bis $(2m - 2)$-ter Ordnung vor, die grob gesagt der Singularität $|x - z|^{2-n}$ (oder $\log|x - z|$) des Newtonschen Kernes entsprechen (bzw. für $|\alpha| + |\beta| < 2m - 2$ eine schwächere Singularität haben).

3.2. Potentiale von Distributionen

Wir setzen ähnlich wie in Kapitel VII, § 3

$$\mathfrak{N} = \{\mu = (\mu^\alpha)_{|\alpha| \leqq m-1} : \operatorname{supp}\mu \text{ kompakt}, \sum_{|\alpha| \leqq m-1} \mu^\alpha(D^\alpha\varphi) = 0 \text{ für alle } \varphi \in C_0^\infty(R^n)\}\,,$$

so daß gilt $\mathfrak{D}_0 \cong \mathfrak{M}_0/\mathfrak{N}$ (vgl. VIII.1.2.). Der folgende Satz besagt, daß das Potential nur von $\bar{\mu}$ abhängt bis auf eine Menge der Kapazität Null, d. h. von der durch μ repräsentierten Distribution $(m - 1)$-ter Ordnung.

Satz 1. *Es gilt für beliebige Maße σ mit kompaktem Träger*

$$\Phi\sigma(x) = 0 \quad \mathfrak{J}^*\text{-f.ü. im } R^n \Leftrightarrow \sigma \in \mathfrak{N}\,, \tag{1}$$

$$\Phi^*\sigma(z) = 0 \quad \mathfrak{J}\text{-f.ü. im } R^n \Leftrightarrow \sigma \in \mathfrak{N}\,. \tag{2}$$

$\Rightarrow$ gilt auch, wenn man nur $\Phi\sigma = 0$ bzw. $\Phi^*\sigma = 0$ Lebesgue-fast-überall fordert. Das hat dann automatisch das Verschwinden $\mathfrak{J}^*$-f.ü. bzw. $\mathfrak{J}$-f.ü. zur Folge.

Beweis: Wir zeigen nur die erste Beziehung. Die zweite folgt analog. Aus $\Phi\sigma = 0$ $\mathfrak{J}^*$-f.ü. folgt für alle $\lambda \in \mathfrak{F}^*$

$$\lambda(\Phi\sigma) = \sigma(\Phi^*\lambda) = 0\,.$$

Es genügt nun, auf die letzte Gleichung Lemma 1 anzuwenden und die Definition von $\mathfrak{N}$ zu berücksichtigen. Zum Beweis der Umkehrung $\Leftarrow$ sei $\sigma \in \mathfrak{N}$. Dann ist zu zeigen $\Phi\sigma(x) = 0$ $\mathfrak{J}^*$-f.ü. im R^n, sowie die analoge Beziehung für $\Phi^*\sigma$. Es gilt $\lambda(\Phi\sigma) = \sigma(\Phi^*\lambda) = 0$ für alle $\lambda \in \mathfrak{F}^*$, denn $\operatorname{supp}\sigma$ ist kompakt, und nach (18), § 1 gilt $\Phi^*\lambda \in W^{m-1}(R^n)$. Wegen Lemma 1 ist also die erste Behauptung gezeigt. Die zweite folgt analog. ◀

3.3. Folgerungen über Approximation und inverses Problem

Wir weisen jetzt auf eine weitere interessante Approximationseigenschaft von Potentialen hin, die wir in § 5 dann genauer untersuchen.

Es sei $\Omega \subset R^n$ eine offene Menge mit $(m-1)$-regulärem Rand $\partial\Omega$, und $\partial\Omega$ sei vom n-dimensionalen LEBESGUE-Maß Null. Dann sind die Einschränkungen auf $\partial\Omega$ der Potentiale

$$\{\Phi\delta_{z,\beta}(x) : z \in \complement\,\partial\Omega,\ |\beta| \leqq m-1\} \tag{3}$$

und

$$\{\Phi^*\delta_{x,\alpha}(z) : x \in \complement\,\partial\Omega,\ |\alpha| \leqq m-1\} \tag{4}$$

in $W^{m-1}(\partial\Omega)$ total. (Es genügt hierbei, z bzw. x statt in $\complement\,\partial\Omega$ in einer offenen Menge Ω_0 variieren zu lassen, wobei Ω_0 Vereinigung beliebig kleiner Kugeln ist, so daß jede Zusammenhangskomponente von $\complement\,\partial\Omega$ mindestens eine Kugel enthält.)

Wir zeigen etwa die erste Behauptung. Wäre (3) in $W^{m-1}(\partial\Omega)$ nicht total, so existierte ein Maß $\mu = (\mu^\alpha)_{|\alpha| \leqq m-1}$ mit dem Träger in $\complement\,\partial\Omega$ und

$$\mu(\Phi\delta_{z,\beta}) = (\Phi^*\mu)^\beta\,(z) = 0$$

für alle $z \in \Omega_0$ und alle $|\beta| \leqq m-1$. Nach der Eindeutigkeitseigenschaft im Kleinen hieße das $\Phi^*\mu(z) \equiv 0$ für $z \in \complement\,\partial\Omega$ und nach Satz 1 $\mu \in \mathfrak{N}$, im Widerspruch zur Annahme.

Die folgende Aussage hat eine Bedeutung für das inverse Problem der Potentialtheorie (vgl. § 10).

Satz 2. *$K \subset \Omega$ sei eine kompakte Menge vom LEBESGUE-Maß 0, und $\Omega \setminus K$ sei zusammenhängend. Dann bildet der Balayage-Operator Π die Menge $\mathfrak{D}(K)$ eineindeutig ab.*

Beweis: Aus $\mu, \eta \in \mathfrak{M}(K)$ und $\Pi\bar{\mu} = \Pi\bar{\nu}$ folgt nach Satz 1, § 2 $\Phi^*(\mu-\eta) = 0$ in $\complement\bar{\Omega}$ bzw. $\Phi^*(\mu-\eta) = 0$ in $R^n \setminus K$ nach analytischer Fortsetzung. Aus Satz 1 erhalten wir dann $\mu - \eta \in \mathfrak{N}$. ◀

3.4. Elemente aus $\mathfrak{N}$ mit nichtverschwindendem Potential

Es ist von Interesse, daß Elemente σ aus $\mathfrak{N}$ existieren mit $\Phi\sigma \neq 0$. Hierzu konstruieren wir ein Beispiel. Es sei $n \geqq 3$ und $|\alpha_0| + |\beta_0| = 3 - n$. Dann ist der Kern $\dfrac{\partial}{\partial x_1}\,\Phi^{\beta_0}_{\alpha_0}(x, z)$ von der Singularitätsordnung $|x-z|^{2-n}$. (Man denke etwa an die Bipotentialgleichung im R^3.) Es seien a, b Punkte auf der x_1-Achse, und $\mu^{a,b}$ sei das eindimensionale LEBESGUE-Maß des Intervalls (a, b). Dann gilt

$$(\delta_b - \delta_a)\,D^{\beta_0}_x\varphi = \int \frac{\partial}{\partial x_1} D^{\beta_0}_x\varphi(x)\,\mathrm{d}\mu^{a,b}(x)$$

für alle $\varphi \in C_0^\infty(R^n)$. Somit gehört das Maß $\sigma = (\sigma^\beta)_{|\beta| \leqq m-1}$ mit

$$\sigma^\beta = \begin{cases} \delta_b - \delta_a & \text{für } \beta = \beta_0\,, \\ -\mu^{a,b} & \text{für } \beta = \beta_0 + (1, 0, \dots, 0)\,, \\ 0 & \text{sonst} \end{cases}$$

zu $\mathfrak{R}$. Die α_0-te Komponente des Potentials $\Phi\sigma$ ist

$$\Phi^{\beta_0}_{\alpha_0}(x, b) - \Phi^{\beta_0}_{\alpha_0}(x, a) - \frac{\partial}{\partial x_1} \Phi^{\beta_0}_{\alpha_0}(x, z) \, d\mu^{a,b}(z) . \tag{5}$$

Für alle $x \in (a, b)$ haben wir wegen der Stetigkeit der Kerne $\Phi^{\beta}_{\alpha}(x, z)$ für $x \neq z$

$$|\Phi^{\beta_0}_{\alpha_0}(x, b) - \Phi^{\beta_0}_{\alpha_0}(x, a)| < \infty .$$

Das Integral in (5) ist aber divergent. Somit gilt $\Phi\sigma \neq 0$ für alle $x \in (a, b)$.

3.5. $\mathcal{J}$-absolutstetige Distributionen

Definition 1. Ein $l \in \mathfrak{D}_0$ heißt *$\mathcal{J}$-absolutstetig*, wenn ein Maß μ existiert mit $\bar{\mu} = l$ und $\mathcal{J}_\mu \supseteqq \mathcal{J}$.

Alle $\bar{\lambda} \in \mathfrak{D}_0$ mit $\lambda \in \mathfrak{F}$ sind $\mathcal{J}$-absolutstetig. Das eben erwähnte Beispiel zeigt jedoch, daß eine $\mathcal{J}$-absolutstetige Distribution sehr wohl auch durch nichtabsolutstetige Repräsentanten realisiert sein kann. Ähnliche Bemerkungen gelten für $\mathcal{J}^*$.

3.6. Balayage von Distributionen

Die Räume

$$\mathfrak{D}(\bar{\Omega}) = (W^{m-1}(\bar{\Omega}))' , \qquad \mathfrak{D}(\partial\Omega) = (W^{m-1}(\partial\Omega))'$$

betrachten wir meist in der jeweiligen w^*-Topologie. Daneben können diese Räume auch mit der natürlichen Banach-Raum-Topologie des Duals versehen werden. $\mathfrak{D}(\partial\Omega)$ sehen wir an als Unterraum von $\mathfrak{D}(\bar{\Omega})$.

Nach Satz 1 ist es naheliegend, den Balayage-Operator Π aufzufassen als linearen Operator, der den Raum $\mathfrak{D}(\bar{\Omega})$ der Distributionen der Ordnung $\leqq m - 1$ mit dem Träger auf $\bar{\Omega}$ abbildet in den Raum $\mathfrak{D}(\partial\Omega)$ der Distributionen der Ordnung $\leqq m - 1$ mit dem Träger auf $\partial\Omega$. Diesen Gesichtspunkt formulieren wir als

Satz 3. *Es bezeichne $r_{\partial\Omega}^{-1}$ das Inverse der Abbildung $r_{\partial\Omega}: D(\bar{\Omega}) \to W^{m-1}(\partial\Omega)$, und es sei $W^{m-1}(\partial\Omega) = r_{\partial\Omega}D(\bar{\Omega})$. Dann ist der Balayage-Operator*

$$\Pi = (r_{\partial\Omega}^{-1})^* : \mathfrak{D}(\bar{\Omega}) \to \mathfrak{D}(\partial\Omega)$$

w^*-stetig, und es gilt $\Pi\mathfrak{D}(\bar{\Omega}) = \mathfrak{D}(\partial\Omega)$, wobei Π die Elemente aus $\mathfrak{D}(\partial\Omega) \subseteqq \mathfrak{D}(\bar{\Omega})$ fest läßt.

Korollar. *Es sei $y \in \partial\Omega$, und $(x_k)_{k=1,2,\ldots} \subset \Omega$ sei eine Folge, die gegen y konvergiert. Dann gilt im Sinne der w^*-Konvergenz $\delta_{x_k,\alpha} \to \delta_{y,\alpha}$ für alle α mit $|\alpha| \leqq m - 1$, d. h.*

$$\mu_{x_k,\alpha} \to \delta_{y,\alpha} \tag{6}$$

(wegen $\mu_{x_k,\alpha} = \Pi\delta_{x_k,\alpha}, \delta_{y,\alpha} = \Pi\delta_{y,\alpha}$).

Im Fall

$$W^{m-1}(\partial\Omega) \supset r_{\partial\Omega}D(\bar{\Omega}) = D(\partial\Omega)$$

mit echter Inklusion ist $D(\partial\Omega)$ ein abgeschlossener Teilraum von $W^{m-1}(\partial\Omega)$ und in $W^{m-1}(\partial\Omega)$ nicht dicht. In diesem Fall besteht das Problem einer geeigneten Wahl von Repräsentanten aus der Menge

$$[\Pi\mu] = \{\nu \in \mathfrak{D}(\partial\Omega): \nu(h) = \mu(h) \text{ für alle } h \in D(\bar{\Omega}) \text{ und festes } \mu \in \mathfrak{D}(\bar{\Omega})\} .$$

In diesem Zusammenhang besteht die ungelöste Frage, wann es in $[\Pi\delta_{x_0,\alpha_0}]$ ($x_0 \in \Omega$, $|\alpha_0| \leqq m - 1$) $\mathcal{J}^*$-absolutstetige Repräsentanten gibt. Weiterhin ist ungeklärt, für welche $y \in \partial\Omega$ man aus $[\Pi\delta_{x_0,\alpha_0}]$ auf solche Weise Repräsentanten $\mu_{x_0,\alpha_0} \in \mathfrak{D}(\partial\Omega)$ auswählen kann (die $\mathcal{J}^*$-absolutstetig oder allgemeiner sind), daß aus $x_k \to y$ stets folgt $\mu_{x_k,\alpha_0} \to \delta_{y,\alpha_0}$, und ob diese Wahl unabhängig von diesen als regulär zu bezeichnenden Randpunkten y vorgenommen werden kann.

3.7. Bedingung für Dichtheit stetiger Potentiale auf $\partial\Omega$

Bei der LAPLACEschen Differentialgleichung ist der Rand $\partial\Omega$ eines Gebietes Ω genau dann regulär, falls $S(\partial\Omega)$ in $C(\partial\Omega) = W^0(\partial\Omega)$ dicht liegt. Es könnte dann folgende Regularitätsdefinition ausgesprochen werden. $\partial\Omega$ heißt regulär (bezüglich des DIRICHLET-Problems für $L(x, D)$), falls $S(\partial\Omega)$ in $W^{m-1}(\partial\Omega)$ dicht liegt. Bei einer solchen Definition kann man jedoch nicht von einzelnen regulären und irregulären Randpunkten sprechen. Deshalb stehen auch andere Regularitätsdefinitionen zur Diskussion, aber es ist bisher noch nicht gelungen, zwischen ihnen ähnliche Verbindungen herzustellen, wie sie bei elliptischen Gleichungen zweiter Ordnung gezeigt werden können. Wir benötigen später folgendes

Lemma 2. *Die Aussage*

$$S(\partial\Omega) \text{ dicht in } W^{m-1}(\partial\Omega) \tag{7}$$

ist äquivalent mit

$$\Phi^*\nu(z) = 0 \quad \mathcal{J}\text{-f.ü. auf } \complement\Omega,\ \operatorname{supp}\nu \subseteqq \partial\Omega \Rightarrow \nu \in \mathfrak{N}, \tag{8}$$

und

$$S^*(\partial\Omega) \text{ dicht in } W^{m-1}(\partial\Omega) \tag{9}$$

ist äquivalent mit

$$\Phi\nu(x) = 0 \quad \mathcal{J}^*\text{-f.ü. auf } \complement\Omega,\ \operatorname{supp}\nu \subseteqq \partial\Omega \Rightarrow \nu \in \mathfrak{N}. \tag{10}$$

Beweis: $\Phi^*\nu = 0$ für $\mathcal{J}$-fast alle $z \in \complement\Omega$ ist äquivalent zu

$$\lambda(\Phi^*\nu) = \nu(\Phi\lambda) = 0$$

für alle $\lambda \in \mathfrak{F}$, $\operatorname{supp}\lambda \subseteqq \complement\Omega$. Die Dichtheit der $\Phi\lambda$ in $W^{m-1}(\partial\Omega)$ ist also für $\operatorname{supp}\nu \subseteqq \partial\Omega$ zu $\nu \in \mathfrak{N}$ äquivalent. Die zweite erhält man analog. ◀

Korollar. *Es sei Ω ein beschränktes Gebiet mit $(m - 1)$-regulärem Rand $\partial\Omega$, und es gelte das Balayage-Prinzip. Es sei $M \subset \Omega$ eine kompakte Menge mit $M \in \mathcal{J}$, und $\Omega_0 = \Omega \setminus M$ sei zusammenhängend. Dann ist*

$$S(\partial\Omega_0) \text{ nicht dicht in } W^{m-1}(\partial\Omega_0). \tag{11}$$

Beweis: Es genügt wegen (7), (8) ein $\nu \notin \mathfrak{N}$ mit $\operatorname{supp}\nu \subseteqq \partial\Omega_0$ und $\Phi^*\nu(z) = 0$ $\mathcal{J}$-f.ü. auf $\complement\Omega_0$ zu konstruieren. Es sei $\mu = (\mu^\alpha)_{|\alpha| \leqq m-1} \notin \mathfrak{N}$ ein Maß mit $\operatorname{supp}\mu \subseteqq M$ und $\varrho = \Pi\mu$ (Π Balayage-Operator bezüglich Ω). Dann gilt auf Grund von (11) § 2

$$\Phi^*\varrho(z) = \Phi^*\mu(z) \qquad \text{für } \mathcal{J}\text{-fast alle } z \in \complement\Omega,$$

also mit $\nu = \varrho - \mu$ wegen $M \in \mathfrak{I}$ und $\complement\Omega_0 = M \cup \complement\Omega$ auch

$$\Phi^*\nu(z) = 0 \qquad \mathfrak{I}\text{-f.ü. auf } \complement\Omega_0 .$$

$\operatorname{supp}\nu \subseteqq \partial\Omega_0$ folgt aus $\operatorname{supp}\varrho \subseteqq \partial\Omega$ und $\operatorname{supp}\mu \subseteqq M$. Aus $\mu \notin \mathfrak{N}$ folgt weiterhin $\nu \notin \mathfrak{N}$, weil es eine offene Umgebung U von M gibt mit $\overline{U} \subset \Omega$ und ein $\varphi \in C_0^\infty(U)$ mit $\mu(\varphi) \neq 0$. ◀

3.8. Eindeutigkeit der absolutstetigen Gefegten

Definition 2. Mit $\mathfrak{B}$ werde die Menge aller Maße $\mu = (\mu^\beta)_{|\beta| \leqq m-1}$ aus $\mathfrak{M}_0$ bezeichnet mit

$$\int [\Phi_\alpha^\beta(x, z)]^\pm \, d[\mu^\beta]^\pm (z) < \infty \qquad \text{für alle } x \in R^n, \text{ alle } |\alpha|, |\beta| \leqq m - 1$$

und alle Vorzeichenkombinationen.

Lemma 3. *Es sei σ ein $\mathfrak{I}^*$-absolutstetiges Maß mit* $\operatorname{supp}\sigma \subseteqq \partial\Omega$. *Weiterhin gelte für* $z_0 \in \Omega$ mit Maßen τ_{z_0,β_0}

$$\Phi_\alpha^{\beta_0}(x, z_0) = \sum_{|\beta| \leqq m-1} \int \Phi_\alpha^\beta(x, y) \, d\tau_{z_0,\beta_0}^\beta(y) \tag{12}$$

für $\mathfrak{I}^*$-fast alle $x \in \complement\Omega$ und alle $|\alpha| \leqq m - 1$, $|\beta_0| \leqq m - 1$ (vgl. (19), § 2). *Für $\tau_{z_0,\beta_0} \in \mathfrak{B}$ ($z_0 \in \Omega$, $|\beta_0| \leqq m - 1$) folgt dann*

$$(\Phi^*\sigma)^{\beta_0}(z_0) = \sum_{|\beta| \leqq m-1} \int_{\partial\Omega} (\Phi^*\sigma)^\beta(y) \, d\tau_{z_0,\beta_0}^\beta(y) \qquad \text{für alle } |\beta_0| \leqq m - 1 .$$

Beweis: Die folgende Vertauschung der Integrationen ist wegen $\tau_{z_0,\beta_0} \in \mathfrak{B}$ erlaubt. Dann folgt aus

$$\sigma(\Phi\delta_{z_0,\beta_0}) = \sigma(\Phi\tau_{z_0,\beta_0})$$

sofort

$$(\Phi^*\sigma)^{\beta_0}(z_0) = \tau_{z_0,\beta_0}(\Phi^*\sigma) . \quad ◀$$

Im Falle $\partial\Omega = \partial\overline{\Omega}$ und

$$\tau_{z_0,\beta_0} \in \mathfrak{F} \qquad \text{für alle } z_0 \in \Omega, |\beta_0| \leqq m - 1$$

können wir auf die $\mathfrak{I}^*$-Absolutstetigkeit von σ verzichten, weil (12) dann überall auf $\complement\Omega$ gilt. Wir benötigen die hierzu duale Aussage. Gegeben seien also Maße

$$\mu_{x_0,\alpha_0} \in \mathfrak{F}^* \qquad \text{für alle } x_0 \in \Omega, |\alpha_0| \leqq m - 1$$

mit

$$\Phi_{\alpha_0}^\beta(x_0, z) = \sum_{|\alpha| \leqq m-1} \int \Phi_\alpha^\beta(y, z) \, d\mu_{x_0,\alpha_0}^\alpha(y) \qquad \text{für alle } z \in \partial\Omega \text{ und alle } |\alpha_0|, |\beta| \leqq m - 1 .$$

Dann gilt für jedes Maß $\varkappa$ auf $\partial\Omega$

$$(\Phi\varkappa)_{\alpha_0}(x_0) = \mu_{x_0,\alpha_0}(\Phi\varkappa) \qquad (x_0 \in \Omega, |\alpha_0| \leqq m - 1) . \tag{13}$$

Satz 4. *Es seien $\tau_{z_0,\beta_0} \in \mathfrak{B}$ ($z_0 \in \Omega$, $|\beta_0| \leqq m - 1$) $\mathfrak{I}$-absolutstetige Maße auf $\partial\Omega$, für welche* (12) *besteht. Sind dann ν_1, ν_2 $\mathfrak{I}^*$-absolutstetige Maße auf $\partial\Omega$ mit der Eigenschaft*

$$\nu_1(\Phi\lambda) = \nu_2(\Phi\lambda) \qquad \textit{für alle } \lambda \in \mathfrak{F} \textit{ mit } \operatorname{supp}\lambda \subseteqq \complement\Omega ,$$

so gilt $\nu_1 - \nu_2 \in \mathfrak{N}$.

Beweis: Zunächst gilt $\lambda(\Phi^*(\nu_1 - \nu_2)) = 0$ für alle $\lambda \in \mathfrak{F}$ mit $\operatorname{supp}\lambda \subseteqq \complement\Omega$, d. h. $\Phi^*(\nu_1 - \nu_2)(z) = 0$ für $\mathfrak{I}$-fast alle $z \in \complement\Omega$. Auf diese Gleichung können wir τ_{z_0,β_0} anwenden wegen der $\mathcal{J}$-Absolutstetigkeit. Da $\nu_1 - \nu_2$ nach Voraussetzung $\mathcal{J}^*$-absolutstetig ist, folgt aus Lemma 3

$$\left(\Phi^*(\nu_1 - \nu_2)\right)^{\beta_0}(z_0) = \tau_{z_0,\beta_0}\left(\Phi^*(\nu_1 - \nu_2)\right) = 0$$

für alle $z_0 \in \Omega$, $|\beta_0| \leqq m - 1$, also

$$\Phi^*(\nu_1 - \nu_2)(z) = 0 \; \mathcal{J}\text{-f.ü. im } R^n .$$

Nach Satz 1 bedeutet dies $\nu_1 - \nu_2 \in \mathfrak{N}$. ◀

Satz 4 zeigt, daß unter den angegebenen Voraussetzungen die $\mathcal{J}^*$-absolutstetigen Gefegten eindeutig sind.

3.9. Bemerkung über die Bilinearform

Bei allen bisherigen Überlegungen spielte die Bilinearform

$$\nu(\Phi\mu) \qquad (\mu, \nu \in \mathfrak{M}_0, \mu \in \mathfrak{F} \text{ oder } \nu \in \mathfrak{F}^*)$$

eine große Rolle. Diese Bilinearform kann man auf verschiedene Weise interpretieren. Wir nehmen an, daß der elliptische Operator L konstante Koeffizienten besitzt und daß die Φ_α^β als Differenz-Kerne gewählt sind. Mit ν'^α bezeichnen wir das Maß $\varphi(z) \to$ $\to \nu^\alpha(\varphi(-z))$ $(\varphi \in C_0^\infty(R^n))$, und es sei $\nu' = (\nu'^\alpha)_{|\alpha| \leqq m-1}$. Wenn wir dann wie bisher mit $\bar{\mu}$ bzw. $\bar{\nu'}$ die durch μ bzw. ν' repräsentierte Distribution der Ordnung $\leqq m - 1$ bezeichnen, so ist $\bar{\varrho} = \bar{\mu} * \bar{\nu'}$ eine Distribution mit kompaktem Träger der Ordnung $\leqq 2m - 2$. Ist $\varrho = (\varrho^\gamma)_{|\gamma| \leqq 2m-2}$ eine Darstellung von $\bar{\varrho}$ durch Maße, so gilt

$$\nu(\Phi\mu) = \sum_{|\gamma| \leqq 2m-2} \int D_x^\gamma E(x) \, d\varrho^\gamma(x) .$$

Wir können also $\nu(\Phi\mu)$ auffassen als Wert der Distribution $\bar{\mu} * \bar{\nu'}$ auf der Funktion E. Wenn wir auf $\nu(\Phi\mu)$ die FOURIER-Transformation anwenden, erhalten wir symbolisch

$$\nu(\Phi\mu) = \int \left(L(-2\pi i\xi)\right)^{-1} \hat{\mu}(\xi) \, \overline{\hat{\nu}(\xi)} \, d\xi .$$

§ 4. Folgerungen für das DIRICHLET-Problem

4.1. Dichtheit stetiger Potentiale, wenn die harmonischen Maße stetige Potentiale haben

Für die Lösbarkeit des DIRICHLET-Problems ist die Dichtheit der stetigen Potentiale von Distributionen, deren Träger in $\complement\Omega$ liegen, von besonderem Interesse. Damit hängt sehr eng auch die Problematik der Randregularität zusammen. Weiterhin befassen wir uns in diesem Paragraphen mit dem Zusammenhang zwischen Balayage und GREENscher Funktion.

Satz 1. *Es sei $\partial\Omega = \partial\bar{\Omega}$. Wenn auf $\partial\Omega$ Maße μ_{x_0,α_0} existieren mit den Eigenschaften*

$$\mu_{x_0,\alpha_0} \in \mathfrak{F}^* \quad (x_0 \in \Omega, |\alpha_0| \leqq m - 1) \tag{1}$$

und

$$\Phi_{\alpha_0}^\beta(x_0, z) = \sum_{|\alpha| \leqq m-1} \int \Phi_\alpha^\beta(y, z) \, d\mu_{x_0,\alpha_0}^\alpha(y)$$

für $\mathcal{J}$-fast alle $z \in \partial\Omega$ $(|\alpha_0|, |\beta| \leqq m - 1)$, so liegt

$$S^*(\partial\Omega) \text{ dicht in } W^{m-1}(\partial\Omega) . \tag{2}$$

Beweis: Nach Lemma 2, § 3 ist (2) äquivalent mit

$$\Phi\varkappa(x) = 0 \quad \mathcal{J}^*\text{-f.ü. auf } \complement\Omega\,, \quad \operatorname{supp}\varkappa \subseteqq \partial\Omega \Rightarrow \varkappa \in \mathfrak{N}\,. \tag{3}$$

Weiterhin verwenden wir (1), § 3, also

$$\Phi\varkappa(x) = 0 \quad \mathcal{J}^*\text{-f.ü. im } R^n \Leftrightarrow \varkappa \in \mathfrak{N}\,. \tag{4}$$

Es sei nun $\varkappa$ ein beliebiges Maß auf $\partial\Omega$ mit

$$\Phi\varkappa(x) = 0 \; \mathcal{J}^*\text{-f.ü. auf } \complement\Omega\,.$$

Dann gilt wegen der $\mathcal{J}^*$-Absolutstetigkeit von μ_{x_0,α_0} unter Beachtung von (13), § 3 für beliebiges $x_0 \in \Omega$

$$(\Phi\varkappa)_{\alpha_0}(x_0) = \mu_{x_0,\alpha_0}(\Phi\varkappa) = 0 \qquad (|\alpha_0| \leqq m-1)\,.$$

Somit ist die linke Seite von (4) erfüllt, d. h. $\varkappa \in \mathfrak{N}$. Damit ist (3) bewiesen. ◀

Bemerkung 1. Es wurde nur die $\mathcal{J}^*$-Absolutstetigkeit der Maße μ_{x_0,α_0} verwendet. Satz 1 gilt also auch unter dieser schwächeren Annahme, wenn man außerdem die Anwendbarkeit des Fubini-Theorems voraussetzt. Dual hierzu und analog zu beweisen ist der folgende Satz.

Satz 2. *Es sei $\partial\Omega = \partial\overline{\Omega}$. Wenn auf $\partial\Omega$ Maße τ_{z_0,β_0} existieren mit den Eigenschaften*

$$\tau_{z_0,\beta_0} \in \mathfrak{F} \qquad (z_0 \in \Omega,\ |\beta_0| \leqq m-1)$$

und

$$\Phi_\alpha^{\beta_0}(x, z_0) = \sum_{|\beta| \leqq m-1} \int \Phi_\alpha^\beta(x, y)\, d\tau_{z_0,\beta_0}^\beta(y)$$

für $\mathcal{J}^*$-fast alle $x \in \partial\Omega$ ($|\alpha|, |\beta_0| \leqq m-1$), so liegt $S(\partial\Omega)$ dicht in $W^{m-1}(\partial\Omega)$.

Korollar. *Die ersten Komponenten der Funktionen aus $S(\overline{\Omega})$ lösen die Gleichung $Lu = 0$. Wenn die a-priori-Abschätzung für das Gebiet besteht, erhält man durch Grenzübergang zu beliebigem $g \in W^{m-1}(\partial\Omega)$ eine Lösung des Dirichlet-Problems mit diesen Randwerten. Eine ähnliche Bemerkung trifft für den adjungierten Operator zu.*

Die Voraussetzung

$$\mu_{x,\alpha} \in \mathfrak{F}^*\,, \quad \tau_{z,\beta} \in \mathfrak{F} \qquad \text{für alle } x, z \in \Omega,\ |\alpha|, |\beta| \leqq m-1\,, \tag{5}$$

auf die wir oft Bezug nehmen werden, ist bei glatten Gebieten stets erfüllt. Der Grund hierfür ist die Darstellbarkeit dieser Maße mittels stetiger Dichten bezüglich des Oberflächen-Maßes auf $\partial\Omega$, die man wegen der Glattheit der Greenschen Funktion erhält. Auf die explizite Konstruktion kommen wir in § 7 zurück.

Satz 3. *Die Abschätzung* (4), § 1 *zur Gleichung $Lu = 0$ für das Dirichlet-Problem sei erfüllt. Dann existiert zu jedem*

$$g \in r_{\partial\Omega} Q_0^*$$

(vgl. Lemma 1, § 3) *ein Maß ν mit* $\operatorname{supp}\nu \subseteqq \complement\Omega$ *und*

$$\Phi^*\nu(y) = g(y) \qquad \text{für } \mathcal{J}\text{-fast alle } y \in \partial\Omega\,.$$

Beweis: Es sei $f \in Q_0^*$ und $g = r_{\partial\Omega} f$. Zu f existiert ein Maß $\mu \in \mathfrak{F}^*$ mit $\Phi^*\mu = f$. Wir bezeichnen mit μ_0 die Einschränkung von μ auf Ω. Nach Lemma 3, § 1 ist $\mu - \mu_0 \in \mathfrak{F}^*$. Weiterhin sei $\nu_0 = \Pi\mu_0$, d. h. nach Satz 1, § 2

$$\Phi^*\mu = \Phi^*(\mu - \mu_0) + \Phi^*\mu_0 = \Phi^*(\mu - \mu_0) + \Phi^*\nu_0 \quad \mathcal{J}\text{-f.ü. auf } \partial\Omega\,.$$

Dann gilt offenbar supp $(\mu - \mu_0 + \nu_0) \subseteqq \complement\Omega$ und

$$g(y) = \Phi^*(\mu - \mu_0 + \nu_0)(y) \qquad \text{für } \mathcal{J}\text{-fast alle } y \in \partial\Omega .$$

Mit $\nu = \mu - \mu_0 + \nu_0$ ist der Satz bewiesen. ◀

Die Voraussetzungen von Satz 3 seien erfüllt, und es sei

$$\Pi\lambda \in \mathfrak{F}^* \qquad \text{für alle } \lambda \in \mathfrak{F}^* \text{ mit } \operatorname{supp}\lambda \subseteqq \overline{\Omega} . \tag{6}$$

Dann liegt auch ν in $\mathfrak{F}^*$. Die erste Komponente des stetigen Potentials $\Phi^*\nu$ löst in Ω die Gleichung $L^*u = 0$, und die Randwerte g werden $\mathcal{J}$-f.ü. auf $\partial\Omega$ angenommen.

4.2. GREENsche Kerne für das DIRICHLET-Problem

Wir konstruieren jetzt die GREENschen Kerne für das DIRICHLET-Problem und zeigen einen Zusammenhang mit dem Balayage-Prinzip für das DIRICHLET-Problem bei inhomogener rechter Seite.

Lemma 1. *Es sei $D(\partial\Omega) = W^{m-1}(\partial\Omega)$. Dann gilt für $(x, z) \in \partial\Omega \times \Omega$*

$$\Phi^{\beta}_{\alpha_0}(x, z) = \sum_{|\alpha| \leqq m-1} \int \Phi^{\beta}_{\alpha}(y, z)\, d\mu^{\alpha}_{x,\alpha_0}(y) \tag{7}$$

für alle α_0, β mit $|\alpha_0|, |\beta| \leqq m - 1$.

(Nach Satz 2 ist die Voraussetzung z. B. im Falle $\tau_{z_0,\beta_0} \in \mathfrak{F}$ $(z_0 \in \Omega, |\beta_0| \leqq m - 1)$ erfüllt.)

Beweis: Wir setzen

$$\Psi^{\beta}_{\alpha_0}(x, z) = \sum_{|\alpha| \leqq m-1} \int_{\partial\Omega} \Phi^{\beta}_{\alpha}(y, z)\, d\mu^{\alpha}_{x,\alpha_0}(y) . \tag{8}$$

Wegen $(\Phi^{\beta}_{\alpha}(y, z))_{|\alpha| \leqq m-1} \in W^{m-1}(\partial\Omega)$ für $z \in \Omega$ ist $\Psi^{\beta}_{\alpha_0}(x, z)$ als Funktion von x für festes $z \in \Omega$ Element von $D(\overline{\Omega})$ mit diesen DIRICHLETschen Randwerten. Diese werden aber nach Voraussetzung in jedem Punkt angenommen. ◀

Definition 1. Die Funktionen

$$\Gamma^{\beta}_{\alpha}(x, z) = \Phi^{\beta}_{\alpha}(x, z) - \Psi^{\beta}_{\alpha}(x, z) , \qquad (|\alpha|, |\beta| \leqq m - 1) \tag{9}$$

bezeichnen wir als GREEN*sche Kerne* des Operators L bezüglich Ω.

Korollar. *Es gilt*

$$x \in \Omega \Rightarrow \Gamma^{\beta}_{\alpha}(x, z) = 0 \quad \text{für } \mathcal{J}\text{-fast alle } z \in \partial\Omega . \tag{10}$$

Für $D(\partial\Omega) = W^{m-1}(\partial\Omega)$ haben wir analog

$$z \in \Omega \Rightarrow \Gamma^{\beta}_{\alpha}(x, z) = 0 \quad \text{für alle } x \in \partial\Omega . \tag{11}$$

Ist also $\mu = (\mu^{\beta})_{|\beta| \leqq m-1}$ ein Maß mit supp $\mu \subset \Omega$, *so folgt im letzten Fall*

$$\Gamma\mu(x) = \Big(\sum_{|\beta| \leqq m-1} \Gamma^{\beta}_{\alpha}(x, z)\, d\mu^{\beta}(z)\Big)_{|\alpha| \leqq m-1} \equiv 0 \quad \text{auf } \partial\Omega .$$

Ähnliche Aussagen gelten für den adjungierten Operator, nämlich

Lemma 2. *Es sei $D^*(\partial\Omega) = W^{m-1}(\partial\Omega)$. Dann gilt für $(x, z) \in \Omega \times \partial\Omega$*

$$\Phi^{\beta_0}_{\alpha}(x, z) = \sum_{|\beta| \leqq m-1} \int \Phi^{\beta}_{\alpha}(x, y)\, d\tau^{\beta}_{z,\beta_0}(y) \tag{12}$$

für alle α, β_0 *mit* $|\alpha|, |\beta_0| \leqq m - 1$. (Die Voraussetzung ist z. B. erfüllt im Fall $\mu_{x_0, \alpha_0} \in \mathfrak{F}^*$ für alle $x_0 \in \Omega$, $|\alpha_0| \leqq m - 1$.)

Es sei ab jetzt der Einfachheit halber

$$\mu_{x_0, \alpha_0} \in \mathfrak{F}^*, \quad \tau_{z_0, \beta_0} \in \mathfrak{F} \qquad \text{für alle } x_0, z_0 \in \Omega, |\alpha_0|, |\beta_0| \leqq m - 1 .$$

Dann folgt aus den obigen Aussagen (vgl. Satz 3, § 2)

$$\Phi_{\alpha_0}^{\beta_0}(x_0, z_0) = \sum_{|\alpha| \leqq m-1} \int \Phi_\alpha^{\beta_0}(y, z_0)\, d\mu_{x_0, \alpha_0}^\alpha(y) = \sum_{|\beta| \leqq m-1} \int \Phi_{\alpha_0}^\beta(x_0, y)\, d\tau_{z_0, \beta_0}^\beta(y)$$

$$\text{auf } \Omega \times \partial\Omega \text{ und } \partial\Omega \times \Omega ;$$

$$\Psi_{\alpha_0}^{\beta_0}(x_0, z_0) = \sum_{|\alpha| \leqq m-1} \int \Phi_\alpha^{\beta_0}(y, z_0)\, d\mu_{x_0, \alpha_0}^\alpha(y) = \sum_{|\beta| \leqq m-1} \int \Phi_{\alpha_0}^\beta(x_0, y)\, d\tau_{z_0, \beta_0}^\beta(y)$$

$$\text{auf } \Omega \times \Omega .$$

Das bedeutet

$$\Gamma_{\alpha_0}^{\beta_0}(x_0, z_0) = \Phi_{\alpha_0}^{\beta_0}(x_0, z_0) - \sum_{|\alpha| \leqq m-1} \int \Phi_\alpha^{\beta_0}(y, z_0)\, d\mu_{x_0, \alpha_0}^\alpha(y)$$

$$= \Phi_{\alpha_0}^{\beta_0}(x_0, z_0) - \sum_{|\beta| \leqq m-1} \int \Phi_{\alpha_0}^\beta(x_0, y)\, d\tau_{z_0, \beta_0}^\beta(y)$$

für $(x_0, z_0) \in \overline{\Omega} \times \overline{\Omega} \setminus \partial\Omega \times \partial\Omega$. Somit erhält man die Greenschen Kerne des adjungierten Operators bezüglich Ω durch einfache Vertauschung der Argumente. Wir belassen jedoch die Reihenfolge und integrieren bei adjungierten Problemen wie bisher immer über die zweite Variable. Ist dann $\nu = (\nu^\alpha)_{|\alpha| \leqq m-1}$ ein Maß mit $\operatorname{supp} \nu \subset \Omega$, so folgt

$$\Gamma^* \nu(z) = \Big(\sum_{|\alpha| \leqq m-1} \int \Gamma_\alpha^\beta(x, z)\, d\nu^\alpha(x) \Big)_{|\alpha| \leqq m-1} = 0 \qquad \text{auf } \partial\Omega .$$

4.3. Balayage für das inhomogene Problem

Die Greenschen Kerne hängen eng mit dem Dirichlet-Problem für die Differentialgleichung mit inhomogener rechter Seite zusammen

$$L(x, D)\, u = f \qquad \text{in } \Omega , \tag{13}$$

$$D^\alpha u|_{\partial\Omega} = g_\alpha \qquad (|\alpha| \leqq m - 1) . \tag{14}$$

Wir nehmen der Einfachheit halber an $f \in C^\infty(\overline{\Omega})$. Dann gilt unter den für (3), § 1 geltenden Voraussetzungen die a priori-Abschätzung

$$\sum_{|\alpha| \leqq m-1} \max_{x \in \Omega} |D^\alpha u(x)| \leqq c \Big\{ \sum_{|\alpha| \leqq m-1} \max_{y \in \partial\Omega} |D^\alpha u(y)| + \max_{x \in \Omega} |f(x)| \Big\} .$$

Somit ist der dicht definierte lineare Operator

$$\Xi \colon W^{m-1}(\partial\Omega) \times C(\overline{\Omega}) \to C^{m-1}(\overline{\Omega}) ,$$

der jedem $g \in W^{m-1}(\partial\Omega)$, $f \in C^\infty(\overline{\Omega})$ die Lösung u des Problems (13), (14) zuordnet, stetig. Das bedeutet auch die Stetigkeit von

$$\Xi^* \colon \mathfrak{D}(\overline{\Omega}) \to \mathfrak{D}(\partial\Omega) \times \mathfrak{M}(\overline{\Omega}) .$$

Somit erhält man ein zum inhomogenen Problem gehörendes Balayage-Prinzip: Zu jedem $\mu \in \mathfrak{D}(\overline{\Omega})$ existieren Elemente $\nu \in \mathfrak{D}(\partial\Omega)$, $\varrho \in \mathfrak{M}(\overline{\Omega})$ mit

$$\mu(u) = \nu(g) + \varrho(f)$$

für alle $u \in C^{2m}(\Omega) \cap C^{m-1}(\bar{\Omega})$ mit (13), (14). Speziell sei $\Xi^* \delta_{x,\alpha} = (\mu_{x,\alpha}, \varrho_{x,\alpha})$, $(x \in \bar{\Omega}$, $|\alpha| \leqq m - 1)$. Dann gilt $\mu_{x,\alpha} = \Pi \delta_{x,\alpha}$, so daß es genügt, die Maße $\varrho_{x,\alpha}$ zu betrachten, die wir als GREENsche Maße bezeichnen. Für die Lösung u des Problems (13), (14) mit $g = 0$ gilt also

$$D^\alpha u(x) = \int_\Omega f(z) \, d\varrho_{x,\alpha}(z) \qquad (|\alpha| \leqq m - 1) .$$

Die Potentiale

$$\int_\Omega \Gamma_\alpha^0(x, z) f(z) \, dz = D_x^\alpha \int_\Omega \Gamma_0^0(x, z) f(z) \, dz$$

entsprechen ebenfalls einer Lösung des Problems (13), (14) mit $g \equiv 0$, und wegen der Eindeutigkeit erhalten wir

$$D^\alpha u(x) = \int_\Omega \Gamma_\alpha^0(x, z) f(z) \, dz = \int_\Omega f(z) \, d\varrho_{x,\alpha}(z) .$$

Da $C^\infty(\bar{\Omega})$ in $C(\bar{\Omega})$ dicht liegt, folgt

$$d\varrho_{x,\alpha}(z) = \Gamma_\alpha^0(x, z) \, dz \qquad (|\alpha| \leqq m - 1) .$$

Die GREENschen Maße sind also absolutstetig bezüglich des LEBESGUE-Maßes mit den Dichten $\Gamma_\alpha^0(x, z)$, welche Ableitungen nach x der GREENschen Funktion $\Gamma_0^0(x, z)$ des Gebietes sind. Ähnlich wie in III.2.8. kann man auch hier durch Abschließung des Operators, der (g, f) auf $h = (D^\alpha u)_{|\alpha| \leqq m-1}$ abbildet, schwache Lösungen für beliebiges $f \in C(\bar{\Omega})$ definieren.

Die GREENschen Kerne Γ_α^β erlauben in Ω eine ähnliche Potentialtheorie wie die Kerne Φ_α^β im R^n. Diese Tatsache werden wir in § 5 verwenden.

§ 5. Approximation durch Potentiale

5.1. Definition und elementare Eigenschaften

Es sei σ ein Maß mit kompaktem Träger. Dann gilt nach Satz 1, § 3

$$\Phi^* \sigma(z) = 0 \quad \text{LEBESGUE-fast überall} \Rightarrow \sigma \in \mathfrak{N} .$$

Es sei G eine offene Menge mit $G \cap \operatorname{supp} \sigma = \emptyset$. $G_0 \supseteqq G$ sei offen und $G_0 \setminus \operatorname{supp} \sigma$ sei zusammenhängend. Dann folgt, da die Potentiale eines Maßes σ außerhalb des Trägers die Eindeutigkeit der Fortsetzung erfüllen

$$\Phi^* \sigma(z) = 0 \qquad \text{für alle } z \in G$$

$$\Rightarrow \Phi^* \sigma(z) = 0 \qquad \text{für alle } z \in G_0 \setminus \operatorname{supp} \sigma . \tag{1}$$

Satz 1. *$M \subset R^n$ sei eine kompakte $(m - 1)$-reguläre Menge vom LEBESGUE-Maß Null, und $G_0 = R^n \setminus M$ sei zusammenhängend. G sei eine offene Menge mit $G \cap M = \emptyset$. Dann bildet die Einschränkung auf M der Menge aller Funktionen von x der Gestalt*

$$(\Phi_\alpha^\beta(x, z_0))_{|\alpha| \leqq m-1} = \Phi \delta_{z_0,\beta} \qquad (|\beta| \leqq m - 1, z_0 \in G) \tag{2}$$

eine im Raum $W^{m-1}(M)$ totale Teilmenge.

Beweis: Es sei σ ein Maß mit $\operatorname{supp} \sigma \subseteqq M$. Dann genügt es zu zeigen, daß aus

$$\Phi^* \sigma(z) = 0 \qquad \text{für alle } z \in G$$

stets folgt $\sigma \in \mathfrak{N}$. Nach (1) erhält man aber $\Phi^*\sigma(z) = 0$ für alle $z \in S_0 = R^n \setminus M$. Somit ist Satz 1, § 3 anwendbar, d. h. $\sigma \in \mathfrak{N}$, und die Behauptung ist gezeigt. ◀

Hieraus können wir einige interessante Schlüsse ziehen. Es sei G eine beliebig kleine Kugel mit $G \cap \overline{\Omega} = \emptyset$, und $M \subseteq \partial\Omega$ sei eine Teilmenge mit den genannten Eigenschaften. Dann liegt der durch den Raum der Potentiale

$$\{\Phi\lambda(x) : \operatorname{supp} \lambda \subseteq G\}$$

auf M induzierte Funktionenraum dicht in $r_M W^{m-1}(R^n)$, d. h., auf jedem solchen M wird eine dichte Menge von Randwerten induziert.

Für $M \subset \Omega$ induziert der Raum $D(\overline{\Omega})$ eine in $W^{m-1}(M)$ dichte Teilmenge.

Diese Aussage ist eine Approximation im Sinne von F. E. Browder (vgl. [B 43]).

5.2. Berücksichtigung von Randbedingungen

Es ist bekannt, daß man sich bei der erwähnten Approximation auf $M \subset \Omega$ auf solche $h \in D(\overline{\Omega})$ beschränken kann, die $h|_B \equiv 0$ erfüllen, wobei $\partial B \setminus B$ eine „beliebig kleine" Teilmenge von $\partial\Omega$ ist mit nichtleerem offenem Innern in der Topologie auf $\partial\Omega$ (vgl. [B 14], [B 43], [A 30 II]). Dieses Resultat erhält man sehr einfach unter Verwendung der Greenschen Potentiale.

Satz 2. *Es seien Ω, Ω_1 (glatt berandete) beschränkte Gebiete, $\Omega \subset \Omega_1$, $G_0 = \operatorname{int}(\Omega_1 \setminus \Omega) \neq \emptyset$. Weiterhin sei $M \subset \Omega$ eine $(m-1)$-reguläre kompakte Menge vom Lebesgue-Maß Null, und $R^n \setminus M$ sei zusammenhängend. G sei eine nichtleere offene Menge mit $\overline{G} \subset G_0$ (vgl. Abb. 3). Dann bildet die Einschränkung auf M der Menge aller Funktionen von x der Gestalt*

$$\{(\Gamma_\alpha^\beta(x, z))_{|\alpha| \leq m-1} : z \in G\}$$

eine in $W^{m-1}(M)$ totale Teilmenge (Γ_α^β Greensche Kerne zu Ω_1). Diese Potentiale verschwinden also auf $B = \partial\Omega \cap \partial\Omega_1$.

Den Beweis führt man ebenso wie Satz 1, wobei man wegen der Eigenschaften der Greenschen Funktion als Fundamentallösung in Ω_1 alle erforderlichen Sätze in Ω_1 hat (insbesondere Satz 1, § 3). Der Raum

$$\{h \in D(\overline{\Omega}) : h|_B = 0\}$$

induziert also einen in $W^{m-1}(M)$ dichten Teilraum.

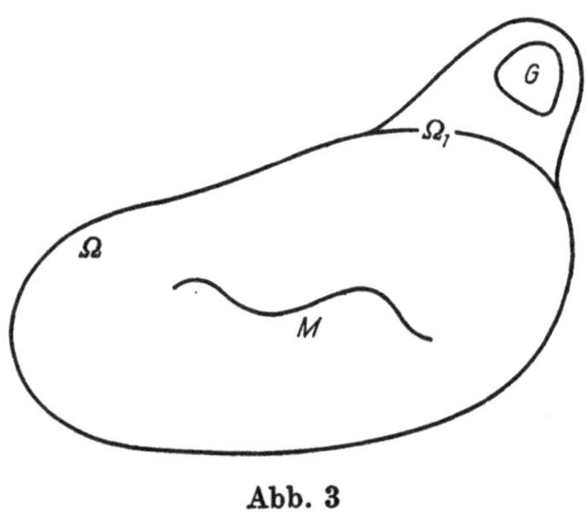

Abb. 3

5.3. Approximation auf dem Rand eines Teilgebietes

Es sei $\mu = (\mu^\beta)_{|\beta| \leqq m-1}$ ein Maß mit kompaktem Träger und es gelte in einem Punkt $y \in R^n$

$$\int \Phi_N(y, z)\, \mathrm{d}(\mu^\beta)^\pm (z) < \infty \qquad (|\beta| \leqq m-1)\,.$$

Mit Φ_N bezeichnen wir hier den NEWTONschen Kern. Auch sonst kennzeichnen wir mit dem Index N Objekte, die bezüglich des LAPLACE-Operators definiert sind. Dann folgt

$$\int [\Phi_\alpha^\beta(y, z)]^\pm\, \mathrm{d}(\mu^\beta)^\pm (z) < \infty \qquad (|\alpha|, |\beta| \leqq m-1)\,.$$

Von dieser Tatsache haben wir schon häufig Gebrauch gemacht.

Lemma 1. *Es sei Ω ein beschränktes Gebiet, das in allen Randpunkten die POINCARÉsche Kegelbedingung erfüllt. Gilt dann für zwei Maße*

$$\mu, \nu \in \mathfrak{M}(\overline{\Omega})$$

$$\Phi\mu(x) = \Phi\nu(x) \qquad \textit{für alle } x \in \complement\overline{\Omega}\,,$$

so folgt

$$\Phi\mu(x) = \Phi\nu(x) \qquad \textit{für } \mathfrak{J}_N\textit{-fast alle } x \in \partial\Omega\,.$$

Eine analoge Aussage besteht für die adjungierten Potentiale. $\mathfrak{J}_N$ ist hier das System der WIENERschen Nullmengen.

Beweis: Es genügt zu beweisen, daß in allen Einzelintegralen

$$\int [\Phi_\alpha^\beta(x, z)]^\pm\, \mathrm{d}(\mu^\beta)^\pm (z)\,, \qquad \int [\Phi_\alpha^\beta(x, z)]^\pm\, \mathrm{d}(\nu^\beta)^\pm (z)$$

der Grenzübergang $x \to y \in \partial\Omega$ ($x \notin \Omega$) für $\mathfrak{J}_N$-fast alle $y \in \partial\Omega$ erlaubt ist. Aus

$$\int [\Phi_\alpha^\beta(y, z)]^\pm\, \mathrm{d}(\mu^\beta)^\pm (z) \leqq c \int \Phi_N(y, z)\, \mathrm{d}(\mu^\beta)^\pm (z)$$

und $\Phi_N\zeta < \infty$ $\mathfrak{J}_N$-f. ü. im R^n für jedes skalare Maß $\zeta \geqq 0$ mit kompaktem Träger folgt, daß in allen Integralen bezüglich der Kerne $[\Phi_\alpha^\beta(x, z)]^\pm$ $\mathfrak{J}_N$-f.ü. der Grenzübergang unter dem Integralzeichen durchführbar ist, weil $c\Phi_N(y, z)$ $\mathfrak{J}_N$-f.ü. eine integrierbare Majorante ist. Damit erhalten wir sofort die Behauptung. ◀

Satz 3. *Es gelte $\mathfrak{J} = \mathfrak{J}_N$ (vgl. Satz 2, § 6). Ω sei ein einfach zusammenhängendes beschränktes Gebiet, das in allen Randpunkten die POINCARÉsche Kegelbedingung erfüllt. Weiterhin sei $S(\partial\Omega)$ in $W^{m-1}(\partial\Omega)$ dicht. Ω_1 sei ein beliebiges beschränktes Gebiet mit $\overline{\Omega} \subset \Omega_1$. Dann ist bereits*

$$r_{\partial\Omega} D(\overline{\Omega}_1) \qquad \textit{dicht in } W^{m-1}(\partial\Omega)\,.$$

Beweis: Es sei ν ein Maß auf $\partial\Omega$ mit

$$\nu(h) = 0 \qquad \text{für alle } h \in D(\overline{\Omega}_1). \tag{3}$$

Es ist wieder zu zeigen $\nu \in \mathfrak{N}$. Die Gleichung (3) gilt speziell für alle h der Gestalt $h = \Phi\lambda$ mit $\lambda \in \mathfrak{F}$, $\operatorname{supp}\lambda \subseteqq \complement\Omega_1$. Dann folgt $\nu(\Phi\lambda) = \lambda(\Phi^*\nu) = 0$, d. h. $\Phi^*\nu = 0$ $\mathfrak{J}$-f.ü. in $\complement\Omega_1$. Da $\Phi^*\nu$ außerhalb $\operatorname{supp}\nu \subseteqq \partial\Omega$ eindeutig fortsetzbar ist, gilt $\Phi^*\nu = 0$ in ganz $\complement\overline{\Omega}$, und nach Lemma 1 $\mathfrak{J}$-f.ü. auf $\partial\Omega$, also

$$\lambda(\Phi^*\nu) = \nu(\Phi\lambda) = 0 \qquad \text{für alle } \lambda \in \mathfrak{F},\ \operatorname{supp}\lambda \subseteqq \complement\overline{\Omega}\,.$$

Daraus folgt aber wegen der angenommenen Dichtheit $\nu \in \mathfrak{N}$. ◀

Mit analogen Schlüssen erhalten wir folgendes

Lemma 2. *Es gelte $\mathfrak{I} = \mathfrak{I}_N$ (vgl. Satz 2, § 6). Ω sei ein einfach zusammenhängendes beschränktes Gebiet, das in allen Randpunkten die* Poincarésche *Kegelbedingung erfüllt. Weiterhin sei $\tau_{\alpha,\beta} \in \mathfrak{F}$ für alle $z \in \Omega$, $|\beta| \leqq m - 1$. Es sei G eine offene nichtleere Menge, $\overline{G} \cap \overline{\Omega} = \emptyset$. Dann ist die Menge von Potentialen*

$$\bigcup_{|\beta| \leqq m-1} \{(\Phi_\alpha^\beta(x, z_0))_{|\alpha| \leqq m-1}|_{\partial\Omega} : z_0 \in G\}$$

in $W^{m-1}(\partial\Omega)$ total. Analog ist die Menge

$$\{\Phi\mu|_{\partial\Omega} : \operatorname{supp} \mu \subset G\}$$

in $W^{m-1}(\partial\Omega)$ dicht.

Beweis: Wenn wir annehmen, daß ein Maß ν auf $\partial\Omega$ existiert mit

$$\Phi^*\nu(z_0) = 0 \qquad \text{für alle } z_0 \in G\,,$$

so haben wir $\nu \in \mathfrak{N}$ zu zeigen. Auf Grund unserer Voraussetzung folgt nach analytischer Fortsetzung $\Phi^*\nu(z) = 0$ in $\complement\overline{\Omega}$ und wegen Lemma 1 $\Phi^*\nu(z) = 0$ $\mathfrak{I}_N$-f.ü. auf $\partial\Omega$. Wir erhalten jetzt für jedes $z_0 \in \Omega$ und $|\beta| \leqq m - 1$

$$0 = \tau_{z_0,\beta}(\Phi^*\nu) = \nu(\Phi\tau_{z_0,\beta}) = \nu(\Phi\delta_{z_0,\beta}) = (\Phi^*\nu)(z_0)\,,$$

also $\Phi^*\nu = 0$ $\mathfrak{I}_N$-f.ü. im R^n. Aus Satz 1, § 3 folgt $\nu \in \mathfrak{N}$. ◀

5.4. Approximation durch Maße mit glatten Dichten

Wir formulieren als nächstes eine Voraussetzung, die in vielen konkreten Fällen (z. B. beim polyharmonischen Operator) unmittelbar bekannt ist.

Annahme 1. Es bezeichne $\tau_{z,\beta_0,r}$ das harmonische Maß, das durch Balayage von δ_{z,β_0} bezüglich des Dirichlet-Problems für den adjungierten Operator L^* auf die Sphäre $S_{z_0}^r$ entsteht ($z \in S_{z_0}^r$, $|\beta_0| \leqq m - 1$). Dann existiert ein $r_0 > 0$ (r_0 genügend klein) und ein Vektor von Funktionen $m_{\beta_0}^\beta(z, y)$ ($|\beta_0|$, $|\beta| \leqq m - 1$) aus $C^\infty(K_{z_0}^{r_0/3} \times K_{z_0}^{r_0} \setminus K_{z_0}^{2r_0/3})$ mit der Eigenschaft

$$\tau_{z,\beta_0,r}(\varphi) = \sum_{|\beta| \leqq m-1} \int_{S_{z_0}^r} (D^\beta\varphi(y))\, m_{\beta_0}^\beta(z, y)\, do_r(y) \qquad (\varphi \in C_0^\infty(R^n))$$

für alle r, $2r_0/3 \leqq r \leqq r_0$ (do_r Oberflächen-Maß auf $S_{z_0}^r$).

Lemma 3. *Unter der Annahme* 1 *existiert zu jedem Maß μ mit kompaktem Träger und jeder Umgebung U von* supp μ *ein Maß λ mit* supp $\lambda \subseteqq U$ *und $C_0^\infty(U)$-Dichten (bezüglich dx), so daß gilt*

$$\Phi\mu(x) = \Phi\lambda(x) \qquad \textit{für alle } x \notin U\,. \tag{4}$$

Beweis: Wir überdecken supp μ mit endlich vielen offenen Kugeln, für welche die Annahme 1 besteht und die sämtlich in U enthalten sind. Durch genügend kleine Wahl von r_0 können wir die Überdeckung so einrichten, daß auch die offenen Kugeln vom Radius $r_0/3$ den Träger von μ überdecken. Durch eine Zerlegung der Einheit zu dieser feineren Überdeckung finden wir eine Darstellung von μ als endliche Summe von Maßen, deren Träger in jeweils einer Kugel vom Radius $r_0/3$ liegt. Wir können daher von vornherein annehmen $\operatorname{supp}\mu \subseteqq K_{z_0}^{r_0/3}$. Nach Definition der $\tau_{z,\beta_0,r}$ gilt für jedes $h \in D^*(K_{z_0}^{r_0})$

$$h_{\beta_0}(z) = \sum_{|\beta| \leqq m-1} \int h_\beta(y)\, m_{\beta_0}^\beta(z, y)\, \mathrm{d}o_r(y) \tag{5}$$

für alle $z \in K_{z_0}^{r_0/3}$ und $2r_0/3 \leqq r \leqq r_0$. Es sei p ein Wahrscheinlichkeitsmaß im R^1 mit einer Dichte aus $C_0^\infty(R^1)$ bezüglich des eindimensionalen LEBESGUE-Maßes und dem Träger in $[2r_0/3, r_0]$. Integration von (5) über $p(r)$ liefert mit geeigneten Funktionen

$$t_{\beta_0}^\beta(z, y) \in C^\infty(K_{z_0}^{r_0/3} \times K_{z_0}^{r_0} \setminus K_{z_0}^{2r_0/3})$$

die Gleichung

$$h_{\beta_0}(z) = \sum_{|\beta| \leqq m-1} \int h_\beta(y)\, t_{\beta_0}^\beta(z, y)\, \mathrm{d}y$$

$\big(|\beta_0|\big) \leqq m - 1, h \in D^*(K_{z_0}^{r_0})\big)$. Somit folgt

$$\begin{aligned}
\mu(h) &= \sum_{|\beta_0| \leqq m-1} \int h_{\beta_0}(z)\, \mathrm{d}\mu^{\beta_0}(z) \\
&= \sum_{|\beta_0| \leqq m-1} \sum_{|\beta| \leqq m-1} \iint h_\beta(y)\, t_{\beta_0}^\beta(z, y)\, \mathrm{d}y\, \mathrm{d}\mu^{\beta_0}(t) \\
&= \sum_{|\beta| \leqq m-1} \int h_\beta(y)\, \psi^\beta(y)\, \mathrm{d}y = \lambda(h)
\end{aligned}$$

mit einem Maß λ, dessen Komponenten die $C_0^\infty(K_{z_0}^{r_0})$-Dichten ψ^β haben.

Die letzte Gleichung gilt für alle $h \in D^*(K_{z_0}^{r_0})$. Daraus folgt nach (13), § 2

$$\Phi\mu(x) = \Phi\lambda(x) \qquad \text{für alle } x \notin K_{z_0}^{r_0},$$

und die Behauptung ist gezeigt. ◀

Satz 4. *Es gelte $\mathfrak{J} = \mathfrak{J}_N$, und Ω erfülle die Voraussetzungen von Lemma 2. Ist dann G eine beliebige nichtleere offene Menge mit $\overline{\Omega} \cap \overline{G} = \emptyset$, so ist die Menge der Potentiale*

$$\Big\{\Big(\int \Phi_\alpha^0(x, z)\, \mathrm{d}\eta(z)\Big)_{|\alpha| \leqq m-1} : \eta \in \mathfrak{M}_0(R^n), \operatorname{supp}\eta \subset G\Big\}$$

im Raum $W^{m-1}(\partial\Omega)$ dicht.

Beweis: Wenn wir Lemma 2 berücksichtigen, daß also

$$\bigcup_{|\beta| \leqq m-1} \Big\{\big(\Phi_\alpha^\beta(x, z_0)\big)_{|\alpha| \leqq m-1}\big|_{\partial\Omega} : z_0 \in G_0\Big\} \tag{6}$$

in $W^{m-1}(\partial\Omega)$ total ist für jede offene Menge $G_0 \neq \emptyset$, $\overline{G}_0 \subset G$, so erhalten wir sofort die gewünschte Aussage. Es gilt

$$\big(\Phi_\alpha^\beta(x, z_0)\big)_{|\alpha| \leqq m-1} = \Phi\delta_{z_0,\beta}(x)\,.$$

Wir wählen nach Lemma 3 eine Umgebung $U \subset G$ des Punktes $z_0 \in G_0$ und ein glattes Maß λ mit $\Phi\delta_{z_0,\beta_0}(x) = \Phi\lambda(x)$ außerhalb G_0, d. h. insbesondere

$$\big(\Phi_\alpha^\beta(x, z_0)\big)_{|\alpha| \leqq m-1}\big|_{\partial\Omega} = \Phi\lambda|_{\partial\Omega}\,.$$

Partielle Integration in der Definition von $\Phi\lambda$ liefert

$$\big(\Phi\lambda(x)\big)_\alpha = \int \Phi_\alpha^0(x, z)\, \psi(z)\, \mathrm{d}z$$

mit einer glatten Funktion $\psi \in C_0^\infty(G)$. ◀

Satz 4 ist eine wesentliche Verschärfung von Satz 2, § 4. Neu ist die Tatsache, daß unter den genannten Voraussetzungen bezüglich Ω keine z-Differentiationen in den Kernen notwendig sind für die Dichtheit. Für allgemeine Gebiete, bei denen etwa $\partial\Omega \neq \partial\overline{\Omega}$ gilt, ist eine solche Aussage allerdings nicht zu erwarten.

5.5. Verallgemeinerte Randwerte

Mit Approximationsfragen hängt das Problem der verallgemeinerten Randwerte eng zusammen. Es sei Ω ein Gebiet, für welches (4), § 1 besteht sowie $D(\partial\Omega) = W^{m-1}(\partial\Omega)$. Auf $W^{m-1}(\partial\Omega)$ definieren wir das Halbnormensystem

$$\left\{p_K(g)\colon \sup_{\substack{x\in K\\ |\alpha|\leqq m-1}} |\mu_{x,\alpha}(g)| : K\subset\Omega \text{ kompakt}\right\}. \tag{7}$$

Die Abschließung von $W^{m-1}(\partial\Omega)$ bezüglich der hierdurch definierten Topologie ist ein Fréchet-Raum, den wir mit $D_v(\partial\Omega)$ bezeichnen. Die Elemente g von $D_v(\partial\Omega)$ bezeichnen wir als verallgemeinerte Randwerte. Man zeigt leicht, daß jedem $g \in D_v(\partial\Omega)$ genau eine auf Ω definierte Funktion $h = (D^\alpha u)_{|\alpha|\leqq m-1}$ entspricht mit $Lu = 0$ in Ω.

Den Raum dieser h bezeichnen wir mit $D_v(\overline{\Omega})$. Der Raum $D_v(\overline{\Omega})$ besitzt ebenfalls auf natürliche Weise eine Fréchet-Raum-Topologie, und $D_v(\partial\Omega) \to D_v(\overline{\Omega})$ ist ein Homöomorphismus. In vielen Fällen kann man beweisen, daß jede Lösung u der Gleichung $Lu = 0$ erste Komponente eines Vektors $h \in D_v(\overline{\Omega})$ ist, z. B. bei Gleichungen zweiter Ordnung, die die Runge-Eigenschaft besitzen.

Satz 5. *Es sei Ω ein einfach zusammenhängendes beschränktes Gebiet. Zu jeder kompakten Menge $K \subset \Omega$ existiere ein glattes einfach zusammenhängendes Gebiet $\Omega_0 \subseteqq \Omega$ mit $K \subset \Omega_0$, für das $S(\partial\Omega_0)$ in $W^{m-1}(\partial\Omega_0)$ dicht liegt und für das* (3), § 1 *besteht. $u \in C^{2m}(\Omega)$ sei eine Lösung der Gleichung $Lu = 0$. Dann gilt*

$$h = (D^\alpha u)_{|\alpha|\leqq m-1} \in D_v(\overline{\Omega}).$$

Somit ist jede beliebige Lösung u der Gleichung $Lu = 0$ in Ω auf jeder kompakten Menge $K \subset \Omega$ durch eine Lösung aus $C^\infty(\overline{\Omega})$ beliebig genau approximierbar.

Beweis: Ist $K \subset \Omega$ beliebig gegeben, so existiert nach Voraussetzung ein Gebiet $\Omega_0 \supset K$, das die Voraussetzungen von Satz 3 erfüllt (wenn dort Ω durch Ω_0 und Ω_1 durch Ω ersetzt wird).

Ist jetzt u beliebig gegeben mit $Lu = 0$ in Ω, so gilt $h|_{\overline{\Omega}} \in D(\overline{\Omega}_0)$, also folgt nach Satz 3 und (3), § 1 sofort die Behauptung. ◀

Die Aussage dieses Satzes kann man sinngemäß auch auf mehrfach zusammenhängende Gebiete übertragen, wenn man Glattheit von $\partial\Omega$ voraussetzt, d. h. insbesondere daß jede Komponente von $C\Omega$ ein offenes Inneres hat.

Zu diesen Konstruktionen bietet sich noch eine Bemerkung an. Wir setzen voraus, daß Ω die Bedingungen von Satz 5 erfüllt. Es sei zunächst $L = \Delta$ der Laplace-Operator, und $\partial\Omega$ enthalte auch irreguläre Randpunkte. Nach III.2.6. finden wir dann zu jedem $g \in C(\partial\Omega)$ eine Lösung u des Dirichlet-Problems im verallgemeinerten Sinne. u ist auf Ω durch $\sup \{|g(y)| : y \in \partial\Omega\}$ beschränkt. Nach Satz 5 ist dieses $u \in D_v(\overline{\Omega})$ gleichmäßiger Limes auf kompakten Mengen von harmonischen Funktionen aus $C(\overline{\Omega})$.

Für beliebige elliptische Operatoren L dürfte unter diesem Gesichtspunkt eine Untersuchung derjenigen $h \in D_v(\overline{\Omega})$ von besonderem Interesse sein, deren $W^{m-1}(\Omega)$-Norm endlich ist und die $\mathfrak{J}$-f.ü. auf $\partial\Omega$ mit einem $g \in W^{m-1}(\partial\Omega)$ übereinstimmen. Dies hängt unmittelbar mit der noch ausstehenden Lösung des Dirichlet-Problems für nichtreguläre Gebiete zusammen.

§ 6. Kapazität, Stetigkeitsprinzip und weitere Eigenschaften der Potentiale

6.1. Zusammenhang mit WIENERschen Nullmengen

Die engen Beziehungen der Potentialtheorie für elliptische Gleichungen höherer Ordnung mit der Potentialtheorie für elliptische Gleichungen zweiter Ordnung zeigen sich besonders deutlich bei den Mengensystemen der Kapazität Null. Diese Zusammenhänge ermutigen auch zur Suche nach weiteren Analogien mit der klassischen Potentialtheorie, obwohl — wie wir bereits erwähnten — hierbei wichtige Fragen ungelöst sind (vgl. § 11). Den Zusammenhang der Maße mit stetigem NEWTONschen Potential mit $\mathfrak{F}$ bzw. $\mathfrak{F}^*$, der bereits in § 1 gezeigt wurde, formulieren wir zur besseren Übersichtlichkeit noch einmal als

Satz 1. *Es sei $\Phi_N(x, z)$ der* NEWTON*sche Kern, und $\mathfrak{F}_N$ sei die Menge aller skalaren* RADON-*Maße η mit kompaktem Träger und stetigen Potentialen*

$$\int \Phi_N(x, z)\, \mathrm{d}\eta^{\pm}(z)\,.$$

Dann gilt

$$\mathfrak{F}, \mathfrak{F}^* \supseteqq \underset{|\alpha| \leqq m-1}{\times} \mathfrak{F}_N\,.$$

Korollar 1. *$\mathfrak{J}$, $\mathfrak{J}^*$ sind enthalten im System $\mathfrak{J}_N$ der Mengen der* WIENER*schen Kapazität Null.*

Korollar 2. *Es seien Γ eine $(n-1)$-dimensionale glatte Mannigfaltigkeit und λ ein Maß mit* $\operatorname{supp} \lambda \subseteqq \Gamma$, *dessen Komponenten durch stetige Dichten auf Γ beschrieben werden können. Dann liegt λ in $\mathfrak{F}$ und in $\mathfrak{F}^*$.*

Korollar 3. *Es sei $\Omega \subset R^n$ ein beschränktes Gebiet. Dann gilt $\partial\Omega \notin \mathfrak{J}, \mathfrak{J}^*$.*

Bemerkung 1. Es sei Ω ein beschränktes Gebiet und $\partial\Omega$ sei eine C^∞-Mannigfaltigkeit der Dimension $n-1$. Dann haben die harmonischen Maße $\mu_{x,\alpha}$ für alle $x \in \Omega$, $|\alpha| \leqq m-1$ stetige Dichten bezüglich des Oberflächenmaßes, nämlich die POISSON-Kerne. Ähnliches trifft zu für die harmonischen Maße $\tau_{z,\beta}$ bezüglich des adjungierten Operators, $z \in \Omega$, $|\beta| \leqq m-1$. Somit gilt nach Korollar 2 zu Satz 1

$$\mu_{x,\alpha} \in \mathfrak{F}^*\,, \quad \tau_{z,\beta} \in \mathfrak{F} \quad \text{für alle } x, z \in \Omega\,, \quad |\alpha|, |\beta| \leqq m-1\,. \tag{1}$$

Für die genannten Gebiete gilt außerdem $\partial\Omega = \partial\overline{\Omega}$. Somit sind Satz 1 und Satz 2, § 4 anwendbar, d. h., es ist $S^*(\partial\Omega)$ dicht in $W^{m-1}(\partial\Omega)$, $S(\partial\Omega)$ dicht in $W^{m-1}(\partial\Omega)$.

6.2. Gleichheit mit WIENERschen Nullmengen für spezielle Operatoren

Die Kerne $[\Phi_\alpha^\beta(x, z)]^\pm$ mit $|\alpha|, |\beta| \leqq m-1$ numerieren wir durch von 1 bis l und bezeichnen sie mit $\Psi_1(x, z), \dots, \Psi_l(x, z)$. Ferner sei

$$\Psi(x, z) = \max_{i=1,\dots,l} \Psi_i(x, z)\,. \tag{2}$$

Dann gilt

$$\Psi_i(x, z) \leqq \Psi(x, z) \leqq \sum_{i=1}^{l} \Psi_i(x, z)\,. \tag{3}$$

Die $\Psi_i(x, z)$ sind nichtnegative nach unten halbstetige Kerne und stetig für $x \neq z$. Dasselbe gilt für $\Psi(x, z)$. Mit einer Konstanten $c > 0$ gilt

$$\Psi(x, z) \leqq c\Phi_N(x, z) . \tag{4}$$

Alle folgenden Aussagen bleiben ungeändert, wenn wir statt (2) setzen

$$\Psi(x, z) = \max_{|\alpha|, |\beta| \leqq m-1} |\Phi_\alpha^\beta(x, z)| . \tag{5}$$

Es gilt dann offenbar ebenfalls (3). Es liegt auf der Hand, daß die Umkehrung der Abschätzung (4) für die Potentialtheorie sehr wichtig ist. Leider konnte sie bisher noch nicht allgemein bewiesen werden. Es sei aber folgendes Resultat erwähnt.

Satz 2. *L habe konstante Koeffizienten. Die Raumdimension n sei 2 oder 3, oder es sei $L = L_2 L_{2m-2}$ ein Produkt eines Operators 2-ter und eines Operators $(2m - 2)$-ter Ordnung. Dann gilt $\mathcal{J} = \mathcal{J}^* = \mathcal{J}_N$. Ferner existieren eine Konstante $c_1 > 0$ und eine Zahl $\delta > 0$, so daß für $|x - z| \leqq \delta$ gilt*

$$c_1\Phi_N(x, z) \leqq \Psi(x, z) . \tag{6}$$

Wir beweisen die Aussage für $L = L_2 L_{2m-2}$. Der allgemeine Fall für $n = 2, 3$ ist in [A 17] behandelt. Ist $E(x, z)$ eine Fundamentallösung von L, so ist $F(x, z) = L_{2m-2}(D_x) E(x, z)$ eine Fundamentallösung von L_2. Für F ist aber die Abschätzung

$$c\Phi_N(x, z) \leqq |F(x, z)| \qquad \text{für } |x - z| \leqq \delta$$

($\delta > 0$ genügend klein) wohlbekannt. Aus $|F(x, z)| \leqq c'\Psi(x, z)$ mit einer geeigneten Konstanten $c' > 0$ folgt die Behauptung.

Die Voraussetzung von Satz 2 ist z. B. erfüllt für den polyharmonischen Operator.

Das Absolutglied des Operators L sei Null. Wir zeigen, daß für diesen Fall die Wahl von δ in Satz 2 ohne Bedeutung ist. Ist $a > 0$ eine Konstante, so ist mit $E(x, z)$ auch $E'(x, z) = E(x, z) + a$ eine Fundamentallösung von L. Es sei $\delta' \geqq \delta$ beliebig gegeben. Wir setzen

$$a = \sup \{c_1\Phi_N(x, z) : \delta \leqq |x - z| \leqq \delta'\}$$

und bilden den mittels E' analog definierten Kern Ψ'. Dann gilt $\Psi(x, z) + a \leqq \Psi'(x, z)$, also wegen (6)

$$c_1\Phi_N(x, z) \leqq \Psi'(x, z) \qquad \text{für } |x - z| \leqq \delta' .$$

Da unsere Aussagen über stetige Potentiale und Mengen der Kapazität Null von der Wahl der Fundamentallösung unabhängig sind, können wir auch den Kern Ψ' zugrundelegen. Damit ist die Behauptung gezeigt.

Aus der Abschätzung der Kerne nach oben und unten folgt auch eine gewisse Abschätzung der Potentiale. Es sei Ω ein Gebiet, so daß mit geeigneten Konstanten $c_1, c_2 > 0$ gilt

$$c_1\Phi_N(x, z) \leqq \Psi(x, z) \leqq c_2\Phi_N(x, z) \qquad \text{für alle } x, z \in \overline{\Omega} .$$

Dann besteht (wie leicht einzusehen ist) für beliebige skalare Maße $\zeta_1, \zeta_2 \geqq 0$ mit $\operatorname{supp} \zeta_i \subseteqq \overline{\Omega}$ $(i = 1, 2)$ die Ungleichung

$$\Phi_N(c_1\zeta_1 - c_2\zeta_2)(x) \leqq \Psi(\zeta_1 - \zeta_2)(x) \leqq \Phi_N(c_2\zeta_1 - c_1\zeta_2)(x) \qquad \text{für alle } x \in \overline{\Omega} .$$

6.3. Beschreibung von Stetigkeit und Beschränktheit von Potentialen durch den Kern Ψ

Lemma 1. *Ein skalares Maß $\zeta \geqq 0$ mit kompaktem Träger liegt genau dann in $\mathfrak{F}_1^+$ (bzw. $\mathfrak{F}_1^{*+}$), falls das Potential*

$$\int \Psi(x, z)\, d\zeta(z) \qquad \left(bzw. \int \Psi(x, z)\, d\zeta(x)\right) \tag{8}$$

im R^n stetig ist.

Beweis: $\Psi(x, z)$ ist für $x \neq z$ stetig. $\zeta \in \mathfrak{F}_1^+$ ist per def. äquivalent mit der Stetigkeit aller Potentiale

$$\int \Psi_i(x, z)\, d\zeta(z) \qquad (i = 1, \dots, l)\,.$$

Dies ist nach (3) und II.2.3. mit der Stetigkeit von (8) äquivalent. ◀

Es sei $\mathfrak{Q}_1^+$ (bzw. $\mathfrak{Q}_1^{*+}$) die Menge aller skalaren Maße $\varrho \geqq 0$ mit kompaktem Träger, so daß die Potentiale

$$\int \Psi_i(x, z)\, d\varrho(z) \qquad \left(\text{bzw. } \int \Psi_i(x, z)\, d\varrho(x)\right)$$

für alle $i = 1, \dots, l$ ϱ-f. ü. im R^n endlich sind. Wir setzen

$$\mathfrak{Q}_1 = \mathfrak{Q}_1^+ - \mathfrak{Q}_1^+\,, \qquad \mathfrak{Q} = \mathop{\times}_{|\alpha| \leqq m-1} \mathfrak{Q}_1$$

und entsprechend $\mathfrak{Q}_1^*$, $\mathfrak{Q}^*$. Die meisten Aussagen übertragen sich trivial auf die mit einem * versehenen Begriffe, worauf nicht jedesmal ausdrücklich hingewiesen wird.

Lemma 2. *Ein skalares Maß $\varrho \geqq 0$ mit kompaktem Träger liegt genau dann in $\mathfrak{Q}_1^+$ (bzw. $\mathfrak{Q}_1^{*+}$), falls das Potential*

$$\int \Psi(x, z)\, d\varrho(z) \qquad \left(bzw. \int \Psi(x, z)\, d\varrho(x)\right)$$

ϱ-f. ü. im R^n endlich ist.

Dies ist eine unmittelbare Folge von (3). Somit können viele die Stetigkeit oder Beschränktheit von Potentialen betreffende Untersuchungen mit Hilfe des Kernes $\Psi(x, z)$ durchgeführt werden. Insbesondere lassen sich die Nullmengenideale $\mathcal{J}$, $\mathcal{J}^*$ durch einen einzigen Kern beschreiben.

Unter den in Satz 2 erwähnten Voraussetzungen könnte man auch setzen

$$\Psi(x, z) = \Delta_x^{m-1} E(x - z)\,,$$

und alle bisherigen Aussagen bleiben richtig. Zur Definition der Kegel $\mathfrak{F}$, $\mathfrak{F}^*$ bzw. der Nullmengensysteme $\mathcal{J}$, $\mathcal{J}^*$ reichen also die Ableitungen aus, deren Ordnung genau gleich $2m - 2$ ist.

6.4. Stetigkeitsprinzip für Ψ, ein Konvergenzsatz

Satz 3. *Es existiere eine Umgebung U des Koordinatenursprungs, so daß mit Konstanten $c_1, c_2 > 0$ gilt*

$$c_1 \Phi_N(x, z) \leqq \Psi(x, z) \leqq c_2 \Phi_N(x, z) \qquad \text{für alle } x, z \in U\,. \tag{9}$$

Es sei $\eta \geqq 0$ ein skalares Maß mit kompaktem $K = \operatorname{supp} \eta$. Das Potential

$$\int \Psi(x, z)\, d\eta(z)$$

sei auf K stetig (in der durch R^n auf K induzierten Topologie). Dann ist das Potential stetig im R^n.

(Diese Aussage ist das Stetigkeitsprinzip der klassischen Potentialtheorie für den Kern $\Psi(x, z)$.)

Beweis: Wir beschränken uns auf den Fall $n \geqq 3$. Zu beliebigem festen $x \in R^n$ wählen wir ein $y \in K$ mit der Eigenschaft $|x - y| = \inf \{|x - z| : z \in K\}$. Wir zeigen

$$\Psi\eta(x) \leqq c\Psi\eta(y) . \tag{10}$$

Ist nämlich $z \in K$ beliebig, so gilt wie im Beweis des klassischen Stetigkeitsprinzips $|x - z|^{2-n} \leqq 2^{n-2} |y - z|^{2-n}$ (vgl. [B 36]). Aus (9) erhalten wir dann $\Psi(x, z) \leqq c\Psi(y, z)$ und durch Integration bezüglich z die behauptete Ungleichung. Die Gültigkeit von (9) für $x, z \in U$ bedeutet bei diesem Schluß keine Einschränkung, da wir uns ohnehin auf eine kleine Umgebung eines festen $x_0 \in K$ beschränken. $\Psi\eta$ sei also in x_0 endlich und stetig. Ist B eine Kugel mit x_0 als Mittelpunkt, so ist $\Psi\eta_{CB}$ in B offenbar stetig. $\varepsilon > 0$ sei beliebig vorgegeben. Dann kann man B so klein wählen, daß das Potential $\Psi\eta_B$ im Punkt x_0 kleiner oder gleich ε wird. Wegen der Stetigkeit von $\Psi\eta$ auf K existiert eine Kugel B' mit x_0 als Mittelpunkt, daß das Potential $\Phi\eta_B$ in $B' \cap K$ kleiner ist als 2ε (vgl. II.2.3.). Es sei $x \in R^n$ beliebig und y wie in (10). Aus $|x - x_0| \leqq \delta$ folgt

$$|y - x_0| \leqq |x - x_0| + |y - x| \leqq 2 |x - x_0| \leqq 2\delta .$$

Wenn also x in hinreichender Nähe von x_0 liegt, gehört y zu B'. Nach (10) ist $\Psi\eta_B(x) \leqq c\varepsilon$. Aus

$$|\Psi\eta(x) - \Psi\eta(x_0)| \leqq |\Psi\eta_{CB}(x) - \Psi\eta_{CB}(x_0)| + |\Psi\eta_B(x)| + |\Psi\eta_B(x_0)|$$

folgt dann die Stetigkeit von $\Psi\eta$ in x_0. ◀

Satz 4. $\Psi(x, z)$ *erfülle das Stetigkeitsprinzip. Dann gilt*

$$\mathfrak{J} = \bigcap_{\eta \in \mathfrak{Q}_1^+} \mathfrak{J}_\eta = \bigcap_{\zeta \in \mathfrak{F}_1^+} \mathfrak{J}_\zeta .$$

Die Maße aus $\mathfrak{Q}_1^+$ *sind also* $\mathfrak{J}$*-absolutstetig.*

Beweis: Die eine Richtung ist wegen $\mathfrak{F}_1^+ = \mathfrak{Q}_1^+$ trivial. Es sei nun $\eta \neq 0$, $\eta \in \mathfrak{Q}_1^+$. Dann existiert nach dem Lusinschen Satz ein $\eta_0 \neq 0$, $\eta_0 \in \mathfrak{F}_1^+$, $\operatorname{supp} \eta_0 \subseteqq \operatorname{supp} \eta$ und $\int \Psi(x, z) \, d\eta_0(z)$ stetig auf $\operatorname{supp} \eta_0$. Nach dem Stetigkeitsprinzip folgt die Stetigkeit dieses Potentials im ganzen Raum, d. h. nach Lemma 1 $\eta_0 \in \mathfrak{F}_1^+$. Wenn also eine Borel-Menge ein Maß η mit η-f.ü. beschränktem Potential tragen kann, so kann sie auch ein Maß $\neq 0$ mit stetigem Potential tragen. ◀

Satz 5. $\Psi(x, z)$ *erfülle das Stetigkeitsprinzip. Dann existiert zu beliebigem* $\mu \in \mathfrak{Q}$ *eine Folge von Maßen* $\lambda_k \in \mathfrak{F}$ $(k = 1, 2, \ldots)$ *mit*

$$\lim_{k \to \infty} \Phi\lambda_k(x) = \Phi\mu(x) \qquad \textit{für alle } x \in R^n .$$

Beweis: Es genügt, sich auf solche Maße μ zu beschränken, bei denen nur eine Komponente η von Null verschieden ist. Das skalare Maß η sei ohne Beschränkung der Allgemeinheit nichtnegativ. Nach Voraussetzung gilt η-f.ü.

$$\int \Psi_i(x, z) \, d\eta(z) < \infty \qquad (i = 1, \ldots, l) ,$$

d. h. $\int \Psi(x, z)\, d\eta(z) < \infty$ η-f.ü. Ähnlich wie im Beweis des vorigen Satzes konstruieren wir nach dem LUSINschen Satz zu jedem $k \in N$ ein skalares Maß $\zeta_k \in \mathfrak{F}_1^+$ mit $\|\eta - \zeta_k\| < 2^{-k}$, $\zeta_k \leqq \zeta_{k+1} \leqq \eta$, so daß die Folge $(\zeta_k)_{k \in N}$ monoton wachsend schwach gegen η konvergiert. Wegen $\Psi_i(x, z) \geqq 0$ erhalten wir

$$\lim_{k\to\infty} \int \Psi_i(x, z)\, d\zeta_k(z) \leqq \int \Psi_i(x, z)\, d\eta(z) \qquad (i = 1, \dots, l)\,.$$

Andererseits gilt auf Grund der Halbstetigkeit der Kerne $\Psi_i(x, z)$

$$\int \Psi_i(x, z)\, d\eta(z) = \varliminf_{k\to\infty} \int \Psi_i(x, z)\, d\zeta_k(z)$$

(vgl. [B 36], [L 7]). Daraus folgt

$$\lim_{k\to\infty} \int \Psi_i(x, z)\, d\zeta_k(z) = \int \Psi_i(x, z)\, d\eta(z) \qquad (i = 1, \dots, l)\,.$$

Diese Konvergenz überträgt sich auf die in der Potentialbildung auftretenden Differenzen. ◀

Mit $\mathfrak{E}^+$ bezeichnen wir die Menge aller skalaren Maße $\eta \geqq 0$ mit kompaktem Träger, deren Energie bezüglich Φ_N endlich ist, also $\eta(\Phi_N \eta) < \infty$. Wir erhalten dann (vgl. III.2.3.) $\mathfrak{E}^+ \subseteqq \mathfrak{Q}_1^+$, denn aus $\eta(\Phi_N \eta) < \infty$ folgt $\Phi_N \eta < \infty$ η-f.ü. im R^n, was wegen (4) $\Psi \eta < \infty$ η-f.ü. im R^n zur Folge hat (vgl. Lemma 2). Die folgende Aussage ist ebenfalls leicht zu beweisen.

Es sei $\eta \geqq 0$ ein skalares Maß mit kompaktem Träger. Dann gilt unter der Voraussetzung (6)

$$\eta \in \mathfrak{E}^+ \Leftrightarrow \eta(\Psi \eta) < \infty\,.$$

Analog lassen sich auch naheliegende Beziehungen zu den polaren Mengen der klassischen Potentialtheorie herstellen. Darauf gehen wir hier nicht ein.

§ 7. Allgemeine elliptische Randbedingungen

7.1. Maximum-Abschätzung und kernfreie Balayage

Bei der Untersuchung elliptischer Randwert-Probleme mit potentialtheoretischen Methoden beschränkt man sich keineswegs auf das DIRICHLET-Problem. Viel leichter zu behandeln ist beispielsweise im Fall $L = \Delta^m$ das Randwert-Problem

$$\Delta^m u = 0 \quad \text{in } \Omega\,, \tag{1}$$

$$\Delta^k u = g_k \quad (k = 0, \dots, m-1) \tag{2}$$

mit $g_k \in C(\partial\Omega)$ $(k = 0, \dots, m-1)$, wobei Ω ein beliebiges beschränktes Gebiet ist. Hierzu existieren zahlreiche Arbeiten, in denen weitgehende Analogien zum klassischen DIRICHLET-Problem für den LAPLACE-Operator festgestellt werden. Wir wollen hier ganz allgemein eine Möglichkeit zeigen, wie Kerne, Potentiale, Kapazitätsbegriffe usw. bei der Interpretation des Balayage-Prinzips für elliptische Randwert-Probleme eingesetzt werden können.

Wir setzen in diesem Paragraphen voraus, daß Ω ein beschränktes Gebiet ist, dessen Rand $\partial\Omega$ eine glatte Mannigfaltigkeit der Dimension $n - 1$ ist. Es ist dann beim

DIRICHLET-Problem die Vorgabe der Randwerte auch in folgender Gestalt üblich (V.3.1.)

$$\left(\frac{\partial}{\partial \nu}\right)^{j-1} u\bigg|_{\partial\Omega} = g_j \in C^{m-j}(\partial\Omega) \qquad (j = 1, \dots, m)\,. \tag{3}$$

In dieser Formulierung ist das DIRICHLET-Problem ein Spezialfall des folgenden allgemeinen Randwert-Problems. Gegeben seien m Differentialoperatoren $B_j(x, D)$ $(j = 1, \dots, m)$ mit Koeffizienten aus $C_0^\infty(R^n)$ und ord $B_j = m_j \leqq 2m - 1$. Betrachtet werden Lösungen u des Problems

$$L(x, D)\, u = 0 \quad \text{in } \Omega\,, \qquad B_j(x, D)\, u|_{\partial\Omega} = g_j \qquad (j = 1, \dots, m)\,. \tag{4}$$

Dabei fordert man noch gewisse Bedingungen an die Operatoren B_j in bezug auf L (vgl. V.2.1.), die wir als erfüllt ansehen und die speziell für das DIRICHLET-Problem zutreffen.

Das allgemeine Randwert-Problem (4) kann man auch im Halbraum $R^n_+ = \{x = (x', x_n) : x_n > 0\}$ betrachten, wobei $\partial\Omega$ die Ebene $x_n = 0$ ist. Wenn die Operatoren L und B_j konstante Koeffizienten besitzen und nur Glieder $2m$-ter bzw. m_j-ter Ordnung enthalten, besteht für die in [A 14, I] konstruierten Lösungen u dieses Problems die Abschätzung

$$\sup_{x\in R^n_+} |D_x^\gamma B_i(D_x)\, u(x)| \leqq c \sum_{j=1}^m \|g_j\|_{C^{l-m_j}(\partial\Omega)} \qquad (i = 1, \dots, m)\,.$$

Dabei ist mit einer ganzen Zahl $l \geqq m_i$ die x'-Ableitung auf der linken Seite von der Ordnung $|\gamma| = l - m_i$, und wir nehmen etwa an

$$l = \max_i \{m_i\} \leqq 2m - 1\,. \tag{5}$$

Im allgemeinen Fall (4) hat man eine Abschätzung folgenden Typs zu verlangen.

$$\sup_{x\in\Omega} \sum_{k=1}^s |Q_k(x, D)\, u(x)| \leqq c \sum_{j=1}^m \|B_j(x, D)\, u(x)|_{\partial\Omega}\|_{C^{l-m_j}(\partial\Omega)}\,. \tag{6}$$

Dabei sind die $Q_k(x, D)$ $(k = 1, \dots, s)$ gewisse Differentialoperatoren der Ordnung $\leqq l$ mit glatten Koeffizienten.

Das Problem (4) ist im allgemeinen nicht eindeutig lösbar. Der Nullraum N ist aber unter den erwähnten Bedingungen endlichdimensional (V.3.4., Satz 5). Es ist daher naheliegend, daß man die Abschätzung (6) nur für solche u fordert, die in einem topologischen Komplement H zu N des Gesamtraumes aller Lösungen liegen. Beim DIRICHLET-Problem haben wir in Übereinstimmung mit (4), § 1

$$\|u\|_{C^{m-1}(\bar\Omega)} \leqq c \sum_{j=1}^m \|g_j\|_{C^{m-j}(\partial\Omega)}\,. \tag{6'}$$

In Spezialfällen sind Abschätzungen dieser Art seit langem bekannt. Z. B. gilt für jede Lösung $u \in C^{2m}(\Omega) \cap C^{2m-2}(\bar\Omega)$ des Problems (1), (2) mit einer Konstanten $c > 0$

$$\sup_{x\in\Omega} \sum_{k=0}^{m-1} |\Delta^k u(x)| \leqq c \sup_{y\in\partial\Omega} \sum_{k=0}^{m-1} |g_k(y)|\,. \tag{7}$$

Hierbei sind die Normen auf der rechten Seite sogar verbessert gegenüber (6). Hervorzuheben ist weiterhin die eindeutige Lösbarkeit von (1), (2).

Ein Beweis von (6) ist für glatte beschränkte Gebiete in [K 23] angegeben. Mit der Methode von C. MIRANDA-S. AGMON wurde (6) auch in [S 21] gezeigt für $B_j = (D_\nu)^{m_j}$ $(j = 1, \dots, m)$.

Zunächst gilt das Balayage-Prinzip: Unter der Voraussetzung (6) existiert zu jedem (vektorwertigen) Maß $\mu = (\mu^1, \dots, \mu^s)$ mit $\operatorname{supp} \mu \subseteqq \bar{\Omega}$ eine auf $\partial\Omega$ konzentrierte (vektorwertige) Distribution $\psi = (\psi^1, \dots, \psi^m)$, $\operatorname{ord} \psi^i \leqq (l - m_i)$, $i = 1, \dots, m$, so daß gilt

$$\sum_{k=1}^{s} \int_{\bar{\Omega}} Q_k(x, D)\, u(x)\, d\mu^k(x) = \sum_{j=1}^{m} \psi^j(B_j(x, D)\, u(x)) \tag{8}$$

für alle $u \in H$.

Daß die ψ^j als Distributionen im R^n gedeutet werden können, folgt daraus, daß stetige Einbettungen $C^{l-m_j}(\partial\Omega) \to C_0^{l-m_j}(R^n)$ existieren, so daß nach dem Satz von HAHN-BANACH stetige Linearformen auf $C^{l-m_j}(\partial\Omega)$ ebenfalls fortgesetzt werden können. Zu jedem ψ^j existiert also ein Vektor $\eta^j = (\eta^{j\gamma})_{|\gamma| \leq l - m_j}$ von skalaren Maßen mit dem Träger auf $\partial\Omega$, so daß gilt

$$\psi^j(v) = \sum_{|\gamma| \leqq l - m_j} \int_{\partial\Omega} D^\gamma v(x)\, d\eta^{j\gamma}(x) \qquad \text{für alle } v \in C_0^{l-m_j}(R^n)\,. \tag{9}$$

Aus (8) erhalten wir dann für $u \in H$

$$\sum_{k=1}^{s} \int_{\bar{\Omega}} Q_k(x, D)\, u(x)\, d\mu^k(x) = \sum_{j=1}^{m} \sum_{|\gamma| \leqq l - m_j} \int_{\partial\Omega} D_x^\gamma B_j(x, D)\, u(x)\, d\eta^{j\gamma}(x)\,. \tag{10}$$

Bei der potentialtheoretischen Umdeutung dieser Gleichung muß man vor allem berücksichtigen, daß ein (glattes) Potential der Gestalt $u(x) = \sum \int \Phi_0^\beta(x, z)\, d\lambda^\beta(z)$ ($\operatorname{supp} \lambda \subseteqq \complement\Omega$) nicht notwendig in H liegt.

7.2. Stetige Potentiale und Kapazität

Wir wählen eine ganze Zahl t, $1 \leqq t \leqq 2m - l$. Nach II.1.4. existiert ein maximaler quasierblicher Kegel $\mathfrak{F}_{\mathfrak{U}}^+$ von nichtnegativen Maßen $\lambda = (\lambda^\beta)_{|\beta| \leq 2m - l - t}$, so daß gilt

$$\int |\Phi_\alpha^\beta(x, z)|\, d\lambda^\gamma(z) \in C(R^n) \tag{11}$$

für alle $|\alpha| \leqq l$, $|\beta| \leqq 2m - l - t$, $|\gamma| \leqq 2m - l - t$ und

$$\sum_{|\beta| \leqq 2m - l - t} \int \Phi_0^\beta(x, z)\, d\lambda^\beta(z)|_{\bar{\Omega}} \in H \qquad \text{für } \operatorname{supp} \lambda \subseteqq \complement\Omega\,. \tag{12}$$

Für alle $\lambda \in \mathfrak{F}_{\mathfrak{U}} = \mathfrak{F}_{\mathfrak{U}}^+ - \mathfrak{F}_{\mathfrak{U}}^+$ sind alle folgenden Vertauschungen der Limites zulässig. Wir definieren das σ-Ideal von „Mengen der Kapazität Null“

$$\mathfrak{I}_{\mathfrak{U}} = \cap \{\mathfrak{I}_\lambda : \lambda \in \mathfrak{F}_{\mathfrak{U}}^+\}\,.$$

$\mathfrak{I}_{\mathfrak{U}}$ hängt mit den Nullmengen der RIESZ-Kapazität der Ordnung t ähnlich zusammen wie $\mathfrak{I}$ bzw. $\mathfrak{I}^*$ aus § 1 mit den WIENERschen Nullmengen.

Satz 1. *Aus* (8) *folgt*

$$\sum_{k=1}^{s} \int_{\bar{\Omega}} Q_k(x, D_x)\, \Phi_0^\beta(x, z)\, d\mu^k(x) = \sum_{j=1}^{m} \sum_{|\gamma| \leqq l - m_j} \int_{\partial\Omega} D_x^\gamma B_j(x, D_x)\, \Phi_0^\beta(x, z)\, d\eta^{j\gamma}(x) \tag{13}$$

für $\mathfrak{I}_{\mathfrak{U}}$-fast alle $z \in \complement\Omega$ und alle $|\beta| \leqq 2m - l - t$.

Beweis: Einsetzen in (10) eines Potentials der Gestalt (12) liefert mit $b = 2m - l - t$, $a_j = l - m_j$

$$\sum_{k=1} \int Q_k(x, D) \left[\sum_{|\beta| \leq b}^{s} \int \Phi_0^\beta(x, z) \, d\lambda^\beta(z) \right] d\mu^k(x)$$

$$= \sum_{j=1} \sum_{|\gamma| \leq a_j} \int \left[D_x^\gamma B_j(x, D) \sum_{|\beta| \leq b}^{m} \int \Phi_0^\beta(x, z) \, d\lambda^\beta(z) \right] d\eta^{j\gamma}(x) \, .$$

Nach Vertauschen der Limites folgt

$$\sum_{|\beta| \leq b}^{s} \int \left[\sum_{k=1} \int Q_k(x, D) \, \Phi_0^\beta(x, z) \, d\mu^k(x) \right] d\lambda^\beta(z)$$

$$= \sum_{|\beta| \leq b} \int \left[\sum_{j=1}^{m} \sum_{|\gamma| \leq a_j} \int D_x^\gamma B_j(x, D) \, \Phi_0^\beta(x, z) \, d\eta^{j\gamma}(x) \right] d\lambda^\beta(z) \, .$$

Dies gilt für alle $\lambda \in \mathfrak{F}_{lt}$. Nach Standard-Argumenten erhalten wir dann die Behauptung. ◀

Umgekehrt schließt man (8) aus (13), wenn die Dichtheit der Menge der Potentiale

$$\left(B_j(x, D_x) \sum_{|\beta| \leq b} \int \Phi_0^\beta(x, z) \, d\lambda^\beta(z)|_{\partial\Omega} \right)_{j=1,\dots,m}$$

im Raum $\bigtimes_{j=1}^{m} C^{l-m_j}(\partial\Omega)$ gefordert wird, wobei λ ganz $\mathfrak{F}_{lt}(\complement\Omega)$ durchläuft. Hierbei lassen sich viele Überlegungen der früheren Paragraphen übertragen.

Ist μ ein Maß, dessen p-te Komponente das im Punkt x_0 konzentrierte Dirac-Maß ist und dessen andere Komponenten Null sind, so erhalten wir

$$Q_p(x_0, D_x) \, \Phi_0^\beta(x_0, z) = \sum_{j=1}^{m} \sum_{|\gamma| \leq l - m_j} \int_{\partial\Omega} D_x^\gamma B_j(x, D_x) \, \Phi_0^\beta(x, z) \, d\eta_{x_0,p}^{j\gamma}(x)$$

für $\mathcal{I}_{lt}$-fast alle $z \in \complement\Omega$ und alle $|\beta| \leq 2m - l - t$, $p = 1, \dots, l$. Hierbei haben wir die Maße $\eta^{j\gamma}$ in naheliegender Weise mit entsprechenden Indizes versehen. Diese Gleichung verdeutlicht besonders auch die Abhängigkeit der „Gefegten" von der Wahl der Operatoren Q_k.

Im Fall $N \neq \{0\}$ folgt aus (13) nicht automatisch, daß die eventuelle Ausnahmemenge auf $\partial\Omega$ konzentriert ist. Beim Dirichlet-Problem können wir etwa $l = m - 1$ und $t = 2$ setzen. Im allgemeinen Fall hat man zu versuchen, t möglichst klein zu wählen, damit der Vorrat an Potentialen möglichst groß wird, andererseits aber groß genug, damit das Nullmengensystem noch seinen Zweck erfüllt, d. h. nicht zu grob wird, also insbesondere nicht $\mathfrak{F}_{lt} = \{0\}$ entsteht. Für $l = 2m - 1$ hat man allerdings nur die Wahl $t = 1$.

Eine umfangreiche Menge von Maßen μ und dazugehörige Distributionen ψ^j mit der Eigenschaft (8) kann man auch dann konstruieren, wenn die Abschätzung (6) nicht bekannt ist. Es gilt (vgl. V.2.3.)

$$||u||_{l,p} \leq c \sum_{j=1}^{m} ||B_j u||_{l-m_j-1/p,p}^{\partial\Omega} \qquad (p \geq 2)$$

für alle $u \in C^\infty(\overline{\Omega}) \cap H$. Hieraus ergibt sich sofort aus den SOBOLEVschen Einbettungssätzen

$$||u||_{C^{l-1}(\overline{\Omega})} \leqq c \sum_{j=1}^{m} ||B_j u||_{C^{l-m_j}(\partial\Omega)} .$$

Zu jedem Maß $\mu = (\mu^\alpha)_{|\alpha| \leqq l-1}$ existiert also eine Distribution $(\psi^1, \dots, \psi^m)$ auf $\partial\Omega$ der Ordnung $(l - m_j)_{j=1,\dots,m}$ mit der Eigenschaft

$$\sum_{|\alpha| \leqq l-1} \int_{\overline{\Omega}} D^\alpha u(x) \, \mathrm{d}\mu^\alpha(x) = \sum_{j=1}^{m} \psi^j(g_j)$$

für alle betrachteten u. Damit gilt das Balayage-Prinzip zumindest bezüglich aller Ableitungen von u bis zur Ordnung $l - 1$. Diese Bemerkung liefert als zusätzliche Information, daß zu den Differentialoperatoren Q_k $(k = 1, \dots, s)$ mit der Eigenschaft (6) alle D^α mit $|\alpha| \leqq l - 1$ gehören, also die eventuelle Wahl in (6) einer Kombination von Ableitungen von u in Gestalt eines Operators Q_k nur die Differentiationsordnung l betrifft.

7.3. Inhomogenes Problem

Für alle Lösungen $u \in H$ des inhomogenen Problems

$$L(x, D)\, u = f \quad \text{in } \Omega\,, \qquad B_j(x, D)\, u|_{\partial\Omega} = g_j \qquad (j = 1, \dots, m) \tag{14}$$

$\bigl(f \in C(\overline{\Omega})\bigr)$ folgt aus (6) die Abschätzung

$$\sup_{x \in \Omega} \sum_{k=1}^{s} |Q_k(x, D)\, u(x)| \leqq c \left(\sum_{j=1}^{m} ||g_j||_{C^{l-m_j}(\partial\Omega)} + ||f||_{C(\overline{\Omega})} \right),$$

wobei die Konstante $c > 0$ von H abhängig ist. Zum Beweis sei $v \in H$ bzw. $w \in H$ Lösung von (14) mit $g_j = 0$ $(j = 1, \dots, m)$ bzw. $f = 0$. Für w besteht dann die Abschätzung (6), und für v haben wir

$$||v||_{2m,p} \leqq c\, ||f||_p \,, \qquad p > 1 \,.$$

Für genügend großes $p > 1$ erhalten wir nach den SOBOLEVschen Einbettungssätzen

$$||v||_{C^{2m-1}(\overline{\Omega})} \leqq c\, ||f||_p \leqq c'\, ||f||_{C(\overline{\Omega})} .$$

Die Norm auf der linken Seite von (6) bezeichnen wir vorübergehend mit $|\cdot|$. Dann folgt aus $\operatorname{ord} Q_k \leqq l \leqq 2m - 1$

$$|v| \leqq c_1\, ||v||_{C^{2m-1}(\overline{\Omega})} \leqq c_2 ||f||_{C(\overline{\Omega})} .$$

Mit $u = v + w$ und $|u| \leqq |v| + |w|$ erhalten wir die Behauptung.

Hieraus folgt wieder ein Analogon zum Balayage-Prinzip für das inhomogene Problem. Zu jedem Maß $\mu = (\mu^1, \dots, \mu^s)$ auf $\overline{\Omega}$ existiert eine Distribution $\psi = (\psi^1, \dots, \psi^m)$ auf $\partial\Omega$ mit $\operatorname{ord} \psi^j = l - m_j$ $(j = 1, \dots, m)$ und ein Maß ϱ auf $\overline{\Omega}$ mit

$$\sum_{k=1}^{s} \int Q_k(x, D)\, u(x) \, \mathrm{d}\mu^k(x) = \sum_{j=1}^{m} \psi^j(g_j) + \int_{\overline{\Omega}} f(z) \, \mathrm{d}\varrho(z)$$

für alle $u \in H$. Speziell für $\mu = (0, \dots, \delta_x, \dots, 0)$ mit δ_x an i-ter Stelle erhält man neben den harmonischen Funktionalen GREENsche Maße $\varrho_{x,i}$, die allerdings im allgemeinen nicht eindeutig bestimmt sind.

7.4. Zusammenhang zwischen harmonischen und GREENschen Funktionalen

Von Wichtigkeit beim Studium allgemeiner Randwert-Probleme sind GREENsche Formeln. Es sei $L^*(x, D)$ das formal Adjungierte zu $L(x, D)$. Wir setzen

$$V = \{u \in C^\infty(\bar{\Omega}) : B_j u|_{\partial\Omega} = 0, j = 1, \dots, m\}$$

und bezeichnen mit V^* die Menge aller $v \in C^\infty(\bar{\Omega})$ mit $(Lu, v) = (u, L^*v)$ für alle $u \in V$. Es existieren dann Randoperatoren $B_1^*, \dots, B_m^*$ mit analogen Eigenschaften bezüglich L^* (Normalität, Überdecktheit von L^*), für die gilt (vgl. V.2.2.)

$$V^* = \{v \in C^\infty(\bar{\Omega}) : B_j^* v|_{\partial\Omega} = 0, j = 1, \dots, m\} .$$

Weiterhin existieren Differentialoperatoren $C_1, \dots, C_m, C_1^*, \dots, C_m^*$, so daß gilt

$$\int_\Omega (Lu)\, v\, dx + \sum_{j=1}^m \int_{\partial\Omega} B_j u C_j^* v\, do = \int_\Omega u L^* v\, dx + \sum_{j=1}^m \int_{\partial\Omega} C_j u B_j^* v\, do .$$

Dabei bilden $\{B_1, \dots, B_m, C_1, \dots, C_m\}$, $\{C_1^*, \dots, C_m^*, B_1^*, \dots, B_m^*\}$ sogenannte DIRICHLET-Systeme der Ordnung $2m$ (vgl. Kapitel V). Mit ord $C_j = \bar{m}_j$ durchlaufen die $m_j, \bar{m}_j$ alle ganzen Zahlen zwischen 0 und $2m - 1$. Dasselbe gilt für ord $B_j^* = 2m - 1 - \bar{m}_j$, ord $C_j^* = 2m - 1 - m_j$.

Mittels GREENscher Formeln kann man einen Zusammenhang herstellen zwischen den harmonischen Funktionalen des Randwert-Problems und den GREENschen Funktionalen des adjungierten Randwert-Problems. Darauf gehen wir in X.5.3. unter allgemeineren Gesichtspunkten nochmals ausführlich ein. Wir beschränken uns hier auf DIRICHLETsche Randbedingungen, die mit ihrem Adjungierten übereinstimmen, und betrachten nebeneinander die Probleme

$$Lu = f \quad \text{in } \Omega , \qquad L^* v = l \quad \text{in } \Omega$$

$$\left.\frac{\partial^{j-1}}{\partial \nu^{j-1}} u\right|_{\partial\Omega} = g_j ; \qquad \left.\frac{\partial^{j-1}}{\partial \nu^{j-1}} v\right|_{\partial\Omega} = h_j \qquad (j = 1, \dots, m) .$$

Es sei $\Gamma(x, z)$ die GREENsche Funktion des adjungierten Randwert-Problems, d. h.

$$v(z) = \int \Gamma(x, z)\, l(x)\, dx$$

sei eine Lösung des Problems $L^*v = l$ mit verschwindenden DIRICHLETschen Randwerten. Weiterhin setzen wir $f = 0$, d. h.

$$u(x) = \sum_{j=1}^m \mu_x^{(j)}(g_j)$$

mit den harmonischen Funktionalen $\mu_x^{(j)} \in \big(C^{m-j}(\partial\Omega)\big)'$ (diese erhält man nach Anwendung des Balayage-Prinzips auf die Abschätzung (6′)). Wir berechnen nun die harmonischen Funktionale mit Hilfe der GREENschen Funktion.

Einsetzen von u und v in die GREENsche Formel und Beachtung der Unabhängigkeit der Randfunktionen untereinander liefert

$$\int_{\partial\Omega} g_j(y)\, C_j^*(z, D_z) \int_\Omega \Gamma(x, z)\, l(x)\, dx|_{\partial\Omega}\, do(y) = \int_\Omega l(x)\, \mu_x^{(j)}(g_j)\, dx .$$

Die linke Seite ist gleich

$$\int_{\partial\Omega}\left\{\int_{\Omega} g_j(y)\, C_j^*(z, D_z)\, \Gamma(x, z)\, l(x)\, dx\right\} do(y)$$
$$= \int_{\Omega} l(x) \left\{\int_{\partial\Omega} g_j(y)\, C_j^*(z, D_z)\, \Gamma(x, z)|_{\partial\Omega}\, do(y)\right\} dx\,.$$

Wir erhalten also

$$\int_{\Omega} l(x)\, \mu_x^{(j)}(g_j)\, dx = \int_{\Omega} l(x) \left\{\int_{\partial\Omega} g_j(y)\, C_j^*(z, D_z)\, \Gamma(x, z)|_{\partial\Omega}\, do(y)\right\} dx\,.$$

Da dies für alle $l \in C_0^\infty(\Omega)$ gilt, folgt LEBESGUE-fast überall in Ω

$$\mu_x^{(j)}(g_j) = \int_{\partial\Omega} g_j(y)\, C_j^*(z, D_z)\, \Gamma(x, z)|_{\partial\Omega}\, do(y)\,.$$

Wegen der Stetigkeit beider Seiten (w^*-Stetigkeit von $\mu_x^{(j)}$) gilt dies aber für alle $x \in \Omega$.

Die GREENsche Funktion $\Gamma(x, z)$ ist für festes $x \in \Omega$ als Differenz $E(x, z) - u_x(z)$ darstellbar, wobei $u_x(z)$ die Lösung des DIRICHLET-Problems $L^*(z, \partial_z)\, u_x(z) = 0$, $\partial_z^\alpha u_x|_{\partial\Omega} = \partial_z^\alpha E(x, z)|_{\partial\Omega}$ ($|\alpha| \leqq m - 1$) ist. Die Glattheit der Randwerte von u_x hat die Glattheit von $u_x(z)$ in $\bar{\Omega}$ zur Folge. Somit ist $\Gamma(x, z)$ für $|x - z| > \varepsilon$ unendlich oft differenzierbar. Insbesondere sind die Differentiationen $C_j^*(z, \partial_z)\, \Gamma(x, z)$ in Randnähe erlaubt.

Man erhält nun sofort eine Darstellung der harmonischen Maße im früheren Sinne, d. h. für den Fall, daß die Randwerte statt des Tupels $(g_1, \dots, g_m)$ als ein Element $g = (g_\alpha)_{|\alpha| \leqq m-1} \in W^{m-1}(\partial\Omega)$ gegeben sind (vgl. Kapitel VII.). Mit Richtungskoeffizienten $(\cos \gamma_k(y))_{k=1,\dots,n}$, die von $y \in \partial\Omega$ abhängen, gilt

$$\left(\frac{\partial}{\partial \nu}\right)_{y \in \partial\Omega}^{j-1} = \left(\sum_{k=1}^{n} \cos \gamma_k(y) \frac{\partial}{\partial x_k}\right)^{j-1} = \sum_{|\alpha| = j-1} a_\alpha(y)\, \partial_x^\alpha\,.$$

Dann folgt

$$(\mu_{x,0}^\alpha)_{|\alpha| \leqq m-1} = \left(a_\alpha(y)\, \mu_x^{(|\alpha|+1)}\right)_{|\alpha| \leqq m-1}\,.$$

Die Maße μ_{x,α_0}^α für $\alpha_0 \neq 0$ erhält man analog, indem man $\Gamma(x, z)$ durch $\partial_x^{\alpha_0} \Gamma(x, z)$ ersetzt.

§ 8. Stark elliptische Systeme

Die in den §§ 1—6 entwickelte Potentialtheorie für das DIRICHLET-Problem läßt sich auf stark elliptische Systeme übertragen. Wir geben hier nur einige analoge Definitionen und Sätze an und verweisen hinsichtlich der Beweise auf [S 19]. Aus Platzgründen beschränken wir uns nur auf die wesentlichsten Sachverhalte. Die Übertragung hier nicht erwähnter Aussagen sei dem Leser überlassen.

8.1. Maximum-Abschätzung

Es sei Ω wie bisher ein beschränktes Gebiet im R^n. Betrachtet wird folgendes System partieller Differentialgleichungen mit glatten reellen Koeffizienten (in R^n definiert)

$$\sum_{j=1}^{r} L_{ij}(x, D)\, u_j(x) = 0 \qquad (i = 1, \dots, r)\,. \tag{1}$$

$u(x) = (u_1(x), \dots, u_r(x))$ ist ein Vektor von Funktionen der Variablen $x = (x_1, \dots, x_n)$. Gegeben seien ganze Zahlen $t_j > 0$ $(j = 1, \dots, r)$, und es gelte ord $L_{ij} \leqq t_i + t_j$ $(i, j = 1, \dots, r)$. Es bezeichne

L'_{ij} den homogenen Teil der Ordnung $t_i + t_j$ des Operators L_{ij}. Das System (1) heißt dann stark elliptisch, falls für jedes $\xi = (\xi_1, \dots, \xi_n) \in R^n$, $\xi \neq 0$ und jeden komplexen Vektor $\eta = (\eta_1, \dots, \eta_r)$, $\eta \neq 0$ gilt

$$\sum_{k,j=1}^{r} L'_{kj}(x, \xi)\, \eta_k \overline{\eta_j} \neq 0$$

für alle $x \in R^n$. Der Operator

$$L(x, D) = \operatorname{Det}\,(L'_{ij}(x, D)) \tag{2}$$

ist dann elliptisch und hat die Ordnung $2m$ mit $m = t_1 + \dots + t_r$. Wir setzen

$$t = \max\,(t_1, \dots, t_r)\,. \tag{3}$$

Von jetzt an setzen wir voraus, daß das System (1) stark elliptisch ist.

Wenn der Rand des Gebietes $\partial\Omega$ eine glatte $(n-1)$-dimensionale Mannigfaltigkeit ist, wird das DIRICHLET-Problem wie folgt formuliert. Gesucht wird eine Lösung

$$u(x) \in \mathop{\times}_{j=1}^{r} (C^{t_j-1}(\overline{\Omega}) \cap C^{t+t_j}(\Omega)) \tag{4}$$

des Systems (1) mit

$$\left.\frac{\partial^l}{\partial \nu^l} u_j\right|_{\partial\Omega} = k_{jl} \in C^{t_j-1-l}(\partial\Omega) \tag{5}$$

$(j = 1, \dots, r;\ l = 0, \dots, t_j - 1)$. Da Lösungen stark elliptischer Systeme automatisch zu $C^\infty(\Omega)$ gehören, ist in (4) die Forderung $u \in C^{t+t_j}(\Omega)$ nicht wesentlich. Unter geeigneten Voraussetzungen an $\partial\Omega$ (ähnlich wie im skalaren Fall) besteht dann folgende Abschätzung (vgl. [C 5])

$$\sum_{j=1}^{r} \|u_j\|_{C^{t_j-1}(\overline{\Omega})} \leqq c \sum_{j=1}^{r} \sum_{l=0}^{t_j-1} \|k_{jl}\|_{C^{t_j-1-l}(\partial\Omega)} \tag{6}$$

für alle Lösungen u des Problems (1), (4), (5) mit einer Konstanten $c > 0$.

Für die Formulierung des DIRICHLET-Problems und der Abschätzung (6) durch W-TAYLOR-Felder sei $\partial\Omega$ $(t-1)$-regulär.

Zu jeder Funktion u bilden wir die vektorwertige Funktion

$$h = (h_{j,\alpha_j})_{\substack{|\alpha_j| \leqq t_j-1\\ j=1,\dots,r}} = (D^{\alpha_j} u_j)_{\substack{|\alpha_j| \leqq t_j-1\\ j=1,\dots,r}}\,.$$

Beim DIRICHLET-Problem suchen wir ein solches h in Ω $\left(\text{genauer } h \in \mathop{\times}_{j=1}^{r} W^{t_j-1}(\overline{\Omega})\right)$ mit einer Lösung (4), so daß gilt

$$h|_{\partial\Omega} = g = (g_{l,\alpha_l})_{\substack{|\alpha_l| \leqq t_l-1\\ l=1,\dots,r}} \in \mathop{\times}_{l=1}^{r} W^{t_l-1}(\partial\Omega)\,. \tag{7}$$

(7) ist zu (5) äquivalent. Statt (6) erhalten wir

$$\sup_{x\in\Omega} |h(x)| \leqq c \sup_{y\in\partial\Omega} |h(y)| \tag{8}$$

für alle $h \in D(\overline{\Omega})$. (Der Raum $D(\overline{\Omega})$ ist analog wie im skalaren Fall definiert, ebenso $D(\partial\Omega) = r_{\partial\Omega} D(\overline{\Omega})$.) Als Maße bezeichnen wir vektorwertige Maße der Gestalt

$$\mu = (\mu^{j,\alpha_j})_{\substack{|\alpha_j| \leqq t_j-1\\ j=1,\dots,r}}\,.$$

Bei skalaren Maßen weisen wir ausdrücklich darauf hin. Ferner setzen wir

$$\mu(h) = \int h \,\mathrm{d}\mu = \sum_{j=1}^{r} \sum_{|\alpha_j| \leqq t_j-1} \mu^{j,\alpha_j}(h_{j,\alpha_j})\,.$$

Mit δ_{x,l,α_l} bezeichnen wir das Maß, dessen sämtliche Komponenten verschwinden, außer die (l, α_l)-te, die gleich δ_x ist. Jedes Maß repräsentiert eine Distribution der Ordnung $(t_1 - 1, \dots, t_r - 1)$

nach der Formel

$$(\varphi_1, \dots, \varphi_r) \to \sum_{j=1}^{r} \sum_{|\alpha_j| \leq t_j - 1} \mu^{j,\alpha_j}(D^{\alpha_j}\varphi_j)$$

($\varphi_j \in C_0^\infty(R^n)$; $i = 1, \dots, r$). Den Raum dieser Distributionen mit kompaktem Träger bezeichnen wir mit $\mathfrak{D}$. Analog führen wir den Raum $\mathfrak{N}$ der Maße mit kompaktem Träger ein, die die Nulldistribution darstellen.

8.2. Balayage-Prinzip

Außer (8) setzen wir noch $D(\partial\Omega) = \bigtimes_{j=1}^{r} W^{t_j-1}(\partial\Omega)$ voraus. Dann gilt das Balayage-Prinzip. Zu jedem Maß μ auf $\overline{\Omega}$ existiert ein Maß ν auf $\partial\Omega$ mit

$$\mu(h) = \nu(h) \qquad \text{für alle } h \in D(\overline{\Omega}) \,. \tag{9}$$

Wir erhalten den w^*-stetigen Balayage-Operator

$$\Pi\colon \mathfrak{D}(\overline{\Omega}) \to \mathfrak{D}(\partial\Omega)\,, \tag{10}$$

wenn die Maße als Distributionen interpretiert werden. Wie bisher arbeiten wir stets mit repräsentierenden Maßen, deuten sie aber als Distributionen.

Wir setzen dann

$$\mu_{x,l,\alpha_l} = \Pi\delta_{x,l,\alpha_l}\,, \qquad (x \in \Omega,\ |\alpha_l| \leq t_l - 1,\ l = 1, \dots, r)\,. \tag{11}$$

Analoge Begriffe, Voraussetzungen und Bezeichnungen benötigen wir für das adjungierte System zu (1), insbesondere $D^*(\overline{\Omega})$, $D^*(\partial\Omega)$, Π^*, und es sei

$$\tau_{z,k,\beta_k} = \Pi^*\delta_{z,k,\beta_k}\,, \qquad (z \in \Omega,\ |\beta_k| \leq t_k - 1,\ k = 1, \dots, r)\,. \tag{12}$$

8.3. Stetige Potentiale und Mengen der Kapazität Null

Zur Definition von Potentialen sei $(E_{jk})_{j,k=1,\dots r}$ eine Fundamentallösung des Operators (1). Wir definieren die Kerne

$$\Phi_{j,\alpha_j}^{k,\beta_k}(x, z) = D_x^{\alpha_j} D_z^{\beta_k} E_{jk}(x, z) \tag{13}$$

($|\alpha_j| \leq t_j - 1$, $|\beta_k| \leq t_k - 1$; $j, k = 1, \dots, r$). Für ein Maß μ definieren wir das Potential $\Phi\mu$ als vektorwertige Funktion $((\Phi\mu)_{j,\alpha_j}(x))_{\substack{|\alpha_j| \leq t_j - 1 \\ j=1,\dots,r}}$ mit den Komponenten

$$(\Phi\mu)_{j,\alpha_j}(x) = \sum_{k=1}^{r} \sum_{|\beta_k| \leq t_k - 1} \int \Phi_{j,\alpha_j}^{k,\beta_k}(x, z)\, \mathrm{d}\mu^{k,\beta_k}(z)\,.$$

Analog wird $\Phi^*\mu(z)$ erklärt durch Integration über x und Summation bezüglich j, α_j. Es gilt für $|x - z| \leq \delta$ mit einem $\delta > 0$

$$\left|\Phi_{j,\alpha_j}^{k,\beta_k}(x, z)\right| \leq c\, |x - z|^{t_j + t_k - n - |\alpha_j| - |\beta_k|} \left(1 + \left|\log |x - z|\right|\right)$$

mit einer Konstanten $c > 0$, wobei das logarithmische Glied stets weggelassen werden kann, außer im Fall n gerade und Exponent von $|x - z|$ nichtnegativ. Wir bezeichnen mit $\mathfrak{F}_1^+$ die Menge aller skalaren Maße $\zeta \geq 0$ mit kompaktem Träger und

$$\int \left|\Phi_{j,\alpha_j}^{k,\beta_k}(x, z)\right| \mathrm{d}\zeta(z) \in C(R^n)$$

für alle $|\alpha_j| \leq t_j - 1$, $|\beta_k| \leq t_k - 1$; $j, k = 1, \dots, r$. Analog erklären wir $\mathfrak{F}_1^{*+}$. Weiterhin sei

$$\mathfrak{F}_1 = \mathfrak{F}_1^+ - \mathfrak{F}_1^+\,, \qquad \mathfrak{F} = \{\lambda = (\lambda^{l,\gamma_l}) \colon \lambda^{l,\gamma_l} \in \mathfrak{F}_1\}\,,$$

und analog $\mathfrak{F}^*$. Die Mengensysteme der Kapazität Null sind

$$\mathcal{J} = \bigcap_{\zeta \in \mathfrak{F}_1^+} \mathcal{J}_\zeta\,, \qquad \mathcal{J}^* = \bigcap_{\zeta \in \mathfrak{F}_1^{*+}} \mathcal{J}_\zeta^*\,.$$

Für $\lambda \in \mathfrak{F}$ bzw. $\lambda \in \mathfrak{F}^*$ gilt

$$\Phi\lambda \in \bigtimes_{j=1}^{r} W^{t_j-1}(R^n), \qquad \Phi^*\lambda \in \bigtimes_{j=1}^{r} W^{t_j-1}(R^n),$$

$$\mu(\Phi\lambda) = \lambda(\Phi^*\mu), \qquad \mu(\Phi^*\lambda) = \lambda(\Phi\mu)$$

(supp μ kompakt). $((\Phi\mu)_{j,0})_{j=1,\dots,r}$ ist außerhalb supp μ Lösung von (1), analog ist $((\Phi^*\mu)_{k,0})_{k=1,\dots,r}$ Lösung der adjungierten Gleichung außerhalb supp μ. Insbesondere folgt

$$\Phi\lambda|_{\overline{\Omega}} \in D(\overline{\Omega}) \qquad \text{für } \lambda \in \mathfrak{F}(\complement\Omega), \tag{14}$$

$$\Phi^*\lambda|_{\overline{\Omega}} \in D^*(\overline{\Omega}) \qquad \text{für } \lambda \in \mathfrak{F}^*(\complement\Omega). \tag{15}$$

Satz 1, § 3 gilt für Systeme in derselben Formulierung. Wir definieren

$$S(\overline{\Omega}) = \{\Phi\lambda|_{\overline{\Omega}} : \lambda \in \mathfrak{F}(\complement\Omega)\},$$

$S(\partial\Omega) = r_{\partial\Omega}S(\overline{\Omega})$ und analog $S^*(\overline{\Omega})$, $S^*(\partial\Omega)$.

Satz 1. *Es sei μ ein Maß auf $\overline{\Omega}$, ν ein Maß auf $\partial\Omega$. Aus*

$$\overline{\mu}(h) = \overline{\nu}(h) \qquad \text{für alle } h \in D(\overline{\Omega}) \tag{16}$$

folgt

$$\Phi^*\mu(z) = \Phi^*\nu(z) \tag{17}$$

für alle $z \in \complement\overline{\Omega}$ und $\mathfrak{J}$-fast alle $z \in \partial\Omega$. Unter der Voraussetzung

$$S(\partial\Omega) \text{ dicht in } \bigtimes_{j=1}^{r} W^{t_j-1}(\partial\Omega) \tag{18}$$

ist (17) *zu* (16) *äquivalent. Aus*

$$\overline{\mu}(h) = \overline{\nu}(h) \qquad \text{für alle } h \in D^*(\overline{\Omega}) \tag{19}$$

folgt

$$\Phi\mu(x) = \Phi\nu(x) \tag{20}$$

für alle $x \in \complement\overline{\Omega}$ und $\mathfrak{J}^*$-fast alle $x \in \partial\Omega$. Unter der Voraussetzung

$$S^*(\partial\Omega) \text{ dicht in } \bigtimes_{j=1}^{r} W^{t_j-1}(\partial\Omega) \tag{21}$$

ist (20) *zu* (19) *äquivalent.*

Aus (17) bzw. (20) erhalten wir speziell

$$\Phi_{j,\alpha_j}^{k,\beta_k}(x_0, z) = (\Phi^*_{x_0,j,\alpha_j}(z))_{k,\beta_k} \tag{22}$$

für alle $z \in \complement\overline{\Omega}$ und $\mathfrak{J}$-fast alle $z \in \partial\Omega$, $(x_0 \in \Omega)$,

$$\Phi_{j,\alpha_j}^{k,\beta_k}(x, z_0) = (\Phi\tau_{z_0,k,\beta_k}(x))_{j,\alpha_j} \tag{23}$$

für alle $x \in \complement\overline{\Omega}$ und $\mathfrak{J}^*$-fast alle $x \in \partial\Omega$, $(z_0 \in \Omega)$. Falls $\partial\Omega$ eine glatte $(n-1)$-dimensionale Mannigfaltigkeit ist, kann man die Maße μ_{x,j,α_j} und τ_{z,k,β_k} so wählen, daß sie glatte Dichten besitzen bezüglich eines Oberflächenmaßes auf $\partial\Omega$. Daraus folgt speziell

$$\mu_{x_0,j,\alpha_j} \in \mathfrak{F}^* \qquad (x_0 \in \Omega, |\alpha_j| \leq t_j - 1, j = 1, \dots, r), \tag{24}$$

$$\tau_{z_0,k,\beta_k} \in \mathfrak{F} \qquad (z_0 \in \Omega, |\beta_k| \leq t_k - 1, k = 1, \dots, r). \tag{25}$$

Satz 2. *Es sei $\partial\Omega = \partial\overline{\Omega}$. Dann folgt* (18) *aus* (23) *und* (25). *Analog folgt* (21) *aus* (22) *und* (24)

8.4. Greensche Kerne, Approximation

Als Greensche Kerne des Dirichlet-Problems erhalten wir unter der Voraussetzung (24), (25)

$$\Gamma_{j,\alpha_j}^{k,\beta_k}(x,z) = \Phi_{j,\alpha_j}^{k,\beta_k}(x,z) - (\Phi^* \mu_{x,j,\alpha_j}(z))_{k,\beta_k} = \Phi_{j,\alpha_j}^{k,\beta_k}(x,z) - (\Phi \tau_{z,k,\beta_k}(x))_{j,\alpha_j}$$

für alle $(x, z) \in (\overline{\Omega} \times \overline{\Omega}) \setminus (\partial\Omega \times \partial\Omega)$. Mit den Greenschen Kernen kann man ebenfalls Potentiale $\Gamma\mu$ bzw. $\Gamma^*\mu$ bilden. Diese lösen in $\complement \operatorname{supp} \mu$ die Gleichung $Lu = 0$ bzw. $L^*u = 0$.

Von den Approximationssätzen erwähnen wir nur ein Analogon zu Satz 1, § 5 mit den Greenschen Potentialen.

Satz 8. *Es seien Ω, Ω_1 einfach zusammenhängende beschränkte (glatt berandete) Gebiete $\Omega \subset \Omega_1$, $G_0 = \operatorname{int}(\Omega_1 \setminus \Omega) \neq \emptyset$. Weiterhin sei $M \subset \Omega$ eine $(t-1)$-reguläre kompakte Menge vom Lebesgue-Maß Null, und $R^n \setminus M$ sei zusammenhängend. G sei eine nichtleere offene Menge mit $\overline{G} \subset G_0$. Dann ist die Menge der Potentiale*

$$\left\{ \left(\Gamma_{j,\alpha_j}^{k,\beta_k}(x, z_0) \right)_{\substack{|\alpha_j| \leq t_j - 1 \\ j=1,\ldots,r}} : z_0 \in G \right\}$$

(eingeschränkt auf M) im Raum $\bigtimes_{j=1}^{r} W^{t_j-1}(M)$ total.

Diese Potentiale verschwinden also auf $\partial\Omega \cap \partial\Omega_1$. Die anderen Approximationssätze lassen sich ebenfalls sämtlich übertragen. Abschließend weisen wir darauf hin, daß die Ungleichung

$$\Phi_N(x,z) \leq c \max \left\{ \left| \Phi_{j,\alpha_j}^{k,\beta_k}(x,z) \right| : |\alpha_j| \leq t_j - 1, |\beta_k| \leq t_k - 1, j, k = 1, \ldots, r \right\}$$

für $|x - z| \leq \delta$ mit einem $\delta > 0$ und einer Konstanten $c > 0$ für die Mengen der Kapazität Null eine analoge Bedeutung hat wie im skalaren Fall. Dann gilt nämlich $\mathcal{J} = \mathcal{J}^* = \mathcal{J}_N$.

§ 9. Beispiele

9.1. Bipotentialgleichung im R^2

Im R^2 betrachten wir ein beschränktes Gebiet Ω mit 1-regulärem Rand $\partial\Omega$. Diese Bedingung ist nach VII.2.4. Bemerkung 1 äquivalent damit, daß $\partial\Omega$ eine endliche Vereinigung Whitney-regulärer Kurven ist. Das Dirichlet-Problem für die Bipotentialgleichung lautet

$$\Delta^2 u = \left(\frac{\partial^2}{\partial x_1^2} + \frac{\partial^2}{\partial x_2^2} \right)^2 u = 0 \quad \text{in } \Omega\,, \tag{1}$$

$$(D^\alpha u)_{|\alpha| \leq 1}|_{\partial\Omega} = g \in W^1(\partial\Omega)\,. \tag{2}$$

α durchläuft also die Indizes (0, 0), (1, 0), (0, 1), und g ist von der Gestalt (g_{00}, g_{10}, g_{01}). Weiterhin soll gelten $u \in C^4(\Omega) \cap C^1(\overline{\Omega})$.

Wenn Ω in jedem Randpunkt eine Normale besitzt, ist (wie in § 7 erwähnt) (2) äquivalent zu

$$u|_{\partial\Omega} = g_0 \in C^1(\partial\Omega)\,, \quad \left.\frac{\partial u}{\partial \nu}\right|_{\partial\Omega} = g_1 \in C(\partial\Omega)\,. \tag{3}$$

Die Abschätzung von C. Miranda [M 34] (vgl. Kapitel VI) hat die Gestalt

$$\sum_{|\alpha| \leq 1} \sup_{x \in \Omega} |D^\alpha u(x)| \leq c \sum_{|\alpha| \leq 1} \sup_{y \in \partial\Omega} |D^\alpha u(y)| \tag{4}$$

bzw.

$$\|u\|_{C^1(\overline{\Omega})} \leq c(\|g_0\|_{C^1(\partial\Omega)} + \|g_1\|_{C(\partial\Omega)})\,. \tag{5}$$

Der Übergang zu Randvorgaben in der Gestalt (2) scheint bereits für stückweise glatt berandete Gebiete zweckmäßiger zu sein als (3), und nicht nur für Gebiete mit „völlig irregulärem" Rand; denn Lösungen aus $C^1(\overline{\Omega})$ haben unstetige Ableitungen $g_1 = \partial u/\partial \nu$ an den Kanten, und es gibt kein $u \in C^1(\overline{\Omega})$ mit stetigem g_1. Außerdem hat man keine Information, welche unstetigen Randwerte zugelassen sind, weshalb der durch Lösungen aus $C^1(\overline{\Omega})$ auf $\partial\Omega$ induzierte Raum der g_1 schwer zu beschreiben ist.

Mit der Fundamentallösung $E(x, z) = |x - z|^2 \log |x - z|$ des Operators $-8\pi\Delta^2$ (auf den Faktor kommt es nicht wesentlich an) bilden wir die Kerne

$$\Phi^{00}_{00}(x, z) = E(x, z) = |x - z|^2 \log |x - z| ,$$

$$\Phi^{00}_{10}(x, z) = -\Phi^{10}_{00}(x, z) = -\frac{\partial}{\partial z_1} E(x, z) = -2(x_1 - z_1) \log |x - z| - (x_1 - z_1) ,$$

$$\Phi^{00}_{01}(x, z) = -\Phi^{01}_{00}(x, z) = -\frac{\partial}{\partial z_2} E(x, z) = -2(x_2 - z_2) \log |x - z| - (x_2 - z_2) ,$$

$$\Phi^{10}_{01}(x, z) = \Phi^{01}_{10}(x, z) = -\frac{\partial}{\partial x_1}\frac{\partial}{\partial z_2} E(x, z) = -\frac{2(x_1 - z_1)(x_2 - z_2)}{|x - z|^2} ,$$

$$\Phi^{10}_{10}(x, z) = -\frac{\partial}{\partial x_1}\frac{\partial}{\partial z_1} E(x, z) = -2 \log |x - z| - \frac{2(x_1 - z_1)^2}{|x - z|^2} - 1 ,$$

$$\Phi^{01}_{01}(x, z) = -\frac{\partial}{\partial x_2}\frac{\partial}{\partial z_2} E(x, z) = -2 \log |x - z| - \frac{2(x_2 - z_2)^2}{|x - z|^2} - 1 .$$

Es sei $\mu = (\mu^{00}, \mu^{10}, \mu^{01})$ ein Maß. Dann hat das Potential $\Phi\mu$ die Komponenten

$$(\Phi\mu)_{00}(x) = \Phi^{00}_{00}\mu^{00}(x) + \Phi^{10}_{00}\mu^{10}(x) + \Phi^{01}_{00}\mu^{01}(x) ,$$
$$(\Phi\mu)_{10}(x) = \Phi^{00}_{10}\mu^{00}(x) + \Phi^{10}_{10}\mu^{10}(x) + \Phi^{01}_{10}\mu^{01}(x) ,$$
$$(\Phi\mu)_{01}(x) = \Phi^{00}_{01}\mu^{00}(x) + \Phi^{10}_{01}\mu^{10}(x) + \Phi^{01}_{01}\mu^{01}(x) .$$

Bei der Bipotentialgleichung (wie auch beim polyharmonischen Operator) braucht zwischen $\mathfrak{F}$ und $\mathfrak{F}^*$ nicht unterschieden zu werden. Es gilt also $\mathcal{J} = \mathcal{J}^* = \mathcal{J}_N$. Weiterhin ist $\Pi\mu = \nu$ äquivalent zu $\Pi^*\mu = \nu$.

Für $\Pi\mu = \nu$ gilt $\Phi^*\mu(z) = \Phi^*\nu(z)$ für alle $z \in \complement\overline{\Omega}$ und $\mathcal{J}$-fast alle $z \in \partial\Omega$, d. h. in formaler Matrix-Schreibweise

$$\begin{pmatrix} \Phi^{00}_{00}(\cdot, z) & \Phi^{00}_{10}(\cdot, z) & \Phi^{00}_{01}(\cdot, z) \\ \Phi^{10}_{00}(\cdot, z) & \Phi^{10}_{10}(\cdot, z) & \Phi^{10}_{01}(\cdot, z) \\ \Phi^{01}_{00}(\cdot, z) & \Phi^{01}_{10}(\cdot, z) & \Phi^{01}_{01}(\cdot, z) \end{pmatrix} \begin{pmatrix} \mu^{00} \\ \mu^{10} \\ \mu^{01} \end{pmatrix} = \begin{pmatrix} \Phi^{00}_{00}(\cdot, z) & \Phi^{00}_{10}(\cdot, z) & \Phi^{00}_{01}(\cdot, z) \\ \Phi^{10}_{00}(\cdot, z) & \Phi^{10}_{10}(\cdot, z) & \Phi^{10}_{01}(\cdot, z) \\ \Phi^{01}_{00}(\cdot, z) & \Phi^{01}_{10}(\cdot, z) & \Phi^{01}_{01}(\cdot, z) \end{pmatrix} \begin{pmatrix} \nu^{00} \\ \nu^{10} \\ \nu^{01} \end{pmatrix}$$

mit Integration über die mit einem Punkt bezeichnete Variable, links über $\overline{\Omega}$, rechts über $\partial\Omega$. In diesem Sinne ist diese Symbolik auch im folgenden zu verstehen. Die Symmetrie-Eigenschaften der Matrix (Φ^β_α) bestehen in $\Phi^\beta_\alpha = (-1)^{|\alpha|+|\beta|}\, \Phi^\alpha_\beta$. Für die harmonischen Maße $(\mu^{\alpha'}_{x,\alpha})_{|\alpha'| \leq 1}$ $(x \in \Omega$, $|\alpha| \leq 1)$ gelten in einem analogen Sinne für alle $z \in \complement\Omega$ und $\mathcal{J}$-fast alle $z \in \partial\Omega$ die Identitäten

$$\begin{pmatrix} \Phi^{00}_{00}(x, z) \\ \Phi^{00}_{10}(x, z) \\ \Phi^{00}_{01}(x, z) \end{pmatrix} = \begin{pmatrix} \overset{00}{\mu}_{x,00} & \overset{10}{\mu}_{x,00} & \overset{01}{\mu}_{x,00} \\ \overset{00}{\mu}_{x,10} & \overset{10}{\mu}_{x,10} & \overset{01}{\mu}_{x,10} \\ \overset{00}{\mu}_{x,01} & \overset{10}{\mu}_{x,01} & \overset{01}{\mu}_{x,01} \end{pmatrix} \begin{pmatrix} \Phi^{00}_{00}(\cdot, z) \\ \Phi^{00}_{10}(\cdot, z) \\ \Phi^{00}_{01}(\cdot, z) \end{pmatrix} \tag{6}$$

und entsprechend für die Vektoren $(\Phi^{10}_{00}, \Phi^{10}_{10}, \Phi^{10}_{01})$, $(\Phi^{01}_{00}, \Phi^{01}_{10}, \Phi^{01}_{01})$, wobei auf der rechten Seite über die erste Variable integriert wird. Man kann hier also formal die Gleichung (6) nach z einmal differenzieren.

Die Lösungsdarstellung für das Dirichlet-Problem mittels der harmonischen Maße ergibt sich in der Gestalt

$$\begin{aligned} u(x) &= \overset{00}{\mu}_{x,00}(g_{00}) + \overset{10}{\mu}_{x,00}(g_{10}) + \overset{01}{\mu}_{x,00}(g_{01}) , \\ \frac{\partial}{\partial x_1} u(x) &= \overset{00}{\mu}_{x,10}(g_{00}) + \overset{10}{\mu}_{x,10}(g_{10}) + \overset{01}{\mu}_{x,10}(g_{01}) , \\ \frac{\partial}{\partial x_2} u(x) &= \overset{00}{\mu}_{x,01}(g_{00}) + \overset{10}{\mu}_{x,01}(g_{10}) + \overset{01}{\mu}_{x,01}(g_{01}) . \end{aligned} \tag{7}$$

Hierbei könnte man ebenfalls eine formale Matrixschreibweise verwenden.

In dem hier betrachteten einfachen Fall lassen sich die apriori-Abschätzungen aus Kapitel VI direkt auf elementarem Wege herleiten (vgl. [M 34], [A 8]). Wir wollen kurz darauf eingehen. Die folgenden Darlegungen wurden freundlicherweise von H. Mumm bereitgestellt.

Sei $u(x) = u(x_1, x_2)$ eine biharmonische Funktion zweier Veränderlicher in einem beschränkten Gebiet $\Omega \subset R^2$. Auf dem Rand gelte

$$u = f, \tag{8}$$

$$\frac{\partial u}{\partial n} = g, \tag{9}$$

wobei n Innennormale an $\partial\Omega$ ist, und f und g stetige Funktionen der Bogenlänge s von $\partial\Omega$ sein sollen. Der Rand $\partial\Omega$ besitze folgende Eigenschaft

$$\partial\Omega = \bigcup_{i=0}^{n} \Gamma_i ,$$

wobei Γ_i geschlossene Kurven sind und Γ_0 alle Γ_i $(i = 1, 2, \ldots, n)$ umfassen soll.

Mit $x = (x_1, x_2)$ wollen wir einen beliebigen Punkt der Ebene und mit $y = (y_1, y_2)$ einen Punkt auf $\partial\Omega$ bezeichnen. Weiterhin sei

$$\varphi = \sphericalangle\,(x - y, n) \qquad \text{(orientiert von } x - y \text{ nach } n).$$

Wir setzen

$$\Phi = \max_i \sup_{x\in\Omega} \max_{y\in\Gamma_i} |\varphi| ,$$

nehmen die Existenz der Normalen n in jedem Punkt y aus $\partial\Omega$ an und betrachten ein System von kartesischen Koordinaten

$$(\xi_1^y, \xi_2^y)$$

mit dem Ursprung in y. Die positive ξ_2^y-Achse habe die gleiche Richtung wie n. Es sei $Z_y(\varrho)$ ein Teil der Kurve Γ_i, der y enthält und dessen Punkte mit ihren Koordinaten die Bedingungen

$$-\varrho \leqq \xi_1^y \leqq \varrho ,$$
$$-\infty < \xi_2^y < \infty$$

erfüllen.

Wir nennen ein Gebiet Ω zur Klasse $\mathfrak{A}(\varrho)$ gehörig, wenn in jedem Punkt aus $\partial\Omega$ die Tangente existiert und eine Zahl $\varrho > 0$ gefunden werden kann, so daß es in jedem Punkt y aus $\partial\Omega$ möglich ist, (i) einen Kreis k_i mit dem Radius ϱ zu konstruieren, dessen Rand y enthält und dessen Inneres in Ω liegt, (ii) einen Kreis k_a mit dem Radius ϱ zu konstruieren, auf dessen Rand y liegt und der mindestens einen Punkt enthält, welcher nicht zu Ω gehört und der keinen Punkt von $Z_y(\varrho)$ enthält.

Die Abschätzung (4)

$$\sum_{|\alpha|\leqq 1} \sup_{x\in\Omega} |D^\alpha u(x)| \leqq c \sum_{|\alpha|\leqq 1} \sup_{x\in\partial\Omega} |D^\alpha u(x)|$$

gewinnt man aus folgendem Satz von Miranda und Adler.

Satz 1. *Es sei $\Omega \in \mathfrak{A}(\varrho)$, und die Funktion $u(x)$ erfülle folgende Voraussetzungen:*

(i) *u ist biharmonisch in Ω,*
(ii) *u ist nebst ihren ersten Ableitungen in $\overline{\Omega}$ stetig,*
(iii) *u genügt den Bedingungen* (8) *und* (9).

Dann besteht folgende Abschätzung

$$\max_{x\in\Omega} |\operatorname{grad} u(x)| < \frac{78}{\varrho} \max |f| + \sqrt{56} \max |g| + \left[26400 + (41 + 25\Phi)\frac{L}{\varrho}\right] \max |f'|$$

(*L-Länge von $\partial\Omega$*).

Im Beweis werden folgende Hilfssätze benutzt.

Hilfssatz 1. *Die biharmonische Funktion $u(x)$ genüge den Bedingungen* (i) *und* (ii) *und verschwinde auf dem Rand $\partial\Omega$. Die Funktion $u\Delta u$ ist dann auch auf $\overline{\Omega}$ stetig und auf $\partial\Omega$ identisch Null.*

Diesen Hilfssatz beweist man mit Hilfe einer Darstellungsformel für biharmonische Funktionen.

Hilfssatz 2. *Unter den Voraussetzungen von Hilfssatz 1 gilt*

$$\max_{x \in \bar{\Omega}} |\operatorname{grad} u(x)| < \sqrt{56} \max_{\partial\Omega} \left|\frac{\partial u}{\partial n}\right| .$$

Der Beweis dieses Hilfssatzes basiert auf Hilfssatz 1. Zum Beweis von Satz 1 genügt es jetzt, eine biharmonische Funktion $v(x)$ zu konstruieren, die auf $\partial\Omega$ mit f übereinstimmt und der Ungleichung

$$\max_{x \in \bar{\Omega}} |\operatorname{grad} v(x)| \leqq H_1 \max |f'| + H_2 \max |f| \tag{10}$$

genügt mit Konstanten H_1 und H_2.

Für die Funktion $u - v$ gilt dann nämlich

$$\max \left|\frac{\partial(u - v)}{\partial n}\right| \leqq \max |g| + H_1 \max |f'| + H_2 \max |f| . \tag{11}$$

Hilfssatz 2 erlaubt folgende Abschätzung

$$\max_{\bar{\Omega}} |\operatorname{grad} (u - v)| < \sqrt{56} \max \left|\frac{\partial(u - v)}{\partial n}\right| . \tag{12}$$

Die Ungleichungen

$$|\operatorname{grad} u| \leqq |\operatorname{grad} (u - v)| + |\operatorname{grad} v| ,$$

(10), (11) und (12) liefern die Behauptung des Satzes. Zur exakten Bestimmung der Konstanten H_1 und H_2 sei auf [A 8] [A 9] verwiesen. Die Funktion v wird mit Hilfe der biharmonischen Funktion

$$w(x) = \frac{1}{2\pi} \int_{\partial\Omega} (2\varphi + \sin 2\varphi) f'(s)\, ds$$

konstruiert. Man setzt $v = w - h$, wobei h eine harmonische Funktion mit $v = w - h = f$ auf $\partial\Omega$ ist.

In [A 9] ist $|\operatorname{grad} h|$ abgeschätzt und $|\operatorname{grad} w|$ kann man durch direkte Rechnung abschätzen. Diese Aussagen sind ausführlich in [M 34], [A 8], [A 9] bewiesen.

9.2. Lösung des Dirichlet-Problems für $\Delta^m u = 0$ im Fall der Kugel

Für die Kugel $\Omega = B^r_{x_0} = \operatorname{int} K^r_{x_0}$ wird das Dirichlet-Problem

$$\Delta^2 u = 0 \quad \text{in } \Omega , \qquad u|_{\partial\Omega} = g_0 , \qquad \left.\frac{\partial u}{\partial \nu}\right|_{\partial\Omega} = g_1$$

durch folgende explizite Formel gelöst

$$u(x) = \frac{(r^2 - |x - x_0|^2)^2}{2r^2\omega_n} \int_{S^r_{x_0}} \frac{-g_1(y)\, do(y)}{|x - y|^n}$$
$$+ \frac{(r^2 - |x - x_0|^2)^2}{2r^3\omega_n} \int_{S^r_{x_0}} \frac{[2r^2 - (n - 2)\,|x - x_0|^2 + (n - 4)\, r\, |x - x_0| \cos\alpha]\, g_0(y)\, do(y)}{|x - y|^{n+2}} .$$

Dabei ist $do(y)$ das Oberflächenelement auf $S^r_{x_0}$, ω_n ist der Flächeninhalt der Einheitskugel und α der Winkel zwischen $\overline{x_0 x}$ und $\overline{x_0 y}$.

Zum Beweis verwenden wir die Tatsache, daß zu jeder biharmonischen Funktion u harmonische Funktionen v und w existieren mit

$$u(x) = (|x - x_0|^2 - r^2)\, v(x) + w(x) \tag{13}$$

(vgl. [N 11], [T 3]). Wir bestimmen v und w. Wegen der ersten Randbedingung hat man offenbar zu setzen

$$w(x) = \frac{r^2 - t^2}{r\omega_n} \int \frac{g_0(y)\, do(y)}{\varrho^n}$$

mit $\varrho = |x - y|$, $t = |x - x_0|$ (vgl. III.1.6.). Aus (13) folgt

$$\frac{\partial u}{\partial t} = 2tw + (t^2 - r^2)\frac{\partial v}{\partial t} + \frac{\partial w}{\partial t},$$

d. h. wegen der zweiten Randbedingung

$$-2rv(y) + \left.\frac{\partial w}{\partial \nu}\right|_y = g_1(y).$$

Mit $h(x) = v(x) + \frac{t}{2r^2}\frac{\partial w}{\partial t}$ erhalten wir

$$h(y) = v(y) - \frac{1}{2r}\left.\frac{\partial w}{\partial \nu}\right|_y = -\frac{g_1(y)}{2r},$$

also

$$h(x) = -\frac{r^2 - t^2}{2r^2\omega_n}\int \frac{g_1(y)}{\varrho^n}\, do(y).$$

Andererseits ist wegen der Darstellung von w

$$\frac{\partial w}{\partial t} = -\frac{2t}{r\omega_n}\int \frac{g_0(y)\, do(y)}{\varrho^n} - \frac{n(r^2 - t^2)}{r\omega_n}\int \frac{(t - r\cos\alpha)\, g_0(y)\, do(y)}{\varrho^{n+2}}$$

mit dem angegebenen Winkel α. Daraus folgt unmittelbar die Lösungsformel.

Für den polyharmonischen Operator Δ^m im R^n geben wir ohne Beweis eine analoge Lösungsformel an (vgl. [E 2]) für das Dirichlet-Problem im Falle der Kugel $\Omega = B^r_{x_0}$

$$\Delta^m u = 0 \quad \text{in } \Omega, \qquad \left.\frac{\partial^{j-1}u}{\partial \nu^{j-1}}\right|_{\partial\Omega} = g_j \quad (j = 1, \dots, m). \tag{14}$$

Die Lösung wird für $g_j \in C^{m-j}(\partial\Omega)$ im Punkt $x \in \Omega$ gegeben durch

$$u(x) = \frac{(-1)^{m-1}(r^2 - |x - x_0|^2)^m}{(m-1)\, r^{n-1}\omega_n}\sum_{j=1}^{m}\int_{S^r_{x_0}}\binom{m-1}{j-1} g_j(y)\left[\frac{\partial^{m-j}}{\partial(r^2)^{m-j}}\frac{r^{n-2}}{|x - y|^n}\right] do(y).$$

In [E 2] ist weiterhin die Eindeutigkeit der Lösung von (14) gezeigt, womit ein elementarer Beweis der Abschätzung (4), § 1 im Fall der Kugel vorliegt.

9.3. Randwert-Probleme für Operatoren, die faktorisierbar sind

Wir betrachten das Randwert-Problem (1), (2) aus § 7 und beschränken uns etwa auf den Fall $m = 2$. Das Problem ist dann äquivalent zu

$$\Delta u_1 = u_2, \qquad \Delta u_2 = 0, \qquad u_1|_{\partial\Omega} = g_1, \qquad (i = 1, 2). \tag{15}$$

Die Abschätzung (7), § 7 erhalten wir sofort aus

$$\|u_2\|_{C(\bar\Omega)} \leqq \|g_2\|_{C(\partial\Omega)}, \qquad \|u_1\|_{C(\bar\Omega)} \leqq c(\|u_2\|_{C(\bar\Omega)} + \|g_1\|)_{C(\partial\Omega)}$$

(vgl. III.2.8., VIII.7.1.). Für das Problem (15) kann auch eine axiomatische Potentialtheorie aufgebaut werden mit weitgehend analogen Resultaten wie für das Dirichlet-Problem im Fall $\Delta u = 0$ (vgl. [S 41]). Darauf gehen wir hier nicht ein.

Wenn wir die harmonischen bzw. Greenschen Maße des Laplace-Operators mit μ_x bzw. γ_x bezeichnen (vgl. III.2.8.), erhalten wir als Lösung von (1)

$$u(x) = \int_{\partial\Omega} g_1(y)\, d\mu_x(y) + \int_{\Omega}\left\{\int_{\partial\Omega} g_2(y)\, d\mu_z(y)\right\} d\gamma_x(z).$$

Schreiben wir hierfür andererseits $u(x) = \mu_x^1(g_1) + \mu_x^2(g_2)$, so erhalten wir $\mu_x^1 \geqq 0$, $\mu_x^2 \leqq 0$ für alle $x \in \Omega$.

Die Formel

$$u(x) = \mu_x^1(u) + \mu_x^2(\Delta u)$$

können wir deuten als einen Mittelwertsatz (vgl. VIII.2.6.), der für $\Omega = B_{x_0}^r$ und $x = x_0$ eine besonders einfache Gestalt annimmt und den Wert einer in einem Gebiet gegebenen biharmonischen Funktion u in x_0 ausdrückt durch die Werte von u und Δu auf $S_{x_0}^r$.

Mit den Bezeichnungen aus § 7 haben wir $l = 2$, und man kann etwa setzen $t = 2$. Das Nullmengensystem $\mathfrak{I}_{lt}$ stimmt dann mit $\mathfrak{I}_N$ überein. Zu jedem $\mu \in \mathfrak{M}(\overline{\Omega})$ existieren nach dem Balayage-Prinzip Maße $\nu_1, \nu_2 \in \mathfrak{M}(\partial\Omega)$ mit

$$\int_{\overline{\Omega}} \Phi_0^0(x, z)\, \mathrm{d}\mu(x) = \int_{\partial\Omega} \Phi_0^0(y, z)\, \mathrm{d}\nu_1(x) + \int_{\partial\Omega} (\Delta\Phi_0^0)\,(y, z)\, \mathrm{d}\nu_2(x)$$

für $\mathfrak{I}_N$-fast alle $z \in \partial\Omega$ und alle $z \notin \overline{\Omega}$. Das folgende Beispiel ist hiervon eine Verallgemeinerung.

Es seien $L_i(x, D)$ elliptische Operatoren der Ordnung $2s_i$ ($i = 1, 2$), und Ω sei ein beschränktes Gebiet, das bezüglich des Dirichlet-Problems für $L_i u = 0$ ($i = 1, 2$) die in § 1 gestellten Voraussetzungen erfüllt (eindeutige Lösbarkeit, Gültigkeit der Maximum-Abschätzung). Dann besteht für die Lösungen u des Randwert-Problems

$$L_1(x, D)\, L_2(x, D)\, u = 0 \quad \text{in } \Omega\,,$$

$$D^\alpha u|_{\partial\Omega} = g_{1,\alpha}\,, \quad (|\alpha| \leqq s_2 - 1); \qquad D^\alpha L_2(x, D)\, u|_{\partial\Omega} = g_{2,\alpha} \quad (|\alpha| \leqq s_1 - 1)$$

die Abschätzung

$$\|u\|_{C^{s_2-1}(\overline{\Omega})} + \|L_2(x, D)\, u\|_{C^{s_1-1}(\overline{\Omega})} \leqq c \sup_{y\in\partial\Omega} \Big(\sum_{|\alpha|\leqq s_2-1} |D^\alpha u(y)| + \sum_{|\alpha|\leqq s_1-1} |D^\alpha L_2(y, D)\, u(y)| \Big)$$

(die Ordnung der Randbedingungen ist also $l = s_2 + s_1 - 1$). Der Beweis ergibt sich unmittelbar aus

$$\|L_2 u\|_{C^{s_1-1}(\overline{\Omega})} \leqq c \sup_{y\in\partial\Omega} \sum_{|\alpha|\leqq s_1-1} |D^\alpha L_2 u(y)|$$

und

$$\|u\|_{C^{s_2-1}(\overline{\Omega})} \leqq c \sup_{y\in\partial\Omega} \sum_{|\alpha|\leqq s_2-1} |D^\alpha u(y)| + \|L_2 u\|_{C(\overline{\Omega})}$$

(vgl. Kapitel VI). Auf dieses Randwert-Problem sind ebenfalls die Überlegungen von § 7 anwendbar, wobei auch hier die Struktur des Randes $\partial\Omega$ nicht wesentlich eingeht. Es bleibe dem Leser überlassen, die entsprechenden Schlüsse zu ziehen und den Zusammenhang mit den Resultaten aus den §§ 1—6 herzustellen.

9.4. Mittelwertsätze für polyharmonische Funktionen

Wir haben schon mehrfach auf den Zusammenhang zwischen dem Balayage-Prinzip und Mittelwertsätzen hingewiesen. Mittelwertsätze, in die nur die Lösung selbst und nicht deren Ableitungen eingehen, haben für alle Randwert-Probleme eine Bedeutung.

Speziell geben wir für polyharmonische Funktionen (ohne Beweis) solche Mittelwertsätze an. Wir definieren die Maße

$${}_0\varkappa_x^r(u) = \sigma_x^r(u)\,, \qquad {}_s\varkappa_x^r(u) = \frac{n}{r^n}\int_0^r t^{n-1}\, {}_{s-1}\varkappa_x^t(u)\, \mathrm{d}t$$

($s = 1, 2, \ldots$); $\operatorname{supp} {}_s\varkappa_x^r = K_x^r$. Ist Ω ein Gebiet und $\Delta^m u = 0$ in Ω, $K_x^r \subset \Omega$, so kann man folgende Identität zeigen (vgl. [N 11]). Für jedes $s \in N$ gilt

$${}_s\varkappa_x^r(u) = u(x) + \sum_{k=1}^{m-1} a_{n,k,s} r^{2k} (\Delta^k u)\,(x)$$

mit gewissen Konstanten $a_{n,k,s}$.

Für $s = 0, 1, \dots, m-1$ bilden diese Identitäten ein lineares Gleichungssystem, aus dem die Größen $\Delta^k u(x)$ $(1 \leqq k \leqq m-1)$ eliminiert werden können. Man erhält dann den gesuchten Mittelwertsatz

$$u(x) = \sum_{q=0}^{m-1} c(n, m, q) \cdot q\varkappa_x^r(u) = \lambda_x^r(u)$$

für polyharmonische Funktionen u im Gebiet Ω. Die Konstanten $c(n, m, q)$ sind z. B. in [N 11] angegeben. Die Mittelungsmaße λ_x^r für verschiedene x gehen durch Translation auseinander hervor.

Zu einem gegebenen (nicht notwendig positiven) Maß η_{x_0} mit $\eta_{x_0}(u) = u(x_0)$ für alle polyharmonischen Funktionen u können wir durch eine verallgemeinerte KELVIN-Transformation ein neues derartiges Maß konstruieren. Man überzeugt sich durch direkte Rechnung, daß für jedes u mit $\Delta^m u = 0$ auch die Funktion

$$v(x) = |x|^{2m-n}\, u\left(\frac{x}{|x|^2}\right)$$

polyharmonisch ist. Bei der Koordinatentransformation $z = x/|x|^2$ geht das Maß $\eta_{x_0}(x)$ über in ein Maß $\eta'_{x_0}(z)$ (vgl. I.2.5.). Wir erhalten also mit $z_0 = x_0/|x_0|^2$

$$\int |z|^{-2m+n}\, u(z)\, d\eta'_{x_0}(z) = |z_0|^{-2m+n}\, u(z_0)\,.$$

Somit ist das Maß

$$K\eta_{x_0}\colon \varphi \to \int \left|\frac{z}{z_0}\right|^{-2m+n} \varphi(z)\, d\eta'_{x_0}(z)$$

ein Mittelungsmaß für den Punkt z_0.

§ 10. Bemerkungen und Ergänzungen, inverses Problem

10.1. Zurückführung der Balayage auf harmonische Distributionen

Ähnlich wie bei Gleichungen zweiter Ordnung erhält man auch im Fall höherer Ordnung die Gefegten beliebiger Distributionen $\bar{\mu} \in \mathfrak{D}_0(\bar{\Omega})$ durch lineare Überlagerung der harmonischen Distributionen $\bar{\mu}_{x,\alpha}$. Es sei also Ω ein Gebiet mit $D(\partial\Omega) = W^{m-1}(\partial\Omega)$, und es gelte die Abschätzung (4), § 1. Dann folgt aus

$$h^\alpha(x) = \sum_{|\gamma| \leqq m-1} \int_{\partial\Omega} h^\gamma(y)\, d\mu^\gamma_{x,\alpha}(y)\,, \qquad |\alpha| \leqq m-1\,, \quad x \in \bar{\Omega}$$

für alle $h \in D(\bar{\Omega})$ und $\mu = (\mu^\alpha)_{|\alpha| \leqq m-1} \in \mathfrak{M}(\bar{\Omega})$ sofort

$$\mu(h) = \sum_{|\alpha| \leqq m-1} \sum_{|\gamma| \leqq m-1} \int_{\bar{\Omega}} \int_{\partial\Omega} h^\gamma(y)\, d\mu^\gamma_{x,\alpha}(y)\, d\mu^\alpha(x)\,. \tag{1}$$

Wenn also für die harmonischen Distributionen $\bar{\mu}_{x,\alpha}$ eine Repräsentation durch Maße gewählt ist, erhält man auch für $\Pi\bar{\mu}$ eine Repräsentation durch Maße. Diese hängt aber noch ab von der konkreten Repräsentation von $\bar{\mu}$. Durch verschiedene Wahl darstellender Maße von $\bar{\mu}$ erhält man Darstellungen von $\Pi\bar{\mu}$ (mit dem Träger auf $\partial\Omega$).

10.2. Weitere Stetigkeitseigenschaften von Π

Der Balayage-Operator

$$\Pi\colon \mathfrak{D}(\bar{\Omega}) \to \mathfrak{D}(\partial\Omega)\,,$$

der zum DIRICHLET-Problem gehört, hat neben der $\|\cdot\|$- und w^*-Stetigkeit noch gewisse zusätzliche Stetigkeitseigenschaften, die beim inversen Problem bei elliptischen

Gleichungen höherer Ordnung eine Rolle spielen (vgl. auch III.5.3. und 3.3.). Wir setzen voraus, daß für das Gebiet Ω gilt $D(\partial\Omega) = W^{m-1}(\partial\Omega)$ und die Abschätzung (4), § 1.

Lemma 1. *Der Rand von Ω sei glatt; $K \subset \Omega$ sei eine kompakte Menge. Dann ist der Balayage-Operator Π, aufgefaßt als lineare Abbildung*

$$\mathfrak{M}(K) \to \mathfrak{D}(\partial\Omega),$$

stetig bezüglich Folgen-w^*-Konvergenz in $\mathfrak{M}(K)$ und der $\|\cdot\|$-Topologie in $\mathfrak{D}(\partial\Omega)$.

Beweis: Es sei Ω_0 ein Teilgebiet mit $K \subset \Omega_0$, $\bar{\Omega}_0 \subset \Omega$. Dann folgt aus den inneren SCHAUDER-Abschätzungen (vgl. V.3.5.) und der Abschätzung (4), § 1 mit Konstanten $c_1, c_2 > 0$

$$\|u\|_{C^{2m+\alpha}(\Omega_0)} \leqq c_1 \|u\|_{C(\Omega)} \leqq c_2, \qquad (0 < \alpha < 1)$$

für jede Lösung $u \in C^{2m+\alpha}(\Omega)$ der Gleichung $Lu = 0$, deren Randwerte eine Norm $\leqq$ const. haben. Somit ist

$$F = \{h|_K \in W^{m-1}(K) : h \in D(\bar{\Omega}), h|_{\partial\Omega} \text{ glatt}, \|h|_{\partial\Omega}\|_{W^{m-1}(\partial\Omega)} \leqq 1\},$$

aufgefaßt als Teilmenge von $\underset{|\alpha| \leqq m-1}{\times} C(K)$, gleichgradig stetig. Es sei nun $(\mu_k)_{k \in N}$ eine Folge von Maßen auf K, die in $\mathfrak{M}(K)$ gegen ein $\mu \in \mathfrak{M}(K)$ w^*-konvergiert. Es gilt dann wie in III.2.2. folgende Aussage. Zu jedem $\varepsilon > 0$ existiert ein $k(\varepsilon) \in N$ mit

$$|\mu_k(h) - \mu(h)| < \varepsilon \qquad \text{für alle } h \in F \text{ und alle } k \geqq k(\varepsilon).$$

Für $k \geqq k(\varepsilon)$ und beliebiges $g \in W^{m-1}(\partial\Omega)$, $\|g\| \leqq 1$ erhalten wir

$$|\mu_k(h) - \mu(h)| = |(\Pi\mu_k)(g) - (\Pi\mu)(g)| \leqq \varepsilon,$$

also $\|\Pi\mu_k - \Pi\mu\| \leqq \varepsilon$. ◀

Lemma 2. *Es sei K eine kompakte Menge; M sei eine $(m-1)$-reguläre kompakte Menge mit $M \cap K = \emptyset$. Dann ist die lineare Abbildung*

$$\Phi : \mathfrak{M}(K) \to W^{m-1}(M),$$

die durch $\mu \to \Phi\mu|_M$ gegeben wird, stetig bezüglich Folgen-w^*-Konvergenz in $\mathfrak{M}(K)$ und der $\|\cdot\|$-Topologie in $W^{m-1}(M)$.

Beweis: Es sei $(\mu_k)_{k \in N}$ eine w^*-konvergente Folge in $\mathfrak{M}(K)$ mit dem Limes μ. Ohne Beschränkung der Allgemeinheit sei der Durchmesser von K genügend klein. Dies erreichen wir andernfalls durch Überdeckung von K mit endlich vielen genügend kleinen Kugeln, endliche Zerlegung der Einheit (φ_j) und Darstellung von μ_k bzw. μ in der Gestalt $\sum \varphi_j\mu_k$ bzw. $\sum \varphi_j\mu$, wobei die Summanden einen genügend kleinen Träger haben und $\varphi_j\mu_k$ gegen $\varphi_j\mu$ w^*-konvergiert für jedes j. Wir finden dann ein glattes Gebiet Ω mit $K \subset \Omega$, $M \cap \bar{\Omega} = \emptyset$, für welches das DIRICHLET-Problem für L^* eindeutig lösbar ist. Somit erhalten wir bezüglich Ω einen Balayage-Operator Π^*. Wir setzen $\nu_k = \Pi^*\mu_k$, $\nu = \Pi^*\mu$.

Nach dem Balayage-Prinzip gilt

$$\Phi\mu_k = \Phi\nu_k, \qquad \Phi\mu = \Phi\nu \quad \text{auf } M,$$

also

$$\|\Phi(\mu_k - \mu)\|_{W^{m-1}(K)} = \|\Phi(\nu_k - \nu)\|_{W^{m-1}(K)} \leqq \|\nu_k - \nu\|_{\mathfrak{D}(\partial\Omega)} \sup_{\substack{x\in M\\ y\in\partial\Omega}} \sup_{|\alpha|,|\beta|\leqq m-1} |\Phi_\alpha^\beta(x, y)| .$$

Für $k \to \infty$ strebt die rechte Seite gegen Null, denn wir können Lemma 1 auf Π^* anwenden. ◀

Wenn wir unter den Voraussetzungen von Lemma 1 bzw. Lemma 2 die Abbildungen

$$\Pi: \mathfrak{M}^+(K) \to \mathfrak{D}(\partial\Omega) \tag{2}$$

bzw.

$$\Phi: \mathfrak{M}^+(K) \to W^{m-1}(M) \tag{3}$$

betrachten, wobei $\mathfrak{M}^+(K)$ den Kegel aller Maße auf K mit positiven Komponenten bezeichnet, so sind die Abbildungen (2), (3) im gewöhnlichen Sinne w^*-$\|\cdot\|$-stetig, denn $\mathfrak{M}^+(K)$ ist bezüglich der w^*-Topologie metrisierbar. Analoge Aussagen gelten bezüglich Π^* bzw. Φ^*.

Die Stetigkeitseigenschaften von „Lösungen" des inversen Problems werden wir in gewissen Faktortopologien im Raum der Distributionen formulieren. Wir betrachten den Raum $\mathfrak{M}^+(K) \times \mathfrak{M}^+(K)$ in der Topologie der w^*-Konvergenz aller Komponenten. Mit der Vorschrift $-(\varrho, \lambda) = (\lambda, \varrho)$ ist dieser Raum ein FRÉCHET-Raum. Wir definieren eine natürliche Abbildung

$$t: \mathfrak{M}^+(K) \times \mathfrak{M}^+(K) \to \mathfrak{D}(K) ,$$

indem wir setzen $t(\varrho, \lambda) = \bar{\varrho} - \bar{\lambda}$. Offenbar ist t dann stetig (bezüglich der w^*-Topologie in $\mathfrak{D}(K)$), das heißt, der Nullraum $\mathfrak{N}_t$ von t ist abgeschlossen. Somit ist auch $\mathfrak{M}^+(K)$ $\mathfrak{M}^+(K)/\mathfrak{N}_t$ ein FRÉCHET-Raum. Wir versehen $\mathfrak{D}(K)$ mit der durch den Isomorphismus

$$\mathfrak{M}^+(K) \times \mathfrak{M}^+(K)/\mathfrak{N}_t \cong \mathfrak{D}(K)$$

abgebildeten Topologie. Diese bezeichnen wir als w'-Topologie.

Eine Folge $(\bar{\mu}_k)_{k\in N}$ in $\mathfrak{D}(K)$ ist w'-konvergent genau dann, wenn für jedes k eine Darstellung von $\bar{\mu}_k$ durch Maße der Gestalt $\mu_k^1 - \mu_k^2 = \mu_k$ existiert, $\mu_k^i \geqq 0$ $(i = 1, 2)$, so daß $(\mu_k^i)_{k\in N}$ w^*-konvergiert für $i = 1, 2$. Somit sind folgende Aussagen leicht einzusehen:

Lemma 3. *Es sei $K \subset \Omega$ eine kompakte Menge. Dann ist die Abbildung*

$$\Pi^*: \mathfrak{D}(K) \to \mathfrak{D}(\partial\Omega)$$

w'-$\|\cdot\|$-stetig.

Beweis: Es sei $(\bar{\mu}_k)_{k\in N}$ eine w'-konvergente Folge in $\mathfrak{D}(K)$ und $(\mu_k^1 - \mu_k^2)$ eine Darstellung durch positive μ_k^i $(i = 1, 2)$, die w^*-konvergieren. Dann folgt die Aussage unmittelbar aus Lemma 1, sinngemäß angewendet auf Π^*. Es sei $\mathfrak{C}_a(K)$ die w'-Abschließung der Menge $\{\bar{\eta} \in \mathfrak{D}(K): \|\bar{\eta}\| \leqq a\}$, $a > 0$ eine Konstante. $\mathfrak{C}_a(K)$ ist dann w'-kompakt.

Wir betrachten die Menge

$$\mathfrak{P}(K) = \{\delta_{x,\alpha}: x \in K, |\alpha| \leqq m - 1\}$$

(sie ist w'-dicht in $\mathfrak{D}(K)$). Es gilt dann folgender

Satz 1. *Das* Dirichlet-*Problem für L und L^* sei für jedes glatte einfach zusammenhängende Teilgebiet $\Omega' \subseteqq \Omega$ eindeutig lösbar. Dann ist für jede kompakte Menge $K \subset \Omega$ die Abbildung Π ein w'-$\|\cdot\|$-Homöomorphismus von $\mathfrak{P}(K)$ auf sein Bild. Ähnliches gilt für Π^*.*

Beweis: Da $\mathfrak{P}(K)$ w'-kompakt ist und Π w'-$\|\cdot\|$-stetig ist, genügt es, die Eineindeutigkeit festzustellen. Die Räume $D^*(\overline{\Omega})$ und $D(\overline{\Omega})$ sind im folgenden Sinne punktetrennend. Zu jedem Multiindex α mit $|\alpha| \leqq m - 1$ und beliebigen Punkten $x, y \in \Omega$, $x \neq y$ existiert ein $h \in D^*(\overline{\Omega})$ (bzw. $\in D(\overline{\Omega})$) mit $h_\alpha(x) \neq h_\alpha(y)$. Zum Beweis genügt es, ein glattes einfach zusammenhängendes Teilgebiet Ω' zu wählen mit $x, y \in \partial\Omega'$ und Satz 3 (§ 5.3) anzuwenden. ◀

10.3. Inverses Problem

Das inverse Problem bei elliptischen Gleichungen höherer Ordnung, bezogen auf das Dirichlet-Problem, fassen wir analog auf wie beim Laplace-Operator (vgl. III, § 5). Da zwischen den Werten von $\Phi\nu$ in $\complement\Omega$ ($\nu \in \mathfrak{M}(\partial\Omega)$) und $\bar{\nu} \in \mathfrak{D}(\partial\Omega)$ eine eineindeutige Zuordnung besteht, kommt es wieder vor allem auf das Studium des Urbildes unter der Balayage-Abbildung $\Pi^*\colon \mathfrak{D}(\overline{\Omega}) \to \mathfrak{D}(\partial\Omega)$ an. Wenn wir mit $W_0^{m-1}(\overline{\Omega})$ die Menge aller $h \in W^{m-1}(\overline{\Omega})$ bezeichnen, die auf $\partial\Omega$ verschwinden, so besteht die topologische Zerlegung

$$W^{m-1}(\overline{\Omega}) = D^*(\overline{\Omega}) \oplus W_0^{m-1}(\overline{\Omega}) . \tag{4}$$

Ist eine Funktion h in $\complement\Omega$ dargestellt als Potential $\Phi\mu$ mit $\bar{\mu} \in \mathfrak{D}(\overline{\Omega})$, so ist h bereits bestimmt durch die Einschränkung $\bar{\mu}_k$ des Funktionals $\bar{\mu}$ auf den Raum $D^*(\overline{\Omega})$. Zwischen h und $\bar{\mu}_k$ besteht dann trivialerweise eine eineindeutige Zuordnung. Nach dem Hahn-Banach-Satz existieren unendlich viele Fortsetzungen von $\bar{\mu}_k$ als stetige Linearformen auf den Raum $W^{m-1}(\overline{\Omega})$. Für jede solche Fortsetzung $\bar{\mu}_1$ gilt dann ebenfalls $h = \Phi\bar{\mu}_1$ in $\complement\Omega$, und offenbar erhält man auf diese Weise die gesamte Menge $\Pi^{*-1}(\bar{\nu})$. Wir konstruieren hierzu einige Beispiele.

Beispiel 1. Es sei $y \in \Omega$, und ein Maß $\eta_{y,\beta} \in \mathfrak{M}(\overline{\Omega})$ für festes $|\beta| \leqq m - 1$ habe die Eigenschaft

$$h_\beta(y) = \sum_{|\alpha| \leqq m-1} \int h_\alpha(z)\, d\eta_{y,\beta}^\alpha(z)$$

für alle $h = (h_\alpha)_{|\alpha| \leqq m-1} \in D^*(\overline{\Omega})$. Dann heißt $\bar{\eta}_{y,\beta}$ eine Mittelungsdistribution. Ist zum Beispiel Ω_0 ein beliebiges Teilgebiet von Ω mit $y \in \Omega_0$, und ist Π_0^* der Balayage-Operator für das Dirichlet-Problem in Ω_0 für L^*, so ist $\Pi_0^*\delta_{y,\beta}$ eine Mittelungsdistribution.

Weitere Mittelungsdistributionen erhält man, wenn man das spätere Beispiel 2 anwendet auf $\eta_{y,\beta}^\alpha$, oder auch die folgende Konstruktion. Es sei $\mu = (\mu^\alpha)_{|\alpha| \leqq m-1} \in \mathfrak{M}(\overline{\Omega})$ beliebig gegeben, und

$$m_\beta\colon \overline{\Omega} \to \mathfrak{M}(\overline{\Omega}) , \quad |\beta| \leqq m - 1$$

sei eine stetige Abbildung, die zu jedem $y \in \overline{\Omega}$ ein Maß $\eta_{y,\beta}$ bestimmt, so daß $\bar{\eta}_{y,\beta}$ Mittelungsdistribution ist (bezüglich y und β). Stetigkeit bedeutet

$$\sum_{|\alpha| \leqq m-1} \int D^\alpha\varphi(z)\, d\eta_{y,\beta}^\alpha(z) \in C(\overline{\Omega})$$

für alle $\varphi \in C^{m-1}(\overline{\Omega})$ und alle β mit $|\beta| \leqq m - 1$. Dann gilt

$$\sum_{|\beta| \leqq m-1} \int h_\beta(y)\, d\mu^\beta(y) = \sum_{\substack{|\alpha| \leqq m-1 \\ |\beta| \leqq m-1}} \int h_\alpha(z)\, d\eta^\alpha_{y,\beta}(z)\, d\mu^\beta(y)$$

für alle $h \in D^*(\overline{\Omega})$. Die rechte Seite definiert ein Maß $\mu_1 \in \mathfrak{M}(\overline{\Omega})$, wobei gilt $\Pi^*\overline{\mu} = \Pi^*\overline{\mu}_1$ aber im allgemeinen $\overline{\mu} \neq \overline{\mu}_1$. Es ist zu bemerken, daß $\overline{\mu}_1$ abhängt von der speziell gewählten Darstellung von $\overline{\mu}$ durch Maße.

Beispiel 2. Es sei $(\Omega_\iota)_{\iota \in I}$ eine beliebige Familie von Teilgebieten von Ω, wobei das Dirichlet-Problem für L^* in Ω_ι analoge Voraussetzungen erfüllt, wie sie für Ω gemacht wurden. Den zu Ω_ι und L^* gehörenden Balayage-Operator bezeichnen wir mit Π^*_ι. Es sei $\mu \in \mathfrak{M}(\overline{\Omega})$ gegeben. Bilden wir dann

$$\overline{\mu}_\iota = \Pi^*_\iota(\overline{\mu}|_{\Omega_\iota}) + \overline{\mu}|_{\overline{\Omega}\setminus\Omega_\iota},$$

so gilt offenbar $\Pi^*\overline{\mu}_\iota = \Pi^*\overline{\mu}$ für alle $\iota \in I$ und $\overline{\mu} \neq \overline{\mu}_\iota$ für $\overline{\mu}|_{\Omega_\iota} \neq 0$.

Wir wählen jetzt ein beliebiges Maß p auf der Indexmenge mit Totalvariation 1 und setzen voraus, daß die Funktionen der Gestalt

$$\overline{\mu}_\iota(\varphi) = \sum_{|\alpha| \leqq m-1} \int D^\alpha\varphi(x)\, d\mu^\alpha_\iota(x)$$

$p^\pm$-integrierbar sind für alle $\varphi \in C^{m-1}(\overline{\Omega})$. Dann hat das Funktional

$$\overline{\mu}_2 : \varphi \to \int_I \overline{\mu}_\iota(\varphi)\, dp(\iota)\,, \qquad \varphi \in C^{m-1}(\overline{\Omega})$$

wieder die Eigenschaft $\Pi^*\overline{\mu} = \Pi^*\overline{\mu}_2$. Dabei ist $\overline{\mu}_2$ wieder abhängig von der speziellen Darstellung von $\overline{\mu}$ durch Maße.

Die Mengen $\Pi^{*-1}(\overline{\nu})$, $\overline{\nu} \in \mathfrak{D}(\partial\Omega)$ sind also außerordentlich reichhaltig. Eine gewisse Klassifizierung der Menge $\Pi^{*-1}(\overline{\nu})$ erhält man, indem man konvexe kompakte Teilmengen auszeichnet. Es sei t eine positive Zahl und

$$\mathfrak{B}_t(\overline{\nu}) = \{\overline{\eta} \in \Pi^{*-1}(\overline{\nu}) : \|\overline{\eta}\| \leqq t\}\,.$$

Auf Grund von

$$\mathfrak{B}_t(\overline{\nu}) = \Pi^{*-1}(\overline{\nu}) \cap \{\overline{\lambda} : \|\overline{\lambda}\| \leqq t\}$$

ist $\mathfrak{B}_t(\overline{\nu})$ konvex und w^*-kompakt.

Die Menge

$$\mathfrak{B}_{t_0}(\overline{\nu}) \qquad \text{mit } t_0 = \inf\{\|\overline{\gamma}\| : \overline{\gamma} \in \Pi^{*-1}(\overline{\nu})\}$$

ist (wie man leicht zeigt) folgendermaßen charakterisiert. $\overline{\eta} \in \mathfrak{B}(\overline{\nu})$ ist äquivalent mit

$$\|\overline{\eta}\| = \sup\{|\overline{\eta}(u)| : \|u\|_{C^{m-1}(\overline{\Omega})} \leqq 1, L^*u = 0 \text{ in } \Omega\}\,.$$

Speziell haben wir $\overline{\nu} \in \mathfrak{B}_{t_0}(\overline{\nu})$, d. h. $\overline{\nu} \in \mathfrak{B}_t(\overline{\nu})$ für alle $t \geqq t_0$. Die Mengen $\mathfrak{B}_t(\overline{\nu})$ (insbesondere die konvexe Struktur) hängen von der Wahl der Normierung ab. Wir geben jetzt einige Resultate an über stetige Inverse von Π^*.

Satz 2. *Es sei Ω' ein glattes einfach zusammenhängendes Gebiet mit $\overline{\Omega'} \subset \Omega$ und $K = \partial\Omega'$. Das Dirichlet-Problem für L sei in Ω' eindeutig lösbar, und es gelte $\Pi'\delta_{x,\alpha} = \mu'_{x,\alpha} \in \mathfrak{F}$ für alle $x \in \Omega$, $|\alpha| \leqq m - 1$. Dann bildet Π^* die Menge $\mathfrak{C}_a(K)$ für jede feste Konstante $a > 0$ w'-$\|\cdot\|$-homöomorph ab in $\mathfrak{D}(\partial\Omega)$.*

Beweis: Wegen Lemma 3 genügt es zu zeigen, daß Π^* die Menge $\mathfrak{C}_a(K)$ eineindeutig abbildet. Hierzu sei $\mu, \nu \in \mathfrak{M}(K)$ und $\Pi^*\overline{\mu} = \Pi^*\overline{\nu}$ in $\mathfrak{D}(\partial\Omega)$, also

$$\Phi(\mu - \nu)(x) = 0 \qquad \text{für alle } x \notin \overline{\Omega}\,.$$

Dann folgt nach eindeutiger Fortsetzung und Lemma 1, § 5.3 $\Phi(\mu - \nu) = 0$ in $\complement\overline{\Omega}'$ und $\mathcal{J}$-fast überall auf K. Für alle $x_0 \in \Omega'$ und $|\alpha| \leqq m - 1$ gilt dann

$$0 = \mu'_{x_0,\alpha}(\Phi(\mu - \nu)) = (\mu - \nu)\,(\Phi^*\mu'_{x_0,\alpha})$$
$$= (\mu - \nu)\,(\Phi^*\delta'_{x_0,\alpha}) = \Phi(\mu - \nu)\,(x_0)\,.$$

Es wurde (9), § 2,3 berücksichtigt und $\mu'_{x_0,\alpha_0} \in \mathfrak{F}$. Wir erhalten nun $\Phi\mu = \Phi\nu$ $\mathcal{J}$-f.ü. in R^n, also $\mu - \nu \in \mathfrak{N}$. ◀

Satz 3. *K sei eine kompakte Menge vom* LEBESGUE-*Maß Null, und $R^n \setminus K$ sei zusammenhängend. Dann bildet Π^* die Menge $\mathfrak{C}_a(K)$ $(a > 0)$ w'-$\|\cdot\|$-homöomorph ab in $\mathfrak{D}(\partial\Omega)$.*

Beweis: Die Eineindeutigkeit von Π^* auf $\mathfrak{C}_a(K)$ folgt unmittelbar aus Satz 2, § 3.3. Berücksichtigt man wieder Lemma 3, ist der Satz gezeigt. ◀

Mit $A^{m-1}(K)$ bezeichnen wir die Menge aller Abbildungen $l = (l_\alpha)_{|\alpha| \leqq m-1}$,

$$l_\alpha : \mathfrak{P}(K) \to \mathfrak{D}(\overline{\Omega}) \tag{5}$$

mit der Eigenschaft $\Pi^*\delta_{x,\alpha} = \Pi^* l_\alpha(\delta_{x,\alpha})$ für alle $\delta_{x,\alpha} \in \mathfrak{P}(K)$ derart, daß für jedes $\varphi \in C^{m-1}(\overline{\Omega})$ eine Funktion $\chi_\varphi \in C^{m-1}(\overline{\Omega})$ existiert mit

$$l_\alpha(\delta_{x,\alpha})\,(\varphi) = D^\alpha \chi_\varphi(x) \qquad \text{für alle } x \in K\,.$$

Zu jedem $l \in A^{m-1}(K)$ und jedem $\lambda \in \mathfrak{M}(K)$ erhalten wir durch

$$\overline{\lambda}(\varphi) = \sum_{|\gamma| \leqq m-1} \int D^\gamma \chi_\varphi(x)\, \mathrm{d}\lambda^\gamma(x) \tag{6}$$

$(\varphi \in C_0^\infty(\Omega))$ eine lineare Abbildung

$$l_1 : \mathfrak{D}(K) \to \mathfrak{D}(\partial\Omega) \tag{7}$$

mit $\Pi^*\overline{\lambda} = \Pi^* l_1(\overline{\lambda})$, die auf $\mathfrak{P}(K)$ mit l übereinstimmt. (7) ist w'-w^*-stetige Fortsetzung von (5). Die Stetigkeit ist klar, die Eindeutigkeit folgt aus der w'-Dichtheit von $\mathfrak{P}(K)$. Wir setzen

$$\mathfrak{R}_a(\partial\Omega) = \Pi^*\mathfrak{C}_a(K)\,,$$

$K \subset \Omega$ kompakt, und Π^* bilde $\mathfrak{C}_a(K)$ eineindeutig ab auf $\mathfrak{R}_a(\partial\Omega)$. Dann gilt der

Satz 4. *Zu jedem $l \in A^{m-1}(K)$ existiert genau eine affin-lineare $\|\cdot\|$-w^*-stetige Abbildung*

$$s_l : \mathfrak{R}_a(\partial\Omega) \to \mathfrak{D}(\overline{\Omega})$$

mit der Eigenschaft $\Pi^* s_l(\overline{\nu}) = \overline{\nu}$ für alle $\overline{\nu} \in \mathfrak{R}_a(\partial\Omega)$.

Beweis: Gegeben sei ein $l \in A^{m-1}(K)$. Dann ist durch (5) eindeutig eine w'-w^*-stetige affin-lineare Abbildung $l_1 : \mathfrak{C}_a(K) \to \mathfrak{D}(\overline{\Omega})$ bestimmt mit $\Pi^*\overline{\lambda} = \Pi^* l_1(\overline{\lambda})$. Wenn wir berücksichtigen, daß $\Pi^* : \mathfrak{C}(K) \to \mathfrak{R}_a(\partial\Omega)$ ein w'-$\|\cdot\|$-Homöomorphismus ist, erhalten wir damit auf eindeutige Weise eine $\|\cdot\|$-w^*-stetige Abbildung s_l auf $\mathfrak{R}_a(\partial\Omega)$, die zu Π^* rechtsinvers ist. ◀

Korollar 1. *Es sei $A_0^{m-1}(K)$ die Menge derjenigen $l \in A^{m-1}(K)$, für welche gilt* supp $l_\alpha(\delta_{x,\alpha}) \subset \Omega$. *Für $l \in A_0^{m-1}(K)$ ist die in Satz 4 konstruierte Abbildung s sogar $\|\cdot\|$-w'-stetig, und Π^* ist ein Homöomorphismus zwischen $l_1(\mathfrak{C}_a(K))$ und $\mathfrak{R}_a(\partial\Omega)$. Insbesondere ist dann l_1 automatisch w'-w'-stetig.*

Beweis: Es bestehen folgende eineindeutige Abbildungen

$$a = \Pi^*: l_1(\mathfrak{C}_a(K)) \to \mathfrak{R}_a(\partial\Omega)\,, \qquad (w'\text{-}\|\cdot\|\text{-stetig})$$

$$b = \Pi^*: \mathfrak{C}_a(K) \to \mathfrak{R}_a(\partial\Omega)\,, \qquad (w'\text{-}\|\cdot\|\text{-stetig})$$

$$l_1: \mathfrak{C}_a(K) \to l_1(\mathfrak{C}_a(K))\,, \qquad (w'\text{-}w^*\text{-stetig})\,.$$

Somit ist $b^{-1}a$: $l_1(\mathfrak{C}_a(K)) \to \mathfrak{C}_a(K)$ w'-w'-stetig und invers zu l_1, d. h., $l_1(\mathfrak{C}_a(K))$ ist w'-kompakt, l_1 w'-w'-stetig und $\mathfrak{R}_a(\partial\Omega) \to l_1(\mathfrak{C}_a(K))$ ein $\|\cdot\|$-w'-Homöomorphismus. ◀

Satz 5. *M sei eine kompakte Menge wie in Lemma 2 und $P_a^{m-1}(M) \subset W^{m-1}(M)$ sei die Menge aller $h = \Phi\bar{\mu}|_M$, $\bar{\mu} \in \mathfrak{C}_a(K)$. Dann ist zu jedem $l \in A^{m-1}(K)$ genau eine affin-lineare $\|\cdot\|$-w'-stetige Abbildung*

$$i_l: P_a^{m-1}(M) \to \mathfrak{D}(\bar{\Omega})$$

bestimmt, die invers ist zur Potentialbildung $\bar{\mu} \to \Phi\bar{\mu}|_M$. Dabei wird $P_a^{m-1}(M)$ durch i_l $\|\cdot\|$-w'-homöomorph auf sein Bild abgebildet.

Beweis: Der Satz folgt unmittelbar aus Lemma 2, Satz 4 und Korollar 1, wenn man das Gebiet ersetzt durch ein etwas größeres Ω_1 mit $\bar{\Omega} \subset \Omega_1$, $\bar{\Omega}_1 \cap M = \emptyset$. ◀

Man kann die bewiesenen Aussagen noch präzisieren (vgl. [S 25], [S 26]) und zeigen, daß in den Sätzen 4, 5 nicht alle stetigen Inversen von Π^* bzw. der Potentialbildung beschrieben sind (im Gegensatz zu analogen Aussagen in III, § 5). Wir haben auch die Existenz nichttrivialer Elemente in $A^{m-1}(K)$ nicht gezeigt. Für den polyharmonischen Operator kann man jedoch leicht nichttriviale Abbildungen l konstruieren.

Wir beweisen noch eine allgemeine Aussage über die Existenz stetiger Inverser zur Potentialbildung $\bar{\mu} \to \Phi\bar{\mu}|_M$ auf $P_a^{m-1}(M)$. Hierzu verwenden wir folgendes Lemma, das nach den bisher bewiesenen Aussagen (und der eindeutigen Lösbarkeit des Dirichlet-Problems in genügend kleinen Kugeln) offensichtlich ist.

Lemma 4. *Es existiert eine vom Operator L abhängige Konstante $r > 0$, so daß folgendes gilt: Ist $K_0 \subset \Omega$ eine Kugel vom Radius $\leqq r$, so ist die Abbildung*

$$\Phi: \mathfrak{C}_a(\partial K_0) \to W^{m-1}(M) \tag{8}$$

($\bar{\mu} \to \Phi\bar{\mu}|_M$) ein w'-$\|\cdot\|$-Homöomorphismus zwischen $\mathfrak{C}_a(\partial K_0)$ und seinem Bild bezüglich (8).

Satz 6. *Es sei Ω' ein glattes einfach zusammenhängendes Teilgebiet von Ω mit $\bar{\Omega}' \supset \Omega$, für welches das Dirichlet-Problem für L eindeutig lösbar ist und $K = \partial\Omega'$. Dann existieren stets unendlich viele affin-lineare $\|\cdot\|$-w'-stetige Inverse*

$$i: P_a^{m-1}(M) \to \mathfrak{D}(\bar{\Omega})$$

zur Abbildung $\bar{\mu} \to \Phi\bar{\mu}|_M$.

Beweis: Wir überdecken K mit Kugeln $K_1, \ldots, K_N$ vom Radius $\leqq r$, welche ganz in Ω liegen. Wir wählen Funktionen φ_j aus $C_0^\infty(K_j)$ mit $\sum_{j=1}^{N} \varphi_j = 1$ auf K. Dann hat jedes Potential $h \in P_a^{m-1}(M)$ die Gestalt

$$h = \Phi\bar{\mu}|_M = \sum_{j=1}^{N} \Phi(\varphi_j\bar{\mu})|_M = \sum_{j=1}^{N} h_j\,.$$

$\bar{\mu}$ ist das durch h eindeutig bestimmte und w'-stetig abhängige Element aus $\mathfrak{C}_a(K)$. Die h_j sind durch h eindeutig bestimmt, und die Abbildungen $h \to h_j$ sind linear und stetig ($j = 1, \ldots, N$). Es sei Π_j^* der Balayage-Operator für das Dirichlet-Problem für $L^*u = 0$ in K_j. Nach Satz 5 ist die Abbildung

$$h_i \to \bar{\nu}_j = \Pi_j^*(\varphi_j \bar{\mu}) \in \mathfrak{D}(\partial K_j)$$

$\|\cdot\|$-w'-stetig. Die Abbildung

$$i : h \to \bar{\nu} = \sum_{j=1}^{N} \bar{\nu}_j$$

hat dann offenbar die behaupteten Eigenschaften. Wenn wir die Kugeln $K_1, \ldots, K_N$ und die Zerlegung der Einheit (φ_j) in Abhängigkeit von einem Parameter $j \in I$ variieren lassen und die dazugehörige Distribution mit $\bar{\nu}_j$ bezeichnen, so erhalten wir durch Integration über ein beliebiges Wahrscheinlichkeitsmaß auf I ähnlich wie in Beispiel 2 weitere stetige Inverse i, und der Satz ist gezeigt. ◀

§ 11. Offene Probleme

Wie bereits mehrfach angedeutet, sind viele naheliegende Analogien zur klassischen Potentialtheorie der in diesem Kapitel vorgestellten Potentialtheorie noch nicht bewiesen worden. Die Schwierigkeiten haben verschiedene Ursachen. Zunächst ist es der Natur des Dirichlet-Problems für Gleichungen höherer Ordnung in keiner Weise angemessen, Positivität der Lösung bei positiven Randwerten zu fordern. Die für potentialtheoretische Belange so wichtige $\mathfrak{J}$-Absolutstetigkeit der harmonischen Distributionen müßte also mit anderen Mitteln bewiesen werden. Ein zweiter Punkt ist, daß man trotz der zwangsläufigen Deutung der betrachteten Funktionale als Distributionen mit Darstellungen durch Maße arbeiten muß. Dies bringt Unbestimmtheiten der Potentiale auf Mengen der Kapazität Null mit sich, und es entsteht das Problem einer geeigneten Repräsentantenwahl. Hierbei gibt es auch unabhängig von potentialtheoretischen Bezügen ungelöste Probleme.

Schließlich sind die erforderlichen a priori-Abschätzungen nur für genügend glatte Gebiete bekannt. In diesem Zusammenhang kommt gewissen Stabilitätsuntersuchungen bei Ausschöpfung durch glatte Gebiete eine besondere Bedeutung zu.

Wir kommen jetzt zu einer Aufzählung einiger Probleme, wobei sich diese Liste leicht erweitern ließe.

11.1 Verhalten der Abschätzungskonstanten bei Änderung des Gebietes

Betrachtet wird der elliptische Operator $L(x, D)$ wie in § 1. Für welche Gebiete Ω gilt dann die Abschätzung

$$\sum_{|\alpha| \leq m-1} \sup_{x \in \Omega} |D^\alpha u(x)| \leq c_\Omega \sum_{|\alpha| \leq m-1} \sup_{y \in \partial\Omega} |D^\alpha u(y)| \tag{1}$$

für alle $u \in C^{2m}(\Omega) \cap C^{m-1}(\bar{\Omega})$ mit $Lu = 0$? (Notwendig hierfür ist natürlich die Eindeutigkeit der Lösung des Dirichlet-Problems.) Weiterhin ist es wichtig, für welche Änderungen des Gebietes die Konstante c_Ω von Ω stetig abhängt, z. B. bei gewissen Ausschöpfungen eines gegebenen Gebietes durch glatte Gebiete, und für welche Klassen von Gebieten c_Ω unabhängig von Ω gewählt werden kann (etwa für alle Ω innerhalb einer Kugel, falls keine Eigengebiete vorliegen).

11.2. Dirichlet-Problem in beliebigen Gebieten

Die Formulierung des Dirichlet-Problems für elliptische Gleichungen beliebiger Ordnung, die wir in § 1 anführten, ist keine zwangsläufige Verallgemeinerung des Falles zweiter Ordnung. Vielmehr sollte man ähnlich wie in V.3.4. das Problem folgendermaßen stellen (der Einfachheit halber sei n ungerade und $2m < n$). $\Omega \subset R^n$ sei ein beschränktes Gebiet. Es bezeichne $\mathcal{J}_{(k)} \subseteqq B$ das System der Mengen der Rieszschen $(2 + 2[k/2])$-Kapazität Null (d. h. bezüglich des Kernes $|x - y|^{-n+2+2[k/2]}$, wobei $[k/2]$ die größte ganze Zahl ist $\leqq k/2$, $k = 1, \dots, n$). Dann gilt $\mathcal{J}_{(1)} \supseteqq \mathcal{J}_{(2)} \supseteqq \cdots \supseteqq \mathcal{J}_{(n)}$. Nach Lemma 3 aus II.1.4. existiert eine kompakte Menge $K_{(k)} \subseteqq \partial\Omega$, so daß für jede offene Menge $G \subseteqq R^n$ mit $G \cap K_{(k)} \neq \emptyset$ folgt $G \cap K_{(k)} \notin \mathcal{J}_{(k)}$ und $\partial\Omega \setminus K_{(k)} \in \mathcal{J}_{(k)}$.
Es gilt dann offenbar

$$K_{(1)} \subseteqq K_{(2)} \subseteqq \cdots \subseteqq K_{(n)} = \partial\Omega\,. \tag{2}$$

Auf $K_{(k)}$ sei ein W-Taylor-Feld

$$g_{(k)} \in W^{m-1-[k/2]}(K_{(k)})$$

gegeben, und bei der natürlichen Abbildung

$$W^{m-1-[k/2]}(K_{(k)}) \to W^{m-1-\left[\frac{k+1}{2}\right]}(K_{(k)})$$

gehe $g_{(k)}$ über in $g_{(k+1)}|K_{(k)}$, d. h., eine Verträglichkeitsbedingung sei erfüllt. Gesucht wird dann in Ω eine Lösung der Gleichung $Lu = 0$, deren Ableitung bis zur Ordnung $m - 1 - [k/2]$ als Grenzwerte auf $K_{(k)}$ existieren und gilt

$$(D^\alpha u)_{|\alpha| \leqq m-1-[k/2]} = g_{(k)} \qquad (m - 1 - [k/2] \geqq 0)\,.$$

Da über dieses modifizierte Dirichlet-Problem noch zu wenig bekannt ist, werden wir alle weiteren Betrachtungen wieder auf den in §§ 1—6 untersuchten Fall beziehen.

11.3. Probleme zum Balayage-Prinzip und zur Regularität

Die Abschätzung (1) sei erfüllt, und es sei $r_{\partial\Omega} D(\overline{\Omega}) = W^{m-1}(\partial\Omega)$. Gilt dann

$$\Pi\mathfrak{F}(\overline{\Omega}) = \mathfrak{F}^*(\partial\Omega)\,?$$

Dies ist so zu verstehen, ob sich unter den Repräsentanten durch Maße der Distribution $\Pi\mu \in \mathfrak{D}(\partial\Omega)$ ein Element aus $\mathfrak{F}^*(\partial\Omega)$ befindet; denn repräsentieren kann man $\Pi\mu$ stets auch in anderer Weise. Für glatte Gebiete ist die Antwort positiv. Für elliptische Gleichungen zweiter Ordnung gilt die Aussage, wenn das Gebiet regulär ist.
Es sei $\mu_{x_0,\alpha_0} = \Pi\delta_{x_0,\alpha_0}$ also

$$\Phi^\beta_{\alpha_0}(x_0, z) = \sum_{|\alpha| \leqq m-1} \int \Phi^\beta_\alpha(y, z)\, d\mu^\alpha_{x_0,\alpha_0}(y)$$

für $\mathcal{J}$-fast alle $z \in \complement\Omega$ und alle $|\alpha_0|$, $|\beta| \leqq m - 1$. Ist die eventuelle Ausnahmemenge auf $\partial\Omega$ von $x_0 \in \Omega$ unabhängig? Ist in der Relation $\Phi^*\mu(z) = \Phi^*(\Pi\mu)(z)$ für $\mathcal{J}$-fast alle $z \in C\Omega$ die Ausnahmemenge leer, falls

$$r_{\partial\Omega}\{\Phi\lambda : \lambda \in \mathfrak{F}, \operatorname{supp}\lambda \subseteqq C\Omega\}$$

in $W^{m-1}(\partial\Omega)$ dicht liegt? Folgt aus der genannten Dichtheit $\mu_{x_0,\alpha_0} \in \mathfrak{F}^*$ für alle $x_0 \in \Omega$, $|\alpha_0| \leqq m-1$? Liegt diese Dichtheit vor, falls diese Ausnahmemenge stets leer ist?

Es sei $x_0 \in \Omega$, $|\alpha_0| \leqq m-1$. Dann gilt mit $\mu_{x_0,\alpha_0} = \Pi\delta_{x_0,\alpha_0}$

$$\Phi^\beta_{\alpha_0}(x_0, z) = \sum_{|\alpha| \leqq m-1} \int \Phi^\beta_\alpha(y, z)\, d\mu^\alpha_{x_0,\alpha_0}(y) \tag{3}$$

für $\mathcal{J}$-fast alle $z \in C\Omega$, $|\beta| \leqq m-1$. $z_0 \in \partial\Omega$ sei ein Randpunkt, in welchem die Poincarésche Kegelbedingung erfüllt ist (vgl. [L 7]). Gilt dann (3) in $z = z_0$?

Ist der Lebesguesche Dorn für das Dirichlet-Problem bei der polyharmonischen Gleichung im R^3 irregulär in dem Sinne, daß $S(\partial\Omega)$ nicht dicht ist in $W^{m-1}(\partial\Omega)$?

11.4. Weitere Probleme über Potentiale

Es sei $2m < n$. Wir bilden für beliebiges ganzes k mit $0 \leqq k \leqq 2m-1$ den Kern

$$\Psi_k(x, z) = \max_{|\alpha|+|\beta| \leqq k} \{\max([\Phi^\beta_\alpha(x, z)]^+, [\Phi^\beta_\alpha(x, z)]^-)\}.$$

Existiert dann eine Umgebung U des Koordinatenursprungs, so daß mit geeigneten Konstanten $c_1, c_2 > 0$ gilt

$$\frac{c_1}{|x-z|^{2m-k-n}} \leqq \Psi_k(x, z) \leqq \frac{c_2}{|x-z|^{2m-k-n}}$$

für alle $x, z \in R^n$ mit $x - z \in U$? Ein analoges Problem besteht im Fall $2m \geqq n$. (Die zweite Ungleichung ist bekannt.)

Es seien $\Phi_i(x, z)$ $(i = 1, 2, 3)$ nichtnegative nach unten halbstetige Kerne, die für $x \neq z$ stetig sind, und es gelte für ein $\delta > 0$ mit geeigneten Konstanten $c_1, c_2 > 0$ die Abschätzung

$$c_1\Lambda_1(x, z) \leqq \Lambda_3(x, z) \leqq c_2\Lambda_2(x, z) \qquad \text{für } |x-z| \leqq \delta .$$

Für jedes (nicht notwendig positive) skalare Maß η mit $K = \operatorname{supp}\eta$ kompakt und $\int \Lambda_i(x, z)\, d\eta^\pm(z) < \infty$ für alle $x \in R^n$ gelte

$$\int \Lambda_i(x, z)\, d\eta(z)|_K \in C(K) \Rightarrow \int \Lambda_i(x, z)\, d\eta(z) \in C(R^n) \tag{4}$$

$(i = 1, 2)$. (Für den Newtonschen Kern ist (4) erfüllt, vgl. Kapitel III.) Besteht (4) auch für den Kern $\Lambda_3(x, z)$?

Es seien $\mu = (\mu^\alpha)_{|\alpha| \leqq m-1}$, $\nu = (\nu^\beta)_{|\beta| \leqq m-1}$ Tupel von Maßen, und $E(x, z)$ sei eine Fundamentallösung des elliptischen Operators $L(x, D)$ auf $R^n \times R^n$ (ord $L = 2m$),

$$\mu(\Phi\nu) = \sum_{|\alpha| \leqq m-1} \int \Bigl\{ \sum_{|\beta| \leqq m-1} \int \Phi^\beta_\alpha(x, z)\, d\nu^\beta(z) \Bigr\}\, d\mu^\alpha(x).$$

Welche Eigenschaften hat diese Bilinearform in bezug auf Vorzeichen, Nullraum, Stetigkeit bezüglich verschiedener Topologien im Raum der Distributionen der Ordnung $m-1$ usw.? Kann man diese Bilinearform ähnlich einsetzen wie in der klassischen Potentialtheorie?

In § 3 haben wir darauf hingewiesen, daß verschiedene Darstellungen einer Distribution $\bar{\mu}$ durch Maße $\mu = (\mu^\alpha)_{|\alpha| \leqq m-1}$ auf Mengen der Kapazität Null zu Unbestimmtheiten in der Potentialdefinition führen können. Es besteht nun das Problem, ob man diese Unbestimmtheiten beseitigen oder „verringern" kann durch eine möglichst reguläre Wahl der repräsentierenden Maße. Wir setzen jetzt $q = m - 1$ und bestimmen in $\mathfrak{R}(\mu)$ (vgl. VII.3.2.) solche Maße $\lambda = (\lambda^\alpha)_{|\alpha| \leq q}$, bei denen die Masse $\|\lambda^\alpha\|$ für große $|\alpha|$ möglichst klein wird. Hierzu sei $\bar{\mu} \in \mathfrak{D}_0^{q\prime}$, und $\mathfrak{R}_1$ sei die Menge aller diese Distribution repräsentierenden Maßtupel $\mu = (\mu^\alpha)_{|\alpha| \leq q}$ mit $\operatorname{supp} \mu = \operatorname{supp} \bar{\mu}$ und $\|\mu\| = \|\bar{\mu}\|$. Wenn wir setzen

$$n_q = \inf_{\mu \in \mathfrak{R}_1} \max_{|\alpha| = q} \|\mu^\alpha\| ,$$

so existiert eine Folge $(\mu_k)_{k \in N} \subset \mathfrak{R}_1$ mit

$$\max_{|\alpha| = q} \|\mu_k^\alpha\| \to n_q .$$

Aus Gründen der w^*-Kompaktheit der Einheitskugel in $\mathfrak{M}(\operatorname{supp} \bar{\mu})$ existiert eine Teilfolge $(\mu_{k_j}^\alpha)_{j \in N}$, so daß die Folgen $(\mu_{k_j}^{\alpha \pm})_{j \in N}$ w^*-konvergieren für alle $|\alpha| \leq q$. Wir erhalten also ein $\mu_{(q)} \in \mathfrak{R}_1$ mit

$$n_q = \max_{|\alpha| = q} \|\mu_{(q)}^\alpha\| . \tag{5}$$

Es sei $\mathfrak{R}_{1,q}$ die Menge aller $\mu \in \mathfrak{R}_1$ mit der Eigenschaft (5) und

$$n_{q-1} = \inf_{\mu \in \mathfrak{R}_{1,q}} \max_{|\alpha| = q-1} \|\mu^\alpha\| .$$

Dann finden wir analog ein $\mu_{(q-1)} \in \mathfrak{R}_{1,q}$, das dieses Infimum annimmt. Durch Fortsetzung der Konstruktion folgt schließlich eine Darstellung $\lambda = \mu_{(0)}$ von $\bar{\mu}$, bei der die Komponenten bei hohen Ableitungen möglichst wenig Masse haben.

In der Definition des Potentials $\Phi\lambda$ gehen also die höheren Ableitungen von $E(x, z)$ (deren Singularität am stärksten ist) mit einem geringeren Gewicht ein als bei einer beliebigen anderen Darstellung von $\bar{\mu}$. Es ist eine nicht untersuchte Frage, ob dadurch die Unbestimmtheiten in der Potentialdefinition stets beseitigt werden können oder wie sich die Unbestimmtheiten verhalten bei verschiedener Wahl solcher regulärsten Darstellungen.

IX. POTENTIALTHEORIE FÜR ELLIPTISCHE GLEICHUNGEN BELIEBIGER ORDNUNG (FORTSETZUNG)

§ 1. Beppo-Levi-Funktionen

1.1. Vollständigkeit von $BL_m^{\cdot}(\Omega)$

Definition 1. Es sei $m \geqq 0$ eine natürliche Zahl und

$$BL_m(\Omega) = \{u \in \mathcal{D}'(\Omega) : D^\alpha u \in L^2(\Omega) \text{ für alle } |\alpha| = m\} .$$

$BL_m(\Omega)$ ist also der Vektorraum derjenigen Distributionen u im Gebiet Ω, deren m-te distributionentheoretische Ableitungen sich durch Funktionen aus $L^2(\Omega)$ repräsentieren lassen. Diese u bezeichnen wir als Beppo-Levi-Funktionen der Ordnung m.

Nach Definition der Sobolev-Räume $W^{m,2}(\Omega)$ erhalten wir $W^{m,2}(\Omega) \subseteqq BL_m(\Omega)$. Es sei für $u \in BL_m(\Omega)$

$$||u||_{BL_m(\Omega)} = \left[\sum_{|\alpha|=m} \frac{m!}{\alpha_1! \cdots \alpha_n!} \int_\Omega |D^\alpha u|^2 \, dx \right]^{1/2} . \tag{1}$$

Hierdurch ist auf $BL_m(\Omega)$ eine Halbnorm definiert, die genau dann verschwindet, wenn u ein Polynom vom Grad $\leqq m - 1$ ist.

Den Teilraum aller Polynome vom Grad $\leqq m - 1$ bezeichnen wir mit P. Wir setzen

$$BL_m^{\cdot}(\Omega) = BL_m(\Omega)/P .$$

Auf dem Raum $BL_m^{\cdot}(\Omega)$ ist

$$(u_1, u_2)_{BL_m^{\cdot}(\Omega)} = \sum_{|\alpha|=m} \frac{m!}{\alpha_1! \cdots \alpha_n!} \int_\Omega D^\alpha u_1 \overline{D^\alpha u_2} \, dx \tag{2}$$

ein Skalarprodukt (es hängt offenbar nur von den Äquivalenzklassen $\dot{u}_i = u_i + P \in BL_m^{\cdot}(\Omega)$ ab $(i = 1, 2)$). Im Fall $m = 1$ schreiben wir zur Abkürzung $BL_1^{\cdot}(\Omega) = BL^{\cdot}(\Omega)$.

Der Raum $BL_m^{\cdot}(\Omega)$ tritt auf beim Studium des Dirichlet-Integrals bei elliptischen Differentialgleichungen (vgl. [D 4]). In diesem Zusammenhang hat bereits 1906 Beppo Levi derartige Räume eingeführt (für den Fall $m = 1$ und in modifizierter Form).

Lemma 1. *$BL^{\cdot}(\Omega)$ ist bezüglich des Skalarprodukts* (2) *ein* Hilbert-*Raum.*

Beweis: Es sei $(\dot{u}_k)_{k \in N}$ $(\dot{u}_k \in BL^{\cdot}(\Omega))$ eine Cauchy-Folge bezüglich der Norm (2) und $u_k \in \dot{u}_k$ seien beliebig ausgewählte Repräsentanten. Dann ist $\left(\frac{\partial}{\partial x_i} u_k\right)$ für alle $i = 1, \ldots, n$ eine Cauchy-Folge in $L^2(\Omega)$. Also gilt

$$\frac{\partial}{\partial x_i} u_k \to u^i \qquad \text{in } L^2(\Omega) .$$

Die Existenz einer Distribution $u \in \mathcal{D}'(\Omega)$ mit $\frac{\partial}{\partial x_i} u = u^i$ $(i = 1, \dots, n)$ folgt dann aus einem Satz aus [R 4] (Theorem C, Seite 40; vgl. auch [D 4], S. 309). ◀

Lemma 2. *Es sei* $(u_k)_{k \in N} \subset \mathcal{D}'(\Omega)$ *eine Folge, und* $\left(\frac{\partial}{\partial x_i} u_k\right)_{k \in N}$ *konvergiere in* $\mathcal{D}'(\Omega)$ *für alle* $i = 1, \dots, n$. *Dann existiert eine Folge von Konstanten* $(c_k)_{k \in N}$, *so daß* $(u_k + c_k)_{k \in N}$ *ebenfalls in* $\mathcal{D}'(\Omega)$ *konvergiert.*

Beweis: Es sei Ω_0 ein offener in Ω enthaltener Würfel. Ohne Beschränkung der Allgemeinheit nehmen wir etwa an $\Omega_0 = \{x \colon 0 < x_i < 1;\, i = 1, \dots, n\}$. Wir wählen beliebige Funktionen $\omega_i \in C_0^\infty(0, 1)$ der Variablen x_i mit der Eigenschaft $\int\limits_0^1 \omega_i(t)\, dt = 1$ $(i = 1, \dots, n)$, und diese Funktionen seien festgehalten. Zu jedem $\varphi \in C_0^\infty(\Omega_0)$ konstruieren wir die Funktion

$$\varphi_1(x_2, \dots, x_n) = \int\limits_0^1 \varphi(t, x_2, \dots, x_n)\, dt\,.$$

Für $j < n$ sei $\Omega_j = \{(x_{j+1}, \dots, x_n) \colon 0 < x_i < 1;\;\; i = j + 1, \dots, n\}$. Dann gilt $\varphi_1 \in C_0^\infty(\Omega_1)$, und die Funktion $\varrho_1 = \varphi - \omega_1 \varphi_1 \in C_0^\infty(\Omega_0)$ hat die Eigenschaft

$$\int\limits_0^1 \varrho_1(t, x_2, \dots, x_n)\, dt = 0\,.$$

Somit liegt

$$\psi_1(x) = \int\limits_0^{x_1} \varrho_1(t, x_2, \dots, x_n)\, dt$$

ebenfalls in $C_0^\infty(\Omega_0)$, und nach Definition von ϱ_1, ψ_1 gilt

$$\varphi = \omega_1 \varphi_1 + \frac{\partial}{\partial x_1} \psi_1\,. \tag{3}$$

Für die Funktion $\varphi_1 \in C_0^\infty(\Omega_1)$ erhalten wir nach demselben Verfahren eine Zerlegung

$$\varphi_1 = \omega_2 \varphi_2 + \frac{\partial}{\partial x_2} \psi_2$$

mit $\psi_2 \in C_0^\infty(\Omega_1)$, $\varphi_2 = \varphi_2(x_3, \dots, x_n) \in C_0^\infty(\Omega_2)$. Einsetzen in (3) ergibt

$$\varphi = \omega_1 \omega_2 \varphi_2 + \frac{\partial}{\partial x_2} (\omega_1 \psi_2) + \frac{\partial}{\partial x_1} \psi_1\,.$$

Nach Fortsetzung des Prozesses folgt schließlich die Zerlegung

$$\varphi = \omega_1 \omega_2 \cdots \omega_n \varphi_n + \frac{\partial}{\partial x_n} (\omega_1 \cdots \omega_{n-1} \psi_n) + \cdots + \frac{\partial}{\partial x_1} \psi_1 \tag{4}$$

$\left(\varphi_n = \int\limits_\Omega \varphi(x)\, dx\right)$. Wir betrachten nun die Einschränkung der Folge $(u_k)_{k \in N}$ auf Ω_0 und bezeichnen diese ebenfalls wieder mit $(u_k)_{k \in N}$. Nach Voraussetzung und unter Berücksichtigung von Lemma 1 existiert ein $u \in \mathcal{D}'(\Omega_0)$ mit

$$\frac{\partial}{\partial x_i} u_k \to \frac{\partial}{\partial x_i} u \quad \text{in } \mathcal{D}'(\Omega_0) \qquad (i = 1, \dots, n)\,. \tag{5}$$

Es sei $\varphi \in C_0^\infty(\Omega_0)$. Aus der Zerlegung (4) folgt (wenn man $\omega_0 = 1$ setzt)

$$u_k(\varphi) = \varphi_n u_k(\omega_1 \cdots \omega_n) - \sum_{i=1}^n \left(\frac{\partial}{\partial x_i} u_k\right)(\omega_1 \cdots \omega_{i-1}\psi_i)\,,$$

$$u(\varphi) = \varphi_n u(\omega_1 \cdots \omega_n) - \sum_{i=1}^n \left(\frac{\partial}{\partial x_i} u\right)(\omega_1 \cdots \omega_{i-1}\psi_i)\,.$$

Mit den Abkürzungen $a_k = -u_k(\omega_1 \cdots \omega_n)$, $a = -u(\omega_1 \cdots \omega_n)$ erhalten wir

$$(u_k + a_k)(\varphi) = -\sum_{i=1}^n \left(\frac{\partial}{\partial x_i} u_k\right)(\omega_1 \cdots \omega_{i-1}\psi_i)\,,$$

$$(u + a)(\varphi) = \sum_{i=1}^n \left(\frac{\partial}{\partial x_i} u\right)(\omega_1 \cdots \omega_{i-1}\psi_i)\,.$$

Es sei $c_k(\Omega_0) = a_k - a$. Wegen (5) folgt dann

$$u_k + c_k(\Omega_0) \to u \qquad \text{für } k \to \infty \tag{6}$$

in $\mathcal{D}'(\Omega_0)$. Somit existiert zu jedem Würfel $\Omega_0 \subset \Omega$ eine Folge von Konstanten $c_k(\Omega_0)$ mit der Eigenschaft (6). Wenn wir zwei Würfel Ω_0, Ω_0' mit nichtleerem Durchschnitt betrachten, so gilt (6) mit den Konstanten $c_k(\Omega_0)$ bzw. $c_k(\Omega_0')$ auch für $\Omega_0 \cap \Omega_0'$. Bilden wir die Differenzen, so erhalten wir $c_k(\Omega_0) - c_k(\Omega_0') \to 0$, d. h., (6) gilt in $\mathcal{D}'(\Omega_0 \cup \Omega_0')$. Damit ist Lemma 2 bewiesen. ◀

Satz 1. *Der Raum* $\dot{BL}_m(\Omega)$ $(m \geqq 1)$ *ist bezüglich des Skalarproduktes* (2) *ein* HILBERT-*Raum*.

Beweis: Wir haben wieder die Vollständigkeit zu zeigen. Der Beweis wird in drei Schritten geführt. (a) Es sei $(\dot{u}_k)_{k \in N}$ eine CAUCHY-Folge in $\dot{BL}_m(\Omega)$ und $(u_k)_{k\in N}$ eine entsprechende Folge von Repräsentanten $u_k \in \dot{u}_k$. Wir setzen $s_{k,\beta} = D^\beta u_k$, und es sei dabei $|\beta| = m - 1$. Nach Konstruktion gilt dann $s_{k,\beta} \in BL_1(\Omega)$, $\dot{s}_{k,\beta} \in \dot{BL}_1(\Omega)$. Außerdem ist auf Grund unserer Annahme die Folge $(\dot{s}_{k,\beta})_{k\in N}$ eine CAUCHY-Folge in $\dot{BL}_1(\Omega)$, die nach Lemma 1 in $\dot{BL}_1(\Omega)$ gegen ein $\dot{s}_\beta \in \dot{BL}_1(\Omega)$ konvergiert. Nach Lemma 2 existieren Konstanten $c_{k,\beta}$ mit

$$s_{k,\beta} + c_{k,\beta} \to s_\beta \qquad \text{in } \mathcal{D}'(\Omega)\,.$$

Es sei $q_\beta = (D^\beta x^\beta)^{-1}$ und

$$u_k^1 = u_k + \sum_{|\beta| = m-1} c_{k,\beta} q_\beta x^\beta\,.$$

Dann folgt für $k \to \infty$

$$D^\beta u_k^1 \to s_\beta \qquad \text{in } \mathcal{D}'(\Omega)\,. \tag{7}$$

(b) Durch vollständige Induktion beweisen wir jetzt folgende Aussage. Es existiert eine Distribution $u \in \mathcal{D}'(\Omega)$ mit $D^\alpha u_k \to D^\alpha u$ in $\mathcal{D}'(\Omega)$ für $|\alpha| = m$. Für $m = 1$ ist die Aussage richtig, entsprechend dem Beweis von Lemma 1. Die Behauptung sei gezeigt für $1, 2, \ldots, m - 1$. Dann erhalten wir sie für m wie folgt. Nach Induktionsannahme und (7) existiert ein $u \in \mathcal{D}'(\Omega)$ mit

$$D^\beta u_k^1 \to D^\beta u \qquad \text{in } \mathcal{D}'(\Omega) \text{ für } |\beta| = m - 1\,.$$

Zu jedem Multiindex α mit $|\alpha| = m$ finden wir einen Multiindex β mit $|\beta| = m - 1$ und $D^\alpha = \frac{\partial}{\partial x_i} D^\beta$. Daraus folgt aber

$$D^\alpha u_k = \frac{\partial}{\partial x_i}(D^\beta u_k) = \frac{\partial}{\partial x_i}(D^\beta u_k^1) \to \frac{\partial}{\partial x_1} D^\beta u = D^\alpha u .$$

(c) Ist nun $(u_k)_{k\in N}$ die in (a) betrachtete Cauchy-Folge, so gilt einerseits

$$D^\alpha u_k \to u^\alpha \in L^2(\Omega) \qquad \text{in } L^2(\Omega) \qquad (|\alpha| = m)$$

und andererseits nach dem Ergebnis von (b)

$$D^\alpha u_k \to D^\alpha u \qquad \text{in } \mathcal{D}'(\Omega) .$$

Durch analoge Überlegungen wie im Beweis von Lemma 1 folgt daraus $D^\alpha u = u^\alpha$, womit $D^\alpha u_k \to D^\alpha u$ in $L^2(\Omega)$, d. h. $u_k \to u$ in $BL_m^{\cdot}(\Omega)$ und damit die Vollständigkeit von $BL_m^{\cdot}(\Omega)$ bewiesen ist. ◀

1.2. Orthogonale Zerlegungen

Wir bezeichnen das Bild von $C_0^\infty(\Omega) \subset BL_m(\Omega)$ unter der orthogonalen Projektion $BL_m(\Omega) \to BL_m^{\cdot}(\Omega)$ mit $\dot{C}_0^\infty(\Omega)$. Weiterhin sei $(BL_m^{\cdot})_0(\Omega)$ die Abschließung von $\dot{C}_0^\infty(\Omega)$ in $BL_m^{\cdot}(\Omega)$.

Lemma 3. *Es sei $\mathcal{H}_m^{\cdot}(\Omega)$ der Teilraum derjenigen Klassen $\dot{u}$ von Distributionen $u \in BL_m(\Omega)$, die $\Delta^m u = 0$ in Ω erfüllen. Dann besteht die orthogonale Zerlegung*

$$BL_m^{\cdot}(\Omega) = (BL_m^{\cdot})_0(\Omega) \oplus \mathcal{H}_m^{\cdot}(\Omega). \tag{8}$$

Beweis: $(BL_m^{\cdot})_0(\Omega)$ besitzt im Hilbert-Raum $BL_m^{\cdot}(\Omega)$ ein orthogonales Komplement $\mathcal{H}$. Zum Beweis von $\mathcal{H} = \mathcal{H}_m^{\cdot}(\Omega)$ sei $\dot{u} \in \mathcal{H}$, und $u \in \dot{u}$ sei ein beliebiger Repräsentant. Nach Definition von $\mathcal{H}$ folgt dann

$$(u, \varphi)_{BL_m(\Omega)} = 0 \qquad \text{für alle } \varphi \in C_0^\infty(\Omega)$$

und durch Vergleich mit (2) und partielle Integration

$$\int u\, \Delta^m \varphi \, dx = 0 \qquad \text{für alle } \varphi \in C_0^\infty(\Omega) ,$$

also $\Delta^m u = 0$ im distributionentheoretischen Sinn. (Es handelt sich dann stets sogar um klassische Lösungen.) Andererseits liegt jedes $\dot{u} \in \mathcal{H}_m^{\cdot}(\Omega)$ offenbar auch in $\mathcal{H}$. ◀

Mit $\hat{\mathfrak{D}}^m(\Omega)$ bezeichnen wir die Vervollständigung des Raumes $C_0^\infty(\Omega)$ bezüglich der Norm (1). Mit dem entsprechenden Skalarprodukt, das formal die Gestalt (2) besitzt, ist $\hat{\mathfrak{D}}^m(\Omega)$ ein Hilbert-Raum. Wir zeigen an einem Beispiel, daß $\hat{\mathfrak{D}}^m(\Omega)$ im allgemeinen nicht als Teilraum von $\mathfrak{D}'(\Omega)$ aufgefaßt werden kann.

Es sei $n = 1$ und $\Omega = R^1$. Dann ist $\hat{\mathfrak{D}}^1(R^1)$ kein Teilraum von $\mathfrak{D}'(R^1)$. Um dies einzusehen, betrachtet man etwa die Folge $(f_k)_{k\in N}$ mit

$$f_k(x) = \begin{cases} 0 & \text{für } |x| \geqq k^3 , \\ k & \text{für } x = 0 . \\ \text{linear und stetig sonst} . \end{cases}$$

Weiter sei $\varphi_k = f_k * \varrho$ $\left(\varrho \in C_0^\infty(R^n)\right)$. Offensichtlich gilt $\frac{\mathrm{d}}{\mathrm{d}x}\varphi_k \to 0$ in $L^2(R^1)$, während φ_k in $\mathfrak{D}'(R^1)$ nicht konvergiert, also gilt nicht $\hat{\mathfrak{D}}^1(R^1) \subseteqq \mathfrak{D}'(R^1)$. Demgegenüber sei bemerkt, daß nach Lemma 2 eine Folge (c_k) von Konstanten existiert, so daß die Folge $(\varphi_k + c_k)$ in $\mathfrak{D}'(R^1)$ konvergent ist.

Satz 2. *Es sei* $\hat{\mathfrak{D}}^m(\Omega) \subseteqq \mathfrak{D}'(\Omega)$. *Dann besitzt jedes* $u \in BL_m(\Omega)$ *eine eindeutige Zerlegung* $u = u_1 + u_2$ *mit* $u_1 \in \hat{\mathfrak{D}}^m(\Omega)$, $u_2 \in BL_m(\Omega)$ *und* $\Delta^m u_2 = 0$. *Dabei gilt*

$$||u||^2_{BL_m(\Omega)} = ||u_1||^2_{BL_m(\Omega)} + ||u_2||^2_{BL_m(\Omega)} \,. \tag{9}$$

Beweis: Wir betrachten die durch $u \in BL_m(\Omega)$ definierte Klasse $\dot{u} \in BL_m(\Omega)$. Nach Lemma 3 existiert eine eindeutige Zerlegung

$$u = u_1 + u_2\,, \qquad (\dot{u}_1 \in (BL_m^\cdot)_0\,(\Omega)\,, \quad \dot{u}_2 \in \mathcal{H}_m^\cdot(\Omega))\,.$$

Der Isomorphismus von $C_0^\infty(\Omega)$ auf $\dot{C}_0^\infty(\Omega)$ läßt sich offenbar zu einem isometrischen Isomorphismus von $\hat{\mathfrak{D}}^m(\Omega)$ auf $(BL_m)_0^\cdot\,(\Omega)$ fortsetzen. Es sei u_1 das $\dot{u}_1$ gemäß diesem Isomorphismus eindeutig zugeordnete Element aus $\hat{\mathfrak{D}}^m(\Omega)$. Auf Grund der Voraussetzung gilt $u_1 \in \dot{u}_1$. Somit liegt $u_2 = u - u_1$ in $\dot{u}_2$, und wir erhalten die behauptete Zerlegung. (9) ist eine unmittelbare Konsequenz der Orthogonalität der Zerlegung. ◀

1.3. Interpretation als Distribution

Die folgenden Überlegungen dienen der Charakterisierung derjenigen Gebiete $\Omega \subseteqq R^n$, für die gilt

$$\hat{\mathfrak{D}}^m(\Omega) \subseteqq \mathfrak{D}'(\Omega) \tag{10}$$

(mit stetiger Einbettung), vgl. [H 11].

Lemma 4. (10) *ist genau dann erfüllt, wenn die Linearformen*

$$\varphi \to \int \varphi\psi \,\mathrm{d}x \tag{11}$$

auf $C_0^\infty(\Omega)$ *stetig sind bezüglich der Norm* (1) *für alle* $\varphi \in C_0^\infty(\Omega)$.

Beweis: Wir setzen zunächst (10) voraus, und $(\varphi_k)_{k\in N}$ sei eine Cauchy-Folge bezüglich der Norm (1). Dann konvergiert diese Folge nach Voraussetzung in $\mathfrak{D}'(\Omega)$, d. h., $\int\limits_\Omega \varphi_k\psi\,\mathrm{d}x$ bildet eine Cauchy-Folge für alle $\psi \in C_0^\infty(\Omega)$. Somit sind die Linearformen (11) stetig in $\hat{\mathfrak{D}}^m(\Omega)$.

Umgekehrt seien alle diese Linearformen stetig, d. h.

$$\left|\int\limits_\Omega \varphi\psi \,\mathrm{d}x\right| \leqq c(\varphi, \Omega)\, ||\varphi||_{BL_m(\Omega)}\,.$$

Daraus erhalten wir unmittelbar (10). Um zu zeigen, daß diese Einbettung eineindeutig ist, sei $(\varphi_k)_{k\in N} \subset C_0^\infty(\Omega)$ eine Folge, die in $\mathfrak{D}'(\Omega)$ gegen Null konvergiert. Dann erhalten wir $\varphi_k \to 0$ in $\hat{\mathfrak{D}}^m(\Omega)$, denn für alle $\psi \in C_0^\infty(\Omega)$ gilt

$$\begin{aligned}(\varphi_k, \psi)_{BL_m(\Omega)} &= \sum_{|\alpha|=m} \frac{m!}{\alpha!} \int\limits_\Omega D^\alpha\varphi_k\, D^\alpha\psi\,\mathrm{d}x \\ &= (-1)^m \sum_{|\alpha|=m} \frac{m!}{\alpha!} \int\limits_\Omega \varphi_k D^\alpha(D^\alpha\psi)\,\mathrm{d}x = (-1)^m \int\limits_\Omega \varphi_k\, \Delta^m\psi\,\mathrm{d}x \to 0\,. \end{aligned}$$ ◀

Zur näheren Charakterisierung der bezüglich der Norm (1) stetigen Linearformen auf dem Raum $C_0^\infty(R^n)$ verwenden wir die Fourier-Transformation

$$F[\varphi](\xi) = \hat{\varphi}(\xi) = \int_{R^n} \varphi(x)\, e^{-2\pi i \langle x,\xi\rangle}\, dx .$$

Lemma 5. *Eine Linearform u auf dem Raum $C_0^\infty(R^n)$ ist bezüglich der Norm* (1) (*mit $\Omega = R^n$*) *stetig genau dann, wenn gilt $u \in \mathscr{S}'$ und $\hat{u}\,|\xi|^{-m} \in L^2(R^n)$.*

Beweis: Wir setzen zur Abkürzung $A = F[C_0^\infty(R^n)]$. Nach den Rechenregeln für die Fourier-Transformation F (insbesondere dem Satz von Plancherel) gilt für $|\alpha| = m$

$$\int_{R^n} |D^\alpha \varphi|^2\, dx = (2\pi)^{2m} \int |\xi|^{2m}\, |\hat{\varphi}(\xi)|^2\, d\xi .$$

u ist also genau dann eine stetige Linearform auf $C_0^\infty(R^n)$ bezüglich der Norm (1), wenn $u \circ F^{-1}$ eine stetige Linearform auf A ist bezüglich der Norm

$$||\hat{\varphi}||_A = \Big(\int_{R^n} (2\pi)^{2m}\, |\xi|^{2m}\, |\hat{\varphi}(\xi)|^2\, d\xi\Big)^{1/2} .$$

A ist ein Teilraum des Hilbert-Raumes der mit dem Gewicht $|\xi|^{2m}$ quadratisch integrierbaren Funktionen. Wir erhalten zu gegebenem u also ein f mit $|\xi|^m f \in L^2(R^n)$ und

$$(u \circ F^{-1})\, \hat{\varphi} = (2\pi)^{2m} \int |\xi|^{2m}\, \hat{\varphi}(\xi)\, f(\xi)\, d\xi = \hat{u}(\hat{\varphi}) . \tag{12}$$

Wegen $|\xi|^{2m} f \in \mathscr{S}'$ gilt $u \in \mathscr{S}'$ mit $\hat{u} = |\xi|^{2m} f$ und $u(\varphi) = \hat{u}(\hat{\varphi})$. Wenn wir $|\xi|^{-m}\,\hat{u} = |\xi|^m f \in L^2(R^n)$ betrachten, erhalten wir den ersten Teil der Behauptung. Es sei nun umgekehrt $u \in \mathscr{S}'$ gegeben, und diese letzte Bedingung sei erfüllt. Ist dann α ein Multiindex mit $|\alpha| = m$, so folgt aus (12)

$$|u(\varphi)| \leqq (2\pi)^{2m} \int_{R^n} |\widehat{D^\alpha\varphi}(\xi)|\, |\xi|^m\, |f(\xi)|\, d\xi \leqq c(u)\, ||\varphi||_{BL_m(R^n)} ,$$

d. h., u ist eine bezüglich der Norm (1) stetige Linearform. ◀

Lemma 6. (10) *besteht genau dann, wenn zu jedem $\psi \in C_0^\infty(\Omega)$ ein $u \in \mathscr{S}'$ existiert mit* supp $u \subseteqq \complement\Omega$ *und*

$$(\hat{\psi} - \hat{u})\, |\xi|^{-m} \in L^2(R^n) . \tag{13}$$

Beweis: Wir setzen zunächst (10) voraus. Dann ist nach Lemma 4 die Linearform (11) stetig bezüglich der Norm (1). Wir identifizieren den Raum $C_0^\infty(\Omega)$ mit einem Teilraum von $C_0^\infty(R^n)$, indem wir die Funktionen $\varphi \in C_0^\infty(\Omega)$ außerhalb Ω identisch Null setzen. Nach dem Satz von Hahn-Banach läßt sich die obige Linearform zu einer bezüglich (1) stetigen Linearform auf $C_0^\infty(R^n)$ fortsetzen. Nach Lemma 5 hat diese die Form $\varphi \to v(\varphi)$ mit

$$v \in \mathscr{S}' , \qquad \hat{v}\, |\xi|^{-m} \in L^2(R^n) . \tag{14}$$

Da v eine Fortsetzung von (11) ist, gilt (im Sinne der Distributionentheorie) $v = \psi$ auf Ω, d. h., v ist von der Gestalt $v = \psi - u$, supp $u \subseteqq \complement\Omega$. Aus (14) folgt daher (13). Aus (13) erhalten wir umgekehrt (14) mit $v = \varphi - u$. Nach Lemma 5 ist v bezüglich (1) auf $C_0^\infty(R^n)$ stetig, d. h. auch auf $C_0^\infty(\Omega)$. Auf $C_0^\infty(\Omega)$ stimmt v aber wegen supp $u \subseteqq \complement\Omega$ mit (14) überein. Aus Lemma 4 folgt schließlich (13). ◀

Satz 3. *Es gilt*

$$\hat{\mathcal{D}}^m(R^n) \subseteqq \mathcal{D}'(R^n) \Leftrightarrow n > 2m\,.$$

Im Fall $n > 2m$ gilt (10) *für beliebiges $\Omega \subseteqq R^n$.*

Beweis: Nach Lemma 6 besteht $\hat{\mathcal{D}}^m(R^n) \subseteqq \mathcal{D}'(R^n)$ genau dann, wenn für alle $\psi \in C_0^\infty(R^n)$ gilt $\hat{\psi}\,|\xi|^{-m} \in L^2(R^n)$. Im Unendlichen ist diese Bedingung offenbar stets erfüllt. Somit ist $\hat{\psi}\,|\xi|^{-m} \in L^2(R^n)$ äquivalent dazu, daß $|\xi|^{-m}$ in einer Umgebung von $\xi = 0$ zu $L^2(R^n)$ gehört. Dies ist aber zu $n > 2m$ äquivalent. Der zweite Teil der Aussage folgt aus der evidenten Tatsache, daß aus (10) und $\Omega' \subseteqq \Omega$ stets $\hat{\mathcal{D}}^m(\Omega') \subseteqq \mathcal{D}'(\Omega')$ folgt. ◀

Bemerkung 1. Die Bedingung (10) ist für beschränkte Gebiete stets erfüllt (vgl. [H 11]).

§ 2. Projektionsmethode beim Dirichlet-Problem

2.1. Existenz und Eindeutigkeit

Wir schließen uns hier an die Ausführungen über das verallgemeinerte Dirichlet-Problem aus Kapitel V, § 2 an. Falls für die dort betrachteten Dirichletschen Formen $B[u, u]$ aus $B[u, u] = 0$ nicht notwendig $u = 0$ folgt (wie z. B. beim polyharmonischen Operator), ist die Methode der orthogonalen Projektion nicht direkt in der beschriebenen Weise anwendbar. Wir umgehen diese Schwierigkeit durch Verwendung der in § 1 eingeführten Beppo-Levi-Funktionen.

Der Einfachheit halber beschränken wir uns auf den polyharmonischen Operator

$$L = (-1)^m \Delta^m = (-1)^m \left(\sum_{i=1}^{n} \frac{\partial^2}{\partial x_i^2} \right)^m. \tag{1}$$

Satz 1. *Es sei $\Omega \subset R^n$ ein beliebiges beschränktes Gebiet. Dann besitzt das verallgemeinerte* Dirichlet-*Problem für die Gleichung $\Delta^m u = 0$ eine eindeutige Lösung.*

Beweis: Dem Operator (1) ist die Bilinearform

$$B[u_1, u_2] = (u_1, u_2)_{BL_m(\Omega)} \tag{2}$$

zugeordnet. Nach § 1, Bemerkung 1, (vgl. auch § 1, Satz 3) gilt (10), § 1. Wir erinnern daran, daß der Raum $\hat{\mathcal{D}}^m(\Omega)$ definiert ist als Vervollständigung von $C_0^\infty(\Omega)$ bezüglich $\|\cdot\|_{BL_m(\Omega)}$. Es sei nun $g \in W^{m,2}(\Omega)$ gegeben. Aus der offensichtlichen Inklusion $W^{m,2}(\Omega) \subseteqq BL_m(\Omega)$ folgt dann $g \in BL_m(\Omega)$. Wegen (10), § 1 und Satz 2, § 1 besitzt g die orthogonale Zerlegung $g = u_0' + u$ mit $u_0' \in \hat{\mathcal{D}}^m(\Omega)$, $u \in BL_m(\Omega)$. Die Orthogonalität bezieht sich auf das Skalarprodukt $(\cdot\,,\cdot)_{BL_m(\Omega)}$. Somit folgt unter Berücksichtigung von (2)

$$(\varphi, u)_{BL_m(\Omega)} = B[\varphi, u] = 0 \qquad \text{für alle } \varphi \in C_0^\infty(\Omega)\,. \tag{3}$$

Da die Normen $\|\cdot\|_{BL_m(\Omega)}$ und $|\cdot|_m^\Omega$ offensichtlich äquivalent sind, folgt nach Kapitel V, § 2 und der vorausgesetzten Beschränktheit des Gebietes $u_0' \in W_0^{m,2}(\Omega)$. Damit erhalten wir

$$u - g = -u_0' = u_0 \in W_0^{m,2}(\Omega)\,. \tag{4}$$

(3) und (4) besagen, daß u die gewünschte Lösung des verallgemeinerten DIRICHLET-Problems ist. Daß u eindeutig ist, folgt aus der Eindeutigkeit der Zerlegung von g. ◀

Die Beweistechnik von Satz 1 läßt sich allgemein für elliptische Operatoren L anwenden, deren DIRICHLETsche Form B der folgenden Bedingung genügt:

$$c_1 \, |\varphi|_m^\Omega = (B[\varphi, \varphi])^{1/2} \leqq c_2 \, |\varphi|_m^\Omega$$

für alle $\varphi \in C_0^\infty(\Omega)$ mit Konstanten $c_1, c_2 > 0$, die nur von n, m und Ω abhängen.

2.2. Bemerkungen

Die Methode der orthogonalen Projektion in der hier dargelegten Form wurde im Fall der LAPLACE-Gleichung $\Delta u = 0$ erstmals von H. WEYL [W 10] angewendet. Ausgangspunkt hierfür war die GREENsche Formel

$$\int_\Omega (\operatorname{grad} u, \operatorname{grad} v) \, \mathrm{d}x = \int_{\partial\Omega} v \frac{\partial u}{\partial \nu} \, \mathrm{d}o - \int_\Omega v \, \Delta u \, \mathrm{d}x$$

$\left(u, v \in C^2(\overline{\Omega}),\ \partial\Omega \text{ glatt}\right)$. Bezüglich des „Skalarprodukts"

$$B[u, v] = \int_\Omega (\operatorname{grad} u, \operatorname{grad} v) \, \mathrm{d}x \tag{5}$$

sind also die im Gebiet Ω harmonischen Funktionen $u \in C^2(\overline{\Omega})$ orthogonal zu denjenigen $v \in C^2(\overline{\Omega})$, die auf $\partial\Omega$ verschwinden. Dieser Umstand legte die Einführung passender HILBERT-Räume nahe, in denen die Orthogonalität einen exakten Sinn hat, und in denen die Lösung des DIRICHLET-Problems durch orthogonale Projektion erhalten wird. Wie in Kapitel V angedeutet, besteht ein direkter Zusammenhang zum DIRICHLETschen Prinzip, bei dem sich die Lösung des DIRICHLET-Problems durch Minimierung des DIRICHLETschen Integrals ergibt; denn die orthogonale Projektion hat gerade diese Minimaleigenschaft.

Im Fall $\Delta u = 0$ haben wir die Zerlegung

$$BL_1^{\cdot}(\Omega) = W_0^{1,2}(\Omega) \oplus \left(W_0^{1,2}(\Omega)\right)^\perp,$$

und die Lösung u wird im Sinne von Satz 1 als Projektion von $g \in W^{1,2}(\Omega) \subseteqq BL_1(\Omega)$ (zunächst auf $BL_1^{\cdot}(\Omega)$ und danach) orthogonal auf $\left(W_0^{1,2}(\Omega)\right)^\perp$ gewonnen im HILBERT-Raum $BL_1^{\cdot}(\Omega)$. Erforderlich sind dann noch Regularitätsbetrachtungen, die im Nachweis bestehen, daß u in Ω harmonisch ist und im Beweis der strengen Randwert-Annahme.

Eine andere Variante der Projektionsmethode wurde von P. D. LAX [L 8] angewendet. Man geht dabei aus vom Raum $\mathscr{H}(\Omega)$ aller in Ω harmonischen Funktionen mit endlichem DIRICHLET-Integral. Es sei $\mathscr{H}^{\cdot}(\Omega)$ der Quotientenraum bezüglich des Teilraums der Konstanten. Nach einem klassischen Resultat aus der Theorie der harmonischen Funktionen ist $\mathscr{H}^{\cdot}(\Omega)$ vollständig bezüglich der DIRICHLET-Norm

$$|u|_1^\Omega = \left(\sum_{i=1}^n \int_\Omega \left|\frac{\partial u}{\partial x_i}\right|^2 \mathrm{d}x\right)^{1/2}.$$

$(\mathcal{H}^{\cdot}(\Omega))^{\perp}$ sei das orthogonale Komplement von $\mathcal{H}^{\cdot}(\Omega)$ in $BL_1^{\cdot}(\Omega)$ bezüglich des Skalarprodukts (5). Man kann dann die Lösung des DIRICHLET-Problems erhalten, indem man $g \in W^{1,2}(\Omega) \subset BL_1(\Omega)$ wieder (zunächst in $BL_1^{\cdot}(\Omega)$ und danach im Sinne von Satz 1) auf $\mathcal{H}^{\cdot}(\Omega)$ projiziert. Der dem Element $g \in \dot{g}$ eindeutig entsprechende Repräsentant u der Projektion $\dot{u}$ ist nach Konstruktion dann in Ω harmonisch. Es ist dann nur noch die Randwertannahme zu untersuchen.

§ 3. Distributionen endlicher Energie und ihre Potentiale

3.1. Der Raum $\mathcal{W}_\sigma$

Bezüglich der Überlegungen in diesem Paragraphen sei auch auf [D 3] hingewiesen. In Kapitel III, § 3 hatten wir bemerkt, daß der Raum $\mathfrak{E}_\sigma$ der Maße mit endlicher Energie bezüglich der Energie-Norm nicht vollständig ist. Wir untersuchen in diesem Paragraphen eine Vervollständigung von $\mathfrak{E}_\sigma$, bei der sich Distributionen im R^n ergeben. Hierzu betrachten wir $\mathfrak{E}_\sigma$ als Raum komplexer Maße und erklären das Skalarprodukt zweier Maße $\mu_1 = \eta_1 + i\zeta_1$, $\mu_2 = \eta_2 + i\zeta_2$ durch die Formel

$$(\mu_1, \mu_2) = (\eta_1, \eta_2) + (\zeta_1, \zeta_2) + i\{(\zeta_1, \eta_2) - (\eta_1, \zeta_2)\}$$
$$= \int \Phi_\sigma \mu_1(x)\, d\overline{\mu_2(x)}\,.$$

Wir betrachten die Maße $m^{(r)}$, die durch die Dichte

$$m^r(x) = \begin{cases} \dfrac{\Gamma\left(\dfrac{n}{2}+1\right)}{r^n \pi^{n/2}} & \text{für } |x| < r\,, \\ 0 & \text{für } |x| > r \end{cases}$$

definiert sind. Dann gilt $m^r \rightharpoonup \delta$ für $r \to 0$ und

Lemma 1 ([L 7]). (i) *Es sei $\mu \in \mathfrak{E}_\sigma$. Dann gilt für die Folge der Maße $\mu_k = \mu * m^{1/k}$*

$$\|\mu_k - \mu\|_\sigma \to 0 \qquad \text{für } k \to \infty\,.$$

(ii) *Bezeichnet ν_k die Einschränkung der Maße μ_k auf $|x| < k$, so gilt entsprechend*

$$\|\nu_k - \mu\|_\sigma \to 0\,.$$

Lemma 2. *Für $\mu \in \mathfrak{E}_\sigma$ gilt*

$$\|\mu\|_\sigma^2 = \int_{R^n} |x|^{-\sigma}\, |\hat{\mu}(x)|^2\, dx\,.$$

Beweis: Mit $\mathfrak{E}_\sigma^l$ bezeichnen wir die Menge aller $\mu \in \mathfrak{E}_\sigma$ mit kompaktem Träger und $\Phi_\sigma\mu \in C^l(R^n)$. Wir beweisen die Behauptung zunächst für $\mu \in \mathfrak{E}_\sigma^l$, wobei wir über $l \in N$ noch verfügen. Mit dem Maß

$$\check{\bar{\mu}}: \varphi \to \int \varphi(-x)\, d\bar{\mu}(x)\,,$$

das ebenfalls kompakten Träger hat, ist das Faltungsprodukt $R_\sigma * \mu * \check{\bar{\mu}}$ sinnvoll. Wir zeigen die Gleichung

$$\|\mu\|_\sigma^2 = (R_\sigma * \mu * \check{\bar{\mu}})(0) = \int_{R^n} |x|^{-\sigma}\, |\hat{\mu}(x)|^2\, dx\,. \tag{1}$$

Wegen supp $\check{\bar{\mu}}$ kompakt gilt für beliebige $\psi \in C^\infty(R^n)$

$$\check{\bar{\mu}} * \psi = \check{\bar{\mu}}_{(y)}\left(\psi(x-y)\right) = \bar{\mu}_{(y)}(\psi(y-x))\,. \tag{2}$$

Dabei bedeutet der Index (y), daß bezüglich y integriert wird. $\bar{\mu}$ als Distribution mit kompaktem Träger hat eine endliche Ordnung l. Die rechte Seite von (2) ist also auch für alle $\psi \in C^l(R^n)$ definiert und stetig als Funktion von x. Somit ist folgende Funktion stetig

$$(R_\sigma * \mu * \check{\bar{\mu}})\,(x) = \left(\check{\bar{\mu}} * (R_\sigma * \mu)\right)(x) = \check{\bar{\mu}}(R_\sigma * \mu) = \bar{\mu}_{(y)}\left((R_\sigma * \mu)\,(y-x)\right),$$

d. h., $R_\sigma * \mu * \check{\bar{\mu}}$ hat für $x = 0$ einen wohlbestimmten Wert. Aus der Definition der Fourier-Transformation folgt, wie man leicht nachprüft, $\overline{F[\mu]} = F[\check{\bar{\mu}}]$. Dies bedeutet

$$F[R_\sigma * \mu * \check{\bar{\mu}}] = F[R_\sigma]\,F[\mu]\,F[\check{\bar{\mu}}] = |x|^{-\sigma}\,|\hat{\mu}|^2\,,$$

d. h. $R_\sigma * \mu * \check{\bar{\mu}} = F^{-1}[|x|^{-\sigma}\,|\hat{\mu}|^2]$. Die linke Seite der letzten Gleichung ist die inverse Fourier-Transformierte von $|x|^{-\sigma}\,|\hat{\mu}|^2$ im distributionstheoretischen Sinn. Es ist also nicht von vornherein klar, daß das Integral $\int |x|^{-\sigma}\,|\hat{\mu}(x)|^2\,e^{2\pi i\langle x,y\rangle}\,dx$ für alle y existiert. Im Fall der Existenz ist es aber gleich dem Wert der stetigen Funktion $R_\sigma * \mu * \check{\bar{\mu}}$ im Punkt y. Wenn wir also insbesondere

$$\int_{R^n} |x|^{-\sigma}\,|\hat{\mu}(x)|^2\,dx < \infty \tag{3}$$

nachweisen, erhalten wir die Behauptung des Lemmas für das gegebene $\mu \in \mathfrak{E}^l_\sigma$. Zum Beweis von (3) betrachten wir die Folge der Maße $\mu_k = \mu * m^{1/k} (k \in N)$. Analog wie oben ergibt sich

$$(R_\sigma * \mu_k * \check{\bar{\mu}}_k)\,(0) = \int R_\sigma(x-y)\,d\mu_k(x)\,d\bar{\mu}_k(y) = ||\mu_k||^2_\sigma$$

und mit $h_k = F[m^{1/k}]$

$$F[R_\sigma * \mu_k * \check{\bar{\mu}}_k] = |x|^{-\sigma}\,|\hat{\mu}(x)|^2\,|h_k(x)|^2\,.$$

Für diesen Fall läßt sich nun aber leicht einsehen, daß

$$\int_{R^n} |x|^{-\sigma}\,|\hat{\mu}(*)|^2\,|h_k(x)|^2\,dx < \infty$$

ist, d. h.

$$\int_{R^n} |x|^{-\sigma}\,|\hat{\mu}(x)|^2\,|h_k(x)|^2\,dx = (R_\sigma * \mu_k * \check{\bar{\mu}}_k)\,(0) = ||\mu_k||^2_\sigma\,.$$

Auf Grund von Lemma 1 ist $||\mu||^2_\sigma = \lim ||\mu_k||^2_\sigma$. Wegen der schwachen Stetigkeit von F und unter Berücksichtigung von $m^{1/k} \rightharpoonup \delta$ und $F\delta = 1$ für alle $x \in R^n$ erhalten wir $\lim h_k(x) = 1$. Nach dem Fatou-Lemma (I.2.4., Satz 8) folgt deshalb

$$\int |x|^{-\sigma}\,|\hat{\mu}(x)|^2\,dx = \lim_{k\to\infty} \int |x|^{-\sigma}\,|\hat{\mu}(x)|^2\,|h_k(x)|^2\,dx = \lim_{k\to\infty} ||\mu_k||^2_\sigma = ||\mu||^2_\sigma < \infty\,.$$

Damit ist das Lemma für $\mu \in \mathfrak{E}^l_\sigma$ gezeigt.

Es sei nun $\mu \in \mathfrak{E}_\sigma$. Nach Lemma 1, III.3.1. und Lemma 3 können wir dann eine Folge $\nu_k \in \mathfrak{E}^l_\sigma$ wählen mit $||\mu - \nu_k||_\sigma \to 0$ für $k \to \infty$. Nach dem ersten Teil des Beweises gilt

$$||\nu_j - \nu_k||^2_\sigma = \int |x|^{-\sigma}\,|\hat{\nu}_j(x) - \hat{\nu}_k(x)|^2\,dx \to 0 \tag{4}$$

für $j, k \to \infty$. Der HILBERT-Raum $L^2_{(\sigma)}$ aller Funktionen f im R^n mit der Eigenschaft $\int |x|^{-\sigma} |f|^2 \, dx < \infty$ ist vollständig. Somit folgt aus (4) die Existenz einer Funktion $h \in L^2_{(\sigma)}$ mit $\int |x|^{-\sigma} |h(x) - \hat{\nu}_k(x)|^2 \, dx \to 0$, also

$$||\nu_k||^2_\sigma = \int |x|^{-\sigma} |\hat{\nu}_k(x)|^2 \, dx \to \int |x|^{-\sigma} |h(x)|^2 \, dx$$

für $k \to \infty$. Andererseits haben wir aber wegen $||\nu_k - \mu||^2_\sigma \to 0$ auch $||\nu_k||^2_\sigma \to ||\mu||^2_\sigma$, also $||\mu||^2_\sigma = \int |x|^{-\sigma} |h(x)|^2 \, dx$. Weiter gilt nach III.3.1. Lemma 4 (die Voraussetzung $\mu_k \in \mathfrak{E}^+_\sigma$ kann hier offenbar zu $\mu_k \in \mathfrak{E}_\sigma$ abgeschwächt werden) $\nu_\sigma \rightharpoonup \mu$. Hieraus erhalten wir auf Grund der Schwachstetigkeit des Operators F die Gleichheit $h = \hat{\mu}$. ◀

Definition 1. Für eine Distribution $t \in \mathcal{S}'$ mit der Eigenschaft $\hat{t} \in L^2_{(\sigma)}$ bezeichnen wir den Ausdruck

$$||t||^2_\sigma = \int |x|^{-\sigma} |\hat{t}(x)|^2 \, dx \tag{5}$$

als Energie von t. Mit $\mathscr{W}_\sigma$ bezeichnen wir den Vektorraum aller Distributionen mit endlicher Energie.

Nach Lemma 2 gilt $\mathfrak{E}_\sigma \subseteqq \mathscr{W}_\sigma$. Der Raum $\mathfrak{E}_\sigma$ ist bezüglich der Norm $|| \cdot ||_\sigma$ nicht vollständig. Der folgende Satz zeigt, daß $\mathscr{W}_\sigma$ als Vervollständigung von $\mathfrak{E}_\sigma$ aufgefaßt werden kann.

Satz 1. *$\mathscr{W}_\sigma$ ist mit dem Skalarprodukt*

$$(t_1, t_2)_\sigma = \int |x|^{-\sigma} \hat{t}_1(x) \overline{\hat{t}_2(x)} \, dx \tag{6}$$

und der entsprechenden Norm (5) *ein* HILBERT*-Raum. $\mathfrak{E}_\sigma$ liegt dicht in $\mathscr{W}_\sigma$.*

Beweis: Wir zeigen zunächst, daß jede Funktion $t \in L^2_{(\sigma)}$ in $\mathcal{S}'$ liegt, also die FOURIER-Transformierte einer Distribution $t_1 \in \mathcal{S}'$ ist. Bekanntlich gilt $t \in \mathcal{S}'$, wenn für eine Zahl $m > 0$

$$\int (1 + |x|^2)^{-m} |t(x)| \, dx < \infty \tag{7}$$

ist. Dies folgt aber für genügend großes m aus der SCHWARZschen Ungleichung

$$\left(\int (1 + |x|^2)^{-m} |t(x)| \, dx\right)^2 \leqq \int |x|^{-\sigma} |t(x)|^2 \, dx \int |x|^\sigma (1 + |x|^2)^{-2m} \, dx < \infty \, .$$

Somit erhalten wir $t = \hat{t}_1$, d. h., durch die Abbildung $t \to \hat{t}$ ($t \in \mathscr{W}_\sigma$, $\hat{t} \in L^2_{(\sigma)}$) wird ein isometrischer Isomorphismus zwischen den Räumen $\mathscr{W}_\sigma$ und $L^2_{(\sigma)}$ hergestellt bezüglich der eingeführten Skalarprodukte bzw. Normen. Da $L^2_{(\sigma)}$ ein HILBERT-Raum ist, ergibt sich daraus der erste Teil der Behauptung. Zum Nachweis der Dichtheit von $\mathfrak{E}_\sigma$ in $\mathscr{W}_\sigma$ führen wir die Funktion

$$\varrho^{(r)}(x) = \begin{cases} a \exp\,(|x|^2 - r^2)^{-1} & \text{für } |x| < r \,, \\ 0 & \text{für } |x| \geqq r \end{cases}$$

ein. Die Konstante a wird dabei so gewählt, daß gilt $\int \varrho^{(r)}(x) \, dx = 1$. Es gilt dann $\varrho^{(r)} \in C_0^\infty(R^n)$, $\int |\hat{\varrho}^{(r)}(x)| \leqq 1$ und $\varrho^{(r)} \rightharpoonup \delta$ für $r \to 0$, und wegen der schwachen Stetigkeit des FOURIER-Operators $\hat{\varrho}^{(r)}(x) \to 1$ gleichmäßig auf kompakten Teilmengen des R^n für $r \to 0$. Es sei $t_k = t * \varrho^{(1/k)}$. Dann folgt aus den genannten Eigenschaften wegen $\hat{t}_k = \hat{t}\hat{\varrho}^{1/k}$

$$||\hat{t}_k||^2_\sigma = \int_{R^n} |x|^{-\sigma} |\hat{t}\hat{\varrho}^{(1/k)}|^2 \, dx = \int_{R^n} |x|^{-\sigma} |\hat{t}|^2 \, dx < \infty \, .$$

Ferner gilt $t_k \in \mathfrak{E}_\sigma$ wegen $t_k \in C^\infty(R^n)$. Es gilt

$$||t - t_k||_\sigma^2 = \int |x|^{-\sigma} |\hat{t}(x)|^2 |1 - \hat{\varrho}^{(1/k)}(x)|^2 \, dx$$

$$= \int_{|x|<R} |x|^{-\sigma} |\hat{t}(x)|^2 |1 - \hat{\varrho}^{(1/k)}(x)|^2 \, dx + \int_{|x|\geqq R} |x|^{-\sigma} |\hat{t}(x)|^2 |1 - \hat{\varrho}^{(1/k)}(x)|^2 \, dx .$$

Wir wählen R so groß, daß der zweite Summand unabhängig von k kleiner als $\varepsilon/2$ wird. Das ist wegen $||t||_\sigma < \infty$ und $|1 - \hat{\varrho}^{(1/k)}(x)| \leqq$ const. möglich. Mit diesem R wird der erste Summand für k genügend groß ebenfalls $< \varepsilon/2$. Daher folgt $||t_k - t||_\sigma \to 0$ für $k \to \infty$, und der Satz ist gezeigt. ◀

Im folgenden wird der Raum $\mathcal{W}_\sigma$ für verschiedene σ betrachtet.

Lemma 3. *Der Raum $\mathcal{W}_\sigma$ wird durch die distributionentheoretische Differentiation D^α stetig in $\mathcal{W}_{\sigma+2|\alpha|}$ abgebildet* $(0 < \sigma + 2|\alpha| < n)$.

Beweis: Wegen $\widehat{D^\alpha t} = (2\pi i)^{|\alpha|} x^\alpha \hat{t}$ folgt aus $||t||_\sigma < \infty$

$$||D^\alpha t||_{\sigma+2|\alpha|}^2 = \int |x|^{-\sigma-2|\alpha|} |(2\pi i)^{|\alpha|} x^\alpha| |\hat{t}|^2 \, dx \leqq c \int |x|^{-\sigma} |\hat{t}|^2 \, dx < \infty ,$$

womit die Aussage bewiesen ist. ◀

Es sei $K \subset R^n$ eine kompakte Menge und

$$\mathcal{W}_\sigma(K) = \{t \in \mathcal{W}_\sigma : \operatorname{supp} t \subseteqq K\} .$$

Dann gilt

Satz 2. *$\mathcal{W}_\sigma(K)$ ist ein abgeschlossener Teilraum von $\mathcal{W}_\sigma$.*

Beweis: Es ist zu zeigen, daß aus $||t_k - t||_\sigma \to 0$ für eine Folge $t_k \in \mathcal{W}_\sigma(K)$ stets $t \in \mathcal{W}_\sigma(K)$ folgt. Hierzu genügt der Nachweis der distributionentheoretischen Konvergenz $t_k \rightharpoonup t$, d. h.

$$t_k(\varphi) \to t(\varphi) \qquad \text{für alle } \varphi \in C_0^\infty(R^n) .$$

Wegen der Schwachstetigkeit des Fourier-Operators und seines Inversen ist dies äquivalent zu

$$\hat{t}_k(\varphi) \to \hat{t}(\varphi) \qquad \text{für alle } \varphi \in C_0^\infty(R^n) ,$$

was aber nach der Schwarzschen Ungleichung unmittelbar folgt aus

$$|\hat{t}_k(\varphi) - \hat{t}(\varphi)|^2 \leqq \int |x|^{-\sigma} |\hat{t}_k(x) - \hat{t}(x)|^2 \, dx \int |x|^\sigma |\varphi(x)|^2 \, dx = ||t_k - t||_\sigma^2 \, c(\varphi) \to 0 .$$ ◀

3.2. Quasistetigkeit der Potentiale

Als nächstes definieren wir für die Distributionen $t \in \mathcal{W}_\sigma$ Potentiale, und zwar so, daß sie im Fall $t = \mu \in \mathfrak{E}_\sigma$ mit $\Lambda_\sigma \mu = R_\sigma * \mu$ übereinstimmen. Für $t \in \mathcal{W}_\sigma$ erklären wir zunächst die Funktion

$$\hat{u}(x) = \hat{R}_\sigma(x) \, \hat{t}(x) = |x|^{-\sigma} \hat{t}(x) .$$

$\hat{u}$ ist lokal integrierbar, denn in der Zerlegung $\hat{u} = (|x|^{-\sigma/2} \hat{t}) |x|^{-\sigma/2}$ sind beide Faktoren über eine beliebige kompakte Menge quadratisch integrierbar. Ferner liegt $\hat{u}$ in $\mathcal{S}'$, denn es gilt

$$\left(\int (1 + |x|^2)^{-m} |\hat{u}(x)| \, dx\right)^2 \leqq \int |x|^{-\sigma} |\hat{t}(x)|^2 \, dx \int |x|^\sigma (1 + |x|^2)^{-2m} \, dx < \infty$$

für $4m + \sigma > n$ wegen $t \in \mathscr{W}_\sigma$. Somit existiert eine eindeutig bestimmte Distribution aus $\mathscr{S}'$, die wir mit $\Lambda_\sigma t$ bezeichnen, deren FOURIER-Transformierte gleich $\hat{u}$ ist, also

$$\hat{u} = \widehat{\Lambda_\sigma t}\,.$$

Wir bezeichnen $\Lambda_\sigma t$ als Potential von t bezüglich Λ_σ. Es ist offensichtlich, daß für $t \in \mathfrak{E}_\sigma$ die Potentialdefinition mit derjenigen in III.3. übereinstimmt. Wir untersuchen jetzt die wichtigsten Eigenschaften der Potentiale.

Definition 2. $\Omega \subseteqq R^n$ sei eine offene Menge. Eine σ-quasi-überall in Ω definierte Funktion f heißt *σ-quasi-stetig* in Ω, wenn zu jedem $\varepsilon > 0$ eine offene Menge $G \subseteqq \Omega$ existiert mit $\sigma\text{-cap}\, G < \varepsilon$, so daß f, eingeschränkt auf $\Omega \setminus G$, stetig ist (bezüglich der auf $\Omega \setminus G$ durch R^n induzierten Topologie).

Lemma 4. *Es sei $\mu \in \mathfrak{E}_\sigma$ (μ nicht notwendig positiv), und $E \subseteqq R^n$ sei eine Menge, a eine reelle Zahl, $0 < a \leqq \infty$. Aus*

$$\Lambda_\sigma \mu(x) \geqq a \qquad \mathfrak{J}_\sigma\text{-f.ü. auf } E$$

folgt dann

$$\sigma\text{-cap}_* E \leqq \frac{\|\mu\|_\sigma^2}{a^2}\,.$$

Beweis: Es genügt zu zeigen, daß für eine beliebige kompakte Menge $K \subseteqq E$ gilt $\sigma\text{-cap}\, K \leqq a^{-2}\, \|\mu\|_\sigma^2$. Daraus folgt durch Übergang zum Supremum die Behauptung Mit dem Gleichgewichtsmaß γ für K gilt (vgl. III.3.3., Satz 5)

$$a\gamma(1) \leqq \int_K \Lambda_\sigma \mu(x)\, \mathrm{d}\gamma(x) = (\mu, \gamma) \leqq \|\mu\|_\sigma\, \|\gamma\|_\sigma\,,$$

und wegen $\|\gamma\|_\sigma^2 = \gamma(1)\, \sigma\text{-cap}\, K$

$$a\, \|\gamma\|_\sigma^2 \leqq \|\mu\|_\sigma\, \|\gamma\|_\sigma\,, \qquad a(\sigma\text{-cap}\, K)^{1/2} \leqq \|\mu\|_\sigma\,. \blacktriangleleft$$

Die Potentiale $\Lambda_\sigma t$ ($t \in \mathscr{W}_\sigma$) hatten wir als Distributionen aus $\mathscr{S}'$ erklärt. Wir zeigen jetzt, daß man sie durch σ-quasi-stetige Funktionen repräsentieren kann.

Satz 3. *Jedem $t \in \mathscr{W}_\sigma$ kann eine Äquivalenzklasse $\Phi(t)$ von meßbaren Funktionen zugeordnet werden, daß folgendes erfüllt ist:*

(i) *alle $u \in \Phi(t)$ sind σ-quasi-stetig,*
(ii) *für jedes $u \in \Phi(t)$ gilt $\Phi(t) = \{v\colon u = v\ \sigma\text{-quasi-überall}\}$,*
(iii) *für $t_1, t_2 \in \mathscr{W}_\sigma$ gilt $\Phi(t_1 + t_2) = \{u_1 + u_2\colon u_1 \in \Phi(t_1),\, u_2 \in \Phi(t_2)\}$.*

Beweis: Es sei $t \in \mathscr{W}_\sigma$. Dann existiert nach Satz 1 eine Folge $(\mu_k)_{k\in N} \subset \mathfrak{E}_\sigma$ mit $\|\mu_k - t\|_\sigma \to 0$ für $k \to \infty$. Nach III.3.1., Lemma 3 kann dabei angenommen werden, daß die Potentiale $\Lambda_\sigma \mu_k$ stetig sind. Ferner kann man (nach Übergang zu einer geeigneten Teilfolge) ohne Beschränkung der Allgemeinheit annehmen, daß gilt

$$\sum_{k=1}^{\infty} 4^k\, \|\mu_{k+1} - \mu_k\|^2 < \infty\,.$$

Wir zeigen, daß dann die Folge der Potentiale $\Lambda_\sigma \mu_k$ außerhalb einer offenen Menge beliebig kleiner Kapazität gleichmäßig konvergiert. Dazu setzen wir

$$\begin{aligned} G_k &= \{x\colon |\Lambda_\sigma \mu_{k+1}(x) - \Lambda_\sigma \mu_k(x)| > 2^{-k}\} \\ &= \{x\colon \Lambda_\sigma \mu_{k+1}(x) - \Lambda_\sigma \mu_k(x) > 2^{-k}\} \cup \{x\colon \Lambda_\sigma \mu_k(x) - \Lambda_\sigma \mu_{k+1}(x) > 2^{-k}\}\,. \end{aligned}$$

Weiterhin sei

$$V_k = \{x: |\Lambda_\sigma\mu_{k+1}(x) - \Lambda_\sigma\mu_k(x)| \geqq 2^{-k}\} \supseteqq G_k .$$

Aus Lemma 4 erhalten wir

$$\sigma\text{-cap}\, G_k \leqq \sigma\text{-cap}\, V_k \leqq 2\, ||\mu_{k+1} - \mu_k||^2\, 4^k .$$

Somit konvergiert die Reihe $\sum_{k=1}^{\infty} \sigma\text{-cap}\, G_k$. Wir bilden die offene Menge

$$G^{(j)} = \bigcup_{k=j}^{\infty} G_k .$$

Nach III.3.6., Satz 9 gilt $\sigma\text{-cap}\, G^{(j)} \leqq \sum_{k=j}^{\infty} \sigma\text{-cap}\, G_k$, d. h., die Kapazität von $G^{(j)}$ wird für genügend großes j beliebig klein. Nach Konstruktion besteht für $x \in R^n \setminus G^{(j)}$ die Ungleichung

$$|\Lambda_\sigma\mu_{k+1}(x) - \Lambda_\sigma\mu_k(x)| \leqq 2^{-k} \qquad \text{für } k > j ,$$

also konvergiert die Folge $(\Phi_\sigma\mu_k)_{k\in N}$ auf der Menge $R^n \setminus G^{(j)}$ gleichmäßig gegen eine stetige Funktion v. Dies gilt für alle j, d. h., v ist in $R^n \setminus E$ definiert $\left(E = \bigcap_{j=1}^{\infty} G^{(j)}\right)$, d. h. σ-quasi-überall wegen $\sigma\text{-cap}^*\, E = 0$.

Durch analoge Überlegungen zeigt man, daß $\Lambda_\sigma\mu_k$ σ-quasi-überall gegen Null konvergiert, wenn $t = 0$ ist. Damit ergibt sich die Konstruktion der Klasse $\Phi(t)$ wie folgt. Zu t konstruiert man eine Folge μ_k und eine Funktion v nach dem beschriebenen Verfahren. Jeder Folge $(\mu_k)_{k\in N}$ entspricht eine Funktion v, die nur von dem Limes t abhängt, d. h., zwei solche Funktionen sind σ-quasi-überall gleich. Um dies einzusehen, bildet man zu den entsprechenden Folgen $(\mu_k')_{k\in N}$, $(\mu_k'')_{k\in N}$ mit dem Limes t die Folge $(\mu_k' - \mu_k'')_{k\in N}$, die wegen

$$||\mu_k' - \mu_k''||_\sigma \leqq ||\mu_k' - t||_\sigma + ||\mu_k'' - t||_\sigma$$

bezüglich der Energie-Norm gegen Null konvergiert. $\Phi(t)$ wird nun definiert als Klasse aller Funktionen, die σ-quasi-überall einem beliebigen solchen v gleich sind. Die Eigenschaften (i), (ii), (iii) folgen unmittelbar aus der Konstruktion. ◀

Lemma 5. *$t \in \mathscr{W}_\sigma$ ist äquivalent zu $\Lambda_{\sigma/2}t \in L^2(R^n)$. Es gelten die Beziehungen*

$$||t||_\sigma^2 = \int_{R^n} |\Lambda_{\sigma/2}t|^2\, dx , \tag{8}$$

$$(t_1, t_2)_\sigma = \int_{R^n} \Lambda_{\sigma/2}t_1 \overline{\Lambda_{\sigma/2}t_2}\, dx . \tag{9}$$

Beweis: Es sei $t \in \mathscr{W}_\sigma$, d. h. $||t||_\sigma^2 = \int |x|^{-\sigma}\, |\hat{t}|^2\, dx < \infty$. Wegen

$$\widehat{\Lambda_{\sigma/2}t} = \hat{R}_{\sigma/2}\hat{t} = |x|^{-\sigma/2}\, \hat{t}$$

folgt daher $\widehat{\Lambda_{\sigma/2}t} \in L^2(R^n)$ und nach dem Satz von PLANCHEREL $\Lambda_{\sigma/2}t \in L^2(R^n)$. Ferner gilt

$$||t||_\sigma^2 = \int |x|^{-\sigma}\, |\hat{t}|^2\, dx = \int |\widehat{\Lambda_{\sigma/2}t}|^2\, dx = \int |\Lambda_{\sigma/2}t|^2\, dx .$$

Analog beweist man (9). Umgekehrt folgt aus $\int |\Lambda_{\sigma/2}t|^2\, dx < \infty$ ebenfalls aus dem Satz von PLANCHEREL $\int |\widehat{\Lambda_{\sigma/2}t}|^2\, dx < \infty$, d. h. $||t||_\sigma^2 = \int |x|^{-\sigma}\, |\hat{t}|^2\, dx < \infty$. ◀

Lemma 6. *Zu jedem $t \in \mathscr{W}_\sigma$ existiert ein $f \in L^2(R^n)$, so daß gilt*

$$\Lambda_\sigma t = \Lambda_{\sigma/2} f \tag{10}$$

(im Sinne der Gleichheit als Distributionen). Umgekehrt existiert zu jedem $f \in L^2(R^n)$ ein $t \in \mathscr{W}_\sigma$, so daß (10) besteht.

Beweis: Es gilt

$$\hat{l}_\sigma = (\hat{R}_{\sigma/2})^{-1} = |x|^{\sigma/2} \in \mathscr{S}',$$

denn für genügend großes m ist $\int |x|^{\sigma/2}\,(1 + |x|^2)^m\, dx < \infty$. Es existiert also eine Distribution $l_\sigma \in \mathscr{S}'$ mit der FOURIER-Transformierten $\hat{l}_\sigma$. Es sei nun $t \in \mathscr{W}_\sigma$ gegeben. Dann gilt

$$\int_{R^n} |\hat{R}_{\sigma/2}\hat{t}|^2\, dx = \int_{R^n} |x|^{-\sigma}\, |\hat{t}|^2\, dx < \infty,$$

d. h. $\hat{f} = \hat{R}_{\sigma/2}\hat{t} \in L^2(R^n)$. Nach III.3.1. Lemma 1 ist $\hat{R}_\sigma = (\hat{R}_{\sigma/2})^2$, also

$$\widehat{\Lambda_\sigma t} = \hat{R}_\sigma \hat{t} = (\hat{R}_{\sigma/2})^2\, \hat{l}_\sigma \hat{f} = \hat{R}_{\sigma/2}\hat{f} = \widehat{\Lambda_{\sigma/2} f},$$

$f = F^{-1}[\hat{f}]$. Anwendung von F^{-1} auf die letzte Gleichung liefert dann den ersten Teil der Behauptung. Umgekehrt sei $f \in L^2(R^n)$ gegeben. Dann gilt $\hat{f} \in L^2(R^n)$, und durch $\hat{t} = \hat{l}_\sigma \hat{f}$ wird eine Distribution t definiert mit

$$||t||_\sigma^2 = \int |x|^{-\sigma}\, |\hat{t}|^2\, dx = \int |x|^{-\sigma}\, \hat{l}_\sigma \hat{f}\, dx = \int |\hat{f}|^2\, dx < \infty,$$

also $t \in \mathscr{W}_\sigma$.

Dabei gilt

$$\widehat{\Lambda_{\sigma/2} f} = \hat{R}_{\sigma/2}\hat{f} = (\hat{R}_{\sigma/2})^2\, \hat{t} = \hat{R}_\sigma \hat{t} = \widehat{\Lambda_\sigma t}.$$

Nach Anwendung von F^{-1} auf die letzte Gleichung ist der Satz bewiesen. ◀

3.3. Zusammenhang mit den BEPPO-LEVI-Funktionen

Unter dem Potential $\Lambda_\sigma t$ eines $t \in \mathscr{W}_\sigma$ verstehen wir entsprechend Satz 3 stets eine Funktion aus der Klasse $\Phi(t)$. Wir beschränken unsere Betrachtungen für den Rest dieses Paragraphen auf den Fall $\sigma = 2m$ mit einer ganzen Zahl m, $0 < 2m < n$. Aus der Tatsache, daß in diesem Fall $R_\sigma = R_{2m}$ bis auf einen konstanten Faktor eine Fundamentallösung des Operators Δ^m ist, ergeben sich Anwendungen der hier entwickelten Theorie auf das DIRICHLET-Problem für die Gleichung $\Delta^m u = 0$.

Satz 4. *Es gilt*

$$\Lambda_{2m} t \in BL_m(R^n) \qquad \textit{für alle } t \in \mathscr{W}_{2m}.$$

Umgekehrt hat jedes $u \in BL_m(R^n)$ die Gestalt $u = \Lambda_{2m}t + w$ mit einem $t \in \mathscr{W}_{2m}$ und einem Polynom w vom Grad $\leq m - 1$.

Beweis: Zu gegebenem $t \in \mathscr{W}_{2m}$ bilden wir entsprechend Lemma 6 die Funktion $f \in L^2(R^n)$ mit $\Lambda_{2m} t = \Lambda_m f$. Für die (distributionentheoretische) Ableitung $D^\beta \Lambda_{2m} t$

mit $|\beta| = m$ gilt

$$F[D^\beta \Lambda_{2m} t] = F[D^\beta \Lambda_m f] = (2\pi i)^m x^\beta F[\Lambda_m f] = (2\pi i)^m \frac{x^\beta}{|x|^m} \hat{f}.$$

Wegen $||x|^{-m} x^\beta| \leqq 1$ und $\hat{f} \in L^2(R^n)$ erhalten wir $F[D^\beta \Lambda_{2m} t] \in L^2(R^n)$, also auch $D^\beta \Lambda_{2m} t \in L^2(R^n)$. Dies gilt für alle β mit $|\beta| = m$, also $\Lambda_{2m} t \in BL_m(R^n)$. Umgekehrt sei $f \in BL_m(R^n)$ gegeben. Wir betrachten die Distribution

$$t = (-1)^m (4\pi^2)^{-m} \Delta^m f$$

und erhalten unter Beachtung von

$$\Delta^m f = \sum_{|\beta|=m} \frac{m!}{\beta!} D^\beta (D^\beta f), \qquad D^\beta f \in L^2(R^n)$$

die Gleichung

$$\hat{t} = (-1)^m (4\pi^2)^{-m} \sum_{|\beta|=m} \frac{m!}{\beta!} (2\pi i)^m x^\beta (\widehat{D^\beta f}),$$

d. h.

$$\int_{R^n} |x|^{-2m} |\hat{t}|^2 \, dx < \infty$$

wegen $\widehat{D^\beta f} \in L^2(R^n)$. Dies bedeutet $t \in \mathscr{W}_{2m}$. Aus

$$\Delta^m k_{2m} = (-1)^m (4\pi^2)^m \delta \tag{11}$$

folgt

$$\Delta^m \Lambda_{2m} t = \Delta^m (R_{2m} * t) = (-1)^m (4\pi^2)^m t = \Delta^m f, \tag{12}$$

d. h. $\Delta^m(\Lambda_{2m} t - f) = 0$ im R^n. Somit ist $w = \Lambda_{2m} t - f$ (wegen der Glattheit schwacher Lösungen elliptischer Gleichungen) fast überall gleich einer im R^n polyharmonischen Funktion. Da die Ableitungen der Ordnung m von w alle in $L^2(R^n)$ liegen (wegen $t \in \mathscr{W}_{2m}$ bzw. $f \in BL_m(R^n)$), muß w ein Polynom sein vom Grad $\leqq m - 1$.

Wir bemerken noch, daß die Überlegung zum Beweis von (12) einer Rechtfertigung bedarf, da das Faltungsprodukt $R_{2m} * t$ hier nur eine formale Bedeutung hat im Sinne der obigen Potentialdefinition. Zum Nachweis von (12) kann man aber wie folgt schließen. (11) geht nach Anwendung der Fourier-Transformation über in

$$\sum_{|\beta|=m} \frac{m!}{\beta!} (2\pi i)^{2m} \frac{x^2}{|x|^{2m}} = (-1)^m (4\pi^2)^m,$$

d. h.

$$F[\Delta^m \Lambda_{2m} t] = \sum_{|\beta|=m} \frac{m!}{\beta!} (2\pi i)^{2m} \frac{x^{2\beta}}{|x|^{2m}} \hat{t} = (-1)^m (4\pi^2)^m \hat{t} = F[\Delta^m f],$$

woraus (12) unmittelbar folgt. ◀

Die vorangehenden Sätze legen folgende Definition nahe.

Definition 3. Die Menge aller im R^n $2m$-quasi-überall definierten $2m$-quasi-stetigen Funktionen, die (als Distribution) zu $BL_m(R^n)$ gehören, bezeichnen wir mit $BLD_m(R^n)$ (Beppo-Levi-Deny-Funktionen der Ordnung m).

Aus Satz 3 und Satz 4 erhalten wir unmittelbar

Satz 5. *Jedes $f \in BL_m(R^n)$ ist fast überall gleich einer Funktion aus $BLD_m(R^n)$.*

Ferner gilt

Satz 6. *Es gilt genau dann* $f \in BLD_m(R^n)$, *wenn ein* $h \in L^2(R^n)$ *und ein Polynom* w *vom Grad* $\leqq m - 1$ *existieren mit* $f = \Lambda_m h + w$.

Beweis: Es sei $f \in BLD_m(R^n)$, also (nach Definition) insbesondere $f \in BL_m(R^n)$. Dann existiert nach Satz 4 ein Polynom w vom Grad $\leqq m - 1$ und ein $t \in \mathscr{W}_{2m}$ mit $f = \Lambda_{2m}t + w$ fast überall im R^n. Nach Lemma 6 folgt weiter $f = \Lambda_m h + w$ fast überall im R^n mit einem $h \in L^2(R^n)$. Nun ist $\Lambda_{2m}t = \Lambda_m h$ nach Satz 3 $2m$-quasi-überall definiert und $2m$-quasi-überall stetig. Da auch f nach Voraussetzung diese Eigenschaften hat, muß $f = \Lambda_{2m}h + w$ $2m$-quasi-überall gelten. Umgekehrt sei $f = \Lambda_m h$ $\left(h \in L^2(R^n)\right)$. Nach Lemma 6 gilt dann $f = \Lambda_{2m}t$, und aus Satz 3 und Satz 4 folgt die Behauptung. ◀

Wir beweisen als nächstes eine Isometrie zwischen den Räumen $\mathscr{W}_{2m}$ und $BL_m^{\cdot}(R^n)$. Hierzu verwenden wir folgende äquivalente Normierung des Raumes $BL_m^{\cdot}(R^n)$:

$$||f||_m = \begin{cases} (4\pi^2)^{-m} \int |\Delta^{m/2} f|^2 \, dx & \text{für } m \text{ gerade}\,, \\ (4\pi^2)^{-m} \int |\text{grad}\, (\Delta^{(m-1)/2} f)|^2 \, dx & \text{für } m \text{ ungerade}\,. \end{cases} \tag{13}$$

Satz 7. *Die Abbildung* $t \to \Lambda_{2m}t$ *definiert einen isometrischen Isomorphismus*

$$\mathscr{W}_{2m} \to BL_m^{\cdot}(R^n)$$

(*bezüglich der Norm* (13)).

Beweis: Die Isomorphie der Räume folgt aus Satz 4. Es ist noch ihre Isometrie zu zeigen. Für $t \in \mathscr{W}_{2m}$ gilt nach Lemma 6

$$\Lambda_{2m}t = \Lambda_m f \qquad \text{mit } f \in L^2(R^n)\,.$$

Faltung auf beiden Seiten mit R_{-m} liefert

$$R_{-m} * \Lambda_{2m}t = R_m * t = R_{-m} * R_m f = f\,. \tag{14}$$

Hier ist ähnlich wie im Beweis von Satz 4 zu beachten, daß das Faltungsprodukt über die Fourier-Transformation seinen Sinn erhält. Im Fall m ungerade, also $m = 2l + 1$ gilt $\hat{R}_{-m} = |x|^{2l+1}$, also

$$||t||_{2m}^2 = \int |F[R_{-m} * \Lambda_{2m}t]|^2 \, dx = \int |x|^{2l+1} \, |\widehat{\Lambda_{2m}t}|^2 \, dx$$

und unter Berücksichtigung von

$$\frac{\partial}{\partial x_1} \Delta^l \Lambda_{2m}t = (-4\pi^2)^l \, (2\pi i x_1) \, |x|^{2l} \, \widehat{\Lambda_{2m}t}$$

nach dem Satz von Plancherel

$$||t||_{2m}^2 = (4\pi^2)^{-m} \int |\text{grad}\, \Delta^l \Lambda_{2m}t|^2 \, dx = ||f||_m\,.$$

Für $m = 2l$ gerade verfährt man analog, wobei in die aus (14) folgende Gleichung

$$||t||_{2m}^2 = \int |f|^2 \, dx$$

einzusetzen ist

$$(4\pi^2)^{-m} \, \Delta^l \Lambda_{2m}t = (4\pi^2)^{-m} \, \Delta^l \Lambda_m f = f\,. \blacktriangleleft$$

Zum Abschluß dieses Paragraphen beweisen wir noch eine Charakterisierung der Distributionen endlicher Energie. Von J. Deny wurden diese Distributionen im klassischen Fall des Newtonschen Kerns ($m = 1$) als gewisse Distributionen erster

Ordnung charakterisiert. Dieses Resultat soll hier verallgemeinert werden auf den Fall der RIESZschen Kerne der Ordnung $2m < n$. Der Beweis verläuft ganz ähnlich.

Satz 8. *Es gilt*

$$\mathscr{W}_{2m} = \left\{ t \in \mathscr{D}'(R^n) : t = \sum_{|\alpha|=m} D^\alpha f_\alpha, f_\alpha \in L^2(R^n) \right\}.$$

Die Distributionen aus $\mathscr{W}_{2m}$ haben also insbesondere die Ordnung m.

Beweis: Zunächst sei $t \in \mathscr{W}_{2m}$. Faltung der Gleichung $\Delta^m R_{2m} = (-1)^m (4\pi^2)^m \delta$ mit t auf beiden Seiten liefert $t = (-4\pi^2)^m \Delta^m \Lambda_{2m} t$, d. h.

$$t = (-4\pi^2)^{-m} \sum_{|\beta|=m} \frac{m!}{\beta!} D^\beta (D^\beta \Lambda_{2m} t) .$$

Aus Satz 4 folgt $D^\beta \Lambda_{2m} t \in L^2(R^n)$ und damit die eine Richtung der Behauptung. Wenn umgekehrt ein $t \in \mathscr{D}'(R^n)$ die Gestalt

$$t = \sum_{|\alpha|=m} D^\alpha f_\alpha \quad (f_\alpha \in L^2(R^n))$$

hat, erhält man nach Anwendung der FOURIER-Transformation

$$\hat{t} = (2\pi i)^m \sum_{|\alpha|=m} x^\alpha \hat{f}_\alpha .$$

Daraus folgt unter Berücksichtigung von $||x|^{-m} x^\alpha| \leqq 1$ und $\hat{f}_\alpha \in L^2(R^n)$

$$\|t\|_{2m}^2 = \int |x|^{-2m} |\hat{t}|^2 \, dx = (4\pi^2)^m \int \sum_{|\alpha|=m} \left||x|^{-m} x^\alpha \hat{f}_\alpha\right|^2 dx \leqq c \sum_{|\alpha|=m} |\hat{f}_\alpha|^2 \, dx < \infty ,$$

also $t \in \mathscr{W}_{2m}$. ◀

§ 4. Feinstetigkeit und BEPPO-LEVI-DENY-Funktionen

4.1. σ-feine Topologie

Grundlage für die moderne Potentialtheorie ist u. a. der Begriff der feinen Topologie. Im Zusammenhang mit der Potentialtheorie des NEWTONschen Kernes wurde die feine Topologie von H. CARTAN eingeführt. Wir wollen hier für den RIESZschen Kern Λ_σ eine Verallgemeinerung dieses Begriffes studieren und ihn in § 5 auf das DIRICHLET-Problem bei elliptischen Differentialgleichungen beliebiger Ordnung anwenden. Die feine Topologie ist (im Sinne unserer bisherigen Terminologie) stärker als die euklidische Topologie des R^n, so daß eine umfassendere Menge stetiger Funktionen entsteht.

Wir betrachten die Menge

$$U_\sigma = \{\Lambda_\sigma \mu : \mu \in \mathfrak{M}^+\}$$

($\mathfrak{M}^+$ ist wie in Kapitel III die Menge aller positiven skalaren Maße im R^n). Weiterhin sei $0 < \sigma < n$. Es ist dann U_σ ein konvexer Kegel nach unten halbstetiger Funktionen.

Definition 1. Die schwächste Topologie des R^n, bezüglich derer alle Potentiale $u \in U_\sigma$ stetig sind, heißt *σ-feine Topologie* des R^n. Stetigkeit bezüglich der σ-feinen Topologie bezeichnen wir als *σ-Feinstetigkeit.* Für den Grenzwert schreiben wir dann σ-lim fine.

Die σ-feine Topologie ist echt stärker als die euklidische Topologie. Zunächst ist nämlich klar, daß sie nicht mit der euklidischen Topologie übereinstimmen kann wegen der Existenz unstetiger Potentiale. Andererseits ist jede offene Kugel $B_{x_0}^r = \{x: |x - x_0| < r\}$ auch σ-fein-offen, denn $B_{x_0}^r$ ist Urbild des Intervalls $(r^{\sigma-n}, \infty)$ bei der durch das Potential $\Lambda\delta_{x_0} = |x - x_0|^{\sigma-n}$ definierten Abbildung.

Das Umgebungssystem der σ-feinen Topologie können wir mit Hilfe potentialtheoretischer Begriffe charakterisieren. Eine Menge heißt dabei Umgebung eines Punktes x, wenn sie eine offene Menge G enthält mit $x \in G$. Offenheit bezieht sich auf die jeweils betrachtete Topologie.

Definition 2. Eine Menge $E \subset R^n$ heißt *σ-dünn* im Punkt $x_0 \in R^n$, falls entweder $x_0 \notin \overline{E}$ ist ($\overline{E}$ Abschließung von E in der euklidischen Topologie), oder falls gilt $x_0 \in \overline{E}$ und ein Potential $\Lambda_\sigma\mu \in U_\sigma$ existiert mit

$$\Lambda_\sigma\mu(x_0) < \varliminf_{x \to x_0} \Lambda_\sigma\mu(x) \qquad (x \in E \setminus \{x_0\}) .$$

Der Beweis der folgenden beiden Hilfssätze ist offensichtlich.

Lemma 1. *Im Fall $x_0 \in \overline{E}$ ist die Menge E in x_0 genau dann σ-dünn, falls eine Kugel K mit dem Mittelpunkt x_0 existiert und eine Zahl $\delta > 0$ sowie ein Potential $\Lambda_\sigma\mu \in U_\sigma$ mit $\Lambda_\sigma\mu(x_0) < \infty$ und*

$$\Lambda_\sigma\mu(x) \geqq \Lambda_\sigma\mu(x_0) + \delta \qquad \text{für } x \in E \cap (K \setminus \{x_0\}) .$$

Lemma 2. *Die Vereinigung endlich vieler in x_0 σ-dünner Mengen ist wieder σ-dünn im Punkt x_0.*

Satz 1. *Eine Menge $V \subseteqq R^n$ ist genau dann Umgebung des Punktes x_0 in der σ-feinen Topologie, falls gilt $x_0 \in V$ und*

$$R^n \setminus V \qquad \sigma\text{-dünn in } x_0 . \tag{1}$$

Beweis: Es sei V eine σ-feine Umgebung des Punktes x_0 (d. h. eine Umgebung bezüglich der σ-feinen Topologie). Dann enthält V einen endlichen Durchschnitt von Urbildern gewisser Intervalle $B_1, \dots, B_k$ der reellen Achse bezüglich der durch gewisse Potentiale $\Lambda_\sigma\mu_1, \dots, \Lambda_\sigma\mu_l$ erzeugten Abbildungen. Ohne Beschränkung der Allgemeinheit können wir annehmen, daß die B_j alle von der Gestalt (a, ∞) oder $(-\infty, b)$ sind, denn jedes offene Intervall (a, b) ist als Durchschnitt solcher Intervalle darstellbar. Zum Beweis, daß das Komplement $\complement V = R^n \setminus V$ in x_0 σ-dünn ist, sei

$$G = \bigcap_{\substack{j=1,\dots,k \\ i=1,\dots,l}} (\Lambda_\sigma\mu_i)^{-1}(B_j) = \bigcap_{m=1}^{p} V_m \subseteqq V .$$

Wegen $x_0 \in G$ gilt $x_0 \in V_m$ für alle m. Wir weisen nach, daß die Mengen $\complement V_m$ $(m = 1, \dots, p)$ sämtlich in x_0 σ-dünn sind. Dann betrachten wir etwa

$$V_{m_0} = (\Lambda_\sigma\mu_{i_0})^{-1}(B_{j_0}) .$$

Angenommen, B_{j_0} hat die Gestalt $(a, +\infty)$, so ist auf Grund der Halbstetigkeit von $\Lambda_\sigma\mu_{i_0}$ die Menge V_{m_0} offen bezüglich der euklidischen Topologie. Wegen $x_0 \in V_{m_0}$ ist daher $\complement V_{m_0}$ trivialerweise in x_0 σ-dünn. Hat andererseits B_{j_0} die Gestalt $(-\infty, b)$ $(b > 0)$, so kann wegen $\Lambda_\sigma\mu_{i_0}(x) > 0$ ohne Beschränkung der Allgemeinheit $B_{j_0} = (0, b)$ angenommen werden, und es ist $\Lambda_\sigma\mu_{i_0}(x_0) = c \in (0, b)$. Enthält dann V_{m_0} eine euklidische Umgebung, so ist die σ-Dünnheit von V_{m_0} in x_0 ebenfalls klar. Andernfalls schließt man so: In $\complement V_{m_0}$ gilt $\Lambda_\sigma\mu_{i_0}(x) \geqq b$, während $\Lambda_\sigma\mu_{i_0}(x_0) = c < b$ ist. Nach Lemma 1 ist deshalb $\complement V_{m_0}$ in x_0 σ-dünn. Insgesamt ist also $\complement V_m$ für alle m σ-dünn in x_0. Wegen

$$\complement G = \bigcup_{m=1}^{p} \complement V_m$$

ist (nach Lemma 2) $\complement G$ und auf Grund von $\complement V \subset \complement G$ auch $\complement V$ in x_0 σ-dünn, womit der Satz in einer Richtung bewiesen ist.

Es sei nun umgekehrt $\complement V$ σ-dünn in x_0 und $x_0 \in V$. Falls x_0 nicht zu $\overline{\complement V}$ gehört, so ist V euklidische, also auch σ-feine Umgebung von x_0. Gilt andererseits $x_0 \in \overline{\complement V}$, so existiert nach Lemma 1 ein Potential mit $\Lambda_\sigma\mu(x_0) < \infty$ und $\Lambda_\sigma\mu(x) \geqq \Lambda_\sigma\mu(x_0) + \delta$ für $x \in \complement V \cap (K \setminus \{x_0\})$, wobei K eine Kugel um x_0 ist. Somit ist das Urbild des Intervalls $\big(0, \Lambda_\sigma\mu(x_0) + \delta/2\big)$ bezüglich der Abbildung $\Lambda_\sigma\mu$ in $V \cup \complement K$ enthalten. Da aber dieses Urbild nach Definition der σ-feinen Topologie eine σ-feine offene Menge ist, muß $V \cup \complement K$ eine σ-feine Umgebung von x_0 sein. Da gleiches für K gilt (K ist als euklidische Umgebung auch σ-feine Umgebung), ist auch $(V \cup \complement K) \cap K = V \cap K$ eine σ-feine Umgebung von x_0, was zu beweisen war. ◀

Wir werden jetzt einige Feinstetigkeitseigenschaften der in § 3 eingeführten Beppo-Levi-Deny-Funktionen beweisen. Dazu benötigen wir folgendes Ergebnis von B. Fuglede [F 19], das wir ohne Beweis anführen.

Lemma 3. *Für beliebige Mengen $E \subseteqq R^n$ gilt*

$$\sigma\text{-cap}^* E = \inf \{||\mu|| : \Lambda_\sigma\mu(x) \geqq 1 \text{ auf } E\} .$$

Lemma 4. *Wird mit $\tilde{E}$ die Abschließung der Menge E bezüglich der σ-feinen Topologie bezeichnet, so gilt*

$$\sigma\text{-cap}^* E = \sigma\text{-cap}^* \tilde{E} .$$

Beweis: Wegen der Stetigkeit der Potentiale $\Lambda_\sigma\mu$ bezüglich der σ-feinen Topologie gilt

$$\{\mu \in \mathfrak{M}^+ : \Lambda_\sigma\mu \geqq 1 \text{ auf } E\} = \{\mu \in \mathfrak{M}^+ : \Lambda_\sigma\mu \geqq 1 \text{ auf } \tilde{E}\} .$$

Nach Lemma 3 folgt daraus aber sofort die Behauptung. ◀

Von B. Fuglede stammt auch folgendes Resultat.

Satz 2. *Eine σ-quasi-überall in einer offenen Menge $\Omega \subseteqq R^n$ erklärte und σ-quasi-stetige Funktion ist σ-quasi-überall in Ω σ-feinstetig.*

Beweis: Den Beweis führen wir zur besseren Übersichtlichkeit in mehreren Schritten. (1) Wir bezeichnen zunächst eine Menge $A \subseteqq \Omega$ als σ-quasi-offen (bzw. σ-quasi-abgeschlossen), falls zu beliebigem $\varepsilon > 0$ eine abgeschlossene Menge $F \subset \Omega$ derart existiert, daß gilt $\sigma\text{-cap}^* (\Omega \setminus F) < \varepsilon$ und $A \cap F$ in Ω offen (bzw. abgeschlossen) ist. Daraus folgt sofort, daß zu jeder σ-quasi-abgeschlossenen Menge A und beliebigem $\varepsilon > 0$ eine abgeschlossene Teilmenge $B \subseteqq A$ existiert mit $\sigma\text{-cap}^* (A \setminus B) < \varepsilon$. Ferner ist $A \subseteqq \Omega$ offenbar genau dann σ-quasi-offen, wenn $\Omega \setminus A$ σ-quasi-abgeschlossen ist.

(2) Aus der Definition der σ-offenen Mengen und der σ-quasi-Stetigkeit folgt unmittelbar: Ist die Funktion f σ-quasi-überall in Ω definiert und σ-quasi-stetig, und ist ω eine im R^1 offene Menge, so ist $f^{-1}(\omega)$ σ-quasi-offen in Ω.

(3) Wir zeigen als nächstes, daß für eine σ-quasi-abgeschlossene Menge $A \subset \Omega$ stets $\sigma\text{-cap}^* (\tilde{A} \setminus A) = 0$ gilt, wenn $\tilde{A}$ wie oben die σ-feine Abschließung der Menge A bezeichnet. Nach (1) existiert zu beliebigem $\varepsilon > 0$ eine abgeschlossene Menge $B \subseteqq A$ mit $\sigma\text{-cap}^* (A \setminus B) < \varepsilon$. Da für abgeschlossene Mengen $B = \tilde{B}$ gilt, folgt

$$\tilde{A} \subseteqq \widetilde{B \cup (A \setminus B)} \subseteqq \tilde{B} \cup (\widetilde{A \setminus B}) = B \cup (\widetilde{A \setminus B}) \subseteqq A \cup (\widetilde{A \setminus B})$$

und daraus unter Berücksichtigung von Lemma 4

$$\sigma\text{-cap}^* (\tilde{A} \setminus A) \leqq \sigma\text{-cap}^* (\widetilde{A \setminus B}) = \sigma\text{-cap}\,(A \setminus B) < \varepsilon\,.$$

(4) Nun sei f σ-quasi-überall in Ω definiert und σ-quasi-stetig. $(\omega_k)_{k \in N}$ sei eine abzählbare Basis offener Mengen im R^1. Nach (2) sind die Urbildmengen $A_k = f^{-1}(\omega_k)$ im R^n σ-quasi-offen. σ-int A_k sei das Innere von A_k bezüglich der σ-feinen Topologie. Dann gilt $\widetilde{\complement A_k} = \complement(\sigma\text{-int } A_k)$, wobei hier das Komplement bezüglich Ω gemeint ist. Da die A_k σ-quasi-offen sind, ist $\complement A_k$ nach (1) σ-quasi-abgeschlossen. Wegen (3) folgt daraus

$$\begin{aligned}\sigma\text{-cap}^* (\widetilde{\complement A_k} \setminus \complement A_k) &= \sigma\text{-cap}^* \big(\complement(\sigma\text{-int } A_k) \setminus \complement A_k\big) \\ &= \sigma\text{-cap}^* (A_k \setminus \sigma\text{-int } A_k) = 0\,.\end{aligned}$$

Setzt man $E = \bigcup_k (A_k \setminus \sigma\text{-int } A_k)$, so folgt nach III.3.6. Satz 9

$$\sigma\text{-cap}^* E \leqq \sum_k \sigma\text{-cap}^* (A_k \setminus \sigma\text{-int } A_k) = 0\,.$$

Offensichtlich ist nun f in jedem Punkt $x \in \Omega \setminus E$ (d. h. σ-quasi-überall) stetig bezüglich der σ-feinen Topologie. ◀

Als nächstes beweisen wir einige für die Anwendungen in § 5 notwendige Eigenschaften der Beppo-Levi-Deny-Funktionen. Aus der Definition der σ-quasi-Stetigkeit ergibt sich zunächst unmittelbar

Lemma 5. (i) *Ist u σ-quasi-stetig und gilt $u = v$ σ-quasi-überall, so folgt die σ-quasi-Stetigkeit von v.*

(ii) *Zwei σ-quasi-stetige Funktionen, die fast überall gleich sind, sind auch σ-quasi-überall gleich.*

Lemma 6. (i) *Für beliebige Multiindizes $|\beta| \leqq m$ gilt*

$$f \in BL_m(R^n) \Rightarrow D^\beta f \in BL_{m-|\beta|}(R^n)\,.$$

(ii) *Analog gilt für $|\beta| \leqq m$ (entsprechend einer aus dem Beweis hervorgehenden Festlegung)*

$$f \in BLD_m(R^n) \Rightarrow D^\beta f \in BLD_{m-|\beta|}(R^n)\,.$$

Beweis: Die Aussage (i) folgt unmittelbar aus der Definition der Räume $BL_m(R^n)$, denn $f \in BL_m(R^n)$ bedeutet $D^\gamma f \in L^2(R^n)$ für $|\gamma| = m$, also $D^\gamma(D^\beta f) \in L^2(R^n)$ für $|\gamma| = m - |\beta|$, d. h. $D^\beta f \in BL_{m-|\beta|}(R^n)$.

Es sei nun $f \in BLD_m(R^n)$, also insbesondere $f \in BL_m(R^n)$. Nach § 3, Satz 4 gilt dann mit einem Polynom w vom Grad $\leqq m - 1$ und einem $t \in \mathscr{W}_{2m}$ fast überall $f = \Lambda_{2m} t + w$. Aus § 3, Satz 3 folgt, daß $\Lambda_{2m} t$ $2m$-quasi-überall definiert und $2m$-quasi-stetig ist; dasselbe gilt nach Voraussetzung für f und trivialerweise für w. Nach

Lemma 5, (i) erhalten wir

$$f = \Lambda_{2m}t + w \qquad 2m\text{-quasi-überall}\,.$$

Nach der Definition der BEPPO-LEVI-DENY-Funktion kann die rechte Seite also als Darstellung von f angesehen werden. Zur Berechnung der distributionentheoretischen Ableitungen wenden wir die FOURIER-Transformation und § 3, Lemma 5 an. Dann ergibt sich mit einem $t_1 \in \mathscr{W}_{2m-2|\beta|}$

$$D^\beta \Lambda_{2m}t = \Lambda_{m-|\beta|}f_1 = \Lambda_{2m-2|\beta|}t_1\,.$$

Nach § 3, Satz 3 ist $\Lambda_{2m-2|\beta|}t_1$ $(2m-2\,|\beta|)$-quasi-überall definiert und $(2m-2\,|\beta|)$-quasi-stetig. Gleiches gilt trivialerweise von $D^\beta w$. Wir erhalten also

$$D^\beta f = \Lambda_{2m-2|\beta|}t_1 + D^\beta w\,,$$

wobei die rechte Seite eine Präzisierung der distributionentheoretischen Ableitung $D^\beta f$ als $(2m-2\,|\beta|)$-quasi-überall erklärte Punktfunktion darstellt. Es folgt dann $D^\beta f \in BLD_{m-|\beta|}(R^n)$. Für $f \in BLD_m(R^n)$ werden wir Ableitungen stets in diesem Sinne verstehen. ◀

Aus Satz 2 und Lemma 6 erhalten wir unmittelbar

Satz 3. *Für $f \in BLD_m(R^n)$ sind die Funktionen $D^\beta f$ $(|\beta| \leqq m-1)$ im R^n $(2m-2\,|\beta|)$-quasi-überall definiert und $(2m-2\,|\beta|)$-quasi-überall $(2m-2\,|\beta|)$-fein-stetig.*

Lemma 7. *Jedes $\varphi \in C_0^\infty(R^n)$ ist Potential einer Distribution $t \in \mathscr{W}_{2m}$, also $\varphi = \Lambda_{2m}t$.*

Beweis: Aus III.3.1., Lemma 1 folgt, daß wir $t = R_{-2m} * \varphi$ setzen können; es genügt also zu zeigen $t \in \mathscr{W}_{2m}$. Dies folgt aber sofort aus $\hat{t} = |x|^{2m}\,\widehat{\Lambda_{2m}t}$ und

$$||t||_{2m}^2 = \int |x|^{2m}\,|\hat{t}|^2\,dx = \int |\widehat{\Lambda_{2m}t}|^2\,dx = \int |\hat{\varphi}|^2\,dx = \int |\varphi|^2\,dx < \infty\,. \blacktriangleleft$$

Lemma 8. *Es sei $t \in \mathscr{W}_{2m}$ und*

$$E = \{x \in R^n : \Lambda_{2m}t(x) \geqq a > 0\}\,.$$

Dann gilt

$$2m\text{-cap}^*\,E \leqq a^{-2}\,||t||_{2m}^2\,.$$

Beweis: Entsprechend dem Beweis von Satz 2 können wir annehmen, daß zu beliebigen positiven ganzen k eine offene Menge ω_k existiert mit

$$2m\text{-cap}\,\omega_k < k^{-1}$$

und eine Folge $(\mu_i)_{i\in N} \subset \mathfrak{E}_{2m}$ mit $||\mu_i - t||_{2m} \to 0$, daß die Potentiale $\Lambda_{2m}\mu_i$ stetig sind und in $R^n \setminus \omega_k$ gleichmäßig gegen $\Lambda_{2m}t$ konvergieren. Wir betrachten die Mengen $F_k = E \cap (R^n \setminus \omega_k)$. Wegen der Stetigkeit von $\Lambda_{2m}t$ in $R^n \setminus \omega_k$ ist F_k abgeschlossen, also gilt

$$2m\text{-cap}\,F_k = 2m\text{-cap}^*\,F_k = 2m\text{-cap}^*\,F_k\,.$$

Es sei $\varepsilon > 0$ beliebig, und $K \subseteqq F_k$ sei eine kompakte Menge mit

$$2m\text{-cap}\,K > 2m\text{-cap}\,F_k - \varepsilon\,.$$

Mit dem Gleichgewichtsmaß γ bezüglich K (vgl. III.3.3., Satz 5) gilt

$$\int \Lambda_{2m}t\,d\gamma = \lim_{i\to\infty} \int \Lambda_{2m}\mu_i\,d\gamma = \lim_{i\to\infty}\,(\mu_i, \gamma)_{2m} = (t, \gamma)_{2m} \leqq ||t||_{2m}\,||\gamma||_{2m}\,.$$

Das erste Gleichheitszeichen gilt auf Grund der gleichmäßigen Konvergenz von $\Lambda_{2m}\mu_i$ in $R^n \setminus \omega_k$, das dritte wegen $\|\mu_i - t\|_{2m} \to 0$ und das letzte auf Grund der SCHWARZschen Ungleichung. Wegen $K \subseteqq F_k \subseteqq E$ und $\Lambda_{2m}t \geqq a$ auf E sowie III.3.3., Satz 5 folgt weiter

$$a(2m\text{-cap } F_k - \varepsilon) < a(2m\text{-cap } K) = a\gamma(1) \leqq \int \Lambda_{2m}t \, d\gamma$$
$$\leqq \|t\|_{2m} (2m\text{-cap } K)^{1/2} \leqq \|t\|_{2m} (2m\text{-cap } F_k)^{1/2} .$$

Da ε beliebig gewählt werden kann, ergibt sich

$$2m\text{-cap } F_k \leqq a^{-2} \|t\|_{2m}^2 .$$

Nun ist $E \subseteqq F_k \cup \omega_k$. Auf Grund von III.3.6., Satz 9 gilt

$$2m\text{-cap}^* E \leqq a^{-2} \|t\|_{2m}^2 + k^{-1} .$$

Die Behauptung folgt für $k \to \infty$. ◀

4.2. Beppo-Levi-Deny-Funktionen in Ω

Den Begriff der BEPPO-LEVI-DENY-Funktion erklären wir jetzt für beliebige Gebiete $\Omega \subseteqq R^n$.

Definition 3. Die Menge aller in Ω $2m$-quasi-überall definierten $2m$-quasi-stetigen Funktionen, die (als Distribution) zu $BL_m(\Omega)$ gehören, bezeichnen wir mit $BLD_m(\Omega)$ (BEPPO-LEVI-DENY-Funktionen der Ordnung m in Ω).

Lemma 9. *Zu jedem $f \in \hat{\mathcal{D}}^m(\Omega)$ (vgl. § 1) existiert ein $f_1 \in BLD_m(R^n)$ mit $f = f_1$ fast überall in Ω.*

Beweis: Zu gegebenem $f \in \hat{\mathcal{D}}^m(\Omega)$ existiert eine Folge $(\varphi_i)_{i\in N} \subset C_0^\infty(\Omega)$ mit $\|f - \varphi_i\|_m \to 0$ (unter Beachtung der Äquivalenz der Normen (1), § 1 und (13), § 3). Diese Folge können wir ohne Beschränkung der Allgemeinheit so wählen, daß gilt

$$\sum_{i=1}^{\infty} 4^i \|\varphi_{i+1} - \varphi_i\|_m^2 < \infty .$$

Wir setzen die φ_i durch Null außerhalb Ω in den R^n fort und bezeichnen die entstehenden $C_0^\infty(R^n)$-Funktionen wieder mit φ_i ($i \in N$). Mit $\varphi_i = \Lambda_{2m}t_i$ ($t_i \in \mathscr{W}_{2m}$, vgl. Lemma 7) und

$$E_i = \left\{x \in R^n : |\varphi_{i+1}(x) - \varphi_i(x)| > \frac{1}{2i}\right\}$$
$$= \left\{x \in R^n : \varphi_{i+1}(x) - \varphi_i(x) > \frac{1}{2i}\right\} \cup \left\{x \in R^n : \varphi_i(x) - \varphi_{i+1}(x) > \frac{1}{2i}\right\}$$

gilt $2m\text{-cap}^* E_i \leqq 2 \cdot 4^i \|t_{i+1} - t_i\|_{2m}^2$. Auf Grund der Subadditivität der äußeren Kapazität (vgl. III.3.6., Satz 9) besteht mit $\omega_k = \bigcup_{i=k}^{\infty} E_i$ die Abschätzung

$$2m\text{-cap}^* \omega_k \leqq \sum_{i=k}^{\infty} 2m\text{-cap}^* E_i \leqq 2 \sum_{i=k}^{\infty} 4^i \|t_{i+1} - t_i\|_{2m}^2$$

und nach Satz 7, § 3

$$2m\text{-cap}^*\,\omega_k \leqq c \sum_{i=k}^{\infty} 4^i \,||\varphi_{i+1} - \varphi_i||_m^2 \leqq \text{const}\,.$$

Somit strebt $2m$-cap* ω_k gegen Null für $k \to \infty$. In $R^n \setminus \omega_k$ konvergiert nun die Folge $(\varphi_i)_{i\in N}$ gleichmäßig gegen eine Funktion f_1, die überall in $R^n \setminus \bigcap_{k=1}^{\infty} \omega_k$ definiert ist, also $2m$-quasi-überall wegen $2m\text{-cap}^*\left(\bigcap_{k=1}^{\infty} \omega_k\right) = 0$. Außerdem ist f_1 $2m$-quasi-stetig wegen der gleichmäßigen Konvergenz von φ_i in $R^n \setminus \omega_k$. Daher ist $f_1 \in BLD_m(R^n)$. Es bleibt zu zeigen $f = f_1$ fast überall in Ω. Hierzu zeigen wir zunächst, daß f in Ω lokal integrierbar ist. Nach den SOBOLEVschen Einbettungssätzen gilt für $\varphi \in C_0^\infty(\Omega)$ die Abschätzung

$$\left(\int |D^\beta \varphi|^p \,dx\right)^{1/p} \leqq c\,||\varphi||_m \tag{2}$$

mit $1/p = \frac{1}{2} - (m - |\beta|)/n$, $0 \leqq m - |\beta| < n/2$ und einer von φ unabhängigen Konstanten $c > 0$. Wegen $n > 2m$ kann $|\beta| = 0$ gesetzt werden. Ist also $(\varphi_i)_{i\in N}$ eine CAUCHY-Folge in $\hat{\mathfrak{D}}^m(\Omega)$, so konvergiert diese Folge auch in $L^p(\Omega)$. Aus $f \in \hat{\mathfrak{D}}^m(\Omega)$ folgt also auch $f \in L^p(\Omega)$. Ist K eine kompakte Teilmenge von Ω, so ergibt sich daraus weiter unter Benutzung der HÖLDER-Ungleichung

$$\left|\int_K f\,dx\right| \leqq c\left(\int_K |f|^p\,dx\right)^{1/p} \leqq c\left(\int_\Omega |f|^p\,dx\right)^{1/p} < \infty\,,$$

also ist f in Ω lokal integrierbar. Somit existiert für beliebiges $\psi \in C_0^\infty(\Omega)$ das Integral $\int f\psi\,dx$, und nach Anwendung der HÖLDER-Ungleichung folgt

$$\left|\int \psi(f - \varphi_i)\,dx\right| \leqq c\left(\int_{\operatorname{supp}\psi} |f - \varphi_i|^p\,dx\right)^{1/p},$$

wobei p gemäß $1/p = \frac{1}{2} - m/n$ festgehalten ist. Aus (2) erhalten wir

$$\left(\int_{\operatorname{supp}\psi} |f - \varphi_i|^p\,dx\right)^{1/p} = \left(\int_\Omega |f - \varphi_i|^p\,dx\right)^{1/p} \leqq c\,||f - \varphi_i||_m$$

und wegen $||f - \varphi_i||_m \to 0$ schließlich

$$\int \varphi_i\psi\,dx \to \int f\psi\,dx \qquad \text{für } i \to \infty\,.$$

Speziell für solche $\psi \in C_0^\infty(\Omega)$, die in ω_k verschwinden, ergibt sich wegen der gleichmäßigen Konvergenz von φ_i gegen f_1 außerhalb ω_k

$$\int \varphi_i\psi\,dx \to \int f_1\psi\,dx \qquad \text{für } i \to \infty\,,$$

also $\int (f - f_1)\,\psi\,dx = 0$ für alle $\psi \in C_0^\infty(\Omega)$ mit $\psi \equiv 0$ in ω_k, d. h. $f = f_1$ fast überall in $\Omega \setminus \omega_k$ für alle $k \in N$. Daraus folgt $f = f_1$ fast überall in Ω, da der Durchschnitt aller ω_k die äußere Kapazität Null hat, also auch vom LEBESGUEschen Maß Null ist. ◀

Aus Lemma 9 ergibt sich leicht folgendes Analogon zu Satz 5, § 3, und zwar

Satz 4. *Jedes $f \in BL_m(\Omega)$ ist fast überall in Ω gleich einer Funktion $f_1 \in BLD_m(\Omega)$.*

Beweis: Nach den Sätzen 2, 3, § 1 besitzt $f \in BL_m(\Omega)$ eine Zerlegung $f = u + v$ mit $u \in BL_m(\Omega)$, $\Delta^m u = 0$ in Ω und $v \in \hat{\mathfrak{D}}^m(\Omega)$. Da u als polyharmonische Funktion trivialerweise $2m$-quasi-stetig und v nach Lemma 9 fast überall gleich einer Funktion $u_1 \in BLD_m(\Omega)$ ist, folgt daraus die Behauptung. ◀

Lemma 10. *Für beliebiges $f \in BLD_m(\Omega) \cap \hat{\mathfrak{D}}^m(\Omega)$ ist*

$$f_0(x) = \begin{cases} f(x) & \text{für } x \in \Omega\,, \\ 0 & \text{für } x \in R^n \setminus \Omega \end{cases}$$

eine Funktion aus $BLD_m(R^n)$.

Beweis: Wir ordnen f gemäß Lemma 9 ein $f_1 \in BLD_m(R^n)$ zu. Dann sind f und f_1 in Ω $2m$-quasi-stetig und stimmen nach Lemma 5, (ii) in Ω $2m$-quasi-überall überein. Da nach Konstruktion (vgl. den Beweis von Lemma 9) f_1 in $R^n \setminus \Omega$ gleich Null ist, gilt $f_0 = f_1$ $2m$-quasi-überall im R^n. Wegen $f_1 \in BLD_m(R^n)$ und Lemma 5, (ii) bedeutet das $f \in BLD_m(R^n)$. ◀

Der folgende Hilfssatz wird im nächsten Paragraphen eine wesentliche Rolle spielen.

Lemma 11. *Für beliebiges $f \in BLD_m(\Omega) \cap \hat{\mathfrak{D}}^m(\Omega)$ und alle α ($|\alpha| \leqq m - 1$) gilt in $(2m - 2\,|\alpha|)$-quasi-allen Randpunkten $y \in \partial\Omega$*

$$(2m - 2\,|\alpha|)\text{-}\lim_{x \in \Omega,\, x \to y} \text{fine}\, D^\alpha f(x) = 0\,.$$

Beweis: Nach Lemma 6, (ii) und Lemma 10 gilt

$$D^\alpha f_0 \in BLD_{m-|\alpha|}(R^n) \qquad \text{für } |\alpha| \leqq m - 1\,.$$

Die Behauptung erhalten wir dann durch Anwendung von Satz 2 für den Fall des R^n auf die Punkte von $\partial\Omega$, wobei $f = f_0$ in Ω berücksichtigt wird. ◀

Der Vollständigkeit halber beweisen wir noch einen Konvergenzsatz, der aber im folgenden nicht weiter benötigt wird.

Satz 5. *Es sei $\Omega \subseteqq R^n$ ein beliebiges Gebiet, und $(f_k)_{k \in N} \subset BLD_m(\Omega) \cap \hat{\mathfrak{D}}^m(\Omega)$ sei eine Folge, die im Sinne der Norm von $BL_m(\Omega)$ gegen ein $f \in BLD_m(\Omega) \cap \hat{\mathfrak{D}}^m(\Omega)$ konvergiert (d. h. $\|f_k - f\|_m \to 0$ für $k \to \infty$). Dann enthält $(f_k)_{k \in N}$ eine Teilfolge, die $2m$-quasi-überall in Ω gegen f konvergiert.*

Beweis: Wir wählen eine Teilfolge mit

$$\sum_{j=1}^{\infty} 4^{k_j} \|f_{k_{j+1}} - f_{k_j}\|_m^2 < \infty\,.$$

Ähnlich wie beim Beweis von Lemma 8 können wir zeigen, daß diese Teilfolge $2m$-quasi-überall im R^n gegen eine Funktion f_1 konvergiert, wobei die Konvergenz außerhalb einer offenen Menge ω_1 beliebig kleiner $2m$-Kapazität gleichmäßig ist. Hierzu setzen wir die Funktionen f_k außerhalb Ω durch Null fort, wodurch nach Lemma 9 Funktionen aus $BLD_m(R^n)$ entstehen, und wenden Satz 7, § 3 und Lemma 8 an. Da ferner die Funktionen f_k sämtlich nach Voraussetzung $2m$-quasi-stetig sind, existiert auf Grund der Subadditivität der äußeren Kapazität eine offene Menge ω_2 beliebig kleiner $2m$-Kapazität, so daß alle Funktionen f_k in $R^n \setminus \omega_2$ stetig sind. Somit ist auf Grund der gleichmäßigen Konvergenz der Folge f_{k_j} in $R^n \setminus \omega_1$ die Funktion f_1 in $R^n \setminus (\omega_1 \cup \omega_2)$ stetig. Da $2m$-cap $(\omega_1 \cup \omega_2)$ beliebig klein gewählt werden kann, bedeutet dies, daß f_1 $2m$-quasi-stetig ist. Nun läßt sich weiter analog zum Beweis von Lemma 9 $f = f_1$ fast überall in Ω beweisen. Dazu hat man den Ausdruck

$$\int (f - f_{k_j})\, \psi\, dx$$

nach oben abzuschätzen nach denselben Überlegungen wie dort. Da schließlich die Funktion f ebenfalls nach Voraussetzung $2m$-quasi-stetig ist, gilt darüberhinaus $f = f_1$ $2m$-quasi-überall, und der Satz ist gezeigt. ◀

§ 5. Anwendungen auf das Dirichlet-Problem

5.1. Feines Dirichlet-Problem (Existenz)

Die im vorangehenden Paragraphen bewiesenen Resultate wollen wir jetzt auf das Dirichlet-Problem anwenden. Dabei werden wir zunächst das sogenannte feine Dirichlet-Problem im Sinne von B. Fuglede bei der polyharmonischen Gleichung $\Delta^m u = 0$ betrachten. Diese Problemstellung ist eine Verallgemeinerung des schon seit längerer Zeit, insbesondere von M. Brelot und der französischen Schule studierten feinen Dirichlet-Problems bei der Laplaceschen Differentialgleichung. Die vorliegende Darstellung bezieht sich auf [F 21]. Im zweiten Teil dieses Paragraphen übertragen wir die Resultate auf eine allgemeinere Klasse von Differentialoperatoren und machen ferner Aussagen über das Randverhalten der verallgemeinerten Lösung des Dirichlet-Problems für ein beliebiges Gebiet. Im folgenden bezeichne Ω stets ein beliebiges Gebiet im R^n, falls keine zusätzlichen Angaben gemacht werden.

Definition 1. Folgendes Problem wird als *feines* Dirichlet-*Problem* bezeichnet (für die Gleichung $\Delta^m u = 0$). Zu gegebenem $f \in BLD_m(R^n)$ wird ein $u \in BLD_m(R^n)$ gesucht mit

$$\Delta^m u = 0 \quad \text{in } \Omega\,,$$

$$D^\beta u = D^\beta f \ (2m - 2\,|\beta|)\text{-quasi-überall in } R^n \setminus \Omega \text{ für alle } |\beta| \leqq m - 1\,.$$

Wir benötigen noch weitere Bezeichnungen. Ist K eine abgeschlossene Menge, so verstehen wir unter $\mathfrak{E}_{2m}(K)$ den Vektorraum aller Maße $\mu \in \mathfrak{E}_{2m}$ mit $\operatorname{supp}\mu \subseteqq K$. Weiterhin sei $\mathfrak{E}^{(l)}_{2m-2l}(K)$ der Raum aller $\nu \in \mathscr{W}_{2m}(K)$ der Gestalt $\nu = D^\beta\mu$ mit $\mu \in \mathfrak{E}_{2m-2l}(K)$ und $|\beta| = l$. Diese Begriffsbildung ist wegen Lemma 3, § 3 sinnvoll, denn aus $\mu \in \mathfrak{E}_{2m-2l}(K) \subseteqq \mathscr{W}_{2m-2l}(K)$ folgt $D^\beta\mu \in \mathscr{W}_{2m}(K)$.

Bevor wir die Existenz von Lösungen des feinen Dirichlet-Problems untersuchen, beweisen wir noch

Lemma 1. *Es sei K eine abgeschlossene Menge (nicht notwendig kompakt), und l sei eine ganze Zahl, $0 \leqq l \leqq m - 1$. Ein gegebenes $t \in \mathscr{W}_{2m}$ ist genau dann orthogonal zu $\mathfrak{E}^{(l)}_{2m-2l}(K)$, wenn für alle γ mit $|\gamma| = l$ gilt*

$$D^\gamma \Lambda_{2m} t = 0 \qquad (2m - 2l)\text{-}\textit{quasi-überall auf } K\,.$$

(Die Orthogonalität bezieht sich auf das Skalarprodukt in $\mathscr{W}_{2m}$).

Beweis: Nach Definition hat jedes $s \in \mathfrak{E}^{(l)}_{2m-2l}(K)$ die Gestalt $s = D^\beta\mu$ $(|\beta| = l)$ mit einem $\mu \in \mathfrak{E}_{2m-2l}(K)$. Nach Lemma 5, § 3 (Formel (9)) gilt

$$(t, s)_{2m} = (\Lambda_m t, \Lambda_m s)_{L^2(R^n)}\,.$$

Durch Vertauschung von Integrationen erhalten wir

$$\begin{aligned}(t, s)_{2m} &= (\Lambda_m t, (D^\beta R_m) * \mu)_{L^2(R^n)} = \int \Lambda_m t(x) \{\int (D^\beta R_m)(x-y)\, d\mu(y)\}\, dx \\ &= \int [\int (D^\beta R_m)(x-y)\, \Lambda_m t(x)\, dx]\, d\mu(y) \\ &= (-1)^l \int [(D^\beta R_m) * \Lambda_m t]\, d\mu(y) = (-1)^l \int D^\beta \Lambda_{2m} t(x)\, d\mu(x)\,.\end{aligned}$$

Die Vertauschung der Integrationen ist gerechtfertigt wegen $D^\beta R_m = O(R_{m-l})$ und $R_{m-l} * \mu \in L^2(R^n)$ wegen $\mu \in \mathscr{W}_{2m-2l}$. Wir erhalten also unter Berücksichtigung von III.3.2., Lemma 9, daß

$$(t, s)_{2m} = 0 \qquad \text{für alle } s \in \mathfrak{E}^{(l)}_{2m-2l}(K)$$

äquivalent ist zu

$$D^\beta \Lambda_{2m} t = 0 \qquad (2m - 2l)\text{-annähernd-überall auf } K \text{ für alle } \beta \text{ mit } |\beta| \leqq l\,.$$

Aus der σ-quasi-Stetigkeit von $D^\beta \Lambda_{2m} t$ (Lemma 6, § 4) folgt aber sofort

$$D^\beta \Lambda_{2m} t = 0 \qquad (2m - 2l)\text{-quasi-überall}\,. \blacktriangleleft$$

Satz 1. *Zu beliebigem $f \in BLD_m(R^n)$ existiert stets eine Lösung des feinen* Dirichlet-*Problems.*

Beweis: Zur Abkürzung setzen wir $\mathscr{H}^m = \hat{\mathfrak{D}}^m(R^n)$. Mit $\mathscr{H}^m_\Omega$ bezeichnen wir die Abschließung der Menge aller $\varphi \in C_0^\infty(R^n)$ mit $\operatorname{supp} \varphi \subset \Omega$ im Raum $\mathscr{H}^m$, und ${}^\perp\mathscr{H}^m_\Omega$ sei das orthogonale Komplement zu $\mathscr{H}^m_\Omega$, also

$$\mathscr{H}^m = \mathscr{H}^m_\Omega \oplus {}^\perp\mathscr{H}^m_\Omega\,.$$

Die Orthogonalität bezieht sich auf das Skalarprodukt (2), § 1. Nach Satz 2 und 3, § 1 besitzt $f \in BLD_m(R^n)$ eine Zerlegung $f = u + v$ mit $v \in \mathscr{H}^m$, $u \in BL_m(R^n)$, $\Delta^m u = 0$ im R^n. Da die Einschränkung von u auf Ω das betrachtete Problem (mit u als Randfunktion) trivialerweise löst, können wir uns offenbar auf $f \in BLD_m(R^n) \cap \mathscr{H}^m$ beschränken. Wir erhalten also

$$f = g + u \qquad \text{mit } g \in \mathscr{H}^m_\Omega\,, \quad u \in {}^\perp\mathscr{H}^m_\Omega\,.$$

Als Lösung von $\Delta^m u = 0$ ist u trivialerweise in Ω $2m$-quasi-stetig. Daraus folgt wegen $f \in BLD_m(R^n)$ und der Definition des Raumes $\mathscr{H}^m_\Omega$ für die Einschränkung von g auf Ω

$$g|_{\partial\Omega} \in BLD_m(\Omega) \cap \hat{\mathfrak{D}}^m(\Omega)\,.$$

Demzufolge liefert Lemma 10, § 4 (es ist $g = 0$ in $R^n \setminus \Omega$) $g \in BLD_m(R^n)$ und damit $u \in BLD_m(R^n)$.

Wegen

$$D^\beta f = D^\beta g + D^\beta u \qquad (2m - 2\,|\beta|)\text{-quasi-überall im } R^n$$

und $g = 0$ in $R^n \setminus \Omega$ folgt zunächst

$$D^\beta f = D^\beta u \qquad (2m - 2\,|\beta|)\text{-quasi-überall in } R^n \setminus \overline{\Omega}$$

(sogar überall). Nach Lemma 11, § 4 gilt ferner

$$D^\beta g = 0 \qquad (2m - 2\,|\beta|)\text{-quasi-überall auf } \partial\Omega\,,$$

d. h.

$$D^\beta f = D^\beta u \qquad (2m - 2\,|\beta|)\text{-quasi-überall in } \partial\Omega\,,$$

und damit insgesamt

$$D^\beta f = D^\beta u \qquad (2m - 2\,|\beta|)\text{-quasi-überall in } R^n \setminus \Omega\,. \blacktriangleleft$$

Von Wichtigkeit im Zusammenhang mit der Eindeutigkeitsfrage ist folgende

Definition 2. Eine abgeschlossene Menge $K \subseteqq R^n$ erfüllt die $2m$-Spektralsynthese, falls die Menge

$$\mathfrak{E}_{2m}(K) \cup \mathfrak{E}_{2m-2}^{(1)}(K) \cup \cdots \cup \mathfrak{E}_{2}^{(m-1)}(K) \subseteqq \mathscr{W}_{2m}(K)$$

in $\mathscr{W}_{2m}(K)$ dicht liegt.

Satz 2. *Das feine* DIRICHLET-*Problem ist genau dann eindeutig lösbar, wenn für die Menge* $F = R^n \setminus \Omega$ *die 2m-Spektralsynthese gilt.*

Beweis: Wir setzen

$$\mathcal{V}(F) = \mathfrak{E}_{2m}(F) \cup \mathfrak{E}_{2m-2}^{(1)}(F) \cup \cdots \cup \mathfrak{E}_{2}^{(m-1)}(F)$$

und nehmen zunächst an, daß das DIRICHLET-Problem eindeutig lösbar ist. Unter der Annahme $\overline{\mathcal{V}(F)} \neq \mathscr{W}_{2m}(F)$ existiert ein $t_1 \in \mathscr{W}_{2m}(F)$, $t_1 \neq 0$ mit $(t_1, s) = 0$ für alle $s \in \overline{\mathcal{V}(F)}$. Für das Potential $v = \Lambda_{2m}t_1 \neq 0$ gilt nach Lemma 1

$$D^\beta v = 0 \qquad (2m - 2\,|\beta|)\text{-quasi-überall auf } F \text{ für alle } |\beta| \leqq m - 1\,.$$

Wegen $\operatorname{supp} t_1 \subseteqq F$ ist weiterhin $\Delta^m v = 0$ in Ω. Das bedeutet aber, daß mit jeder Lösung u_f auch $u_f + v$ Lösung des feinen DIRICHLET-Problems ist im Widerspruch zur Annahme, also folgt $\overline{\mathcal{V}(F)} = \mathscr{W}_{2m}(F)$. Umgekehrt setzen wir $\overline{\mathcal{V}(F)} = \mathscr{W}_{2m}(F)$ voraus. Angenommen, das DIRICHLET-Problem sei nicht eindeutig lösbar. Dann ist die Differenz $u = v - w$ zweier Lösungen im allgemeinen $\neq 0$, und es gilt offenbar $v = \Lambda_{2m}t_1$ mit einem $t_1 \in \mathscr{W}_{2m}(F)$, wobei $D^\beta \Lambda_{2m} t_1 = 0$ ist $(2m - 2\,|\beta|)$-quasi-überall in F für alle $|\beta| \leqq m - 1$. Nach Lemma 1 folgt daraus

$$(t_1, s)_{2m} = 0 \qquad \text{für alle } s \in \mathcal{V}(F)\,,$$

und wegen der Dichtheit $(t_1, t_1)_{2m} = ||t_1||_{2m}^2 = 0$, d. h. $t_1 = 0$, also $v = 0$ im Widerspruch zur Annahme. Somit ist das feine DIRICHLET-Problem eindeutig lösbar. ◀

Satz 3. *Jede Lösung u des feinen* DIRICHLET-*Problems besitzt folgende Eigenschaft. Für alle* β *mit* $|\beta| \leqq m - 1$ *und* $(2m - 2\,|\beta|)$*-quasi-alle Randpunkte* $y \in \partial\Omega$ *gilt*

$$(2m - 2\,|\beta|)\text{-}\lim_{\substack{x \in \Omega\\ x \to y}} \text{fine}\, D^\beta u(x) = D^\beta f(y)\,.$$

Beweis: Die Behauptung folgt unmittelbar aus $D^\beta u = D^\beta f$ $(2m - 2\,|\beta|)$-quasi-überall in $R^n \setminus \Omega$, sowie aus Satz 3, § 4. ◀

5.2. Stabilität im Sinne von BABUŠKA (Eindeutigkeit)

Um nun Klassen von Gebieten angeben zu können, für die das betrachtete DIRICHLET-Problem eindeutig lösbar ist, führen wir den auf I. BABUŠKA zurückgehenden Begriff der Δ^m-Stabilität eines Gebietes ein.

Wir erinnern daran, daß wir durchweg $2m < n$ vorausgesetzt haben. Nach Satz 3, § 1 gilt dann

$$\hat{\mathscr{D}}^m(R^n) \subseteqq \mathscr{D}'(R^n)\,.$$

Zur Abkürzung setzen wir $\mathscr{H} = \hat{\mathscr{D}}^m(R^n)$. Mit $\mathscr{H}^\Omega$ bezeichnen wir die Abschließung der Menge aller $\varphi \in C_0^\infty(R^n)$ mit $\operatorname{supp} \varphi \subset R^n \setminus \overline{\Omega}$ bezüglich der Norm in $\mathscr{H}$ (d. h. bezüglich der Norm (2), § 1). ${}^{\perp}\mathcal{H}^{\Omega}$ sei das orthogonale Komplement zu $\mathcal{H}^{\Omega}$ in $\mathcal{H}$, d. h.

$$\mathcal{H} = \mathcal{H}^{\Omega} \oplus {}^{\perp}\mathcal{H}^{\Omega}. \tag{1}$$

Ferner sei $\mathcal{H}_{\Omega}$ die Abschließung der Menge aller $\varphi \in C_0^{\infty}(R^n)$ mit $\operatorname{supp} \varphi \subset \Omega$ in $\mathcal{H}$, und ${}^{\perp}\mathcal{H}_{\Omega}$ sei das orthogonale Komplement zu $\mathcal{H}_{\Omega}$ in $\mathcal{H}$, d. h.

$$\mathcal{H} = \mathcal{H}_{\Omega} \oplus {}^{\perp}\mathcal{H}_{\Omega}. \tag{2}$$

Definition 3. Zu gegebenem $f \in \mathcal{H}$ bezeichnen wir die orthogonale Projektion $u_{\Omega} = P_{\Omega} f$ von f in ${}^{\perp}\mathcal{H}_{\Omega}$ als Projektionslösung des Dirichlet-Problems der Gleichung $\Delta^m u = 0$ für die durch f in Ω repräsentierten Randwerte. Analog bezeichnen wir die orthogonale Projektion $u^{\Omega} = P^{\Omega} f$ von f in ${}^{\perp}\mathcal{H}^{\Omega}$ als Projektionslösung des Dirichlet-Problems der Gleichung $\Delta^m u = 0$ für die durch f in $R^n \setminus \Omega$ repräsentierten Randwerte.

Es ist sofort zu sehen, daß u_{Ω} in Ω und u^{Ω} in $R^n \setminus \overline{\Omega}$ die Gleichung $\Delta^m u = 0$ löst. Aus (1) bzw. (2) ergibt sich unmittelbar $u_{\Omega} = f$ auf $R^n \setminus \Omega$ bzw. $u^{\Omega} = f$ auf $\overline{\Omega}$. Über das Randverhalten von u_{Ω} bzw. u^{Ω} machen wir hier keine näheren Aussagen.

Durch Approximation des Gebietes Ω von innen und außen durch glatte Gebiete und Betrachtung der zugehörigen Projektionslösungen gelangen wir zum Begriff der Δ^m-Stabilität von Ω (vgl. [B 1]). Hierzu benötigen wir einige Hilfssätze. Mit $\mathcal{P}$ bezeichnen wir die Menge aller Gebiete im R^n, deren Rand eine C^{∞}-Mannigfaltigkeit der Dimension $n - 1$ ist. Das folgende Lemma spielte bereits in Kapitel III eine Rolle (obwohl wir es in dieser strengen Form nicht benötigten).

Lemma 2. *Zu jedem beschränkten Gebiet* $\Omega \subset R^n$ *existiert eine Folge von Gebieten* $(\Omega_k)_{k \in N} \subset \mathcal{P}$ *mit* $\overline{\Omega}_k \subset \Omega_{k+1} \subset \Omega$ *für alle* $k \in N$ *und* $\Omega = \bigcup_{k=1}^{\infty} \Omega_k$.

Einen Beweis dieser Aussage findet man bereits in [K 6]. Der Beweisgedanke ist etwa wie folgt. Ω wird mit einem Netz achsenparalleler Würfel überdeckt, deren Kantenlänge schrittweise verkleinert wird. Aus geometrischen Gründen ist klar, daß zunächst eine Folge $(\Omega_k')_{k \in N}$ von Gebieten konstruiert werden kann, wobei Ω_k' endliche Vereinigung von Würfeln der Kantenlänge k^{-1} ist und $\Omega_k' \subset \Omega_{k+1}' \subset \Omega$, $\operatorname{dist}(\partial\Omega_k', \partial\Omega_{k+1}') > 0$ gilt. Abrunden der Kanten liefert dann die gewünschte Folge.

Definition 4. Ein beschränktes Gebiet Ω heiße *normal*, falls gilt $\partial\Omega = \partial\overline{\Omega}$. Die Gesamtheit aller normalen Gebiete bezeichnen wir mit $\mathcal{N}$.

Lemma 3. *Zu jedem* $\Omega \in \mathcal{N}$ *existiert eine Folge* $(\Omega_k)_{k \in N} \subset \mathcal{P}$, *so daß gilt* $\overline{\Omega} \subset \Omega_{k+1}$, $\overline{\Omega}_{k+1} \subset \Omega_k$ $(k \in N)$ *und* $\overline{\Omega} = \bigcap_{k=1}^{\infty} \Omega_k$.

Beweis: Es sei Ω_0 eine offene Kugel mit $\overline{\Omega} \subset \Omega_0$. Wenden wir Lemma 2 an auf das Gebiet $\Omega' = \Omega_0 \setminus \overline{\Omega}$, und bezeichnen wir die Gebiete der Ω' ausschöpfenden Folge mit $\Omega_k' \in \mathcal{P}$ $(k \in N)$, so können wir Ω_k als die beschränkte Komponente von $R^n \setminus \overline{\Omega}_k'$ definieren. ◀

Lemma 4. *Es sei* $\Omega \subset R^n$ *ein beliebiges beschränktes Gebiet, und* $(\Omega_k)_{k \in N}$ *sei entsprechend Lemma 2 eine ausschöpfende Folge von Gebieten aus* $\mathcal{P}$. *Für gegebenes* $f \in \mathcal{H}$ *setzen wir* $u_{f,k} = P_{\Omega_k} f$, $u_f = P_{\Omega} f$. *Dann gilt*

$$ {}^{\perp}\mathcal{H}_{\Omega} = \bigcup_{k=1}^{\infty} {}^{\perp}\mathcal{H}_{\Omega_k} \tag{3}$$

und

$$\lim_{k\to\infty} u_{f,k} = u_f \qquad \textit{in } \mathcal{H} . \tag{4}$$

Beweis: Wegen $\mathcal{H}_{\Omega_k} \subset \mathcal{H}_{\Omega_{k+1}}$ gilt $^\perp\mathcal{H}_{\Omega_{k+1}} \subset {}^\perp\mathcal{H}_{\Omega_k}$ für alle $k \in N$. Wenn wir mit P_0 den Projektionsoperator in $\bigcap {}^\perp\mathcal{H}_{\Omega_k}$ bezeichnen, so gilt

$$P_{\Omega_k} f \to P_0 f \qquad \text{in } \mathcal{H} \text{ für } k \to \infty .$$

(4) folgt also aus (3). Zum Beweis von (3) genügt es, die dazu äquivalente Gleichung

$$\mathcal{H}_\Omega = \overline{\bigcup \mathcal{H}_{\Omega_k}} \tag{5}$$

zu zeigen. Wegen $\Omega_k \subset \Omega$ gilt zunächst $\mathcal{H}_{\Omega_k} \subset \mathcal{H}_\Omega$, d. h. $\overline{\bigcup \mathcal{H}_{\Omega_k}} \subseteqq \mathcal{H}_\Omega$. Es sei nun $\varphi \in C_0^\infty(\Omega)$ gegeben. Dann gilt $\varphi \in \mathcal{H}_{\Omega_k}$ für genügend großes k, also $\varphi \in \overline{\bigcup \mathcal{H}_{\Omega_k}}$. Wegen der Dichtheit von $C_0^\infty(\Omega)$ in $\mathcal{H}_\Omega$ erhalten wir $\mathcal{H}_\Omega \subseteqq \overline{\bigcup \mathcal{H}_{\Omega_k}}$, womit (5) bewiesen ist. ◀

Lemma 5. *Es sei $\Omega \in \mathcal{N}$ ein beschränktes Gebiet und $(\Omega_k)_{k\in N}$ eine Folge von Gebieten entsprechend Lemma 3. Wie bisher sei $u_{f,k} = P_{\Omega_k} f$, $f \in \mathcal{H}$. Dann existiert ein $u^f \in \mathcal{H}$ mit*

$$\lim_{k\to\infty} u_{f,k} = u^f \qquad \textit{in } \mathcal{H} , \tag{6}$$

und u^f ist unabhängig von der Wahl der Folge $(\Omega_k)_{k\in N}$. Bezeichnen wir den Projektionsoperator in $\frac{\perp}{\Omega}\mathcal{H} \overset{\text{def}}{=} \overline{\bigcup {}^\perp\mathcal{H}_{\Omega_k}}$ mit P^0, so gilt $u^f = P^0 f$.

Beweis: Wegen $\Omega_{k+1} \subset \Omega_k$ folgt $\mathcal{H}_{\Omega_{k+1}} \subseteqq \mathcal{H}_{\Omega_k}$ und $^\perp\mathcal{H}_{\Omega_k} \subseteqq {}^\perp\mathcal{H}_{\Omega_{k+1}}$. Dann ist (6) offensichtlich, also auch $u^f = P^0 f$. ◀

Definition 5. Ist $\Omega \subset R^n$ ein beliebiges beschränktes Gebiet, so nennen wir u_f genauer die zu $f \in \mathcal{H}$ gehörige *innere Projektionslösung*. Für $\Omega \in \mathcal{N}$ bezeichnen wir dann u^f als die *äußere Projektionslösung*.

Man überzeugt sich leicht davon, daß die Räume $^\perp\mathcal{H}_\Omega$ und $\frac{\perp}{\Omega}\mathcal{H}$ unabhängig sind von den speziellen approximierenden Folgen von Gebieten. Daher ist folgende Definition gerechtfertigt.

Definition 6. Ein Gebiet $\Omega \in \mathcal{N}$ heißt *Δ^m-stabil*, falls gilt

$$^\perp\mathcal{H}_\Omega = \tfrac{\perp}{\Omega}\mathcal{H} ,$$

bzw. (was hierzu äquivalent ist) $\mathcal{H}_\Omega = {}_\Omega\mathcal{H}$ mit ${}_\Omega\mathcal{H} = \bigcap \mathcal{H}_{\Omega_k}$ für eine im Sinne von Lemma 3 approximierende Folge $(\Omega_k)_{k\in N}$.

Nach Lemma 4 und Lemma 5 ist $\Omega \in \mathcal{N}$ genau dann Δ^m-stabil, falls gilt

$$u_f = u^f \qquad \text{für alle } f \in \mathcal{H} .$$

I. BABUŠKA [B 1] hat gezeigt, daß die Klasse der Δ^m-stabilen Gebiete sehr allgemein ist. Andererseits werden in [B 1] für den LAPLACE-Operator in der Ebene und für den biharmonischen Operator im R^5 einige komplizierte Beispiele nicht Δ^m-stabiler Gebiete konstruiert.

Wir können jetzt eine Aussage über die Eindeutigkeit der Lösung des feinen DIRICHLET-Problems beweisen.

Satz 4. *Das beschränkte Gebiet $\Omega \in \mathcal{N}$ sei Δ^m-stabil. Dann ist das feine* DIRICHLET-*Problem eindeutig lösbar.*

Beweis: Wir nehmen an, daß ein $u \neq 0$ existiert mit $u \in BLD_m(R^n)$ und

$$\Delta^m u = 0 \quad \text{in} \quad R^n,$$

$$D^\beta u = 0\ (2m - 2|\beta|)\text{-quasi-überall in } R^n \setminus \Omega \text{ für } |\beta| \leqq m - 1 .$$

Wegen der Sätze 2, 3, § 1 besteht eine Zerlegung $u = u_1 + u_2$ mit $u_1 \in \mathcal{H}^m$, $u_2 \in BL_m(R^n)$, $\Delta^m u_2 = 0$ im R^n. Zu den folgenden Bezeichnungen vgl. den Beweis von Satz 1. Auf Grund der angegebenen Eigenschaften reduziert sich u_2 auf ein Polynom vom Grade $\leqq m - 1$, das wegen des Verhaltens von u und u_1 im Unendlichen sogar $\equiv 0$ sein muß. Somit gilt $u = u_1$, d. h. $u \in \mathcal{H}^m$. Wegen $u = 0$ fast überall in $R^n \setminus \Omega$ ist $u \in {}_\Omega\mathcal{H}^m$, und aus der vorausgesetzten Δ^m-Stabilität folgt $u \in \mathcal{H}^m_\Omega$. Weiterhin haben wir nach Annahme $(\Delta^m u, \varphi) = (u, \varphi)_m = 0$ für alle $\varphi \in C_0^\infty(\Omega)$, und damit auch für alle $v \in \mathcal{H}^m_\Omega$, d. h. $u \in {}^\perp\mathcal{H}^m_\Omega$. Aus $u \in \mathcal{H}^m_\Omega \cap {}^\perp\mathcal{H}^m_\Omega$ erhalten wir nun $u = 0$ fast überall, und (wegen $u \in BLD_m(R^n)$) $u = 0$ $2m$-quasi-überall im Widerspruch zur Annahme. ◀

Aus Satz 2 erhalten wir unmittelbar das

Korollar. *Wenn $\Omega \in \mathcal{N}$ Δ^m-stabil ist, gilt für die Menge $F = R^n \setminus \Omega$ die $2m$-Spektralsynthese.*

Bemerkung 1. Aus dem Beweis von Satz 1 geht unmittelbar hervor, daß die Sätze 1, 3 und 4 ganz analog gelten, wenn in der Formulierung des feinen Dirichlet-Problems statt $f \in BLD_m(R^n)$ angenommen wird $f \in BLD_m(\Omega')$ für ein Gebiet $\Omega' \supset \Omega$. Die ganze Überlegung ist dann für Ω' durchzuführen. Möglich ist auch die Annahme $f \in BLD_m(\Omega)$. Dann sind aber zusätzliche Einschränkungen bezüglich f notwendig.

5.3. Randeigenschaften der Hilbert-Raum-Lösung

Satz 5. *$\Omega \subset R^n$ sei ein beliebiges Gebiet. $f \in BLD_m(\Omega)$ sei durch ein Element aus $C^{m-1}(\bar{\Omega})$ repräsentierbar. Dann existiert in Ω eine Lösung u der Gleichung $\Delta^m u = 0$ mit*

$$(2m - 2\,|\beta|)\text{-}\lim_{x \in \Omega,\, x \to y} \text{fine}\ D^\beta u(x) = D^\beta f(y) \tag{7}$$

für $(2m - 2\,|\beta|)$-quasi-alle $y \in \partial\Omega$ und alle $|\beta| \leqq m - 1$.

Beweis: Nach den Sätzen 2 und 3, § 1 gilt $f = g + u$ mit $g \in \hat{\mathfrak{D}}^m(\Omega)$, $u \in BL_m(\Omega)$, $\Delta^m u = 0$ in Ω. Aus $f \in BLD_m(\Omega)$ und $u \in BLD_m(\Omega)$ folgt $g \in BLD_m(\Omega)$, d. h. $g \in BLD_m(\Omega) \cap \hat{\mathfrak{D}}^m(\Omega)$. Lemma 11, § 4 liefert daher in $(2m - 2\,|\beta|)$-quasi-allen Randpunkten $y \in \partial\Omega$

$$(2m - 2\,|\beta|)\text{-}\lim_{x \in \Omega,\, x \to y} \text{fine}\ D^\beta g(x) = (2m - 2\,|\beta|)\text{-}\lim_{x \in \Omega,\, x \to y} \text{fine}\ (D^\beta f - D^\beta u)\,(x) = 0\,.$$

Wegen der vorausgesetzten Existenz der Grenzwerte von $D^\beta f$ bei Annäherung an $\partial\Omega$ folgt (7). ◀

Die Sätze 1 bis 5 können in naheliegender Weise auf allgemeinere elliptische Differentialoperatoren übertragen werden. Hierzu geben wir einige hinreichende Voraussetzungen an. Es sei

$$L(x, D) = \sum_{|\alpha|,\,|\beta| \leqq m} (-1)^{|\alpha|}\, D^\alpha\big(a_{\alpha\beta}(x)\, D^\beta\big)$$

ein formal selbstadjungierter elliptischer Operator im R^n mit glatten Koeffizienten. Die dazu gehörende Bilinearform

$$B[\varphi, \psi] = \int \sum_{|\alpha|, |\beta| \leqq m} \overline{a_{\alpha\beta}} D^\alpha \varphi \, \overline{D^\beta \psi} \, dx$$

erzeuge sowohl in $BL_m(R^n)$ als auch in $BL_m^{\bullet}(\Omega)$ eine zu $\|\cdot\|_m$ äquivalente Norm, d. h.

$$c_1 B[f, f] \leqq \|f\|_m^2 \leqq c_2 B[f, f]$$

für alle $f \in BL_m(R^n)$ (bzw. $f \in BL_m(\Omega)$) mit Konstanten $c_1, c_2 > 0$. Man kann sich dann leicht davon überzeugen, daß alle Überlegungen in entsprechender Weise durchgeführt werden können. Es ist nur zu beachten, daß beispielsweise in der Zerlegung $\mathcal{H}^m = \mathcal{H}_\Omega^m \oplus {}^\perp\mathcal{H}_\Omega^m$ sich die Orthogonalität auf das Skalarprodukt $B[u, v]$ bezieht. Für $u \in {}^\perp\mathcal{H}_\Omega^m$ folgt dann

$$B[u, \varphi] = (u, L\varphi) = 0 \qquad \text{für alle } \varphi \in C_0^\infty(\Omega)\,,$$

d. h., u ist in Ω schwache und damit auch klassische Lösung von $Lu = 0$. In entsprechender Weise kann man die Aussage von Satz 2, § 1 bezüglich der durch B gegebenen Norm umformulieren, so daß der zweite Summand in der orthogonalen Zerlegung von $f \in BL_m(\Omega)$ eine Lösung der Gleichung $Lu = 0$ ist. Auf diese Weise erhalten wir

Satz 6. *$\Omega \subset R^n$ sei ein beliebiges Gebiet, und der elliptische Operator L erfülle die genannten Voraussetzungen. $f \in BLD_m(\Omega)$ sei durch ein Element aus $C^{m-1}(\overline{\Omega})$ repräsentierbar. Dann existiert in Ω (mindestens) eine Lösung der Gleichung $Lu = 0$ mit*

$$(2m - 2\,|\beta|)\text{-}\lim_{x \in \Omega,\, x \to y} \text{fine}\; D^\beta u(x) = D^\beta f(y)$$

für $(2m - 2\,|\beta|)$-quasi-alle $y \in \partial\Omega$ und alle $|\beta| \leqq m - 1$.

Hierbei sei besonders hervorgehoben, daß der verwendete Begriff der $(2m - 2\,|\beta|)$-Kapazität ein und derselbe ist für alle Operatoren L mit den angegebenen Eigenschaften.

Anknüpfend an die Überlegungen von § 1 betrachten wir abschließend noch das verallgemeinerte Dirichlet-Problem für einen elliptischen Operator

$$L(x, D) = \sum_{|\alpha| \leqq 2m} a_\alpha(x)\, D^\alpha$$

unter potentialtheoretischen Aspekten im Hinblick auf die Resultate in Kapitel V, § 3. L habe glatte Koeffizienten, die in einer Umgebung von $\overline{\Omega}$ definiert sind, wobei $\Omega \subset R^n$ $(n > 2)$ das gegebene Gebiet ist.

Satz 7. *Ω sei ein Gebiet im R^n, über dessen Rand keine einschränkenden Voraussetzungen gemacht werden. L sei ein elliptischer Operator, der die obigen Vorasusetzungen erfüllt. Gegeben sei ein $f \in W^{[n/2]+1,2}(\Omega)$ und ein $g \in W^{m,2}(\Omega) \cap C^{m-1}(\overline{\Omega})$. Wir setzen voraus, daß die Lösung $u \in W^{m,2}(\Omega)$ des verallgemeinerten Dirichlet-Problems der Gleichung $Lu = f$ zu den Randwerten g existiert. Dann gilt für alle α mit $|\alpha| \leqq m - 1$ in $(2m - 2\,|\alpha|)$-quasi-allen $y \in \partial\Omega$*

$$(2m - 2\,|\alpha|)\text{-}\lim_{x \in \Omega,\, x \to y} \text{fine}\; D^\alpha u(x) = D^\alpha g(y)\,.$$

Beweis: Nach der Definition der verallgemeinerten Lösung gilt $u - g \in \overset{\circ}{W}{}^{m,2}(\Omega)$. Vergleich entsprechender Normen ergibt $\overset{\circ}{W}{}^{m,2}(\Omega) \subseteqq \hat{\mathfrak{D}}^m(\Omega)$, also $u - g \in \hat{\mathfrak{D}}^m(\Omega)$.

Nach bekannten Eigenschaften elliptischer Randwert-Probleme haben wir $u \in C^{2m}(\Omega)$. Aus $u \in W^{m,2}(\Omega)$ folgt nun (durch Vergleich der Normen) und unter Berücksichtigung der Glattheit von u offenbar $u \in BLD_m(\Omega)$. Da wegen $g \in W^{m,2}(\Omega)$ auch $g \in BLD_m(\Omega)$ angenommen werden kann (wobei sich an den Eigenschaften von g in Randnähe nichts ändert) ergibt sich $u - g \in BLD_m(\Omega)$ und somit $u - g \in BLD_m(\Omega) \cap \hat{\mathfrak{D}}^m(\Omega)$. Anwendung von Lemma 11 liefert für $|\alpha| \leqq m - 1$ und $(2m - 2|\alpha|)$-quasi-alle $y \in \partial\Omega$

$$(2m - 2|\alpha|)\text{-}\lim_{x \in \Omega, x \to y} \text{fine } D^\alpha(u - g) = 0 .$$

Berücksichtigt man noch die vorausgesetzte Existenz der Grenzwerte $\lim_{x \in \Omega, x \to y} D^\alpha g(x)$ für $|\alpha| \leqq m - 1$, so folgt daraus die Behauptung. ◀

Zu den Darlegungen der §§ 1—5 vgl. man auch [W 26], [W 29], [W 30], [W 34].

§ 6. Kapazität bezüglich koerziver Bilinearformen

In diesem Abschnitt behandeln wir eine weitere Möglichkeit für eine gewisse Potentialtheorie, die mit einer koerziven Bilinearform in einem Hilbert-Raum verbunden ist. Wir geben hier Resultate von J. Bliedtner [B 21] wieder, die in enger Beziehung stehen zu den Arbeiten [B 18] und [D 6] (vgl. auch Kapitel IX). Mit der betrachteten Bilinearform sind Potentiale und ein Kapazitätsbegriff verbunden sowie (da im allgemeinen keine Symmetrie besteht) die entsprechenden adjungierten Begriffe. Zu den Bilinearformen, die der Theorie zugrundeliegen, gehören auch Formen der Gestalt (u, Lv) (vgl. V, 3.3. und IX. 2.), wobei L ein elliptischer Operator höherer Ordnung ist. Das Vorgehen ist hier (im Gegensatz zu den vorangehenden Paragraphen) axiomatisch.

Es sei H ein reeller Hilbert-Raum mit der Norm $\|\cdot\|$ und dem Skalar-Produkt $(\cdot,\cdot)$. Es sei $B[\cdot,\cdot]$ eine auf $H \times H$ stetige und koerzive Bilinearform. Koerzivität bedeutet

$$B[u, u] \geqq c\,\|u\|^2 \qquad \text{für alle } u \in H \tag{1}$$

mit einer Konstanten $c > 0$. Es gilt dann folgender in [S 45] bewiesener

Satz 1. *$A \subseteqq H$ sei eine nichtleere konvexe abgeschlossene Menge. Zu jeder stetigen Linearform l auf H existiert dann genau ein $u \in A$ mit*

$$B[u, v - u] \geqq l(v - u) \tag{2}$$

für alle $v \in A$. Ist l in der Gestalt $l(x) = (w, x)$ dargestellt mit $w \in H$, so ist die Abbildung $w \to u$ stetig.

Wir setzen $u = \pi_A w$. Für die adjungierte Bilinearform $B^*[u, v] = B[v, u]$ schreiben wir analog π_A^*.

Es sei X ein lokal kompakter Hausdorff-Raum und $\varrho \geqq 0$ ein (Radon-)Maß auf X. Für X stelle man sich z. B. die Abschließung eines Gebietes im R^n vor und für ϱ das darauf eingeschränkte Lebesgue-Maß des R^n.

Für alles weitere setzen wir voraus, daß H ein Hilbert-Raum von lokal ϱ-integrierbaren Funktionen auf X ist, und für jede kompakte Menge $K \subseteqq X$ existiere eine Konstante $c(K)$ mit

$$\int_K |u(x)|\, d\varrho(x) \leqq c(K)\, \|u\| \qquad \text{für alle } u \in H . \tag{3}$$

Ist $G \subseteqq X$ eine offene Teilmenge, so bezeichnen wir mit $M(G)$ die Menge aller ϱ-wesentlich beschränkten Funktionen f mit kompaktem Träger in G.

Aus (3) folgt, daß die Linearformen der Gestalt $l(v) = \int vf\, d\varrho$ stetig sind auf H. Nach V.2.5. Lemma 3 existieren also Elemente $\Gamma f \in H$ und $\Gamma^* f \in H$ mit

$$B[\Gamma f, v] = B^*[\Gamma^* f, v] = \int vf\, d\varrho \qquad \text{für alle } v \in H\,.$$

Γf (bzw. $\Gamma^* f$) heißt Potential (bzw. adjungiertes Potential) von f erzeugt.

Lemma 1. *Die Mengen*

$$\{\Gamma f : f \in M(X)\} \qquad \textit{bzw.} \qquad \{\Gamma^* f : f \in M(X)\}$$

liegen dicht in H.

Beweis: Wenn $w \in H$ orthogonal ist zu allen Funktionen aus H der Gestalt Γf, so gilt

$$0 = (\Gamma f, w) = B[\Gamma f, \pi_H w] = \int \pi_H w f\, d\varrho$$

für alle $f \in M(X)$, d. h. $\pi_H w = 0$ ϱ-f.ü. auf X, also $w = 0$ nach Definition von π_H. ◀

Die Zahl

$$B[\Gamma f, \Gamma f] = B[\Gamma^* f, \Gamma^* f]$$

heißt Energie von f. Die Elemente des abgeschlossenen konvexen Kegels

$$\mathscr{P} = \overline{\{\Gamma f : f \in M(X), f \geqq 0\}}$$

heißen reine Potentiale. Für eine offene Menge $G \subseteqq X$ sei

$$\mathscr{P}_G = \overline{\{\Gamma f : f \in M(G), f \geqq 0\}}\,.$$

Analog werden die Kegel $\mathscr{P}^*$ bzw. $\mathscr{P}^*_G$ definiert.

Satz 2. *Es sei $G \subseteqq X$ offen. Dann ist $u \in \mathscr{P}_G$ äquivalent mit*

$$B[u, v] \geqq 0 \qquad \textit{für alle } v \in H \textit{ mit } v \geqq 0 \textit{ auf } G\,.$$

Beweis: Es sei $u \in H$ und $u_1 = \pi^*_A u$ mit $A = \mathscr{P}_G$. Da $\mathscr{P}_G$ ein abgeschlossener konvexer Kegel ist, charakterisieren folgende Eigenschaften das Element u_1:

$$B[u_1, u_1] = B[u_1, u]\,, \tag{4}$$

$$B[w, u_1] \geqq B[w, u] \qquad \text{für alle } w \in \mathscr{P}_G\,. \tag{5}$$

Für $w = \Gamma f$, $f \in M(G)$, $f \geqq 0$ folgt aus (5)

$$\int u_1 f\, d\varrho = B[\Gamma f, u_1] \geqq B[\Gamma f, u] = \int uf\, d\varrho\,,$$

also $u_1 \geqq u$ ϱ-f. ü. auf G. Das Element $u \in H$ erfülle die Bedingungen des Satzes. Wegen $u_1 - u \geqq 0$ auf G gilt $B[u, u_1 - u] \geqq 0$ und wegen (4)

$$0 \leqq c\,\|u_1 - u\|^2 \leqq B[u_1 - u, u_1 - u] = B[u_1, u_1 - u] - B[u, u_1 - u] \leqq 0\,,$$

d. h. $u = u_1 \in \mathscr{P}_G$. Die Umkehrung ist evident für $u = \Gamma f \in \mathscr{P}_G$ wegen $B[\Gamma f, v] = \int vf\, d\varrho \geqq 0$. Wegen der Stetigkeit der Bilinearform B folgt die behauptete Ungleichung für $u \in \mathscr{P}_G$. ◀

Für eine offene Teilmenge $G \subseteqq X$ definieren wir

$$A_G = \{v \in H : v \geqq 1 \quad \varrho\text{-f.ü. auf } G\}\,.$$

A_G ist ein abgeschlossener konvexer Kegel in H. Falls A_G nicht leer ist, setzen wir

$$u_G = \pi_{A_G}(0)\,, \qquad u^*_G = \pi^*_{A_G}(0)\,.$$

B-Kapazität einer offenen Menge $G \subseteqq X$ mit $A_G \neq \emptyset$ heißt die Zahl

$$B\text{-cap}\, G = B[u_G, u_G]\,.$$

Im Fall $A_G = \emptyset$ setzen wir B-cap $G = +\infty$. In analoger Weise wird die adjungierte Kapazität B^*-cap erklärt.

Die Funktion u_G ist ein reines Potential, das sogenannte B-Gleichgewichtspotential. Es ist nach Satz 1 charakterisiert als einziges Element in A_G, so daß gilt

$$B[u_G, w - u_G] \geqq 0 \qquad \text{für alle } w \in A_G\,.$$

Wegen $u_G + v \in A_G$ für $v \in H$, $v \geqq 0$ gilt

$$B[u_G, v] \geqq 0\,,$$

d. h. $u_G \in \mathcal{P}$ nach Satz 2.

B-cap $G = 0$ ist äquivalent mit $\varrho(G) = 0$. Aus B-cap $G = 0$ folgt nämlich $u_G = 0$. Wegen $u_G \geqq 1$ ϱ-f.ü. auf G folgt aber $\varrho(G) = 0$. Umgekehrt, aus $\varrho(G) = 0$ folgt $0 \in A_G$, also B-cap $G = B[0, 0] = 0$.

Ist $G \subseteqq X$ eine offene Menge, so ist

$$\mathcal{P}_G^1 = \overline{\{\Gamma f : f \in M(G), f \geqq 0, \textstyle\int f \,\mathrm{d}\varrho = 1\}}$$

eine abgeschlossene konvexe Teilmenge von H. Im Fall $\mathcal{P}_G^1 \neq \emptyset$ existiert nach Satz 1 ein eindeutig bestimmtes $u_G^1 \in \mathcal{P}_G^1$ mit

$$B[w - u_G^1, u_G^1] \geqq 0 \qquad \text{für alle } w \in \mathcal{P}_G^1\,,$$

d. h., u_G^1 ist B^*-Projektion von Null auf $\mathcal{P}_G^1$. Es sei für $\mathcal{P}_G^1 \neq \emptyset$

$$B\text{-cap}^1\, G = \frac{1}{B[u_G^1, u_G^1]}$$

und B-cap^1 $G = 0$ für $\mathcal{P}_G^1 = \emptyset$.

Satz 3. *Für jede offene Menge $G \subseteqq X$ gilt*

$$B\text{-cap}\, G = B\text{-cap}^1\, G\,.$$

Ist B-cap $G < \infty$, so gilt

$$u_G = \frac{u_G^1}{B[u_G^1, u_G^1]}$$

für $\varrho(G) > 0$ und $u_G = 0$ für $\varrho(G) = 0$.

Beweis: Im Fall $\varrho(G) = 0$ ist wie oben bemerkt B-cap $G = 0$. Andererseits haben wir $\mathcal{P}_G^1 = \emptyset$, d. h. B-cap^1 $G = 0$. Es sei jetzt $\varrho(G) > 0$. Mit $v = u_G^1$ gilt für alle $f \in M(G)$ mit $f \geqq 0$, $\int f \,\mathrm{d}\varrho = 1$

$$B[\Gamma f - v, v] \geqq 0\,,$$

also

$$\int B[v, v]\, f \,\mathrm{d}\varrho = B[v, v] \leqq B[\Gamma f, v] = \int v f \,\mathrm{d}\varrho\,,$$

d. h.

$$B[v, v] \leqq v \qquad \varrho\text{-f.ü. auf } G\,. \tag{6}$$

Im Fall B-cap $G = +\infty$ existiert kein Element in H, das ϱ-f.ü. auf G größer oder gleich 1 ist. Nach (6) ist daher $B[v, v] = 0$, also B-cap^1 $G = +\infty$. Ist B-cap $G < \infty$, so existiert das B-Gleichgewichtspotential $u = u_G$ von G. Wegen $u \geqq 1$ ϱ-f.ü. auf G

haben wir für alle $f \in M(G)$ mit $f \geqq 0$, $\int f \, d\varrho = 1$

$$B[\Gamma f, u] = \int u f \, d\varrho \geqq 1 .$$

Da v der Limes solcher Γf ist, erhalten wir $B[v, u] \geqq 1$, d. h. insbesondere $v \neq 0$, also $B\text{-cap}^1\, G < \infty$. Es sei $w = \{B[v, v]\}^{-1} v$. Nach (6) ist $v \geqq 0$ ϱ-f.ü. auf G. Dies liefert $B[u, w - u] \geqq 0$ nach Definition von u. Wegen $B[v, u] \geqq 1$ folgt $B[w, u - w] \geqq 0$, da gilt

$$B[w, u - w] = B[w, u] - B[w, w] = \frac{B[v, u]}{B[v, v]} - \frac{1}{B[v, v]} \geqq 0 .$$

Somit erhalten wir

$$\begin{aligned} 0 \leqq c \, \|u - w\|^2 &\leqq B[u - w, u - w] \\ &= B[u, u - w] - B[w, u - w] \leqq 0 , \end{aligned}$$

d. h. $u = w$, also

$$B\text{-cap}\, G = B[u, u] = B[w, w] = \frac{1}{B[v, v]} = \text{B-cap}^1\, G . \blacktriangleleft$$

In [S 46] ist folgender Satz bewiesen.

Satz 4. *Sind $G_1, G_2 \subseteqq X$ offene Mengen mit $G_1 \subseteqq G_2$, so gilt*

$$B\text{-cap}\, G_1 \leqq \left(1 + \frac{a}{b}\right)^2 B\text{-cap}\, G_2$$

mit

$$a = \sup \left\{ \left(\frac{B - B^*}{2} \right) [u, v] \colon u, v \in H, \|u\| = \|v\| = 1 \right\},$$

$$b = \inf \left\{ \left(\frac{B + B^*}{2} \right) [u, u] \colon u \in H, \|u\| = 1 \right\}.$$

Für symmetrisches B ist also die B-Kapazität auf offenen Mengen monoton.

Eine Funktion $f \colon X \to \overline{R}$ heißt B-quasi-stetig, wenn für jedes $\varepsilon > 0$ eine offene Menge $G \subset X$ existiert mit $B\text{-cap}\, G < \varepsilon$, so daß $f|_{\complement G}$ stetig ist auf $\complement G$. Wir zeigen jetzt die Unabhängigkeit des Begriffs der Quasistetigkeit von der Bilinearform B. Wenn $B[u, v]$ das Skalarprodukt im Hilbert-Raum H ist, schreiben wir statt B-cap einfach cap.

Satz 5. *Für jede offene Teilmenge $G \subset X$ gilt mit einer Konstanten $c > 0$*

$$c \text{ cap}\, G \leqq B\text{-cap}\, G \leqq \frac{\|B\|^2}{c} \text{cap}\, G .$$

($\|B\|$ ist die Norm der Bilinearform B.)

Beweis: Es kann angenommen werden $A_G \neq \emptyset$ und $\varrho(G) > 0$. Wir bezeichnen mit u bzw. u_B das Gleichgewichtspotential von G bezüglich $(\cdot, \cdot)$ bzw. $B[\cdot, \cdot]$. Nach der Definition von u und u_B erhalten wir

$$\|u\| \leqq \|u_B\| \tag{7}$$

und

$$B[u_B, u - u_B] \geqq 0 . \tag{8}$$

Aus (7) folgt

$$c \operatorname{cap} G = c\,||u||^2 \leqq c\,||u_B||^2 = B[u_B, u_B] = B\text{-}\operatorname{cap} G\,,$$

und aus (8) und der Koerzivität von B folgt

$$B[u_B, u_B] \leqq B[u_B, u] \leqq ||B||\,||u_B||\,||u|| \leqq ||B||\,c^{-1/2} B[u_B, u_B]^{1/2}\,||u||\,,$$

d. h.

$$B\text{-}\operatorname{cap} G = B[u_B, u_B] \leqq \frac{||B||^2}{c}\,||u||^2 = \frac{||B||^2}{c} \operatorname{cap} G\,. \blacktriangleleft$$

Korollar. *Der Begriff der Quasistetigkeit ist von der Wahl der Bilinearform B unabhängig.*

Als nächstes erwähnen wir folgenden

Satz 6 ([*M* 42]). *Es sei $(A_\iota)_{\iota \in I}$ eine nach oben filtrierende Familie nichtleerer abgeschlossener konvexer Teilmengen von H, $A = \overline{\bigcup_{\iota \in I} A_\iota}$ und $w \in H$. Dann konvergiert $\pi_{A_\iota}(w)$ stark gegen $\pi_A w$.*

Zu jeder Teilmenge $E \subseteqq X$ definieren wir jetzt folgende abgeschlossene konvexe Teilmenge von H

$$A_E = \overline{\bigcup_{\substack{E \subseteqq G \\ G \text{ offen}}} A_G}\,.$$

Im Falle $A_E \neq \emptyset$ existiert nach Satz 1 genau ein $u_E \in A_E$ mit

$$B[u_E, v - u_E] \geqq 0 \qquad \text{für alle } v \in A_E\,.$$

u_E heiße äußeres B-Gleichgewichtspotential für E. Äußere B-Kapazität der Menge $E \subseteqq X$ heißt die Zahl

$$B\text{-}\operatorname{cap}^* E = \begin{cases} +\infty & \text{für } A_E = \emptyset \\ B[u_E, u_E] & \text{für } A_E \neq \emptyset\,. \end{cases}$$

Bemerkung 1. Für jede Teilmenge $E \subseteqq X$ besteht die Abschätzung

$$c \operatorname{cap}^* E \leqq B\text{-}\operatorname{cap}^* E \leqq \frac{||B||^2}{c} \operatorname{cap}^* E\,.$$

Im Falle $A_E \neq \emptyset$ ist nämlich die Familie $(A_G)_{G \supseteqq E,\, G \text{ offen}}$ nach oben filtrierend, und nach Satz 6 ist u_E Limes von B-Gleichgewichtspotentialen u_G.

Korollar. *Das System der Mengen der äußeren B-Kapazität Null*

$$\{E \subseteqq X\colon B\text{-}\operatorname{cap}^* E = 0\}$$

ist unabhängig von der Bilinearform B.

§ 7. Weitere Kapazitätsbegriffe

In diesem Paragraphen stellen wir eine Reihe von Kapazitätsbegriffen vor, die in der Literatur eine Rolle spielen und die durchweg in einem gewissen Zusammenhang zur klassischen Wienerschen bzw. Rieszschen Kapazität stehen. Wir formulieren (überwiegend ohne Beweise) die wichtigsten Eigenschaften der definierten Kapazitäten und ihre Zusammenhänge. Die Ausführungen der §§ 7 und 8 (einschließlich der Literaturhinweise) sollen es dem Leser erleichtern, sich gründlicher mit einigen weiteren

Gebieten vertraut zu machen, in denen potentialtheoretische Methoden eine dominierende Rolle spielen und über die es bisher ebenfalls noch keine zusammenfassende Darstellung gibt. Wir danken Prof. H. WALLIN (Umeå), der uns hierfür Material zur Verfügung stellte.

7.1. Kapazität im Sinne von KONDRAT'EV

In der Literatur wurde eine ganze Reihe verschiedener Kapazitätsbegriffe eingeführt, die auf dem DIRICHLET-Integral basieren. Die älteste derartige Definition geht zurück auf V. A. KONDRAT'EV [K 11] (vgl. auch [K 12], [L 4]).

Es sei $E \subseteqq K^r \subseteqq R^n$ eine kompakte Menge (K^r Kugel um den Koordinatenursprung mit dem Radius $r > 0$). Wir setzen

$$F^{2r}(E) = \{\varphi \in C^\infty(K^{2r}) : \varphi(x) = 0 \quad \text{für alle } x \text{ aus einer Umgebung von } E \text{ und } \int_{K^{2r}} \varphi^2 \, dx = 1\}.$$

Definition 1. Die Zahl

$$\operatorname{cap}_l^{2r} E = \inf_{\varphi \in F^{2r}(E)} \int_{K^{2r}} \sum_{1 \leqq |\alpha| \leqq l} (D^\alpha \varphi)^2 \, dx$$

heißt Kapazität der Ordnung l im Sinne von V. A. KONDRAT'EV.

Satz 1. *Die eingeführte Kapazität besitzt folgende Eigenschaften*

(i) $\operatorname{cap}_l^{2r} E \geqq 0$; $\operatorname{cap}_l^{2r} E \leqq \operatorname{cap}_{l+1}^{2r} E$;

(ii) $E_1 \subseteqq E_2 \subseteqq K^r \Rightarrow \operatorname{cap}_l^{2r} E_1 \leqq \operatorname{cap}_l^{2r} E_2$ (*Monotonie*);

(iii) *Zu beliebigem $E \subseteqq K^r$ und $\varepsilon > 0$ existiert eine offene Umgebung $U \subseteqq K^r$ von E derart, daß für alle kompakten Mengen E_1 mit $E \subseteqq E_1 \subseteqq U$ die Ungleichung*

$$\operatorname{cap}_l^{2r} E_1 < \operatorname{cap}_l^{2r} E + \varepsilon$$

gilt (rechtsseitige Stetigkeit).

(iv) *Es gilt* $\operatorname{cap}_l^{2r} E = 0$ *für* $E \subseteqq K^r \Rightarrow \operatorname{cap}_l^{2r_1} E = 0$ *für beliebiges* r_1 *mit* $E \subseteqq K^{r_1}$.

(v) *Es sei* $\operatorname{cap}_l^{2r} E = 0$ *für* $E, E_1 \subseteqq K^r \Rightarrow \operatorname{cap}_l^{2r} (E \cup E_1) = \operatorname{cap}_l^{2r} E_1$.

Beweis: (i) folgt unmittelbar aus der Definition. (ii) folgt aus $F^{2r}(E_2) \subset F^{2r}(E_1)$. (iii) Wir wählen $\varphi \in F^{2r}(E)$ mit

$$\int_{K^{2r}} \sum_{1 \leqq |\alpha| \leqq l} (D^\alpha \varphi)^2 \, dx < \operatorname{cap}_l^{2r} E + \varepsilon . \tag{1}$$

Nach Definition von $F^{2r}(E)$ existiert eine Umgebung $U \supseteqq E$ mit $\varphi \equiv 0$ in U. Für $E_1 \subseteqq U$ ist dann $\varphi \in F^{2r}(E_1)$, d. h. $\operatorname{cap}_l^{2r} E_1 \leqq \int_{K^{2r}} \sum_{1 \leqq |\alpha| \leqq l} (D^\alpha \varphi)^2 \, dx$. Vergleich mit (1) liefert die Behauptung. Zum Beweis von (iv) und (v) verweisen wir auf [K 12]. ◀

Wir setzen

$$G(E) = \{\varphi \in C_0^\infty(R^n) : \varphi(x) = 1 \text{ in einer (von } \varphi \text{ abhängigen) Umgebung von } E\}$$

und für $E \subseteqq K^r$

$$G^{2r}(E) = \{\varphi \in G(E) : \operatorname{supp} \varphi \subseteqq K^{2r}\} .$$

Die folgenden Mengenfunktionen stehen in unmittelbarem Zusammenhang zu den MAZ'JA-Kapazitäten $(2, l)$-cap E bzw. $(2, l)$-cap (E, K^{2r}) (vgl. 7.2.).

Definition 2. Wir setzen

$$C_l(E) = \inf_{\varphi \in G(E)} \int_{R^n} \sum_{|\alpha|=l} (D^\alpha \varphi)^2 \, dx$$

für $E \subseteqq K^r$. Ferner benötigen wir die Hilfsgröße

$$C_l'(E) = \inf_{\varphi \in G^{2r}(E)} \int_{R^n} \sum_{|\alpha|=l} (D^\alpha \varphi)^2 \, dx .$$

Lemma 1 ([S 40]) (*Ungleichung von* POINCARÉ). *Es sei $\Omega \subset R^n$ ein beschränktes, genügend glatt berandetes Gebiet. Dann gilt mit einer Konstanten $c = c(\Omega) > 0$ für alle $u \in W^{1,2}(\Omega)$*

$$\int_\Omega u^2 \, dx \leqq c \left\{ \left(\int_\Omega u \, dx \right)^2 + \int_\Omega (\operatorname{grad} u)^2 \, dx \right\} .$$

Lemma 2. *Es sei $E \subseteqq K^r \subseteqq R^n$. Dann gilt*

(i) $C_l(E) \leqq c_0 \operatorname{cap}_l^{2r} E$,

(ii) $C_l'(E) \leqq c_0 \operatorname{cap}_l^{2r} E$

mit einer nur von l und n abhängigen Konstanten c_0.

Beweis: Zum Beweis von (i) sei $\eta \in C_0^\infty(\operatorname{int} K^{2r})$ eine Funktion mit $\eta(x) = 1$ für alle $x \in K^r$. Zu gegebenem $\varepsilon > 0$ wählen wir ein $\varphi \in F^{2r}(E)$ mit

$$\int_{K^{2r}} \sum_{1 \leqq |\alpha| \leqq l} (D^\alpha \varphi)^2 \, dx \leqq \operatorname{cap}_l^{2r} E + \varepsilon .$$

Nach der POINCARÉschen Ungleichung (Lemma 1) gilt

$$1 \leqq c \left\{ \left(\int_{K^{2r}} \varphi \, dx \right)^2 + \int_{K^{2r}} (\operatorname{grad} \varphi)^2 \, dx \right\} . \tag{2}$$

Zunächst nehmen wir $\left(\int_{K^{2r}} \varphi \, dx \right)^2 < (2c)^{-1}$ an. Aus (2) folgt dann

$$\int_{K^{2r}} (\operatorname{grad} \varphi)^2 \, dx > (2c)^{-1}$$

und damit

$$\operatorname{cap}_l^{2r} E \geqq \int_{K^{2r}} (\operatorname{grad} \varphi)^2 \, dx - \varepsilon > (2c)^{-1} - \varepsilon . \tag{3}$$

Nach der Definition der Mengenfunktion C_l ist offenbar $C_l(E) \leqq C_l(K^r)$ und daher $C_l(E)/C_l(K^r) \leqq 1$.

Aus (3) folgt deshalb nach Multiplikation der rechten Seite mit $C_l(E)/C_l(K^r)$ für $\varepsilon < (4c)^{-1}$

$$\operatorname{cap}_l^{2r} E > \left(4c C_l(K^r)\right)^{-1} C_l(E) .$$

Es bleibt der Fall

$$\left(\int_{K^{2r}} \varphi \, dx \right)^2 \geqq (2c)^{-1} \tag{4}$$

zu betrachten. Wir setzen $\bar{\varphi} = \frac{1}{V} \int_{K^{2r}} \varphi \, dx$ (V Volumen von K^{2r}) und $\psi = \bar{\varphi}^{-1}(\bar{\varphi} - \varphi)$.

Dann gilt nach Lemma 1 die Ungleichung

$$\int_{K^{2r}} \psi^2 \, dx \leqq c \int_{K^{2r}} (\operatorname{grad} \psi)^2 \, dx , \tag{5}$$

da $\int_{K^{2r}} \psi \, dx$ nach Konstruktion von ψ verschwindet. Es sei $\chi = \eta \psi$. Dann folgt

$$\int_{K^{2r}} \sum_{|\alpha|=l} (D^\alpha \chi)^2 \, dx \leqq c_1 \int_{K^{2r}} \sum_{|\alpha| \leqq l} (D^\alpha \psi)^2 \, dx$$

und unter Verwendung von (4) und (5)

$$\int_{K^{2r}} \sum_{|\alpha|=l} (D^\alpha \chi)^2 \, dx \leqq c_2 \int_{K^{2r}} \sum_{1 \leqq |\alpha| \leqq l} (D^\alpha \varphi)^2 \, dx .$$

Wegen $\chi \in G(E)$ ergibt sich

$$C_l(E) \leqq c_2(\operatorname{cap}_l^{2r} E + \varepsilon) .$$

Da ε beliebig war, bedeutet das

$$C_l(E) \leqq c_0 \operatorname{cap}_l^{2r} E$$

mit $c_0 = \max [c_2, 4cC_l(K^r)]$.

Der Teil (ii) der Aussage folgt schließlich aus der Bemerkung, daß für die im Beweis konstruierte Funktion χ offenbar sogar $\chi \in G^{2r}(E)$ gilt. ◀

Wir bemerken noch, daß die Umkehrung von (i) nach [M 9] ebenfalls gilt.

Satz 2. *Es sei $E \subseteqq K^r$ eine beliebige kompakte Menge. Dann gilt*

$$\operatorname{cap}_l^{2r} E \geqq a_0 \operatorname{mes} E$$

mit einer nur von l und n abhängigen Konstanten $a_0 > 0$ (mes E bezeichnet das Lebesgue-*Maß von E).*

Beweis: Es sei $\varphi \in G^{2r}(E)$. Offenbar gilt

$$\int_{K^{2r}} \varphi^2 \, dx \geqq \operatorname{mes} E .$$

Wegen $\varphi \in W_0^{l,2}(K^{2r})$ gilt ferner auf Grund der Friedrichsschen Ungleichung

$$\int_{K^{2r}} \varphi^2 \, dx \leqq c \int_{K^{2r}} \sum_{|\alpha|=l} (D\varphi)^2 \, dx .$$

Unter Anwendung von Lemma 2 (ii) folgt daraus die Behauptung. ◀

Satz 3. *Es sei $n < 2l$ und $E \subseteqq K^r$ eine beliebige, nichtleere kompakte Menge. Dann gilt*

$$\operatorname{cap}_l^{2r} E \geqq a > 0 ,$$

wobei a nur von l und n abhängt.

Beweis: Wir wählen $\varphi \in G^{2r}(E)$. Nach dem Sobolevschen Einbettungssatz (IV.1.2.) gilt

$$1 \leqq \|\varphi\|_{C(K^{2r})} \leqq c \, \|\varphi\|_{W^{l,2}(K^{2r})} \leqq c_1 \Big(\int_{K^{2r}} \sum_{|\alpha|=l} (D^\alpha \varphi)^2 \, dx \Big)^{1/2} .$$

Übergang zum Infimum bezüglich φ und Anwendung von Lemma 2 (ii) liefert die Behauptung. ◀

Lemma 3. *Es sei $\operatorname{cap}_l^{2r} E = 0$ $(E \subseteqq K^{2r})$ und $u \in C^l(K^{2r})$. Dann existiert eine Folge $u_k \in F^{2r}(E)$ mit*

$$\|u_k - u\|_{W^{l,2}(K^{2r})} \to 0 \qquad \text{für } k \to \infty .$$

Einen Beweis dieses Lemmas findet man in [K 12].

Satz 4. *Für die kompakte Menge $E \subseteqq K^{2r}$ gilt genau dann $\operatorname{cap}_l^{2r} E = 0$, wenn $F^{2r}(E)$ in $W^{l,2}(K^{2r})$ dicht liegt.*

Beweis: Die Notwendigkeit der Bedingung folgt aus Lemma 3. Es sei umgekehrt $\overline{F^{2r}(E)} = W^{l,2}(K^{2r})$. Für die Funktion $u = 1$ in K^{2r} gilt offenbar $u \in W^{l,2}(K^{2r})$. Dann existiert nach Voraussetzung eine Folge $u_k \in F^{2r}(E)$ mit $\|u_k - 1\|_{W^{l,2}(K^{2r})} \to 0$ für $k \to \infty$. Daraus folgt

$$\int_{K^{2r}} \sum_{1 \leqq |\alpha| \leqq l} (D^\alpha(u_k - 1))^2 \, dx = \int_{K^{2r}} \sum_{1 \leqq |\alpha| \leqq l} (D^\alpha u_k)^2 \, dx \to 0 \tag{6}$$

und $\int_{K^{2r}} |u_k - 1|^2 \, dx \to 0$ für $k \to \infty$. Aus der Hölder-Ungleichung folgt

$$\left(\int_{K^{2r}} (u_k - 1) \, dx\right)^2 \leqq V \int_{K^{2r}} |u_k - 1|^2 \, dx \to 0 \quad \text{für } k \to \infty ,$$

(V Volumen von K^{2r}), d. h.

$$\int_{K^{2r}} u_k \, dx \to V \qquad \text{für } k \to \infty .$$

Andererseits gilt (ebenfalls nach der Hölder-Ungleichung)

$$\left(\int_{K^{2r}} u_k \, dx\right)^2 \leqq V \int_{K^{2r}} |u_k|^2 \, dx$$

und daher

$$\lim_{k \to \infty} \int_{K^{2r}} |u_k|^2 \, dx \geqq V .$$

Daraus sowie aus (6) folgt $\operatorname{cap}_l^{2r} E = 0$. ◀

7.2. Kapazitätsbegriffe im Sinne von Maz'ja

Die folgenden Kapazitätsbegriffe findet man (in teilweise variierter Form) zum Beispiel in folgenden Arbeiten: [M 7], [M 9], [M 10], [M 20], [M 16], [M 21], [M 22], [M 14], [M 15], [M 23].

Es sei $\Omega \subseteqq R^n$ eine beliebige offene Menge und $E \subseteqq \Omega$ eine kompakte Teilmenge. Wir setzen

$$M(E, \Omega) = \{\varphi \in C_0^\infty(\Omega) : 0 \leqq \varphi \leqq 1 \text{ in } R^n, \varphi \equiv 1 \text{ in einer (von } \varphi \text{ abhängigen) Umgebung von } E\} .$$

Für $\Omega = R^n$ schreiben wir $M(E)$.

Definition 3. Es sei $p > 1$. Dann setzen wir

$$(p, l)\text{-cap}\,(E, \Omega) = \inf \left\{\int_\Omega \sum_{|\alpha| = l} |D^\alpha \varphi|^p \, dx : \varphi \in M(E, \Omega)\right\} .$$

Im Falle $\Omega = R^n$ schreiben wir (p, l)-cap E.

Bezüglich einer Motivierung dieser Definition verweisen wir auf 7.4.

Es sei $E \subseteqq \Omega$ kompakt und

$$V(E, \Omega) = \{\varphi \in C_0^\infty(\Omega) : \varphi \equiv 1 \text{ in einer (von } \varphi \text{ abhängigen) Umgebung von } E\} .$$

Definition 4. Für $p > 1$ setzen wir

$$p\text{-cap}\,(E, \Omega) = \inf \left\{\int_\Omega |\operatorname{grad} \varphi|^p \, dx : \varphi \in V(E, \Omega)\right\} .$$

Im Falle $\Omega = R^n$ schreibt man p-cap E (Verwechslungen mit der Riesz-Kapazität der Ordnung p sind im folgenden ausgeschlossen).

Wir beschränken uns in der Darstellung der grundlegenden Eigenschaften auf die (p, l)-Kapazität. Die Aussagen für die p-Kapazität sind analog.

Satz 5. (i) *Aus* $E_1 \subseteqq E_2$ *und* $\Omega_1 \supseteqq \Omega_2$ *folgt*

$$(p, l)\text{-cap}\,(E_1, \Omega_1) \leqq (p, l)\text{-cap}\,(E_2, \Omega_2)$$

(*insbesondere ergibt sich aus* $E_1 \subseteqq E_2$ *stets*

$$(p, l)\text{-cap}\,(E_1, \Omega) \leqq (p, l)\text{-cap}\,(E_2, \Omega)) .$$

(ii) *Zu beliebigem kompaktem* $E \subset \Omega$ *und* $\varepsilon > 0$ *existiert eine offene Umgebung* $U \supset E$ *derart, daß für alle kompakten Mengen* E_1 *mit* $E \subseteqq E_1 \subset U$ *die Ungleichung*

$$(p, l)\text{-cap}\,(E_1, \Omega) \leqq (p, l)\text{-cap}\,(E, \Omega) + \varepsilon$$

gilt (rechtsseitige Stetigkeit).

Beweis: (i) folgt unmittelbar aus $M(E_1, \Omega_1) \supseteqq M(E_2, \Omega_2)$. (ii) Der Beweis ist identisch mit dem Beweis von Satz 1, (iii). ◀

Lemma 4. *Es seien* Ω_1 *und* Ω_2 *beschränkte offene Mengen mit* $\overline{\Omega}_2 \subseteqq \Omega_1$ *und* $E \subset \Omega_2$ *sei kompakt. Dann gilt*

$$(p, l)\text{-cap}\,(E, \Omega_2) \leqq c[(p, l)\text{-cap}\,(E, \Omega_1)] .$$

Beweis: Es sei $\varphi \in M(E, \Omega_1)$ und $\psi \in M(E, \Omega_2)$. Dann ist $\psi\varphi \in M(E, \Omega_2)$ und nach Benutzung der Leibniz-Formel

$$(p, l)\text{-cap}\,(E, \Omega_2) \leqq \int_{\Omega_2} \sum_{|\alpha|=l} \big(D^\alpha(\psi\varphi)\big)^p \, dx \leqq c_1 \sum_{j=0}^{l} \int_{\Omega_1} \sum_{|\alpha|=j} (D^\alpha\varphi)^p \, dx \leqq c \int_{\Omega_1} \sum_{|\alpha|=l} (D^\alpha\varphi)^p \, dx ,$$

woraus die Behauptung folgt. Beim letzten Ungleichheitszeichen wurde $\varphi \in \overset{\circ}{W}{}^{l,p}(\Omega)$ und die Friedrichssche Ungleichung benutzt. ◀

Lemma 5. *Es sei* $\Omega \subseteqq R^n$ *beschränkt und offen,* $E \subset \Omega$ *kompakt und* $n > lp$. *Dann gilt*

$$(p, l)\text{-cap}\,(E, \Omega) \leqq c[(p, l)\text{-cap}\,E] .$$

Beweis: Es sei $\varphi \in M(E)$ und $\psi \in M(E, \Omega)$, d. h. $\varphi, \psi \in M(E, \Omega)$.
Für $q_j = np[n - (l - j)\,p] \quad (\geqq p)$ gilt dann

$$(p, l)\text{-cap}\,(E, \Omega) \leqq \int_{\Omega} \sum_{|\alpha|=l} \big(D^\alpha(\varphi\psi)\big)^p \, dx \leqq c_1 \sum_{j=0}^{l} \int_{R^n} \sum_{|\alpha|=j} (D^\alpha\varphi)^p \, dx$$

$$= c_1 \sum_{j=0}^{l} \int_{R^n} \sum_{|\alpha|=j} (D^\alpha\varphi)^{q_j} \, dx .$$

Anwendung des Sobolevschen Einbettungssatzes (IV.1.2) für jedes $j = 0, \dots, l$ und Berücksichtigung von $\varphi \in \overset{\circ}{W}{}^{l,p}(R^n)$ bzw. $\varphi \in \overset{\circ}{W}{}^{l-j,q_j}(R^n)$ für $j = 0, \dots, l$ ergibt

$$(p, l)\text{-cap}\,(E, \Omega) \leqq c \int_{R^n} \sum_{|\alpha|=l} (D^\alpha\varphi)^p \, dx ,$$

woraus die Behauptung unmittelbar folgt. ◀

Satz 6. $\Omega \subseteqq R^n$ *sei offen und beschränkt,* $lp > n$. *Dann gilt für eine beliebige, nichtleere kompakte Menge* $E \subset \Omega$

$$(p, l)\text{-cap}\,(E, \Omega) \geqq a > 0 ,$$

wobei die Konstante a nicht von E abhängt.

Beweis: Es sei $\varphi \in M(E, \Omega)$. Nach dem SOBOLEVschen Einbettungssatz (IV.1.2.) für $pl > n$ folgt wegen $\varphi \in \overset{\circ}{W}{}^{l,p}(\Omega)$ die Ungleichung

$$1 = \max_{x \in \Omega} |\varphi|^2 \leqq c \int_\Omega \sum_{|\alpha|=l} (D^\alpha \varphi)^p \, dx$$

und somit

$$(p, l)\text{-cap}\,(E, \Omega) \geqq a > 0 \,. \blacktriangleleft$$

Einen Beweis der folgenden Aussage findet man in [M 21].

Bemerkung 1. Es sei $pl \geqq n$. Dann ist

$$(p, l)\text{-cap}\, E = 0 \qquad \text{für beliebiges kompaktes } E \subset R^n \,.$$

Lemma 6. *Es sei* (p, l)-cap $(E, \Omega_1) = 0$ *für ein beschränktes* Ω_1. *Dann ist* (p, l)-cap $(E, \Omega) = 0$ *für beliebiges beschränktes* Ω *mit* $E \subset \Omega \subseteqq \Omega_1$ *bzw.* $E \subset \Omega_1 \subseteqq \Omega$.

Beweis: Es sei $\Omega \subseteqq \Omega_1$. Dann folgt aus Lemma 4

$$(p, l)\text{-cap}\,(E, \Omega) = 0 \,.$$

Jetzt werde $\Omega_1 \subseteqq \Omega$ angenommen. Aus Satz 5 (i) folgt

$$(p, l)\text{-cap}\,(E, \Omega) \leqq (p, l)\text{-cap}\,(E_1, \Omega_1) \tag{7}$$

für $E \subseteqq E_1$ und $E_1 \subset \Omega_1$ beliebig kompakt. Nach Satz 5 (ii) ist E_1 so wählbar, daß gilt

$$(p, l)\text{-cap}\,(E_1, \Omega_1) < (p, l)\text{-cap}\,(E, \Omega_1) + \varepsilon$$

für beliebiges $\varepsilon > 0$. Zusammen mit (7) und der Voraussetzung ergibt sich (p, l)-cap $(E, \Omega) = 0$, was zu beweisen war. ◀

Bemerkung 2. Es sei $n > lp$. Genau dann ist (p, l)-cap $E = 0$ für beliebiges kompaktes E, wenn für beliebiges beschränktes und offenes $\Omega \supset E$ (p, l)-cap $(E, \Omega) = 0$ gilt.

Beweis: Es sei (p, l)-cap $E = 0$. Dann folgt die Behauptung unmittelbar aus Lemma 5. Es werde umgekehrt (p, l)-cap $(E, \Omega) = 0$ vorausgesetzt. In diesem Falle ergibt sich die Behauptung analog dem zweiten Teil des Beweises von Lemma 6. ◀

Durch die bisherigen Überlegungen werden folgende Definitionen nahegelegt.

Definition 5. Eine kompakte Menge $E \subset R^n$ heißt Menge der (p, l)-Kapazität Null, falls gilt

$$(p, l)\text{-cap}\,(E, \Omega) = 0$$

für jede offene beschränkte Menge $\Omega \supset E$.

Definition 6. Eine Menge $B \subset R^n$ heißt Menge der (p, l)-Kapazität Null, falls für beliebiges $E \subseteqq B$ ein beschränktes und offenes Gebiet $\Omega \supseteqq E$ mit

$$(p, l)\text{-cap}\,(E, \Omega) = 0$$

existiert.

Bemerkung 3. Falls B eine kompakte Menge ist, so sind die Definitionen 5 und 6 äquivalent.

Beweis: Es sei B eine Nullmenge nach Definition 5. Nach Satz 5 (i) ist dann B auch eine Nullmenge entsprechend Definition 6. Die umgekehrte Richtung folgt aus Lemma 6 und Satz 5 (ii). ◀

Wir geben noch zwei weitere, auf V. G. Maz'ja zurückgehende Kapazitätsdefinitionen an. Es sei $\Omega \subset R^n$ eine offene Menge, $E \subset \Omega$ kompakt und $p > 1$. Wir setzen

$$N(E, \Omega) = \{\varphi \in C_0^\infty(\Omega): \varphi \geqq 1 \text{ auf } E\} .$$

Im Falle $\Omega = R^n$ schreiben wir $N(E)$.

Definition 7. Es sei

$$\operatorname{cap}_{p,l}(E, \Omega) = \inf \left\{ \int_\Omega \sum_{|\alpha|=l} |D^\alpha \varphi|^p \, dx : \varphi \in N(E, \Omega) \right\} .$$

Im Falle $\Omega = R^n$ schreibt man $\operatorname{cap}_{p,l} E$. Die Eigenschaften von $\operatorname{cap}_{p,l}$ entsprechen weitgehend denen von (p, l)-cap (vgl. [M 21]). Für $\Omega = R^n$, $l = 1$ wurde dieser Begriff insbesondere von Serrin [S 33] benutzt.

Sei nun $l > 0$ beliebig reell, $p > 1$, $n > pl$. Der Operator Λ^l sei auf $C_0^\infty(R^n)$ folgendermaßen erklärt:

$$\Lambda^l \varphi = F^{-1}\big(|\xi|^l F(\varphi)\big) .$$

Dabei ist F die Fourier-Transformation (vgl. IX.1.3.) und F^{-1} das Inverse. Ferner sei

$$||\varphi||_{l,p} = ||\Lambda^l \varphi||_p . \tag{8}$$

Definition 8. Die Kapazität $c_{p,l}(E)$ einer kompakten Menge $E \subset R^n$ werde erklärt als

$$c_{p,l}(E) = \inf \{||\varphi||_{l,p}^p : \varphi \in N(E)\} .$$

Eine ausführliche Darstellung der Eigenschaften der $c_{p,l}$-Kapazität findet man in [M 15] (vgl. auch [M 16], [M 23], [M 14]).

7.3. Einige weitere Kapazitätsbegriffe

Es sei Q_p $(1 < p < \infty)$ die Menge aller stetigen Funktionen $K(r)$ auf $(0, \infty)$ mit folgenden Eigenschaften:

$$K(r) \geqq 0 \qquad \text{für alle } r \in (0, \infty) ,$$

$$K(r_1) \geqq K(r_2) \qquad \text{für } r_1 \leqq r_2 ,$$

$$K(r) \to 0 \qquad \text{für } r \to \infty ,$$

$$\int_{|y| \leqq 1} K(|y|) \, dy < \infty ,$$

$$\int_{|y| \leqq 1} [K(|y|)]^q \, dy = \infty ,$$

$$\int_{|y| \geqq 1} [K(|y|)]^q \, dy < \infty$$

mit $q = p/(p - 1)$.

Zum Beispiel gilt für den sogenannten Bessel-Kern G_l der Ordnung $l > 0$ genau dann $G_l(x) = G_l(|x|) \in Q_p$, wenn $lp \leqq n$ ist (vgl. [A 44]). Hierbei ist

$$G_l(x) = \frac{1}{2^{(n+l-2)/2} \pi^{n/2} \Gamma\left(\dfrac{l}{2}\right)} K_{(n-l)/2}(|x|) \, |x|^{(l-n)/2}$$

(K_ν modifizierte BESSEL-Funktion 3. Art der Ordnung ν). Für LEBESGUE-meßbare Funktionen $f \geqq 0$ bzw. Maße $\mu \in \mathfrak{M}^+(R^n)$ betrachten wir Potentiale

$$(K * f)(x) = \int_{R^n} K(|x - y|) f(y) \, dy ,$$

$$(K * \mu)(x) = \int_{R^n} K(|x - y|) \, d\mu(y)$$

bezüglich eines Kernes $K \in Q_p$.

Die folgenden Kapazitätsbegriffe wurden vor allem von N. G. MEYERS [M 31] untersucht.

Definition 9. Es sei $1 < p < \infty$ und $K \in Q_p$. Für eine beliebige Menge $A \subset R^n$ sei

$$C_{K,p}(A) = \inf_f ||f||^p_{L^p(R^n)} ,$$

wobei das Infimum über alle nicht negativen $f \in L^p(R^n)$ mit $(K * f)(x) \geqq 1$ auf A gebildet wird.

Es handelt sich hier um einen Spezialfall des Begriffs des sogenannten p-Moduls eines Systems von Maßen (vgl. [F 17]), der von B. FUGLEDE eingeführt wurde.

Definition 10. Es sei $1 < p < \infty$, $q = p(p - 1)^{-1}$ und $K \in Q_p$. $A \subset R^n$ sei bezüglich beliebiger Maße $\mu \in \mathfrak{M}^+(R^n)$ meßbar. Man setzt

$$c_{K,p}(A) = \sup \mu(R^n) ,$$

wobei das Supremum über die Klasse aller Maße $\mu \in \mathfrak{M}^+(R^n)$ mit $\operatorname{supp} \mu \subset A$ und

$$||K * \mu||_{L^q(R^n)} \leqq 1$$

gebildet wird.

Für den Spezialfall $K = G_l$ werden die entsprechenden Kapazitäten $C_{G_l,p}(A)$ bzw. $c_{G_l,p}(A)$ mit $B_{l,p}(A)$ bzw. $b_{l,p}(A)$ bezeichnet. Bezüglich einer ausführlichen Darlegung der in den Definitionen 9 und 10 eingeführten Kapazitätsbegriffe verweisen wir auf [S 38].

Es sei noch erwähnt, daß von I. BABUŠKA [B 1] der Begriff einer kompakten Menge der l-harmonischen Kapazität Null eingeführt wurde. Die Definition von I. BABUŠKA entspricht genau der Aussage von Satz 4, so daß die Nullmengen im Sinne von I. BABUŠKA genau den kompakten Mengen der Kapazität Null im Sinne von KONDRAT'EV und (wie aus 7.4. hervorgehen wird) auch im Sinne von MAZ'JA entsprechen.

7.4. Beziehung zwischen den verschiedenen Kapazitäten, Zusammenhang zur WIENER- bzw. RIESZ-Kapazität

Wie auf Grund der Verwandtschaft zwischen den Definitionen der Abschnitte 7.1. bis 7.3. nicht anders zu erwarten ist, bestehen enge Zusammenhänge zwischen den verschiedenen Kapazitätsbegriffen. Wir geben im folgenden die wichtigsten derartigen Zusammenhänge ohne Beweis an, wobei wir ebenso wie in 7.1.—7.3. keine Vollständigkeit anstreben.

Wir wollen zunächst eine Beziehung der klassischen WIENER-Kapazität zum DIRICHLET-Integral herleiten und damit die im Vorangehenden vorgestellten Verallgemeinerungen des klassischen Kapazitätsbegriffs motivieren.

Wir betrachten ein übliches physikalisches Modell der Elektrotechnik. $E \subset R^3$ bezeichne einen elektrischen Leiter mit dem glatten Rand Γ. Die physikalische Kapazität von E ist dann definiert als Gesamtladung derjenigen Ladungsverteilung, die erforderlich ist, um auf E das konstante Potential $\equiv 1$ zu erzeugen. Da es sich um einen Leiter handelt, verteilt sich die entsprechende Ladung auf dem Rande und kann durch eine Dichte ϱ beschrieben werden. Das fragliche Potential hat also die Gestalt

$$\Phi_\varrho(x) = \int_\Gamma \frac{\varrho(y)\, do(y)}{|x-y|}\,, \qquad \Phi_\varrho\Big|_\Gamma \equiv 1\,,$$

und für die Kapazität cap E gilt

$$\operatorname{cap} E = \int_\Gamma \varrho(y)\, do(y)\,. \tag{9}$$

Da für die Normalableitung $\dfrac{\partial \Phi_\varrho}{\partial \nu}$ die Beziehung

$$\frac{\partial \Phi_\varrho}{\partial \nu} = 4\pi\varrho \qquad (\nu \text{ Innennormale})$$

gilt, erhält man die ursprüngliche Wienersche Kapazitätsdefinition

$$\operatorname{cap} E = \frac{1}{4\pi}\int_\Gamma \frac{\partial \Phi_\varrho(y)}{\partial \nu}\, do(y)\,,$$

die (in ähnlicher Weise) etwa in der in III, § 3 durchgeführten Form auf beliebige Borel-Mengen erweitert werden kann.

Das Potential $u = \Phi_\varrho$ kann offenbar andererseits als Lösung des äußeren Dirichlet-Problems

$$u|_\Gamma = 1\,, \qquad u(x) \to 0 \quad \text{für } |x| \to \infty, \quad \Delta u = 0 \text{ in } R^3 \setminus E$$

aufgefaßt werden. Dies ist bekanntlich äquivalent zum Variationsproblem

$$\int_{R^3\setminus E} (\operatorname{grad} \varphi)^2\, dx \to \min \qquad \text{für } \varphi \in G(E)\,,$$

$G(E) = \{\varphi \in C_0^\infty(R^n)\colon \varphi \equiv 1$ in einer Umgebung von $E\}$ (vgl. 7.1.). Auf Grund der bekannten Greenschen Formeln erhält man

$$0 = \int_{R^3\setminus E} u\, \Delta u\, dx = \int_\Gamma u \frac{\partial u}{\partial \nu}\, do(y) - \int_{R^3\setminus E} (\operatorname{grad} u)^2\, dx$$

(ν innere Normale an Γ). Berücksichtigt man $\dfrac{\partial u}{\partial \nu} = 4\pi\varrho, u\Big|_\Gamma \equiv 1$, $u \equiv 1$ auf E, so ergibt sich

$$4\pi \int_\Gamma \varrho\, do(y) = \int_{R^3\setminus E} (\operatorname{grad} u)^2\, dx = \int_{R^3} (\operatorname{grad} u)^2\, dx$$

und nach Vergleich mit (9)

$$\operatorname{cap} E = \frac{1}{4\pi} \min_{\varphi\in G(E)} \int_{R^3} (\operatorname{grad} \varphi)^2\, dx\,, \tag{10}$$

womit der Zusammenhang zum Dirichlet-Integral hergestellt ist.

(10) entspricht gerade der (2, 1)-Kapazität im Sinne von V. G. MAZ'JA. Der Übergang zur $(2, l)$-Kapazität entspricht dann der natürlichen Verallgemeinerung auf elliptische Gleichungen der Ordnung $2l$.

Über den Zusammenhang der $(2, l)$-Kapazität zur KONDRAT'EV-Kapazität kann folgendes bemerkt werden. Es läßt sich zeigen, daß $(2, l)$-cap E und die in Definition 2 eingeführte Mengenfunktion $C_l(E)$ äquivalent sind, d. h., es gilt

$$C_l(E) \leqq (2, l)\text{-cap } E \leqq \text{const } C_l(E)$$

mit einer von E unabhängigen Konstanten. Ein Beweis, der auf V. G. MAZ'JA zurückgeht, ist zum Beispiel in [S 11] angeführt. Um die $(2, l)$-Kapazität und die KONDRAT'EV-Kapazität zu vergleichen, genügt es also, sich auf $C_l(E)$ zu beziehen. Nach [M 9] gilt

Satz 7. *Für kompakte Mengen $E \subseteqq K^r \subset R^n$ sind die* KONDRAT'EV-*Kapazität* $\text{cap}_l^{2r} E$ *und $C_l(E)$ äquivalent, d. h., es existieren Konstanten $c_0 > 0$, $c_1 > 0$, die nicht von E abhängen, mit*

$$\begin{aligned} C_l(E) &\leqq c_0 \,\text{cap}_l^{2r} E\,, \\ \text{cap}_l^{2r} E &\leqq c_1 C_l(E)\,. \end{aligned} \tag{11}$$

Die erste Ungleichung ist identisch mit Lemma 2 (i) und wurde bereits in 7.1. benutzt. Der Zusammenhang zwischen $C_l(E)$ und der KONDRAT'EV-Kapazität wird auch in [L 4] behandelt (vgl. [S 11]). Es ergibt sich auch Äquivalenz für Mengen hinreichend kleiner Kapazität.

Wenn im folgenden von Äquivalenz zweier Kapazitäten die Rede ist, so soll dies stets im Sinne von (11) zu verstehen sein. In [M 10] und [M 16] ist bewiesen:

Satz 8. *Die Kapazitäten* $\text{cap}_{p,l} E$ *und* (p, l)-cap E *sind für beliebige kompakte Mengen $E \subset R^n$ äquivalent.*

Zum Beweis dieses Satzes wird sehr wesentlich die von V. G. MAZ'JA und V. L. CHAVIN [M 14], [M 15], [M 23] entwickelte Theorie der nichtlinearen Potentiale

$$U_{p,l}^{\mu}(x) = c \int\limits_{R^n} \left[\int\limits_{R^n} \frac{d\mu(z)}{|z-y|^{n-l}} \right]^{1/(p-1)} \frac{dy}{|x-y|^{n-l}}$$

verwendet, die für $p = 2$ offenbar in die RIESZschen Potentiale der Ordnung $2l$ übergehen. Nach [M 15] gilt

Satz 9. *Es sei $n > pl$ und $E \subset R^n$ beliebig kompakt. Dann sind die Kapazitäten* $\text{cap}_{p,l} E$ *und $c_{p,l}(E)$ äquivalent.*

Der Beweis folgt aus der für $\varphi \in C_0^\infty(R^n)$ geltenden Abschätzung

$$c_1 \|\varphi\|_{l,p} \leqq \Big\| \sum_{|\alpha|=l} D^\alpha \varphi \Big\|_{L^p(R^n)} \leqq c_2 \|\varphi\|_{l,p}\,.$$

Zur Bezeichnung $\|\cdot\|_{l,p}$ vgl. (8).

Satz 10. *Es sei $2l < n$ und $E \subset R^n$ beliebig kompakt. Dann stimmt $c_{2,l}(E)$ bis auf einen (von E unabhängigen) konstanten Faktor mit der* RIESZ-*Kapazität* $2l$-cap E *der Ordnung $2l$ überein.*

Der Beweis dieses Satzes ist ebenfalls in [M 15] enthalten. Er ergibt sich unmittelbar aus folgendem

Lemma 7. *Es sei* $pl < n$

$$\mathfrak{N}(E) = \{\mu \in \mathfrak{M}(E) : U^{\mu}_{p,l}(x) \leqq 1 \text{ für alle } x \in \operatorname{supp} \mu\} .$$

Dann gilt

$$c_{p,l}(E) = \sup \{\mu(E) : \mu \in \mathfrak{N}(E)\} .$$

Aus den Sätzen 7—10 folgt insbesondere, daß die kompakten Mengen der Kapazität Null bezüglich aller betrachteten Kapazitäten zusammenfallen. Wir geben zum Abschluß dieses Abschnitts noch einige Resultate über den Vergleich von Nullmengen an, die sich insbesondere auf die Kapazität $B_{l,p}$ beziehen bzw. einen Vergleich von $\operatorname{cap}_{p,l}$ mit der RIESZ-Kapazität für $p = 2$ herstellen.,

Satz 11 ([S 38]). *l sei eine positive ganze Zahl,* $1 < p < \infty$, $pl < n$ *und* $E \subset R^n$ *kompakt. Dann sind die folgenden Bedingungen äquivalent.*

(i) $B_{l,p}(E) = 0$,
(ii) $\operatorname{cap}_{p,l} E = 0$,
(iii) $(p, l)\text{-cap}\, E = 0$.

Satz 12 ([S 38]). *l sei eine positive ganze Zahl,* $1 \leqq p < \infty$, $pl \leqq n$ *und* $E \subset R^n$ *kompakt.*

(i) *Damit* $\operatorname{cap}_{p,l} E = 0$ *gilt ist*

$$\textit{notwendig, daß} \begin{cases} \sigma\text{-cap}\, E = 0 & \text{für } \sigma = pl, \text{ falls } 1 \leqq p \leqq 2 , \\ \sigma\text{-cap}\, E = 0 & \text{für jedes } 0 < \sigma < pl, \text{ falls } 2 < p < \infty , \end{cases}$$

$$\textit{hinreichend, daß} \begin{cases} \sigma\text{-cap}\, E = 0 & \text{für } \sigma = pl, \text{ falls } 2 \leqq p < \infty , \\ \sigma\text{-cap}\, E = 0 & \text{für ein } pl < \sigma < n, \text{ falls } 1 \leqq p < 2 . \end{cases}$$

(ii) *Sei* $2 < p < \infty$. *Dann existiert eine kompakte Menge* E *mit* $\operatorname{cap}_{p,l} E = 0$ *und* $pl\text{-cap}\, E > 0$.

(iii) *Sei* $1 < p < 2$ *und* $pl < n$. *Dann existiert eine kompakte Menge* E *mit* $\operatorname{cap}_{p,l} E > 0$ *und* $pl\text{-cap}\, E = 0$.

Die Resultate (i) und (ii) gehen zurück auf H. WALLIN [W 3]. (iii) wurde von T. SJÖDIN [S 38] bewiesen. Analoge Resultate für die $B_{l,p}$-Kapazität sind in [A 5] bewiesen.

Es besteht eine enge Verwandtschaft zwischen der Theorie der nichtlinearen Potentiale und der zugehörigen Kapazitätstheorie von MAZ'JA und CHAVIN einerseits und der Theorie der von B. FUGLEDE [F 22] und N. G. MEYERS [M 31] betrachteten Mengenfunktionen andererseits. Die Rolle des Operators Λ^{-l} übernehmen bei B. FUGLEDE und N. G. MEYERS gewisse Integraloperatoren mit einem allgemeinen Kern $K(x, y)$. Der spezielle Fall der BESSEL-Potentiale ist außer in [M 31] ausführlich in [R 3] behandelt. Auch zwischen den dabei auftretenden Kapazitäten und den Kapazitäten aus 7.1.—7.3. bestehen gewisse Äquivalenzen, auf die allerdings hier nicht eingegangen werden kann.

7.5. Kapazität und HAUSDORFF-Maß

Es bestehen wichtige Zusammenhänge zwischen den hier behandelten Kapazitätsbegriffen und dem HAUSDORFF-Maß. Wir wollen einige grundlegende und typische Resultate in dieser Richtung angeben.

Es sei $h(r)$ eine Funktion mit folgenden Eigenschaften.

(i) $h(r)$ ist erklärt für $r \geqq 0$ und $h(r) \geqq 0$;
(ii) h ist stetig;
(iii) $h(0) = 0$;
(iv) h ist monoton wachsend.

$B \subset R^n$ sei eine beschränkte Menge. $(S_k)_{k \in N}$ sei eine beliebige, höchstens abzählbare Überdeckung von B durch (offene oder abgeschlossene) Kugeln S_k mit dem Radius $r_k \leqq \varepsilon$. Wir setzen

$$m_h(B, \varepsilon) = \inf \sum_{k=1}^{\infty} h(r_k) ,$$

wobei das Infimum über alle derartigen Überdeckungen zu erstrecken ist. Für $\varepsilon \to 0$ nimmt die Zahl $m_h(B, \varepsilon)$ offenbar monoton zu. Den Grenzwert

$$m_h(B) = \lim_{\varepsilon \to 0} m_h(B, \varepsilon)$$

(der unendlich sein kann) nennt man das HAUSDORFFsche h-Maß der Menge B. Im Falle $h(r) = r^\alpha$ $(\alpha > 0)$ spricht man vom HAUSDORFF-Maß der Dimension α. Von O. FROSTMAN [F 16] stammt das folgende grundlegende Resultat über den Zusammenhang zwischen RIESZ-Kapazität und HAUSDORFF-Maß. Man vergleiche auch [C 6], [L 7].

Satz 13. *Es sei $B \subset R^n$ eine Menge der äußeren σ-Kapazität Null* $(0 < \sigma < n)$. *Für die Funktion $h(r)$ (die den obigen Eigenschaften* (i)—(iv) *genügt) gelte*

$$\int_0^\infty \frac{h(r)}{r^{n+1-\sigma}} \, dr < \infty .$$

Dann folgt $m_h(B) = 0$.

Dieses Resultat wurde von verschiedenen Autoren verallgemeinert. Wir geben zwei Sätze von V. G. MAZ'JA und V. L. CHAVIN an, die in [M 15] bewiesen sind, und zwar auf der Grundlage der Theorie der nichtlinearen Potentiale.

Satz 14. *Die Funktion $h(r)$ genüge der Bedingung*

$$\int_0^\infty \left[\frac{h(r)}{r^{n-lp}}\right]^{1/(p-1)} \frac{dr}{r} < \infty .$$

$E \subset R^n$ sei eine BOREL-*Menge mit positivem* HAUSDORFF*schen h-Maß. Dann gilt* (p, l)-cap $E > 0$.

Satz 15. *Wenn das* HAUSDORFF-*Maß der Dimension $n - pl$ einer* BOREL-*Menge $E \subset R^n$ endlich ist, so gilt* (p, l)-cap $E = 0$.

Zu Satz 14 analoge Aussagen sind auch in [R 3] bewiesen. Ferner ist zu bemerken, daß der Satz 14 für $p = 2$ in den Satz 13 übergeht. In [K 12] wird das HAUSDORFF-Maß mit der Kapazität im Sinne von KONDRAT'EV in Zusammenhang gebracht.

Abschließend weisen wir noch kurz auf Zusammenhänge der verschiedenen Kapazitätsbegriffe mit anderen wichtigen Begriffen der Analysis hin.

1. Über den Zusammenhang der klassischen Kapazität mit dem für die komplexe Funktionentheorie wichtigen Begriff der extremalen Länge sei auf B. FUGLEDE [F 17] verwiesen.
2. Bezüglich des Zusammenhanges der klassischen Kapazität mit dem Begriff des transfiniten Durchmessers vergleiche man [F 5], [G 8], [C 6] und III.4.5.
3. Von L. HÖRMANDER und J. L. LIONS [H 11] wurde im Zusammenhang mit dem Studium der Einbettung der Räume $\hat{\mathcal{D}}^l(\Omega)$ in $\mathcal{D}'(\Omega)$ (vgl. 1.3.) der Begriff einer l-polaren Menge eingeführt. Dieser ist äquivalent sowohl mit dem Begriff einer Menge vom Spektralmaß Null der Ordnung $\frac{1}{2}$ im Sinne von J. DENY als auch mit dem Begriff einer Menge der l-harmonischen Kapazität Null im Sinne von V. G. MAZ'JA.
4. Ein anderer Zugang zu den Mengen der $(2, \frac{1}{2})$-Kapazität Null, der auf der Betrachtung der Menge der Unstetigkeiten gewisser Integrale vom Potentialtyp beruht, stammt von N. ARONSZAJN und K. T. SMITH [A 43].

§ 8. Anwendungen der Kapazitätstheorie

Die in § 7 dargelegten Kapazitätsbegriffe besitzen sehr verschiedenartige Anwendungen. Genauer muß gesagt werden, daß die unterschiedlichen Varianten in der Definition der Kapazität durch die unterschiedlichen Anwendungsgesichtspunkte bedingt sind. Wir geben darüber im folgenden einen Überblick, indem wir eine Reihe typischer und grundlegender Resultate aus der bisher zu diesem Gegenstand vorliegenden Literatur auswählen. Es handelt sich dabei vorwiegend um Ergebnisse der sowjetischen Mathematiker V. G. MAZ'JA, V. A. KONDRAT'EV und E. LANDIS (vgl. z. B. [L 5]). Auf Beweise muß aus Platzgründen verzichtet werden.

8.1. Wachstumseigenschaften für die Lösungen elliptischer Gleichungen, Existenz- und Eindeutigkeitsaussagen für das DIRICHLET-Problem

Definition 1. Es sei $\Omega \subset R^n$ ein Gebiet und $r > 0$. Wir sagen, Ω besitzt einen inneren Durchmesser $< 2r$, falls für beliebiges $x_0 \in R^n$ stets $K^r_{x_0} \setminus \Omega \neq \emptyset$ gilt ($K^r_{x_0}$ Kugel mit Radius r um x_0).

Wir kommen jetzt auf die in 7.1. eingeführte Kapazität C_l zurück und setzen $n = 2l$ voraus.

Definition 2. $r > 0$ und $\gamma > 0$ seien gegeben. Wir sagen, das Gebiet $\Omega \subset R^n$ besitzt den inneren Durchmesser $< 2r$ mit einer Genauigkeit der C_l-Kapazität γ, falls für beliebiges $x_0 \in R^n$ die Ungleichung

$$C_l(K^r_{x_0} \setminus \Omega) > \gamma r^{n-2l}$$

gilt. Diese Eigenschaft bezeichnen wir kurz mit $K(r, \gamma, l)$.

Definition 3. $r > 0$ und $\varepsilon > 0$ seien gegeben. Wir sagen, das Gebiet $\Omega \subset R^n$ besitzt den inneren Durchmesser $< 2r$ mit einer Genauigkeit vom Maß ε, falls für beliebiges

$x_0 \in R^n$ die Ungleichung

$$\operatorname{mes}(K^r_{x_0} \setminus \Omega) > \varepsilon r^n$$

besteht. Diese Eigenschaft bezeichnen wir mit $M(r, \varepsilon)$.

Im folgenden betrachten wir einen linearen Differentialoperator

$$L = L(x, D) = \sum_{|\alpha| \leqq 2l} a_\alpha(x) D^\alpha$$

mit reellen, gleichmäßig beschränkten und hinreichend glatten Koeffizienten im Gebiet $\Omega \subset R^n$. Es werde vorausgesetzt, daß L in Ω gleichmäßig elliptisch ist, d. h., es existiere ein $\lambda > 0$ derart, daß

$$(-1)^l \sum_{|\alpha| = 2l} a_\alpha(x) \xi^\alpha = \lambda |\xi|^{2l}$$

für alle $x \in \Omega$ und $\xi \in R^n$ gilt.

Wir nehmen nun ferner $\Omega \subset \complement K^R$ an (K^R Kugel um 0 mit Radius R). Γ bezeichne den Teil des Randes $\partial\Omega$, der nicht auf $|x| = R$ liegt. Es sei $u(x)$ schwache Lösung der Gleichung $Lu = 0$, welche auf Γ homogenen DIRICHLETschen Randbedingungen genügt. Darunter ist folgendes zu verstehen.

Für ein beliebiges beschränktes Gebiet $\Omega' \subset R^n$ mit der Eigenschaft $\partial(\Omega \cap \Omega') \subset \Omega \cup \Gamma$ und für beliebiges $\varphi \in C_0^\infty(\Omega')$ gilt $u\varphi \in W_0^{l,2}(\Omega \cap \Omega')$.

Wir denken uns ferner die Funktion u in $\complement\Omega$ durch Null fortgesetzt und setzen

$$M(\varrho) = \sup_{|x| = \varrho} \int_{K_x^1} u^2 \, dx \,.$$

Für die Funktion u gilt dann die folgende Wachstumseigenschaft.

Satz 1. *Es sei $n \geqq 2l$. Zu jedem $\gamma > 0$ existiert dann eine Zahl $r_0 > 0$ mit folgender Eigenschaft. Besitzt das Gebiet Ω die Eigenschaft $K(r, \gamma, l)$ mit $r < r_0$, so gilt entweder*

$$\varlimsup_{\varrho \to \infty} \frac{M(\varrho)}{e^{\frac{r_0}{r}\varrho}} > 0$$

oder

$$\lim_{\varrho \to \infty} \frac{M(\varrho)}{e^{-\frac{r_0}{r}\varrho}} = 0 \,.$$

Bemerkung 1. Die gleiche Aussage erhält man im Falle $n \geqq 2l$, wenn man γ durch ε ersetzt und inneren Durchmesser $< 2r$ „mit der Genauigkeit des Maßes ε“ bzw. im Falle $n < 2l$ einfach inneren Durchmesser $< 2r$ verlangt.

Diese und andere Wachstumsaussagen lassen sich als Eindeutigkeitssätze für das DIRICHLET-Problem interpretieren. Es sei $\Omega \subset R^n$ beschränkt und $u(x)$ schwache Lösung der Gleichung

$$Lu = f \qquad (f \in L^2(\Omega)) \tag{1}$$

mit homogenen DIRICHLETschen Randbedingungen.

Satz 2. *Es sei $n \geqq 2l$. Zu jedem $\gamma > 0$ existiert ein $r_0 > 0$, so daß für jedes beschränkte Gebiet $\Omega \subset R^n$, das die Eigenschaft $K(r, \gamma, l)$ mit $r < r_0$ hat, das Problem* (1) *höchstens eine Lösung besitzt.*

Auch hier gilt sinngemäß die gleiche Ergänzung wie in Bemerkung 1.

Es sei $\Omega \subset R^n$ ein nichtbeschränktes Gebiet und $u(x)$ schwache Lösung der Gleichung

$$Lu = f \qquad (f \in L^2_{\text{loc}}(\Omega)) \tag{2}$$

mit homogenen DIRICHLETschen Randbedingungen.

Satz 3. *Es sei $n \geqq 2l$. Zu jedem $\gamma > 0$ existiert ein $r_0 > 0$, so daß für jedes Gebiet $\Omega \subset R^n$, das die Eigenschaft $K(r, \gamma, l)$ mit $r < r_0$ hat, das Problem* (2) *in der Klasse derjenigen Funktionen, die der Bedingung*

$$\lim_{\varrho \to \infty} \frac{M(\varrho)}{e^{\frac{r_0}{r}\varrho}} = 0$$

genügen, höchstens eine Lösung besitzt.

Es gilt ebenfalls die Bemerkung 1 entsprechende Ergänzung. Aus den Sätzen 2 und 3 lassen sich unmittelbar auch Existenzaussagen gewinnen. Es gilt zum Beispiel

Satz 4. *$\Omega \subset R^n$ sei beschränkt, und es seien die Voraussetzungen von Satz* 2 *(oder der entsprechenden Ergänzung) erfüllt. Dann ist das Problem* (1) *stets lösbar.*

Die Definitionen 1—3 sowie ausführliche Beweise der Sätze 1—4 findet man in [L 4].

Sehr eng verwandt mit den obigen Resultaten sind Ergebnisse von V. A. KONDRAT'EV [K 12], die analog auf der Basis des in der gleichen Arbeit vom Autor eingeführten Kapazitätsbegriffs formuliert sind (vgl. 7.1.).

Kriterien für die Lösbarkeit des verallgemeinerten homogenen DIRICHLET-Problems der polyharmonischen Gleichung auf der Grundlage der C_l-Kapazität sind auch in [M 7] bzw. [M 9] angegeben. Wir wollen einen charakteristischen Satz herausgreifen.

Betrachtet wird folgendes Problem I: $\Omega \subset R^n$ sei ein beliebiges Gebiet, $f \in L^p(\Omega)$ $(1 \leqq p < \infty)$. Gesucht ist eine verallgemeinerte Funktion $u \in \hat{\mathfrak{D}}^l(\Omega)$ (vgl. § 1) mit

$$(-1)^l \Delta^l u = f\,.$$

Satz 5. *Sei $n > 2l$ und $\dfrac{2n}{n+2l} < p \leqq 2$. Notwendig und hinreichend dafür, daß das Problem I für beliebiges $f \in L^p(\Omega)$ (eindeutig) in $\hat{\mathfrak{D}}^l(\Omega)$ lösbar ist, ist die folgende Bedingung: Es existiert ein $d > 0$ mit*

$$\inf_{Q_d \subset R^n} C_l(\complement\Omega \cap \overline{Q}_d) > 0\,.$$

Dabei ist Q_d ein beliebiger offener Würfel der Kantenlänge d im R^n.

Man kann dieses Resultat auch mit Hilfe der (p, l)-Kapazität formulieren.

Die Arbeit [M 20] enthält eine Anwendung der (p, l)-Kapazität auf das DIRICHLET-Problem bei quasilinearen elliptischen Gleichungen. Es wird ein Satz über die Eindeutigkeit einer beschränkten Lösung des DIRICHLET-Problems im unbeschränkten Gebiet Ω bewiesen, wenn man verlangt, daß die Lösung u auf $\partial\Omega \setminus E$ homogenen DIRICHLETschen Randbedingungen genügt und die Ausnahmemenge eine kompakte Menge mit (p, l)-cap $E = 0$ ist. Ferner wird in [M 20] unter anderem auch Satz 5 auf den quasilinearen Fall verallgemeinert.

8.2. Einbettungssätze und Diskretheit des Spektrums elliptischer Operatoren

Auch für die Einbettungstheorie, die ein Hilfsmittel der modernen Theorie der partiellen Differentialgleichungen darstellt, spielt der Kapazitätsbegriff eine wichtige Rolle. Wir geben im folgenden Kriterien für die Stetigkeit bzw. Kompaktheit gewisser Einbettungen an, die bereits für den Beweis von Satz 5 unmittelbar von Bedeutung sind. Man vergleiche [M 22], [M 10], [M 7]. Es handelt sich um Kriterien für das Bestehen der Ungleichung

$$\|\varphi\|_{L^q(\Omega)} \leqq c \left\| \sum_{|\alpha|=l} (D^\alpha \varphi) \right\|_{L^p(\Omega)} \tag{3}$$

für $\varphi \in C_0^\infty(\Omega)$ sowie für die Kompaktheit der entsprechenden Einbettung. $\Omega \subset R^n$ ist dabei eine beliebige offene Menge.

Satz 6. *Es sei $p > 1$. Dafür, daß die Ungleichung* (3) *für alle $\varphi \in C_0^\infty(\Omega)$ mit einer von φ unabhängigen Konstanten c und $q \in \left[p, \frac{pn}{(n-pl)}\right)$ für $n \geqq pl$ bzw. $q \in [p, \infty]$ für $n < pl$ besteht, ist folgende Bedingung notwendig und hinreichend.*

(i) *Für ein $d > 0$ gilt*

$$\inf_{Q_d} (p, l)\text{-cap}\, (\overline{Q_d} \cap \complement\Omega) > 0\,,$$

im Falle $n > pl$.

(ii) *Für ein $d > 0$ gilt*

$$\inf_{Q_d} (p, l)\text{-cap}\, (Q_d \cap \complement\Omega, Q_{2d}) > 0$$

im Falle $n = pl$.

(iii) *Die Menge Ω enthält kein beliebig großes Rechteck im Falle $n < pl$.*

Der Satz 6 beinhaltet den Fall $p \leqq q$. Entsprechende, jedoch etwas kompliziertere Kriterien sind in [M 22] auch für $p > q$ bewiesen.

Bezeichnet man die Vervollständigung von $C_0^\infty(\Omega)$ bezüglich der auf der rechten Seite von (3) stehenden Norm mit $L_0^{l,p}(\Omega)$, so läßt sich (3) als Stetigkeit des Einbettungsoperators von $L_0^{l,p}(\Omega)$ in $L^q(\Omega)$ interpretieren. Der folgende Satz enthält ein Kriterium für seine Kompaktheit.

Satz 7. *Es sei $p \geqq 1$ und $q \in \left[p, \frac{pn}{(n-pl)}\right)$ für $n \geqq pl$ bzw. $q \in [p, \infty]$ für $lp > n$. Dafür, daß eine in der Norm von $L_0^{l,p}(\Omega)$ beschränkte Funktionsmenge aus $C_0^\infty(\Omega)$ bezüglich $L^q(\Omega)$ relativ kompakt ist, ist folgende Bedingung notwendig und hinreichend.*

(i) *Für ein $d > 0$ gilt*

$$\lim_{r\to\infty} \inf_{Q_d \subset \complement K^r} (p, l)\text{-cap}\, (\overline{Q_d} \cap \complement\Omega_{2d}) > kd^{n-pl}$$

im Falle $n > pl$. Dabei ist K^r die abgeschlossene Kugel mit dem Radius r um 0 und k eine positive, nicht von d abhängige Konstante.

(ii) *Für ein $d > 0$ gilt*

$$\lim_{r\to\infty} \inf_{Q_d \subset \complement K^r} (p, l)\text{-cap}\, (\overline{Q_d} \cap \complement\Omega, Q_{2d}) > k$$

im Falle $n = pl$.

(iii) *Die Menge Ω enthält keine unendliche Folge disjunkter ähnlicher „Rechtecke", falls $n < pl$ gilt.*

Für $l = 1$, $p = 2$ wurde Satz 7 von MOLČANOV [M 41] bewiesen. Für $l > 1$, $p = 2$ findet er sich bereits in [M 7], [M 9].

Für $p = 2$ ergibt sich aus Satz 7 unmittelbar (man vergleiche [M 7], [M 9])

Satz 8. *Die in Satz 7 formulierten Bedingungen sind notwendig und hinreichend dafür, daß der zu Problem* I (vgl. 8.1.) *gehörige Operator ein diskretes Spektrum besitzt.*

Die folgenden Resultate sind in [M 21] bewiesen.

Definition 4. Eine kompakte Menge $E \subseteqq \overline{Q_d}$ nennen wir *unwesentlich*, falls mit einer hinreichend kleinen, nur von n, l und p abhängigen Konstanten

$$(p, l)\text{-cap}\,(E, Q_{2d}) < \gamma d^{n-lp}$$

gilt.

Es sei

$$\|\varphi\|_{L^p(\Omega,\mu)} = \left[\int_\Omega |\varphi|^p \, d\mu\right]^{1/p},$$

falls $\varphi \in C_0^\infty(\Omega)$ und μ ein Maß auf Ω sind.

Satz 9. *Es sei $\Omega \subset R^n$ eine beliebige offene Menge und μ ein Maß in Ω. Genau dann besteht mit einer von φ unabhängigen Konstanten c für alle $\varphi \in C_0^\infty(\Omega)$ die Ungleichung*

$$\|\varphi\|_{L^p(\Omega)} \leqq c\left(\Big\|\sum_{|\alpha|=l} D^\alpha\varphi\Big\|_{L^p(\Omega)} + \|\varphi\|_{L^p(\Omega,\mu)}\right),$$

falls positive Konstanten d und k derart existieren, daß für alle Rechtecke $\overline{Q_d}$, die mit $R^n \setminus \Omega$ einen unwesentlichen Durchschnitt haben und alle unwesentlichen kompakten Mengen $E \subseteqq \overline{Q_d}$

$$\mu(\overline{Q_d} \setminus E) \geqq k$$

gilt.

Satz 10. *Die Menge*

$$\left\{\varphi \in C_0^\infty(\Omega) : \Big\|\sum_{|\alpha|=l} D^\alpha\varphi\Big\|_{L^p(\Omega)} + \|\varphi\|_{L^p(\Omega,\mu)} \leqq 1\right\}$$

ist genau dann relativ kompakt in $L^p(\Omega)$, wenn folgende Bedingungen erfüllt sind:

(i) *die Bedingung von Satz* 9.

(ii) *Falls für ein beliebiges $d > 0$ das Rechteck Q_d ins Unendliche „wandert" und dabei einen unwesentlichen Durchschnitt mit $\complement\Omega$ hat, so gilt*

$$\inf_{\{E\}} \mu(\overline{Q_d} \setminus E) \to \infty$$

($\{E\}$ bezeichnet das System aller unwesentlichen kompakten Teilmengen von $\overline{Q_d}$).

Definition 5. Wir nennen ein Maß *μ-absolutstetig bezüglich der (p,l)-Kapazität*, falls jede BOREL-Menge der (p,l)-Kapazität Null auch das Maß Null besitzt.

Wir bezeichnen ferner die Vervollständigung von $C_0^\infty(\Omega)$ bezüglich

$$\Big\|\sum_{|\alpha|=l} D^\alpha\varphi\Big\|_{L^p(\Omega)} + \|\varphi\|_{L^p(\Omega,\mu)}$$

mit $L_0^{l,p}(\Omega, \mu)$ und mit E die Einbettung $C_0^\infty(\Omega) \to L_0^{l,p}(\Omega, \mu)$ $\big(C_0^\infty(\Omega)$ aufgefaßt als Teilraum von $L^p(\Omega)\big)$.

Satz 11. *Es sei $n \geqq pl$. Dafür, daß der Operator E eine Abschließung besitzt, ist notwendig und hinreichend, daß μ bezüglich der (p,l)-Kapazität absolutstetig ist.*

Die vorstehenden Resultate können im Falle $p = 2$ in Bedingungen für die positive Definitheit und Diskretheit des Spektrums eines elliptischen Operators beliebiger Ordnung umformuliert werden. Wir betrachten die quadratische Form

$$A(\varphi, \varphi) = \sum_{|\alpha|=|\beta|=l} \int_\Omega a_{\alpha\beta}(x)\, D^\alpha\varphi\, \overline{D^\beta\varphi}\, dx\,,$$

$$B(\varphi, \varphi) = A(\varphi, \varphi) + \int_\Omega |\varphi|^2\, d\mu\,.$$

Die $a_{\alpha\beta}$ seien meßbar und μ sei ein Maß in Ω. Wir setzen voraus, daß für $\varphi \in C_0^\infty(\Omega)$ und positive Konstanten c_1, c_2 gilt

$$c_1 \left\| \sum_{|\alpha|=l} D^\alpha\varphi \right\|^2_{L^2(\Omega)} \leqq A(\varphi, \varphi) \leqq c_2 \left\| \sum_{|\alpha|=l} D^\alpha\varphi \right\|^2_{L^2(\Omega)}\,.$$

Wir setzen voraus, daß das Maß μ bezüglich der $(2,l)$-Kapazität absolutstetig ist. Nach Satz 11 erzeugt dann $B(u, u)$ in $L^2(\Omega)$ einen selbstadjungierten Operator. Aus Satz 9 ergibt sich

Satz 12. *Genau dann ist der Operator B positiv definit, falls Konstanten $d > 0$ und $k > 0$ derart existieren, daß für alle Rechtecke $\overline{Q_d}$, die mit $R^n \setminus \Omega$ einen (bezüglich der $(2, l)$-Kapazität) unwesentlichen Durchschnitt haben und alle unwesentlichen kompakten Mengen $E \subseteqq Q_d$*

$$\mu(\overline{Q_d} \setminus E) \geqq k$$

gilt.

Aus Satz 10 erhält man schließlich

Satz 13. *Der Operator B besitzt genau dann ein diskretes Spektrum, wenn (jeweils in bezug auf die $(2,l)$-Kapazität) die Bedingung* (ii) *von Satz* 10 *erfüllt ist.*

Es sei noch erwähnt, daß man in [A 1] ebenfalls Kriterien für die Kompaktheit der Einbettung von $L_0^{l,p}(\Omega)$ in $L^p(\Omega)$ findet.

8.3. Hebbarkeit von Singularitäten

Das Problem der Hebbarkeit von Singularitäten bei elliptischen Differentialgleichungen hängt unmittelbar mit den der jeweiligen Gleichungsordnung angepaßten Mengen der Kapazität Null zusammen, wie folgende Sätze zeigen. Wir geben der Vollständigkeit halber die entsprechenden klassischen Resultate für die Laplace-Gleichung an.

Definition 6. Es sei $\Omega \subset R^n$ ein Gebiet, $E \subset \Omega$ eine kompakte Teilmenge, L ein elliptischer Differentialoperator und H eine gewisse Klasse von Lösungen der Gleichung $Lu = 0$ in $\Omega \setminus E$. Die Aufgabe besteht darin, Bedingungen für E zu finden, die es garantieren, daß jedes $u \in H$ zu einer Lösung von $Lu = 0$ in ganz Ω fortgesetzt werden kann. Falls dies möglich ist, so sagen wir, daß E bezüglich L und H hebbar ist.

Satz 14. *Es sei*

H_1 die Klasse aller beschränkten harmonischen Funktionen,
H_2 die Klasse aller gleichmäßig stetigen harmonischen Funktionen,
H_3 die Klasse aller harmonischen Funktionen mit endlichem Dirichlet-*Integral.*

Die kompakte Menge $E \subset \Omega \subset R^n$ $(n \geqq 3)$ ist genau dann bezüglich $L = \Delta$ und aller dieser Klassen hebbar, falls E eine Menge der Kapazität Null im klassischen Wienerschen *Sinne ist.*

Einen Beweis dieser Aussage findet man zum Beispiel in [C 6].

Die Sätze 15 und 16 stammen von L. Carleson [C 6]. Zur Vereinfachung der Schreibweise wollen wir das Hausdorff-Maß der Dimension α (vgl. 7.5.) kurz mit $\Lambda_{(\alpha)}$ bezeichnen.

Satz 15. *H_α bezeichne die Klasse aller in einem Gebiet harmonischen Funktionen, die dort einer* Hölder*-Bedingung mit dem Exponenten α $(0 < \alpha < 1)$ genügen. Die kompakte Menge $E \subset \Omega \subseteqq R^n$ ist genau dann hebbar bezüglich $L = \Delta$ und H_α, falls gilt $\Lambda_{(n-2+\alpha)}(E) = 0$.*

Satz 16. *Es sei $n \geqq 3$, $p \geqq 1$ und $q = \dfrac{p}{p-1}$, $n > 2q$. Gilt $\Lambda_{(n-2q)}(E) < \infty$, so ist die kompakte Menge $E \subset \Omega \subset R^n$ hebbar bezüglich $L = \Delta$ und $L^p(\Omega)$. Gilt $\Lambda_{(\alpha)}(E) > 0$ für ein $\alpha > n - 2q$, so ist E nicht hebbar bezüglich $L = \Delta$ und $L^p(\Omega)$.*

Die folgenden drei Sätze stammen von V. G. Maz'ja und V. P. Chavin [M 23].

Satz 17. *l sei eine natürliche Zahl, $n > 2l$, $\dfrac{n}{2-2l} < p < \infty$, $q = \dfrac{p}{p-1}$ und $E \subset \Omega \subseteqq R^n$ eine kompakte Menge. Folgende Aussagen sind äquivalent:*

(i) $c_{q,2l}(E) = 0$;
(ii) *E ist bezüglich des polyharmonischen Operators $L = \Delta^l$ und $L^p(\Omega)$ hebbar.*

Satz 18. *Die Funktion $h(r)$ genüge der Bedingung*

$$\int_0^\infty \frac{(h(r))^{p-1}\,dr}{r^{np-n-2pl+1}} < +\infty\,.$$

Dann ist $E \subset \Omega \subseteqq R^n$ bezüglich des Operators $L = \Delta^l$ und $L^p(\Omega)$ nicht hebbar.

Satz 19. *Es sei $n > 2l$, $\dfrac{n}{n-2l} < p < \infty$, $q = \dfrac{p}{p-1}$ und $n > 2ql$. Gilt dann $\Lambda_{(n-2ql)}(E) < \infty$, so ist die kompakte Menge $E \subset \Omega \subseteqq R^n$ hebbar bezüglich $L = \Delta^l$ und $L^p(\Omega)$.*

Dieser Satz ist offenbar eine Verallgemeinerung von Satz 16. Wir betrachten jetzt allgemeiner einen gleichmäßig stark elliptischen Differentialoperator

$$L = L(x, D) = \sum_{|\alpha| \leqq 2l} a_\alpha(x)\, D^\alpha$$

mit hinreichend glatten Koeffizienten und interessieren uns für die Lösungen der homogenen Gleichung

$$Lu = 0\,. \tag{4}$$

Satz 20. *Es sei $\Omega \subset R^n$ ein beschränktes Gebiet und $E \subset \Omega$ eine kompakte Menge mit $(2, k)$-cap $E = 0$ (für ein k mit $0 \leqq k \leqq l$). Dann ist E bezüglich L und $W^{2l-k,2}(\Omega)$ hebbar.*

Beweis: Es sei $\varphi \in C_0^\infty(\Omega \setminus E)$. Multiplikation von (4) mit φ und k-malige partielle Integration liefert

$$B(\varphi, u) = 0\,, \tag{5}$$

wobei B eine Bilinearform ist, die Ableitungen bis zur Ordnung k bezüglich φ und Ableitungen bis zur Ordnung $2l - k$ bezüglich u enthält.

Wir wählen nun $\psi \in C_0^\infty(\Omega)$. $r > 0$ wird so bestimmt, daß gilt $\Omega \subset K^{2r}$. Nach den Ergebnissen aus 7.4. (insbesondere Satz 7) gilt $\operatorname{cap}_k^{2r} E = 0$. Nach Satz 4 existiert eine Folge $\psi_i \in F^{2r}(E)$ (vgl. 7.1.) mit

$$\|\psi_i - \psi\|_{W^{k,2}(K^{2r})} \to 0$$

für $i \to \infty$. Aus dem Beweis von Lemma 3 ist ersichtlich, daß man $\psi_i \in C_0^\infty(\Omega)$ wählen kann. Wegen (5) ist $B(\psi_i, u) = 0$ und daher

$$B[\psi, u] = B[\psi - \psi_i, u] + B[\psi_i, u] = B[\psi - \psi_i, u]\,.$$

Daraus folgt

$$|B[\psi, u]|^2 \leqq c\,\|\psi - \psi_i\|_{W^{k,2}(\Omega)}\,\|u\|_{W^{2l-k,2}(\Omega)} \to 0$$

für $i \to \infty$. Das bedeutet

$$B[\psi, u] = 0 \qquad \text{für alle } \psi \in C_0^\infty(\Omega)\,.$$

Partielle Integration liefert

$$\int_\Omega u L^* \psi \,dx = 0 \qquad \text{für alle } \psi \in C_0^\infty(\Omega)\,,$$

d. h., u ist schwache Lösung von $Lu = 0$ in Ω und damit nach den üblichen Regularitätssätzen (die hinreichende Glattheit der Koeffizienten war vorausgesetzt) auch eine klassische Lösung. ◀

Wir stellen schließlich noch ein weiteres Resultat von V. G. Maz'ja [M 16] (vgl. auch [M 10]) dar, das für quasilineare Gleichungen bewiesen, aber auch im linearen Fall neu ist. Es sei $\Omega \subset R^n$ eine offene Menge, $L^p_{\text{loc}}(\Omega)$ der Raum, der auf jeder kompakten Teilmenge von Ω zur p-ten Potenz integrierbaren Funktionen auf Ω. $L^{l,p}_{\text{loc}}(\Omega)$ bzw. $L^{l,p}(\Omega)$ bezeichne den Raum der Funktionen aus $L^p_{\text{loc}}(\Omega)$, deren Ableitungen l-ter Ordnung in $L^p_{\text{loc}}(\Omega)$ bzw. $L^p(\Omega)$ liegen. Mit N sei die Anzahl aller Multiindizes $\alpha = (\alpha_1, \dots, \alpha_n)$ der Ordnung $|\alpha| = \alpha_1 + \dots + \alpha_n \leqq l$ bezeichnet. Schließlich sei $\xi = \{\xi_\alpha\} \in R^N$ und $\xi_m = \{\xi_\alpha\}$, $|\alpha| = m$.

Die Funktionen $a_\alpha(x, \xi)$, $|\alpha| \leqq l$ seien stetig bezüglich ξ für fast alle $x \in \Omega$ und meßbar bezüglich x für alle ξ. Wir setzen voraus, daß für ein gewisses $p > 1$, beliebiges $M \geqq 0$ und alle $\xi \in R^N$ mit $|\xi_0| \leqq M$ die folgenden Ungleichungen erfüllt sind:

$$\sum_{|\alpha|=k} |a_\alpha(x, \xi)| \leqq \sum_{m=1}^{l} \gamma_{k,m}(x)\, |\xi_m|^{(pl-k-r_{k,m})/m} - \gamma_k(x)\,,$$

$$\sum_{|\alpha|=l} a_\alpha(x, \xi) \geqq \Gamma\, |\xi_l|^p - \sum_{m=1}^{l-1} \delta_m(x)\, |\xi_m|^{(pl-\varrho_m)/m} - \delta(x)\,,$$

wobei $k = 0, 1, \dots, l$; $0 \leqq r_{k,m} \leqq pl - k$; $0 \leqq \varrho_m \leqq pl$, $\Gamma = \text{const} > 0$, $\gamma_k \in L^{pl/(pl-k)}(\Omega)$, $\gamma_{k,m} \in L^{pl/r_{k,m}}(\Omega)$, $\delta \in L(\Omega)$, $\delta_m \in L^{pl/\varrho_m}(\Omega)$. Diese Größen hängen im allgemeinen von M ab.

Wir setzen zur Abkürzung $D^k u = \{D^\alpha u\}$ für $|\alpha| = k$ und $Du = D_1 u = \operatorname{grad} u$. $u \in L^{l,p}_{\mathrm{loc}}(\Omega) \cap L^\infty(\Omega)$ heißt Lösung der Gleichung

$$\sum_{|\alpha| \leq l} (-1)^{|\alpha|} D^\alpha[a_\alpha(x, u(x), Du(x), \ldots, D^l u(x))] = 0 \tag{6}$$

auf Ω, wenn für alle $\varphi \in C_0^\infty(\Omega)$ die Identität

$$\sum_{|\alpha| \leq l} \int_\Omega a_\alpha(x, u(x), Du(x), \ldots, D^l u(x)) \, D^\alpha \varphi(x) \, dx = 0$$

besteht.

Satz 21. *Es sei $pl < n$ und $E \subset \Omega$ eine kompakte Menge mit (p, l)-cap $E = 0$. Dann ist E bezüglich* (6) *und $L^{l,p}_{\mathrm{loc}}(\Omega) \cap L^\infty(\Omega)$ hebbar.*

Für die Gleichung zweiter Ordnung

$$\operatorname{div} (\vec{a}(x, Du)) = 0 ,$$

deren Koeffizienten den Ungleichungen

$$\vec{a}(x, \xi) \geqq c_1 |\xi|^p , \qquad |\vec{a}(x, \xi)| \leqq c_2 |\xi|^{p-1}$$

für fast alle $x \in \Omega$ und alle $\xi \in R^n$,

$$(\vec{a}(x, \xi) - \vec{a}(x, \zeta)) (\xi - \zeta) > 0$$

für alle $\xi, \zeta, \xi \neq \zeta$ und fast alle $x \in \Omega$ genügen, ist die Bedingung $(p, 1)$-cap $E = 0$ für $p < n$ nicht nur hinreichend, sondern auch notwendig für die Hebbarkeit von E.

Satz 21 ist auch für die lineare Gleichung

$$\sum_{\substack{|\alpha| = l \\ |\beta| = l}} D^\alpha (a_{\alpha\beta}(x) \, D^\beta u) = 0 \qquad (l > 1)$$

mit meßbaren und beschränkten Koeffizienten neu. In diesem Falle kann die (p, l)-Kapazität durch die Rieszsche Kapazität der Ordnung $2l$ ersetzt werden.

Der Satz 21 stellt die Verallgemeinerung eines Resultates von J. Serrin [S 33] für den Fall 2. Ordnung dar. Weitere wichtige Arbeiten, in denen das Problem der Hebbarkeit von Singularitäten behandelt wird, sind [S 34], [L 18], [L 17], [M 14], [A 6].

8.4. Das Neumann-Problem in Gebieten mit nichtregulärem Rand

Die in 8.4. und 8.5. folgende zusammenfassende Darstellung wurde uns von V. G. Maz'ja zur Verfügung gestellt. Es werden zunächst die Ergebnisse der Arbeit [M 12] dargelegt über das Neumann-Problem in Gebieten mit nichtregulärem Rand. Es sei $\Omega \subset R^n$ ein beschränktes Gebiet, und $f \in L^p(\Omega)$ $(p \geqq 1)$ sei gegeben mit $\int_\Omega f(x) \, dx = 0$. Das homogene Neumann-Problem für die Gleichung $-\Delta u = f$ wird wie folgt gestellt. Gesucht ist eine Funktion $u \in BL_1(\Omega)$, d. h. $u \in \mathcal{D}'(\Omega)$ und

$$||Du||_{L^2(\Omega)} = \left(\sum_{i=1}^n \left\| \frac{\partial u}{\partial x_i} \right\|_{L^2(\Omega)} \right)^{1/2} < \infty,$$

die für beliebiges $v \in BL_1(\Omega) \cap L^\infty(\Omega)$ die Bedingung

$$\int_\Omega Du \, Dv \, dx = \int_\Omega fv \, dx$$

erfüllt. Dieses Problem ist für alle zur Funktion 1 orthogonalen $f \in L^p(\Omega)$ genau dann lösbar, wenn für alle $v \in BL_1(\Omega)$ die POINCARÉsche Ungleichung

$$\inf \{||v - c||_{L^q(\Omega)}: c \in R^1\} \leqq \text{const.}\ ||Dv||_{L^q(\Omega)} \tag{1}$$

erfüllt ist, $q = p/(p - 1)$.

In [M 12] wurde eine notwendige und hinreichende Bedingung für die Gültigkeit der Ungleichung (1) gefunden, die das Gebiet Ω charakterisiert. Um diese Bedingung zu formulieren, führen wir den Begriff der sogenannten „Leitfähigkeit" ein.

Es sei F eine in Ω abgeschlossene und G eine offene Untermenge von Ω, die F enthält. Die Menge $M = G \setminus F$ nennen wir „Leiter". Mit $V(M)$ bezeichnen wir die Funktionenklasse

$$V(M) = \{f \in C^\infty(\Omega): f = 1 \text{ auf } F, f = 0 \text{ außerhalb } G\}\ .$$

„Leitfähigkeit des Leiters M" heiße die Zahl

$$\text{cond}\,(M) = \inf \left\{\int_M |Df|^2\, dx: f \in V(M)\right\}.$$

In [M 12] ist insbesondere gezeigt, daß die Ungleichung (1) genau dann erfüllt ist, wenn gilt

$$\sup_{\{M\}} \frac{[\text{mes}_n\,(F)]^{2/q}}{\text{cond}\,(M)} < \infty\ , \tag{2}$$

wobei $\{M\}$ die Menge der Leiter $M = G \setminus F$ in Ω bezeichnet, für die $2\ \text{mes}_n(G) \leqq \text{mes}_n(\Omega)$ gilt. Hinreichend für (2) ist die leichter überprüfbare Ungleichung

$$\sup_{\{G\}} \frac{[\text{mes}_n\,(G)]^{(2-q)/2q}}{\mathcal{H}_{n-1}(\Omega \cap \partial G)} < \infty\ , \tag{3}$$

wobei $\{G\}$ die Menge der offenen Untermengen $G \subset \Omega$ bezeichnet, für die $\Omega \cap \partial G$ eine Mannigfaltigkeit der Klasse C ist und für welche gilt $2\ \text{mes}_n(G) \leqq \text{mes}_n(\Omega)$. Mit $\mathcal{H}_{n-1}(\Omega \cap \partial G)$ wird das $(n - 1)$-dimensionale Maß dieser Fläche bezeichnet.

Die Frage nach der Diskretheit des Spektrums des NEUMANN-Problems für den Operator $-\Delta$ führt auf Grund eines bekannten Lemmas von RELLICH auf die Frage nach der Kompaktheit des SOBOLEV-Raumes $W^{1,2}(\Omega)$ in $L^2(\Omega)$.

Die in [M 12] erzielte notwendige und hinreichende Bedingung für die Kompaktheit dieser Einbettung hat folgende Gestalt:

$$\sup \left\{\frac{\text{mes}_n\,(F)}{\text{cond}\,(M)}: M, \text{mes}_n\,(G) \leqq c\right\} \to 0 \qquad \text{für } c \to 0\ . \tag{4}$$

In konkreten Fällen gestatten die Bedingungen (2) bis (4) eine effektive Überprüfung. Wir führen eines der in [M 12] behandelten Beispiele an.

Als Gebiet wählen wir die Vereinigung des Quadrates $Q = \{(x, y): 0 < x < 2, -1 < y < 1\}$ mit der Folge der symmetrisch angeordneten Quadrate Q_m, Q_{-m} und den verbindenden Schläuchen S_m, S_{-m} (Abb. 4). Die Kantenlänge der Quadrate Q_m, Q_{-m} sowie die Länge der Schläuche S_m, S_{-m} betrage 2^{-m}. Die Breite der Schläuche S_m, S_{-m} sei $2^{-\alpha m}, \alpha = \text{const} > 1$. Ein solches Gebiet (für $\alpha = 4$) ist in dem Buch von COURANT-HILBERT „Methoden der mathematischen Physik" Bd. II als Beispiel für ein solches Gebiet angeführt, für welches die POINCARÉsche Ungleichung (1) mit $q = 2$ nicht gilt. In [M 12] wurde gezeigt, daß die Gültigkeit der POINCARÉschen Ungleichung (und somit die Lösbarkeit des NEUMANN-Problems für $-\Delta u = f$ in $L^2(\Omega)$, $\int f\,dx = 0$) äquivalent ist $\alpha \leqq 3$. Die Diskretheit des Spektrums des NEUMANN-Problems für den Operator $-\Delta$ ist äquivalent zu $\alpha < 3$.

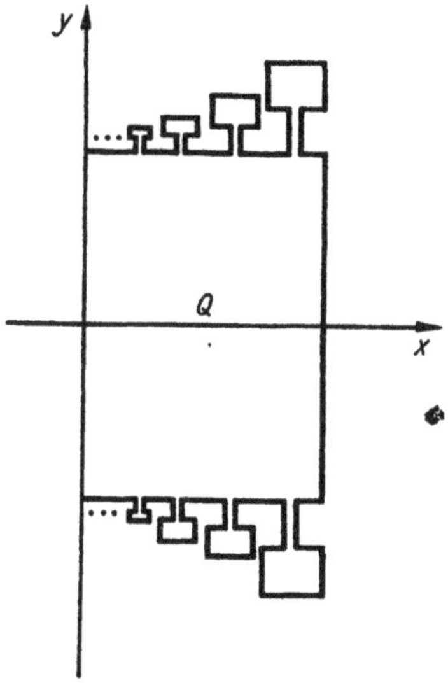

Abb. 4

8.5. Das Randverhalten der Lösungen quasilinearer elliptischer Gleichungen 2. Ordnung

In den letzten Jahren wurde einem Kreis von Fragen viel Beachtung geschenkt, die sich um das klassische WIENERsche Kriterium für die Regularität eines Randpunktes in bezug auf das DIRICHLET-Problem für den LAPLACE-Operator gruppieren. Hierzu und vor allem bezüglich Literatur vgl. [L 3]. Für die lineare elliptische Gleichung

$$\sum_{i,j=1}^{n} \frac{\partial}{\partial x_i}\left(a_{ij}(x)\,\frac{\partial u}{\partial x_j}\right) = 0 \tag{5}$$

mit meßbaren beschränkten Koeffizienten wurde das Zusammenfallen ihrer regulären Punkte mit den regulären Punkten der LAPLACE-Gleichung in [L 16] bewiesen. Abschätzungen des Stetigkeitsmoduls der Lösungen linearer und quasilinearer elliptischer Gleichungen zweiter Ordnung, die mit Hilfe des Kapazitätsbegriffes formuliert sind, erzielte V. G. MAZ'JA [M 11], [M 19].

Es sei Ω eine beschränkte offene Menge im R^n, und $L^{1,p}(\Omega)$ der Raum aller $u \in L^p_{\mathrm{loc}}(\Omega)$, deren erste Ableitungen in $L^p(\Omega)$ liegen, $L_0^{1,p}(\Omega)$ die Vervollständigung von $C_0^\infty(\Omega)$ in der Norm $\|Du\|_{L^p(\Omega)}$. Betrachtet wird die Gleichung

$$\operatorname{div} \vec{a}(x, Du) = 0\,, \tag{6}$$

wo $x \in \Omega$ ist und die auf $\Omega \times R^n$ definierte n-dimensionale Vektorfunktion $\vec{a}(x, \xi)$ den folgenden Bedingungen genügt:

(i) $\vec{a}(x, \xi)$ ist als Funktion von ξ stetig im R^n für fast alle $x \in \Omega$ und als Funktion von x meßbar für fast alle $\xi \in R^n$,

(ii) $|\vec{a}(x, \xi)| \leqq c_1 |\xi|^{p-1}$ für fast alle $x \in \Omega$ $(c_1 > 1)$,

(iii) $\vec{a}(x, \xi)\, \xi \geqq |\xi|^p$ für fast alle $x \in \Omega$,

(iv) $[\vec{a}(x, \xi) - \vec{a}(x, \zeta)]\,(\xi - \zeta) > 0$ für $\xi \neq \zeta$ für fast alle $x \in \Omega$.

Zusätzlich wird vorausgesetzt, daß $\vec{a}(x, \xi)$ als Funktion von ξ gerade ist und positiv homogen vom Grad $p - 1$. Allen diesen Forderungen genügt insbesondere die Funktion $|\xi|^{p-2}\, \xi$, und deshalb gelten die Aussagen von [M 19] insbesondere für die Gleichung

$$\operatorname{div}\,(|Du|^{p-2}\, Du) = 0\,. \tag{7}$$

Die lineare, gleichmäßige elliptische Gleichung (5) ist ebenfalls ein Spezialfall von (6).

Das Dirichlet-Problem für die Gleichung (6) wird folgendermaßen gestellt. Gesucht ist eine Funktion $u \in L^{1,p}(\Omega)$ derart, daß gilt

$$\int_\Omega \vec{a}(x, Du)\, Dv\, dx = 0 \qquad \text{für alle } v \in \overset{\circ}{L}{}^{1,p}_0(\Omega)$$

und u weiterhin der Bedingung $(u - h) \in L_0^{1,p}(\Omega)$ genügt mit einer bekannten Funktion $h \in L^{1,p}(\Omega)$. Es sei $K \subset \operatorname{int} K_0^\varrho$ eine kompakte Menge. Dann setzen wir zur Abkürzung (vgl. Definition 4 in § 7)

$$p\text{-cap}_\varrho\, K = p\text{-cap}\,(K, K_0^\varrho)\,.$$

Wir betrachten jetzt einen festen Punkt des Randes und legen o. B. d. A. den Koordinatenursprung in diesen Punkt. Es soll dann das Randwertverhalten der Dirichlet-Lösung im Nullpunkt untersucht werden.

Satz 22 ([M 19]). *Für $p \leqq n$ gilt für die Lösung u des* Dirichlet-*Problems der Gleichung* (6) *die Abschätzung*

$$\operatorname*{osc}_{\Omega_r} u \leqq \operatorname*{osc}_{K_0^\varrho \cap \partial\Omega} h + c\left(\operatorname*{osc}_{\partial\Omega} h\right) \exp\left(-k \int_r^\varrho [\varphi(t)]^{1/(p-1)} \frac{dt}{t}\right) \tag{8}$$

mit $r < \varrho$, $\Omega_r = \Omega \cap K_0^r$ und

$$\varphi(t) = \begin{cases} t^{p-n}\, p\text{-cap}\,(K_0^t \cap \complement\Omega) & \text{für } p < n\,, \\ n\text{-cap}_{2t}\,(K_0^t \cap \complement\Omega) & \text{für } p = n\,. \end{cases}$$

Im Fall $p > n$ gilt die Ungleichung

$$\operatorname*{osc}_{\Omega_r} u \leqq \operatorname*{osc}_{K_0^\varrho \cap \partial\Omega} h + c \operatorname*{osc}_{\partial\Omega} h (r\varrho^{-1})^{1-\frac{n}{p}}\,. \tag{9}$$

In (8), (9) *bezeichnen c, k positive Konstanten, die von c_1, n, p abhängen.*

Der Beweis dieses Satzes beruht auf der Konstruktion einer speziellen Barriere, die mit den „Kapazitätspotentialen" der quasilinearen Gleichung (6) zusammenhängt.

Korollar 1: *Im Fall $p \leqq n$ und*

$$\int_0^\infty [\varphi(t)]^{1/(p-1)} \frac{dt}{t} = \infty \tag{10}$$

ist die Lösung der Aufgabe (6) stetig im Nullpunkt.

Korollar 2. *Im Fall $p \leqq n$, $h \in C^\delta(\bar{\Omega}) \cap L^{1,p}(\Omega)$ und*

$$\varliminf_{r\to 0} \left(\log \frac{1}{r}\right)^{-1} \int_r^1 [\varphi(t)]^{1/(p-1)} \frac{dt}{t} > 0 \tag{11}$$

erfüllt die Lösung der Aufgabe (6) im Nullpunkt eine Hölder*-Bedingung. Den Bedingungen (10), (11) sind im Fall $p < n$ die folgenden Aussagen äquivalent:*

$$\sum_{k=1}^\infty [2^{(n-p)k} p\text{-cap}\,(K_0^{2-k} \cap \complement\Omega)]^{1/(p-1)} = \infty\,, \tag{10'}$$

$$\varliminf_{N\to\infty} \frac{1}{N} \sum_{k=1}^N [2^{(n-p)k} p\text{-cap}\,(K^{2-k} \cap \complement\Omega)]^{1/(p-1)} > 0\,. \tag{11'}$$

Für die lineare Gleichung (5) fällt die Bedingung (10) mit dem Wiener*schen Regularitätskriterium für einen Randpunkt zusammen.*

In [M 11] wurde für die Lösung der Gleichung (6) eine zu (8) analoge Ungleichung bewiesen

$$[u(x) - h(0)]_\pm \leqq \omega^\pm(\beta\,|x|) + c \int_{\beta|x|}^\infty \exp\left(-k \int_{|x|}^t \varphi(\tau) \frac{d\tau}{\tau}\right) d\omega^\pm(t)\,,$$

wobei $\omega^\pm(t) = \max\limits_{|x|<t} [h(x) - h(0)]_\pm$ und $\beta = \text{const} > 0$.

Korollar 3. *Wenn $p \in (n-1, n]$ gilt, und der Punkt 0 gehört zu einem in $\complement\Omega$ enthaltenen Kontinuum, dann ist die Bedingung (11) erfüllt.*

Korollar 4. *Wenn das Äußere des Gebietes Ω in einer Umgebung des Punktes 0 das Gebiet*

$$\left\{0 < x_n < c,\ \sum_{i=s-1}^{n-1} x_i^2 < f^2(x_n),\ -c < x_1, \dots, x_s < c\right\} \tag{12}$$

enthält, wo $f(t)$ eine stetige wachsende Funktion ist, so ist die Bedingung (10) erfüllt, wenn gilt

$$\int_0^\infty [t^{-1}f(t)]^{(n-1-s-p)/p-1} \frac{dt}{t} = \infty \qquad \text{für } p < n-1-s\,,$$

$$\int_0^\infty |\log f(t)|^{-1} \frac{dt}{t} = \infty \qquad \text{für } p = n-1-s\,.$$

Im Fall $p > n-1-s$ ist (11) immer erfüllt; wenn gilt $f(t) \geqq ct$, so ist (11) auch für $p \leqq n-1-s$ erfüllt.

Abschließend bemerken wir, daß in der Arbeit [K 27] ein Gebiet (12) konstruiert worden ist, für welches die unendlich oft differenzierbaren Randbedingungen genügenden Lösungen der Gleichung (7) im Punkt 0 nicht immer stetig sind oder einer HÖLDER-Bedingung genügen für $p \leqq n - s - 1$. Zum Beispiel ist die Stetigkeit der Lösung verletzt, wenn gilt

$$f(t) = \begin{cases} t^{1-\varepsilon} & \text{für } p < n - 1 - s \\ e^{-1/t} & \text{für } p = n - 1 - s\,; \end{cases}$$

ε ist eine beliebige positive Zahl.

Über die voranstehenden Ausführungen hinausgehend gibt es zur Untersuchung des Randverhaltens schwacher Lösungen eine sehr ausgedehnte Literatur im Zusammenhang mit Gleichungen 2. Ordnung, die den Rahmen dieser Übersicht sprengen würde und die zum Teil unmittelbar an rein potentialtheoretische Untersuchungen anschließt. Wir weisen etwa auf die Arbeiten [L 3], [L 2] hin.

Demgegenüber ist für Gleichungen beliebiger Ordnung gegenwärtig noch sehr wenig bekannt. Abgesehen von den in den bisherigen Paragraphen dieses und des vorangehenden Kapitels dargelegten Resultaten muß in diesem Zusammenhang aber noch auf die Arbeit [K 12] hingewiesen werden. Die dort formulierten Ergebnisse beruhen auf einer etwas anderen Variante der Definition der KONDRAT'EV-Kapazität.

Es sei $H \subset R^n$ ein abgeschlossener Würfel mit der Kantenlänge h und $E \subseteqq H$ eine kompakte Teilmenge. Es sei

$$F^H(E) = \{\varphi \in C^\infty(H) : \varphi(x) = 0 \quad \text{für alle } x \text{ aus einer Umgebung von } E \text{ und } \int_H \varphi^2\, dx = 1\}.$$

Definition 7. Die Zahl

$$\operatorname{cap}_l^H E = \inf_{\varphi \in F^H(E)} \sum_{i=1}^{l} h^{2i} \int_H |\operatorname{grad}_i \varphi|^2\, dx$$

($\operatorname{grad}_i \varphi = (D^\alpha \varphi)_{|\alpha| = i}$) heißt Kapazität der Ordnung l im Sinne von V. A. KONDRAT'EV.

Wir betrachten ein Gebiet $\Omega \subset R^n$ und einen Randpunkt $x_0 \in \partial\Omega$. Der R^n sei durch ein Würfelnetz mit der Kantenlänge h überdeckt. Dabei sei x_0 Mittelpunkt eines dieser Würfel, den wir mit H_0 bezeichnen. $\widetilde{H}$ bezeichne die Vereinigung aller an H_0 angrenzenden Würfel.

Definition 8. Der Punkt $x_0 \in \partial\Omega$ heißt *k-regulär* ($1 \leqq k \leqq l$), falls

$$\varliminf_{h \to 0} \operatorname{cap}_{l-k+1}^{\widetilde{H}} (\widetilde{H} \setminus \Omega) \geqq c_{l-k+1}(x_0) > 0$$

erfüllt ist. Gilt

$$\varliminf_{h \to 0} \operatorname{cap}_{l-k+1}^{\widetilde{H}} (\widetilde{H} \setminus \Omega) \geqq c_{l-k+1} > 0$$

für beliebiges $x \in \partial\Omega$, wobei c_{l-k+1} von x nicht abhängt, so heißt der Rand $\partial\Omega$ *k-regulär*. Für $k = l$ spricht man von Regularität schlechthin.

Beispiele. In [K 12] ist gezeigt:

1. Falls $x_0 \in \partial\Omega$ von außen (d. h. durch eine ganze in $\complement\Omega$ verlaufende JORDAN-Kurve) erreichbar ist, so ist x_0 k-regulär für $k \leqq 2l - n$. Speziell für $n = 2$ und $l \geqq 2$ ist also jeder von außen erreichbare Punkt regulär.
2. Wenn in $x_0 \in \partial\Omega$ von außen ein Kegel angelegt werden kann, der also ganz in $\complement\Omega$ liegt, so ist x_0 regulär.
3. Sei u schwache Lösung von (4) mit $u \in \overset{\circ}{W}{}^{l,2}(\Omega)$, Ω einfach zusammenhängend und $n = 2$. Dann ist $u \in C^{m-1}(\overline{\Omega})$.

8.6. Weitere Anwendungen

Abschließend gehen wir noch auf einige Ergebnisse ein, die in [S 38] bewiesen sind und die Resultate von H. WALLIN [W 2] verallgemeinern.

Definition 9. l und p seien reelle Zahlen, $l > 0$, $1 \leqq p < \infty$ und G_l der BESSEL-Kern der Ordnung l (vgl. 7.3). Die Funktion u gehöre zum Raum $\mathcal{L}_l^p(R^n)$, falls ein $f \in L^p(R^n)$ derart existiert, daß gilt

$$u(x) = \int_{R^n} G_l(x - y)\, f(y)\, dy \qquad \text{f.ü.}$$

Wir normieren $\mathcal{L}_l^p(R^n)$ durch

$$\|u\|_{l,p} = \|f\|_{L^p(R^n)} .$$

Definition 10. Es seien l, p reelle Zahlen, $l \geqq 0$, $1 \leqq p < \infty$, und es sei $[l]$ die größte ganze Zahl $\leqq l$. Wir setzen

$$q = l - [l]\,, \qquad \text{also } 0 \leqq q < 1 .$$

Mit $W^{l,p}(R^n)$ wird der Raum aller Funktionen u bezeichnet, für die im distributionentheoretischen Sinne gilt

$$D^\alpha u \in L^p(R^n) \qquad \text{für alle } \alpha \text{ mit } |\alpha| \leqq [l]$$

und für welche die folgende Norm endlich ist

$$|u|_{l,p} = \left[\sum_{|\alpha| \leqq [l]} \left\{ (\|D^\alpha u\|_{L^p(R^n)})^p + \int_{R^n \times R^n} \left| \frac{D^\alpha u(x) - D^\alpha u(y)}{|x - y|^q} \right|^p \frac{dx\, dy}{|x - y|^n} \right\} \right]^{1/p}$$

für $0 < q < 1$. Im Falle $q = 0$ wird das doppelte Integral weggelassen.

Satz 23. *l und p seien reelle Zahlen, $l > 0$, $1 < p < \infty$, $pl \leqq n$ und $E \subset R^n$ eine kompakte Menge. Dann ist $B_{l,p}(E) = 0$ eine notwendige und hinreichende Bedingung dafür, daß jede Funktion $f_0 \in C(K)$ zu einer Funktion $f \in C(R^n) \cap \mathcal{L}_l^p(R^n)$ erweitert werden kann.*

Bemerkung 2. Satz 23 läßt sich (unter Beibehaltung der Voraussetzungen) verschärfen: Die Fortsetzung f kann so gewählt werden, daß die $\mathcal{L}_l^p$-Norm beliebig klein ist. Nach [A 44] gilt $\mathcal{L}_l^p(R^n) = W^{l,p}(R^n)$, falls l ganz und $1 < p < \infty$ oder $p = 2$ sind. Daher läßt sich Satz 23 wie folgt ergänzen.

Satz 24. *Es sei l positiv und ganz, p reell mit $1 < p < \infty$, $pl \leqq n$ oder $p = 2$, $0 < 2l \leqq m$. $E \subset R^n$ sei eine kompakte Menge. Dann gilt die Aussage von Satz 23, wenn man $\mathcal{L}_l^p(R^n)$ durch $W^{l,p}(R^n)$ ersetzt.*

Wir bemerken noch, daß auf Grund von § 7, Satz 11 für $pl < n$ in Satz 24 die Bedingung $B_{l,p}(E) = 0$ durch $\operatorname{cap}_{p,l} E = 0$ oder (p, l)-cap $E = 0$ ersetzt werden kann.

Die Palette der Anwendungsmöglichkeiten der Kapazitätstheorie auf Probleme der Analysis, insbesondere der Differentialgleichungstheorie, ließe sich weiter fortsetzen. Wir erwähnen nur noch 2 Möglichkeiten. In [M 10] wurden verschiedene Ergebnisse erzielt über die Äquivalenz von Integralungleichungen für Funktionen aus den SOBOLEVschen Räumen und isoperimetrischen Ungleichungen, die einen Zusammenhang zwischen Maßen und Kapazitäten herstellen. Es sei dazu auch auf [M 17] verwiesen. In [M 34] wird die Äquivalenz der KONDRAT'EV-Kapazität mit dem Begriff des inneren Durchmessers, der in naheliegender Weise im Anschluß an die Definition 2 eingeführt werden kann, bewiesen.

X. DAS BALAYAGE-PRINZIP FÜR ALLGEMEINE RANDWERT-PROBLEME

§ 1. Allgemeine kernfreie Balayage

In diesem Kapitel werden wir zeigen, daß das Balayage-Prinzip für allgemeine Differential-Operatoren und allgemeine Randbedingungen formuliert werden kann, sobald gewisse a priori-Abschätzungen vorliegen, d. h. wenn das Randwert-Problem korrekt gestellt ist bezüglich passend gewählter Topologien im Raum der Lösungen und im Raum der Randwerte. Die Betrachtungen zu dieser Problematik bestehen teilweise in der Formulierung allgemeiner Aussagen, die im Spezialfall weiter verfolgt werden können. In diesem Zusammenhang weisen wir auch auf eine Reihe noch nicht bearbeiteter Fragestellungen hin. Unser Balayage-Prinzip hängt eng mit einem entsprechenden Begriff in dem Buch von L. Ehrenpreis [(E 4)] zusammen. Interessant ist diese Betrachtungsweise deshalb, weil man nicht nur Kapazitätsbegriffe und Potentiale (bezüglich gewisser Distributionen) mit dem jeweiligen Randwert-Problem verbinden kann (analog zu elliptischen Gleichungen), sondern weil sich auch allgemeine Mittelwert-Sätze interpretieren lassen. Dabei besteht ein inverses Problem ähnlich wie beim Laplace-Operator. Zu den einbezogenen Problemstellungen gehört auch das Cauchy-Problem bei hyperbolischen Gleichungen, wofür wir die allgemeinen Resultate noch einmal getrennt formulieren. Der Einfachheit halber beschränken wir uns auf skalare Differentialoperatoren mit konstanten Koeffizienten. Wir definieren zunächst geeignete Räume, die dem Balayage-Prinzip zugrundeliegen. Diese Definition ist durchaus nicht zwangsläufig. Kernfrei wird das Balayage-Prinzip immer dann genannt, wenn es durch Bildung des Adjungierten eines gewissen Operators auf diesen Räumen entsteht, ohne Verwendung irgendwelcher Kerne. Zum vorliegenden Kapitel verdanken wir Frau Dr. A. M. Sändig (Rostock) einige nützliche Bemerkungen.

1.1. Balayage-Prinzip

Es sei Ω ein beschränktes Gebiet im R^n. Der Rand $\partial\Omega$ sei eine stückweise genügend glatte Mannigfaltigkeit der Dimension $n - 1$. Diese und andere Glattheitsforderungen stellen wir hier der Bequemlichkeit halber. Sie könnten wesentlich abgeschwächt werden. (Beim Cauchy-Problem betrachten wir auch den Halbraum. Die Übertragung der Aussagen auf diesen Fall erreicht man durch eine leichte Modifikation der Beweise, auf die dann nicht weiter eingegangen wird.)

Es sei

$$L(D) = \sum_{|\alpha| \leq r} a_\alpha D^\alpha$$

ein Differentialoperator mit konstanten Koeffizienten. Gegeben seien Differentialoperatoren $Q_1(x, D), \dots, Q_s(x, D)$ mit genügend glatten Koeffizienten, und es sei $Q_1 \equiv 1$.

Zu jeder genügend glatten Funktion u auf $\bar{\Omega}$ bilden wir die vektorwertige Funktion

$$h(x) = \big(Q_m(x, D)\, u\big)_{m=1,\dots,s} \tag{1}$$

mit u als erster Komponente.

Zur Formulierung der Randbedingungen sei $A = (a_{lm})$ eine Matrix mit s Spalten und t Zeilen. Die Elemente a_{lm} seien auf $\bar{\Omega}$ genügend glatte Funktionen. $Y \subseteqq \partial\Omega$ sei eine abgeschlossene Teilmenge mit int $Y \neq \emptyset$, $\partial Y = \partial \bar{Y}$ (int und ∂ beziehen sich hier auf die in $\partial\Omega$ durch R^n induzierte Topologie). Weiterhin habe Y diejenigen Glattheitseigenschaften, die die späteren Überlegungen ermöglichen.

Wir setzen dann für $h = (h_1, \dots, h_s)$

$$g_l(x) = \sum_{m=1}^{s} a_{lm}(x)\, h_m(x) \qquad \text{für alle } x \in Y,\ (l = 1, \dots, t)\,. \tag{2}$$

Mit der Einschränkungsoperation r_Y können wir statt (2) auch schreiben

$$Bh = r_Y A h = g\,, \qquad g = (g_1, \dots, g_t)\,. \tag{3}$$

Betrachtet wird das Randwert-Problem

$$Lu = 0 \text{ in } \Omega\,, \qquad Bh = g\,, \tag{4}$$

wobei h gemäß (1) aus u hervorgeht und g auf Y gegebene Randwerte sind. Man könnte Randbedingungen auch auf verschiedenen sich überlappenden Teilmengen von $\partial\Omega$ stellen. Man hätte dann lediglich zu entsprechenden Produkträumen überzugehen. Auf das inhomogene Problem $Lu = f$, $Bh = g$ gehen wir später ein.

Wir setzen in diesem Kapitel zur Abkürzung

$$X = \bar{\Omega}\,, \qquad E = R^s\,, \qquad F = R^t\,.$$

Den Raum aller stetigen Funktionen auf X mit Werten in E bezeichnen wir mit $C(X, E)$, und es sei $\mathfrak{M}(X, E) = \big(C(X, E)\big)'$. In analoger Bedeutung verwenden wir die Bezeichnungen $C(Y, F)$, $\mathfrak{M}(Y, F)$. Es sei

$$D_1(X, E) = \{h \in C(X, E) : h = \big(Q_m(x, D)\, u\big)_{m=1,\dots,s},\ Lu = 0 \text{ in } \Omega\} \tag{5}$$

und $D(Y, F) = BD_1(X, E) \subseteqq C(Y, F)$, $(B = r_Y A)$. Weiterhin definieren wir

$$D_0(X, E) = \{\, h \in D_1(X, E) : Bh = 0\}\,. \tag{6}$$

Mit $C^k(Y)$ bezeichnen wir den BANACH-Raum aller Funktionen auf Y, deren Ableitungen der Ordnung $\leqq k$ „längs int Y“ stetig sind und als stetige Funktionen auf Y fortsetzbar sind. Die Differenzierbarkeit sowie eine geeignete Norm führt man durch lokale Koordinaten ein (auf int Y als C^k-Mannigfaltigkeit). Den topologisch dualen Raum zu $C^k(Y)$ nennen wir $\mathfrak{M}^k(Y)$ (in Anlehnung an den Fall $k = 0$). Ist $b = (b_1, \dots, b_t)$ ein Multiindex, so setzen wir

$$C^b(Y, F) = C^{b_1}(Y) \times \cdots \times C^{b_t}(Y)\,,$$

$$\mathfrak{M}^b(Y, F) = \mathfrak{M}^{b_1}(Y) \times \cdots \times \mathfrak{M}^{b_t}(Y)\,.$$

Wesentlich ist jetzt folgende Annahme. Es existiert ein Unterraum $D(X, E) \subseteqq \subseteqq D_1(X, E)$ mit $D(X, E) \cap D_0(X, E) = \{0\}$ und eine von $D(X, E)$ abhängige Konstante $c > 0$, so daß gilt

$$\|h\|_{C(X,E)} \leqq c\, \|Bh\|_{C^b(Y,F)} \qquad \text{für alle } h \in D(X, E) \tag{7}$$

für einen geeigneten Multiindex $b = (b_1, \dots, b_t)$. In dieser Form gelten a priori-Abschätzungen für weite Klassen von Rand- und Anfangswert-Problemen ([P 4]). Auf Grund der a priori-Abschätzung (7) erhalten wir ein Balayage-Prinzip in folgender Fassung.

Satz 1. *Unter der Voraussetzung* (7) *existiert zu jedem* $\mu \in \mathfrak{M}(X, E)$ *ein* $\nu \in \mathfrak{M}^b(Y, F)$ *mit*

$$\mu(h) = \nu(Bh) \qquad \text{für alle } h \in D(X, E) . \tag{8}$$

Ausführlich lautet diese Beziehung mit $\mu = (\mu^1, \dots, \mu^s)$, $\nu = (\nu^1, \dots, \nu^t)$, $g = Bh$.

$$\sum_{m=1}^{s} \int h_m(x) \, d\mu^m(x) = \sum_{l=1}^{t} \nu^l(g_l) \qquad \text{für } h \in D(X, E) .$$

(ν^l ist eine auf Y konzentrierte Distribution der Ordnung b_l, $l = 1, \dots, t$.)

Wir nehmen für alles folgende an, daß außer (7) $BD(X, E) = BD_1(X, E) = D(Y, F)$ gilt. Falls $D(Y, F)$ in $C^b(Y, F)$ dicht liegt, ist ν durch μ eindeutig bestimmt. Auf Grund von (7) können wir die stetige Abbildung $B^{-1}: D(Y, F) \to D(X, E)$ fortsetzen zu einer stetigen Abbildung auf $\overline{D(Y, F)}$ (Abschließung in $C^b(Y, F)$). Diese Fortsetzung bildet dann $\overline{D(Y, F)}$ stetig auf eine Erweiterung von $D(X, E)$ ab. Der Einfachheit halber denken wir uns diese Fortsetzung von vornherein durchgeführt, und wir verwenden wieder die alten Symbole. $D(Y, F)$ sei also in $C^b(Y, F)$ abgeschlossen, und der Operator $B^{-1}: D(Y, F) \to D(X, E)$ ebenfalls. Die erste Komponente jedes $h \in D(X, E)$ ist dann in Ω distributionentheoretische Lösung der Gleichung $Lu = 0$ in Ω. Die restlichen Komponenten von h ergeben sich ebenfalls als Grenzwerte. Es ist sofort zu sehen, daß sie durch distributionentheoretische Anwendung der $Q_m(x, D)$ aus u hervorgehen ($m = 2, \dots, s$), d. h. $u = 0 \Rightarrow h = 0$. Zum Raum $D_0(X, E)$ (vgl. (6)) bilden wir noch die Abschließung in $C(X, E)$ und bezeichnen diese wieder mit $D_0(X, E)$. Ebenfalls per def. setzen wir jetzt

$$D_1(X, E) = D_0(X, E) \oplus D(X, E) . \tag{9}$$

$D_1(X, E)$ betrachten wir dabei in der Topologie der Summe, wobei $D_0(X, E)$ mit der durch $C(X, E)$ induzierten Topologie versehen ist und $D(X, E)$ mit der Topologie des Graphen von B (d. h., in $D(X, E)$ konvergiert eine Folge genau dann, wenn sie in $C(X, E)$ konvergiert und ihr Bild bezüglich B in $C^b(Y, F)$ konvergiert). Die Banach-Raum-Topologie der Räume $D(X, E)$ und $D_1(X, E)$ ist dann nicht schwächer als die durch $C(X, E)$ darin induzierte. Somit gilt mit natürlicher Einbettung $\mathfrak{M}(X, E) \subseteqq (D(X, E))'$. Das Balayage-Prinzip könnten wir also auch für Elemente $\mu \in (D(X, E))'$ aussprechen.

Übung. Man zeige, daß $D_1(X, E)$ von der ursprünglichen Wahl von $D(X, E)$ unabbängig ist (insbesondere auch die Topologie in $D_0(X, E)$).

Wenn $D(Y, F) = C^b(Y, F)$ gilt, so bezeichnen wir die durch Satz 1 definierte eindeutige Zuordnung $\mu \to \nu$ mit Π. Der Operator

$$\Pi: \mathfrak{M}(X, E) \to \mathfrak{M}^b(Y, F) \tag{10}$$

heißt Balayage-Operator für das betrachtete Randwert-Problem. Π ist dann stetig in bezug auf die jeweiligen w^*-Topologien in $\mathfrak{M}(X, E)$ bzw. $\mathfrak{M}^b(Y, F)$ (denn die in $\mathfrak{M}(X, E)$

durch die w^*-Topologie von $(D(X, E))'$ induzierte Topologie ist nicht stärker als die dem Raum $\mathfrak{M}(X, E)$ eigene w^*-Topologie als Dual von $C(X, E)$).

Wenn $D(Y, F)$ echt in $C^b(Y, F)$ enthalten ist, kann man fordern, daß in $C^b(Y, F)$ ein topologisches Komplement $H(Y, F)$ zu $D(Y, F)$ existiert, also

$$D(Y, F) \oplus H(Y, F) = C^b(Y, F) .$$

In diesem Fall können wir (in Abhängigkeit von $H(Y, F)$) ebenfalls einen Balayage-Operator Π definieren, indem wir $\Pi\mu = \nu$ setzen mit demjenigen ν, das

$$\mu(h) = \nu(Bh) \qquad \text{für alle } h \in D(X, E) ,$$
$$0 = \nu(g) \qquad \text{für alle } g \in H(Y, F)$$

erfüllt. Π: $\mathfrak{M}(X, E) \to \mathfrak{M}^b(Y, F)$ ist dann wieder w^*-stetig.

Im Fall, daß $D(Y, F)$ kein topologisches Komplement in $C^b(Y, F)$ besitzt, kann man einen Balayage-Operator entweder durch Wahl eines algebraischen Komplements eindeutig als linearen Operator mit Werten in $\mathfrak{M}^b(Y, F)$ definieren, oder man beläßt es dabei, daß $\mathfrak{M}(X, E)$ beim Balayage-Prinzip im Grunde genommen in den Raum $(D(Y, F))'$ abgebildet wird. Bezeichnet man im letzteren Fall diese Abbildung dann wieder mit Π, so ist Π: $\mathfrak{M}(X, E) \to (D(Y, F))'$ offenbar w^*-stetig. Wir setzen der Bestimmtheit halber für alles folgende voraus, daß $D(Y, F)$ in $C^b(Y, F)$ ein topologisches Komplement $H(Y, F)$ besitzt, und $H(Y, F)$ sei festgehalten. Damit erhalten wir also einen wohlbestimmten Operator Π.

1.2. Harmonische Funktionale

Mit $\delta_{x_0,m}$ bezeichnen wir das Maß $\mu = (0, \dots, \delta_{x_0}, \dots, 0)$, wobei das Dirac-Maß im Punkt $x_0 \in X$ an m-ter Stelle steht ($m = 1, \dots, s$). Wir nennen die

$$\mu_{x_0,m} = \Pi\, \delta_{x_0,m} \qquad (m = 1, \dots, s)$$

harmonische Funktionale des Randwert-Problems. Die harmonischen Funktionale sind im allgemeinen untereinander abhängig. Es gilt z. B. für $s \geqq m \geqq 2$

$$\mu_{x_0,m}(g) = Q_m(x, D)\, \mu_{x,1}(g)|_{x=x_0} .$$

Es ist für unsere Belange jedoch vorteilhaft, sämtliche Komponenten zu betrachten.

Die harmonischen Funktionale hängen eng mit den Mittelwertsätzen für den Raum $D(X, E)$ zusammen. Sind $c_1, \dots, c_s$ reelle Zahlen, $x_0 \in X$ und $\tau_{x_0} \in \mathfrak{M}(X, E)$, so heißt eine Beziehung der Gestalt

$$\sum_{m=1}^{s} c_m h_m(x_0) = \tau_{x_0}(h) \qquad \text{für alle } h \in D(X, E) \tag{11}$$

ein Mittelwertsatz. (11) ist offenbar äquivalent zu

$$\Pi\left(\sum_{m=1}^{s} c_m \delta_{x_0,m}\right) = \Pi\tau_{x_0} .$$

Die Mittelungsmaße — so werden die τ_{x_0} auch bezeichnet — haben also bezüglich der Balayage-Operation Π dasselbe Bild wie das die Mittelwertbildung definierende Punktmaß. Die Existenz nichttrivialer Mittelungsmaße für $x_0 \in \Omega$ folgt daraus, daß $D(X, E)$ im Raum $C(X, E)$ nicht dicht liegt.

Es gilt genauer gesagt folgendes: Zu jeder offenen Umgebung $U \subsetneqq \Omega$ des Punktes $x_0 \in \Omega$, für die $D(X, E)$ eingeschränkt auf U in $C(U, E)$ nicht dicht liegt, existiert ein Mittelungsmaß $\tau_{x_0} \in \mathfrak{M}(X, E)$ mit $\operatorname{supp} \tau_{x_0} \subsetneqq \overline{U}$ und der Eigenschaft (11). Diese Aussage folgt unmittelbar aus dem Satz von HAHN-BANACH.

Schwieriger und weitgehend ungeklärt ist die Frage nach der Existenz von Mittelungsmaßen, deren Träger den Punkt x_0 nicht schneidet. Dieses Problem ist auch eng mit der Existenz von Teilgebieten $\Omega' \subsetneqq \Omega$ und Randstücken $Y' \subsetneqq \partial\Omega'$ verbunden, für die der zum Randwert-Problem

$$Lu = 0 \qquad \text{in } \Omega', \qquad B'h' = g'$$

gehörende Balayage-Operator Π' den Raum $\mathfrak{M}(X', E')$ in $\mathfrak{M}(Y', F')$ abbildet ($X' = \overline{\Omega}'$). Hierbei seien $E' \subsetneqq E$, $F' \subsetneqq F$ Teilräume, wobei jedes $e' \in E'$ durch Nullsetzen von Komponenten eines Vektors $e \in E$ entsteht; analog sei F' erklärt. Ist dann p die Projektion in E, also $e' = pe$, so erklären wir sinngemäß $h' = ph$, und es sei $r_{X'} h' \in D(X', E')$ für jedes $h \in D(X, E)$. Weiterhin sei $B' = r_{Y'} A'$ und A' Teilmatrix von A, entsprechend E' und F'.

Wenn dann $\eta_{x_0} = \sum_{m=1}^{s} c_m \delta_{x_0, m}$ ein Punktmaß ist mit $\eta_{x_0}(h) = \eta_{x_0}(h')$ für alle $h \in D(X, E)$, so folgt nach dem Balayage-Prinzip für $x_0 \in \Omega'$

$$\eta'_{x_0}(h') = \Pi'\eta'_{x_0}(B'h') = \tau'_{x_0}(h')$$

mit einem Maß $\tau'_{x_0} \in \mathfrak{M}(Y', E')$. Setzen wir dann $\tau_{x_0}(h) = \tau'_{x_0}(h')$, so erhalten wir $\eta_{x_0}(h) = \tau_{x_0}(h)$ für alle $h \in D(X, E)$, und τ_{x_0} ist ein auf Y' konzentriertes Mittelungsmaß.

1.3. Darstellungen durch Maße

Beim Vergleich gewisser Potentiale von $\mu \in \mathfrak{M}(X, E)$ und $\nu = \Pi\mu$ interessieren wir uns später besonders für solche μ, die durch Π in $\mathfrak{M}(Y, F)$ abgebildet werden ($\mathfrak{M}(Y, F)$ ist auf natürliche Weise stetig in $\mathfrak{M}^b(Y, F)$ eingebettet). Wir setzen also

$$\mathfrak{S}(X, E) = \{\mu \in \mathfrak{M}(X, E) : \Pi\mu \in \mathfrak{M}(Y, F)\} \,. \tag{12}$$

Eine im allgemeinen ungeklärte Frage ist, ob $\mathfrak{S}(X, E)$ in $\mathfrak{M}(X, E)$ stets dicht liegt.

Es sei $q = \max \{b_l : l = 1, \dots, t\}$. Wir setzen von jetzt an voraus, daß $Y \subsetneqq \partial\Omega$ eine bezüglich der relativen Topologie offene Überdeckung $(O_i)_{i=1,\dots,I}$ besitzt, wobei O_i entweder zu einer offenen Kugel $|z| < r$ im R^{n-1} diffeomorph ist oder zu einer Menge der Gestalt $\{z \in R^{n-1} : |z| < r, z_j \geqq 0 \text{ für } j = 1, \dots, j_0 \leqq n - 1\}$ $(j_0 = j_0(i))$, je nachdem, ob O_i in int Y enthalten ist oder nicht ($r > 0$). Wir wählen zu dieser Überdeckung eine Zerlegung der Einheit, d. h. Funktionen $\psi_i \in C^\infty(Y)$, $0 \leqq \psi_i \leqq 1$, $\operatorname{supp} \psi_i \subsetneqq O_i$ $(i = 1, \dots, I)$, $\sum_{i=1}^{I} \psi_i^2 = 1$. $\nu^l \in \mathfrak{M}^{b_l}(Y)$ stellen wir jetzt dar in der Gestalt

$$\nu^l = \sum_{i=1}^{I} \nu^{li}, \qquad \nu^{li} = \nu^l \psi_i \in \mathfrak{M}^{b_l}(Y) \qquad (i = 1, \dots, I) \,.$$

Ebenso schreiben wir jede Funktion $g_l \in C^{b_l}(Y)$ als Summe

$$g_l = \sum_{i=1}^{I} g_{li}, \qquad g_{li} = \psi_i g_l \in C^q(Y) \qquad (i = 1, \dots, I) \,.$$

Wir erhalten dann

$$\nu^l(g_l) = \sum_{i=1}^{I} \nu^{li}(g_{li}) \, .$$

Jedem ν^{li} können wir durch Übertragung bekannter Resultate im R^n einen Vektor von Maßen auf $\overline{O}_i$ zuordnen, den wir mit

$$(\nu^{li,\delta(li)})_{|\delta(li)| \leq b_l}$$

bezeichnen ($\delta(li)$ von l, i abhängiger Multiindex), so daß gilt

$$\nu^{li}(g_{li}) = \sum_{|\delta(li)| \leq b_l} \int D_y^{\delta(li)} g_{li}(y) \, \mathrm{d}\nu^{li,\delta(li)}(y) \, , \qquad (i = 1, \dots, I) \, .$$

Hierbei ist $D_y^{\delta(li)}$ die $\delta(li)$-te Ableitung nach den lokalen Koordinaten in $\overline{O}_i$ der Funktion $g_{li}(y)$.

Diese Darstellungen, die wir bei späteren Vertauschungen von Integrationen benötigen, fassen wir aus Bequemlichkeitsgründen symbolisch zusammen zu

$$\nu^l(g_l) = \sum_{|\delta(l)| \leq b_l} \int D_y^{\delta(l)} g_l(y) \, \mathrm{d}\nu^{l,\delta(l)}(y) \, , \tag{13}$$

wobei wir mit den $\nu^{l,\delta(l)}$ formal wie mit Maßen arbeiten können und mit $D_y^{\delta(l)} g_l(y)$ formal wie mit stetigen Funktionen auf Y.

§ 2. Interpretation durch Potentiale

2.1. Verhalten gewisser Distributionen in CX

In Kapitel VIII stützte sich die Interpretation des Balayage-Prinzips durch Potentiale auf folgende Aspekte. Es existiert eine Fundamentallösung, deren distributionentheoretische Ableitungen bis zu einer gewissen Ordnung q durch lokal integrierbare Kerne $\Psi_{\mathfrak{z}}^{\mathfrak{x}}$ darstellbar sind. Die Gefegten von Distributionen q-ter Ordnung sind wieder Distributionen q-ter Ordnung und können sinnvoll auf die Fundamentallösung angewendet werden. Dadurch erhält man Potentiale von Distributionen, die durch gewöhnliche Integration der Kerne $\Psi_{\mathfrak{z}}^{\mathfrak{x}}$ definiert werden, und es wird über die Komponenten eines die Distribution repräsentierenden Tupels von Maßen integriert, wobei die Wahl des repräsentierenden Tupels unwesentlich ist.

Die Interpretation selbst besteht darin, daß das Potential einer Distribution mit dem Potential der Gefegten außerhalb des Gebietes übereinstimmt, mit eventueller Ausnahme einer Menge der Kapazität Null.

Bei der Übertragung dieser Aussage auf allgemeine Randwert-Probleme stößt man auf verschiedene Schwierigkeiten. Vor allem ist die Fundamentallösung im allgemeinen eine Distribution, die nicht durch einen Kern dargestellt werden kann, so daß Potentiale von Maßen oder Distributionen auch nicht immer Funktionen sind. Bei ersatzweiser Wahl anderer Kerne bleiben verschiedene wichtige Eigenschaften des elliptischen Falles nicht erhalten. Außerdem haben wir andere Typen von a priori-Abschätzungen. Wir beschäftigen uns zunächst mit der vielleicht naheliegendsten und einfachsten Betrachtungsweise dieser Art.

Es sei $E(x, z)$ eine Distribution in bezug auf die Variablengruppe $z = (z_1, \dots, z_n)$, die von $x = (x_1, \dots, x_n)$ als Parameter abhängt und deren Ordnung unabhängig von x kleiner oder gleich einer festen ganzen Zahl ist. E kann z. B. eine Fundamentallösung des betrachteten Operators sein. Wir definieren die Distributionen

$$\Phi_m(x, z) = Q_m(x, D_x)\, E(x, z) \qquad (m = 1, \dots, s)\,. \tag{1}$$

Dann gilt folgender triviale

Satz 1. *Für alle* $w \in C_0^\infty(\complement X)$ $(X = \overline{\Omega})$ *sei das vektorwertige Potential*

$$(\langle w(z), \Phi_m(x, z)\rangle)_{m=1,\dots,s} \tag{2}$$

als Funktion von $x \in X$ *Element des Raumes* $D(X, E)$. *Das gilt u. a. stets für* $D_0(X, E) = \{0\}$. *Dann gilt für* $\mu \in \mathfrak{M}(X, E)$, $\nu = \Pi\mu \in \mathfrak{M}^b(Y, F)$

$$\sum_{m=1}^{s} \int_X \langle w(z), \Phi_m(x,z)\rangle\, d\mu^m(x) = \sum_{l=1}^{t} \nu^l \left(\sum_{m=1}^{s} a_{lm}(y)\, \langle w(z), \Phi_m(y, z)\rangle \right). \tag{3}$$

$\langle w(z), \Phi_m(x, z)\rangle$ bedeutet dabei die Anwendung der Distribution Φ_m auf w für jedes feste x. Die rechte und die linke Seite von (3) sind Distributionen im R^n und stimmen also auf $\complement X$ überein. Wenn (2) nicht für jedes $w \in C_0(\complement X)$ zu $D(X, E)$ gehört, folgt (3) natürlich trotzdem für diejenigen w, deren Potential in $D(X, E)$ liegt. Wir nehmen für alles folgende aber an, daß die Bedingung von Satz 1 erfüllt ist.

Wenn $E(x, z)$ eine Fundamentallösung des Operators L im R^n ist, so ist es eine im allgemeinen unbeantwortete Frage, wann unter der Voraussetzung von Satz 1 die Menge

$$g = \left\{ \left(\sum_{m=1}^{s} a_{lm}(y)\, \langle w(z), \Phi_m(y, z)\rangle \right)_{l=1,\dots,t} : w \in C_0(\complement X) \right\} \tag{4}$$

im Raum $D(Y, F)$ (bzw. in $C^b(Y, F)$) dicht liegt. (Vgl. hierzu auch die Bemerkung am Ende dieses Paragraphen.) Diese Dichtheit hätte zur Folge, daß aus (3) umgekehrt folgt $\nu = \Pi\mu$.

2.2. Potentiale außerhalb des Gebietes

Der Gleichung (3) geben wir nun eine von w unabhängige Gestalt. Es seien Ω_0, Ω_1 offene Mengen mit $\overline{\Omega} \subset \Omega_1$, $\overline{\Omega}_1 \subset \Omega_0$, Ω_1 sei beschränkt und Ω_0 enthalte eine Kugel um den Koordinatenursprung von genügend großem Radius. Wir finden dann eine Funktion $\Psi_m(x, z)$ und einen Differentialoperator $P(D_z)$ mit

$$\Phi_m(x, z) = P(D_z)\, \Psi_m(x, z) \qquad \text{in } \Omega_1 \tag{5}$$

für $m = 1, \dots, s$ im distributionentheoretischen Sinne. Die Unabhängigkeit des Operators P von m erreicht man durch genügend hohe Wahl seiner Ordnung. Man kann etwa setzen $P = \Delta^k$, k genügend groß. Weiterhin nehmen wir an, daß $\Psi_m(x, z)$ nach beiden Variablen genügend oft stetig differenzierbar ist, so daß alle folgenden Vertauschungen von Differentiationen und Integrationen möglich sind. (Wenn E nur von $x - z$ abhängt und die Q_m alle konstante Koeffizienten besitzen, ist das ohnehin der Fall.)

Für $\nu = (\nu^1, \dots, \nu^t) \in \mathfrak{M}^b(Y, F)$, $g = (g_1, \dots, g_t) \in C^b(Y, F)$ erinnern wir an die symbolische Darstellung

$$\nu(g) = \sum_{l=1}^{t} \nu^l(g_l) = \sum_{l=1}^{t} \sum_{|\delta(l)| \le b_l} \int_Y D_y^{\delta(l)} g_l(y)\, d\nu^{l,\delta(l)}(y)\,.$$

Es besteht dann folgender

Satz 2. *Für $\Pi\mu = \nu \in \mathfrak{M}^b(Y, F)$ $(\mu \in \mathfrak{M}(X, E))$ gilt im Sinne der distributionentheoretischen Anwendung von $P(D_z)$ in $\Omega_1 \setminus \overline{\Omega}$*

$$P(D_z)\left\{\sum_{m=1}^{s} \int_X \Psi_m(x, z)\, d\mu^m(x)\right\} = P(D_z)\left\{\sum_{m=1}^{s} \int_Y \sum_{l=1}^{t} \sum_{|\delta(l)| \leq b_l} D_y^{\delta(l)} a_{ml}(y) \Psi_m(y, z)\, d\nu^{l,\delta(l)}(y)\right\}. \tag{6}$$

Beweis: (3) geht durch Einsetzen von

$$\langle w(z), \Phi_m(x, z)\rangle = \int \Psi_m(x, z)\, P^*(D_z)\, w(z)\, dz$$

über in

$$\sum_{m=1}^{s} \int_X [\int \Psi_m(x, z)\, P^*(D_z)\, w(z)]\, d\mu^m(x) = \sum_{l=1}^{t} \nu^l \left(\sum_{m=1}^{s} a_{lm}(y) \int \Psi_m(y, z)\, P^*(D_z)\, w(z)\, dz\right). \tag{7}$$

Dabei sei immer $w \in C_0^\infty(\Omega_1 \setminus \overline{\Omega})$. Die linke Seite von (7) ist nach Vertauschung der Integrationen gleich

$$\sum_{m=1}^{s} \int \left[\int_X \Psi_m(x, z)\, d\mu^m(x)\right] P^*(D_z)\, w(z)\, dz\,. \tag{8}$$

Für die rechte Seite von (7) erhalten wir eine Summe von Gliedern der Gestalt

$$\begin{aligned} &\int_Y \{D_y^{\delta(l)} a_{lm}(y) \int \Psi_m(y, z)\, P^*(D_z)\, w(z)\, dz\}\, d\nu^{l,\delta(l)}(y) \\ &= \int_Y \{\int D_y^{\delta(l)} a_{lm}(y)\, \Psi_m(y, z)\, P^*(D_z)\, w(z)\, dz\}\, d\nu^{l,\delta(l)}(y) \\ &= \int \left\{\int_Y D_y^{\delta(l)} a_{lm}(y)\, \Psi_m(y, z)\, d\nu^{l,\delta(l)}(y)\right\} P^*(D_z)\, w(z)\, dz\,. \end{aligned} \tag{9}$$

Aus (8) und Summation in (9) folgt unmittelbar die Behauptung. ◀

Korollar. *Für $\mu \in \mathfrak{S}(X, E)$, d. h. $\Pi\mu = \nu \in \mathfrak{M}(Y, F)$ gilt speziell*

$$P(D_z)\left\{\sum_{m=1}^{s} \int_X \Psi_m(x, z)\, d\mu^m(x)\right\} = P(D_z)\left\{\sum_{m=1}^{s} \int_Y \sum_{l=1}^{t} a_{lm}(y)\, \Psi_m(y, z)\, d\nu^l(y)\right\}$$

in $\Omega_1 \setminus \overline{\Omega}$.

$\mathfrak{M}(Y, F)$ liegt dicht in $\mathfrak{M}^b(Y, F)$. Somit existiert zu jedem $\nu \in \mathfrak{M}^b(Y, F)$ eine Folge $(\nu_j)_{j \in N} \subset \mathfrak{M}(Y, F)$ mit $\nu_j \rightharpoonup \nu$ in $\mathfrak{M}^b(Y, F)$. Man hat dann

$$\nu(a_{lm}(y)\, \Psi_m(y, z)) = \lim_{j \to \infty} \nu_j(a_{lm}(y)\, \Psi_m(y, z))\,.$$

Im Sinne der distributionentheoretischen Konvergenz gilt auch

$$P(D_z)\, \nu_j(a_{lm}(y)\, \Psi_m(y, z)) \to P(D_z)\, \nu(a_{lm}(y)\, \Psi_m(y, z))\,.$$

Dies ist eine zweite Möglichkeit, Satz 2 zu beweisen. Setzen wir speziell $\mu = \delta_{x_0, m_0}$, $\Pi\delta_{x_0, m_0} = \mu_{x_0, m_0}$, so ist die Funktion

$$w_{x_0, m_0}(z) = \Psi_{m_0}(x_0, z) - \sum_{m=1}^{s} \int_Y \sum_{l=1}^{t} \sum_{|\delta(l)| \leq b_l} D_y^{\delta(l)} a_{ml}(y)\, \Psi_m(y, z)\, d\mu_{x_0, m_0}^{l,\delta(l)}(y)$$

in $\Omega_1 \setminus \overline{\Omega}$ Lösung der Gleichung

$$P(D_z)\, w_{x_0, m_0}(z) = 0 \qquad (x_0 \in X,\ m_0 = 1, \ldots, s)\,.$$

Der Grundgedanke des obigen Vorgehens ist also zusammenfassend folgender: Wenn $E(x, z)$ eine Fundamentallösung des Operators L ist und sich die $\Phi_1, \dots, \Phi_s$ nicht durch Kerne darstellen lassen, bilden wir durch „Hochintegration" glatte Kerne $\Psi_1, \dots, \Psi_s$, die nicht nur bezüglich der Maße μ integrierbar sind, sondern auch auf die Distributionen ν angewendet werden können. Nachträglich wird zurückdifferenziert. Auf solche Weise kann man übrigens ganz allgemein Potentiale von Distributionen in bezug auf Kerne definieren, die selbst Distributionen sind. Man kann leicht zeigen, daß die Zuordnung zwischen χ und $E * \chi$ eineindeutig ist, falls E Fundamentallösung eines Differentialoperators mit konstanten Koeffizienten ist.

2.3. Bemerkung über Reichhaltigkeit von Potentialen

Wir kommen noch einmal auf das Problem der Reichhaltigkeit des Raumes der Potentiale

$$\{h(x): h_m(x) = \langle w(z), \Phi_m(x, z)\rangle, w \in C_0^\infty(R^n), m = 1, \dots, s\}$$

zurück (vgl. (4)). Man könnte versuchen diesen Raum dadurch zu erweitern, daß man nicht nur eine Funktion, sondern einen ganzen Vektor $(w_1, \dots, w_k)$ von Funktionen aus $C_0^\infty(R^n)$ einfließen läßt. Hierzu seien $P_j(z, D_z)$ $(j = 1, \dots, k)$ Differentialoperatoren mit glatten Koeffizienten und $P_1 = 1$. Wir bilden anstelle von (1) die Distributionen

$$\Phi_m^j(x, z) = P_j(z, D_z)\, Q_m(x, D_x)\, E(x, z) \qquad (j = 1, \dots, k;\, m = 1, \dots, s),$$

(wobei also angenommen wird $E \in \mathcal{D}'(R^n \times R^n)$). Für beliebiges $w = (w_1, \dots, w_k) \in [C_0^\infty(R^n)]^k$ sei

$$h(x) = \{(\Phi w(x))_1, \dots, (\Phi w(x))_s\} = \{h_1, \dots, h_s\}$$

mit

$$h_m(x) = \sum_{j=1}^{k} \langle w_j(z), \Phi_m^j(x, z)\rangle \qquad (m = 1, \dots, s).$$

Dann enthält bereits die erste Komponente eines Potentials k beliebige Funktionen. Es bleibe dem Leser überlassen zu prüfen, daß in Wahrheit keine zusätzlichen Funktionen entstehen.

Wir zeigen als Beispiel die Dichtheit (4) der Potentiale im Fall des Cauchy-Problems bei der Wellengleichung im R^2, bedienen uns aber der zuletzt gezeigten Möglichkeit, die Potentialbildung zu formulieren (und verwenden kürzere Bezeichnungen). Es sei für $(x, t) \in R^2$

$$B(x, t) = \{(z, p) \in R^2: (x - z - t + p) > 0, (x - z + t - p) < 0\}.$$

Wir setzen

$$E(x, t; z, p) = \begin{cases} 1 & \text{für } (z, p) \in B(x, t), \\ 0 & \text{sonst}. \end{cases}$$

Es sei $(x_0, t_0) \in R^2$ $(t_0 > 0)$ fest gegeben und $\Omega = \{(z, p) \in R^2: (z, p) \in B(x_0, t_0), p > 0\}$, $X = \bar{\Omega}$, $Y = \{x \in R^1: x_0 - t_0 \leqq x \leqq x_0 + t_0\}$. Das Cauchy-Problem bestehe hier darin, eine schwache Lösung $u(x, t)$ der Gleichung $u_{xx} - u_{tt} = 0$ in Ω zu konstruieren mit $u(x, 0) = g_1 \in C^1(Y)$, $u_t(x, 0) = g_2 \in C(Y)$.

Es sei $w_1 \in C_0(R^2)$ und

$$Ew_1(x, z) = \int_{-\infty}^{t} \left\{ \int_{x-(t-p)}^{x+(t-p)} w_1(z, p)\, dz \right\} dp.$$

Wir setzen für $w_2 \in C_0(R^2)$ mit $w_{2x} \in C_0(R^2)$

$$\Psi_1(w_1, w_2)(x, t) = Ew_1(x, t) + \frac{\partial}{\partial t} Ew_2(x, t)$$

$$\Psi_2(w_1, w_2)(x, t) = \frac{\partial}{\partial t} \Psi_1(w_1, w_2)(x, t) .$$

Man prüft durch unmittelbare Rechnung

$$\Psi_1(w_1, w_2)(x, t) = \int_{-\infty}^{t} \left\{ \int_{x-(t-p)}^{x+(t-p)} w_1(z, p)\, dz \right\} dp$$
$$+ \int_{-\infty}^{t} \{w_2(x + (t - p), p) + w_2(x - (t - p), p)\}\, dp ,$$

$$\Psi_2(w_1, w_2)(x, t) = \int_{-\infty}^{t} \{w_1(x + (t - p), p) + w_1(x - (t - p), p)\}\, dp$$
$$= \int_{-\infty}^{t} \{w_{2x}(x + (t - p), p) - w_{2x}(x - (t - p), p)\}\, dp + 2w_2(x, t) .$$

Wir beschränken die Betrachtung jetzt auf solche w_1, w_2, deren Träger in der unteren Halbebene liegt. Dann gilt

$$\Psi_1(w_1, w_2)(x, 0) = g_1(x) = \int_{-\infty}^{0} \left\{ \int_{x-p}^{x+p} w_1(z, p)\, dz \right\} dp$$
$$+ \int_{-\infty}^{0} \{w_2(x - p, p) + w_2(x + p, p)\}\, dp ,$$

$$\Psi_2(w_1, w_2)(x, 0) = g_2(x) = \int_{-\infty}^{0} \{w_1(x - p, p) + w_1(x + p, p)\}\, dp$$
$$+ \int_{-\infty}^{0} \{w_{2x}(x - p, p) - w_{2x}(x + p, p)\}\, dp .$$

Differentiation nach x der ersten Gleichung liefert

$$g_1'(x) = \int_{-\infty}^{0} \{w_1(x - p, p) - w_1(x + p, p)\}\, dp + \int_{-\infty}^{0} \{w_{2x}(x - p, p) + w_{2x}(x + p, p)\}\, dp .$$

Durch Addition bzw. Subtraktion erhalten wir

$$v_1(x) = \tfrac{1}{2} \left(g_1'(x) + g_2(x)\right) = \int_{-\infty}^{0} \{w_1(x - p, p) + w_{2x}(x - p, p)\}\, dp ,$$

$$v_2(x) = \tfrac{1}{2} \left(- g_1'(x) + g_2(x)\right) = \int_{-\infty}^{0} \{w_1(x + p, p) - w_{2x}(x + p, p)\}\, dp .$$

Wenn wir w_1 durch $\pm w_{2x}$ ersetzen, stellen wir fest, daß wir unabhängig voneinander beliebige stetige Funktionen $v_1(x)$, $v_2(x)$ auf dem Anfangsintervall Y erzeugen können durch geeignete Wahl von w_{2x}. Somit können auch $g_1'(x)$, $g_2(x)$ unabhängig voneinander beliebig aus $C(Y)$ erzeugt werden. Man macht sich leicht klar, daß auf Y mit jeder Funktion g_1 auch jede Funktion der Gestalt $g_1 +$ const. als Potential $\Psi_1(w_1, w_2)$ entsteht. Es genügt, zu w_2 eine beliebige Funktion zu addieren, die nur von p abhängt. Somit induziert der Raum der Potentiale

$$\{(\Psi_1(w_1, w_2), \Psi_2(w_1, w_2)) : w_1, w_2 \in C_0^\infty(R^n), \text{ supp } w_i \text{ in der unteren Halbebene } (i = 1, 2)\}$$

auf Y einen in $C^1(Y) \times C(Y)$ dichten Teilraum.

§ 3. Schwache Lösungen und Kapazitätsbegriffe

3.1. Potentiale und Nullmengen für weitere Kerne

Formal wurde in § 2, (1) nicht vorausgesetzt, daß $E(x, z)$ eine Fundamentallösung des Operators ist. Wenn wir von vornherein eine Funktion $E(x, z)$ der Gestalt $u(x - z)$ wählen, wobei $u(x)$ schwache Lösung der Gleichung $Lu = 0$ im R^n ist (ausgenommen eventuell der Koordinatenursprung) und ist u „genügend glatt", so kann auf die Differentiation $P(D_z)$ in § 2, Satz 2 verzichtet werden. Dieser Fall soll im folgenden diskutiert werden. Dabei erscheinen in Abhängigkeit von u auch angepaßte Nullmengenbegriffe.

Es sei also $u(x)$ in $R^n \setminus \{0\}$ schwache Lösung von $Lu = 0$, so daß alle

$$\Phi_m(x, z) = Q_m(x, D_x)\, u(x - z) \qquad (m = 1, \ldots, s) \tag{1}$$

in $R^n \times R^n$ lokal integrierbare Kerne sind. (Die $\Phi_m(x, z)$ sind als distributionentheoretische Ableitungen zunächst nur LEBESGUE-fast überall erklärt, wir wählen aber einen festen überall erklärten Repräsentanten.) Diese Forderungen sind im Beispiel von § 4 realisiert, vgl. insbesondere 4.2.

Nach I.1.4., Bemerkung 1, existiert ein maximaler quasierblicher Kegel $\mathfrak{F}^+ \subseteqq \mathfrak{M}_0^+(R^n)$ von Maßen λ, so daß für jedes feste $x \in X(= \overline{\Omega})$ die Funktionen $\Phi_m(x, z)$ $(m = 1, \ldots, s)$ in Abhängigkeit von $z \in R^n$ λ-fast überall stetig sind im R^n und außerdem gilt

$$\int \Phi_m^{\pm}(x, z)\, d\lambda(z) \in C(R^n)\,.$$

Wir bilden dann das σ-Ideal von Mengen der Kapazität Null $\mathcal{J} = \cap \{\mathcal{J}_\lambda : \lambda \in \mathfrak{F}^+\}$.

Die Wahl der die Distributionen (1) repräsentierenden Kerne, die nur bis auf beliebige Funktionswerte auf einer LEBESGUEschen Nullmenge eindeutig ist, beeinflußt im allgemeinen den Kegel $\mathfrak{F}^+$. Es wäre interessant zu prüfen, ob man unter den möglichen Repräsentanten eine solche Wahl treffen kann, so daß der dazugehörige Kegel $\mathfrak{F}^+$ maximal wird, d. h. daß für jeden anderen Repräsentanten der zugeordnete Kegel in dem maximalen enthalten ist.

Wir setzen für alles weitere folgendes voraus. Die Kerne $\Phi_1(x, z), \ldots, \Phi_s(x, z)$ seien auf jeder kompakten Menge im $R^n \times R^n$ beschränkt. Weiterhin sei

$$\int \Phi_m^{\pm}(x, z)\, w(z)\, dz \in C(R^n) \qquad \text{für alle } w \in C_0^\infty(R^n)$$

und

$$\left(\int \Phi_m(x, z)\, w(z)\, dz\right)_{m=1,\ldots,s} \in D(X, E) \tag{2}$$

für alle $w \in C_0^\infty(\complement\overline{\Omega})$.

Lemma 1. *Für beliebiges $\mu \in \mathfrak{S}(X, E)$, d. h. $\Pi\mu = \nu \in \mathfrak{M}(Y, F)$ gilt für alle $\lambda \in \mathfrak{F}(\complement\Omega)$*

$$\sum_{m=1}^{s} \int_X \left[\int \Phi_m(x, z)\, d\lambda(z)\right] d\mu^m(x) = \sum_{l=1}^{t} \int_Y \left[\sum_{m=1}^{s} a_{ml}(y) \int \Phi_m(y, z)\, d\lambda(z)\right] d\nu^l(y)\,.$$

Beweis: Diese Gleichung gilt wegen (2) zunächst für alle λ mit einer Dichte $w \in C_0^\infty(\complement\bar{\Omega})$. Es sei jetzt $\lambda \in \mathfrak{F}^+(\complement\Omega)$. Dann existiert eine Folge $(w_k)_{k\in N} \subset C_0^\infty(\complement\bar{\Omega})$ nichtnegativer Funktionen, so daß die Maße mit diesen Dichten gegen λ w^*-konvergieren. Da $\Phi_m(x, z)$ in Abhängigkeit von z für alle $x \in X$ λ-f.ü. stetig ist, gilt nach I.2.11.

$$\int \Phi_m(x, z)\, w_k(z)\, \mathrm{d}z \to \int \Phi_m(x, z)\, \mathrm{d}\lambda(z) \qquad (m = 1, \dots, s)$$

für alle $x \in X$.

Für jedes $m = 1, \dots, s$ bzw. $l = 1, \dots, t$ sind die Funktionen

$$A_{km}(x) = \int \Phi_m(x, z)\, w_k(z)\, \mathrm{d}z\,, \qquad B_{kl}(y) = \sum_{m=1}^{s} a_{lm}(y) \int \Phi_m(y, z)\, w_k(z)\, \mathrm{d}z$$

auf X bzw. Y punktweise konvergent für $k \to \infty$ und gleichmäßig beschränkt. Nach dem Satz über majorisierte Konvergenz ist unter den Integralen

$$\sum_{m=1}^{s} \left\{\int_X A_{km}(x)\, \mathrm{d}(\mu^m)^+(x) - \int_X A_{km}(x)\, \mathrm{d}(\mu^m)^-(x)\right\}$$
$$= \sum_{l=1}^{t} \left\{\int_Y B_{kl}(y)\, \mathrm{d}(\nu^l)^+(y) - \int_Y B_{kl}(y)\, \mathrm{d}(\nu^l)^-(y)\right\}$$

der Grenzübergang erlaubt. Damit ist die Behauptung gezeigt. ◀

Korollar. *$\mathfrak{S}(X, E)$ enthalte alle Maße mit Dichten aus $[C_0^\infty(\Omega)]^s$. Dann ist für beliebiges $\lambda \in \mathfrak{F}(\complement\Omega)$*

$$0 = \sum_{m=1}^{s} a_{lm}(y) \int \Phi_m(y, z)\, \mathrm{d}\lambda(z) \qquad \textit{für alle } y \in Y \textit{ und } l = 1, \dots, t \tag{3}$$

äquivalent mit

$$0 = \int \Phi_m(x, z)\, \mathrm{d}\lambda(z) \qquad \textit{für alle } x \in X \textit{ und } m = 1, \dots, s\,. \tag{4}$$

Beweis: Diese Aussage folgt unmittelbar aus $\Phi_m\lambda \in C(R^n)$ $(m = 1, \dots, s)$ für $\lambda \in \mathfrak{F}(\complement\Omega)$ und aus Lemma 1. ◀

3.2. Potentiale von Maßen aus $\mathfrak{S}$

Aus Lemma 1 erhalten wir

Satz 1. *Für beliebiges $\mu \in \mathfrak{S}(X, E)$ gilt*

$$\sum_{m=1}^{s} \int_X \Phi_m(x, z)\, \mathrm{d}\mu^m(x) = \sum_{m=1}^{s} \sum_{l=1}^{t} \int_Y a_{lm}(y)\, \Phi_m(y, z)\, \mathrm{d}\nu^l(y) \quad \textit{für } \mathfrak{I}\textit{-fast alle } z \in \complement\Omega\,. \tag{5}$$

Es gelingt also, zum elliptischen Fall analoge Gleichheiten adjungierter Potentiale außerhalb Ω unter Verwendung von $\mathfrak{I}$ zu formulieren. $\mathfrak{I}$ kann allerdings sehr wesentlich von der Wahl von u abhängen, also $\mathfrak{I} = \mathfrak{I}(u)$.

Wenn alle Kerne stetig sind, gilt (5) für alle $z \in \complement\Omega$. Anderenfalls kann man die Frage stellen, unter welchen Bedingungen die Ausnahmemenge leer ist oder ob sie von μ abhängig ist. Es ist auch ungeklärt, wann die Ausnahmemenge in Y enthalten ist.

§ 4. Balayage beim Cauchy-Problem für hyperbolische Gleichungen

4.1. Kernfreie Balayage

Ein vergleichsweise einfaches und anschauliches Beispiel für die bisherigen Überlegungen ist das klassische Cauchy-Problem für streng hyperbolische Gleichungen. Wir beschränken uns auf die Betrachtung von Potentialen bezüglich schwacher Lösungen, die insofern nichttrivial sind, als es (im Gegensatz zu elliptischen Gleichungen) unstetige schwache Lösungen im R^n gibt, die auf kompakten Teilmengen des R^n beschränkt sind (bzw. wo gewisse partielle Ableitungen diese Eigenschaften besitzen). Die Mengen der Kapazität Null hängen dabei mit den Charakteristiken der Gleichung zusammen.

Es sei $(\xi_1, \dots, \xi_{n-1}, \tau)$ ein Vektor im R^n und $\xi = (\xi_1, \dots, \xi_{n-1})$. Betrachtet wird ein homogenes Polynom vom Grade s

$$L(\xi, \tau) = \sum_{|\alpha|+p=s} a_{\alpha,p} \xi^\alpha \tau^p . \tag{1}$$

Wir setzen (in Abänderung früherer Bezeichnungen) $D_x = (\partial/\partial x_1, \dots, \partial/\partial x_{n-1})$ und bilden den Differentialoperator $L(D_x, D_t)$ indem wir in (1) ξ durch D_x und τ durch $D_t = \partial/\partial t$ ersetzen. Der Operator L heißt bezüglich t streng hyperbolisch, falls die Gleichung

$$L(\xi, \tau) = 0 \tag{2}$$

für jedes $\xi \in R^{n-1}$ genau s paarweise verschiedene reelle Wurzeln $\tau_1(\xi), \dots, \tau_s(\xi)$ besitzt. Punkte im R^n bezeichnen wir mit (x, t), $x = (x_1, \dots, x_{n-1})$. Als Cauchy-Problem im oberen Halbraum $t \geqq 0$ bezeichnen wir die Bestimmung einer Lösung $u(x, t)$ der Gleichung

$$L(D_x, D_t)\, u = 0 \qquad \text{für } t > 0 \tag{3}$$

mit

$$D_t^{j-1} u|_{t=0} = g_j \in C_0^\infty(R^{n-1}) \qquad (j = 1, \dots, s) . \tag{4}$$

Die geforderte Glattheit der Cauchyschen Anfangswerte $g = (g_1, \dots, g_s)$, die abgeschwächt werden könnte, beeinflußt die weiteren Überlegungen nicht wesentlich.

Wir setzen analog zu früheren Bezeichnungen

$$\Omega = \{(x, t) \in R^n : t > 0\} , \qquad X = \{(x, t) \in R^n : t \geqq 0\} ,$$
$$Y = \{(x, t) \in R^n : t = 0\}$$

und $E = F = R^s$. Es existiert bekanntlich stets genau eine Lösung $u(x, t) \in C^{s-1}(X)$ des Problems (3), (4). Für jede kompakte Menge $K \subseteqq X$ existiert eine kompakte Menge $A(K) \subseteqq Y$, so daß die Werte der Lösung u auf K nur von den Werten der Anfangsdaten g auf $A(K)$ abhängen und natürliche Zahlen $b_1, \dots, b_s$ existieren mit

$$\sup_{(x,t)\in K} \sup_{j=1,\dots,s} |D_t^{j-1} u(x, t)| \leqq c(K)\, ||g||_{C^b(A(K)), E)} \tag{5}$$

für alle $g \in C_0^\infty(R^{n-1})$ $\big(b = (b_1, \dots, b_s)$, $c(K) > 0$ von K abhängige Konstante$\big)$.

Wir können also setzen $Q_m(x, t; D_x, D_t) = D_t^{m-1}$ $(m = 1, \dots, s)$. Den Raum $D(X, E)$ definieren wir jetzt der Einfachheit halber ohne eine nachträgliche Abschließung, und zwar sei $D(X, E)$ der Vektorraum aller $h(x, t) = \big(D_t^{m-1} u(x, t)\big)_{m=1,\dots,s}$, für die u Lösung ist des Problems (3), (4). Die apriori-Abschätzung (6) erhalten wir dann in folgender

Gestalt: Für jede kompakte Menge $K \subset X$ existiert eine kompakte Menge $A(K) \subset Y$, so daß gilt

$$||h||_{C(K,E)} \leqq c(K)\, ||g||_{C^b(A(K),E)} \tag{6}$$

für alle $h \in D(X, E)$, $r_Y h = g$.

Bei der Definition des Balayage-Operators beschränken wir uns auf Maße mit kompaktem Träger in X.

Zu jedem $\mu \in \mathfrak{M}_0(X, E)$ mit $\operatorname{supp} \mu = K$ existiert ein $\nu \in \mathfrak{M}_0^b(Y, E)$ mit $\operatorname{supp} \nu \subseteqq A(K)$ und

$$\mu(h) = \nu(g) \qquad \text{für alle } h \in D(X, E)\,.$$

Es wird wieder $\nu = \Pi\mu$ gesetzt. $\Pi\mu$ ist also eine Distribution endlicher Ordnung auf der Anfangsebene mit kompaktem Träger. Es sei nun ähnlich wie oben $\mathfrak{S}(X, E) = \{\mu \in \mathfrak{M}_0(X, E): \Pi\mu \in \mathfrak{M}_0(Y, E)\}$. Dann gilt folgender einfache

Satz 1. *$\mathfrak{S}(X, E)$ enthält alle Maße mit Dichten aus $[C_0^\infty(\Omega)]^s$ bezüglich des n-dimensionalen* LEBESGUE-*Maßes.*

Beweis: Es genügt, folgendes zu zeigen: Zu jedem $m = 1, \ldots, s$ und jedem $w_m(x, t) \in C_0^\infty(\Omega)$ existieren Funktionen $b_{lm}(x) \in C_0^\infty(R^{n-1})$ $(l = 1, \ldots, s)$ mit der Eigenschaft

$$\int_\Omega w_m(x, t)\, D_t^{m-1} u(x, t)\, dx\, dt = \sum_{l=1}^{s} \int_Y g_l(x)\, b_{lm}(x)\, dx$$

für alle Lösungen $u(x, t)$ des Problems (3), (4). Durch partielle Integration auf der linken Seite der letzten Gleichung kann man ohne Beschränkung der Allgemeinheit annehmen $m = 1$. Es sei $\nu_t = (\nu_t^1, \ldots, \nu_t^s) = \Pi\delta_{(0,t)}$. Man erhält dann $\Pi\delta_{(x,t)}$ für $x \neq 0$ durch eine Translation von ν_t bei festgehaltenem $t \geqq 0$, d. h.

$$u(x, t) = \sum_{l=1}^{s} \nu_t^l * g_l$$

(Faltung bezüglich x für jedes feste t). Es sei $\varphi(x, t) = w_1(-x, t)$. Dann gilt

$$u * \varphi = \sum_{l=1}^{s} (\nu_t^l * g_l) * \varphi = \sum_{l=1}^{s} (\nu_t^l * \varphi) * g_l\,.$$

Die Funktionen $c_l(x, t) = \nu_t^l * \varphi$ liegen für jedes feste t in $C_0^\infty(R^{n-1})$. Wir erhalten dann mit

$$\int_\Omega u(x, t)\, w_1(x, t)\, dx\, dt = \int_0^\infty u * \varphi|_{x=0}\, dt = \sum_{l=1}^{s} \int_Y \left\{\int_0^\infty c_l(x, t)\, dt\right\} g_l(x)\, dx$$

die behauptete Darstellung. ◀

Andersartige Maße aus $\mathfrak{S}(X, E)$ erhält man, indem man etwa setzt

$$\mu(h) = \int_0^\infty \left\{\int_{R^{n-1}} u(x, t)\, v(x, t)\, dx\right\} d\varkappa(t)\,,$$

wobei $\varkappa$ ein Maß auf der t-Achse ist mit kompaktem Träger und $v \in C_0^\infty(\Omega)$.

4.2. Kerne und Potentialidentitäten

Wir konstruieren jetzt Kerne $\Phi_1, \dots, \Phi_s$, für welche die Sätze aus dem vorigen Abschnitt gelten. Es sei $\psi(\zeta)$ eine $(s-2)$-mal stetig differenzierbare Funktion der skalaren Variablen $\zeta \in R^1$, deren $(s-1)$-te Ableitung (im distributionentheoretischen Sinne) noch als Differenz nichtnegativer nach unten halbstetiger Funktionen darstellbar und lokal integrierbar ist. Eine solche Funktion ist z. B.

$$\psi(\zeta) = \zeta^{s-1}\Theta(\zeta)$$

mit $\Theta(\zeta) = 1$ für $\zeta > 0$, $\Theta(\zeta) = 0$ für $\zeta \leqq 0$. Dann ist die Funktion $\psi(x\xi + t\tau)$ $\left(x\xi = \sum_{i=1}^{n-1} x_i\xi_i\right)$ für jedes ξ, τ mit $L(\xi, \tau) = 0$ eine schwache Lösung der Gleichung $L(D_x, D_t)\, u = 0$. Zum Beweis stellt man $\psi(\zeta)$ dar als gleichmäßigen Limes auf kompakten Mengen einer Folge $(\psi_k)_{k\in N}$ von Funktionen aus $C^s(R^1)$. Dann sind die Funktionen $\psi_k(x\xi + t\tau)$ klassische Lösungen, und $\psi(x\xi + t\tau)$ als gleichmäßiger Limes auf kompakten Mengen klassischer Lösungen ist schwache Lösung.

Wir setzen jetzt

$$\Phi_m(x, t; z, p) = D_t^{m-1}\psi\big((x-z)\,\xi, (t-p)\,\tau\big)$$

$(m = 1, \dots, s)$. $\mathfrak{F}^+$ sei der erbliche Kegel aller skalaren Maße $\lambda \geqq 0$ im R^n mit kompaktem Träger, so daß $\Phi_m(x, t; z, p)$ λ-f.ü. stetig ist in Abhängigkeit von (z, p) für jedes feste $(x, t) \in R^n$ $(m = 1, \dots, s)$ und

$$\int \Phi_m^{\pm}(x, t; z, p)\, d\lambda(z, p) \in C(R^n)\,, \qquad (m = 1, \dots, s)\,. \tag{7}$$

Die Potentiale (7) sind Faltungsprodukte. Da wir uns hier nicht auf solche $\lambda \in \mathfrak{F}^+$ beschränken müssen, deren Träger außerhalb X liegt, erhalten wir folgenden

Satz 2. *Es gilt für $\nu = \Pi\mu$ und $\mu \in \mathfrak{S}(X, E)$*

$$\sum_{m=1}^{s} \int_X \Phi_m(x, t; z, p)\, d\mu^m(x, t) = \sum_{l=1}^{s} \int_Y \Phi_m(x, 0; z, p)\, d\nu^l(x) \quad \textit{für } \mathfrak{I}\textit{-fast alle } (z, p) \in R^n\,.$$

§ 5. Greensche Funktionale beim inhomogenen Randwertproblem

5.1. Balayage-Prinzip

Ein kernfreies Balayage-Prinzip können wir auch für das inhomogene Randwert-Problem

$$Lu = f \qquad \text{in } \Omega\,, \qquad Bh = g \tag{1}$$

definieren. Wir verwenden hier analoge Bezeichnungen wie in § 1, d. h.

$$h(x) = \big(Q_m(x, D_x)\, u(x)\big)_{m=1,\dots,s} \tag{2}$$

und $Bh = r_Y A h$, $E = R^s$, $F = R^t$. Ähnlich zu (5) in X.1.1. definieren wir einen Raum

$$M_1(X, E) = \{h \in C(X, E) : h = (Q_m u)_{m=1,\dots,s}, Lu \in C^a(X)\}$$

mit einer festen natürlichen Zahl a. Alle vorkommenden Differentiationen seien zunächst im klassischen Sinne gemeint.

Es existiere ein Vektorteilraum $M(X, E) \subseteqq M_1(X, E)$ mit $BM(X, E) = BM_1(X, E)$, $M(X, E) \cap D_0(X, E) = \{0\}$ (vgl. X.1.1.) und eine Konstante $c > 0$, so daß gilt

$$||h||_{C(X,E)} \leqq c(||f||_{C^a(X)} + ||Bh||_{C^b(Y,F)}) \tag{3}$$

für alle $h \in M(X, E)$. Die Menge aller $h \in M(X, E)$ mit $Lu = 0$ in Ω bildet einen Raum $D(X, E)$ im Sinne der Abschätzung (7), (X.1.1).

Es gilt dann folgender

Satz 1. *Unter der Voraussetzung* (3) *existiert zu jedem* $\mu \in \mathfrak{M}(X, E)$ *ein* $\nu \in \mathfrak{M}^b(Y, F)$ *und ein* $\gamma \in \mathfrak{M}^a(X) = (C^a(X))'$ *mit*

$$\mu(h) = \nu(g) + \gamma(f) \qquad \textit{für alle } h \in M(X, E) \tag{4}$$

$(g = Bh, f = Lu)$.

Wir setzen $(\nu, \gamma) = \Pi\mu$ und speziell

$$(\mu_{x_0,m}, \gamma_{x_0,m}) = \Pi\delta_{x_0,m} \qquad (x_0 \in X, m = 1, \ldots, s)\,.$$

Die Funktionale $\gamma_{x_0,m} \in \mathfrak{M}^a(X)$ nennen wir GREENsche Funktionale des Randwert-Problems. Diese Terminologie ist dadurch gerechtfertigt, daß gilt

$$Q_m(x_0, D_x)\, u(x_0) = \gamma_{x_0,m}(Lu) \qquad (m = 1, \ldots, s)\,,$$

wobei $u(x) = \gamma_{x,1}(f)$ das Problem (1) löst mit den homogenen Randwerten $g = 0$. Die $\mu_{x_0,m}$ sind die harmonischen Funktionale des Randwert-Problems und gehören zu dem oben erwähnten Raum $D(X, E)$.

Durch ähnliche Betrachtungen wie in § 1 kann man durch Abschließung bezüglich einer durch die Graphentopologie von $(f, g) \to h$ gegebenen Topologie zu BANACH-Räumen $M(X, E)$, $M_1(X, E) = M(X, E) + D_0(X, E)$ übergehen (die dann also wieder mit denselben Symbolen bezeichnet werden). $M(X, E)$ und $M_1(X, E)$ sind dabei stetig in $C(X, E)$ eingebettet. Die Projektion von $M_1(X, E)$ auf $M(X, E)$ längs $D_0(X, E)$ bezeichnen wir mit π. Wenn wir den Raum der vorkommenden rechten Seiten bzw. Randwerte mit $R(X) \times D(Y, F)$ bezeichnen (dieser Raum ist in $C^a(X) \times C^b(Y, F)$ abgeschlossen), so erhält man einen natürlichen linearen Homöomorphismus

$$\varphi\pi\colon M_1(X, E) \to D_0(X, E) \times R(X) \times D(Y, F)\,,$$

indem man für $h \in M(X, E)$ setzt $\varphi(h) = (f, g)$. Es folgt eine Abbildung

$$\Pi_1 = ((\varphi\pi)^{-1})^*\colon (M_1(X, E))' \to (D_0(X, E))' \times (R(X))' \times (D(Y, F))'\,,$$

d. h. speziell zu jedem $\mu \in \mathfrak{M}(X, E)$ existieren Funktionale $\mu_0 \in \mathfrak{M}(X, E)$, $\gamma \in \mathfrak{M}^a(X)$, $\nu \in \mathfrak{M}^b(Y, F)$ mit

$$\mu(h) = \mu_0(\pi h) + \gamma(f) + \nu(g) \qquad \text{für alle } h \in M_1(X, E)\,,$$

$(f, g) = \varphi(\pi h)$. (Man kann etwa setzen $\mu = \mu_0$.) Π_1 ist w^*-stetig und die Einschränkung von Π_1 auf $\mathfrak{M}(X, E)$ ebenfalls bezüglich der w^*-Topologie von $\mathfrak{M}(X, E) = (C(X, E))'$.

5.2. Zusammenhang zwischen harmonischen und GREENschen Funktionalen

Wir hatten einleitend erwähnt, daß die Wahl der dem Balayage-Prinzip zugrunde liegenden Räume keineswegs zwangsläufig ist. Wir wollen noch andere Möglichkeiten andeuten und bei dieser Gelegenheit gleichzeitig einen Zusammenhang zwischen den harmonischen und GREENschen Funktionalen herstellen, der auf einer GREENschen Formel basiert.

In V.1.3. war folgende Situation betrachtet worden. Der Differentialoperator $L(x, D)$ habe glatte Koeffizienten, d. h., L sei als linearer Operator $C^\infty(X) \to C^\infty(X)$ definiert ($X = \bar{\Omega}$). Es sei V ein Vektorraum von Funktionen mit $C_0^\infty(\Omega) \subseteqq V \subseteqq C^\infty(X)$. Dann ist

$$V^* = \{v \in C^\infty(X) : (Lu, v) = (u, L^*v) \quad \text{für alle } u \in V\}$$

ebenfalls ein Vektorteilraum mit $C_0^\infty(\Omega) \subseteqq V^* \subseteqq C^\infty(X)$. Die kanonischen linearen Abbildungen von $C^\infty(X)$ auf $C^\infty(X)/V$ bzw. $C^\infty(X)/V^*$ bezeichneten wir mit B bzw. B^*, also

$$B : C^\infty(X) \to C^\infty(X)/V\,, \qquad B^* : C^\infty(X) \to C^\infty(X)/V^*\,.$$

Wir hatten dann folgenden Satz gezeigt.

Satz 2. *Es existieren lineare Abbildungen*

$$C : C^\infty(X) \to \left(C^\infty(X)/V^*\right)^*\,, \qquad C^* : C^\infty(X) \to \left(C^\infty(X)/V\right)^*\,, \tag{5}$$

so daß die folgende GREEN*sche Formel gilt:*

$$(Lu, v) + \langle Bu, C^*v\rangle = (u, L^*v) + \langle Cu, B^*v\rangle \tag{6}$$

für alle $u, v \in C^\infty(X)$. *Die Operatoren* C, C^* *sind im allgemeinen nicht eindeutig bestimmt.*

Wir bezeichnen mit $M_1(X)$ den Vektorraum aller $u \in C^\infty(X)$, für die ein $v \in V$ existiert mit $Lu = Lv$. Entsprechend sei $M_1^*(X)$ der Vektorraum aller $u \in C^\infty(X)$, für die ein $v \in V^*$ existiert mit $L^*u = L^*v$. Wir setzen

$$N = \{u \in V : Lu = 0\}\,, \qquad N^* = \{v \in V^*, L^*v = 0\}$$

und zerlegen $M_1(X)$ bzw. $M_1^*(X)$ in algebraisch direkte Summen der Gestalt

$$M_1(X) = M(X) \oplus N\,, \qquad M_1^*(X) = M^*(X) \oplus N^*\,.$$

Mit festgehaltenem $M(X)$, $M^*(X)$ fassen wir L bzw. L^* auf als lineare Operatoren von $M(X)$ bzw. $M^*(X)$ in $C^\infty(X)$. Die Räume $M(X)$ und $M^*(X)$ betrachten wir in der durch $C(X)$ induzierten Topologie.

Lemma 1. *In* $L[M(X)]$ *bzw.* $B[M(X)]$ *existieren schwächste Normen* $\|\cdot\|_\delta$ *bzw.* $\|\cdot\|_\beta$ *mit*

$$\sup_{x \in \Omega} |u(x)| \leqq c(\|Lu\|_\delta + \|Bu\|_\beta) \qquad \text{für alle } u \in M(X)\,.$$

Die entsprechend normierten Räume bezeichnen wir mit $W = L[M(X)]$, $G = B[M(X)]$. *Analog existieren in* $L^*[M^*(X)]$ *bzw.* $B^*[M^*(X)]$ *schwächste Normen* $\|\cdot\|_{\delta*}$ *bzw.* $\|\cdot\|_{\beta*}$ *mit*

$$\sup_{x \in \Omega} |v(x)| \leqq c(\|L^*v\|_{\delta*} + \|B^*v\|_{\beta*}) \qquad \text{für alle } v \in M^*(K)\,.$$

Die entsprechend normierten Räume bezeichnen wir mit $Z = L^*[M^*(X)]$, $H = B^*[M^*(X)]$.

Beweis: Mit $D(X) = \{u \in M(X) : Lu = 0\}$ erhalten wir eine direkte Zerlegung $M(X) = D(X) \oplus (V/N)$, wobei wir V/N mit einem Vektorteilraum von V identifizieren. Für $u \in M(X)$ setzen wir

$$\|(Lu, Bu)\| = \sup_{x \in \Omega} |u(x)|\,.$$

Für beliebiges $u \in M(X)$ setzen wir $u = u_1 + u_2$ mit $u_1 \in D(X)$, $u_2 \in V/N$. Dann gilt $(Lu, Bu) = (0, Bu_1) + (Lu_2, 0) = (0, Bu) + (Lu, 0)$, d. h.

$$||(Lu, Bu)|| \leqq ||(0, Bu)|| + ||(Lu, 0)|| .$$

Wir können dann setzen

$$||Lu||_\delta = ||(u, 0)||, \quad ||Bu||_\beta = ||(0, Bu)|| .$$

Die zweite Aussage beweist man analog. ◀

Satz 3. *Es existiert ein linearer w^*-stetiger Operator*

$$\Xi: \mathfrak{M}(X) \to W' \times G' ,$$

wobei aus $\Xi\mu = (\varrho, \nu)$ folgt

$$\mu(u) = \varrho(Lu) + \nu(Bu) \qquad \textit{für alle } u \in M(X) .$$

Analog existiert ein linearer w^*-stetiger Operator

$$\Xi^*: \mathfrak{M}(X) \to Z' \times H' ,$$

wobei aus $\Xi^*\eta = (\sigma, \tau)$ folgt

$$\eta(v) = \sigma(L^*v) + \tau(B^*v) \qquad \textit{für alle } v \in M^*(X) .$$

Beweis: Der durch $u \to (Lu, Bu)$ definierte lineare Operator $M(X) \to W \times G$ $\big(M(X) \subseteqq C^\infty(X)\big)$ hat nach Lemma 1 ein stetiges Inverses $P: W \times G \to M(X)$. Das Adjungierte $P^*: [M(X)]' \to W' \times G'$ ist dann stetig in bezug auf die jeweiligen w^*-Topologien. Es existiert eine natürliche lineare Abbildung $r: \mathfrak{M}(X) \to [M(X)]'$ mit $(r\mu)(u) = \mu(u)$ für alle $u \in D(X)$, $\mu \in \mathfrak{M}(X)$. Der Operator r ist stetig in bezug auf die w^*-Topologien in $\mathfrak{M}(X)$ bzw. $[M(X)]'$, also ist auch der lineare Operator $\Xi = P^*r$: $\mathfrak{M}(X) \to W' \times G'$ stetig bezüglich der w^*-Topologien in $\mathfrak{M}(X)$ bzw. $W' \times G'$. Die genannte Identität folgt unmittelbar aus der Definition. Die zweite Aussage beweist man analog. ◀

Ξ heißt Balayage-Operator zum Randwert-Problem $Lu = f$, $Bu = g$. Wir setzen $\Xi\delta_{x_0} = (\varrho_{x_0}, \nu_{x_0})$ $(x_0 \in X)$. Wir nennen die $\varrho_{x_0} \in W'$ GREENsche Funktionale und die $\nu_{x_0} \in G'$ harmonische Funktionale des Randwert-Problems. Entsprechende Bezeichnungen verwenden wir bezüglich Ξ^*. Dabei setzen wir $\Xi^*\delta_{x_0} = (\sigma_{x_0}, \tau_{x_0})$, $(x_0 \in X)$. Die Lösung $u \in M(X)$ des Randwert-Problems $Lu = f \in W$, $Bu = g \in G$ erhalten wir dann in der Gestalt

$$u(x_0) = \varrho_{x_0}(f) + \nu_{x_0}(g) \qquad (x_0 \in X) .$$

Analog hat die Lösung $v \in M^*(X)$ des Randwert-Problems $L^*v = l \in Z$, $B^*v = h \in H$ die Darstellung

$$v(x_0) = \sigma_{x_0}(h) + \tau_{x_0}(h) \qquad (x_0 \in X) .$$

Auf Grund der GREENschen Formel bestehen zwischen den Scharen der harmonischen und GREENschen Funktionale folgende Zusammenhänge:

$$\big(f, \tau_x(h)\big) = \langle C\varrho_x(f), h\rangle \qquad \text{für alle } f \in W, h \in H$$

und

$$\langle g, C^*\sigma_x(l)\rangle = \big(\nu_x(g), l\big) \qquad \text{für alle } g \in G, l \in Z .$$

5.3. Realisierung in anderen Räumen

Das Balayage-Prinzip kann man in vielen Fällen auch in SOBOLEV-Räumen realisieren. Man erhält bei einer entsprechenden Wahl dieser Räume auf der Grundlage dazugehöriger a priori-Abschätzungen Darstellungen der harmonischen und GREENschen Funktionale als Kerne. Auch dieser Gesichtspunkt sei kurz angedeutet. Es sei $l = (l_1, \dots, l_m)$ ein Tupel reeller Zahlen, und wir setzen zur Abkürzung $W^l(X) = \bigtimes_{j=1}^{m} W^{l_j,2}$. In analoger Bedeutung verwenden wir die Bezeichnungen $W^s(X)$, $W^t(Y)$ mit Tupeln s, t verschiedener Längen. Die folgenden Voraussetzungen sind bei elliptischen Randwert-Problemen mit geeigneten l, s, t erfüllt (vgl. V.3.4.).

Der Raum $G = B[M(X)]$ sei als Unterraum von $H^{2,t}(Y)$ darstellbar (d. h., es existiere eine Einbettung $G \to H^{2,t}(Y)$), und es existiere eine Konstante $c > 0$ mit

$$\|u\|_{W^l(X)} \leqq c(\|Lu\|_{W^s(X)} + \|Bu\|_{W^t(Y)}) \tag{7}$$

für alle $u \in M(X)$. Wir nehmen dabei an, daß l so groß gewählt ist, daß gilt $C(X) \supseteqq W^l(X)$ mit stetiger Einbettung. Daraus folgt $\mathfrak{M}(X) \subseteqq (W^l(X))'$ mit stetiger Einbettung.

Wir identifizieren die Räume $W^s(X)$ und $W^t(Y)$ mit ihrem Dual und erhalten dann nach (7) folgende Aussage: Zu jedem $\mu \in \mathfrak{M}(X)$ existiert ein $a \in W^s(X)$ und ein $b \in W^t(Y)$ mit

$$\mu(u) = (Lu, a)_{W^s(X)} + (Bu, b)_{W^t(Y)} .$$

Mit $Lu = f$, $Bu = g$ haben wir also

$$\int_X u(x)\, \mathrm{d}\mu(x) = (f, a)_{W^s(X)} + (g, b)_{W^t(Y)}$$

für alle $u \in M(X)$.

Speziell für $\mu = \delta_{x_0}$ $(x_0 \in X)$ setzen wir

$$u(x_0) = (f, a_{x_0})_{W^s(X)} + (g, b_{x_0})_{W^t(Y)} . \tag{8}$$

a_{x_0} bzw. b_{x_0} sind dann auf $X \times X$ bzw. auf $X \times Y$ definierte Kerne. a_{x_0} heißt GREENsche Funktion des Randwert-Problems. b_{x_0} könnte man als POISSON-Kern des Randwertproblems bezeichnen.

Bei den in Kapitel V, § 3 erwähnten allgemeinen elliptischen Randwert-Problemen

$$Lu = f \qquad \text{in } B_j u|_{\partial\Omega} = g_j \qquad (j = 1, \dots, m)$$

haben wir $W^s(X)$ zu ersetzen durch $W^{k-2m,2}(X)$ und $W^t(Y)$ durch $\bigtimes_{j=1}^{m} W^{k-m_j-\frac{1}{2},2}(Y)$. Die Formel (8) geht dann über in

$$u(x_0) = (f, a_{x_0})_{W^{k-2m,2}(X)} + \sum_{j=1}^{m} (g_j, b_{x_0}^j)_{W^{k-m_j-\frac{1}{2},2}(Y)} .$$

§ 6. Mittelwertsätze bei partiellen Differentialgleichungen

6.1. Allgemeine Mittelwertsätze und Balayage

Wir kommen in diesem Abschnitt nochmals auf die Mittelwert-Eigenschaften partieller Differentialgleichungen zurück. Hierzu konstruieren wir ein Balayage-Prinzip, das auf natürliche Weise mit der Menge der Mittelungsmaße zusammenhängt. Weiterhin beschäftigen wir uns mit dem Problem charakterisierender Mittelungsmaße.

Es sei $L(D)$ wie bisher ein Differentialoperator mit konstanten Koeffizienten

$$D = \left(-i\frac{\partial}{\partial x_k}\right)_{1\leq k\leq n}$$

Ω sei ein beliebiges beschränktes Gebiet, und Ω_0 sei ein Teilgebiet mit $\overline{\Omega}_0 \subset \Omega$. Wir setzen

$$X = \overline{\Omega}\,, \qquad Y = \overline{\Omega} \setminus \Omega_0$$

und bezeichnen mit $D(X)$ die Menge aller $u \in C(X)$ mit $Lu = 0$ in Ω (im distributionentheoretischen Sinne).

Satz 1 ([S 36]). *Es gilt*

$$u \in D(X)\,, \quad r_Y u = 0 \Rightarrow u = 0\,. \tag{1}$$

Wir betrachten $D(X)$ in der durch $C(X)$ induzierten Topologie. Es sei

$$D(Y) = r_Y D(X)\,.$$

In $D(Y)$ führen wir diejenige BANACH-Raum-Topologie ein, für die r_Y ein in beiden Richtungen stetiger Operator wird, d. h.

$$\|v\|_{C(Y)} \leqq \|v\|_{D(Y)} = \|u\|_{C(X)}\,, \qquad r_Y u = v\,.$$

Setzen wir dann $\mathfrak{N}(Y) = [D(Y)]'$, so erhalten wir einen linearen stetigen Operator

$$\Pi\colon \mathfrak{M}(X) \to \mathfrak{N}(Y)\,,$$

den Balayage-Operator zu dem „Randwert-Problem" $Lu = 0$ in Ω, $u|_Y = v$, der jedem Maß $\mu \in \mathfrak{M}(X)$ ein Funktional ν auf $D(Y)$ zuordnet mit

$$\mu(u) = \nu(r_Y u) \text{ für alle } u \in D(X)\,.$$

Es sei $x_0 \in \Omega_0$. Dann heißt jedes Maß $\tau_{x_0} \in \mathfrak{M}(\overline{\Omega}_0)$ mit

$$u(x_0) = \tau_{x_0}(u) \qquad \text{für alle } u \in D(\overline{\Omega}_0) \tag{2}$$

ein Mittelungsmaß (oder auch darstellendes Maß). Für jedes solche τ_{x_0} gilt dann offenbar $\Pi\delta_{x_0} = \Pi\tau_{x_0}$.

Für jedes $\varkappa \in \ker \Pi$, $\operatorname{supp} \varkappa \subseteqq \overline{\Omega}_0$ ist auch $\tau_{x_0} + \varkappa$ ein Mittelungsmaß. Es ist nicht notwendig, das DIRAC-Maß besonders auszuzeichnen. Wesentlich für das folgende ist nur $\ker \Pi$ selbst, genauer die Menge aller $\varkappa \in \mathfrak{M}(\overline{\Omega}_0)$ mit

$$\varkappa(u) = 0 \qquad \text{für alle } u \in D(\overline{\Omega}_0)\,. \tag{3}$$

Dabei ist auch der Fall $\varkappa = \delta_{x_0} - \tau_{x_0}$ erfaßt. Auf die Wahl des Punktes x_0 kommt es ebenfalls nicht wesentlich an, weil sich an (2) bzw. (3) nach Translation nichts ändert, solange die betrachteten Maße in $\overline{\Omega}$ liegen.

Wir erinnern an folgende klassische Mittelwerteigenschaft der harmonischen Funktionen (vgl. III.1.1.). Es sei $u \in C(\overline{\Omega}_0)$ und

$$(\sigma_{x_0}^r - \delta_{x_0})\, u = 0 \qquad \text{für alle } r > 0 \text{ mit } \operatorname{dist}(x_0, \partial\Omega) > r \text{ und alle } x_0 \in \Omega \tag{4}$$

($\sigma_{x_0}^r$ Maß der auf der Kugel $K_{x_0}^r$ gleichmäßig verteilten Einheitsmasse). Dann ist u harmonisch im Gebiet. Umgekehrt haben alle in Ω harmonischen Funktionen diese

Eigenschaft. Setzen wir $\varkappa = \sigma_0^1 - \delta_0$ ($x_0 = 0$ Koordinatenursprung), so erhalten wir die Bedingung

$$\int u(x_0 + ry)\, d\varkappa(y) = 0 \tag{5}$$

für die angegebenen x_0 und $r > 0$.

Auch bei hyperbolischen Gleichungen sind derartige Mittelwertsätze wohlbekannt. Z. B. ist eine stetige Funktion u in dem Rechteck $\Omega_0 = \{(x, y): x' < x < x'', y' < y < y''\}$ der xy-Ebene genau dann schwache Lösung der Gleichung $u_{xy} = 0$, falls gilt

$$u(x_1, y_1) + u(x_2, y_2) - u(x_1, y_2) - u(x_2, y_1) = 0$$

für beliebige Punkte $(x_1, y_1), (x_2, y_2) \in \Omega_0$.

6.2. Fourier-Transformierte von Mittelungsmaßen

Es besteht jetzt ganz allgemein die natürliche Frage nach der Existenz charakterisierender Maße $\varkappa$ mit kompaktem Träger, so daß eine stetige Funktion $u \in C(\Omega_0)$ genau dann schwache Lösung der Gleichung $Lu = 0$ ist, wenn sie die Bedingungen (5) erfüllt. Für viele Spezialfälle sind solche Mittelwertsätze seit langem bekannt. Von L. Zalcman wurde 1973 eine allgemeine Antwort gegeben ([Z 4]), auf die wir hier eingehen wollen. Die nächsten Sätze, die vorbereitenden Charakter haben, sind auch von selbständigem Interesse.

Es sei $\varkappa$ ein Maß im R^n mit kompaktem Träger und

$$\hat{\varkappa}(z) = f(z) = \int_{R^n} e^{-i\langle z, \xi\rangle}\, d\varkappa(\xi)\,.$$

Wir erinnern daran, daß f eine ganze analytische Funktion der komplexen Variablen $z = (z_1, \ldots, z_n)$ ist und Konstanten $a > 0$, $c > 0$ existieren mit $|f(z)| \leqq c \exp(a|\mathrm{Im}\,(z)|)$ (vgl. [G 5]).

Satz 2. *Es sei Ω_0 ein Gebiet im R^n, und u sei eine auf Ω_0 definierte reell analytische Funktion. Dann gilt für jedes $x \in \Omega_0$*

$$\int u(x + ry)\, d\varkappa(y) = [f(-rD)\, u]\,(x)$$

für alle $r > 0$, für welche die linke Seite existiert und die rechte Seite konvergiert.

Beweis: Die linke Seite existiert offenbar für alle genügend kleinen $r > 0$ und ist analytisch in r. Die rechte Seite wird operatortheoretisch interpretiert. Da f ein exponentielles Wachstum hat und u reell analytisch ist, existiert auch die rechte Seite und ist analytisch in r für genügend kleines r. Es genügt dann, den Satz für genügend kleine r zu beweisen. Zunächst haben wir

$$\int e^{-i\langle z, y\rangle} d\varkappa(y) = \sum_{k=0}^{\infty} \frac{1}{k!} \int [-i\langle z, y\rangle]^k\, d\varkappa(y) = \sum_{k=0}^{\infty} \frac{(-i)^k}{k!} \left\{ \int \sum_{|\alpha|=k} \binom{k}{\alpha} z^\alpha y^\alpha\, d\varkappa(y) \right\}$$

$$= \sum_{k=0}^{\infty} \frac{(-1)^k}{k!} \left\{ \sum_{|\alpha|=k} \binom{k}{\alpha} z^\alpha \int y^\alpha\, d\varkappa(y) \right\} = \sum_{\alpha} \frac{1}{\alpha!} (-iz)^\alpha \left\{ \int y^\alpha\, d\varkappa(y) \right\}.$$

Andererseits sei $u(x+h) = \sum_\alpha a_\alpha(x)\, h^\alpha$, $a_\alpha(x) = (1/\alpha!)\, (\partial^{|\alpha|}/\partial x_1^{\alpha_1} \cdots \partial x_n^{\alpha_n})\, u(x)$. Dann gilt

$$\int u(x+ry)\, \mathrm{d}\varkappa(y) = \int \Big\{\sum_\alpha a_\alpha(x)\, r^{|\alpha|} y^\alpha\Big\}\, \mathrm{d}\varkappa(y)$$

$$= \sum_\alpha a_\alpha(x)\, r^{|\alpha|} \left\{\int y^\alpha\, \mathrm{d}\varkappa(y)\right\} = \sum_\alpha \frac{1}{\alpha!}\, (iD^\alpha)\, u(x)\, r^{|\alpha|} \left\{\int y^\alpha\, \mathrm{d}\varkappa(y)\right\}. \blacktriangleleft$$

Wir setzen jetzt voraus, daß die Funktion u reell analytisch ist und (5) erfüllt. Dann erhalten wir nach Satz 2

$$\sum_\alpha (-1)^{|\alpha|}\, r^{|\alpha|} b_\alpha D^\alpha u(x) = 0 \tag{6}$$

mit $f(z) = \sum_\alpha b_\alpha z^\alpha$. Die Formel (6) heißt verallgemeinerte Pizzetti-Formel. Aus (6) für alle genügend kleinen $r > 0$ erhalten wir mit

$$Q_j(D) \sum_{|\alpha|=j} b_\alpha D^\alpha$$

die Identitäten

$$Q_j(D)\, u = 0 \qquad (j = 0, 1, 2, \ldots)\,. \tag{7}$$

Somit ist eine notwendige und hinreichende Bedingung dafür, daß eine reell analytische Funktion u die Mittelwertsätze (5) erfüllt, daß u eine Lösung des unendlichen Gleichungssystems (7) ist. Diese Aussage verallgemeinern wir jetzt für stetige u, wobei wir dann von schwachen Lösungen des Systems (7) sprechen müssen.

Satz 3. *Eine Funktion $u \in C(\Omega_0)$ erfüllt die Mittelwertsätze* (5) *genau dann für alle $x \in \Omega_0$ und alle r mit $0 < r <$ dist $(x, \partial\Omega_0)$, falls u schwache Lösung des Systems* (7) *ist.*

Beweis: Wir setzen $u = 0$ in $\complement\Omega_0$. Für jedes $\varphi \in C_0^\infty(\Omega_0)$ und jede ganze Zahl $k \geqq 0$ gilt gleichmäßig in $x \in \Omega_0$

$$\int \varphi(x-ry)\, \mathrm{d}\varkappa(y) = \sum_{j=0}^{k} r^j Q_j(D)\, \varphi(x) + O(r^k)\,.$$

Wenn jetzt (5) erfüllt ist, erhalten wir für $0 < r <$ dist (supp φ, $\partial\Omega_0$)

$$0 = \int \{\int u(x+ry)\, \mathrm{d}\varkappa(y)\}\, \varphi(x)\, \mathrm{d}x$$

$$= \int u(x)\, \{\int \varphi(x-ry)\, \mathrm{d}\varkappa(y)\}\, \mathrm{d}x$$

$$= \int u(x) \left\{\sum_{j=0}^{k} r^j Q_j(D)\, \varphi(x) + o(r^k)\right\} \mathrm{d}x$$

für jedes $k \geqq 0$. Es sei jetzt k die kleinste ganze Zahl, für die Q_k nicht identisch verschwindet. Dividieren durch r^k und $r \to 0$ liefert dann

$$\int u(x)\, Q_k(D)\, \varphi(x)\, \mathrm{d}x = 0\,. \tag{8}$$

Durch Induktion erhalten wir dann, daß (8) besteht für $k = 0, 1, 2, \ldots$, so daß u schwache Lösung von (7) ist.

Die Umkehrung macht von wesentlich tieferen Hilfsmitteln Gebrauch. Wenn wir annehmen, daß u eine schwache Lösung des Systems (7) ist, so ist u auch schwache Lösung jeder Gleichung $P(D)\, u = 0$, wobei $P(\xi)$ das durch die Polynome $Q_0(\xi)$, $Q_1(\xi)$, ... erzeugte Ideal im Ring der Polynome durchläuft. Nach dem Hilbertschen

Basis-Satz (vgl. [R 2]) ist jedes Ideal eines Ringes mit Einselement endlich erzeugbar. Wir finden also, daß (7) bereits zu einem endlichen Gleichungssystem der Gestalt

$$Q_j(D)\,u = 0 \qquad (j = 0, 1, \dots, k) \tag{9}$$

äquivalent ist. Es sei nun $x \in \Omega_0$ festgehalten und K_x^r sei die Kugel vom Radius $r = \operatorname{dist}(x, \partial\Omega_1)$. Nach einem bekannten Satz von L. Ehrenpreis und V. P. Palamodov über die Exponentialdarstellung von Lösungen von Systemen linearer partieller Differentialgleichungen mit konstanten Koeffizienten kann jede Lösung von (9) gleichmäßig auf kompakten Teilmengen von int K_x^r approximiert werden durch reell-analytische Lösungen von (9). Für diese Näherungen gilt aber (5), und wir erhalten (5) für u nach Grenzübergang. ◀

6.3. Existenz charakterisierender Mittelungsmaße

Von Interesse ist nun die Frage, wann das System (7) zu einer einzigen Gleichung $L(D)\,u = 0$ äquivalent ist. In diesem Fall ist $\varkappa$ ein den Operator $L(D)$ charakterisierendes Mittelungsmaß.

Satz 4. *Das System* (7) *ist genau dann äquivalent zu einer Gleichung der Gestalt*

$$L(D)\,u = 0 \tag{10}$$

($L(\xi)$ *homogenes Polynom*), *wenn das Polynom* L *teilbar ist durch alle* Q_j *und für ein* k *gilt* $L = cQ_k$ *mit einer Konstanten* c.

Beweis: Die eine Richtung der Behauptung ist trivial. Wir nehmen jetzt an, daß das System (7) und die einzelne Gleichung (10) dieselben Lösungen hat. Für festgehaltenes k mit $Q_k \not\equiv 0$ schreiben wir $L = L^1L^2$, $Q_k = Q_k^1L^2$, und L^2 sei der größte gemeinsame Faktor von L und Q_k (der bis auf eine multiplikative Konstante eindeutig bestimmt ist). Für jedes feste $z = (z_1, \dots, z_n)$ kann die Gleichung

$$L^2(D)\,v = e^{i\langle z, x\rangle}$$

gelöst werden im R^n (vgl. [H 12]). Wenn dann $L^1(z) = 0$ gilt, erhalten wir

$$\begin{aligned} L(D)\,v &= L^1(D)\,L^2(D)\,v \\ &= L^1(D)\,e^{i\langle z, x\rangle} = L^1(z)\,e^{i\langle z, x\rangle} = 0\,. \end{aligned}$$

Somit gilt $Q_k(D)\,v = Q_k^1(D)\,L^2(D)\,v = Q_k^1(z)\,e^{i\langle z, x\rangle} = 0$ (nach Voraussetzung), d. h., aus $L^1(z) = 0$ folgt $Q_k^1(z) = 0$. Nach dem Nullstellensatz ist dann eine Potenz von Q_k^1 Teiler von L^1. Da aber nach Konstruktion die Polynome L^1 und Q_k^1 relativ prim sind, muß L^1 gleich einer Konstanten sein. Somit erhalten wir $Q_k = Q_k^1L$. Wenn jetzt der Grad von Q_k^1 größer als Null ist für alle k, so erfüllt jede Lösung von $L(D)\,u = 0$ das System (7) aber nicht (10). Da dies der Voraussetzung widerspricht, muß gelten $Q_k = cL$ für ein k, und dies ist offenbar auch der kleinste Index, für den Q_k nicht verschwindet. ◀

Satz 5. *Für jedes homogene Polynom* L *existiert ein Maß mit kompaktem Träger, so daß für ein Gebiet* $\Omega_0 \subset R^n$ *eine Funktion* $u \in C(\Omega_0)$ *schwache Lösung von* $L(D)\,u = 0$ *genau dann ist, wenn* (5) *gilt für alle* $x \in \Omega_0$ *und* $0 < r < \operatorname{dist}(x, \partial\Omega_0)$. *Jedes Maß der Gestalt* $L(D)\,m$, *wobei* m *eine Distribution mit kompaktem Träger ist mit* $\hat{m}(0) \neq 0$, *hat diese Eigenschaft.*

Beweis: Es sei $L(\xi)$ ein festes homogenes Polynom. Nach Satz 2, Satz 5 und (6) ist (5) äquivalent mit $L(D)\,u = 0$ genau dann, wenn gilt $\hat{\varkappa}(z) = L(z)\,h(z)$, wobei h eine ganze Funktion ist mit $h(0) \neq 0$. Nach dem Satz von PALEY-WIENER (vgl. [H 12]) gibt es eine Distribution m mit kompaktem Träger und $h(z) = \hat{m}(z)$, $\varkappa = L(D)\,m$. Konkret können wir etwa setzen $d\varkappa(y) = L(D_y)\,\varphi(y)\,dy$ mit einer Funktion $\varphi \in C_0^\infty(R^n)$, deren Träger in der Einheitskugel liegt und deren Integral nicht verschwindet. ◀

Bezüglich weiterer Bemerkungen sei hingewiesen auf [Z 1], [Z 4].

§ 7. Bemerkungen

Wir erwähnen in diesem Paragraphen bekannte klassische Mittelwertsätze.

7.1. PIZZETTIsche Formel

Die Aussage von Satz 2, § 6 könnte man als verallgemeinerte PIZZETTI-Formel bezeichnen. Die klassische PIZZETTI-Formel lautet mit $d\varkappa = (2\pi)^{-1}\,d\alpha$ für $n = 2$

$$\frac{1}{2\pi}\int_0^{2\pi} u(x + re^{i\alpha})\,d\alpha = \left(\mathcal{J}_0(r\sqrt{-\Delta})\,u\right)(x) = \sum_{k=0}^{\infty} (k!)^{-2}\left(\frac{r}{2}\right)^{2k} \Delta^k u(x)$$

(vgl. VIII.9.4.). Die FOURIER-Transformation von $\varkappa$ ist hier die BESSEL-Funktion $\mathcal{J}_0(|x|)$. Wenn man für $\varkappa$ das zu 1 normierte LEBESGUE-Maß auf dem Einheitskreis nimmt, dessen FOURIER-Transformation $2\mathcal{J}_1(|x|)/|x|$ ist, folgt

$$\frac{1}{\pi}\int_0^{2\pi}\int_0^1 u(x + rte^{i\alpha})\,t\,dt\,d\alpha = \sum_{k=0}^{\infty} \frac{1}{k!(k+1)!}\left(\frac{r}{2}\right)^{2k} \Delta^k u(x)\,. \tag{1}$$

Für polyharmonisches u brechen die Reihen ab. Für Lösungen u der HELMHOLTZ-Gleichung $(\Delta + c)\,u = 0$ erhält man

$$\frac{1}{2\pi}\int_0^{2\pi} u(x + re^{i\alpha})\,d\alpha = \mathcal{J}_0(r\sqrt{c})\,u(x)\,.$$

Die Formel (1) kann man folgendermaßen verallgemeinern. Es sei ϱ ein Maß auf dem Intervall $[0, 1]$. Dann gilt

$$\frac{1}{2\pi}\int_0^{2\pi}\int_0^1 u(x + rte^{i\alpha})\,d\varrho(t)\,d\alpha = \sum_{k=0}^{\infty} (k!)^{-2}\left(\frac{r}{2}\right)^{2k} a_k \Delta^k u(x)$$

mit $a_k = \int_0^1 (t/2)^{2k}\,d\varrho(t)$. Für Dimensionen $n > 2$ gelten analoge Formeln. Daraus erhält man ähnlich wie in VIII.9.4. weitere Mittelwertsätze für polyharmonische Funktionen (vgl. auch [Z 4], [P 11]).

7.2. Asgeirssonscher Mittelwertsatz

Die Gleichung

$$(\Delta_x - \Delta_y)\, u = 0 \tag{2}$$

heißt ultrahyperbolische Differentialgleichung. Δ_x bzw. Δ_y ist der Laplace-Operator in den Variablen $x = (x_1, x_n)$ bzw. $y = (y_1, \dots, y_n)$. Für jede Lösung $u(x, y)$ der Gleichung (2) gilt

$$\int u(x, y_0)\, d\sigma^r_{x_0}(x) = \int u(x_0, y)\, d\sigma^r_{y_0}(y)\,.$$

Dabei ist $\sigma^r_{x_0}$ bzw. $\sigma^r_{y_0}$ das Maß der auf der Sphäre $S^r_{x_0} \subset R^n_x$ bzw. $S^r_{y_0} \subset R^n_y$ gleichmäßig verteilten Einheitsmasse. Diese Aussage heißt Asgeirssonscher Mittelwertsatz (vgl. [J 5]).

7.3. Mittelung über konfokale Ellipsoide

Es sei $C = (c_{jk})$ eine symmetrische $n \times n$-Matrix und $r \neq 0$. Wir definieren das Maß

$$\sigma^{r,C}_x(u) = \int_E u(x + y)\, do(y)\,,$$

wobei integriert wird über die Oberfläche des Ellipsoids E mit der Gleichung $\sum c_{jk} y_j y_k = r^2$. Man kann zeigen (vgl. [J 5]), daß falls u Lösung der Gleichung

$$\sum_{j,k=1}^{n} a_{jk} \frac{\partial^2}{\partial x_j \partial x_k} u = 0 \tag{3}$$

ist mit einer konstanten Koeffizienten-Matrix $A = (a_{jk})$, die Gleichung

$$\sigma^{r,C+tA}_x(u) = \sigma^{r,C}_x(u)$$

gilt für alle t. Dies sind Mittelwertsätze für die Lösungen der Gleichung (3). Durch Integration über t kann man weitere Identitäten gewinnen. Wenn A die Einheitsmatrix ist, d. h. (3) die Laplacesche Differentialgleichung, bedeutet dies, daß die Integration harmonischer Funktionen über konfokale Ellipsoide vom Parameter t unabhängig ist. Wenn man Lösungen in einem Gebiet Ω betrachtet, läßt man nur solche t zu, so daß die konvexe Hülle von supp $\sigma^{r,C+tA}_x$ in Ω liegt.

In [J 5], wo diese Aussagen bewiesen sind, findet man interessante Anwendungen dieser Mittelwerte und weitere Identitäten, insbesondere die Gültigkeit gewisser Differentialgleichungen, zu denen im Spezialfall sphärischer Mittelung die Darboux-Gleichung gehört.

XI. HINWEISE AUF WEITERE RESULTATE, ARBEITSRICHTUNGEN UND LITERATUR

§ 1. Potentialtheorie für Gleichungen zweiter Ordnung

1.1. Bemerkungen zur Literatur

Über die axiomatische Potentialtheorie mit ihrem Reichtum an tiefen Resultaten und Beziehungen zu anderen mathematischen Disziplinen existiert eine Vielzahl von Monographien und Lecture Notes. Deshalb werden wir nur auf grundlegende Literatur hinweisen, obwohl keinerlei Vollständigkeit angestrebt werden kann.

Eine zusammenfassende Übersicht über die historische Entwicklung der Potentialtheorie und ihre wesentlichen Richtungen wurde von M. Brelot [B 40] gegeben.

An Lehrbüchern von Überblicks- und Einführungscharakter über die axiomatische Potentialtheorie seien erwähnt [B 36], [B 38], [B 10], [F 23], [B 27], [C 18], [M 27].

Bezüglich der wahrscheinlichkeitstheoretischen Deutung der Potentialtheorie verweisen wir auf [B 22], [M 29], [K 1], [D 13], [C 17], [M 30], [H 7], [D 15].

Daneben existiert eine Vielzahl von Einzeldarstellungen u. a. über das Dirichlet-Problem bei elliptischen und parabolischen Gleichungen zweiter Ordnung, Verifikation der Axiome, Energie, Balayage, Gleichgewichtsverteilung, Kerntheorie, und potentialtheoretische Prinzipien [V 1], [F 16], [R 5], [D 3], [C 10], [C 7], [D 5], [O 1], [C 8], [H 8], [H 6], [L 7], [B 23], [B 24], [B 25], die Kapazitätstheorie [C 11], [C 6], [D 2], [A 33], [F 9], [G 1], [L 17], [A 27], [C 8], [Z 2], den Martin-Rand, Integraldarstellungen in konvexen kompakten Mengen [E 3], [K 24], [B 11], [P 5], [S 35], [B 20], [M 30], [B 35], [N 1], [C 13], [C 15], superharmonische Funktionen, Ordnungskegel und Dualität [R 1], [B 10], [C 18]. Alle diese Gebiete sind selbstverständlich eng verbunden mit der Maßtheorie [C 16], [B 12], der Theorie von Räumen stetiger Funktionen [G 1], [P 3], [S 32], [B 5] und der Vektorverbände [V 9] sowie der allgemeinen Theorie der konvexen kompakten Mengen in lokal konvexen Räumen [P 3], [A 26], [B 11], [R 7], [K 24], [S 3], [I 1], wobei Verbindungen zwischen Potentialtheorie und Theorie der monotonen Operatoren bestehen.

Eine wichtige Stellung in der Potentialtheorie für partielle Differentialgleichungen zweiter Ordnung nehmen die „analytischen“ Richtungen ein, die durch Arbeiten wie [K 6], [G 10], [K 5], [L 7], [L 3], [O 4], [O 3], [S 50], [R 10], [H 6] vertreten werden.

Über den Laplace-Operator mit unendlich vielen Koordinaten enthält [L 10] eine ausführliche Darstellung. Allgemeinere Randwert-Probleme unter potentialtheoretischen Gesichtspunkten werden u. a. in den Arbeiten [M 12], [K 15], [N 5], [N 6], [N 7] studiert.

Eine weitere interessante durch physikalische Modelle motivierte Richtung der Potentialtheorie ist von Marčenko und Hruslov entwickelt worden (vgl. [M 3]). Studiert werden dabei Randwert-Probleme für elliptische Gleichungen in Gebieten mit einer Vielzahl von Randkomponenten, deren Durchmesser im Vergleich zum Gesamtgebiet klein sind. In dieser Theorie, die auf Variationsprinzipien beruht, werden auch die in Kap. IX betrachteten Kapazitätsbegriffe höherer Ordnung angewendet.

1.2. Parabolische Differentialgleichungen

Die Potentialtheorie für parabolische Differentialgleichungen zweiter Ordnung, insbesondere für die Wärmeleitungsgleichung, hat sich in verschiedenen Richtungen entwickelt, wobei die verschiedenen Methoden beim Dirichlet-Problem in beliebigen Gebieten im R^n nicht äquivalent sind. Zunächst ist der parabolische Fall in der axiomatischen Potentialtheorie erfaßt (vgl. [B 10], [S 35], [H 2], [C 18]). Qualitative Untersuchungen im R^n, insbesondere über super- und subparabolische Funktionen, parabolische Kapazität, Potentiale, Dirichlet-Problem und Verhalten verallgemeinerter Lösungen am Rand des Gebietes sind in [L 3] durchgeführt. Weiterhin werden parabolische Potentiale und das DIRICHLET-Problem in [K 17], [K 18] detailliert untersucht. Schließlich ist mit der Fundamentallösung für parabolische Gleichungen auch ein dem Raum C angepaßter Nullmengenbegriff verbunden (vgl. II. 1.4.) sowie eine Kapazität als Mengenfunktion, wenn man einer kompakten Menge K als Kapazität das Supremum der Normen aller Maße auf K zuordnet, deren Potential auf K kleiner oder gleich 1 ist (vgl. [A 33]). Hierzu und bezüglich einer Potentialtheorie für die Wärmeleitungsgleichung im Sinne von Kapitel III existieren aber kaum Untersuchungen.

§ 2. Systeme zweiter Ordnung

2.1. Randwert-Probleme

Die Forderung nach Positivität der harmonischen Maße ist bei Differentialgleichungs-Problemen nur in sehr speziellen Fällen sinnvoll. Bei skalaren elliptischen Operatoren zweiter Ordnung folgt aus der Nichtpositivität die Existenz von Teilgebieten, für die das DIRICHLET-Problem nicht eindeutig lösbar ist (vgl. Kapitel IV). Bei Systemen von Differentialgleichungen zweiter Ordnung ist das nicht der Fall (man denke etwa an die Systeme $\Delta u_1 - u_2 = 0$, $\Delta u_2 = 0$ oder $(\partial/\partial t - \Delta) u_2 = 0$, $(\partial/\partial t + \Delta)\, u_1 = u_2$, $\Delta u_2 = u_3$). Deshalb hat die Potentialtheorie für Systeme einen anderen Charakter als für skalare Gleichungen, und es geht darum, über die Gültigkeit einer Maximum-Abschätzung hinaus solche Eigenschaften der harmonischen Maße zu finden (bzw. zu fordern), die möglichst analoge Resultate nach sich ziehen wie im skalaren Fall. Wir werden hier einige derartige Eigenschaften erwähnen und Folgerungen ohne Beweis angeben. Besonderheiten bei Systemen bestehen auch im Gleichungstyp, weil z. B. bei gemischten elliptisch-parabolischen Systemen die DIRICHLET-Daten für die einzelnen Komponenten der gesuchten Funktionen auf verschiedenen Randteilen vorgegeben werden. Wir beschränken uns hier der Einfachheit halber auf Systeme, bei denen die DIRICHLET-Daten auf dem ganzen Rand liegen.

Maximum-Abschätzungen für Systeme wurden u. a. in [M 37], [B 28], [I 5], [W 7], [W 8] gezeigt. Ω sei ein beschränktes Gebiet im R^n. Wir betrachten das System

$$\sum_{j=1}^{s} L_{ij}(x, D)\, u_j = f_i \qquad (i = 1, \dots, s) \tag{1}$$

von Differentialoperatoren zweiter Ordnung mit glatten Koeffizienten auf $\overline{\Omega}$. Es sei (b_{jk}) eine Matrix glatter Funktionen auf Ω mit s Spalten und t Zeilen. Wir setzen für $u = (u_1, \dots, u_s) \in [C(\overline{\Omega})]^s$

$$\sum_{j=1}^{s} b_{kj}(x)\, u_j(x)|_{\partial\Omega} = g_k(x) \qquad (k = 1, \dots, t)\,. \tag{2}$$

Mit $D(\overline{\Omega})$ bezeichnen wir den Raum aller $u \in [C(\overline{\Omega})]^s$, die in Ω Lösung der Gleichung (1) sind mit $f = (f_1, \dots, f_s) = 0$. Statt (1), (2) schreiben wir zur Abkürzung auch

$$Lu = f\,, \qquad Bu = g \tag{3}$$

($g = (g_1, \dots, g_t) \in [C(\partial\Omega)]^t$). Es existiere eine Konstante $c > 0$, so daß für alle $u \in [C^2(\Omega)]^s \cap [C(\overline{\Omega})]^s$ gilt

$$\sum_{j=1}^{s} \sup_{x\in\Omega} |u_j(x)| \le c \left(\sum_{k=1}^{t} \sup_{y\in\partial\Omega} |g_k(y)| + \sum_{i=1}^{s} \sup_{z\in\Omega} |f_i(z)| \right). \tag{4}$$

Dann erhalten wir zu jedem Maß

$$\mu = (\mu^1, \dots, \mu^s) \in [\mathfrak{M}(\overline{\Omega})]^s$$

Maße $\nu = (\nu^1, \dots, \nu^t) \in [\mathfrak{M}(\partial\Omega)]^t$, $\varrho = (\varrho^1, \dots, \varrho^s) \in [\mathfrak{M}(\overline{\Omega})]^s$ mit

$$\mu(u) = \nu(g) + \varrho(f) \qquad \text{für alle } u \in [C^2(\Omega)]^s \cap [C(\overline{\Omega})]^s\,. \tag{5}$$

Für $\mu = \delta_{ij}\delta_{x_0}$ ($x_0 \in \Omega$, δ_{ij} KRONECKER-Symbol) schreiben wir auch $\delta_{x_0,j}$ und bezeichnen das gemäß (5) zugeordnete ν bzw. ϱ mit

$$\nu_{x_0,j} \text{ bzw. } \varrho_{x_0,j} \qquad (j = 1, \dots, s)\,.$$

Dies sind die harmonischen bzw. GREENschen Maße des Randwert-Problems (3).

Wir nehmen zunächst an $f = 0$. Es sei

$$\Phi = (\Phi_{jl}(x, z))_{\substack{j=1,\dots,s\\ l=1,\dots,s}}$$

eine Matrix von Funktionen mit der Eigenschaft

$$\varphi_i(x) = \int \sum_{l=1}^{s} \Phi_{il}(x, z) \sum_{j=1}^{s} L_{lj}(z, D_z)\, \varphi_j(z)\, dz$$

($i = 1, \dots, s$) für alle $\varphi \in [C_0^\infty(R^n)]^s$ und

$$\psi_q(z) = \int \sum_{k=1}^{s} \Phi_{kq}(x, z) \sum_{m=1}^{s} L^*_{km}(x, D_x)\, \psi_m(x)\, dx$$

($q = 1, \dots, s$) für alle $\psi \in [C_0^\infty(R^n)]^s$. Dann werden naheliegenderweise folgende Potentiale definiert

$$(\Phi\lambda)_j\,(x) = \sum_{l=1}^{s} \int \Phi_{jl}(x, z)\, d\lambda^l(z) \qquad (j = 1, \dots, s)$$

($\lambda = (\lambda^1, \dots, \lambda^s) \in [\mathfrak{M}_0]^s$) und

$$(\Phi^*\varkappa)_l\,(z) = \sum_{j=1}^{s} \int \Phi_{jl}(x, z)\, d\varkappa^j(x) \qquad (l = 1, \dots, r)$$

($\varkappa = (\varkappa^1, \dots, \varkappa^s) \in [\mathfrak{M}_0]^s$). Aus

$$\mu(u) = \nu(Bu) \qquad \text{für alle } u \in D(\overline{\Omega})$$

folgt in üblicher Weise

$$\Phi^*\mu(z) = \Phi^*(B^*\nu)\,(z)$$

$\mathcal{J}$-f.ü. auf $\complement\Omega$ mit einem angepaßten Nullmengensystem $\mathcal{J}$. Hierbei ist $B^*\nu$ das Maß mit den Komponenten

$$(B^*\nu)_j = \sum_{k=1}^{t} b_{kj}(x)\, \nu_k \qquad (j = 1, \dots, s)\,.$$

Auf weitere Aspekte der Kerntheorie, für die auch die Voraussetzungen näher präzisiert werden müßten, gehen wir hier nicht ein ([S 16]).

2.2. Harmonische Maße

Wir setzen jetzt voraus, daß Ω regulär ist, d. h.

$$[C(\partial\Omega)]^t = B(D(\overline{\Omega}))\,,$$

und formulieren folgende Eigenschaften der harmonischen Maße:

(i) Es existiert ein skalares Maß $\zeta \in \mathfrak{M}^+(\partial\Omega)$ mit

$$\mathcal{J}_\zeta \subseteqq \mathcal{J}_{\nu_{x,j}} \qquad \text{für alle } x \in \Omega \text{ und } j = 1, \dots, s\,.$$

(ii) Es gilt für $k = 1, \dots, t$

$$\left(\sum_{j=1}^{s} b_{kj}(y)\, \nu_{x,j}\right)^{+} \rightharpoonup \delta_{y,k} \qquad \text{für } x \in \Omega,\ x \to y \in \partial\Omega\,,$$

d. h.

$$\left(\sum_{j=1}^{s} b_{kj}(y)\, \nu_{x,j}\right)^{-} \rightharpoonup 0 \qquad \text{für } x \in \Omega,\ x \to y \in \partial\Omega\,.$$

In (i) genügt es, Maße ζ zu finden, bezüglich derer die $\nu_{x,j}$ absolutstetig sind, wobei ζ von j abhängt. Das verbandstheoretische Supremum dieser ζ ist dann ein Maß, das (i) erfüllt.

Die Funktionen $x \to \nu^{\pm}_{x,j}(g)$ sind für stetiges g auf Ω nach unten halbstetig. Dies folgt unmittelbar aus der Definition von Positiv- und Negativteil. Weitere naheliegende Forderungen sind:

(iii) Mit dem System $\mathcal{J}^*$ der Mengen der adjungierten Kapazität Null gilt

$$\mathcal{J}^* \subseteqq \mathcal{J}_{\nu_{x,j}} \qquad \text{für alle } x \in \Omega \text{ und } j = 1, \dots, s\,,$$

(Ω nicht notwendig regulär).

(iv) Die Abbildungen

$$x \to \nu^{\pm}_{x,j} \qquad (j = 1, \ldots, s)$$

sind w^*-stetig auf $\overline{\Omega}$ mit Werten in $[\mathfrak{M}^+(\partial\Omega)]^t$.

(v) Die Abbildungen

$$x \to \nu_{x,j} \qquad (j = 1, \ldots, s)$$

sind $\|\cdot\|$-stetig in Ω mit Werten in $[\mathfrak{M}(\partial\Omega)]^t$.

(vi) Die Konstante c_Ω in der Abschätzung (4) kann unabhängig von Ω gewählt werden (die Matrix (b_{kj}) ist dann im R^n definiert).

Die Bedingung (v) ist z. B. erfüllt, wenn das Gebiet Ω glatt ist und stetige Funktionen $n_j(x, y)$ existieren auf $\Omega \times \partial\Omega$ mit

$$\mathrm{d}\nu_{x,j}(y) = n_j(x, y)\,\mathrm{d}o(y)$$

mit einem Oberflächenmaß do. Die Bedeutung aller dieser Forderungen geht aus den Überlegungen der Kapitel III, IV, VIII hervor. Sie sind aber bisher nur in sehr speziellen Fällen verifiziert.

Satz 1. *Ist* (i) *erfüllt und* $g = (g_1, \ldots, g_t)$ *eine bezüglich aller* $\nu_{x,j}$ $(x \in \Omega, j = 1, \ldots, s)$ *integrierbare Funktion auf* $\partial\Omega$, *so ist*

$$u(x) = (\nu_{x,1}(g), \ldots, \nu_{x,s}(g))$$

in Ω *schwache Lösung von* $Lu = 0$.

Satz 2. *Ist* (ii) *erfüllt und* $g = (g_1, \ldots, g_t)$ *eine beschränkte meßbare Funktion auf* $\partial\Omega$, *so nimmt die Funktion* u *die Randwerte* g *in deren Stetigkeitspunkten stetig an.*

Aus (iii) folgt z. B. Eindeutigkeit der Balayage für das adjungierte Problem in der Menge der $\mathcal{J}$-absolutstetigen Maße; mittels (iv) kann der Balayage-Operator für (3) in Positiv- und Negativteil zerlegt werden, und (v) hat die Stetigkeit in Ω der verallgemeinerten Lösungen von Satz 1 zur Folge.

Man kann Satz 1 bzw. Satz 2 sinngemäß für das Randwert-Problem mit inhomogener rechter Seite beweisen, wenn man Absolutstetigkeit der Greenschen Maße bezüglich eines auf $\overline{\Omega}$ liegenden skalaren Maßes $\vartheta \geqq 0$ fordert (was bei Vorhandensein einer Greenschen Funktion unmittelbar einleuchtet) bzw.

$$(\sum b_{kj}(y)\,\varrho_{x,j})^{\pm} \rightharpoonup 0 \qquad \text{für } x \in \Omega,\ x \to y \in \partial\Omega\,.$$

Die erhaltenen schwachen Lösungen sind dabei wie oben Funktionen, die für alle $x \in \Omega$ definiert sind.

Abschließend bemerken wir, daß die Eigenschaften (i) bis (v) beim charakteristischen Anfangswert-Problem für die Gleichung $u_{xy} = 0$ sämtlich nicht erfüllt sind, obwohl eine Maximum-Abschätzung besteht (vgl. § 5).

§ 3. Gewöhnliche Differentialgleichungen und Wellengleichung im R^2

Es ist interessant zu untersuchen, welche Bedeutung für gewöhnliche Differentialgleichungen das Balayage-Prinzip, Potentiale bezüglich einer Fundamentallösung sowie angepaßte Mengen der Kapazität Null haben (vgl. [W 17], [W 21]). Eng dazu verwandt sind entsprechende Überlegungen bei der Wellengleichung in der Ebene $u_{xy} = 0$ oder allgemeiner bei $u_{x_1 \cdots x_n} = 0$. Wir geben hierzu (vorwiegend ohne Beweis) einige Resultate an.

3.1. Gewöhnliche Differentialgleichungen mit konstanten Koeffizienten

Gegeben sei ein gewöhnlicher Differentialoperator mit konstanten Koeffizienten

$$L = \sum_{j=0}^{m} a_j \left(\frac{\mathrm{d}}{\mathrm{d}x}\right)^j$$

($m \geqq 1$, $a_m = 1$), und $E(x, z)$ sei eine Fundamentallösung von L, d. h.

$$\varphi(x) = \int E(x, z)\, L\left(\frac{\mathrm{d}}{\mathrm{d}z}\right) \varphi(z)\, \mathrm{d}z \tag{1}$$

für alle $\varphi \in C_0^\infty(R^1)$. Wir wählen E als Faltungskern, also in Abhängigkeit von $x - z$, und definieren die Funktionen

$$\Phi_k(x, z) = \left(\frac{\mathrm{d}}{\mathrm{d}x}\right)^k E(x, z) \qquad (k = 0, \dots, m - 1)\,.$$

(E ist $(m-2)$-mal stetig differenzierbar, und die $(m-1)$-te Ableitung existiert noch als unstetige Funktion, die nach unten halbstetig gemacht werden kann, da nur für $x = z$ ein Sprung vorliegt). Es sei nun

$$\Phi_k\lambda(x) = \int \Phi_k(x, z)\, \mathrm{d}\lambda(z)$$

und

$$\mathfrak{F}^+ = \{\lambda \in \mathfrak{M}_0^+ : \Phi_k\lambda \in C(R^1),\ k = 0, \dots, m - 1\}\,.$$

$\mathfrak{F}^+$ ist ein erblicher Kegel von Maßen. Die Mengen des σ-Ideals $\mathcal{J} = \cap \{\mathcal{J}_\lambda : \lambda \in \mathfrak{F}^+\}$ heißen von der Kapazität Null. Man kann folgendes beweisen.

Satz 1. *Es gilt*

$$\lambda \in \mathfrak{F}^+ \Leftrightarrow \lambda(\{x\}) = 0 \qquad \textit{für alle } x \in R^1$$

($\mathfrak{F}^+$ ist somit von L unabhängig) und

$$\left(\frac{\mathrm{d}}{\mathrm{d}x}\right)^j \Phi_0\lambda(x) = \Phi_j\lambda(x) \qquad \textit{für } j = 0, \dots, m - 1\,.$$

Satz 2. *Eine Menge $B \subseteqq R^1$ liegt genau dann in $\mathcal{J}$, wenn jede kompakte Menge $K \subseteqq B$ höchstens abzählbar ist.*

Es sei $\mu = (\mu^0, \dots, \mu^{m-1})$ ein Vektor von Maßen aus $\mathfrak{M}_0$. Solche μ bezeichnen wir wieder kurz als Maße, und wir setzen $\operatorname{supp} \mu = \bigcup_{i=0}^{m-1} \operatorname{supp} \mu^i$. Als Potential bzw. adjungiertes Potential von μ bezeichnen wir die Funktionen

$$\Phi\mu(x) = \sum_{i=0}^{m-1} \Phi_i\mu^i(x) \tag{2}$$

bzw.

$$\Phi^*\mu(z) = \sum_{i=0}^{m-1} \Phi_i^*\mu^i(z)\,,$$

wobei also wie üblich gesetzt wurde

$$\Phi_i\mu^i(x) = \int \Phi_i(x, z)\, \mathrm{d}\mu^i(z)\,, \qquad \Phi_i^*\mu^i(z) = \int \Phi_i(x, z)\, \mathrm{d}\mu^i(x)\,.$$

Wir untersuchen zunächst das Problem, ob die Zuordnung $\mu \to \Phi\mu$ (bzw. $\mu \to \Phi^*\mu$) eineindeutig ist. Hierzu erinnern wir daran, daß zu jeder Distribution $\bar{\mu}: C_0^{m-1}(R^1) \to R^1$ mit kompaktem Träger $K \subset R^1$ ein Maß $\mu = (\mu^0, \dots, \mu^{m-1})$ mit $\operatorname{supp} \mu = K$ existiert, so daß gilt

$$\bar{\mu}(f) = \sum_{i=0}^{m-1} \int \left(\frac{\mathrm{d}^i}{\mathrm{d}x^i} f(x)\right) \mathrm{d}\mu^i(x)\,. \tag{3}$$

Umgekehrt repräsentiert jedes solche μ mittels (3) eine Distribution $\bar{\mu}$ mit kompaktem Träger. Die Abbildung $\mu \to \bar{\mu}$ ist natürlich nicht eineindeutig (vgl. VIII.3.2.).

Es sei

$$\mathfrak{F} = \{\lambda = \lambda_1 - \lambda_2 : \lambda_1, \lambda_2 \in \mathfrak{F}^+\}\,, \qquad S = \{g = \Phi_0\lambda : \lambda \in \mathfrak{F}\}\,.$$

Lemma 1. *S liegt dicht in $C_0^{m-1}(R^1)$; für jedes $\varphi \in C_0^{m-1}(R^1)$ existiert zu beliebigem $\varepsilon > 0$ und zu jeder Umgebung $U \supset$ supp φ ein $g \in S$ mit* supp $g \subset U$ *und*

$$\sum_{k=0}^{m-1} \sup_{x \in R^1} |g^{(k)}(x) - \varphi^{(k)}(x)| < \varepsilon\,.$$

Beweis: Nach (1) ist jede Funktion $g \in C_0(R^1)$ als Potential darstellbar. Da also $C_0^\infty(R^1) \subseteqq S$ die genannte Approximationseigenschaft besitzt, ist das Lemma gezeigt. ◀

Satz 3. *Es seien $\mu = (\mu^0, \ldots, \mu^{m-1})$, $\nu = (\nu^0, \ldots, \nu^{m-1})$ gegebene Maße. Dann gilt*

$$\bar{\mu} = \bar{\nu} \Leftrightarrow \Phi\mu(x) = \Phi\nu(x) \qquad \mathfrak{J}\text{-f.ü. im } R^1\,, \tag{4}$$

$$\Phi^*\mu(z) = \Phi^*\nu(z) \qquad \mathfrak{J}\text{-f.ü. im } R^1\,.$$

(Hierdurch wird es wie in Kapitel VIII nahegelegt, $\Phi\mu$ als Potential der Distribution $\bar{\mu}$ aufzufassen.)

Beweis: Es genügt, sich auf den Fall $\bar{\mu} = 0$ zu beschränken. Aus $\bar{\mu}(g) = 0$ für alle $g \in C_0^{m-1}(R^1)$ folgt speziell für $\lambda \in \mathfrak{F}$

$$\bar{\mu}(\Phi_0\lambda) = \sum_{j=0}^{m-1} \int \Phi_j\lambda(x)\, \mathrm{d}\mu^j(x) = \int \left[\sum_{j=0}^{m-1} \Phi_j\mu^j(z)\right] \mathrm{d}\lambda(z) = 0\,,$$

d. h. $\Phi^*\mu = 0$ $\mathfrak{J}$-f.ü. im R^1. Ist umgekehrt $\Phi^*\mu = 0$ $\mathfrak{J}$-f.ü. im R^1, können wir rückwärts schließen $\bar{\mu} = 0$, da S nach Lemma 1 im Raum $C_0^{m-1}(R^1)$ dicht liegt. Entsprechend schließt man für $\Phi\mu$. ◀

Es sei K eine kompakte Menge. Wir setzen

$$\mathfrak{F}^+(K) = \{\lambda \in \mathfrak{F}^+ : \text{supp}\,\lambda \subseteqq K\}\,, \qquad \mathfrak{F}(K) = \{\lambda \in \mathfrak{F} : \text{supp}\,\lambda \subseteqq K\}\,,$$

$$S_K = \{g = \Phi_0\lambda : \lambda \in \mathfrak{F}(K)\}\,.$$

Dann gilt folgender

Satz 4. *Es sei $K \subseteqq K_0$ eine kompakte Menge. Dann existiert eine Konstante $c > 0$, so daß gilt*

$$\sum_{i=0}^{m-1} \sup_{x \in K_0} |g^{(i)}(x)| \leqq c \sum_{i=0}^{m-1} \sup_{x \in K} |g^{(i)}(x)| \tag{5}$$

für alle $g \in S_K$.

Satz 5. *Es sei $K \subseteqq K_0$ $(m-1)$-regulär. Dann gilt das Balayage-Prinzip in folgender Fassung. Zu jedem $\bar{\mu} \in [C^{m-1}(K_0)]'$ existiert ein $\bar{\nu} \in [C^{m-1}(K_0)]'$ mit* supp $\bar{\nu} \subseteqq K$ *und*

$$\bar{\mu}(g) = \bar{\nu}(g) \qquad \text{für alle } g \in \bar{S}_K\,. \tag{6}$$

(Hierbei ist $\bar{S}_K$ die Abschließung von S_K im Raum $C^{m-1}(K_0)$, und $[\cdots]'$ bedeutet topologisches Dual zu dem in der Klammer stehenden Vektorraum.)

Korollar. *$K \subseteqq K_0$ sei $(m-1)$-regulär, und $\mu = (\mu^0, \ldots, \mu^{m-1})$ bzw. $\nu = (\nu^0, \ldots, \nu^{m-1})$ seien Maße, die $\bar{\mu}$ bzw. $\bar{\nu}$ aus Satz 5 repräsentieren mit* supp $\nu \subseteqq K$. *Dann gilt*

$$\Phi^*\mu(z) = \Phi^*\nu(z) \qquad \text{für } \mathfrak{J}\text{-fast alle } z \in K\,. \tag{7}$$

Beweis: Aus (6) folgt für $g = \Phi_0\lambda$ $(\lambda \in \mathfrak{F}^+(K))$ unter Verwendung des FUBINI-Theorems

$$\sum_{j=0}^{m-1} \int (\Phi_0\lambda(x))^{(j)} \mathrm{d}\mu^j(x) = \sum_{j=0}^{m-1} \int (\Phi_0\lambda(x))^{(j)} \mathrm{d}\nu^j(x) ,$$

$$\sum_{j=0}^{m-1} \int \Phi_j\lambda(x) \, \mathrm{d}\mu^j(x) = \sum_{j=0}^{m-1} \int \Phi_j\lambda(x) \, \mathrm{d}\nu^j(x) ,$$

$$\int \left(\sum_{j=0}^{m-1} \Phi_j^*\mu^j(z)\right) \mathrm{d}\lambda(z) = \int \left(\sum_{j=0}^{m-1} \Phi_j^*\nu^j(z)\right) \mathrm{d}\lambda(z) .$$

Hieraus folgt unmittelbar die Behauptung. ◀

Wir betrachten jetzt das Balayage-Prinzip bei Anfangs- und Randwert-Problemen für die Gleichung $Lu = 0$ im Intervall $K_0 = [x_0, x_1]$ und geben dazugehörige zu (7) analoge Gleichungen adjungierter Potentiale an. Es sei $b = x_0$ oder $b = x_1$ und $K = \{b\}$. Mit $D(K_0)$ bezeichnen wir den Vektorraum aller $u \in C^m$ (int K_0) $\cap$ $C^{m-1}(K_0)$ der Gleichung $Lu = 0$ in int K_0. (Die Angabe der Räume C^m (int K_0) $\cap$ $C^{m-1}(K_0)$ ist hier ganz formal und weist auf eine Analogie bei elliptischen Gleichungen höherer Ordnung hin. Die Lösungen u sind natürlich im abgeschlossenen Intervall unendlich oft differenzierbar.) Die Abbildung

$$t\colon u \to \left(u(b), u'(b), \dots, u^{(m-1)}(b)\right) ,$$

die jedem solchen u seine „Anfangswerte" im Punkt b zuordnet, ist bekanntlich eineindeutig. Weiterhin hat $D(K_0)$ die Dimension m, und $t\colon D(K_0) \to R^m$ ist surjektiv. Somit ist auch t^{-1} stetig ($D(K_0)$ als Unterraum von $C^{m-1}(K_0)$ betrachtet), d. h., es gilt

$$\sup_{x \in K_0} |u(x)| \leqq c \sum_{i=0}^{m-1} |u^{(i)}(b)| \qquad \text{für alle } u \in D(K_0)$$

mit einer festen Konstanten $c > 0$. (Die linke Seite könnte auch durch $||u||_{C^{m-1}(K_0)}$ ersetzt werden.) Nach dem (kernfreien) Balayage-Prinzip erhalten wir zu jedem $\mu \in \mathfrak{M}(K_0)$ ein Maß $\nu = (\nu^0, \dots, \nu^{m-1})$ auf K mit

$$\int u(x) \, \mathrm{d}\mu(x) = \sum_{i=0}^{m-1} \int_K u^{(i)}(y) \, \mathrm{d}\nu^i(y) \qquad \text{für alle } u \in D(K_0) . \tag{8}$$

Speziell für $\mu = \delta_x$ $(x \in K_0)$ entstehen Maße $\nu_x^0, \dots, \nu_x^{m-1}$ auf K mit

$$u(x) = \sum_{i=0}^{m-1} \int_K u^{(i)}(y) \, \mathrm{d}\nu_x^{(i)}(y) \qquad \text{für alle } u \in D(K_0) .$$

Da K nur aus dem Punkt b besteht, sind die Integrationen auf der rechten Seite der letzten Gleichung lediglich Multiplikationen mit Zahlen $q_i(x)$ $(i = 0, \dots, m-1)$, d. h.

$$u(x) = \sum_{i=0}^{m-1} u^{(i)}(b) \, q_i(x) \qquad \text{für alle } u \in D(K_0) . \tag{9}$$

Einsetzen von $u = \Phi_0\lambda$ $(\lambda \in \mathfrak{F}(\mathrm{C}(\text{int } K_0)))$ in (8) liefert nach Vertauschung der Integrationen

$$\Phi_0^*\mu(z) = \sum_{i=0}^{m-1} \Phi_i^*\nu^i(z) \qquad \text{für } \mathcal{J}\text{-fast alle } z \in \text{int } K_0 .$$

Die Funktionen $q_0(x), \dots, q_{m-1}(x)$ in (9) sind eindeutig bestimmt. Dies folgt aus der eindeutigen Lösbarkeit des Anfangswertproblems. Man erhält nämlich durch Einsetzen in (9) der Anfangswerte $u^{(j)}(b) = \delta_{ij}$ für festes i und $j = 0, \dots, m-1$, daß gilt $u(x) = q_i(x)$. Somit ist $q_i(x)$ einzige Lösung der Gleichung $Lu = 0$ mit $q_i^{(j)}(b) = \delta_{ij}$ $(i = 0, \dots, m-1)$.

Ähnliche Überlegungen gelten für beliebige Randwert-Probleme bei der Gleichung $Lu = 0$. Hierbei kommt als zusätzlicher Aspekt hinzu, daß im Intervall $K_0 = [x_0, x_1]$ Eigenlösungen existieren können. Zur Beschreibung der Randwert-Probleme wählen wir m Paare von Indizes der Gestalt

$$(k, i) \text{ mit } k = 0, 1 \quad \text{und} \quad 0 \leqq i \leqq m-1 . \tag{10}$$

Es sei J die Menge dieser Indexpaare. Wir setzen voraus, daß die Elemente von J paarweise verschieden sind. Den größten in (10) auftretenden Index i bezeichnen wir mit l. Es sei $D(K_0)$ der Vektorraum aller $u \in C^m(\text{int } K_0) \cap C^l(K_0)$ mit $Lu = 0$. Dann ist

$$t: u \to \left(u^{(i)}(x_k)\right)_{(k,i) \in J}$$

eine stetige Abbildung von $D(K_0)$ in R^m. Den Kern dieser Abbildung bezeichnen wir mit N. Den endlichdimensionalen Raum $D(K_0)$ zerlegen wir in eine topologische Summe der Gestalt $H(K_0) \oplus N = D(K_0)$, wobei $H(K_0)$ als Unterraum von $D(K_0)$ realisiert sei. Die Abbildung t ist dann auf $H(K_0)$ eineindeutig und stetig, was man sich wegen der endlichen Dimension aller auftretenden Vektorräume leicht klar macht $\big(H(K_0)$ können wir als Unterraum von $C^l(K_0)$ oder als Unterraum von $C(K_0)$ auffassen$\big)$. Da auch t^{-1} stetig ist, folgt

$$\sup_{x \in K_0} |u(x)| \leqq c \sum_{(k,i) \in J} |u^{(i)}(x_k)| \qquad \text{für alle } u \in H(K_0)$$

mit einer Konstanten $c > 0$, die von $H(K_0)$ abhängt (hier könnte auf der linken Seite auch $\|u\|_{C^l(K_0)}$ eingesetzt werden). Wir erhalten also wiederum nach dem Balayage-Prinzip zu jedem $\mu \in \mathfrak{M}(K_0)$ ein Maß $\nu = (\nu^{(k,i)})_{(k,i) \in J}$ auf $K = \{x_0\} \cup \{x_1\}$ mit

$$\int u(x)\, d\mu(x) = \sum_{(k,i) \in J} \int_K u^{(i)}(y)\, d\nu^{(k,i)}(y) \qquad \text{für alle } u \in H(K_0) . \tag{11}$$

Speziell für $\mu = \delta_x$ $(x \in K_0)$ erhalten wir Punktmaße $(\nu_x^{(k,i)})_{(k,i) \in J}$ deren Anwendung sich ähnlich wie oben auf Multiplikation mit Zahlen $q^{(k,i)}(x)$ reduziert. Es ergibt sich also

$$u(x) = \sum_{(k,i) \in J} u^{(i)}(x_k)\, q^{(k,i)}(x) \qquad \text{für alle } u \in H(K_0) .$$

Es sei jetzt etwa $N = \{0\}$. Einsetzen von $u = \Phi_0 \lambda$, $\lambda \in \mathfrak{F}(\mathrm{C}(\text{int } K_0))$ in (11) liefert nach Vertauschung von Integrationen

$$\Phi_0^* \mu(z) = \sum_{(k,i) \in J} \Phi_i^* \nu^{(k,i)}(z) \qquad \text{für } \mathcal{J}\text{-fast alle } z \notin \text{int } K_0 . \tag{12}$$

Diese Überlegungen könnte man weiter ausbauen, indem man in Abhängigkeit von l auch Ableitungen von $\Phi_0 \lambda$ berücksichtigt und den Potentialbegriff modifiziert sowie den Charakter der vektorwertigen Maße als Distributionen näher interpretiert. Weiterhin wäre die Abhängigkeit von der Wahl des Raumes $H(K_0)$ zu untersuchen und zu diskutieren, wann durch die Gleichung (12) die Zuordnung $\mu \to (\nu^{(k,i)})_{(k,i) \in J}$ eindeutig bestimmt ist. Solche und andere Fragen wurden in Kapitel VIII für elliptische Gleichungen höherer Ordnung behandelt, und es ist dann leicht zu sehen, wie sich die betreffenden Methoden im vorliegenden Fall anwenden lassen.

3.2. Potentiale bei der Wellengleichung

Wir untersuchen noch die Gleichung $u_{xy} = 0$ unter potentialtheoretischen Gesichtspunkten. Es sei x eine skalare Variable und

$$\theta(x) = \begin{cases} 1 & \text{für } x > 0\,, \\ 0 & \text{für } x \leqq 0\,. \end{cases}$$

Dann ist die Funktion

$$\Phi_H(x, y; x', y') = \theta(x - x')\,\theta(y - y') \tag{12}$$

für festes $(x, y) \in R^2$ charakteristische Funktion der offenen Menge

$$H_{xy} = \{(x', y') \in R^2 \colon -\infty < x' < x,\ -\infty < y' < y\} \tag{13}$$

(der Buchstabe H soll an die „Heaviside-Funktion“ erinnern, wie die Sprungfunktion θ oft bezeichnet wird). $\Phi_H(x, y; x', y')$ ist also auf $R^2 \times R^2$ ein nach unten halbstetiger Kern. Es sei $\mu \in \mathfrak{M}_0^+$ $(= \mathfrak{M}_0^+(R^2))$ beliebig gegeben. Dann ist das Potential

$$u(x, y) = \int \Phi_H(x, y; x', y')\,\mathrm{d}\mu(x', y') = \Phi_H\mu = \mu(H_{xy}) \tag{14}$$

ebenfalls nach unten halbstetig (vgl. II.1.2.). Der Wert des Potentials u an der Stelle (x, y) ist also gleich der Masse von μ, die auf dem Kegel H_{xy} liegt. Für $\mu \in \mathfrak{M}_0$, $\mu = \mu^+ - \mu^-$ $(\mu^\pm \geqq 0)$ setzen wir wie üblich

$$\Phi_H\mu(x, y) = \mu^+(H_{xy}) - \mu^-(H_{xy})\,.$$

Die Definition von Potentialen bezüglich Φ_H kann man auch auf allgemeinere Maße ausdehnen. Wir beschränken uns jedoch der Einfachheit halber auf Maße mit kompaktem Träger. Für $\mu \in \mathfrak{M}_0^+$ ist das Potential $\Phi_H\mu$ monoton, d. h.

$$x_1 \leqq x_2\,,\quad y_1 \leqq y_2 \Rightarrow \Phi_H\mu(x_1, y_1) \leqq \Phi_H\mu(x_2, y_2)\,. \tag{15}$$

Dies folgt unmittelbar aus $H_{x_1y_1} \subseteqq H_{x_2y_2}$.

Alle Überlegungen gelten analog, wenn anstelle von $E(x, y) = \theta(x)\,\theta(y)$ die Funktionen $E^*(x, y) = \theta(-x)\,\theta(-y)$ oder $E_1(x, y) = -\theta(x)\,\theta(-y)$, $E_1^*(x, y) = -\theta(-x)\,\theta(y)$ zur Definition von Kernen verwendet werden. Speziell setzen wir

$$\Phi_H^*(x, y; x', y') = E^*(x - x', y - y')\,. \tag{16}$$

Φ_H^* ist die charakteristische Funktion der Menge $H_{xy}^* = \{(x', y') \in R^2 \colon x < x' < \infty,$ $y < y' < \infty\}$.

Da $\theta(x)\,\theta(y)$ eine Fundamentallösung des Operators $\partial^2/\partial x\,\partial y$ ist, sind die Potentiale $u = \Phi_H\mu$ außerhalb $\operatorname{supp}\mu$ schwache Lösungen der Gleichung $u_{xy} = 0$. Weiterhin ist die Zuordnung $\mu \to \Phi_H\mu$ eineindeutig (vgl. Kapitel II). Die Eineindeutigkeit dieser Zuordnung folgt auch aus der Tatsache, daß $\Phi_H\mu$ die Verteilungsfunktion des Maßes μ ist. Ein Maß μ ist nämlich durch seine Werte auf der Menge der halboffenen nichtentarteten Rechtecke eindeutig bestimmt, und es gilt

$$\begin{aligned} &u(x_1, y_1) + u(x_2, y_2) - u(x_1, y_2) - u(x_2, y_1) \\ &= \mu(\{(x', y') \colon x_1 \leqq x' < x_2, y_1 \leqq y' < y_2\})\,. \end{aligned}$$

Im Fall $\mu(\{(x', y') \colon x_1 \leqq x' < x_2, y_1 \leqq y' < y_2\}) = 0$ erhalten wir

$$u(x_1, y_1) + u(x_2, y_2) = u(x_1, y_2) + u(x_2, y_1)\,.$$

Dieser für glatte Lösungen der Wellengleichung im R^2 bekannte Mittelwertsatz gilt also auch für schwache Lösungen, die im betrachteten Gebiet als Potential dargestellt sind.

Wir charakterisieren im folgenden das Stetigkeitsverhalten der Potentiale $\Phi_H\mu$ sowie alle $\mu \in \mathfrak{M}_0^+$ mit stetigem Potential. Dazu benötigen wir einige Bezeichnungen.

Analog zu II.1.3. sei

$$\mathfrak{F}^+ = \{\mu \in \mathfrak{M}_0^+ : \Phi_H\mu \in C(R^2)\}$$

der Kegel aller Maße mit stetigem Φ_H-Potential. $\mathfrak{F}^+$ ist erblich wegen der Halbstetigkeit von Φ_H, d. h.

$$\mu \in \mathfrak{F}^+ , \quad 0 \leqq \nu \leqq \mu \Rightarrow \nu \in \mathfrak{F}^+ .$$

Das Mengensystem

$$\mathfrak{J}_H = \bigcap_{\mu \in \mathfrak{F}^+} \mathfrak{J}_\mu$$

ist also ein σ-Ideal. Wie in II.1.4. bezeichnen wir $\mathfrak{J}_H$ als System der Mengen der Kapazität Null (bezüglich des Kernes Φ_H).

Satz 6. *Es sei $\mu \in \mathfrak{M}_0^+$. Dann ist $\Phi_H\mu \in C(R^2)$ äquivalent damit, daß jede achsenparallele Gerade eine μ-Nullmenge ist.*

Die obigen Aussagen formulieren wir jetzt im R^n. Die Beweise sind völlig analog zum Fall $n = 2$. Mit $x = (x_1, \dots, x_n)$ setzen wir

$$\Phi_H(x, x') = \theta(x_1 - x_1') \cdots \theta(x_n - x_n') .$$

Es sei $H_x = \{x' \in R^n : x_j' < x_j ; j = 1, \dots, n\}$. Dann ist

$$\Phi_H(x, x') = \begin{cases} 1 & \text{für } x' \in H_x , \\ 0 & \text{sonst} . \end{cases}$$

Für beliebige $\mu \in \mathfrak{M}_0$ $(= \mathfrak{M}_0(R^n))$ definieren wir wieder das Potential

$$u(x) = \Phi_H\mu(x) = \mu(H_x) .$$

Da die Funktion $\theta(x_1) \cdots \theta(x_n)$ eine Fundamentallösung des Operators $\partial^n/\partial x_1 \cdots \partial x_n$ ist, sind die Potentiale $\Phi_H\mu$ außerhalb supp μ schwache Lösungen der Gleichung $u_{x_1 \dots x_n} = 0$. Dieser Aspekt wird für $n > 2$ nicht weiter verfolgt, steht aber in engem Zusammenhang mit einem Resultat aus [F 20]. Allgemeiner gilt im Sinne der Distributionentheorie

$$\frac{\partial^n}{\partial x_1 \cdots \partial x_n} (\Phi_H\mu) = \mu .$$

Der Kegel

$$\mathfrak{F}^+ = \{\mu \in \mathfrak{M}_0^+ : \Phi_H\mu \in C(R^n)\}$$

ist auf Grund der Halbstetigkeit von Φ_H erblich. Somit ist das Mengensystem

$$\mathfrak{J}_H = \bigcap_{\mu \in \mathfrak{F}^+} \mathfrak{J}_\mu$$

ein σ-Ideal. Es ist das zur Gleichung $u_{x_1 \dots x_n} = 0$ gehörende System von „Mengen der Kapazität Null". Mit $\mathfrak{J}_n$ bezeichnen wir das σ-Ideal aller $B \in \mathcal{B}$, die sich durch abzählbar viele $(n - 1)$-dimensionale Hyperebenen überdecken lassen, welche zu einer der Koordinatenhyperebenen parallel sind. Solche Hyperebenen bezeichnen wir kurz als achsenparallel.

Lemma 2. *Es sei $\mu \in \mathfrak{M}_0^+$. Das Potential $\Phi_H\mu$ ist im Punkt $x \in R^n$ genau dann stetig, falls gilt $\mu(\partial(H_x)) = 0$.*

Satz 2. *Für $\mu \in \mathfrak{M}_0^+$ gilt*

$$\mu \in \mathfrak{F}^+ \Leftrightarrow \mathfrak{J}_\mu \supseteq \mathfrak{J}_n ,$$

d. h., $\Phi_H\mu$ ist genau dann stetig, wenn μ $\mathfrak{J}_n$-absolutstetig ist.

Korollar. *Die Menge $B(\mu)$ der Unstetigkeiten des Potentials $\Phi_H\mu$ ($\mu \in \mathfrak{M}_0$) läßt sich durch abzählbar viele achsenparallele Hyperebenen überdecken. $B(\mu)$ ist also insbesondere vom* Lebesgue-*Maß Null.*

Satz 8. *Eine Menge $B \in \mathcal{B}$ ist genau dann Element von $\mathfrak{J}_H$, falls jede kompakte Teilmenge von B in $\mathfrak{J}_n$ liegt.*

Wohlbekannt ist weiterhin folgender

Satz 9. *Eine Folge nichtnegativer Maße $(\nu_k)_{k \in N}$, deren Träger in einer festen kompakten Menge K liegt w^*-konvergiert genau dann gegen ein Maß ν, wenn $\Phi_H\nu_k$ $\mathfrak{J}_n$-f.ü. gegen $\Phi_H\nu$ konvergiert.*

Lemma 3. *Es sei $\tilde{\Phi}_H(x, x')$ ein Kern, der sich für jedes feste $x \in R^n$ von $\Phi_H(x, x')$ auf einer Menge aus $\mathfrak{J}_H$ unterscheidet, also*

$$\{x' \in R^n : \tilde{\Phi}_H(x, x') \neq \Phi_H(x, x')\} \in \mathfrak{J}_H .$$

Dann sind für jedes Maß $\mu \in \mathfrak{M}_0$ die Potentiale $\tilde{\Phi}_H\mu(x)$ und $\Phi_H\mu(x)$ höchstens auf einer Menge aus $\mathfrak{J}_H$ verschieden.

Dieses Lemma ist in II.1.4. bewiesen. In den Beweisen der genannten Sätze vgl. [S 12], [S 13].

3.3. Dirichlet-Problem in Zweieckgebieten

Das Studium der Φ_H-Potentiale im Fall $n = 2$ führt zu einer einfachen Konstruktion von Lösungen des Dirichlet-Problems für die Gleichung $u_{xy} = 0$ in gewissen Zweieck- und Dreieckgebieten. Trotz des geometrischen Charakters dieser Betrachtungen und der Einfachheit des Kernes Φ_H bestehen noch interessante offene Probleme.

Das Dirichlet-Problem für die Wellengleichung ist bezüglich der üblichen Funktionalmetriken nicht korrekt gestellt und wurde daher immer wieder mit den verschiedensten Methoden von zahlreichen Autoren untersucht (vgl. u. a. [B 33], [B 34], [B 16], [F 7], [H 16], [J 1], [J 4], [P 13], [S 13], [S 15]).

Es sei G ein Intervall einer Geraden im R^2, das endlich oder unendlich, offen, halboffen oder abgeschlossen sei. Wir bezeichnen mit $V(G)$ die Menge aller reellen Funktionen, die auf G von beschränkter Variation sind.

Definition 1. Es sei G ein offenes Intervall einer Geraden im R^2. Eine auf G definierte reelle Funktion $v(x)$ heißt auf G *lokal von beschränkter Variation,* falls $v(x)$ auf jedem endlichen abgeschlossenen Teilintervall von G von beschränkter Variation ist. Die Menge aller reellen Funktionen, die auf G lokal von beschränkter Variation sind, bezeichnen wir mit $V_{\text{loc}}(G)$.

Die Funktion $\sin(x^{-1})$ ist im Intervall $(0, \infty)$ lokal von beschränkter Variation. Funktionen aus $V_{\text{loc}}(G)$ können am Rand des Intervalls ein unbeschränktes Wachstum besitzen. So ist die Funktion x^{-k} ebenfalls in $V_{\text{loc}}(0, \infty)$ für alle $k \in N$.

Es seien (x_1, y_1), (x_2, y_2) Punkte der Ebene mit $x_1 \neq x_2$, $y_1 \neq y_2$. Wir nehmen z. B. an $x_2 < x_1$; $y_2 > y_1$. Es sei $l\colon [x_2, x_1] \to [y_1, y_2]$ eine stetige Abbildung mit $y_i = l(x_i)$, $(i = 1, 2)$. Mit L bezeichnen wir die Menge aller Punkte $(x, l(x))$ mit $x \neq x_i$, $(i = 1, 2)$. Wir sprechen dann von einer die beiden Punkte verbindenden stetigen Kurve. Die Endpunkte werden also nicht zu L gerechnet. Wenn L eine (x_1, y_1), (x_2, y_2) verbindende stetige Kurve ist, die von jeder achsenparallelen Geraden höchstens einmal geschnitten wird, ist l eineindeutig.

Definition 2. L werde von jeder achsenparallelen Geraden höchstens einmal geschnitten. Eine auf L definierte Funktion $v(x, y)$ heiße auf L von *beschränkter* (bzw. lokal von beschränkter) *Variation*, falls $v(x, l(x))$ auf (x_2, x_1) von beschränkter (bzw. lokal von beschränkter) Variation ist. Entsprechend führen wir dann $V(L)$ bzw. $V_{\text{loc}}(L)$ ein.

$V(L)$ bzw. $V_{\text{loc}}(L)$ sind unabhängig von der in diese Definition eingehenden Projektionsrichtung, d. h., man kann L auch darstellen mittels einer stetigen eineindeutigen Funktion $m\colon [y_1, y_2] \to [x_2, x_1]$ und $v(m(y), y) \in V(y_1, y_2)$ (bzw. $v(m(y), y) \in V_{\text{loc}}(y_1, y_2)$) fordern.

Definition 3. $A \subseteqq R^n$ sei eine Menge, und $\mathscr{E}$ sei das System aller Teilmengen von A, die in einer kompakten Teilmenge von A enthalten sind. Eine auf $\mathscr{E}$ definierte Mengenfunktion μ heißt *lokales Maß auf* A, falls die Einschränkung von μ auf jede kompakte Teilmenge $K \subseteqq A$ ein Maß auf K ist. Den Vektorraum aller lokalen Maße auf A bezeichnen wir mit $\mathfrak{M}_{\text{loc}}(A)$.

Lokale Maße betrachten wir ausschließlich auf Geradenstücken oder stetigen Kurven L. Im folgenden sei L eine stetige Kurve, die (x_1, y_1), (x_2, y_2) verbindet und von jeder achsenparallelen Geraden höchstens einmal geschnitten wird. Dabei sei immer $x_2 < x_1$, $y_2 > y_1$. Den Fall $x_2 > x_1$, $y_2 > y_1$ benötigen wir nicht, aber viele Aussagen bleiben auch hierfür bestehen, wobei sich die Beweise vereinfachen.

Satz 10. *Für jedes $\mu \in \mathfrak{M}_0$ liegt die Einschränkung von $\Phi_H\mu$ auf die Kurve L in $V(L)$.*

Wir kommen jetzt zur Formulierung des Dirichlet-Problems. Es sei Ω ein Gebiet, das begrenzt wird durch die Punkte (x_1, y_1), (x_2, y_2) und zwei stetige Kurven L_1, L_2, die (x_i, y_i) $(i = 1, 2)$ verbinden. Dabei werde L_i $(i = 1, 2)$ von jeder achsenparallelen Geraden höchstens einmal geschnitten, und es sei $L_1 \cap L_2 = \emptyset$. Solche Gebiete bezeichnen wir als Zweieckgebiete, obwohl auch die Begrenzungskurven Ecken haben können.

Dirichlet-Problem: Gegeben seien Funktionen $g_i \in V_{\text{loc}}(L_i)$ $(i = 1, 2)$. Gesucht wird im Gebiet Ω eine Funktion u mit $u_{xy} = 0$ (im distributionentheoretischen Sinne) und

$$u|_{L_i} = g_i \qquad \text{für } \mathcal{J}_H\text{-fast alle Punkte aus } \partial\Omega \qquad (i = 1, 2)\,. \tag{17}$$

Satz 11. *Es existieren lokale Maße $\lambda_i \in \mathfrak{M}_{\text{loc}}(L_i)$ $(i = 1, 2)$, so daß die Funktion*

$$u(x, y) = (\Phi_H + \Phi_H^*)\,(\lambda_1 + \lambda_2)\,(x, y)$$

das Dirichlet-Problem löst mit den Randwerten g_1, g_2. Die Randwerte werden in höchstens abzählbar vielen Punkten des Randes nicht angenommen. λ_1 und λ_2 sind nicht eindeutig bestimmt.

Satz 12. *Es sei* $g_i \in C(L_i) \cap V_{\mathrm{loc}}(L_i)$ $(i = 1, 2)$. *Dann existieren lokale Maße* $\lambda_i \in \mathfrak{M}_{\mathrm{loc}}(L_i)$ *mit*

$$u = \Phi_H \lambda_1 + \Phi_H^* \lambda_2 \in C(\Omega \cup L_1 \cup L_2)\,,$$

wobei u das DIRICHLET-*Problem löst.*

Satz 13. *Es sei* $\mu \in \mathfrak{M}_0$, *und* Ω *sei ein Gebiet mit* $\Omega \cap \operatorname{supp} \mu = \emptyset$. *Dann besteht die Menge* $B(\mu) \cap \Omega$ *aus einem Netz höchstens abzählbar vieler achsenparalleler Geraden in* Ω, *die in* Ω *nicht enden (d. h., einmal aufgetretene Unstetigkeiten können im Innern von* Ω *nicht wieder verschwinden). Diese Aussage gilt sinngemäß auch für lokale Maße.*

3.4. Charakteristisches Anfangswert-Problem

Das charakteristische Anfangswert-Problem läßt ebenfalls potentialtheoretische Deutungen zu. Es sei Ω ein achsenparalleles Rechteck mit dem linken unteren Eckpunkt $P_0 = (x_0, y_0)$. Wir setzen $\Gamma = \partial\Omega \cap \overline{H}_{x_0 y_0}$. Es sei $D(\overline{\Omega})$ der Vektorraum aller $u \in C(\overline{\Omega})$ mit $u_{xy} = 0$ in Ω (im distributionentheoretischen Sinne). Als charakteristisches Anfangswertproblem bezeichnen wir in diesem Fall das Problem, zu gegebenem $g \in C(\Gamma)$ eine Lösung $u \in D(\overline{\Omega})$ zu bestimmen mit $u|_\Gamma = g$. Zu beliebigem $(x, y) \in \overline{\Omega}$ bilden wir das „harmonische Maß"

$$\mu_{(x,y)} = \delta_{(x_0,y)} + \delta_{(x,y_0)} - \delta_{(x_0,y_0)}\,. \tag{18}$$

Dann ist $u(x, y) = \mu_{(x,y)}(g)$ die (einzige) Lösung. Diese Lösungsdarstellung liefert folgende Abschätzung. Es existiert eine Konstante $c > 0$, so daß gilt

$$\sup_{P\in\Omega} |u(P)| \leqq c \sup_{P\in\Gamma} |u(P)| \qquad \text{für alle } u \in D(\overline{\Omega})\,.$$

Wir erhalten also ein Balayage-Prinzip: Zu jedem $\mu \in \mathfrak{M}(\overline{\Omega})$ existiert ein $\nu \in \mathfrak{M}(\Gamma)$ mit

$$\mu(u) = \nu(u) \qquad \text{für alle } u \in D(\overline{\Omega})\,. \tag{19}$$

Dabei ist speziell dem DIRAC-Maß $\delta_{(x,y)} \in \mathfrak{M}^+(\overline{\Omega})$ das Maß $\mu_{(x,y)} \in \mathfrak{M}(\Gamma)$ zugeordnet. Das Balayage-Prinzip in diesem Spezialfall bildet ein Gegenbeispiel für viele Forderungen, die bei elliptischen Gleichungen erfüllt sind. (Die Zuordnung $\mu \to \nu$ ist hier leicht überschaubar, vgl. die Transformation am Ende dieses Paragraphen).

Der Gleichung (19) können wir folgende Deutung geben. Es sei $\lambda \in \mathfrak{F}$, $\operatorname{supp} \lambda \subseteqq \complement\Omega$. Dann folgt mit $u = \Phi_H \lambda$ aus (19)

$$\mu(\Phi_H \lambda) = \nu(\Phi_H \lambda) \Rightarrow \lambda(\Phi_H^* \mu) = \lambda(\Phi_H^* \nu)\,.$$

Dies gilt für alle $\lambda \in \mathfrak{F}$. Somit erhalten wir wegen der Erblichkeit von $\mathfrak{F}^+$ nach II.1.4.

$$\Phi_H^* \mu(x', y') = \Phi_H^* \nu(x', y') \qquad \text{für } \mathfrak{I}_H\text{-fast alle } (x', y') \in \complement\Omega\,. \tag{20}$$

Umgekehrt erhält man auf Grund der Dichtheit der $\Phi_H \lambda$ $(\lambda \in \mathfrak{F})$ in $C(\Gamma)$, daß (19) aus (20) folgt. Statt des Rechtecks kann man auch allgemeinere Gebiete nehmen.

Wir werden noch ein Beispiel zum inversen Problem der Potentialtheorie konstruieren, wo man nach der Menge aller Maße fragt, die auf einer Menge Ω dasselbe Potential erzeugen.

Es sei $a, b \in R^1$ und $a > 0$. Wir betrachten den offenen Halbraum

$$\Omega = \{(x', y') \in R^2 : y' + ax' + b > 0\}$$

(oder den Quadranten $\Omega = H^*_{x_0 y_0}$) und setzen $M = \complement\Omega$. Zu gegebenem $\mu \in \mathfrak{M}_0$, $\operatorname{supp} \mu \subseteqq M$ geben wir weitere $\nu \in \mathfrak{M}_0$, $\operatorname{supp} \nu \subseteqq M$ an mit

$$\Phi_H\mu(P) = \Phi_H\nu(P) \qquad \text{für alle } P \in \Omega \tag{21}$$

(vgl. auch (20)). Es seien $h_i(t)$ Funktionen im R^1 mit $h_i(t_1) = h_i(t_2)$ für $t_1 \leqq t_2$ und $0 \leqq h_i(t) < \infty$ für alle $t \in R^1$ $(i = 1, 2)$. Dann gilt für alle $(x, y) \in \Omega$ (da auf Ω keine Masse liegt)

$$\Phi_H\mu(x, y) = \Phi_H\mu(x + h_1(x), y) + \Phi_H\mu(x, y + h_2(y)) - \Phi_H\mu(x + h_1(x), y + h_2(y)) \,. \tag{22}$$

Wir definieren folgende Abbildungen von R^2 in sich:

$$t_1 \colon (x, y) \to (x + h_1(x), y) \,, \qquad t_2 \colon (x, y) \to (x, y + h_2(y)) \,,$$
$$t_3 \colon (x, y) \to (x + h_1(x), y + h_2(y)) \,.$$

Dann ist durch $\mu_i(B) = \mu(t_i B)$ $(B \in \mathscr{B})$ ein Maß $\mu_i \in \mathfrak{M}_0$ definiert mit $\operatorname{supp} \mu_i \subseteqq M$ $(i = 1, 2, 3)$. Statt (22) erhalten wir

$$\Phi_H\mu(P) = \Phi_H(\mu_1 + \mu_2 - \mu_3)(P) \qquad \text{für alle } P \in \Omega \,.$$

Somit ist $\nu = \mu_1 + \mu_2 - \mu_3 \in \mathfrak{M}_0$ ein Maß mit der erwähnten Eigenschaft.

LITERATURVERZEICHNIS

[A1] D. R. ADAMS: Capacity and compact embeddings. J. Math. Mech. 19, 923–929 (1969/70).

[A2] D. R. ADAMS: Traces of potentials arising from translation invariant operators. Ann. Sc. Norm. Sup. Pisa 25, 203–217 (1971).

[A3] D. R. ADAMS: Properties of equivalent capacities. Canadian Math. Bull. 14, 1, 5–12 (1971).

[A4] D. R. ADAMS: Traces of potentials II. Math. J. Illinois Univ. 22, 10, 907–918 (1973).

[A5] D. R. ADAMS, N. G. MEYERS: Bessel potentials. Inclusion relations among classes of exceptional sets. Bull. Amer. Math. Soc. 77, 868–870 (1971).

[A6] D. R. ADAMS, J. C. POLKING: Removable singularities of solutions of linear partial differential equations. Acta Math. 125, 1–2, 39–56 (1970).

[A7] D. R. ADAMS, J. C. POLKING: The equivalence of two definitions of capacity. Proc. Amer. Math. Soc. 37, 529–534 (1973).

[A8] G. ADLER: Maggiorazione del gradiente delle funzioni biarmonice di due variabili. Rend. Accad. Sci. fis. mat. Napoli, IV, Ser. 28, 225–239 (1961).

[A9] G. ADLER: Maggiorazione del gradiente delle funzioni armoniche mediante i lora valori al contorno. Atti Accad. naz. Lincei Memorie U. Sci. fis. mat. Seg I, VIII. Ser. 6, 185–201 (1961).

[A10] G. ADLER: A method for obtaining uniform pointwise bounds for solutions of elliptic equations of order 2m and its applications to the biharmonic equation. Math. Inst. Hung. Acad. Sciences, Budapest 1972.

[A11] S. AGMON: Multiple layer potentials and the Dirichlet problem for higher order equations in the plane I. Comm. Pure Appl. Math. 10, 179–239 (1957).

[A12] S. AGMON: The coerciveness problem for integrodifferential forms. J. Analyse Math. 6, 183–223 (1958).

[A13] S. AGMON: The L_p-Approach to the Dirichlet-Problem. Ann. Sc. Norm. Sup. Pisa 13, 405–448 (1959).

[A14] S. AGMON, A. DOUGLIS, L. NIRENBERG: Estimates near the boundary for solutions of elliptic partial differential equations satisfying general boundary conditions. I. Comm. Pure Appl. Math. 12, 623–727 (1959), II. Comm. Pure Appl. Math. 17, 35–92 (1964).

[A15] S. AGMON: Maximum theorems for solutions of higher order elliptic equations. Bull. Amer. Math. Soc. 66, 77–80 (1960).

[A16] S. AGMON: Lectures on elliptic boundary value problems. Princeton–New Jersey–New York–Toronto–London 1965.

[A17] G. ALBINUS: Bemerkungen zu einer potentialtheoretischen Methode. Math. Nachr. 55, 381–397 (1973).

[A18] G. ALBINUS: Potentialtheorie für lineare elliptische Differentialgleichungen zweiter Ordnung mit konstanten reellen Koeffizienten in kleinen Gebieten. Math. Nachr. 63, 371–385 (1974).

[A19] G. ALBINUS: Über das im Sinne von N. Wiener verallgemeinerte Dirichletsche Problem für die Helmholtzsche Schwingungsgleichung in beliebigen beschränkten Gebieten. Math. Nachr. 62, 217–231 (1974).

[A20] G. ALBINUS, N. BOBOC, P. MUSTAŢĂ: A priori evaluations for Dirichlet problem associated with a linear elliptic operator. Math. Nachr. 60, 131–135 (1974).

[A21] G. Albinus: Über die Greensche Funktion für den Operator $L = \Delta + \gamma$ und beschränkte Gebiete. Math. Nachr. 66, 163–175 (1975).
[A22] G. Albinus: Fredholm's alternative for the generalized Dirichlet problem according to Wiener of the reduced wave equation. Math. Nachr. (ersch. demn.).
[A23] G. Albinus: On the Dirichlet problem for the reduced wave equation. Proc. of the VII. Internat. Conf. on Nonlin. Osc. (ICNO) Berlin 1975. Akademie-Verlag, Berlin 1977.
[A24] G. Albinus: Stabilität des Dirichletschen Problems für die Helmholtzsche Schwingungsgleichung bei Gebietsänderung Math. Nachr. 76, 69–90 (1977).
[A25] P. S. Alexandroff: Einführung in die Mengenlehre und die Theorie der reellen Funktionen. Berlin 1964.
[A26] E. M. Alfsen: Compact convex sets and boundary integrals. Springer Verlag, Berlin-Heidelberg-New York 1971.
[A27] B. Anger: Approximation of capacities by measures. Lecture Notes in Math. 226, 152–170 (1971).
[A28] G. Anger: Stetige Potentiale und deren Verwendung für einen Neuaufbau der Potentialtheorie. Diss. Techn. Hochsch. Dresden (1957).
[A29] G. Anger: Sur le rôle des potentiels continues dans les fondements de la théorie du potentiel. Séminaire de théorie du potentiel, 2, 1957/58 Faculté des Sc. Paris.
[A30] G. Anger: Die Entwicklung der Potentialtheorie im Hinblick auf ihre grundlegenden Existenzsätze. I. J.-Ber. Dt. Math. Verein., 64, 51–78 (1961), II. J.-Ber. Dt. Math. Verein., 64, 100–134 (1961).
[A31] G. Anger: Balayage-Prinzip und stetige Projektionen. Wiss. Z. Techn. Univ. Dresden 11, 417–426 (1962).
[A32] G. Anger: Über die Darstellung der superharmonischen Funktionen der Potentialgleichung und der Wärmeleitungsgleichung. Math. Nachr. 32, 281–295 (1966).
[A33] G. Anger: Funktionalanalytische Betrachtungen bei Differentialgleichungen unter Verwendung von Methoden der Potentialtheorie I. Berlin 1967.
[A34] G. Anger: Eindeutigkeitssätze und Approximationssätze für Potentiale. I. Math. Nachr. 43, 123–147 (1970), II. Math. Nachr. 50, 229–244 (1971).
[A35] G. Anger: Eindeutigkeitssätze und Approximationssätze für Potentiale III. Inverse Probleme. Sib. Mat. Žurn. 14, 6, 1163–1179 (1973).
[A36] G. Anger, B.-W. Schulze, G. Wildenhain: Potentialtheorie. Festbd. 25 Jahre Math. in der DDR, 428–451 (1974).
[A37] G. Anger: Direct and inverse problems in potential theory. Proc. Colloqu. Nonlinear Evol. Equ. and Pot. Theory, 11–44 Praha 1974.
[A38] G. Anger: Ein inverses Problem der Wärmeleitungsgleichung I. (in Vorbereitung).
[A39] G. Anger, B.-W. Schulze: Einige Bemerkungen über harmonische Maße und das inverse Problem. Beitr. zur Analysis 8, 13–26 (1976).
[A40] D. H. Armitage: A polyharmonic generalization of a theorem on harmonic functions. J. London math. Soc. II. Ser. 7, 251–258 (1973).
[A41] N. Aronszajn: On coercive integro-differential quadratic forms. Conf. Part. Diff. Equ. Univ. of Kansas 14, 94–166 (1954).
[A42] N. Aronszajn, K. T. Smith: Functional spaces and functional completion. Ann. Inst. Fourier 6, 125–185 (1955/56).
[A43] N. Aronszajn, K. T. Smith: Theory of Bessel potentials I. Ann. Inst. Fourier 11, 385–475 (1961).
[A44] N. Aronszajn, F. Mulla, P. Szeptycki: On spaces of potentials connected with L^p-classes. Ann. Inst. Fourier 13, 2, 211–306 (1963).
[A45] M. G. Arsove: Functions of potential type. Trans. Amer. Math. Soc. 75, 526–551 (1953).
[A46] M. G. Arsove: Functions representable as differences of subharmonic functions. Trans. Amer. Math. Soc. 75, 327–365 (1953).
[A47] M. G. Arsove: Some criteria for normality of families of continuous functions. Comm. Pure Appl. Math. IX, 299–305 (1956).
[A48] M. G. Arsove: Continuous potentials and linear mass distributions. SIAM Review 2, 177–188 (1960).

[A49] M. G. ARSOVE: The Wiener-Dirichlet-problem and the theorem of Evans. Math. Zeitschr. 103, 184—194 (1968).

[A50] M. A. ATAHODŽAEV: Zur Theorie der 2m-Potentiale (Russ.). Kraevye zadač. Diff. Uravn. 1, 3—11 (1971).

[B1] I. BABUŠKA: Über die Stabilität des Gebietes bezüglich der fundamentalen Probleme der Theorie der partiellen Differentialgleichungen, speziell im Zusammenhang mit der Elastizität I, II (Russ.). Czechoslov. Math. J. 11, 76—105 und 165—203 (1961).

[B2] G. BACKUS, F. GILBERT: The resolving power of gross earth data. Geophys. J.R. Astr. Soc. 16, 169—205 (1968).

[B3] G. BACKUS, F. GILBERT: Uniqueness in the inversion of inaccurate gross earth data. Phil. Trans. R. Soc. Lond. 266A, 123—192 (1970).

[B4] T. BAGLEY, J. E. BRENNAN: Bounded evaluations for linear elliptic differential operators. Proc. Amer. Math. Soc. 41, 132—136 (1973).

[B5] J. BATT, E. J. BERG: Linear Bounded Transformations on the Space of Continuous Functions. Journal of Functional Analysis 4, 215—239 (1969).

[B6] H. BAUER: Šilovscher Rand und Dirichletsches Problem. Ann. Inst. Fourier 11, 89—136 (1961).

[B7] H. BAUER: Axiomatische Behandlung des Dirichletschen Problems für elliptische und parabolische Differentialgleichungen. Math. Ann. 146, 1—59 (1962).

[B8] H. BAUER: Weiterführung einer axiomatischen Potentialtheorie ohne Kern (Existenz von Potentialen). Z. Wahrscheinlichkeitstheorie. 1, 197—229 (1963).

[B8] H. BAUER: Zum Cauchyschen und Dirichletschen Problem bei elliptischen und parabolischen Differentialgleichungen. Math. Ann. 164, 142—153 (1966).

[B10] H. BAUER, Harmonische Räume und ihre Potentialtheorie. Berlin-Heidelberg-New York 1966.

[B11] H. BAUER: Konvexität in topologischen Vektorräumen. Vorlesungsausarb. Erlangen-Nürnberg 1963/64.

[B12] H. BAUER: Wahrscheinlichkeitstheorie und Grundzüge der Maßtheorie. Berlin 1968.

[B13] H. BAUER: Harmonic spaces and associated Markov processes. In: Potential Theory, 23—67 (CIME, 1° Ciclo, Stres 2—10 Luglio 1969). Roma: Edizioni Cremonese 1970.

[B14] H. BECKERT: Eine bemerkenswerte Eigenschaft der Lösung des Dirichletschen Problems bei linearen elliptischen Differentialgleichungen. Math Ann. 139, 255—264 (1960).

[B15] E. BEHRENDS, G. WITTSTOCK: Tensorprodukte kompakter konvexer Mengen. Inventiones math. 10, 251—266 (1970).

[B16] JU. M. BEREZANSKIJ: Zerlegung nach Eigenfunktionen selbstadjungierter Operatoren (Russ.). Kiew 1965.

[B17] L. BERS, F. JOHN, M. SCHECHTER: Partial differential equations. New York-London-Sidney 1964 (russ. Übers.: Moskau 1966).

[B18] A. BEURLING, J. DENY: Dirichlet spaces. Proc. Nat. Acad. USA 45, 208—215 (1959).

[B19] A. V. BICADSE: Randwert-Probleme für elliptische Gleichungen zweiter Ordnung. (Russ.). Moskau 1966.

[B20] J. BLIEDTNER: Harmonische Gruppen und Huntsche Faltungskerne. Lecture Notes in Math. 69, 69—102 (1968).

[B21] J. BLIEDTNER: Functional spaces and their exceptional sets. Preprint, Yale University 1970.

[B22] R. M. BLUMENTHAL, R. K. GETOOR: Markow-Processes and Potential theory. New York-London 1968.

[B23] N. BOBOC, C. CONSTANTINESCU, A. CORNEA: On the Dirichlet problem in the axiomatic theory of harmonic functions. Nagoya Math. J. 23, 73—96 (1963).

[B24] N. BOBOC, C. CONSTANTINESCU, A. CORNEA: Axiomatic theory of harmonic functions. Nonnegative superharmonic functions. Ann. Inst. Fourier 15, 1. 283—312 (1965).

[B25] N. BOBOC, C. CONSTANTINESCU, A. CORNEA: Axiomatic theory of harmonic functions. Balayage. Ann. Inst. Fourier 15, 2, 37—70 (1965).

[B26] N. Boboc, C. Constantinescu, A. Cornea: Sur un problème concernant les domaines d'unité pour le problème de Dirichlet associé à un opérateur elliptique. Accad. Nat. dei Lincei 42, 181–186 (1967).
[B27] N. Boboc, P. Mustaţă: Espaces harmoniques associés aux opérateur différentials linéaires du second ordre de type elliptique. Lecture Notes in Math. 68, 1968.
[B28] J. Bochenek: On the Dirichlets problem for a class of the elliptic systems of differential equations of the second order. Zeszyty Nauk Univ. Jagiello Prace Mat. Zeszyt 11, 21–26 (1966).
[B29] B. A. Bondarenko: Polyharmonische Polynome. (Russ.) Taschkent 1968.
[B30] G. Bouligand: Sur le problème de Dirichlet. Ann. Soc. Polonaise 4, 59–112 (1926).
[B31] N. Bourbaki: Espaces vectoriels topologiques. Paris, Hermann et Cie Ed. 1955.
[B32] N. Bourbaki: Intégration. Paris. Hermann et Cie. Ed. 1952.
[B33] D. G. Bourgin: The Dirichlet-problem for the damped wave equation. Duke Math. J. 7, 97–120 (1940).
[B34] D. G. Bourgin, R. Duffin: The Dirichlet-problem for the vibrating string equation. Bull. Amer. Math. Soc. 45, 851–858 (1939).
[B35] M. Brelot: Le probléme de Dirichlet, axiomatique et frontière de Martin. J. math. pures et appl. 35, 297–335 (1956).
[B36] M. Brelot: Eléménte de la théorie classique du potentiel. Paris 1961 (Russ. Übersetzung Moskau 1964).
[B37] M. Brelot: Lectures on potential theory. Tata Institute of Fundamental Research, Bombay 1967.
[B38] M. Brelot: Axiomatique des fonctions harmoniques. Les processes de l'Univ. de Montréal 1965.
[B39] M. Brelot: On topologies and boundaries in potential theorie. Lecture Notes in Math. 175, 1971.
[B40] M. Brelot: Les étapes et les aspects multiples de la théorie du potentiel. L'enseignement mathématique, 18, 1, 1–36 (1972).
[B41] E. Briem: Restrictions of Subspaces of $C(X)$. Inventiones math. 10, 288–297 (1970).
[B42] F. E. Browder: Strongly elliptic systems of differential equations. Contr. to the Theory of Partial Diff. Equ. Ann. Math. Studies, Princeton 33, 15–51 (1954).
[B43] F. E. Browder: Functional Analysis and Partial Differential Equations II. Math. Annalen 145, 81–226 (1962).

[C1] A. P. Calderón, A. Zygmund: Singular integral operators and differential equations. Amer. J. Math. 79, 901–921 (1957).
[C2] A. P. Calderón: Uniqueness in the Cauchy-Problem for partial differential equations. Amer. J. Math. 80, 16–36 (1958).
[C3] A. P. Calderón: Intermediate spaces and interpolation. Conference at Warsawa 1960.
[C4] A. P. Calderón: Intermediate spaces and interpolation, the complex method. Studia Mathematica 24, 113–190 (1964).
[C5] A. Canfora: Teorema del massimo modulo e teorema die esistenza per il problema di Dirichlet relativo ai sistemi fortmente ellitici. Ric. di Mat. 15, 249–294 (1966).
[C6] L. Carleson: Selected Problems on Exceptional Sets. Princeton 1967 (russ. Übers.: Moskau 1971).
[C7] H. Cartan: Sur les fondements de la théorie du potentiel. Bull. Soc. math. France 69, 71–96 (1941).
[C8] H. Cartan: Théorie du potentiel newtonien, énergie, capacité, suites de potentiels. Bull. Soc. Math. France, 73, 74–106 (1945).
[C9] H. Cartan: Théorie générale du balayage en potentiel newtonien. Ann. Univ. Grenoble 22, 221–280 (1946).
[C10] H. Cartan: Formes ab straite du théorème de capacitabilité. Ann. Inst. Fourier, 9, 83–89 (1959).
[C11] G. Theory of capacities. Ann. Inst. Fourier 5, 131–295 (1953/54).
[C12] G. Choquet, J. Deny: Aspects linéaires de la théorie du potentiel. Théorème de dualité et applications. C.r. Acad. Sci. Paris 243, 764–767 (1956).

[C13] G. CHOQUET: Existence et unicité des représentations intégrales en moyen des points extrémaux. Sem. Bourbaki (Déc. 1956).

[C14] G. CHOQUET: Sur les fondements de la théorie fine du potentiel. Sem. théor. potent. M. Brelot, G. Choquet, J. Deny 1, 1957.

[C15] G. CHOQUET: Le théorème de preprésentation intégrale dans les ensembles convexes compacts. Ann. Inst. Fourier 10, 333–344 (1960).

[C16] G. CHOQUET: Lectures on Analysis. I. Integration and Topological Vector Spaces, II. Representation Theory, III. Infinite Dimensional Measures and Problem Solutions. New York-Amsterdam 1969.

[C17] Z. CIESIELSKI: Brownian motion, Capacitory potentials and semiclassical sets I, II, III. Bull. Acad. Polonaise Sci., 12, 265–270 (1964), 13, 147–150, 215–219 (1965).

[C18] C. CONSTANTINESCU, A. CORNEA: Potential theory on Harmonic Spaces. Berlin-Heidelberg-New York 1972.

[D1] C. DELLACHERIE: Quelques résultats sur les capacités. C.r. Acad. Sci. Paris, Sér. A, 269, 576–579 (1969).

[D2] C. DEILLACHERIE: Ensembles analytiques, capacités, mesures de Hausdorff. Lecture Notes in Math. 295, 1972.

[D3] J. DENY: Les potentiels d'ènergie finie. Acta math. 82, 107–183 (1950).

[D4] J. DENY, J. L. LIONS: Les espaces du type de Beppo Levi. Ann. Inst. Fourier 5, 305–370 (1953/54).

[D5] J. DENY: Eléments extremaux et balayage (d'après Matsushita). Sém. de théorie du potentiel, 3 ème année, Inst. H. Poincaré, Univ. de Paris 1958/59.

[D6] J. DENY: Théorie de la capacité dans les espaces fonctionels. Séminaire Brelot-Choquet-Deny (Théorie du Potentiel) 9e année 1964/65, No. 1.

[D7] J. DIEUDONNÉ: Grundzüge der modernen Analysis. Berlin 1971.

[D8] G. F. D. DUFF: Partial Differential Equations. Toronto 1956.

[D9] R. J. DUFFIN, Z. NEHARI: Note on polyharmonic functions. Proc. Amer. Math. Soc. 12, 110–115 (1961).

[D10] M. DURAND: Paramétrix d'opérateurs elliptiques de classe C^{μ}. Bull. Soc. Math. de France 103, 1, 21–63 (1975).

[D11] J. L. DOOB: A probability approach to the heat equation. Trans. Amer. Math. Soc. 80, 216–280 (1955).

[D12] J. L. DOOB: Probability methods applied to the first boundary value problem. Proc. 3rd Berkely Symp. on Math. Stat. and Prob. 1954–55, 49–80 (1956).

[D13] J. L. DOOB: Probability theory and the first boundary value problem. Ill. J. of Math. 22, 19–36 (1958).

[D14] A. DOUGLIS, L. NIRENBERG: Interior estimates for elliptic systems of partial differential equations. Comm. Pure Appl. Math. 8, 503–538 (1955).

[D15] E. B. DYNKIN: Grundlagen der Theorie der Markowschen Prozesse (Russ.) Moskau 1959.

[E1] J. EDENHOFER: Integraldarstellung einer m-polyharmonischen Funktion, deren Funktionswerte und erste $m - 1$ Normalableitungen auf einer Hypersphäre gegeben sind. Math. Nachr. 68, 105–113 (1975).

[E2] J. EDENHOFER: Eine Integraldarstellung der Lösung der Dirichletschen Aufgabe bei der Polypotentialgleichung im Falle einer Hyperkugel. Math. Nachr. 69, 149–162 (1975).

[E3] E. G. EFFROS, J. L. KAZOAN: On the Dirichlet problem for the heat equation. Indiana University Math. J. 20, 683–693 (1971).

[E4] L. EHRENPREIS: Fourier-Analysis in Several Complex Variables. New York 1969.

[E5] S. D. EIDEL'MAN, T. G. PLETNEVA: Bocher's theorem for positive solutions of elliptic equations of arbitrary order. Mat. Issled. 8, 3(29) 173–177 (1973).

[E6] G. C. EVANS: On potentials of positive mass I. Trans. Amer. Math. Soc. 37, 226–253 (1935).

[F1] G. FANSELAU: Über Invariantenbildung bei höheren Momenten. Gerlands Beitr. Geophysik 81, 281–286 (1972).

[F2] G. Fanselau: On the Problem of Ambiguity. Gerlands Beitr. Geophysik 82, 164–165 (1973).
[F3] G. Fanselau: Über die Ambiguität in einem Reihentestverfahren mit Variabilität des Koordinatenursprungspunktes. Gerlands Beitr. Geophysik 83, 163–169 (1974).
[F4] G. Fanselau: Zum Problem der Ambiguität und Approximation bei inverser Interpretation. Veröff. Zentralinstitut Physik der Erde (ersch. demn.).
[F5] M. Fekete: Über den transfiniten Durchmesser ebener Punktmengen II. Math. Z. 32: 2, 215–221 (1930).
[F6] G. Fichera, Linear elliptic systems and eigenvalue problems. Lecture Notes in Math. 8, 1965.
[F7] G. Fichera: Su un problema di Dirichlet per l'equazione $u_{xy} = 0$. Atti Accad. Sci. Torino Cl. Sci. Fis. Mat. Natur. 105, 355–366 (1971).
[F8] P. C. Fife: Singularly pertubed elliptic boundary value problems. I. Poisson kernels and potential theory. Amer. Math. Pur. Appl. (4), 90, 99–147 (1971).
[F9] P. A. Fowler: Capacity theory in Banach spaces. Pac. J. Math. 48, 2, 365–385 (1973).
[F10] R. S. Freemann, M. Schechter: On the Existence, Uniqueness and Regularity of Solutions to General Elliptic Boundary Value Problems. J. of Diff. Equ. 15, 2, 213–246 (1974).
[F11] A. Friedman, W. Littman: Bodies for which harmonic functions satisfy the mean value property. Trans. Amer. Math. Soc. 102, 147–166 (1962).
[F12] A. Friedman, W. Littman: Functions satisfying the mean value property. Trans. Amer. Math. Soc. 102, 167–180 (1962).
[F13] A. Friedman: Partial Differential Equations. New York etc. 1969.
[F14] K. O. Friedrichs: Differentiability of solutions of elliptic partial differential equations. Comm. Pure Appl. Math. 11, 333–418 (1958).
[F15] K. O. Friedrichs, P. D. Lax: Boundary value problems for first order operators. Comm. Pure Appl. Math. 18, 1, 2, 355–388 (1965).
[F16] O. Frostman: Potential d'equilibre et capacité des ensembles. Meddel. Lunds Univ. mat. Sem. 3 (1935).
[F17] B. Fuglede: Extremal length and functional completion. Acta Math. 98, 171–219 (1957).
[F18] B. Fuglede: On the theory of potentials in locally compact spaces. Acta Math. 103, 139–215 (1960).
[F19] B. Fuglede: On the axiomatic theory of thin sets in potential theory. Vorträge der 3. Tagung über Probleme und Methoden der Mathem. Physik, Karl-Marx-Stadt, Heft 1, 98–114 (1966).
[F20] B. Fuglede, L. Schwartz: Un nouveau theorème sur les distributions. C.R. Acad. Sc. Paris, 263, Ser. A. 899–901 (1966).
[F21] B. Fuglede: Unveröffentlichtes Manuskript. 1968.
[F22] B. Fuglede: Applications du thèoréme minimax à l'étude de diverses capacités. C.R. Acad. Sci. (Paris) 266: 18, Sér. A, 921–923 (1968).
[F23] B. Fuglede: Finely harmonic functions. Lecture Notes in Math. 289, 1972.
[F24] Function Theoretic Methods for Partial Differential Equations. Lecture Notes in Math. 1976.

[G1] T. W. Gamelin: Uniform Algebras. Englewood Cliffs, N.J. 1969.
[G2] L. Gårding: Dirichlet's problem for linear elliptic partial differential equations. Math. Scand. 1, 55–72 (1953).
[G3] J. Garnett: Analytic Capacity and Measure. Lecture Notes in Math. 297, 1972.
[G4] A. M. Garsia: A note on the mean value property. Trans. Amer. Math. Soc. 102, 181–186 (1962).
[G5] I. M. Gelfand, G. E. Šilov: Verallgemeinerte Funktionen (Distributionen) I, II. Berlin 1962.
[G6] G. Glaeser: Etude de quelques algèbres taylorienne. J. Analyse Math. 6, 1–124 (1958).
[G7] G. Glaeser: Problème genéraux de prolongement des fonctions dérivable. Sem. Goulaonic-Schwartz, Equ. aux Deriv. Part. et. Anal. Fonct. 1970–1971.

[G8] G. M. GOLUSIN: Geometrische Funktionentheorie einer komplexen Veränderlichen (Russ.), Moskau 1966.

[G9] V. V. GRUŠIN: Die Verbindung zwischen lokalen und globalen Eigenschaften hypoelliptischer Gleichungen mit konstanten Koeffizienten (Russ.). Mat. Sb. 66, 525–550 (1965).

[G10] N. M. GÜNTER: Die Potentialtheorie und ihre Anwendung auf Grundprobleme der mathematischen Physik. Leipzig 1957.

[H1] P. R. HALMOS: Measure theory. New York 1956.

[H2] W. HANSEN: Potentialtheorie harmonischer Kerne. Lecture Notes in Math. 69, 103–180 (1968).

[H3] G. H. HARDY, J. E. LITTLEWOOD: Theorems concerning mean values of analytic or harmonic functions. Quart. J. Math. (Oxford) 12, 221–256 (1942).

[H4] J. R. HARVEY, J. C. POLKING: Removable singularities of solutions of linear partial differential equations. Acta Math. 125, 1–2, 31–36 (1970).

[H5] F. HAUSDORFF: Mengenlehre. Berlin-Leipzig 1935.

[H6] L. L. HELMS: Introduction to potential theory. New York-London-Sydney-Toronto 1969.

[H7] G. A. HUNT: Markow processes and potentials. Ill. J. Math. 1, 3 (1957), 2, 2 (1958).

[H8] R. M. HERVÉ: Recherches axiomatiques sur la théorie des fonctions surharmoniques et du potentiel. Ann. Inst. Fourier 12, 415–571 (1962).

[H9] M. R. HESTENES: Extension of the range of a differentiable function. Duke Math. J. 8, 183–192 (1941).

[H10] I. HONG: A remark on the maximum modulus principle for the solution of the Helmholtz equation. Comment. Math. Univ. St. Paul 19, 123–126 (1971).

[H11] L. HÖRMANDER, J. L. LIONS: Sur la complétion par rapport à une intégrale de Dirichlet. Math. Scand. 4, 3, 259–270 (1956).

[H12] L. HÖRMANDER: Linear partial differential operators. Berlin-Göttingen-Heidelberg 1963 (russ. Übers.: Moskau 1965).

[H13] L. HÖRMANDER: Pseudo-differential operators. Comm. Pure. Appl. Math. 18, 3, 501–517 (1965).

[H14] L. HÖRMANDER: Pseudo-differential operators and hypoelliptic equations. Übers. eines Vortrages in Chicago 1966, Sammelbd. Pseudo-Differential-Operatoren (Russ.). Moskau 1967.

[H15] E. JA. HRULSOV: Die Methode der orthogonalen Projektion und das Dirichletproblem in Gebieten mit feinkörnigem Rand (Russ.). Mat. Sb. 88 (130), 38–60 (1972).

[H16] A. HUBER: Die erste Randwert-Aufgabe für geschlossene Bereiche der Gleichung $\partial^2 z/\partial x \partial y = f(x, y)$. Monatsber. Math. Phys. 39, 79–100 (1932).

[I1] A. D. IOFFE, V. L. LEVIN: Subdifferentiale konvexer Funktionen (Russ.). Tr. Mosk. Mat. Obšč. 26, 3–73 (1972).

[I2] I. R. ISBELL, Z. SEMADENI: Projection constants and spaces of continuous functions. Trans. Amer. Math. Soc. 107, 38–48 (1963).

[I3] M. ITO: A note on extended regular functional spaces. Proc. Jap. Acad. 43, 435–440 (1967).

[I4] V. K. IVANOV, L. E. KAZAKOVA: Über Approximation im Mittel harmonischer Funktionen in drei Variablen durch harmonische Polynome (Russ.). Math. zap. Ural'skogo Un-ta 3, 2, 24–29 (1962).

[I5] A. V. IVANOV: Über die Lösbarkeit des Dirichlet-Problems für gewisse Klassen elliptischer Systeme zweiter Ordnung (Russ.). Trudy Mat. Inst. Steklov. Kraevye zad. mat. fis 8, 56–87 (1973).

[J1] J. JAENICKE: Lösung der ersten Randwert-Aufgabe einer partiellen Differentialgleichung vom hyperbolischen Typus. Math. Zeitschr. 105, 72–86 (1968).

[J2] D. D. JACKSON: Interpretation of inaccurate, insufficient and inconsistent data. Geophys. J.R. Astr. Soc. 28, 97–110 (1972).

[J3] D. D. JACKSON: Marginal solutions to quasilinear inverse problems. Geophysics: The Edgehog method. Geophys. J.R. Astr. Soc. 121–136 (1973).

[J4] F. JOHN: The Dirichlet problem for a hyperbolic equation. Amer. J. Math. 63, 141–154 (1941).

[J5] F. John: Plane waves and spherical means. New York 1955.
[J6] F. John: Continuous dependence on data for solutions of partial differential equations with a prescribed bound. Comm. Pure Appl. Math. 13, 551–585 (1960).
[J7] A. Jonsson, H. Wallin: A Whitney extension theorem in L^p and Besov spaces. Preprint 5, University of Umeå, Dept. Math. 1975.

[K1] M. Kac: Aspects probabilistes de la théorie du potential. Course d'été 1968 de l'université de Montréal, Montréal 1970.
[K2] L. W. Kantorowitsch, G. P. Akilow: Funktionalanalysis in normierten Räumen. Berlin 1964.
[K3] M. V. Keldyš: Über die Lösbarkeit und Stabilität des Dirichlet-Problems (Russ.). Uspechi Mat. Nauk, alte Ser. 8, 171–292 (1941).
[K4] M. V. Keldyš: Über die Lösbarkeit und Stabilität des Dirichlet-Problems (Russ.). DAN SSSR 18, 315–318 (1938).
[K5] M. V. Keldyš: On the solvability and stability of the Dirichlet problem. Amer. Math. Soc. Transl. Ser. 2, 51, 1–73 (1966).
[K6] O. D. Kellogg: Foundations of Potential Theory. New York 1929 (Auflage 1953).
[K7] M. Kishi: Capacities of borelian sets and the continuity of potentials. Nagoya Math. J. 12, 195–219 (1957).
[K8] J. J. Kohn, L. Nirenberg: An algebra of pseudo-differential operators. Comm. Pure Appl. Math. 18, 1, 2, 296–305 (1965).
[K9] J. J. Kohn, L. Nirenberg: Non coercive boundary value problems. Comm. Pure Appl. Math. 18, 3, 433–493 (1965).
[K10] A. N. Kolmogorov, S. V. Fomin: Elemente der Theorie der Funktionen und der Funktionalanalysis (Russ.). Moskau 1968.
[K11] V. A. Kondrat'ev: Über die Lösbarkeit der ersten Randwert-Aufgabe für stark elliptische Gleichungen (Russ.). Dokl. Nauk 136, 4, 771–774 (1961).
[K12] V. A. Kondrat'ev: Über die Lösbarkeit der ersten Randwert-Aufgaben für stark elliptische Gleichungen (Russ.) Trudy Mosk. Mat. Obšč. 16, 294–318 (1967).
[K13] V. A. Kondrat'ev, S. D. Eidel'man: Positive Lösungen linearer partieller Differentialgleichungen (Russ.). Tr. Mosk. Mat. Obšč. 31, 85–146 (1974).
[K14] G. Köthe: Topologische lineare Räume. Berlin-Göttingen-Heidelberg 1968.
[K15] J. Král: The Fredholm Method in Potential Theory. Trans. Amer. Math. Soc. 125, 3, 511–547 (1966).
[K16] J. Král: On the Neumann problem in potential theory. Comm. Math. Univ. Carolinae 7, 4, 485–493 (1966).
[K17] J. Král: Flows of heat and the Fourier problem. Czechosl. Math. I. 20(5), 556–598 (1970).
[K18] J. Král: Hölder-continuous heat potentials. Accad. Naz. dei Lincei, Ser. VIII, 51, 1–2, 17–19 (1971).
[K19] J. Král: Regularity of potentials and removability of singularities of solutions of partial differential equations. Proc. Equadiff. Brno 1972, 179–185.
[K20] J. Král: Removable singularities of solutions of semielliptic equations. Rend. di Mat. (4), 6, 763–783 (1973).
[K21] Ju. P. Kraskovskij: Abschätzung der Singularität der Greenschen Funktion (Russ.). Izv. A.N.SSSR 31, 977–1010 (1967).
[K22] Ju. P. Krasovskij: Studium der Potentiale, die mit Randwert-Problemen für elliptische Gleichungen zusammenhängen (Russ.). Izv. A.N. SSSR 31, 587–640 (1967).
[K23] Ju. P. Krasovskij: Growth estimates of the derivatives of the solutions of homogeneous elliptic equations near the boundary (Russ.). Dokl. A.N. SSSR 184, 534–537 (1969).
[K24] U. Krause: Der Satz von Chuoquet als ein abstrakter Spektralsatz und vice versa. Math. Ann. 184, 275–296 (1970).
[K25] S. G. Krein: Verhalten von Lösungen elliptischer Gleichungen bei Variation des Gebietes. Studia Mathematika, 31, 411–424 (1968).
[K26] S. G. Krein: Lineare Gleichungen im Banach-Raum (Russ.). Moskau 1971.

[K27] I. N. KROL, V. G. MAZ'JA: Über Fehlen von Stetigkeit und Hölderstetigkeit von Lösungen quasilinearer elliptischer Gleichungen in der Nähe eines nichtregulären Randes (Russ.). Trudy Mosk. Matem. Obšč. 26, 75–94 (1972).

[K28] N. V. KRYLOV: Über die erste Randwert-Aufgabe für elliptische Gleichungen (Russ.). Diff. Uravn. 3, 2, 315–325 (1967).

[K29] K. KUNUGUI: Étude sur la théorie du potentiel généralisé. Osaka Math. J. 2, 63–103 (1950).

[K30] K. KURATOWSKI: Topology I, II. New York-London-Warschau 1968.

[L1] O. A. LADYŽENSKAJA, N. N. URAL'CEVA: Lineare aund quasilineare Gleichungen vom elliptischen Typ (Russ.). Moskau 1964.

[L2] E. M. LANDIS: s-Kapazität und ihre Anwendung auf das Studium der Lösungen elliptischer Gleichungen zweiter Ordnung mit unstetigen Koeffizienten. (Russ.). Math. Sb. 76: 2, 186–213 (1968).

[L3] E. M. LANDIS: Gleichungen zweiter Ordnung vom elliptischen und parabolischen Typ (Russ.). Moskau 1971.

[L4] E. M. LANDIS: Qualitative Theorie elliptischer Gleichungen höherer Ordnung. Teil I (Russ.). Vorlesungsausarbeitung Moskau 1972.

[L5] E. M. LANDIS: Über das Verhalten der Lösungen elliptischer Gleichungen höherer Ordnung in nichtbeschränkten Gebieten (Russ.). Trudy Mosk. Mat. Obšč. 31, 35–58 (1974).

[L6] N. S. LANDKOF: Über Dichtheit gewisser Systeme harmonischer Funktionen im Raum von Funktionen, die auf einer Menge stetig sind (Russ.). AN SSSR 55, 1, 7–8 (1957).

[L7] N. S. LANDKOF: Grundlagen der modernen Potentialtheorie (Russ.). Moskau 1966.

[L8] P. D. LAX: A remark on the method of orthogonal projections. Comm. Pure Appl. Math. 4, 457–464 (1951).

[L9] H. LEBESGUE: Conditions de régularité, conditions d'irregularité, conditions d'impossibilité dans le problème de Dirchlet. C.R. Acad. Sci. Paris 178, 349–354 (1924).

[L10] P. LÉVI: Problèmes concrets d'analyse fonctionelle. Paris 1951 (russ. Übers.: Moskau 1967).

[L11] J.-L. LIONS: Une construction d'espaces d'interpolation. C.r. Sc. Acad. Sc. Paris 250, 1853–1855 (1960).

[L12] J.-L. LIONS: Sur les espaces d'interpolation; dualité. Math. Scand. 9, 147–177 (1961).

[L13] J.-L. LIONS: Equations différentielles opérationnelles. Berlin 1961.

[L14] J.-L. LIONS, E. MAGENES: Problemi ai limiti non omogeni III, IV. Ann. Sc. Norm. Sup. Pisa, Ser. 3, 15, 41–103 (1961), 16, 1–44 (1962).

[L15] J.-L. LIONS, E. MAGENES: Problèmes aux limites non homogènes et applications. Paris 1968 (Russ.) Moskau 1971.

[L16] W. LITTMAN, G. STAMPACCIA, H. F. WEINBERGER, Regular points for elliptic equations with discontinous coefficients. Ann. Sc. Norm. Sup. Pisa 17, 43–77 (1963).

[L17] W. LITTMAN: A connection between α-capacity and $(m - p)$-polarity. Bull. Amer. Math. Soc. 73, 862–866 (1967).

[L18] W. LITTMAN: Polar sets and removable singularities of partial differential equations. Ark. Math. 7, 1, 1–9 (1967).

[L19] I. G. LOBODŽINSKAJA: Eine Anwendung der Potentialmethode zur Lösung eines gewissen Typs beschränktwertiger Probleme von elliptischen Gleichungen höherer Ordnung im n-dimensionalen Raum (Russ.). Diff. Uravn. 9, 2084–2087 (1973).

[M1] B. MALGRANGE: Existence et approximation des solutions des équations aux dérivées partielles et des équations de convolution. Ann. Inst. Fourier, 6, 271–355 (1956).

[M2] B. MALGRANGE: Ideals of differentiable funktions. Oxford 1966 (russ. Übers.: Moskau 1968).

[M3] V. A. MARČENKO, E. JA. HRUSLOV: Randwert-Probleme in Gebieten mit feinkörnigem Rand (Russ.). Kiew 1974.

[M4] M. I. MATIČUK, S. D. EIDELMAN: On fundamental solutions of elliptic systems. Amer. Math. Soc. Transl. II, Ser. 74, 143–168 (1968); Ukrain. mat. žurn. 18, 2, 22–41 (1966).

[M5] K. MAURIN: Method of Hilbert spaces. Warszawa 1967 (russ. Übers. Moskau 1965).

[M6] V. G. MAZ'JA: Some p-conductance and theorems of embedding certain function spaces into the space C (Russ.). Soviet Math. Dokl. 2, 1200–1203 (1961).

[M7] V. G. MAZ'JA: Über das Dirichlet-Problem für elliptische Gleichungen beliebiger Ordnung (Russ.). DAN SSSR **150**, 6, 1221–1224 (1963).

[M8] V. G. MAZ'JA: Zur Theorie des mehrdimensionalen Schrödinger-Operators (Russ.). Izv. AN SSSR ,Ser. Mat. **28**, 5, 1145–1172 (1964).

[M9] V. G. MAZ'JA: Die polyharmonische Kapazität in der Theorie der ersten Randwert-Aufgabe (Russ.). Sib. mat. Žurn. **16**, 1, 127–148 (1965).

[M10] V. G. MAZ'JA: Klassen von Mengen und Maßen, die mit den Einbettungssätzen zusammenhängen (Russ.). Trudy Simp. teoremam vloženija. Baku 1966.

[M11] V. G. MAZ'JA: Über das Verhalten in Randnähe der Lösungen des Dirichlet-Problems für elliptische Gleichungen zweiter Ordnung in Divergenzform (Russ.). Matem. zametki **2**, 2, 209–220 (1967).

[M12] V. G. MAZ'JA: Über das Neumann-Problem in Gebieten mit nichtregulären Rändern (Russ.). Sib. Mat. J. **9**, 6, 1322–1350 (1968).

[M13] V. G. MAZ'JA: Beispiele nichtregulärer Lösungen quasilinearer elliptischer Gleichungen mit analytischen Koeffizienten. (Russ.). Funkc. analiz **2**, 3, 53–57 (1968).

[M14] V. G. MAZ'JA, V. P. CHAVIN: Ein nichtlineares Analogon des Newtonschen Potentials und metrische Eigenschaften der (p, l)-Kapazität (Russ.). DAN SSSR **194**, 770–773 (1970).

[M15] V. G. MAZ'JA, V. P. CHAVIN: Nichtlineare Potentialtheorie (Russ.). Usp. Mat. Nauk **27**, 6 (168), 67–138 (1972).

[M16] V. G. MAZ'JA: Über hebbare Singularitäten beschränkter Lösungen quasilinearer elliptischer Gleichungen beliebiger Ordnung (Russ.). Zap. nauc. seminarov LOMI **27**, 6, 116–130 (1972).

[M17] V. G. MAZ'JA: Über gewisse Differentialungleichungen für Funktionen mehrerer Variabler (Russ.). Probl. der Math. Analysis **3**, 33–68 (1972).

[M18] V. G. MAZ'JA: Über das Neumann-Problem für elliptische Operatoren beliebiger Ordnung in Gebieten mit nichtregulären Rändern (Russ.). Vestnik LGU, **1**, 26–33 (1972).

[M19] V. G. MAZ'JA: Über die Stetigkeit der Lösungen quasilinearer elliptischer Gleichungen in einem Randpunkt (Russ.) Vestnik LGU, **13**, 42–54 (1970) (und Korrektur: Brief an d. Red. **1**, 160 (1972)).

[M20] V. G. MAZ'JA: Anwendungen einiger Integralgleichungen auf die Theorie der quasilinearen elliptischen Gleichungen (Russ.). Comm. Mat. Univ. Carol. **13**, 3, 535–552 (1972).

[M21] V. G. MAZ'JA: Über (p, l)-Kapazität, Einbettungssätze und das Spektrum selbstadjungierter elliptischer Operatoren (Russ.). Izv. AN SSSR, Ser. Mat. **37**, 356–385 (1973).

[M22] V. G. MAZ'JA: Über einen Einbettungsoperator und Mengenfunktionen vom Typ der (p, l)-Kapazität (Russ.). Comm. Mat. Univ. Carol. **14**, 1, 155–175 (1973).

[M23] V. G. MAZ'JA, V. P. CHAVIN: Anwendungen der (p, l)-Kapazität auf einige Aufgaben der Theorie der Ausnahmemengen (Russ.). Mat. Sb. **90**, (132): 4, 558–591 (1973).

[M24] V. G. MAZ'JA: Die Koerzivität des Dirichletproblems in einem Gebiet mit irregulärem Rand (Russ.). Izv. Vyss. Učebn. Zaved. Matematika **4** (131), 64–76 (1973).

[M25] V. G. MAZ'JA, B. A. PLAMENEVSKIJ: Über die Fundamentallösungen elliptischer Randwert-Probleme und das Maximum-Prinzip von Miranda-Agmon in Gebieten mit konischen Punkten (Russ.). Bull. Acad. Sc. Georg. SSR, **73**, 2, 277–280 (1974).

[M26] V. G. MAZ'JA: Einige Richtungen und Probleme der Theorie elliptischer Gleichungen. Mitt. der Math. Ges. der DDR **1**, 26–91 (1975).

[M27] C. MEGHEA: Compactification des Espaces Hormoniques, Lecture Notes in Math. **222**, 1971.

[M28] P. MEINHOLD: Allgemeine Betrachtungen über das Balayage-Prinzip. Diss. Techn. Univ. Dresden 1963.

[M29] P. A. MEYER: Probability and Potentials. Massachusetts-Toronto-London 1966.

[M30] P. A. MEYER: Processus de Markov: la frontière de Martin. Lecture Notes in Math. **77**, 1968.

[M31] N. G. MEYERS: A theory of capacities for potentials of functions in the Lebesgue classes. Math. Scand. **26**, 255–292 (1970).

[M32] K. MILLER: Exceptional boundary points for the nondivergence equation which are regular for the Laplace equation and viceversa. Ann. Sc. Norm. sup. Pisa III, **22**, 2, 315–330 (1968).

[M33] D. P. MIL'MAN: Randcharakteristik konvexer Mengen; extremale Elemente (Russ.). Trudy Mosk. Mat. Obšč. 22, 63–126 (1970).

[M34] C. MIRANDA: Formule die maggiorazione e teorema di esistenza per le funzioni biarmoniche in due variabili. Giorn. Math. Battaglini 78, 97–118 (1949).

[M35] C. MIRANDA: Teorema del massimo modulo e teorema di esistenza e di unicita per il problema Dirichlet relative alle equazioni ellitiche in due variabili. Ann. Math. Pure Appl. 46, 265–311 (1958).

[M36] C. MIRANDA: Partial differential equations of elliptic type. Berlin-Heidelberg New York 1970.

[M37] C. MIRANDA: Sul teorema del massimo modulo per una classe di sistemi ellittici di equazioni del secondo ordine e per le equazioni a coefficienti complessi. Istituto Lombarde (Rend. Sc.) A 104, 736–745 (1970).

[M38] S. MIZOHATA: The theory of partial differential equations. Cambridge 1973.

[M39] G. MOKOBODZKI, D. SIBONY: Principe de minimum et maximalité en théorie du potentiel. Ann. Inst. Fourier 17, 1, 401–442 (1967).

[M40] G. MOKOBODZKI: Èléments extrémaux pour le balayage. Sém. Brelot Choquet-Deny (Théorie du potentiel) 13e année 5, 1969/70.

[M41] A. M. MOLČANOV: Über Bedingungen für die Diskretheit des Spektrums (Russ.). Trudy Mosk. Mat. Obšč. 2, 169–200 (1953).

[M42] U. MOSCO: Approximation of the solution of some variational inequalities. Ann. Sc. Norm. Sup. Pisa 21, 373–394 (1967).

[N1] L. NAIM: Sur le rôle de la frontière de R.S. Martin dans la théorie du potentiel. Ann. Inst. Fourier 7, 183–281 (1957).

[N2] R. NARASIMHAN: Analysis on real and complex manifolds. Paris 1968.

[N3] J. NEČAS: Les méthods directes en théorie des equations elliptiques. Prag 1967.

[N4] U. NERI: Singular integrals. Lecture Notes in Math. 200, 1971.

[N5] I. NETUKA: Generalized Robin problem in potential theory. Czechosl. Math. J. 22, 312–324 (1972).

[N6] I. NETUKA: The third boundary value problem in potential theory. Czechosl. Math. J. 22, (97), 554–580 (1972).

[N7] I. NETUKA: An operator connected with the third boundary value problem in potential theory. Czechosl. Math. J. 22 (97), 462–489 (1972).

[N8] I. NETUKA: Continuity and maximum principle for potentials of signed measures. Preprint, Prag 1974 (ersch. in Czech. Math. J.).

[N9] I. NETUKA: Double layer potentials and the Dirichlet problem. Czech. Math. J. 24 (99) 59–73 (1974).

[N10] I. NETUKA: Some properties of potentials of signed measures. Comm. Math. Univ. Carol. 15, 3, 573–575 (1974).

[N11] M. NICOLESCU: Les fonctions polyharmoniques. Act. Sc. Nr. 331, Hermann 1936.

[N12] N. NINOMYA: Sur la principe de continiuté dans la théorie du potentiel. J. Inst. Polytechn., Osaka City Univ. A8, 1, 51–56 (1957).

[N13] L. NIRENBERG: Remarks on strongly elliptic partial differential equations. Comm. Pure Appl. Math. 8, 649–675 (1955).

[N14] L. NIRENBERG: On elliptic partial differential equations. Ann. Sc. Norm. Sup. Pisa, Ser. III, 13, 115–162 (1959).

[O1] M. OHTSUKA: Les relations entre certains principes en théorie du potentiel. Proc. Japan. Acad. 33, 1, 37–40 (1957).

[O2] M. OHTSUKA: On potentials in locally compact spaces. Journ. Sci. Hiroshima University Ser. A, 1, 25, 135–352 (1961).

[O3] M. OHTSUKA: Potential Theory. Hiroshima University 1970–71.

[O4] M. OHTSUKA: Vorlesungsausarbeitung. Hiroshima University 1973.

[O5] O. Oleynik: Über das Dirichlet-Problem für elliptische Gleichungen (Russ.). Mat. Sb. 24, 1–14 (1949).

[P1] G. A. Pavlov: Über Approximation harmonischer Funktionen durch harmonische Polynome (Russ.). Sib. Mat. Z. 1, 219–226 (1974).
[P2] P. Perron: Eine neue Behandlung der ersten Randwertaufgabe für $\Delta u = 0$. Math. Z. 18, 42–54 (1923).
[P3] A. Pełczyński: Linear extensions, linear averagings and their applications. Warszawa 1973 (russ. Übers.: Moskau 1970).
[P4] I. G. Petrovskij: Vorlesungen über partielle Differentialgleichungen (Russ.). Moskau 1961.
[P5] R. Phelps: Lectures on Choquet's theorems. Princeton 1966 (russ. Übers.: Moskau 1968).
[P6] M. Pick, J. Picha, V. Vyskocil: Theory of the earth's gravity field. Academia Prague 1973.
[P7] N. du Plessis: Some theorems about the Riesz fractional integral. Trans. Amer. Math. Soc. 80, 124–134 (1955).
[P8] N. du Plessis: Introduction to Potential Theory. Edinburgh 1970.
[P9] V. Poenaru: Analyse différentielle. Lecture Notes in Math. 371, 1974.
[P10] H. Poincaré: Théorie du potential newtonien. Paris 1899.
[P11] H. Poritsky: Generalizations of the Gauß law of the spherical mean. Trans. Amer. Math. Soc. 43, 199–225 (1938).
[P12] A. I. Prilepko: Über Existenz und Eindeutigkeit von Lösungen inverser Probleme der Potentialtheorie. Math. Nachr. 63, 135–153 (1974).
[P13] G. Pulvirenti, G. Santagi: Controlli linear nel problema di Dirichlet per una equazione di tipo iperbolica. Le Matematiche (Sem. Mat. dell'Univ. di Catania) 23, 2, 561–577 (1968).
[P14] V. Panc: Theories of elastic plates. Prag 1975.

[R1] T. Rado: Subharmonic functions. Berlin 1937.
[R2] L. Redei: Algebra I. Leipzig 1959.
[R3] Ju. G. Rešetnjak: Über das Konzept derKapazität in der Theorie der Funktionen mit verallgemeinerten Ableitungen (Russ.). Sib. Math. J. 10, 1109–1138 (1969).
[R4] G. de Rham, K. Kodaira: Harmonic integrals. Princeton 1950.
[R5] M. Riesz: Intégrales de Riemann-Liouville et potentiels. Acta Szeged, 9, 1–42 (1938).
[R6] A. P. Robertson, W. J. Robertson: Topological vector spaces. Cambridge 1964 (russ. Übers.: Moskau 1967).
[R7] R. T. Rockafellar: Convex Analysis. Princeton, New Jersey 1970 (russ. Übers.: Moskau 1973).
[R8] Ja. A. Rojtberg, Z. G. Šeftel': Sätze über Homöomorphismen für elliptische Systeme und ihre Anwendungen (Russ.). Mat. Sb. 78 (120): 3, 446–472 (1969).
[R9] V. G. Romanov: Inverse Probleme für Differentialgleichungen (Russ.). Nowosibirsk 1973.
[R10] L. I. Ronkin: Einführung in die Theorie der ganzen Funktionen mehrerer Veränderlicher (Russ.). Moskau 1971.

[S1] E. M. Saak: Über die Stabilität des Dirichlet-Problems für elliptische Gleichungen beliebiger Ordnung (Russ.). Diff. Uravn. 8, 4, 706–714 (1972).
[S2] E. M. Saak: Abschätzung der Änderung der Lösung des Dirichlet-Problems bei Variation des Gebietes (Russ.). Diff. Uravn. 10, 3, 507–512 (1974).
[S3] Ju. A. Šaškin: Konvexe Mengen, extremale Punkte, Simplexe (Russ.). Mat. Analysis 11, Itogi Nauki; Techniki, Moskau 1973.
[S4] D. Sather: Pointwise bounds for the solution of a Cauchy problem in terms of the Cauchy data. J. of Diff. Equ. 3, 286–309 (1967).
[S5] M. Schechter: General boundary value problems for elliptic partial differential equations. Comm. Pure Appl. Math. 12, 457–486 (1959).
[S6] M. Schechter: Integral inequalities for partial differential boundary conditions. Comm. Pure Appl. Math. 12, 37–66 (1959).

[S7] M. Schechter: General boundary value problems for elliptic partial differential equations. Comm. Pure Appl. Math. 12, 457–486 (1959).

[S8] M. Schechter: Remarks on elliptic boundary value problems. Comm. Pure Appl. Math. 12, 561–578 (1959).

[S9] M. Schechter: On L^p-estimates and regularity, I Amer. J. Math. 85, 1, 1–13 (1963), II Math. Scand. 13, 1, 47–69 (1963), III Ricerche Mat. 13, 192–206 (1964).

[S10] M. Schechter: Complex interpolation. Compositio Mathematica 18, 117–147 (1967).

[S11] A. Schenk Über einige Kapazitätsbegriffe der Potentialtheorie. Dipl. Arb. Univ. Rostock 1974.

[S12] B.-W. Schulze: Potentiale bei der Wellengleichung im R^2 und Charakterisierung der Mengen der Kapazität Null. Kolloqu. Ellipt. Diff. gln. I, 137–157, Berlin 1970.

[S13] B.-W. Schulze: Mengen der Kapazität Null für nichtelliptische Differentialgleichungen. Das Dirichlet-Problem für $u_{xy} = 0$, Kolloqu. Ellipt. Diff.gln. II, 217–246, Berlin 1971.

[S14] B.-W. Schulze: Nullmengensysteme in der Potentialtheorie. Math. Nachr. 49, 293–309 (1971).

[S15] B.-W. Schulze: Bemerkungen über das Dirichlet-Problem für $u_{xy} = 0$. Math. Nachr. 56, 189–194 (1973).

[S16] B.-W. Schulze: Ein Balayage-Prinzip für korrekte Randwert-Probleme. I Math. Nachr. 56, 307–344 (1973), II Math. Nachr. 58, 313–336 (1973).

[S17] B.-W. Schulze: Zusammenhang zwischen Balayage für allgemeine Randwert-Probleme und angepaßten Kapazitätsbegriffen. Revue Roum. Math. pur. appl. 20, 819–837 (1975).

[S18] B.-W. Schulze, G. Wildenhain: Die Rolle des Balayage-Prinzips in der Theorie der Differentialgleichungen. Math. Nachr. 53, 371–382 (1972).

[S19] B.-W. Schulze, G. Wildenhain: Zur Potentialtheorie für stark elliptische Systeme mit konstanten Koeffizienten. Math. Nachr. 62, 189 –215 (1974).

[S20] B.-W. Schulze: Über die a priori-Abschätzungen in Maximum-Normen bei stark elliptischen Systemen (Russ.). Sib. Mat. Ž. 16, 2, 384–394 (1975).

[S21] B.-W. Schulze: Abschätzungen in Normen gleichmäßiger Konvergenz für elliptische Randwert-Probleme. Math. Nachr. 67, 303–315 (1975).

[S22] B.-W. Schulze: Über das inverse Problem beim Laplace-Operator. Math. Nachr. 67, 225–235 (1975).

[S23] B.-W. Schulze: Balayage und Kapazität bei allgemeinen elliptischen Randwert-Problemen. Beitr. zur Analysis 9, 97–206 (1976).

[S24] B.-W. Schulze: Potentialtheoretische Interpretation eines inversen Problems der Geophysik. Gerlands Beitr. zur Geophys. (ersch. demn.).

[S25] B.-W. Schulze: Über die Potentiale für elliptische Gleichungen höherer Ordnung und inverse Probleme (Russ.). Diff. Uravn. 12, 1, 148–158.

[S26] B.-W. Schulze: Über das inverse Problem für elliptische Gleichungen höherer Ordnung. Diff. Uravn. (ersch. demn.).

[S27] B.-W. Schulze: On the mean value distributions associated with a higher order elliptic operator. Proceedings of the Conference on generalized functions and operational calculus. Varna 1975.

[S28] B.-W. Schulze: Potentialtheoretische Grundlagen eines inversen Problems der Geophysik. Gerlands Beitr. zur Geophys. 85, 1, 21–25 (1976).

[S29] B.-W. Schulze: Interpretation of an inverse problem by the potential theory. Physics of the Earth and Planetary Interiors (ersch. demn.).

[S30] L. Schwartz: Théorie des distributions I. 2. Aufl. Paris 1957.

[S31] R. T. Seeley: Extensions of C^∞-functions defined in half space. Proc. Amer. Math. Soc. 15, 625–626 (1964).

[S32] Z. Semadeni: Banach Spaces of Continuous Functions. Warszawa 1971.

[S33] J. Serrin: Local behavior of solutions of quasi-linear equations. Acta Math. 111, 3–4, 247–302 (1964).

[S34] J. Serrin: Removable singularities of solutions of elliptic equations. Arch. Rat Mech. Anal. 17, 1, 67–78 (1964).

[S35] M. Sieveking: Integraldarstellung superharmonischer Funktionen mit Anwendung auf parabolische Differentialgleichungen. Lecture Notes in Math. 69, 13–68 (1968).

[S36] G. E. Šilov: Mathematische Analysis (Russ.), zweiter Spezialkurs. Moskau 1965.
[S37] R. Sikorski: Boolean Algebra. Berlin-Göttingen-Heidelberg 1964.
[S38] T. Sjödin: Bessel potentials and extension of continuous functions on compact sets. Diss. Univ. Umeå. Sweden 1973.
[S39] L. N. Slobodeckij: Verallgemeinerte Räume von S. L. Sobolev und ihre Anwendungen auf Randwert-Probleme für partielle Differentialgleichungen (Russ.). Uč. zap. Leningr. gos. ped. in-ta im A. I. Gercen 197, 54–112 (1958).
[S40] W. I. Smirnov: Lehrgang der höheren Mathematik IV, V. Berlin 1961 bzw. 1962.
[S41] E. P. Smyrnélis: Axiomatique d'un problème de Dirichlet dans les expaces biharmoniques. C.R. Acad. Sci. Paris. Sér. A-B 274, A 1897–1900 (1972).
[S42] S. L. Sobolew: Einige Anwendungen der Funktionalanalysis auf Gleichungen der mathematischen Physik. Berlin 1964.
[S43] V. A. Solonnikov: Über allgemeine Randwert-Probleme für Systeme, die elliptisch sind im Sinne von Douglis und Nirenberg (Russ.). I. Izv. A. N. SSSR 28, 665–706 (1964), II. Tr. MIAN SSSR 92, 233–297 (1966).
[S44] S. Spanne: Sur le principe de maximum et le théoréme de Fatou pour les solutions des équations elliptiques d'ordre quelquonque. C. Acad. sci. Paris 262, 25, A 1407–1410 (1966).
[S45] G. Stampacchia: Formes bilinéaires coercitives sur les ensembles convexes. C.R. Acad. Sc. Paris 258, 4413–4416 (1964).
[S46] G. Stampacchia: Le problème de Dirichlet pour les équations elliptiques du second ordre à coefficients discontinues. Ann. Inst. Fourier 15, 189–259 (1965).
[S47] G. Stampacchia: Le problème de Dirichlet pour les équations elliptiques du second ordre à coefficients discontinues. Ann. Inst. Fourier 15, 1, 189–258 (1965).
[S48] G. Stampacchia: Equations elliptiques du second order à coefficients discontinues. Univ. Montréal 1965.
[S49] E. M. Stein, A. Zygmund: On the differentiability of functions. Studie Math. 23, 247–283 (1964).
[S50] E. M. Stein: Singular integral and differentiability properties of functions. Princeton 1970 (russ. Übers.: Moskau 1973).
[S51] E. M. Stein, G. Weiss: Introduction to Fourier Analysis on Euclidean Space. New Jersey-Princeton 1971 (Russ. Moskau 1974).
[S52] B. Ju. Sternin: Elliptische und parabolische Aufgaben auf Mannigfaltigkeiten mit Rand, bestehend aus Komponenten verschiedener Dimension (Russ.). Tr. Mosk. Mat. Obšč. 15, 346–382 (1966).
[S53] B. Ju. Sternin: Elliptische und parabolische Aufgaben auf Mannigfaltigkeiten mit Rand, die aus Komponenten verschiedener Dimension bestehen (Russ.). Tr. Mosk. Mat. Obšč. 15, 347–382 (1966).

[T1] G. Tautz: Zur Theorie der ersten Randwert-Aufgabe. Math. Nachr. 2, 279–303 (1949).
[T2] G. Tautz: Zum Umkehrungsproblem bei elliptischen Differentialgleichungen I. II. Arch. Math. 3, 232–250, 361–365 (1952).
[T3] A. N. Tichonov, A. A. Samarski: Gleichungen der mathematischen Physik (Russ.). Moskau 1966.
[T4] H. G. Tillmann: Dualität in der Potentialtheorie. Portug. Math. 13 (1954).
[T5] A. F. Timan, V. N. Trofimov: Einführung in die Theorie der harmonischen Funktionen (Russ.). Moskau 1968.
[T6] I. T. Todorov, D. Zidarov: Über die Eindeutigkeit der Bestimmung der Form eines masseanziehenden Körpers aus den Werten seines äußeren Potentials (Russ.). AN SSSR 20, (2), 262–264 (1958).
[T7] J. F. Trèves: Lectures on linear partial differential equations with constant coefficients. Rio de Janeiro 1961 (Russ. Übers. Moskau 1965).
[T8] A. I. Tulcea: On pointwise convergence, compactness and equicontinuity. I. Z. Wahrsch.-theorie und Verw. Gebiete 26, 197–205 (1973), II. Advances in Math. 12, 2, 171–177 (1974).

[V1] de la Vallée Poussin, Ch.-J.: Le potentiel logarithmique. Balayage et représentation conforme. Paris 1949.

[V2] F. Vasilesco: Sur la continuité du potentiel à travers des masses et la démonstration d'une lemme de Kellogg. C.R. Acad. Sci. Paris **200**, 1173–1174 (1935).

[V3] J. Vesely: On the heat potential of the double distribution. Casopis pro pestováni mat., roc. **98**, 181–198 (1973).

[V4] M. I. Višik: Die Methode der orthogonalen und direkten Zerlegungen in der Theorie der elliptischen Differentialgleichungen (Russ.). Mat. Sb. **25** (67), 189–234 (1949).

[V5] M. I. Višik: Über stark elliptische Systeme von Differentialgleichungen (Russ.). Math. Sb. **29**, 3, 615–676 (1951).

[V6] M. I. Višik, G. I. Eskin: Singuläre elliptische Gleichungen und Systeme veränderlicher Ordnung (Russ.). DAH SSSR **156**, 2, 243–246 (1964).

[V7] M. I. Višik, G. I. Eskin: Randwert-Aufgaben für Gleichungen veränderlicher Ordnung (Russ.), Trudy Mosk. Mat. Obšč. **16**, 25–50 (1967).

[V8] V. S. Vladimirov: Gleichungen der mathematischen Physik (Russ.). Moskau 1967.

[V9] B. Z. Vulich: Einführung in die Theorie der halbgeordneten Räume (Russ.). Moskau 1961.

[W1] A. Wachulka: The mean value for the solutions of certain elliptic equations of order p. Wyz. Szkol. Ped. Krakow, Rocznik Nauk.-Dydakt. Zeszyt 31 Prace Mat. No. 5, 133–141 (1968).

[W2] H. Wallin: Continuous functions and potential theory. Ark. Math. **5**, 55–84 (1963).

[W3] H. Wallin: A connection between α-capacity and L^p-classes of differentiable functions. Arkiv för mathematik **5**, 331–341 (1963).

[W4] H. Wallin: Existence and properties of Riesz potentials satisfying Lipschitz conditions. Math. Scand. **19**, 151–160 (1966).

[W5] H. Wallin: Riesz potentials, k, p-capacity and p-modules. Michigan Math. J. **18**, 257–263 (1971).

[W6] B. Walsh: Spaces of continuous functions characterized by kernel-like conditions. Math. Z. **109**, 71–86 (1969).

[W7] J. Wasowski: Maximum principle for a certain strongly elliptic system of linear equations of second order. Bull. Acad. Polon. Sci., Sér. sci. Math. Astron. Phys. **18**, 741–745 (1970).

[W8] J. Wasowski: Maximum principle for a certain elliptic system of second order linear equations. Demonstratio math. **4**, 133–143 (1972).

[W9] H. Watanabe: Balayage of measures and dilations on locally compact spaces. Natur. Sci. Rep. Ochanomizu Univ. **22**, 111–118 (1971).

[W10] H. Weyl: The method of orthogonal projection in potential theory. Duke Math. J. **7**, 411–444 (1940).

[W11] H. Whitney: Analytic extensions of differentiable functions defined on closed sets. Trans. Amer. Math. Soc. **36**, 369–387 (1934).

[W12] H. Whitney: Functions differentiable on the boundary of regions. Annals of Math. **35**, 63–89 (1934).

[W13] N. Wiener: Certain Notions in Potential Theory. J. Math. Physics **3**, 24–51 (1924).

[W14] N. Wiener: Note on paper of O. Perron. J. Math. Physics **4**, 21–32 (1925).

[W15] N. Wiener: The Dirichlet Problem. J. Math. Physics **3**, 127–146 (1924).

[W16] R. A. Wiggins, G. A. McMechan, M. N. Toksoz: The range of earth structure non uniqueness implied by body wave observations. Rev. Geophys. Space Phys. **11**, 87–114 (1973).

[W17] G. Wildenhain: Anwendung von Räumen stetig differenzierbarer Funktionen für potentialtheoretische Betrachtungen bei einigen Typen linearer elliptischer Differentialgleichungen. Diss. TU Dresden 1964.

[W18] G. Wildenhain: Potentialtheoretische Betrachtungen bei der Bipotentialgleichung. Math. Ann. **161**, 1–23 (1965).

[W19] G. Wildenhain: Kapazitätsbegriff und Dirichletsches Problem bei der Differentialgleichung $\Delta^m u = 0$. Tagungsbericht „Probleme und Methoden der Math. Physik" Karl-Marx-Stadt 1966.

[W20] G. Wildenhain: Eine Charakterisierung von Mengen der Kapazität Null im R^1. Math. Nachr. **32**, 269–275 (1966).

[W21] G. Wildenhain: Ein eindimensionales Modell der Potentialtheorie. Math. Nachr. 33, 1–24 (1967).

[W22] G. Wildenhain: Über einen Kapazitätsbegriff bei der Differentialgleichung $\Delta^m u = 0$. Math. Z. 96, 125–142 (1967).

[W23] G. Wildenhain: Über das Dirichlet-Problem bei der Bipotentialgleichung. Math. Ann. 175, 189–206 (1968).

[W24] G. Wildenhain: Über Distributionen endlicher Ordnung. I. Darstellungsformeln. Math. Nachr. 35, 339–348 (1967). II. Eine Bemerkung zu einer Arbeit von M. S. Agranovič über lineare Differentialgleichungen mit konstanten Koeffizienten. Math. Nachr. 36, 39–47 (1968). III. Einige Eigenschaften biharmonischer Potentiale. Math. Nachr. 37, 27–36 (1968).

[W25] G. Wildenhain: Potentialtheorie linearer elliptischer Differentialgleichungen beliebiger Ordnung. Berlin 1968.

[W26] G. Wildenhain: Das feine Dirichlet-Problem für elliptische Differentialgleichungen beliebiger Ordnung. Kolloqu. Ellipt. Diff.gln. I, 247–264, Berlin 1969.

[W27] G. Wildenhain: Vergleich verschiedener Kapazitätsbegriffe. Kolloqu. Ellipt. Diff.gln. I. 179–190 (1970).

[W28] G. Wildenhain: Der Raum der H-stetig differenzierbaren Funktionen. Math. Nachr. 50, 217–228 (1971).

[W29] G. Wildenhain: Über Beppo-Levi-Deny-Funktionen höherer Ordnung. Monatsber. DAW 12, 436–440 (1970).

[W30] G. Wildenhain: Über das Randverhalten der Hilbert-Raum-Lösung des Dirichlet-Problems. Math. Nachr. 48, 227–235 (1971).

[W31] G. Wildenhain: Einige Bemerkungen zum Fortsetzungssatz von H. Whitney. Beitr. zur Analysis 3, 45–54 (1972).

[W32] G. Wildenhain: Allgemeine Entwicklungstendenzen der Theorie der linearen elliptischen Randwert-Probleme in den vergangenen Jahrzehnten. Wiss. Z. Univ. Rostock 21, 763–773 (1972).

[W33] G. Wildenhain: Ein funktionalanalytischer Zugang zum Dirichlet-Problem bei elliptischen Differentialgleichungen mit variablen Koeffizienten. Math. Nachr. 56, 247–259 (1973).

[W34] G. Wildenhain: Beiträge zur Theorie der Beppo-Levi-Funktionen im Hinblick auf ihre Anwendung auf elliptische Differentialgleichungen. Math. Nachr. 53, 383–391 (1972).

[Y1] K. Yosida: Functional Analysis. Berlin-Göttingen-Heidelberg 1965 (russ. Übers.: Moskau 1967).

[Z1] A. C. Zaanen: An introduction to the theory of integration. Amsterdam 1958.

[Z2] L. Zalcman: Analytic capacity and rational approximation. Lecture Notes in Math. 50, 1968.

[Z3] L. Zalcman: Analyticity and the Pompei problem. Arch. Rat. Mech. Anal. 47, 3, 237 bis 254 (1972).

[Z4] L. Zalcman: Mean values and differential equations. Israel Journal of Mathematics 14, 4, 339–352 (1973).

[Z5] O. N. Zograf: Beispiel einer elliptischen Gleichung zweiter Ordnung, für die die Bedingung der Regularität eines Randpunktes für das Dirichlet-Problem verschieden ist von der analogen Bedingung für die Laplace-Gleichung. Vestn. Moskovsk. un-ta 72, 30–40 (1969).

[Z6] D. Zidarov: On the solution of some potential field inverse problems and its application in geophysics. Sofia 1968.

SYMBOLVERZEICHNIS

STICHWORTVERZEICHNIS

Bei Fragen zur Produktsicherheit wenden Sie sich bitte an:
If you have any questions regarding product safety,
please contact:

Walter de Gruyter GmbH
Genthiner Straße 13
10785 Berlin
productsafety@degruyterbrill.com